DER GRUNDBAU

DER GRUNDBAU

EIN HANDBUCH FÜR STUDIUM UND PRAXIS

VON

ING. DR. TECHN. ARMIN SCHOKLITSCH
ORD. PROFESSOR DES WASSERBAUES UND DES GRUNDBAUES AN DER DEUTSCHEN TECHNISCHEN HOCHSCHULE IN BRÜNN

MIT 748 ABBILDUNGEN
UND 34 TABELLEN

WIEN
VERLAG VON JULIUS SPRINGER
1932

ISBN-13: 978-3-7091-9771-4 e-ISBN-13: 978-3-7091-5032-0
DOI: 10.1007/978-3-7091-5032-0

Softcover reprint of the hardcover 1st edition 1932

ING., DR. SC., DR.-ING. E. H. **JOHN RIPLEY FREEMAN**

DEM ERFOLGREICHEN FORSCHER UND DEM FÖRDERER

DER ZUSAMMENARBEIT AMERIKANISCHER

UND DEUTSCHER INGENIEURE

GEWIDMET

Vorwort.

Die außerordentlichen Fortschritte in der Erkenntnis des Verhaltens der Böden unter Lasten, die Entwicklung der im Grundbau angewendeten Bauverfahren und Baumaschinen sowie die fortschreitende Verbesserung und die Neueinführung von Baustoffen in den letzten Jahren haben es mir gerechtfertigt erscheinen lassen, einen Grundbau zu schreiben, trotzdem vor wenigen Jahren den Grundbau betreffende Werke erschienen sind.

Der vorliegende „Grundbau“ ist sowohl als Studienbehelf als auch als Nachschlagewerk für den in der Praxis stehenden Ingenieur gedacht; ich habe daher reichlich Erfahrungswerte und auch Einzelheiten von Grundwerken aufgenommen und großen Wert auf die Belebung des gebotenen Stoffes durch Photographien gelegt.

Auf Grund der neuen Arbeiten auf dem Gebiete der Erdbaumechanik, von denen ich besonders jene von Kögler und Scheidig, Krey, Press und Terzaghi nennen möchte, habe ich versucht, ein dem augenblicklichen Stand der Forschung entsprechendes, abgerundetes Bild vom Verhalten der Böden unter Lasten zu geben; hierbei habe ich dem Einfluß des in den Poren des Bodens enthaltenen Wassers besonders Rechnung getragen.

Sehr ausführlich sind die Abschnitte über die Anlage der Baugruben, ihre Aussteifung und Trockenlegung behandelt. Zu wiederholten Malen konnte auf die oft engen Beziehungen zwischen dem Grundbau und dem Wasserbau bzw. der Hydraulik hingewiesen werden.

Der Beschreibung der üblichen Gründungsverfahren sind kurze Abschnitte über die Bemessung von Grundwerken für schwingende Lasten, über die Gründung im Bergbaugebiet, in Erdbebengebieten, über die Verstärkung von Grundwerken und über die Abdichtung der Bauwerke angeschlossen, die einen Überblick über diese besonderen Gebiete des Grundbaues geben.

Am Ende jeden Abschnittes ist die benützte Literatur angeführt, und es sind überdies noch weitere Literaturangaben aufgenommen, auch solche, in denen andere Anschauungen vertreten sind, um eine Vertiefung im Studium zu erleichtern. Ein ausführliches Sachverzeichnis am Ende des Buches soll ein rasches Nachschlagen erleichtern.

Ich war bestrebt das Buch mit Abbildungen reichlich auszustatten. Den zahlreichen Fachgenossen, Bauunternehmungen und Firmen, die mich durch Überlassung von Plänen und Bildern weitgehend unterstützt haben, sage ich meinen besten Dank.

Schließlich danke ich auch der Verlagsbuchhandlung Julius Springer für das entgegenkommende Eingehen auf alle meine Wünsche hinsichtlich der Ausstattung des Buches.

Bei der Abfassung des Buches haben mich die Assistenten meiner Lehrkanzel Ing. M. Herzog und Ing. O. Jekel in dankenswerter Weise unterstützt.

Brünn, im April 1932

A. Schoklitsch.

Inhaltsverzeichnis.

Erster Teil.

Der Baugrund.

Seite

A. Die Eigenschaften der Böden . . . 1

I. Die Struktur der Böden . . . 1

II. Die Körnung . . . 2

III. Der Porenraum . . . 4

IV. Die Feuchte und die Konsistenz der Böden . . . 5

V. Die Wasserdurchlässigkeit der Böden . . . 8

VI. Die mineralogische bzw. chemische Beschaffenheit der Böden . . . 12

VII. Das Gewicht der Böden . . . 13

VIII. Die innere Reibung und die Haftfestigkeit (Kohäsion) der Böden . . . 13

B. Die Erkundung der Beschaffenheit des Untergrundes . . . 16

I. Das Sondieren . . . 16

II. Das Schürfen . . . 17

III. Das Bohren . . . 18

a) Erdbohrer . . . 18

b) Sand- und Ventilbohrer . . . 21

c) Meißelbohrer . . . 21

d) Kronenbohrer . . . 22

e) Fangwerkzeuge . . . 23

f) Futterrohre . . . 23

IV. Die Bodenerkundung mittels des Bohrpfahles . . . 24

V. Die Untersuchung des Baugrundes mittels physikalischer Messungen . . . 24

VI. Die Untersuchung des Bodens mittels physiologischer Methoden . . . 25

C. Die Einwirkung des Bodens auf das Bauwerk (Erddruck und Erdwiderstand) . . 26

I. Der Erddruck und der Erdwiderstand . . . 26

II. Die Ermittlung des Erddruckes und des Erdwiderstandes bei Böden mit Reibung aber ohne Haftfestigkeit (Kohäsion) . . . 28

a) Das zeichnerische Verfahren . . . 28

b) Die Ermittlung des Erddruckes und des Erdwiderstandes unter Verwendung von „Erddruckformeln und Tabellen“ . . . 31

III. Erddruck und Erdwiderstand bei Böden mit Reibung und Haftfestigkeit (Kohäsion) . 34

IV. Der Erddruck von begrenzten Bodenkörpern . . . 35

a) Der Erddruck bei hinterer Begrenzung des abgleitenden Bodenkeiles . . . 35

b) Der Erddruck bei seitlicher Begrenzung des abgleitenden Bodenkeiles . . . 36

c) Der Erddruck eines oben begrenzten Bodenkörpers . . . 37

D. Das Verhalten der Böden unter Lasten . . . 38

I. Das Verhalten der Böden unter Flächenlasten . . . 38

a) Das Verhalten der Böden unter Flächenlasten bei behinderter Seitenausdehnung . . 38

1. Grobkörnige Böden . . . 38

2. Feinkörnige und bindige Böden . . . 39

b) Das Verhalten der Böden unter Flächenlasten bei unbehinderter Seitenausdehnung. 39

1. Grobkörnige Böden . . . 39

2. Feinkörnige und bindige Böden . . . 41

c) Die Verteilung des Sohldruckes . . . 43

d) Die Verteilung des Druckes im Boden unter Flächenlasten . . . 46

1. Die Ausbreitung des Druckes im Boden . . . 46

2. Die Spannungsverteilung unter Punkt- und Linienlasten . . . 49

3. Die Spannungsverteilung unter Flächenlasten . . . 50

Seite

4. Folgerungen aus den bisher durchgeführten Spannungsmessungen und einfache Regeln für die Ermittlung der Spannungsverteilung unter Lasten 54
5. Die Ermittlung der Spannungsverteilung im Boden unter beliebig geformten Lastflächen und bei beliebiger Verteilung des Sohldruckes 57
e) Die Senkung der Last 58
II. Das Verhalten der Böden unter Pfahllasten 64
a) Die Lastübertragung durch Einzelpfähle 64
1. Feste Pfähle 64
2. Schwebende Pfähle 64
b) Die Lastübertragung durch Pfahlgruppen 72
1. Feste Pfahlgruppen 72
2. Schwebende Pfahlgruppen 72

E. Der Nachweis der Standsicherheit eines Bauwerkes 75
I. Der Nachweis der Unschädlichkeit der Setzungen 75
II. Der Nachweis der Gleitsicherheit 81
III. Der Nachweis der Kippsicherheit 81
IV. Der Nachweis der Sicherheit gegen Grundbruch 82
a) Der Nachweis der Sicherheit gegen Grundbruch bei lotrecht belasteten Mauern und Bauwerken 82
b) Der Nachweis der Sicherheit gegen Grundbruch bei schräg belasteten Mauern (Stützkörpern) 85

F. Die Einwirkung des Wassers auf das Bauwerk und auf den Baugrund 89
I. Die Einwirkung des Grundwassers auf das Bauwerk und auf den Boden unter dem Grundwerke 89
a) Der Auftrieb ruhenden Grundwassers 89
b) Der hydraulische Grundbruch und seine Verhinderung. 89
c) Der Auftrieb bewegten Grundwassers 94
d) Die Folgen einer Grundwassersenkung für benachbarte Bauwerke 99
II. Die Einwirkung von Sickerwasser aus dem Bauwerke auf den Baugrund 102
III. Die Einwirkung des fließenden Wassers auf den Baugrund in der Nähe von Bauwerken 103

Zweiter Teil.

Die Baustoffe im Grundbau und ihr Verhalten im Wasser und im Boden.

A. Holz 109
B. Beton 111
C. Eisen 129

Dritter Teil.

Spundwände.

A. Die Bauweise der Spundwände 131
I. Hölzerne Pfahl- und Spundwände 131
II. Eisenbetonspundwände 132
III. Eiserne Spundwände 132

B. Das Rammen und das Ziehen von Spundbohlen 142
I. Hölzerne Spundbohlen 142
II. Eisenbetonspundbohlen 143
III. Eiserne Spundbohlen 143

C. Das Kürzen von Spundwänden 149
I. Hölzerne Spundwände 149
II. Eisenbetonspundwände 149
III. Eiserne Spundwände 150

D. Die Untersuchung und Bemessung einer Spundwand 151
I. Die statische Untersuchung und Bemessung 151
a) Freistehende Spundwände 151

Seite
b) Verankerte Spundwände 154
c) Die Ermittlung des Spundbohlenquerschnittes 156
d) Die Bemessung der Anker 157
II. Die hydraulische Bemessung einer Spundwand 162

E. Die Anwendung der Spundwände 163
I. Spundwände als Hilfsmittel der Bauausführung 163
II. Spundwände als bleibende Bestandteile eines Bauwerkes 164
III. Spundwände als selbständige Bauwerke 166

Vierter Teil.

Die Baugrube.

A. Zweck, Form und Abmessungen der Baugrube 171

B. Die Lösung des Bodens in der Baugrube 174

C. Abbrucharbeiten an bestehenden Grundwerken 183

D. Die Beförderung des Aushubes aus der Baugrube und die Zufuhr der Baustoffe 186

E. Die Sicherung der Baugrubenwandungen 189
I. Hölzerne Baugrubenaussteifungen 191
a) Die waagrechte Zimmerung 191
b) Die lotrechte Zimmerung 195
II. Eiserne Baugrubenaussteifungen 196

F. Die Sicherung bestehender Bauwerke in der Nähe von Baugruben 199

G. Das Verfüllen der Baugruben 204

H. Die Trockenhaltung der Baugrube 205
I. Die Abhaltung von Tagwasser von der Baugrube 205
a) Fanggräben 205
b) Fangdämme 205
1. Die allgemeine Anordnung der Fangdämme 205
2. Die Bauarten der Fangdämme 213
α) Erdfangdämme S. 213. — β) Hölzerne Fangdämme S. 215. — γ) Betonfangdämme S. 220. — δ) Eiserne Fangdämme S. 224. — ε) Fangdämme in gemischter Bauweise S. 231.
II. Die Abhaltung des Grundwassers von der Baugrube 232
a) Die offene Wasserhaltung 232
b) Die Grundwassersenkung 238
1. Die Berechnung der abzuleitenden Grundwassermenge 238
2. Die Grundwassersenkung mit gewöhnlichen Kreisel- oder Baupumpen 239
3. Die Grundwassersenkung mit Tiefbrunnenpumpen 244
4. Die Auswahl der Absenkungsart 248
c) Die Abhaltung des Grundwassers durch Dichtung des Bodens 250
1. Das Gefrierverfahren 250
2. Die Abhaltung des Grundwassers durch Versteinung des Bodens 253
3. Die Abhaltung des Grundwasers durch eine Schüttung von Unterwasserbeton . . . 254
4. Die Abhaltung des Grundwassers durch Verdrängung 255
d) Quellen in der Baugrube 255

Fünfter Teil.

Die Vorbereitung des Bodens für die Gründung.

A. Die Entfernung ungeeigneten Bodens 255

B. Die Verdichtung und Verbesserung des Baugrundes vor der Gründung 257
I. Die mechanische Verdichtung des Bodens 257
a) Die Verdichtung des Bodens durch Belastung 257

Seite
b) Die Verdichtung des Bodens durch Walzen und Rammen 258
c) Die Verdichtung des Bodens durch Einrammen von Schotter, Steinen oder Pfählen . . 258
d) Die Verbesserung des Baugrundes durch Entwässerung 259
II. Die Bodenverbesserung durch chemische Verfahren 259
III. Die Verbesserung des Baugrundes durch Auftragung von Schüttungen. 263

Sechster Teil.

Die Gründungen.

A. Zweck und Einteilung der Gründungen. 263

B. Flachgründungen 264
I. Flachgründungen im Trockenen 264
a) Die unmittelbare Gründung der Bauwerke 264
b) Die Verbreiterung des Grundwerkes 264
1. Bankette für Mauern 264
2. Grundwerksverbreiterung durch Platten, als Säulen- und Turmgrundwerke 266
3. Langgestreckte Bankette unter Einzellasten 273
4. Ringförmige Bankette unter Einzellasten 275
c) Die Gründung auf durchlaufenden Platten und verkehrten Gewölben. 282
1. Durchlaufende Grundplatten 283
2. Pilzgrundplatten. 284
3. Verkehrte Gewölbe 288
II. Flachgründungen im Wasser. 289
a) Steinkistenbauten 289
b) Blockbauten. 289
c) Gründungen auf Unterwasserbeton. 290
d) Mantelgründungen 291
e) Schwimmkastengründungen 292
1. Die Bemessung und Formung der Schwimmkästen 293
2. Die Herstellung der Schwimmkästen 293
3. Die Versenkung der Schwimmkästen 295
4. Ausgeführte Schwimmkastengründungen 296

C. Schwebe- und Tiefgründungen 298
I. Tiefgründungen in offener Baugrube 298
II. Die Gründung auf Pfählen 301
a) Die Pfahlarten und ihre Einbringung in den Boden. 303
1. Die Rammpfähle 303
a) Fertigpfähle 303
α) Holzpfähle S. 303. — β) Eisenbetonrammpfähle S. 306. — γ) Eiserne Rammpfähle S. 309.
b) Ortbetonrammpfähle 310
α) Ortbetonrammpfähle ohne Futterrohr (Erdlochpfähle) S. 310. — β) Ortbetonrammpfähle mit verlorenem Futterrohr S. 311. — γ) Ortbetonrammpfähle mit wiedergewonnenem Futterrohr S. 316.
c) Das Rammen der Pfähle 318
α) Handrammen S. 318. — β) Freifallrammen S. 319. — γ) Dampframmen S. 321. — δ) Pfahlhämmer S. 324. — ε) Das Einspülen der Pfähle S. 325.
2. Ortbetonbohrpfähle 327
a) Stampfbetonbohrpfähle 328
α) Mit verlorenem Futterrohr S. 328. — β) Mit wiedergewonnenem Futterrohr S. 331.
b) Preßbetonpfähle 332
3. Verbundpfähle 335
4. Schrauben- und Scheibenpfähle. 336
5. Zugpfähle. 337
b) Die Ausführung der Pfahlgründung 338
1. Die Ermittlung der Pfahllasten unter Rosten 338
a) Pfahlroste mit untereinander und zur Lastresultierenden parallelen Pfählen, die mit dem Rost gelenkig verbunden sind. 339

Seite

b) Pfahlroste mit Pfählen, die parallel zu einer Symmetrieebene stehen, sonst aber beliebige Richtung haben und mit dem Rost gelenkig verbunden sind 343
c) Pfahlroste mit Pfählen, die parallel zu einer Symmetrieebene stehen, sonst aber beliebige Richtung haben und im Rost eingespannt sind 351
d) Pfahlroste, die bei beliebiger Stellung der Pfähle eine Symmetrieebene haben, in der die Lastresultierende liegt 355
2. Die Bauweise der Pfahlroste 355
a) Der Holzrost 355
α) Der tiefliegende Pfahlrost S. 355. — β) Der hochliegende Pfahlrost S. 356.
b) Der Betonrost 357
c) Der Eisenbetonrost 358
α) Der tiefliegende Eisenbetonrost S. 358. — β) Der hochliegende Eisenbetonrost S. 359.
3. Beispiele ausgeführter Pfahlgründungen 360
III. Senkgründungen 377
a) Senkbrunnengründungen 378
1. Der Brunnenkranz 378
2. Der Brunnenmantel 379
3. Der Aufbau des Brunnens und die Versenkung 384
4. Die Anwendung der Senkbrunnen 387
a) Brunnen als Grundwerke 387
b) Brunnen für die Wassergewinnung 392
b) Senkkastengründungen 394
c) Druckluftsenkgründungen 395
1. Die Bemessung der Druckluftsenkkästen 396
2. Die Bauweisen der Druckluftsenkkästen 399
a) Eiserne Druckluftsenkkästen 399
b) Druckluftsenkkästen aus Eisenbeton 403
c) Hölzerne Druckluftsenkkästen 410
3. Die Herstellung der Druckluftsenkkästen und ihre Versenkung 411
4. Die Gründung auf schrägabgesenkten Druckluftsenkkästen 418
5. Arbeiten in feststehenden Arbeitskammern 421
6. Vorschriften und Einrichtungen zum Schutze der in Preßluft Arbeitenden 423
7. Der Luftbedarf und die Beschaffung der Druckluft 432
8. Die Schleusen 434
9. Beispiele für Gründungen von Bauwerken mittels Druckluftsenkkästen 438
10. Arbeiten mit der Taucherglocke 451
11. Taucherarbeiten 455

Siebenter Teil.

Besondere Gründungen.

A. Grundwerke für stoßweise oder schwingende Belastungen 457
I. Die Ermittlung der Eigenfrequenz des schwingenden Grundwerkes 457
II. Die Berechnung des statischen Gleichwertes schwingender Lasten 467

B. Die Gründung von Bauwerken in Erdbebengebieten 467

C. Gründungen in Rutschgebieten 469

D. Die Verstärkung von Grundwerken 469

E. Die Gründung von Bauwerken in Bergbau-Senkungsgebieten 472

Achter Teil.

Der Schutz der Bauwerke gegen Bodenfeuchte und Grundwasser.

A. Der Schutz der Bauwerke gegen Bodenfeuchte 480

B. Die Grundwasserabdichtung 481
I. Die Außenhautdichtung 481
II. Die Innenhaudichtung 485
III. Die porenfüllende Grundwasserabdichtung 485

Sachverzeichnis 487

Erster Teil.

Der Baugrund.

Die Kenntnis des Verhaltens der verschiedenen Bodenarten bei baulichen Eingriffen, unter Lasten und seiner Einwirkung auf Bauwerke ist eine Voraussetzung für die Herstellung eines zweckentsprechenden Entwurfes für ein Grundwerk. In jedem Einzelfalle können nicht umfangreiche Untersuchungen angestellt werden; man muß sich daher vielfach die Erfahrungen, die an anderen Baustellen gemacht worden sind, zunutze machen. Die richtige Verwertung dieser Erfahrungen setzt aber eine zutreffende, genaue Beschreibung der in Betracht kommenden Bodenart und die Kenntnis des Verhaltens der betreffenden Bodenart unter Lasten voraus. Die Beschreibung der angetroffenen Bodenart ist bisher bei Berichten über ausgeführte Gründungen nur außerordentlich mangelhaft durchgeführt worden; Bezeichnungen, wie Lehm, Ton, lehmiger Sand, Schotter, Kies sagen, wenn es sich um eine Gründung handelt, fast gar nichts; es müssen vielmehr die charakteristischen Eigenschaften der Bodenart angegeben werden, damit die Erfahrungen richtig verwertet werden können.

A. Die Eigenschaften der Böden.

Der Baugrund kann aus Fels oder aus einem Boden bestehen; Fels ist, wenn er wenigstens einige Meter dick ist, so tragfähig, daß die Bauwerke in der Regel ohne besondere Vorkehrungen errichtet werden können. Die Böden sind mehr oder minder lose Haufwerke von kleinen Teilchen der verschiedensten Größe, Form und mineralogischen Beschaffenheit, zwischen denen sich Poren befinden, die von Luft oder Wasser erfüllt sind. Die Böden werden durch Lasten verdichtet, um so mehr, je größer der ursprüngliche Porenraum war.

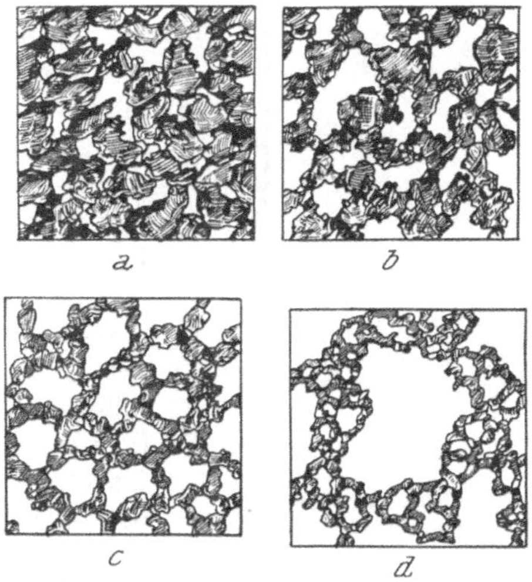

Abb. 1[1]. Bodenstrukturen.
(Nach K. Terzaghi, Erdbaumechanik.)
a, *b* Einzelkornstrukturen, *c* Wabenstruktur, *d* Flockenstruktur.

I. Die Struktur der Böden.

Die Teilchen der Böden lagern sich, je nach ihrer Form und Größe, in verschiedenen Anordnungen aneinander, die als Bodenstrukturen bezeichnet werden. K. Terzaghi hat die vorkommenden Strukturen in mehrere Hauptgruppen geschieden. Das einfachste Schema für die Struktur eines Bodens ergibt die Schüttung aus gleich großen Kugeln, die in gesetzmäßiger Anordnung zueinander stehen. Böden, die aus aneinanderliegenden, wenn auch verschieden großen, derben Körnern bestehen, die ohne weiteren Zusammenhang stehen, besitzen Einzelkonstruktur (Abb. 1a und b); sie werden auch kurz als körnige Böden oder

[1] Diese sowie die folgenden Abb. 2, 3, 6, 7, 9, 15, 19, 20, 21, 22, 25, 28, 29, 57, 80 stammen aus A. Schoklitsch: Der Wasserbau. Berlin: Julius Springer 1931.

Sand bezeichnet. Neben dieser Struktur gibt es noch die Wabenstruktur (Abb. 1c), die bei locker gelagertem Schluff und Schlamm vorkommt, ferner die Flockenstruktur (Abb. 1d) der Sedimente und die Krümelstruktur der oberen Schichten, die unter dem Einflusse der Witterung und des Tier- und Pflanzenlebens und der im Sickerwasser gelösten Salze entsteht. Bei der Flocken- und Krümelstruktur sind die Bodenteilchen zu porösen Klumpen vereinigt. Böden mit Wabenstruktur enthalten Hohlräume, die größer als die größten Teilchen sein können. Die einzelnen Teilchen bestehen bei solchen Böden vorwiegend aus biegsamen Mineralschuppen, die nach erfolgter Berührung aneinander haften; solche Böden werden kurz als bindige bezeichnet.

Literatur: Terzaghi, K.: Erdbaumechanik. Berlin und Wien: Fr. Deuticke 1925. — Derselbe: Festigkeitseigenschaften der Schüttungen, Sedimente und Gele. In Handbuch der physikalischen und Technischen Physik. Bd. IV. 2. Hälfte. Leipzig: J. A. Barth 1931.

II. Die Körnung.

Jeder Boden besteht aus einer Anhäufung von Teilchen der verschiedensten Größen und Beschaffenheit. Die Kornmischung muß nun zur Charakterisierung eines Bodens angegeben werden; sie wird durch die Sieb- und durch die Schlämmanalyse ermittelt. Die Siebanalyse erfolgt mit Siebsätzen, durch die die sorgfältig getrocknete Probe durchgerüttelt wird; sie wird zuerst auf das gröbste Sieb aufgeschüttet und der Siebdurchlaß ermittelt, der hierauf auf das nächstfeinere Sieb kommt, wo wieder der Durchlaß ermittelt wird und so fort. Auf diese Weise können aus der Probe die Teilchen bis etwa 0,05 mm herab ausgesiebt werden; die kleineren können durch Sieben nicht mehr weiter getrennt werden und kommen in ein Schlämmgerät, wo sie weiter durch strömendes Wasser hinsichtlich ihrer Korngröße sortiert werden.

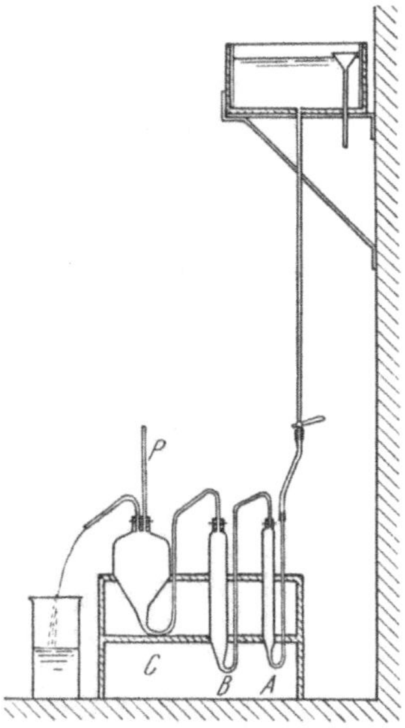

Abb. 2. Schlämmgerät von J. Kopetzky.

Als Schlämmgerät wird häufig jenes von J. Kopetzky, das in der Abb. 2 dargestellt ist, benützt. Es besteht aus mehreren lotrecht stehenden Glaszylindern, die unten konisch verjüngt sind und die von Spülwasser von unten nach oben durchflossen werden. Sie sind so aneinander geschlossen, daß in der Fließrichtung die Strömungsgeschwindigkeit kleiner wird. Durch das Wasser werden von der Bodenprobe die Teilchen unter einer gewissen Korngröße in den nächsten Zylinder gespült und so fort. Bei dem in der Abb. 2 dargestellten Schlämmgerät haben die Zylinder größte Weiten von 30, 56 und 178 mm und sie werden mit Geschwindigkeiten von 0,7, 0,2 und 0,02 cm/sec durchflossen; hierbei bleiben im ersten Zylinder Körner mit Durchmessern über 0,1 mm, im zweiten solche mit Durchmessern zwischen 0,1 und 0,05 mm, im dritten solche mit Durchmessern zwischen 0,05 und 0,01 mm liegen, während die feineren abgespült werden.

Beim Schlämmen werden die Zylinder zuerst vorsichtig mit Wasser aufgefüllt und erst dann der Spülstrom voll in Tätigkeit gesetzt. Bei einer gegebenen Höhenlage des Spülwasserbehälters, in dem die Wasserspiegellage durch einen Überlauf konstant gehalten wird, gibt eine Marke an einem Wasserstandsglas P im letzten Gefäß des Schlämmgerätes jenen Druck dortselbst an, bei dem die erforderliche Wassermenge eben durchläuft. Das Schlämmen dauert mehrere Stunden und wird so lange fortgesetzt, bis das ablaufende Wasser klar ist. Danach läßt man die Rückstände in jedem Zylinder absetzen, füllt sie in Abdampfschalen und trocknet sie im

Sandbad. Nach dem Auskühlen werden sie gewogen und ihr Anteil an der Probe in vH ausgedrückt.

Bevor eine Probe bindigen Bodens in ein Schlämmgerät gegeben wird, muß sie besonders vorbehandelt werden, um die im Boden enthaltenen Teilchen, die wegen der im Boden enthaltenen Kolloide zu Klümpchen und Flocken vereinigt sind, zum Auseinanderfallen zu bringen. Das wird entweder durch das Koch- und Reibverfahren, durch das Rüttelverfahren oder durch den Zusatz eines Elektrolyten erreicht.

Beim Koch- und Reibverfahren werden etwa 50 g der zu untersuchenden Bodenprobe zuerst zwölf Stunden lang in destilliertem Wasser aufgeweicht und hierauf zwei Stunden lang unter fortwährendem Nachgießen des verdampften Wassers gekocht. Nach dem Erkalten wird die Probe vorsichtig mit den Fingern unter Verwendung von Gummifingerlingen so lange durchgerieben, bis sich das mehrmals gewechselte Wasser nicht mehr trübt und keine Klümpchen mehr in der Probe enthalten sind. Das während des Reibens abgegossene trübe Wasser wird bei Verwendung des Kopetzkyschen Schlämmgerätes in den Zylinder *B*, die Probe in den Zylinder *A* gegossen. Dem Verfahren haftet der Mangel an, daß durch das Kochen die Bodenbeschaffenheit etwas verändert wird.

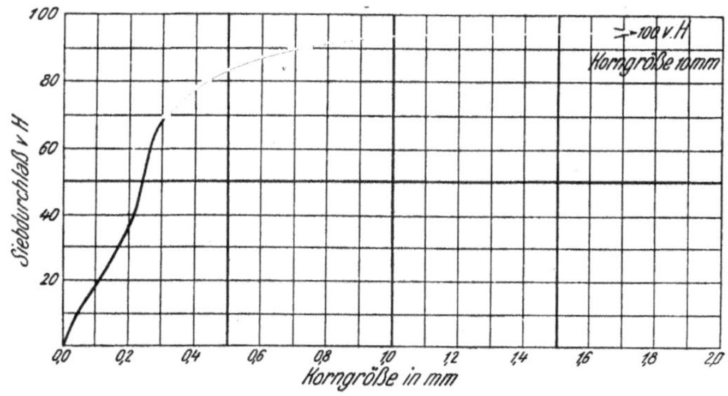

Abb. 3. Mischungslinie von lehmigem Sand.

Beim Schüttelverfahren wird die Bodenprobe ebenfalls zwölf Stunden hindurch in destilliertem Wasser aufgeweicht, hierauf in einer Literflasche mit Glasstopfen, die bis zur Hälfte mit destilliertem Wasser aufgefüllt ist, in der Schüttelmaschine sechs Stunden hindurch geschüttelt. Danach läßt man absetzen, gießt das trübe Wasser wieder wie früher in den Zylinder *B*, das übrige in den Zylinder *A* des Kopetzkyschen Schlämmgerätes.

Durch den Zusatz eines Elektrolyten können schließlich ebenfalls die Flocken zum Auseinanderfallen gebracht werden.

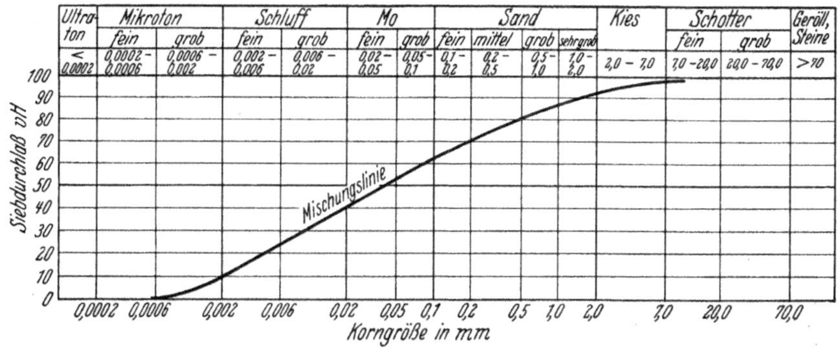

Abb. 4. Bezeichnung der Korngrößen und Darstellung der Mischungslinie bei großem Gehalt an Feinteilchen.

Sowohl die Ergebnisse der Siebanalysen als auch jene der Schlämmanalysen werden am besten zeichnerisch dargestellt; für die Ergebnisse von Analysen, die nur ein geringes Kornintervall ergeben, eignet sich die Auftragung, wie sie etwa die Abb. 3 andeutet. Andernfalls kann mitunter die Auftragung der Korngrößen mit einem logarithmischen Maßstab vorteilhafter sein (Abb. 4).

Bei der Beschreibung der Körnung einer Bodenprobe werden gewisse Korngrößen in Gruppen zusammengefaßt und mit besonderen Namen belegt. Diese Bezeichnungen sind bisher nicht einmal in ein und demselben Lande einheitlich und sie ermöglichen daher in der Regel keinen sicheren Vergleich. Für die feinen Teilchen Schlamm, Schluff und Mo hat A. Atterberg die Korngrößen festgelegt, für die größeren Körner ist es zweckmäßig, die Bezeichnungsweise, die im Betonbau üblich ist, beizubehalten, um Verwirrungen zu vermeiden. Es ergeben sich dann die in der Abb. 4 eingetragenen Bezeichnungen.

Böden, bei denen die Schlämmanalyse mehr als 20 vH Körner über 0,1 mm ergibt, werden als sandig bezeichnet (vgl. Tabelle 2 auf S. 5), die übrigen als bindig.

Literatur: Boujoucos, G. J.: The hydrometer method for making a very detailed mechanical analysis of soils. Soil science. 1928. — Geßner, H.: Der Wiegnersche Schlämmapparat und seine praktische Anwendung. Kolloid-Z. Bd. 38 (1926). — Kopetzky, J.: Die Bodenuntersuchungen zum Zwecke der Dränagearbeiten. Prag 1901. — Derselbe: Die Klassifikation der Bodenarten auf Grund des Gehaltes an bodenbildenden Bestandteilen. Prag 1913. — Ramann: Bodenkunde. Berlin 1911. — Wahnschaffe: Anleitung zur wissenschaftlichen Bodenuntersuchung. — Wiegner, G.: Über eine neue Methode der Schlämmanalyse. Zentralbl. f. d. ges. Landwirtschaft Bd. I (1920) Heft 1. — Terzaghi, K.: Erdbaumechanik. Wien: Deuticke 1925.

III. Der Porenraum.

Der Porenraum wird meistens durch das Verhältnis des Rauminhaltes der Hohlräume einer Bodenprobe zum Rauminhalt der ganzen Bodenprobe angegeben; dieses Verhältnis wird Porenverhältnis genannt. Das Porenverhältnis in der Natur vorkommender Sande hängt von deren Körnung und von der Entstehungsgeschichte des Sandlagers ab. Sande, die von plötzlich abflauenden Hochwässern abgelagert werden, haben Porenverhältnisse bis über 50 vH, während ganz langsam abgelagerter Sand, z. B. am Müggelsee, nur ein solches von 26,6 vH hatte.

Tabelle 1. Porenverhältnis körniger Böden (nach K. Terzaghi).

Bodenart	Porenverhältnis in vH			Verdichtungsfähigkeit
	lose	eingerüttelt	naß eingerüttelt	
Feiner Strandsand, 0,06 bis 0,3 mm	49,6	40,9	38,8	0,55
Dünensand	45,8	33,9	33,9	0,66
Lehmiger Flußsand, 0,1 bis 2,7 mm	41,6	33,9	29,3	0,71
Gleich große Kugeln	47,6	25,8	—	—

Sand natürlicher Lagerung kann künstlich dichter gelagert werden, wenn mittels Rammen von Pfählen durch Verdrängung und durch die dabei auftretenden Erschütterungen eine Verringerung des Porenraumes bewirkt wird. Versickerndes Wasser fördert die Verdichtung der Lagerung während dieser Arbeiten.

Je nach der Kornbeschaffenheit können zwei Sande gleichen Porenverhältnisses verschieden stark verdichtet werden. Um den Grad der Stabilität der Sandstruktur festzulegen, wird noch die Verdichtungsfähigkeit und die relative Dichte angegeben.

Bezeichnet

n_0 das Porenverhältnis des Sandes bei lockerster Lagerung,
n „ „ „ „ bei natürlicher Lagerung,
n_{min} „ „ „ „ in naß eingestampftem Zustande,

so wird das Verhältnis

$$\varepsilon = \frac{n}{1-n} = \frac{\text{Porenraum}}{\text{Rauminhalt der Körner}} \tag{1}$$

als Porenziffer bezeichnet, und die Verdichtungsfähigkeit beträgt

$$F = \frac{\varepsilon_0 - \varepsilon_{\min}}{\varepsilon_{\min}}; \tag{2}$$

die relative Dichte beträgt

$$D = \frac{\varepsilon_0 - \varepsilon}{\varepsilon_0 - \varepsilon_{\min}} = \frac{n_0 - n_{\min}}{n_{\min}(n_0 - n_{\min})} \tag{3}$$

und es gilt:

für lockeren Sand . . . . $0 < D < \frac{1}{3}$,
für mitteldichten Sand . . . . $\frac{1}{3} < D < \frac{2}{3}$,
und für dichtgelagerten Sand . . . . $\frac{2}{3} < D < 1$.

Je kleiner die Verdichtungsfähigkeit F ist, desto fester ist die Lagerung des betrachteten Sandes. Aus den Werten F und D läßt sich daher die Dichte der Lagerung von Sand beurteilen.

Das Porenverhältnis bindiger Böden wird infolge der Biegsamkeit der Bodenschuppen von der Art der Bildung der Ablagerung wenig beeinflußt. Es hängt hauptsächlich von der Festigkeit des Materiales und vom Druck ab, unter dem das Material gestanden ist. Schon durch mäßigen Druck kann das Porenverhältnis bindiger Böden wesentlich verändert werden; es ist, wie Messungen gelehrt haben, bei bindigen Böden stets größer als bei körnigen.

Tabelle 2. Eigenschaften bindiger Böden (nach J. Kopetzky).

Bodenart	Fetter, undurchlässiger Ton	Tonig-lehmiger Boden	Toniger diluvialer Lehmboden	Festgelagerter diluvialer Lehm	Sehr feinsandiger Lehm, mittelfest	Lockerer, diluvialer Lehm	Lockerer, feinsandiger Lehm	Lehmig-toniger Boden		
Abschlämmbare Teilchen (Ultraton, Mikroton u. Schluff) unter ⌀ 0,01 mm, in vH .	86,68	67,24	53,36	46,68	48,44	42,64	36,64	54,16	53,38	52,28
Mo, fein, ⌀ 0,01 bis 0,05 mm, in vH	11,04	25,76	43,08	43,04	17,76	48,12	37,08	28,48	28,02	30,56
Mo, grob, ⌀ 0,05 bis 0,1 mm, in vH	1,56	2,44	2,88	7,08	14,68	6,40	4,76	7,64	12,00	5,76
Sand, ⌀ über 0,1 mm, in vH .	0,88	4,56	0,68	3,40	19,12	2,84	18,52	9,72	6,60	11,40
Wasserkapazität in vH des Volumens	47,60	41,10	33,90	34,90	39,30	37,10	34,60	40,20	46,00	46,80
Wasserkapazität in vH des Gewichtes	37,00	29,40	21,60	22,10	29,40	28,80	25,00	32,20	39,90	36,20
Raumgewicht t/m³	1,34	1,34	1,54	1,52	1,29	1,26	1,34	1,26	1,18	1,25
Eigengewicht t/m³	2,58	2,49	2,60	2,60	2,55	2,51	2,65	2,58	2,56	2,51
Porenverhältnis in vH. . . .	48,0	46,10	40,70	41,40	49,30	49,30	49,50	51,00	53,90	50,20
Luftkapazität in vH	0,4	5,0	6,8	6,50	10,0	12,4	14,70	10,8	7,90	3,4

Literatur: Terzaghi, K.: Erdbaumechanik. Berlin und Wien: Fr. Deuticke 1925.

IV. Die Feuchte und die Konsistenz der Böden.

Wie früher erwähnt worden ist, besitzen alle Böden mehr oder minder große Poren; kommen die Böden nun mit Wasser in Berührung, so füllen sich die Poren teilweise oder vollständig mit Wasser an. Böden, deren Poren vollständig mit Wasser gefüllt sind, werden „mit Wasser gesättigt" bezeichnet und ihr Wassergehalt ist gleich dem Porenraum. Wenn gesättigter Boden vom Wasser entfernt und vor Austrocknung geschützt wird, so läuft ein Teil des Wassers ab, der Rest bleibt in den Poren festgehalten; dieser verbleibende Rest, der dem Boden nur durch Verdunstung oder durch die Tätigkeit der Pflanzen entzogen werden kann, wird Wasserkapazität genannt und so wie der Porenraum in vH des Rauminhaltes der Bodenprobe ausgedrückt. Die Differenz zwischen Porenraum und Wasserkapazität heißt Luftkapazität und wird auch in vH des Rauminhaltes der Bodenprobe gemessen; sie stellt jenen Raumanteil der Poren dar, der z. B. bei einer Absenkung des Grundwassers dem Boden entzogen werden kann. Die Luftkapazität der körnigen Böden erreicht bei grobkörnigen Sanden nahezu das Porenverhältnis, bei bindigen Böden ist sie wesentlich kleiner und macht meist nur einen kleinen Bruchteil des Porenverhältnisses aus (vgl. Tabelle 2).

Wenn endlich vollkommen trockener Boden in Berührung mit feuchter Luft gebracht wird, so nimmt er aus ihr Wasser auf, mit dem sich die einzelnen Bodenteilchen einhüllen; solches Wasser, das nur durch Trocknung dem Boden zu entziehen ist, wird hygroskopisch gebundenes Wasser genannt und es wird in vH des Bodengewichtes angegeben. Die Fähigkeit eines Bodens, Feuchte anzuziehen, wird Hygroskopizität genannt. Vielfach wird an Stelle der Bezeichnung „hygroskopisch gebundenes Wasser" auch einfach Hygroskopizität gebraucht.

In den feinen Poren der Böden steigt Wasser wie in Haarröhrchen über den Grundwasserspiegel auf, und zwar um so höher, je feiner die Poren sind. In den bindigen Böden kann das Wasser sehr große kapillare Steighöhen erreichen. J. Kozeny gibt für die größte kapillare Steighöhe H des Wassers die Beziehung

$$H = 0{,}446 \frac{1-n}{n} \cdot \frac{1}{d_w}, \tag{4}$$

in der n das Porenverhältnis und d_w den wirksamen Korndurchmesser (vgl. S. 11) bedeuten.

Um die Feuchte des Bodens zu bestimmen, wird eine Bodenprobe genau gewogen, hierauf bis zur Gewichtskonstanz im Trockenschrank getrocknet und neuerlich gewogen. Die Gewichtsabnahme im Trockenschrank in vH des ursprünglichen Gewichtes ausgedrückt gibt die Feuchte an. Bei einem anderen, auch auf Baustellen rasch ausführbaren Verfahren, das keinen Trockenschrank erfordert, wird eine genau gewogene Bodenprobe von b Gramm in eine genau gemessene Menge a cm³ Alkohol gebracht, der dem Boden die Feuchte rasch entzieht. Aus der Zunahme des Wassergehaltes des Alkohols, die mittels eines Areometers leicht bestimmbar ist, kann die Feuchte des Bodens ermittelt werden. Bedeutet x die Volums-vH Alkohol vor, x_1 jene nach Durchführung der Untersuchung, so beträgt die Feuchte in Gewichts-vH der Bodenprobe

$$f = \frac{a}{b} \frac{x - x_1}{100}. \tag{5}$$

Während bei den körnigen Böden (Sanden) die Feuchte für die mechanischen Eigenschaften ziemlich belanglos ist, ändern die an schuppigen Feinteilen reichen bindigen Böden, also besonders Ton und Lehm, mit ihren sandigen Variationen ihre mechanischen Eigenschaften sehr bedeutend mit dem Wassergehalt und nehmen verschiedene Konsistenzformen an, deren wichtigste nach A. Atterberg die feste, die plastische und die flüssige ist. Bei sehr magerem Lehm fällt die plastische Form aus und die feste Form geht bei Wasserzufuhr unmittelbar in die flüssige über. Zwischen diesen Hauptkonsistenzformen gibt es eine Reihe von Übergangsformen. In der härtesten Form schwinden die Bodenstücke beim weiteren Austrocknen nicht mehr. In der losen, festen Form haften einzelne Stücke, wenn sie mit schwachem Druck aneinandergepreßt werden. Zwischen beiden liegt die Schrumpfgrenze. In der zähplastischen Form klebt der Boden nicht am Werkzeug und er kann noch in Drähte ausgerollt werden. In der klebendplastischen Form klebt der Boden am Werkzeug und läßt sich ohne Mühe formen. In der zähflüssigen Form fließt der Boden in Schichten von nicht weniger als 15 mm Dicke. In der dickflüssigen Form hat der Boden die Konsistenz eines dünnen Breies; beim Zerteilen fließen die Teile wieder aneinander, bleiben aber durch eine Furche getrennt. In der dünnflüssigen Form ist der Boden fast so dünnflüssig wie Wasser.

Bindige Böden verändern ihre Festigkeit sehr bedeutend mit ihrer Feuchte und sind schon in der zähplastischen Konsistenzform nicht mehr ohne weiteres durch Bauwerke belastbar. In der Abb. 5 ist die Beziehung zwischen Feuchte und Druckfestigkeit für eine von K. Terzaghi untersuchte Tonprobe dargestellt, die deutlich den großen Einfluß der Feuchte auf die Druckfestigkeit erkennen läßt.

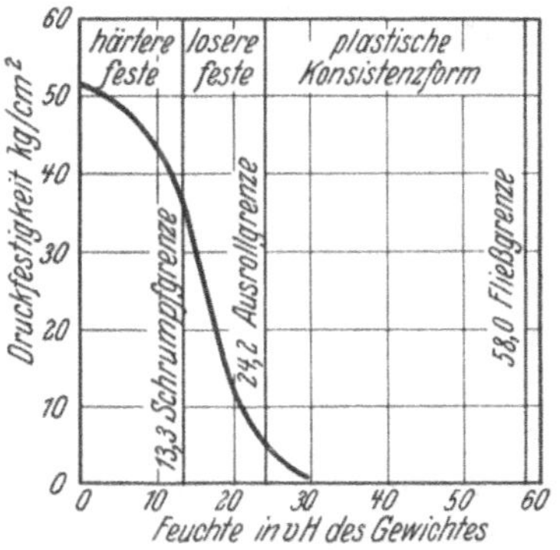

Abb. 5. Beziehung zwischen Feuchte und Druckfestigkeit bzw. Konsistenz bei einem Tonwürfel mit 47 vH Sand und Mo, 19,3 vH Grobschluff, 28,3 vH Mikroton. Porenziffer des trockenen Tones 0,48 bis 0,53. Eigengewicht $\gamma_e = 2{,}93\,t/m^3$. (Nach Messungen von K. Terzaghi, Erdbaumechanik.)

Bindige Böden ändern bei Veränderungen des Wassergehaltes aber nicht nur ihre Konsistenzform und ihre Festigkeit, sondern auch ihren Rauminhalt. Wenn nasser bindiger Boden austrocknet, so schrumpft er zusammen, er schwindet, so lange, bis der Wassergehalt die sogenannte Schrumpfgrenze unterschreitet. Die Schrumpfgrenze liegt bei etwa 8 bis 14 vH Wassergehalt (Gewicht). Wenn bindiger Boden in größerer Flächenausdehnung austrocknet, so führt das Schrumpfen zur Bildung zahlreicher Schwindrisse (Abb. 6).

K. Terzaghi hat für das Schwinden der bindigen Böden beim Austrocknen eine Erklärung gegeben. Das Schwinden kann nur auftreten, wenn sich der Porenraum verringert. Die gleiche Verringerung des Porenraumes kann aber statt durch Austrocknung des Bodens auch durch eine entsprechend hohe Belastung mit p_s kg/cm² erreicht werden. Terzaghi hat gezeigt, daß der Bruch Elastizitätsmodul E durch den Druck p_s für jede Bodenart konstant ist. Er führt das Schwinden der bindigen Böden auf die Oberflächenspannung des Wassers zurück, das sich beim Austrocknen des Bodens in den Kapillaren zurückzieht. Das Schwinden hört tatsächlich sofort auf, wenn der Boden überflutet, die Oberflächenspannung des Wassers in den Poren also ausgeschaltet ist. Im Sinne dieser Auffassung muß das Höchstmaß des Schwindens bei der Lufttrocknung bindigen Bodens unter sonst gleichen Umständen von der Oberflächenspannung der Flüssigkeit abhängen, mit der der bindige Boden angefeuchtet ist. Tatsächlich beobachtete Terzaghi auch, daß ein mit Wasser (Oberflächenspannung 75 Dyn/cm) angemachter Ton durch Lufttrocknung je nach dem Anfangswassergehalt auf eine Porenziffer $\varepsilon = 0{,}482$ bis $0{,}526$, ein mit 90 proz. Alkohol (Oberflächenspannung 23 Dyn/cm) angemachter Ton dagegen bloß auf eine Porenziffer $\varepsilon = 0{,}798$ verdichtet werden konnte. Terzaghi schätzt den Druck, der eine der Oberflächenspannung des Wassers gleichwertige Verdichtung des Bodens bewirken kann, auf 30 bis 100 kg/cm².

Abb. 6. Schwindrisse in den Schlammablagerungen des Langmann-Stauweihers der Teigitschwerke.

Wenn ein bindiger Boden überflutet wird, so wird die Oberflächenspannung ausgeschaltet und er nimmt Wasser so lange auf, bis sich sein Porenraum auf jenes Maß vergrößert hat, das der auf dem Boden ruhenden Last entspricht. Hierbei schwillt der Boden natürlich an und während der Austrocknung allenfalls entstandene Schwindrisse schließen sich wieder.

Literatur: Koženy, J.: Über kapillare Leitung des Wassers im Boden. Sitzungsber. d. Akad. d. Wissensch. Wien. Math.-Naturwiss. Kl. 136. Abt. IIa. S. 271. — Terzaghi, K.: Erdbaumechanik. Leipzig: Fr. Deuticke 1925.

V. Die Wasserdurchlässigkeit der Böden.

Wenn die Grundwerkssohle unter den Grundwasserspiegel zu liegen kommt, spielt der Andrang des Grundwassers in der Baugrube bei der Entscheidung über die Gründungsart und bei der Ermittlung der Kosten der Wasserhaltung eine große Rolle, so daß die Angabe der Durchlässigkeit des Bodens erwünscht ist. Die Bewegung des Wassers durch die Poren des Untergrundes erfolgt fast ausnahmslos nach dem Darcyschen Filtergesetz, nach dem die Filtergeschwindigkeit u, das ist der Quotient aus Sickerung Q durch durchsickerten Bodenquerschnitt F nach der Beziehung

(6) $$u = \frac{Q}{F} = k J$$

vom Gefälle J abhängt; k ist die sogenannte Durchlässigkeit des Bodens, eine Konstante desselben, die nur von der Porenweite abhängt. Die Temperatur des Wassers beeinflußt zwar auch die Durchlässigkeit k, sie schwankt im Untergrunde aber zwischen so engen Grenzen, daß ihr Einfluß nicht in Betracht gezogen werden braucht.

Da nun, wie früher erwähnt worden ist, $u = \frac{Q}{F}$ ist, so sickert durch die Flächeneinheit des Bodens in der Zeiteinheit die Wassermenge

(7) $$Q = k J F,$$

und man ist in der Lage, die Sickerung zu berechnen, wenn man die Durchlässigkeit k kennt.

Die Durchlässigkeit k kann entweder unmittelbar gemessen oder, wenig zuverlässig, aus Formeln berechnet werden. Wenn es sich um die Ermittlung des Wasserandranges zu Baugruben handelt, so kommt als unmittelbare Messung nur jene an Ort und Stelle in Betracht, da nur bei dieser die natürliche Lagerung des zu untersuchenden Bodens, auf die es besonders ankommt, nicht gestört ist. Versuche haben nämlich gelehrt, daß ein und derselbe Boden, je nach der Lagerung, also je nach dem Porenverhältnis, sehr verschiedene Durchlässigkeiten haben kann. Handelt es sich hingegen um Boden für Schüttungen, dann genügt es, da ja bei der Herstellung der Schüttung die natürliche Lagerung gestört wird, Bodenproben in der Versuchsanstalt zu untersuchen.

Um die Durchlässigkeit unmittelbar an der Baustelle zu ermitteln, wird neben der Baugrube durch Bohrung ein etwa 200 bis 250 mm weiter Röhrenbrunnen hergestellt und aus diesem so lange Wasser gleichmäßig gepumpt, bis sich ein stationärer Zustand, also feststehender Wasserspiegel im Brunnen eingestellt hat. Vorerst sei der einfachste Fall angenommen, daß nämlich der Brunnen durch die wasserführenden Schichten bis zur undurchlässigen Schicht abgeteuft ist; das Wasser fließt einem solchen Brunnen radial zu und durch konzentrische Zylinderflächen fließt stets die gleiche Wassermenge, nämlich jene, die abgepumpt wird. Früher ist schon erwähnt worden, daß nach dem Darcyschen Gesetz der Durchfluß Q durch eine Fläche F beim Gefälle J

(7) $$Q = k J F$$

beträgt; mit den Bezeichnungen der Abb. 7, angewendet auf die Sickerung durch die früher erwähnten Zylinderflächen, hat man dann

$$Q = k \cdot 2\,\pi\,x\,z\,\frac{dz}{dx} \tag{8}$$

oder

$$z\,dz = \frac{Q}{2\,\pi\,k}\,\frac{dx}{x} \tag{9}$$

und weiter

$$z^2 = \frac{Q}{\pi\,k}\log\operatorname{nat} x + C; \tag{10}$$

für die Brunnenmantelfläche wird $z = h$ und $x = r$, so daß dort

$$h^2 = \frac{Q}{\pi\,k}\log\operatorname{nat} r + C \tag{11}$$

und schließlich für den Bereich um den Brunnen

$$z^2 - h^2 = \frac{Q}{\pi\,k}\log\operatorname{nat}\frac{x}{r} \tag{12}$$

gilt. Wenn in der Entfernung x vom Brunnen ein enges Beobachtungsrohr abgeteuft wird, in dem die Spiegellage ermittelt wird, so sind alle Größen gegeben, die für die Berechnung der Durchlässigkeit k nötig sind.

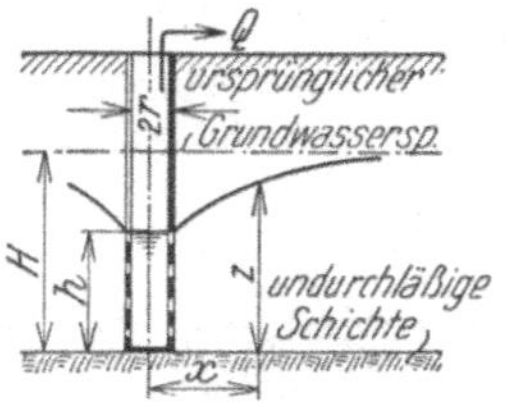

Abb. 7. Sickerung gegen einen Brunnen, der bis zur undurchlässigen Schicht hinabreicht.

Beim Pumpversuch darf die Absenkung des Wasserspiegels nicht übertrieben werden, weil sonst falsche Ergebnisse erhalten würden. W. Sichardt hat gefunden, daß das Grundwassergefälle im Bereiche um den Brunnen nicht über ein gewisses Maß gesteigert werden kann. Für das größtmögliche Grundwassergefälle am Brunnen gibt er die empirische Formel

$$J_{\max} = \frac{1}{15\sqrt{k}} \tag{13}$$

an, in die die Durchlässigkeit k in m/sec einzuführen ist. Die höchstmögliche Entnahme beträgt daher bei einem Einzelbrunnen, der bis zur undurchlässigen Schicht reicht

$$Q_{\max} = k \cdot 2\,r\,\pi\,h \cdot \frac{1}{15\sqrt{k}} = \frac{2}{15}\pi\,\sqrt{k}\,r\,h, \tag{14}$$

wenn mit r der Brunnenhalbmesser und mit h die Wassertiefe im Brunnen bezeichnet wird.

Wenn der Brunnen nicht bis zur wasserundurchlässigen Schicht hinabreicht und auch deren Lage, wie es meist vorkommt, unbekannt ist, so muß, wie A. Schoklitsch gezeigt hat, der Wasserspiegel in zwei Beobachtungsrohren eingemessen werden. Versuche von Ph. Forchheimer haben nämlich ergeben, daß der Grundwasserspiegel von der Tiefenlage des Brunnenbodens in bezug auf die undurchlässige Schicht nur im unmittelbaren Bereich um den Brunnen beeinflußt wird, daß aber in einiger Entfernung vom Brunnen die Spiegellage von der Ausführung des Brunnens unabhängig ist. Werden die in den Beobachtungsrohren gemessenen Werte durch die Indizes 1 und 2 bezeichnet, so gilt, wie schon früher hergeleitet worden ist,

$$z^2 = \frac{Q}{\pi\,k}\log\operatorname{nat} x + C; \tag{10}$$

in größerer Entfernung X vom Brunnen wird die Senkung des Grundwasserspiegels infolge des Brunnenbetriebes unmerklich; als Wassertiefe in einem Beobachtungsrohr, das bis zur undurchlässigen Sohle reicht, würde also die Tiefe H des ungestörten Grundwassers gemessen werden.

Dort gilt

(15) $$H^2 = \frac{Q}{\pi k} \log \operatorname{nat} X + C,$$

und man hat dann

(16) $$z^2 - H^2 = \frac{Q}{\pi k} \log \operatorname{nat} \frac{x}{X}$$

oder für zwei Beobachtungsrohre *1* und *2* (Abb. 8)

(17) $$z_1^2 - H^2 = \frac{Q}{\pi k} \log \operatorname{nat} \frac{x_1}{X}$$

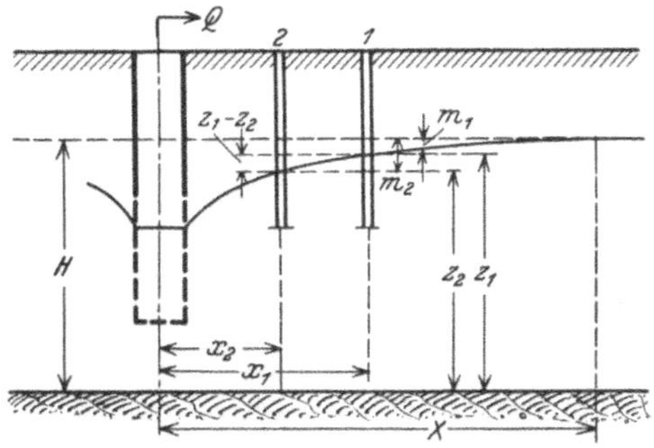

Abb. 8. Die Ermittlung der Durchlässigkeit *k* durch einen Pumpversuch aus einem unvollkommenen Brunnen.

und

(18) $$z_2^2 - H^2 = \frac{Q}{\pi k} \log \operatorname{nat} \frac{x_2}{X}.$$

Die Differenzen $H - z_1 = m_1$ bzw. $H - z_2 = m_2$ können leicht gemessen werden. Man hat dann weiter

(19) $$-m_1 (z_1 + H) = \frac{Q}{\pi k} \log \operatorname{nat} \frac{x_1}{X}$$

und

(20) $$-m_2 (z_2 + H) = \frac{Q}{\pi k} \log \operatorname{nat} \frac{x_2}{X}$$

und erhält durch Subtraktion

(21) $$z_1 - z_2 = \frac{Q}{\pi k} \left(\frac{1}{m_2} \log \operatorname{nat} \frac{x_2}{X} - \frac{1}{m_1} \log \operatorname{nat} \frac{x_1}{X} \right),$$

und da auch die Differenz $z_1 - z_2$ in seichten Beobachtungsrohren ermittelt werden kann, so läßt sich nun die Durchlässigkeit k berechnen.

Die Reichweite X eines Brunnens beträgt etwa nach P. Kresnik

bei grobem Schotter	etwa 500 m,	$\log \operatorname{nat} X = 6{,}21$,
bei grobem Kies.	100 bis 150 m,	$\log \operatorname{nat} X = 4{,}60$ bis $5{,}01$,
bei mittlerem Kiessand.	50 m,	$\log \operatorname{nat} X = 3{,}91$,
bei feinem Sand, Dünensand . . .	5 bis 10 m,	$\log \operatorname{nat} X = 2{,}50$ bis $1{,}61$.

W. Sichardt gibt für die Reichweite in Metern die empirische Formel

(22) $$X = 3000\, s \sqrt{k}$$

an, in die die Absenkung s im Brunnen in Metern und die Durchlässigkeit k in m/sec einzusetzen ist; diese Formel gibt außerordentlich große Reichweiten.

Die Reichweite X kann genauer durch Beobachtung in einigen, in verschiedenen Entfernungen vom Brunnen gerammten Rohren von etwa 40 mm Durchmesser erhoben werden.

Tabelle 3. Gemessene Durchlässigkeiten.

Bodenart	Körnung mm	Durchlässigkeit k cm/sec
Dünensand in Holland . . .	—	0,02
Sand mit Spuren von Lehm .	—	0,08
Flußsand.	0,1 bis 0,3	0,25
Flußsand.	0,1 „ 0,8	0,88
Filtersand (Hamburg)	—	0,77
Feiner Kies	2,0 bis 4,0	3,00
Mittelkies	4,0 „ 7,0	3,51

Wenn Boden für Schüttungen bei Wasserbauten verwendet wird, so wird gelegentlich der Erdbewegung die Lagerung des Bodens geändert; der Boden wird meist in Lagen gestampft, und diese Lagerung läßt sich in der Versuchsanstalt im Versuchsgerät nachahmen. In diesem Falle genügt die Entnahme einer Probe und Untersuchung in der Versuchsanstalt. Die Proben werden hierbei in ein 10 bis 30 cm weites Rohr vom Querschnitte F und von 1,50 bis 2,00 m Länge gefüllt und so gestampft, wie es auch bei der Dammschüttung geschehen soll. Dann wird in der in der Abb. 9 ersichtlichen Weise Wasser durchgepreßt und der Druckverlust an einigen Piezometerröhren, sowie die Sickerung Q gemessen. Das Gefälle beträgt dann

$$J = \frac{h}{l}, \tag{23}$$

und da

$$Q = k F \frac{h}{l} \tag{24}$$

ist, kann k leicht berechnet werden. Beim Versuche selbst ist einige Sorgfalt darauf zu verwenden, daß die Luft verläßlich aus allen Poren vor Beginn der Ablesung entfernt ist; man läßt am besten durch 24 Stunden Wasser durchlaufen, bevor der eigentliche Versuch begonnen wird.

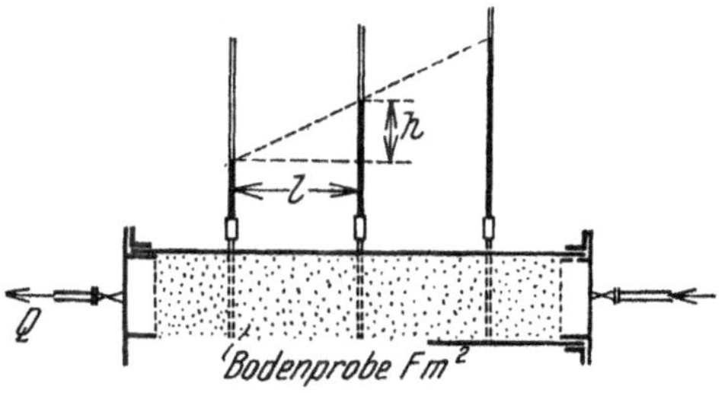

Abb. 9. Gerät zur Ermittlung der Durchlässigkeit von Schüttungen.

Für die Berechnung der Durchlässigkeit aus der Mischungslinie des durchsickerten Bodens hat J. Koženy eine Formel aufgestellt, deren Richtigkeit von J. Donat durch Versuche bestätigt worden ist. Koženy setzt die Durchlässigkeit

$$k = \frac{\gamma}{\eta_t} c \frac{d_w^2}{36} \frac{n^3}{(1-n)^2} \text{ (cm/sec)}, \tag{25}$$

wobei γ das Eigengewicht des Wassers, η_t die Zähigkeit des Wassers bei der Temperatur t, n das Porenverhältnis des Bodens, c einen Beiwert, der von der Beschaffenheit der Bodenkörner abhängt und d_w den wirksamen Korndurchmesser bedeuten.

Die Zähigkeit des Wassers bei der Temperatur t wird aus der von J. D. Poiseuille aufgestellten Gleichung

$$\eta_t = \frac{0{,}00001814}{1 + 0{,}0337\, t + 0{,}00022\, t^2} \frac{\mathrm{g \cdot sec}}{\mathrm{cm}^2} \tag{26}$$

berechnet.

J. Donat fand bei

Flintsand (Quarz)	Marchfeldsand	Odersand	Glaskugeln
eckig, splitterig	Quarz und Kalk, eckig und knollig		
$c = 0{,}036$	0,086	0,134	0,192

Als wirksamer Korndurchmesser eines Korngemisches ist früher nach dem Vorschlag von A. Hazen jener angesehen worden, der die Körner des Gemisches so trennte, daß 10 vH des Probengewichtes kleiner waren. J. Koženy berechnet den wirksamen Korndurchmesser d_w aus der Beziehung

$$\frac{1}{d_w} = \sum \frac{\Delta}{d_{1,2}}, \tag{27}$$

wobei Δ das Verhältnis des Gewichtsanteiles einer Korngruppe mit den Grenzkorngrößen d_1 und d_2 zum Gesamtgewicht der Bodenprobe und $d_{1,2}$ den mittleren Durchmesser dieser Gruppe bedeutet. Der wirksame Korndurchmesser d_w wird am besten aus der Mischungslinie des Bodens zeichnerisch ermittelt. Hierzu zeichnet man bei feinem Boden mit logarithmischer Auftragung der Korngrößen die Mischungslinie und dazu in der in der Abb. 10 angedeuteten Weise die Linie der $\frac{1}{d}$; die mittlere Breite der schraffierten Fläche gibt schließlich $\frac{1}{d_w}$ und weiter den wirksamen Korndurchmesser d_w an.

Die Wasserdurchlässigkeit der Bodenarten nimmt mit dem Gehalt an Feinteilchen sehr rasch ab; Lehm und Ton können in der Regel als wasserdurchlässig angesehen werden. Selbst bei gleichem Durchmesser der Bodenteilchen sind die

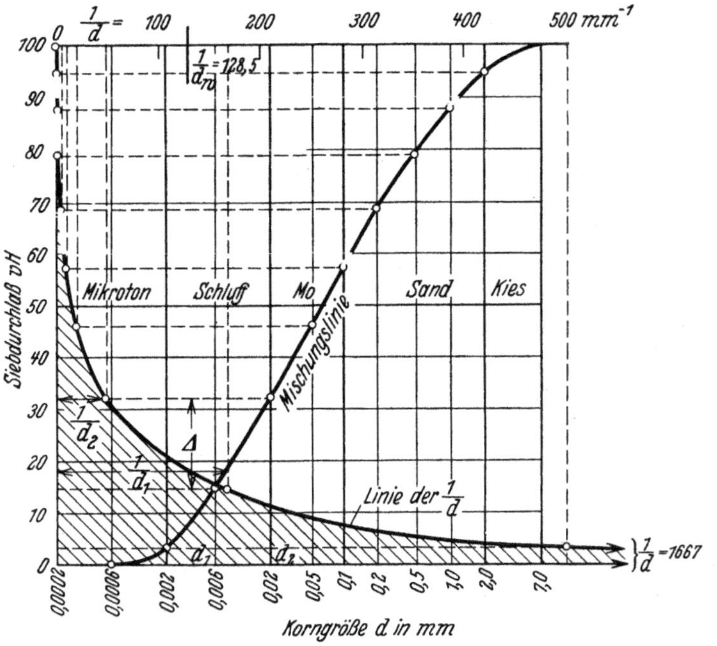

Abb. 10. Ermittlung des wirksamen Korndurchmessers d_w nach dem Verfahren von J. Kozeny. $d_w = 0{,}0078$ mm.

aus derben Körnern bestehenden Sande 50- bis 90mal durchlässiger als die aus Mineralschuppen bestehenden Tone. Für die Durchlässigkeit k eines Tones hat K. Terzaghi die Beziehung

$$k = 5{,}56 \cdot 10^{-9} \frac{(1{,}15\,\varepsilon - 0{,}15)^{11}}{(1{,}15\,\varepsilon - 0{,}15)^{8}\,(1-\varepsilon)^{4} + 0{,}0166\,(1-\varepsilon)^{12}} \frac{\eta_0}{\eta_t} \text{ (cm/sec)} \tag{28}$$

aufgestellt, in der ε die Porenziffer, η_0 die Zähigkeit des Wassers bei 0^0, η_t jene bei t^0 bedeutet. Ein anderer Ton zeigte

$$k = 5{,}56 \cdot 10^{-9} \frac{(1{,}15\,\varepsilon - 0{,}15)^{11}}{(1{,}15\,\varepsilon - 0{,}15)^{8}\,(1-\varepsilon)^{4} + \frac{0{,}0166}{m^{8}}(1-\varepsilon)^{12}}\, m^{2} \frac{\eta_0}{\eta_t} \text{ (cm/sec)}, \tag{29}$$

wobei m das Verhältnis des wirksamen Korndurchmessers (nach A. Hazen) des betreffenden Tones zu jenem des ersten Tones bedeutet.

Literatur: Donat, J.: Beitrag zur Durchlässigkeit der Sande. Wasserkraft 1929 S. 228. — Forchheimer, Ph.: Hydraulik 3. Aufl. Leipzig: B. G. Teubner 1930. — Koženy, J.: Über die Grundwasserbewegung. Wasserkraft 1927 S. 67, 86. — Prinz, E.: Handb. d. Hydrologie 2. Aufl. Berlin: Julius Springer 1923. — Schoklitsch, A.: Der Wasserbau. Wien: Julius Springer 1930. — Sichardt, W.: Grundwasserabsenkung bei Fundierungsarbeiten 2. Aufl. Berlin: Julius Springer 1928; mit reichen weiteren Literaturangaben. — Terzaghi, K.: Erdbaumechanik. Leipzig: Fr. Deuticke 1925.

VI. Die mineralogische bzw. chemische Beschaffenheit der Böden.

Die mineralogische bzw. chemische Zusammensetzung der Böden wird durch chemische Analysen ermittelt. Böden mit einem Kalkgehalt unter 2 vH werden als kalkarm, solche mit 2 bis 10 vH als mergelig, mit 10 bis 50 vH Kalk als Mergel und bei mehr als 50 vH Kalk als Kalkböden bezeichnet.

VII. Das Gewicht der Böden.

Das Gewicht der Böden hängt von der mineralogischen Beschaffenheit der Bodenteilchen, von der Dichte der Lagerung und vom Wassergehalt ab. Das Eigengewicht der Minerale, aus denen die Böden bestehen, liegt in der Regel zwischen $\gamma' = 2620$ und 2650 kg/m³. Das Raumgewicht der Böden ist wegen des Porenraumes wesentlich geringer. Wenn mit n das Porenverhältnis bezeichnet wird, so beträgt das Raumgewicht trockenen Bodens

$$\gamma_e = (1 - n)\gamma' . \tag{30}$$

Je nach der Bodenart können die Poren verschieden viel Wasser enthalten. Bei gesättigt nassem Boden sind alle Poren mit Wasser gefüllt. Wenn γ das Eigengewicht des Wassers bezeichnet, so beträgt das Raumgewicht wassergesättigten Bodens

$$\gamma_e = (1 - n)\gamma' + n\gamma . \tag{31}$$

Bei feuchten, körnigen Böden läuft, wenn sie außer Zusammenhang mit Wasser gebracht werden, der größte Teil des Porenwassers aus und das Raumgewicht ist nur wenig größer als jenes des trockenen Bodens, während das Raumgewicht feuchter bindiger Böden zwischen jenem des gesättigt-nassen und jenem trockenen Bodens, je nach der Feuchte, liegt, weil die Poren das in ihnen enthaltene Wasser nur im Verlaufe der Austrocknung abgeben.

Auf eine unter Wasser liegende Fläche drückt der Boden nur mit seinem Unterwassergewicht. Das Unterwasserraumgewicht beträgt, weil nur die Körner und nicht auch die Poren Auftrieb erleiden,

$$\gamma'_e = (1 - n)(\gamma' - \gamma). \tag{32}$$

Eine Angabe von beobachteten Raumgewichten von Böden ist nicht erforderlich, weil das Raumgewicht aus den angegebenen Formeln unter Berücksichtigung der Feuchte und des Porenverhältnisses richtiger berechnet werden kann.

VIII. Die innere Reibung und die Haftfestigkeit (Kohäsion) der Böden.

Der Bewegung zweier Bodenschichten übereinander wirkt die Reibung und die Haftfestigkeit (Kohäsion) entgegen. Bezeichnet F die Fläche, auf der sich die Bodenschichten bewegen, T den Gleitwiderstand und N den Normaldruck auf die Gleitfläche, so gilt allgemein die Beziehung

$$T = \mu N + K_s F , \tag{33}$$

in der μ den Beiwert der inneren Reibung (Tangente des inneren Reibungswinkels φ) und K_s die der Haftfestigkeit entsprechende Schubspannung bezeichnet. Diese Zweiteilung des Gleitwiderstandes ist von besonderer Bedeutung, weil die Vernachlässigung der Haftfestigkeit dann, wenn es sich um die Beurteilung des Gleitwiderstandes in größeren Tiefen handelt, bei bindigen Böden zur Annahme viel zu großer Reibungskräfte führen könnte.

Der Gleitwiderstand T kann in eigenen Versuchsgeräten gemessen werden. Die zu untersuchende Bodenprobe wird nach dem Verfahren von H. Krey zuerst in einem Vordruckgerät bei Anwesenheit von Wasser in zwei übereinanderliegenden Rahmen so lange jenem Druck ausgesetzt, der in der Natur in dem vorliegenden Falle vorkommt, bis die Poren sich auf das dem Drucke entsprechende Maß verringert und mit Wasser gesättigt haben, bis sich also der Rauminhalt der Probe nicht mehr ändert. Dann kommt die Probe in das eigentliche Versuchsgerät (Abb. 11), in dem die Probe wieder unter derselben Last steht; der untere Rahmen, der auf Stahlrollen gelagert ist, wird nun seitlich herausgezogen und die Kraft T gemessen, bei der das Gleiten beginnt. Es kann nun ein für den betreffenden Fall gültiger Ersatzreibungsbeiwert

$$\mu_e = \operatorname{tg} \varphi_e = \frac{T}{N} = \frac{\mu N + K_s F}{N} = \mu + K_s \frac{F}{N} \tag{34}$$

berechnet werden; es sei aber ganz besonders betont, daß dieser Wert bei einem anderen Druck N nicht zutrifft.

Wenn der Gleitwiderstand für verschiedene Tiefenlagen im Boden Verwendung finden soll, muß der Versuch mit einigen anderen Drücken N wiederholt werden und es muß der Reibungsbeiwert μ und die Haftfestigkeit K_s ermittelt werden.

Die Reibung wird von K. Terzaghi in die sogenannte Nullreibung und in die eigentliche Reibung geschieden. Die Nullreibung ist jene, die durch die echte Adhäsion wachgerufen wird; sie verhindert, daß z. B. ein Schlammteilchen, das sich an eine lotrechte Glasscheibe setzt, an dieser herabgleitet. Diese Nullreibung, die also auch dann auftritt, wenn die Bodenteilchen nicht unter dem Einflusse der Schwere oder infolge mechanischen Druckes aufeinander einwirken, ist außerordentlich klein, nicht meßbar und kommt nur für die Erklärung der Waben- und der Flockenstruktur, mit der sich Schlamm ablagert, in Frage. Die eigentliche Reibung oder innere Reibung ist proportional dem Drucke, mit dem die reibenden Körper aufeinander wirken und sie hängt von der Größe und Beschaffenheit der Bodenteilchen ab. Der Reibungswiderstand kann geschieden werden in die Flächenreibung, die an den Berührungsstellen oder Teilchen auftritt und in den Strukturwiderstand, den die Bodenteilchen einer Lagenänderung entgegensetzen. Der Strukturwiderstand ist bei bindigen Böden, deren Teilchen vorwiegend Mineralschuppen sind, unbedeutend, während er bei körnigen Böden groß ist; die Formänderungen gehen daher bei bindigen Böden allmählich vor sich, während sie bei körnigen Böden ruckweise erfolgen.

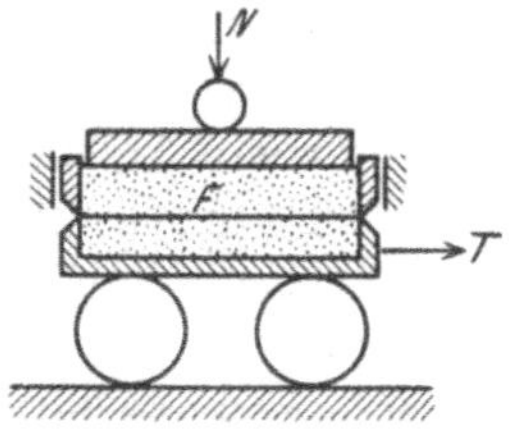

Abb. 11. Gerät zur Ermittlung des Gleitwiderstandes nach H. Krey.

Der Beiwert der inneren Reibung beträgt bei körnigen Böden nach K. Terzaghi, mindestens $\mu = 0{,}6$ bis $0{,}65$, während er bei bindigen Böden bis auf $\mu = 0{,}2$ herabgeht.

Die Haftfestigkeit (Kohäsion) ist nach K. Terzaghi in die echte und in die scheinbare zu scheiden. Die echte Haftfestigkeit tritt in allen pulverartigen Massen auf; sie hängt nur von der Kornform und Korngröße ab und ist um so größer, je kleiner die Bodenteilchen sind. Sie tritt daher sowohl bei den körnigen als auch bei den bindigen Böden auf. In körnigen Böden ist sie aber so gering, daß sie vernachlässigt werden kann. Die echte Kohäsion kann in bindigen Böden vergrößert werden, wenn durch länger andauernde Belastung die Lagerung verdichtet wird.

Die scheinbare Haftfestigkeit ist auf die Einwirkung des Wassers zurückzuführen. Bindige Böden, die der Luft ausgesetzt sind, schrumpfen, wie schon auf S. 7 erläutert worden ist und erlangen sehr hohe Scherfestigkeiten, von der Größenordnung bis 100 kg/cm² und mehr.

Als Beispiel sei erwähnt, daß K. Terzaghi bei trockenen Böden wie:

Bodenart	feinem Sand	Schluff	Schlamm	sandigem Ton	Ton
Haftfestigkeiten von kg/cm² . .	sehr klein	0,8 bis 5	0,8 bis 5	2,0 bis 5,0	0,8 bis 10

gemessen hat. Wenn solche Böden wieder mit Wasser in Berührung gebracht werden, so verschwindet diese hohe Haftfestigkeit wieder.

Wenn die Lagerung bindiger Böden gestört wird, z. B. durch Kneten oder durch Gleitbewegungen, so wird in jenem Bereiche, in dem die Struktur gestört worden ist, die Haftfestigkeit, wie Versuche von K. Terzaghi gezeigt haben, auf die Hälfte bis auf ein Viertel jener der ungestörten Lagen herabgesetzt. Diesem Umstande ist es zuzuschreiben, daß Bewegungen in bindigen Böden, die ursprünglich ganz allmählich und langsam vor sich gegangen sind, sich plötzlich ruckweise fortsetzen.

Der Gleitwiderstand hängt bei bindigen Böden in hohem Maße vom Wassergehalt des Bodens ab. Je mehr Wasser der Boden enthält, desto weiter sind die Bodenschuppen voneinander entfernt und desto weniger haften sie aneinander. Der Wassergehalt hängt aber bei bindigen Böden vom Drucke ab, unter dem der Boden steht. Bei der Beurteilung eines bindigen Bodens müssen daher die Druck- und Feuchteverhältnisse mit Sorgfalt untersucht werden und es darf nicht nur der Endzustand, wenn das Bauwerk fertig ist und der bindige Boden seine endgültige Zusammenpressung erlangt hat, den Untersuchungen zugrunde gelegt werden, sondern es müssen auch die Zwischenzustände beachtet werden, bei denen zwar die Bauwerkslast schon aufgebracht ist und der Boden gepreßt wird, bei denen aber wegen des langsamen Abfließens des Porenwassers die Feuchte noch viel größer ist, als der Pressung nach Verlauf einer längeren Zeit entspricht.

Tabelle 4. Haftfestigkeit und innere Reibung verschiedener Böden. (Nach K. Terzaghi.)

Bodenart	Haftfestigkeit K_s kg/cm²	Winkel der inneren Reibung φ Grade
Lehm, schon flüssig	0,05	0
Lehm, sehr weich	0,10	2
Lehm, weich	0,20	4
Lehm, weichplastisch	0,50	6
Lehm, plastisch	0,75	8
Lehm, steifplastisch	1,00	12
Schlamm, naß	0	10
Sand, trocken	0	34
Sand, mit etwas Lehm	0,20	30
Sand und Kies, verkittet	0,50	34

Besondere Vorsicht ist auch bei der Untersuchung von bindigen Böden nötig, deren Feuchte geringer ist, als es ihrer Pressung entspricht. Solche Böden weisen

Tabelle 5. Gemessene Reibungsbeiwerte tang δ. (Nach Brennecke-Lohmeyer, Schmoll und Engels.)

Reibungsbeiwerte zwischen	Granit, rauh bearbeitet	Eisenblech mit Nieten	Tannenholz, geschnitten	Gußeisen, unbearbeitet	Eisenblech ohne Nieten	Mauerwerk glatt,	Mauerwerk rauh	Sandstein, glatt	Sandstein, rauh	Beton
Schotter und Sand, trocken	0,54	0,49	0,51	0,47	0,46	—	—	—	—	—
Schotter und Sand, naß	0,48	0,55	0,50	0,50	0,44	—	—	—	—	—
Sand, fein (Wellsand), trocken	0,70	0,84	0,73	0,61	0,63	—	—	—	—	—
Sand, fein (Wellsand), naß	0,53	0,50	0,48	0,38	0,32	—	—	—	—	—
Schlamm, flüssig (Schlick)	—	—	—	—	—	0,05	0,1	—	—	—
Schlamm, fest	—	—	—	—	—	0,1	0,2	—	—	—
Ton- und Lehmboden, trocken	—	—	—	—	—	0,2	0,3	—	—	—
Sand, trocken	—	—	—	—	—	0,6	0,7	—	—	—
Sand, naß	—	—	—	—	—	0,3	0,5	—	—	—
Kies, trocken	—	—	—	—	—	0,4	0,5	0,57	0,61	—
Kies, naß	—	—	—	—	—	0,4	0,5	0,60	0,62	0,52

wieder sehr hohe Gleitwiderstände auf; mit diesen darf aber nur gerechnet werden, wenn es sicher gewährleistet ist, daß die Feuchte nicht zunehmen kann.

Bindige Böden, die ständig überflutet sind, sind leichter zu beurteilen, weil sie immer, dem Druck entsprechend, mit Wasser gesättigt sind.

Die Reibung zwischen Böden und Bauwerksteilen hängt von der Beschaffenheit des Bodens und von jener der Bauwerksoberfläche ab; sie kann nicht größer werden als in einer Gleitfläche im Innern des betreffenden Bodens. Einige gemessene Reibungsbeiwerte sind in der Tabelle 5 zusammengestellt.

Literatur: Krey, H.: Erddruck, Erdwiderstand 3. Aufl. Berlin: W. Ernst & Sohn 1926. — Terzaghi, K.: Erdbaumechanik. Leipzig und Wien: J. Deuticke 1925.

B. Die Erkundung der Bodenbeschaffenheit.

Je nachdem, für welchen Zweck die Kenntnis der Bodenbeschaffenheit erforderlich ist, wird die Erkundung auf verschiedene Tiefen erstreckt und auf verschiedene Weisen ausgeführt; die wichtigsten sind das Sondieren, das Schürfen, das Bohren, die Bodenerkundung mittels des Bohrpfahles, die Untersuchung mittels physikalischer Messungen und die physiologische Untersuchung.

Während die ersten vier Ermittlungsverfahren unmittelbar Aufschluß über die Art und die Schichtung des Untergrundes sowie über die Grundwasserverhältnisse geben, können die beiden letzten Erkundungsweisen nur Anhaltspunkte darüber vermitteln, ob der Boden innerhalb des untersuchten Feldes gleiche Beschaffenheit besitzt.

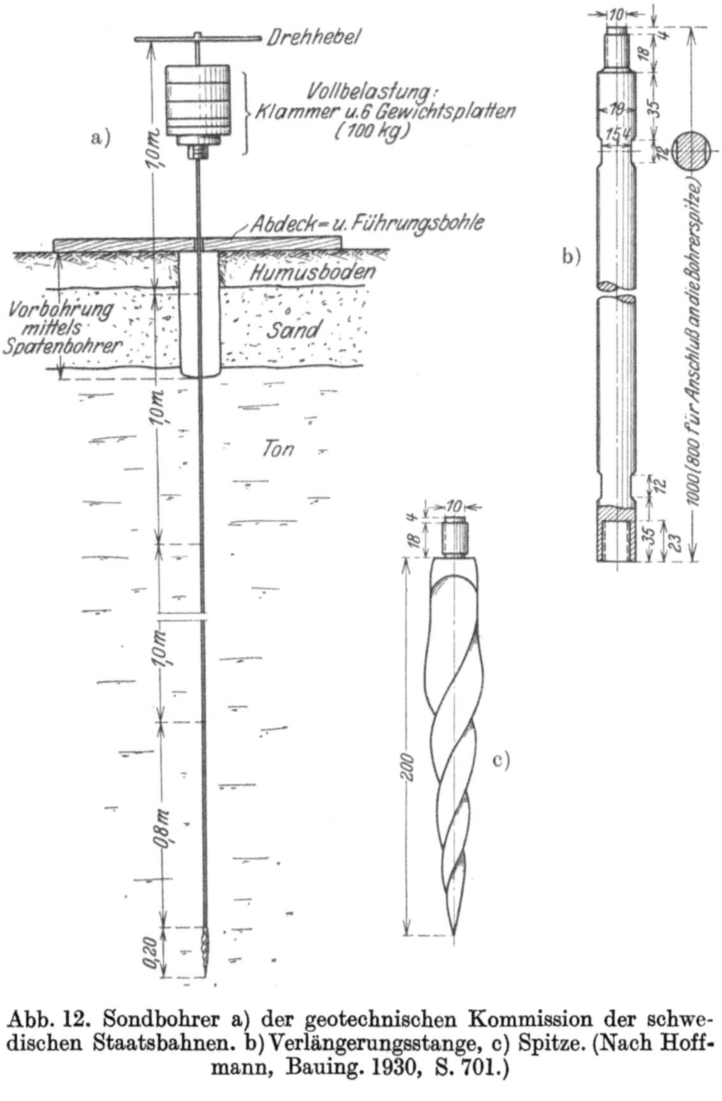

Abb. 12. Sondbohrer a) der geotechnischen Kommission der schwedischen Staatsbahnen. b) Verlängerungsstange, c) Spitze. (Nach Hoffmann, Bauing. 1930, S. 701.)

I. Das Sondieren.

Das Sondieren erfolgt gewöhnlich mit Hilfe des sogenannten Sondier- oder Visitiereisens, einer 2 bis 4 m langen Eisenstange, die durch Stoßen und Drehen in den Untergrund getrieben wird. Aus dem beim Eintreiben wahrgenommenen Widerstand, dem Geräusch (bei Schotterboden Knirschen) und aus Bodenteilchen, die beim Herausziehen haften bleiben, wird auf den Untergrund und seine Eigenschaften geschlossen. Die mit dem Sondiereisen erzielten Aufschlüsse sind sehr unsicher und reichen nur für oberflächliche Erkundungen hin. Um beim Heraufholen des Sondiereisens verläßlich Bodenproben mitzuheben, ist es zweckmäßig, alle etwa 30 cm eine sogenannte „Tasche“ in das Sondiereisen einzufeilen.

Um in weichem Boden durch Sondieren einerseits auf größere Tiefen hinab und anderseits sichere Aufschlüsse zu erhalten, verwendet die geotechnische Kommission der schwedischen Staatsbahnen einen besonderen Sondbohrer (Abb. 12), der aus einem spitzen Spiralbohrer besteht, der durch einen Meter lange Bohrgestänge nach Bedarf verlängert wird. Der Bohrer wird anfänglich durch Belastung, später überdies durch Drehen in den Boden getrieben. Um den Boden mit dem Sondbohrer zu erforschen, wird der Mutterboden und eine allenfalls darunter liegende dünne Schicht mittels eines Erdbohrers ausgehoben, hierauf der Sondbohrer aufgestellt und bei weichem Boden vorerst sein Einsinken ohne Auflast beobachtet, bis er sich in 10 Sekunden um nicht mehr als um einen Zentimeter einsenkt. Dann wird am Gestänge eine 5 kg schwere Klemme aufgeschraubt, auf diese werden nach und nach 5 kg Gewichte aufgelegt und so die Auflast unter Beobachtung der Einsenkung bis auf 100 kg gesteigert, wobei nach Bedarf das Gestänge durch Aufschrauben weiterer Verlängerungsstangen verlängert wird. Wenn unter der Auflast von 100 kg keine weitere Senkung auftritt, wird am Gestänge der Drehhebel aufgeschraubt, das Gestänge gedreht und hierbei beobachtet, wie tief der Sondbohrer nach 25, 50 usw. halben Drehungen einsinkt. Wenn nach 100 halben Umdrehungen die Senkung 1 bis 2 cm nicht überschreitet, so ist die Sondierung beendet und der Sondbohrer wird gezogen. Auf diese Weise kann in kurzer Zeit das Gelände abgetastet werden und man erhält einen Überblick darüber, ob die Bodenbeschaffenheit im untersuchten Gelände überall die gleiche ist oder ob es besonders bedenkliche Stellen gibt, die näher zu untersuchen sind.

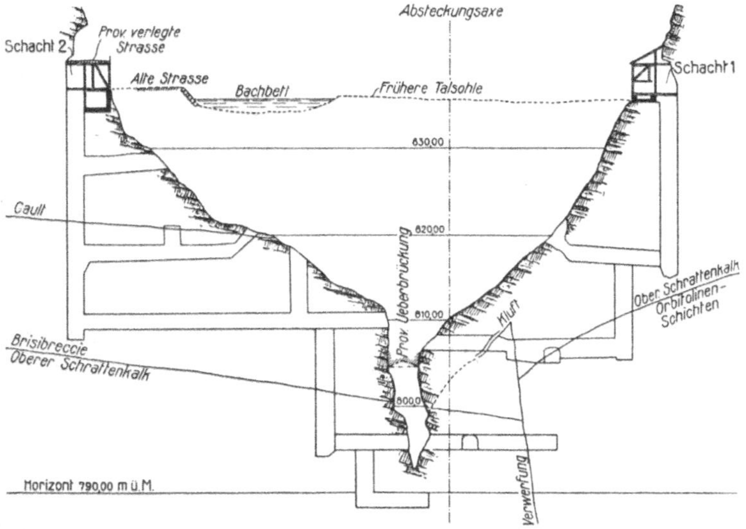

Abb. 13. Schürfschächte und Stollen beim Bau der Talsperre „Im Schräh“. [Aus Schweiz. Bauzg. Bd. 84 (1924).]

Literatur: Hoffmann, R.: Die geotechnischen Arbeitsmethoden der schwedischen Staatsbahnen. Bauing. 1930 S. 701.

II. Das Schürfen.

Beim Schürfen wird je nach der Örtlichkeit und der Tiefe, bis zu der die Untergrundverhältnisse zu klären sind, entweder nur ein einfacher, rohrgrabenähnlicher Schlitz, ein Stollen oder ein Schacht hergestellt, in dem die Schichtung und die Art der Bodenbestandteile durch Augenschein leicht festzustellen sind. Die Ergebnisse werden in einem Schürfprotokoll schriftlich niedergelegt und es werden vielfach auch von den verschiedenen Bodenschichten Proben entnommen und mit genauer Bezeichnung der Entnahmestelle in eigenen Kisten mit Fächern aufbewahrt. Für Schürfschlitze wird zweckmäßig eine Breite von 0,6 bis 0,8 m gewählt; Schürfstollen erhalten einen Querschnitt von etwa 2×2 m und Schürfschächte einen solchen von etwa 1,5 bis 2 m².

Zu den umfangreichsten, bisher ausgeführten Schürfungen gehören jene, die dem Baue der Talsperre „Im Schräh" des Kraftwerkes Wäggital vorausgegangen sind, und die der Erkundung der Felsoberfläche an der Sperrenbaustelle galten; sie bestanden, wie der Abb. 13 zu entnehmen ist, aus einem System von Schächten und Stollen, die bis auf nahezu 50 m unter die Talsohle hinabreichten.

Literatur: Die Erosionsrinne der Staumauer „Im Schräh" des Kraftwerkes Wäggital. Schweiz. Bauzg. Bd. 84 [1924] S. 8.

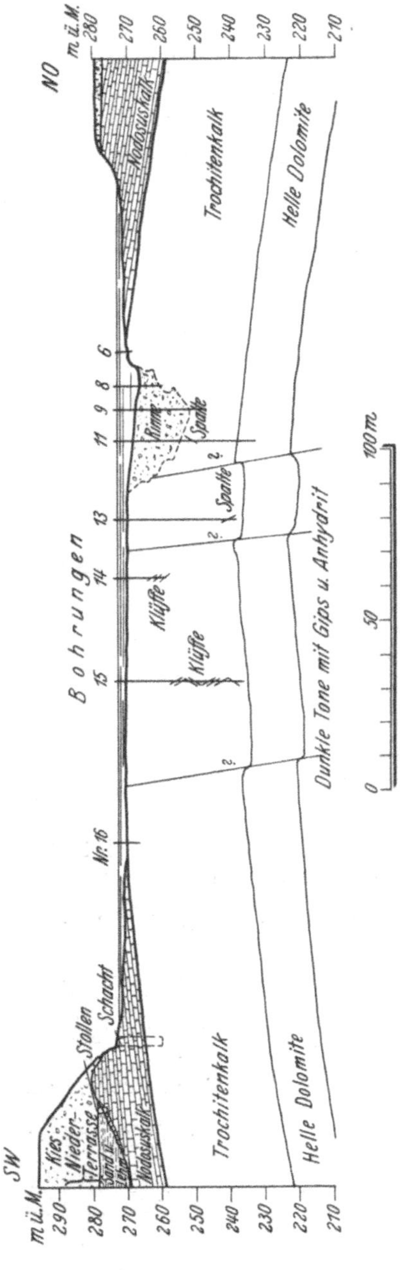

Abb. 14. Anordnung der Bohrungen zur Bodenerkundung und geologischer Querschnitt durch das Rheintal beim Bau des Stauwerkes Ryburg-Schwörstadt am Rhein. (Nach Schweiz. Bauzg.)

III. Das Bohren.

Bis auf größere Tiefen hinab erfolgt die Bodenerkundung fast ausnahmslos durch Bohren; wenn im Boden Grundwasser auftritt, ist es meist überhaupt das einzige Mittel, Aufschluß über die Bodenbeschaffenheit zu erhalten. Die Anordnung der Bohrlöcher wird dem Bauwerksgrundriß angepaßt. Weil Bohrlöcher den Wasserandrang in die Baugrube erleichtern, wird es meist vermieden, innerhalb des Bauwerksumrisses zu bohren. Wenn bei ausgedehnten Bauwerken auch innerhalb des Bauwerksgrundrisses Bohrlöcher angeordnet werden müssen, so ist es zweckmäßig, sie nach erfolgter Bodenerkundung wasserdicht zu schließen. Wo im Boden Störungen der Lagerung erwartet oder durch eine Bohrung festgestellt sind, werden die weiteren Bohrlöcher näher aneinander gelegt. Ein Beispiel für die Anordnung von Bohrlöchern ist in der Abb. 14 gegeben.

Beim Bohren wird der Boden aus dem Bohrloch heraufgeholt, untersucht und es wird in einem Bohrprotokoll genau die Schichtenfolge und das Auftreten von Wasser aufgezeichnet. Proben der angetroffenen Bodenarten werden in Kästchen aufbewahrt.

Die Bohrlöcher werden bei Bodenerkundungen für Bauzwecke in der Regel zwischen 5 und 20 cm weit ausgeführt. Die anzuwendenden Bohrer werden in Erdbohrer, Sand- oder Ventilbohrer, Meißelbohrer und Kronenbohrer geschieden.

a) Erdbohrer.

Bei allen Bodenarten mit gutem Zusammenhang, wie Mutterboden, Moor, Lehm, Ton, fester Kies und Sand, können zur Herstellung eines Bohrloches Bohrer verwendet werden, die durch Drehen in den Boden sozusagen hineingeschraubt werden. Bei geringeren Tiefen findet der Tellerbohrer Anwendung, der an einem Konus (Abb. 15) unten ein kleines, steiles Gewinde für die Fortbewegung trägt. Darüber liegt ein flachgängiges Gewinde, dessen Durchmesser (bis zu 0,30 m) jenem des Bohrloches entspricht und das für die Verdrängung und für das Herausheben des gelockerten Bodens dient. Der Bohrer wird mittels einer Stange, die durch eine Öse im oberen Ende gesteckt wird, gedreht. Bei bindigen Böden werden vielfach Schneckenbohrer (Abb. 16a, b) verwendet.

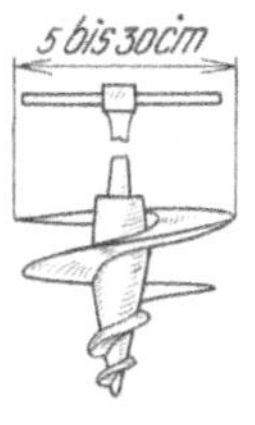

Abb. 15. Tellerbohrer.

Bei größeren Tiefen werden Zylinder- und Löffelbohrer in ihren verschiedenen Ausführungen angewendet. In weichen Erdarten wie Humus, Moor und Ton eignet sich besonders der Zylinderbohrer (Abb. 16d, e) mit durchgehender, unten gespitzter Achse und geschlitztem, schraubenförmig gebogenem Boden und geschlitztem Mantel; die Schlitzweite im Mantel richtet sich nach der Zähigkeit des Bodens und er wird bei ganz geringer Zähigkeit auch weggelassen. Die üblichen Durchmesser liegen zwischen

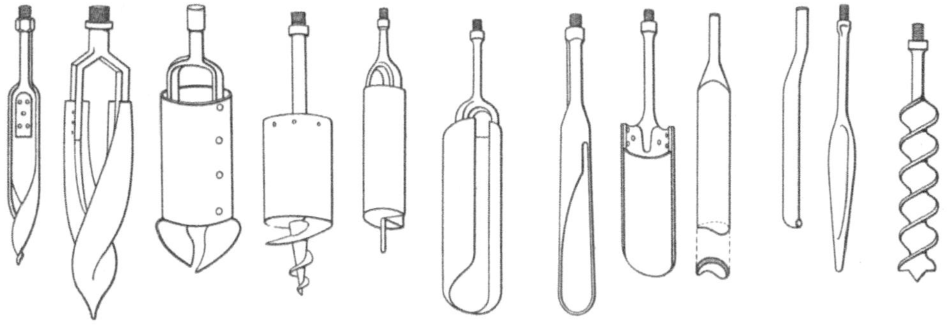

Abb. 16. Erdbohrer. a) Einfacher Schneckenbohrer, b) Gespaltener Schneckenbohrer, c) Kiesbohrer, d) Zylinderbohrer, e) Zylinderbohrer, f) bis k) Löffelbohrer, l) Spiralbohrer.

10 und 30 cm. In sehr fest gelagertem Boden läßt sich der Zylinderbohrer schwer drehen; man greift dann zu den Löffelbohrern (Abb. 16f bis k), das sind Geräte, die ähnlich den Zylinderbohrern gebaut sind, nur läuft die Achse nicht durch den eigentlichen Bohrer durch; der Schlitz erreicht je nach der Klebrigkeit des Materiales Breiten bis zum halben Umfang und man spricht dann von offenen, halboffenen oder geschlossenen Löffelbohrern oder Schappen. Zum Auflockern sehr fest gelagerten Bodens wird auch der Spiralbohrer (Abb. 16l und 17c) verwendet.

Abb. 17. 1200 mm weite Tiefbohrung. (H. Nilewsky-W. Noçon, Charlottenburg.)
a Krätzer, *b* Steingreifer, *c* Spiralbohrer, *d* Hydraulische Pressen zum Eintreiben der Bohrrohre.

Die Bohrer werden mit dem Gestänge (Abb. 18) fest verschraubt; das Gestänge hat quadratischen Querschnitt von 3 bis 7 cm Seitenlänge. Quadratischen Querschnitt erhält das Gestänge, damit der Drehhebel an jeder beliebigen Stelle entsprechend dem Bohrfortschritte befestigt werden kann. Zur Verlängerung werden Bohrstangen verwendet, die nur an den Enden quadratischen Querschnitt haben. Die oberste Bohrstange wird mittels eines Bohrwirbels (Abb. 19) aufgehängt, der ein Aufdrehen des Drahtseiles verhindert.

Über dem Bohrgerät wird bei geringeren Bohrtiefen ein Dreibein (Abb. 20 und 17), bei größeren Bohrtiefen ein Bohrturm aufgestellt, in dessen Spitze ein Flaschenzug oder die Seilrolle für ein Seil befestigt ist, das zu einer Winde läuft. Das Seil dient zum Hochziehen des Bohrgerätes, wenn der Bohrer mit Boden gefüllt ist. Am Ende des Seiles wird über dem Haken zweckmäßig ein Schwerstück angebracht, um zuverlässig beim Nachlassen des Seiles ein Sinken des Hakens zu erreichen. Beim Hochziehen des Gestänges kommt an den Haken die Gestängeklaue (Abb. 21), die an jeder beliebigen Stelle des vierkantigen Gestänges eingehängt werden kann.

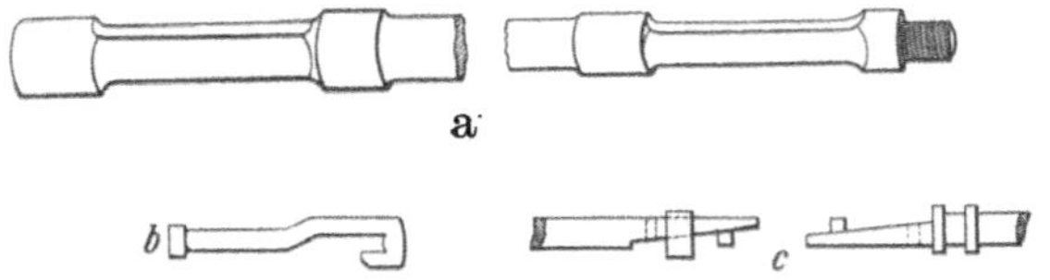

Abb. 18. Bohrgestänge. a) mit Schraubenschloß; b) Gestängeschlüssel zu a), c) mit Zapfenschloß.

Abb. 19. Bohrwirbel.

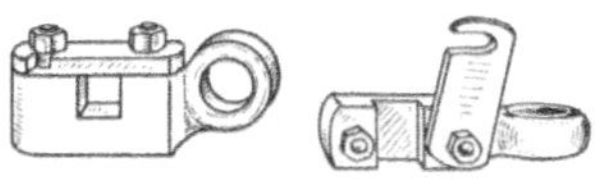

Abb. 21. Gestängeklaue.

Abb. 20. Erkundung der Bodenbeschaffenheit durch Bohrung von Schiffen aus für das Isarwehr in Oberföhrung. (Mitt. Isar A.-G.)

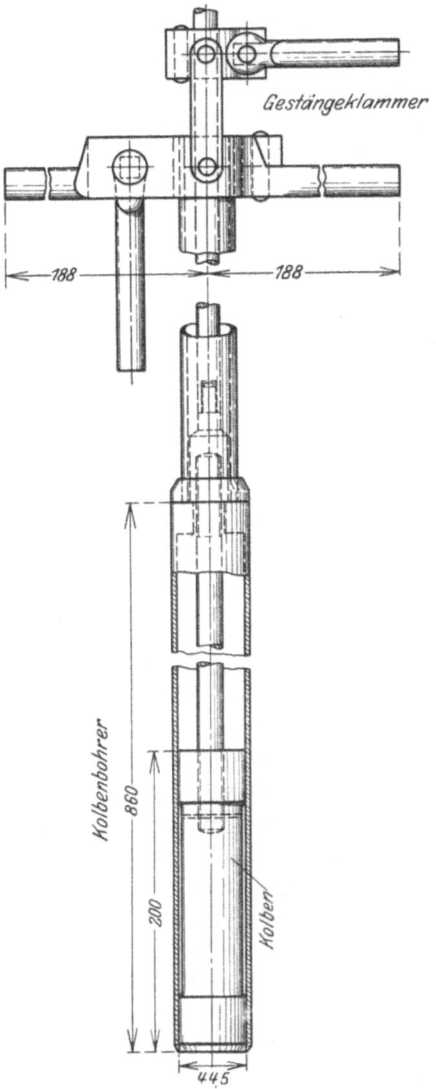

Abb. 22. Kolbenbohrer. (Nach Hoffmann: Bauing. 1930 S. 702.)

Die Erdbohrer fördern den Boden nicht in seiner ursprünglichen Lagerung zutage; wenn im Boden Grundwasser steht, so werden während des Bohrens aus Sand und Kies viel bindige Bestandteile durch das Wasser herausgespült und der zutage gehobene Sand und Kies erscheint wesentlich freier von Tonbeimengungen als er tatsächlich ist.

Um weichen Lehm oder Tonboden in seiner ursprünglichen Lagerung, also unaufgerührt zutage zu bringen, wird der Kolbenbohrer (Abb. 22) verwendet, der mittels des Bohrgestänges hinabgedrückt wird. In der in Aussicht genommenen

Entnahmetiefe werden Kolben und Zylinder von oben entriegelt, so daß beim weiteren Einpressen der Boden in den Zylinder eindringen und den Kolben hochschieben kann. Wenn der Bohrer angehoben wird, reißt der Boden am unteren Zylinderende ab und die Probe kann herausgeschafft werden.

Die Bodenproben werden in Gläsern verwahrt, die verschlossen und mit Paraffin vergossen werden, damit die Bodenfeuchte erhalten bleibt. Solche Proben eignen sich dann zur Ermittlung der physikalischen Eigenschaften des Bodens.

Literatur: Hoffmann, R.: Die geotechnischen Arbeitsmethoden der schwedischen Staatsbahnen. Bauing. 1930 S. 702.

b) Sand- oder Ventilbohrer.

Wenn man gelegentlich einer Bohrung in Schichten feinen Sandes vordringt, so versagen die früher beschriebenen Bohrer, weil, gleichgültig, ob der Sand trocken oder naß ist, der Bohrer beim Anheben wieder leer läuft. In solchen Fällen greift man zu den sogenannten Ventilbohrern, die im wesentlichen aus einem Blechzylinder bestehen, der unten mit einer Kugel oder einer Klappe verschlossen ist (Abb. 23).

Die Bohrer sind meist derart eingerichtet, daß sie gegen den Boden des Bohrloches gestoßen werden, wobei die Schneide in den Sand eindringt und der Sand ähnlich wie eine Flüssigkeit das Ventil hebt und in den Zylinder steigt. Andere Bohrer sind ähnlich wie die Kastenbohrer unten mit einer Schraubenfläche mit vortretender Schneide und einer Klappe eingerichtet, die eine unbeabsichtigte Entleerung verhindert. Diese letzteren Bohrer sind zum Eindrehen eingerichtet. Alle Ventilbohrer arbeiten zufriedenstellend nur in sehr nassem Sand; wird trockener Sand angetroffen, so muß von oben Wasser zugeführt werden.

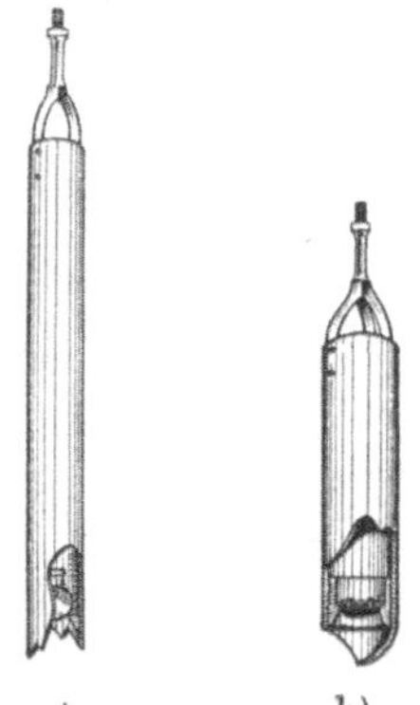

a) b)

Abb. 23. Ventilbohrer.

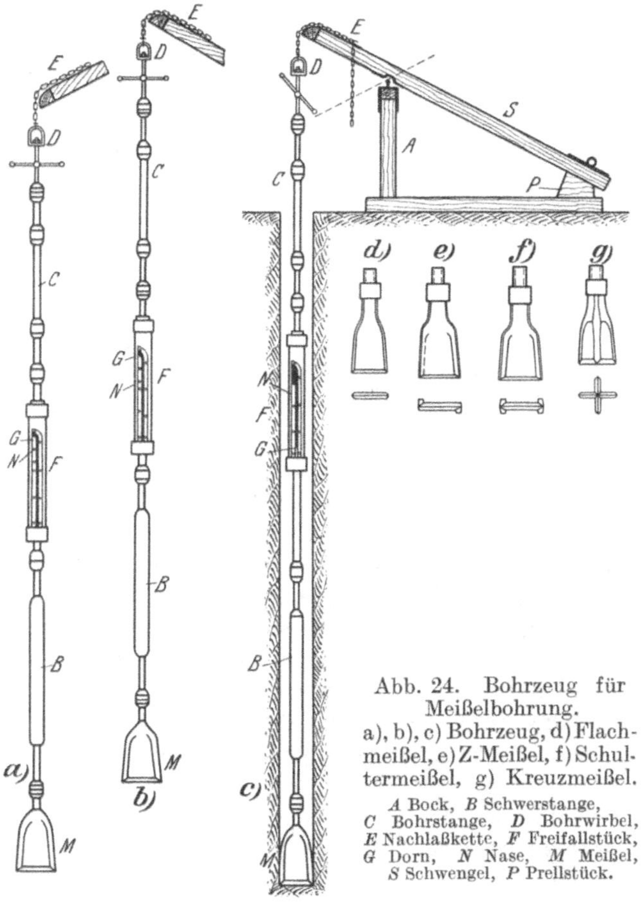

Abb. 24. Bohrzeug für Meißelbohrung.
a), b), c) Bohrzeug, d) Flachmeißel, e) Z-Meißel, f) Schultermeißel, g) Kreuzmeißel.
A Bock, *B* Schwerstange, *C* Bohrstange, *D* Bohrwirbel, *E* Nachlaßkette, *F* Freifallstück, *G* Dorn, *N* Nase, *M* Meißel, *S* Schwengel, *P* Prellstück.

c) Meißelbohrer.

Sobald beim Bohren größere Steine angetroffen werden, wird zum Steinbohrer oder Meißel gegriffen, der die Steine zertrümmert. Die Meißel erhalten je nach der

Härte des Gesteines verschiedene Formen und Schneidenwinkel. Wenn es sich nur um das Zertrümmern weicheren Gesteines oder um das Lockern von Ton und Sandstein handelt, so wird der Flachmeißel (Abb. 24d) und der Spitzmeißel verwendet. Scharfe Schneiden halten nicht lange an; der Schärfungswinkel wird daher bei weichem Gestein mit 90^0, bei sehr hartem mit 120^0 hergestellt.

Die normalen Meißel erhalten stets ein hohes, steifes Blatt, um ein öfteres Schärfen zu ermöglichen. An den Rändern nützen sich gewöhnliche Flachmeißel stärker ab und die Bohrlöcher werden dann enger; um dem abzuhelfen, werden die Meißel an den Rändern verstärkt. Solche Meißel werden Schultermeißel (Abb. 24e, f) genannt. Meißel mit auswechselbaren Schneiden haben sich nicht überall bewährt, ebenso Meißel mit kreuzförmiger Schneide (Abb. 24g).

Die Befestigung des Meißels erfolgt bei leichteren Bohrungen durch Verschraubung, bei schwereren durch Keil und Splint (vgl. Abb. 18). Unmittelbar über dem Meißel folgt, mit diesem fest verbunden, das Schwerstück *B* und darauf das Abfall- oder Freifallstück *F* (Abb. 24a). Das Schwerstück ist nur dazu da, die Masse des Meißels zu vermehren. Im Freifallstück ist der untere Teil des Bohrgestänges lotrecht beweglich. Wird nun das Gestänge gesenkt, so sitzt der Meißel am Boden des Bohrloches auf und die Stange des Freifallstückes mit dem vierkantigen Dorn *G* schiebt sich in die Hülse hinein, wobei der Dorn am oberen Ende des Schlitzes seitlich umgelenkt wird, so daß er sich dann auf die Nase *N* aufhängt.

Das ganze Gestänge hängt am Schwengel *S*, der von der Mannschaft oder von einer Maschine auf und ab bewegt wird. Wenn der Schwengel *S* gehoben wird, so hängt sich der Dorn *G* des Freifallstückes auf die Nase *N* im Schlitz auf (Abb. 24a); beim darauffolgenden Senken wird das Gestänge samt dem Meißel *M* gehoben (Abb. 24b) und im Augenblicke des Auftreffens des Schwengels *S* am Prellstück *P* wird nun das Gestänge mit der Hülse *F* des Freifallstückes durch einen Ruck am Griff unter dem Bohrwirbel etwas verdreht, so daß der Dorn *G* im Freifallstück von der Nase *N* abgeleitet und der Meißel *M* mit dem Schwerstück *S* frei herabfallen kann (Abb. 24c).

Wenn auf diese Weise einige Zeit gebohrt worden ist, so sammelt sich das zertrümmerte Gestein im Bohrloch als Bohrmehl an und macht den Schlag des Meißels wie ein Kissen unwirksam. Das Bohrgestänge wird dann hochgezogen und an Stelle des Meißels, Schwer- und Freifallstückes ein Zylinderbohrer befestigt; dann wird das Gestänge wieder gesenkt und wenn es am Boden des Bohrloches aufsteht, gedreht, so, daß die am Boden des Bohrers vortretende Schneide das Bohrmehl aufschabt. Das Gestänge wird dann wieder gehoben, der Zylinderbohrer entleert und wieder durch den Meißel ersetzt.

In dem Maße, als der Meißel in die Tiefe vordringt, wird das Gestänge mit einer Nachlaßschraube oder einer Nachlaßkette verlängert, bis endlich eine neue Bohrstange zur Verlängerung eingeführt werden kann. Die Bohrstangen sind, wie schon erwähnt worden ist, wenigstens an den Enden vierkantig, so daß sie mit dem Gestängeschlüssel und der Abfangschere sicher gefaßt werden können. Beim Hochheben hängt das Gestänge an der Gestängeklaue (Abb. 21), die an den quadratischen Stellen des Gestänges eingehängt wird.

d) Kronenbohrer.

Bei Bohrungen zur Erkundung der Bodenbeschaffenheit ist es der Untersuchung wenig förderlich, daß Gesteine vom Meißelbohrer zu Mehl zertrümmert werden. Um auch über das Gefüge des Gesteins und über die Schichtenneigung Aufschluß zu erhalten, muß zu einem anderen Bohrgerät, zum Kronenbohrer, gegriffen werden. Dieser Bohrer ist hohl und wird gedreht, wobei er eine Ringnut um einen stehenbleibenden Kern ausfräst. Von Zeit zu Zeit wird der Steinkern abgebrochen und ohne

Verdrehung hochgehoben, so daß man Aufschluß über die Schichtenneigung erhält. Solche Steinkerne können manchmal mit Längen bis zu 2 m unversehrt aus dem Bohrloch gebracht werden. Die Bohrkrone besteht bei weichem Gestein aus gezahntem Stahl, bei hartem Gestein ist sie mit Diamanten besetzt. Der Bohrschlamm wird mit Druckwasser aus dem Bohrloch gespült.

e) Fangwerkzeuge.

Der rauhe Betrieb beim Bohren hat Zufälligkeiten zur Folge, die das Bohrgerät oft in unberechenbarer Weise beanspruchen und nicht selten Brüche verursachen. Abgebrochene Teile des Bohrgestänges und manchmal auch herabgefallene Teile müssen wieder gefaßt und hochgezogen werden; für diese Arbeiten, die äußerst schwierig sind und viel Beharrlichkeit und Glück erfordern, wurden eine ganze Reihe von Geräten ersonnen. Ein gut verwendbares Fanggerät ist der Glückshaken (Abb. 25), der ebenso wie die Fangschere und die Federfalle für das Fangen von Gestängeteilen gedacht ist. Ebenfalls für Gestängeteile, aber auch für gerissene Seile eignet sich der Krätzer (Abb. 25 und 17); andere Geräte sind der Fanghaken, die Federfalle u. a. m.

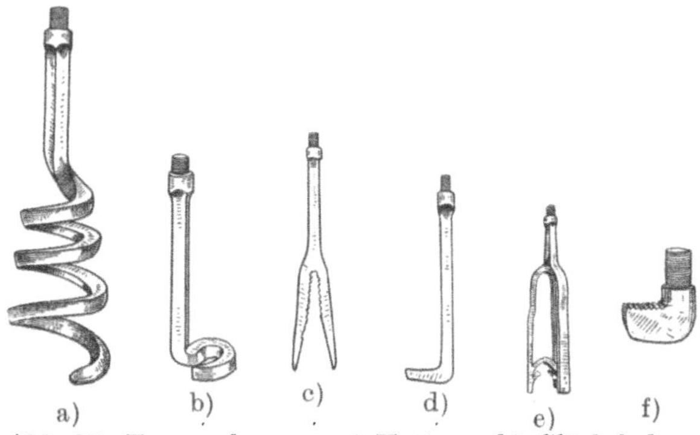

Abb. 25. Fangwerkzeuge. a) Krätzer, b) Glückshaken, c) Fangschere, d) Fanghaken, e) Federfalle, f) Fangfinger.

f) Futterrohre.

Bohrlöcher im lockeren Boden und auch solche im festen Boden, die länger bestehen sollen, müssen zur Verhütung von Einstürzen und des Zusammensitzens mit Rohren ausgefüttert werden. Die Bohrrohre werden in Längen von 2 bis 5 m hergestellt und miteinander mit schwach konischen, feinen Gewinden derart verschraubt, daß sie sowohl außen als auch innen an den Verbindungsstellen vollkommen glatt sind. Am ersten Rohr wird unten eine glatte oder gezahnte Schneide aufgeschraubt, am letzten oben ein Kopfstück, um das Gewinde zu schützen. Bei geringen Tiefen werden die Rohre in den Boden gedreht; zum Drehen sowohl beim Absenken als auch beim Verschrauben dienen Rohrklemmen mit Hebeln. Bei größeren Tiefen muß das Rohr gerammt oder mittels eines hydraulischen Preßzylinders eingepreßt werden (Abb. 17d); um das Rohr vor Beschädigungen durch den Rammbären zu schützen, wird auf den Rohrkopf eine Schlaghaube aus Hartholz gelegt.

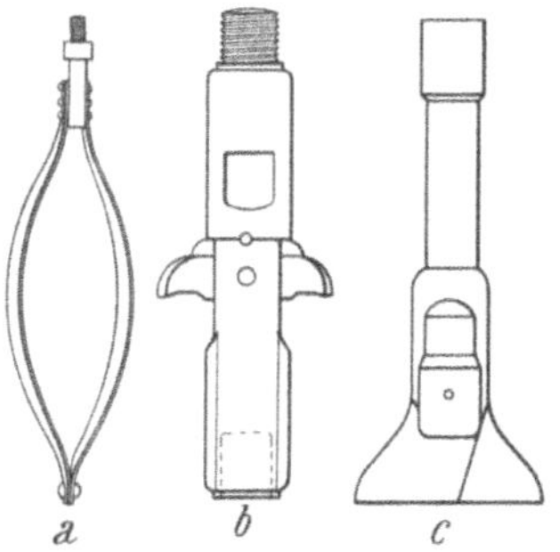

Abb. 26. Erweiterungsbohrer. a) Nachschneidebohrer, b) Nachnahmebohrer, c) Erweiterungsbohrer.

Ein Rohr kann selten bis auf 100 m vorgetrieben werden, meist sitzt es schon wesentlich früher fest; man setzt dann zur Fortsetzung der Bohrung teleskopartig in den ersten Rohrschuß einen engeren zweiten ein.

Die Bohrer werden stets um etwa 4 cm enger genommen als der Innendurchmesser des Futterrohres. Um in Böden das Eintreiben der Futterrohre zu erleichtern und durch große Steine oder Felsschichten überhaupt zu ermöglichen, muß das Bohrloch unter der Schneide des Futterrohres mit eigenen Erweiterungsbohrern (Abb. 26) auf den Außendurchmesser des Futterrohres erweitert werden. Die Bohrer erhalten federnde Schneiden, die sich ausbreiten, wenn der Bohrer unter der Schneide des Futterrohres in das zu erweiternde Bohrloch gelangt; beim Hochziehen werden die Schneiden dann wieder auf den Innendurchmesser des Futterrohres zusammengedrückt.

Wenn die Bodenuntersuchung vollendet ist, werden die Rohre wieder gezogen; hierzu dienen bei kleinen Rohrdurchmessern bzw. geringeren Bohrtiefen Schraubenwinden oder hydraulische Hebezylinder, bei größeren Tiefen hydraulische Pressen, die sich gegen Klemmen an den Rohren stützen.

Manchmal setzt sich ein Rohr so fest, daß es nicht gezogen werden kann oder daß die Befürchtung begründet ist, es abzureißen; dann kann es an geeigneter Stelle mit einem eigenen Gerät abgeschnitten werden, um wenigstens den über der Schnittstelle liegenden Teil zu retten.

IV. Die Bodenerkundung mittels des Bohrpfahles.

Bis zu Erkundungstiefen von etwa zehn Metern kann die Bodenerkundung auch mittels des Bohrpfahles von E. Burkhardt ausgeführt werden, der in den Boden wie ein gewöhnlicher Rammpfahl gerammt und mittels des Pfahlziehers (Demag-Union-Pfahlzieher) wieder gezogen wird. Der Bohrpfahl besteht, wie ein Blick in die Abb. 27 lehrt, aus einem dickwandigen Außenrohr, in dem über der Bohrung in der Pfahlspitze ein dünnwandiges Innenrohr zentrisch sitzt, das herausgezogen und längs einer Mantellinie aufgeklappt werden kann. Beim Rammen dringt Boden durch die gebohrte Spitze in das Innenrohr ein und wird durch Klappen am unteren Ende am Herausfallen während des Hochziehens gehindert. Der Boden wird zwar im Innenraum des Rohres verdichtet, es läßt sich aber doch aus dem Verhältnis der Höhe des Bodenkernes zur Rammtiefe mit hinreichender Genauigkeit auf die Mächtigkeit der Schichten schließen. Der Bohrpfahl dringt auch in Sandstein ein.

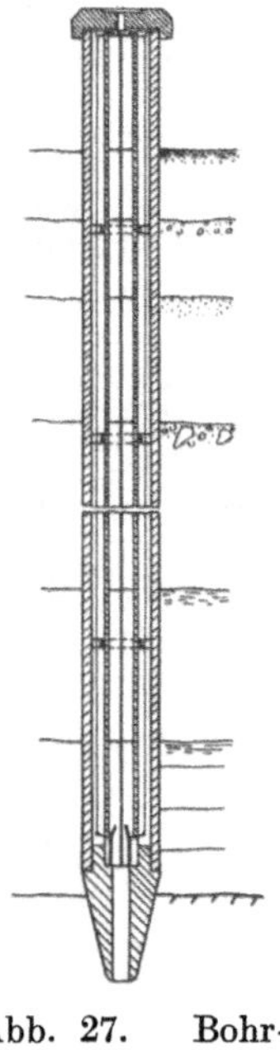

Abb. 27. Bohrpfahl von E. Burkhardt. (Aus Bautechnik 1931).

Der besondere Vorteil, den dieses Verfahren bietet, liegt neben der Billigkeit darin, daß die Bodenproben in nahezu ungestörter Schichtung und mit allen Feinteilchen heraufgeholt werden, so daß eine viel sicherere Beurteilung möglich ist als bei Bohrungen.

Literatur: Burkhardt, E.: Die Aufschließung des Untergrundes. Bautechnik 1931 S. 247.

V. Untersuchung des Baugrundes mittels physikalischer Messungen.

Für die Beurteilung der Beschaffenheit des Untergrundes sind neben geologischen Überlegungen in erster Linie die Ergebnisse von Schürfungen und Bohrungen maßgebend; diese Aufschlußarbeiten sind aber meist so kostspielig, daß von ihnen nur sehr sparsam Gebrauch gemacht werden kann. Überdies geben Bohrungen nur Aufschluß über die Bodenbeschaffenheit in unmittelbarer Umgebung des Bohrloches und es ist immerhin möglich, daß Änderungen bzw. Störungen der Bodenschichtung auf diese Weise nicht gefunden werden; gerade solche Stellen sind aber für die Gründung eines Bauwerkes von besonderer Bedeutung und so wurden Versuche unternommen, solche Stellen durch andere Arbeiten, physikalische Messungen, festzustellen. Von all den physikalischen Messungen, die ja besonders im Bergbau schon in größerem Umfange angewendet werden, haben in erster Linie die elektrischen Verfahren Bedeutung erlangt; unter ihnen kommen für Baugrunduntersuchungen die sogenannten potentialen Methoden in Betracht, bei denen durch Zuleitung von Wechselstrom zu zwei im Boden vergrabenen Elektroden ein elektrisches Feld erzeugt wird. Die Beschaffenheit dieses elektrischen Feldes, insbesondere die Form der Äquipotentiallinien und der senkrecht zu ihnen verlaufenden Stromlinien hängt von der Leitfähigkeit des Bodens und deren Verteilung über das untersuchte Feld ab. Bei homogenem Grunde ist die Form der Äquipotentiallinien eine vorher bestimmbare; bei ungleicher Leitfähigkeit werden sie von der Regelform abweichen und man kann aus deren Form auf die Störung im Untergrunde schließen. Die Äquipotentiallinien werden mittels eines Telephons bestimmt; die eine Leitung des Telephons wird an einem im Boden steckenden Erdspieß befestigt und die zweite ebenfalls an einem Erdspieß befestigt, mit dem der Boden so lange abgetastet wird, bis im Telephon kein Geräusch (Summen) zu hören ist. Der zweite Erdspieß liegt dann auf derselben Äquipotentiallinie wie der erste und durch die Telephonleitung fließt kein Strom. Auf diese Weise werden eine Anzahl von Punkten jeder Äquipotentiallinie festgelegt und in einen Plan eingezeichnet.

Als Stromquellen dienen Akkumulatoren mit Summern und als Elektroden werden Linienelektroden verwendet; man hat dann als Regeläquipotentiallinien zwischen den Elektroden einfach gerade Linien parallel zu den verlegten Elektroden (Abb. 28). Für die Linienelektroden dienen blanke Metalldrähte, die parallel zueinander in 300 bis 1000 m Entfernung verlegt werden. Die ersten Äquipotentiallinien werden in Entfernungen von 300 bis 100 m gezogen und wo sich eine Störung zeigt, wird dann die Schar der Linien verdichtet. Unter Umständen kann es zweck-

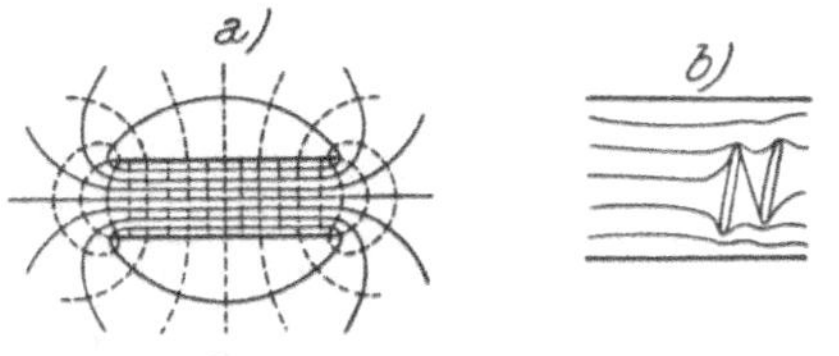

Abb. 28. Äquipotentiallinien bei Linienelektroden. a) ohne, b) mit einer Störung im Untergrund. (Nach H. Ambronn.)

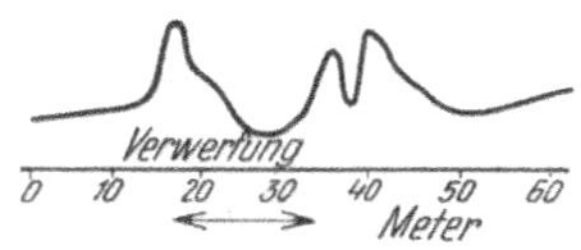

Abb. 29. Änderung der Leitfähigkeit der Luft über einer Verwerfung. (Nach H. Ambronn.)

mäßig sein, die Untersuchung mit Elektroden zu wiederholen, die um etwa 90° gegen die erste Lage verschwenkt sind. Der Zeitaufwand für die Annahme von 2000 bis 5000 m Äquipotentiallinien beträgt etwa einen Tag.

Eine andere physikalische Methode besteht in der Beobachtung der Verteilung der radioaktiven Stoffe über dem zu untersuchenden Gebiet. Verschiedene Stoffe sind verschieden stark radioaktiv und diese Verschiedenheit macht sich in Änderungen der elektrischen Leitfähigkeit der Luft bemerkbar; sie ist um so leitfähiger, je stärker die Radiumemanation ist. Werden nun längs des zu untersuchenden Baugrundes Linien abgesteckt und längs ihnen die Leitfähigkeit der Luft untersucht, so können auf diese Weise verdächtige Stellen ausfindig gemacht werden, die dann durch Bohrungen näher untersucht werden. Die Änderung der Leitfähigkeit der Luft über einer Verwerfung veranschaulicht die Abb. 29.

Literatur: Ambronn, R.: Die Untersuchung des Untergrundes mittels physikalischer Messungen. Bauing. 1920 S. 206. — Meyer, O.: Elektrische Schürfmethoden und ihre Anwendung in Schweden. Z. öst. Ing.-V. 1925 S. 217.

VI. Die Untersuchung des Bodens mittels physiologischer Methoden.

Zum Schlusse sei noch eine heute weitverbreitete physiologische Untersuchungsmethode erwähnt, die meist zur Auffindung unterirdischer Wasseradern verwendet wird, das ist die Mutung mit der Wünschelrute. Über den Wert der Wünschelrute sind die Anschauungen der Fachkreise sehr geteilt; fest steht, daß zahlreichen Fehldeutungen auch sehr beachtenswerte Erfolge gegenüberstehen und daß sich z. B. viele Firmen, die sich mit dem Bau von Wasserleitungen befassen, zum Aufsuchen des Wassers eines Wünschelrutengängers bedienen. Wieso bei Störungen im Untergrunde die Rute in der Hand des Rutengängers ausschlägt, ist heute noch vollkommen ungeklärt. Fest steht nur, daß es Menschen gibt, die so empfindlich sind, solche Störungen, vielleicht wegen der verschiedenen Radiumemanationen beim Überschreiten einer Störung, wahrzunehmen. Das Absuchen mit der Wünschelrute ist weit davon entfernt, als exakte Messung betrachtet zu werden; es wird aber vielfach als wertvolles Hilfsmittel zur Feststellung von Wasser oder Störungen angesehen und sei als solches erwähnt.

Literatur: Klinckowstroem, C., R. Maltzahn u. E. Marquardt: Archiv zur Klärung der Wünschelrutenfrage 1931. — Klinckowstroem, C., u. R. Maltzahn: Handbuch der Wünschelrute. München: R. Oldenbourg 1931.

C. Die Einwirkung des Bodens auf das Bauwerk.

I. Der Erddruck und der Erdwiderstand.

Ausschachtungen oder Abgrabungen stören das vorher im Boden bestandene Gleichgewicht; damit keine Bewegungen im Boden als Folge dieser Störung auftreten, müssen, wenn der Böschungswinkel eine für jede Bodenart eigentümliche Grenze überschreitet, Stützkörper angeordnet werden, die den Druck des Bodens aufnehmen und das gestörte Gleichgewicht wieder herstellen. Der Druck, der in der Berührungsfläche zwischen einem Bauwerk z. B. einem Stützkörper und dem Boden auftritt, hat zwei Grenzwerte. Der eine, der aktive Erddruck oder kurz Erddruck stellt sich ein, wenn ein in Bewegung geratener Erdkörper auf eine Mauer drückt, der andere, der passive Erddruck oder kurz Erdwiderstand tritt auf, wenn eine in Bewegung geratene Mauer gegen den Boden drückt. Sowohl der Erddruck als auch der Erdwiderstand sind Grenzwerte, die im Augenblick des Eintrittes der Bewegung im Erdkörper wirksam werden. Solange der Erdkörper in Ruhe ist, sind unter natürlichen Verhältnissen auch die tatsächlich in der Berührungsfläche zwischen Boden und Stützkörper auftretenden Drücke kleiner als diese Grenzwerte. Künstlich kann der Druck auf einen Stützkörper über den Erddruck hinaus bis zur Größe des Erdwiderstandes durch starkes Stampfen und Verdichten der Hinterfüllung gesteigert werden, wenn nicht der Stützkörper schon früher nachgibt.

Die beiden Grenzwerte, nämlich Erddruck und Erdwiderstand werden der Beurteilung der Standsicherheit eines Bauwerkes zugrunde gelegt; sie treten aber erst tatsächlich auf, wie nochmals betont sei, wenn das Bauwerk schon im Zusammenbrechen ist.

Der Druck des Bodens gegen eine Wand wird hinreichend genau nach der Theorie von Coulomb ermittelt. Solange das Verhalten der verschiedenen Bodenarten, die solche Drücke ausüben, nicht genau bekannt ist, hat es, wie H. Krey festgestellt hat, gar keinen Sinn, nach verfeinerten Theorien zu suchen und etwa den Erddruck oder den Erdwiderstand auf einen Quadratmeter Wandfläche bis auf Bruchteile von Tonnen auszurechnen, weil durch beabsichtigte oder unbeabsichtigte Vernachlässigungen Fehler begangen werden, die mehrere Tonnen betragen können. Es hat aber auch keinen Sinn, stets ausschließlich mit den ungünstigsten Annahmen zu rechnen. Man wird vielmehr Annahmen machen, die dem vorhandenen Boden, soweit man es beurteilen kann, möglichst gut entsprechen und dann noch nachsehen, innerhalb welcher Grenzen sich die Verhältnisse allenfalls ändern können.

Nach der Coulombschen Theorie ist der Druck von Boden ohne Haftfestigkeit gegen eine Wand eine Funktion:

1. des Winkels φ der inneren Reibung, nämlich zwischen Boden und Boden, der vielfach bei Böden ohne Haftfestigkeit gleich dem natürlichen Böschungswinkel gesetzt wird,
2. des Raumgewichtes γ_e der Bodenart und
3. des Winkels δ, um den die Richtung des Erddruckes vom Lot auf die Wand abweicht.

Bei Böden mit Haftfestigkeit (Kohäsion) tritt als vierte Größe, die auf den Erddruck und auf den Erdwiderstand bestimmend Einfluß nimmt, zu den drei oben aufgezählten die Haftfestigkeit (Kohäsion) in der Gleitfläche hinzu.

Über den Winkel φ der inneren Reibung kann man sich nur durch unmittelbare Messung sicheren Aufschluß verschaffen; einen Überblick über vorkommende Werte gibt die Tabelle 6, doch sei besonders betont, daß bei bindigen Böden im Winkel φ

Tabelle 6. Mittelwerte des Raumgewichtes γ_e und des Winkels ϱ der inneren Reibung einiger Bodenarten.

Bodenart	Raumgewicht γ_e t/m³	Winkel φ der inneren Reibung Grade	$\mathrm{tg}^2\left(45 - \frac{\varphi}{2}\right)$	$\mathrm{tg}^2\left(45 + \frac{\varphi}{2}\right)$
Dammerde, trocken	1,4	35—40	0,271—0,217	3,68—4,60
„ feucht	1,6	45	0,172	5,83
„ gesättigt naß . . .	1,8	27	0,376	2,66
Sand, trocken	1,6—1,7	30—35	0,333—0,271	3,00—3,68
„ feucht	1,8	40	0,217	4,60
„ gesättigt naß	2,0	25	0,406	2,46
Lehm, trocken.	1,5	40—45	0,217—0,172	4,60—5,83
„ naß	1,9	20—25	0,490—0,406	2,04—2,46
Ton, trocken	1,6	40—50	0,217—0,132	4,60—7,58
„ naß	2,0	20—25	0,490—0,406	2,04—2,46
Kies, trocken	1,8—1,9	35—40	0,271—0,217	3,68—4,60
„ naß	1,9	25	0,406	2,46
Geröll, eckig	1,8	45	0,172	5,83
„ rund.	1,8	30	0,333	3,00

der inneren Reibung auch die Haftfestigkeit mit berücksichtigt ist, die von der Feuchte stark abhängig ist, weswegen auch starke Abweichungen von den Winkeln φ der Tabelle möglich sind.

Der Reibungswinkel δ zwischen Boden und Wand kann äußerstenfalls gleich dem Winkel φ der inneren Reibung sein. Bei vollkommen glatter Wand oder bei wassergesättigtem Boden wird $\delta = 0$ gesetzt. H. Müller-Breslau schlägt vor, δ nicht größer als $^3/_4\ \varphi$ und wenn der Boden im Bereiche eines Stützkörpers schwere Einzellasten trägt, δ höchstens gleich $0{,}5\,\varphi$ zu nehmen.

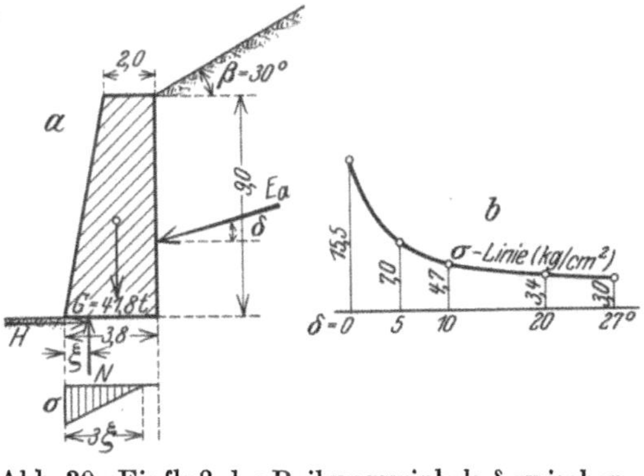

Abb. 30. Einfluß des Reibungswinkels δ zwischen Boden und Wand auf die größte Sohlspannung unter einem Stützkörper. (Nach H. Müller-Breslau.)

Von welch einschneidender Bedeutung die Wahl des Reibungswinkels δ zwischen Boden und Wand auf die Sohldrücke ist, wenn man annimmt, daß diese nach dem sogenannten Trapezgesetz verteilt sind, zeigt ein von H. Müller-Breslau durchgerechnetes Beispiel, das in der Abb. 30 dargestellt ist. Man erkennt klar, welche Folgen eine unrichtige Wahl des Winkels δ zeitigen kann.

Die Böden werden bei der Ermittlung des Erddruckes und des Erdwiderstandes eingeteilt in solche, in denen nur Reibung ohne Haftfestigkeit (Kohäsion) auftritt, ferner in solche, in denen Reibung und Haftfestigkeit und schließlich in solche, in denen nur Haftfestigkeit wirkt, während die Reibung vernachlässigbar gering ist. Die Haftfestigkeit darf nur berücksichtigt werden, wenn es gewährleistet ist, daß sie nicht infolge Durchfeuchtung des Bodens herabgesetzt wird oder nahezu ganz verschwindet.

II. Die Ermittlung des Erddruckes und des Erdwiderstandes bei Böden mit Reibung aber ohne Haftfestigkeit (Kohäsion).

Der Erddruck und der Erdwiderstand von Böden mit Reibung aber ohne Haftfestigkeit (Kohäsion) kann nach zeichnerischen Verfahren oder unter Verwendung von sogenannten „Erddrucktabellen“ ermittelt werden.

a) Das zeichnerische Verfahren.

Beim zeichnerischen Verfahren wird am besten die Theorie von Coulomb unter Benützung der sogenannten Culmannschen E-Linie angewendet.

Wenn in der in der Abb. 31a angedeuteten Weise eine Gleitfläche angenommen wird, so wird das über ihr liegende Bodenprisma ABO durch den in der Berührungsfläche OA mit der Wand wirkenden Druck E_a und durch den Widerstand Q in der Gleitfläche OB im Gleichgewicht gehalten. Sowohl der Druck E_a als auch der Widerstand Q sind aus dem Lot auf die betreffende Fläche um den dort wirksamen Reibungswinkel gegen die Richtung, in der sich das Bodenprisma beim Nachgeben der Mauer bewegt, herausgeschwenkt. Das Gewicht G greift lotrecht im Schwerpunkt des Bodenprismas ABO, E_a im unteren Drittel der Wandhöhe an und Q sollte auch durch den unteren Drittelpunkt der Gleitfläche gehen. Würden die Kräfte E_a und Q durch diese Punkte um den Reibungswinkel δ bzw. φ gegen die Flächenlote gezeichnet, so würden sich diese Kräfte nicht in einem Punkte schneiden und es könnte kein Gleichgewicht bestehen. An der Annahme ebener Gleitflächen stimmt demnach etwas nicht, man kümmert sich aber um diese Unstimmigkeit nicht weiter und bringt einfach G und E_a in ihren richtigen Lagen zum Schnitt und fügt in diesem Schnitt Q hinsichtlich Größe und Neigung richtig hinzu. Der Kräfteplan (Abb. 31a) ergibt dann ohne weiteres die Größe von E_a und Q. Diesen gleichen Kräfteplan kann man etwas verdreht in der in der Abb. 31b angedeuteten Weise auch unmittelbar über der Böschungsfläche zeichnen. Wenn man diese Konstruktion für verschiedene Neigungen der Gleitflächen wiederholt und die Endpunkte der Kräfte E_a verbindet, erhält man die sogenannte Culmannsche E-Linie und die Tangente an die E_a-Linie, parallel zur natürlichen Böschung ergibt den größten Erddruck $E_{a\,max}$ und die ungünstigste Gleitfläche.

Zur Vereinfachung der zeichnerischen Arbeit bei der geschilderten Ermittlung der ungünstigsten Gleitfläche ist es zweckmäßig, die Gleitflächen so anzunehmen (Abb. 31c), daß die Abschnitte an der Bodenoberfläche $AB = BC = CD$ usw. werden, so daß die Dreiecke $OAB = OCB = OCD$ usw. werden. Jedes dieser Dreiecke hat dann das gleiche Gewicht und es entspricht der Gleitfläche OB das Gewicht G, jener OC das Gewicht $2\,G$ usw.; es ist dann nur notwendig, das Gewicht G zu ermitteln und auf der natürlichen Böschungslinie wiederholt aufzutragen, wie es in der Abb. 31c geschehen ist. Eine weitere Erleichterung bietet das Zeichnen der sogenannten Stellungslinie, die in O unter dem Winkel ψ gegen die Böschungslinie geneigt ist und zu der die E_a beim Zeichnen der Culmannschen E-Linie parallel liegen.

Für den Winkel, um den Q aus dem Lot auf die Gleitfläche herausgeschwenkt ist, ist der Winkel φ der inneren Reibung zu setzen. Einige Vorsicht erfordert, wie schon auf der Seite 27 erwähnt worden ist, die Wahl des Reibungswinkels δ, um den der Erddruck E_a aus dem Lot auf die Fläche $A\,O$ verschwenkt ist.

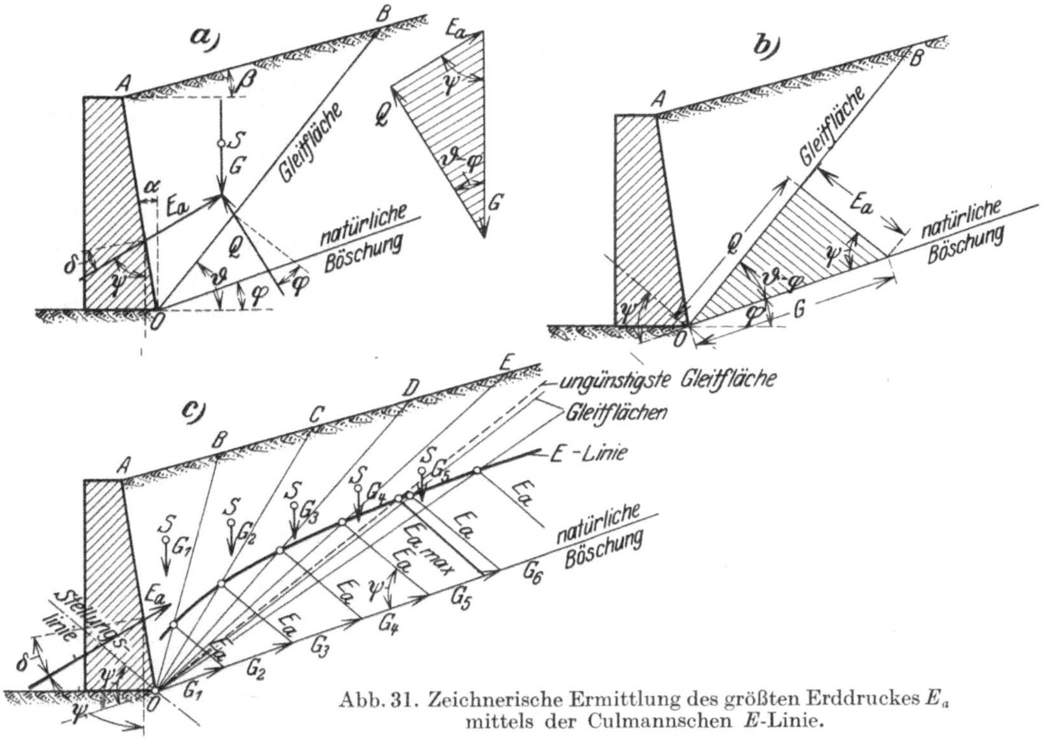

Abb. 31. Zeichnerische Ermittlung des größten Erddruckes E_a mittels der Culmannschen E-Linie.

In ähnlicher Weise (Abb. 32) kann auch die ungünstigste Gleitlinie ermittelt werden, die den kleinsten Erdwiderstand E_p ergibt.

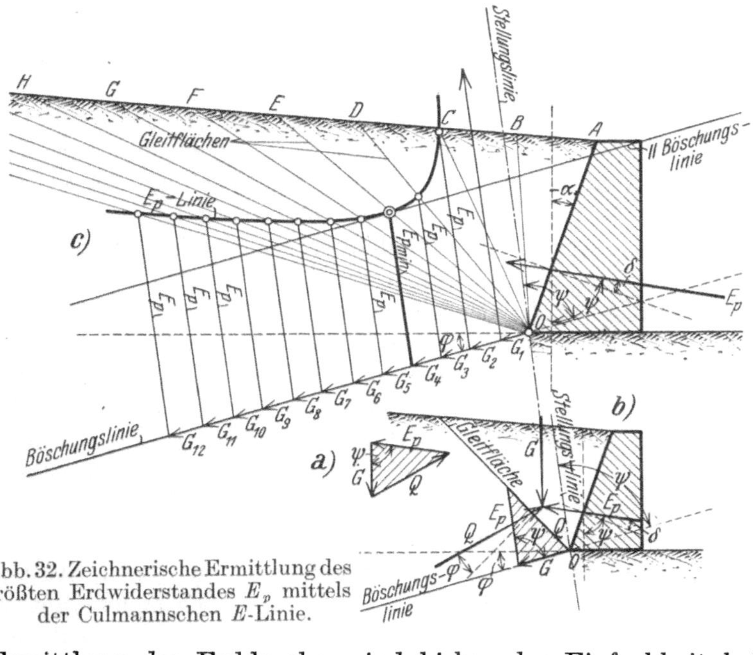

Abb. 32. Zeichnerische Ermittlung des größten Erdwiderstandes E_p mittels der Culmannschen E-Linie.

Bei der Ermittlung des Erddruckes sind bisher der Einfachheit halber ebene Gleitflächen angenommen worden; die Erfahrung hat aber gelehrt, daß die Gleitflächen fast stets gekrümmt sind. Die einfachste gekrümmte Fläche, die man annehmen kann, ist die Kreiszylinderfläche, die auch meist den Untersuchungen zugrunde gelegt wird.

In der Abb. 33 ist als Beispiel die Ermittlung des größten Erddruckes auf einen Stützkörper unter Verwendung gekrümmter Gleitflächen vorgeführt. Man zeichnet mehrere kreiszylindrische Gleitflächen ein, die einerseits alle durch die hintere Kante der Sohlfuge gehen und deren Mittelpunkte alle auf derselben, durch diesen Punkt gehenden Geraden liegen. Es wird weiter angenommen, daß der Erddruck am Stützkörper im unteren Drittel angreift und daß der Widerstand in der Gleitfläche durch den Schnittpunkt von Erddruck und Schwerlinie des abgleitenden Erdprismas geht. Der Widerstand Q in der Gleitfuge ist bei jedem Flächenelement unter dem Winkel φ gegen die Flächennormale geneigt. Es wird nun der Einfachheit halber die Richtung

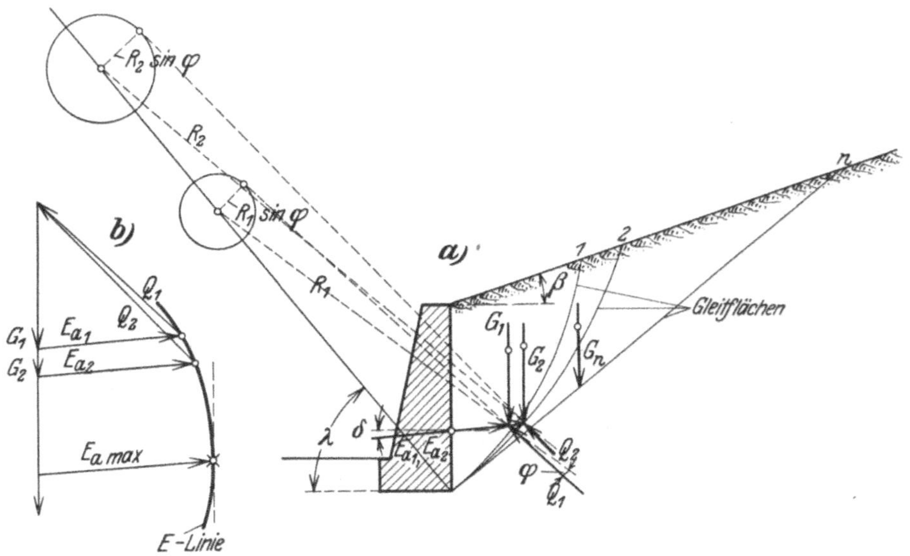

Abb. 33. Ermittlung des Erddruckes mittels gekrümmter Gleitflächen nach H. Krey.

des Gesamtwiderstandes in der Gleitfuge derart angenommen, daß die Wirkungslinie im Abstande $R \sin \varphi$ vom Mittelpunkt der Gleitfläche vorbeiläuft, trotzdem dieser Abstand tatsächlich etwas größer ist; man erhält auf diese Weise einen Erddruck, der etwas größer als der tatsächlich auftretende ist.

Das Gewicht G des abgleitenden Bodenkörpers, der Erddruck E_a und der Widerstand Q in der Gleitfuge werden nun in einem Kräfteplan zusammengesetzt und es wird hierbei die Größe des Erddruckes E_a ermittelt. Für eine Anzahl von Gleitflächen werden diese Kräftepläne übereinander gezeichnet und die Endpunkte der Erddrucke durch einen Linienzug verbunden. Wenn schließlich die Tangente an diese E-Linie parallel zur Angriffslinie der Gewichte gezogen wird, so ergibt sich im Berührungspunkte der größtmögliche Erddruck, der bei dieser Lage der Mittelpunktslinie der zylindrischen Gleitflächen auftreten kann. Wenn dieselbe Untersuchung für verschiedene andere Neigungswinkel der Mittelpunktslinien durchgeführt wird, so kann endlich der größtmögliche Erddruck überhaupt aufgefunden werden.

Die Ergebnisse einer derartigen Untersuchung an einem Stützkörper führten H. Krey zur Anschauung, daß die mühevolle Arbeit sich nicht lohnt, weil die Unterschiede gegenüber den Ergebnissen, die man mit ebenen Gleitflächen erhält, nur geringfügig sind. Das geschilderte Verfahren mit gekrümmten Gleitflächen leistet aber in anderen Fällen wertvolle Dienste.

In ähnlicher Weise kann auch der Erdwiderstand mit gekrümmten Gleitflächen untersucht werden.

Wenn auf der Bodenoberfläche Lasten ruhen, so kann der Erddruck ebenfalls nach dem Verfahren von Coulomb leicht ermittelt werden. So wie beim einfachen, in der Abb. 31 gezeigten Falle, werden eine Anzahl von Gleitlinien angenommen und durch Auftragung der E-Linie die ungünstigste Gleitfläche und der dazugehörige ungünstigste Erddruck ermittelt. Zum Gewicht des abgleitenden Bodenkeiles wird hierbei immer die auf diesem Erdkeil ruhende Last hinzugerechnet.

Um die Verteilung des Erddruckes zu ermitteln, denkt man sich die Wand (Abb. 34) und den Boden durch eine Anzahl im Abstande ΔH liegender waagrechter Ebenen geschnitten und ermittelt nun nacheinander die größten Erddrücke E_1, E_2, E_3 usw. auf die Wandabschnitte AO_1, AO_2, AO_3 usw., wobei jedesmal die ungünstigste Neigung der Gleitflächen aufzusuchen ist. Die Differenzen $E_2 - E_1 = \Delta E_2$, $E_3 - E_2 = \Delta E_3$ usw. geben dann die Erddrücke auf die den Schnittebenen entsprechenden Wandabschnitte und deren Resultierende schließlich den gesamten Erddruck.

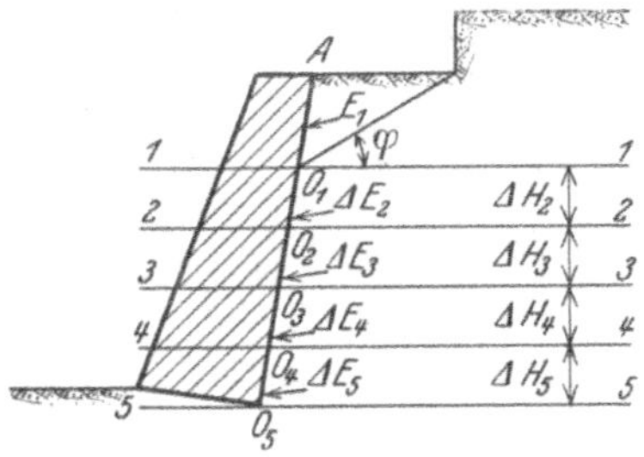

Abb. 34. Ermittlung der Erddruckverteilung der Mauerrückfläche bei gebrochener Bodenoberfläche.

Bei dem eben geschilderten Verfahren wird der Erddruck auf den Wandabschnitt AO_1 durch die Auflast nicht beeinflußt. Diesen Punkt O_1 erhält man, wenn man vom vorderen Rande der Auflast die natürliche Böschung unter dem Winkel φ gegen die Waagrechte bis zum Schnitte mit der Wand zeichnet. In die Höhenlage von O_1 wird bei der Ermittlung der Erddruckverteilung die oberste waagrechte Schnittebene gelegt.

b) Die Ermittlung des Erddruckes unter Verwendung von „Erddruckformeln und Tabellen".

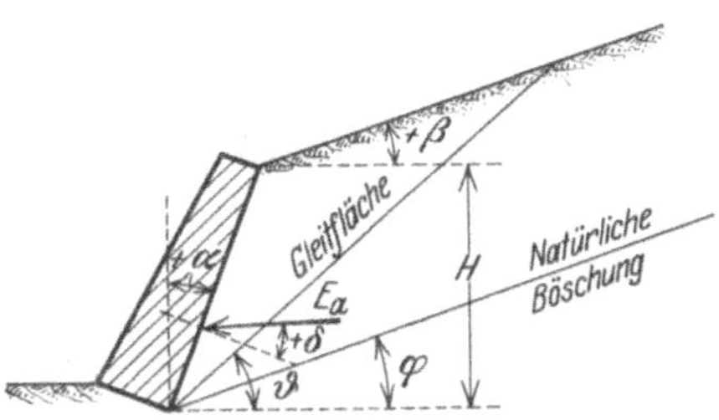

Abb. 35. Erddruck.

Wenn einfache Verhältnisse vorliegen, besonders dann, wenn die Bodenoberfläche eben ist und wenn auf ihr keine Auflasten ruhen, kann der Erddruck und der Erdwiderstand auch nach Formeln berechnet oder Tabellen entnommen werden.

Mit den Bezeichnungen der Abb. 35 gilt für den Erddruck auf einen Stützkörper

$$E_a = \frac{\cos(\beta + \alpha)\cos(\vartheta + \alpha)\sin(\vartheta - \varphi)}{\cos^2\alpha \sin(\vartheta - \beta)\cos(\vartheta + \alpha + \delta - \varphi)} \cdot \gamma_e \frac{H^2}{2} = \lambda_a \gamma_e \frac{H^2}{2}. \tag{35}$$

Vielfach liegt bei Grundbauten die Rückseite der Stützwand lotrecht und die Bodenoberfläche waagrecht; dann ist $\alpha = 0$ und $\beta = 0$ und für die Neigung der ungünstigsten Gleitfläche ist dann $\vartheta = 45^0 + \frac{\varphi}{2}$ zu setzen und man erhält für den Erddruck in diesem einfachen Falle

$$E_a = \frac{\sin^2\left(45^0 - \frac{\varphi}{2}\right)}{\cos\left(45 - \frac{\varphi}{2}\right)\cos\left(45 - \frac{\varphi}{2} + \delta\right)} \gamma_e \frac{H^2}{2} = \lambda_a \gamma_e \frac{H^2}{2}, \tag{36}$$

und wenn überdies die Rückseite der Wand sehr glatt oder der Boden gänzlich durchnäßt ist, so daß der Reibungswinkel $\delta = 0$ ist, so gilt für diesen Sonderfall

$$E_a = \gamma_e \frac{H^2}{2} \operatorname{tg}^2\left(45 - \frac{\varphi}{2}\right) = \lambda_a \gamma_e \frac{H^2}{2}. \tag{37}$$

Mit den beiden letzteren Formeln wird im Grundbau in der Regel das Auslangen gefunden. Zur Erleichterung der Erddruckermittlung sind diese beiden Formeln in der Abb. 36 nomographisch dargestellt. Für geneigte Bodenoberfläche hat unter anderen H. Krey[1] Tabellen berechnet, auf die hier besonders verwiesen sei.

Ähnlich wie für den Erddruck erhält man, bei waagrechter Bodenoberfläche, wenn die mit dem Boden in Berührung stehende Wand lotrecht steht und wenn überdies der Reibungswinkel δ zwischen Boden und Wand gleich Null gesetzt wird, für den Erdwiderstand,

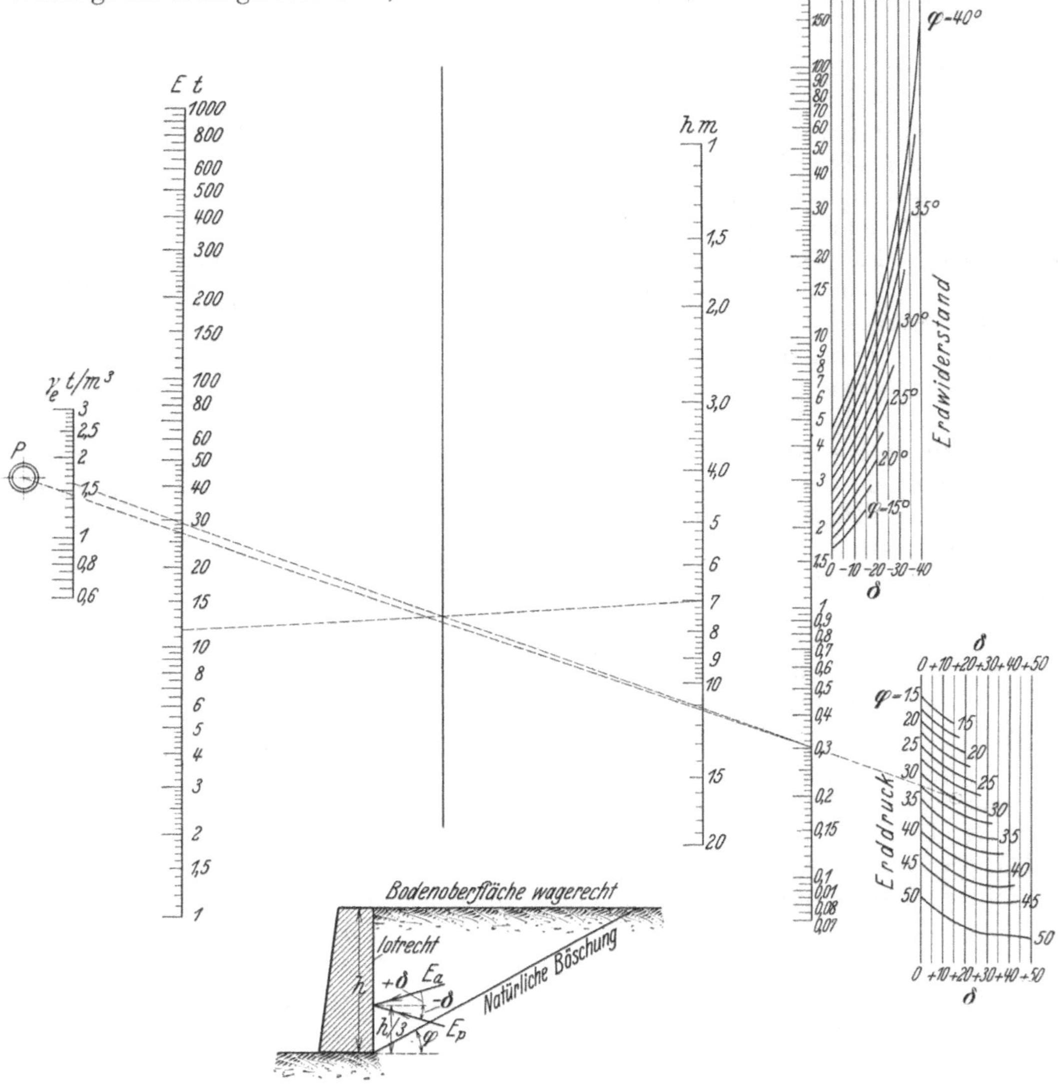

Abb. 36. Nomogramm des Erddruckes und des Erdwiderstandes bei lotrechter Wand und waagrechter Bodenoberfläche. Schlüssel: Raumgewicht des Bodens $\gamma_e = 1{,}6\ \mathrm{t/m^3}$, Mauerhöhe $h = 7$ m, Winkel der inneren Reibung $\varphi = 30^0$, Reibungswinkel zwischen Boden und Wand $\delta = 15^0$, Erddruck $E_a = 11{,}8$ t/m.

weil der Neigungswinkel der ungünstigsten Gleitfläche jetzt $\vartheta = 45^0 - \frac{\varphi}{2}$ beträgt

$$E_p = \tfrac{1}{2}\gamma_e H^2 \operatorname{tg}^2\left(45 + \frac{\varphi}{2}\right) = \lambda_p \gamma_e \frac{H^2}{2}. \tag{38}$$

Auch die Erdwiderstände können sowohl für eine glatte als auch für eine rauhe

[1] Krey, H.: Erddruck, Erdwiderstand 3. Aufl. Berlin: W. Ernst & Sohn 1926.

lotrechte Berührungsfläche zwischen Boden und Wand bei waagrechter Bodenoberfläche dem Nomogramm in der Abb. 36 entnommen werden.

Bei ganz überschlägigen Rechnungen für kleine Bauwerke kann man, wie K. Krey gefunden hat, die Bauwerksrückseite ohne Rücksicht auf die tatsächliche Ausführung durch eine lotrechte Fläche begrenzt annehmen, und dann bei waagrechter Bodenfläche bei einem Winkel φ der inneren Reibung von

$$\varphi = 19\tfrac{1}{3}^0 \quad 25^0 \quad 30^0 \quad 37^0 \quad 41\tfrac{2}{3}^0$$
$$E_a = 0{,}25 \quad 0{,}20 \quad 0{,}167 \quad 0{,}125 \quad 0{,}10\cdot\gamma_e\,H^2$$

setzen. Wenn zwischen dem Bauwerke und dem Boden Reibung auftritt, so sind die tatsächlich auftretenden Erddrücke etwas kleiner als oben angegeben. Für die gleichen Winkel der inneren Reibung kann man für den Erdwiderstand setzen

$$E_p = 1{,}0 \quad 1{,}25 \quad 1{,}5 \quad 2{,}0 \quad 2{,}5\cdot\gamma_e\,H^2.$$

Bei gleichmäßiger Bodenbeschaffenheit hinter einem Bauwerk ist der Erddruck nach einem Dreieck verteilt, dessen eine Seite die mit dem Boden in Berührung stehende Bauwerksbegrenzung und dessen andere Seite die Größe

$$e_a = \gamma_e \lambda_a H \tag{39}$$

hat. Beide Seiten schließen miteinander den Winkel 90 — δ ein, wenn δ den Reibungswinkel zwischen dem Boden und der Wand bedeutet.

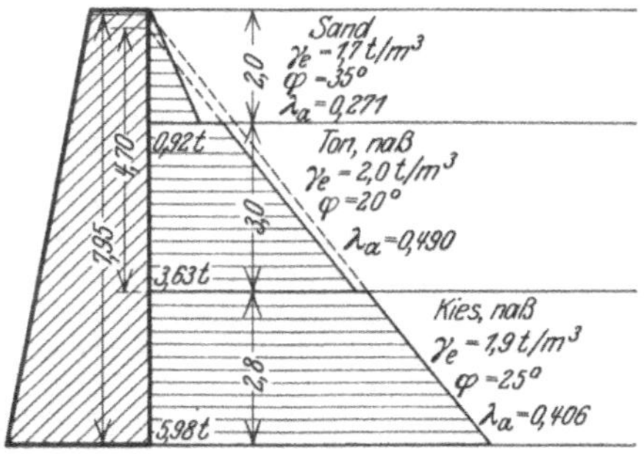

Abb. 37. Ermittlung des Erddruckes bei geschichtetem Boden.

Wenn der Boden aus Schichten verschiedenen Raumgewichtes besteht, so wird bei der Berechnung des Erddruckes jede Schicht gesondert betrachtet und jedesmal die Schichtdicke der überlagernden Schichten entsprechend dem Raumgewicht des Bodens der betrachteten Schicht reduziert; man erhält dann eine Erddruckverteilung wie sie etwa die Abb. 37 als Beispiel erkennen läßt. Die Verteilung des Erddruckes ändert sich bei dieser Ermittlungsweise an den Schichtgrenzen sprunghaft; tatsächlich werden solche sprunghafte Änderungen nicht auftreten, das Verfahren liefert aber doch hinreichend genau den Erddruck.

Eine allfällige gleichmäßig verteilte Auflast wird durch eine gleichschwere Bodenschicht ersetzt, deren Dicke dem Raumgewicht der jeweils bei der Erddruckermittlung betrachteten Bodenschicht angepaßt wird.

Wenn hinter dem Bauwerke Grundwasser steht, so erleidet der im Grundwasser liegende Boden Auftrieb; bei der Erddruckermittlung wird dann das Unterwasserraumgewicht γ_e' eingesetzt, das, wie schon erwähnt worden ist, bei einem Eigengewicht γ' der Bodenteilchen und einem Porenverhältnis n die Größe

$$\gamma_e' = (1-n)(\gamma' - \gamma) = \gamma_e - (1-n)\gamma \tag{32}$$

hat. Zum Erddruck kommt dann noch der Wasserdruck hinzu. Während bei körnigen Böden der Wasserdruck immer wirksam wird, wenn die Poren mit Wasser erfüllt sind, muß bei bindigen Böden untersucht werden, wo der Grundwasserspiegel liegt, weil bei diesen Böden die Poren auch über dem Grundwasserspiegel infolge der in den engen Poren wirkenden Kapillarkräfte von Wasser erfüllt sein können, ohne daß dieses in den Kapillaren stehende Wasser das Bauwerk unmittelbar belasten könnte. Nur unter dem Grundwasserspiegel kann Wasserdruck gegen das Bauwerk auftreten. Bei körnigem Boden ist die kapillare Saughöhe in der Regel vernachlässigbar klein.

Literatur: Auerbach: Über das Gleichgewicht pulverförmiger Massen. Ann. Physik 1901 S. 140. — Bell, A.: The lateral pressure and resistance of clay and the supporting power of clay foundations. Min. Proc. Inst. Civ. Engs. Bd. 195, S. 233. — Buchwald: Auflasten bei Erddruckermittlungen. Zentralbl. Bauverw. 1916 S. 563. — Derselbe: Bestimmung der Gleitflächen bei Erddruckermittlungen. Bautechnik 1924 S. 546. — Engels, H.: Untersuchungen über den Seitendruck der Erde auf Fundamentkörper. Z. Bauw. 1906. — Engesser: Geometrische Erddrucktheorie. Z. Bauw. 1881 S. 189. — Derselbe: Neuere Versuche über die Richtung und Größe des Erddruckes gegen Stützwände. Dt. Bauzg. 1893 S. 325. — Derselbe: Untersuchungen über den Erddruck auf Stützmauern mit gerader und gekrümmter Rückwand und die Erddrucktheorie. Z. Arch. Ing.-Wes. 1908 S. 77. — Derselbe: Versuche über den Erddruck gegen Stützwände. Z. Arch. Ing.-Wes. 1919 S. 173. — Färber: Neue Lösung des Erddruckproblems. Dt. Bauzg. 1917. Mitt. über Eisenbau S. 10, 75. — Franzius, O.: Vereinfachung der Erddruckberechnung. Z. Arch. Ing.-Wes. 1918 S. 185. — Derselbe: Versuche mit passivem Erddruck. Bauing. 1924 S. 314. — Freund: Neue Ergebnisse in der Erddrucktheorie. Zentralbl. Bauverw. 1920 S. 625. — Derselbe: Neue Untersuchungen über Erddrucktheorie. Z. Bauw. 1921 S. 48. — Derselbe: Spannungszustand in loser Erde. Zentralbl. Bauverw. 1921 S. 589, 601; 1922 S. 599. — Derselbe: Untersuchung der Erddrucktheorie von Coulomb. Bautechnik 1924 S. 101. — Hofmann: Erddrucktheorie. Z. Arch. Ing.-Wes. 1911 S. 457. — Jacoby: Zur Erddrucklehre. Zentralbl. Bauverw. 1918 S. 81. — Krey, H.: Praktische Beispiele zur Bewertung von Erddruck, Erdwiderstand und Tragfähigkeit des Baugrundes in größerer Tiefe. Z. Bauw. 1912 S. 96. — Derselbe: Betrachtung über Größe und Richtung des Erddruckes. Bautechnik 1923 S. 219, 279. — Derselbe: Die Widerstandsfähigkeit des Untergrundes und der Einfluß der Kohäsion beim Erddruck und Erdwiderstand. Bautechnik 1924 S. 462. — Derselbe: Gebrochene und gekrümmte Gleitflächen bei Aufgaben des Erddruckes. Bautechnik 1926 S. 279. — Derselbe: Erddruck, Erdwiderstand und Tragfähigkeit des Baugrundes. 3. Aufl. Berlin: W. Ernst & Sohn 1926. — Krey-Freund: Neuere Ergebnisse der Erddrucktheorie. Zentralbl. Bauverw. 1921 S. 269. — Mohr, O.: Theorie des Erddruckes auf Stützmauern. Schweiz. Bauzg. 1910 S. 53. — Möller, M.: Erddrucktabellen. Leipzig: S. Hirzel 1902. — Derselbe: Über die Größe des passiven Erddruckes. Bauing. 1924 S. 550. — Müller-Breslau: Erddruck auf Stützmauern. Kröner 1906. — Derselbe: Bemerkungen über die Berechnung des Erddruckes auf Stützmauern. Z. Arch. Ing.-Wes. 1908 S. 43. — Petermann: Neuere amerikanische Erddruckversuche. Zentralbl. Bauverw. 1924 S. 45. — Petersen: Grenzzustände des Erddruckes auf Stützmauern. Bauing. 1925 S. 486. — Ramisch: Neue Versuche zur Bestimmung des Erddruckes. Z. öst. Ing.-V. 1911 S. 233, 423. — Reißner: Theorie des Erddruckes. Enzykl. d. math. Wiss. Bd. 4 S. 387. Leipzig: B. G. Teubner 1909. — Ritter: Theorie des Erddruckes auf Stützmauern. Schweiz. Bauzg. 1910 S. 53, 197, 315. — Safir: Erddrucktrajektorien. Z. Arch. Ing.-Wes. 1906 S. 533. — Senft-Freund: Neue Ergebnisse der Erddrucktheorie. Zentralbl. Bauverw. 1921 S. 270. — Schnidtmann: Neuere Wege in der Anwendung der alten Erddrucklehre. Bauing. 1924 S. 468. — Schultze: Erddruck auf Winkelstützmauern. Zentralbl. Bauverw. 1916 S. 198. — Streck: Beitrag zur Frage des passiven Erddruckes. Bauing. 1926 S. 32. — Taaswell: Retainingwalls, their design and construction. New York 1920.

III. Die Grenzdrücke von Boden mit Reibung und Haftfestigkeit (Kohäsion).

Die Haftfestigkeit (Kohäsion), die mehr oder minder groß in allen Böden auftritt, wird in der Regel bei der Ermittlung des Erddruckes und des Erdwiderstandes vernachlässigt; sie bewirkt eine Verringerung des Erddruckes und eine Vergrößerung des Erdwiderstandes gegenüber jenen Werten, die sich bei ihrer Vernachlässigung ergeben. Die Haftfestigkeit hat zur Folge, daß im Boden auch Zugspannungen auftreten und daß z. B. Böden mit lotrechten Wänden frei stehen können. Die Vernachlässigung der Haftfestigkeit bei der Ermittlung der Grenzdrücke des Bodens führt zu einer im Hinblicke auf die Standsicherheit des Bauwerkes sicheren Ermittlung der Grenzdrücke des Bodens; sie ist in den meisten Fällen schon im Hinblicke darauf gerechtfertigt, daß die Haftfestigkeit bei einer Durchfeuchtung des Bodens stark herabgesetzt wird.

Anhaltspunkte für die Berücksichtigung der Haftfestigkeit bei der Ermittlung der Grenzdrücke des Bodens gibt H. Krey in seinem Buche „Erddruck und Erdwiderstand“.

Literatur: Knoke: Über Zahlenwerte der Kohäsion beim Erddruck. Bautechnik 1925 S. 120. — Westerberg: Erddruck in Bodenarten mit Kohäsion. Tekn. Tidskr. 1921 Heft 3 S. 5. — Krey, H.:

Erddruck und Erdwiderstand. 3. Aufl. Berlin: W. Ernst & Sohn 1926. — Terzaghi, K.: Erdbaumechanik. Leipzig: F. Deuticke 1925. — Derselbe: Festigkeitseigenschaften der Schüttungen, Sedimente und Gele. Handb. phys. Mechanik Bd. 4 2. Hälfte. Leipzig: J. A. Barth 1931.

IV. Der Erddruck von begrenzten Bodenkörpern.

Über den Erddruck von begrenzten Bodenkörpern ist nichts Zuverlässiges bekannt, es stehen aber Näherungsverfahren in Anwendung, die in den meisten Fällen hinreichend sicher die Ermittlung des Erddruckes erlauben.

a) Der Erddruck bei hinterer Begrenzung des abgleitenden Bodenkeiles.

Der Erddruck auf eine Wand bei hinterer Begrenzung des abgleitenden Bodenkeiles kann am einfachsten durch Anwendung des diesem Falle angepaßten Culmannschen Verfahrens ermittelt werden, indem für eine Anzahl angenommener Gleitflächen die Erddrücke E_a ermittelt (Abb. 38) und zeichnerisch der größte aufgesucht wird; die Auftragung der zu den angenommenen Gleitflächen gehörigen Erddrücke E_a

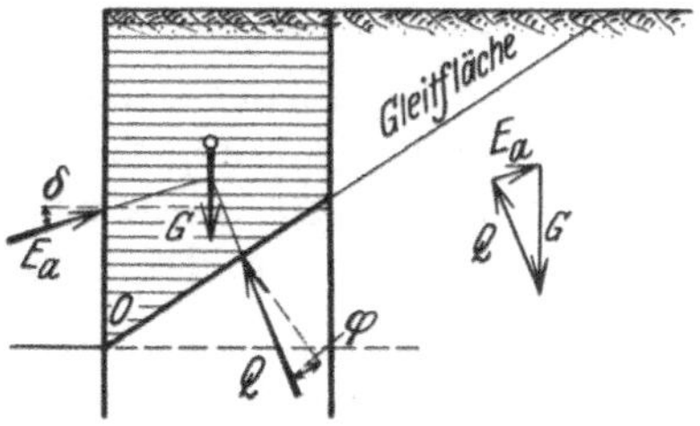

Abb. 38. Erddruck bei hinterer Begrenzung.

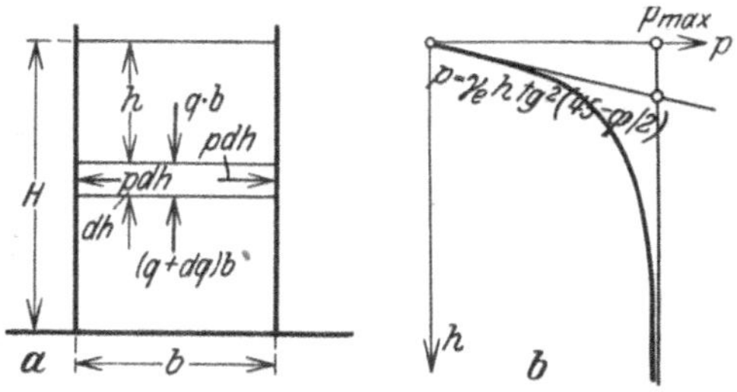

Abb. 39. a) Ermittlung des Erddruckes auf nahe beisammenstehende, parallele Wände, b) Verteilung des Erddruckes.

geschieht hierbei am besten von O aus auf den betreffenden Gleitflächen. Die Reibung zwischen den abgleitenden Bodenkörpern und der hinteren Begrenzungswand wird der Sicherheit halber vernachlässigt.

Wenn die hintere Begrenzung des abgleitenden Bodenkörpers durch eine Wand erfolgt, die nahe der betrachteten verläuft, so kann auch ein Verfahren angewendet werden, das zur Ermittlung des Seitendruckes auf die Wände eines Silos Anwendung findet.

Bezeichnet γ_e das Raumgewicht des Bodens und wird ein Streifen der Mauer von der Breite 1 betrachtet, so lastet auf einer in der Tiefe h liegenden waagrechten Scheibe (Abb. 39a) von der Dicke dh oben der Druck $qb \cdot 1$, während von unten auf sie $(q + dq) \cdot b \cdot 1$ wirkt. Das Gewicht der Scheibe beträgt $b \cdot 1 \cdot dh \cdot \gamma_e$. Die Scheibe wird durch den Druck auf ihre Unterfläche und durch die Reibung an den Wänden im Gleichgewicht erhalten. Beträgt der Reibungswinkel zwischen Boden und Wand δ, so gilt dann

$$\gamma_e b\, dh + qb = (q + dq)\, b + p\, dh \operatorname{tg} \delta. \tag{40}$$

Bei einer lotrechten Pressung q beträgt in Boden ohne Haftfestigkeit der Seitendruck etwa

$$p = q \operatorname{tg}^2\left(45 - \frac{\varphi}{2}\right), \tag{41}$$

wobei φ den Winkel der inneren Reibung bezeichnet. Man hat dann weiter

$$\gamma_e b\, dh + qb = qb + dq \cdot b + q \operatorname{tg}^2\left(45 - \frac{\varphi}{2}\right) dh \cdot \operatorname{tg} \delta \tag{42}$$

und

$$dh = dq : \left[\gamma_e - \frac{2}{b}\, q \operatorname{tg}^2\left(45 - \frac{\varphi}{2}\right) \operatorname{tg} \delta\right] \tag{43}$$

oder, wenn

(44) $$2\,\mathrm{tg}^2\left(45-\frac{\varphi}{2}\right)\mathrm{tg}\,\delta=\alpha$$

gesetzt wird,

(45) $$dh=\frac{dq}{\gamma_e-\frac{\alpha}{b}q}.$$

Die Integration liefert

(46) $$h=-\frac{b}{\alpha}\log\mathrm{nat}\left(\gamma_e-\frac{\alpha}{b}q\right)$$

oder

(47) $$q=\frac{b}{\alpha}\left(\gamma_e-e^{-\frac{\alpha}{b}h}\right).$$

Die Seitenpressung gegen die Wand beträgt schließlich

(48) $$p=\frac{b}{\alpha}\left(\gamma_e-e^{-\frac{\alpha}{b}h}\right)\mathrm{tg}^2\left(45-\frac{\varphi}{2}\right).$$

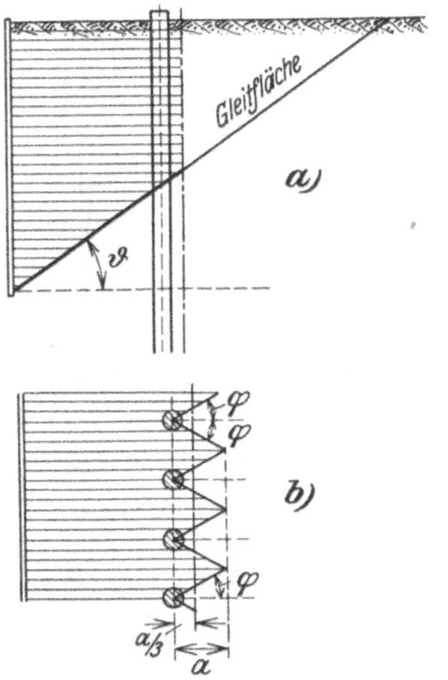

Abb. 40. Ermittlung des Erddruckes bei hinterer Begrenzung durch eine Pfahlreihe.

Die Seitenpressung nimmt mit der Tiefe zuerst stark, in größerer Tiefe nur mehr wenig zu, bis die Reibung zwischen Boden und Wand allein dem Gewichte einer gedachten Scheibe von der Dicke dh das Gleichgewicht hält, bis also

(49) $$\gamma_e b\,dh=2\,p_{\max}\,dh\cdot\mathrm{tg}\,\delta$$

ist; der Grenzwert, dem sich die Seitenpressung nähert, beträgt demnach

(50) $$p_{\max}=\frac{\gamma_e b}{2\,\mathrm{tg}\,\delta};$$

dieser Grenzdruck wird erst in unendlicher Tiefe erreicht.

In der Abb. 39b ist die Druckverteilung längs einer Wand dargestellt und es ist auch gezeigt, wie die Druckverteilung hinreichend genau durch zwei Gerade ersetzt werden kann.

Wenn die hintere Begrenzung des abgleitenden Bodenkeiles nicht aus einer vollen Wand, sondern aus einer Pfahlreihe besteht, so wird ein Teil des Erddruckes schon von den Pfählen aufgenommen, während der zwischen der Pfahlreihe und der Wand liegende Teil des Bodenkeiles die Wand belastet. Die hintere Begrenzung des Bodenkeiles kann in der in der Abb. 40 angedeuteten Weise angenommen werden; φ bedeutet hierbei den Winkel der inneren Reibung des betreffenden Bodens.

Literatur: Brennecke-Lohmeyer: Der Grundbau. Berlin: W. Ernst & Sohn 1927—1930. — Buchwald: Erddruck bei rückwärtig begrenzter Hinterfüllung. Beton u. Eisen 1919 S. 21, 90. — Jaeger, E.: Erdwiderstand unter dem Einfluß von Seitenwänden. Mitt. Wasserbau Baugrundforschg. Heft 5. Berlin: W. Ernst & Sohn 1931. — Keppler: Erddruck auf Parallelflügel. Bautechnik 1925 S. 404.

b) Der Erddruck bei seitlicher Begrenzung des abgleitenden Bodenkeiles.

Bei seitlicher Begrenzung des abgleitenden Bodenkeiles durch parallele Wände wird die Reibung an den Wänden berücksichtigt, die vom Seitendruck des abgleitenden Bodenkeiles auf die Wände herrührt.

Der Erddruck gegen einen lotrechten Streifen $h \cdot dx$ der Seitenwand beträgt mit den Bezeichnungen der Abb. 41

$$dE_a = \gamma_e \lambda_a dx \frac{h^2}{2}, \tag{51}$$

wobei λ_a für den Reibungswinkel δ zwischen Wand und Boden zu ermitteln ist. Wenn

$$h = \frac{H}{L} x \tag{52}$$

gesetzt wird, so hat man weiter

$$dE_a = \gamma_e \lambda_a dx \frac{H^2}{2 L^2} x^2, \tag{53}$$

und es beträgt der Erddruck des ganzen abgleitenden Bodenkeiles gegen eine Seitenwand

$$E_a = \gamma_e \lambda_a \frac{H^2}{2 L^2} \int_0^L x^2 dx = \tfrac{1}{6} \gamma_e \lambda_a H^2 L. \tag{54}$$

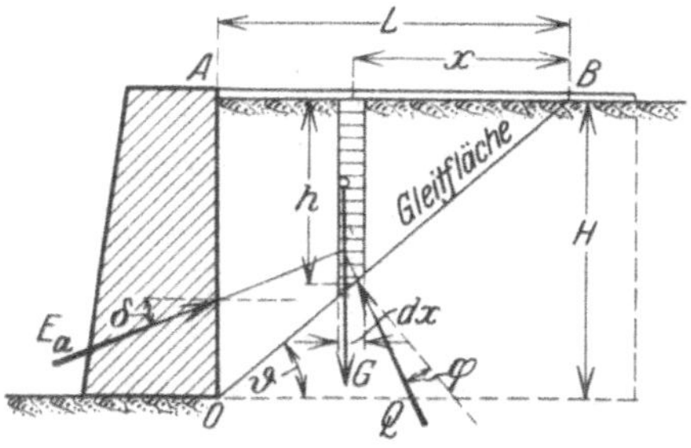

Abb. 41. Ermittlung der Reibung an Parallelflügeln.

Bei einem Reibungswinkel δ zwischen Boden und Wand beträgt die Reibung an einer Seitenwand, die dem Vorbeigleiten des Bodenkeiles entgegenwirkt,

$$R = \tfrac{1}{6} \gamma_e \lambda_a H^2 L \operatorname{tg} \delta. \tag{55}$$

Dem Abgleiten des Bodenkeiles OAB wirkt nun neben dem Widerstand Q in der Gleitfläche und dem Widerstand der Stirnmauer noch die Reibung $2\,R$ an den beiden parallelen Wänden entgegen, die den Bodenkeil seitlich begrenzen.

c) Der Erddruck eines oben begrenzten Bodenkörpers.

Wenn der Bodenkörper oben begrenzt ist, wie es z. B. bei Ufermauern auf hochliegendem Pfahlrost vorkommt, so wird der unmittelbar gegen die Wand wirkende Erddruck herabgesetzt. Zwischen A und B (Abb. 42) wirkt gegen die Wand ein Erddruck, der ebenso groß ist wie wenn die Bodenoberfläche in AO liegen würde. Unterhalb von C tritt ein Erddruck auf, der der Tiefenlage unter der Bodenoberfläche entspricht; der bezogene Erddruck beträgt dort also

$$e_a = \gamma_e \lambda_a (h_1 + h_2 + h_3). \tag{56}$$

Wie groß der Erddruck zwischen B und C ist, weiß man nicht sicher, es ist aber anzunehmen, daß seine Verteilung von jener, die durch $E - F$ in der Abb. 42 dargestellten ist, nicht sehr verschieden sein wird.

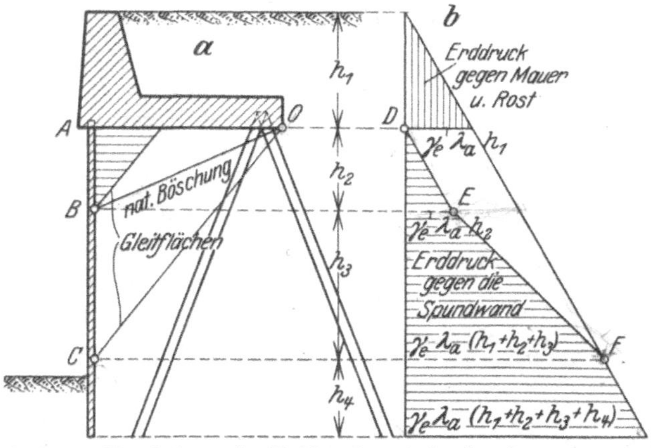

Abb. 42. Ermittlung des Erddruckes eines oben begrenzten Bodenkörpers.

Das Bauwerk als ganzes hat natürlich den vollen Erddruck aufzunehmen, der der Bauwerkshöhe entspricht.

Wenn Pfähle nahe hinter der Wand stehen, so erfolgt eine weitere Herabsetzung des Erddruckes gegen die Wand, weil die Pfähle, wie schon früher erläutert wurde, einen Teil des Erddruckes aufnehmen.

Als Raumgewicht des Bodens wird unterhalb des Grundwasserspiegels das um den Auftrieb verringerte benützt. Der Wasserdruck wirkt voll auf die Wand.

Literatur: Brennecke-Lohmeyer: Der Grundbau Bd. 2 S. 254. Berlin: W. Ernst & Sohn 1930.

D. Das Verhalten des Bodens unter Lasten.

Die Bauwerkslasten werden auf den Boden durch das Grundwerk übertragen, das entweder mit einer Fläche unmittelbar am Boden aufliegt und diesen belastet oder das auf Pfählen ruht, die die Übertragung der Last auf den Boden in größerer Tiefe bewirken; man spricht im ersteren Falle von Flächenlasten, im letzteren von Pfahllasten.

I. Das Verhalten des Bodens unter Flächenlasten.

Die Bodenteilchen werden in ihrer gegenseitigen Lage durch die Haftfestigkeit (Kohäsion) und durch die Reibung erhalten. Unter dem Einfluß einer Last wird der Boden im allgemeinen deformiert, wobei die Bodenteilchen sowohl ihre gegenseitige Entfernung als auch ihre gegenseitige Lage ändern. Den Entfernungsänderungen wirkt nun die Haftfestigkeit, den Lagenänderungen die Reibung im Boden entgegen und die Spannungsfähigkeit eines Bodens ist das Ergebnis des Zusammenwirkens dieser Kräfte.

a) Das Verhalten des Bodens unter Flächenlasten bei behinderter Seitenausdehnung.

1. Grobkörnige Böden.

Wenn ein Boden bei behinderter Seitenausdehnung belastet wird, wie es z. B. vorkommt, wenn das Grundwerk von einer Spundwand umgeben ist, so senkt sich die Last und die zu verschiedenen Einheitslasten q gehörigen Senkungen s können zeichnerisch durch die Lastsenkungslinie dargestellt werden (Abb. 43). Wenn eine gewisse Einheitslast q_g, die Grenzlast, überschritten wird, so scheint die Last zu versinken, sie stanzt scheinbar ein Loch in den Boden. Diese Last entspricht der Fließgrenze elastischer Körper. Im Bereiche der geringen Lasten kann der Hauptast der Lastsenkungslinie hinreichend genau durch eine Gerade ersetzt werden, die bis dorthin gilt, wo der Hauptast von ihr stark abzuweichen beginnt; die dieser Stelle entsprechende Einheitslast wird Proportionalitätsgrenze q_p genannt.

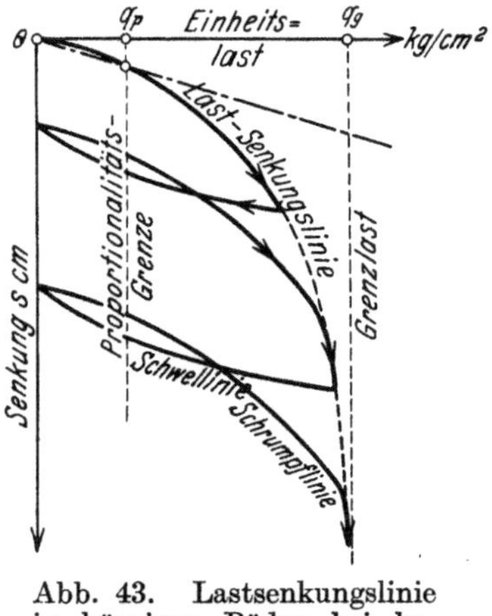

Abb. 43. Lastsenkungslinie in körnigen Böden bei behinderter Seitenausdehnung.

Bei Entlastung des Bodens hebt sich die Bodenoberfläche wieder, der Boden schwillt gleichsam an. Die Linien, die während der Entlastung den Zusammenhang zwischen Last und Senkung darstellen, werden Schwelllinien genannt. Die Bodenoberfläche hebt sich auch bei vollständiger Entlastung nicht wieder bis zu ihrer ursprünglichen Lage. Der bleibende Teil der Senkung ist auf die durch die Last bewirkte Verringerung des Porenraumes zurückzuführen, der zurückgehende Teil auf die elastische Verformung der Bodenteilchen. Wenn neuerlich belastet wird, so senkt sich die Bodenoberfläche vorerst nach der Schrumpflinie, bis annähernd die ursprünglich aufgebrachte Last erreicht ist und von da weiter wieder nach dem Hauptast der Lastsenkungslinie. Wenn im Laufe eines Belastungsversuches mehrere Belastungszyklen mit jedesmaliger vollständiger Entlastung ausgeführt werden, so liegen die Schwellinien, wie K. Terzaghi gefunden hat, zueinander parallel.

Bis zur Proportionalitätsgrenze q_p gehorchen die Böden, wenigstens mit grober Annäherung, dem Hookeschen Gesetz, darüber hinaus weicht aber das Verhalten des Bodens davon weit ab, weil eben bleibende Form- und Strukturänderungen auftreten.

2. Feinkörnige und bindige Böden.

Bei bindigen Böden, die aus Mineralschuppen bestehen und bei sehr feinkörnigen Böden, deren Poren mit Wasser erfüllt sind, hat die Lastsenkungslinie nur dann ein Aussehen wie jenes in der Abb. 43, wenn die Laststeigerung außerordentlich langsam vorgenommen wird. Die Verringerung des Porenraumes im Boden unter der Last kann hier nur in dem Maße vor sich gehen, als das in den Poren enthaltene Wasser herausgepreßt wird. Nachdem die Poren in solchen Böden außerordentlich fein sind, gerät unmittelbar nach der Belastung das Wasser in den Poren unter hohe Spannung und läuft erst im Laufe der Zeit ab. Wenn eine solche rasch aufgebrachte Last längere Zeit am Boden ruht, so senkt sie sich langsam und erreicht ihre endgültige Lage nach sehr langer Zeit, wenn eben alles überschüssige Wasser aus den Poren abgelaufen ist. Die Lastsenkungslinie enthält bei plötzlichen Laststeigerungen Stufen (Abb. 44). Wenn jede Last hinreichend lange wirken kann, so daß die zu jeder Last gehörige endgültige Senkung ermittelt werden kann, und wenn hierauf in der zeichnerischen Lastsenkungsdarstellung die durch Ringe bezeichneten Punkte durch eine stetige Linie verbunden werden, so erhält man die reduzierte Lastsenkungslinie, die sich einstellen würde, wenn die Laststeigerung außerordentlich langsam vor sich gegangen wäre. Beim Entlasten schwillt der Boden nur sehr langsam an, weil hierbei die Verbiegung der Schuppen etwas zurückgeht und der Porenraum sich etwas vergrößert, das zur Füllung der Poren erforderliche Wasser aber auch nur sehr langsam aus dem umliegenden Boden angesaugt wird.

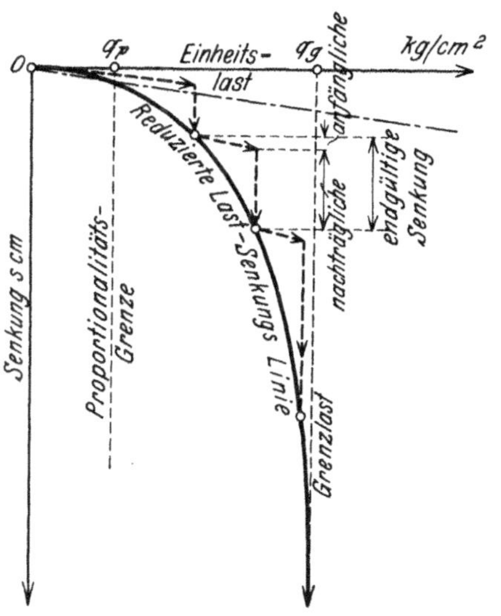

Abb. 44. Lastsenkungsline in bindigen und in sehr feinkörnigen Böden bei rascher Laststeigerung und bei verhinderter Seitenausdehnung.

b) Das Verhalten der Böden unter Flächenlasten bei unbehinderter Seitenausdehnung.

1. Grobkörnige Böden.

Wenn ein örtlich begrenzter Teil der Oberfläche einer unbegrenzten Sandschüttung bei unbehinderter Seitenausdehnung belastet wird, so bewirkt die Last zunächst eine Ab- und Auswärtsbewegung des unter der Lastfläche gelegenen Bodens und gleichzeitig, ähnlich wie bei behinderter Seitenausdehnung eine Verringerung des Porenraumes und eine Verformung der Körner. Die Senkung der Bodenoberfläche ist nun zurückzuführen teils auf seitliches Ausweichen des Bodens aus dem Bereich unter der Lastfläche, teils auf die Verringerung des Poreninhaltes infolge dichterer Lagerung der Körner und auf die elastische Verformung der Körner.

Bei unbehinderter Seitenausdehnung bewirkt die Auftragung kleiner Lasten auf die Oberfläche festgelagerten Sandbodens zunächst eine Spannungszunahme unmittelbar unter der Lastfläche. Dieser belastete Boden übt auf den ihn ringförmig umgebenden, außerhalb der Lastfläche liegenden einen Seitendruck aus, der mit der Last so lange zunimmt, bis er den Erdwiderstand des die Lastfläche umgebenden Bodenringes übertrifft und den Boden im Bereiche um das Grundwerk in Bewegung setzt. Es bilden sich plötzlich allseits Gleitflächen (Abb. 45) aus, längs denen der Boden in die Höhe quillt, während sich die Last ruckartig senkt.

Die Einheitslast, bei der diese ruckartige Senkung auftritt, wird als Grenzlast q_g bezeichnet. Die ruckartige Senkung tritt nicht auf, wenn die Last erst in größerer Gründungstiefe auf den Boden wirkt; in diesen Fällen sinkt die Last bei Überschreitung der Grenzlast stetig ein. Ruckartige und stetige Senkung sind zwei grundsätzlich verschiedene Arten der Folgen der Überlastung des Bodens. Während sich bei der ruckartigen Setzung Gleitflächen (Abb. 45) bilden, nach denen der Sand unter der Last seitlich und aufwärts ausweicht, wird bei der stetigen Setzung kein Boden seitlich aufwärts verdrängt und die Senkung erfolgt nur infolge Verdichtung des Bodens und infolge Verformung der Körner. Mit zunehmender Gründungstiefe tritt die ruckartige Senkung immer mehr zurück und die Gründungstiefe, bei der keine ruckartigen Setzungen mehr vorkommen, wird als kritische Gründungstiefe bezeichnet. Bei den gebräuchlichen Flachgründungen ist die Gründungstiefe, wie K. Terzaghi feststellt, in der Regel kleiner als die kritische.

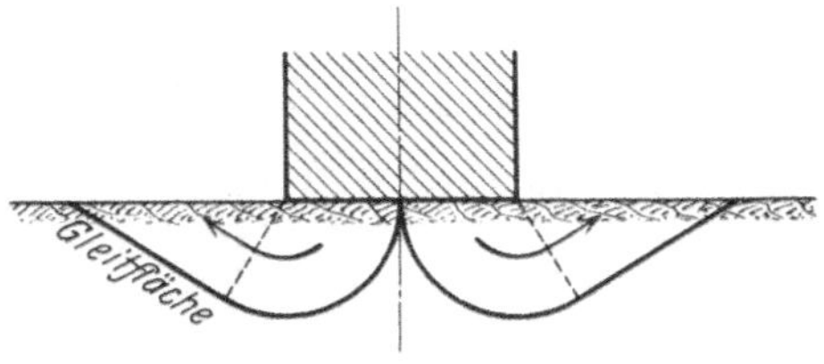

Abb. 45. Gleitflächen in fest gelagertem Sandboden, verbunden mit ruckartiger Senkung der Last.

In locker gelagertem Sand wird wegen dessen großer Verdichtungsfähigkeit die Grenzlast q_g schon erreicht, noch bevor der Erdwiderstand im Ring überschritten ist; wenn die Grenzlast überschritten ist, so versinkt die Last stetig ohne ruckartige Bewegung.

Die Lastsenkung tritt bei körnigem Boden sofort nach dem Aufbringen der Last auf und erfährt nachträglich keine nennenswerten Veränderungen.

Bei mäßigen Belastungen läßt sich auch bei unbehinderter Seitenausdehnung der Anfang des Hauptastes der Lastsenkungslinie wieder hinreichend genau durch eine Gerade ersetzen. Bedeutet q die Einheitslast in kg/cm² und s die zugehörige Senkung in Zentimetern, so wird der Quotient

(57) $$\beta = \frac{q}{s}$$

als Bettungsziffer bezeichnet. Die früher erwähnte Ersatzgerade gibt genügend genau bis zur Proportionalitätsgrenze den Zusammenhang zwischen Last und Senkung an.

Die Grenzbelastung q_g ist bei körnigen Böden von der Größe und von der Form der Lastfläche und von der Gründungstiefe t abhängig. K. Terzaghi hat für die Grenzbelastung q_{g_0}, an der Bodenoberfläche bei kreisförmiger Last vom Radius r die Beziehung

(58) $$q_{g_0} = \frac{2\gamma_e r}{\zeta^2}$$

und bei streifenförmigen Lasten von der Breite $2b$ die Formel

(59) $$q_{g_0} = \frac{\gamma_e b}{\zeta^2}$$

angegeben, in der γ_e das Raumgewicht des Bodens und

(60) $$\zeta = \mathrm{tg}^2\left(45 - \frac{\varphi}{2}\right)$$

ist, wobei φ den Winkel der inneren Reibung bezeichnet. Bedeutet γ' das Eigengewicht der Sandkörner, so beträgt das Raumgewicht des Sandes mit einem Porenverhältnis n bei lufterfüllten Poren bekanntlich

(61) $$\gamma_e = (1 - n)\gamma'$$

und unter dem Grundwasserspiegel

(62) $$\gamma_e' = (1 - n)(\gamma' - \gamma),$$

wobei das Eigengewicht des Wassers mit γ bezeichnet ist.

Für γ' kann in den meisten Fällen 2,65 t/m³ gesetzt werden und es beträgt das Porenverhältnis von festgelagertem Sand etwa $n = 0{,}35$ und von äußerst locker gelagertem Sand $n = 0{,}50$.

Für den Winkel der inneren Reibung gibt Terzaghi bei Sanden, die äußerst locker gelagert sind, $\varphi = 33^0\,30'$ und $\zeta = \mathrm{tg}^2\left(45 - \frac{\varphi}{2}\right) = 0{,}288$ und für fest gelagerten Sand $\varphi = 54^0$ und $\zeta = \mathrm{tg}^2\left(45 - \frac{\varphi}{2}\right) = 0{,}106$ an.

Wenn die Last in der Tiefe t aufgebracht wird, so gilt bei kreisrunder Last

$$q_{g t} = q_{g 0}\left[1 + \frac{t}{r} + c\left(\frac{t}{r}\right)^2\right] \tag{63}$$

und bei streifenförmigen Lasten von der Breite $2\,b$

$$q_{g t} = q_{g 0}\left[1 + \frac{t}{b} + c\left(\frac{t}{b}\right)^2\right]. \tag{64}$$

Die Beiwerte c sind von der Beschaffenheit und von der Dichte der Lagerung abhängig und sind um so kleiner, je loser der Sand gelagert ist; sie liegen nach den Angaben von K. Terzaghi zwischen den Grenzen 0,07 und 0,25.

Bei kreisrunden Lastflächen und dichtgelagertem Sand ist die Einheitslast q_p an der Proportionalitätsgrenze etwa gleich der halben Grenzbelastung q_g.

2. Feinkörnige und bindige Böden.

Bei bindigen Böden mit unbehinderter Seitenausdehnung rührt die Senkung der Last, ähnlich wie bei körnigen vom seitlichen Ausweichen des Bodens, von der Verringerung des Poreninhaltes und von der elastischen Verformung der Bodenteilchen her. Da infolge der Kapillarität bei bindigen Böden die Poren meist mit Wasser erfüllt sind, muß bei der Verringerung des Porenraumes Wasser entweichen; wegen der äußerst geringen Wasserdurchlässigkeit feinkörniger und bindiger Böden geht das Entweichen des Porenwassers aber nur sehr langsam vor sich, so daß im Gegensatze zu den Sanden bei den bindigen Böden die endgültige Senkung erst nach geraumer Zeit erreicht wird. Je rascher die Belastung gesteigert wird, desto geringer ist die anfängliche Senkung und desto größer jene, die im Laufe der Zeit eintritt. Für bindige Böden hat die Lastsenkungslinie bei rascher Belastungssteigerung auch die in der Abb. 44 dargestellte Form, wenn keine Belastungszyklen eingeschaltet werden. Aus einer solchen Lastsenkungslinie kann auch wieder die reduzierte Senkungslinie abgeleitet werden. Ähnlich wie bei den Sanden, kann auch bei bindigen Böden der Beginn der reduzierten Lastsenkungslinie genügend genau durch eine Gerade ersetzt werden; dort, wo die reduzierte Lastsenkungslinie von dieser Geraden stark abzuweichen beginnt, liegt die Proportionalitätsgrenze q_p, die niederer als bei Sanden, bei etwa einem Viertel der Grenzbelastung q_g liegt.

Bei der Berechnung der Grenzbelastung bindiger Böden muß, wie K. Terzaghi gezeigt hat, auf den Spannungszustand geachtet werden, indem sich der Boden vor der Aufbringung der Last befunden hat und es hängt die Grenzbelastung überdies von der Geschwindigkeit ab, mit der die Last aufgebracht wird. Nachdem das Porenwasser aus einem bindigen Boden unter einer Last nur sehr langsam entweicht, ist es nicht gleichgültig, ob die Laststeigerung rascher oder langsamer vor sich geht, als die Anpassung des Porenraumes an die Belastung. Wenn eine große Last auf einen bindigen Boden mit wassererfüllten Poren sehr rasch aufgebraucht wird, so verformen sich wohl die Mineralschuppen des Bodens sofort und das Porenwasser gelangt augenblicklich unter Spannung, es kann aber nur langsam abfließen; ein solcher Boden wird sich anfänglich ähnlich wie eine unzusammendrückbare, zähe Flüssigkeit verhalten und wenn die Grenzbelastung q_g überschritten ist, so wird die Last einsinken, und hierbei den Boden seitlich in die Höhe pressen. Wenn die Last hingegen sehr langsam gesteigert wird, so hat das Porenwasser Zeit abzufließen, und die Senkung erfolgt nur infolge Verdichtung des Bodens. Im ersteren Falle liegt die kritische Gründungstiefe in unendlicher Tiefe, im letzteren Falle ist die kritische Gründungstiefe klein. Hinsichtlich der Spannungen im Boden vor der Auftragung der Last scheidet K. Terzaghi die bindigen Böden in drei Gruppen, nämlich in

a) Böden mit ungespanntem Porenwasser, das sind Ton- oder Schlammlager, die entweder niemals trocken waren oder nach vorübergehender Trockenlegung wieder dauernd überflutet worden sind, so daß der auf den Boden wirkende Kapillardruck gleich Null und die hydrodynamischen Spannungen sich im Laufe der Zeit ausgeglichen haben.

b) Böden, in deren Porenwasser ein hydrostatischer Unterdruck von gegebener konstanter Größe herrscht, das sind die kontinentalen Tonlager, die nach ihrer Entstehung entweder infolge einer, wenn auch nur vorübergehenden Belastung, z. B. durch Sand oder Schottermassen, die später auch wieder durch Erosion abgetragen sein können, oder durch Verdunstung des Porenwassers eine starke Verdichtung erfahren haben und seither nicht mehr überflutet worden sind. Die unter der Krümelschicht wirksame Oberflächenspannung des Porenwassers verhindert eine Rückbildung der Verdichtung, wobei im Porenwasser hydrostatischer Unterdruck auftritt. Wenn dieser Unterdruck überall die gleiche Größe hat, so ist der im Tonlager herrschende Spannungszustand gleichmäßig. In diesem Zustande befinden sich die tieferen Schichten der meisten kontinentalen Tonlager. In den obersten Schichten wechseln die Druckverhältnisse je nach der Jahreszeit und den Witterungsverhältnissen.

c) Böden, in denen die hydrodynamischen Spannungen noch im Ausgleiche begriffen sind, das sind unter Wasser abgesetzte Tonschichten, die durch Hebung des Landes oder durch Senkung des Wasserspiegels trockengelegt worden sind. Bei solchen Lagern bildet sich eine feste Kruste, die die unterhalb liegenden Schichten vor rascher Austrocknung schützt, die daher ihre weiche Konsistenzform beibehalten. Solche Tonböden bestehen in aufgefüllten, trockengelegten Seebecken und in den Mündungsgebieten schlammführender Flüsse. In der Kruste herrscht hydrostatischer Unterdruck, darunter Überdruck oder der Druck Null und die Spannungen sind im Ausgleich begriffen.

In den Böden der Gruppe a) (unter Wasser liegende Ton- oder Schlammschichten), also solchen, mit ungespanntem Porenwasser, beträgt die Grenzbelastung nach K. Terzaghi bei kreisförmiger Lastfläche vom Radius r und rascher Belastungssteigerung bei Belastung in der Tiefe t unter der Bodenoberfläche

$$q_{g_t} = 0{,}5\, r \left(1 + 4{,}0 \frac{t}{r}\right) + \gamma_e t \ \ (\mathrm{g/cm^2}), \tag{65}$$

während sie für langsame Belastung, die allerdings im Grundbau nicht vorkommt,

$$q'_{g_t} = 0{,}9\, r \left(1 + 4{,}44 \frac{t}{r}\right) \ \ (\mathrm{g/cm^2}) \tag{66}$$

beträgt.

Beispiel: $r = 100\,\mathrm{cm}$, $t = 50\,\mathrm{cm}$, $\gamma_e = 0{,}9\,\mathrm{g/cm^3}$;
$q_{g_0} = 50\,\mathrm{g/cm^2}$, $q_{g_t} = 195{,}0\,\mathrm{g/cm^2}$;
$q'_{g_0} = 90\,\mathrm{g/cm^2}$, $q'_{g_t} = 289{,}9\,\mathrm{g/cm^2}$.

Für die Grenzbelastung q_{g_t} unter einer streifenförmigen Last von der Breite $2\,b$ gilt bei rascher Belastung in der Tiefe t

$$q_{g_t} = 0{,}4\, b \left(1 + 4{,}0 \frac{t}{b}\right) + \gamma_e t \ \ (\mathrm{g/cm^2}) \tag{67}$$

und bei langsamer Belastung

$$q'_{g_t} = 0{,}68\,b\left(1 + 4{,}57\,\frac{t}{b}\right) \quad (\mathrm{g/cm^2}). \tag{68}$$

In Böden der Gruppe b), also in Tonböden mit hydrodynamischem Unterdruck, beträgt die Grenzbelastung unter einer kreisförmigen Lastfläche bei rascher Belastung, wie sie im Grundbau ausschließlich vorkommt, etwa

$$q_{g_t} = q_{g_0} = 2{,}70\,p_k\,. \tag{69}$$

p_k bedeutet das Druckäquivalent der Konsistenzform des Tones, das bei weichplastischen Tonen zwischen 0,5 und 1,5 kg/cm², bei steifplastischen Tonen zwischen 1,5 und 6,0 kg/cm² liegt.

Unter einer streifenförmigen Last beträgt die Einheitsgrenzlast bei rascher Belastung

$$q_{g_0} = q_{g_t} = 1{,}70\,p_k \tag{70}$$

und bei langsamer Belastung

$$q'_{g_0} = q_{g_t} = 3{,}0\,p_k\,. \tag{71}$$

Die Gründungstiefe t hat auf die Einheitsgrenzlast bei diesen Böden keinen Einfluß.

Bei Böden der Gruppe c) (das sind solche unter Wasser abgesetzte Tonschichten, die über den Wasserspiegel geraten sind, so daß sich oberflächlich eine Austrocknungskruste bilden konnte, unter der weicher Ton liegt) hängt die Grenzbelastung nicht nur von der Konsistenzform und den Eigenschaften des Bodens, sondern auch vom Verhältnis der Abmessungen der Lastfläche zur Dicke der Austrocknungskruste ab. Die Grenzbelastung und die Bettungsziffer können daher höchstens eingeschätzt werden. Wenn durch Bohrungen Klarheit über die Beschaffenheit des Untergrundes geschaffen wird.

Von Interesse sind Beobachtungen an Bauwerken, die auf Schlamm oder auf Tonböden gegründet worden sind, über die K. Terzaghi berichtet. Danach erfolgt die Setzung dieser Bauwerke nicht das ganze Jahr hindurch gleichmäßig, sondern in Abhängigkeit von der Witterung.

Eine Dampfkraftanlage, die am goldenen Horn auf einer durchlaufenden Eisenbetonplatte auf steif- bis weichplastischem Schlamm gegründet worden ist, senkte sich durchschnittlich um 3 bis 5 cm im Jahr. Die Senkungen waren in der trockenen Jahreszeit, in der die Wasserstände der benachbarten Gewässer am niedrigsten waren, am größten und sie hörten während der Regenzeit gänzlich auf.

In Britisch-Guayana wurde beobachtet, daß Wechsel von Hitze und Feuchte die Hebung und Senkung von Bauwerken bewirkt hat.

Ing. Konrad hat schließlich beobachtet, daß ein Silo mit 90 vH Füllung, das auf locker gelagertem Sand mit Schlammeinlagen gegründet ist, sich um 10 cm hob, als die einige hundert Meter entfernte Drau Hochwasser führte. Normal lag der Grundwasserspiegel an der Baustelle 1,5 m unter dem Gelände.

Literatur: Suder, W.: Die elektrische Solothurn—Bern-Bahn. Schweiz. Bauzg. Bd. 72 S. 179. — Terzaghi, K.: Erdbaumechanik. Wien: Deutike 1925.

c) Die Verteilung des Sohldruckes.

Bei der Ermittlung der Verteilung des Sohldruckes in der Sohlfuge starrer Grundwerke ist man bisher einfach so vorgegangen, daß man sich unter der Sohlfuge aus dem Boden einen Körper herausgeschnitten dachte, dessen Umriß jenem des Grundwerkes glich; man dachte sich das Grundwerk also gleichsam durch einen Bodenkörper gleichen Querschnittes nach unten verlängert. In der Sohlfuge ermittelte man dann so wie im Querschnitte eines Stabes, dessen Stoff dem Hookeschen

Gesetz gehorcht, die Spannungsverteilung. Bei mittiger Belastung der Sohlfuge erhält man auf diese Weise einen gleichmäßig über die Sohlfuge verteilten Gegendruck des Bodens, während sich bei außermittiger Belastung die größten Gegendrücke an dem der Lastresultierenden benachbarten Randteile der Grundfuge ergaben; bei streifenförmigen Grundwerken ergaben sich auf diese Weise trapez- bzw. dreieckförmige Sohldruckflächen. Die Ermittlung der Sohldruckverteilung auf diese Weise ist zwar recht einfach, sie ist aber vollkommen willkürlich und die Ergebnisse stimmen mit der tatsächlich auftretenden Sohldruckverteilung vielfach auch nicht annähernd überein.

F. Kögler und A. Scheidig haben durch zahlreiche Versuche nachgewiesen, daß unter starren Grundwerken bei geringen Gründungstiefen der Sohldruck am Rande der Sohlfuge gleich Null ist und bei mittiger Belastung in der Mitte der Sohlfuge einen Höchstwert erreicht, der von der Form und Größe der Sohlfuge, von der Einheitslast, von der Dichte des Bodens und von der inneren Reibung des Bodens abhängt. Der Boden unter dem mittleren Teil der Sohlfläche ist am seitlichen Ausweichen behindert; er verhält sich wie ein belasteter Boden bei verhinderter

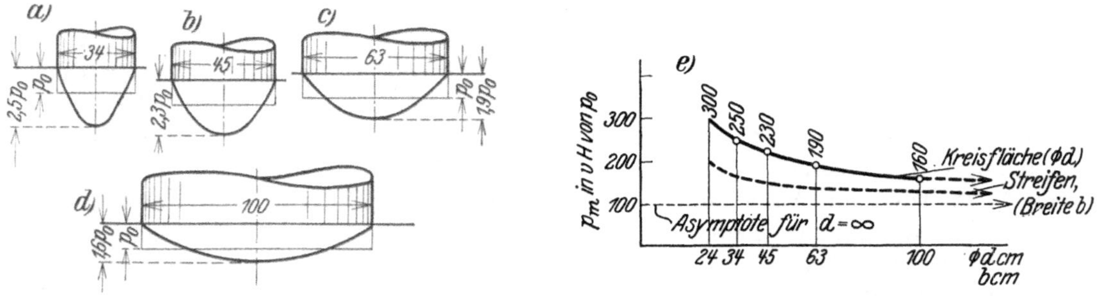

Abb. 46. Verteilung des Sohldruckes unter verschieden großen kreisrunden, starren Lastflächen, bei Einheitslasten $p_0 = 0{,}25$ bis $1{,}0\ \mathrm{kg/cm^2}$ und die Abhängigkeit des größten Sohldruckes p_m von den Abmessungen und von der Form der Lastflächen nach Kögler u. Scheidig.

Seitenausdehnung, während der Boden unter dem Rand der Sohlfuge leicht ausweichen kann und daher nur einen geringen Anteil der Bauwerkslast aufnimmt. Je größer die Abmessungen des Grundwerkes sind, ein desto größerer Teil des Bodens unter dem Grundwerk verhält sich wie ein Boden mit behinderter Seitenausdehnung und desto gleichmäßiger ist dann auch der Sohldruck über die Sohlfuge verteilt.

Mit Meßdosen, die in Versuchsgrundwerke eingebaut waren, haben F. Kögler und A. Scheidig unter verschieden großen, kreisrunden und starren Grundwerken die in der Abb. 46a bis d dargestellten Sohldruckverteilungen gemessen. Stets ergab sich bei Grundwerken, die auf die Bodenoberfläche aufgesetzt waren, der Sohldruck am Rand gleich Null, während der größte Sohldruck in der Mitte auftritt. Bei den kleinen Grundwerken ist der Sohldruck in der Mitte relativ sehr groß; je größer die Grundwerke sind, desto mehr nähert sich der größte Sohldruck p_m dem mittleren p_0, der sich durch Division der Last durch die Größe der Sohlfläche ergibt. Bei unendlich großem Grundwerk kreisrunden Umrisses muß der Druck p_m in der Mitte genau gleich p_0 sein. Für die Versuche von Kögler und Scheidig ergibt sich die in der Abb. 46e dargestellte Beziehung zwischen größtem Sohldruck p_m und Durchmesser d der Sohlfuge. Die Verteilung des Sohldruckes unter starren, kreisrunden Grundwerken wird, wie diese Messungen gelehrt haben, durch einen Körper dargestellt, der einem Rotationsparaboloid ähnelt.

Unter streifenförmigen starren Grundwerken, die auf die Bodenoberfläche aufgesetzt sind, sind die Sohldrücke am Rande ebenfalls gleich Null. In der Mittellinie der Sohlfuge sind die Sohldrücke kleiner als unter gleichbelasteten kreisförmigen Grundwerken, weil unter Laststreifen der Boden nur nach zwei Seiten ausweichen kann. Kögler und Scheidig geben für den größten Sohldruck unter Laststreifen die ebenfalls in der Abb. 46 eingetragene Beziehung an.

Für die Verteilung des Sohldruckes unter Grundwerken, die tiefer unter der Bodenoberfläche gegründet sind, wie sie ja tatsächlich ausgeführt werden, liegen bisher keine Versuchsergebnisse vor. Nachdem bei solchen Grundwerken das seitliche Ausweichen des Bodens auch an den Lasträndern durch die Bodenüberlagerung behindert ist, wird an den Grundwerksrändern nun auch ein endlicher Sohldruck auftreten, der sich der Einheitslast um so mehr nähert, je größer die Gründungstiefe ist, während die größten Sohldrücke kleiner werden als bei den früher erwähnten Versuchen.

Bei außermittiger Last ist der Sohldruck am Umfang des Grundwerkes ebenfalls gleich Null. Der größte Sohldruck liegt in der Angriffslinie der Resultierenden der lotrechten Lastkomponenten und ist, wie ebenfalls aus Versuchen von Kögler und Scheidig geschlossen werden kann, etwa nach der Abb. 47 über die Sohlfuge verteilt.

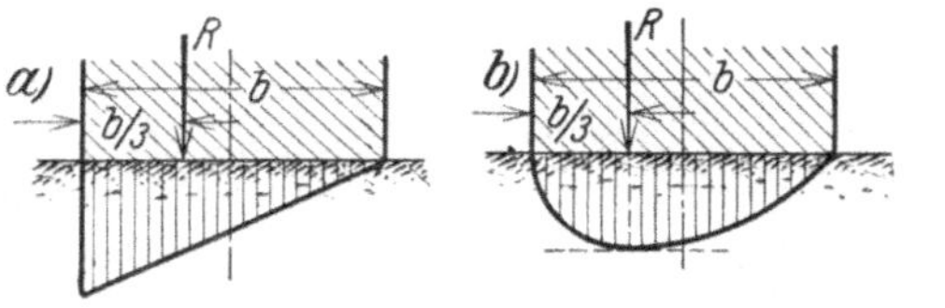

Abb. 47. Verteilung des Sohldruckes bei ausmittigem Lastangriff. a) Nach der bisher üblichen Anschauung. b) Wahrscheinlich auftretende Sohldruckverteilung.

Für die Verteilung des Sohldruckes unter elastischen Grundwerken liegen nur wenige Versuchsergebnisse vor, die aber doch erkennen lassen (Abb. 48a und b), daß der Sohldruck am Rand bei Lagerung auf der Bodenoberfläche gleich Null ist und daß die größten Sohldrücke in der Nähe der Lasten auftreten. Scheidig und Kögler haben aber ausdrücklich festgestellt, daß die Sohldruckverteilung bei Kreisplatten ganz anders ist, als sie sich auf Grund der Theorie der elastisch gelagerten Platte unter Benutzung einer Bettungsziffer ergibt.

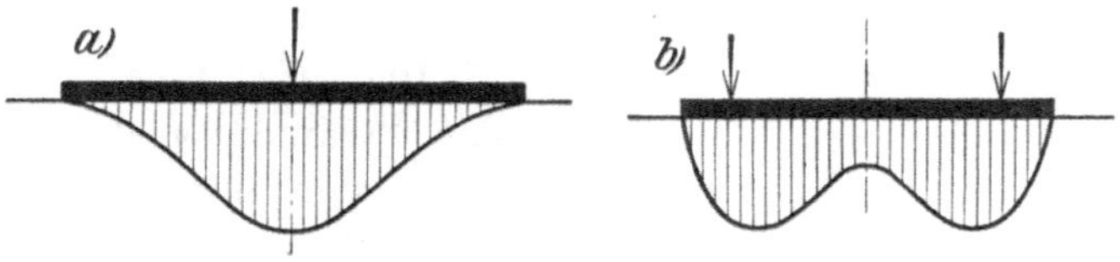

Abb. 48. Verteilung des Sohldruckes unter elastischen Grundwerken nach Kögler und Scheidig (s. Literaturverzeichnis).

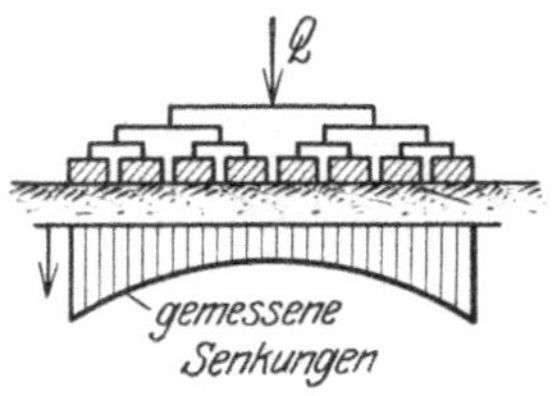

Abb. 49. Senkung der Teile eines aufgelösten Grundwerkes nach Kögler und Scheidig.

Last und Senkung sind an verschiedenen Stellen eines Grundwerkes nicht proportional oder mit anderen Worten, die Bettungsziffer (das ist das Verhältnis von Last zu Senkung) hat in der Sohlfuge ganz verschiedene Größen, je nachdem der Boden an der betrachteten Stelle mehr oder minder am seitlichen Ausweichen behindert ist. Kögler und Scheidig haben durch die in der Abb. 49 dargestellten Versuche nachgewiesen, daß bei gleichmäßiger Lastverteilung die Senkungen am Rande des Grundwerkes verhältnismäßig größer sind als in der Mitte. Bei starren Grundwerken wieder senkt sich die Sohlfuge am Rand, wo der Sohldruck gleich Null ist ebenso stark wie in der Mitte, wo der Sohldruck am größten ist, so daß eben die Bettungsziffer in der Sohlfuge nicht konstant ist. Die Bettungsziffer wird durch diese Versuchsergebnisse zu einer Rechnungsgröße herabgedrückt, die keine physikalische Bedeutung hat, sie ist nur ein Hilfsmittel für die Schätzung zu erwartender Senkungen.

Wenn die Bettungsziffer aus dem mittleren Sohldruck und der Senkung eines starren Grundwerkes ermittelt wird, so erhält man für verschieden große und für verschieden geformte Sohlflächen trotz gleichen, mittleren Sohldruckes p_0 auch bei ein und demselben Boden verschiedene Bettungsziffern.

Literatur: Kögler, F., u. A. Scheidig: Druckverteilung im Baugrunde. Bautechnik 1929 S. 828.

d) Die Verteilung des Druckes im Boden unter Lasten.

1. Die Ausbreitung des Druckes im Boden.

Bei der Betrachtung der Spannungsverteilung im Boden unter Lasten ist es zweckmäßig, die Böden nach ihrem Verhalten in zwei Gruppen zu scheiden, nämlich in solche, bei denen die einzelnen Teilchen miteinander Zusammenhang haben und solche, die nur aus einem losen Haufwerk von Teilchen bestehen. Den Zusammenhang der Bodenteilchen bei der ersten Gruppe von Böden bewirkt die Haftspannung und wenn diese hinreichend groß ist, so daß im Boden auch Zugspannungen übertragen werden können, so verhält sich ein solcher Boden unter Lasten ähnlich wie ein elastischer Körper. Die Druckverteilung in waagrechten Schnittebenen im Boden reicht dann allseits bis ins Unendliche. In körnigen Böden, bei denen die einzelnen Körner ohne Zusammenhang miteinander stehen, bildet sich erfahrungsgemäß unter der Last ein Tragkörper aus und erst in einiger Tiefe unter der Lastfläche verhalten sich auch diese Böden ähnlich wie elastische Körper.

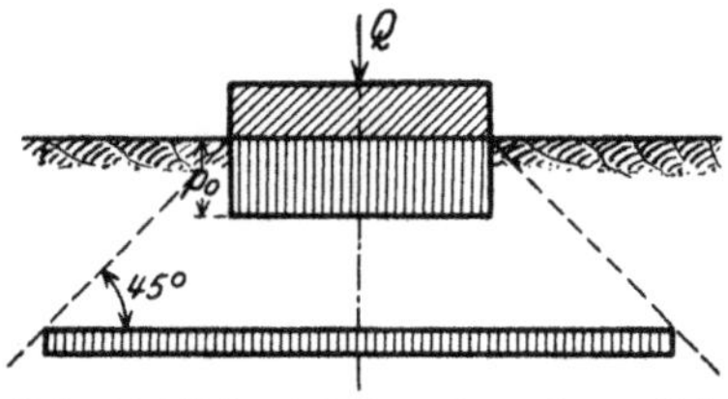

Abb. 50. Bisherige Annahme bezüglich der Spannungsverteilung im Boden.

Bei der Verfolgung der Spannungsverteilung im Boden unter Lasten hat man sich bisher mit einer einfachen Annahme, die in der Abb. 50 dargestellt ist, beholfen, ohne sich weiter um die Bodenart zu kümmern. Man nahm einfach an, daß der Sohldruck gleichmäßig „rechteckig" verteilt und gleich der Einheitslast p_0 sei, daß die Druckausbreitung unter 45° erfolge und daß die Druckverteilung auch in waagrechten Ebenen unter der Sohle des Bauwerkes gleichmäßig „rechteckig" erfolge. Diese Annahme ermöglicht zwar eine sehr einfache Behandlung aller vorkommenden Fragen, sie steht aber mit der tatsächlich auftretenden Druckverteilung im Widerspruch, wie die Versuche von Köck und

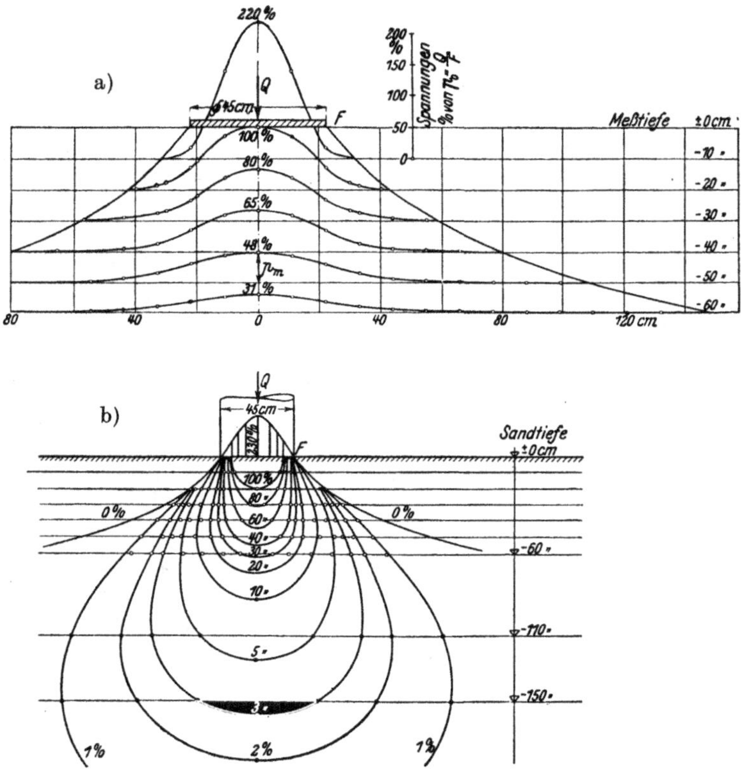

Abb. 51. Druckverteilung in vH der Einheitslast $p_0 = 0{,}35$ kg/cm² unter einer kreisrunden Lastfläche von 45 cm Durchmesser. Nach Versuchen von F. Kögler und A. Scheidig. a) Verlauf der Spannungen in verschiedenen Tiefen. b) Darstellung des Druckverlaufes durch Druckgleichen. (Aus Bautechnik 1927 S. 446.)

Steiner, O. Strohschneider, F. Kögler und A. Scheidig und anderen klar erwiesen haben und es ist in manchen Fällen unzulässig, die bisherige Annahme auch nur für rohe Schätzungen heranzuziehen (vgl. S. 44).

Besonders eingehend haben sich in letzter Zeit F. Kögler und A. Scheidig experimentell mit der Druckverteilung in körnigen Böden beschäftigt; sie haben ihre Versuche in größerem Maßstabe als die früheren ausgeführt und ihre Untersuchungen auf kreisrunde, rechteckige und streifenförmige Lastflächen ausgedehnt und sie haben sowohl starre als auch nachgiebige Lastplatten verwendet. In den Abb. 51a und b ist als Beispiel in zwei verschiedenen Darstellungsweisen das Ergebnis eines solchen Versuches dargestellt. Man erkennt leicht, daß unter der Lastflächenmitte in geringer Tiefe unter ihr die lotrechte mittlere Einheitslast p_0 noch weit übertroffen wird. Das Maß der Überschreitung der mittleren Einheitslast unter der Lastmitte in den obersten Bodenschichten unter der Sohlfläche, ebenso wie die Druckverteilung überhaupt, hängt, wie ein Blick in die Abb. 52 lehrt, bei ähnlichem Grundwerksgrundriß und gleicher Einheitslast sehr bedeutend von der Größe der Lastfläche und überdies von der Gründungstiefe ab.

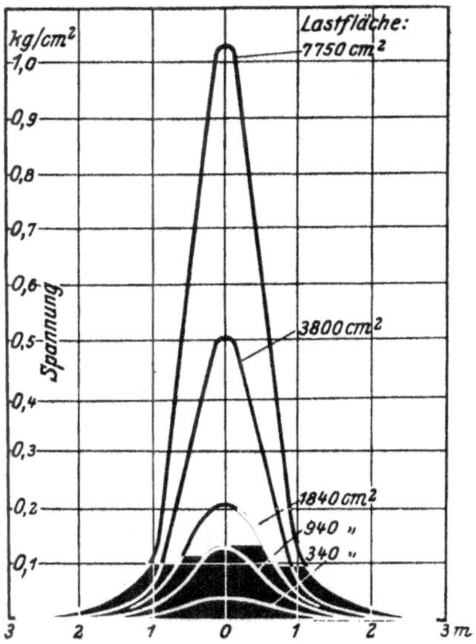

Abb. 52. Druckverteilung unter verschieden großen Lastflächen bei derselben Einheitslast $p_0 = 1{,}953$ kg/cm² in derselben Tiefe. Nach Versuchen von A. J. Goldbeck. (Aus Bautechnik 1927 S. 420.)

Die durch die Versuche ermittelte Verteilung der lotrechten Spannungen unter einer Last wird durch die Behinderung des seitlichen Ausweichens des Bodens unter dem mittleren Teil der Lastfläche bewirkt und sie wird überdies durch die Verteilung des Sohldruckes stark beeinflußt. Das Zustandekommen dieser Spannungsverteilung zeigt F. Kögler in elementarer Weise anschaulich, indem er, wie es in der Abb. 53 dargestellt ist, die nach einem Dreieck bzw. nach einer Parabel verteilten Sohlendrücke durch ein gleichwertiges System von Einzeldrücken ersetzt. Er setzt der Einfachheit halber weiter voraus, daß die Druckverteilung unter jeder Einzellast unter 45⁰ erfolge und daß in waagrechten Ebenen im Boden lotrechte Spannungen auftreten, die wieder der Einfachheit halber nach einem Dreieck mit der Spitze unter der betreffenden Last verteilt seien. Die Flächen dieses Dreieckes entsprechen, wie kaum besonders betont werden muß, den Größen der betreffenden Einzeldrücke. Wenn die diesen Dreiecksflächen entsprechenden lotrechten Spannungen schließlich summiert werden, so ergibt sich als Linie der Verteilung der lotrechten Spannungen

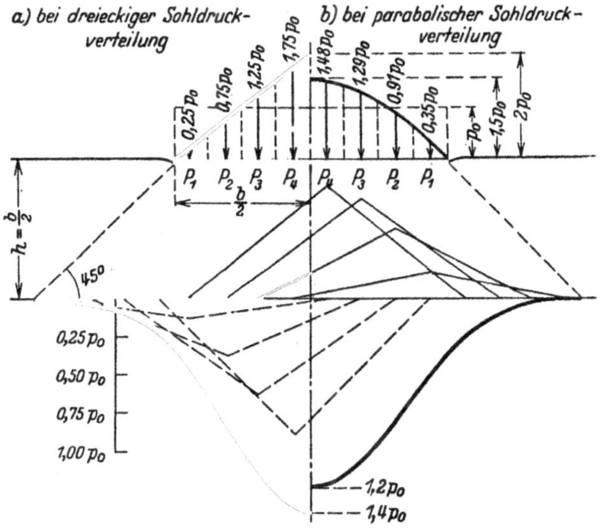

Abb. 53. Druckverteilung unter einer Streifenlast nach F. Kögler, ermittelt aus der Superposition der den Teillasten entsprechenden Druckdreiecke. (Aus Bautechnik 1928 S. 207.)

unter dem Grundwerk eine solche, die in jeder Hinsicht den durch Messungen ermittelten ähnelt.

Die Versuche von F. Kögler und A. Scheidig haben weiter gelehrt, daß es in körnigen Böden im nächsten Bereich um die Lastfläche einen Bereich im Boden gibt (Abb. 54), der spannungslos bleibt (wobei von den Spannungen infolge des Gewichtes der Überlagerung abgesehen wird). In dem unter Spannung versetzten Boden unter der Lastfläche besteht ein Bereich, in dem die gegenseitige Lage der Bodenteilchen infolge der noch hohen Spannungen gestört wird und ein weiterer Bereich, in dem die Bodenteilchen nur noch elastisch verformt werden. Die Senkung der Last rührt, wenn von der Überlastung des Bodens abgesehen wird, bei der auch Boden rings um die Lastfläche aufquillt, von der elastischen Verformung der Bodenteilchen und von der Verringerung des Porenraumes infolge Verlagerung der Teilchen im Störungsbereich und von der elastischen Verformung allein im weiteren Bereiche her. Der Störungsbereich unter der Last hat, wie man an der Abb. 55 deutlich erkennen kann, eine kreisähnliche Begrenzung.

Im Boden bildet sich, wie es in der Abb. 54 angedeutet ist, unter der Last ein Tragkörper aus, der von der Nulldruckfläche begrenzt wird. Die Tangente an eine Meridianlinie dieses Tragkörpers ist am Rande der Lastfläche

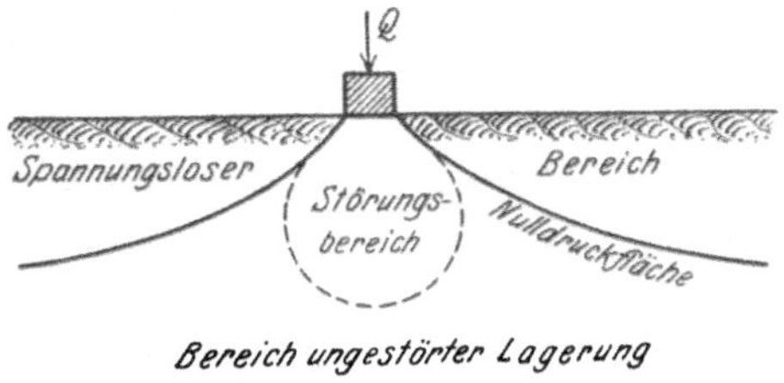

Abb. 54. Schema der Spannungsverteilung im Boden.

Abb. 55. Photographische Aufnahme der Bodenbewegung unter einer Flächenlast (Nach Kögler u. Scheidig, Bautechnik 1928.)

unter einem Winkel von etwa 35° gegen das Lot geneigt; mit zunehmender Tiefe unter der Lastfläche wird der Neigungswinkel der Meridiantangente rasch größer, und die Meridianlinie nähert sich asymptotisch der Waagrechten. Die Form der Meridianlinie ist nach Versuchen von F. Kögler und A. Scheidig von der Einheitslast und von der Größe der Lastfläche unabhängig, hängt aber von der Gründungstiefe und von der Dichte der Lagerung ab. In einer Sandschüttung haben Kögler und Scheidig unter einer kreisrunden Lastfläche, die auf die Oberfläche aufgesetzt war, die folgenden Neigungswinkel φ_0 der Meridiantangenten gegen die Lotrechte gemessen:

Tiefenlage $z =$	0	10	20	30	40	50	60	70	80	90	100	110 cm
$\varphi_0 =$	35°	40°	45°	50°	55°	60°	65°	70°	75°	80°	82°	85°

Versuche, die an der Universität Pennsylvania angestellt worden sind, haben weiter ergeben, daß sich bindige Böden, wie Lehm und Tonmischungen, ganz ähnlich verhalten wie körnige Böden. Der größte Druck im Boden unter der Lastflächenmitte ist bei diesen Böden bei den Versuchen bis in 60 cm Tiefe etwas geringer gewesen als bei körnigen; in größeren Tiefen verhielten sich die Böden annähernd gleich.

O. Strohschneider hat durch seine Untersuchungen unter anderem festgestellt, daß Sandboden von einer Tiefe von etwa einem Meter an als homogen angesehen werden kann und daß er sich von dieser Tiefe ab so verhält wie ein elastischer Körper.

2. Die Spannungsverteilung unter Punkt- und Linienlasten.

Mit der Spannungsverteilung in einer homogenen gewichtslosen Schüttung unter einer Punktlast hat sich J. V. Boussinesq befaßt und er hat für einen durch die Koordinaten x, y, z und die Länge des Fahrstrahles r bzw. durch den Winkel φ desselben gekennzeichneten Punkt (Abb. 56a) die Spannungskomponenten

$$\sigma_z = \frac{3}{2}\frac{Q}{\pi}\frac{z^3}{r^5} = \frac{3\,Q}{2\,\pi\,z^2}\cos^5\varphi, \tag{72}$$

$$\sigma_x = \frac{3}{2}\frac{Q}{\pi}\frac{z^2}{r^5}x \tag{73}$$

und

$$\sigma_y = \frac{3}{2}\frac{Q}{\pi}\frac{z^2}{r^5}y \tag{74}$$

berechnet.

Für die Spannungsverteilung unter einer Linienlast (Abb. 56b) in einer homogenen, gewichtslosen Schüttung gibt E. Melan die lotrechte Spannungskomponente

$$\sigma_z = \frac{2\,Q}{\pi}\frac{z^3}{r^4} = \frac{2\,Q}{\pi\,z}\cos^4\varphi \tag{75}$$

an. Kögler weist besonders darauf hin, daß die Formeln von Boussinesq und von Melan nur gelten, solange das Gefüge des Bodens unter der Last homogen ist. Sie gelten daher innerhalb des Störungsbereiches nicht; außerhalb des Störungsbereiches stimmen aber die nach den Formeln errechneten Spannungen mit gemessenen hinreichend überein, trotzdem der Störungsbereich dazwischen liegt.

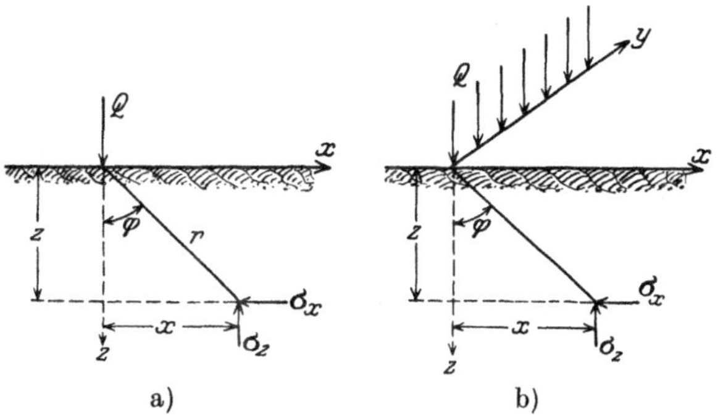

Abb. 56. Spannungsverteilung. a) unter einer Punktlast, b) unter einer Linienlast.

Für den Störungsbereich unter einer Punktlast hat O. Strohschneider die durch seine Versuche bestätigte Formel für die lotrechten Spannungen

$$\sigma_z = \frac{3}{2\,\pi}\frac{Q}{z^2}\frac{(\cos\varphi - \operatorname{cotg}\varphi_0\sin\varphi)\cos^4\varphi}{1-\cos\varphi_0} \tag{76}$$

aufgestellt, in der φ_0 den Neigungswinkel der Tangente an die Meridianlinie des Tragkörpers in der Tiefenlage z bedeutet (vgl. S. 48); die Bedeutung der übrigen Zeichen kann der Abb. 56a entnommen werden.

Auf ähnlicher Grundlage berechneten F. Kögler und A. Scheidig für den Störungsbereich unter einer Linienlast (Abb. 56b) die lotrechten Spannungen

$$\sigma_z = \frac{Q}{z\,\varphi_0}(\cos\varphi - \operatorname{cotg}\varphi_0\sin\varphi)\cos^3\varphi \tag{77}$$

mit der gleichen Bedeutung der Zeichen wie bei Gl. (76).

Punkt- und Linienlasten gibt es bei Böden genau genommen nicht, die Lasten werden vielmehr stets durch Flächen auf den Boden übertragen und es tritt nun die Frage auf, wann eine Last als Punkt oder Linienlast, wann als Flächenlast anzusehen ist. Kögler und Scheidig haben sich auch mit dieser Frage befaßt und gefunden, daß die Spannungsverteilung nur im engeren Bereich unter der Lastfläche von der Größe der Lastfläche beeinflußt wird, und daß sich die Spannungsverteilungen unterhalb einer Tiefenlage gleich etwa dem dreifachen Durchmesser bzw. Breite der Lastfläche im Boden sowohl bei Punkt- bzw. Linienlasten als auch bei Flächenlasten sehr nahekommen.

3. Die Spannungsverteilung unter Flächenlasten.

Die Spannungsverteilung unter Flächenlasten kann auch leicht berechnet werden, wenn der Boden als homogen angesehen wird, eine Annahme, die nach den Versuchen von O. Strohschneider für Gründungstiefen größer als ein Meter, wie sie ja stets ausgeführt werden, zutrifft. Von der berechneten wird die tatsächliche Spannungsverteilung in unmittelbarem Bereich unter der Last nur abweichen, wenn sich dort ein Störungsbereich bildet, d. h. wenn die Lastsenkung nicht nur auf eine elastische Verformung der Bodenteilchen, sondern auch auf eine Dichterlagerung derselben zurückzuführen ist.

Auf einer unbegrenzten, homogenen Schüttung, die vorerst gewichtslos angenommen sei, liegt nun auf der Oberfläche die in der Abb. 57 angedeutete Streifenlast von der Breite dx. Die auf ein Element von der Länge dy des Streifens entfallende Last $q\,dx\,dy$ kann als Prunklast angesehen werden. Sie ruft in der homogenen Schüttung, wie J. V. Boussinesq gezeigt hat, auf einem Flächenelement in P die in der Richtung des Fahrstrahles r liegende Hauptspannung

$$d p_{r_1} = \frac{3}{2}\,\frac{q\,dx\,dy}{\pi}\cdot\frac{\cos\psi_1}{r_1^2} \tag{78}$$

hervor. Durch den Punkt P sei in der in der Abb. 57 angedeuteten Weise ein Achsensystem gelegt. Denkt man sich nun in P ein anderes Flächenelement, das zum Fahrstrahl r senkrecht steht, so bewirkt die früher erwähnte Einzellast $q\,dx\,dy$ auf diesem Flächenelement nun die Normalspannung

$$d p_r = d p_{r_1}\cos^2\psi = \frac{3}{2}\,\frac{q}{\pi}\,dx\,dy\,\frac{\cos\psi_1}{r_1^2}\cos^2\psi\,, \tag{79}$$

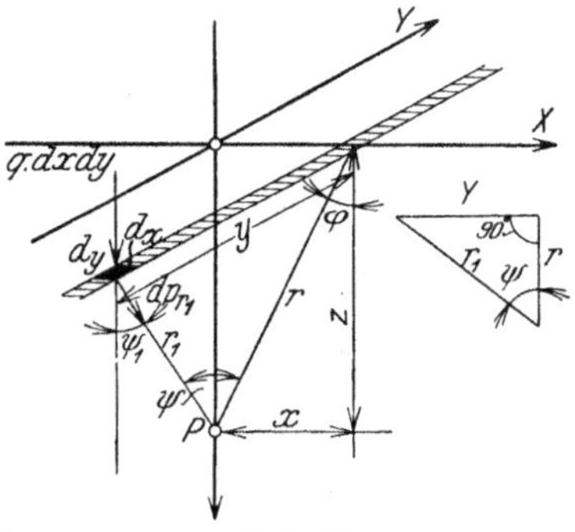

Abb. 57.

und die Gesamtlast am Streifen von der Breite dx und der Länge von $-\infty$ bis $+\infty$ ruft auf dem zu r senkrecht stehenden Flächenelement die Normalspannung

$$\varDelta p_r = \int_{-\infty}^{+\infty} d p_r = 2\int_0^{\infty} d p_r = 3\,\frac{q}{\pi}\,dx\int_0^{\infty}\frac{\cos\psi_1\cos^2\psi}{r_1^2}\,dy \tag{80}$$

hervor. Da nun (Abb. 57)

$$r_1 = \frac{r}{\cos\psi} \tag{81}$$

und

$$\cos\psi_1 = \frac{z}{r_1} = \frac{z\cos\psi}{r} \tag{82}$$

ist, so hat man weiter

$$\varDelta p_r = 3\,\frac{q}{\pi}\,dx\int_0^{\infty}\frac{\frac{z\cos\psi}{r}\cos^2\psi}{\frac{r^2}{\cos^2\psi}}\,dy = 3\,\frac{q}{\pi}\,dx\,\frac{z}{r^3}\int_0^{\infty}\cos^5\psi\,dy\,. \tag{83}$$

Nun ist

$$y = r\,\mathrm{tg}\,\psi \tag{84}$$

und

$$dy = \frac{r}{\cos^2\psi}\,d\psi \tag{85}$$

und daher

$$\varDelta p_r = 3\,\frac{q}{\pi}\,dx\,\frac{z}{r^2}\Big[\frac{1}{3}\sin\psi\cos^2\psi + \frac{2}{3}\sin\psi\Big]_0^{\frac{\pi}{2}} = \frac{2q}{\pi}\,\frac{z}{r^2}\,dx = 0{,}638\,q\,\frac{z}{r^2}\,dx\,. \tag{86}$$

Die beiden anderen Hauptspannungen sind gleich Null. Die Richtung der Hauptspannung Δp_r bildet mit der Lotrechten den Winkel φ (sie liegt ja in der Richtung des Fahrstrahles r) und es betragen daher die Spannungskomponenten

$$d\sigma_z = \Delta p_r \cos^2\varphi\,, \tag{87}$$

$$d\sigma_x = \Delta p_r \sin^2\varphi\,, \tag{88}$$

$$d\tau\ = \Delta p_r \sin\varphi\cos\varphi\,, \tag{89}$$

und wenn für Δp_r der früher hergeleitete Ausdruck eingesetzt wird, erhält man

$$d\sigma_z = 0{,}638\, q \frac{z}{r^2} dx \cos^2\varphi \tag{90}$$

und weiter, weil

$$\frac{z}{r} = \cos\varphi \tag{91}$$

ist,

$$d\sigma_z = 0{,}638\, q \frac{1}{z} \cos^4\varphi\, dx\,. \tag{92}$$

Da nun

$$x = z\,\mathrm{tg}\,\varphi \tag{93}$$

und

$$dx = \frac{z}{\cos^2\varphi} d\varphi \tag{94}$$

ist, so hat man schließlich

$$\underline{d\sigma_z = 0{,}638\, q \cos^2\varphi\, d\varphi\,.} \tag{95}$$

Um nun die lotrechte Spannungskomponente in P zu berechnen, die von einem Laststreifen von der Breite $2b$ hervorgerufen wird, muß die unter dem Laststreifen auftretende Verteilung des Sohldruckes beachtet werden. Vorerst sei die Verteilung ganz allgemein nach einer Parabel angenommen, die auf einem Rechteck aufsitzt, ein Fall, wie er etwa bei größerer Gründungstiefe vorkommt. Die mittlere Einheitslast betrage q_0. Mit den Bezeichnungen der Abb. 58 muß dann

$$2\,b\,q_0 = \tfrac{4}{3}\,b\,\lambda\,q_0 + 2\,b\,\nu\,q_0 \tag{96}$$

oder

$$\lambda = \tfrac{3}{2}(1-\nu) \tag{97}$$

sein. Für $\nu = 1$ ergibt sich dann die rechteckige, für $\nu = 0$ die rein parabolische Verteilung des Sohldruckes.

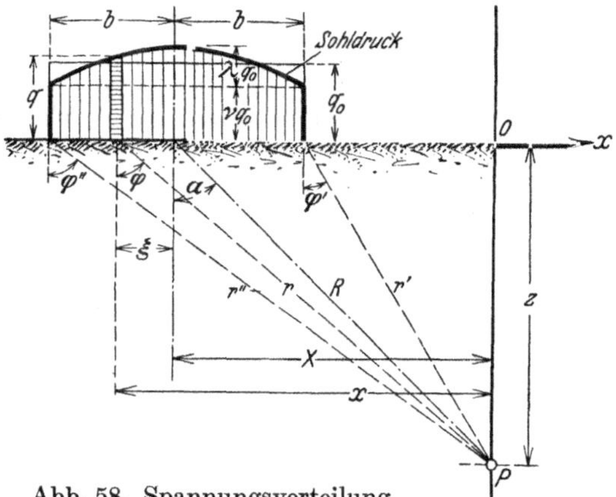

Abb. 58. Spannungsverteilung unter einer Streifenlast.

Mit den Bezeichnungen der Abb. 58 gilt dann für den Sohldruck an der Stelle x der Sohlfuge die Beziehung

$$q = q_0\left[\nu + \lambda\left(1 - \frac{\xi^2}{b^2}\right)\right] = q_0\left[\nu + \frac{3}{2}(1-\nu)\left(1 - \frac{\xi^2}{b^2}\right)\right] \tag{98}$$

oder, weil

$$\xi = x - z\,\mathrm{tg}\,\alpha \tag{99}$$

ist, auch

$$q = q_0\left\{\nu + \frac{3}{2}(1-\nu)\left[1 - \frac{(x - z\,\mathrm{tg}\,\alpha)^2}{b_2}\right]\right\}. \tag{100}$$

Wenn dieser Ausdruck in die Gl. 95 eingesetzt wird, hat man, weil $x = z\,\mathrm{tg}\varphi$ ist

$$d\sigma_z = 0{,}638\left\{\nu + \frac{3}{2}(1-\nu)\left[1 - \frac{z^2(\mathrm{tg}\,\varphi - \mathrm{tg}\,\alpha)^2}{b^2}\right]\right\} q_0 \cos^2\varphi\, d\varphi$$

$$= 0{,}319\, q_0 (3-\nu)\cos^2\varphi\, d\varphi - 0{,}957\,(1-\nu)\, q_0 \frac{z^2}{b^2}(\mathrm{tg}\,\varphi - \mathrm{tg}\,\alpha)^2 \cos^2\varphi\, d\varphi\,. \tag{101}$$

Wird nun noch

(102) $$\operatorname{tg}\alpha = \frac{X}{z}$$

gesetzt, so ist weiter

$$d\sigma_z = 0{,}319\, q_0 (3 - \nu) \cos^2\varphi\, d\varphi - 0{,}957\,(1-\nu)\, q_0 \frac{z^2}{b^2}\left(\operatorname{tg}\varphi - \frac{X}{z}\right)^2 \cos^2\varphi\, d\varphi$$

$$= \left[0{,}319\, q_0 (3-\nu) - 0{,}957\,(1-\nu)\, q_0 \frac{X^2}{b^2}\right] \cos^2\varphi\, d\varphi - 0{,}957\,(1-\nu)\, q_0 \frac{z^2}{b^2} \sin^2\varphi\, d\varphi$$

(103) $$+ 0{,}957\,(1-\nu)\, q_0 \frac{z\,X}{b^2} \cdot 2 \sin\varphi \cos\varphi\, d\varphi$$

und

$$\sigma_z = \left[0{,}319\, q_0 (3-\nu) - 0{,}957\,(1-\nu)\, q_0 \frac{X^2}{b^2}\right] \int\limits_{\varphi'}^{\varphi''} \cos^2\varphi\, d\varphi$$

$$- 0{,}957\,(1-\nu)\, q_0 \frac{z^2}{b^2} \int\limits_{\varphi'}^{\varphi''} \sin^2\varphi\, d\varphi + 0{,}957\,(1-\nu)\, q_0 \frac{z\,X}{b^2} \int\limits_{\varphi'}^{\varphi''} 2 \sin\varphi \cos\varphi\, d\varphi$$

$$= \frac{1}{2}\left[0{,}319\, q_0 (3-\nu) - 0{,}957\,(1-\nu)\, q_0 \frac{X^2}{b^2}\right] \left[\sin\varphi \cos\varphi + \varphi\right]_{\varphi'}^{\varphi''}$$

(104) $$+ 0{,}957\,(1-\nu)\, q_0 \frac{z^2}{2\,b^2} \left[\sin\varphi \cos\varphi - \varphi - \frac{X}{z} \cos 2\varphi\right]_{\varphi'}^{\varphi''}.$$

Ähnlich wie für eine parabolische Verteilung des Sohldruckes in der Sohlfuge kann auch der lotrechte Druck im Boden unter einer Streifenflächenlast bei einer dreieckähnlichen Verteilung des Sohldruckes nach der Abb. 59 berechnet werden. Diesmal sei allgemein angenommen, daß die Fläche der Sohldruckverteilung aus einem Rechteck und einem aufgesetzten Dreieck bestehe. Es muß dann mit den Bezeichnungen der Abb. 59

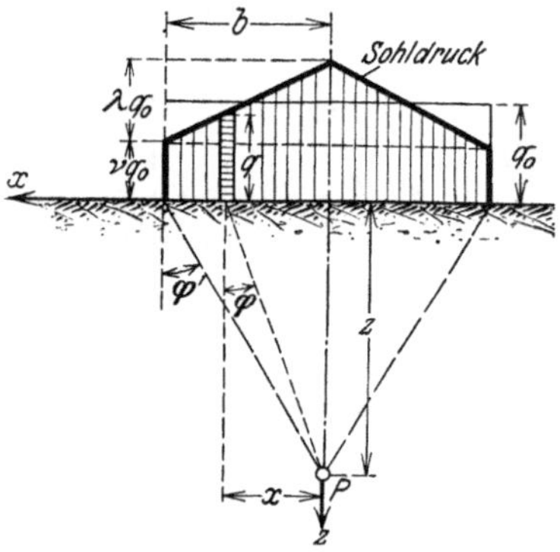

Abb. 59. Spannungen unter der Mitte einer Streifenlast.

(105) $$2\,b\,q_0 = 2\,b\,\nu\,q_0 + \lambda\,b\,q_0$$

oder

(106) $$\lambda = 2\,(1-\nu)$$

sein.

Für die lotrechte Spannungskomponente $d\sigma_z$, die im Punkte P unter der Lastmitte durch die Streifenlast q hervorgerufen wird, gilt wieder die Beziehung (vgl. S. 51)

(95) $$d\sigma_m = 0{,}638\, q \cos^2\varphi\, d\varphi\,.$$

Für die Last q ist nun mit den Bezeichnungen der Abb. 59 zu setzen

(107) $$q = \nu q_0 + \lambda q_0 - \frac{\lambda q_0}{b} x = q_0\left[\nu + \lambda\left(1 - \frac{x}{b}\right)\right]$$

oder, weil

(108) $$x = z \operatorname{tg}\varphi$$

ist, auch

(109) $$q = q_0\left[\nu + \lambda\left(1 - \frac{z}{b}\operatorname{tg}\varphi\right)\right].$$

In die Gl. (95) eingesetzt, erhält man

(110) $$d\sigma_m = 0{,}638\, q_0 \left[\nu + \lambda\left(1 - \frac{z}{b}\operatorname{tg}\varphi\right)\right] \cos^2\varphi\, d\varphi$$

und es ist

(111) $$\sigma_m = 2\int\limits_0^{\varphi'} d\sigma_m = 1{,}276\, q_0 \int\limits_0^{\varphi'} \left[\nu + \lambda\left(1 - \frac{z}{b}\operatorname{tg}\varphi\right)\right] \cos^2\varphi\, d\varphi\,.$$

Wenn für

$$\frac{z}{b} = \operatorname{cotg} \varphi' \tag{112}$$

gesetzt wird, so hat man endlich

$$\sigma_m = 0{,}638\, q_0 \left[(2-\nu)(\sin\varphi' \cos\varphi' + \varphi') - 2(1-\nu)\sin\varphi' \cos\varphi'\right]. \tag{113}$$

Schließlich sei noch die lotrechte Spannungskomponente σ_m unter der Mitte einer kreisrunden Lastfläche berechnet, unter der Annahme, daß die Sohldruckverteilung, wie es die Abb. 60 andeutet, durch einen Zylinder und einen Kreiskegel gegeben sei. Mit den Bezeichnungen der Abb. 60 muß dann

$$R^2 \pi q_0 = R^2 \pi \nu q_0 + \frac{1}{3} R^2 \pi \lambda q_0 \tag{114}$$

oder

$$\lambda = 3(1-\nu) \tag{115}$$

sein. Die Einheitslast q an einer beliebigen Stelle der Lastfläche beträgt dann

$$q = \nu q_0 + \lambda q_0 - \frac{\lambda q_0}{R} x = q_0 \left[\nu + \lambda\left(1 - \frac{x}{R}\right)\right]. \tag{116}$$

Aus der Lastfläche sei nun ein Ring vom Halbmesser x, und der Breite dx herausgeschnitten und auf diesem das zum Zentriwinkel $d\alpha$ gehörige Flächenelement

$$dF = dx \cdot x\, d\alpha \tag{117}$$

betrachtet. Dieses Flächenelement überträgt auf den Boden die Last

$$q\, dF = q x\, dx \cdot d\alpha, \tag{118}$$

die auf einem zum Fahrstrahl r in P senkrecht stehenden Flächenelement die lineare Hauptspannung

$$dp_r = \frac{3}{2} \frac{p x\, dx\, d\alpha}{\pi} \frac{\cos\varphi}{r^2} \tag{119}$$

hervorruft. Auf einem Flächenelement in P, das zur z-Achse senkrecht liegt, ruft die Last $q\,dF$ die Normalspannung

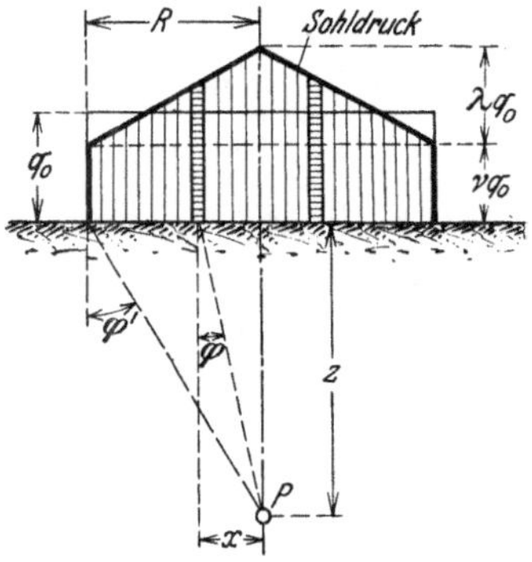

Abb. 60. Spannungen unter der Mitte einer Kreislast.

$$d\sigma_m = dp_r \cos^2\varphi = \frac{3}{2} \frac{x q\, dx\, d\alpha}{\pi} \cdot \frac{\cos^3\varphi}{r^2} \tag{120}$$

hervor. Man kann nun, wie ein Blick in die Abb. 60 lehrt, setzen

$$x = z \operatorname{tg}\varphi, \tag{121}$$

$$dx = \frac{z}{\cos^2\varphi} d\varphi \tag{122}$$

und daher

$$dF = x\, dx\, d\alpha = \frac{z^2 \sin\varphi}{\cos^3\varphi} d\varphi\, d\alpha, \tag{123}$$

und es ist weiter

$$d\sigma_m = \frac{3}{2} \frac{z^2 \sin\varphi}{\pi \cos^3\varphi} d\varphi\, d\alpha \cdot \frac{\cos^3\varphi}{r^2} = \frac{3}{2} \frac{z^2}{r^2 \pi} \sin\varphi\, d\varphi\, d\alpha = \frac{3}{2\pi} q \cos^2\varphi \sin\varphi\, d\varphi\, d\alpha. \tag{124}$$

Die Normalspannung $\Delta\sigma_z$, die auf einem Flächenelement in P, das senkrecht zur z-Achse liegt, von der ganzen auf dem früher erwähnten Ring ruhenden Last hervorgerufen wird, beträgt

$$\Delta\sigma_m = \int_0^{2\pi} d\sigma_m = \frac{3}{2\pi} q \cos^2\varphi \sin\varphi\, d\varphi \int_0^{2\pi} d\alpha = 3 q \cos^2\varphi \sin\varphi\, d\varphi \tag{125}$$

für q ist der früher ermittelte Ausdruck (116) zu setzen, so daß weiter

$$\Delta\sigma_m = 3q_0\left[\nu + 3(1-\nu)\left(1 = \frac{x}{R}\right)\right]\cos^2\varphi\sin\varphi\,d\varphi, \tag{126}$$

gilt. Mit $x = z\,\mathrm{tg}\,\varphi$ hat man

$$\Delta\sigma_m = [3q_0\nu + 9q_0(1-\nu)]\cos^2\varphi\sin\varphi\,d\varphi - 9q_0(1-\nu)\frac{z}{R}\sin^2\varphi\cos\varphi\,d\varphi\,. \tag{127}$$

Die von der ganzen Last in P hervorgerufene Normalspannung beträgt

$$\sigma_m = \int_0^{\varphi'}\Delta\sigma_m\,, \tag{128}$$

und wenn für

$$\frac{z}{R} = \mathrm{cotg}\,\varphi' \tag{129}$$

gesetzt wird, so hat man schließlich

$$\sigma_m = 3q_0\left\{[\nu + 3(1-\nu)]\frac{\cos\varphi'\sin^2\varphi' - \cos\varphi' + 1}{3} - 3(1-\nu)\frac{\cos\varphi' - \cos^3\varphi'}{3}\right\}. \tag{130}$$

Der Boden war bisher gewichtslos vorausgesetzt worden. Die Überlagerung ruft aber in der Tiefe z unter der Bodenoberfläche bei einem Raumgewicht des Bodens γ_e die lotrechten Spannungen

$$\sigma_z' = \gamma_e z \tag{131}$$

hervor, die zu den von der Last verursachten dazuzurechnen sind, um die tatsächlich auftretenden zu erhalten.

Wenn die Sohlfuge in der Tiefe t unter der Bodenoberfläche liegt, wie es ja stets vorkommt, so denkt man sich die Bodenoberfläche um t herabverlegt und gleichzeitig die Einheitslast q_0 um $\gamma_e t$ verringert. Man ermittelt dann die von der Last hervorgerufenen lotrechten Spannungen σ_z und rechnet schließlich wieder die von der Überlagerung herrührenden dazu.

4. Folgerungen aus den bisher durchgeführten Spannungsmessungen und einfache Regeln für Ermittlung der Spannungsverteilung unter Lasten.

Aus den bisher durchgeführten Messungen geht unzweifelhaft die Unhaltbarkeit der bisher üblichen einfachen Annahmen für die Spannungsverteilung im Boden unter Lasten hervor und es muß nun für die bisherigen unrichtigeren Annahmen ein Ersatz geschaffen werden, der einerseits mit den Versuchsergebnissen im Einklange steht und anderseits hinreichend einfach ist, so daß er für den entwerfenden Ingenieur auch anwendbar ist.

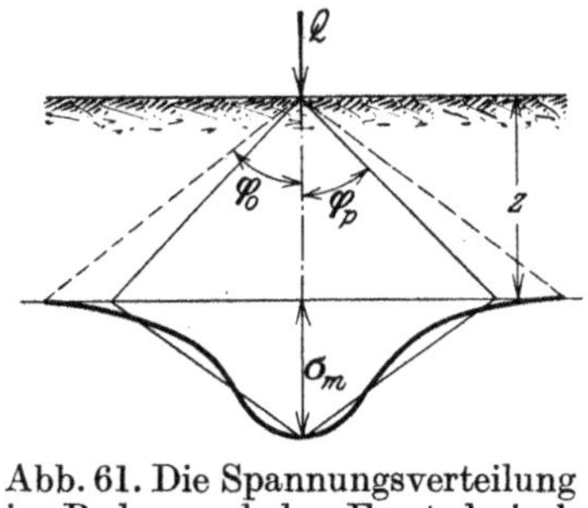

Abb. 61. Die Spannungsverteilung im Boden und das Ersatzdreieck nach Kögler und Scheidig.

Wie ein Blick in die Abb. 51 und 52 lehrt, sind die lotrechten Spannungen stets nach einer glockenartigen Linie verteilt, wie sie die Abb. 61 veranschaulicht. Nach einem Vorschlag von F. Kögler und A. Scheidig kann nun die glockenförmige Spannungsverteilungsfläche hinreichend genau durch ein flächengleiches Dreieck ersetzt werden, das überdies die gleiche Höhe σ_m wie die Glocke hat. Bei Punkt- bzw. kreisähnlichen Flächenlasten wird also der tatsächliche Spannungskörper durch einen inhaltsgleichen Spannungskegel, bei Linien- bzw. Streifenlasten durch ein inhaltsgleiches dreieckiges Prisma ersetzt. Die Aufnahme der Lasten in waagrechten Ebenen erfolgt beim Ersatzspannungskörper auf kleineren Flächen und die Fahrstrahlen vom Lastrand zum Rand der Spannungsfläche sind unter einem Winkel φ_p gegen das Lot geneigt, der etwas kleiner ist als jener φ_0 zur wirklichen Spannungsgrenze.

Die Druckverteilung unter einer Punktlast. Als Punktlast kann eine Last angesehen werden, wenn sie durch eine kleine Lastfläche wie eine Kreisfläche, ein regelmäßiges Vieleck oder eine ähnlich geformte Fläche auf den Boden übertragen wird und wenn die Druckverteilung in einer Ebene untersucht wird, die um mehr als den dreifachen Lastflächendurchmesser unter der Lastfläche liegt. In diesem Bereiche gilt dann für die Verteilung der lotrechten Spannungen die von O. Strohschneider aufgestellte Beziehung (vgl. Gl. (76) auf S. 49)

$$\sigma_z = \frac{3}{2\pi}\frac{Q}{z^2}\frac{\cos\varphi - \operatorname{cotg}\varphi_0 \sin\varphi}{1-\cos\varphi_0}\cos^4\varphi\,, \tag{76}$$

aus der für den Druck unter der Lastmitte in der Tiefe z, weil hier $\varphi = 0$ ist,

$$\sigma_m = \frac{3}{2\pi(1-\cos\varphi_0)}\frac{Q}{x^2} \tag{132}$$

folgt. Diese Spannung ist nun die Höhe des Ersatzspannungskegels; aus der Bedingung, daß sein Inhalt gleich der Last Q sein muß, kann der Halbmesser seiner Grundfläche $z \operatorname{tg}\varphi_p$ bzw. der Winkel φ_p berechnet werden. Der Inhalt des Spannungskegels beträgt

$$Q = \sigma_m \frac{\pi}{3} z^2 \operatorname{tg}^2\varphi_p = \frac{3\,Q}{2\pi(1-\cos\varphi_0)\,z^2}\frac{\pi}{3} z^2 \operatorname{tg}^2\varphi_p\,, \tag{133}$$

und es folgt

$$\operatorname{tg}^2\varphi_p = 2(1-\cos\varphi_0)\,. \tag{134}$$

Der Grenzwinkel φ_0 beträgt für Schichten unmittelbar unter der Last etwa 40°, nimmt mit der Tiefe zu und erreicht nach den bisherigen Versuchen von F. Kögler und A. Scheidig in der Tiefenlage von 1,0 bis 1,20 m seinen größten Wert 90°; in dieser Tiefe erfolgt die Spannungsverteilung schon so wie in elastischen Körpern. Es entspricht demnach

einem wirklichen Grenzwinkel	$\varphi_0 =$	40°	50°	60°	75°	90°
ein Ersatz-Grenzwinkel.	$\varphi_p =$	35°	40°	45°	50°	55°
und es beträgt die Mittenspannung . . .	$\sigma_m =$	2,04	1,34	0,96	0,65	$0{,}478 \cdot \frac{Q}{z^2}$.

Die Mittenspannung

$$\sigma_m = 0{,}478\frac{Q}{z^2} \tag{135}$$

gilt genau für Fels, fest gelagerte bindige Böden und für körnige in mehr als 1,20 m Tiefe.

Die Druckverteilung unter einer Linienlast. Als Linienlast wird eine solche aufgefaßt, die durch einen schmalen Flächenstreifen auf den Boden übertragen wird, wenn die Druckverteilung in einer Ebene betrachtet wird, deren Tiefenlage unter der Lastfläche größer als die dreifache Streifenbreite ist. Der Mittendruck unter einer Linienlast beträgt (vgl. Gl. (77) auf S. 49), weil $\varphi = 0$ ist,

$$\sigma_m = \frac{Q}{z\,\varphi_0}\,, \tag{136}$$

wobei Q die Last für die Längeneinheit des Streifens bezeichnet. Ähnlich wie bei Punktlasten muß dann

$$Q = \sigma_m \cdot z \operatorname{tg}\varphi_p = \frac{Q}{z\,\varphi_0} z \operatorname{tg}\varphi_p \tag{137}$$

sein, woraus

$$\operatorname{tg}\varphi_p = \varphi_0 \tag{138}$$

folgt; es gilt daher für

einen wirklichen Grenzwinkel	$\varphi_0 =$	40°	50°	60°	75°	90°
ein Ersatz-Grenzwinkel	$\varphi_p =$	35°	40°	46°	52	57,5°
und es ist	$\sigma_m =$	1,43	1,15	0,96	0,76	$0{,}64\,\frac{Q}{z}$.

Die Gleichung

(139) $$\sigma_m = 0{,}64\,\frac{Q}{z}$$

gilt genau für Fels, festgelagerte bindige Böden und körnige in Tiefen über etwa 1,20 m.

Die Druckverteilung unter kreisförmigen Lastflächen. Wenn die Verteilung der lotrechten Spannungen unter einer kreisförmigen Lastfläche betrachtet wird, so gilt für Ebenen, die in einer Tiefe größer als der dreifache Flächendurchmesser unter der Lastfläche liegen, hinreichend genau die für Punktlasten ermittelte. Für den näher unter der Lastfläche liegenden Bereich muß die Verteilung des Sohldruckes berücksichtigt werden.

In vollkommen elastischem Boden gilt für die lotrechte Spannung unter der Lastflächenmitte, wie für $\nu = 1$ aus Gl. (130) auf S. 54 folgt

(140) $$\sigma_m = q_0 (1 - \cos^3 \varphi');$$

bei parabolischer Sohldruckverteilung ergibt sich in ähnlicher Weise, wie F. Kögler und A. Scheidig gezeigt haben,

(141) $$\sigma_m = 2\,q_0 [1 - 2 \operatorname{cotg}^2 \varphi' (1 - \cos \varphi')]$$

und bei dreieckiger Sohldruckverteilung, wie sich wieder mit $\nu = 0$ aus der Gl. (130) auf S. 54 ergibt

(142) $$\sigma_m = 3\,q_0 (1 - \cos \varphi') .$$

In Böden mit Tragkörperbildung berechnen F. Kögler und A. Scheidig die lotrechten Spannungen unter der Lastmitte bei rechteckiger Sohldruckverteilung, wenn φ_0 den Grenzwinkel der Druckverteilung bedeutet, mit

(143) $$\sigma_m = \frac{q_0}{1 - \cos \varphi_0} (1 - \cos \varphi' - \operatorname{cotg} \varphi_0 \sin^3 \varphi')$$

und bei dreieckiger Sohldruckverteilung

(144) $$\sigma_m = \frac{3\,q_0}{1 - \cos \varphi_0} (1 - \cos \varphi') \left(1 - \operatorname{cotg} \varphi_0 \operatorname{tg} \frac{\varphi'}{2}\right).$$

Druckverteilung unter Streifenflächenlasten. Auf ähnlichem Wege wie zuvor können auch unter Streifenlasten die lotrechten Spannungen unter der Lastmitte berechnet werden.

In vollkommen elastischem Boden betragen die lotrechten Spannungen unter der Lastmitte bei rechteckiger Verteilung des Sohldruckes mit $\nu = 1$ in Gl. (104) auf S. 52 oder Gl. (113) auf S. 53

(145) $$\sigma_m = 0{,}319\,q_0 (2\,\varphi' + \sin 2\,\varphi');$$

bei parabolischer Verteilung des Sohldruckes mit $\nu = 0$ aus Gl. (104) auf S. 52

(146) $$\sigma_m = 0{,}957\,q_0 [\sin \varphi' \cos \varphi' + \varphi' + \operatorname{tg}^2 \varphi' (\sin \varphi' \cos \varphi' - \varphi')]$$

und bei dreieckiger Verteilung des Sohldruckes mit $\nu = 0$ aus Gl. (113) auf S. 53

(147) $$\sigma_m = 1{,}276\,q\,\varphi' .$$

In Böden mit Tragkörperbildung betragen die lotrechten Spannungen unter der Lastmitte nach F. Kögler und A. Scheidig

(148) $$\sigma_m = \frac{q_0}{2\,\varphi_0} [\sin 2\,\varphi' + 2\,\varphi' - \operatorname{cotg} \varphi_0 (1 - \cos 2\,\varphi')]$$

bei rechteckiger Verteilung des Sohldruckes und

$$\sigma_m = \frac{2 q_0}{\varphi_0} [\varphi' - \operatorname{cotg} \varphi_0 (1 - \varphi' \operatorname{cotg} \varphi')] \tag{149}$$

bei dreieckiger Sohldruckverteilung, wobei wieder φ_0 den Grenzwinkel der Druckverteilung und φ' den Winkel des Strahles vom betrachteten Punkt P unter der Lastmitte gegen den Lastrand mit der Lotrechten bedeuten.

5. Die Ermittlung der Spannungen im Boden unter beliebig geformten Lastflächen und bei beliebiger Verteilung des Sohldruckes.

Für die Ermittlung der lotrechten Spannungen im Boden unter einer beliebigen geformten Lastfläche bei beliebig verteiltem Sohlendrucke geben F. Kögler und A. Scheidig ein hinreichend genaues Näherungsverfahren an. Um die lotrechte Spannung in den Punkten A und B der Abb. 62 zu ermitteln, wird zuerst unter Benützung der Angaben in der Tabelle 7 die Nulldrucklinie und die Grenze des Störungsbereiches eingezeichnet. Hierauf wird in der Tiefe gleich dem dreifachen Durchmesser der Lastfläche eine Linie gezogen. Für Punkte unter dieser Linie kann die Last als Punkt- bzw. Linienlast angesehen werden und es werden zur Spannungsermittlung die Gl. (72) bzw. (75) benützt. Für Punkt oberhalb gilt die Last als Flächenlast und es wird das zu schildernde Näherungsverfahren angewendet.

Tabelle 7. Grenztiefe des Störungsbereiches und Ausgangsgrenzwinkel der Nulldrucklinie. (Nach F. Kögler und A. Scheidig.)

Lagerung	Grenztiefe t_1 des Störungsbereiches m	Ausgangsgrenzwinkel d. Nulldrucklinie an der Oberfläche
Lockere Lagerung	2,0 bis 1,2	35° bis 45°
Mitteldichte Lagerung . .	1,2 „ 0,9	45° „ 55°
Dichte Lagerung.	0,9 „ 0,5 und weniger	55° „ 65° und mehr

Wenn nun der Punkt, für den die lotrechte Spannung σ_z ermittelt werden soll, innerhalb des Störungsbereiches liegt, so werden weiterhin die für diesen Bereich gültigen Formeln Gl. (76) bzw. (77) benützt, während außerhalb des Störungsbereiches die für elastischen Boden gültige Formel (104) anzuwenden ist.

Die Verteilung des Sohldruckes geschieht durch einen Spannungshügel, der, wenn die Last auf der Bodenoberfläche ruht, am Lastumfang die Randspannungen Null hat, etwa so, wie er durch die beiden Schnitte in der Abb. 62 dargestellt ist. Hierauf wird die Lastfläche durch konzentrische Kreise um den betreffenden Punkt A bzw. B in gleich breite Kreisringstreifen F_1 bis F_n zerlegt und diese wieder in gleiche, annähernd quadratische Teilflächen ΔF. Für jede Teilfläche wird die zugehörige Ein-

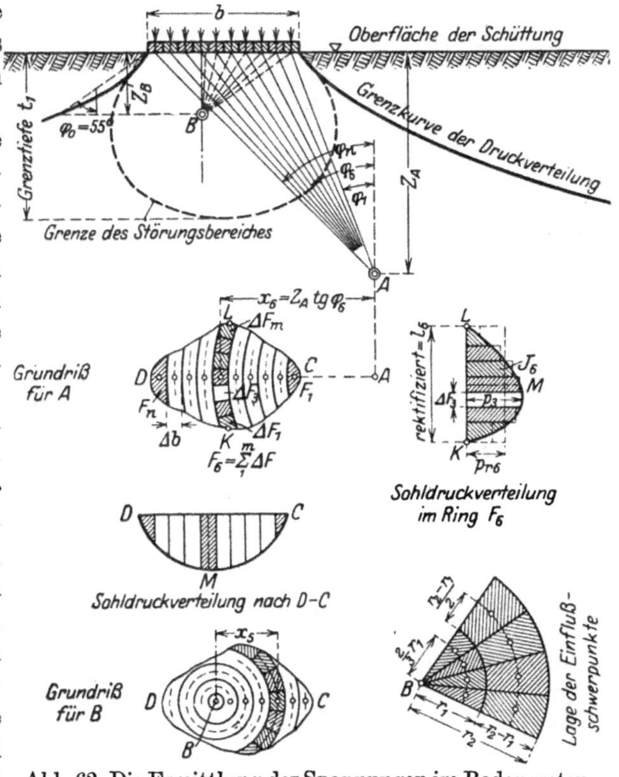

Abb. 62. Die Ermittlung der Spannungen im Boden unter beliebig geformten Lastflächen und bei beliebiger Verteilung des Sohldruckes. (Nach Kögler u. Scheidig: Bautechnik 1929 S. 828.)

heitslast und weiter jene, die der ganze Ringstreifen überträgt, berechnet. Die Fahrstrahlen von den Schwerpunkten der Teilflächen ΔF eines Streifens zu dem betreffenden Punkte A bzw. B haben alle den gleichen Winkel φ mit dem Lot, weswegen die weitere Rechnung mit den Streifenlasten erfolgen kann, die man sich hinreichend genau in den Kreisringmittellinien angreifend denkt und als Punktlast ansieht.

Die lotrechten Spannungen in A bzw. B bestehen aus den Anteilen, die von den einzelnen Ringflächenabschnitten F herrühren und die bei der Tiefenlage z der Punkte A bzw. B mit den Fahrstrahlwinkeln φ_1 bis φ_n zu den Kreisringmittellinien unter Verwendung der Gl. (104) leicht berechnet werden können. Die Summe aller Teilspannungen ergibt schließlich die gesuchte lotrechte Spannung σ_z.

Literatur: Bell, A.: The lateral pressure and resistance of clay and the supporting power of clay foundations. Min. Proc. Inst. Civ. Engs. Bd. 195 S. 233. — Berndardt, K.: Baugrundbelastung. Zentralbl. Bauverw. 1899 S. 268; 1907 S. 78, 241. — Boussinesq, J. V.: Sur les modes d'équilibre limite les plus simples que peut présenter un massiv sans cohésion fortement comprimé. Comptes Rendus Bd. 80 S. 546. — Derselbe: Essai théorique sur l'équilibre de l'élasticité des masses pulvérulentes et sur la poussée des terres sans cohésion. Mém couronn. Bruxelles Bd. 40 Nr. 4. — Derselbe: Application des potentiels. Paris 1885. — Emperger: Die zulässige Belastung des Baugrundes. Bautechnik 1926 S. 226. — Engesser: Zur Theorie des Baugrundes. Zentralbl. Bauverw. 1893 S. 306. — Hovermann: Über die statische Berechnung von Eisenbetonfundamentplatten. Beton u. Eisen 1913 S. 275. — Engels, H.: Zur Theorie der Schleusenkörper. Zentralbl. Bauverw. 1897 S. 427. — Föppl, A.: Vorlesungen über technische Mechanik Bd. 5. Leipzig: B. G. Teubner 1907. — Franzius, O.: Messungen von Bewegungen des Trockendockes V und VI der Kaiserlichen Werft Kiel. Z. Bauw. 1908 S. 83. — Derselbe: Über die Berechnung von Trockendocks. Z. Bauw. 1908 S. 475. — Freund, A.: Theorie der gleichmäßig elastisch gestützten Körper. Beton u. Eisen 1917 S. 144. — Derselbe: Der Spannungszustand in loser Erde. Zentralbl. Bauverw. 1921 S. 589. — Fröhlich, O.: Berechnung von Fundamenten unter Berücksichtigung der Elastizität des Baugrundes. Beton u. Eisen 1913 S. 318. — Heimbach: Flachgründungen auf Schlamm- und Moorboden usw. Beton u. Eisen 1913 S. 370. — Kayser: Belastungsversuche für die Tragfähigkeit von Pfeilerbauten in Sandboden. Bautechnik 1924 S. 670. — Kögler, F.: Über die Verteilung des Bodendruckes unter Gründungskörpern. Bauing. 1926 S. 101. — Derselbe u. A. Scheidig: Druckverteilung im Baugrunde. Bautechnik 1927 S. 418, 445; 1928 S. 205, 229; 1929 S. 268, 828. — Kurdjümoff: Zur Frage des Widerstandes der Gründungen auf natürlichem Boden. Zivilingenieur 1892 S. 293. — Melan, E.: Druckverteilung in elastischen Schichten. Beton u. Eisen 1919 S. 83. — Nitzsche: Baugrunduntersuchung mit der Baugrundprüfmaschine. Dt. Bauzg. 1916 S. 166. — Ritter: Der biegungsfeste Rahmen mit Flächenlagerung. Schweiz. Bauzg. 1913 S. 265. — Roloff: Vorrichtungen zur Untersuchung der Festigkeit des Baugrundes. Zentralbl. Bauverw. 1897 S. 427. — Schaper, G.: Zweigleisige Eisenbahnbrücke über den Rhein unterhalb Duisburg-Ruhrort im Zuge der Linie Oberhausen-West—Hohenbudberg. Z. Bauw. 1911 S. 562. — Schwedler: Zur Theorie des Baugrundes. Zentralbl. Bauverw. 1891 S. 90. — Skibinski: Das Gleichgewicht des rolligen Materials. Öst. Wochenschr. Baudienst 1916 S. 701; 1917 S. 296. — Report of the Special Committee to report on Stresses in Railroad traks. Proc. Disc. 1920 S. 251. — Strohschneider, O.: Elastische Druckverteilung und Drucküberschreitung in Schüttungen. Sitzgsber. Akad. Wiss. Wien, Math.-naturwiss. Kl. Bd. 121 Abt. IIa. — Terzaghi, K.: Die Erddruckerscheinungen in örtlichen beanspruchten Schüttungen und die Entstehung von Tragkörpern. Öst. Wochenschr. Baudienst 1919 S. 194, 206, 218. — Derselbe: Erdbaumechanik auf bodenphysikalischer Grundlage. Leipzig: F. Deuticke 1925.

f) Die Senkung der Last.

Durch die Lastsenkungslinie ist für einen Boden bestimmter Beschaffenheit und eine gegebene starre Lastfläche die Beziehung zwischen Last und Senkung festgelegt. Bei der Gründung von Bauwerken werden nun die Abmessungen des Bauwerkes so gewählt, daß die auf den Boden übertragenen Pressungen überall unterhalb der Proportionalitätsgrenze liegen, also in einen Lastbereich fallen, in dem Last und Senkung verhältnisgleich sind. In diesem Lastbereich wird das Verhältnis der Last zur dazugehörigen Senkung, wie schon erwähnt worden ist, Bettungsziffer genannt und es kann daher die Beziehung zwischen Last und Senkung in jenem Lastbereiche, der bei Gründungen von Interesse ist, statt durch die Lastsenkungslinie auch durch die Bettungsziffer angegeben werden.

Um die Bettungsziffer bzw. die Lastsenkungslinie zu ermitteln, werden Belastungsversuche angestellt, bei denen entweder behelfsmäßige Einrichtungen oder eigene Geräte benutzt werden. Die Lastflächen sollen bei solchen Versuchen nicht zu klein gewählt werden, damit die Ergebnisse nicht zu sehr von Zufälligkeiten, wie z. B. von großen Steinen im Untergrund, beeinflußt werden.

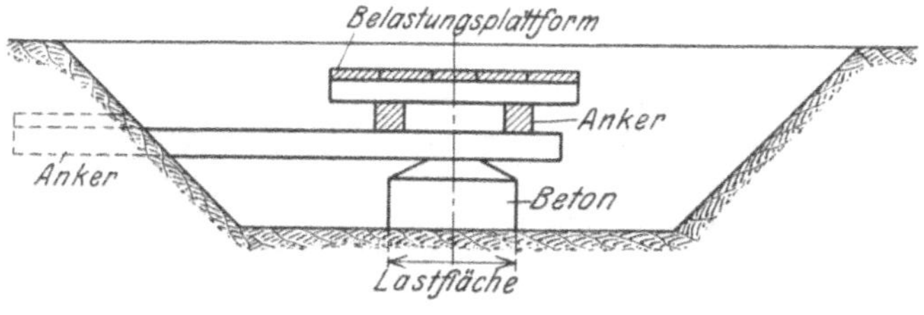

Abb. 63. Einfache Vorrichtung zur Durchführung von Belastungsversuchen.

Eine einfache behelfsmäßige Einrichtung für Belastungsversuche zeigt die Abb. 63. Zwei um 90^0 versetzte Erdanker verhindern ein Kippen der aufgelegten Last. Die Senkung der Lastfläche wird mit einem Nivellierinstrument, das hinreichend weit vom Gerät steht, beobachtet.

Ein besonderes Belastungsgerät, das auch Belastungsversuche in größerer Tiefe ermöglicht, ist von A. Wolfsholz entworfen worden. Es besteht, wie ein Blick in die beiden Abb. 64 und 65 lehrt, aus einer Prüfplatte *a*, die auf den zu prüfenden Boden mittels eines Hohlgestänges *b* vermittels einer hydraulischen Presse *c* herabgedrückt wird. Die Presse stützt sich gegen einen Träger, der beiderseits mit Wasserkästen *d* oder mit Sandsäcken belastet ist. Das Gestänge steht in einem Bohrrohr *e* von 350 mm Weite. Die Lasten und die Senkungen werden von einem eigenen Gerät *f* auf einen Papierstreifen aufgezeichnet. Das zur Betätigung der hydraulischen Presse erforderliche Wasser wird einem Kessel *g* entnommen, in dem das Wasser durch Preßluft unter Druck versetzt wird, die über ein Druckminderungsventil *i* einer Preßluftflasche *h* entnommen wird. Das ganze Gerät ist auf einem Wagen *k* fahrbar aufgebaut.

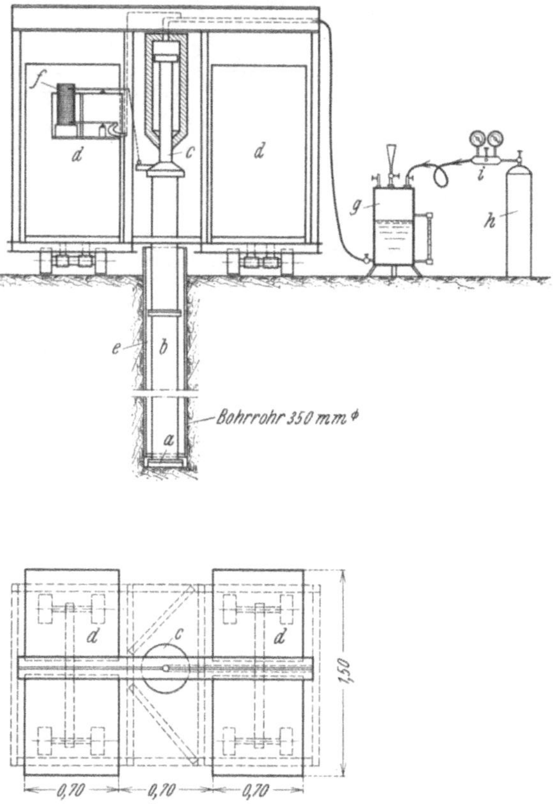

Abb. 64. Bodenprüfer von Wolfsholz.

a Prüfplatte, *b* Hohlgestänge, *c* Kolben des hydraulischen Preßzylinders, *d* Belastungsbehälter, *e* Futterrohr, *f* Lastsenkungsschreiber, *g* Druckwasserkessel, *i* Druckminderventil 120/20 atü, *h* Druckluftflasche, 120 atü.

Beobachtungen gelegentlich von Belastungsversuchen haben nun gezeigt, daß die Bettungsziffer keine Konstante des betreffenden Bodens ist, sondern von der Form und Größe der Lastfläche, von der Lagerung der Bodenteilchen (Porenverhältnis) und von der Gründungstiefe abhängig ist.

Den Einfluß der Größe der Lastfläche auf die Senkung erlaubt eine einfache Überlegung abzuschätzen. Man denke sich hierzu z. B. zwei quadratische Lastflächen (Abb. 66a) mit den Seiten b und αb, die beide mit derselben Einheitslast q den Boden belasten. Die unter der Last entstehenden Tragkegel seien der Einfachheit halber geradlinig begrenzt und es sei weiter vorausgesetzt, daß in waagrechten Schnittflächen durch die Tragkegel die lotrechten Spannungen gleichmäßig verteilt seien.

Die Last auf der einen Lastfläche beträgt dann $b^2 q$, die auf der andern $\alpha^2 b^2 q$. In der Tiefe h beträgt unter der ersten Lastfläche die lotrechte Spannung

(150) $$\sigma_z = \frac{b^2 q}{(b + 2\,n h)^2}\,;$$

in der Tiefe ζh unter der anderen Lastfläche wird die Spannung ebenso groß sein; dort hat die Schnittfläche des Tragkegels die Seitenlänge $\alpha b + 2 n \zeta h$; es ist dort also

(151) $$\sigma_z = \frac{\alpha^2 b^2 q}{(\alpha b + 2\,n \zeta h)^2}\,,$$

und es folgt nun weiter, daß die Spannungen nur gleich sein können, wenn

(152) $$\zeta = \alpha$$

ist.

Abb. 65. Bodenprüfer von A. Wolfsholz (Siemens-Bau-Union).

c Druckzylinder, *d* Belastung durch Sandsäcke, *f g* Druckwasserkessel, *h* Preßluftflasche, *i* Druckminderventil, *k* Belastungswagen.

Für die Tiefenlagen h bzw. αh seien nun solche gewählt, in denen die Spannungen keine nennenswerten Senkungen mehr hervorrufen können. Die Senkung unter den Lastflächen rührt dann von der Zusammenpressung der Bodenkörper von der Höhe h bzw. αh her. Um diese Senkungen zu ermitteln, sei durch zwei waagrechte Schnitte eine Schichte von der Dicke dy in der Tiefe y herausgeschnitten. Durch die Last Q wird diese Schichte um ds zusammengepreßt. Wenn die Last nur so groß ist, daß Last und Senkung verhältnisgleich sind, so kann, wenn mit E der Elastizitätsmodul des Bodens bezeichnet wird

(153) $$\frac{ds}{dy} = \frac{\sigma}{E}$$

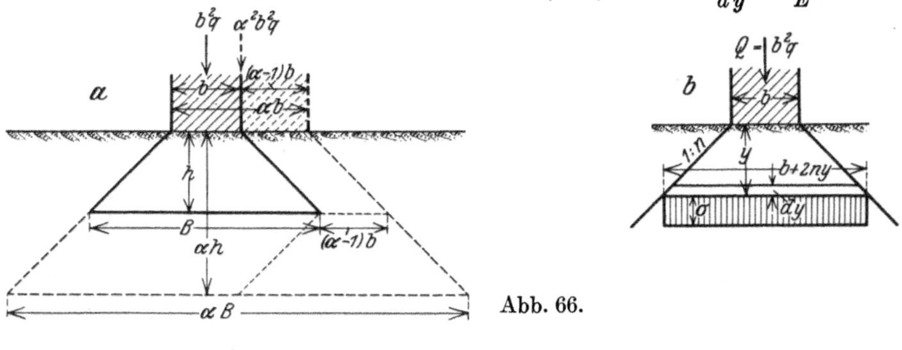

Abb. 66.

gesetzt werden. Mit den Bezeichnungen der Abb. 66b gilt weiter

(154) $$\sigma = \frac{Q}{(b + 2\,n y)^2}$$

und weiter

(155) $$ds = \frac{Q}{E}\,\frac{dy}{(b + 2\,n y)^2}\,,$$

und man erhält schließlich als Gesamtsenkung der Lastfläche

$$s = \int_0^h ds = \frac{Q}{E} \int_0^h \frac{dy}{(b + 2\,n\,y)^2} = \frac{Q}{E} \left[\frac{1}{2\,b\,n} - \frac{1}{2\,n\,(b + 2\,n\,h)} \right]. \tag{156}$$

Bezeichnet s_1 die Senkung unter der Lastfläche b^2 und s_2 jene unter der Lastfläche $\alpha^2 b^2$, so ist, weil die Lasten $Q = b^2 q$ bzw. $\alpha^2 b^2 q$ betragen

$$\frac{s_2}{s_1} = \alpha^2 \frac{\dfrac{1}{2\,\alpha\,n} - \dfrac{1}{2\,n\,(\alpha + 2\,n\,\alpha\,h)}}{\dfrac{1}{2\,n} - \dfrac{1}{2\,n\,(1 + 2\,n\,h)}} = \alpha\,. \tag{157}$$

Die Senkungen verhalten sich demnach so, wie die Seitenlängen der quadratischen Lastflächen. Bei kreisrunden Lastflächen ergibt eine ähnliche Betrachtung, daß sich die Senkungen wie die Halbmesser der Lastflächen verhalten.

Die tatsächliche Begrenzung der Tragkörper unter der Lastfläche ist nun, wie Versuche von F. Kögler und A. Scheidig gezeigt haben (vgl. S. 48), nicht geradlinig. Schon in einer Tiefe von etwa einem Meter unter der Lastfläche ist die Meridiantangente dieser Tragkörper

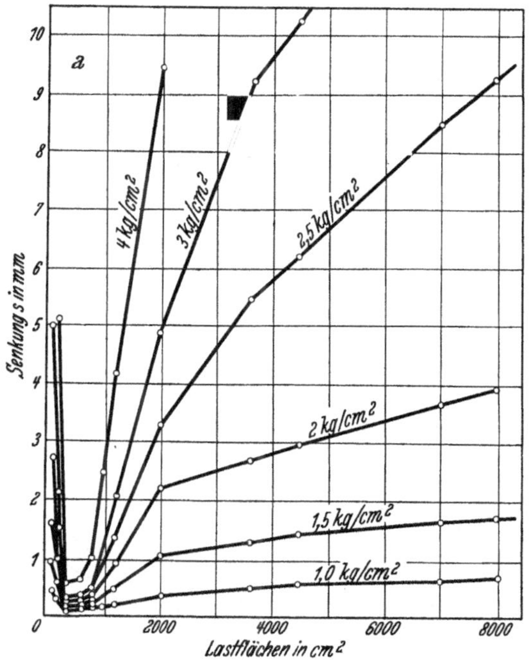

a)

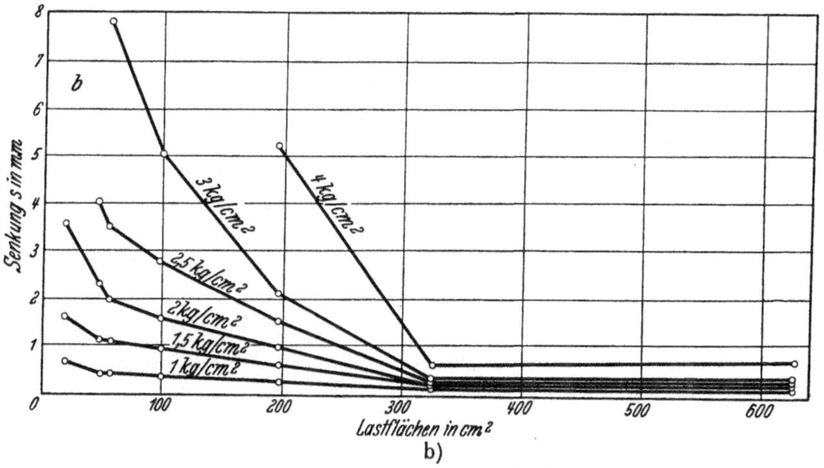

b)

Abb. 67. Senkung verschieden großer quadratischer Lastflächen unter verschiedenen Einheitslasten in locker gelagertem, feinem, trockenem Sand, mit einem Porenverhältnis von $n = 0{,}42$ und einem Raumgewicht $\gamma_e = 1{,}52$. a) Ganzer Lastflächenbereich, b) Bereich der kleinen Lastflächen. (Nach H. Preß: Bautechnik 1930 S. 641.)

nahezu waagrecht und die Neigung der Meridiantangente ist in jeder Höhenlage von der Größe der Lastfläche unabhängig und überdies bei allen Bodenarten nahezu die gleiche; daraus kann gefolgert werden, daß bei einer Vergrößerung der Lastfläche die Dicke der Schichte, in der die Bodenverdichtung hauptsächlich vor sich geht, tatsächlich weniger stark zunimmt, als es die obige Überlegung ergeben hat, daß daher die Senkungen der Lastflächen zwar mit der Größe der

Lastfläche zunehmen, aber weniger stark als es die obige Überlegung ergeben hat, so daß der Überlegung eben nur der Charakter einer Schätzung zukommt. Diese Schätzung trifft aber bei allen Bodenarten annähernd zu, solange der Boden nicht seitlich ausweicht.

Über beobachtete Senkungen berichten eine große Zahl von Forschern, die bald fanden, daß bei gleicher Einheitslast die Senkung mit der Größe der Lastfläche zunehme, bald daß sie abnehme, bald auch, daß die Größe der Lastfläche belanglos sei.

Einige Klarheit bringen Versuchsreihen, die H. Preß auf gleichmäßigem, gewachsenem Boden in der Natur ausgeführt hat. Er beobachtete die Senkung verschieden großer Lastflächen in locker gelagertem, trockenem, feinem Sand mit einem Porenverhältnis $n = 0{,}42$ und einem Raumgewicht $\gamma_e = 1{,}52$ t/m³ und in erdfeuchten Lehmboden mit 46 vH feinem Sand und einem Raumgewicht $\gamma_e = 2{,}3$ t/m³ und

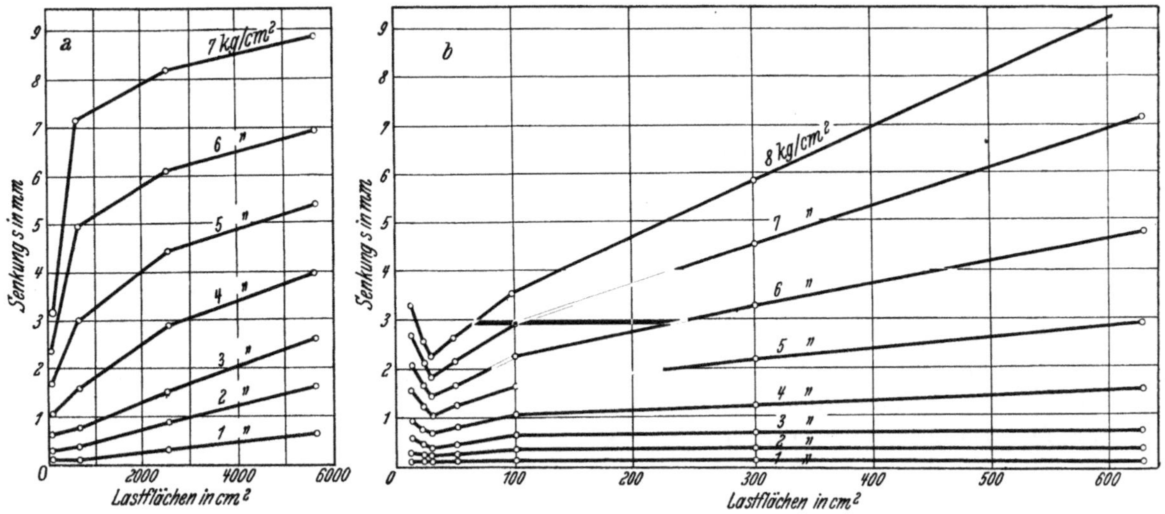

Abb. 68. Senkung verschieden großer quadratischer Lastflächen unter verschiedenen Einheitslasten in erdfeuchtem Lehm mit 46 vH feinem Sand und einem Raumgewicht $\gamma_e = 2{,}3$ t/m³. a) Bereich der großen, b) Bereich der kleinen Lastflächen. (Nach H. Preß: Bautechnik 1930 S. 641.)

verwendete quadratische und rechteckige Lastflächen. Seine Messungen sind in den Abb. 67 bis 70 zusammengestellt; sie klären vor allem auf, wieso verschiedene Forscher zu so widersprechenden Folgerungen aus ihren Versuchen gelangen konnten, Preß' Versuche ergaben nämlich die überraschende Tatsache, daß bei ganz kleinen Lastflächen die Senkung mit zunehmender Lastfläche abnimmt. Es folgen dann Lastflächengrößen, bei denen die Größe für die Senkung nahezu belanglos ist und erst bei größeren Lastflächen nimmt die Senkung mit der Fläche zu. Diese Zunahme ist aber bei kleinen Einheitslasten sehr gering und wird erst bei größeren bedeutend. F. Kögler ist der Anschauung, daß bei sehr großen Lastflächen die Größe der Lastfläche für die Senkung wieder belanglos werden muß.

Die Versuche von Preß haben weiter ergeben, daß sich bei Sanden die Setzungen unter verschieden großen Lastflächen bei den größeren Flächen etwa wie die Quadratwurzeln aus den Lastflächen verhalten, ein Ergebnis mit dem die frühere Schätzung im Einklang steht.

In der Abb. 69 sind die im früher erwähnten Sand ermittelten Lastsenkungslinien für 25 cm breite, verschieden lange Lastflächen eingetragen und die Abb. 70 läßt erkennen, daß unter rechteckigen Lastflächen die Senkungen größer sind als unter gleich großen quadratischen.

Daß die Senkungen in lose gelagerten Böden größer sind als in festgelagerten, braucht wohl kaum besonders betont zu werden.

Über die Änderung der Bettungsziffer mit zunehmender Gründungstiefe ist bei Sanden vorläufig nichts bekannt.

In dicht gelagerten künstlichen, erdigen Anschüttungen nimmt nach K. Terzaghi die Bettungsziffer unter kreisrunden Lastflächen mit der Gründungstiefe t nach der empirischen Beziehung

$$\beta_t = \beta_0\left(1 + 0{,}5\frac{t}{r}\right) \tag{158}$$

zu, wobei mit r der Halbmesser der Lastfläche und mit β_0 die Bettungsziffer an der Bodenoberfläche bezeichnet ist; diese Beziehung gilt nur für Gründungstiefen unter der kritischen.

Bei steifplastischen oder halbfesten Lehmen und Tonen ist die Gründungstiefe t ohne Einfluß auf die Bettungsziffer bzw. auf die Lastsenkung. Die Senkung der

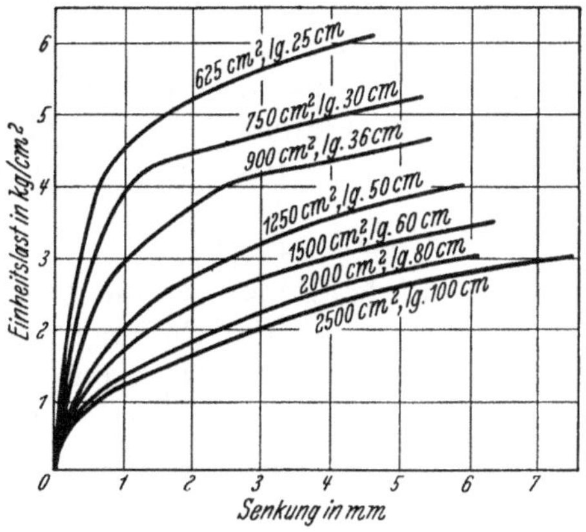

Abb. 69. Lastsenkungslinien, ermittelt in Sand unter 25 cm breiten, verschieden langen Lastflächen. (Nach H. Preß: Bautechnik 1930 S. 641.)

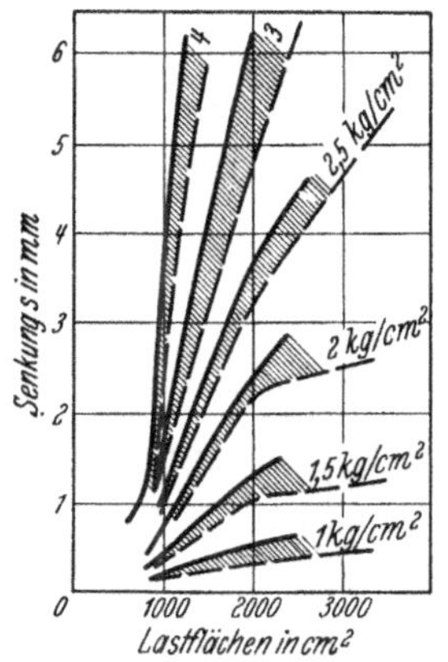

Abb. 70. Lastsenkungslinien, ermittelt in Sand unter quadratischen und unter rechteckigen, 25 cm breiten Lastflächen. (Nach H. Preß.)

Last geht aber wegen des nur langsamen Abfließens des überschüssigen Porenwassers nur ganz langsam vor sich. Aus einer Ähnlichkeitsbetrachtung folgert K. Terzaghi, daß bei gleicher Einheitsbelastung die Zeiten T, innerhalb deren zwei Lastflächen mit den Halbmessern r_1 und r_2 bzw. den halben Streifenbreiten b_1 und b_2 ihre endgültigen Senkungen erreichen, sich umgekehrt wie die Lastflächen verhalten, daß also

$$T_2 = T_1\frac{r_2^2}{r_1^2} \qquad \text{bzw.} \qquad T_1\frac{b_2^2}{b_1^2} \tag{159}$$

sei.

Literatur: Franzius, O.: Der Grundbau. Handbibl. f. Bauing. Bd. 1 Teil 3. Berlin: Julius Springer 1927. — Heim, R.: Belastungsversuche auf kohäsionslosem Boden mit großen Grundkörpern. Beton u. Eisen 1929 S. 123. — Kasbaum: Untersuchungen mit verschiedenen Bodenarten. Bauing. 1926 S. 518. — Kögler, F.: Die Belastung des Baugrundes. Bauing. 1927 S. 817. — Plarre u. Dettig: Der Ostpfeiler der Kanalbrücke des Schiffshebewerkes Niederfinow usw. Bautechnik 1930 S. 686. — Derselbe: Bodendruckversuche. Bautechnik 1930 S. 686. — Prandtl, L.: Über die Eindringungsfestigkeit (Härte) plastischer Baustoffe und die Festigkeit von Schneiden. Z. ang. Math. Mech. Bd. 1 (1921) S. 15. — Preß, H.: Baugrundbelastungsversuche mit Flächen verschiedener Größe. Bautechnik 1930 S. 641. — Schaechterle, K.: Probebelastung in Friedrichshafen zur Erkundung der Tragfähigkeit des Baugrundes. Bautechnik 1930 S. 539. — Scheidig, A.: Belastungsversuche auf kohäsionslosem Boden mit großen Grundkörpern. Beton u. Eisen 1930 S. 246. — Schleicher, F.: Zur Theorie des Baugrundes. Bauing. 1926 S. 931. — Derselbe: Zur Theorie des Fundamentes. Beton u. Eisen 1927 S. 433. — Derselbe: Über die Berechnung der Senkungen von steifen Fundamenten. Beton u. Eisen 1927 S. 433. — Derselbe: Belastungsproben zur Klärung des Einflusses der Elastizität des Bodens usw. Bautechnik 1925 S. 411. — Siemens-Bau-Union: Neue Hilfsmittel im Grundbau. Siemens-Bau-Union Zeitschr. 1929 Nr. 1. — Terzaghi, K.: Erdbaumechanik. Leipzig: F. Deutike 1925.

II. Das Verhalten des Bodens unter Pfahllasten.

In ganz besonderer Art wird die Last durch Pfähle in den Boden übertragen. Je nachdem, ob die Pfähle durch wenig belastete Schichten bis auf fest gelagerte herabreichen, auf denen sie stehen oder nur in einer Bodenschichte stecken, gleichsam schweben, unterscheidet man feste Pfähle und schwebende Pfähle.

a) Die Lastübertragung durch Einzelpfähle.

1. Feste Pfähle.

Die Lastübertragung durch feste Pfähle geschieht ähnlich wie durch Säulen oder Pfeiler, die bis auf den festen Boden hinabreichen; sie rufen dort einen Spannungszustand hervor, der jenem unter Einzellasten ähnelt. Zwischen den Pfählen muß Boden liegen, der zwar an der Lastaufnahme nicht mitwirkt, der aber doch eine solche Konsistenz hat, daß er die Pfähle einspannt und am Ausknicken hindert. Mit der Mantelreibung zwischen den Pfählen und der nicht tragfähigen Schichte wird bei festen Pfählen nicht gerechnet.

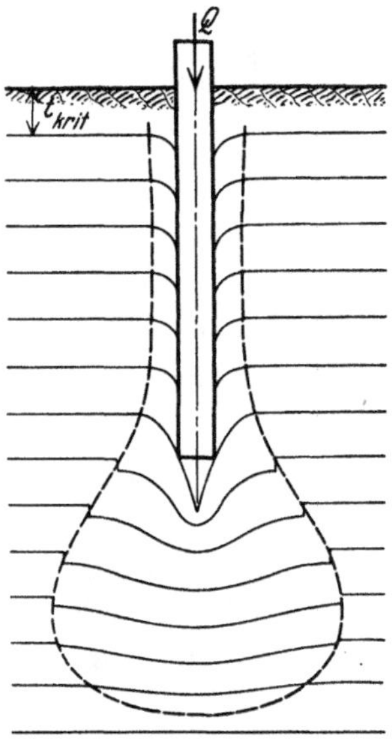

Abb. 71. Birnförmiger Tragkörper um einen Schwebepfahl nach O. Leske.

2. Schwebende Pfähle.

Die Lastübertragung auf den Boden geschieht bei schwebenden Einzelpfählen teils durch die Reibung am Pfahlmantel, teils durch den sogenannten Spitzenwiderstand. Die Mantelreibung bewirkt, wie O. Leske gezeigt hat, die Bildung eines birnförmigen Tragkörpers (Abb. 71) um den Pfahl, der den der Mantelreibung entsprechenden Anteil der Pfahllast in breiter Fläche in der Höhenlage der Pfahlspitze auf den tieferliegenden Boden überträgt. Die Abmessungen des Tragkörpers hängen von den Abmessungen des Pfahles, von der Beschaffenheit seiner Oberfläche und von der Beschaffenheit des Bodens ab. Der Spitzenwiderstand ist jener Widerstand, den der Boden seiner weiteren Verdrängung durch die eindringende Pfahlspitze entgegensetzt; er ist bei sehr dicht gelagerten Böden sehr groß, bei sehr lose gelagerten Böden hingegen so klein, daß er vollständig vernachlässigt werden kann.

Die Verteilung der Spannungen unter einem Pfahl in einem Boden, der keinen nennenswerten Spitzwiderstand leistet, kann nach einem Verfahren von A. Bierbaumer annähernd ermittelt werden. Er nimmt an, daß dann die Last Q zur Gänze durch die Mantelreibung aufgenommen wird und daß sich diese gleichmäßig über den Pfahl verteilt. Den Pfahl denkt er sich in eine große Zahl von Abschnitten zerlegt. Jeder Abschnitt (Abb. 72a) ist eine belastete Scheibe, die am Rande den ihrer Höhe entsprechenden Lastanteil $\frac{Q}{l}\,dx$ auf eine Kreisfläche vom Durchmesser $D + 2\,x \operatorname{tg} \alpha$ in der Höhe der Pfahlspitze überträgt. Die Druckverteilung in der Ebene durch die Pfahlspitze erfolgt nach einem Rotationsparaboloid, dessen Inhalt

$$\frac{1}{2}\left(\frac{D}{2} + x \operatorname{tg} \alpha\right)^2 \pi\, d p_{\max} = \frac{Q}{l}\, dx \tag{160}$$

ist. Es folgt aus dieser Beziehung

$$d p_{\max} = \frac{2\,Q}{l\,\pi} \cdot \frac{dx}{\left(\frac{D}{2} + x \operatorname{tg} \alpha\right)^2}. \tag{161}$$

Den Gesamtdruck in der Ebene durch die Pfahlspitze, der durch die ganze Pfahllast Q hervorgerufen wird, kann man sich durch die Summierung der Druckparaboloide entstanden denken, die von den einzelnen Pfahlabschnitten von der Länge dx hervorgerufen werden und man erhält auf diese Weise den in der Abb. 72b dargestellten Rotationskörper für die Verteilung des Druckes in der Ebene durch die Pfahlspitzen. Die Scheitelordinate dieses Rotationskörpers, also der größte Druck $p_{\max}$ unter der Pfahlspitze kann nun aus der früher für $d p_{\max}$ aufgestellten Beziehung berechnet werden; es ist dann

$$p_{\max} = \frac{2Q}{\pi l} \int_0^l \frac{dx}{\left(\frac{D}{2} + x \operatorname{tg} \alpha\right)^2} = \frac{2Q}{\pi l \operatorname{tg} \alpha} \int_0^l \frac{\operatorname{tg} \alpha \, dx}{\left(\frac{D}{2} + x \operatorname{tg} \alpha\right)^2} = \frac{2Q}{\pi l \operatorname{tg} \alpha} \left[\frac{-1}{\frac{D}{2} + x \operatorname{tg} \alpha} \right]_0^l \tag{162}$$

oder

$$p_{\max} = \frac{4Q}{\pi D\left(\frac{D}{2} + l \operatorname{tg} \alpha\right)} \sim \frac{4Q}{\pi D l \operatorname{tg} \alpha}. \tag{163}$$

Bierbaumer setzt für den Winkel $\alpha = 30^0$.

Der Rotationskörper, der die Druckverteilung unter der Gesamtlast in der Ebene der Pfahlspitze darstellt, kann nun hinreichend genau durch ein inhaltsgleiches Rotationsparaboloid mit gleicher Scheitelordinate ersetzt werden. Es ist dann mit den Bezeichnungen der Abb. 72c

$$\frac{1}{2} R^2 \pi \, p_{\max} = \frac{1}{2} R^2 \pi \frac{4Q}{\pi D l \operatorname{tg} 30} = Q \tag{164}$$

oder

$$\frac{2R^2}{D l \operatorname{tg} 30} = 1 \tag{165}$$

und

$$R = \sqrt{\frac{l D \operatorname{tg} 30}{2}} = \underline{0{,}54 \sqrt{l D}}. \tag{166}$$

Für den Winkel β in der obigen Abb. 72c ergibt sich

$$\operatorname{tg} \beta = \frac{R - \frac{D}{2}}{l} \sim \frac{R}{l} = \sqrt{\frac{D \operatorname{tg} 30}{2l}} = 0{,}54 \sqrt{\frac{D}{l}}, \tag{167}$$

und die Last Q wird im wesentlichen in der Fläche

$$R^2 \pi = \frac{1}{2} l \pi D \operatorname{tg} 30 \tag{168}$$

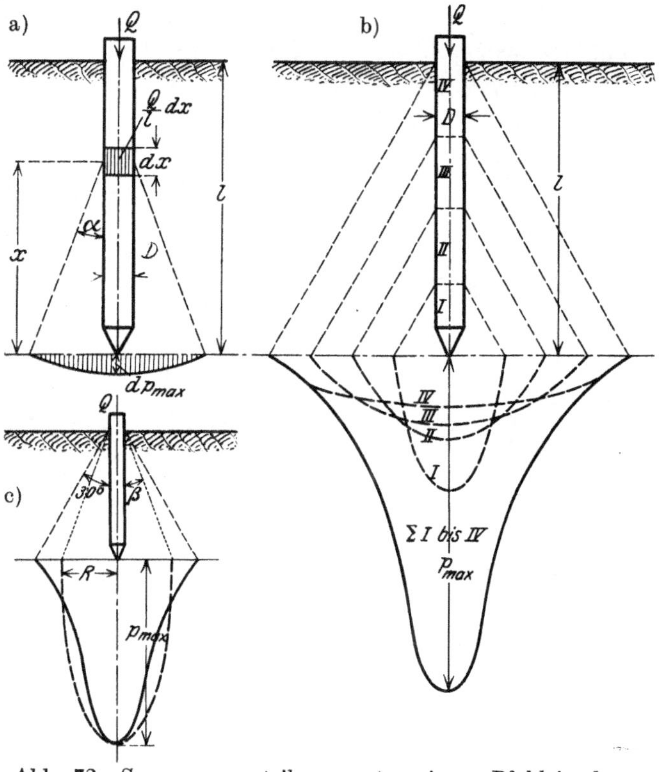

Abb. 72. Spannungsverteilung unter einem Pfahl in der waagrechten Ebene durch die Pfahlspitze.

in der waagrechten Ebene durch die Pfahlspitze übertragen; die mittlere Belastung in dieser Fläche beträgt

$$\bar{p} = \frac{2Q}{l \pi D \operatorname{tg} 30}, \quad \operatorname{tg}\alpha = 0{,}577 \quad \bar{p} = \frac{1{,}1\, Q}{l D} \tag{169}$$

und die spezifische Last am Pfahlkopf

$$q = \frac{4Q}{D^2 \pi} \tag{170}$$

wird durch den Pfahl in der Ebene der Pfahlspitzen im Verhältnis

(171) $$\frac{q}{p} = \frac{4\,Q}{D^2\pi} : \frac{2\,Q}{l\,\pi\,D\,\mathrm{tg}\,30} = 1{,}154\,\frac{l}{D}\,.$$

herabgesetzt.

Wenn ein schwebender Pfahl belastet wird, so setzt er sich und es können die zu verschiedenen Lasten gehörigen Setzungen wieder anschaulich durch die Lastsenkungslinie dargestellt werden. In grobkörnigem Boden tritt die Senkung sofort nach der Belastung auf, während in sehr feinkörnigen und bindigen Böden die Senkungen längere Zeit hindurch andauern; die Lastsenkungslinie weist dann Stufen

Abb. 73. Belastungsversuch an einem Schleuderbetonpfahl mittels einer hydraulischen Presse *a*. *b* Pumpe. (Siemens-Bau-Union.)

auf, ähnlich wie es schon auf S. 39 geschildert worden ist. Wenn die Last eine gewisse Grenze, die Grenzlast Q_g überschreitet, so versinkt der Pfahl. Der Anfang der Lastsenkungslinie kann, ähnlich wie bei Flächenlasten, durch eine Gerade ersetzt werden; wo die Lastsenkungslinie von dieser Ersatzgeraden stark abzuweichen beginnt, liegt die Proportionalitätsgrenze Q_p.

Bei Pfahllasten unter der Proportionalitätsgrenze ist das Verhältnis der Last Q zur zugehörigen Senkung s konstant.

Das Verhältnis der bezogenen Pfahllast q (kg/cm²) zur Senkung s (cm) wird Pfahlsenkungsziffer δ (kg/cm³) genannt.

Die Lastsenkungslinie und die Senkungsziffer kann verläßlich nur durch einen Belastungsversuch unter fortwährender Beobachtung der Senkung des Pfahles ermittelt werden. Solche Belastungsversuche sind früher so ausgeführt worden, daß man auf den Pfahlkopf eine Bühne angebracht und auf diese die Last gelegt hat. Die Bewegung des Pfahles ist an Maßstäben an den Ecken der Bühne mittels Nivellierinstrumenten aus sicherer Entfernung beobachtet worden. Verschieden starke Senkungen an den Ecken wiesen auf eine außermittige Lage der Last hin. Das Herbeischaffen und das Auflegen so großer Lasten, als es die Belastung von Eisenbetonpfählen erforderte, verursachte erhebliche Kosten und führte dazu, daß solche Versuche nur selten ausgeführt worden sind.

Von der Siemens-Bau-Union wird die Pfahlbelastung mittels einer hydraulischen Presse ausgeführt. Die ganze Einrichtung kann leicht der Abb. 73 entnommen werden. Die hydraulische Presse ist auf den Pfahl aufgesetzt und stützt sich gegen ein System von Eisenträgern, die mit Rundeisen und Schellen an Nachbarpfählen verankert sind. Diese Einrichtung verursacht wesentlich weniger Kosten und ermöglicht den Belastungsversuch an jedem beliebigen Pfahl einer Pfahlgruppe.

In den Abb. 74 und 75 sind einige Ergebnisse von Pfahlbelastungsversuchen zusammengestellt.

Durch die Einbringung des Pfahles in den Boden wird die Beschaffenheit des Bodens im engeren Bereich um den Pfahl mehr oder minder stark, je nach der Art der Einbringung und der Art der Pfähle verändert. Die Pfähle werden entweder gerammt, wobei zylindrische oder konische Pfähle verwendet werden und manchmal wird das Rammen durch Spülung mit Preßwasser unterstützt, oder die Pfähle werden an Ort und Stelle betoniert, nachdem durch Rammen eines Kernes oder durch Bohrung ein entsprechender Hohlraum im Boden geschaffen worden ist; hiebei kann ein Futterrohr im Boden verbleiben oder es tritt der Beton mit dem Boden in unmittelbare Berührung und preßt sich je nach der Verdichtung des Betons mehr oder minder stark seitlich in den Boden ein, wobei außerordentlich rauhe Pfähle entstehen können.

In grobkörnigen, locker gelagerten Böden werden Rammpfähle bevorzugt, die den Boden durch Verdrängung und infolge der Erschütterungen verdichten; ganz besonders eignen sich konische Pfähle, die bei jedem Rammschlag den Boden längs des ganzen Pfahlmantels erschüttern. In festgelagertem grobkörnigem Boden ist die Pfahlform gleichgültig. Die Unterstützung des Rammens durch Spülung ist bei schwebenden Pfählen nicht zulässig, weil das Spülwasser den Boden um den Pfahl aufwühlt, wodurch die Mantelreibung, auf die es bei Schwebepfählen besonders ankommt, herabgesetzt wird.

In sehr feinkörnigen und in bindigen Böden sind Bohrpfähle vorzuziehen. Wenn in solche Böden Pfähle gerammt werden, so tritt während des Rammens ein außerordentlich hoher Spitzenwiderstand auf, weil eine Verringerung des Porenraumes im Boden im Bereiche der Pfahlspitze das Austreiben eines Teiles des Porenwassers erfordert. Wegen der Feinheit der Poren erfolgt das Abfließen des Porenwassers aber außerordentlich langsam und es gerät vorerst nur unter hohe Spannung. Der ganze Boden verhält sich an der Pfahlspitze wie eine unzusammendrückbare Flüssigkeit, muß also vorerst ohne nennenswerte Verringerung des Porenraumes ausweichen. Ein Rammpfahl hat daher während des Rammens außerordentlich hohe Spitzenwiderstände zu überwinden, während die Mantelreibung wegen der Benetzung des Pfahles durch ausgetriebenes Porenwasser sehr gering ist. Im Laufe der Zeit fließt aus dem Bereiche der Pfahlspitze das überschüssige Porenwasser ab, der Spitzenwiderstand nimmt rasch ab, während infolge Aufsaugung des Wassers längs des Pfahlmantels die Mantelreibung zunimmt. Die für das Rammen aufgewendete Arbeit geht zum größten Teil auf die Austreibung des überschüssigen Porenwassers auf, während die Arbeit beim Bohren vollständig der Pfahlherstellung zugute kommt.

Pfähle, die in vorgerammten oder in vorgebohrten Löchern ohne verbleibenden Blechmantel betoniert werden, erhalten eine außerordentlich rauhe Oberfläche, die vielfach Ausbauchungen in nachgiebigere Bodenschichten aufweist und dadurch hohe Tragfähigkeit gewährleistet.

Belastungsversuche an Pfählen sind, auf welche Art immer sie vorgenommen werden, umständlich und kostspielig. Zahlreiche Ingenieure haben daher getrachtet,

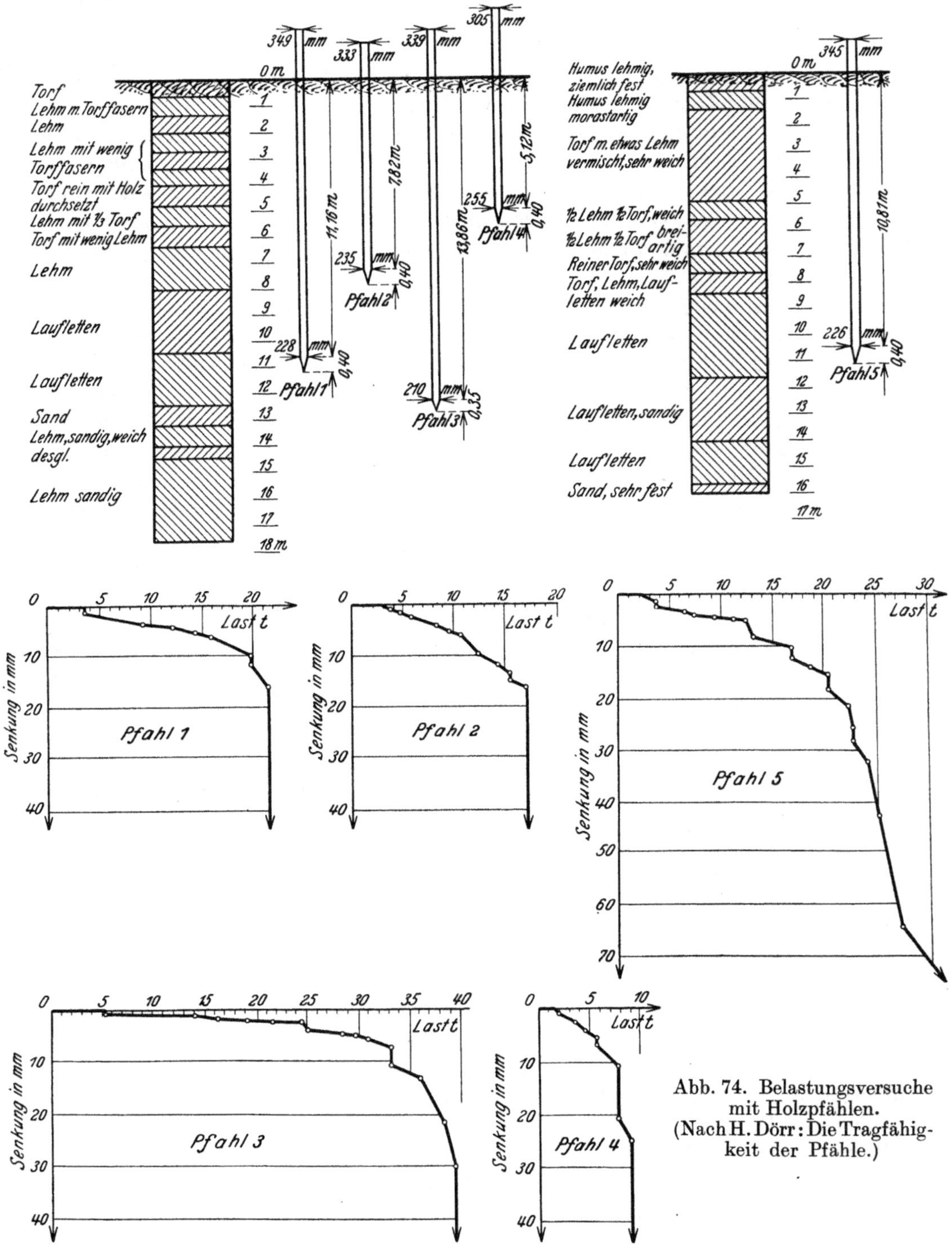

Abb. 74. Belastungsversuche mit Holzpfählen. (Nach H. Dörr: Die Tragfähigkeit der Pfähle.)

Verfahren ausfindig zu machen, die eine Vorausberechnung der zulässigen Pfahlbelastung ermöglichen sollen, aber es ist bisher nicht gelungen, ein derartiges Verfahren zu finden, das wirklich verläßliche Ergebnisse liefert. Man hat auch versucht, aus dem Eindringen von Pfählen unter den Schlägen des Rammbären auf die zu-

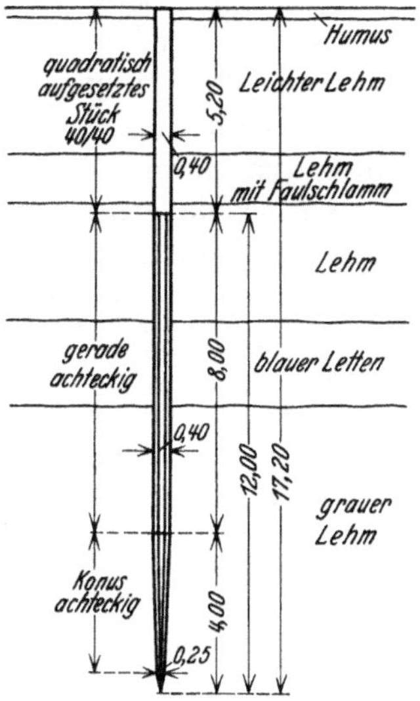

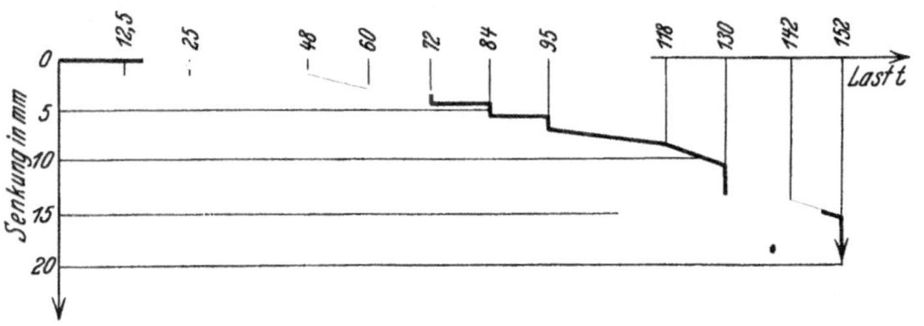

a) Achteckiger Eisenbetonpfahl mit 4 m langem Konus und aufgepfropftem, quadratischem Kopfstück.

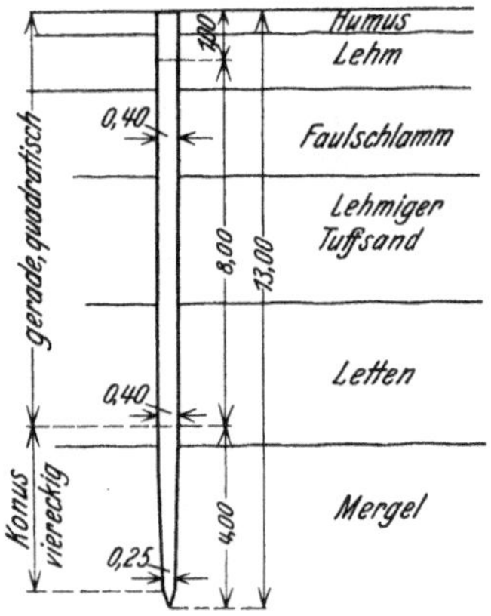

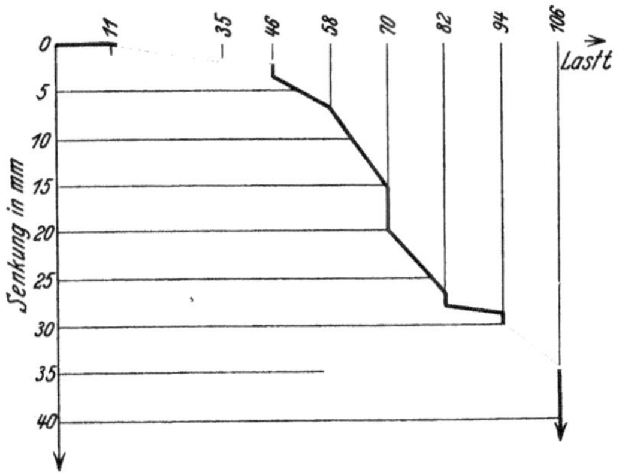

b) Quadratischer Eisenbetonpfahl mit 4 m langem Konus.

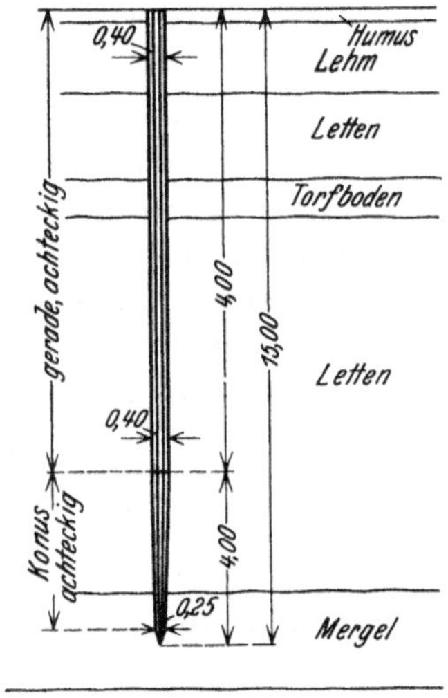

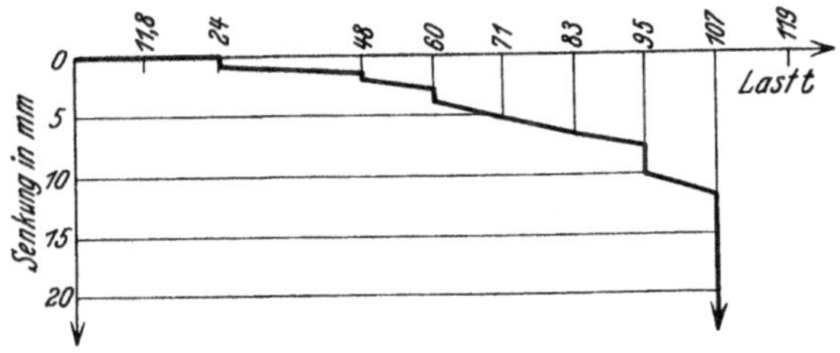

c) Achteckiger Eisenbetonpfahl mit 4 m langem Konus.

Abb. 75 a bis c. Belastungsversuche mit Eisenbetonpfählen. (Nach H. Dörr: Die Tragfähigkeit der Pfähle.)

lässige Pfahllast zu schließen. Nur bei grobkörnigen, gut durchlässigen Böden, bei denen das durch das Rammen an der Pfahlspitze verdrängte Grundwasser leicht ablaufen kann, ohne unter hohe Spannung zu geraten und dadurch das Eindringen des Pfahles zu erschweren, ist es manchmal möglich, auf die erwähnte Weise die zulässige Pfahllast zu schätzen. In solchen Böden steht der sogenannte dynamische Widerstand, den der Pfahl beim Eindringen in den Boden unter den Rammschlägen erfährt, in einer Beziehung zum statischen Eindringungswiderstand unter einer ruhenden Last.

Für die Ermittlung des dynamischen Eindringungswiderstandes W_d aus der

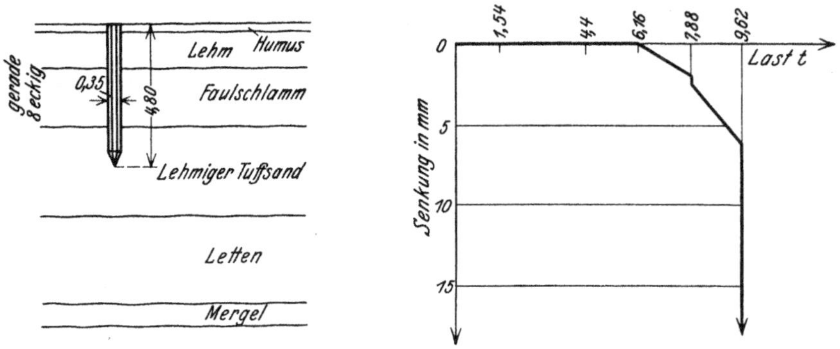

d) Achteckiger Eisenbetonpfahl.

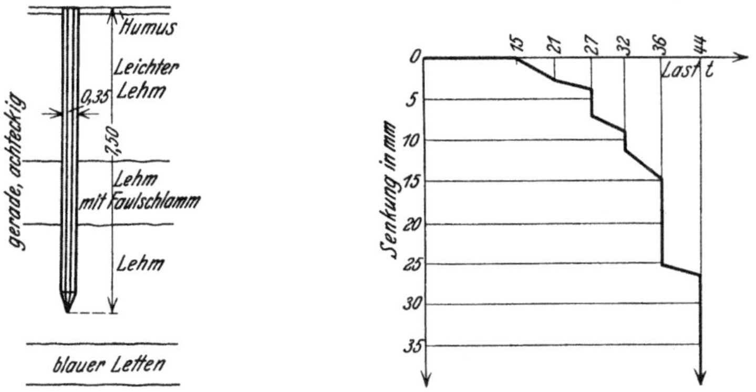

e) Achteckiger Eisenbetonpfahl.

Abb. 75d und e. Belastungsversuche mit Eisenbetonpfählen. (Nach H. Dörr: Die Tragfähigkeit der Pfähle.)

Senkung s des Pfahles unter einem Rammschlag sind zahlreiche Formeln abgeleitet worden. Als Beispiel sei gezeigt, wie Redtenbacher seine Formel, die viel benützt worden ist, hergeleitet hat. Er nimmt an, daß beim Auftreffen des Bären auf den Pfahlkopf ein unelastischer Stoß erfolgt. Sobald im Pfahlkopf nach dem Auftreffen des Rammbären vom Gewicht Q die Pressung am Pfahlkopf gleich dem dynamischen Eindringungswiderstand W_d geworden ist, beginnt sich der Pfahl vom Gewichte q mit der Geschwindigkeit v zu senken. Mit den Bezeichnungen der Abb. 76 ist dann

$$Q\sqrt{2gh} = (Q+q)\,v \tag{172}$$

oder

$$v = \sqrt{2gh}\,\frac{Q}{Q+q}. \tag{173}$$

Während der Senkung des Pfahles liegt der Rammbär am Pfahlkopf; die lebendige Kraft des Rammbären ist während der Senkung des Pfahles

$$L_r = M\frac{v^2}{2} = \frac{Q}{g}\,\frac{Q^2}{(Q+q)^2}\,\frac{2gh}{2} = \frac{Q^3}{(Q+q)^2}\,h, \tag{174}$$

und jene des Pfahles beträgt

$$L_p = \frac{q}{g}\,\frac{Q^2}{(Q+q)^2}\,\frac{2gh}{2} = \frac{q\,Q^2}{(Q+q)^2}\,h\,. \tag{175}$$

Um den Pfahl um die Senkung s in den Boden zu treiben, muß der Pfahl und der Bär zusammen um λ verformt und die Arbeit des Eintreibens geleistet werden; die Gesamtarbeit beträgt

$$A = W_d\frac{\lambda}{2} + W_d s\,, \tag{176}$$

wobei

$$\lambda = \frac{W_d l_1}{F_1 E_1} + \frac{W_d l}{F E}\,, \tag{177}$$

ferner F_1 der Querschnitt des Rammbären, F jener des Pfahles, E_1 der Elastizitätsmodul des Bären und E jener des Pfahles ist. Diese Arbeit A ist gleich der Summe der lebendigen Kräfte von Pfahl und Rammbär, es ist also

$$\frac{Q^3}{(Q+q)^2}\,h + \frac{q\,Q^2}{(Q+q)^2}\,h = W_d\left(\frac{\lambda}{2}+s\right) = W_d^2\left(\frac{l_1}{2F_1E_1}+\frac{l}{2FE}\right) + s\,W_d \tag{178}$$

und es folgt weiter

$$W_d^2\left(\frac{l_1}{2F_1E_1}+\frac{l}{2FE}\right) + s\,W_d = \frac{h\,Q^2}{(Q+q)} \tag{179}$$

und daraus

$$W_d = \frac{-s+\sqrt{s^2+\dfrac{2\,Q^2 h}{Q+q}\left(\dfrac{l_1}{F_1E_1}+\dfrac{l}{FE}\right)}}{\dfrac{l_1}{F_1E_1}+\dfrac{l}{FE}}. \tag{180}$$

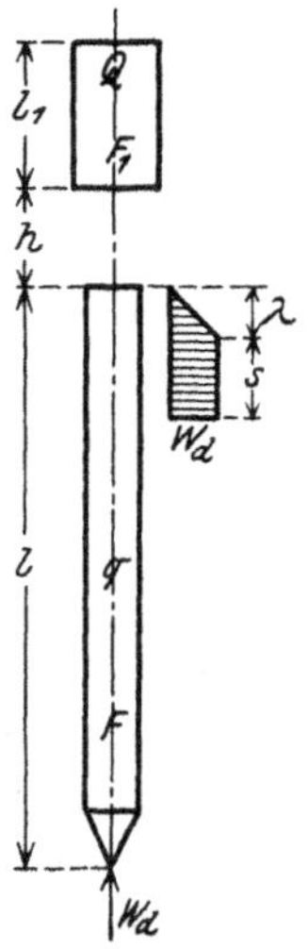
Abb. 76.

Wenn die geringfügige Deformation des Rammbären vernachlässigt wird, so vereinfacht sich die Formel zu

$$W_d = \frac{FE}{l}\left(-s+\sqrt{s^2+\frac{2\,h\,l\,Q^2}{(Q+q)\,FE}}\right) \tag{181}$$

in welcher Form sie benützt wird.

Andere Formeln sind unter der Annahme vollkommen elastischen oder halbelastischen Stoßes abgeleitet worden.

Der dynamische Eindringungswiderstand W_d ist, wie K. Terzaghi festgestellt hat, manches Mal, aber nicht immer, ein bestimmtes Vielfaches des statischen Eindringungswiderstandes W_s, so daß man in diesen Fällen

$$W_d = \zeta\,W_s \tag{182}$$

schreiben kann. F. Krapf hat aus seinen Versuchen für den Beiwert ζ Werte gefunden, die zwischen 1,12 und 2,28 liegen, aber Terzaghi behauptet, daß sie innerhalb viel weiterer Grenzen veränderlich sind.

Wenn aus dem Eindringen eines Pfahles unter den Schlägen des Rammbären auch nicht verläßlich auf die Tragfähigkeit des Pfahles geschlossen werden kann, so sollen doch stets Aufzeichnungen über den Fortschritt des Eindringens angestellt werden, weil man aus dem Eindringen der Pfähle nach gleichen Anzahlen von Rammschlägen auf die Beschaffenheit des Bodens schließen kann. Ungleiches Eindringen macht jedenfalls auf eine ungleichmäßige Bodenbeschaffenheit aufmerksam, die sonst leicht übersehen werden kann und die später verschiedene Senkungen der Pfähle unter der Nutzlast erwarten läßt.

Literatur: siehe S. 75.

b) Die Lastübertragung durch Pfahlgruppen.

Bisher war immer von einem Einzelpfahl die Rede. Bei den üblichen Pfahlgründungen bilden Einzelpfähle wohl Ausnahmefälle, meistens werden die Lasten durch Pfahlgruppen in den Boden übertragen.

1. Feste Pfahlgruppen.

Wenn alle Pfähle einer Pfahlgruppe auf einer festgelagerten Schichte aufstehen, also sogenannte Festpfähle sind, so haben sie den Charakter von Säulen, die Einzellasten auf diese Schichte übertragen. Die Tragfähigkeit eines Pfahles einer solchen Pfahlgruppe ist dann, wenn die Pfähle nicht sehr nahe nebeneinander stehen, fast ebenso groß, wie wenn der Pfahl allein stünde.

2. Schwebende Pfahlgruppen.

Die Lastübertragung durch schwebende Pfähle ist auf die Bildung von birnförmigen Tragkörpern um die Pfähle zurückzuführen. Wenn die Pfähle so weit voneinander stehen, daß sich diese Tragkörper nirgends weitgehender überschneiden, so verhalten sich die Pfähle so wie Einzelpfähle. Wenn die Pfähle näher aneinander stehen, so ist die Tragfähigkeit eines Pfahles der Gruppe wegen der Überschneidung der Tragkörper kleiner als jene eines gleichbeschaffenen Einzelpfahles. Sehr lehrreiche Vergleichsversuche zur Feststellung der Tragfähigkeit von Pfahlgruppen sind von der geotechnischen Kommission der schwedischen Staatsbahnen in Göteburg ausgeführt worden, über die R. Hoffmann berichtete. Auf sehr nachgiebigem Untergrunde rammte man einen Einzelpfahl und überdies zwei Pfahlgruppen, deren Pfähle in den Ecken und im Mittelpunkte eines Sechseckes im gegenseitigen Abstande von 0,7 m bzw. 1,2 m standen. Belastet wurde bis zur Proportionalitätsgrenze und es trugen hierbei der Einzelpfahl 19,2 t, ein Pfahl der Gruppe mit 1,2 m Abstand 18,5 t und ein Pfahl der Gruppe mit 0,7 m Abstand nur 12,0 t. Deutlich ergeben diese Versuche, daß das übertrieben nahe Aneinanderstellen von Pfählen zu einer schlechten Ausnützung der Pfähle führt.

Um jeden Pfahl einer Pfahlgruppe kann man sich nun einen Tragkörper denken, den A. Bierbaumer durch einen Kegel ersetzt, dessen Erzeugende mit der Pfahlachse einen Winkel von β [vgl. Gl. (167)] einschließt. In der Ebene durch die Pfahlspitze wird die Pfahllast dann in einer Kreisfläche vom Halbmesser (vgl. S. 65)

$$R = 0{,}54\,\sqrt{l\,D} \tag{183}$$

übertragen, wobei l die Pfahllänge und D den Pfahldurchmesser bedeutet. Wenn der Pfahlabstand in einer Gruppe größer als

$$2\,R = 1{,}08\,\sqrt{l\,D} \tag{184}$$

ist, so verhält sich jeder Pfahl einer Pfahlgruppe annähernd wie ein Einzelpfahl. Wenn die Pfahlabstände kleiner als $2\,R$ sind, so denkt man sich am besten einen einzigen Tragkörper um alle Pfähle der Gruppe; seine Abmessungen erhält man, wenn man längs des Umrisses der Pfahlgruppe, so wie es die Abb. 77 andeutet, unter dem Winkel β aus

$$\operatorname{tg}\beta = 0{,}54 \cdot \sqrt{\frac{D}{l}} \tag{185}$$

[vgl. Gl. (167) auf S. 65] gegen das Lot geneigt eine Gerade gleiten läßt. Die Last wird dann in der Ebene durch die Pfahlspitzen in einer Fläche F übertragen, deren Größe mit den Bezeichnungen der Abb. 77

$$F = \left(A + 2l \cdot 0{,}54 \sqrt{\frac{D}{l}}\right)\left(B + 2l \cdot 0{,}54 \sqrt{\frac{D}{l}}\right) \tag{186}$$

oder

$$F = \text{rund } AB + (A + B)\sqrt{lD} + lD \tag{187}$$

beträgt.

Die Setzungen einer Pfahlgruppe können nach jener eines Einzelpfahles geschätzt werden; sie sind annähernd proportional dem Halbmesser bzw. bei Streifenlasten der halben Breite des Pfahlrostes. Wenn der Umriß der Pfahlgruppe weder kreis- noch streifenförmig sondern rechteckig ist, so wird am besten an Stelle der halben Breiten die Quadratwurzel aus den Rostflächen gesetzt.

Durch eine Pfahlgruppe wird die Last im wesentlichen in der Ebene durch die Pfahlspitzen übertragen. Die Setzungen des Bauwerkes können dadurch gegenüber einer Gründung auf einer Platte ohne Pfähle herabgesetzt werden; K. Terzaghi weist aber nachdrücklich darauf hin, daß dies nicht unter allen Umständen erfolgen muß. Bei der Erörterung der Lastübertragung durch schwebende Pfahlgruppen ist es zweckmäßig, mit Terzaghi diese Gründungen nach den Bodenverhältnissen in mehrere Gruppen zu scheiden.

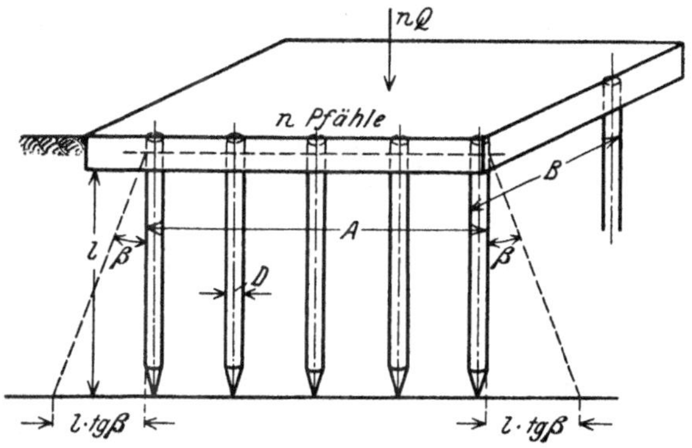

Abb. 77. Tragkörper bei einer Pfahlgruppe.

Bei schwebenden Pfahlgründungen auf tiefgründigen weichen Schlamm- oder Tonablagerungen kann die Gründung auf einer durchlaufenden Eisenbetonplatte oder auf einem Plattenrost auf schwebenden Pfählen durchgeführt werden. Die Setzungen werden bei Anwendung von Pfählen geringer sein als ohne sie, aber der Unterschied kann manchmal verschwindend klein sein. So hat sich z. B., wie Terzaghi berichtet, ein Maschinenhaus, das auf einer Rostplatte von 20 auf 25 m mit 500 Eisenbetonpfählen von 7,50 m Länge auf schwarzem, weichem Schlamm gegründet war, im Laufe der ersten Jahre nach der Baubeendigung ungefähr ebenso gesenkt wie das Nachbargebäude, das auf einer durchlaufenden Platte ohne Pfähle steht. Die Probebelastung eines Einzelpfahles ergab bei einer Belastung von 4 t keine meßbare Senkung; die Pfähle sind unter dem Maschinenhaus nur mit 2 t belastet.

Durch die Pfähle wird der auf die Zusammenpressung (Konsolidierung) der obersten Schichten entfallende Setzungsanteil ausgeschaltet. Dieser auf die oberste Bodenschicht entfallende Setzungsanteil ist aber nun, wie Terzaghi erläutert, in manchen Fällen gering; die Setzungen sind bei sehr undurchlässigen weichen Boden hauptsächlich auf ein Ausweichen des weichen Bodens zurückzuführen, das vorwiegend etwa in einer Tiefe gleich der ein- bis anderthalbfachen Gebäudebreite vor sich geht, also in einer Tiefe, in die bei breiteren Gebäuden die Pfähle nicht mehr hinabreichen. Je größer das Verhältnis von Bauwerksbreite zur Pfahllänge ist, desto geringer ist der Nutzen der Pfähle. Besonders anschaulich erläutern dies die beiden Abb. 78a und b, in denen die Spannungsverteilung mit und ohne Pfähle unter einem schmalen und einem breiten Bauwerk dargestellt ist und denen ohne weiteres zu entnehmen ist, daß im Falle b die Anordnung von Pfählen nicht gerechtfertigt ist.

Die Setzungen eines Bauwerkes mit schwebenden Pfählen auf tiefgründigem, locker gelagertem Sand- oder Schluffboden sind im wesentlichen auf die große Zusammenrückbarkeit der obersten Bodenschichten zurückzuführen. Beim Rammen von Pfählen wird einerseits durch die Bodenverdrängung, anderseits durch die Bodenerschütterungen eine festere Lagerung in den obersten Schichten bewirkt, wodurch die Setzungen herabgemindert werden.

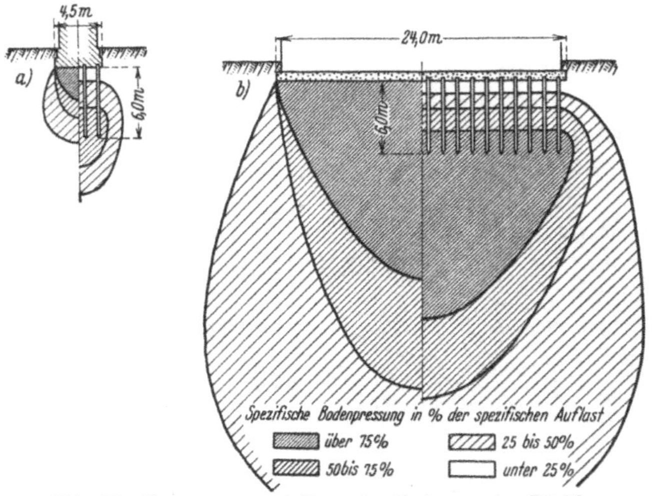

Abb. 78. Spannungsverteilung im Boden unter Pfahlgruppen nach K. Terzaghi. a) unter einem schmalen Pfahlrost, b) unter einem breiten Pfahlrost. (Aus Bautechnik 1930 S. 475.)

Bei schwebenden Pfahlgründungen auf weichen Bodenschichten, die über festgelagerten liegen, kann die nachgiebige Deckschichte entweder aus Boden bestehen, der durch Pfahlrammung verdichtbar ist, wie z. B. Sand oder Bauschutt oder er kann aus bindigem Boden bestehen, der durch Rammen nicht verdichtbar ist, wie z. B. Schlamm oder weicher Schluffboden. In beiden Fällen reichen für die Gründung schwebende Pfähle aus, die also nicht bis in die festgelagerte Schicht hinabreichen, weil im ersteren Falle der Boden hinreichend verdichtet wird und im zweiten Falle durch Ausschaltung der auf die durchrammte Schicht entfallenden Setzungen und infolge der Tragkörperbildung um die Pfähle die Setzungen des Gebäudes herabgesetzt werden.

Bei schwebenden Pfahlgründungen auf durchlässigem Boden, der in großer Tiefe weiche Schlamm- oder Toneinlagerungen enthält, wird durch die Bauwerkslast Anpassung des Porenraumes der Einlagerung an den neuen Druck bewirkt, wobei das überschüssige Porenwasser durch den umliegenden, durchlässigen Boden abzieht und eine Verformung der ganzen Einlagerung auftritt. Terzaghi hält solche Einlagerungen nur für bedenklich, wenn sie bei gedrängtem Grundwerksumriß in einer Tiefe kleiner als die Breite, bei langgestreckten Grundwerken kleiner als die anderthalbfache Breite des Grundwerkes liegen.

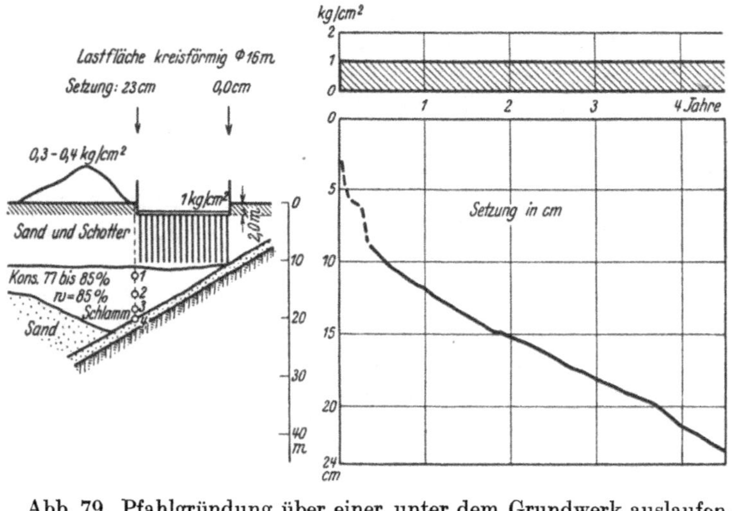

Abb. 79. Pfahlgründung über einer unter dem Grundwerk auslaufenden Schlammschicht. (Nach Terzaghi: Bautechnik 1930 S. 475.)

Wenn jene Schicht, die infolge der Bauwerkslast stärkere Veränderungen ihres Porenraumes und Verformung erfährt, in geringer Tiefe auf einer geneigten Unterlage ruht, so ist weder durch eine durchlaufende Platte noch durch eine schwebende Pfahlgründung eine gleichmäßige Senkung gewährleistet. Das Bauwerk setzt sich dort, wo die Schicht die größte Mächtigkeit hat, am stärksten. Recht anschaulich erläutert dies die in der Abb. 79 dargestellte Gründung eines kreisrunden Bauwerkes auf 9 m langen Pfählen, das mit einem Rand in unveränderter Höhe blieb, während der gegenüberliegende Rand sich nach der in der Abb. 79a dargestellten Zeitsetzungslinie senkte und nach 4 bis 5 Jahren schon um 23 cm tiefer lag.

Literatur: Bubendey: Die Tragfähigkeit gerammter Pfähle. Zentralbl. Bauverw. 1896 S. 533. — Buchwald: Die Berechnung der Pfahlrostgründungen. Dt. Bauzg., Eisenbetonteil 1913 S. 188. — Derselbe: Die Berechnung der Pfahlrostgründungen. Dt. Bauzg., Eisenbetonteil 1915 S. 77. — Butzer: Druck- und Zugversuche an Eisenbetonpfählen für Hafenkaibauten. Bauing. 1924 S. 401. — Colberg, O.: Über die Berechnung der Einzelpfahllasten bei einseitig beanspruchten Pfahlgründungen. Grund Gerüstbau 1924 S. 99. — Derselbe: Bestimmung der Einzelpfahllasten bei einseitiger Belastung von Gründungsplatten. Bauing. 1925 S. 25. — Dörr, H.: Tragfähigkeit von Pfählen. De Ingeniör 1924 S. 98. — Derselbe: Die Tragfähigkeit der Pfähle. Berlin: W. Ernst & Sohn 1922. — Eidmann: Die Tragfähigkeit hölzerner Pfähle. Grund Gerüstbau 1925 S. 213. — Emperger, E.: Tragfähigkeit von Beton-Eisenpfählen. Z. öst. Ing.-V. 1902 S. 746. — Fülscher: Vergleiche von Probebelastungen von Pfählen mit nach den theoretischen Formeln berechneten Tragfähigkeiten usw. Z. Bauw. 1897 S. 526. — Geiß: Tragfähigkeit von Pfählen in nachgiebigem Baugrund. Zentralbl. Bauverw. 1904 S. 162. — Derselbe: Ein Beitrag zum Problem des Rammpfahles. Beton u. Eisen 1911 S. 246. — Griffit: The ultimate load on pile foundations. Proc. Am. Soc. Civ. Engs. 1910 S. 884. — Hoffmann, R.: Die geotechnischen Arbeitsmethoden der schwedischen Staatsbahnen. Bauing. 1930 S. 705. — Kafka: Über die günstigste Form der Betonpfähle. Öst. Wochenschr. Baudienst 1908 S. 900. — Derselbe: Praktische Anwendung der Methoden zur Bestimmung der zulässigen Pfahlbelastung. Beton u. Eisen 1909 S. 161, 196, 212. — Derselbe: Die Berechnung der Tragfähigkeit gerammter Pfähle. Arm. Beton 1910 S. 415. — Derselbe: Die Theorie der Pfahlgründung. Berlin: Julius Springer 1912. — Krapf: Formeln und Versuche über die Tragfähigkeit eingerammter Pfähle. Fortschr. Ing.-Wiss. 1906 Gruppe 2 Heft 12. — Kreuter, F.: Zur Bestimmung der Tragkraft von Pfählen. Zentralbl. Bauverw. 1896 S. 145, 190. — Derselbe: Die Tragfähigkeit gerammter Pfähle. Zentralbl. Bauverw. 1897 S. 46. — Kreuter-Krapf: Formeln und Versuche über die Tragfähigkeit eingerammter Pfähle. Leipzig: W. Engelmann 1906. — Levy: Formeln und praktische Ergebnisse bei Pfählungen. Z. öst. Ing.-V. 1908 S. 619. — Ossant: Formeln über Wirkung der Rammen und Tragfähigkeit der Pfähle. Schweiz. Bauzg. 1889 S. 110. — Rausch, E.: Zur Frage der Tragfähigkeit von Rammpfählen. Bauing. 1930 S. 514. — Stern, O.: Das Problem der Pfahlbelastung. Berlin: W. Ernst & Sohn 1908. — Terzaghi, K.: Die Tragfähigkeit von Pfahlgründungen. Bautechnik 1930 S. 475. — Derselbe: Erdbaumechanik. Wien: F. Deuticke 1925. — Wese: Tragfähigkeit eingerammter Pfähle. Z. Bauw. 1880 S. 267. — Will: Rammformeln und Tragfähigkeit der Pfähle. Beton u. Eisen 1907 S. 25. — Willmann: Beitrag zur Beurteilung der Wirkung ruhender Lasten auf Rostpfählen. Beton u. Eisen 1909 S. 311. — Zimmermann: Die Rammwirkung im Erdreich. Berlin: W. Ernst & Sohn 1915. — Derselbe: Die Rammwirkung im Erdreich. Beton u. Eisen 1915 S. 188. — Derselbe: Proberammungen in den königlichen Anlagen in Stuttgart. Beton u. Eisen 1917 S. 177. — Englische Rammformeln. Bauing. 1922 S. 285.

E. Der Nachweis der Standsicherheit der Bauwerke.

Bei jedem Bauwerke muß die Standsicherheit besonders untersucht werden. Es ist im allgemeinen stets nachzuweisen, daß die Senkungen unschädlich sein werden, daß das Bauwerk nicht gleiten kann, daß es nicht kippen kann und daß die Gefahr des Grundbruches unter dem Bauwerke nicht besteht.

I. Der Nachweis der Unschädlichkeit der Setzungen.

Der Nachweis, daß die zu erwartenden Setzungen das für das betreffende Bauwerk zulässige Höchstausmaß nicht überschreiten, wird in der Regel nicht unmittelbar erbracht, sondern es wird meist nachgewiesen, daß die Sohldrücke unterhalb gewisser Pressungen bleiben, bei denen in gleichen Böden, unter ähnlichen Bauwerken erfahrungsgemäß keine unzulässigen Setzungen entstanden sind.

Wenn der Nachweis, daß keine unzulässigen Setzungen auftreten, unmittelbar zu erbringen ist, so wird an Ort und Stelle die Lastsenkungslinie durch Belastungsversuche aufgenommen und es ist nun die Aufgabe zu lösen, aus der Lastsenkungslinie die Bettungsziffer β zu ermitteln, aus ihr die für die Grundwerksabmessungen zutreffende abzuleiten und schließlich die zu den Grundwerksabmessungen und zu den unter dem Bauwerke auftretenden Sohldrücken gehörige Senkung s anzugeben. Wenn diese als unzulässig angesehen wird, so müssen die Grundwerksabmessungen entsprechend geändert werden.

Wegen der hohen Kosten und der Umständlichkeit der Belastungsversuche wird aber das geschilderte Verfahren nur selten und nur bei Bauwerken angewendet, die gegen Setzungen sehr empfindlich sind oder bei Böden, für die Erfahrungen noch nicht vorliegen.

In der Regel erfolgt der Nachweis, daß die zu erwartenden Setzungen zulässig sind, durch den Nachweis, daß die Sohlpressungen unter jenen bleiben, bei denen erfahrungsgemäß bei gleichem Boden unter anderen Bauwerken auch keine unzulässigen Setzungen aufgetreten sind. Die Anwendung dieses Verfahrens ist sehr verbreitet, trotzdem es nur sehr roh und unwissenschaftlich ist, wie H. Krey festgestellt hat. Bei diesem Verfahren wird auf die bestehenden Beziehungen zwischen der Bettungsziffer und der Größe der Lastfläche keine Rücksicht genommen. Nur dann, wenn die Grundwerksabmessungen des zu gründenden Bauwerkes, mit jenen, von denen die Erfahrungen benützt werden sollen, annähernd übereinstimmen, ist ein befriedigendes Ergebnis zu erwarten. Diese Sohldrücke werden in der üblichen Ausdrucksweise als „zulässige Beanspruchungen“ bezeichnet und vielfach ohne weitere Überlegung benützt. Sie stammen aus den Erfahrungen, die man an Wohnhäusern in Städten gemacht hat und sie können daher auch nur für das bei Wohnhäusern übliche Grundwerk angewendet werden. Sobald das Grundwerk wesentlich anders beschaffen ist, kann es auch unzulässig sein, die „zulässigen Bodenbeanspruchungen“ anzuwenden; dieser Fall wird vielfach bei Ingenieurbauwerken zutreffen und die üblichen „zulässigen Bodenbeanspruchungen“ können dann nur als Erleichterung für den ersten Entwurf angesehen werden, ihre Zulässigkeit muß aber unter Bedachtnahme auf die Abmessungen des Grundwerkes noch besonders begründet werden. In den folgenden Tabellen sind einige „zulässige Bodenbeanspruchungen“ zusammengestellt, deren Anwendung bisher allgemein üblich war und die sich bei Wohnhausbauten bewährt haben.

Bei den in der Tabelle 8 angeführten Bodenarten ist eine Mindestmächtigkeit von 3 m, waagrechte Lagerung und Verhinderung einer Durchnässung vorausgesetzt. Wenn unter dieser Schicht eine minder tragfähige liegt, so muß untersucht werden, ob durch die Baulast deren Tragfähigkeit unter Bedachtnahme auf die Abnahme der Pressungen mit der Tiefe nicht überschritten wird.

Ganz besonders sei hervorgehoben, daß bei allen grobkörnigen Böden die Einheitslast gegenüber den in der Tabelle angegebenen Werten bei Ingenieurbauten vergrößert werden kann, wenn die Gründungstiefe groß ist. Als Beispiel sei erwähnt, daß bei einem Belastungsversuch in Chicago mit einem Brunnen (Außendurchmesser 1,22 m), der 18 m tief bis auf eine feste Schicht von Kies und Ton abgesenkt war, die Senkung bei einer Last von 854 t (nach Abzug der Mantelreibung), also von 73 kg/cm^2 nur 5,64 cm betragen hat.

Vielfach wird bei größeren Gründungstiefen die an der Bodenoberfläche „zulässige“ Einheitslast um das Gewicht des abgehobenen Bodens vermehrt. Tatsächlich ist aber eine weitergehende Vergrößerung der Einheitslast zulässig, weil ja auch die Erschwerung des seitlichen Ausweichens des Bodens durch die überlagernden Schichten und die an und für sich dichtere Lagerung des Bodens in größerer Tiefe ausgenutzt werden kann.

Die Formeln (58) bis (71) und (158) und die Erörterungen auf S. 41 geben übrigens Anhaltspunkte dafür, ob und wieweit die Bodenbelastung bei größeren

Tabelle 8. Übliche „zulässige Einheitsbaulasten“ in Wien. (Nach R. Tillmann.)

Bodenart	Zulässige Sohldrücke kg/cm²
Alluvialer Wellsand, sehr feinkörnig, wenig feucht, je nach Lagerung	1,0 bis 1,5
Lehm (Ton und feiner Sand), eisenschüssig, trocken	2,0
Sand, stark lehmig, trocken	2,0
Sand (Korn bis 5 mm), rein, sehr feucht	2,0
Sand (Korn bis 5 mm), rein, trocken, fest gelagert	4,0
Lehm, weiche Konsistenzform	1,0
Löß, trocken oder erdfeucht	3,0
Alluvialer oder diluvialer Schotter, rein, gemischtes Korn, je nach Lagerung	4,0 bis 8,0
Diluvialer, stark toniger Schotter	2,0 „ 4,0
Blauer Tegel der Kongerienstufe, trocken oder erdfeucht	4,0
Grauer Tegel der sarmatischen Stufe, teilweise verfärbt, trocken oder naturfeucht	4,0
Sande, marine	5,0
Tegel, rot, grau oder grünlich (Verwitterungsprodukt des Flyschsandes), trocken oder erdfeucht	2,0 bis 3,0
Bunte Flyschmergel, naturfeucht	5,0

Bei Gründungstiefen von mehr als 1 m sind bei diesen Einheitslasten keine Setzungen von Wohnhausbauten über 3 cm zu erwarten.

Gründungstiefen vermehrt werden kann. Bei größeren und wichtigen Bauwerken sind aber jedenfalls Belastungsversuche angezeigt.

Schwimmsand, der bei Gründungen sehr gefürchtet ist, kann ähnlich wie andere Sande belastet werden, wenn durch Spundwände oder durch Versteinung vorgesorgt wird, daß er aus dem Bereiche unter dem Grundwerke nicht ausfließen kann.

Die unmittelbare Ermittlung der Lastsenkungslinie im Gelände ist, wie schon erwähnt worden ist, umständlich und kostspielig, während der Entwurf unter Benutzung von üblichen „zulässigen Bodenbeanspruchungen“, die aus Tabellen entnommen werden, vielfach sehr bedenklich ist. Diesen Übelständen sucht O. Stern mit einem in der Abb. 80 dargestellten Versuchsgeräte abzuhelfen. Er verwendet statt einer ebenen Lastfläche einen Kegel, dessen größter Querschnitt rund 50 cm² hat und strebt nicht an, die Absolutwerte der dem Kegeldrucke entsprechenden Bodenbespannungen zu messen, sondern nur deren Unschädlichkeit nachzuweisen.

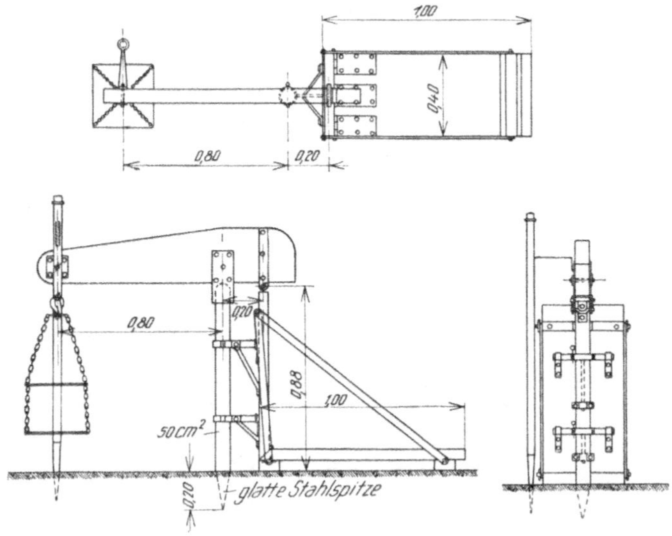

Abb. 80. Gerät von O. Stern zur Ermittlung der zulässigen Sohldrücke. (ÖNIG 1925 S. 66.)

Bei der Durchführung des Versuches wird die stählerne Spitze des Belastungsstabes bis zur Grundfläche des Kegels in den Boden getrieben und hierauf nach und nach bis zum doppelten beabsichtigten Einheitsdruck, bezogen auf die Grundfläche des Kegels, belastet. Die Last wird bei Lehm oder tonreichen Böden alle fünf Minuten um 0,5 kg, bei anderen um 1 kg gesteigert und es werden die Senkungen an dem in der Abbildung angedeuteten Maßstab in fünffacher Größe gemessen. Schließlich wird die Versuchsstelle um den Kegel herum 10 cm hoch mit einem Lehmwulst von 31 cm Durchmesser umgeben und die Innenfläche zwölf Stunden hindurch unter Wasser gehalten. Im durchnäßten Boden darf dann der Kegel nicht mehr als 6 mm eindringen, wenn die Setzung des Bauwerkes unter 30 mm und nicht mehr als 4 mm,

Tabelle 9.
Übliche „zulässige Belastungen" des Bodens in frostfreier Tiefe. (Nach H. Engels und A. Müller.)

Bodenart	Übliche Belastung kg/cm²
Harter, fester Fels	20 bis 100
Sandstein, Tuffstein, Trachyt, Kalk, Kreide	7 „ 15
Mutterboden, aufgeschütteter Boden	0,5 „ 1
Schlamm, Moor	0
Mergel	3 „ 4
Sandiger Lehm	2 „ 3
Kies, festgelagert	5 „ 8
Sand	3 „ 6
Sand, fein, festgelagert	2 „ 3
Schwimmsand	0 „ 2
Lehm, Ton, trocken	3 „ 4

Tabelle 10.
Übliche „zulässige Einheitslasten" bei Ton. (Nach K. Terzaghi.)

Konsistenz	Zulässige Sohldrücke kg/cm²
Weich	1 bis 2,5
Mittelsteif	1,75 „ 3,0
Steif	4,0 „ 6,0

wenn die Setzung unter 10 mm bleiben soll. Als zulässige Einheitslast gilt dann die Hälfte der beim Versuche durch die Flächeneinheit der Kegelgrundfläche übertragenen. Die angeführten Setzungen sind das Mittel aus je drei Versuchen. Wenn der Kegel sich schon um mehr als 6 mm gesenkt hat, bevor noch die beabsichtigte Last aufgebracht ist, so gilt als zulässige Baulast die Hälfte jener Einheitslast, bei der der Kegel nach allmählicher Entlastung und zwölfstündiger Überflutung des Bodens nicht weiter sinkt. Die belastete Schicht wird als tragfähig angesehen, wenn ihre Mächtigkeit mindestens gleich der zwanzigfachen Quadratwurzel aus der kleinsten vorkommenden Grundkörperbreite in Zentimetern ist. Wenn das Liegende gleich oder besser tragfähig ist, darf es der betrachteten Schicht zugerechnet werden. Wenn die Mächtigkeit der Schicht geringer ist, so wird die zulässige Einheitslast um ebenso viele vH verringert, als der Fehlbetrag an Mächtigkeit ausmacht. Wenn schließlich die Schicht geneigt ist, zu Rutschungen neigt oder wenn die Last nicht lotrecht wirkt, so wird die zulässige Einheitslast um 25 bis 35 vH ermäßigt. Dieses Gerät mag bei Hochbauten üblicher Abmessungen Anhaltspunkte für die Bemessung des Grundwerkes liefern, für Vorarbeiten zu Ingenieurbauwerken ist es jedenfalls nicht geeignet.

Abb. 81. Der schiefe Turm von Pisa infolge ungleichmäßiger Setzungen schief gestellt.

Über die bei verschiedenen Bauwerken zulässigen Setzungen läßt sich allgemein nichts sagen; ihre Größe wird am besten unter Rücksichtnahme auf den besonderen Zweck des Bauwerkes festgesetzt. Besonders empfindlich sind Bogenbrücken und über mehrere Felder durchlaufende Brücken gegen Senkungen der Widerlager. Bei vielen anderen Bauwerken, Schornsteinen, Wassertürmen kommt es meist weniger auf den absoluten Betrag der Setzung an als vielmehr darauf, daß die Setzungen über die ganze verbaute Fläche gleichmäßig erfolgen. Wenn die Senkungen unter dem Bauwerke ungleichmäßig sind, so treten entweder Risse auf oder das Bauwerk neigt sich (vgl. Abb. 81). Wenn die Bodenerkundung solche Unterschiede in der

Bodenbeschaffenheit oder in der Bodenschichtung innerhalb der zu verbauenden Fläche ergeben hat, daß mit gleichmäßigen Senkungen nicht zu rechnen ist, dann ist es notwendig, das Bauwerk in mehrere Teile aufzulösen, die durch lotrechte Fugen getrennt sind, die dem Auge durch Abfallrohre der Dachrinnen oder in anderer geeigneter Weise verborgen werden. Eine gleiche Teilung des Bauwerkes ist auch erforderlich, wenn das Bauwerk aus nebeneinanderliegenden Teilen mit sehr verschiedenen Gewichten besteht oder wenn das Gewicht eines Teiles des Bauwerkes infolge stark wechselnder Nutzlasten, wie z. B. in Lagerhäusern, Wasserbehältern oder Silos stark wechselt und daher bald tiefer einsinkt, bald wieder ansteigt.

J. Vinzenz hat darauf hingewiesen, daß bei Bauwerken, wie z. B. Speichern, die auf Säulen mit Einzelgrundwerken gegründet sind, durch die Nutzlast, die eine Senkung der belasteten Säule bewirkt, Zusatzspannungen in durchlaufenden Deckenunterzügen u. dergl. wachgerufen werden, die zu Rißbildungen führen können. Die Nutzlast ruft dann bei ungleicher Verteilung, wie sie z. B. in Lagerhäusern unvermeidlich ist, eine Senkung des Grundwerkes unter der belasteten Säule hervor, die jene unter dem nicht durch eine Nutzlast belasteten übertrifft. Wird nun angenommen, daß diese zusätzliche, bei dem betreffenden Unterzug zulässige Senkung infolge der Nutzlast Δ beträgt, so genügt es nicht, daß die aus Gewicht G, Nutzlast Q und Sohlfläche F berechnete Einheitspressung in der Grundwerkssohle der Säule unter dem noch zulässigen Grenzwert liegt, sondern es muß in der Lastsenkungslinie noch nachgesehen werden, ob bei einer Steigerung des mittleren Sohldruckes von $\frac{G}{F}$ auf $\frac{G+Q}{F}$ die Zunahme der Senkung den zulässigen Betrag Δ nicht übersteigt.

Wenn die Einheitslasten $\frac{G}{F} = q'$ und $\frac{G+Q}{F} = q = q' + q_n$ innerhalb der Proportionalitätsgrenze liegen so beträgt die Bettungsziffer

$$\beta = \frac{q}{s} = \frac{q_n}{\Delta}, \tag{188}$$

und es muß nun weiter, wenn mit q_n die Zunahme des Sohldruckes unter der Nutzlast Q bezeichnet wird

$$\frac{G+Q}{q} = \frac{Q}{q_n} = F \tag{189}$$

sein, und es ergibt sich daraus

$$q = \frac{G+Q}{Q} q_n \tag{190}$$

oder mit Berücksichtigung von (188)

$$q = \frac{G+Q}{Q} \beta \Delta . \tag{191}$$

Beträgt z. B. die Bettungsziffer des betreffenden Bodens $\beta = 2$ kg/cm³, die zulässige zusätzliche Senkung $\Delta = 1$ cm und ist die auf eine Säule entfallende Nutzlast Q dreimal so groß als das entfallende Bauwerksgewicht G, so ist

$$q = \frac{4}{3} \cdot 2 \cdot 1 = 2{,}67 \text{ kg/cm}^2; \tag{192}$$

wäre hingegen die Bauwerkslast G dreimal so groß als die Nutzlast Q, so wäre

$$q = \frac{4}{1} \cdot 2 \cdot 1 = 8{,}0 \text{ kg/cm}^2 \tag{193}$$

zu wählen. Wie man diesem Beispiel ohne weiteres entnehmen kann, ist der Einfluß der veränderlichen Nutzlast auf die Auswahl der Bodenbeanspruchung recht bedeutend.

Die „übliche" Art der Ermittlung der Pressungen in der Sohlfuge unter einem Bauwerke ist, wie schon auf der Seite 46 erläutert worden ist, eine äußerst rohe und wissenschaftlich nicht begründete und sie wird nur noch angewendet, weil man noch kein allgemein gültiges besseres Verfahren zu ihrem Ersatz gefunden hat. Man setzt beim „üblichen“ Verfahren einen vom übrigen Boden losgelösten Bodenstab voraus, der aus einem Stoff besteht, der dem Hookeschen Gesetz entspricht. Man begeht hierbei ohne Zweifel Fehler und gleicht die Mängel dieser Berechnungsweise durch hohe Sicherheitsbeiwerte aus.

Der Baugrund wird beim „üblichen“ Verfahren so weit belastbar vorausgesetzt, daß es nur darauf ankommt, die Abmessungen des Grundwerkes derart festzulegen, daß die zulässigen Pressungen nicht überschritten werden und daß das Bauwerk weder gleiten noch kippen kann. Der Gang der „üblichen“ Untersuchung sei am Stützkörper der Abb. 82 erläutert. Auf den Stützkörper wirkt das Gewicht G und, wenn er sich zu bewegen beginnt, der Erddruck E_a, der Erdwiderstand E_p und der Gegendruck R des Bodens in der Grundwerksohle; wenn nach einer kleinen Bewegung wieder Gleichgewicht bestehen soll, so müssen die Kräfte miteinander im Gleichgewicht stehen. Sowohl beim Kippen als auch beim Gleiten sinkt der Boden hinter der Mauer herab, während er vor der Mauer aufsteigt, so daß mit Rücksicht auf die Reibung zwischen Boden und Mauer die Bodendrücke die in der Abb. 82a eingezeichneten Neigungen haben.

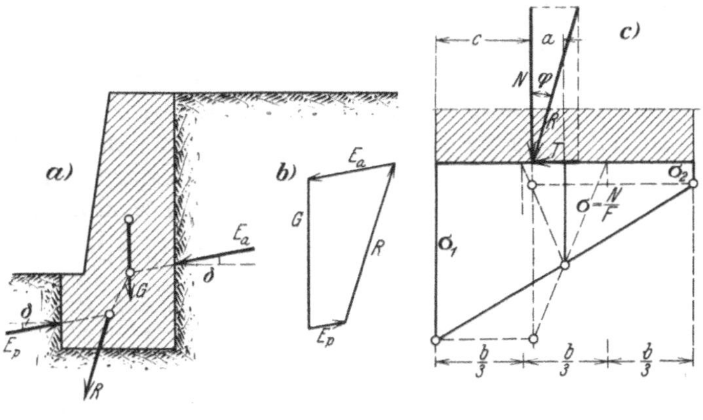

Abb. 82. Die „übliche“ Ermittlung des Sohldruckes unter einer Stützmauer.

Die Resultierende R aus dem Gewicht G und aus den Bodendrücken E_a und E_p wird nun in eine zur Grundwerksohle senkrechte Normalkomponente N und in eine in sie fallende Komponente T zerlegt.

Aus der Normalkomponente wird die Spannungsverteilung in der „üblichen“ Weise (Abb. 82c) nun so ermittelt, als würde das Grundwerk auf einem Bodenstab gleicher Abmessungen aufruhen. Wenn die Bodendrücke und das Gewicht und daher auch die Normalkomponente N ihrer Resultierenden auf 1 m Mauerlänge bezogen werden, so beträgt die Grundwerkssohlfläche $F = 1 \cdot b$ und ihr Widerstandsmoment $W = \frac{b^2}{6}$.

Mit den Bezeichnungen der Abb. 82c betragen dann die Kantenpressungen, so lange die Resultierende im Kern verläuft

$$\sigma_{1,2} = \frac{N}{F} \pm \frac{N a}{W} = \frac{N}{b}\left(1 \pm \frac{6a}{b}\right). \tag{194}$$

Fällt die Resultierende außerhalb des Kernes, so würde σ_2 negativ werden, daß heißt, daß dort Zugspannungen auftreten würden, was in der Fuge zwischen dem Grundwerk und der Sohle im allgemeinen (ohne Kohäsion) nicht möglich ist. Für die Aufnahme des Druckes N kommt dann nur ein Grundwerksstreifen von der Breite $3c$ in Betracht, und die Kantenpressung beträgt dann

$$\sigma_1 = \frac{2N}{3c}. \tag{195}$$

Literatur: Bernhard, R.: Messung des Reibungswiderstandes von Betonsenkbrunnen in Chicago (Ill.). Beton u. Eisen 1927 S. 206. — Krey, H.: Erddruck, Erdwiderstand und Tragfähigkeit des Baugrundes. 2. Aufl. Berlin: W. Ernst & Sohn 1926. — Stern, O.: Belastung des Baugrundes. Öst. Normenausschuß für Industrie und Gewerbe, ÖNIG 1925 S. 66. — Terzaghi, K.: Erdbaumechanik. Wien: F. Deuticke 1925. — Vinzenz, J.: Die zulässige Bodenpressung. Mitt. Bauunternehmung Pittel & Brausewetter in Wien 1929 S. 164. — Messung des Reibungswiderstandes von Betonsenkbrunnen. Schweiz. Bauzg. 1927 S. 22.

II. Der Nachweis der Gleitsicherheit.

Eine Mauer wird nicht gleiten, wenn der Winkel φ (Abb. 82), den die Lastresultierende mit dem Lot auf die Grundwerkssohle bildet, kleiner ist als der Reibungswinkel zwischen dem Grundwerk und dem Boden.

Das Gleiten kann aber schon auftreten, lange bevor der Stützkörper infolge Überschreitung der zulässigen Bodenpressung an der Vorderkante die Neigung zum Kippen zeigt. Um das Gleiten zu verhindern, wird entweder die Sohlfuge hinreichend aus der waagrechten Lage herausgedreht, bis sie von der Resultierenden annähernd senkrecht getroffen wird oder es werden Haftpfähle gerammt, deren Köpfe im Stützkörper einbetoniert werden.

III. Der Nachweis der Kippsicherheit.

Die Untersuchung der Kippsicherheit von Mauern, die von Schräglasten beansprucht werden, geschieht bei Gründung auf Felsboden durch einen Vergleich des Kippmomentes um die ungünstiger gelegene Grundwerkskante mit dem Moment des Mauergewichtes um dieselbe Kante. Das Verhältnis der beiden Momente wird in der Regel kurz als „Kippsicherheit" bezeichnet; es muß größer als eins sein, damit die Mauer überhaupt stehen kann. Aus Sicherheitsgründen wird in der Regel eine 2- bis 4fache Kippsicherheit verlangt.

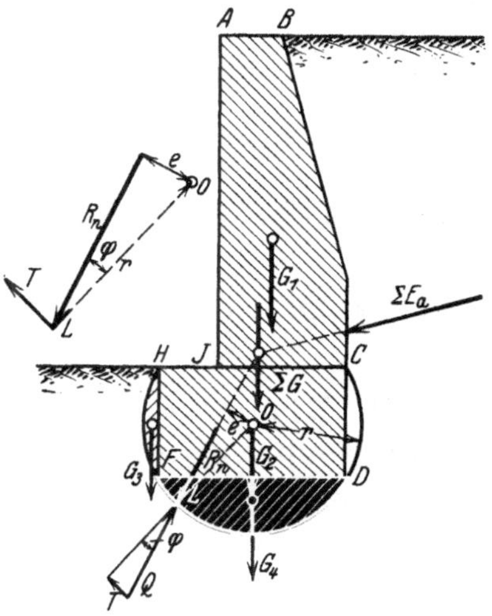

Abb. 83. Nachweis der Kippsicherheit einer auf einem Boden gegründeten Stützmauer. (Nach H. Krey: Erddruck, Erdwiderstand und Tragfähigkeit des Baugrundes.)

Wenn die Mauer auf Boden gegründet ist, so führt die oben geschilderte Untersuchung nicht ans Ziel, weil es keinen Sinn hätte, ein Kippen der Mauer um eine Kante anzunehmen; eine solche Linienauflagerung der Mauer kann bei Boden wegen deren Nachgiebigkeit nicht zustande kommen. Bei Böden kann sich um das Grundwerk der Mauer eine kreiszylindrische Gleitfläche ausbilden, die das Grundwerk gleichsam einhüllt und wenn die Mauer kippt, so dreht sich dann das Grundwerk samt Teilen des Bodens gleichsam wie in einem Gelenk, etwa so wie es die Abb. 83 andeutet.

Das zum Nachweis der Kippsicherheit einzuschlagende Untersuchungsverfahren sei an dem Stützkörper in der Abb. 83 als Beispiel erläutert.

Die Resultierende E_a aus den Erddrücken auf die Rückwand des Stützkörpers und aus den Gewichten G_1 und G_2 desselben ergibt die Resultierende R_1, die mit den Gewichten G_3 und G_4 der schraffierten Erdkörper weiter die Resultierende R_n ergibt, mit der der Stützkörper und der innerhalb der Gleitfläche liegende Boden den Boden außerhalb der Gleitfläche beansprucht. Diese Resultierende R_n wirkt mit dem Momente

$$R_n e = R_n r \sin\varphi$$

auf das Kippen des Stützkörpers hin. Der Bewegung in der Gleitfläche wirkt die Reibung und die Haftfestigkeit (Kohäsion) entgegen.

Wenn Reibung und Haftfestigkeit wirksam ist, so ist der größtmögliche Gleitwiderstand in der Fuge HFD

$$T_{\max} = \int q\,df \cdot \cos\varphi \cdot \mu + \int K_s\,df\,, \tag{196}$$

wobei μ den reinen Reibungsbeiwert, K_s die der Haftspannung entsprechende Schubspannung und q den auf die Flächeneinheit bezogenen Widerstand in der Gleitfuge bezeichnet. Damit Gleichgewicht bestehen kann, muß

(197) $$Q = \int q\,df = R_n$$

sein und man hat dann weiter

(198) $$T_{\max} = R_n \cos\varphi \cdot \mu + K_s \cdot \operatorname{arc} HFD\,.$$

Wenn bei Boden ohne Haftfestigkeit gerade Gleichgewicht bestehen soll, so muß nun eben

(199) $$R_n \cdot e = T_{\max} \cdot r$$

sein oder, weil $\mu = \operatorname{tg}\varphi$ ist,

(200) $$R_n e = R_n \cos\varphi \operatorname{tg}\varphi \cdot r = R_n r \sin\varphi$$

und weiter

(201) $$e = r \sin\varphi$$

sein. Im allgemeinen wird aber

(202) $$e \neq r \sin\varphi$$

sein. Wenn bei einem Boden ohne Haftfestigkeit

(203) $$e > r \sin\varphi$$

ist, so kippt der Stützkörper;

(204) $$\eta = \frac{r \sin\varphi}{e}$$

stellt die Kippsicherheit dar.

Die Kippsicherheit muß stets größer als eins sein; aus Sicherheitsgründen wird zumeist gefordert, daß sie zwischen zwei und vier liegt.

Literatur: Krey, H.: Erddruck, Erdwiderstand. 3. Aufl. Berlin: W. Ernst & Sohn 1926.

IV. Der Nachweis der Sicherheit gegen Grundbruch.

Nicht minder wichtig als die schon besprochenen Untersuchungen ist schließlich jene, ob nicht der Boden seitlich unter der Bauwerkslast ausweichen und emporquellen oder ob nicht die Mauer samt dem unter ihr liegenden Boden in Bewegung geraten kann. Diese Art der Gleichgewichtsstörungen seien unter dem Sammelnamen „Grundbruch" zusammengefaßt.

a) Der Nachweis der Sicherheit gegen Grundbruch bei lotrecht belasteten Mauern und Bauwerken.

Die in den Tabellen 8, 9 und 10 angeführten Grenzwerte der zulässigen Bodenbelastung sind auch bei Ingenieurbauten der Bemessung des Grundwerkes vielfach zugrunde gelegt worden; ob das aber ohne weiteres zulässig ist, muß wohl in jedem Falle besonders untersucht werden. In den von den gewöhnlichen Hochbauten stark abweichenden Belastungsfällen, die sich bei Ingenieurbauten ergeben, kann die Widerstandsfähigkeit des Baugrundes gegen lotrechte Flächenlasten nach einem von H. Krey angegebenen Verfahren untersucht werden. Dieses Verfahren gibt zwar keine Anhaltspunkte für die Voraussage der zu erwartenden Setzungen, es ermöglicht aber, zu untersuchen, ob bei der vorgesehenen Einheitslast das Bauwerk auf dem Boden überhaupt sicher gegründet ist, ob nicht die Gefahr des Grundbruches besteht, bei dem infolge des seitlichen Aufquellens des Bodens das Bauwerk versinkt.

Dem Versinken eines Bauwerkes wirken die Reibung und die Haftfestigkeit entgegen, die in Gleitflächen wirken, die unter und um das Bauwerk entstehen, wenn der Boden überlastet wird. Diese Gleitflächen können eben oder richtiger gekrümmt angenommen werden. Unter Verwendung gekrümmter Gleitflächen sei nun das Gleichgewicht des Bodens unter einer Flächenlast untersucht. Der Untersuchung möge ein langgestrecktes Bauwerk zugrunde gelegt werden, so daß die Aufgabe als zweidimensionale aufgefaßt werden kann. Wie die Abb. 84 und 85 gelegentlich von Modellversuchen lehren, kann der Gleichgewichtszustand durch beiderseitiges oder einseitiges Ausweichen des Bodens aus dem Bereiche unter dem Grundwerke und seitliches Hochquellen des verdrängten Bodens gestört werden.

Abb. 84. Beiderseitiges Ausweichen des Sandes unter dem Grundwerk. Modellversuch.

Abb. 84 und 85 aus H. Krey: Erddruck, Erdwiderstand. 3. Aufl.

Wenn der kohäsionslos vorausgesetzte Boden beiderseits ausweicht und hochquillt, so können Gleitflächen angenommen werden, die aus einem Kreisbogen und einer Geraden zusammengesetzt sind, etwa so, wie es in der Abb. 86 angedeutet ist. Der Erdkörper $EBOJF$ dreht sich bei einer Störung des Gleichgewichtes um den Kreismittelpunkt C und schiebt, indem er den Erdwiderstand in FJ überwindet, den Erdkeil FJN längs der Gleitfläche JN empor. Wenn Gleichgewicht bestehen soll, darf der in JF übertragene Druck E höchstens gleich dem Erdwiderstand E_p sein. Tatsächlich wird man sich mit dieser Gleichgewichtslage nicht benügen, sondern fordern, daß

Abb. 85. Einseitiges Ausweichen des Sandes unter dem Grundwerk. Modellversuch.

$$E \leqq \frac{E_p}{\eta} \tag{205}$$

ist, wobei η ein Sicherheitsbeiwert ist, der etwa gleich 2 bis 4 gesetzt wird.

Es handelt sich nun darum, den Druck E zu ermitteln, der in FJ übertragen wird. Es genügt hierbei, eine Hälfte des Bauwerkes zu betrachten. Das Gewicht dieser Bauwerkshälfte sei G_1, jenes des Bodenkörpers $EBOJF$ sei G_2 und die Resultierende beider sei V. Dieser Resultierenden V hält der Gleitwiderstand Q in der kreisförmigen Fuge OJ und der Druck E in JF das Gleichgewicht. Der Druck in E greift im unteren Drittel von FJ an und sei senkrecht zu FJ also

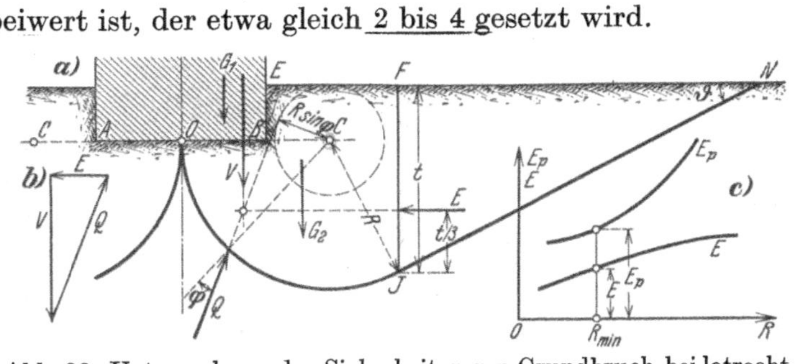

Abb. 86. Untersuchung der Sicherheit gegen Grundbruch bei lotrecht belasteten Grundwerken nach H. Krey unter Zugrundelegung von zwei symmetrischen Gleitflächen.

waagrecht angenommen, weil in dieser Fläche keine gegenseitigen Verschiebungen von Bodenkörpern vorkommen, er ist also der Lage und Richtung nach bekannt. Der Gleitwiderstand Q ist die Resultierende der Gleitwiderstände aller kleinen Flächenelemente von O bis J, die alle um den Reibungswinkel φ gegen die Flächennormalen geneigt sind.

Abb. 87a. Getreidesilo in Transkona, infolge einseitigen Ausweichens des Bodens schiefgestellt.

Der resultierende Gleitwiderstand Q muß durch den Schnittpunkt von V und E gehen und seine Richtung wird hinreichend genau derart festgelegt (vgl. S. 30), daß auch er mit dem Gleitflächenlot den Winkel φ einschließt, daher den mit dem Halbmesser $R \cdot \sin \varphi$ um den Drehpunkt C geschlagenen Kreis berührt. Nachdem nun auch die Lage und die Richtung des Widerstandes Q in der kreisförmigen Gleitfläche bekannt ist, können V, E und Q im Kräfteplan (Abb. 86b) zusammengesetzt werden, dem man schließlich den Druck E auch der Größe nach entnimmt. Wenn nun E größer ist als der Erdwiderstand E_p im FJ, so gibt der Erdkeil FJN nach und es tritt Bewegung ein.

Abb. 87b. Mühle in Tunis, infolge einseitigen Ausweichens des Bodens schiefgestellt. (Aus Hdb. f. Eisenbeton III. Bd. 3. Aufl. Berlin: W. Ernst & Sohn.)

Die Größe des Druckes E, die sich bei einer derartigen Untersuchung ergibt, hängt von der Lage des Krümmungsmittelpunktes C der Gleitflächen ab. Es kommt nun darauf an, die ungünstigste Gleitfläche zu ermitteln. Man nimmt hierzu in der Ebene der Sohlfläche mehrere Punkte C an, ermittelt zu jedem den Druck E und den Erdwiderstand E_p in FJ und trägt beide in der in der Abb. 86c angedeuteten Weise auf. Wenn die Linie der Drücke E die Erdwiderstandslinie E_p schneidet, so besteht keine Standsicherheit. Der geringste Abstand zwischen der E- und der E_p-Linie ergibt den ungünstigsten Radius R der Gleitflächen und damit die ungünstigste Gleitfläche. Wenn n-fache Sicherheit gefordert wird, so darf die E-Linie die $\frac{1}{n} E_p$-Linie nirgends schneiden.

Die Untersuchung der Standsicherheit einer Mauer kann auch unter der Annahme nur einseitigen Hochquellens des Bodens ähnlich, wie es früher geschildert worden ist, durchgeführt werden. Ein Beispiel für die Senkung eines Gebäudes infolge einseitigen Hochquellens des Bodens bieten die Abb. 87a und b.

Wenn im Boden Reibung und Kohäsion wirksam sind, so bietet die Untersuchung, sobald die Kohäsion K bekannt ist, keine besonderen Schwierigkeiten und geht ähnlich der früher gezeigten vor sich.

b) Der Nachweis der Sicherheit gegen Grundbruch bei Stützkörpern.

Ähnlich wie unter einer lotrecht belasteten Mauer kann auch unter einem Stützkörper der Boden in Bewegung geraten und der Stützkörper kann infolge Grundbruches zerstört werden.

Wenn der in der Abb. 88 dargestellte Stützkörper auch kippsicher gestaltet ist und wenn die zulässigen Bodenpressungen nirgends überschritten sind, kann sich die Mauer bewegen, wenn in der Ebene HL der Erdwiderstand des Bodens überschritten wird. Es gleitet dann der Stützkörper samt den Bodenprismen BDK und FDL auf der eingezeichneten Gleitfläche ab und schiebt das Bodenprisma HLM vor sich her. Solange der Stützkörper in Ruhe ist, halten sich die Gewichte $G_{a_1} + G_{b_1} + G_{c_1} = \sum G_1$, ferner der Widerstand Q in der angenommenen Gleitfläche und der Erdwiderstand E in HL das Gleichgewicht. In diesem Ruhezustand sind der Erddruck E auf die Fläche HL und der Widerstand des Bodens in HL gleich und entgegengesetzt

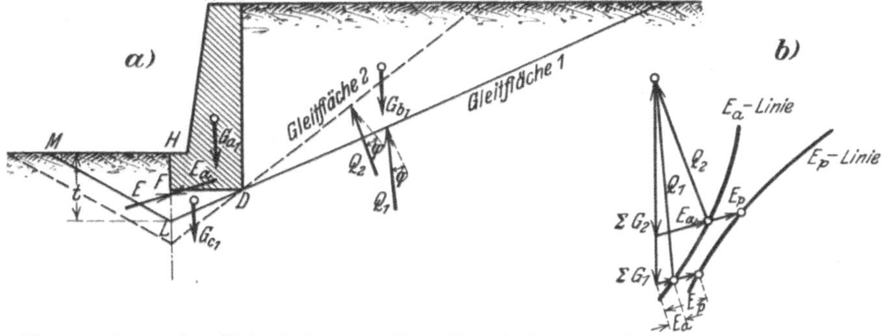

Abb. 88. Untersuchung der Sicherheit gegen Grundbruch bei einer Stützmauer. (Nach H. Krey: Erddruck, Erdwiderstand.)

gerichtet. Der Widerstand in HL kann aber eine gewisse, von der Bodenbeschaffenheit abhängige Größe E_p nicht überschreiten; diese Grenze wird bekanntlich Erdwiderstand E_p genannt. Der Stützkörper ist daher nur so lange standsicher, solange der Erddruck E in HL kleiner als der Erdwiderstand E_p ist.

Die Untersuchung der Standsicherheit wird übersichtlich zeichnerisch durchgeführt. Die Gewichte $G_{a_1} + G_{b_1} + G_{c_1} = \sum G_1$ werden mit dem nur der Richtung nach bekannten Widerstand Q in der Gleitfläche und dem Widerstand E zusammengesetzt (Abb. 88) und dadurch die beiden letzteren auch ihrer Größe nach bestimmt. Der Erdwiderstand E_p wird ebenfalls am Strahl von E aufgetragen. Ergibt sich, daß $E < E_p$ ist, so ist der Stützkörper bei der angenommenen Gleitfläche standsicher.

Die Untersuchung wird nun mit einer Anzahl anders geneigter, jedoch immer durch D gehenden Gleitflächen wiederholt. Wenn alle Kraftpläne, so wie es in der Abb. 88 b angedeutet ist, übereinander gezeichnet werden, so kann schließlich durch die Endpunkte der E und jener der E_p je eine Linie gelegt werden. Wenn sich diese nun nirgends schneiden, so ist bei allen möglichen ebenen Gleitflächen der Stützkörper standsicher und das kleinste Verhältnis $E_p : E = n$ ist ein Maß für den Grad der Standsicherheit.

Wenn sich die früher erwähnten E- und die E_p-Linien schneiden, so besteht keine Standsicherheit. Es muß dann vor dem Stützkörper eine Spundwand gerammt oder die Gründungstiefe vergrößert werden, um die Standfähigkeit zu sichern. Der Erdwiderstand E_p in der Spundwandebene, ist dann für eine gewisse Rammtiefe konstant, die E_p-Linie also im Kräfteplan parallel zur Wirkungslinie der Gewichte und die Untersuchung wird ähnlich wie früher mit verschieden geneigten Gleitflächen durchgeführt, die aber nun alle durch den Fuß der Spundwand gehen, wie es in der Abb. 89 angedeutet ist.

Die Standsicherheit ist nun durch die Spundwand gewährleistet, wenn sich die E- und die E_p-Linie nirgends schneiden.

Wenn sich die E- und die E_p-Linien aber schneiden, so muß die Spundwand tiefergerammt werden und es ist daher die Aufgabe zu lösen, die Mindestrammtiefe $t_{\min}$ zu ermitteln. Hierbei wird zuerst in der zuvor beschriebenen Weise die Standsicherheit ohne Spundwand untersucht und die ungünstigste Neigung der Gleitfläche aufgesucht; schneiden sich die E- und die E_p-Linien, so ist die Mauer nicht standsicher und es muß eine Spundwand gerammt werden. Man nimmt nun mehrere Spundwandtiefen an, ermittelt für jede E und E_p, wobei die Gleitflächen parallel der früher ermittelten ungünstigsten genommen werden und trägt zu jeder angenommenen Rammtiefe t die zugehörigen Werte von E und E_p in einem Schaubild (Abb. 89c) auf. Die Mauer ist bei jener Rammtiefe $t_{\min}$ eben standsicher, bei der sich

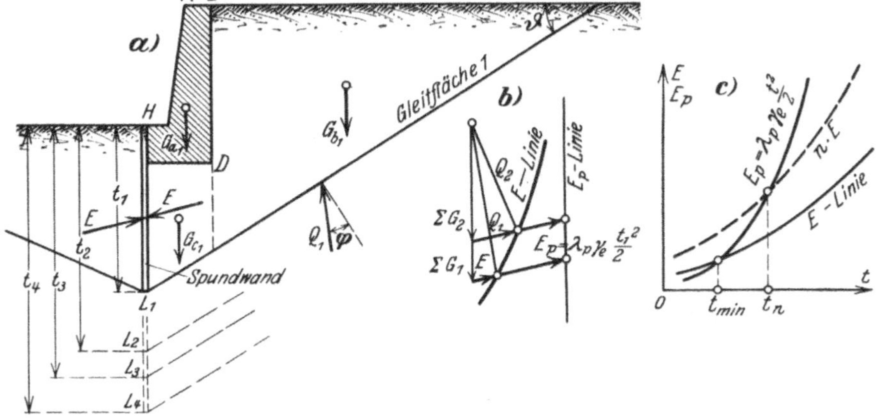

Abb. 89. Ermittlung der zur Verhütung des Grundbruches erforderlichen Rammtiefe t einer Grundwand. (Nach H. Krey: Erddruck, Erdwiderstand.)

die E- und die E_p-Linien schneiden. Wird n-fache Sicherheit gegen Gleiten gefordert, so zeichnet man die $n \cdot E$-Linie und ihr Schnittpunkt mit der E_p-Linie gibt die Rammtiefe t_n der Spundwand für n-fache Sicherheit gegen Grundbruch.

Der bisher durchgeführten Betrachtung des Grundbruches sind ebene Gleitflächen zugrunde gelegt worden. Beobachtungen an eingestürzten Stützkörpern haben aber, wie H. Krey festgestellt hat, ergeben, daß man auch mit dem Auftreten von gekrümmten Gleitflächen rechnen muß, für die, wie ein Blick in die Abb. 90a lehrt, Kreiszylinderflächen angenommen werden können. Der durch die Kreiszylinderfläche herausgeschnittene Bodenteil mit dem auf ihm ruhenden Stützkörper wird nur durch den Gleitwiderstand in der zylindrischen Gleitfuge in seiner Lage gehalten. Dieser Gleitwiderstand rührt von der Reibung und von der Kohäsion her und es ist nun noch nachzuweisen, daß der für die Aufrechterhaltung des Gleichgewichtes erforderliche Gleitwiderstand von dem betreffenden Boden tatsächlich ausgeübt werden kann; ist das nicht der Fall, so tritt Bewegung ein, der Bodenkörper stellt sich in eine neue Gleichgewichtslage ein, in der eben der tatsächlich auftretende Gleitwiderstand zur Aufrechterhaltung des Gleichgewichtes hinreicht.

An dem in der Abb. 90a durch Schraffen hervorgehobenen Bodenkörper von der Länge 1 greift das Gewicht

$$dG = \gamma_e db \cdot 1 \cdot h \tag{206}$$

an, ferner an den Seitenflächen die nach Größe und Richtung unbekannten Bodendrücke E_1 und E_2 und unten der Widerstand in der Gleitfläche

$$dQ = q ds \cdot 1 \,, \tag{207}$$

wobei mit q der auf die Flächeneinheit bezogene Widerstand bezeichnet ist. Den Widerstand dQ kann man in die Normalkraft σds und in den Gleitwiderstand τds und auch in die waagrechte Kraft $\xi ds \sin \varrho$ und in die lotrechte Kraft $\eta ds \cos \varrho = \eta db = \gamma_e h db$ zerlegen, wobei mit h die Tiefenlage des Flächenelementes $ds \cdot 1$ unter der Belastungsoberfläche bezeichnet wird. Es ist dann weiter

$$\eta db = \gamma_e h ds \cos \varrho = \sigma ds \cos \varrho + \tau ds \sin \varrho \,. \tag{208}$$

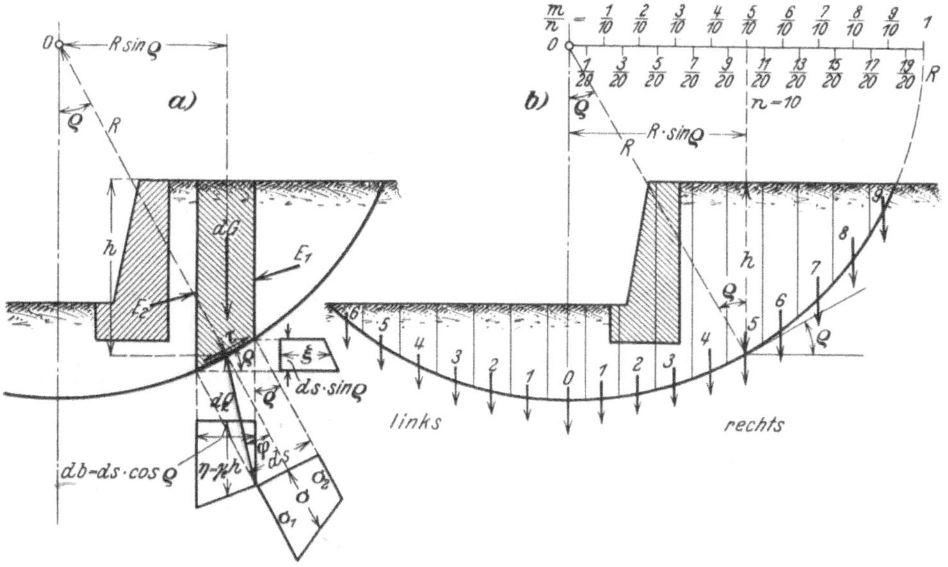

Abb. 90. Untersuchung der Sicherheit gegen Grundbruch bei einer Stützmauer unter Zugrundelegung von gekrümmten Gleitflächen. (Nach H. Krey: Erddruck, Erdwiderstand.)

Im Falle des Gleitens wird bei einem Reibungswinkel φ der Reibungsbeiwert gleich $\operatorname{tg} \varphi$ gesetzt und es gilt dann bei Boden ohne Haftfestigkeit

$$\tau = \sigma \operatorname{tg} \varphi \tag{209}$$

oder

$$\sigma = \tau \operatorname{cotg} \varphi \,. \tag{210}$$

Aus der früheren Gleichung (208) folgt

$$\gamma_e h = \sigma + \tau \operatorname{tg} \varrho \,, \tag{211}$$

und es ist weiter mit (209)

$$\gamma_e h = \tau (\operatorname{cotg} \varphi + \operatorname{tg} \varrho) \tag{212}$$

und daraus

$$\tau = \frac{\gamma_e h}{\operatorname{cotg} \varphi + \operatorname{tg} \varrho} \,. \tag{213}$$

In der Gleitfläche wirkt auf den Bodenkörper von der Breite db ein Gleitwiderstand

$$\tau ds = \tau \frac{db}{\cos \varrho} = \frac{\gamma_e h \, db}{\cos \varrho (\operatorname{cotg} \varphi + \operatorname{tg} \varrho)} = \gamma_e \zeta db \,, \tag{214}$$

und auf der Breiteneinheit des Bodenkörpers wirkt die Gleitspannung

$$\gamma_e \zeta = \frac{\gamma_e h}{\cos \varrho (\operatorname{cotg} \varphi + \operatorname{tg} \varrho)} . \tag{215}$$

Wenn nun ein Bodenprisma von der Breite b auf der Gleitfläche abrutscht, so dreht sich dessen Schwerpunkt um den Mittelpunkt der Gleitfläche und das Moment eines Streifengewichtes, bezogen auf den Drehpunkt O ist

$$M = \gamma_e b h \cdot R \cdot \sin \varrho , \tag{216}$$

und das resultierende Moment des Gewichtes aller Streifen ist (Abb. 90b)

$$M_g = \gamma_e R \left[\sum_{\text{rechts}} b\, h \sin \varrho - \sum_{\text{links}} b\, h \sin \varrho \right] . \tag{217}$$

Diesem Moment M_g wirkt das Moment M_r der Gleitwiderstände in der Gleitfläche entgegen. Der Gleitwiderstand, der in der Grundfläche eines Streifens von der Breite b wirkt, ist

$$T = \gamma_e b \zeta , \tag{218}$$

und sein Moment um O beträgt

$$M = T \cdot R = \gamma_e b \zeta R ,$$

und das resultierende Moment der Gleitwiderstände aller Streifen hat die Größe

$$M_r = \gamma_e R \sum b \zeta . \tag{219}$$

Damit Gleichgewicht besteht, muß

$$M_g = M_R \tag{220}$$

oder

$$\sum_{\text{rechts}} b h \sin \varrho - \sum_{\text{links}} b h \sin \varrho = \sum b \zeta \tag{221}$$

sein.

Um die Rechnung zu vereinfachen, werden alle Streifen mit gleicher Breite gewählt, so daß dann

$$\sum_{\text{rechts}} h \sin \varrho - \sum_{\text{links}} h \sin \varrho = \sum \zeta \tag{222}$$

ist.

Wenn die Streifen (Abb. 90b) so angeordnet werden, daß jeder die Breite $\frac{R}{n}$ hat und daß die Teilungslotrechten in den Entfernungen $\frac{R}{2n}$, $\frac{3R}{2n}$, $\frac{5R}{2n}$ usw. von O liegen, so liegen die Mittellinien der Streifen in den Entfernungen $\frac{R}{n}$, $\frac{2R}{n}$, $\frac{3R}{n} \dots \frac{mR}{n}$ von O; der Hebelarm, an dem die Streifengewichte um O drehen, ist ebenso groß, es ist also

$$R \sin \varrho = \frac{mR}{n} \tag{223}$$

oder

$$\sin \varrho = \frac{m}{n} , \tag{224}$$

und man kann die früher aufgestellte Gleichgewichtsgleichung nun auch schreiben

$$\sum_{\text{rechts}} h \frac{m}{n} - \sum_{\text{links}} h \frac{m}{n} = \sum \frac{h}{\cos \varrho (\operatorname{cotg} \varphi + \operatorname{tg} \varrho)} , \tag{225}$$

und es kommt nun darauf an, ein derartiges φ zu wählen, daß diese Gleichung tatsächlich erfüllt ist. Wenn jenes φ, das die Gleichung erfüllt, größer ist als jenes, das dem betreffenden Boden entspricht, so ist das Bauwerk nicht standsicher.

Bei dieser Untersuchung ist der Mittelpunkt der Gleitfläche willkürlich angenommen worden. Bei Veränderung der Lage dieses Mittelpunktes ändert sich auch der Reibungswinkel φ, der die Gleichung (225) erfüllt, und es muß nun noch der ungünstigste größte Wert von φ aufgesucht werden. Sven Hultin hat gezeigt, daß bei einer Stützmauer dieser ungünstigste Mittelpunkt vor der Mauerflucht liegt und daß man mit einigen Wiederholungen des Verfahrens hinreichend genau den größten erforderlichen Reibungswinkel φ finden kann.

Wenn die Gleitflächenmittelpunkte, die gleiche Reibungswinkel φ ergeben, durch Linien verbunden werden, so erhält man ein Schaubild, das erkennen läßt, daß in einem ziemlich weiten Bereich der größte erforderliche Reibungswinkel dieselbe Größe hat.

Literatur: Berrer: Standsicherheitsuntersuchung von Kaimauern in weichem Lehmboden. Bautechnik 1925 S. 728. — Crämer: Wider den sogenannten Kippsicherheitsgrad von Stützmauern. Bautechnik 1925 S. 627. — Krey, H.: Erddruck, Erdwiderstand. 3. Aufl. Berlin: W. Ernst & Sohn 1926. — Petterson: Die Kaimauerrutschung in Gothenburg. Tekn. Tidskr. 1916 S. 289.

F. Die Einwirkung des Wassers auf das Bauwerk und den Baugrund.

I. Die Einwirkung des Grundwassers auf das Bauwerk und auf den Boden unter dem Grundwerke.

Wenn das Grundwerk irgendeines Bauwerks bis in das Grundwasser hinabreicht oder wenn das Bauwerk Tagwasser oder Grundwasser anstaut und dadurch die Entstehung einer Grundwasserströmung verursacht oder eine bestehende verstärkt, so muß bei der Formung und Bemessung des Grundwerkes der Einwirkung des Grundwassers auf die Grundwerkssohle und auf den Boden unterhalb des Grundwerkes Rechnung getragen werden, weil sonst unter Umständen durch das Grundwasser der Bestand des Bauwerkes gefährdet werden kann.

a) Der Auftrieb ruhenden Grundwassers.

Bei Bauwerken, die unter dem Spiegel ruhenden oder fast ruhenden Grundwassers gegründet werden und dieses nicht nennenswert stauen, erleidet der unter den Spiegel eintauchende Teil des Grundwerkes einen Auftrieb, der leicht zu berechnen ist und dessen Einfluß auf das Grundwerk klar zu erkennen ist; zu beachten ist, daß bei unsymmetrischen Grundwerken, wenn die Resultierende des Auftriebes nicht in die Angriffslinie der Lastresultierenden fällt, ein Drehmoment entsteht, das eine Änderung der Verteilung des Sohldruckes bewirkt.

Bei wechselnden Grundwasserständen ändert sich auch der Auftrieb und in weiterer Folge ändert sich auch die Verteilung der Sohldrücke, die die Bodenteilchen in der Sohlfuge aufzunehmen haben. Wechselnde Grundwasserstände können daher Bewegungen an Bauwerken hervorrufen, ähnlich wie z. B. die veränderliche Last in Lagerhäusern, Silos u. dergl.

b) Der hydraulische Grundbruch und seine Verhinderung.

Wenn das auf durchlässigem Boden gegründete Bauwerk Grund- oder Tagwasser anstaut, so wird, wenn keine besonderen Vorkehrungen getroffen werden, unter dem Bauwerk eine Grundwasserströmung eingeleitet oder eine schon bestehende verstärkt und es wird der in das Grundwasser eintauchende Teil des Grundwerkes nun einen Auftrieb erleiden, der auch bei waagrechter Sohlfuge nicht mehr gleichmäßig verteilt ist. Das strömende Grundwasser wirkt überdies auf den Boden selbst ein und wenn das Grundwassergefälle ein gewisses Maß überschreitet, so besteht, wie K. Terzaghi gezeigt hat, die Gefahr des hydraulischen Grundbruches, bei dem Boden unter dem Grundwerk vom Wasser herausgetrieben und das Bauwerk zerstört wird.

Für die Strömung des Grundwassers unter einem Bauwerke gilt das Darcysche Gesetz (vgl. S. 8), wonach die Filtergeschwindigkeit

$$u = kJ \tag{226}$$

ist; hierin bedeutet k die Durchlässigkeit und J das Spiegelgefälle, für das auch

$$J = \frac{h}{l} \tag{227}$$

gesetzt werden kann, wenn mit h der Druckverlust auf der Strecke l bezeichnet wird. In der Fläche AB der Abb. 91 ist dann der Wasserdruck um h größer als in der Fläche CD und auf den Sandkörper $ABCD$ wirkt daher, wenn das Eigengewicht des Wassers mit γ bezeichnet wird, ein lotrecht aufwärts gerichteter Druck

$$P = \gamma h F = \gamma J l F. \tag{228}$$

Beträgt das Porenverhältnis des Sandes in Bruchteilen des Bodenvolumens n, das Eigengewicht des trockenen Sandkornmaterials (fest gemessen) γ', so beträgt das Raumgewicht des Sandes im Wasser vom Eigengewicht γ

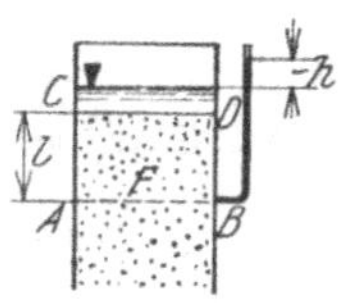

Abb. 91[1]. Grundwasserbewegung lotrecht aufwärts.

$$\gamma'_e = (1 - n)(\gamma' - \gamma), \tag{229}$$

und das Unterwassergewicht des Sandkörpers $ABCD$ ist

$$G = Fl(1 - n)(\gamma' - \gamma). \tag{230}$$

Je rascher das Wasser aufwärts strömt, desto größer wird das Grundwassergefälle J und gleichzeitig der lotrecht aufwärts gerichtete Druck P. Beim kritischen Gefälle J_{krit} wird P gleich dem Unterwassergewicht G des über der Fläche AB lagernden Sandes. Die Schwerkraft ist beim kritischen Gefälle J_{krit} scheinbar aufgehoben und es gilt demnach bei diesem Gefälle

$$\gamma J_{krit} l F = Fl(1 - n)(\gamma' - \gamma), \tag{231}$$

woraus

$$J_{krit} = \frac{(1 - n)(\gamma' - \gamma)}{\gamma} \tag{232}$$

folgt.

Das Porenverhältnis liegt bei festgelagertem Sand zwischen 0,4 und 0,3 und beträgt im Mittel 0,35 und das Eigengewicht des Sandkornmaterials ist im Mittel $\gamma' = 2{,}65\ \mathrm{t/m^3}$. Mit diesen Zahlenwerten ergibt sich für das kritische Gefälle

$$J_{krit} = 1{,}07 \sim 1 \tag{233}$$

und die zugehörige Filtergeschwindigkeit des Grundwassers beträgt

$$u_{krit} = J_{krit} k \sim k. \tag{234}$$

Diese Filtergeschwindigkeit reicht natürlich bei weitem nicht hin, die Körner zu heben, der Druck P bewirkt aber, daß die Körner sich gegeneinander umlagern, derart, daß die Wasserfäden geringeren Widerstand erfahren, so daß die Durchlässigkeit k größer wird. Die Umlagerung der Sandkörner bewirkt aber auch eine Lockerung des Gefüges des Sandbodens, die wieder die Tragfähigkeit herabsetzt.

Wenn auf die Oberfläche des Sandkörpers eine Last mit dem Unterwassergewicht S mit bedeutender Durchlässigkeit aufgebracht wird, in der also kein nennenswerter Druckverlust mehr entsteht, so ist die Wirkung gleich einer Vermehrung des Eigen-

[1] Diese, sowie die folgenden Abb. 91, 95, 96, 98, 101, 108, 109, 116, 117, 129, 137, 138, 139, 140, 141, 142, 159, 166, 193, 264, 277, 245, 283, 296, 324 und 338 stammen aus A. Schoklitsch: Der Wasserbau. Berlin-Wien: Julius Springer 1930.

gewichtes der Sandmasse, die eine Erhöhung des kritischen Gefälles bewirkt. Dann gilt nämlich, ähnlich wie früher, die Beziehung

$$\gamma F l J_{krit} = F l \gamma_e' + S, \tag{235}$$

aus der

$$J_{krit} = \frac{\gamma_e'}{\gamma} + \frac{S}{F l \gamma} = \frac{\gamma_e' + \frac{S}{F l}}{\gamma} \tag{236}$$

folgt.

Diese Wirkung einer Auflast hat K. Terzaghi ausgenutzt, um bei Stauwerken den sogenannten hydraulischen Grundbruch zu verhindern. Er ordnet in jenem Bereiche (Abb. 92), in dem das Grundwassergefälle J größer als J_{krit} ist, eine Auflast an und bildet sie als verkehrten Filter aus, der ein Ausspülen der feinen Bodenteilchen verhindert, selbst aber gut durchlässig ist. Das feinste Korn kommt wie beim später beschriebenen Ambursenfilter zuunterst zu liegen, darüber immer gröberes, das das darunterliegende feine beschwert. Der Korndurchmesser einer Filterschicht wird am besten dreimal so groß gewählt als jener der darunterliegenden.

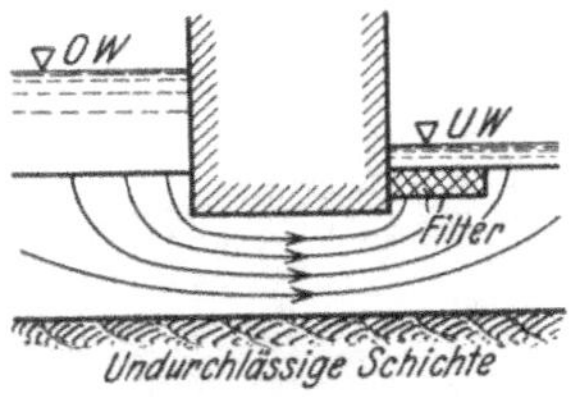

Abb. 92. Filterauflast nach K. Terzaghi zur Verhütung des hydraulischen Grundbruches.

Als Beispiele für hydraulische Grundbrüche sei jener am Ambursenwehr in Pittsfield (Abb. 93) und jener am Langewalddamm bei Chocopee (Mass.) (Abb. 94) erwähnt; beim ersten ist wegen zu geringer Tiefe der Herdmauer der Boden unter dem Wehr in der früher beschriebenen

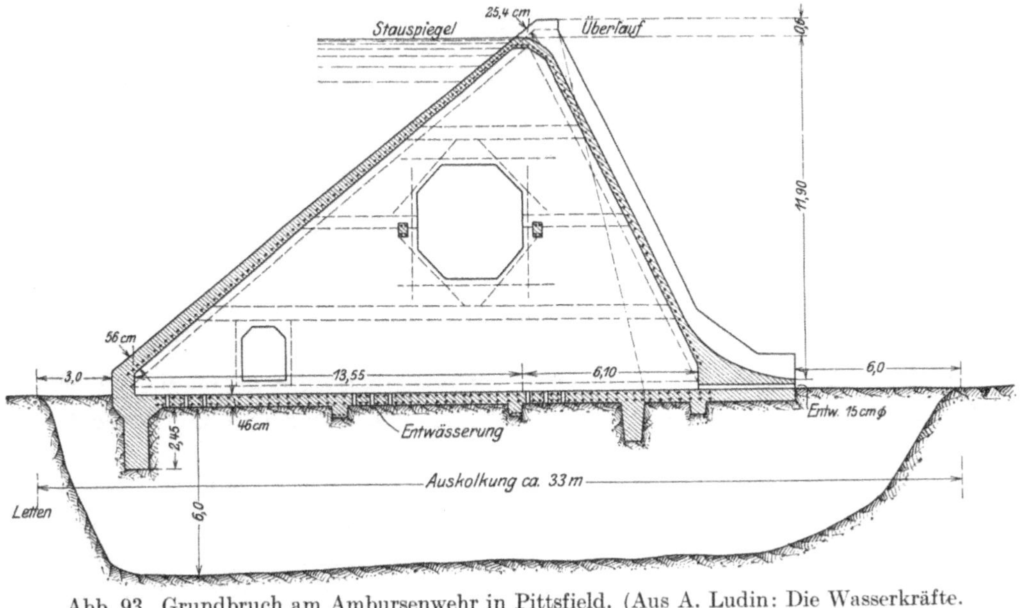

Abb. 93. Grundbruch am Ambursenwehr in Pittsfield. (Aus A. Ludin: Die Wasserkräfte. Berlin: Julius Springer.)

Weise herausgedrückt worden. K. Terzaghi betont ganz besonders, daß der hydraulische Grundbruch bei Staudämmen ebenso häufig vorkommt wie bei Staumauern.

Um nun jenen Bereich im Untergrunde aufzufinden, der durch zu großes Grundwassergefälle gefährdet sein könnte, werden am besten die Stromlinien des Grundwassers nach einem von Ph. Forchheimer angegebenen Verfahren gezeichnet.

Die Wasserteilchen verfolgen bei ihrer Fortbewegung im Untergrund Bahnen (Stromlinien), die jenen einer reibungslosen Flüssigkeit ähneln. Die Stromlinien verlaufen von Stellen höheren gegen solche niedrigeren Wasserdruckes und schneiden die Linien gleichen Standrohrspiegels (Potentiallinien) stets senkrecht. Zwischen zwei solchen Stromlinien bleibt der Durchfluß konstant. Wenn die Entfernung zweier Potentiallinien dn und der Druckunterschied zwischen beiden dh beträgt, so hat der Grundwasserstrom an dieser Stelle das Gefälle.

$$J = \frac{dh}{dn}. \tag{237}$$

Bezeichnet nun u die Filtergeschwindigkeit, so beträgt der Durchfluß dq durch einen Kanal vom Querschnitt df, der durch zwei Ebenen im Abstand 1 und zwei Stromflächen im Abstand ds begrenzt wird (Abb. 95), wenn die Durchlässigkeit mit k bezeichnet wird,

$$dq = u\,df = u \cdot ds \cdot 1$$

$$= k \frac{dh}{dn} \cdot ds. \tag{238}$$

Nachdem die Schar der Stromlinien die Schar der Potentiallinien stets senkrecht schneidet, so bilden beide Kurvenscharen im allgemeinen ein Rechtecknetz. Man kann nun die Stromlinien so ziehen, daß zwischen je zwei benachbarten der gleiche Durchfluß dq läuft und die Potentiallinien so, daß zwischen je zwei aufeinanderfolgenden der gleiche Druckunterschied dh besteht. Es ist dann

Abb. 94. Grundbruch am Langewaldstaudamm bei Chocopee (Mass.). (Aus Redlich-Terzaghi: Ingenieurgeologie. Berlin: Julius Springer 1920.)

$$dq = \text{const} = \text{const}\,\frac{ds}{dn}, \tag{239}$$

das heißt, daß dann das Seitenverhältnis der Rechtecke im ganzen Netze konstant ist. Durch eine entsprechende Wahl von dq und dh kann man nun bewirken, daß das Verhältnis $\frac{ds}{dn} = 1$ wird, daß das Rechtecknetz also zu einem Quadratnetz wird.

Ein solches Quadratnetz, das in einem lotrechten Schnitte im durchlässigen Untergrund zwischen Grundwerk und undurchlässiger Schicht eingezeichnet wird, kann nun dazu verwendet werden, um einerseits den Verlauf des Wasserdruckes in der Grundfuge des Grundwerkes festzustellen und anderseits auch die Sickerung unter dem Bauwerke zu ermitteln.

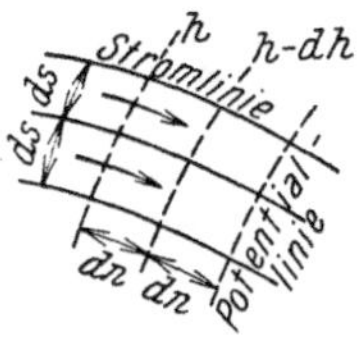

Abb. 95. Stromlinien und Potentiallinien.

In der Abb. 96 ist als Beispiel ein solches Quadratnetz unter einem Stauwerke dargestellt; beim Zeichnen der Stromlinien ist zu beachten, daß die Flußsohlen ober- und unterhalb des Stauwerkes auch Linien gleichen Standrohrspiegels sind, daß also die Stromlinien den Flußgrund senkrecht schneiden müssen. Der Umriß des Bauwerkes fällt mit einer Stromlinie zusammen.

Wenn der Spiegelhöhenunterschied zwischen dem Ober- und dem Unterwasser h

beträgt und zwischen zwei Stromlinien n Quadrate liegen, so beträgt der Druckunterschied längs einer Quadratseite

$$dh = \frac{h}{n}, \tag{240}$$

und nachdem die Seitenlänge eines Quadrates gleich ds ist, beträgt das Spiegelgefälle des Grundwasserstromes

$$J = \frac{dh}{ds} = \frac{h}{n\,ds}. \tag{241}$$

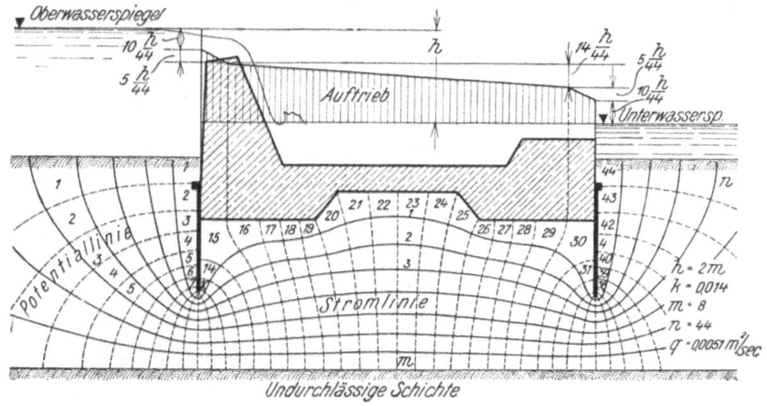

Abb. 96. Stromlinien und Potentiallinien der Grundwasserströmung unter einem Wehr.

Der Durchfluß durch einen solchen Streifen beträgt

$$dq = u \cdot df = k J\,df = k \frac{h}{n\,ds}\,ds = k \frac{h}{n}, \tag{242}$$

und es fließt, nachdem m Streifen übereinanderliegen, unter dem Stauwerk auf dem Breitenmeter

$$q = m\,dq = k h \frac{m}{n} \tag{243}$$

ab. (Wegen k vgl. S. 10.)

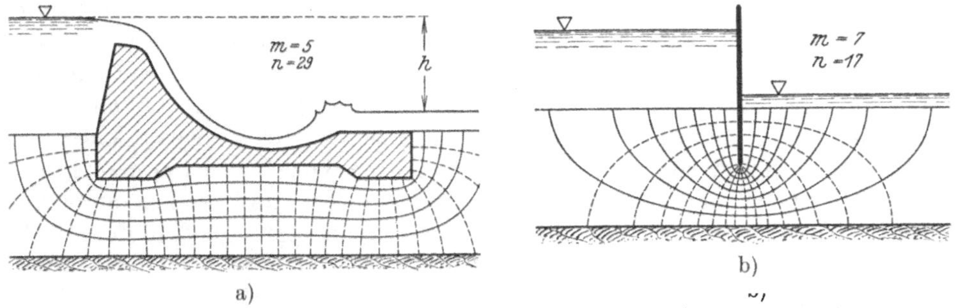

Abb. 97. Stromlinien und Potentiallinien a) unter einem Wehr; b) unter einer Spundwand.

Nachdem der Druckabfall längs einer Quadratseite des Netzes

$$dh = \frac{h}{n} \tag{244}$$

beträgt, ist man nun leicht in der Lage, jenen Bereich im Boden festzustellen, in dem das Grundwassergefälle

$$J = \frac{dh}{ds} = \frac{h}{n\,ds} \tag{245}$$

größer als das kritische Gefälle J_{krit} ist; ds bedeutet hierbei die Länge der betreffenden in Betracht gezogenen Quadratseite.

Die Untersuchung braucht sich nur auf den Bodenbereich unmittelbar unterhalb des Stauwerkes zu erstrecken, wo sich die Stromlinien stärker zusammendrängen.

In der Abb. 97 sind als weitere Beispiele noch zwei derartige Quadratnetze, unter einem Stauwerke ohne Spundwände und unter einer Spundwand dargestellt.

Die Gefahr des Grundbruches kann außer durch die auf S. 91 erwähnte Filterauflast auch wirksam durch eine Verlängerung des Sickerweges bekämpft werden. Eine solche Verlängerung kann entweder durch eine tiefere Rammung der Spundwände bzw. ein tieferes Herabführen von Herdmauern oder durch eine dichte Abdeckung der Sohle vor dem Bauwerke (auf der Seite, wo der Wasserspiegel höher steht) erreicht werden.

Literatur: Forchheimer, Ph.: Hydraulik. 3. Aufl. Leipzig: B. G. Teubner 1930. — Franzius, O.: Verkehrswasserbau. Berlin: Julius Springer 1927. — Redlich, K. A., K. Terzaghi u. R. Kampe: Ingenieurgeologie. Wien: Julius Springer 1929. — Schoklitsch, A.: Der Wasserbau. Wien: Julius Springer 1930. — Derselbe: Graphische Hydraulik. Sammlg. math. phys. Lehrbücher Bd. 21. Leipzig: B. G. Teubner 1925. — Terzaghi, K.: Der Grundbruch an Stauwerken und seine Verhütung. Wasserkraft 1922 S. 445. — Derselbe: Erdbaumechanik. Wien: F. Deuticke 1925. — Die Stützmauer am nördlichen Ufer des Monongahelaflusses in Pittsburg, Pa. Beton u. Eisen 1929 S. 127.

c) Der Auftrieb bewegten Grundwassers.

Wenn das Grundwerk eines Bauwerkes in bewegtes Grundwasser hinabreicht und die Grundwasserbewegung behindert, so erleidet der in das Grundwasser eintauchende Teil des Grundwerkes einen Auftrieb, der bei der Bemessung des Grundwerkes besonders sorgfältig berücksichtigt werden muß. Wenn das Grundwasser ruht oder nur ganz langsam fließt, wenn also der Grundwasserspiegel waagrecht liegt oder nur sehr wenig geneigt ist, so geht die Angriffslinie des Auftriebes durch den Schwerpunkt bzw. nahezu durch den Schwerpunkt der Sohlfläche. Wenn hingegen das Grundwasser in rascherer Strömung begriffen ist, wenn also der Grundwasserspiegel eine stärkere Neigung aufweist, wie es z. B. unter allen Bauwerken vorkommt, die Tagwasser oder Grundwasser anstauen, dann ist der Druck des Grundwassers gegen die Grundwerkssohle nicht mehr gleichmäßig über die Sohle verteilt. Bei seiner Fortbewegung durch die Poren des Bodens erleidet das Grundwasser einen Druckverlust und es übt auf gleich große Teilflächen der Sohle, die in der Strömungsrichtung aufeinanderfolgen, immer geringere Drücke aus. Die Angriffslinie des Auftriebes ist dann aus dem Schwerpunkte der Grundwerkssohle um so mehr gegen jene Seite des Grundwerksumrisses, an der der höhere Grundwasserspiegel liegt, verschoben, je größer der Druckverlust ist, den das Grundwasser längs seines Sickerweges erleidet.

Das früher geschilderte zeichnerische Verfahren von Ph. Forchheimer (vgl. S. 93) zur Ermittlung der Durchsickerung mittels des im durchsickerten Boden eingezeichneten Quadratnetzes, das von den Stromlinien und von den Potentiallinien gebildet wird, kann nun auch zur Ermittlung des Druckes bewegten Grundwassers gegen die Grundwassersohle verwendet werden. In diesem Quadratnetz beträgt der Druckverlust längs einer Quadratseite

$$dh = \frac{h}{n}, \tag{246}$$

und man ist nun in der Lage, in einem Bauwerksquerschnitte an den Schnittpunkten zwischen den Potentiallinien und dem benetzten Grundwerksumriß die Grundwasserdrücke anzugeben bzw. aufzutragen. In der Abb. 96 sind diese Auftragungen durchgeführt und es ist die entsprechende Verteilung des Auftriebes durch lotrechte Schraffen hervorgehoben. Die Angriffslinie des Auftriebes kann nun leicht ermittelt werden.

Auftrieb tritt in jedem Boden auf, dessen Poren von Wasser erfüllt sind, das in der Höhenlage der Grundwerkssohle unter Druck steht, also sowohl in grobkörnigen Böden als auch in feinkörnigem oder bindigem. In körnigen Böden tritt der Auftrieb sofort auf, wenn nach Vollendung des Baues die Wasserhaltung eingestellt wird und der Grundwasserspiegel die Sohle berührt. In bindigem Boden kann, auch wenn das Porenwasser unter Druck steht, eine Baugrube ohne nennenswerten Wasserzufluß ausgehoben werden. Es ist aber nicht zulässig, daraus zu schließen, daß kein Auftrieb auftreten kann. Es ist nur eine Frage der Zeit, wann der Auftrieb in bindigem Boden auftritt. In den feinen Poren der bindigen Böden kann es sehr lange dauern, bis hinreichend Wasser gegen die Grundwerkssohle zu sickert. Wenn die bindigen Böden weich sind, so daß größere Verdichtungen unter der Bauwerkslast auftreten, so wird Wasser aus den Poren in die Grundwerkssohle schon nach kurzer Zeit austreten und Auftrieb bewirken. Ebenso kann Tagwasser, das längs des Grundwerksumrisses herabläuft und im bindigen Boden nur sehr langsam fortsickert, großen Auftrieb hervorrufen. In bindigen Böden mit hydrodynamischem Unterdruck (vgl. S. 42) und in körnigen Böden ist Auftrieb nicht zu erwarten, wenn die Grundwerkssohle über dem Grundwasserspiegel liegt.

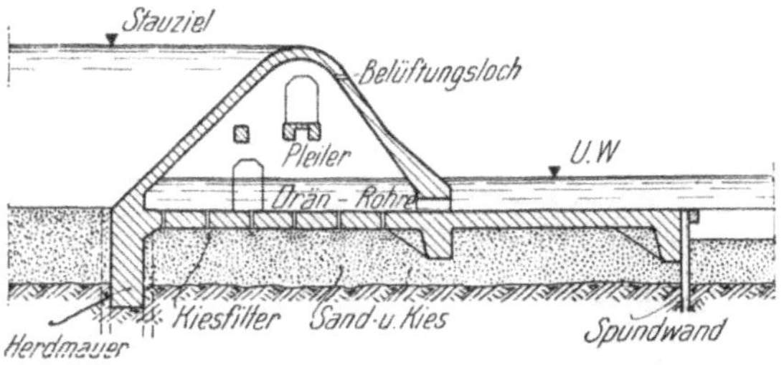

Abb. 98. Geschlossenes Ambursenwehr mit Dränung der Sohlfläche.

Wenn das Bauwerk nur lotrechte Lasten auf den Boden überträgt und wenn die Angriffslinie der Lastresultierenden durch den Schwerpunkt der Sohle geht, so wird in ruhendem Grundwasser die Verteilung der Sohldrücke nicht verändert, sie bleibt

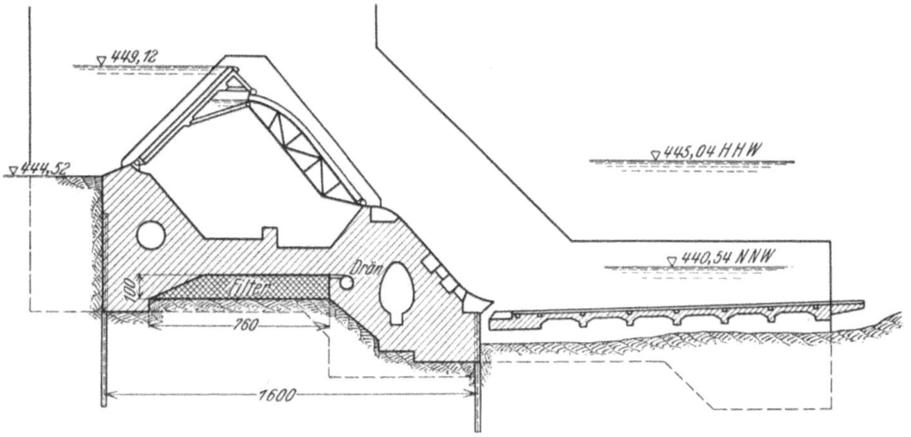

Abb. 99. Dränung der Sohlfläche des Dachwehres in Hallein mittels eines Ambursenfilters. (Nach J. Pfletschinger.)

gleichmäßig. Einem Teil der Last wird durch den Auftrieb, dem Rest durch den Gegendruck des Bodens das Gleichgewicht gehalten; der Gegendruck des Bodens ist um so kleiner, je größer der Auftrieb ist.

Wenn die Angriffslinien der Lastresultierenden und des Auftriebes nicht zusammenfallen, so wird durch den Auftrieb die Verteilung des Sohldruckes verändert; sie wird im allgemeinen ungünstiger werden, weswegen in diesem Falle dem Auftrieb besonderes Augenmerk gewidmet werden muß.

Nachdem Auftrieb mit Ausnahme weniger Fälle das Grundwerk verteuert, ist das Bestreben der Ingenieure darauf gerichtet, den Auftrieb herabzusetzen. Das kann geschehen durch Erleichterung des Ablaufes des Grundwassers aus dem Bereiche unter dem Grundwerke durch Dränung, durch Verlängerung des Sickerweges und durch Behinderung des Grundwasserzutrittes oder durch Abschneiden des Grundwasserstromes noch vor dem Grundwerke.

Als Beispiel für die Herabsetzung des Auftriebes durch Dränung des Bodens unter dem Bauwerk sei in der Abb. 98 ein geschlossenes Ambursenwehr[1] und in der Abb. 99 das Dachwehr in Hallein angeführt. Bei einer solchen Dränung muß dafür gesorgt werden, daß nicht Bodenteilchen vom ablaufenden Sickerwasser durch die Dräne ausgespült werden. Man kann dies durch die Anordnung eines Ambursenfilters erreichen, der, wie ein Blick in die Abb. 100 lehrt, so geschüttet wird, daß das gröbste Korn an der Dränleitung, das feinste am Boden liegt, so daß es die feinen Bodenteilchen stützen und zurückhalten kann.

Abb. 100. Dränung der Sohlfläche des Dachwehres in Hallein mittels eines Ambursenfilters (H. Rella, Wien).

Bei der Anwendung der Dränung zur Herabsetzung des Wasserdruckes ist besondere Vorsicht geboten, weil eine Verstopfung des Filters oder der Dränleitung das Auftreten des vollen Wasserdruckes zur Folge hätte. O. Franzius erwähnt z. B., daß an der Kammerschleuse in Hemelingen die Dräne durch ausgefällte Eisensalze, die im Grundwasser gelöst waren, verstopft worden sind. Eine Verstopfung des Filters durch Bodenteilchen, die im Laufe der Zeit in die feinkörnigen Filterschichten eingeschleppt werden, ist auch immerhin möglich.

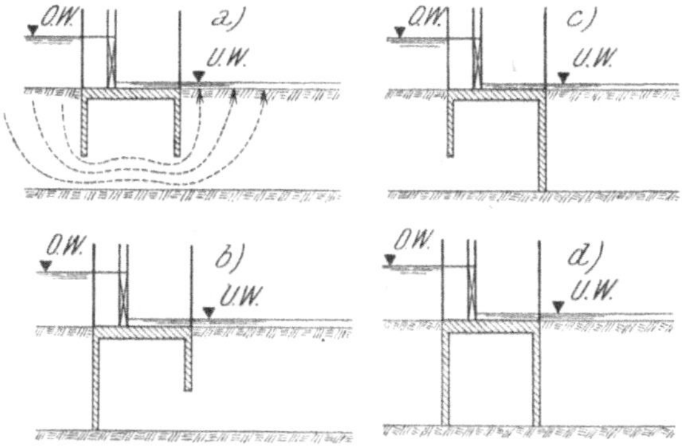

Abb. 101. Verschiedene Arten der Abdichtung und Grundwerkssicherung eines Stauwerkes.

Eine Verlängerung des Sickerweges unter dem Bauwerke geschieht meist durch tieferes Rammen einer Spundwand oder durch tieferes Herabführen eines Betonspornes. Diese Mittel werden bei Stauwerken angewendet; vielfach versucht man sogar den Sickerweg vollständig abzuschneiden, indem man die Spundwand bzw. den Sporn bis auf die undurchlässige Sohle herabführt. Bei Stauwerken wird an der flußabwärtigen Seite überdies stets zur Verhinderung der Unterkolkung eine Spundwand oder ein Sporn angeordnet. Je nach der Tiefenlage, bis zu der die Spundwände bzw. die Sporne herabgeführt werden, ergeben sich nun sehr verschiedene Grundwasserdrücke gegen das Grundwerk des Stauwerkes. In der Abb. 101 sind die vier bei Wehren möglichen Anordnungen der Spundwände bzw. Sporne dargestellt. Bei der Anordnung *a* tritt ein Auftrieb auf, der leicht nach dem auf S. 94 angegebenen Verfahren ermittelt werden kann. Bei der Anordnung *b* ist der Sickerweg durch die erste Spundwand bzw. Sporn abgeschnitten und das Grundwerk erhält einen gleichmäßigen Auftrieb, der der Höhenlage des Unterwasserspiegels entspricht, unter dem Grundwerke tritt keine Strömung auf. Bei der Anordnung *c* wird der Sickerweg

[1] Handbuch für Eisenbetonbau Bd. 4 S. 198 Abb. 5. Berlin: W. Ernst & Sohn 1910.

durch die untere Spundwand abgeschnitten und das Grundwerk erhält einen Auftrieb, der der Höhenlage des Oberwasserspiegels entspricht; diese Anordnung ist hinsichtlich des Auftriebes die ungünstigste. Bei der Anordnung *d* schließlich reichen beide Spundwände bis zur undurchlässigen Schicht hinab und der Sickerweg ins Unterwasser ist auch vollkommen abgeschnitten. Hier muß aber mit dem ungünstigeren Falle gerechnet werden, daß die erste Wand nicht vollkommen dicht ausgefallen ist, daß also durch sie eine Verbindung zwischen dem Oberwasser und dem Boden unter dem Grundwerk besteht, während die zweite Wand vollkommen dicht ist. Dann erhält das Grundwerk wie bei der Anordnung *d* einen Auftrieb, der der Oberwasserspiegellage entspricht. Der Auftrieb kann herabgemindert werden, wenn in der zweiten Wand für das eingedrungene Grundwasser Ablauföffnungen vorgesehen werden, wenn also der Bereich unter dem Stauwerk gedränt wird. Der Erfolg der Dränung läßt sich aber nicht sicher voraussagen, weil er von den Wassermengen abhängt, die durch Leckstellen der ersten Wand laufen; diese Anordnung ist daher nur zu empfehlen, wenn für eine sehr ausgiebige Dränung gesorgt wird.

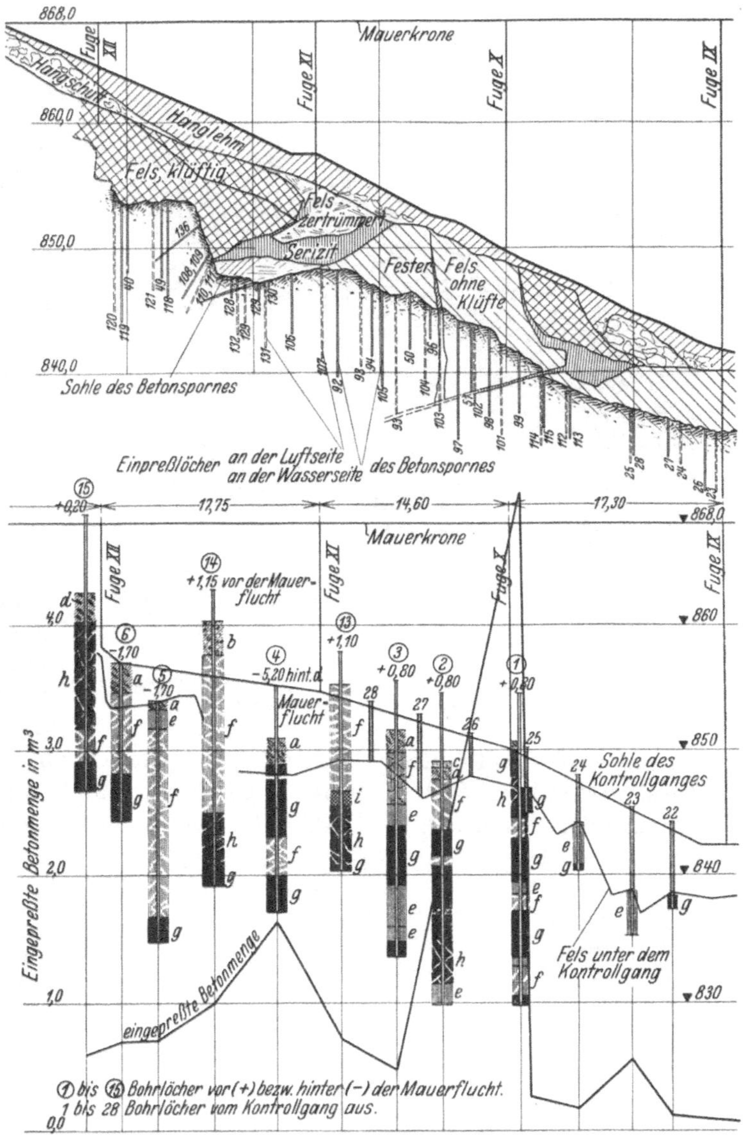

Abb. 102. Betoneinpressung vor und unter der Packsperre zur Abdichtung des zerklüfteten Felses und der Sohlfuge.

a Beton, *b* Lehm und Bergschutt, *c* Humus und Lehm, *d* Bauschutt mit Betonblöcken, *e* weiche, dichte Gneise, *f* weiche, lassige Gneise, *g* harte, dichte Gneise, *h* harte, lassige Gneise, *i* Amphibolit. (Steweag, Graz.)

Der Wasserdruck in der Sohlfuge von Bauwerken, die Tagwasser aufstauen, kann schließlich auch herabgesetzt werden, wenn der Boden unter dem Bauwerke an der Oberwasserseite gedichtet wird, ein Vorgang, von dem reichlich beim Bau von Staumauern Gebrauch gemacht wird, um natürliche und von Sprengungen herrührende Klüfte im Fels zu schließen. Bei diesen Verfahren werden Bohrlöcher abgebohrt, in die mit hohem Druck Betonbrei eingepreßt wird. In die Bohrlöcher werden Eisenrohre einbetoniert, hierauf eine 1 bis 2 m starke Schicht Sohlenbeton aufgetragen, nach dessen Erhärten mit dem Einspritzen von Beton begonnen werden kann. Bei schon bestehenden Bauwerken erfolgt die Betoneinpressung durch Bohrrohre knapp vor dem Bauwerk.

Bohrlöcher für Betoneinpressungen sind bis zu Tiefen von etwa 40 m ausgeführt und der Beton ist mit Drücken bis zu etwa 100 atü eingepreßt worden. Als Beispiel ist in den Abb. 102 und 103 eine Übersicht über die Einpreßlöcher und eine Ansicht derselben wiedergegeben, die an der Packsperre der Teigitschwerke während des Baues am Betonsporn und nach Bauvollendung an der Wasserseite der Mauer ausgeführt werden mußten.

Abb. 103. Einpreßrohre *a* in der Sohlfuge des Betonspornes an der Packsperre der Teigitschwerke.

Für das Einpressen des Betons mit geringen Drücken eignen sich die Einrichtungen der Torkretgesellschaft und jene von Wolfsholz, wie sie in den Abb. 104a, b und c schematisch dargestellt sind. Eine Entmischung des Betons während des Einpressens wird beim Gerät der Torkretgesellschaft durch Durchleiten von Preßluft (kochen), beim Gerät von Wolfsholz durch ein Rührwerk verhindert. Das Einpressen geschieht durch Einleitung von Preßluft entsprechender Spannung in die Geräte. Für hohe Einpreßdrücke eignen sich die Geräte der Svenska Diamantbergborrnings Aktiebolaget (Stockholm) sowie jene der Maschinenfabrik E. Häny & Co. in Meilen (Schweiz), mit denen Drücke bis 100 atü zu erreichen sind.

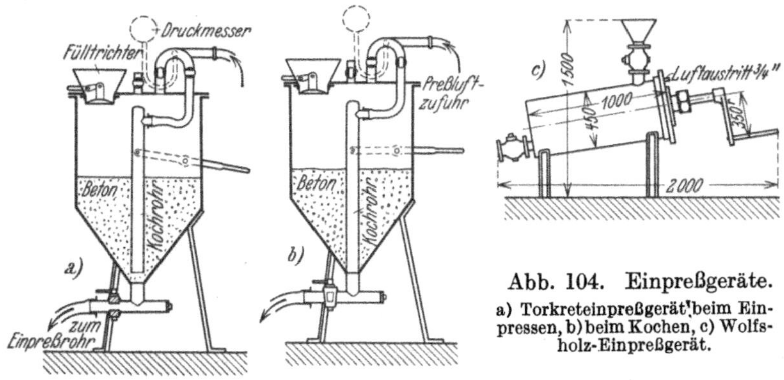

Abb. 104. Einpreßgeräte.
a) Torkreteinpreßgerät beim Einpressen, b) beim Kochen, c) Wolfsholz-Einpreßgerät.

Literatur: Beyerhaus: Der Unterdruck bei Staumauern nach hydraulischen Erwägungen. Z. Arch. Ing.-Wes. 1913 S. 367. — Busemann: Versuche zur Ermittlung des Auftriebes unter Bauwerken im Grundwasser. Zentralbl. Bauverw. 1917 S. 205. — Engels, H.: Über die Größe des Wasserdruckes im Boden. Zentralbl. Bauverw. 1911 S. 469. — Engesser: Über den Einfluß des Wasserauftriebes auf die Standsicherheit der Bauwerke. Zentralbl. Bauverw. 1919 S. 429. — Fillunger: Der Auftrieb in Talsperren. Öst. Wochenschr. Baudienst 1913 S. 523. — Franzius, O.: Über die Größe des Auftriebes unter Pfeilern und Ufermauern. Zentralbl. Bauverw. 1912 S. 583. — Derselbe: Der Grundbau. Berlin: Julius Springer 1927. — Franzius, O., u. Zimmermann: Über die Wirkung des Auftriebes unter Pfeilern. Zentralbl. Bauverw. 1913 S. 96. — Gaede: Über die Größe des Auftriebes unter der Sohle von Bauwerken. Zentralbl. Bauverw. 1917 S. 501. — Krey, H.: Auftrieb. Z. V. d. I. 1913 S. 67. — Link: Die Zerstörung der Austin-Talsperre in Pennsylvanien. Zentralbl. Bauverw. 1912 S. 36. — Derselbe: Über Sohlenwasserdrücke bei Staumauern mit entwässerter Gründungsfläche. Z. Bauw. 1919 S. 518. — Schäfer: Unterdruck bei Staumauern. Zentralbl. Bauverw. 1913 S. 101. — Schaper, G.: Muß bei der Berechnung der Standsicherheit von Pfeilern der Auftrieb des Wassers berücksichtigt werden? Zentralbl. Bauverw. 1912 S. 522. — Derselbe: Auftrieb unter der Grundsohle von Bauwerken, die im Wasser gegründet sind. Zentralbl. Bauverw. 1916 S. 514. — Soldan: Die Berücksichtigung des Unterdruckes bei Talsperren. Zentralbl. Bauverw. 1912 S. 134. — Ziegler, P.: Die tatsächlichen Gefahren des Unterdruckes. Zentralbl. Bauverw. 1916 S. 407. — Zimmermann, O.: Über die Wirkung des Auftriebes unter Pfeilern. Zentralbl. Bauverw. 1912 S. 617.

d) Die Folgen einer Grundwassersenkung für benachbarte Bauwerke.

Das Wasser, das die Poren des Untergrundes erfüllt, belastet die tieferliegende undurchlässige Schichte und übt auf die benetzten Bodenkörner einen Auftrieb aus. Wenn die Spiegellage des Grundwassers geändert wird, z. B. durch eine Grundwassersenkungsanlage oder durch eine Flußregulierung, so ändert sich die Pressung in den tieferliegenden Schichten um so mehr, je tiefer der Spiegel sinkt.

Um die Belastungsänderung zu ermitteln, sei vorerst ein grobkörniger Boden vorausgesetzt, in dessen Poren nach der Absenkung des Grundwasserspiegels keine nennenswerten Wassermengen als Haftwasser zurückbleiben. Aus diesem Boden sei ein lotrechtes Prisma (Abb. 105a) vom Querschnitte 1 herausgeschnitten. Eine in der Tiefe h unter der Bodenoberfläche liegende, waagrechte Schnittfläche $A-B$ wird durch den oberhalb liegenden Boden und durch das Porenwasser belastet; gleich groß, aber entgegengesetzt gerichtet ist die Bodenreaktion p_1 unter der Schnittfläche und der dort wirksame Wasserdruck; es gilt demnach, wenn γ_e das Raumgewicht des Bodens, γ das Eigengewicht des Wassers und n das Porenverhältnis bedeuten

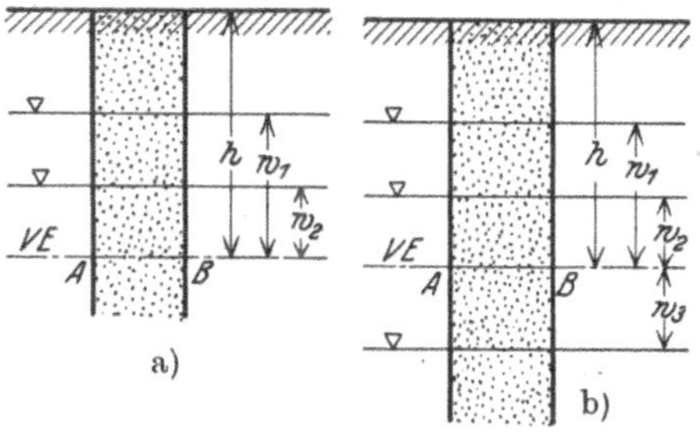

Abb. 105.

$$\gamma_e h + \gamma w_1 - \gamma w_1 (1-n) = p_1 + \gamma w_1 \quad (247)$$

oder

$$p_1 = \gamma_e h - (1-n)\gamma w_1. \quad (248)$$

Die Änderung der Pressung Δp in $A-B$ infolge der Grundwasserabsenkung um $w_1 - w_2$ beträgt

$$\Delta p = p_2 - p_1 = \gamma (1-n)(w_1 - w_2). \quad (249)$$

Die Verhältnisse ändern sich, wenn die betrachtete Ebene $A-B$ die Oberfläche der undurchlässigen Schicht bildet. Dann ist die auf der Fläche $A-B$ ruhende Last ebenso groß wie früher; die Last wird in $A-B$ aber nur von der Bodenreaktion getragen, weil auf der Unterfläche von $A-B$ kein Wasserdruck wirkt. In diesem Falle gilt daher

$$\gamma_e h + \gamma w_1 - \gamma w_1 (1-n) = p_1 \quad (250)$$

oder

$$p_1 = \gamma_e h + n \gamma w_1. \quad (251)$$

Die Änderung Δp der Pressung in der Fläche $A-B$ beträgt in diesem Falle, wenn der Grundwasserspiegel um $w_1 - w_2$ sinkt

$$\Delta p = p_2 - p_1 = -n\gamma (w_1 - w_2). \quad (252)$$

Die Oberfläche der undurchlässigen Schicht wird demnach um so mehr entlastet, je tiefer der Grundwasserspiegel abgesenkt wird, je kleiner also w ist.

In feinkörnigem Boden bleibt infolge der Kapillarität nach einer Senkung des Grundwasserspiegels um so mehr Wasser in den Poren haften, je feiner das Korn ist. Nun sei ein Boden vorausgesetzt, der so feinkörnig ist, daß auch nach der Senkung des Grundwasserspiegels die Poren vollständig mit Wasser erfüllt bleiben. Beim

Grundwasserstand w_1 (Abb. 105b) gilt dann

$$\gamma_e h + \gamma w_1 - \gamma w_1(1-n) = p_1 + \gamma w_1 \tag{253}$$

oder

$$p_1 = \gamma_e h - (1-n)\gamma w_1, \tag{254}$$

und beim Grundwasserstand w_2 gilt, solange die Absenkung kleiner bleibt als die kapillare Steighöhe

$$\gamma_e h + \gamma w_2 - \gamma w_2(1-n) + n\gamma(w_1 + w_2) = p_2 + \gamma w_2 \tag{255}$$

oder

$$p_2 = \gamma_e h + \gamma(n w_1 - w_2). \tag{256}$$

Die Zunahme der Pressung Δp in $A-B$ infolge der Senkung des Grundwasserstandes von w_1 auf w_2 beträgt dann

$$\Delta p = p_2 - p_1 = \gamma(w_1 - w_2), \tag{257}$$

also für jeden Meter Spiegelsenkung 1 t/m².

Während sich bei grobkörnigem Boden, wie er zuerst vorausgesetzt worden ist, die Pressung im betrachteten Schnitte $A-B$ nicht weiter verändert hat, wenn der Grundwasserspiegel unter $A-B$ gesunken war, ist bei feinkörnigem Boden die Pressung in $A-B$ auch dann noch vom Grundwasserstand abhängig, wenn er unter $A-B$ abgesunken ist. Für den Grundwasserstand w_3, bezogen auf $A-B$, gilt, ähnlich wie früher

$$\gamma_e h + n\gamma w_1 = p_3 - \gamma w_3 \tag{258}$$

oder

$$p_3 = \gamma_e h + \gamma(n w_1 + w_3), \tag{259}$$

weil nunmehr das Porenwasser mit der Säulenhöhe w_3 infolge der Kapillarität an der Fläche $A-B$ hängt. Die Zunahme Δp der Pressung infolge der Grundwasserspiegelsenkung um $w_1 + w_3$ beträgt nun

$$\Delta p = p_3 - p_1 = \gamma(w_1 + w_3); \tag{260}$$

sie beträgt also ebenfalls für jeden Meter Spiegelsenkung 1 t/m².

Die Zunahme der Pressung in der wasserführenden Schichte infolge der Senkung des Grundwasserspiegels führt zu einer dichteren Lagerung der Körner, die mit Rauminhaltsverringerung und daher Senkung der Oberfläche des Bodens verbunden ist. Auch die Belastung der Bodenteilchen durch ein Bauwerk wird größer, wenn der Auftrieb an diesem wegfällt. B. Körner erwähnt z. B., daß beim Bau einer Seeschleuse infolge der Grundwasserabsenkung während des Baues an den benachbarten Schleusen Senkungen von mehreren Dezimetern aufgetreten sind.

Solange die Senkungen unter einem Bauwerke überall gleichmäßig auftreten, das Bauwerk also nur niedersinkt, verursachen sie vielfach keine nennenswerten Schäden. Wenn die Senkungen aber ungleichmäßig auftreten, so führen sie zu Schäden an den Bauwerken oder sogar zur Zerstörung. Solche ungleiche Setzungen sind zu erwarten, wenn der Boden unter dem Bauwerke ungleiche Beschaffenheit hat oder wenn das Bauwerk in der Nähe der Grundwassersenkungsanlage, also im Bereiche der starken Spiegelsenkung liegt. Dort ist die Änderung der Pressung unter dem Bauwerke, wie ein Blick in die Abb. 106 lehrt, wegen des Senkungstrichters um die Brunnen, nicht gleichmäßig verteilt; das Bauwerk wird sich infolgedessen ungleichmäßig senken, und zwar gegen die Brunnen hin neigen.

Wenn Schlammschichten, die am seitlichen Ausweichen verhindert sind, auf einer Sandschichte lagern, die wieder auf einer undurchlässigen Schichte ruht, so erfolgt infolge des Gewichts der Schlammschichten in den unteren Schichtlagen eine Verdichtung und sowohl das Wasser der Schlammschichte als auch jenes im Sand gerät unter Druck. In einer waagrechten Schnittebene wird das Gewicht der oberhalb lagernden Schlammschichten dann zum Teil durch den Druck von Bodenteilchen zu Bodenteilchen, zum Teil durch das unter Druck stehende Porenwasser aufgenommen. Der Überdruck im Porenwasser hat ein sehr langsames Aufwärtsfließen gegen die Bodenoberfläche zur Folge und in dem Maße, als infolge des Abfließens des Wassers der Druck nachläßt, wird der von Bodenteilchen zu Bodenteilchen übertragene Druck immer größer, bis endlich das ganze Gewicht der oberhalb liegenden Schlammschichte durch die Bodenteilchen allein übertragen wird. Dieser Zustand ist erreicht, wenn alles überschüssige Wasser aus den Poren des Schlammes abgeflossen ist und der Wasserüberdruck in den Poren verschwunden ist. Das Porenverhältnis der ganzen Schlammschichte nimmt in dem Maße ab, als Wasser abfließt und die Oberfläche der Schicht senkt sich dementsprechend. Wegen der Feinheit der Poren spielt sich dieser Vorgang nur außerordentlich langsam ab.

Wenn nun die Sandschichte durch Brunnen, eine Baugrube oder dergl. entwässert wird, so verschwindet der Überdruck des Porenwassers in der Sandschichte und die der Sandschicht benachbarten Teile der Schlammschicht können leichter durch den Sand entwässern. Es bildet sich im Schlamm eine Wasserscheide aus, oberhalb der das Wasser weiter aufsteigt, unterhalb der aber das Wasser zum Sand fließt. Dadurch wird aber der Abfluß des überschüssigen Porenwassers aus dem Schlamm beschleunigt und damit auch die Setzung der Schlammoberfläche. Diese Setzung geht anfänglich rasch vor sich. Wenn die Dicke der Sandschichte gering ist, so daß also das Grundwasserspiegelgefälle des durch den Sand laufenden Wassers größer ist, dann erfolgen die Setzungen der Oberfläche des Schlammes in der Nähe der Anzapfungsstelle der Sandschichten stärker als in größerer Entfernung.

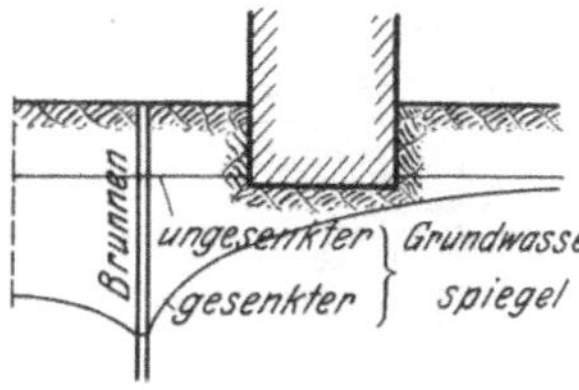

Abb. 106. Bauwerk im Gebiet des Senkungstrichters.

K. Terzaghi hatte Gelegenheit, eine solche rasch vor sich gehende Verdichtung von Schlamm zu verfolgen. Er beobachtete, als in der Nachbarschaft eines Maschinenhauses ein Brunnen durch zähen Schlamm bis in eine tonfreie Sandschicht abgesenkt worden ist, daß sich drei Monate nach Fertigstellung des Brunnens das Maschinenhaus um 10 bis 15 cm und nach Ablauf von 9 Jahren bis um 40 cm gesenkt hatte.

Grundwassersenkungen können aber auch noch in anderer Hinsicht bestehenden Gebäuden Gefahr bringen. Ältere Gebäude sind bei wenig tragfähigem Boden vielfach auf hölzernen Rosten gegründet worden, die hinreichende Bestanddauer haben, wenn sie ständig unter dem Grundwasserspiegel liegen. Durch eine Grundwassersenkung können nun solche Roste aus dem Wasser auftauchen und in ihrer Beschaffenheit infolge der Grundwassersenkung leiden. Diese Gefahr besteht in besonderem Maße dann, wenn der Grundwasserspiegel dauernd abgesenkt wird, wie es manchmal bei neueren, tief in den Untergrund herabreichenden Bauwerken geschieht, um die Kellerräume trocken zu halten. Auch Flußregulierungen können, wenn der Lauf gekürzt wird, eine dauernde Absenkung des Grundwasserspiegels bewirken.

Literatur: Körner, B.: Bodensetzungserscheinungen bei Grundwasserabsenkungen. Bautechnik 1927 S. 614. — Meyer-Peter: Über die Ursachen von Bodensetzungen bei Grundwassersenkungen und von Uferbrüchen bei der Absenkung von Seespiegeln. Schweiz. Bauzg. 1923 S. 147. — Terzaghi, K.: Die Tragfähigkeit von Pfahlgründungen. Bautechnik 1930 S. 275.

II. Die Einwirkung von Leckwasser aus dem Bauwerk auf den Baugrund.

Bei Bauwerken, die Wasser enthalten, wie z. B. Wasserbehälter, Kammerschleusen, Werksgräben u. dergl. muß, wenn diese Bauwerke nicht im Grundwasser stehen, besonders dafür gesorgt werden, daß nicht Wasser, das an undichten Stellen ausläuft, in den Boden unter dem Grundwerke gerät und dort die Bodenbeschaffenheit verändert. Solche undichte Stellen können durch Risse im Bauwerke entstehen oder es können Dehnungsfugen, die in längeren Bauwerken stets eingebaut werden, undicht werden. Das Leckwasser, das an undichten Stellen ausläuft, kann besonders bei bindigem Boden Schaden anrichten, wo es die Konsistenzform verändern und an Hängen auch zu Rutschungen Anlaß geben kann.

Abb. 107. Rückansicht einer Betonufermauer im oberen Vorhafen des Schiffshebewerkes Niederfinow vor dem Hinterfüllen. (Neubauamt Eberswalde.)
a Kontrollschächte an den Fugen, *b* Dränleitung für die Ableitung von Leckwasser.

Das Leckwasser wird in Dränen abgefangen und auf kürzestem Wege aus dem Bereiche des Grundwerkes abgeleitet. Als Beispiel für eine vorbildlich ausgeführte derartige Dränung ist in der Abb. 107 jene an der Außenseite der Betonufermauern im oberen Vorhafen des

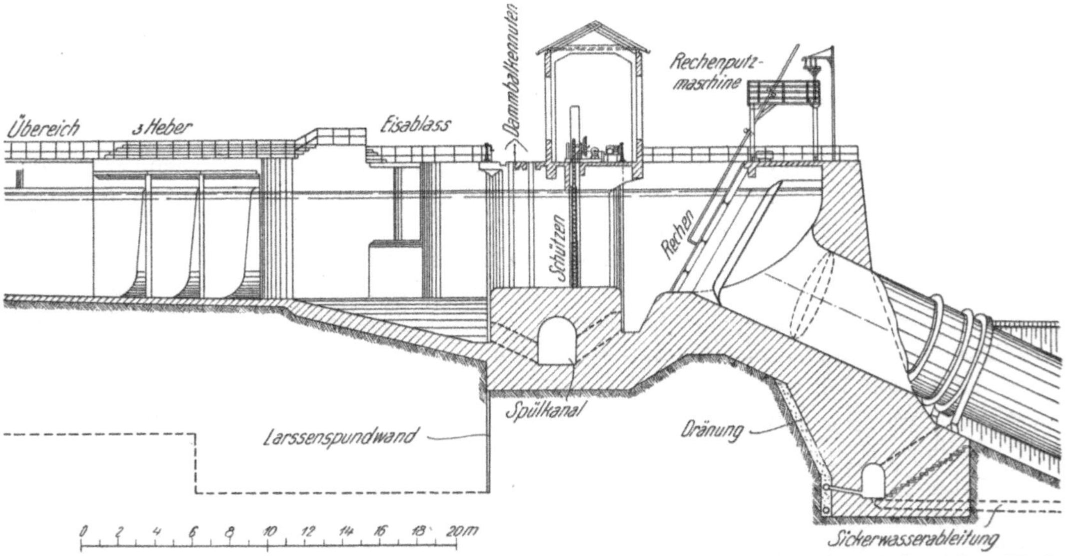

Abb. 108. Dränung des Rechenhauses im Vorhof des Kraftwerkes Aufkirchen der mittleren Isar-Werke.

Schiffshebewerkes in Niederfinow dargestellt. Die Dehnungsfugen sind dort außen durch eigene Revisionsschächte *a* überdeckt, durch die Leckwasser herablaufen kann und durch die jederzeit Überprüfungen des Zustandes der Fuge möglich sind. Die Schächte entwässern in eine Dränleitung *b*, die auch noch sonstiges Leckwasser aufzunehmen vermag.

Als weiteres Beispiel sei die Dränung unter dem Rechenhaus im Kraftwerke Aufkirchen der Mittleren Isar A.-G. erwähnt, die in der Abb. 108 dargestellt ist. Das Rechenhaus ist am Hang gelegen und es werden dort, um Rutschungen zu vermeiden, allfällige Leckwässer in einer Kiesschicht abgefangen und in einem Kanal abgeleitet.

a)

b)

Abb. 109. Der Werksgraben der Alzwerke: a) nach der Fertigstellung, b) nach der Zerstörung.

Welche Folgen auslaufendes Leckwasser verursachen kann, wenn es in tonhaltige Schichten auf einem Hang gerät, veranschaulichen schließlich die beiden Abb. 109a und b vom Werksgraben der Alzwerke.

III. Die Einwirkung des fließenden Wassers auf den Baugrund in der Nähe von Bauwerken.

Wenn Bauwerke in fließendem Wasser errichtet werden, so muß der Einwirkung des Wassers auf den Boden in der Umgebung des Bauwerkes infolge der Errichtung desselben besonderes Augenmerk gewidmet werden. Solche Bauwerke hemmen oder stören den Abfluß des Wassers und rufen längs des vom Wasser bespülten Bauwerksumrisses Spiegelhöhenunterschiede hervor, die die Verteilung der Geschwindigkeit besonders an der Sohle weitgehend umgestalten und an gewissen Stellen in der Folge tiefe Auskolkungen bewirken, die die Standsicherheit der Bauwerke gefährden. Solche Spiegelhöhenunterschiede treten um so größer und auf um so kürzeren Strecken auf, je schroffer die durch das errichtete Bauwerk verursachte Umlenkung des vorbeilaufenden Wassers erfolgt. An jenem Teil des Umrisses, der die Umlenkung des zufließenden Wassers bewirkt, steigt der Wasserspiegel etwa um die Geschwindigkeitshöhe über den umliegenden Spiegel an, es entsteht eine aufwärts gewölbte Spiegelfläche und die in den Bereich des gehobenen Spiegels gelangenden Wasserteilchen werden entsprechend dem Spiegelhöhenunterschied in der Richtung der Gefällslinien des aufgewölbten Wasserspiegels beschleunigt; diese Beschleunigung erfolgt unabhängig von der Tiefenlage der Wasserteilchen gleichmäßig.

Die geringen Geschwindigkeiten (Abb. 110), die an der Sohle eines Flusses herrschen, können auf diese Weise im Bereiche der Wasserspiegelhebung bis über die mittlere Geschwindigkeit U in der Lotrechten beschleunigt werden. Bei Durchflüssen, bei denen vor Errichtung des Bauwerkes das Geschiebe an der Flußsohle noch in Ruhe blieb, kann nach Errichtung des Bauwerkes infolge der Umbildung der Geschwindigkeitsverteilung in einem allerdings eng begrenzten Gebiet, Geschiebe in Bewegung versetzt werden und bei größeren Durchflüssen wird in diesem Bereiche Geschiebe in höherem Maße bewegt als früher. Diese Umbildung der Geschwindigkeitsverteilung führt in jenem Bereiche, in dem sie anhält, zu den früher erwähnten Sohlenausspülungen.

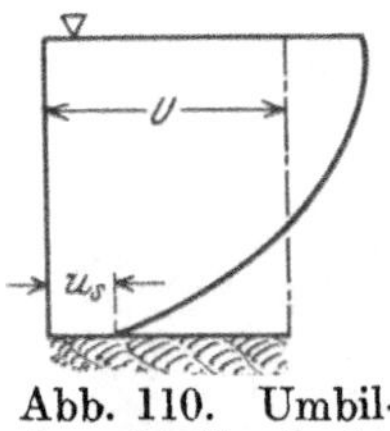

Abb. 110. Umbildung der Geschwindigkeitsverteilung infolge eines örtlichen Staues.

Abb. 111. Kopfwelle an einem Brückenpfeiler (S. Shulits).

Bei der Gründung von Bauwerken in fließendem Wasser ist es nun erforderlich, den Bereich zu beachten, in dem solche Auskolkungen auftreten können, um einerseits dort das Grundwerk hinreichend tief hinabzuführen oder anderweitig zu sichern und anderseits aber diese Vorsichtsmaßnahmen nur auf jenen Bereich zu beschränken, wo er wirklich erforderlich ist.

Als erstes Beispiel sei die Kolkbildung an einem Strompfeiler betrachtet. Am Kopfe des Pfeilers entsteht die sogenannte Kopfwelle A (Abb. 111 und 112), die ja, besonders bei höheren Wasserständen, deutlich beobachtet werden kann. Diese Welle bewirkt nun am Pfeilerkopf flußaufgerichtete Sohlenströmungen, während sie zu beiden Seiten die Sohlenströmungen in der früher erwähnten Weise beschleunigt. Beide Sohlenströmungen spülen die Sohle, wie man am Schema der Abb. 112 und an der Abb. 113 deutlich erkennen kann, oft bis zu bedeutenden Tiefen aus. Schon nach kurzer Strecke wird aber die Geschwindigkeit an der Sohle infolge der Sohlenrauhigkeit stark verzögert und es stellt sich wieder eine Geschwindigkeitsverteilung ein, die jener in größerer Entfernung vom Pfeiler ähnelt. Hinter dem Pfeiler, im sogenannten Totwasserraum, bilden sich sogar Anlandungen, die bei niederen Wasserständen manchmal über den Wasserspiegel emporragen können.

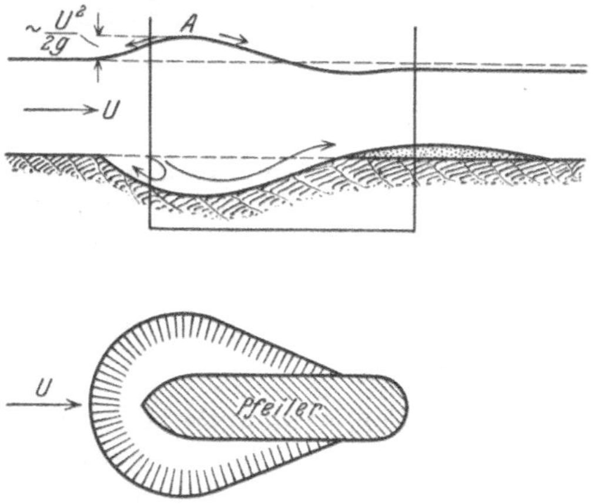

Abb. 112. Strömung und Kolkbildung an einem Strompfeiler.

Abb. 113. Kolke an den Köpfen von Brückenpfeilern, aufgenommen nach Ablauf eines Hochwassers.

Solche Kolke an Pfeilern bewirken, wenn sie bis unter die Grundwerkssohle hinabreichen, einseitige Senkungen und schließlich Einstürze, wobei der Pfeiler fast immer flußauf, gegen die Strömung, in den Kolk kippt, weil ja die Sohlenausspülung vorwiegend am oberstromseitigen Teil des Pfeilers erfolgt und am Kopf am tiefsten ist. Die Kolke können aber auch dann schon gefährliche einseitige Senkungen des Pfeilers hervorrufen, wenn sie nur bis in die Nähe der Pfeilersohle herabreichen, weil in ihrem Bereich ein seitliches Ausweichen des Bodens unter der Last des Pfeilers leichter auftreten kann.

Ähnlich wie an Pfeilern tritt auch an allen anderen Bauwerken, die das Wasser umlenken bzw. die Durchflußweite einschränken, ein Kolk auf. Als weiteres Beispiel sei die Sohlenausbildung erörtert, die sich zwischen zwei, durch Spundwände um-

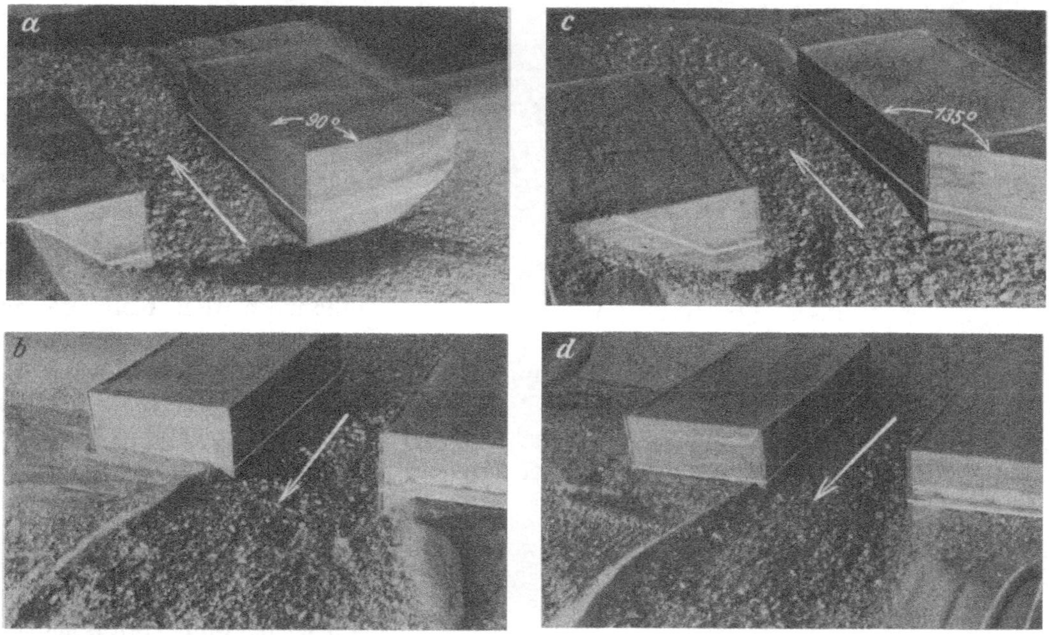

Abb. 114. Sohlenumbildung infolge der Errichtung von Fangdämmen. a) und c) flußab, b) und d) flußauf gesehen. Modellversuch.

gebenen Baugruben in einem Flusse einstellt. Hier wird die Durchflußweite eingeengt und es erfolgt am flußaufwärtigen Baugrubenrand überdies eine Wasserumlenkung. Die Betteinengung hat eine Sohleneintiefung zwischen den Baugrubenwänden und noch auf eine Strecke flußab zur Folge, während die Wasserumlenkung durch die flußaufwärtigen Baugrubenwände tiefreichende örtliche Kolke bewirkt. Die Kolktiefe an einer solchen Wand ist um so tiefer, je schroffer sie das Wasser umlenkt. In der Abb. 114 sind die Ergebnisse zweier Modellversuche wiedergegeben; das eine Mal waren beide Baugruben rechteckig begrenzt (Abb. 114a und b), das andere Mal stand die obere Begrenzung der einen Baugrube unter einem Winkel von 45⁰ gegen die Stromrichtung (Abb. 114c und d). Die ursprüngliche Lage der Flußsohle ist durch die weißen Striche an den Baugrubenwänden kenntlich gemacht. Man erkennt leicht, daß durch die Schrägstellung der oberen Wand der Baugrube die örtliche Auskolkung geringer wird, weil die Umlenkung eben weniger schroff ist, daß aber infolge der schon weiter flußauf beginnenden Umlenkung der Kolk bei der gegenüberliegenden Baugrube ungünstiger geworden ist als beim ersten Versuch. Wenn auch bei der linken Baugrube die obere Wand schräg gegen die Strömung gestellt wird, bleibt auch dort die Kolktiefe gering. Die Sohleneintiefung beginnt beim ersten Versuch (Abb. 114a) plötzlich mit einem scharfen Bruch in der Sohle, knapp vor den Baugruben, beim zweiten Versuch (Abb. 114b) beginnt sie schon weiter flußauf, weil eben durch die schräge Baugrubenwand die Beschleunigung des Wassers schon weiter oben bewirkt wird. Die Sohleneintiefung setzt sich über den Bereich der Baugruben hinaus fort und wird seitlich durch kleine Auflandungen begrenzt, die vom Wasserabfluß gegen das Totwasser hinter den Baugruben herrühren. Dieser Sohlenausbildung muß bei der Herstellung der Baugrubenumfassung selbstverständlich Rechnung getragen werden.

Als Beispiel für die Folgen der Kolkbildung an Bauwerken bei ungenügender Vorsorge sei in der Abb. 115 eine Aufnahme eines zerstörten Widerlagers einer Brücke wiedergegeben, das ohne Spundwände erbaut worden war und schließlich, gelegentlich eines Hochwassers flußauf in den Kolk gekippt war.

Abb. 115. Einsturz eines ohne Spundwände gegründeten Brückenwiderlagers infolge Unterkolkung gelegentlich eines Hochwassers. (F. Bastl.)

Als letztes Beispiel für die Kolkbildung sei schließlich jene unterhalb von Wasserabstürzen erwähnt. Die Ausgestaltung von Bauwerken, über die Wasser abstürzt oder durch die Wasser mit großer Geschwindigkeit austritt, bildet eine besondere Aufgabe des Wasserbaues. Es sei hier nur der Vollständigkeit halber erwähnt, daß man solche Bauwerke am besten durch den Einbau von Energievernichtern oder durch geeignete Formgebung (Abb. 116) so entwirft, daß voraussichtlich nur ein geringfügiger oder gar kein Kolk entsteht. Um aber, trotz aller Vorsicht beim Entwurfe, das Bauwerk vor den schädlichen Folgen eines allenfalls doch auftretenden Kolkes zu sichern, wird an allen jenen Stellen des Bauwerkes, die an einen möglichen Kolk grenzen, das Grundwerk durch eine Spundwand oder eine Herdmauer gesichert. Diese Sicherung hemmt überdies die Durchsickerung von Grundwasser und sichert gleichzeitig das Bauwerk gegen den hydraulischen Grundbruch (vgl. S. 90). Als Beispiel für solche Kolksicherungen sei auf das Murwehr in Pernegg (Abb. 117) verwiesen, wo diese Sicherung durch eine mit Druckluftsenkkasten gegründete Herdmauer bewerkstelligt ist. Um diese Herdmauer vor Abschliff durch das in einem allfälligen Kolk kreisende Geschiebe zu schützen, hat sie im oberen, besonders gefährdeten Teil eine Verkleidung mit Granitquadern, im unteren Teil mit Betonformsteinen erhalten.

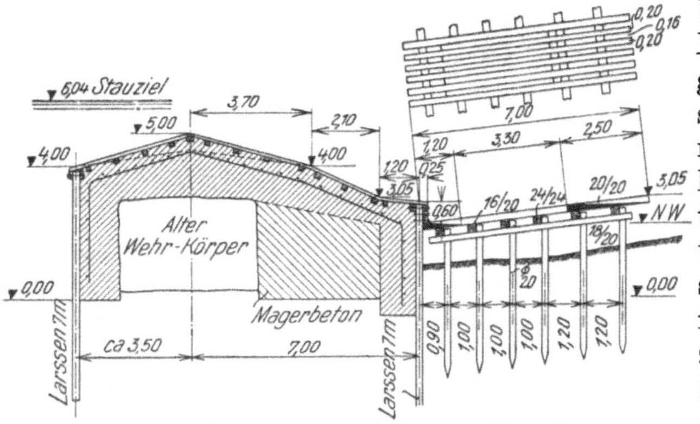

Abb. 116. Querschnitt des wiederhergestellten Murwehres in Bruck mit Kolkabwehr.

Die Regeln für einen zweckmäßigen Entwurf des Grundwerkes von Stauwerken liefern die Erfahrungen an Wasserbauten und Modellversuchen, auf die, da sie in das Gebiet des Wasserbaues gehören, hier nicht näher eingegangen werden kann.

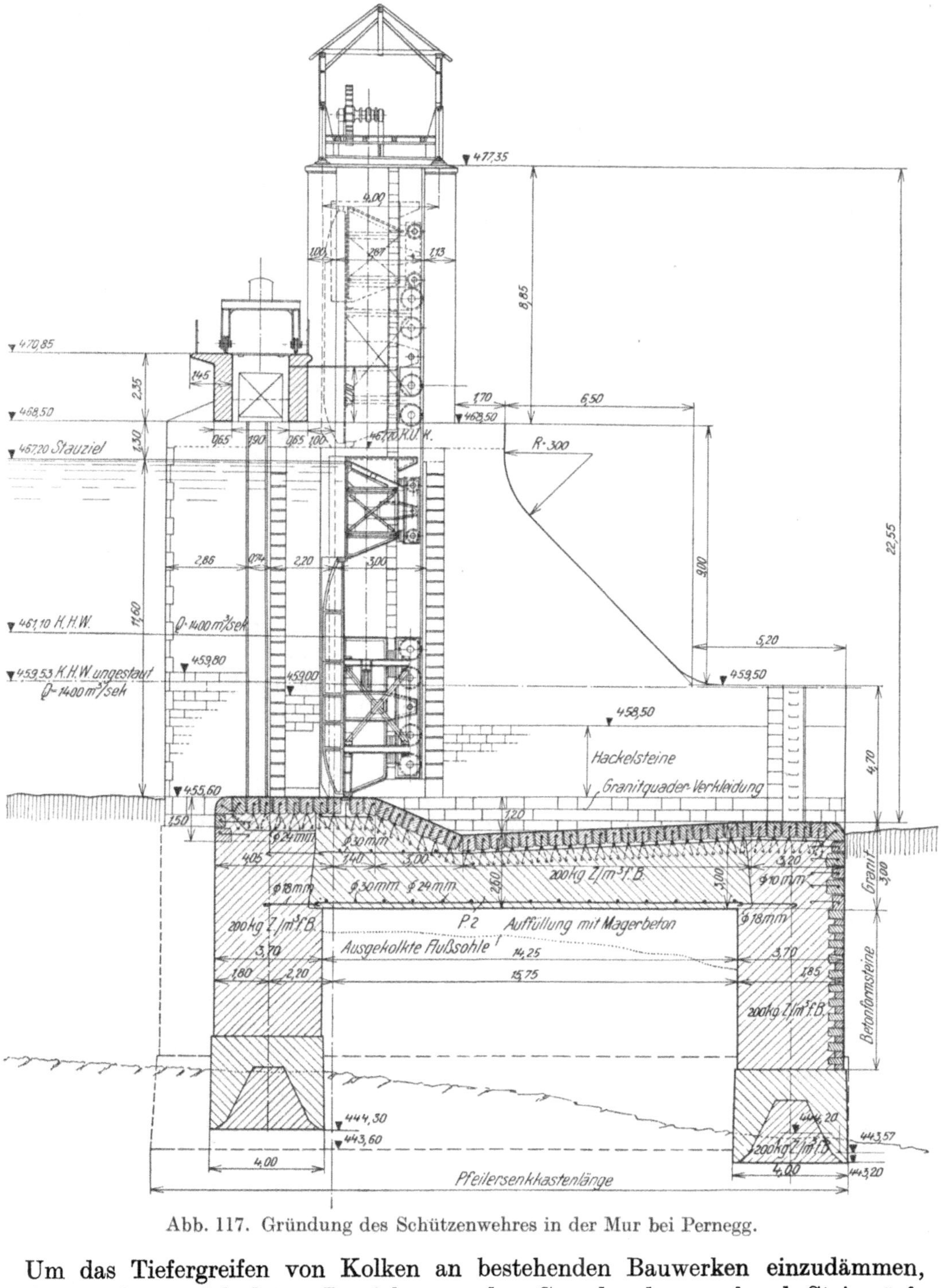

Abb. 117. Gründung des Schützenwehres in der Mur bei Pernegg.

Um das Tiefergreifen von Kolken an bestehenden Bauwerken einzudämmen, werden in dem gefährdeten Bereiche um das Grundwerk manchmal Steinwürfe angeordnet, die bei kleineren Abmessungen des Kolkes am besten denselben vollkommen auffüllen. Wenn aus Steinwurf nur eine Schutzschicht über die gefährdete Flußsohle gebildet werden soll, so muß die Dicke dieser Schicht mindestens gleich der drei- bis vierfachen Steinstärke sein. Bei geringerer Dicke erfolgt die Wasserströmung zwischen den Steinen noch so lebhaft, daß der Boden unter den Steinen ausgespült wird und diese gleichsam in den Boden versinken und fast unwirksam sind. Die Steine verzögern dann nur die endgültige Ausbildung des Kolkes, verhindern sie aber nicht. Der Steinwurf muß unter allen Umständen aus Steinen gebildet werden, die so groß bzw. schwer sind, daß sie vom Wasser selbst bei Hochwasser nicht mehr fortgeschleppt werden können. Wenn kein Naturstein zu entsprechenden Preisen zu erhalten ist, so können auch Betonbruchsteine verwendet werden. Solche Betonsteine werden in würfelförmigen Formen von etwa 1 m Seitenlänge hergestellt und die Bruchsteine werden in beliebiger Größe durch Einlegen von Pappe während des Betonierens erhalten; längs der Pappeeinlagen bricht der

Abb. 118. Nachträgliche Sicherung der Pfeiler der Seinebrücke bei Bezons durch eine Larssen-Spundwand gegen Unterkolkung. (Vereinigte Stahlwerke A. G. Dortmunder Union.)

Betonblock nach dem Abbinden leicht auseinander. Als Mischungsverhältnis wird 1 : 10 gewählt. Um das Steingewicht zu erhöhen, kann dem Beton Eisenschrott zugesetzt werden.

Auch durch eine Spundwand kann ein Bauwerk nachträglich gegen Unterkolkung gesichert werden. Die Spundwand muß dann nur so weit, als es das Rammen erfordert, vom bestehenden Grundwerk weggerückt werden. Der Zwischenraum zwischen der Spundwand und dem Bauwerk wird am besten oben ausbetoniert. Als Beispiel zeigt die Abb. 118 eine solche nachträgliche Pfeilersicherung mit Larssen-Eisen an der Seinebrücke bei Bezons; im Hintergrund ist ein Steinwurf an zwei Pfeilern zu erkennen.

Literatur: Durand Claye: Ann. Ponts Chauss. 1873 S. 467. — Engels, H.: Schutz von Strompfeilerfundamenten gegen Unterspülung. Z. Bauw. 1894 S. 407; Z. öst. Ing.-V. 1907 S. 366. — Hofbauer, R.: Ein Mittel zur Bekämpfung der Wirbelbewegung und Kolkbildung unterhalb der Stauwerke. Z. öst. Ing.-V. 1915 S. 108. — Rehbock, Th.: Bekämpfung der Sohlenauskolkung bei Wehren durch Zahnschwellen. Z. V. d. I. 1925 S. 1382. — Schoklitsch, A.: Der Wasserbau Bd. 2. Wien: Julius Springer 1930. — Timonoff, V. E.: The Hydraulik Laboratory at Leningrad (St. Petersburg) in Hydraulic Laboratory Practic v. J. R. Freeman. New York 1929 S. 359.

Zweiter Teil.

Die wichtigsten Baustoffe im Grundbau und ihr Verhalten im Wasser und im Boden.

Bei der Beurteilung der Eignung eines Baustoffes für Grundbauten muß neben seinen Festigkeitseigenschaften und neben seinem Preise in verarbeitetem Zustande ganz besonders sein Verhalten im Wasser und im Untergrunde beachtet werden. Grundbauten sind Bauwerke, die für langen Bestand gedacht sind und bei denen Auswechslungen bzw. Wiederherstellungen schadhaft gewordener Teile entweder gar nicht oder nur mit außerordentlich hohen Kosten ausgeführt werden können. Viele Teile der Bauwerke sind ohne besondere, kostspielige Vorkehrungen, manche überhaupt unzugänglich, so daß Beobachtungen und regelmäßige Erhaltungsarbeiten unmöglich sind. Alle derartigen Teile von Grundbauten müssen aus Baustoffen hergestellt werden, deren Bestanddauer ohne besondere Erhaltungsarbeiten ebenso groß ist, als die in Aussicht genommene Benützungsdauer des Bauwerkes selbst. Diese liegt in der Regel zwischen 50 und 100 Jahren, weil anzunehmen ist, daß der technische Fortschritt nach Ablauf dieser Frist auf jeden Fall, ohne Rücksicht auf den Bauzustand, gründlichen Umbau oder Neubau erfordert. Ausnahmen bilden besondere Bauwerke, wie z. B. Talsperren, deren Benützungsdauer unbegrenzt ist oder Anlagen, die leicht umgebaut oder neu gebaut werden können, bei denen die Benützungsdauer aus wirtschaftlichen Gründen manchmal auch wesentlich kürzer angesetzt wird. Während nun die Festigkeitseigenschaften der Baustoffe im wesentlichen als bekannt vorausgesetzt werden, soll im folgenden kurz die Eignung der wichtigsten Baustoffe zu Grundbauten hinsichtlich ihres Verhaltens im Wasser und im Untergrund erläutert werden.

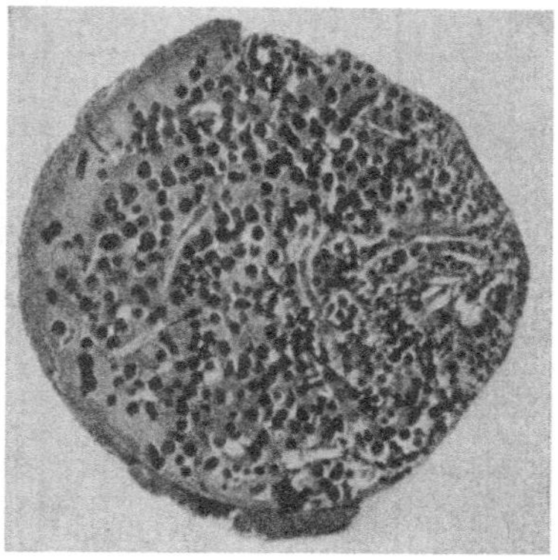

Abb. 119. Durch Bohrwurm zerstörter Pfahl. (Nach K. E. Hilgard.)

Als Baustoffe für Grundwerke kommen hauptsächlich Holz, Eisen und Beton in Frage, die teils von den Bestandteilen des Bodens und von den im Wasser gelösten Stoffen, teils von Lebewesen im Wasser und im Boden angegriffen werden. Um nun die Eignung eines Baustoffes beurteilen zu können, ist vor allem erforderlich, festzustellen, ob solche Lebewesen an der betreffenden Baustelle vorkommen und ob das Wasser oder der Boden Bestandteile enthält, die die in Aussicht genommenen Baustoffe angreifen können.

A. Holz.

Abb. 120. Ummantelter Holzpfahl.

Im Grundbau findet hauptsächlich das Holz der Kiefer, der Lärche und der Eiche Verwendung; die beiden letzteren sind zwar besonders dauerhaft, werden aber wegen ihres hohen Preises seltener benützt und man greift meist zum billigeren und auch sehr dauerhaften, harzreichen Kiefernholz.

Holz wird durch Fäulnis und durch die Tätigkeit von Lebewesen zerstört. Wenn Holz nicht ständig trocken oder ständig naß ist, so geht das in den Zellen des Holzes enthaltene Eiweiß und die Stärke in Fäulnis über. Bei Hölzern, die zu Grundwerken verwendet werden, ist selbst ein nur selten vorkommendes und nur kurz andauerndes

Tabelle 11. Eigen-

Holzart	Eigengewicht kg/m^3				Elastizitätsmodul (Mittelwerte) kg/cm^2			Proportionalitätsgrenze (Mittelwerte) kg/cm^2			Festigkeit kg/cm^2 lufttrocken						
	frisch geschlagen	lufttrocken	künstlich getrocknet	Mittelwert, üblich bei Rechnungen	Zug, // Faser	Druck, // Faser	Biegung //	Zug, // Faser	Druck, // Faser	// Biegung	Zug, // Faser	Druck // Faser	Druck ⊥ Faser	// Biegung	Schub // Faser	Schub ⊥ Faser	vollkommen durchnäßt
Fichte . .	900	400 bis 600	430	600	92000 bis 129000	99000 bis 111000	86000 bis 110000	209	150 bis 180	130 bis 230	370 bis 750	245 bis 297	—	420	40 bis 50	250 bis 260	⅔ bis ½ derjenigen von lufttrockenem Holz
Tanne . .	900	600	500	600	113000	100000	86000	235	190	143	713	312	—	—	41 bis 51	273	
Kiefer . .	900	650	480	650 bis 700	90000 bis 120000	96000 bis 119000	86000 bis 108000	170	155 bis 260	197 bis 200	430 bis 790	280 bis 302	50 bis 220	470	45 bis 60	210	
Lärche . .	800	620	440	650 bis 700	131000	114000	105000	172	240	157	588	320	—	—	57 bis 60	246	
Rotbuche .	850 bis 1100	600 bis 900	560	800	180000	169000	128000	245 bis 580	100 bis 249	198 bis 240	364 bis 1340	320 bis 386	350	675	65 bis 80	350 bis 391	
Eiche. . .	900 bis 1300	700 bis 1000	640	900	108000	103000	99000 bis 100000	350 bis 475	150 bis 222	215 bis 271	625 bis 965	345 bis 364	144 bis 350	600	91 bis 98	349 bis 390	

[1] Nach der „Hütte“; M. Förster: Taschenbuch für Bauingenieure; Melan-Bleich: Taschenbuch

[2] Bei nur vorübergehend benutzten Bauwerken können die zulässigen Spannungen um 25 vH

Austrocknen der Oberfläche nicht zulässig. An Meeresküsten, mit einem Mindestsalzgehalt von 1 vH wird auch unter dem Spiegel offenen Wassers stehendes Holz von Bohrwürmern und von der Bohrassel befallen, die, wie ein Blick in die Abb. 119 anschaulich lehrt, das Holz vollkommen zerstören. Bohrasseln leben, wie die Beobachtungen gelehrt haben, auch in verschmutztem Seewasser, während der Bohrwurm nur in reinem Wasser fortkommt.

Gegen die Zerstörung durch Lebewesen, wie Bohrwürmer oder Asseln wird das Holz entweder durch Einbettung, durch Ummantelung oder durch Tränkung geschützt. Die Einbettung erfolgt in Sand, der durch eine Spundwand vor Abspülung bewahrt wird. Bei einzelnen Pfählen wird der Sand durch einen weiten Mantel aus Eisen, Steinzeug oder Beton, der um den Pfahl gelegt wird, geschützt. Von den Ummantelungen hat sich besonders jene mit Eisenbeton (Abb. 120) bewährt, die vor dem Rammen ausgeführt wird und das Benageln des Pfahlmantels mit breitköpfigen Nägeln vor dem Rammen.

Literatur: Bestimmungen über die bei Hochbauten anzunehmenden Belastungen und über die zulässigen Beanspruchungen der Baustoffe vom 24. Dez. 1919. 6. Aufl. Berlin: W. Ernst & Sohn 1925. — Bub-Bodmar u. Tilger: Die Konservierung des Holzes. Berlin: P. Parey 1922. — Giese: Einige Bemerkungen über den Hafen von San Franzisko (Bohrwurm). Zentralbl. Bauverw. 1907 S. 226. — Hilgard, K. E.: Über neuere Fundierungsmethoden mit Betonpfählen. Schweiz. Bauzg. Bd. 47, 1906 Nr. 3 bis 11. — Lang, G.: Das Holz als Baustoff. Wiesbaden. DIN E 1052. — Madsen: Einige vergleichende Untersuchungen über die Leistungsfähigkeit von Holzschutzmitteln gegen Fäulnis. Zentralbl. Bauverw. 1914 S. 228. — Mothes: Illustriertes Baulexikon 4. Aufl. 1881/83. — Troschel: Handbuch der Holzkonservierung. Berlin: Julius Springer 1916. — Derselbe: Holzzerstörer unter Wasser. Zentralbl. Bauverw. 1912 S. 394. — Derselbe: Ein neuer Feind unserer Wasserbauhölzer. Zentralbl. Bauverw. 1913 S. 273. — Vogeler: Erweiterung der Kaiserlichen Werft in Kiel. Zentralbl. Bauverw. 1909 S. 144. — Hölzerne Pfähle mit Betonumhüllung. Bauing. 1923 S. 93.

schaften der Bauhölzer[1].

Zulässige Spannungen kg/cm² lufttrocken ²: Zug, // Faser	Druck: // Faser	Druck: ⊥ Faser	Biegung	Schub: // Faser	Schub: ⊥ Faser	Wassergehalt vH: frisch geschlagen	Wassergehalt vH: lufttrocken	Gewichtszunahme infolge Durchnässung vH	Schwinden: // Faser	Schwinden: ⊥ Faser	Quellen: // Faser	Quellen: ⊥ Faser	Quelldruck kg/cm²	Wärmeausdehnung	Verjüngung des Stammes gegen den Wipfel cm/m	Lebensdauer Jahre: unter Wasser	Lebensdauer Jahre: im Freien
90	50	—	90	8	40	45		70 bis 170	0,0008	0,062	0,0008	0,062			1 bis 1,5	60	45 bis 50
80	50	—	80	8	40	37		80 bis 120	0,0012	0,067	0,0010	0,081			1 bis 1,5	70	50
100	60	12	100	10	50	40	10 bis 15	75	0,0012	0,057	0,0012	0,057	10 bis 14	0,000 0035	1 bis 1,5	500	60 bis 80
—	—	—	—	—	—	26		60	0,00075	0,0632	0,0008	0,063			1 bis 1,5	600	60 bis 90
100	80	—	90	10	50	32		60 bis 100	0,0020	0,0806	0,0020	0,081			1,5 bis 2,5	10	10 bis 35
100	80	36	100	10	50	30		60 bis 90	0,0040	0,0755	0,0040	0,076			1,5 bis 2,5	700	100 bis 120

und Vorschr. d. preuß. Min. f. öff. Arbeiten.
erhöht werden.

B. Beton.

Je nach der erforderlichen Festigkeit und der erforderlichen Dichte werden bei der Herstellung des Betons verschiedene Mischungsverhältnisse zwischen Zement und Zuschlagstoffen angewendet und allenfalls auch besondere Zementarten verwendet; wenn nichts Besonderes erwähnt wird, so ist stets handelsüblicher Portlandzement gemeint, der den Normen entspricht. Das Mischungsverhältnis wurde früher allgemein durch Angabe der Raumteile der zu mischenden Stoffe bezeichnet. In neuerer Zeit wird immer mehr und mehr dazu übergegangen, anzugeben, wieviel Kilogramm Zement auf einen Kubikmeter fertigen Beton (fe-Beton) aufzuwenden sind, weil dadurch sowohl die Vorausbestimmung der erforderlichen Zementmengen als auch die Kontrolle bedeutend leichter und sicherer wird.

In gutem Beton müssen so viele Bindemittel enthalten sein, daß alle Körner der Zuschlagstoffe gut miteinander verkittet werden; die Körnung der Zuschlagstoffe wird so gewählt, daß der Porenraum möglichst klein wird. Zum Ausfüllen der Poren hat das Bindemittel nicht zu dienen, wenn der Beton nicht wasserdicht zu sein braucht. Wenn in Raumteilen gemessen l Zement $+$ m Sand $+$ n Kies gemengt und zu Beton verstampft werden, so erhält man V Raumteile fertigen Beton.

$$k = \frac{V}{1 + m + n}\,; \tag{261}$$

heißt die Ausbeute; ihre Größe hängt vom Korngemisch der Zuschlagstoffe, von deren Porenverhältnis und von der Anmachwassermenge ab. Als guten, vielfach zutreffenden Mittelwert kann man $k = 0{,}75$ ansehen, doch kann die Ausbeute bis unter 0,6 herabgehen. Wenn es sich um größere Bauwerke handelt, so ist stets die Ermittlung der Ausbeute durch Probebetonierung anzustreben.

Für die Ermittlung des Bedarfes an Zement und Zuschlagstoffen in Kubikmetern für 1 m^3 fertigen Beton bei gegebenem Mischungsverhältnis und bekannter Ausbeute gibt B. Safir die folgenden Formeln an:

(262) $$\text{Zement:}\quad Z = \frac{1}{k(1+m+n)},$$

(263) $$\text{Sand:}\quad S = \frac{m}{k(1+m+n)},$$

(264) $$\text{Kies:}\quad K = \frac{n}{k(1+m+n)}.$$

Safir fand auch, daß in der besten Kornmischung der Zuschlagstoffe bei Verwendung von Sand und Kies $n = 2m$, bei Verwendung von Sand und Schotter $n = 1{,}5\,m$ sein soll.

Kornmischung, Zementzusatz und Wasserzusatz bestimmen die Festigkeit des Betons. Kortlang hat durch Versuche nachgewiesen, daß z. B. bei einem bestimmten Zementzusatz die Festigkeit durch entsprechende Körnung des Zuschlages weit gesteigert werden kann. Um nur die Größenordnung dieses Einflusses anzudeuten, sei erwähnt, daß bei einem Versuche mit einer Mischung 1 : 10 durch Änderung der Körnung der Zuschlagstoffe die Festigkeit von 70 auf 140 kg/cm^2 gesteigert werden konnte. Schon dieser Versuch läßt klar erkennen, daß ebenso wichtig, wie der Zementzusatz, auch eine Bedachtnahme auf richtige Körnung der Zuschlagstoffe ist.

Kortlang hat zahlreiche Versuche angestellt, um den Einfluß des Zementzusatzes, des Wasserzusatzes und der Beschaffenheit des Zuschlagstoffes auf die Festigkeit zu finden. Er kam zu dem Schlusse, daß bei jedem Gemische die höchstmögliche Festigkeit eintritt, wenn dem Gewichte nach der Wasserzusatz gleich ist der Hälfte des Zementzusatzes. Der erforderliche Zementzusatz hängt nicht von der Körnung, sondern von der Oberfläche aller Körner der Zuschlagstoffe ab, die er in Quadratmetern bezogen auf 1 kg der Zuschlagstoffe mißt. Als günstigster Zusatz von Zement hat sich 0,09 kg auf 1 m^2 Oberfläche in 1 kg der Zuschlagstoffe ergeben. (Das Eigengewicht der Zuschlagstoffe betrug bei seinen Versuchen $\gamma = 2{,}61$ t/m^3 und das Porenverhältnis $n = 0{,}385$.) Die größte Druckfestigkeit ergab sich im Rahmen seiner Versuche bei einer Oberfläche von 2,32 m^2/kg und die denkbar größte Druckfestigkeit stellt sich ein, wenn Wasser und Zementzusatz sowie spezifische Oberfläche der Zuschlagstoffe den oben angegebenen Regeln entsprechen.

Korngröße mm	Körnerzahl im kg	Oberfläche m^2/kg
12 bis 15	237	0,157
8 „ 13	620	0,216
6 „ 8	1680	0,301
3 „ 6	7425	0,503
1,5 „ 3	86390	1,135
0,8 „ 1,5	710800	2,227
0,4 „ 0,8	4272500	4,125
0,1 „ 0,4	136680000	8,402
0,0 „ 0,1	1429000000	28,741

Mittlere Oberfläche
für feinen Sand = 4,263 m^2/kg
„ groben „ = 3,556 „
„ Kiessand = 2,855 „

Für die vorteilhafteste Kornmischung der Zuschlagstoffe sind eine Anzahl von Regeln angegeben worden; viel benützt wurde die Mischung nach der sogenannten Fullerkurve (Abb. 121), doch hat diese vielfach nicht befriedigt. Systematische Versuche von K. Kasparek beim Bau der Langmannsperre haben z. B. die folgenden Ergebnisse gehabt:

Sand aller Größen von 0 bis 7 mm, nach Fuller gemischt, Würfelfestigkeit	233 kg/cm^2
Derselbe Sand ohne Durchfall durch das 4900 Maschensieb	292 „
„ „ „ „ „ „ 2500 „	337 „
„ „ „ „ „ „ 900 „	389 „
„ „ „ „ „ „ 500 „	392 „
„ „ „ „ „ „ ½ mm Lochsieb	450 „
„ „ „ „ „ „ 1 „ „	417 „
„ „ „ „ „ „ 3 „ „	383 „

Bei allen Versuchen war der Beton 1 : 3 nach Gewicht gemischt.

Es kann demnach mit Rücksicht auf den großen Zementaufwand bei vielen Grundbauten nur empfohlen werden, Versuche zur Ermittlung der zweckmäßigsten Körnung mit den in Aussicht genommenen Zuschlagstoffen anzustellen.

Ganz besonders sei betont, daß Beton hoher Festigkeit nicht gleichzeitig geringe Wasserdurchlässigkeit haben muß. Hohe Festigkeit und hohe Wasserdichte bedingen verschiedene Kornmischungen der Zuschlagstoffe.

Von besonderer Bedeutung für hohe Festigkeit ist neben der richtigen Körnung der Zuschlagstoffe noch der Wasserzusatz, der, je nach der wegen der Verarbeitungsweise geforderten Konsistenz, verschieden gewählt wird. Der Wasserzusatz wird am besten durch den Wasserzementfaktor angegeben, das ist der Quotient aus zugesetztem Wasser in Kilogramm durch den auf einen Kubikmeter fertigen Boden aufgewendeten Zement in Kilogramm. Dieser Wasserzementfaktor liegt zwischen etwa 0,25 und 1,4. Bei der Bemessung des Wasserzusatzes muß die Feuchte der Zuschlagstoffe berücksichtigt werden.

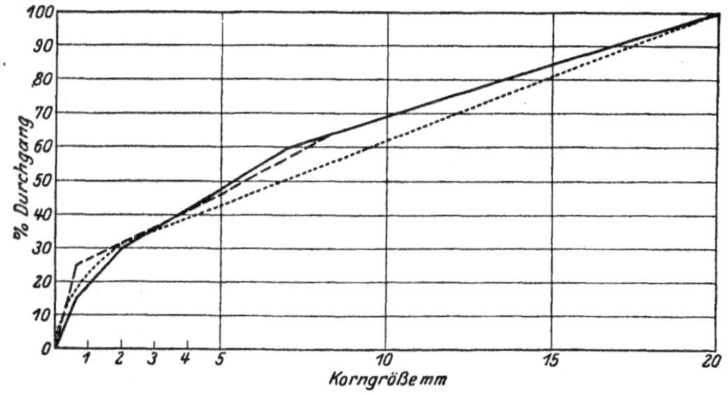

Abb. 121. Empfehlenswerte Mischungslinien der Zuschlagstoffe nach Graf (— — —), nach Fuller (............) und nach Hermann (———). (Aus R. Grün, Der Beton.)

Der Beton wird in den Konsistenzformen erdfeucht (Wasserzusatz 6 bis 7 vH des Gewichtes), plastisch (Wasserzusatz 8 bis 10 vH des Gewichtes) und gießfähig (Wasserzusatz 10 bis 15 vH des Gewichtes) verwendet. Der erdfeuchte Beton läßt sich mit

Tabelle 12. Einfluß des Wasserzusatzes auf die Druckfestigkeit von Beton. (Nach O. Graf.)

Körnung	kg Zement für 1 m³ fertigen Beton	Wasserzementfaktor	Konsistenz	Druckfestigkeit nach 28 Tagen kg/cm²
Bei günstiger Körnung	417	0,35	erdfeucht	420
	420	0,4	plastisch	429
	410	0,5	gießfähig	322
	355	0,4	erdfeucht	400
	370	0,5	plastisch	330
	345	0,6	gießfähig	225
	290	0,5	erdfeucht	325
	290	0,6	plastisch	241
	285	0,7	gießfähig	165
	230	0,6	erdfeucht	242
	232	0,7	plastisch	190
	226	0,8	gießfähig	145
	154	0,9	erdfeucht	119
	150	1,0	plastisch	102
Bei sandreichen Zuschlagstoffen	377	0,56	erdfeucht	167
	370	0,65	plastisch	135
	360	0,82	gießfähig	97
	330	0,6	erdfeucht	146
	323	0,7	plastisch	125
	320	0,87	gießfähig	99

der Hand eben noch zusammenballen und enthält annähernd ebensoviel Wasser, als der Zement für das Abbinden erfordert. Plastischer und gießfähiger Beton enthält Wasser in Überschuß, das die Festigkeit herabsetzt. Einen Überblick über den Einfluß des Wasserzusatzes auf die Festigkeit gibt die Tabelle 12, die gleichzeitig auch anschaulich vor Augen führt, von welcher Bedeutung die Körnung ist.

Abb. 122. Einrichtung zur Betonierung mit plastischem Beton beim Krafthaus Mixnitz an der Mur. (Steweag, Graz.)
a Brücke für Betonzufuhr in Muldenkippern, *b* Verteilrohre für den Beton.

An der Baustelle wird der Beton als Stampfbeton, als plastischer Beton, als Gußbeton, als Spritzbeton (Torkretbeton), als Preßbeton und als Unterwasserbeton verwendet.

Stampfbeton wird im Grundbau nur bei der Herstellung von Pfählen und bei kleinen Bauwerksteilen mit geringer Bewehrung verwendet. Bei größeren Bauwerksteilen wird der Baufortschritt durch das Stampfen vielfach zu sehr behindert.

Plastischer Beton ermöglicht eine bedeutende Erhöhung des Baufortschrittes gegenüber dem Stampfbeton. Die Zufuhr von der Mischanlage kann mit Muldenkippern, mit Bandförderern, mittels Kübeln am Kabelkran oder durch Pumpen erfolgen. In der Abb. 122 ist übersichtlich eine Einrichtung zur Zufuhr plastischen Betons mit

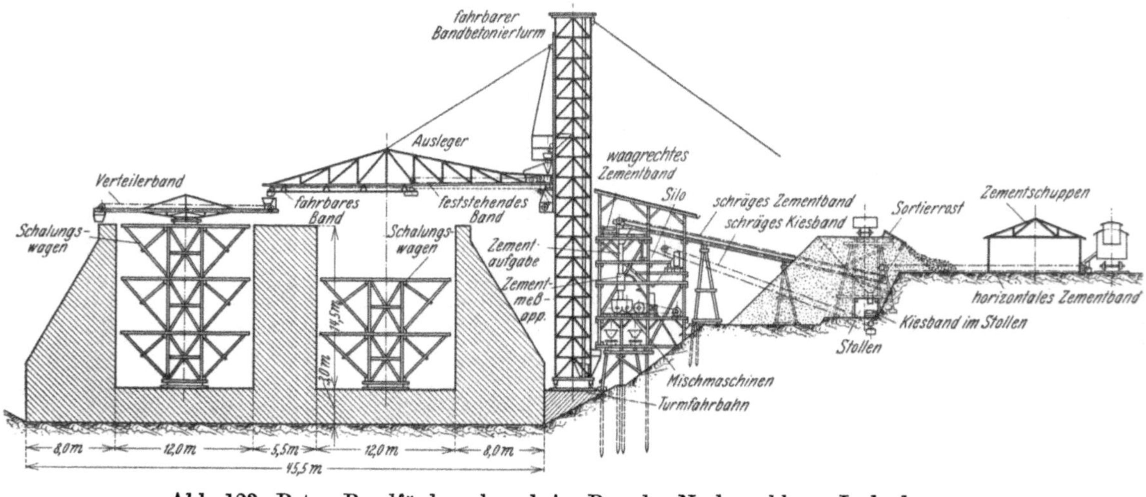

Abb. 123. Beton-Bandförderanlage beim Bau der Neckarschleuse Ladenburg.

Muldenkippern und zur weiteren Verteilung durch steilabfallende Rohre. In diesen Rohren tritt vielfach eine Entmischung des Betons ein, die ein neuerliches Mischen am Rohrauslauf erforderlich macht. In den Abb. 123 und 124 ist die Betonbandförderanlage vom Bau der Neckarschleuse Ladenburg dargestellt; zwischen je zwei Bandförderern sind beliebige Richtungsänderungen möglich.

Die Betonförderung mittels Kübeln am Kabelkran zeigen die Abb. 125 und 126. Während sowohl die Betonförderung mit Kabelkran als auch jene mit Bandförderern umfangreiche Anlagen erfordert, benötigt das Pumpen des Betons (Pumpkretbeton) nur die Betonpumpe und eine Rohrleitung von 100 mm Weite aus dünnwandigen Eisenrohren, durch die der Beton bis zu 40 m Höhe und 100 m Entfernung gepreßt wird. Die Betonpumpe (Abb. 127) wird durch einen Motor von 15 bis 20 PS angetrieben. Der zu fördernde Beton gelangt in das kleine Silo der Pumpe, von wo er durch ein Rührwerk in die Pumpenkammern geschleudert und von Kolben in ununterbrochenem Strom durch das Rohr gedrückt wird. Die Pumpe leistet 8 bis 10 m³

Abb. 124. Beton-Bandförderanlage beim Bau der Neckarschleuse Ladenburg. (Dyckerhoff und Widmann.) *a* Förderturm, *b* Ausleger, *c* Förderband, *d* Verteilerband.

stündlich. Die Zuschlagstoffe dürfen Körner bis 40 mm enthalten. In der Abb. 128 ist das Auslaufen des Betons aus dem Förderrohr zu sehen.

Um an Beton bei Bauwerken größerer Abmessungen zu sparen, können in plastischen Beton bis zu 30 vH Bruchsteine eingebettet werden. In der Abb. 129 wird eben ein am Kabelkran zugeführter eiserner Korb von Bruchsteinen entladen, die dann mit Hilfe von Eisenstangen im Beton gebettet werden.

Gußbeton wird ebenfalls angewendet, um den Baufortschritt zu vergrößern. Er erfordert aber sehr kostspielige Anlagen und die Festigkeitseigenschaften des Gußbetons sind nicht günstig; um den Beton so geschmeidig zu machen, daß er fließt, muß wesentlich mehr Wasser zugesetzt werden, als der Zement für das Abbinden erfordert. Bei den ursprünglichen Gießanlagen wurden hohe Türme verwendet (Abb. 130 und 131), die die Gießrinnen entweder mittels Auslegerarmen oder mittels Seilen trugen. Der Beton wurde im Innern der Türme in Kübeln hochgezogen. Um an Kosten zu sparen, haben A. Bleichert und die Siemens-Bauunion den Turm und die langen Zulaufrinnen durch einen Kabelkran ersetzt, auf dem ein Fülltrichter (Abb. 132) mit anschließender kurzer Rinne hängt, dem der Beton mit einem Kübel vom Kabelkran aus zugeführt wird. Den Endteil bildet bei allen Betongießanlagen eine leicht bewegliche Fliegerrinne, die durch ein Gegengewicht ausgeglichen ist.

Abb. 125. Kabelkran für die Beförderung von Beton in Kübeln (b) beim Bau des Shannon-Kraftwerkes in Irland. Im Fuße des Turmes ist die Mischanlage (a) eingebaut. (A. Bleichert & Co.)

Abb. 126. Entleerung eines Betonkübels beim Bau der Schwarzenbachsperre. (Siemens-Bau-Union.)

Spritzbeton. Zur Auftragung von gut haftendem und besonders dichtem Putz sowie zur Herstellung dünner Wände wird das Torkretgerät (Abb. 133) verwendet, in dem das trockene Betonmischgut durch einen Schlauch mittels Preßluft befördert wird; das Anfeuchten geschieht erst in der Düse am Ende des Schlauches, aus der der Beton mit großer Geschwindigkeit herausspritzt. Der trocken gemischte Beton wird in die Zementkanone (Abb. 133a) nach Senken des Deckels e durch den Trichter b in den Raum c gefüllt. Hierauf wird der obere Deckel e geschlossen und der untere gesenkt, wobei der Beton in den Raum d fällt und auch die Taschen des Taschenrades g füllt. Durch die Pfeife t wird Preßluft zugeleitet, die auch den Raum d erfüllt. Ein kleiner Preßluftmotor dreht das Taschenrad g und so oft eine Tasche an der Pfeife t vorüberkommt, wird sie durch den Luftstrom entleert, der den Inhalt durch den Stutzen l in den Schlauch und weiter bis zur Düse bläst.

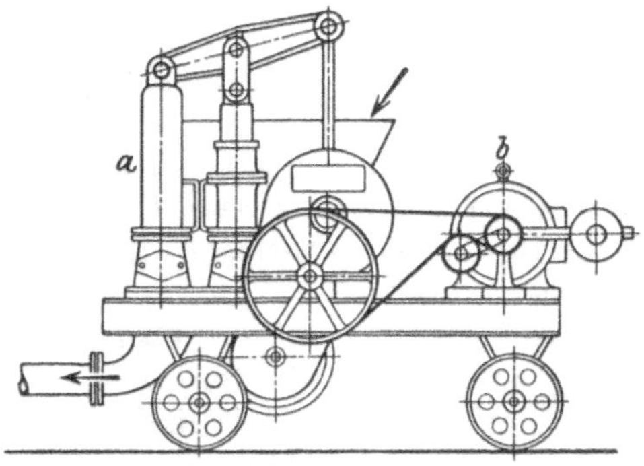

Abb. 127. Betonpumpe, System Giese-Hell (Torkret-Gesellschaft.)

Der Beton darf Kies bis zu etwa 5 mm Korngröße enthalten. Der Wasserzusatz wird an der Düse (Abb. 133b) so geregelt, daß der Beton an der zu bespritzenden Fläche haftet. Anfänglich prallen gröbere Körner zurück, sobald aber die haftende Zementschlammschicht hinreichend dick ist, werden auch die gröberen Körner eingebettet.

Abb. 128. Mit der Betonförderpumpe geförderter Beton fließt aus dem Rohr. (Torkret-Gesellschaft.)

Preßbeton. Vielfach kommt es bei Grundbauten auch vor, daß Beton in den Boden zur Dichtung von Poren im Sand oder von Rissen und Spalten in Fels gepreßt werden muß; überdies wird er zur Herstellung von Ortbetonpfählen verwendet. Für Einpressungen mit geringeren Drücken, bis etwa 10 atü, eignen sich die Geräte von Wolfsholz und jene der Torkretgesellschaft. Beide Geräte bestehen aus einem Kessel, in den der Beton eingefüllt wird und aus dem er dann durch eingeleitete Preßluft in einen Schlauch und weiter in den Boden gepreßt wird. Das Entmischen des Betons im Kessel wird beim Gerät von Wolfsholz (Abb. 103c, S. 98) durch ein Rührwerk, bei jenem der Torkretgesellschaft (Abb. 103a, b, S. 98) durch Einblasen von Luft in den Beton durch ein sogenanntes Kochrohr verhindert.

Abb. 129. Einbetten von Steineinlagen in den plastischen Beton in der Schwarzenbachsperre. (Siemens-Bau-Union.)

Unterwasserbeton. Im Grundbau kommt es in manchen Fällen vor, daß unter Wasser betoniert werden muß; solche Unterwasserbetonierungen sollen tunlichst vermieden werden, weil man vollkommen einwandfreien Beton bei diesem Verfahren nur schwer sicher erhält, sie lassen sich aber nicht immer umgehen. Bei der Unterwasserbetonierung kommt es besonders darauf an, eine Entmischung des Betons und besonders ein Ausspülen des Zementes zu verhindern. Unterwasserbetonierungen sind daher nur in ruhigem Wasser möglich.

Unterwasserbetonierungen sind früher ausgeführt worden, indem man Kiesschüttungen vom Rauminhalt des gewünschten Betons ausführte, in die Zementmilch eingepreßt wurde, indem man halb abgebundenen Beton ins Wasser warf oder indem man den Beton in Säcken versenkte. Der auf diese Weise hergestellte Beton ist sehr minderwertig. Besseren Beton erhält man, wenn der Beton in Kästen oder Säcken versenkt wird, die erst an der Sohle geöffnet und entleert werden. Ein sicherer Zusammenhang des auf diese Weise aufgebauten Betonkörpers besteht aber nicht, weil sich an der Oberfläche jeder Schüttung Zementschlamm absetzt, der schließlich lose Fugen im Betonkörper verursacht.

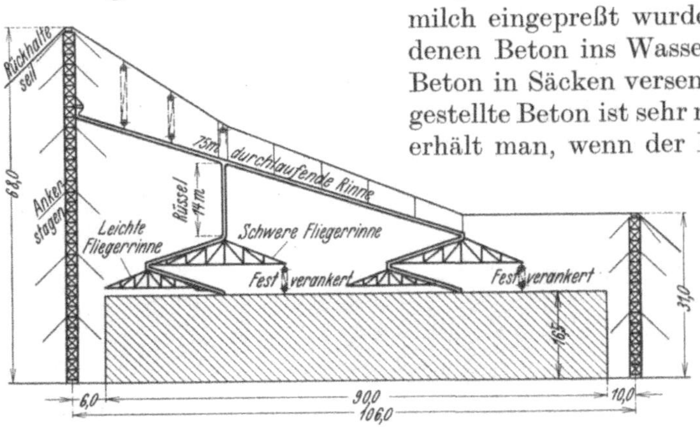

Abb. 130. Betongießanlage. (Nach H. Gaye: Bautechnik 1931, S. 162.)

Wesentlich bessere Beschaffenheit hat Unterwasserbeton, der durch einen eigenen Trichter geschüttet wird, wie er in der Abb. 134 zu erkennen ist. Der Trichter ist oft unten, entsprechend der Stärke der zu schüttenden Betonplatte (0,3 bis 0,7 m),

Abb. 131. Gußbetonanlage beim Bau des Shannon-Kraftwerkes in Irland. (Siemens-Bau-Union.)
a Förderturm, *b* Gußrinne.

schräg abgeschnitten; er wird während der Schüttung langsam verschoben. Wenn mehrere solche Trichter nebeneinander verwendet werden oder wenn die Betonplatte in mehreren übereinanderliegenden Schichten geschüttet wird, so sind aber wieder schlammdurchsetzte Stellen nicht zu vermeiden.

Den einwandfreiesten Unterwasserbeton erhält man mittels des schwedischen

Unterwassergußbetonverfahrens (Contractor-Verfahren, Abb. 135), bei dem der Beton derart unter Wasser in einem Zuge gegossen wird, daß das Gußrohrende stets mindestens 1,0 m (Abb. 136) unter dem Beton liegt. Der Gußbeton breitet sich bis auf etwa 3,5 m im Umkreis aus; um eine gut zusammenhängende Platte zu erhalten, ist daher alle 7 m ein Gußrohr erforderlich. Die auf diese Weise herstellbare Plattenstärke ist beliebig und es können auch, wie die Erfahrung beim Bau des Trockendocks auf der Insel Beckholmen in Stockholm gelehrt hat, Pfeiler u. dgl. hergestellt werden.

Abbinden des Betons. Beton beginnt nach einer bestimmten Zeit abzubinden; bei gewöhnlichem Portlandzement beginnt das Abbinden nach zwei bis drei Stunden

Abb. 132. Einrichtung für das Gießen von Beton vom Kabelkran aus, System Bleichert-Siemens-Bau-Union. (Siemens-Bau-Union.)

a Gießtrichter, *b* Fliegerrinnen, *c* Gegengewicht, *d* Gießrinnen von Turmgießanlagen.

und ist nach weiteren 3 bis 5 Stunden beendet. Beim Entwurfe einer Mischanlage für eine weit ausgebreitete Baustelle muß auf die Abbindezeit Rücksicht genommen werden, nötigenfalls wird der Beton in einer zentralen Anlage trocken gemischt, an entferntere Verwendungsstellen auch trocken gefördert und erst dort in einer Mischmaschine angefeuchtet.

Der Vorgang des Abbindens kann durch Zusätze zum Beton während der Mischung beeinflußt werden. Alkalien, Ätzkali, Alaun und Kochsalz beschleunigen das Abbinden, während Traß und Sulfate, wie Gips das Abbinden verzögern. Solche Zusätze dürfen aber in Beton für tragende Bauwerksteile nur mit Vorsicht verwendet werden, weil sie die Festigkeit herabsetzen können.

Schwinden und Quellen. Beton erleidet während des Erhärtens Raumänderungen, die von der Art der Lagerung während des Erhärtens sehr weitgehend abhängen; erhärtet der Beton in der Luft, so zieht er sich zusammen, man sagt, er schwindet;

wird er hingegen unter Wasser gelagert, so nimmt sein Rauminhalt zu und man spricht vom Quellen des Betons. Wenn an der Luft erhärteter Beton ins Wasser gebracht wird, so quillt er, und zwar um so mehr, je früher er ins Wasser gebracht wird und je länger er darin bleibt; er erreicht aber nicht jenes Maß der Quellung, das eintreten würde, wenn er sofort nach dem Abbinden ins Wasser gekommen wäre. Die Quellung beginnt schon am ersten Tage der Wasserlagerung. Wird hingegen Beton, der anfänglich im Wasser lagerte, weiter in der Luft gehalten, so beginnt das Schwinden erst nach einigen Tagen und der Schwund bleibt kleiner, wie bei Beton, der nie naß gehalten worden ist. Einige in der Tabelle 13 zusammengestellte Versuchsergebnisse mögen andeuten, innerhalb welcher Größenordnung Schwund und Quellung zu erwarten sind. Lagerung unter feuchtem Sand wirkt ähnlich wie Lagerung unter Wasser.

Versuche von C. Bach und O. Graf haben erwiesen, daß die Längenänderungen des Betons wohl in den ersten Wochen am stärksten sind, daß sie aber noch viele Jahre weiter gehen; so betrugen bei einem Ver-

a)

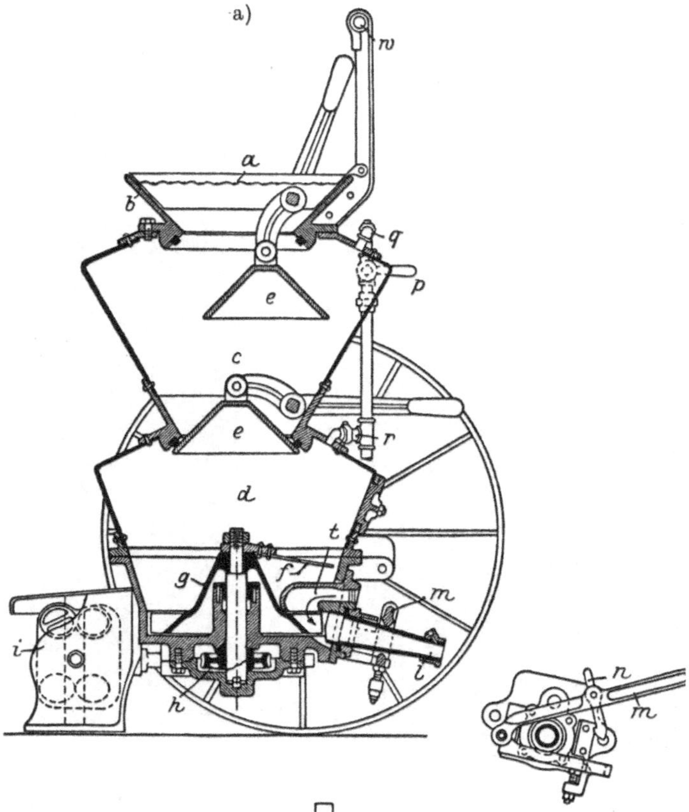

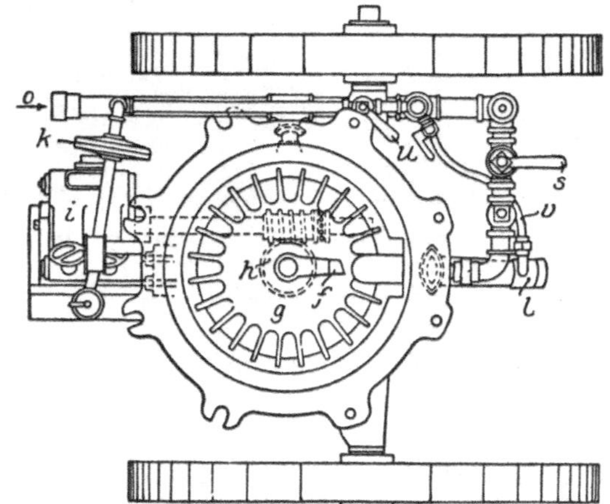

b)

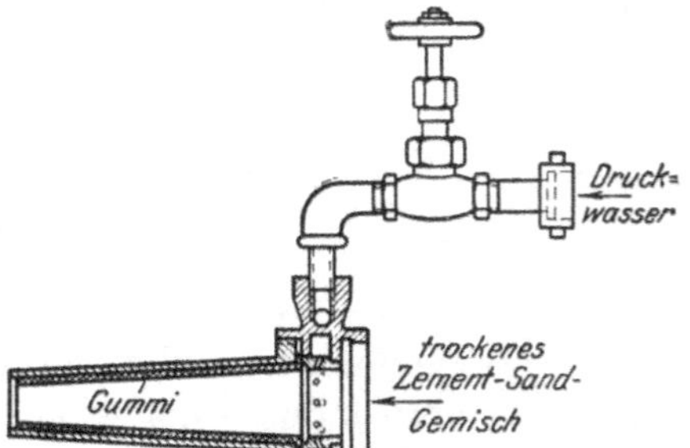

Abb. 133. a) Das Torkretgerät. b) Düse des Torkretgerätes. (Aus O. Walch: Die Auskleidung von Druckstollen.)

b Fülltrichter, *c* Vorkammer, *e* Verschlußdeckel, *g* Taschenrad, *t* Pfeife, *l* Schlauchanschlußstutzen.

such mit Beton (1 Zement und 4 Sand und Kies) die Längenänderungen in vT:

nach	1 Jahr	bei Lagerung	in der Luft	— 0,410,	in Wasser			+ 0,080
„	4 Jahren	„	„ „ „	— 0,485,	„	„		+ 0,132
„	6 „	„	„ „ „	— 0,512,	„	„		+ 0,177
„	12,5 „	„	„ „ „	— 0,520,	„	„		+ 0,205

Auch der Wasserzusatz hat Einfluß auf die Längenänderung von Beton; so ergab sich z. B., daß bei einem Beton (1 Zement und 2 Sand und 3 Kies) die Längenänderung

nach	7	28	90 Tagen
bei Stampfbeton	– 0,04	– 0,14	– 0,21 vT
„ Gußbeton	– 0,01	– 0,11	– 0,20 „

ausmachen.

Die Ergebnisse der bisher angestellten Versuche zusammenfassend, kann gesagt werden, daß trocken gelagerter Beton um so mehr schwindet, je fetter und je trockener die Mischung war. Einen gesetzmäßigen Zusammenhang zwischen Längenänderung

Tabelle 13. Schwinden und Quellen verschiedener Zementmörtel. (Nach E. Probst.)

Mischung	Wasserzusatz vH	Lagerung	Längenänderung in vT nach 7 Tagen	28	84 bis 90	365	Versuche, ausgeführt von
Körper aus reinem Portlandzement	30	Luft	−0,574	−3,020	−3,320	−4,540	Schule
Körper aus reinem Portlandzement	30	Wasser	+0,240	+0,533	+0,715	+1,110	Schule
Mörtel, 1 Z + 3 Normalsand	12	Luft	−0,406	−1,280	−1,355	−1,690	Schule
Mörtel, 1 Z + 3 Normalsand	12	Wasser	+0,120	+0,093	+0,140	+0,113	Schule
Mörtel, 1 Z + 3 Züricher Bausand	9	Luft	−0,097	−0,504	−0,668	—	Schule
Mörtel, 1 Z + 5 Züricher Bausand	9	„	−0,030	−0,440	−0,650	—	Schule
Mörtel, 1 Z + 3 Normalsand, erdfeucht gestampft	—	„	−0,290	−0,580	−0,670	−0,760	Gary
Mörtel, 1 Z + 3 Normalsand, erdfeucht gegestampft	—	Wasser	+0,110	+0,120	+0,240	+0,450	Gary
Mörtel, 1 Z + 3 Isarsand, erdfeucht gestampft	—	Luft	−0,480	−0,640	−0,840	−0,840	Gary
Mörtel, 1 Z + 5 Isarsand, erdfeucht gestampft	—	„	−0,360	−0,460	−0,540	−0,550	Gary

und Mischung bzw. Lagerung aufzustellen, ist bisher nicht gelungen. Fest steht überdies, daß das Schwinden bei Luftlagerung größer ist als das Quellen bei Wasserlagerung und daß das Schwinden besonders wirksam eingeschränkt wird, wenn der Beton in den ersten Tagen möglichst naß gehalten wird.

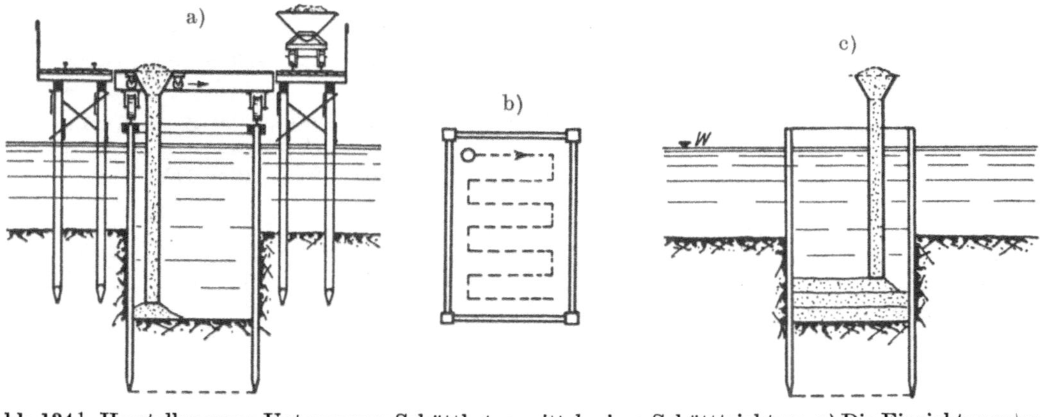

Abb. 134[1]. Herstellung von Unterwasser-Schüttbeton mittels eines Schütttrichters. a) Die Einrichtung zur Schüttung von Beton, b) Der Weg des Schütttrichters, c) Schüttung in mehreren Lagen. (Nach Nakonz: Bautechnik 1930 S. 36.)

Während nun die Längenänderungen bei Beton auf die Beanspruchung des Bauwerkes weiter keinen Einfluß haben, wenn entsprechende Dehnungsfugen angeordnet werden, rufen die vom Erhärtungsprozeß herrührenden Längenänderungen bei Eisenbeton Spannungen hervor, weil das Haften des Betons am Eisen die Längenänderungen des Betons hemmt; hierdurch kommen z. B. bei der Erhärtung in der Luft in die Bewehrung Druckspannungen und in den Beton Zugspannungen, die von einer Größenordnung sind, die unter Umständen zu berücksichtigen sind. Die Längenänderungen bewehrter Körper bleiben demgemäß sowohl bei Wasserlagerung als auch bei Luftlagerung hinter jenen gleich fetter unbewehrter Betonkörper weit zurück, um so mehr, je stärker die Bewehrung ist. Mit der Stärke der Bewehrung nehmen aber auch die durch die Behinderung der Dehnung hervorgerufenen Spannungen im Beton zu.

E. Probst berechnete die Spannungen, die in Eisenbetonkörpern während des Erhärtens entstehen; bezeichnet ε_b das Schwindmaß von unbewehrtem Beton, ε_e die durch die Längenänderung des Eisenbetonkörpers bewirkte Längenänderung der Bewehrungseisen, so beträgt die Längenänderung des bewehrten Betons, die durch das Haften an dem Eisen bewirkt wird, $\varepsilon = \varepsilon_b - \varepsilon_e$; ε ist eine Dehnung beim Schwinden, eine Verkürzung beim Quellen des Betons. Bezeichnet ferner E_e das Elastizitätsmaß des Eisens, E_b jenes des Betons bei Zug bzw. bei Druck, so gilt, wenn σ_e die Spannung im Eisen, σ_b jene im Beton bedeutet,

$$\sigma_e F_e = \sigma_b F_b \tag{265}$$

und weiter, da $\varepsilon E = \sigma$ ist,

$$\varepsilon_e E_e F_e = (\varepsilon_b - \varepsilon_e) E_b F_b \tag{266}$$

und es ist

$$\varepsilon_e = \varepsilon_b \frac{E_b F_b}{E_e F_e + E_b F_b}. \tag{267}$$

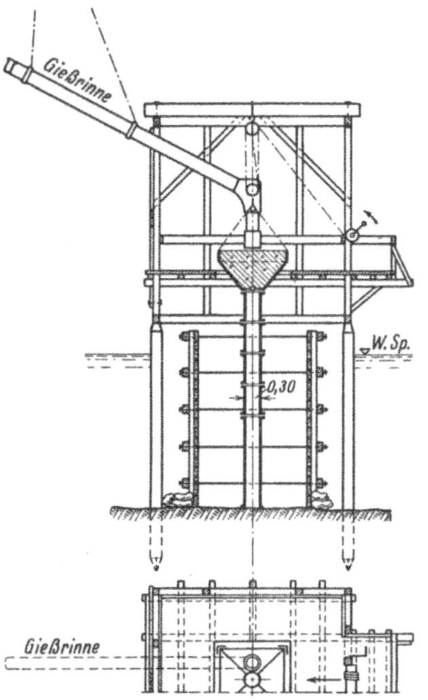

Abb. 135. Einrichtung für das Gießen von Unterwasserbeton nach dem Contractor-Verfahren.

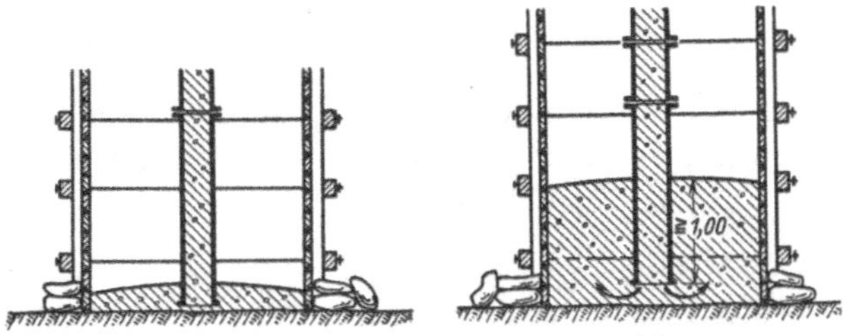

a) b)

Abb. 136. a) Beginn des Gusses, b) Zustand während des Gusses.

(Abb. 135 u. 136 nach Trier und Tode: Bautechnik 1930 S. 110 u. 111.)

Wird das Verhältnis der Eisenfläche zur Betonfläche

$$\frac{F_e}{F_b} = \varphi \tag{268}$$

gesetzt, so ist

$$\varepsilon_e = \varepsilon_b \frac{E_b}{\varphi E_e + E_b} \tag{269}$$

und wenn

$$\frac{E_e}{E_b} = n \tag{270}$$

gesetzt wird, hat man

$$\varepsilon_e = \varepsilon_b \frac{1}{n\varphi + 1} \tag{271}$$

oder

$$\sigma_e = E_e \varepsilon_b \frac{1}{n\varphi + 1} \tag{272}$$

und

$$\sigma_b = E_b(\varepsilon_b - \varepsilon_e) = E_b \varepsilon_b \left(1 - \frac{1}{n\varphi + 1}\right) = E_b \varepsilon_b \frac{n\varphi}{n\varphi + 1} = \varphi \sigma_e. \tag{273}$$

Aus den Gleichungen für σ_e bzw. σ_b folgt, daß die Spannungen im Eisen um so größer, jene im Beton um so geringer bleiben, je schwächer bewehrt wird.

Handelt es sich um Schwinden und wird $n = 15$, $\varepsilon_b = 0{,}0001$, $E_e = 2150000$ kg/cm² angenommen, so ergibt sich für die

Bewehrung	$\varphi = 0{,}5$ vH	$= 0{,}005$;	$\sigma_e = -200$ kg/cm²;	$\sigma_{b_z} = +1{,}00$ kg/cm²
„	$\varphi = 1{,}0$ „	$= 0{,}01$;	$\sigma_e = -187$ „ ;	$\sigma_{b_z} = +1{,}87$ „
„	$\varphi = 2{,}0$ „	$= 0{,}02$;	$\sigma_e = -165$ „ ;	$\sigma_{b_z} = +3{,}30$ „
„	$\varphi = 3{,}0$ „	$= 0{,}03$;	$\sigma_e = -148$ „ ;	$\sigma_{b_z} = +4{,}44$ „

Das sind Spannungen, die nicht immer vernachlässigt werden dürfen, besonders dann, wenn der Beton nicht nur statisch zu wirken hat, sondern auch wasserdicht sein soll. Mit dem Alter nimmt die Festigkeit von Beton zu, so daß im Laufe der Zeit die von der Erhärtung hervorgerufenen Spannungen im Beton immer belangloser werden.

Die angeführten Versuchsergebnisse haben zwar Fingerzeige dafür gegeben, wie die Längenänderungen eingeschränkt werden können und von welcher Größenordnung sie sind, eine Berechnung ihrer Absolutwerte war bisher noch nicht möglich.

Wärmeausdehnung. Beton dehnt sich bei Erwärmung um so mehr aus, je fetter die Mischung ist. Versuche von Keller haben für den Temperaturbereich zwischen -16 und $+72^0$ C die folgenden Ausdehnungszahlen α ergeben:

Reiner Zementmörtel	$\alpha_t = 0{,}0000126$
Beton, 1 Z + 1 Sand und Kies.	$\alpha_t = 0{,}0000110$
„ 1 Z + 2 „ „ „	$\alpha_t = 0{,}0000101$
„ 1 Z + 4 „ „ „	$\alpha_t = 0{,}0000104$
„ 1 Z + 6 „ „ „	$\alpha_t = 0{,}0000092$
„ 1 Z + 8 „ „ „	$\alpha_t = 0{,}0000095$

als guter Mittelwert kann für Beton etwa $\alpha_t = 0{,}00001$ angesehen werden.

Der Temperaturbereich, der bei der Ermittlung der Wärmedehnungen zu berücksichtigen ist, hängt von den Abmessungen des Bauwerkes und von der Lage bezüglich der Sonnenstrahlen ab. Bauwerksteile, die von der unmittelbaren Bestrahlung durch die Sonne bewahrt, aber sonst nicht weiter geschützt sind, werden in der Regel für den Temperaturbereich $\pm 15^0$ C berechnet. Sind die Bauwerksteile der Sonnenbestrahlung ausgesetzt, so muß mindestens mit einem Temperaturbereich gleich den Grenzwerten der mittleren Tagestemperatur gerechnet werden und wenn die Dicke der Bauwerksteile gering ist, wird man darüber hinaus mit einem Temperaturbereich zu rechnen haben, der sich den Grenzwerten am wärmsten bzw. kältesten Tage nähert.

Wenn ein Bauwerksteil mindestens 1 m hoch überschüttet ist, so kommt als tiefste Temperatur äußerstenfalls 0^0 C in Frage. Bei Bauwerksteilen, die ständig von Flußwasser bespült werden, ist ein Temperaturbereich von 0 bis etwa 14^0 C und bei Bauwerksteilen, die von stehendem Seewasser bespült sind, ein solcher von etwa 0 bis 26^0 C zu berücksichtigen.

Zementsorten. Beton wird von Säuren und Alkalien im Wasser oder im Boden angegriffen und es müssen gegebenenfalls besondere Zementarten, die gegen derartige Angriffe unempfindlicher sind, verwendet werden; einen Überblick über die am häufigsten angewendeten Sonderzemente und ihre Anwendungsbereiche gibt die Tabelle 14 auf S. 124.

Wasserdichte. Beton ist im allgemeinen nicht wasserdicht, weil jeder Beton Poren enthält. Je nach dem Porenraum und dem mehr oder minder weiten Zusammenhang der Poren untereinander ist der Beton auch mehr oder minder wasserdurchlässig. Festigkeit und Wasserdichte stehen, wie schon erwähnt worden ist, in keinem gesetzmäßigen Zusammenhang. Um einen möglichst dichten Beton zu erhalten, müssen vor allem die Zuschlagstoffe derart gewählt werden, daß schon sie allein ein möglichst geringes Porenvolumen haben; Zement soll nur so viel gegeben werden als für das

Tabelle 14. Angaben über

Zementart	Gewöhnlicher Portlandzement (normgemäß)	Portlandzement, hochwertig
Chemische Zusammensetzung	Kalk . . . . 58,0 bis 66,0 vH Kieselsäure . . . . 20,0 bis 26,0 vH Eisenoxyd. . . . . 2,2 bis 4,6 vH Tonerde. . . . . 4,0 bis 9,5 vH Magnesia . . . . 0,0 bis 3,0 vH Alkalien. . . . . 0,2 bis 2,8 vH Schwefelsäure . . . . 0,2 bis 2,2 vH Glühverlust . . . . 0,2 bis 2,7 vH Rückstände, unaufgeschlossen . . 0,1 bis 1,4 vH	Nicht wesentlich anders als gewöhnlicher Portlandzement, nur sorgfältiger hergestellt
Beginn des Abbindens	Langsambinder . . . . 3 bis 12 Stunden Normalbinder . . . . 2 bis 3 Stunden Schnellbinder . . . . ¼ bis 1/6 Stunde Gießzement . . . . bis 5 Minuten	Nach 2 bis 4 Stunden, selten bis 8 Stunden
Erhärtung Festigkeit der Normwürfel (1 Z + 3 Normensand)	Langsambinder: Nach 1 Tag Luft- + 6 Tage Wasserlagerung 180 kg/cm². Nach 1 Tag Luft- + 6 Tage Wasser- + 21 Tage Luftlagerung 350 kg/cm². Portlandzement für Wasserbauten: Nach 1 Tag Luft- + 27 Tage Wasserlagerung 200 kg/cm². Schnellbinder haben geringere Festigkeiten.	Nach 1 Tag Luft- + 1 Tag Wasserlagerung 250 bis 300 kg/cm². Nach 28 Tagen Luft- und Wasserlagerung 550 bis 600 kg/cm²
Schwinden und Quellen	Erst nach Jahren beendet	Nach 28 Tagen im wesentlichen beendet
Gewicht von 1 Liter	lose eingelaufen 1,4 kg eingerüttelt 1,95 kg	
Temperaturerhöhung beim Abbinden	~ 10°	40° bis 50°
Anwendungsgebiet	Für alle Bauwerke, die in nicht angreifenden Boden oder Wasser zu stehen kommen. Durch Zuschlag von kieselsäurehaltigen Stoffen kann die Zerstörung des Kalkes im Beton verhindert werden	Für alle Bauwerke, bei denen es auf hohe Festigkeit, kurze Dauer der Schalung und rasch beendetes Schwinden ankommt

Sonderzemente:

Siccofix-Zement enthält feingemahlene bituminöse Stoffe, die den Beton wasserabweisend und wasserdicht machen.

Antiaqua-Zement ergibt wasserdichten Beton und wird wie Portlandzement verarbeitet.

Liebold-Zement enthält stearinartige Zusätze, die im Beton Wasser abweisen.

Prodorit ergibt einen vollständig säurefesten Beton. Festigkeit nach drei Tagen 440 kg/cm².

sichere Verkitten aller Zuschlagstoffe erforderlich ist. Eine über dieses Maß hinausgehende Zementgabe wird zwar vorhandene Poren verstopfen, sie gibt aber leicht zu neuen Undichtigkeiten Anlaß, da es ja erwiesen ist, daß fettere Betonmischungen mehr zur Bildung von Schwindrissen neigen als magere. Um die Poren möglichst klein zu machen, sie womöglich ganz zu schließen, werden dem Beton als Zuschlagstoff vielfach Steinmehl, gemahlener Ton oder Traß beigemengt. Steinmehl und Ton sind lediglich ein Mittel zur Füllung der Poren und sie erhöhen wesentlich den erforderlichen Zementzusatz, da die einzelnen Teilchen miteinander verkittet werden müssen; die zur Verkittung nötige Zementmenge hängt aber, wie schon auf S. 112 geschildert worden ist, von der Oberfläche der zu verkittenden Körner ab.

verschiedene Zementarten.

Eisen-portlandzement	Hochofenzement	Erzzement	Schmelzzement (Tonerdezement)
Portlandzement 70 vH Hochofen-schlacke, gekörnt (Kalk-Tonerdesilikat) 30 vH	Kalk . . . . 44,1 vH Kieselsäure. . 27,7 vH Eisenoxyd . . 1,3 vH Tonerde . . . 14,6 vH Magnesia. . . 7,8 vH Alkalien . . . 0,8 vH Schwefelsäure 3,1 vH Rückstände . 0,6 vH	Portlandzement, in dem die Tonerde fast vollständig durch Eisen- oder Metalloxyd ersetzt ist Tonerdegehalt $\leqq$ 1,5 vH	Kalk . . . . 35 bis 45 vH Kieselsäure. . . . . . 5 bis 15 vH Tonerde . . . . 35 bis 55 vH Eisenoxyde. . . . . . 5 bis 15 vH
—	—	—	Wie normaler Portlandzement
Festigkeit nach 7 Tagen Wasserlagerung 260 kg/cm², nach 28 Tagen Wasserlagerung 360 kg/cm², nach 28 Tagen gemischter Lagerung 420 kg/cm²	Festigkeit höher als bei normalem Portlandzement, Erhärtung wie bei Portlandzement. Nicht lange lagerfähig	—	Die Festigkeit ist im wesentlichen binnen 24 Stunden erreicht: Nach 24 Stunden 430 bis 550 kg/cm² Nach 7 Tagen 599 kg/cm² Nach 28 Tagen 617 kg/cm² Nach 90 Tagen 784 kg/cm²
—	—	—	Hohe Schwindspannungen
eingelaufen 1,4 kg/l eingerüttelt 2,1 kg/l	—	—	Annähernd wie bei Portlandzement
—	—	—	Bis 100°
In Meereswasser und in angreifendem Wasser	In moorigen Grundwässern, im Seewasser, bei Einwirkung von Rauchgasen und überall dort, wo dem Kalk im Zement Zerstörung droht	Im Seewasser und in sauren Wässern, im Bergbau	In sulfathaltigen Wassern, überall wo der Kalk im Portlandzement zerstört würde und dort, wo auf rasche Erhärtung und hohe Festigkeiten Wert gelegt wird, z. B. für Rammpfähle

Hydraulische Zuschläge:
Puzzuolanerde macht den Beton gegen Seewasser widerstandsfähig.
Santorinerde Verwendung wie Puzzuolanerde.
Traß verzögert das Abbinden, macht Beton wasserdichter und gegen Seewasser widerstandsfähig.
Thurament. Verwendung wie bei Traß.
Linkkalk. Verwendung ähnlich jener des Trasses. Macht Beton widerstandsfähig gegen Seewasser und angreifende Wässer.

Traß wirkt auch porenausfüllend, geht aber mit dem Portlandzement eine chemische Bindung ein, die gerade bei der Beurteilung der Wasserdichte besonders in die Waagschale fällt. Traß zu Hochofenzement oder Schmelzzementbeton zuzusetzen hat keinen Sinn. Im abgebundenen Beton aus Portlandzement sind bekanntlich erhebliche Mengen Kalziumhydroxyd enthalten, das in Wasser löslich ist und von den Sickerwässern ausgespült wird. Dieser Vorgang ist sowohl in Versuchskörpern, die in Apparaten zur Messung der Durchlässigkeit eingespannt sind, als auch an ausgeführten Bauwerken leicht nachzuweisen; dort wo die Sickerwässer austreten und mit der Kohlensäure der Luft in Berührung kommen, bildet sich nach der Formel

$$Ca\,(OH)_2 + CO_2 = CaCO_3 + H_2O$$

unlöslicher Kalk, der in weißen Schichten den Beton überzieht. Diese Auswaschungen müssen, wenn sie entsprechend lang andauern, die Bildung einzelner, besonders weiter Sickerwege begünstigen und zu einer Schädigung der Festigkeit führen. Durch den Zusatz von Traß kann die Bildung von Kalziumhydroxyd beim Abbinden verringert oder auch ganz verhindert werden, weil sich das Kalziumhydroxyd mit dem

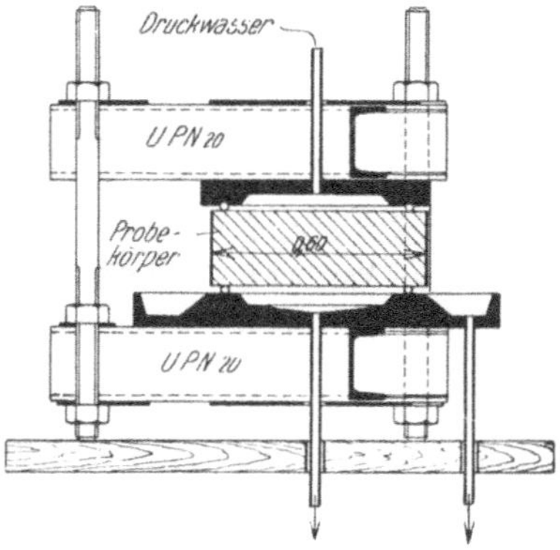

Abb. 137. Gerät zur Ermittlung der Wasserdurchlässigkeit an großen Betonproben.

Abb. 138. Ansicht des Gerätes Abb. 137.

Traß zu wasserunlöslichem Kalziumsilikat umsetzt. Der Traßzusatz soll ¼ bis ½ der Zementzugabe nicht überschreiten, hierbei dürfen aber nur 10 bis 15 vH der Traßgabe als Ersatz für Zement gelten.

Die Wasserdurchlässigkeit von Beton kann leicht durch Laboratoriumsversuche geprüft werden; hierzu werden scheibenförmige Proben von mindestens 7 cm Dicke in Durchmessern von 20 bis 60 cm hergestellt und in Geräten, wie sie in den Abb. 137 bis 140 zu erkennen sind, ein-

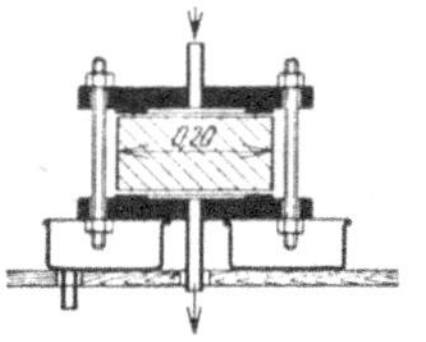

Abb. 139. Gerät zur Ermittlung der Wasserdurchlässigkeit an kleinen Betonproben.

Abb. 140. Ansicht der Geräte Abb. 139.

seitig dem Wasserdruck ausgesetzt. Damit das Wasser im wesentlichen nur senkrecht zu den ebenen Begrenzungsflächen der Scheiben durchsickert, werden die Proben in einem Mantel aus Eisenblech gestampft. Die Untersuchung einer Probe dauert bis zu mehreren Monaten; die Beobachtungen haben nämlich gelehrt, daß die Proben vielfach Wasser anfänglich durchlassen, daß aber im Laufe der Zeit eine Selbstdichtung eintritt, wie sie deutlich in den Auftragungen der Abb. 141 zu erkennen ist. Die Sickerung folgt dem Darcyschen Gesetz (Abb. 142), nach dem die Sickerung Q m³/sec durch eine Fläche von F m²

$$Q = k\frac{h}{l}F \tag{274}$$

beträgt; l bedeutet die Länge des Sickerweges, das ist hier die Dicke der Probe und h den Druckabfall, in Metern Wassersäule gemessen, hier also die in Meter Wassersäule gemessene Pressung des zugeleiteten Wassers. k wird die Durchlässigkeit genannt und ist eine Konstante der betreffenden Betonmischung; sie ist stets eine sehr kleine Zahl. Mit der aus Versuchen ermittelten Durchlässigkeit kann unter Verwendung der Formel (274) die Sickerung durch Bauwerke beliebiger Abmessungen leicht berechnet werden.

Neben der auf natürlichem Wege angestrebten Dichtung des Betons durch eine entsprechende Auswahl in der Körnung bzw. Kornmischung der Zuschlagstoffe wird die Dichtung vielfach auch durch künstliche Mittel versucht, die zum Teil als porenfüllende schon den Zuschlagstoffen zugesetzt werden, zum Teil erst auf die Oberfläche des abgebundenen Betons als Putz, Anstrich oder Verkleidung aufgetragen werden.

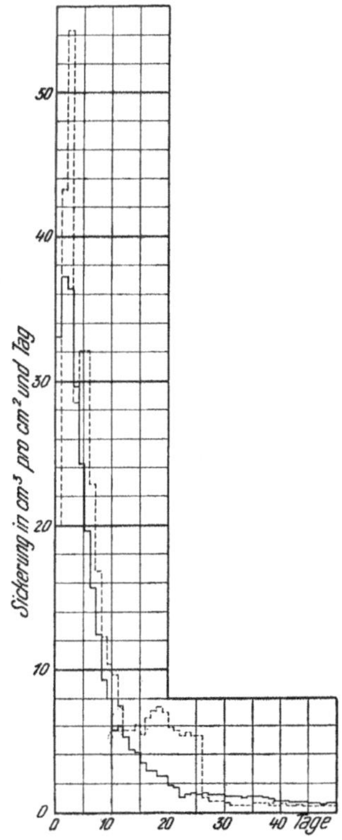

Abb. 141. Selbstdichtung von Beton.

Die zahlreichen Dichtungsmittel, die dem Beton beigemengt werden, können in wasserabweisende und andere geschieden werden; die wasserabweisenden enthalten meist ölige Substanzen, Harze oder dgl. Von den im Handel vorkommenden Dichtungsmitteln seien genannt Ceresit, Biber, Awa, Heimalol, Preolit und Aquabar. Von den nichtwasserabweisenden wären zu erwähnen Traß, Ton, Schmierseife, Alaun, Wasserglas, Antaquid, Tricosal, Prolapin, Durit und Sikka. Bei der Anwendung eines Zusatzes zur Erhöhung der Wasserdichte muß bedacht werden, daß die meisten Mittel die Festigkeit oft nicht unwesentlich herabsetzen. Bei der Verwendung von Mitteln, die unter Phantasienamen im Handel sind und deren chemische Beschaffenheit geheimgehalten wird, ist besondere Vorsicht am Platze, da eine Beurteilung der Einwirkung des Zusatzes auf den Beton ohne Versuche nicht möglich und Überraschungen nicht ausgeschlossen sind.

Das Auftragen eines Putzes fetterer Mischung dichtet zwar, doch soll dieser Putz sehr bald nach der Betonierung auf die sorgfältig gereinigte Oberfläche aufgetragen werden, weil er sich sonst nicht gut mit dem Beton verbindet; auch muß der Putz,

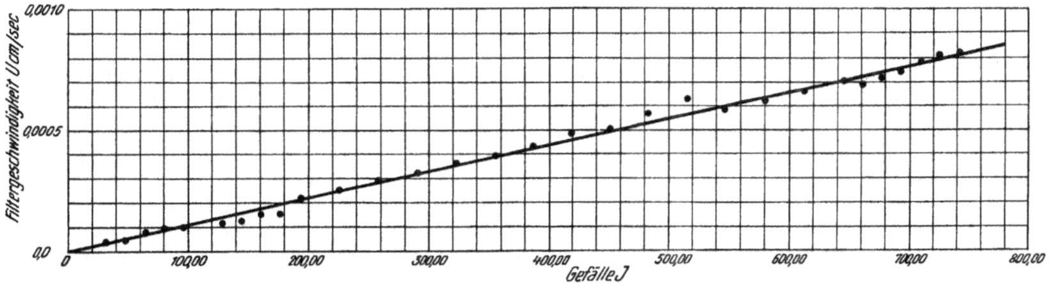

Abb. 142. Nachweis der Gültigkeit des Darcyschen Filtergesetzes für die Sickerung durch Beton.

weil fettere Mischungen im besonderen Maße zum Schwinden neigen, anfänglich gut feucht gehalten werden. Für das Auftragen des dichtenden Putzes eignet sich bei größeren Bauten ganz besonders das Torkretgerät (vgl. S. 120), das nicht nur einen sehr fest haftenden, sondern auch einen sehr dichten Putz erzeugt. Statt des Putzes wird vielfach mit Besen oder Bürsten nur Zementmilch oder ein dünner Mörtel aus Zement und sehr feinem Sand am Beton verrieben, der oberflächlich die Poren schließt.

Getrockneter Beton kann schließlich auch durch besondere Anstriche gedichtet werden, von denen Goudron, Inertol, Beton-Murolineum, Lithurin, Krustit, Arbagit und Siderosthen genannt seien.

Auf Bauwerksteilen, die zeitweise durchnäßt und in diesem Zustande dem Frost ausgesetzt sind, hält sich Putz nicht lange, weil er durch das in den Poren frierende Wasser abgesprengt wird; die Zerstörungen durch Frost können binnen weniger Jahre auf beträchtliche Tiefen vordringen und den Bestand des Bauwerkes gefährden.

Isolierung des Betons. Durch Bestandteile des Bodens und des Wassers kann Beton zerstört werden; gegen derartige Angriffe ist besonders Beton während des Abbindens und während der ersten Erhärtungszeit empfindlich. Der Beton wird gegen solche Zerstörung durch eine sorgfältige Isolierung mit Asphalt, Asphaltprodukten oder durch Verkleidung mit Klinkerziegeln geschützt, die in besonders schwierigen Fällen in Asphaltmörtel verlegt werden. Beispiele solcher Bauwerksisolierungen werden gelegentlich der Besprechung der verschiedenen Gründungen gegeben werden.

Literatur: Bericht über das Verhalten hydraulischer Bindemittel im Seewasser. Dt. Bauzg. 1909 S. 170. — Brettschneider: Beschädigung von Bauwerken durch Grundwasser und Sickerwasser. Zentralbl. Bauverw. 1917 S. 104, 215, 252, 292, 354, 408. — Buer, N.: Zur Frage der Einwirkung von Säuren auf Beton. Bauing. 1925 S. 760. — v. Bülow, H.: Chemische Angriffe auf Beton. Bauing. 1925 S. 76. — Buchartz: Das Verhalten hydraulischer Bindemittel im Seewasser. Beton u. Eisen 1910 S. 79. — Deutscher Ausschuß für Eisenbeton: Heft 23. Untersuchungen über die Längenänderungen von Betonprismen beim Erhärten und infolge von Temperaturwechsel. Berlin: W. Ernst & Sohn 1913. — Förster, M.: Taschenbuch für Bauingenieure. 1. Bd. 5. Aufl. Berlin: Julius Springer 1928. — Gary: Beton im Meere. Dt. Bauzg. 1919 S. 89. — Gaye: Der Einsturz der Wirtschaftsbrücke bei Gartz a. d. Oder. Bautechnik 1931 S. 162. — Gerlach: Die elektrische Untergrundbahn der Stadt Schöneberg. (Saures Grundwasser.) Zentralbl. Bauverw. 1911 S. 89. — Graf, O., u. H. Goebel: Schutz der Bauwerke gegen chemische und physikalische Angriffe. Berlin: W. Ernst & Sohn 1930. — Graf, O.: Volumenänderungen des Betons usw. Z. V. d. I. Bd. 56 II (1912) S. 2069. — Grünberg, A. W.: Schütttrichter für das Versenken von Beton unter Wasser. Zentralbl. Bauverw. 1923 S. 310. — Habicht, F. R.: Erfahrungen mit Gußbetonschüttungen unter Wasser. Beton u. Eisen 1928 S. 60. — Hamblock: Die Folgen des Gebrauches unrichtig zusammengesetzter Mörtel. Zentralbl. Bauverw. 1909 S. 639. — Helbing u. Bach: Über Zerstörungen von Betonbauwerken durch Sickerwässer. Zentralbl. Bauverw. 1919 S. 250. — Hermann, P.: Über Betonzerstörungen durch Sulfate und andere schwefelhaltige Stoffe. Zentralbl. Bauverw. 1923 S. 1. — Hoech: Prüfung von Zement in dem Grundwasser der Baugrube. Zentralbl. Bauverw. 1905 S. 111. — Hummel: Zum Verhalten des Tonerde-Zements gegenüber chemischen Angriffen. Bauing. 1924 S. 482. — Kleinlogel, A.: Einflüsse auf Beton. 3. Aufl. Berlin: W. Ernst & Sohn. — von der Klos: Aufzeichnungen über Beton im Meerwasser. Beton u. Eisen 1910 S. 79. — Kölle: Über Einfluß säurehaltiger Grundwässer auf Beton. Zentralbl. Bauverw. 1903 S. 624. — Lehmann: Der Bau des Oberwassersammelkanals in Osnabrück und die an demselben beobachteten Zerstörungserscheinungen durch Entwicklung schwefelsauren Moor- bzw. Grundwassers. Dt. Bauzg. 1908 S. 466. — Lundberg u. W. Fellenius: Beton in Säcken. Ber. 100 z. 12. Int. Schiff.-Kongr. 1912 S. 18. — Möller, M.: Zur Verwendung von Beton und Eisenbeton im Meer. Beton u. Eisen 1909 S. 366. — Nakonz, W.: Unterwasserschüttbeton. Bautechnik 1930 S. 35. — Nitzsche: Versuche über das Verhalten von Beton in sulfathaltigem Moorwasser. Beton u. Eisen 1914 S. 387. — Petry: Einwirkung von Säuren und Salzen auf Beton. Bauing. 1920 S. 12. — Probst, E.: Die Sulfatbeständigkeit bei Tonerde-Zementbeton. Bauing. 1925 S. 179. — Derselbe: Vorlesungen über Eisenbeton. 2. Aufl. Berlin: Julius Springer 1923. — Derselbe: Beton. Anregungen zur Verbesserung des Materials. Berlin: Julius Springer 1927. — Rohland: Die Wirkung der Schwefelverbindungen auf den Zement bzw. Beton. Beton u. Eisen 1914 S. 241. — Scheck: Erleichterung für Schüttbetongründung. Dt. Bauzg. 1916 S. 5. — Safir, B.: Beschaffenheit, zweckmäßige Mischungsverhältnisse und Ausbeute hydraulischer Baustoffe. Berlin: W. Ernst & Sohn 1909. — Scheelhase: Über Maßnahmen gegen die angreifenden Eigenschaften des Frankfurter Grundwassers. Dt. Bauzg. 1908 S. 153. — Derselbe: Beitrag zur Frage der Betonzerstörung durch sulfathaltiges Grundwasser (Moorwasser). Z. V. d. I. 1913 S. 127. — Schoklitsch, A.: Wasserdurchlässigkeit von Baumaterialien und Sand. Wasserwirtschaft 1926 S. 691. — Schulte u. Hillebrand: Der Bau von Schleppzugsschleusen an der oberen Oder von Kosel bis Neißemündung (Trichterschüttung). Z. Bauw. 1914 S. 380. — Spangenberg: Zwei Betonbauten vom Stuttgarter Bahnhofsumbau (Kohlensäure). Dt. Bauzg. 1914 S. 91. — Trier, F.: Die Verwendung von Unterwassergußbeton in Schweden. Bautechnik 1930 S. 109. — Trier, F., u. Tode: Unterwassergußbeton nach dem Contractorverfahren beim Bau der Mole an der Mündung des Abstiegkanals bei Magdeburg-Rothensee in der Elbe. Bautechnik 1931 S. 176. — Zander: Erweiterung des Emder Hafens (Kohlensäure). Zentralbl. Bauverw. 1914 S. 434. — Zimmermann: Über die Einwirkung verschiedener chemischer Stoffe auf Festigkeit und Abbindezeit von Zement und Beton. Bauing. 1924 S. 416. — Weichtiere und Bohrmuscheln im Beton. Zentralbl. Bauverw. 1923 S. 598. — Bohrmuscheln im Beton. Bauing. 1925 S. 655. — Sicherung von Pfeilerfundamenten gegen angreifende Wasser. Beton u. Eisen 1928 S. 24.

C. Eisen.

Eisen findet im Grundbau immer weitgehendere Verwendung, nachdem man durch Untersuchung von Trägern, die durch Jahrzehnte gerammt waren, die Überzeugung erlangt hat, daß die Lebensdauer von Eisen im Untergrund der in Aussicht genommenen Nutzungsdauer des Bauwerkes angepaßt werden kann. Allerdings wird die Anwendung des Eisens nur befriedigen, wenn man dem Verhalten desselben im Wasser und im Untergrunde besonders Rechnung trägt. Es ist bekannt, daß Eisen aus der Luft Sauerstoff aufnimmt, daß es oxydiert oder rostet und daß dieser Vorgang beschleunigt wird, wenn das Eisen feucht ist. Wenn das Wasser, das mit dem Eisen in Berührung kommt, durch gelöste chemische Stoffe verunreinigt ist, so wird das Eisen ebenso wie von manchen Bestandteilen des Untergrundes überdies noch mehr oder minder heftig angegriffen. Soll Eisen zur Anwendung gelangen, so muß also sowohl das Wasser (Tagwasser und Grundwasser) als auch der Boden untersucht und ein allfälliges angreifendes Verhalten gegenüber dem Eisen festgestellt werden. Flußeisen und Baustähle dürfen nur angewendet werden, wenn sich das Wasser und der Untergrund dem Eisen gegenüber neutral verhalten. Aus Sicherheitsgründen werden zu den statisch erforderlichen Eisenstärken sogenannte Rostzuschläge gemacht. An Stellen, die dauernd zugänglich bleiben, können auch besondere Rostschutzanstriche angewendet werden. Wenn Eisen an Stellen verwendet wird, die später unzugänglich sind, kann es zum Rostschutz heiß geteert werden. Beobachtungen an geteerten eisernen Spundbohlen haben z. B. gelehrt, daß selbst dann, wenn scharfer Sand durchrammt wird, die Teerung fast unversehrt geblieben ist. Auch eine einmal gebildete Rostschicht bildet, wenn sie nicht mechanisch zerstört wird, im Boden einen Schutz, indem sie den Sauerstoff vom Eisen abhält, und das weitere Rosten zumindest verlangsamt. Besonders wirksame derartige Rostschichten bilden sich am Eisen aus, das, wie z. B. eiserne Spundwände in Sand steckt, wo sich aus Rost und Sand feste Krusten bilden. Solche eiserne Spundwände in nicht angreifenden Boden gerammt, dürften nach den bisherigen Erfahrungen Lebensdauer von 80 bis 100 Jahren erreichen.

Eine bedeutende Erweiterung seines Anwendungsbereiches hat das Eisen im Grundbau erfahren, seitdem man die Beobachtung gemacht hat, daß ein Zusatz von Kupfer das Eisen gegen Rostbildung und angreifende Wässer besonders widerstandsfähig macht und seitdem es gelungen ist, Kupfereisen und Kupferstahl hüttenmäßig zu Preisen zu erzeugen, die jene gewöhnlichen Flußeisens bzw. Baustahles nur um etwa 9 bis 10 vH übersteigen. Sorgfältige Versuche, die den Nachweis erbracht haben, daß ein geringer Kupferzusatz das Eisen selbst angesäuertem Wasser gegenüber widerstandsfähiger macht, sind in letzter Zeit von der Vereinigten Stahlwerke Aktiengesellschaft Dortmunder Union, der Erzeugerin der Larssen-Spundbohlen, angestellt worden; in Wasser, das mit Schwefelsäure angesäuert war, ergab sich z. B. die in der Abb. 143 dargestellte Gewichtsabnahme bei Baustählen mit verschiedenem Kupferzusatz. Man erkennt an diesen Auftragungen, daß ein Kupferzusatz von 0,33 vH die Lebensdauer des Stahles gegenüber Baustahl ohne Kupferzusatz auf das Drei- bis Vierfache steigert und es ist zu erwarten, daß mit solchem Kupferstahl die Eisenkonstruktionen selbst in aggressiven Wässern bzw. Böden Lebensdauer erreichen werden, die der Nutzungsdauer des Bauwerkes entsprechen.

Eine Erklärung der die Korrosion hemmenden Wirkung des geringen Kupferzusatzes ist noch nicht gefunden. Teilweise wird angenommen, daß durch die Bildung einer festen Lösung beider Metalle das Inlösunggehen des Eisens verringert wird, und zwar soll — nachdem sich etwas Eisen aufgelöst hat — das zurückbleibende Kupfer einen Schutzüberzug für das darunterliegende Metall bilden. Von anderer Seite wird vermutet, daß die Kupfer-Eisenlegierung der erstgebildeten Rosthaut gegenüber weniger elektropositiv ist als reines Eisen; dadurch würde die Potentialdifferenz und somit auch die Rostneigung verringert. Eine dritte Ansicht schreibt der Dichte der Rostschicht die Schutzwirkung zu; diese soll bei kupferhaltigem Stahl dichter sein und vor allem fester haften als bei Stahl ohne Kupferzusatz; sie würde also das unter ihr befindliche Metall vor dem Weiterrosten schützen. Beweise für die Gültigkeit einer dieser Theorien sind bisher aber noch nicht erbracht worden.

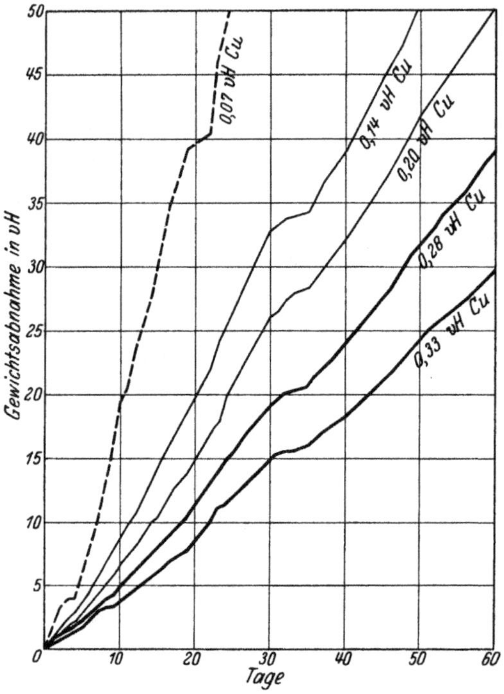

Abb. 143. Die Erhöhung des Korrosionswiderstandes von Baustahl durch Kupferzusatz. Gewichtsabnahme in Wasser mit ein vH Schwefelsäure. (Vereinigte Stahlwerke A. G. Dortmunder Union.)

Literatur: Bauer: Rostversuche mit kupferhaltigem Eisenblech. Stahl-Eisen 1921 S. 37, 76. — Bauer, O., O. Vogel u. C. Holthaus: Der Einfluß eines geringen Kupferzusatzes auf den Korrosionswiderstand von Baustahl. Mitt. Materialpr.-Anst. 1930 Sonderheft 11. — Bärenfänger, C.: Versuche über Schutzanstriche im Seewasser. Korrosion Metallschutz 1928 S. 193. — Daeves: Die Korrosionsbeständigkeit gekupferter Thomas- und Siemens-Martinstähle. Stahl-Eisen 1926 S. 609. — Derselbe: Die Witterungsbeständigkeit gekupferten Stahles. Stahl-Eisen 1926 S. 1857. — Department of Scientific and Industrial Research: Broschüre 75. London 1928. — Friend, N.: Iron and Steel Institute, Carnegie Scholarship Memoirs 1927 S. 131. — Heyn u. Bauer: Über den Angriff des Eisens durch Wasser und wässerige Lösungen. Stahl-Eisen 1908 S. 1564. — Holthaus, C.: Korrosion und Rostverhütung bei eisernen Spundwänden. Dortmunder Union 1929. — Kölle: Rostgefahr und Lebensdauer eiserner Spundwände. Zentralbl. Bauverw. 1925 S. 545. — Lepage, E.: Rev. Mét. 1927 Nr. 6. — Mevenger, Howell G.: Stahl-Eisen 1919 S. 684. — Pollit, A. A.: Die Ursachen und Bekämpfung der Korrosion. Braunschweig: Vieweg 1928. — Richardson, E. A., u. L. T.: Trans. Am. Electrochem. Soc. 1916 S. 379. — Schulz, H. E.: Praktische Korrosionsforschung. Stahl-Eisen 1928 S. 1397. — Stecher: Die Verwendung eiserner Spundwände, Form Larssen, im Hafenbau. Jahrb. Hafenbautechn. Ges. 1924. — Tillmanns: Die chemische Untersuchung von Wasser und Abwasser. Halle a. d. S. 1915. — Unger, S. J.: Stahl-Eisen 1928 S. 1719. — Waeker, W. H.: Proc. Am. Soc. Test. Mat. 1911 S. 615.

Dritter Teil.

Spundwände.

Spundwände sind wasserdichte Wände aus Holz, Eisenbeton oder Eisen, die fast ausnahmslos durch Rammung nebeneinanderstehender Spundbohlen in den Boden hergestellt werden. Sie dienen der Abhaltung von Tag- und Grundwasser von Baugruben während der Bauausführung, zur Verhinderung von Durchsickerungen von Grundwasser unter Bauwerken, die dem Aufstau von Wasser dienen, zur Sicherung von Bauwerken gegen Unterkolkung, zur Erhöhung der Standsicherheit von Bauwerken und als selbständige Bauwerke, vorwiegend als Ersatz für Stütz- und Ufermauern u. dgl.

A. Die Bauweisen der Spundwände.

I. Hölzerne Pfahl- und Spundwände.

Hölzerne Spundwände werden sowohl als Hilfsbauten bei der Gründung von Bauwerken als auch als bleibende Bestandteile von Bauwerken verwendet; im letzteren Falle ist ihre Anwendung aber auf jene Fälle beschränkt, in denen sie ständig unter dem tiefstmöglichen Wasser- bzw. Grundwasserspiegel liegen. In Boden mit groben Geschieben oder mit Bauwerksresten sind sie nicht anwendbar. Je nach der Rammtiefe, der Beschaffenheit des Bodens und dem Zwecke der Spundwand werden die Spundbohlen verschieden bearbeitet (Abb. 144 und. 145). Pfahl- und Bohlwände ohne Spundung sind minder wasserdicht und kommen hauptsächlich zur Sicherung von Bauwerken, wie z. B. Wehren gegen Unterkolkung, und für den Bau niedriger Fangdämme in Frage. Stülpwände (Abb. 144c) sind bei einseitigen Wassertiefen bis zu etwa 1 m zur Abhaltung des Wassers von Baugruben verwendbar. Die Gratspundung und die Halbspundung wird bei dünnen Spundbohlen bis zu etwa 10 cm Stärke für untergeordnete Zwecke angewendet, bei stärkeren Spundbohlen kommt die Quadrat oder die Keilspundung zur Ausführung. Beim Rammen ist die Feder der Quadrat- und der Keilspundung durch die Reibung in der Nut gefährdet; um die Reibung herabzusetzen, läßt man in der in der Abb. 145e, f und g angedeuteten Weise zwischen Nut und Feder ein Spiel von etwa 4 bis 5 mm.

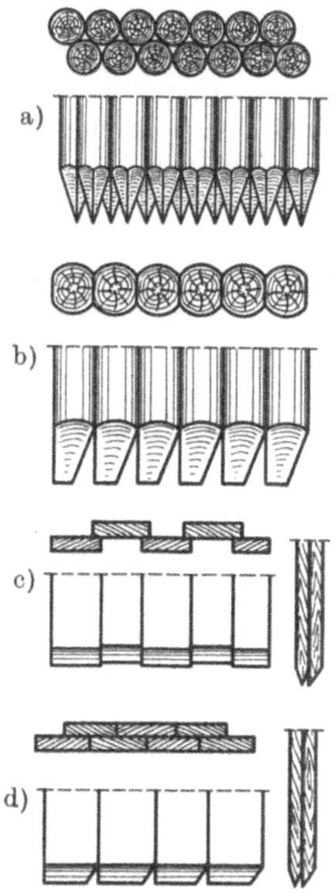

Abb. 144. Hölzerne Pfahl- und Bohlwände. a), b) Pfahlwände, c) Stülpwand, d) doppelte Bohlwand.

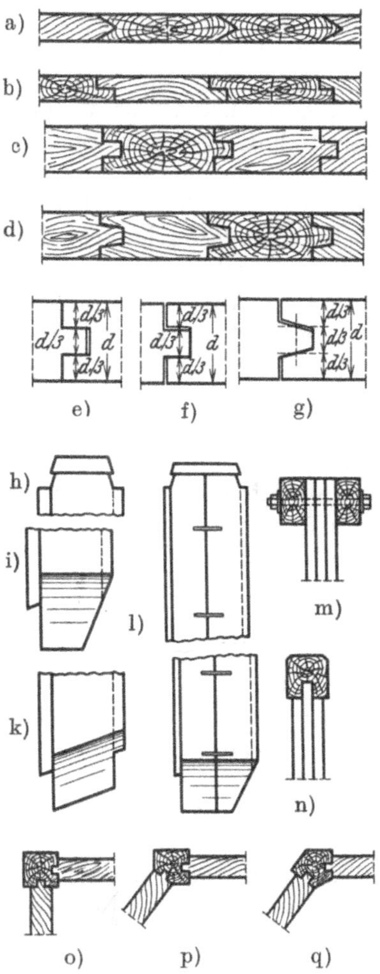

Abb. 145. Hölzerne Spundwände. a) Gratspundung, b) Halbspundung, c) gerade Spundung, d) Keilspundung, e) und f) Einzelheiten der geraden Spundung, g) Einzelheiten der Keilspundung, h) Kopf einer hölzernen Spundbohle, i) und k) Schneiden der Spundbohlen, l) Doppelbohle, m) Zangen einer hölzernen Spundwand, n) Holm einer hölzernen Spundwand, o), p) und q) Ausbildung von Ecken in einer hölzernen Spundwand mittels Eckpfählen.

Die Spundung ist früher mit Handwerkzeugen ausgeführt worden; bei größerem Verbrauch von Spundbohlen lohnt sich aber die Bearbeitung der Spundung auf Holzbearbeitungsmaschinen (Holzfräse oder adaptierte Abrichtmaschine) um so mehr, als die Bearbeitung genauer ist und die Kosten von der Art der Spundung unabhängig sind.

Die Wandstärke, die für hölzerne Spundbohlen gewählt wird, hängt von der Rammtiefe ab; bis zu Tiefen von 2 m genügt eine Dicke von 8 cm und für jeden Meter Mehrtiefe erfolgt ein Zuschlag von etwa 1 bis 2 cm. Die Breite der Spundbohlen beträgt etwa 25 bis 30 cm. Hölzerne Spundbohlen sind bis zu etwa 18 m Länge und bis zu 30 cm Dicke bei der Kaiserschleuse in Bremen gerammt worden.

Die Spundbohlen müssen für die Rammung besonders vorbereitet werden. Damit sie durch die Schläge des Rammbären nicht verletzt werden, erhalten sie am Kopf einen konischen etwa 6 bis 10 cm hohen und 2 cm starken Schlagring, der das Aufspalten und die Bartbildung verhindert; der Ring ragt ursprünglich etwas über das Ende der Bohle vor und wird erst durch die ersten Schläge des Rammbären voll auf die Bohle getrieben. Damit die Bohlen leichter in den Boden eindringen, erhalten sie unten eine Schneide, die bei leichtem Boden eine Höhe gleich der 2- bis 3fachen Bohlenstärke, bei schwerem Boden eine solche gleich der 1- bis 1,5fachen Bohlenstärke hat. Wenn die Bohlen in scharfem Kies oder Gerölle zu rammen sind, erhalten sie zur Schonung der Schneide einen Schuh aus etwa 3 mm starkem Eisenblech und damit die Bohlen sich beim Rammen dicht an die schon gerammten legen, wird diese Schneide schräg hergestellt oder es wird die Bohle an der einen Seite unten abgeschrägt (vgl. Abb. 145i und k); der Erdwiderstand, der auf diese Fläche wirkt, preßt die Bohlen dann aneinander.

Die Bohlen werden stets mit der weniger empfindlichen Nut voraus gerammt; die Feder wird unten schräg abgeschnitten (Abb. 145i und k), damit die so geschaffene Nase den Boden aus der Nut der schon gerammten Bohle ausräumt.

Bei der Rammung von Stülpwänden und doppelten Wänden erhält die eine Bohlenreihe, die zuerst gerammt wird, eine symmetrische Schneide, die zweite Reihe erhält nur eine einseitige Schneide, damit der Erdwiderstand diese Bohle während des Rammens gegen die schon gerammte Reihe preßt und so einen möglichst dichten Schluß bewirkt.

Hölzerne Spundwände werden nach dem Rammen mit einem oder mehreren Zangenpaaren (12/18 bis 20/24 cm) verschraubt, von denen eines während des Rammens als Führung dient (vgl. S. 142). Statt mittels eines Zangenpaares am oberen Rand (Abb. 145m) hat man die hölzernen Spundwände bei Wasserbauten auch oft mit einem Holm (Abb. 145n) versteift. Die Zangenhölzer werden möglichst lang genommen und die erforderlichen Stöße werden stets um mindestens 1 m versetzt.

Die Ecken von hölzernen Spundwänden werden durch Pfähle gebildet (Abb. 145o, p und q), die für den Anschluß der Spundbohlen genutet sind. Die letzte Spundbohle, die diesen Anschluß bewirkt, ist eine sogenannte Paßbohle, die nach genauem Maß eigens anzufertigen ist und daher teurer ist als die übrigen Bohlen.

Undichtigkeiten in hölzernen Spundwänden werden gedichtet, indem man bei frei im Wasser stehenden Wänden an der Wasserseite Kesselasche, Lohe, Sägespäne, Sand u. dgl. vor die Fuge bringt; das strömende Wasser nimmt diese Stoffe in die Klüfte mit und verlegt sie nach und nach. Von der Innenseite können Undichtigkeiten durch Verstopfen und Kalfatern, nötigenfalls unter Zuhilfenahme von Tauchern behoben werden.

Als Holz für Spundwände eignet sich besonders Kiefer- und Lärchenholz, das nicht ausgetrocknet verwendet wird. Vorbereitete Spundbohlen dürfen nicht trocken gelagert werden, da sie sonst nach dem Rammen quellen und die Spundwand verziehen.

Literatur: Lang, F.: Neue Pfahlschuhform für Holzbohlen. Zentralbl. Bauverw. 1913 S. 707. — Derselbe: Über die Brauchbarkeit der Pfahlschuhe. Zentralbl. Bauverw. 1904 S. 279. — Eisenbahnbrücke über die Weichsel bei Thorn. Z. Bauw. 1876 S. 44.

II. Eisenbetonspundwände.

Eisenbetonspundbohlen können im Gegensatze zu hölzernen Spundbohlen in beliebigen Abmessungen hergestellt werden, die nur durch die Rücksicht auf die Beförderung und auf die Rammbarkeit eingeschränkt werden. Die Breite bisher ausgeführter Eisenbetonspundbohlen hat selten 50 bis 60 cm überschritten und die ausgeführten Bohlendicken liegen zwischen 10 und 50 cm. Die Bohlen sind in der Regel den hölzernen nachgebildet. Um das Gewicht und auch die Reibung beim Rammen zu verringern, hat Th. Möbus an den Längsseiten fachartige Vertiefungen angeordnet.

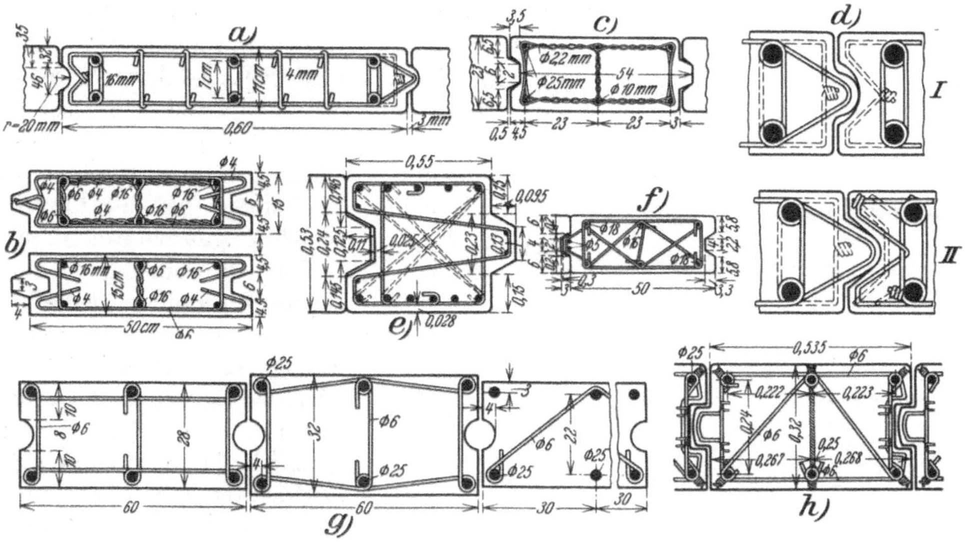

Abb. 146. Querschnitte, Bewehrung und Spundung von Eisenbetonspundbohlen. a) Hafen Ruhrort, b) Seeflugplatz Norderney (Grün und Bilfinger), c) Spundbohle von Ph. Holzmann, d) Hafen Ruhrort (I gut bewährt, II nicht bewährt), e) Schleuse Ymuiden, f) Brücke über die Süderelbe, Hamburg, g) Hafen Ruhrort, h) Petroleumhafen Düsseldorf.

In Ausnahmsfällen sind Eisenbetonspundbohlen auch mit T- oder mit I-Querschnitt ausgeführt worden, um das Widerstandsmoment zu erhöhen.

Die Spundung (Abb. 146) wird als Trapez oder trapezähnliche, mit stark abgerundeten Ecken, als halbkreisförmige oder als dreieckähnliche ausgeführt, wobei die Federn stets wesentlich breiter als hoch gemacht werden. Die Eisenbetonbohlen werden, so wie die hölzernen, stets mit der Nut in die Richtung des Rammfortschrittes gestellt. Um die Reibung in der Nut herabzusetzen, ist vielfach die Feder nur im unteren Teil der Bohlen ausgeführt worden (Abb. 147); im übrigen Teil wurde statt der Feder eine Nut gemacht und es wurde schließlich der durch die zwei im oberen Teil aneinander stoßenden Nuten gebildete Hohlraum mit Beton ausgefüllt, um die Wand zu dichten. Die Eisenbetonspundbohlen werden gerammt oder gerammt und gespült (vgl. S. 328). Bei Eisenbetonspundbohlen, die eingespült werden sollen, hat man auch statt der früher beschriebenen Spundung nur zwei halbkreisförmige Nuten angeordnet, in die zur Führung während der Rammung ein Eisenstab oder das Spülrohr eingelegt wurde. Nach beendeter Rammung sind die Nuten schließlich mit Beton aufgefüllt worden. Die

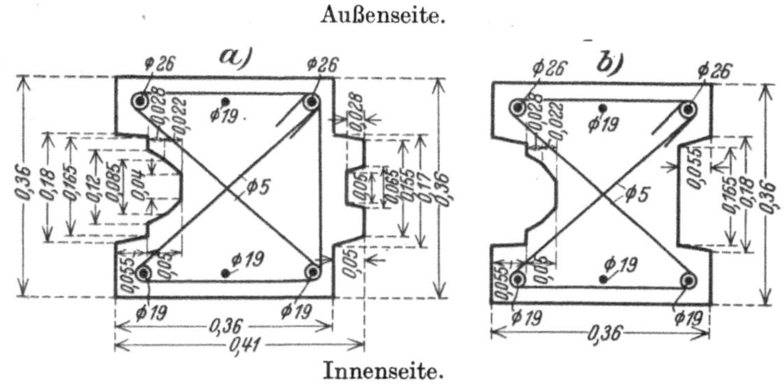

Abb. 147. Spundung und Bewehrung der Ufermauer in Borkum. a) Schnitt in der Höhenlage der Feder, b) Schnitt oberhalb der Feder (Grün und Bilfinger).

beschriebenen Spundungen sind so, wie die bei den hölzernen Bohlen in Verwendung stehenden, für die Aufnahme von Zugkräften nicht geeignet; um sie auch für die Aufnahme von Zugkräften zu befähigen, hat man Schloßeisen einbetoniert (Abb. 148), wie sie bei Eisenspundbohlen verwendet werden, oder man hat sogar einfach Eisenspundbohlen mit Eisenbeton ummantelt und auf diese Weise deren Widerstandsmoment erhöht. Die Bewehrung wird bei solchen Bauweisen in Löcher der Schloßeisen bzw. der Eisenbohlen eingelegt. Die Nut und die Feder von Eisenbetonspundbohlen werden auch mit Längseisen bewehrt, die durch eigene Drahtbügel an der übrigen Bewehrung gut verankert werden.

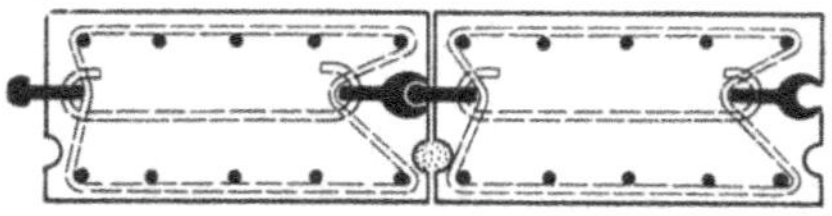

Abb. 148. Eisenbeton-Spundbohle mit eisernem Schloß.

Die Bewehrung der Eisenbetonspundbohlen (Abb. 149) besteht aus Längseisen, die in die Ecken des Querschnittes und gleichmäßig verteilt längs der Seitenflächen gelegt werden; ihr Querschnitt wird dem größten Widerstandsmoment angepaßt, das beim Transport oder bei der gerammten Bohle erforderlich ist. Die Bügel aus Rundeisen oder Draht (Abb. 146) werden als Umfangs- und als Diagonalbügel ausgeführt und in der Nähe der Schneide und am Kopf, wo die Beanspruchungen während des Rammens besonders groß sind, näher aneinander gelegt.

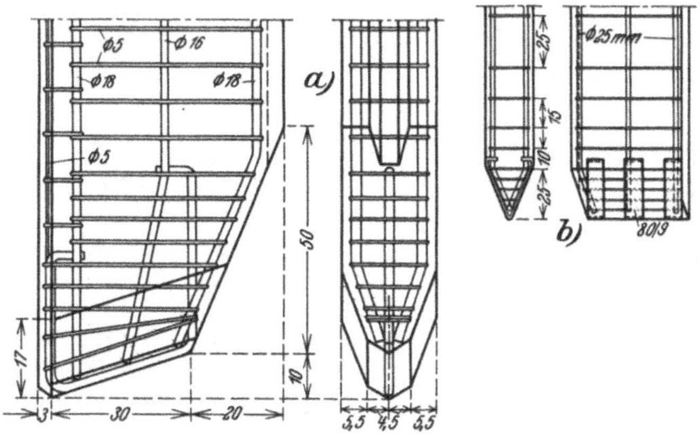

Abb. 149. Ausbildung der Schneide von Eisenbetonspundbohlen. a) mit Rundeisenbewehrung (Dyckerhoff und Widmann), b) mit Flacheisenbewehrung (P. Holzmann).

Am oberen Ende wird die Bohlenbreite etwas herabgesetzt und auf diese Weise ein in der Symmetrieachse liegender Kopf gebildet, dessen Abmessungen jenen der Rammbärschlagfläche angepaßt werden. Die Schneide wird mit Rundeisen bewehrt

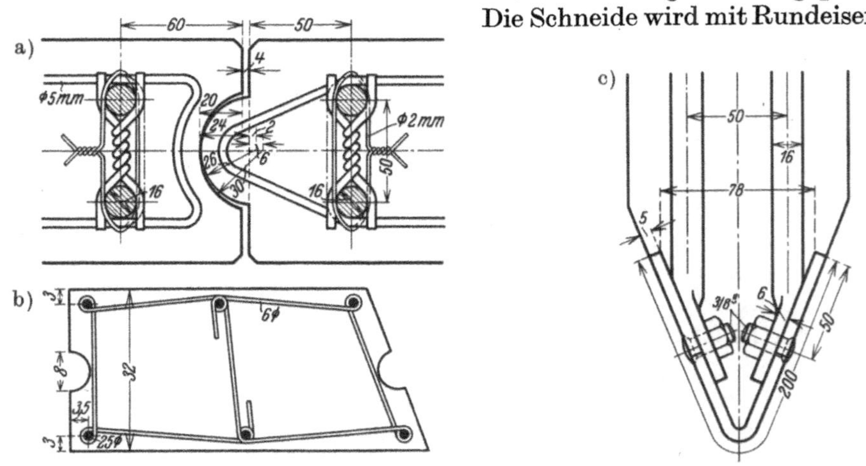

Abb. 150. Eisenbetonspundbohle von Grün und Bilfinger. a) Ausbildung der Nut und der Feder und die Bewehrung, b) Eckbohle, c) Ausbildung der Schneide.

(Abb. 149) oder sie erhält einen eigenen eisernen Schuh (Abb. 150c), in dem die Längsbewehrung eingebunden ist, ähnlich wie die Eisenbetonrammpfähle (vgl. S. 307). Die

Schneide wird, so wie man es bei den hölzernen Spundbohlen macht, schräg ausgeführt, damit der Erdwiderstand gegen die Schneide die Bohle während des Rammens gegen die schon gerammte preßt. Ecken werden mit eigenen Eckbohlen (Abb. 150b) ausgeführt.

Wo das Widerstandsmoment rechteckiger Spundbohlen nicht hinreicht, können T- und I-förmige Querschnitte (vgl. Abb. 198 bis 203) mit symmetrischen Schneiden oder Spitzen angewendet werden.

Die Betonierung erfolgt, ähnlich wie jene der Eisenbetonrammpfähle hochkantig liegend auf einer unnachgiebigen Unterlage. Jene Stellen, an denen bei der Beförderung zur Verwendungsstelle die Bohlen aufgelegt oder vom Hebezeug erfaßt werden dürfen, sollen besonders kenntlich gemacht werden, damit bei dieser Gelegenheit keine unvorhergesehenen Beanspruchungen der Bohlen vorkommen.

Schließlich sei erwähnt, daß von Daubin und Boudet auch eine Ortbetonspundwand erdacht worden ist.

Literatur: Grusewski: Herstellung einer Uferschälung aus Eisenbetonspundbohlen beim Bau des neuen Industrie- und Umschlaghafens der Stadt Spandau. Dt. Bauzg. 1908 S. 91. — Gutacker: Ummantelte Spundwandeisen. Beton u. Eisen 1915 S. 153. — Heyning, C. T. C.: Die neue Schleuse Ymuiden. Z. V. d. I. 1929 S. 749. — Kittel: Der Bau der neuen Schiffsschleuse in Ymuiden. Bautechnik 1925 S. 57. — Derselbe: Eisenbetonspundwände. Bautechnik 1925 S. 263, 315. — Kleinlogel, A.: Fertigkonstruktionen aus Eisenbeton. Beton u. Eisen 1925 S. 154. — Lohmeyer, E.: Besondere Formen von Eisenbetonspundwänden. Bautechnik 1927 S. 269. — Derselbe: Eisenbetonspundwand, Bauart Ravier. Bautechnik 1926 S. 620. — Möbus, Th.: Zentralbl. Bauverw. 1908 S. 56. — Ottmann: Eisenbeton-Uferbefestigungen im Duisburg-Ruhrorter Hafen. Zentralbl. Bauverw. 1908 S. 466. — Rechtern: Eisenbetonspundbohlen und ihre Verwendung bei den Kaibauten in Kiautschou. Zentralbl. Bauverw. 1900 S. 626. — Schubert, J.: Eisenbetonpfahlgründungen im Wasserbau. Wasserwirtschaft 1926 S. 396. — Spundwände aus Eisenbeton. Öst. Wochenschr. Baudienst 1913 S. 247. — Hohler Eisenbetonspundpfahl. Bautechnik 1925 S. 642. — Betonspundwand, System Daubin und Boudet, zum Abdichten von Uferböschungen. Beton u. Eisen 1926 S. 362 (Ortbetonwand). — Dichtungsabschlüsse aus Betonwänden. Schweiz. Bauzg. 1927 S. 125 (Ortbetonwand). — Besondere Formen von Eisenbetonspundbohlen (Bauart Ravier). Bautechnik 1927 S. 115, 269.

III. Eiserne Spundwände.

Die Erkenntnis, daß in grobsteinigen Boden hölzerne und Eisenbetonspundbohlen nicht mit Sicherheit gerammt werden können und die Tatsache, daß hölzerne Spundbohlen, die zur Abhaltung von Wasser während eines Baues gerammt worden sind, nicht wieder verwendbar sind, hat dazu geführt, daß man schon vor langer Zeit Versuche mit eisernen Spundwänden anstellte. Die Verwendung von Gußeisen ist bald aufgegeben worden, weil es sich wegen seiner Sprödigkeit nicht in befriedigender Weise rammen ließ. Man griff bald zu Schmiedeeisen und rammte Walzträger (I- oder U-Träger); die günstigen Erfahrungen führten dann in weiterer Folge dazu, daß man eigene Spundbohlen walzte und diese Bohlen schließlich mit Schlössern ausstattete, so daß die einzelnen Spundbohlen von der schon gerammten Nachbarbohle nicht nur geführt, sondern auch gehalten werden.

Das Schloß einer eisernen Spundwand soll möglichst dicht, aber trotzdem beweglich sein und große Zugfestigkeit aufweisen. Die Beweglichkeit ist erforderlich, damit auch Spundwände im Bogen gerammt werden können und damit man eine beim Rammen aus der Richtung gekommene Wand wieder in die beabsichtigte Richtung zurückführen kann. Die große Zugfestigkeit im Schlosse verhindert die Spundbohlen am Losspringen von der schon gerammten Bohle beim Rammen und sichert einen wasserdichten Abschluß auch dann noch, wenn bei Bauunfällen die Spundwandaussteifung versagt und die Spundwand ausweicht.

In Deutschland werden gegenwärtig eiserne Spundbohlen von der Vereinigten Stahlwerke A.-G. Dortmunder Union, von den Eisen- und Stahlwerken Hoesch und von der Krupp A.-G. gewalzt.

Besondere Verbreitung haben die bekannten Larssen-Eisen der Dortmunder Union gefunden. Die Abmessungen und die wichtigsten statischen Eigenschaften der eisernen Spundbohlen können den drei Abb. 151, 152 und 153 und den Tabellen 15, 16 und 17 entnommen werden. Die Eisen, die für freistehende Wände bestimmt sind, haben wellenförmigen Querschnitt. Bei den Erzeugnissen der Dortmunder Union

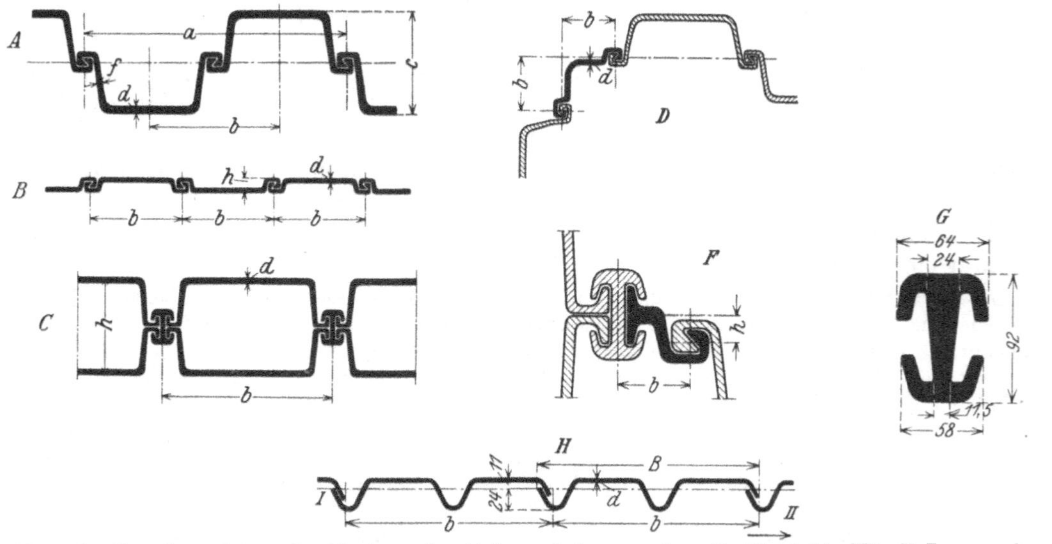

Abb. 151. Spundwandeisen der Dortmunder Union. A Larsseneisen Profil Ib bis VI, B Larsseneisen Profil IX, C Union-Kastenquerschnitte Ic bis II, D, E Larsseneckbohlen, gewalzt, F Anschlußeisen, G Konisches Schloßeisen, H Union-Kanaldiele.

liegen die Schlösser der Bohlen in der neutralen Achse der Wand, also dort, wo das Material die geringsten Biegungsbeanspruchungen erleidet. Die Frage, ob das Widerstandsmoment in bezug auf die Wandachse genommen werden darf, hat die Fachwelt schon viel beschäftigt und es sind auch eingehende Versuche ausgeführt worden, um die Frage zu klären, ob nach dem Rammen die Bohlen in den Schlössern

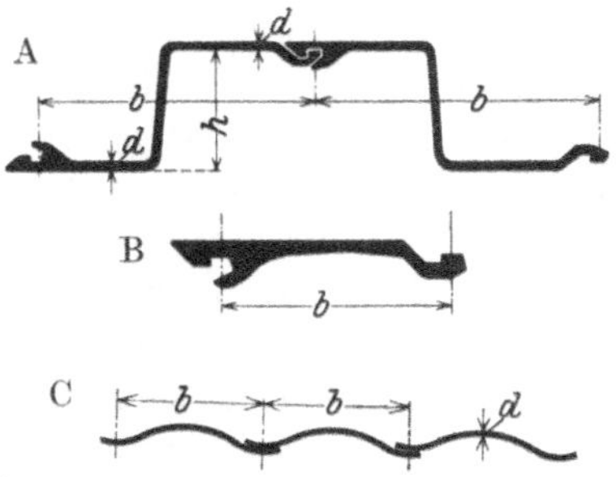

Abb. 152. Spundwandeisen der Eisen- und Stahlwerke Hoesch. A Spundwandeisen Profil I bis VI, B Spundwandeisen, Profil X, C Kanaldiele Hoesch.

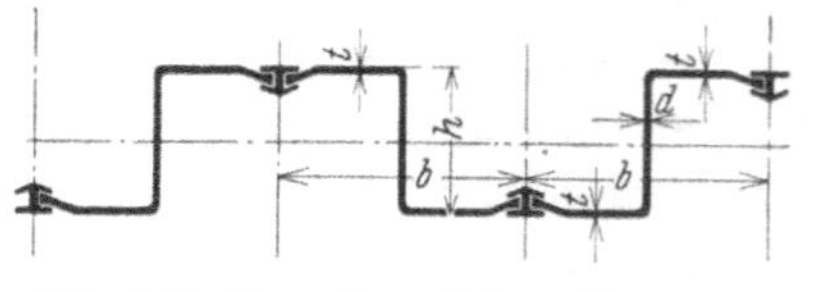

Abb. 153. Spundwandeisen Krupp.

feststehen, ob also die Reibung im Schlosse dieselbe Größe erreicht wie die Schubkraft in gleichgeformten Wellen ohne Schloß. Die Bohlen werden in der Regel als sogenannte Doppelbohlen gerammt, um die Rammen besser ausnützen zu können. Diese Doppelbohlen können von der Dortmunder Union schon zusammengezogen bezogen werden. Durch eine eigene hydraulische Presse werden bei solchen Bohlen die Schlösser gekerbt, um die Verbindung starr zu machen. Wenn die Doppelbohlen erst auf der Baustelle zusammengezogen werden, so geschieht das Kerben mit einer leichtbeweglichen Presse. E. Lohmeyer hat nun mit solchen Doppelbohlen Versuche angestellt. Bezeichnet W das Widerstandsmoment von 1 m Wand, bezogen auf die Wandachse, so ist nach den Ergebnissen der Versuche das Widerstandsmoment von 1 m unverholmter, aus Doppelbohlen gerammter Wand gleich ⅔ W; wenn ein Gurt aus zwei U-Eisen unter

Tabelle 15.
Abmessungen und statische Eigenschaften der Spundwandeisen der Vereinigten Stahlwerke A.-G. Dortmunder Union.

Bezeichnung	Querschnitt	Abmessungen vgl. Abb. 151 b mm	h mm	d mm	Umfang von 1 lfd. m Wand cm/m	Querschnitt von 1 lfd. m Wand cm²/m	Gewicht von 1 lfd. m Bohle kg/m	Gewicht von 1 m² Wand kg/m²	Widerstandsmoment von 1 lfd. m Wand cm³/m	Trägheitsmoment J für 1 lfd. m Wand cm⁴/m	Güteverhältnis W/G
Larsseneisen Abb. 151 A	0	275	75	5,0	—	—	15,4	56	121	—	2,16
	Ib	360	100	6,5	235	97	27,4	76	250	1242	3,29
	Ia	400	130	7,0	250	104	33,0	82	380	2470	4,63
	I	400	150	8,0	260	121	38,0	96	500	3696	5,22
	IIa	400	270	8,0	301	146	45,6	114	970	13100	8,51
	II	400	200	10,5	270	156	49,0	122	849	8486	6,96
	IIIa	400	290	11,0	309	182	57,2	143	1400	20373	9,78
	III	400	247	14,5	285	197	62,0	155	1363	16831	8,79
	IVa	400	360	13,0	330	220	69,0	172	2000	36000	11,61
	IV	400	310	15,5	310	239	75,0	187	2037	31579	10,91
	V	420	344	22,0	335	303	100,0	238	2962	50943	12,47
	VI	420	440	22,0	368	374	123,0	293	4170	91740	14,22
Abb. 151 B	*XI*	290	49	14,0	215	191	43,5	150	190	475	12,69
Union-Kasten-Eisen Abb. 151 C	*K Ic*	460	270	10,5	268	370	113,4	290	2604	35100	9,00
	K I	460	276	13,5	270	430	135,4	338	3174	43801	9,38
	K II	460	369	14,5	308	485	155,0	380	4800	88500	12,62
Anschlußeisen Abb. 151 F	*II/III*	80,0	61,0	—	—	—	21,3	Für den Anschluß von *K II* an *II* oder *K I* an *I*			
	II/IV	77,5	30,0	—	—	—	19,0	*K II* an *IV* oder *K I* an *II*			
	II/V	75,0	12,5	—	—	—	18,5	*K II* an *V* oder *K I* an *III*			
Eckbohlen Abb. 151 D	A_{11}	160	—	14	—	—	43,5	Gewalzte Eckbohlen für Winkel von 70° bis 150°			
Abb. 151 E	A_{12}	130	—	14	—	—	43,5				
Schloßeisen Abb. 151 C	normal	—	—	—	—	—	20,0	Für die Verbindung der Kastenquerschnitte in geraden Wänden			
Abb. 151 G	konisch	—	—	—	—	—	23,4	desgl. in gekrümmten Wänden			

Tabelle 16. Abmessungen und statische Eigenschaften der Spundwandeisen Hoesch.

Bezeichnung	Querschnitt	Abmessungen mm (vgl. Abb. 152 A und B) b	h	d	Querschnitt eines Spundwandeisens cm²	Gewicht von 1 lfd. m Bohle kg/m	Gewicht von 1 m² Wand kg/m²	Widerstandsmoment W von 1 lfd. m Wand cm³/m	Güteverhältnis W/G
T	*I*	400	150	7,0	46,0	35,6	89,0	600	6,74
	Ia	400	150	7,5	49,6	39,0	97,5	670	6,88
	II	400	185	8,5	60,0	47,2	118,0	1000	8,50
	III	400	228	10,0	72,6	56,8	142,0	1400	9,85
	IV	400	265	12,0	89,4	70,0	175,0	2100	12,00
	V	425	290	18,0	128,5	100,8	237,0	3020	12,75
	VH	300	400	14,0	103,8	81,3	271,0	4520	16,70
	VI	425	330	22,0	156,0	122,5	288,0	4190	14,52
	X	200	—	—	—	30,0	—	—	—

Verwendung von Paßstücken angewendet wird, der mit jeder Bohle verschraubt ist, so kann für das Widerstandsmoment $^5/_6\,W$ gesetzt werden. Ähnlich wie Holme und Gurten wirkt auch das autogene Verschweißen der Schlösser über dem Wasserspiegel. Die Reibung ist im Schlosse vielfach so hoch, daß beim Rammen die Nachbarbohle mitgenommen wird. Bodenteilchen und Rost erhöhen diese Reibung sehr

Tabelle 17.
Abmessungen und statische Eigenschaften der Krupp-Spundwandeisen (vgl. Abb. 153).

Querschnittsbezeichnung	Bohlenhöhe h mm	Bohlenbreite b mm	Flanschstärke t mm	Stegstärke d mm	Gewicht von 1 m Bohle kg/m	Gewicht von 1 m² Wand G kg/m²	Widerstandsmoment von 1 m Wand W cm²/m	Güteverhältnis $\frac{W}{G}$	Zugfestigkeit des Schlosses für 1 m Länge t/m: Weicher Stahl $\sigma_z = 40$—50 kg/mm²	Zugfestigkeit des Schlosses für 1 m Länge t/m: Harter Stahl $\sigma_z = 50$—60 kg/mm²	Gewicht von 1 m Schloßverbindung kg/m
K I	160	400	8,5	6	40,9	102,0	755	7,40			6,3
K II	200	400	9,5	7	46,8	117,0	1080	9,23			
K III	240	400	11,0	8	61,0	152,5	1675	10,80	49,5	68,5	10,7
K IV	280	400	16,0	10	80,4	201,0	2510	12,50			
K V	320	360	20,0	12	95,3	265,0	3590	13,55			12,2
K VI	360	320	23,0	14	107,5	336,0	4860	14,55			15,3

rasch im Schlosse, so daß in der Praxis, wenn im Schloß gepreßte Doppelbohlen gerammt werden, mit dem vollen Widerstandsmoment gerechnet wird. Nur in weichem, schmierigem Boden und dann, wenn die Bohlen im Wasser stehen und überdies keine Gurten oder Holme angewendet werden, wird, bei einzeln gerammten Bohlen etwa ⅔ W, bei Doppelbohlen ¾ W in Rechnung gestellt.

Bei den Spundwandeisen Hoesch und Krupp sind die Schlösser aus der neutralen Achse in die Zug- bzw. Druckzone herausverlegt, so daß zwar ein allfälliges Gleiten im Schlosse belanglos wird, dafür sind die Schlösser aber mehr gefährdet.

Die Spundwandeisen werden in verschiedenen Materialgüten, mit den Festigkeiten

37—44 45—52 48—56 50—60 kg/mm²

und den Mindestdehnungen

22 20 18 18 vH

hergestellt. Um die Korrosionsbeständigkeit zu erhöhen, werden sie auch aus kupferhaltigem Stahl gewalzt.

Wegen der Beweglichkeit im Schlosse können nicht nur gerade Wände, sondern auch Bögen mit kleinen Halbmessern gerammt werden. Bei den Larssen-Bohlen beträgt der kleinste Halbmesser, mit dem Bögen noch gerammt werden können, 2,5 bis 3,0 m; die Union-Kastenbohlen können bei Verwendung der konischen Schloßeisen sogar mit Halbmessern von 1,5 m gerammt werden.

Scharfe Ecken werden mit gebogenen, genieteten oder eigens gewalzten Eckbohlen ausgeführt und für die Verbindung von Wänden unter irgendeinem Winkel dienen die genieteten Abzweigbohlen. Für Larssen-Eisen sind in der Abb. 154 als Beispiele eine Anzahl von Eckbohlen und Abzweigbohlen zusammengestellt; außer diesen werden auch noch zwei Larssen-Eckbohlen eigens gewalzt (vgl. Abb. 151 D und E).

Die Union-Kastenquerschnitte werden einzeln als Ersatz für Pfähle, in Reihen als Spundwände und in Larssen-Wände eingeteilt, zur Wandversteifung verwendet (Abb. 155).

Eine besondere Art von Spundwandeisen sind die Kanaldielen, die bei leichteren Baugrubenaussteifungen als Ersatz für die Pfahlbretter der lotrechten Zimmerung dienen, aber auch ähnlich wie die anderen Spundwandeisen verwendet werden können. Die Kanaldielen sind erstmals von der Dortmunder Union mit der in der Abb. 151 H dargestellten Querschnittsform und den dort angeführten Abmessungen aus Flußeisenblech mit einer Festigkeit von 3700 bis 4400 kg/cm² gewalzt worden. Die Union-Kanaldiele hat normal eine Länge von 2,25 m, ist aber auch in beliebigen anderen Längen lieferbar. Gegenüber den hölzernen Pfahlbrettern bieten diese eisernen

Dielen den Vorteil wesentlich leichterer Rammbarkeit und sie können, wie die bisherige Erfahrung gelehrt hat, bis zu 20mal wiederverwendet werden, so daß sich ihre Anschaffung trotz des etwa 2,5fachen Preises der Holzdielen reichlich lohnt. Für besondere Fälle kann die Union-Kanaldiele auch mit größeren Wandstärken oder aus rostbeständigem Kupferstahl gewalzt werden.

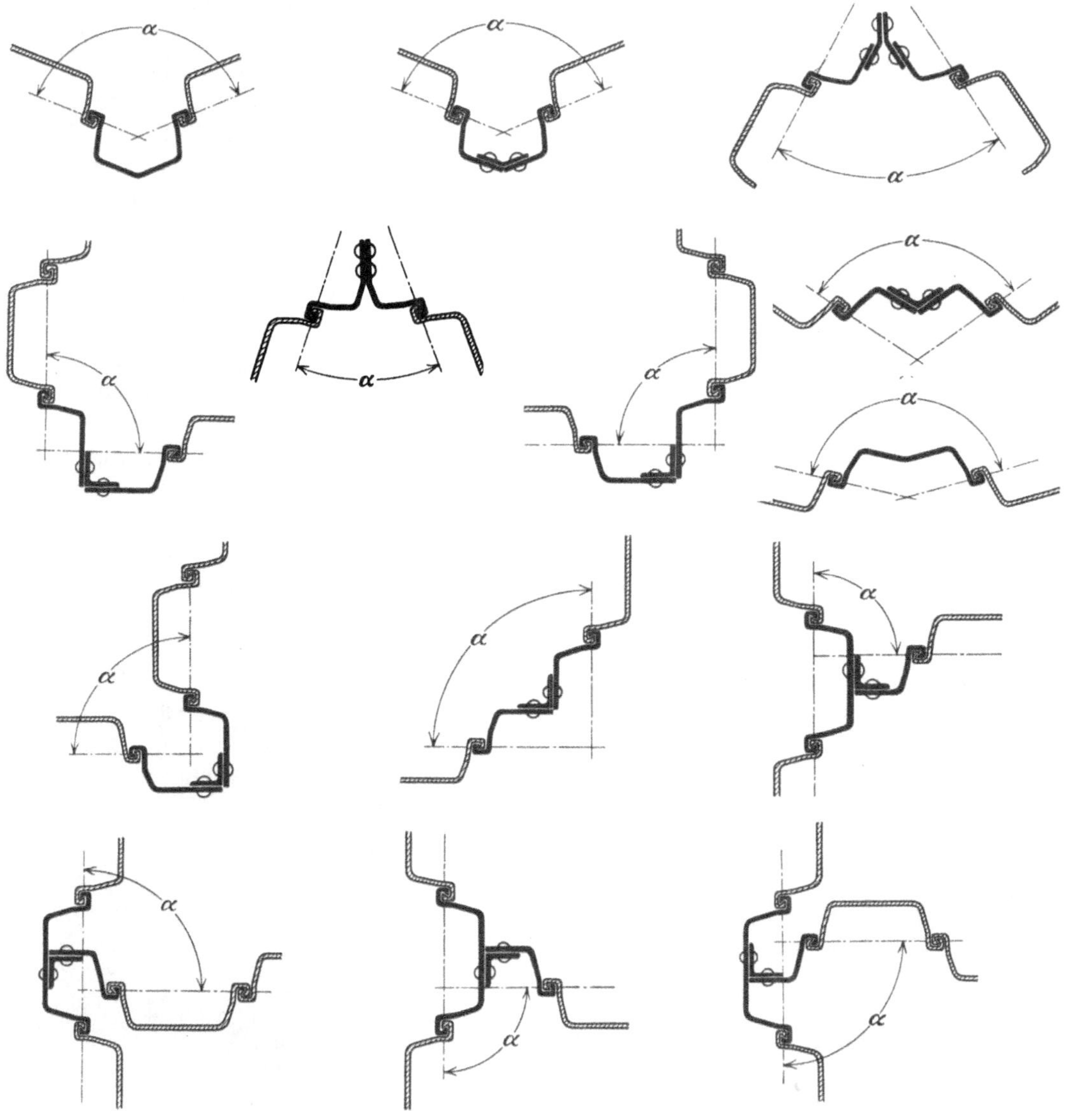

Abb. 154. Eckbohlen und Abzweigbohlen aus Larssen-Eisen.

Die Union-Kanaldielen werden stets mit den Rippen gegen den Erdboden gerammt, damit die Baugrubenaussteifung leichter anzubringen ist. Um die zu rammende Diele gut zu führen, werden die Dielen in der in der Abb. 151 H rechts unten durch einen Pfeil angedeuteten Weise in der Richtung *I* nach *II* vorgesetzt. Ecken können, wie es die Abb. 156 veranschaulicht, leicht ausgeführt werden. Die Abmessungen von Baugruben, die allseits mit der Kanaldiele umschlossen werden sollen, müssen Vielfache der halben Nutzbreite von 122,5 mm der Dielen sein.

Die Union-Kanaldielen schließen Wasser und Schwemmsand in der Regel hinreichend ab; ein nachträgliches Dichten mit Teerstrick ist nur selten erforderlich.

Die Eisen- und Stahlwerke Hoesch walzen Kanaldielen mit der in der Abb. 152 C dargestellten Querschnittsform; die Nutzbreite einer Diele beträgt $b = 250$ mm und die Stärke $d = 4$ und 5 mm.

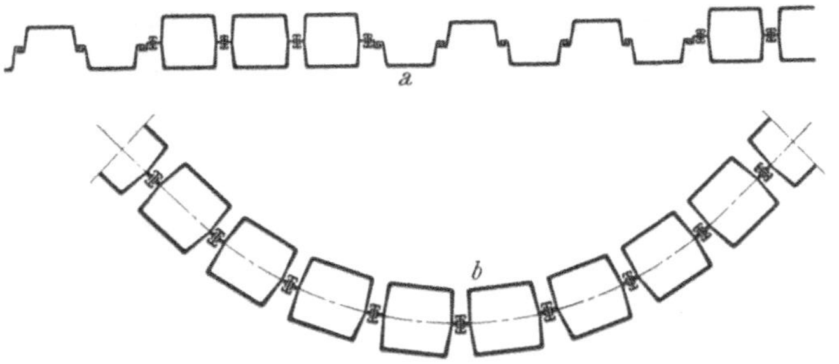

Abb. 155. Beispiele für die Anwendung der Union-Kastenbohlen. a) die aufgelöste Wand, b) eine Kastenwand im Bogen, kleinstmöglicher Krümmungshalbmesser 1,5 m.

Eiserne Spundwände sind schon ohne besondere Dichtungsmaßnahmen in der Regel viel dichter als hölzerne. Die nachträgliche Dichtung erfolgt so, wie bei hölzernen Wänden durch Einstreuen von Sand, Asche u. dgl. an der Wasserseite und Kalfatern an der Innenseite.

Die eisernen Spundbohlen durchschlagen beim Rammen dicke Lagen von altem Holz, selbst dicke Baumstämme und auch Beton. Sie verdrängen oder zerstreuen kleinere Geschiebe; nur große Geschiebe und Findlinge können bewirken, daß eine Bohle aus dem Schlosse springt (Abb. 157 [*a*]). Wenn eine Bohle auf einen Findling oder auf Fels aufsteht und rücksichtslos fortgerammt wird, so kann es vorkommen, daß sie gestaucht wird (Abb. 157 [*b*]) oder daß sie sich aufrollt (Abb. 158). Durch solche Unfälle entstehen undichte Stellen,

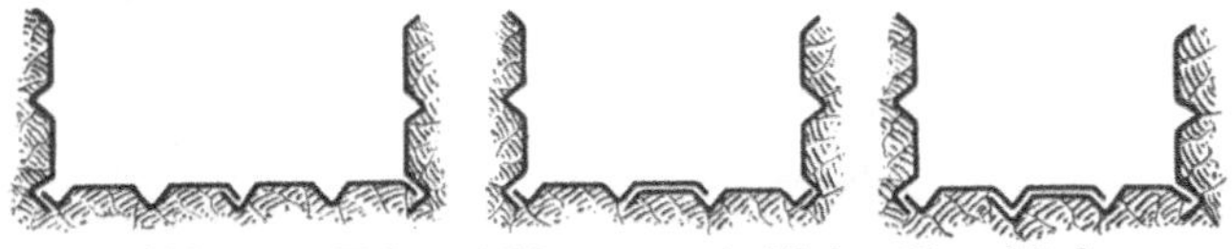

Abb. 156. Eckausbildungen mit Union-Kanaldielen.

Abb. 157. Beim Rammen zerstörte Larssen-Bohlen. (Wayß und Freytag.)
a aus dem Schloß gesprungen, *b* gestaucht.

Abb. 158. Aufgerollte Larssen-Bohle. (Wayß und Freytag.)

die am besten durch Eintreiben von Holzkeilen von der Baugrube aus gedichtet werden. In weichen oder gebrächen Fels dringen die Eisenbohlen ein, an sehr festem Fels bleiben sie hängen und es kann, wie es die Abb. 159 erkennen läßt, bei hartem, geneigtem Fels leicht ein undichter Anschluß entstehen.

Beim Rammen in sehr grobsteinigem Boden werden die Enden der Bohlen manchmal zerschlagen (Abb. 160); diese Enden werden am besten autogen abgeschnitten.

Die längsten bisher in einem Stück verwendeten Larssen-Bohlen hatten eine Länge von 28 m; sie sind aber auch noch länger erzeugbar. Wenn an der Baustelle längere Bohlen als die dort lagernden rasch benötigt werden, so können Bohlenabschnitte autogen angeschweißt werden. Beim Bau des Murwehres in Bruck wurden Larssen-Bohlen ohne Anstand in grobem Geschiebe gerammt, die bis zu 6 Schweißstellen hatten.

Abb. 159. Undichter Anschluß einer Larssen-Spundwand an harten Fels.

Abb. 160. Zerschlagene Enden einer wiedergezogenen Larssen-Spundwand (Murwehr Bruck).

Literatur: Aubert: Note sur l'emploi des palplanches metalliques. Ann. Ponts Chauss. 1926 S. 97. — Baertz: Eiserne Spundbohlen bei Herstellung der Kammerwände für die Schleusen Friedrichsfeld und Hünxe des Kanals Wesel—Datteln. Bautechnik 1929 S. 251. — Bernhard: Belastung von Spundwänden aus Larssen-Eisen. Zentralbl. Bauverw. 1913 S. 712. — Claise, M.: Eiserne Spundwände. Ann. Ponts Chauss. 1921 S. 161. — Dortmunder Union: Werbeschriften. — Dieselbe: Larssen-Spundwandeisen. Ausgabe 1930. — Eisen- und Stahlwerk Hoesch: Spundwandeisen, Bauart Hoesch. 2. Aufl. 1930/31. — Franzius, Fr.: Spundwände aus Eisen. Zentralbl. Bauverw. 1909 S. 432. — Freund, G.: Die Verwendung eiserner Spundwände. Zentralbl. Bauverw. 1921 S. 231. — Gutacker: Ummantelte Spundwandeisen. Beton u. Eisen 1915 S. 153. — Hensen, C.: Erfahrungen mit eisernen Spundwänden beim Bau der neuen Seeschleuse von Ymuiden. Zentralbl. Bauverw. 1926 Heft 37. — Kölle: Rostgefahr und Lebensdauer eiserner Spundwände. Zentralbl. Bauverw. 1925 S. 545. — Derselbe: Eiserne Spundwände bei Schleusen. Bautechnik 1927 S. 132. — Lohmeyer, E.: Versuche über das Widerstandsmoment eiserner Spundbohlen, Bauart Larssen, mit zusammengepreßtem Schloß. Bautechnik 1927 S. 26, 49, 73. — Derselbe: Die Larssen-Spundwand mit wechselweise stehenden, im Schloß gepreßten Doppelbohlen. Bautechnik 1928 S. 282, 319. — Lamp: Die eiserne Spundwand Hoesch. Bautechnik 1930 S. 578. — Lührs: Die Union-Kanaldiele. Bautechnik 1929 S. 325. — Maudrich, R.: Erfahrungen mit eisernen Fangdämmen am Main beim Bau der Wehranlage Mainkur. Bautechnik 1926 S. 301, 330. — Meyer: Über das Einrammen von I-Träger. Bautechnik 1925 S. 652. — Peter, G.: Über die Lebensdauer einer Uferwand aus Spundwandeisen Larssen im tropischen Meerwasser. Bauing. 1930 S. 572. — Popken: Verwendung von nietlosen Spundwandeisen, Bauart Larssen, beim Bau des Hunte-Ems-Kanals. Bautechnik 1928 S. 455, 499. — Derselbe: Die Schleuse Oldenburg im erweiterten Hunte-Ems-Kanal. Bautechnik 1929 S. 137. — Prüß: Erfahrungen mit eisernen Spundwänden im See- und Hafenbau. Zentralbl. Bauverw. 1920 S. 205. — Range: Eiserne Spundbohlenform „Rote Erde". Zentralbl. Bauverw. 1916 S. 43. — Rüth, G.: Neue Spundwandeisen, Bauart Krupp. Bauing. 1930 S. 554. — Scheck: Eiserne Spundwände in Deutschland. Zentralbl. Bauverw. 1913 S. 156. — Derselbe: Eine neue Form für eiserne Spundbohlen. Zentralbl. Bauverw. 1915 S. 360. — Derselbe: Über die Formen des Spundwandeisens. Bautechnik 1925 S. 315. — Schonopp, K. E.: Eiserne Spundwände. Bautechnik 1926 S. 73. — Stecher: Die Verwendung von Spundwandeisen Larssen im Hafenbau. Jahrb. Hafenbautechn. Ges. 1925 S. 194. — Uhlfelder, H.: Erfahrungen mit eisernen Spundwänden. Bauing. 1926 S. 9. — Zimmermann: Eiserne Spundwände. Zentralbl. Bauverw. 1913 S. 333. — Reinigen von Spundwandschlössern. Zentralbl. Bauverw. 1920 S. 8. — Die nietlose Spundwand, „Bauart Larssen", und ihre Verwendungsgebiete. Bauing. 1924 S. 640. — Der doppelt wirkende Stoßhammer, Bauart McKiermann-Terry. Bautechnik 1927 S. 19.

B. Das Rammen und das Ziehen von Spundbohlen.

Für das Rammen der Spundbohlen und der Spundwandeisen können die gleichen Geräte verwendet werden, wie für das Rammen von leichteren Pfählen (vgl. S. 319).

I. Hölzerne Spundbohlen.

Hölzerne Spundbohlen werden beim Rammen zwischen zwei Zangenhölzern geführt. Die Zangen wurden früher vielfach mit vorerst gerammten, sogenannten Leit- oder Bundpfählen verschraubt, die in der Wandflucht standen und später einen Bestandteil der Spundwand bildeten. Der Anschluß der Spundwand an einen vorgeschlagenen Pfahl ist aber schwierig und kostspielig, so daß es empfehlenswerter ist, die Zangen vorerst an einigen, vor der Spundwandrammung geschlagenen Haft-

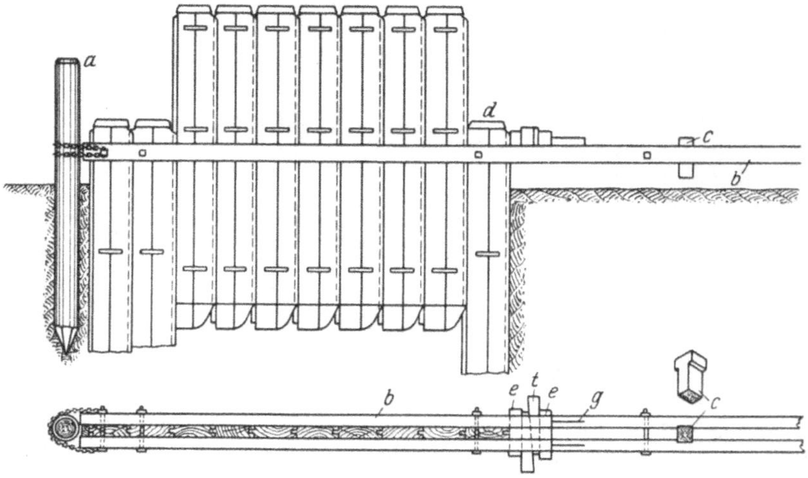

Abb. 161. Das Rammen einer hölzernen Spundwand.
a Haftpfahl, *b* Zangen, *c* Distanzklötzchen, *d* vorgerammte Doppelbohle, *e* Holzbeilagen, *t* Hartholzkeile, *g* Eisenklammern.

pfählen vorübergehend zu befestigen und nach Zwischenlage von Distanzklötzchen alle 1,5 bis 2,0 m miteinander zu verschrauben (Abb. 161).

Durch die Zangen geführt werden dann die Bohlen gerammt. Wenn eine Anzahl von Spundbohlen bis auf die erforderliche Tiefe niedergebracht sind, werden die Zangen mit diesen endgültig mittels Gerüstschrauben verschraubt. Die hölzernen Spundbohlen sollen fachweise gerammt werden; hierzu werden vorerst die zu rammenden Bohlen für mehrere laufende Meter der Wand lotrecht zwischen die Zangen gestellt und bis auf etwa 2 m Tiefe vorgerammt. Während des Rammens werden die Bohlen durch Winden, Keile (vgl. Abb. 161) oder dgl. aneinander gepreßt und am seitlichen Ausweichen verhindert. Hierauf wird die letzte Spundbohle bis auf die endgültige Tiefe abgerammt und mit den Zangen verschraubt und dann werden schließlich die übrigen, früher vorgerammten Spundbohlen auch auf die erforderliche Tiefe geschlagen.

Die hölzernen Spundbohlen werden vielfach, um die Rammen besser ausnützen zu können, paarweise gerammt, und hierbei alle etwa 1,50 m durch Klammern verbunden. Um den Kopf vor Bartbildung und Zersplittern zu bewahren, erhalten die Bohlen einen konischen Schlagring, der die Holzfasern zusammenpreßt (vgl. S. 131) und der nach dem Rammen abgenommen wird.

Das Ziehen hölzerner Spundbohlen, die nicht weiter benützt werden, ist nur zulässig, wenn der verbleibende Hohlraum in der Nähe befindliche Bauwerke in keiner Weise in ihrer Standfähigkeit bedrohen kann. Das Ziehen erfolgt mit Hebebäumen, Schraubenwinden oder Flaschenzügen.

II. Eisenbetonspundbohlen.

Die Eisenbetonspundbohlen werden ähnlich wie die hölzernen Spundbohlen während des Rammens zwischen kräftigen Zangen geführt. Der Kopf der Bohlen wird entweder durch eine Rammhaube vor Zerstörung durch die Schläge des Rammbären geschützt oder bei größeren Wandstärken besser mit mehrfachen Spiralbügeln ausgerüstet und die Bohle dann unmittelbar gerammt (Abb. 169 auf S. 146).

III. Eiserne Spundbohlen.

Die eisernen Spundbohlen werden ähnlich gerammt wie die hölzernen. Um den Kopf der Bohlen vor Zerstörungen durch die Schläge des Rammbären zu bewahren, wird er durch eine Rammhaube (Abb. 162 und 163) geschützt, die bei den Larssen-Bohlen mittels zweier Keile befestigt wird; bei Eckbohlen wird zum Schutz eine 30 bis 40 mm starke Eisenplatte aufgelegt.

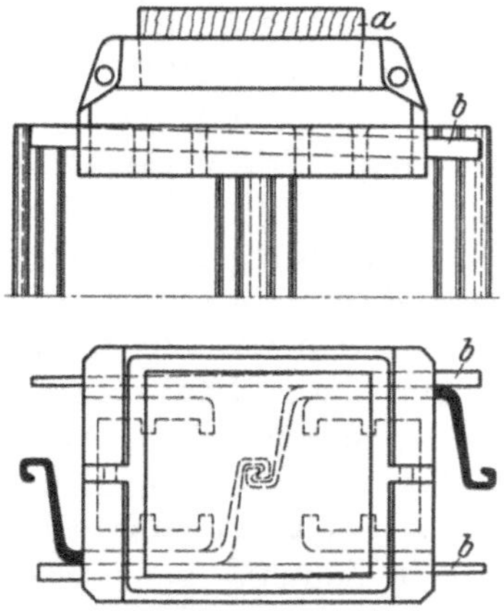

Abb. 162. Larssen-Rammhaube.
a Hartklotz, *b* Keil.

Abb. 163. Dampframmbär beim Rammen einer Hoesch-Spundwand. (Eisen- und Stahlwerk Hoesch, Dortmund.)
a Dampframmbär, *b* Rammhaube, *c* Metallschlauch zur Dampfzuleitung, *d* Winde für das Nachlassen des Rammbären und das Aufstellen und Einfädeln der Spundwandeisen.

Das Rammen wird stets mit einer Eckbohle begonnen, bei der besonders sorgfältig darauf zu sehen ist, daß sie lotrecht herabgeht. Alle Bohlen werden durch hölzerne oder eiserne Zangen und durch eine eigene Führung an der Ramme geführt, damit sie lotrecht stehen und damit der beabsichtigte Wandgrundriß genau eingehalten werden kann. Die lotrechte Stellung wird durch die Führungszange an der Ramme (Abb. 164) erreicht, die am Mäkler verschiebbar ist. Nötigenfalls kann die Bohlenstellung durch zwei Stahlseile, die in die Rammhaube eingehängt (Abb. 165) sind und über Kabelwinden laufen, verbessert werden. Am Boden oder im Boden werden hölzerne oder eiserne Zangen verlegt und an etwa 1 m langen Haftpfählen befestigt, die das Einhalten des Wandgrundrisses erleichtern sollen (Abb. 163 und 165).

Beim Einrammen eiserner Spundbohlen machen sich Schwierigkeiten bemerkbar, indem sich die Spundbohle, die gerammt wird, wegen der Reibung im Schloß in der Längsrichtung der Wand überneigt (Abb. 166) und die schon gerammte Nachbarbohle mitnimmt. Überdies neigen alle Bohlen mit Wellenquerschnitt dazu, aus der Längsrichtung der Wand auszuweichen und eine Wellenlinie zu bilden; diese Neigung ist darauf zurückzuführen, daß in den Wellentälern des Bohlenquerschnittes der Boden stärker zusammengepreßt wird als an den Außenflächen. Diese Umstände machen eine besonders kräftige Führung der Bohlen während des Rammens durch Zangen nötig. Um das in der Abb. 166 deutlich sichtbare Überneigen der Bohlen zu verhindern, läßt man den Rammbären exzentrisch gegen die schon gerammte Wand auf die Doppelbohle schlagen. Zur Verhinderung des Schräggehens kann die Doppelbohle auch unten schräg abgeschnitten werden, entgegengesetzt wie bei hölzernen Bohlen, damit der Erddruck die Bohle aufrichtet und man kann überdies durch Seilzug am Kopf der Bohle das Überhängen herabsetzen. Sind trotz aller dieser Vorsichtsmaßregeln die Bohlen übermäßig schräg gegangen, so wird eine sogenannte Keilbohle gerammt, die dann die Fortsetzung der Wand mit lotrechten Bohlen ermöglicht. Die Keilbohlen werden hergestellt, indem eine Spundbohle der Länge nach aufgeschnitten und dann durch Vernietung mit Blechstreifen mit einem Anzug von 2 bis 5° wieder verbunden werden; da sich die Bohlenteile beim Schneiden vielfach infolge von Walzspannungen verziehen und daher wieder gerichtet werden müssen, werden diese Keilbohlen am besten vom Werk mitgeliefert. Erfahrungsgemäß reichen 1 bis 2 vH der Bohlenzahl als Keilbohlen aus.

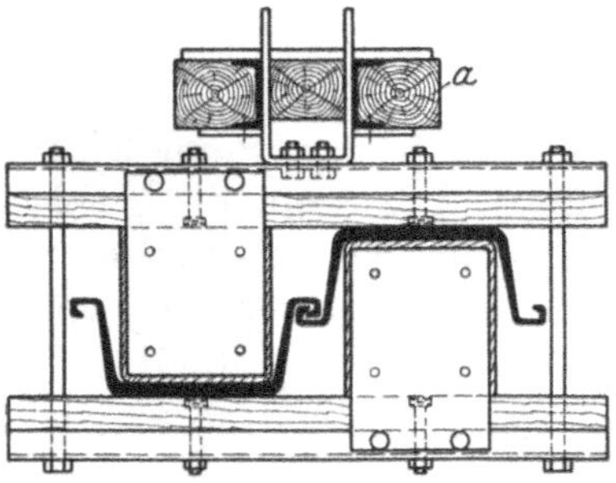

Abb. 164. Larssen-Rammführung.
a Mäkler.

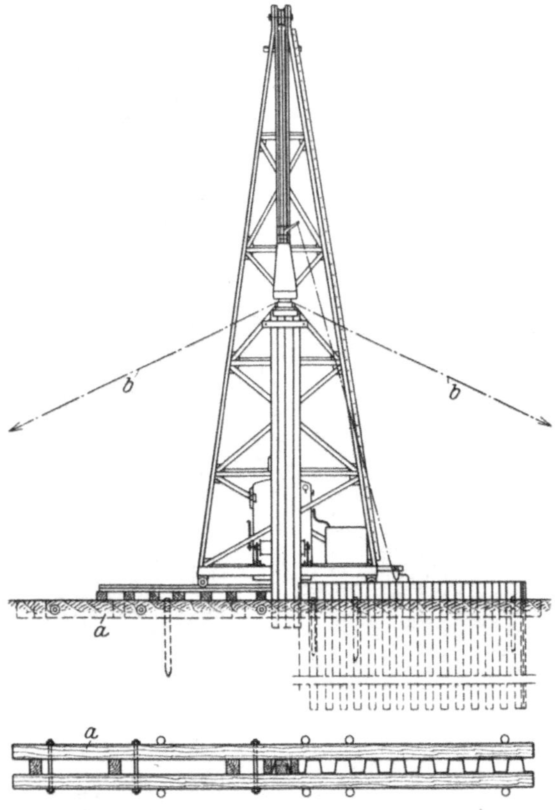

Abb. 165. Führung der Bohlen während des Rammens. (Stahlwerk Hoesch.)
a Zangen aus Holz oder Eisen, *b* Stahlseile, durch Kabelwinden gespannt.

Um das Mitnehmen der schon gerammten Bohle zu verhindern, das auf übermäßige Reibung im Schlosse und auf heftige Vibrationen beim Rammen zu schwacher Bohlen zurückzuführen ist, werden die Schlösser mit einem plastischen Gemisch von Bitumen mit Pech ausgegossen; diese Maßnahme macht die Spundwand auch in hohem Maße wasserdicht. Das Abschließen des unteren Endes des Schlosses mit einem Dorn (Abb. 167) während des Rammens schützt das Schloß vor dem Eindringen von

Steinen und verhindert ein vorzeitiges Austreiben des Bitumens während der Rammung. Hoesch-Bohlen werden stets mit dem Wulst vorausgerammt, um ein Verstopfen der Nut zu vermeiden.

Abb. 166. Rammen der Larssen-Spundwand zum Schutz einer Inselschüttung, von der aus ein Wehrpfeiler mittels Druckluftsenkkastens abgesenkt worden ist.
a schiefgehende Spundbohle, *b* Arbeitsfugen.

Ein letztes Mittel, das Mitnehmen und Schräggehen der Bohlen zu verhüten, ist das fachweise Rammen, wie es bei hölzernen Spundbohlen üblich ist (Abb. 168).

Für das Rammen der eisernen Spundbohlen eignen sich Freifallrammen, Dampframmen (Abb. 163) und vor allem Rammhämmer (Abb. 485 auf S. 325 und Abb. 168 und 169), die auf die Bohlen aufgesteckt werden. Die außerordentlich große Schlagzahl der Rammhämmer bewirkt, daß die Bohlen in ununterbrochenem Flusse in den Boden eindringen und daß hierbei kaum Erschütterungen des Bodens zu bemerken sind. Für den Rammhammer ist kein eigenes Rammgerüst erforderlich, es genügt bei kurzen Bohlen ein Dreibein mit einem Flaschenzug. In hartem Mergel mit Kieseinlagen konnten mit dem Demag-Union-Rammhammer R 20 9 m lange Larssen-Bohlen, Profil III in 35 bis 40 Minuten 7,5 bis 9 m tief gerammt werden.

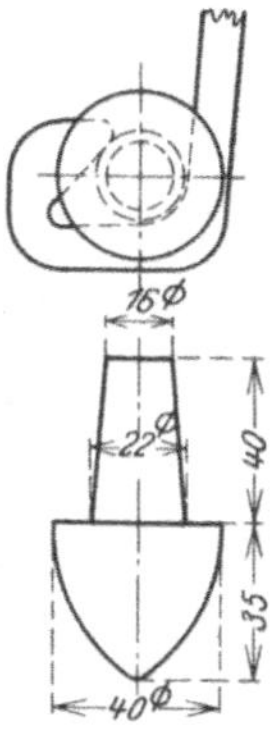

Abb. 167. Unterer Abschluß der Nut der Larssen-Eisen während des Rammens mittels eines kurzen Dornes.

In ganz leichtem Boden kann auch bei eisernen Spundbohlen das Rammen durch Einspülen (vgl. S. 328) unterstützt werden.

Eiserne Spundwände, die nur Hilfsmittel der Bauausführung waren, können nach Beendigung des Baues wieder gezogen werden, wenn die durch das Ziehen gebildeten Hohlräume im Boden und die dadurch bewirkte Auflockerung des Bodens die Standsicherheit des Bauwerkes nicht gefährdet. Wenn das Ziehen nicht zulässig ist, müssen die Bohlen abgeschnitten werden (vgl. S. 150). Durch gleichmäßigen Zug lassen sich die Bohlen in der Regel überhaupt nicht ziehen. Sehr gut bewährt hat sich für das Ziehen der Demag-Union-Pfahlzieher, der die Bohlen aus den Boden herausschlägt. Er besteht, wie ein Blick in die Abb. 170 und 171 lehrt, aus einem

Abb. 168. Rammen einer eisernen Lackawanna-Spundwand mittels Mc Kiernan-Terry-Pfahlhämmern *a*. *b* Kran auf Raupenband. (Mc Kiernan Terry Corp., New York.)

Abb. 169. Rammen von Eisenbetonspundbohlen 25 × 61 cm mittels eines Mc Kiernan-Terry-Pfahlhammers.

a Pfahlhammer, *b* Feder der Eisenbetonspundbohle.

Kolben, der mittels einer Zange mit der zu ziehenden Bohle verbunden ist. Der Zylinder ist beweglich und schlägt, durch Preßluft oder Dampf bewegt, von unten auf den Kolben. Der Pfahlzieher wird mittels eines Federgehänges an einem Flaschenzug von 20000 kg Tragfähigkeit aufgehängt, der stets gespannt gehalten wird. Der Demag-Union-Pfahlzieher wiegt 1000 kg, hat eine Länge von 2,95 m und einen Durchmesser von 0,45 m. Er vollführt 150 bis 200 Schläge in der Minute. Zum Betrieb sind bei einer Pressung von 5 bis 6 atü in der Minute 4,5 bis 5,5 m^3 angesaugte Luft oder Dampf von 7 bis 8 atü erforderlich. Mit diesem Pfahlzieher wurden Larssen-Eisen, Profil II, die vier Jahre hindurch 5 m tief in Schichten von Kies und blauem Ton gesteckt waren, in einer Minute reiner Ziehzeit gezogen. Larssen-Eisen, Profil III, die 10 m tief in festem Flinz gerammt waren, ließen sich in 8 bis 10 Minuten reiner Ziehzeit herausholen.

Der Pfahlzieher „Deutschland“ arbeitet ähnlich wie der Demag-Union-Pfahlzieher, hat aber eine außenliegende Schlagfläche (Abb. 172). Statt eines Pfahlziehers kann auch ein Rammhammer An-

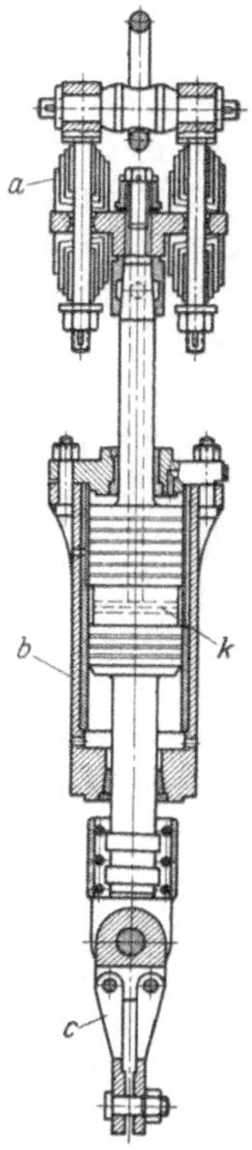

Abb. 170. Demag-Union-Pfahlzieher.

a Federgehänge, *b* Schlagzylinder, *c* Zange, *k* feststehender Kolben.

Abb. 171. Der Demag-Union-Pfahlzieher am Gerüst einer Dampframme. (Vereinigte Stahlwerke A.-G. Dortmunder Union.)

a Federgehänge, *b* Pfahlzieher, *c* Zange, *d* Mäkler, *e* Rammgerüst, *f* Gelenk für das Neigen des Gerüstes.

Abb. 172. Der Pfahlzieher „Deutschland" mit außenliegender Schlagfläche. (Eisen- und Stahlwerk Hoesch, Dortmund.)

a Zange für die Verbindung mit dem Spundwandeisen, *b* Schlagfläche, *c* Schlagzylinder, *e* Kolbenstange.

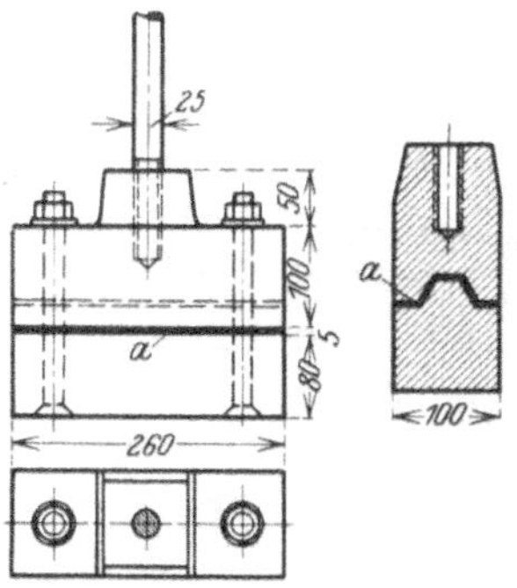

Abb. 173. Stampfer für das Rammen der Union-Kanaldielen.

a Gummieinlage.

Abb. 174. Rammen von Union-Kanaldielen mittels eines Klein-Pfahlhammers. (Vereinigte Stahlwerke A.-G. Dortmunder Union.)

Abb. 175. Rammen von Pfählen und Union-Kanaldielen mittels einer Delmag-Explosionsramme. (Vereinigte Stahlwerke A.-G. Dortmunder Union.)

Tabelle 18. Angaben über das Rammen und Ziehen von Union-Kanaldielen.

Baustelle	Bodenart	Von welcher Tiefe ab verwendet	Ramme	Rammengewicht kg	Beim Rammen beschäftigte Männer	1 lfd. m Wand gerammt in Stunden	1 lfd. m Wand gezogen in Stunden	Womit gezogen	Wievielmal wieder verwendet
Duisburg	0—4 m Sand, 4—5 m Fließ oder Sand, ab 3—4,5 m Grundwasser	2,7—3,0	Vorschlaghammer	8—10	1	1,28	0,67	Dreibein mit Kabelwinde	17
Kanal Wesel-Datteln	0—0,8 m sandiger Lehm, 0,8—2,5 m lehmiger Sand, ab 1,5 m Wasser	0,7	Handramme	20—30	3	0,54—0,8	—	Kettenzug	7—8
Lunen a. d. Lippe	1—2 m Sand, 2—2,4 m Lehm und Fließboden, ab 2,0 m Wasser	0—2,0	„	30	4	0,23	0,23	—	—
Hamborn a. Rhein	0—5 m Sand ohne Wasser	0	Handramme u. Vorschlaghammer	—	2	—	—	Hebebaum	7
Frankfurt a. d. Oder	2—4,5 m Schwemmsand, starker Grundwasserandrang	2,0	Handramme	50	6	1,15	0,67	Dreibein m. Flaschenzug 3 Männer	4
Diepholz-Hannover	1,5—3,5 m Erde und Lehm, ab 1,5 m Wasser	1,5	„	300	8	0,55	0,20	6 Männer	4
Stettin	0—0,5 m Humus, 0,5—5,0 m feiner Sand, wasserführend, 5—7 m lehmiger Fließsand	1,0	Preßlufthammer	50	3	0,32—0,53	0,32	3 Männer	15
Wesel	Sand, Kies, Wasser	2,0	„	—	3	0,85—1,05	0,42	Dampfkran	20
Braunschweig	2,5—3,5 m sandiger Boden, 3,5—4 m Schwemmsand, wasserführend	3—4,5	Handramme u. Delmag-Explosionsramme	40 90	2 2	0,45 0,33	1,33	—	10
Bad Freienwalde a. d. Oder	0—1 m Schüttboden, 1—1,8 m trockener, feiner Sand, 1,8—2,5 m feiner Sand und Wasser, 2,5—3 m feuchter Mergel, 3—4,25 m nasser, scharfer Sand mit Lehm durchsetzt	1,8	Delmag-Explosionsramme	90	3	0,40	0,40	Flaschenzug	5—8

wendung finden, wenn man ihn verkehrt, also von unten hinauf schlagen läßt (vgl. S. 327).

Die Kanaldielen werden mit Vorschlaghämmern (8 bis 10 kg), mit Stampfern (44 kg, Abb. 173), mit Handrammen (30 bis 75 kg), mit Handzugrammen (100 bis 300 kg), mit Preßlufthämmern (32 kg und 1300 Schläge in der Minute, Abb. 174) oder mit der Explosionsramme (90 kg, Abb. 176) in den Boden getrieben. Zur Verhinderung von Schäden am Dielenkopf beim Rammen werden eigene Schlaghauben mit Hartholzfutter verwendet. Das Ziehen der Kanaldielen erfolgt mit Flaschenzügen, die in eigene, 40 mm weite Bohrungen an den Dielenköpfen eingehängt und die manchmal durch Schläge auf die Bohle unterstützt werden.

Dielen, gegen die, wie es im Kanalbau häufig vorkommt, betoniert wird, müssen gezogen werden, bevor der Beton erhärtet ist, oder es muß ein Haften durch Teeren der Dielen, durch Zwischenlage von Papier oder durch seitliche Schläge verhindert werden.

In der Tabelle 18 sind einige Angaben über das Rammen und das Ziehen von Union-Kanaldielen zusammengestellt.

Literatur: Dortmunder Union: Spundwandeisen Larssen. Ausgabe 1930. — Dieselbe: Die Union-Kanaldiele. — Eisen- und Stahlwerk Hoesch: Spundwandeisen, Bauart Hoesch. Ausgabe 1930/31. — Lückemann, H.: Der Grundbau. Berlin: W. Ernst & Sohn 1906. — Natermann: Spundwandrammung durch altes Pfahlwerk. Zentralbl. Bauverw. 1930 S. 240.

C. Das Kürzen von Spundwänden.

Spundwandbohlen, die als Bauhilfsmittel nur für vorübergehende Verwendung gerammt worden sind, werden mit ihren oberen Enden meist so belassen, wie es sich beim Rammen ergibt; Spundwände, die als bleibende Bestandteile von Bauwerken oder als selbständige Bauwerke gerammt werden, müßten nach den besonderen Erfordernissen des Bauwerkes in gleicher Höhe abgeschnitten werden.

I. Hölzerne Spundwände.

Hölzerne Spundwände werden über Wasser mit Sägen abgeschnitten. Um sie unter Wasser abzuschneiden, werden in der Höhe verstellbare Kreissägen an lotrechten Wellen verwendet, die auf einem über Wasser liegenden Gerüst langsam waagrecht verschoben werden. In manchen Fällen kann es zweckmäßig sein, die Bohlen unter Wasser mit Bohrmaschinen abzubohren, die mit Preßluft angetrieben und von einem Taucher bedient werden. Der Durchmesser der Löcher wird mit annähernd 40 mm gewählt, und die Löcher werden, wie es in der Abb. 176 deutlich zu erkennen ist, in zwei übereinander liegenden Reihen versetzt angeordnet, so daß alle Fasern wenigstens einmal unterbrochen werden. Schließlich wird der zu entfernende Teil der Spundwand umgebrochen.

Abb. 176. Abbohren einer hölzernen Spundwand unter Wasser durch einen Taucher mittels einer Preßluft-Bohrmaschine. (Flottmann A.-G., Herne.)

II. Eisenbetonspundwände.

Um Eisenbetonspundbohlen zu kürzen, wird bis zur gewünschten Höhenlage der Beton abgeschlagen. Bei größeren Arbeiten empfiehlt sich die Anwendung von Preßlufthämmern. Die Eisen können bei geringen Überlängen umgebogen und im Holm einbetoniert werden; bei zu großen Längen werden die Eisen abgesägt oder bei größeren Arbeiten besser autogen abgeschnitten.

III. Eiserne Spundwände.

Abb. 177. Taucher mit Unterwasser-Schneidbrenner. (Vereinigte Stahlwerke A.-G., Dortmunder Union.)

Eiserne Spundwände werden sowohl über als auch unter Wasser autogen abgeschnitten. Beim autogenen Schneiden wird das Eisen durch eine Wasserstoff-Sauerstoff-Flamme bis zum hellen Glühen erhitzt und hierauf Sauerstoff in feinem Strahl aufgeblasen; das glühende Eisen verbrennt dort, wo es vom Sauerstoff getroffen wird, mit helleuchtender Flamme und erwärmt selbst den weiteren Bereich. Wenn der Sauerstoffstrahl langsam fortbewegt wird, so brennt er aus dem Eisen einen schmalen Streifen heraus, wobei geschmolzenes Eisen aus dem Schnitt durch den Sauerstoffstrahl herausgeschleudert wird.

Der Dortmunder Union ist es nach jahrelangen Bemühungen gelungen, einen Schneidbrenner zu erzeugen, der auch das Schneiden unter Wasser erlaubt. In der Abb. 177 ist ein Taucher mit einem solchen Unterwasser-Schneidbrenner beim Abbrennen eines Trägers dargestellt. Das Brenngas (Wasserstoff) und der Sauerstoff werden im Brenner so gemischt, daß die äußere Schicht der Flamme aus brenngasarmem oder aus reinem Sauerstoff besteht, wodurch ein ruhiges Brennen der Flamme unter Wasser erreicht wird. Ein eigener elektrischer Zündapparat ermöglicht dem Taucher das Zünden der Flamme unter Wasser. Die Unterwasserschneidbrenner sind in Wassertiefen bis zu 40 m und für Eisenstärken bis 150 mm verwendbar.

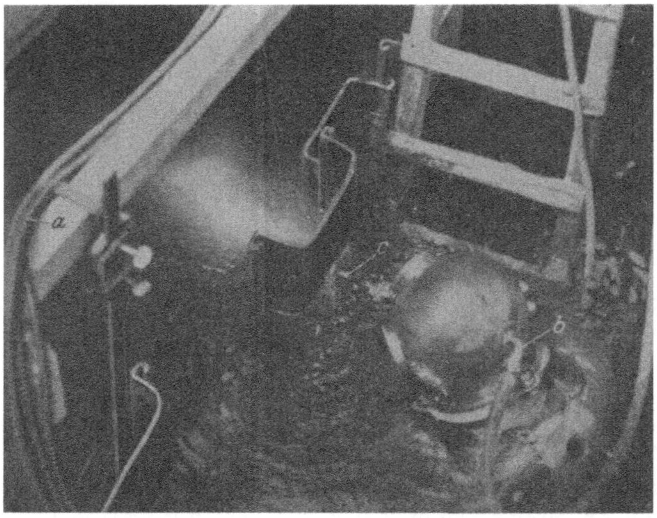

Abb. 178. Ein Taucher schneidet eine Larssen-Spundwand knapp unter der Wasserlinie ab. (Vereinigte Stahlwerke A.-G. Dortmunder Union.)

a vier Gaszuführungsschläuche, *b* Luftzuführung für den Taucher, *c* Schneidbrenner.

Die Abb. 178 zeigt einen Taucher beim Abschneiden einer Larssen-Spundwand knapp unter der Wasserlinie.

Die durchschnittliche Schnittleistung an einer 170 m langen Spundwand aus

Larssen-Eisen, Profil III, betrug in klarem Wasser 0,9 bis 1,0 m Spundwand (1,45 m gestreckte Schnittlänge) in einer Taucherstunde, einschließlich aller Nebenarbeiten. In vollständig undurchsichtigem Wasser, wo der Taucher auf Tasten angewiesen ist, geht die Schnittleistung auf etwa 0,2 m in der Stunde zurück. Der Gasverbrauch für ein Spundwandeisen, Profil III, betrug 2,5 m³ Wasserstoff und 3,5 m³ Sauerstoff.

Literatur: Dortmunder Union: Spundwandeisen Larssen. Ausgabe 1930.

D. Die Untersuchung und Bemessung einer Spundwand.

Die Untersuchung und Bemessung einer Spundwand erfolgt in statischer Hinsicht und dann, wenn sie auch Grundwasser abzuhalten hat, überdies noch in hydraulischer Hinsicht.

I. Die statische Untersuchung und Bemessung.

Die statische Untersuchung einer Spundwand erstreckt sich auf die Ermittlung der erforderlichen Rammtiefe und auf die Ermittlung der Beanspruchung der Spundwand durch den einseitig angreifenden Wasser- und Erddruck. Der auszuführende Querschnitt hängt aber nicht nur von der Beanspruchung der fertigen Spundwand ab, es ist vielmehr möglich, daß die Rammbarkeit in dem betreffenden Boden (eingelagertes Holz, Findlinge, Bauwerkreste) stärkere Querschnitte erfordert, als die später von der Wand aufzunehmende Last. Sowohl die aus statischen Gründen erforderliche Rammtiefe als auch die Beanspruchung der Spundwand hängt weitgehend davon ab, ob die Spundwand frei steht oder abgesteift bzw. verankert ist. Für die statische Untersuchung einer Spundwand fehlen bisher sichere Grundlagen; H. Krey, E. Lohmeyer, A. Freund und Niebuhr haben aber Näherungsverfahren angegeben, die hinreichend genaue Ergebnisse liefern.

a) Freistehende Spundwände.

Die Untersuchung sei vorerst am einfachsten Falle, nämlich einer freistehenden unverankerten Spundwand erläutert, die nur durch eine Kraft P in der Höhe H über dem Boden beansprucht wird. Die Wand wird sich dann im Boden um den Punkt D (Abb. 179a) drehen. Im Punkte D wird der bezogene Erddruck durch die Drehung der Wand nicht verändert. Oberhalb von D am Wandteil BD (Abb. 179a) wird durch die Bewegung der Wand links der bezogene Erdwiderstand $\lambda_p \gamma_e h$ wachgerufen, während rechts der bezogene Erddruck $\lambda_a \gamma_e h$ wirkt. Im unteren Wandteil DC wird durch die Bewegung der Wand rechts Erdwiderstand hervorgerufen, während links Erddruck wirkt. Die in der Abb. 179a durch Schraffen kenntlich gemachten Drücke würden voll auftreten, wenn sich unter dem Einflusse der Kraft P der Wandteil BD parallel nach links und der Wandteil DC parallel nach rechts bewegen würde. Tatsächlich erfolgt aber eine Drehung der Wand um D; im Punkt D erfolgt überhaupt keine waagrechte Verschiebung der Wand, weswegen dort auch kein Erdwiderstand ausgelöst werden kann. Erst in einer gewissen Entfernung oberhalb und unterhalb des Punktes D erreichen die Verschiebungen der Wand infolge der Drehung um D ein solches Maß, daß die durch sie bewirkte Pressung des Bodens gegen die Wand den Grenzwert des Erdwiderstandes erreicht. Tatsächlich werden die Flächen des Erdwiderstandes bei D anders, durch irgendeine unbekannte Linie, statt der Waagrechten durch D begrenzt sein, die näherungsweise durch die in der Abb. 179b eingetragene geneigte Gerade MDN ersetzt sei. Es müssen dann die waagrechten Kräfte im Gleichgewicht stehen, es muß also

$$P + \frac{b+e}{2} d - \frac{h_c}{2} b = 0 \tag{275}$$

sein, und auch die Summe der Momente um C muß gleich Null, also

$$P(H + h_c) + \frac{b+e}{2}\frac{d^2}{3} - b\frac{h_c^2}{6} = 0 \tag{276}$$

sein. Aus den beiden Gleichungen (275) und (276) erhält man nach Entfernung von d

$$e = \frac{(b h_c - 2P)^2}{b h_c^2 - 6P(H + h_c)} - b. \tag{277}$$

Die Spundwand kann frei stehen, wenn

$$e < (\lambda_p' - \lambda_a)\gamma_e h_c \tag{278}$$

ist.

Der Erdwiderstand wird am Wandteil BD dem Reibungswinkel zwischen Boden und Wand entsprechend schräg nach oben, im Wandteil DC schräg nach unten wirken. H. Krey empfiehlt nun, den Erdwiderstand links der Wand zwar unter Rücksichtnahme auf den Reibungswinkel Tabellen zu entnehmen, aber im oben gezeigten Verfahren dann waagrecht wirkend anzusehen, den Erdwiderstand im Wandteil DC aber für den Reibungswinkel Null den Tabellen zu entnehmen. Im Wandteil BD ergibt sich ein sehr hoher Erdwiderstand, so daß die Einflußlinie BG sehr flach verläuft und daß man ohne besonderen Fehler die Spundwand im Punkte B eingespannt ansehen kann. Es ergibt sich dann die in der Abb. 179c dargestellte Verteilung der Bodenpressungen gegen die Wand und die Gleichgewichtsbedingungen lauten

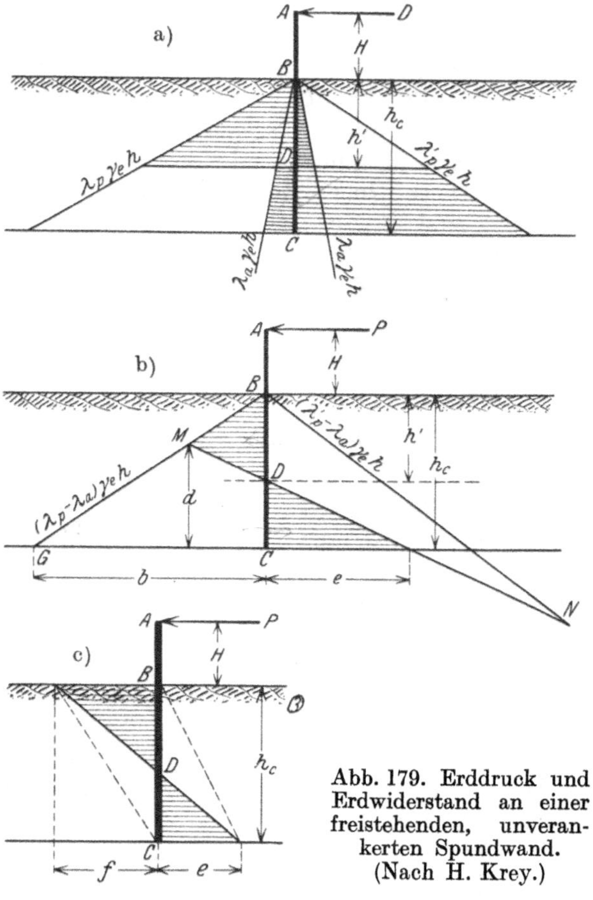

Abb. 179. Erddruck und Erdwiderstand an einer freistehenden, unverankerten Spundwand. (Nach H. Krey.)

$$P + \frac{e h_c}{2} - \frac{f h_c}{2} = 0 \tag{279}$$

und

$$P(H + h_c) + e\frac{h_c^2}{6} - f\frac{h_c^2}{3} = 0, \tag{280}$$

aus denen f und e leicht berechnet werden können. Der bezogene Erdwiderstand e muß natürlich wieder der Bedingung (278) genügen, wenn die Spundwand frei stehen soll.

Ähnlich erfolgt die Ermittlung der erforderlichen Rammtiefe und der Bodenpressungen, wenn eine **unverankerte Spundwand einseitig durch Erddruck beansprucht** wird. Eine allfällige Auflast wird, wie es bei der Ermittlung des Erddruckes üblich ist, durch eine gleich schwere Bodenschichte von der Dicke p ersetzt. Der Gang des Verfahrens ist ähnlich dem früher gezeigten. Die Verteilung der Erddrücke und der Erdwiderstände ist in der Abb. 180 dargestellt; wieder müssen die waagrechten Kräfte und die Momente um C im Gleichgewichte stehen, es muß also

$$\lambda_a\gamma_e(H + p)\frac{H+p}{2} + \lambda_a\gamma_e(H + p)h' + \frac{b+e}{2}d - \frac{b h_c}{2} = 0 \tag{281}$$

und

$$\lambda_a \gamma_e \frac{(H+p)^2}{2}\left(h_c + \frac{H+p}{3}\right) + \lambda_a \gamma_e (H+p)\, h' \left(h_c - \frac{h'}{2}\right) + (b+e)\frac{d^2}{6} - b\,\frac{h_c^2}{6} = 0 \qquad (282)$$

sein. Hierbei ist

$$b = \lambda_p \gamma_e h_c; \qquad (283)$$

ferner ergibt sich aus Abb. 180c

$$(h_c - h') : d = e : (e + \delta) \qquad (284)$$

oder

$$h' = h_c - \frac{d\,e}{e+\delta} \qquad (285)$$

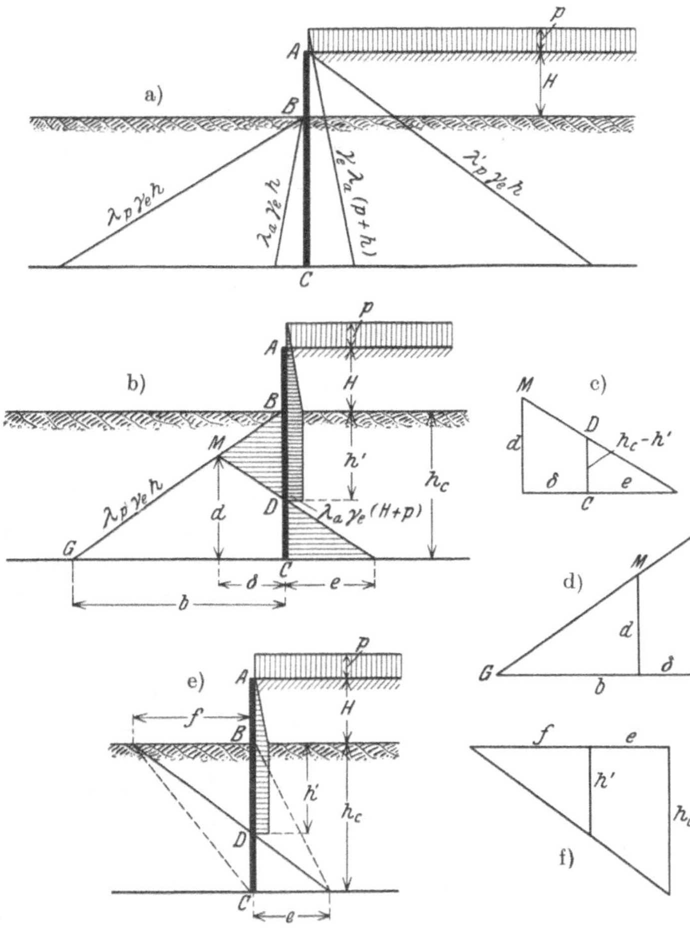

Abb. 180. Erddruck und Erdwiderstand an einer unverankerten, einseitig durch Erddruck beanspruchten Spundwand. (Nach H. Krey.)

und aus Abb. 180d

$$\delta : b = (h_c - d) : d \qquad (286)$$

oder

$$\delta = \frac{b\,(h_c - d)}{d}. \qquad (287)$$

Aus diesen Gleichungen kann e berechnet werden, und es muß

$$e < \lambda'_p \gamma_e (h_c + H) - \lambda_a \gamma_e h_c \qquad (288)$$

sein, wenn die Spundwand frei stehen soll.

Auch in diesem Falle kann in der Regel die Spundwand als eingespannt angesehen werden, so daß man mit hinreichender Sicherheit mit den einfacheren Gleichungen für das Gleichgewicht der waagrechten Kräfte (Abb. 180f)

(289) $$\lambda_a \gamma_e \frac{(H+p)^2}{2} + \lambda_a \gamma_e (H+p)\, h' + e\,\frac{h_c}{2} - f\,\frac{h_c}{2} = 0$$

und für die Momente um C

(290) $$\lambda_a \gamma_e \frac{(H+p)^2}{2}\left(h_c + \frac{H+p}{3}\right) + \lambda_a \gamma_e (H+p)\, h' \left(h_c - \frac{h'}{2}\right) + e\,\frac{h_c^2}{6} - f\,\frac{h_c^2}{3} = 0$$

rechnen kann, wobei aus der Abb. 180f

(291) $$h_c : h' = (e+f) : f$$

oder

(292) $$h' = h_c \frac{f}{f+e}$$

ist und e wieder der Ungleichung (288) entsprechen muß.

Niebuhr hat nachgewiesen, daß bei dreifacher Sicherheit, also für den Fall

(293) $$e = \frac{1}{3}\left[\lambda_p' \gamma_e (h_c + H) - \lambda_a \gamma_e h_c\right],$$

die in der Praxis weitverbreitete Regel, die Rammtiefe h_c gleich der freien Wandhöhe $(H+p)$ zu machen, gut zutrifft. Bei einer Rammtiefe

(294) $$h_c = 0{,}82\,(p+H)$$

ist eben überhaupt erst Gleichgewicht möglich.

b) Verankerte Spundwände.

Die Beanspruchung der Spundbohlen durch Erd- oder Wasserdruck kann wesentlich herabgesetzt werden, wenn die Wand ein- oder mehrmals verankert oder abgesteift wird. Bei einer solchen Spundwand ist eine Einspannung im Boden nicht mehr nötig. Den waagrechten Komponenten des Erd- und des Wasserdruckes halten nunmehr die waagrechten Komponenten des Ankerzuges und jene des Erdwiderstandes vor der Spundwand das Gleichgewicht. Nur wenn die Wand sehr tief gerammt wird, wird ein Einspannungsmoment wirksam, das die Biegungsbeanspruchung der Wand herabsetzt.

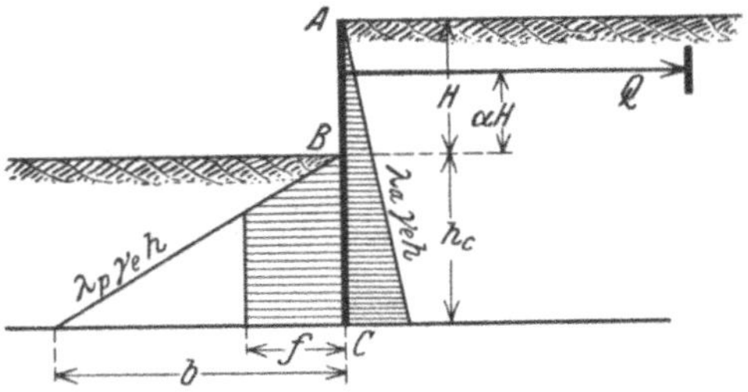

Abb. 181. Erddruck und Erdwiderstand an einer verankerten, einseitigem Erddruck ausgesetzten Spundwand mit geringer Rammtiefe h_c

Die Wand muß so tief gerammt werden, daß der für das Gleichgewicht der Wand erforderliche Erdwiderstand wirksam werden kann. Zur Auslösung des Erdwiderstandes ist eine geringfügige Bewegung der Wand erforderlich; die Bewegung wird, weil sich die Spundwand durchbiegt und hierbei um zwei Punkte oben und unten dreht, am unteren Ende der Spundwand nur gering sein, so daß erst von einer gewissen Höhe über dem Spundwandende an der volle bezogene Erdwiderstand auftreten kann.

Die tatsächlich auftretende, aber unbekannte Fläche des Erdwiderstandes ersetzt nun H. Krey durch die in der Abb. 181 durch Schraffen kenntlich gemachte Fläche. Die Gleichgewichtsbedingung für die waagrecht wirkenden Kräfte lautet dann mit den Bezeichnungen der Abb. 181

(295) $$Q + f h_c - f^2 \frac{h_c}{2b} - \lambda_a \gamma_e \frac{(H+h_c)^2}{2} = 0,$$

und wenn bei n-facher Sicherheit für

$$f = \frac{b}{n} = \frac{\lambda_p \gamma_e h_c}{n} \tag{296}$$

gesetzt wird, so hat man weiter

$$Q + \gamma_e \lambda_p h_c^2 \left(\frac{1}{n} - \frac{1}{2n^2}\right) - \frac{1}{2}\gamma_e \lambda_a (H + h_c)^2 = 0 \tag{297}$$

und erhält daraus den Ankerzug

$$Q = \gamma_e \lambda_p h_c^2 \frac{1-2n}{2n^2} + \frac{1}{2}\gamma_e \lambda_a (H + h_c)^2. \tag{298}$$

Die Bedingung für Gleichgewicht gegen Drehung um C lautet

$$Q(h_c + \alpha H) + \gamma_e \frac{f h_c^2}{2} - \gamma_e \frac{f^2 h_c}{2b}\left(h_c - \frac{f h_c}{3b}\right) - \gamma_e \lambda_a \frac{(H + h_c)^3}{6} = 0 \tag{299}$$

oder

$$Q(h_c + \alpha H) + \frac{\gamma_e \lambda_p h_c^3}{2n} - \frac{\gamma_e \lambda_p h_c^3}{2n^2} \cdot \frac{3n-1}{3n} - \frac{\gamma_e \lambda_a}{6}(H + h_c)^3 = 0 \tag{300}$$

und weiter

$$Q(h_c + \alpha H) + \gamma_e \lambda_p h_c^3 \frac{3n^2 - 3n + 1}{6n^3} - \gamma_e \frac{\lambda_a}{6}(H + h_c)^3 = 0. \tag{301}$$

Wenn weiter für Q der früher gefundene Ausdruck eingesetzt wird und für

$$\frac{\lambda_p}{\lambda_a} = \lambda \tag{302}$$

gesetzt wird, so erhält man schließlich

$$h_c^3 + c_1 H h_c^2 + c_2 H^2 h_c + c_3 H^3 = 0, \tag{303}$$

und es bedeutet

$$c_1 = \frac{3n[\alpha(1-2n)\lambda + n^2(\alpha+1)]}{\lambda(1-3n^2) + 2n^3}, \tag{304}$$

$$c_2 = \frac{6\alpha n^3}{\lambda(1-3n^2) + 2n^3} \tag{305}$$

und

$$c_3 = \frac{(3\alpha - 1)n^3}{\lambda(1-3n^2) + 2n^3}. \tag{306}$$

Wenn endlich die Rammtiefe

$$h_c = \beta H \tag{307}$$

gesetzt wird, so nimmt die Gl. (303) die Form

$$\beta^3 + c_1\beta^2 + c_2\beta + c_3 = 0 \tag{308}$$

an und gibt nun für einen geforderten Sicherheitsgrad n die erforderliche Rammtiefe. Für die Sicherheit n wird in der Regel 2 bis 3 gewählt.

Bei dem bisher gezeigten Verfahren wurde das elastische Verhalten der Spundwand und des Bodens nicht weiter berücksichtigt. Niebuhr hat nun nachgewiesen, daß die hergeleiteten Formeln für die meist vorkommenden Abmessungen der Spundbohlen vollkommen ausreichen und sichere Ergebnisse liefern. Nur bei außerordentlich langen Spundbohlen, wie sie in Ausnahmefällen vorkommen, ist das elastische Verhalten zu beachten und nach einem von A. Freund gezeigten Verfahren vorzugehen.

Der Ankerzug beträgt, wenn in Gl. (298) die schon früher benützten Beziehungen (302) und (307) eingesetzt werden:

$$Q = \frac{\gamma_e}{2}\lambda_a H^2\left[(1+\beta)^2 + \lambda\beta^2\left(\frac{1}{n^2} - \frac{2}{n}\right)\right]. \tag{309}$$

Die Zuganker bzw. Versteifungen der Spundwände sollen so angeordnet werden, daß der Baustoff der Spundbohlen möglichst gut ausgenützt wird. Für eine Anzahl von Spundwandanordnungen, wie sie in der Tabelle 19 zusammengestellt sind, hat O. Luetkens die zweckmäßigste Austeilung der Anker, deren Beanspruchung und die größten in den Bohlen auftretenden Biegungsmomente berechnet. Bei eisernen Uferwänden, deren Hinterfüllung bis nahe an die Bodenoberfläche wassergesättigt ist, empfiehlt es sich, einen Anker nahe an den oberen Rand der Wand zu legen, um Verbiegungen derselben infolge des Frostes möglichst einzuschränken.

Tabelle 19.
Auflagerdrucke und Beanspruchung einer durch Erddruck belasteten lotrechten Wand bei günstigster Austeilung der Anker (Aussteifungen). (Nach O. Luetkens.)

Belastungsfall Nr.	Feldeinteilung			Auflagerdruck ($\beta \lambda_a \gamma_e H^2$) β				Größtes Biegungsmoment $M_{mm} = \delta \lambda_a \gamma_e H^3$	Belastungsfall
	α_1	α_2	α_3	A	E	D	B	δ	
1	—	—	—	—	—	—	0,5000	0,16667	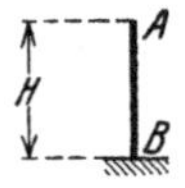
2	—	—	—	0,1667	—	—	0,3333	0,06415	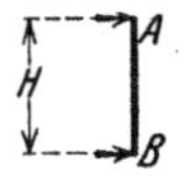
3	0,525	0,475	—	—	—	0,3175	0,1825	0,01786	
4	—	—	—	0,1000	—	—	0,4000	0,06667	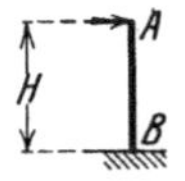
5	0,528	0,472	—	—	—	0,2825	0,2175	0,01753	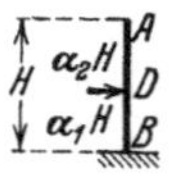
6	0,433	0,567	—	0,0277	—	0,3210	0,1513	0,01470	
7	0,294	0,359	0,347	—	0,1440	0,2471	0,1089	0,00696	
8	0,426	0,574	—	0,0338	—	0,2834	0,1828	0,01212	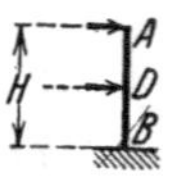
9	0,293	0,375	0,332	—	0,1408	0,2272	0,1320	0,00616	

c) Die Auswahl des Spundbohlenquerschnittes.

Der Spundbohlenquerschnitt wird dem größten in der Bohle auftretenden Biegungsmomente angepaßt. Für die günstigste Anordnung von Ankern, die den Spundbohlenquerschnitt also am besten ausnützt, sind die Ankerzüge und die maßgebenden Biegungsmomente in der von O. Luetkens berechneten Tabelle 19 zusammengestellt. In allen in der Tabelle nicht enthaltenen Fällen muß das maßgebende Biegungsmoment besonders ermittelt werden.

Um die Tabelle 19 benützen zu können, muß die Tiefenlage des Punktes B bekannt sein bzw. angenommen werden. Luetkens bemerkt, daß es in der Regel hinreicht, den Punkt B bei verankerten Wänden in $^1/_{10}$ der freien Höhe unter der Sohle, bei unverankerten Wänden in ¼ bis ⅓ der freien Höhe unter der Sohle anzunehmen.

Für die am häufigsten angewendeten Spundwandeisen „Larssen“ und „Hoesch“ hat O. Luetkens Tabellen ausgearbeitet, die ein rasches Bemessen des erforderlichen Querschnittes bzw. eine rasche Aufklärung über die erforderliche Verankerung in den neun von ihm untersuchten Fällen ermöglichen. Er rechnet hierbei die freie Länge H der Wand in der oben angeführten Weise und er ersetzt die für diese Länge in Betracht kommende Lastfläche aus den verschiedenen Bodenschichten entsprechenden Erddrücken und den Wasserüberdruck durch ein gleich großes und gleich hohes Dreieck, dessen Grundlinie gleich $\gamma_e \lambda_a H$ ist. Um nun die Tabellen 20 und 21 zu benützen, braucht nur der Ausdruck $\gamma_e \lambda_a H^2$ ausgerechnet und in den Tabellen der dieser Zahl entsprechende Querschnitt bzw. die entsprechende Verankerung aufgesucht zu werden.

Je nachdem, ob die Spundwand nur während eines Baues oder dauernd verwendet werden soll, werden verschiedene Beanspruchungen der Wand zugelassen; die höheren selbstverständlich bei nur vorübergehender Verwendung. Die Spundwandeisen werden gegenwärtig in verschiedenen Materialgüten hergestellt, die der Zusammenstellung auf S. 138 entnommen werden können.

d) Die Bemessung der Anker.

Der Zug der Anker wird durch eine Ankerwand aufgenommen, die hinreichend weit hinter der Spundwand liegen muß. Wenn die Ankerwand dem Ankerzug nachgibt, so muß sie den Erdwiderstand des vor ihr liegenden Bodens überwinden und längs der Gleitflächen den vor ihr liegenden trapezförmigen Bodenkörper herausschieben. Der auf die Ankerwand wirkende Erdwider-

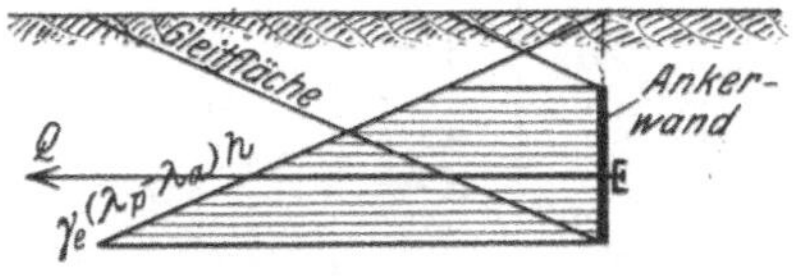

Abb. 182. Erdwiderstand an einer Ankerwand.

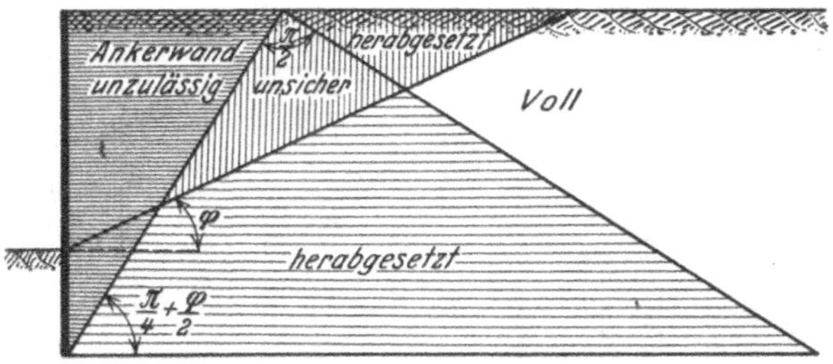

Abb. 183. Wirksamkeit von Ankerwänden und Platten nach E. Lohmeyer.

stand kann aber nur dann voll wirksam werden, wenn der innerhalb der Gleitflächen des Erdwiderstandes liegende Boden bei einem Nachgeben der Spundwand nicht in Mitleidenschaft gezogen wird.

Ankerwände, die in Boden liegen, der bei einem Nachgeben der Spundwand selbst nachgibt oder Ankerwände, die noch so nahe liegen, daß wenigstens ein Teil des Bodens vor ihnen, der zwischen den Gleitflächen des Erdwiderstandes (Abb. 182) liegt, nachgibt, sind je nach der Lage unwirksam oder von geringerer Wirksamkeit. E. Lohmeyer hat das in der Abb. 183 dargestellte Schema gegeben, das rasch zu beurteilen erlaubt, ob eine Ankerwand voll wirksam sein kann.

Die Ankerwand kann nun verschieden ausgebildet werden, als durchlaufende Wand, die bis zur Bodenoberfläche reicht, als durchlaufende Wand, die nicht bis zur Bodenoberfläche reicht oder aufgelöst in einzelne Ankerplatten.

Tabelle 20. Bemessung der Spundwandeisen „Larssen". (Nach O. Luetkens.)

Verwendungsdauer der Spundwand	Larssen-Querschnitt	Zulässige Beanspruchung der Spundbohlen	Belastungsfall 1	2	3	4	5	6	7	8	9

		kg/cm²	1 m Spundwand vermag aufzunehmen $\gamma_e \lambda_a H^2$ (tm) =								
dauernd	Ib	1200	18	47	168	45	171	204	431	248	487
		1475	22	57	206	55	210	251	530	304	599
		1640	25	64	230	61	234	279	589	338	666
	Ia	1200	28	73	262	70	267	318	672	386	760
		1475	35	90	322	86	328	391	827	475	934
		1640	38	100	358	96	365	435	919	528	1038
	I	1200	36	94	336	90	342	408	862	495	974
		1475	44	115	413	111	421	502	1062	608	1197
		1640	49	128	459	123	468	558	1178	677	1331
	II	1200	61	159	570	153	581	693	1464	841	1654
		1475	75	195	701	188	714	852	1799	1033	2033
		1640	84	217	780	209	794	947	2001	1149	2260
	III	1200	98	255	916	245	933	1113	2350	1349	2655
		1475	121	313	1126	302	1147	1368	2889	1659	3264
		1640	134	348	1252	335	1275	1521	3212	1844	3629
	IIIa	1200	101	263	944	253	962	1147	2422	1391	2737
		1475	124	323	1160	311	1182	1410	2978	1710	3364
		1640	138	359	1290	346	1314	1567	3311	1901	3741
	IV	1200	147	381	1369	367	1394	1663	3512	2017	3968
		1475	180	468	1682	451	1714	2044	4317	2479	4878
		1640	200	521	1870	501	1906	2273	4800	2756	5423
	V	1200	213	551	1990	533	2028	2418	5107	2933	5770
		1475	262	681	2446	655	2492	2972	6277	3605	7092
		1640	291	757	2720	729	2771	3304	6979	4008	7886
	VI	1200	288	748	2688	720	2738	3265	6897	3960	7792
		1475	354	920	3303	885	3366	4014	8477	4868	9578
		1640	394	1023	3673	984	3742	4463	9425	5412	10649
	K Ic	1200	187	487	1750	469	1783	2126	4490	2578	5073
		1475	230	599	2151	576	2191	2613	5518	3169	6235
		1640	256	666	2391	641	2436	2905	6136	3524	6933
	K I	1200	229	594	2133	571	2173	2591	5472	3143	6183
		1475	281	730	2621	702	2671	3185	6726	3863	7600
		1640	312	811	2915	781	2969	3541	7479	4295	8450
	K II	1200	346	898	3225	864	3286	3918	8276	4752	9351
		1475	425	1104	3964	1062	4039	4816	10172	5842	11494
		1640	472	1227	4408	1181	4491	5355	11310	6495	12779
vorübergehend	Ib	1400	21	55	196	52	200	238	503	289	568
		1720	26	67	241	64	245	293	618	355	698
		1910	29	74	267	72	272	325	686	394	775
	Ia	1400	33	85	306	82	311	371	784	450	886
		1720	40	105	376	101	383	456	964	553	1089
		1910	45	116	417	112	425	507	1070	615	1209
	I	1400	42	109	392	105	399	476	1006	578	1136
		1720	52	134	482	129	491	585	1236	710	1396
		1910	57	149	535	143	545	650	1372	788	1550
	II	1400	71	185	666	178	678	809	1708	981	1930
		1720	88	228	818	219	833	993	2098	1205	2371
		1910	97	253	908	243	925	1103	2330	1338	2632
	III	1400	114	297	1068	286	1089	1298	2741	1574	3098
		1720	141	365	1313	352	1337	1595	3368	1934	3806
		1910	156	406	1458	390	1485	1771	3740	2148	4226
	IIIa	1400	118	306	1101	295	1122	1338	2826	1623	3193
		1720	145	377	1353	362	1379	1644	3472	1994	3923
		1910	161	418	1503	403	1531	1826	3856	2214	4356
	IV	1400	171	445	1597	428	1627	1940	4097	2353	4630
		1720	210	546	1962	526	1999	2383	5034	2891	5688
		1910	233	607	2178	584	2219	2647	5590	3210	6316
	V	1400	249	646	2322	622	2366	2821	5958	3421	6732
		1720	306	794	2853	764	2906	3466	7320	4203	8271
		1910	339	882	3168	849	3227	3849	8128	4668	9184
	VI	1400	336	873	3135	840	3195	3810	8046	4620	9091
		1720	413	1073	3852	1032	3925	4680	9885	5677	11169
		1910	458	1191	4278	1146	4358	5197	10977	6303	12403
	K Ic	1400	219	568	2041	547	2080	2480	5238	3008	5918
		1720	269	698	2508	672	2555	3047	6435	3695	7271
		1910	298	775	2785	746	2837	3383	7146	4103	8074
	K I	1400	267	693	2488	667	2535	3023	6384	3666	7214
		1720	328	851	3057	819	3114	3714	7844	4504	8862
		1910	364	945	3394	909	3458	4124	8710	5002	9841
	K II	1400	403	1048	3763	1008	3833	4571	9655	5545	10909
		7120	495	1287	4623	1238	4710	5616	11862	6812	13403
		1910	550	1429	5133	1375	5250	6237	13172	7564	14883

Tabelle 21. Bemessung der Spundwandeisen „Hoesch". (Nach O. Luetkens.)

Verwendungsdauer der Spundwand	Hoesch-Profil	Zulässige Beanspruchung der Spundwand kg/cm²	Belastungsfall 1	2	3	4	5	6	7	8	9
			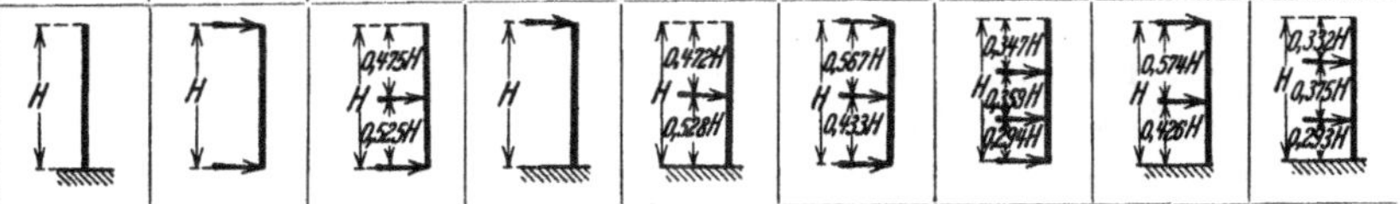								
			1 m Spundwand vermag aufzunehmen $\gamma_e \lambda_a H^2$ (tm) =								
dauernd	I	1200	43	112	403	108	411	490	1035	594	1169
		1300	47	122	437	117	445	531	1121	644	1266
		1640	59	153	551	148	561.	669	1414	812	1597
	Ia	1200	48	125	450	121	459	547	1155	663	1305
		1300	52	136	488	131	497	592	1251	719	1414
		1640	66	171	615	165	627	748	1579	907	1784
	II	1200	72	187	672	180	685	819	1724	990	1948
		1300	78	203	728	195	742	884	1868	1073	2110
		1640	98	256	918	246	936	1116	2356	1353	2662
	III	1200	101	262	941	252	958	1143	2414	1386	2727
		1300	109	284	1019	273	1038	1238	2615	1502	2955
		1640	138	358	1286	344	1310	1562	3299	1894	3725
	IV	1200	151	393	1411	378	1438	1714	3621	2079	4091
		1300	164	426	1529	410	1557	1857	3922	2253	4432
		1640	207	537	1928	517	1965	2343	4948	2842	5591
	V	1200	216	561	2016	540	2054	2449	5172	2970	5844
		1300	234	608	2184	585	2225	2653	5603	3218	6331
		1640	295	767	2755	738	2807	3347	7069	4059	7987
	K III	1200	209	543	1949	522	1985	2367	5000	2871	5649
		1300	226	588	2111	566	2151	2565	5417	3111	6120
		1640	285	741	2663	713	2713	3235	6833	3924	7721
	K IV	1200	301	781	2805	752	2858	3408	7198	4134	8133
		1300	326	846	3039	814	3096	3692	7798	4478	8811
		1640	411	1067	3834	1027	3906	4658	9838	5649	11115
	K VI	1200	302	783	2822	756	2875	3429	7241	4158	8182
		1300	328	851	3057	819	3115	3714	7845	4505	8864
		1640	413	1074	3857	1033	3929	4686	9897	5683	11182
vorübergehend	I	1400	50	131	470	126	479	571	1207	693	1364
		1520	55	142	511	137	520	620	1310	753	1481
		1910	69	179	642	172	654	780	1647	946	1860
	Ia	1400	56	146	525	141	535	638	1348	774	1523
		1520	61	159	570	153	581	693	1463	840	1653
		1910	77	199	717	192	730	871	1839	1056	2077
	II	1400	84	218	784	210	799	952	2012	1155	2273
		1520	91	237	851	228	867	1034	2184	1254	2468
		1910	115	298	1069	287	1069	1299	2744	1576	3101
	III	1400	118	306	1097	294	1118	1333	2816	1617	3182
		1520	128	332	1191	319	1214	1448	3058	1756	3455
		1910	160	417	1497	401	1526	1819	3842	2206	4341
	IV	1400	176	458	1646	441	1677	2000	4224	2426	4773
		1520	192	498	1787	479	1821	2171	4586	2634	5182
		1910	241	625	2246	602	2288	2729	5763	3309	6511
	V	1400	252	655	2352	630	2396	2857	6035	3465	6818
		1520	274	711	2553	684	2601	3102	6552	3762	7403
		1910	344	893	3208	860	3269	3898	8233	4726	9302
	K III	1400	244	633	2273	609	2316	2762	5833	3350	6591
		1520	264	687	2468	661	2515	2999	6333	3637	7156
		1910	332	863	3101	831	3160	3768	7958	4570	8992
	K IV	1400	351	911	3273	877	3334	3976	8398	4823	9489
		1520	381	989	3553	952	3620	4317	9118	5236	10302
		1910	478	1243	4465	1196	4549	5425	11457	6579	12945
	K VI	1400	353	917	3292	882	3354	4000	8448	4852	9546
		1520	383	995	3574	958	3642	4343	9172	5267	10364
		1910	481	1251	4492	1203	4576	5457	11526	6619	13023

Wenn die Ankerwand bis zur Bodenoberfläche reicht, und wenn sie so weit hinter der Spundwand liegt, daß sich die Gleitlinie des Erddruckes hinter der Spundwand und jene des Erdwiderstandes vor der Ankerwand oberhalb der Bodenoberfläche schneiden, so kann der Erdwiderstand vor der Ankerwand voll wirksam werden. Wenn die Ankerwand lotrecht steht (Abb. 184), der Ankerzug P waagrecht wirkt und die Bodenpressungen auch waagrecht angesetzt werden, so besteht dann die Gleichgewichtsbedingung

$$Q + \gamma_e \lambda_a \frac{t^2}{2} = \frac{1}{n} \gamma_e \lambda_p \frac{t^2}{2}, \tag{310}$$

und die erforderliche Höhe der Ankerwand beträgt

$$t = \sqrt{\frac{2Q}{\gamma_e\left(\frac{1}{n}\lambda_p - \lambda_a\right)}}, \tag{311}$$

wobei n einen Sicherheitsbeiwert bedeutet, der gleich 2 bis 3 gesetzt wird.

Wenn die Ankerwand nicht bis zur Bodenoberfläche reicht, so ist der Erdwiderstand, wie H. Krey bemerkt, geringer; er wird zwischen

$$\tfrac{1}{2}\gamma_e \lambda_p h_1^2 \quad \text{und} \quad \tfrac{1}{2}\gamma_e \lambda_p (h_1^2 - h_2^2) \tag{312}$$

liegen. Wenn nämlich die Ankerwand in Bewegung gerät, so schiebt sie den in der Abb. 185 schraffierten Bodenkörper auf der Gleitfläche LC aufwärts, gleichzeitig

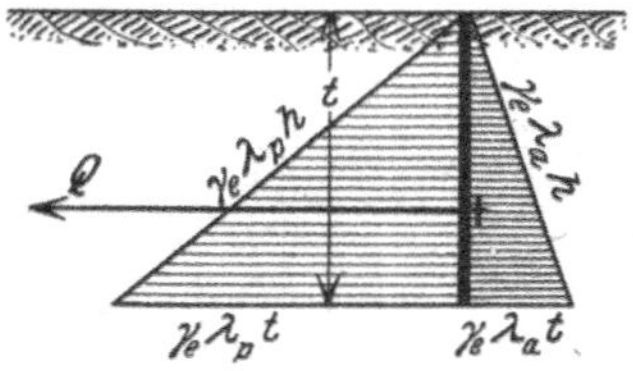

Abb. 184. Erddruck und Erdwiderstand an einer bis zur Bodenoberfläche reichenden Ankerwand.

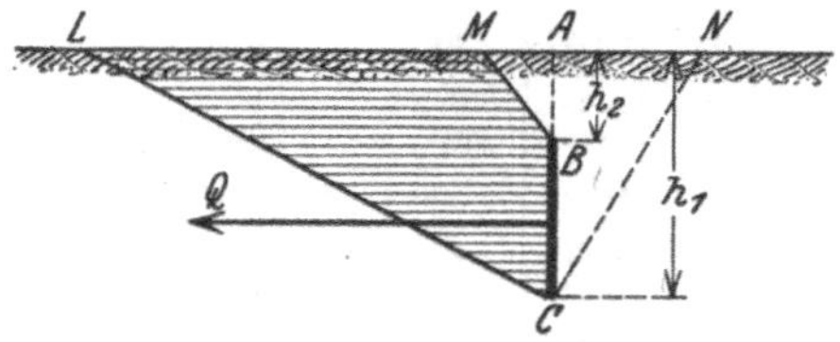

Abb. 185. Erddruck und Erdwiderstand bei einer nicht bis zur Bodenoberfläche reichenden Ankerwand.

sinkt aber der Bodenkörper $MBCN$ längs der Gleitflächen MB und NC herab, wobei in der Fläche MB der abwärtsgleitende Bodenkörper der Verschiebung des schraffierten Körpers entgegenwirkt. Die Gleichgewichtsbedingung lautet dann angenähert, wenn mit $n = 2$ bis 3 wieder ein Sicherheitsbeiwert bezeichnet wird,

$$Q + \gamma_e \lambda_a \frac{h_1^2 - h_2^2}{2} = \frac{1}{n} \gamma_e \left(\lambda_p \frac{h_1^2}{2} - \lambda_a \frac{h_2^2}{2}\right), \tag{313}$$

und es beträgt die Ankerzugkraft, die die Wand äußerstenfalls aufzunehmen vermag,

$$Q = \gamma_e \left(\frac{1}{n}\lambda_p \frac{h_1^2}{2} - \lambda_a \frac{h_1^2}{2} + \frac{n-1}{n}\lambda_a \frac{h_2^2}{2}\right). \tag{314}$$

Das ist aber bei den üblichen Ausführungsformen nahezu derselbe Ankerzug, den eine bis zur Oberfläche reichende Wand aufnehmen würde.

Einzelne Ankerplatten im Bodenbereiche, in dem der Erdwiderstand voll wirksam werden kann, können einen Ankerzug aufnehmen, der, wie H. Krey bemerkt, größer ist als jener, den ein gleich breiter Streifen einer Ankerwand aufnimmt, weil das Herausschieben des Erdkörpers durch eine nachgebende Ankerplatte hier noch durch die Reibung beiderseits des bewegten Erdkörpers behindert wird. Wie schon früher gezeigt worden ist, beträgt der Erdwiderstand allein des vor der Ankerplatte von der Breite b liegenden Bodens

$$\gamma_e \left(\lambda_p \frac{h_1^2}{2} - \lambda_a \frac{h_2^2}{2}\right) b. \tag{315}$$

Auf die Seitenflächen des vor der Ankerplatte von der Breite b liegenden Bodenkörpers (Abb. 186), der bei einem Nachgeben der Ankerplatte verschoben werden muß, wirkt beiderseits der Erddruck, der beim Verschieben Reibung bewirkt, die nun auch überwunden werden muß. Der Erddruck auf einem Streifen dieser Fläche von der Breite dx und von der Höhe h beträgt

$$e = \gamma_e \lambda_a \frac{h^2}{2} dx, \tag{316}$$

wobei λ_a für $\delta = 0$ zu ermitteln ist. Setzt man

$$h = \frac{h_1}{L} x, \tag{317}$$

so hat man

$$e = \gamma_e \lambda_a \frac{h_1^2}{2 L_1^2} x^2 dx, \tag{318}$$

und der Erddruck auf eine ganze Seitenfläche beträgt

$$E_a = \gamma_e \lambda_a \frac{h_1^2}{2 L^2} \int_0^L x^2 dx = \frac{1}{6} \lambda_a \gamma_e h_1^2 L, \tag{319}$$

und er ruft in beiden Seitenflächen die Reibung

$$R = \gamma_e \lambda_a \frac{h_1^2}{3} L \operatorname{tg} \varphi \tag{320}$$

hervor, wenn mit $\operatorname{tg} \varphi$ der Beiwert der inneren Reibung bezeichnet wird. Auf die Ankerplatte wirkt in der Richtung des Ankers der Ankerzug Q und der Erddruck auf die Rückseite der Ankerplatte, dagegen der Erdwiderstand und die früher erwähnte Reibung beiderseits des Bodenkeiles vor der Ankerplatte. Bei einem Sicherheitsbeiwert $n = 2$ bis 3 lautet dann die Gleichgewichtsbedingung angenähert

$$Q + \gamma_e \lambda_a \frac{h_1^2 - h_2^2}{2} b = \frac{\gamma_e}{n} \left(\lambda_p \frac{h_1^2}{2} b + \lambda_a \frac{h_1^2}{3} L \operatorname{tg} \varphi - \lambda_a \frac{h_2^2}{2} b \right), \tag{321}$$

aus der der bei einer gegebenen Ankerplatte höchstzulässige Zug Q berechnet werden kann.

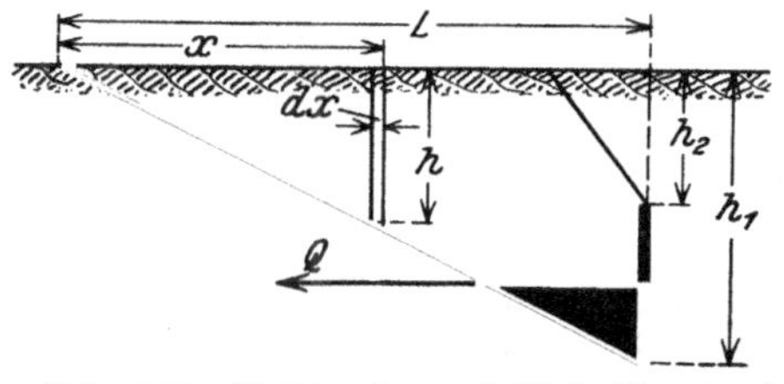

Abb. 186. Erddruck und Erdwiderstand an einer Ankerplatte nach H. Krey.

Wenn Ankerplatten nebeneinanderliegen, so gilt die Gl. (321) natürlich nur so lange, als die Reibung an den beiden Seitenflächen des Bodenkeiles kleiner ist als der Erdwiderstand, der auf den Zwischenraum von der Breite d zwischen den Ankerplatten entfällt, solange also

$$\gamma_e \lambda_a \frac{h_1^2}{3} L \operatorname{tg} \varphi \leqq \gamma_e \left(\lambda_p \frac{h_1^2}{2} - \lambda_a \frac{h_2^2}{2} \right) d \tag{322}$$

ist, andernfalls wären die nebeneinanderliegenden Ankerplatten als durchlaufende Ankerwand gleicher Höhe aufzufassen.

Wenn eine Ankerwand oder eine Ankerplatte in jenem Bereiche liegt, in dem der Erdwiderstand nicht voll wirksam werden kann, kann der zulässige Ankerzug nur mehr geschätzt werden. Richtlinien für diese Schätzung gibt H. Krey in seinem Werke: „Erddruck, Erdwiderstand und Tragfähigkeit des Baugrundes" an.

Die Anordnung von Ankerwänden oder Ankerplatten in jenem Bereiche, in dem der Erdwiderstand voll wirksam wird, ist nicht immer möglich. In solchen Fällen können die Anker auch an Pfahlböcke gelegt werden, die aus je einem Zug und einem Druckpfahl bestehen, deren Köpfe fest verbunden sind.

Literatur: Blum, H.: Einfluß der ungünstigsten Laststellung bei Berechnung der Standsicherheit der Ankerplatten von Bollwerken. Bautechnik 1929 S. 817. — Brennecke, L.: Die Berechnung der Standsicherheit der Bohlwerke. Z. Arch. Ing.-V. 1893 S. 29. — Brennecke, L., u. E. Lohmeyer: Der

Grundbau 4. Aufl. Berlin: W. Ernst & Sohn 1930. — Ehlers, H.: Beitrag zur statischen Berechnung von Spundwänden unter Berücksichtigung besonderer Verhältnisse. Z. Arch. Ing.-Wes. 1910 Heft 1. — Derselbe: Ein Beitrag zur statischen Berechnung von Spundwänden. Hannover: Jännecke 1910. — Engels, H.: Zur Berechnung der Bohlwerke. Zentralbl. Bauverw. 1903 S. 273, 648. — Engels, H., u. Mohr: Die Berechnung der Bohlwerke. Zentralbl. Bauverw. 1903 S. 273, 649. — Freund, A.: Die Berechnung von Bohlwänden nach der Elastizitätstheorie. Z. Bauw. S. 481. — Franzius, G.: Die ungünstigste Belastung durch Platten verankerter Bollwerke. Bautechnik 1929 S. 520. — Jakobi, E.: Berechnung von Bohlwerken. Öst. Wochenschr. Baudienst 1912 S. 317. — Kayser, H.: Zur Berechnung der Bohlwerke. Zentralbl. Bauverw. 1909 S. 219. — Krey, H.: Erddruck, Erdwiderstand und Tragfähigkeit des Baugrundes 3. Aufl. Berlin: W. Ernst & Sohn 1926. — Lohmeyer, E.: Versuche über das Widerstandsmoment eiserner Spundbohlen, Bauart Larssen. Bautechnik 1927 S. 26. — Luetkens, O.: Berechnung von Spundwänden. Bauing. 1930 S. 39, 430. — Niebuhr: Die Berechnung von Spundwänden nach Krey. Bauing. 1929 S. 805. — Derselbe: Die Berechnung verankerter Bohlwände. Bautechnik 1930 S. 743. — v. Ranke, F. E. H.: Beitrag zur Berechnung von Spundwänden. Bauing. 1928 S. 797. — Derselbe: Die Berechnung verankerter Bohlwände. Bautechnik 1930 S. 60.

II. Die hydraulische Bemessung einer Spundwand.

Wenn eine Spundwand eine Grundwasserströmung behindern soll, so muß auch noch eine hydraulische Bemessung durchgeführt werden, für die Ph. Forchheimer die Wege gewiesen hat; er berechnete, daß der Druckverlust h (Abb. 187a) von der Flußsohle bis zur Ebene der Spundwand bei Durchflußöffnungen

(323) $$f < \frac{a}{2} \qquad h = 1{,}466 \frac{q}{k} \log\left(2 \cot g \frac{\pi f}{4a}\right),$$

(324) $$f > \frac{a}{2} \qquad h = \frac{1}{1{,}466} \frac{q}{k} \frac{1}{\log\left(2 \cot g \frac{\left(1 - \frac{f}{a}\right)\pi}{4}\right)}$$

beträgt; hierbei bezeichnet k die Durchlässigkeit des Bodens und q den Durchfluß durch einen lotrechten Streifen von der Breite „Eins". Die beiden Gleichungen ergeben die nachstehende Zahlenreihe:

$\frac{f}{a} =$	0,1	0,2	0,3	0,4	0,5	0,6	0,7	0,8	0,9	1,0
$\alpha = \frac{k h}{q} =$	2,061	1,615	1,350	1,157	1,000	0,864	0,741	0,619	0,485	0

Die beiden Gleichungen gelten natürlich auch für den Fall, wenn das Grundwasser von der Ebene der Spundwand gegen die Flußsohle aufsteigt. Soll z. B. für den in der Abb. 187b dargestellten Fall die unter dem Breitenmeter der Spundwand durchsickernde Wassermenge q berechnet werden, so hat man für die Sickerung von der Flußsohle bis zur Ebene der Spundwand den Druckverlust

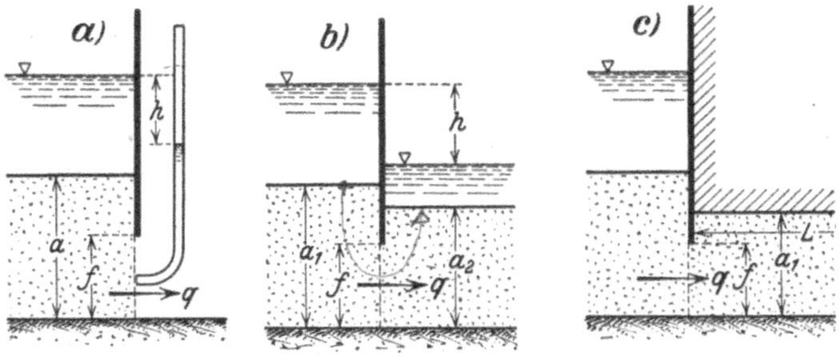

Abb. 187. Sickerung unter Bauwerken. a) Durchsickerung bis unter eine Spundwand, b) Ermittlung der Sickerung unter einer Spundwand, c) Sickerung unter einem Bauwerk.

(325) $$h_1 = \frac{\alpha_1 q}{k}$$

und von dort weiter bis zur Sohle rechts von der Spundwand dem Druckverlust

(326) $$h_2 = \frac{\alpha_2 q}{k}.$$

Die Werte für α_1 und α_2 werden nach den Formeln (323) und (324) berechnet oder

der angegebenen Zahlenreihe entnommen. Es ist nun weiter der Gesamtdruckverlust

$$h = h_1 + h_2 = \frac{q}{k}(\alpha_1 + \alpha_2) \tag{327}$$

oder die Sickerung

$$q = \frac{k\,h}{\alpha_1 + \alpha_2}. \tag{328}$$

Wenn rechts von der Spundwand statt der freien Flußsohle ein dichtes Bauwerk anschließt (Abb. 189c), so verursacht die plötzliche Querschnittszunahme (so wie eine plötzliche Querschnittsverringerung bei umgekehrter Strömungsrichtung) einen Druckhöhenverlust

$$h = \frac{2q}{\pi k} \log \operatorname{nat} \sin \frac{\pi f}{2a_1} = 1{,}466 \frac{q}{k} \log \sin \frac{\pi f}{2a_1}. \tag{329}$$

Das Strömen unter dem Bauwerke von der Länge L verursacht schließlich einen Druckverlust, der sich unmittelbar aus dem Darcyschen Filtergesetz (vgl. S. 8) ergibt, nämlich

$$h = \frac{q}{k} \frac{L}{a_1}. \tag{330}$$

Literatur: Bligh, W. G.: Sheet Piles as a Means of Decreasing Permeability of Porous Foundations. Engg. News Rec. 1911 S. 109. — Engels, H.: Über die Größe des Wasserdruckes im Boden. Z. Bauw. 1911 S. 469. — Forchheimer, Ph.: Grundwasserbewegung nach isothermischen Kurvenscharen. Sitzgsber. Akad. Wiss. Wien, Math.-naturwiss. Kl. IIa Bd. 126 Heft 4. — Derselbe: Hydraulik 3. Aufl. Leipzig: B. G. Teubner 1930. — Schoklitsch, A.: Graphische Hydraulik. Sammlung math.-phys. Lehrbücher Bd. 22. Leipzig: B. G. Teubner. — Use of a submarine Cutting Torch at High Bridge Viaducts. Engg. News Rec. Bd. 102 (1929) S. 514.

E. Die Anwendung der Spundwände.

I. Spundwände als Hilfsmittel der Bauausführung.

Spundwände als Hilfsmittel der Bauausführung dienen vornehmlich der Abhaltung von Tag- und Grundwasser und sie werden aber nebenbei auch zur Absteifung der Baugrubenwände mitbenützt. Für solche nur vorübergehend benutzte Spundwände werden Bohlen aus Holz oder aus Eisen verwendet. Nach Vollendung des Baues werden Spundwände, die nur ein Bauhilfsmittel waren, nach Möglichkeit wieder gezogen, sonst abgeschnitten. Hölzerne Spundbohlen können in der Regel nur einmal verwendet werden, während eiserne Spundbohlen vielfach eine oftmalige Wiederverwendung ermöglichen. Die Frage, ob an einer Baustelle hölzerne oder eiserne Spundwände vorteilhafter anzuwenden sind, läßt sich nicht allgemein beantworten; entscheidend ist die Untersuchung der Kostenfrage, bei der neben dem Materialpreis und der Wiederverwendungsmöglichkeit eiserner Bohlen insbesondere auch zu berücksichtigen ist, daß eiserne Bohlen leichter zu rammen sind als hölzerne; den Ausschlag gibt aber in der Regel, besonders bei grobsteinigem Untergrund und an Baustellen, an denen schon vorher Bauten bestanden haben, wo man also mit Bauwerksresten im Untergrund zu rechnen hat, die Frage der Rammbarkeit der Spundwand überhaupt. Während hölzerne Spundwände durch Bauwerksreste nicht durchzubringen sind, gelingt mit eisernen Spundbohlen das Durchrammen von Holz und selbst Beton in der Regel ohne besondere Schwierigkeiten. So sind z. B. in der Mur bei Bruck bis zu 60 cm dicke Betonplatten und 25 cm starke Lärchenroste mit Larssen-Spundbohlen *II* glatt durchschlagen werden.

Anwendungsbeispiele für Spundwände als Hilfsmittel der Bauausführung finden sich auf den S. 215 bis 233.

II. Spundwände als bleibende Bestandteile eines Bauwerkes.

Spundwände als bleibende Bestandteile eines Bauwerkes werden ausgeführt, um

1. die Standsicherheit eines Bauwerkes zu erhöhen (vgl. S. 86);
2. die Tragfähigkeit des Bodens zu erhöhen (vgl. S. 39);
3. die Durchsickerung von Grundwasser unter dem Bauwerke zu erschweren oder zu verhindern (vgl. S. 89);
4. ein Grundwerk vor Unterkolkung zu schützen (vgl. S. 103) oder
5. eine Schüttung zu stützen.

Solche Spundwände bleiben dauernd im Boden und müssen daher aus einem Stoffe her-

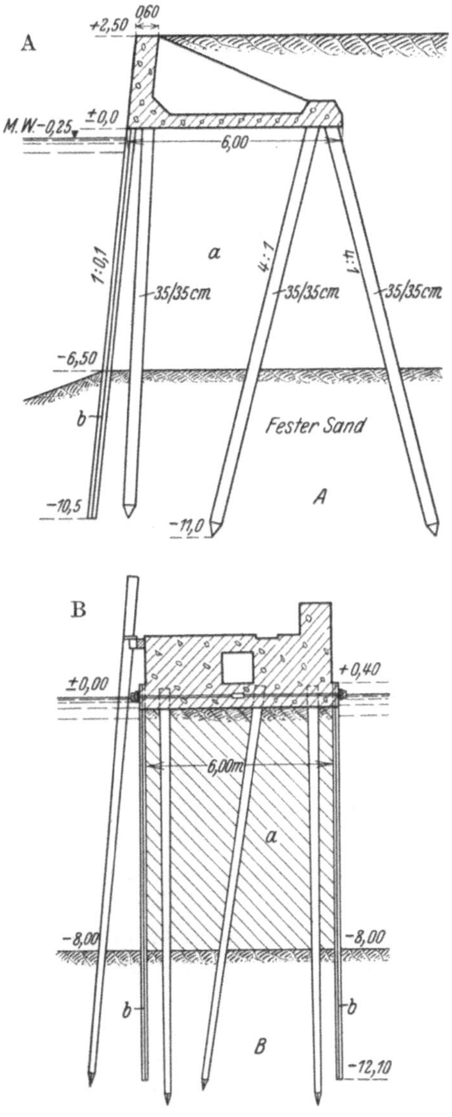

Abb. 188. Larssen-Eisen im Hafenbau. A. Kaimauer in Flensburg; B. Mole Kiel-Holtenau. (Vereinigte Stahlwerke A.-G. Dortmunder Union.)

a Sandschüttung, *b* Larssen-Spundwand.

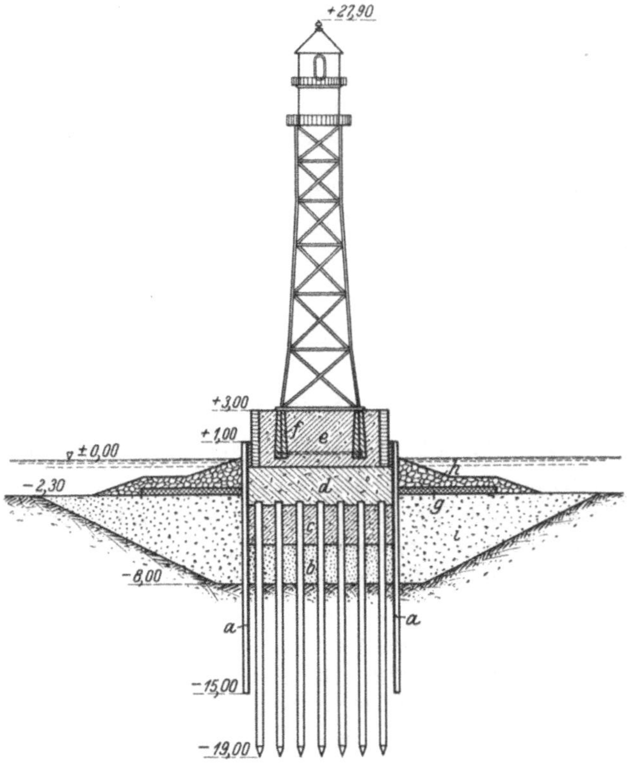

Abb. 189. Gründung des Papenwassertorfeuers. (Vereinigte Stahlwerke A.-G. Dortmunder Union.)

a Larssen-Spundwände, *b* Sandfüllung, *c* Schüttbeton, *d* Beton, 1 : 4, *e* Stampfbeton 1 : 3 : 5, *f* Gußbeton, *g* Sinkstücke, *h* Steinwurf, *i* Baggerung, die später mit Sand aufgefüllt worden ist.

gestellt werden, der durch die Einwirkung des Wassers und der Bodenbestandteile nicht angegriffen bzw. vorzeitig zerstört wird. Holz, das bekanntlich dann, wenn es bald naß, bald trocken ist, rasch fault, darf grundsätzlich nur verwendet werden, wenn es ständig unter Wasser liegt und wenn es nicht durch Lebewesen im Wasser zerstört werden kann. Außer Holz wird in neuerer Zeit ausgiebig auch Eisenbeton und Eisen für solche Spundwände benützt. Da die Lebensdauer einer Spundwand eine große Rolle spielt, darf Eisenbeton und Eisen nur verwendet werden, wenn der Untergrund keine Bestandteile enthält, die Beton oder Eisen übermäßig angreifen; der Boden muß daher vor allem frei von Säuren sein.

Eiserne Spundwände müssen manchmal an Betonbauwerke seitlich dicht angeschlossen werden. Dieser Anschluß wird am besten so ausgeführt, daß eine ganze oder eine halbe Bohle im Betonbauwerk einbetoniert und mit Mauerlaschen sorgfältig verankert wird, so daß eben noch das Schloß vorragt, in das dann die erste der zu rammenden Bohlen eingefädelt wird.

Als Beispiele für die Anwendung von Spundwänden als bleibende Bestandteile von Bauwerken sind in den Abb. 188 bis 190 einige derartige Bauwerke dargestellt. Überdies sei noch auf die Abb. 99 und 116 hingewiesen.

Literatur: Dortmunder Union: Molen aus Larssen-Eisen. Larssen-Spundwand 1930 Heft 5. — Lewrenz: Ein Brückenschutzwerk aus Eisenspundwänden. Brückenbau 1928 Heft 4. — Sachs, M.: Eiserne Spundwände als Ersatz für Druckluftgründungen. Öst. Wasserwirtsch. 1922. — Schaper, G.: Die Brücke über den Kleinen Belt. Bautechnik 1929 S. 254. — Schoklitsch, A.: Der Wasserbau. Wien: Julius Springer 1930. — Westermann: Die Befeuerung der Seeschiffahrtsstraße Stettin—Swinemünde. Bautechnik 1929 S. 379. — Winkel, R.: Die Wasserkraftnutzung im Gebiete der Freien Stadt Danzig. Bautechnik 1929 S. 474.

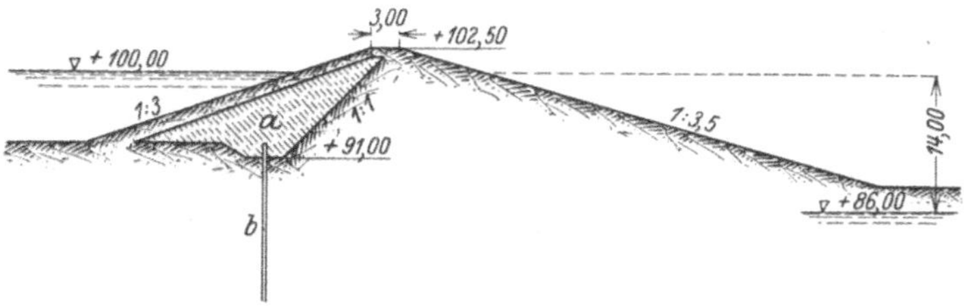

Abb. 190. Querschnitt durch den Erddamm Lappin-Danzig. Die Grundwassersickerung ist mit einer bis zu 18 m tiefen Larssen-Spundwand unterbunden worden. (Vereinigte Stahlwerke A.-G. Dortmunder Union.)

a Lehmdichtung, *b* Larssen-Spundwand.

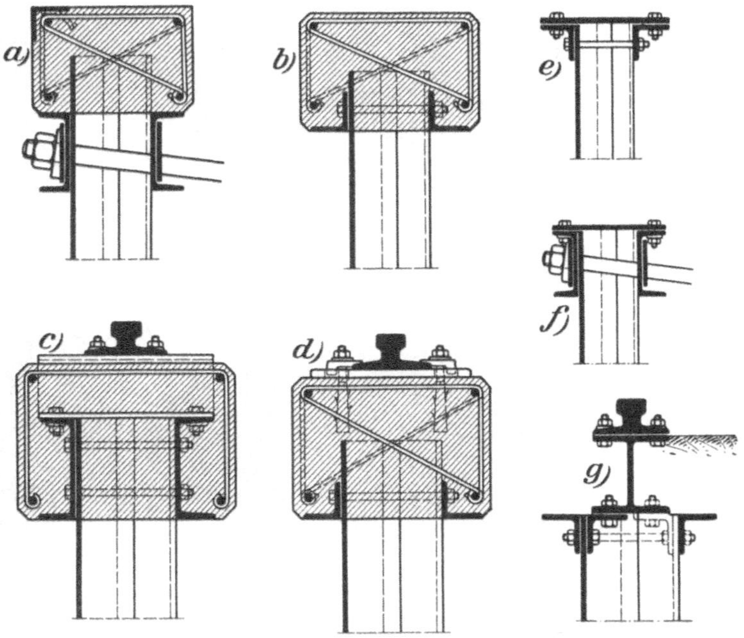

Abb. 191. Holme für eiserne Spundwände. (Vereinigte Stahlwerke A.-G. Dortmunder Union.)

Abb. 192. Uferwand aus Larssen-Eisen mit einem Eisenbetonholm im Hafen der Zeche Fürst Hardenberg. (Vereinigte Stahlwerke A.-G. Dortmunder Union.)

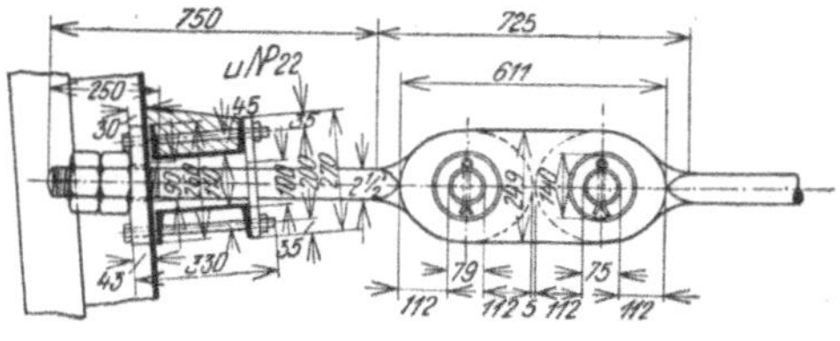

Abb. 193. Gelenk in einer Ankerzugstange.

III. Spundwände als selbständige Bauwerke.

Spundwände als selbständige Bauwerke ersetzen vorwiegend Ufermauern. Als Baustoff für solche Spundwände kommt nur Eisenbeton und Eisen in Frage, weil Holz, das nicht ständig unter Wasser liegt, eine

Abb. 194. Werksgrabenwandungen aus Larssen-Eisen. (Vereinigte Stahlwerke A.-G. Dortmunder Union.)

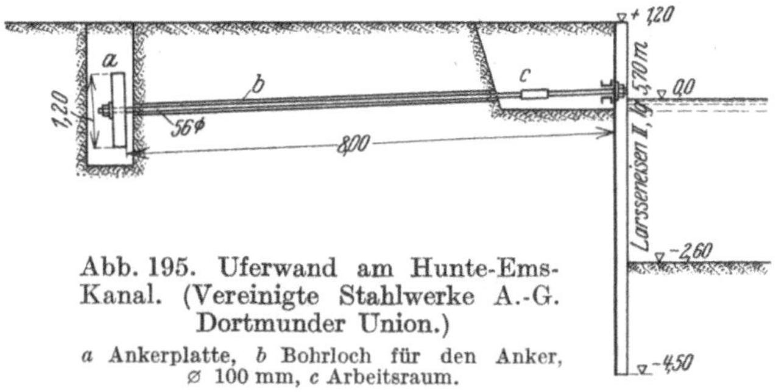

Abb. 195. Uferwand am Hunte-Ems-Kanal. (Vereinigte Stahlwerke A.-G. Dortmunder Union.)

a Ankerplatte, *b* Bohrloch für den Anker, ⌀ 100 mm, *c* Arbeitsraum.

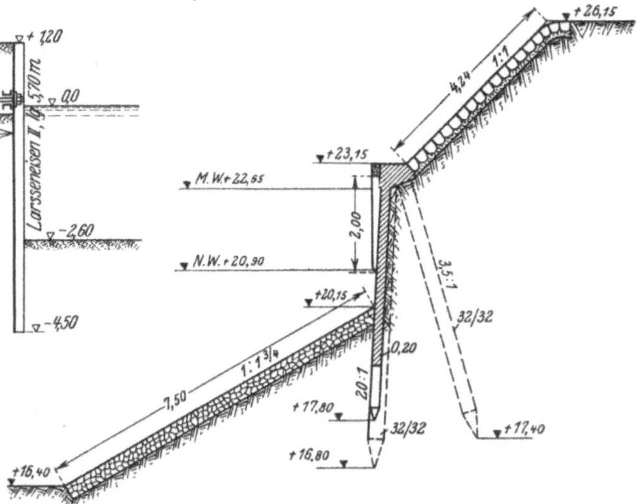

Abb. 196. Uferwand aus einer durch Pfahlböcke gestützten Eisenbetonspundwand im Hafen Ruhrort. (Aus Germans: Die Duisburg-Ruhrorter Häfen. Hafenbautechnisches Jahrbuch 1927.)

zu kurze Lebensdauer hat. Die Spundwände, die Ufermauern ersetzen, werden in der Regel mit einem Holm versteift (Abb. 191 und 192) und erhalten bei größeren Höhen überdies Gurte, die verankert werden. Die Holme werden vielfach als Unterlage für eine Kranbahnschiene verwendet, so daß die Spundwand dann auch noch lotrechte Lasten aufzunehmen hat. Die Anker sollen am Gurt ein Gelenk (Abb. 193) enthalten, damit die nachsackende Hinterfüllung keine Biegungsbeanspruchung an dieser Stelle hervorruft. In den Abb. 194 bis 208 sind eine Anzahl solcher Wände mit Einzelheiten dargestellt.

Wenn aus irgendwelchen Gründen keine Ankerplatten angeordnet werden können, so können an ihre Stelle Pfahlböcke (Abb. 209) treten, die aber nur dann aus Holz hergestellt werden dürfen, wenn sie ständig unter Wasser liegen.

Die Abb. 210 und 211 stellen eine Buhne in Miami in Florida dar, die aus einer Larssen-Spundwand besteht, die durch einen Zangenholm versteift und mit Schrägpfählen abgestützt ist.

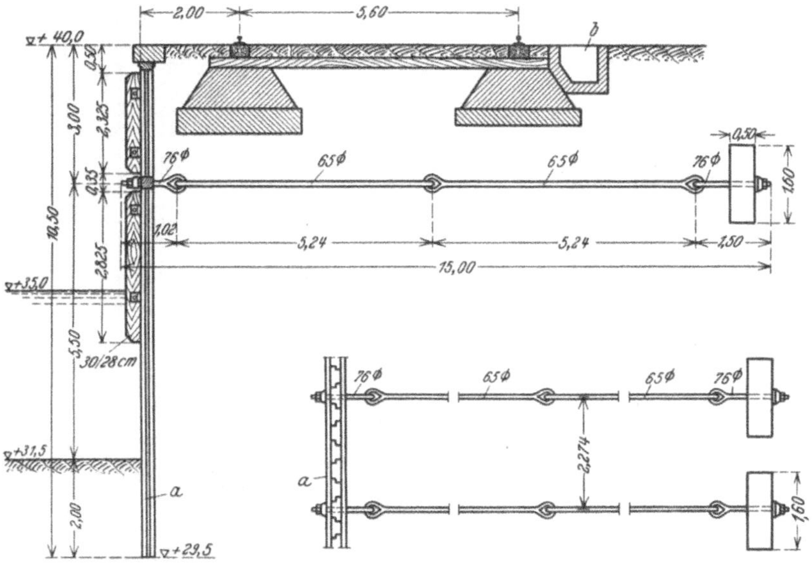

Abb. 197. Uferwand im Hafen zu Gelsenkirchen. (Vereinigte Stahlwerke A.-G. Dortmunder Union.)
a Larssen-Eisen, Profil III, *b* Kabelkanal.

Die Abb. 208 und 209 deuten an, wie Dalben aus eisernen Spundwandeisen hergestellt werden, um die Lebensdauer gegenüber den hölzernen zu erhöhen.

Literatur: Baertz: Eiserne Spundbohlen bei Herstellung der Kammerwände für die Schleusen Friedrichsfeld und Hünxe des Kanals Wesel—Dateln. Bautechnik 1929 S. 251, 279. — Dortmunder Union: Uferschutzbauten, Wellenbrecher und Buhnen aus Larssen-Eisen. Larssen-Spundwand 1929 Heft 2. — Kittel, A.: Eisenbetonspundwände. Beton u. Eisen 1925 S. 263. — Kleinlogel, A.: Fertigkonstruktionen aus Eisenbeton. Beton u. Eisen 1925 S. 154. — Moeller: Dalben aus flußstählernen Spundbohlen. Bautechnik 1929 S. 849. — Pein: Dückdalben als Anlegewerke für große Schiffe in durch Bohrwürmer gefährdeten Hafenanlagen. Bautechnik 1929 S. 80. — Schaper, G.: Die Brücke über den Kleinen Belt. Bautechnik 1929 S. 254. — Popken: Verwendung von nietlosen Spundwänden, Bauart Larssen, beim Ausbau des Hunte-Ems-Kanals. Bautechnik 1928 S. 455. — Stecker: Die Verwendung eiserner Spundwände, Form Larssen, im Hafenbau. Jahrb. Hafenbautechn. Ges. 1924. — Todsen, L.: Leitwerke aus Larssen-Eisen. Larssen-Spundwand 1929 Heft 3. — Derselbe: Umschlageinrichtung in dem bremischen Hafen. Bautechnik 1929 S. 363. — Schubert, J.: Eisenbetonpfahlgründungen im Wasserbau. Wasserwirtschaft 1926 S. 396 (Werksgrabenwand).

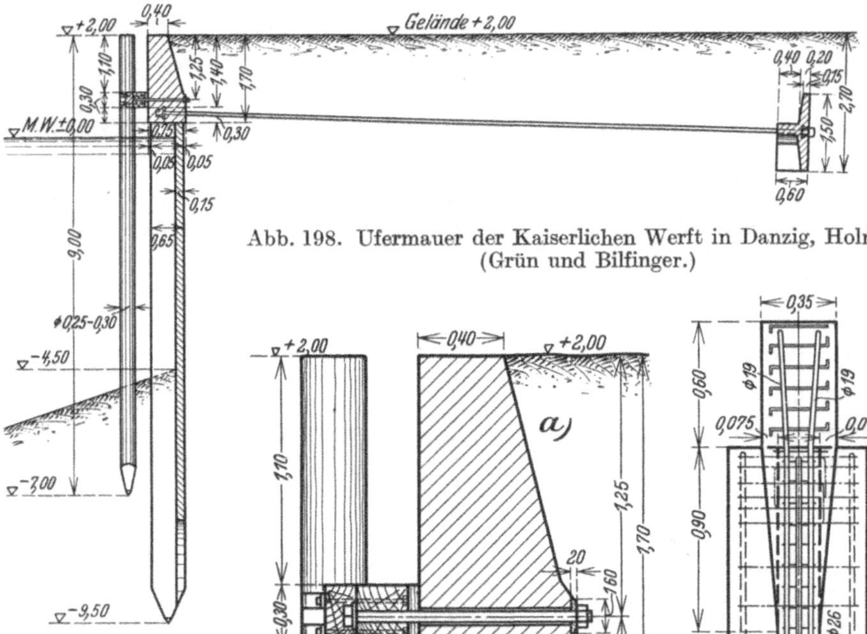

Abb. 198. Ufermauer der Kaiserlichen Werft in Danzig, Holminsel. (Grün und Bilfinger.)

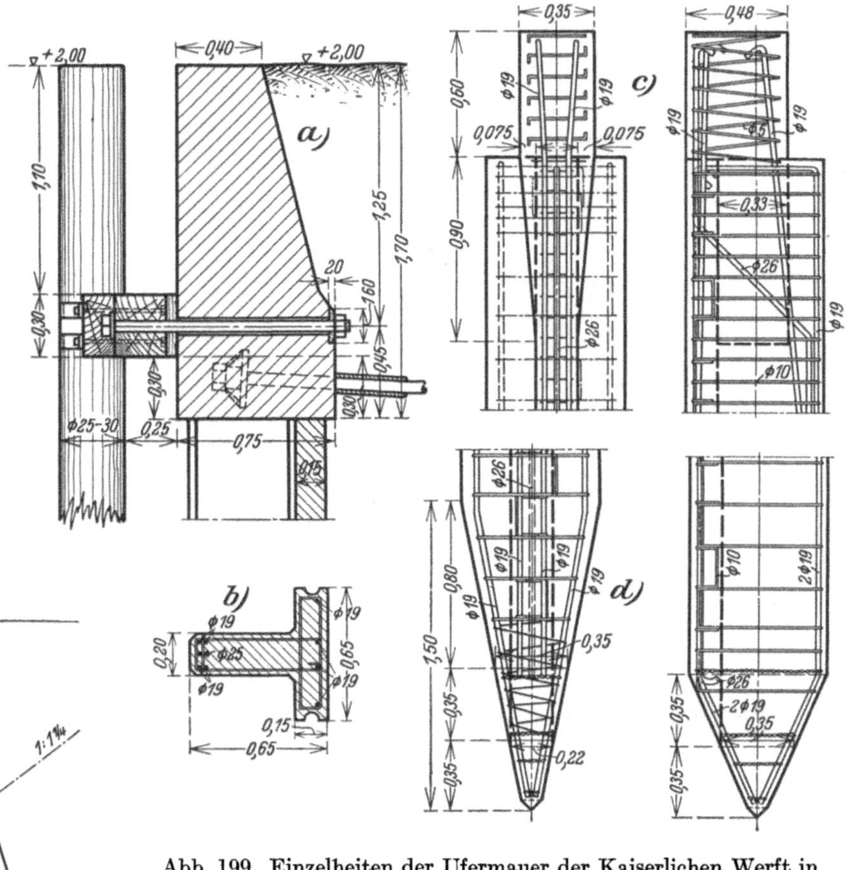

Abb. 199. Einzelheiten der Ufermauer der Kaiserlichen Werft in Danzig. a) Befestigung der Reibepfähle und deren Verankerung, b) Querschnitt der Spundpfähle, c) Ausbildung des Spundpfahlkopfes, d) Ausbildung der Spundpfahlspitze. (Grün und Bilfinger.)

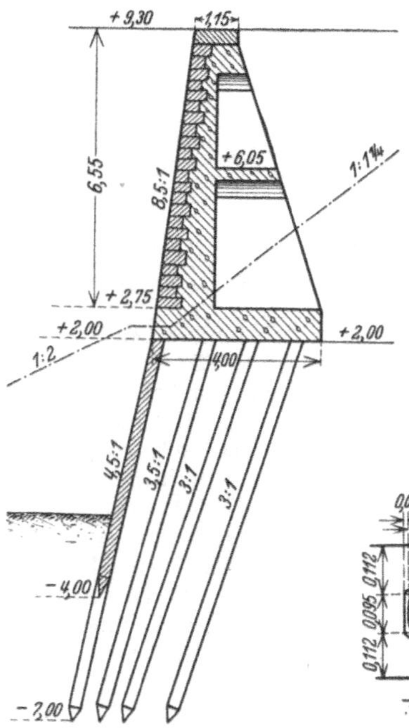

Abb. 200. Ufermauer im Petroleumhafen Düsseldorf. (Grün und Bilfinger.)

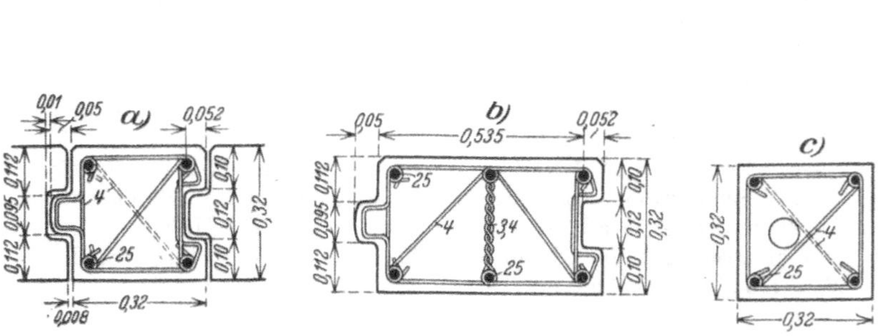

Abb. 201. Ufermauer Petroleumhafen Düsseldorf. a) Spundpfahl, b) Spunddiele, c) Tragpfahl. (Grün und Bilfinger.)

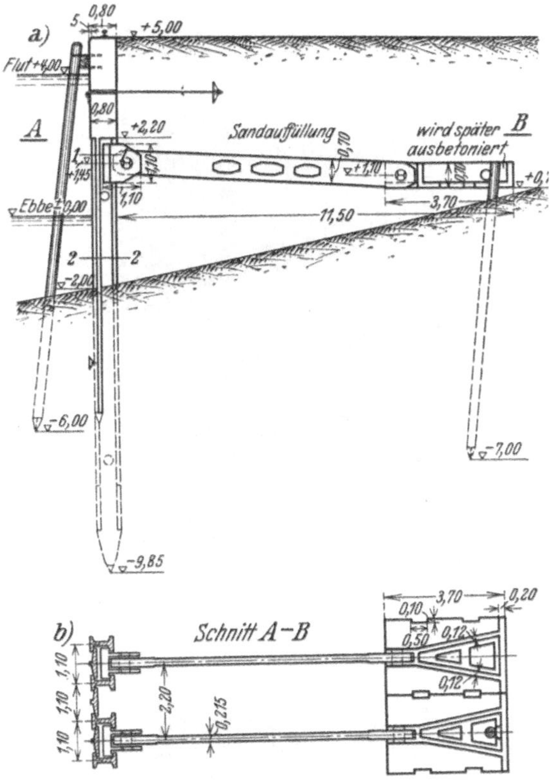

Abb. 202. Ufermauer Tanga. (Grün und Bilfinger.)

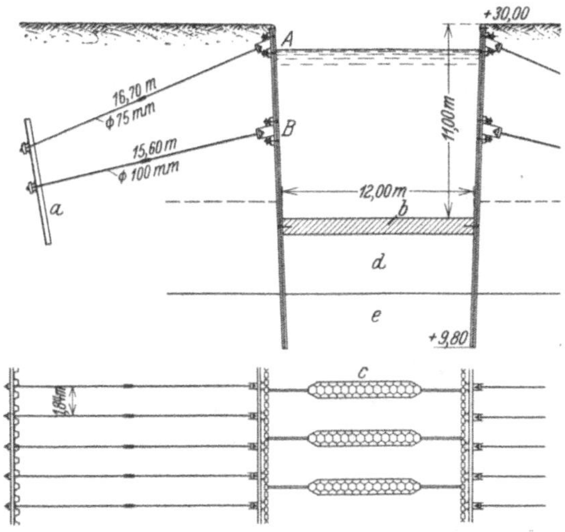

Abb. 204. Schleuse Hünxe im Kanal Wesel-Datteln, Länge 225 m. Querschnitt und Grundriß. (Vereinigte Stahlwerke A.-G. Dortmunder Union.)

a Ankerwand aus 8 m langen Larssen-Eisen, Profil V, *b* Eisenbetonplatte, *c* Sickerschlitze, *d* Auffüllung, *e* fester Ton.

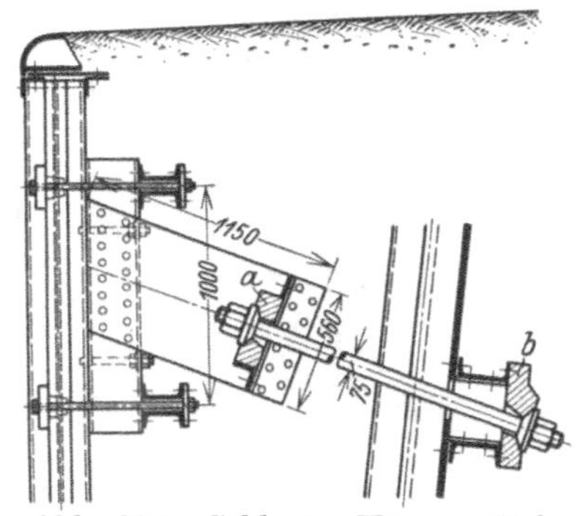

Abb. 205. Schleuse Hünxe. Holm, oberer Gurt (A) und Verankerung, Querschnitt. (Vereinigte Stahlwerke A.-G. Dortmunder Union.)

a, b Stahlguß.

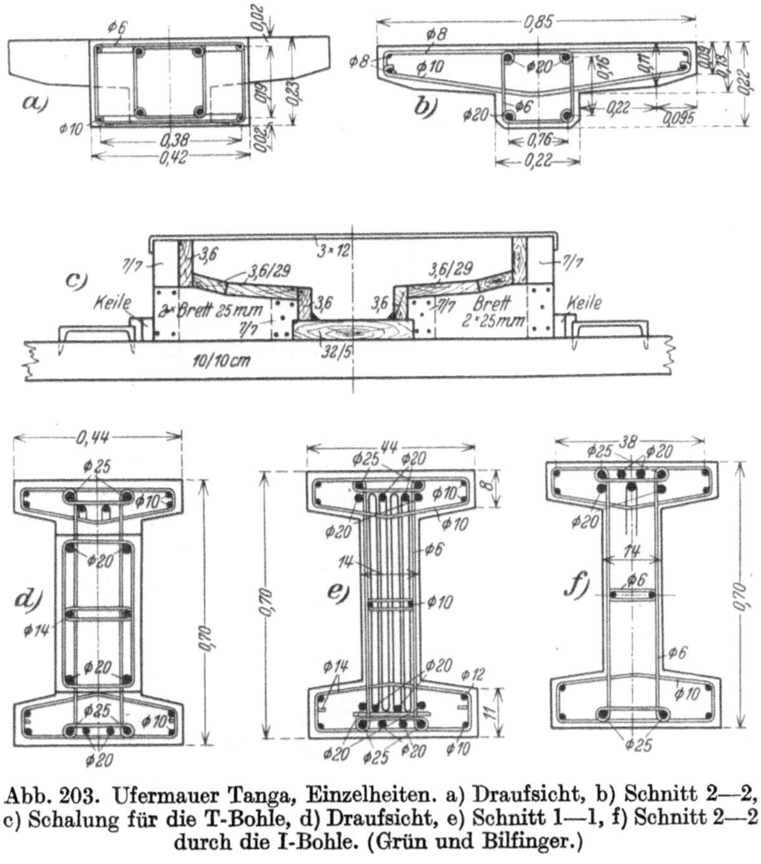

Abb. 203. Ufermauer Tanga, Einzelheiten. a) Draufsicht, b) Schnitt 2—2, c) Schalung für die T-Bohle, d) Draufsicht, e) Schnitt 1—1, f) Schnitt 2—2 durch die I-Bohle. (Grün und Bilfinger.)

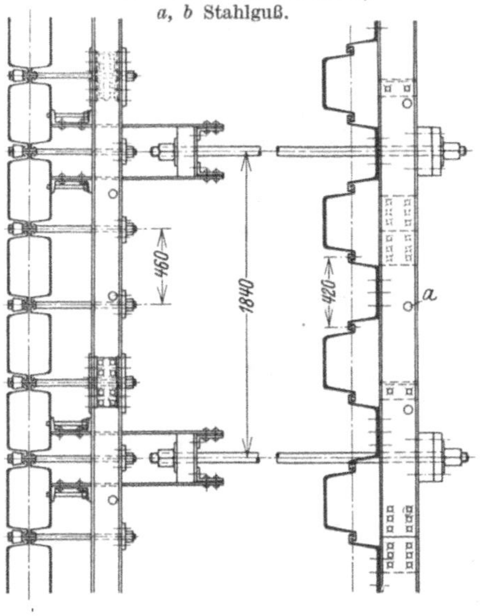

Abb. 206. Schleuse Hünxe. Oberer Gurt (links) und Verankerung (rechts). Draufsicht. (Vereinigte Stahlwerke A.-G. Dortmunder Union.)

a Entwässerungslöcher.

Abb. 207. Schleuse Hünxe. Rückansicht der Ankerwand. (Vereinigte Stahlwerke A.-G. Dortmunder Union.)

Abb. 208. Schleuse Hünxe. Rückansicht des oberen Gurtes. (Vereinigte Stahlwerke A.-G. Dortmunder Union.)

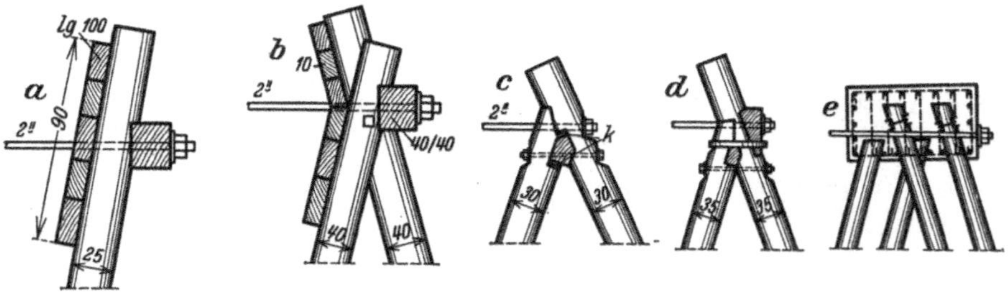

Abb. 209. Durch Pfähle verstärkte Ankerplatten (a, b) und Pfahlböcke als Ersatz für Ankerplatten (c, d, e).

Abb. 210. Buhne an der Küste von Miami Beach, Florida. (Vereinigte Stahlwerke A.-G. Dortmunder Union.)

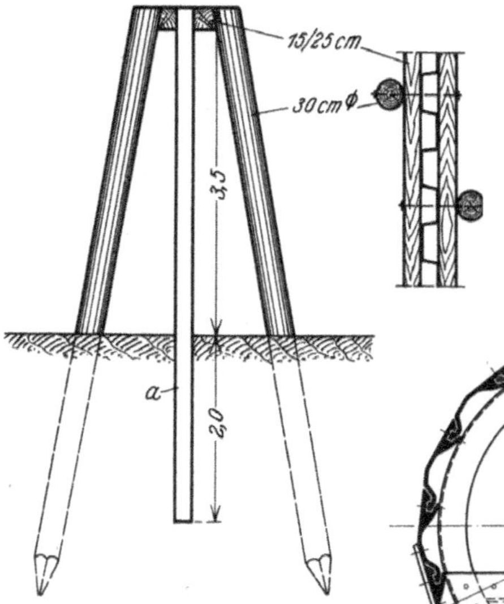

Abb. 211. Buhne an der Küste von Miami Beach, Florida. (Vereinigte Stahlwerke A.-G. Dortmunder Union.)

a Larssen-Eisen, Profil II.

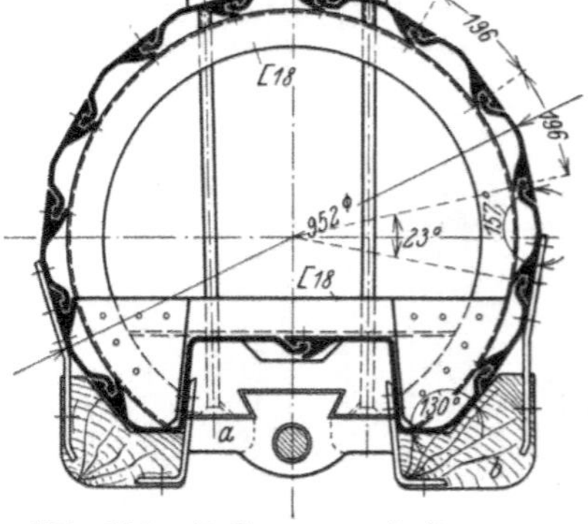

Abb. 212. Dalbenquerschnitt aus Spundwandeisen Hoesch, Profil X. (Eisen- und Stahlwerke Hoesch.)

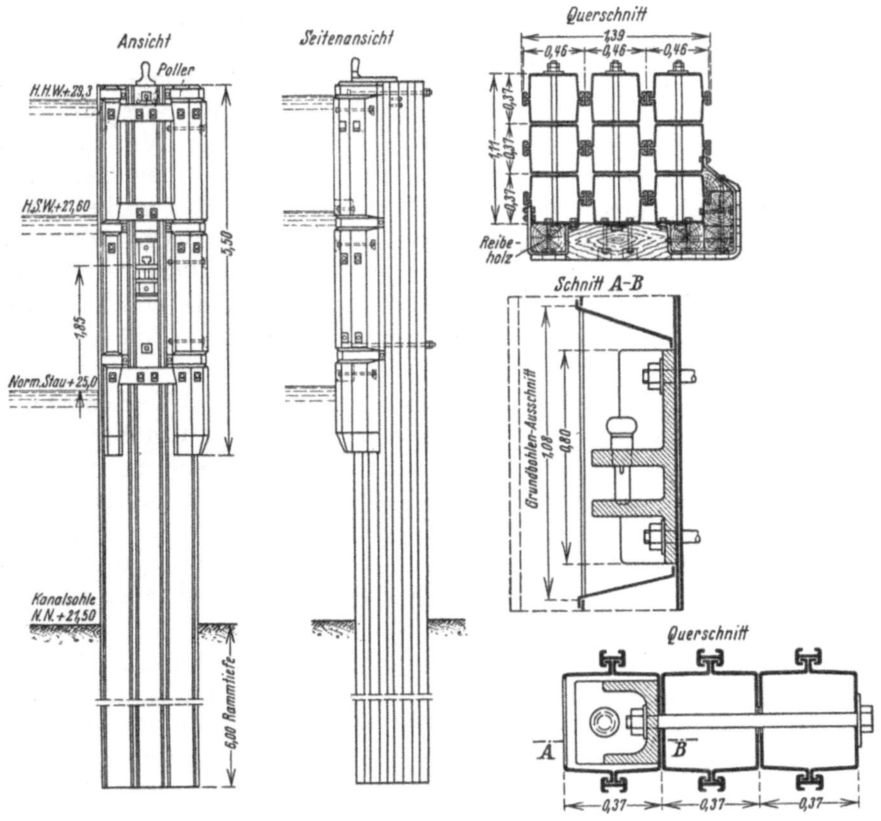

Abb. 213. Dalben aus gerammten Union-Kasten-Eisen, mit Einzelheiten. (Nach Moeller: Bautechnik 1929 H. 54.)

Vierter Teil.

Die Baugrube.

A. Zweck, Form und Abmessungen der Baugrube.

Die Baugrube wird ausgehoben, um die unter der Bodenoberfläche liegenden Bauwerksteile herstellen zu können; solche Bauwerksteile sind das Grundwerk, das die Bauwerkslast auf den Boden zu übertragen hat und manchmal auch Bauwerksteile, die später für irgendwelche Zwecke ausgenützt werden sollen. Der Umriß der Baugrube richtet sich im allgemeinen nach dem Umrisse des Bauwerkes, das darin errichtet werden soll. Wenn die Baugrube mit Spundwänden oder Fangdämmen einzufassen oder wenn sie auf größere Tiefe auszuheben ist, werden einspringende Winkel im Umrisse des zu gründenden Bauwerkes vielfach außer acht gelassen und man wählt einen möglichst kurzen, aus geraden Strecken zusammengesetzten Baugrubenumriß. Mehrere, nahe beisammenliegende kleinere Bauwerke werden am besten in einer gemeinsamen Baugrube errichtet. Ausgedehnte Baugruben mit starkem Grundwasserandrang müssen wieder manchmal unterteilt werden, um die Wasserhaltung auf jene Teile beschränken zu können, wo sie eben gebraucht wird. Baugruben für Bauten in fließendem Wasser, wie z. B. für Stauwerke, können überhaupt nur für Teile des Bauwerkes gleichzeitig errichtet werden, weil sonst der Wasserabfluß im Flußbette behindert würde.

Die Tiefenlage der Baugrubensohle hängt von der Tiefenlage jener Bodenschichte, die die Bauwerkslast übernehmen soll, von der Art des Bauwerkes und von der Bauweise des Grundwerkes ab; sie kann ohne besondere Vorkehrungen (Wasserhaltung, Grundwassersenkung) nur bis an den natürlichen Grundwasserspiegel herabverlegt werden. Baugrubensohlen unter dem natürlichen Grundwasserspiegel sind bei festliegendem, besonders grobkörnigem Boden und geringen Tiefenlagen unter dem Grundwasserspiegel mit offener Wasserhaltung ausführbar, bei großen Tiefenlagen unter dem Grundwasserspiegel oder bei leicht beweglichem Boden (Feinsand) wird die Grundwassersenkung angewendet. Durch besondere Gründungsverfahren können schließlich Bauwerksteile auch bei Grundwasserandrang ohne Wasserhaltung noch unter die Baugrubensohle bis auf hinreichend tragfähigen Boden hinabgeführt werden.

Bei manchen einfachen Gründungen, wie sie vielfach bei Hochbauten vorkommen, wird die Baugrube auf den für das Grundwerk benötigten Raum beschränkt und der Aushub kann sogar oft mit lotrechten Wandungen ohne weitere Sicherung ausgehoben werden. Bei anderen Gründungen, wie z. B. bei den Brunnengründungen und den Druckluftsenkgründungen, wird ein Teil der Baugrube meist bis zum Grundwasserspiegel mit geböschtem Umriß und etwas größer als es dem Grundwerksumriß entspricht ausgehoben, der weitere Aushub aber dann auf den Grundwerksumriß beschränkt.

Bei Gründungen, bei denen man mit großem Wasserandrang zu kämpfen hat, wo daher die Baugrube mit Spundwänden oder Fangdämmen umgeben werden muß, wird der umschlossene Raum etwas größer bemessen, um die Aufstellung von Baumaschinen und die Lagerung von Baugeräten und Baustoffen zu ermöglichen. Wenn schließlich Rammungen bis an den Grundwerksumriß nötig sind, so muß zwischen dem Grundwerksumrisse und der Baugrubenumfassung ein freier Raum von wenigstens 1,5 m bestehen.

Die auszuhebenden Grundmauergräben werden mit sogenannten Schnurgerüsten (Abb. 214) abgesteckt, die so weit von den Grundmauern weg errichtet werden, daß eine Beschädigung bis zur Fertigstellung der Mauern nicht zu befürchten ist. Von den gespannten Schnüren oder Drähten (*a*) aus werden mit Senkeln (*b*) die Grabenränder festgelegt und mit Brettern (*c*), die mit Steinen beschwert oder an Haftpflöcke gehängt werden, ausgelegt.

Die Sohle von Grundmauergräben für Hochbauten, bei denen nur lotrechte Lasten auf den Boden übertragen werden, werden stets waagrecht ausgehoben. In geneigtem Gelände wird die Sohle treppenartig (Abb. 215a) mit etwa 0,30 m hohen Stufen zwischen den waagrecht liegenden Grabensohlenstrecken hergestellt.

Bei Ingenieurbauwerken ist die Resultierende der durch das Grundwerk auf den Boden zu übertragenden Lasten vielfach nicht lotrecht; dann wird die Sohlfuge so geneigt, daß sie von der Resultierenden der Lasten unter einem Winkel getroffen wird, der möglichst nahe einem rechten ist. Um sowohl an Aushub als auch an Mauerwerk zu sparen, kann auch in diesem Falle die Sohlfuge, etwa so, wie es die Abb. 215b andeutet, abgetreppt werden.

Die Sohlfuge wird in die durch die Last- und Bodenverhältnisse bedingte Tiefenlage hinabverlegt, sie muß aber jedenfalls unter der Frostgrenze, in Mitteleuropa etwa 1,0 bis 1,20 m tief liegen, damit Bewegungen des Bauwerkes infolge von Rauminhaltsänderungen von frierendem und später wieder auftauendem Boden vermieden werden.

Wenn der Baugrund hinreichend standfest ist, wird die Baugrube mit lotrechten Wandungen ausgehoben, die dann vielfach die Schalung bei der Betonierung des Grundwerkes ersparen können. Die Standsicherheit von Bodenwänden wird durch versickerndes Niederschlagswasser stark herabgesetzt, weswegen es zweckmäßig ist, dem Aushube die Grundwerksbetonierung möglichst rasch folgen zu lassen.

Wenn der Boden nicht standfest ist, so wird die Baugrube entweder geböscht ausgehoben oder es müssen die Baugrubenumrisse gepölzt werden. Unter allen Umständen ist eine Pölzung erforderlich, wenn durch Rutschungen Arbeiter in der Baugrube verschüttet werden können; das ist in weiten Baugruben bei etwa 2,5 bis 3,0 m tiefen Wänden, in engen Baugruben, wie Gräben schon bei 1,00 bis 1,50 m Tiefe der Fall. Bei starken Erschütterungen des Bodens durch Verkehrslasten oder durch Baugeräte müssen die Baugrubenwände unter allen Umständen gepölzt werden.

Der obere Rand von Baugruben, die in standfestem Boden mit lotrechten Wänden ohne Aussteifung ausgehoben werden, wird stets durch ausgelegte Bretter gegen Vertreten gesichert.

Die Frage, ob in nicht standfähigem Boden bzw. bei großen Aushubtiefen die Baugrube mit lotrechten, ausgesteiften Wandungen oder geböscht auszuheben ist, kann durch einen Vergleich der Kosten entschieden werden.

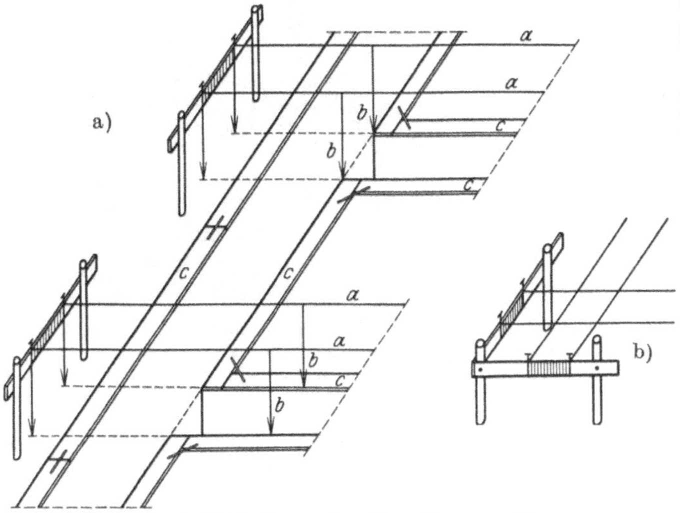

Abb. 214. a) Absteckung der Grundmauergräben von Schnurgerüsten aus, b) Schnurgerüst an Ecken.

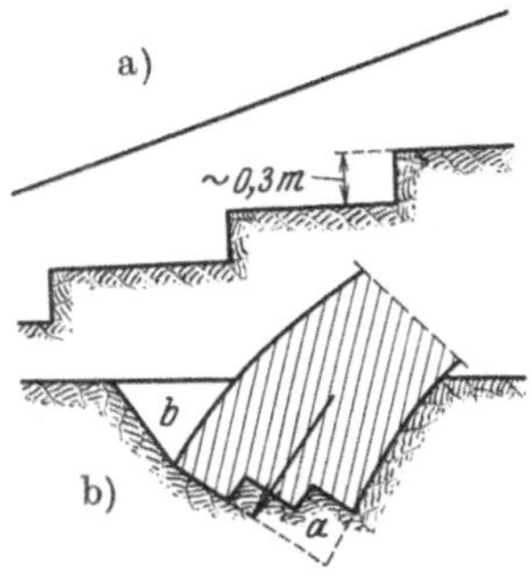

Abb. 215. Form der Sohlfuge. a) Bei lotrechten Lasten, b) bei geneigten Lasten.

Schmale Grundmaueraushübe wird man wohl in der Regel mit lotrechten, ausgesteiften Wänden ausheben, weil der Aushub des über den Böschungen liegenden Bodens größer ist als der eigentliche Grundmaueraushub. Bei sehr weiten Baugruben wieder wird man in der Regel mit Böschung ausheben, weil einerseits der Aushub des über den Böschungen liegenden Bodens gegenüber dem übrigen, unbedingt nötigen, an Einfluß auf die Aushubkosten zurücktritt und weil man anderseits auf diese Weise eine freie Baugrube erhält. Es können aber auch noch andere Umstände als die Kosten eine entscheidende Rolle spielen. Wenn der zur Verfügung stehende Raum sehr beschränkt ist, wie z. B. beim Aushub für das Grundwerk eines Hauses an einer Straße, so ist überhaupt nur Aushub mit lotrechter Wand möglich. Wenn anderseits aus bautechnischen Gründen eine Baugrube gefordert wird, die frei von Steifhölzern ist, so ist, von geringeren Aushubtiefen abgesehen, meist nur eine geböschte Baugrube möglich.

Bei Baugruben mit geböschtem Aushub hängt die zu wählende Böschungsneigung von der Beschaffenheit des Bodens, von der Aushubtiefe und von der Dauer des Baues ab. Die sicherste Böschung ergäbe jene mit dem natürlichen Böschungswinkel des betreffenden Bodens. Aus Sparsamkeitsgründen werden die Böschungen aber in der Regel wesentlich steiler angenommen, um so steiler, je weniger tief die Baugrube ist und je kürzer sie offen bleiben muß. Sehr tiefe Baugrubenböschungen erhalten 0,5 bis 1,0 m breite Bermen, um sie leichter begehbar zu machen und um die Strecken, über die Regenwasser läuft, abzukürzen; die Bermen bewirken überdies eine Verringerung der mittleren Neigung der ganzen Böschung.

Bei sehr tiefen Baugruben, die lange offen bleiben müssen, wie z. B. solchen für Kammerschleusen, kann es schließlich auch noch erforderlich werden, die Stand-

Abb. 216. Böschungsrutschung in einer Baugrube für die Nordschleuse in Bremerhaven infolge Grundbruches. (Vereinigte Stahlwerke A.-G. Dortmunder Union.)
a Gleitfläche, *b* abgeglittener Bodenkörper, *c* emporgeschobener Boden am Fuße der Böschung.

sicherheit der Böschung hinsichtlich Grundbruchs unter Zugrundelegung gekrümmter Gleitflächen (vgl. S. 87) zu untersuchen. Die Abb. 216 gibt den Anblick einer ausgedehnten Böschungsrutschung in einer Baugrube wieder.

Literatur: Biermann, E.: Hausunterfahrungen beim Untergrundbahnbau in Berlin. Zentralbl. Bauverw. 1928 S. 645. — Burchardt, A.: Die natürliche Beleuchtung der Straße. Zentralbl. Bauverw. 1919 S. 38. — Karsten, A.: Tiefstrahler für Baustellenbeleuchtung. Baumaschine 1930 S. 14. — Kiehne, S.: Neubau einer Ufermauer auf der Werft Kiel der Deutsche Werke A.-G. Kiel. Bauing. 1928 S. 933. — Marx: Zur Beschränkung der Rutschungsgefahr bei Herstellung von Einschnitten durch Abflachen der Böschung. Bautechnik 1929 S. 343. — Tietze, H.: Die Hoch- und Ausbauarbeiten beim Umbau der Berliner Staatsoper. Dt. Bauzg. 1928 S. 276.

B. Die Lösung des Bodens in der Baugrube.

Die Lösung des Bodens geschieht bei kleinen Baugruben mit Handwerkzeugen, weil sich das Heranschaffen von Maschinen nicht lohnen würde. Im Trockenen erfolgt das Lösen des Bodens mit Schaufeln und Kreuzhauen und der gelöste Boden wird durch Wurf auf die Fördergefäße verladen. Im Wasser müssen besondere Handbaggergeräte (Abb. 217) verwendet werden, weil mit den gewöhnlichen Schaufeln der Boden nicht aus dem Wasser gehoben werden könnte.

In mittleren und großen Baugruben werden für das Lösen des Aushubes besondere Geräte angewendet, von denen die wichtigsten kurz beschrieben seien.

Spatenhämmer (Abb. 218 und 219) werden angewendet, um sehr fest gelagerten Boden zu lösen; sie werden mit Preßluft angetrieben, die ein leichter, fahrbarer Luftverdichter liefert, der von einem Benzinmotor angetrieben wird. Sehr fest gelagerter grober Schotter, Beton und weicher oder gebrächer Fels können mit dem Aufreißhammer (Abb. 220 und 221) gelockert und zertrümmert werden. Beide Geräte ersetzen weitgehend die Spitz- und die Kreuzhaue und in manchen Fällen auch das Sprengen.

Für die Lösung von Boden in größeren Massen und auch für das Verladen von schon gelöstem Aushub finden Bagger Verwendung, die, je nach den örtlichen Verhältnissen, in verschiedenen Bauweisen verwendet werden.

Löffelbagger (Abb. 222 und 223) graben den Boden durch Bewegung eines mit Zähnen ausgerüsteten Löffels an einer Bodenwand von unten nach oben ab. Der Löffelbagger ist auf einem Wagen mit Raupenbändern (also ohne Schienen) fahrbar und am Wagen drehbar. Die Entleerung des Löffels geschieht durch Öffnen der Bodenklappe am Löffel über den Förderwagen. Der Löffelbagger fährt unmittelbar über der von ihm freigebaggerten Sohle. Er erreicht in der Regel eine

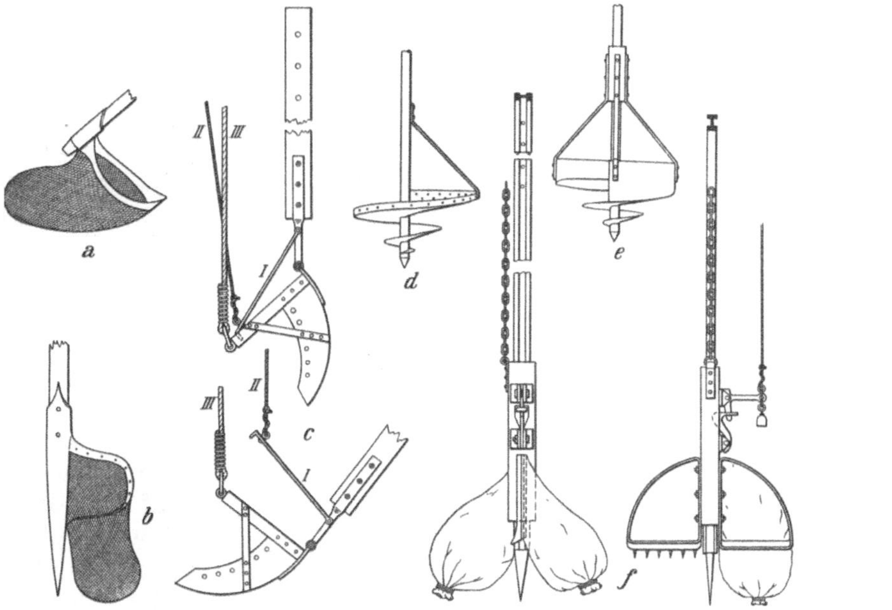

Abb. 217. Handbaggergeräte. a) Sackbagger, b) Sackbohrer, c) indische Baggerschaufel, d), e) Schraubenbohrer, f) Doppelsackbohrer. (Nach F. Lückemann.)

Fahrgeschwindigkeit von höchstens 1,5 km/h. Je nach dem zur Löffelentleerung erforderlichen Drehwinkel und der Bodenart kann der Bagger 2,5 bis 3,5 Hübe in der Minute ausführen. Die Bagger werden mit Löffelinhalten bis zu 9 m³ ausgeführt. Der Antrieb geschieht mittels Dampfmaschine, Diesel- oder Elektromotor.

Der Tieflöffelbagger (Abb. 224 und 223) von Orenstein & Koppel arbeitet ähnlich wie der früher beschriebene Löffelbagger, er fährt aber nicht auf der Sohle der Baugrube, sondern am ursprünglichen Gelände am oberen Rande der Baugrubenböschung. Er ist besonders dort gut verwendbar, wo das Herausschaffen des gewöhnlichen Löffelbaggers aus der Baugrube, auf deren Sohle er sich herabgearbeitet hat, Schwierigkeiten bereiten würde und für den Aushub unter Wasser vom trockenen Rande der Baugrube her.

Greifbagger (Abb. 225 und 223) können im Trockenen und im Wasser arbeiten. Die Greifer werden je nach der zu baggernden Bodenart verschieden ausgeführt (Abb. 226 und 227); sie hängen entweder am Ausleger eines Wagens auf Raupenband (Abb. 225) oder sie werden je nach den örtlichen Verhältnissen von einem festen Gerüst oder von einem Kabelkran (Abb. 228) aus betätigt. Greifbagger werden vor-

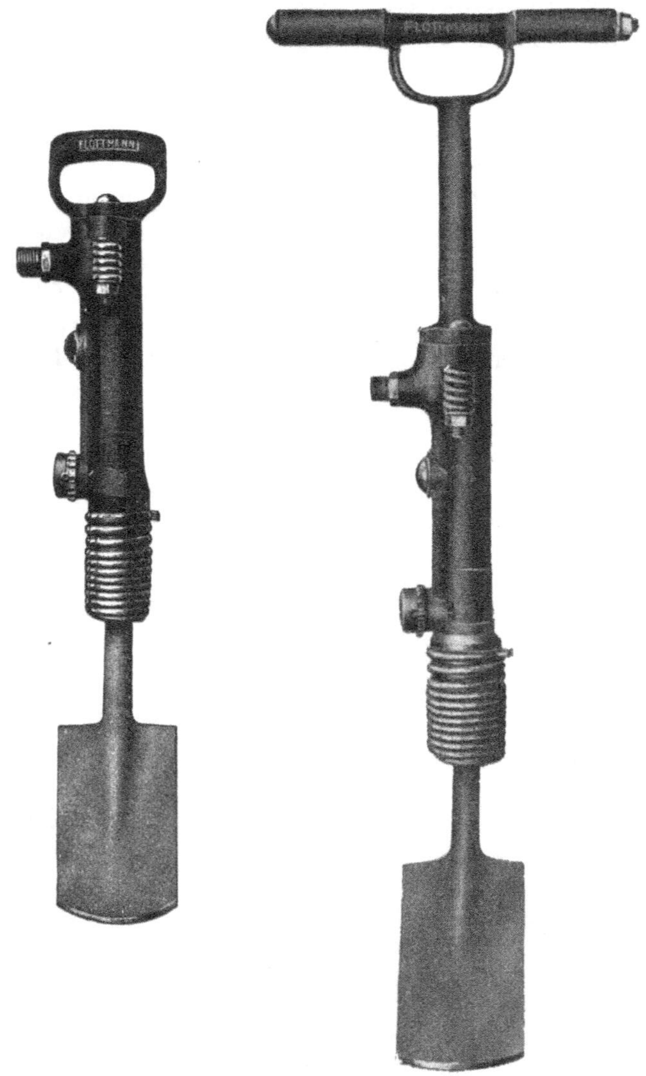

Abb. 218. Spatenhammer. (Flottmann A.-G., Herne.)

Abb. 219. Anwendung des Spatenhammers. (Flottmann A.-G., Herne.)

wiegend für den Aushub aus engen Baugruben und für den Aushub aus Wasser benützt.

Der Schleppschaufelbagger (Eimerseilbagger) (Abb. 229 und 223) dient für den Aushub im Trockenen oder im Wasser. Er besteht aus einem Schleppkübel, der am Ausleger hängend, über den Boden geschleppt wird und sich hierbei mit Boden füllt. Die Abb. 230 zeigt diesen Bagger beim Aushub eines engen Grabens.

In der Abb. 223 ist schließlich auch noch die Arbeitsweise des Planierbaggers gezeigt, der zum Einebnen der Aushubgrenzen Verwendung findet.

Die bisher beschriebenen Bagger können alle auf ein und demselben Wagen auf Raupenbändern durch Auswechslung einiger Teile aufgebaut werden. Ein derartiges Gerät wird dann als Universalbagger (Abb. 223) bezeichnet. Er kann überdies noch leicht zu einem Kran oder zu einer Auslegerramme umgebaut werden. In der Tabelle 22 sind die wichtigsten Angaben über Universalgeräte von Menck & Hambrock in Altona zusammengestellt.

In sehr ausgedehnten Baugruben, wie sie etwa bei Kammerschleusen vorkommen, können auch Eimerkettenbagger

(Abb. 231) verwendet werden. Die Eimer hängen an einer Kette, die über eine Eimerleiter läuft, deren Neigung verstellbar ist und die auch, wie es in der

Abb. 220. Aufreißhammer. (Flottmann A.-G., Herne.)

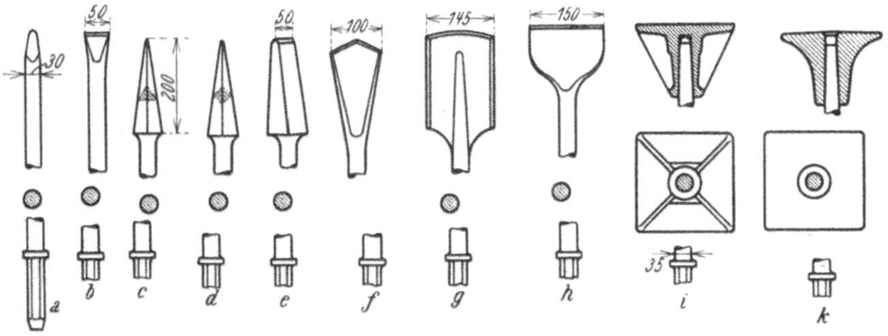

Abb. 221. Einsteckwerkzeuge zum Flottmann-Aufreißhammer CU 36. Für schwere Abbrucharbeiten an Mauerwerk, Beton und Gestein. a) Pickeisen mit Spitze, b) Pickeisen mit Schneide, c) Keileisen, dreikantig, d) Keileisen, vierkantig, e) Keileisen mit Flachschneide. Für Aufbrucharbeiten an Asphalt oder Betondecken und für den Abstich von Ton, Lehm u. dgl. f) Spaten mit spitzer Schneide, g) Spaten mit balliger Schneide, h) Spaten mit gerader Schneide. Für schwere Stampfarbeiten: i), k) Stampfschuhe.

Tabelle 22. Angaben über Menck-Universalbagger III bis VII.

als	Modell		III	IV	V	VI	VII
Löffelbagger	Löffelinhalt	m³	0,67	1,00	1,50	2,25	3,33
	Größte Reichhöhe	m	7,76	9,21	10,96	13,01	15,50
	„ Reichweite	m	9,08	10,73	12,75	15,00	17,80
	„ Ausschütthöhe	m	5,62	6,73	8,12	9,81	11,74
	„ Ausschüttweite	m	8,15	9,75	11,60	13,75	16,35
	Dienstgewicht bei Dampfantrieb	t	33,4	54,3	88,9	145,3	223,20
	„ „ Elektroantrieb	t	34,0	55,0	89,9	146,4	220,70
	„ „ Dieselantrieb	t	34,1	55,4	86,7	138,0	—

Tabelle 22. (Fortsetzung.)

als	Modell		III	IV	V	VI	VII
Greifbagger	Greiferinhalt	m³	0,50	0,80	1,25	2,00	3,15
	Größte Grabweite	m	12,46	14,60	17,10	20,24	23,75
	„ Ausschüttweite	m	11,50	13,50	15,80	18,70	21,95
	„ Ausschütthöhe	m	4,90	5,85	7,00	8,50	10,10
	„ erreichbare Tiefe unter Baggerplanum bei Böschung 1 : 1,25	m	6,80	8,00	9,27	11,00	12,80
	Dienstgewicht bei Dampfantrieb	t	32,60	52,75	86,95	141,10	222,70
	„ „ Elektroantrieb	t	33,00	52,70	86,80	141,40	213,25
	„ „ Dieselantrieb	t	33,20	53,70	85,00	133,00	—
Eimerseilbagger	Eimerinhalt	m³	0,48	0,75	1,20	1,90	3,00
	Größte Grabweite	m	17,79	21,33	24,54	29,00	34,18
	„ Baggertiefe	m	9,40	11,30	12,98	15,30	17,50
	Dienstgewicht bei Dampfantrieb	t	32,70	52,95	87,05	141,15	260,00
	„ „ Elektroantrieb	t	32,75	54,65	86,25	139,80	258,00
	„ „ Dieselantrieb	t	33,20	53,90	85,55	133,90	—
Kran	Tragfähigkeit	t	5,70	8,85	14,00	22,00	35,00
	bei Ausladung	m	5,30	6,25	7,63	8,68	10,25
	Größte Ausladung	m	11,50	13,50	15,80	18,70	21,95
	Höchste Hakenstellung	m	9,80	11,50	13,50	15,80	18,60
	Tragfähigkeit	t	2,30	3,65	5,80	9,20	14,30
	bei Ausladung	m	11,50	13,50	15,80	18,70	21,95
	Dienstgewicht bei Dampfantrieb	t	29,00	47,45	78,25	127,70	209,10
	„ „ Elektroantrieb	t	29,30	47,00	78,20	128,30	197,70
	„ „ Dieselantrieb	t	29,55	48,30	76,00	120,00	—
Ramme	Bärgewicht	t	0,8	1,6	—	—	—
	Ausladung von Mitte Bagger bis Mitte Bär	m	7,25	8,25	—	—	—
	Nutzhöhe	m	8,50	10,50	—	—	—
	Dienstgewicht	t	32,50	53,25	—	—	—

Abb. 232 zu erkennen ist, gebrochen werden kann, um Böschungen mit beliebigen Neigungsverhältnissen ausführen zu können. Der Bagger arbeitet entweder von der

Abb. 222. Löffelbagger.

Baugrubensohle oder vom oberen Baugrubenrande aus und er eignet sich sowohl für den Aushub im Trockenen als auch aus dem Wasser; er bewegt sich auf eigenen Schienen, die entsprechend dem Fortschritte des Baugrubenaushubes verschoben

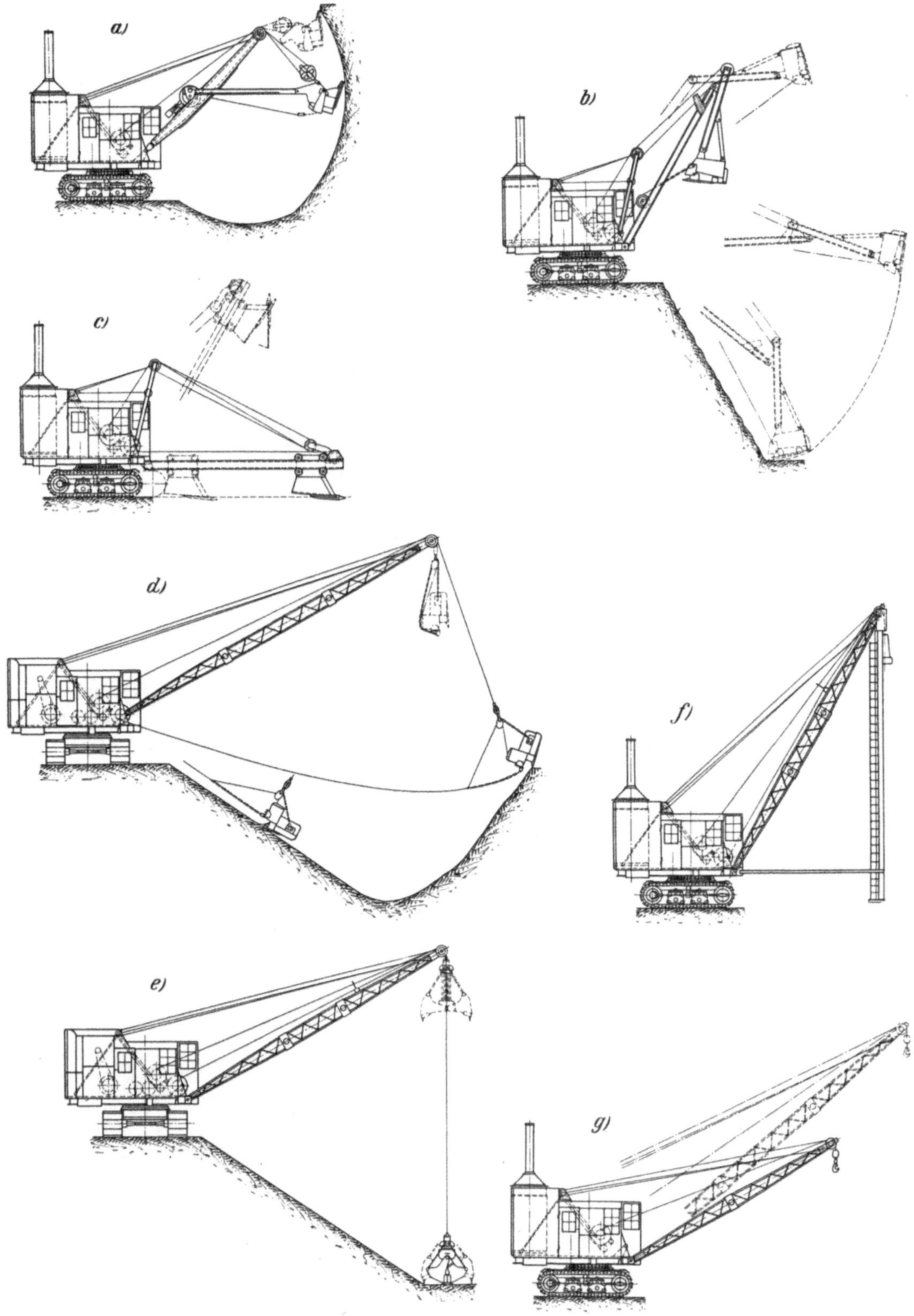

Abb. 223. Ein Universalbagger. a) als Löffelbagger, b) als Tieflöffelbagger, c) als Planierbagger, d) als Schleppschaufelbagger, e) als Greifbagger, f) als Auslegerramme, g) als Kran. (Orenstein & Koppel, Berlin.)

werden müssen. Für die Baggerung im Wasser fern vom Ufer ist der Eimerkettenbagger auf einem Schiff eingebaut.

Abb. 224. Tieflöffelbagger. (Orenstein & Koppel, Berlin.)

Für die Baggerung von Schlamm und feinem Sand von der Sohle eines Gewässers werden schließlich sogenannte Saugbagger angewendet, die durch einen eigenen Saugkopf den Boden an der Sohle gemischt mit Wasser im Verhältnis 1:2 bis 1:6

Abb. 225. Greifbagger auf Raupenband, in einen Füllrumpf (b) entleerend. (a) Greifer geöffnet. (Menck & Hambrock. Altona.)

mit Hilfe einer einfachen Kreiselpumpe absaugen und in Schuten oder auf Entfernungen bis zu 2000 m durch Rohrleitungen ans Land zu Auffüllungszwecken

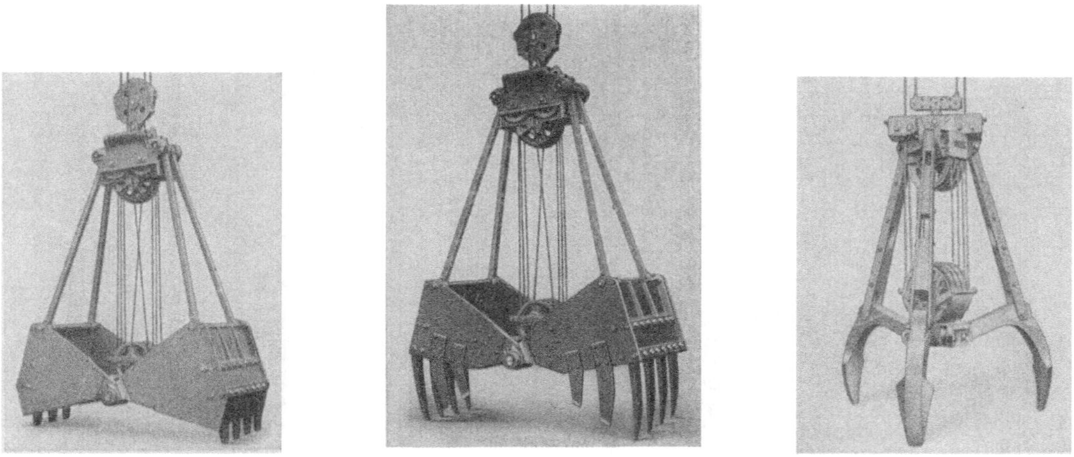

a b c

Abb. 226. Verschiedene Anführungsformen von Greifern. a) für feinkörnigen Boden, b) für Kies und Schotter, c) für Steine. (Menck & Hambrock, Altona.)

spülen. Der Saugkopf ist bei leicht gelagerten Bodenarten mit einer breiten Schneide ausgerüstet, an der Druckwasser austritt, bei schweren Bodenarten enthält er ein

Abb. 227. Greifer, einen großen Stein hebend. (Menck & Hambrock, Altona.)

Abb. 228. Greifer am Kabelkran hängend beim Aushub einer Baugrube. (A. Bleichert & Co.)

eigenes Rührschneidwerk zur Lösung des Bodens. Die größte bisher mit einem Saugbagger erzielte Stundenleistung beträgt 6000 m³ Sand aus 21 m Tiefe.

Bohrlöcher für Sprengarbeiten werden mit Druckluftbohrhämmern (Abb. 233) ausgeführt, für deren Auswahl die Tabelle 23 Anhaltspunkte bietet.

Abb. 229. Schleppschaufelbagger. (Menck & Hambrock, Altona.)

Abb. 230. Schleppschaufelbagger beim Aushub eines engen Grabens. (Menck & Hambrock, Altona.)

Tabelle 23. Behelf zur Auswahl der Druckluftbohrhämmer bei verschiedenen Felsarten.

(Nach Flottmann A.-G., Herne.)

Felsart	Mild bis mittelhart, wie Schiefer, weicher Sandstein	Mittelhart bis hart, wie Sandstein, Grauwacke, Diabar, Granit, Syenit	Hart bis sehr hart, wie Basalt, Porphyr, Quarzit	
Bohrhammergewicht . . . . kg	10—18	15—25	25—40	30—45
Schlagzahl in der Minute	2400—1900	2000—1700	1800—1500	1300—1400
Bohrerumdrehungen in der Minute	200—300	120—200	60—150	von Hand
Führung des Bohrers	von Hand	von Hand oder Vorrichtung	von Hand oder Vorrichtung	von Hand oder Vorrichtung
Luftverbrauch bei 5 atü (angesaugte Luft) m^3/min	0,8—1,5	1,2—2,0	1,8—2,5	1,5—1,6
Bohrerschneidenform	*Z*	Einfach- oder Doppelschneide, Kreuz- oder X-Schneide	Doppelschneide, Kreuzschneide, Kronenschneide	Kronenschneide
Schneidenwinkel	30°	70—80°	80—90°	80—90°

Abb. 231. Baugrubenaushub mit einem Eimerkettenbagger (a) und einem Greifbagger (b). (c) Böschungsrutsch. (Siemens-Bau-Union.)

Abb. 232. Eimerkettenbagger mit gebrochener Eimerleiter. (Siemens-Bau-Union.)

C. Abbrucharbeiten an bestehenden Grundwerken.

An bestehenden Grundwerken sind gelegentlich von Umbauten, Verstärkungen, Auswechslungen u. dgl. vielfach Abbrucharbeiten zu leisten, bei denen Sprengmittel entweder gar nicht oder nur in geringem Umfange angewendet werden dürfen. Um solche Arbeiten rasch bzw. manchmal überhaupt ausführen zu können, ist die Anwendung besonderer Verfahren und Geräte erforderlich.

Bei geringfügigem Umfange der Abtragungsarbeiten genügt vielfach die Anwendung von Meißeln und Keilen. Wenn Ziegelmauerwerk in größerem Umfange abzutragen ist, eignet sich zur Lösung des Gefüges der **Druckluftpickhammer** (Abb. 234). Für das Lösen von Beton in geringeren Dicken kann der **Druckluftaufreißhammer** (Abb. 220) verwendet werden, der schon auf S. 177 erwähnt worden ist. Leichtere Eisenbetonbauteile können abgetragen werden, wenn der Beton zwischen der Bewehrung mit dem Aufreißhammer an einzelnen Stellen zertrümmert und die freigelegten Eisen mit dem Schneidbrenner durchschnitten werden. Schwere Beton-, Eisenbeton- und Mauerwerkskörper können mit dem Pfahlhammer (Abb. 235) mühelos und gründlich zerlegt werden.

Abb. 233. Flottmann-Bohrhammer.

Wenn die Erschütterungen, die der rasch schlagende Hammer verursacht, nicht zulässig sind, so können besondere Sprengverfahren angewendet werden. Ein schon lange bekanntes Verfahren benützt die Tatsache, daß sich ungelöschter Kalk, wenn er mit Wasser in Berührung kommt, ausdehnt. Um mit Kalk zu sprengen, werden Bohrlöcher in Reihen hergestellt, die zur Hälfte mit ungelöschtem Kalk aufgefüllt werden, in den je ein Rohr eingeführt wird; der Rest des Bohrloches wird verdämmt und hierauf durch die Rohre Wasser in den Kalk gegossen. Der sich während der Wasseraufnahme ausdehnende Kalk sprengt schließlich den Mauerkörper.

Abb. 234. Druckluftpickhammer beim Abtragen von Mauerwerk. (Flottmann A.-G., Herne.)

Für Abtragungen größeren Maßstabes eignet sich die Sprengung mit der Sprengpumpe von Tübben-Linnemann. Auch bei diesem Verfahren sind eine Reihe von Bohrlöchern erforderlich, die etwa mit dem in der Abb. 236 dargestellten, schweren Flottmann-Bohrhammer AN 75 hergestellt werden können. Die Bohrlöcher erhalten Tiefen bis zu 0,70 m und Weiten von 75 bis 110 mm; die erforderlichen breiten Bohrer werden hierbei auf eigenen Bohrstangen aufgesetzt. In die Löcher werden, wie es die Abb. 237 veranschaulicht, Sprengzylinder eingesetzt, die bis zu 13 Druckkolben enthalten; zwischen die Kolbenköpfe und das Mauerwerk wird dann noch zweckmäßig ein Stahlstreifen eingelegt und hierauf mit einer kleinen Handpumpe Wasser in die Zylinder gepumpt, bis die Kolben das Mauerwerk gesprengt haben. Die Pumpe ist, wie es in der Abb. 238 deutlich zu erkennen ist, auf einem Dreifuß aufgebaut und die Verbindung zwischen der Pumpe und dem Sprengzylinder besteht aus einem Kupferrohr. Ein kleiner Kübel enthält das für die Sprengung erforderliche Wasser.

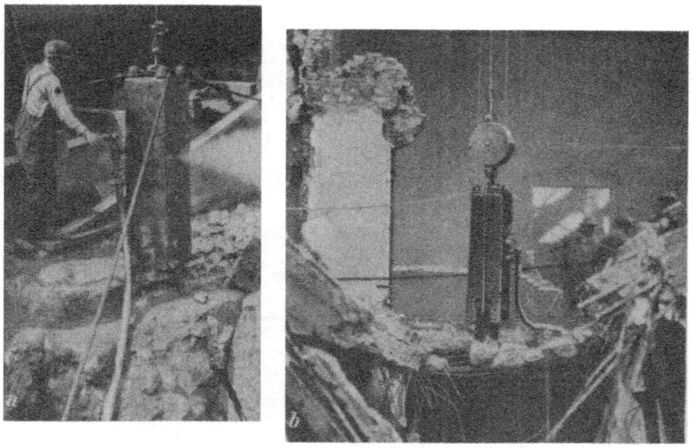

Abb. 235. Pfahlhämmer bei Abtragarbeiten. a) Zertrümmern eines Betongrundwerkes, b) Zertrümmern einer Eisenbetondecke. (McKirnan Terry Corp., New York.)

Literatur: Böttger, J. W.: Sprengung von Maschinenfundamenten in geschlossenen Räumen. Bohrhammer 1929 S. 231. — Flottmann A.-G., Herne: Werbeschriften. — Dieselbe: Sprengarbeiten ohne Sprengmittel mit Hilfe der hydraulischen Sprengpumpe. Bohrhammer 1929 S. 167. — Kuhnke: Strompfeilerabbruch bei der Berliner Stadtbahn. Verk. Woche 1926 S. 368. — Lohmeyer, E.: Der Abbruch von Beton und Mauerwerk. Beton u. Eisen 1920 S. 207. — Scharov, P.:

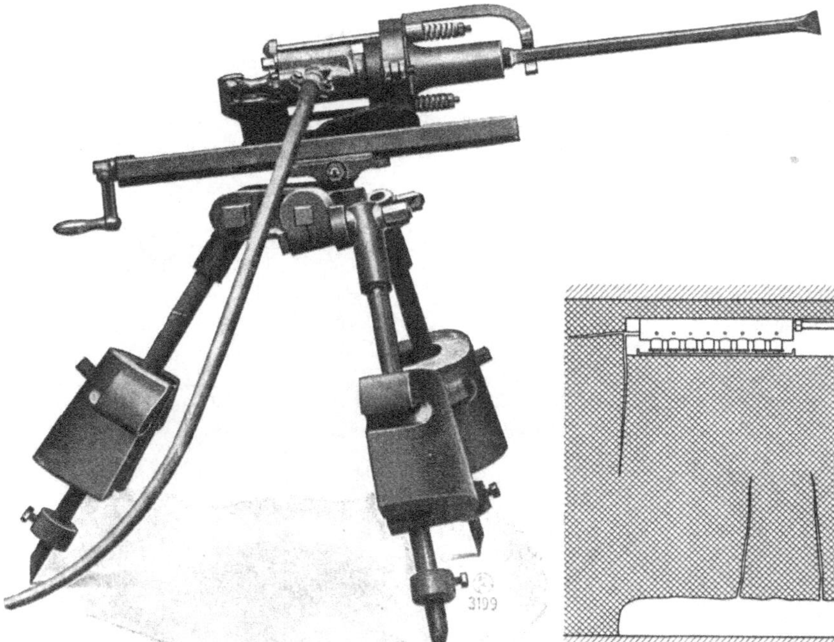

Abb. 236. Schwerer Flottmann-Bohrhammer AN 75.

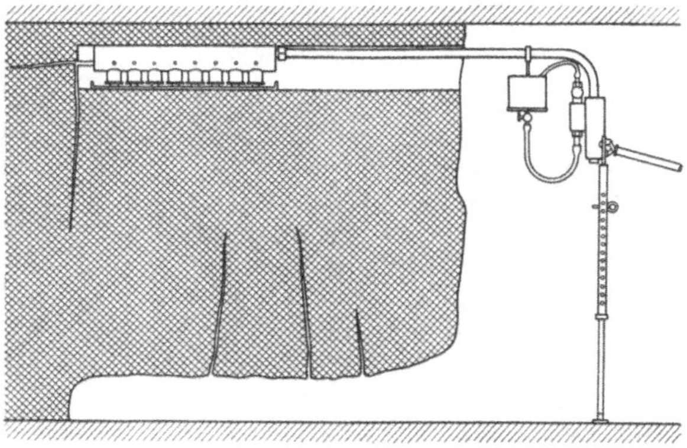

Abb. 237. Darstellung des Sprengverfahrens mit der Sprengpumpe von Tübben-Lünnemann.

Der Abbruch und die Zerstörung von Beton- und Eisenbetonbauten mittels Sprengstoffen. Beton u. Eisen 1915 S. 109. — Schick, E.: Abbruch eines modernen Eisenbetonbaues. Beton u. Eisen 1914 S. 57. — Wochinger: Der Abbruch von Eisen- und Eisenbetonbauten. Beton u. Eisen 1914 S. 283.

D. Die Beförderung des Aushubes aus der Baugrube und die Zufuhr der Baustoffe.

Zur Beförderung des Aushubes aus kleinen Baugruben werden Schubkarren auf Karrbohlen verwendet. Wenn die Baugrube so beengt ist, daß ein Fahren mit Schubkarren nicht möglich ist, kann der Aushub durch Wurf befördert werden. Mit einem Wurf kann eine Höhe von 1,5 bis 2,0 m überwunden werden. In tieferen Baugruben werden Wurfbühnen

Abb. 238. Die Sprengpumpe von Tübben-Linnemann. (Flottmann A.-G. Herne.)

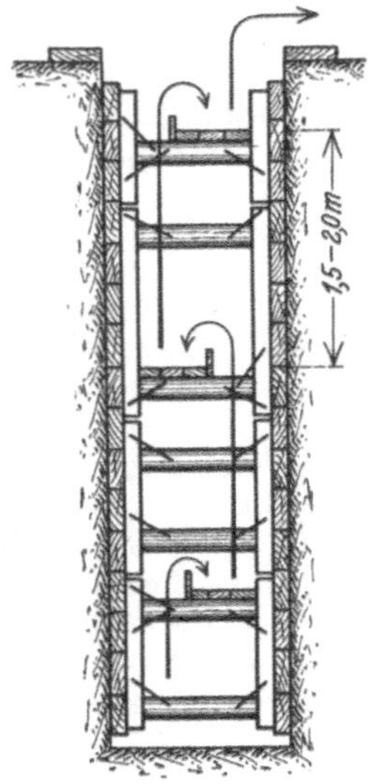

Abb. 239. Wurfbühnen in einem engen Graben.

(Abb. 239 und 240) eingebaut, die gegeneinander versetzt an den beiden Baugrubenwänden in Höhenabständen von je etwa 2 m liegen.

Abb. 240. Wurfbühne (b) in der Baugrube für ein Brückenwiderlager; (a) Larsen-Spundwand. (A. Spritzer A.-G. Wien.)

Abb. 241. Schrägaufzug für die Beförderung des Aushubes aus der Baugrube. (Siemens-Bau-Union.)

In Baugruben größerer Ausdehnung werden zur Aushubbeförderung **Muldenkipper** benützt, die an geeigneter Stelle mittels eines **Schrägaufzuges** (Abb. 241) zum Baugrubenrand heraufgeführt werden. Wenn zur Anlage eines Schrägaufzuges nicht hinreichend Raum vorhanden ist, können auch **Aufzüge** Anwendung finden, die entweder die beladenen Muldenkipper auf Plattformen hochheben oder die mit Kübeln ausgerüstet sind, in die die Muldenkipper an der Baugrubensohle gekippt werden und die sich oben selbsttätig in ein Fahrzeug oder in einem Füllrumpf (Abb. 242) entleeren, aus dem erst die Beladung der Fahrzeuge vor sich geht. Solche Aufzüge werden je nach den örtlichen Verhältnissen als ortsfeste Anlage errichtet oder es werden fahrbare benützt.

Abb. 242. Aufzug für die Beförderung des Aushubes beim Bau der Berliner Untergrundbahn. (Siemens-Bau-Union.)
a Aufzug-Kübel, *b* Füllrumpf.

Ähnlich wie Aufzüge werden fahrbare **Bandförderer** (Abb. 243 und Tab. 24), bei denen ein umlaufendes endloses Gummiband, das von einem Elektromotor angetrieben ist, für die Beförderung des Aushubes und die Beladung der Fahrzeuge verwendet. Sie werden unmittelbar durch Wurf oder durch Kippen von Muldenkippern beschickt. Bei kleineren Baugrubentiefen belädt der Bandförderer das Fahrzeug unmittelbar, bei größeren Tiefen werden mehrere Bandförderer hintereinander angeordnet (Abb. 244), wobei auch Wechsel in der Förderrichtung möglich sind.

Abb. 243. Einfache Bandförderer (*a*); (*b*) Wurfbühnen. (Allgemeine Transport Gesellschaft.)

Für die Abförderung des Aushubes aus ausgedehnten langgestreckten Baugruben und für die spätere Zufuhr der Baustoffe eignen sich besonders **Kabelkrane**. Je nach der Breite der Baugrube, die zu bestreichen ist, werden Kabelkrane auf ortsfesten Türmen (Abb. 245), schwenkbare Kabelkrane mit einem ortsfesten und einem fahrbaren Turm (Abb. 246 und 247), Kabelkrane auf zwei fahrbaren Türmen (Abb. 248) oder wippbare Kabelkrane (Abb. 249) verwendet, bei denen durch seitliches Neigen der Maste eine Baugrube von beschränkter Breite bedient werden kann.

Abb. 244. Gekuppelte Bamag-Bandförderer (a); b Greifbagger. (Torkret-Gesellschaft.)

Tabelle 24. Abmessungen und Gewichte der Bamag-Bandförderer.

Förderlänge m	Förderbandbreite mm	Größte Förderhöhe m	Kleinste Förderhöhe m	Gewicht kg
8	400 oder 500	3,65	1,8	1100
10		4,50	1,8	1300
12		5,25	1,8	1500
15		6,40	1,8	1700

Abb. 245. Eiserner, ortsfester Turm einer Kabelkrananlage. (A. Bleichert & Co.)

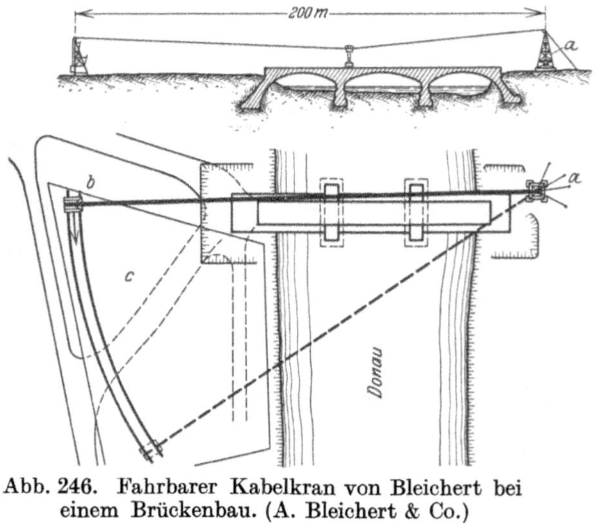

Abb. 246. Fahrbarer Kabelkran von Bleichert bei einem Brückenbau. (A. Bleichert & Co.)
a fester Turm, *b* fahrbarer Turm, *c* Lagerplatz.

Schließlich können für die Beförderung des Aushubes aus der Baugrube Krane (Abb. 250) und Greifbagger (Abb. 228 auf S. 181) Anwendung finden.

Abb. 247. Fahrbarer Kabelkran bei einem Brückenbau. (Vgl. Abb. 244.) (A. Bleichert & Co.)
a Ortsfester, *b* fahrbarer Turm, *c* Lagerplatz.

Wenn der Fassungsraum des zu beladenden Fahrzeuges kleiner als das Fördergefäß ist, so wird ein Füllrumpf (Abb. 225 auf S. 180 und 242 auf S. 187) zwischengeschaltet; diese Maßnahme wird auch erforderlich, wenn der Aushub und die Abfuhr nicht genau gleichlaufend erfolgen können.

Abb. 248. Fahrbarer eiserner Turm eines Kabelkranes. (Siemens-Bau-Union.)

E. Die Sicherung der Baugrubenwandungen.

Lotrechte Baugrubenwände müssen in nachgiebigem Boden immer gesichert werden; in standfähigem Boden können sie bei engen Gruben bis zu etwa 1,5 m Tiefe, bei weiten Gruben bis zu etwa 3 m Tiefe ohne Aussteifung bleiben, wenn sie nicht lange offen stehen und der Boden nicht durch Fuhrwerksverkehr oder Rammen erschüttert wird und wenn keinerlei Lasten am Baugrubenrand abgelegt werden. Die Stützung lotrechter Baugrubenwände geschieht durch hölzerne oder eiserne Wände, die eine besondere Aussteifung erhalten oder die in den Boden gerammt sind und frei stehen. Je nachdem, ob die Verkleidungsbohlen waagrecht liegen oder annähernd lotrecht stehen, spricht man von einer waagrechten oder von einer lotrechten Aussteifung.

Abb. 249. Wippbare Maste von Kabelkranen. (A. Bleichert & Co.)

Jede Baugrubenaussteifung muß die Arbeiter unter allen Umständen schützen und sie soll die Baugrube möglichst wenig einengen bezw. den Verkehr und die Arbeiten auf der Baugrubensohle möglichst wenig behindern.

Abb. 250. Turmdrehkran. (Siemens-Bau-Union.)

I. Hölzerne Baugrubenaussteifungen.

Bei den Baugrubenaussteifungen werden die Hölzer möglichst wenig bearbeitet und genagelt, um sie möglichst oft wiederverwenden zu können. Alle zur Aussteifung verwendeten Spreizen und sonstige Hölzer müssen sorgfältig gegen ein Herabfallen gesichert werden; stets muß bedacht werden, daß anfänglich auch sehr fest liegende Hölzer infolge des Schwindens sowohl des Holzes als auch des Bodens bei längerer Bestrahlung durch die Sonne sowie infolge von Ausspülung des Bodens durch Niederschlagswässer, die längs der Baugrubenwände herablaufen und schließlich auch infolge von Erschütterungen durch den Verkehr oder bei Rammarbeiten locker werden können. Die Spreizen werden gegen ein Herabfallen gesichert und in der Regel so angeordnet, daß sie durch nachtreibbare Holzkeile gespannt werden können.

a) Die waagrechte Zimmerung.

Die waagrechte Zimmerung ist wohlfeiler als die lotrechte und sie wird daher am häufigsten angewendet, um so mehr als ihre Ausführung auch weniger umständlich ist. Sie ist über dem Grundwasserspiegel anwendbar, wenn der Boden wenigstens so standfest ist, daß er an der Baugrubensohle in der Höhe einer Bohlenbreite frei steht.

Bei standfähigem Boden, aber tiefen Baugruben, wo also unter allen Umständen eine Sicherung erforderlich ist, brauchen die waagrechten Bohlen nicht dicht an-

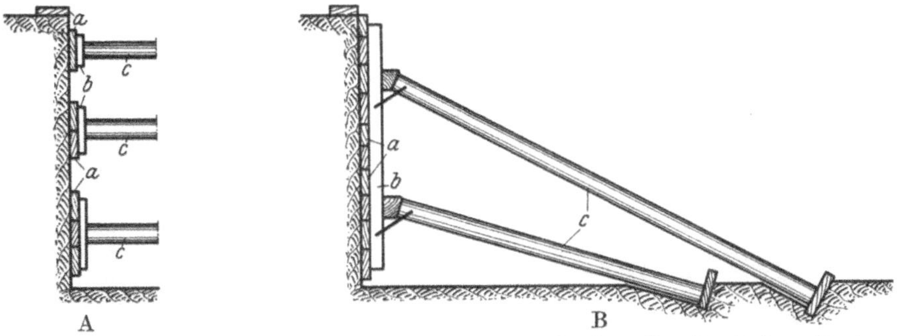

Abb. 251. Waagrechte Zimmerung. A mit waagrechten Streben, B mit schrägen Streben.
a waagrechte Schalbohlen 4 bis 6 cm stark, *b* Brusthölzer 4 bis 6 cm stark, *c* Streben.

einander gelegt zu werden; man kann dann Zwischenräume lassen, die aber mit der Tiefe in dem Maße, als der Erddruck größer wird, immer schmäler gemacht werden. Auf die Bohlen werden Brusthölzer, die Faser lotrecht, gelegt, die schließlich bei schmalen Baugruben (Abb. 251 A) durch Rundholzspreizen gegenseitig abgestützt werden. Die Spreizen werden gleichlang geschnitten, und sie sollen streng zwischen den Brusthölzern sitzen, die Schalbohlen also gegen den Boden pressen. Wenn Spreizen gelegentlich wegen zu breiten Aushubes zu kurz sind, so werden zwischen sie und das Brustholz Keile getrieben. Bei oft wiederkehrenden Grabenaussteifungen ist es zweckmäßig, statt der hölzernen Spreizen sogenannte Kanalspreizen (Abb. 252) aus Eisen oder Eisen in Verbindung mit Holz zu verwenden, die eine Schraubenspindel enthalten, mittels der die Spreize verlängert und gegen die Brusthölzer gestemmt werden kann.

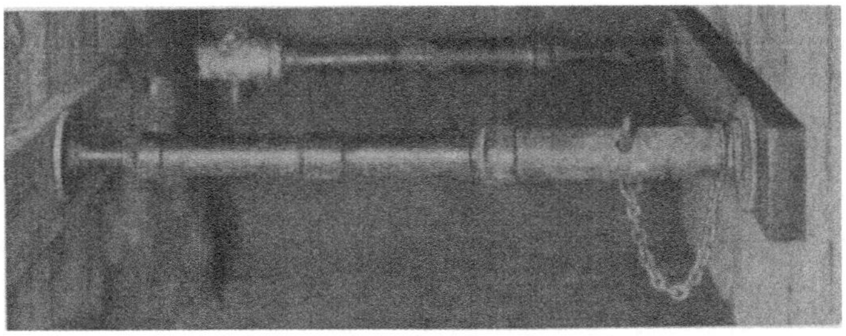

Abb. 252. Kanalspreizen. (Siemens-Bau-Union.)

In breiten Baugruben wird bei standfähigen Böden die Sicherung der Wände nach dem Schema der Abb. 251 B ausgeführt. Die Absteifung geschieht in der Regel mit zwei oder drei Streben. Wie ein Blick in die Abb. 253 lehrt, muß eine solche Absteifung aber nicht unter allen Umständen die Baugrubenwand sichern. Je nach dem Reibungswinkel δ zwischen Boden und Wand kann die Absteifung ihren Zweck erfüllen oder auch nicht. In der Abb. 253 sind je zwei gleiche Absteifungen untersucht, einmal mit großem Reibungswinkel zwischen Boden und Wand und das andere Mal mit kleinem. Es zeigt sich, daß bei kleinen Reibungswinkeln im Falle der Absteifung mit zwei Streben zur Aufrechterhaltung des Gleichgewichtes bei A eine Zugkraft erforderlich wäre, und im Falle der Absteifung mit drei Streben müßte die Strebe S_2 eine Zugkraft aufzunehmen vermögen. Beides ist bei der üblichen Ausführung der Aussteifungen in der Regel nicht möglich, weswegen in diesem Falle die Baugrubensicherung zusammenbrechen würde. Besondere Vorsicht ist bei der

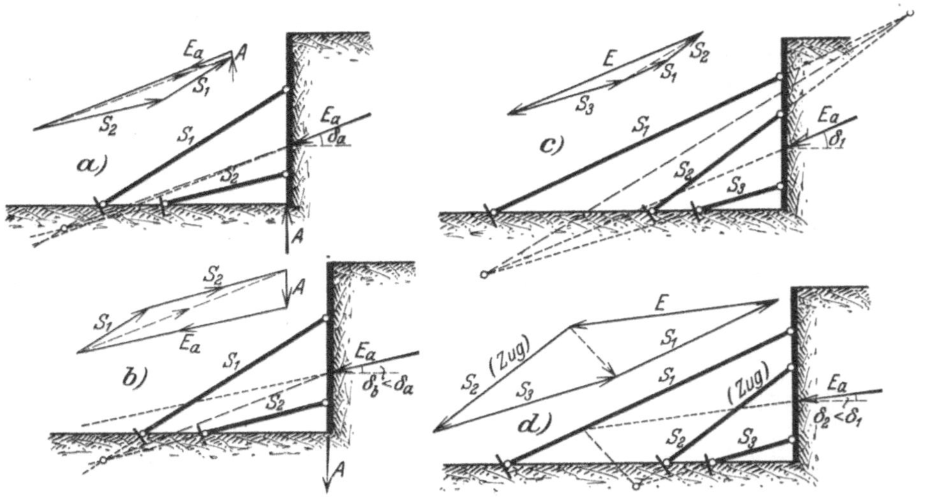

Abb. 253. Absteifung einer Baugrubenwand mit zwei und mit drei Streben. a) und c) Bei großem Reibungswinkel zwischen Boden und Wand; die Absteifung erfüllt ihren Zweck, b) und d) bei kleinem Reibungswinkel zwischen Boden und Wand; die Absteifung genügt nicht, b) bei A wäre noch ein abwärts gerichteter Zug erforderlich, d) S_2 müßte eine Zugkraft aufnehmen können.

Aussteifung von Baugruben in bindigen Böden erforderlich, weil durch Niederschlagswasser nicht nur die Haftfestigkeit des Bodens, sondern auch die innere Reibung und die Reibung zwischen dem Boden und der Wand herabgesetzt wird. Eine Zugkraft bei A im Falle der Abb. 253a könnte nur von einem gerammten Träger aufgenommen werden, der die waagrechten Schalbohlen trägt.

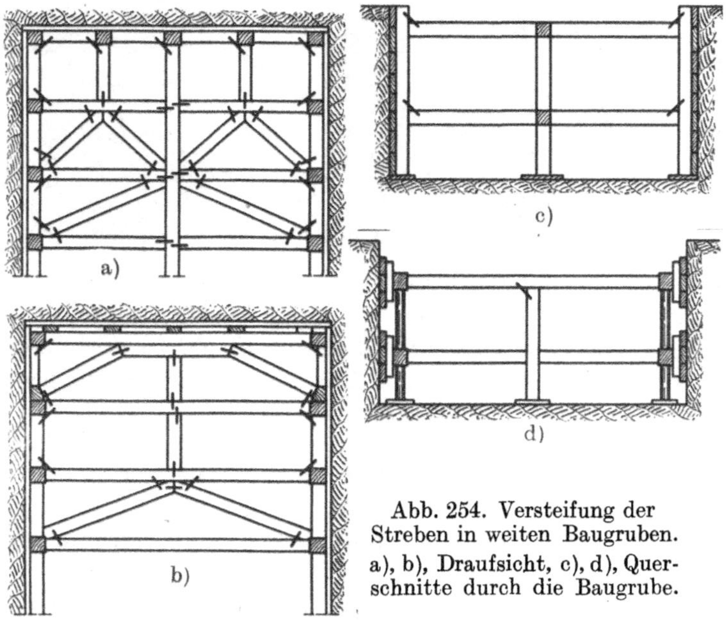

Abb. 254. Versteifung der Streben in weiten Baugruben. a), b), Draufsicht, c), d), Querschnitte durch die Baugrube.

Bei tiefen Baugruben mit großem Erddruck werden die Baugrubenwände gegeneinander mit Streben abgesteift, die durch die ganze Baugrube laufen und die bei breiten Baugruben durch sogenannte Steher gestützt und durch senkrecht zu ihnen versetzte Spreizen am Ausknicken verhindert werden. In der Abb. 254 sind einige solche Aussteifungen dargestellt. Um bei großen Erddrücken die Baugrube nicht mit den Streben derart zu verbauen, daß die Arbeiten behindert werden, werden eiserne Streben und Steher (Abb. 255) verwendet, die durch hölzerne Spreizen am seitlichen Ausknicken behindert sind. In weiten Baugruben kann manchmal an Steifholz gespart werden, wenn im mittleren Teil der Baugrube vorerst ein Bodenkern stehen gelassen wird, gegen den die äußeren Baugrubenwände abgestützt werden, und der erst später, wenn die äußeren Wände des Bauwerkes aufgeführt sind und den Boden stützen, abgetragen wird.

Abb. 255. Aussteifung der Baugrube mit eisernen Stehern und eisernen Querstreben für das Hochhaus Alexanderstraße 71 in Berlin und die Grundwasserabdichtung. (Malchow, Berlin.)

a eiserne Steher, *b* eiserne Querstreben, *c* hölzerne Spreizen, *d* Grundwasserabdichtung.

Wenn die Baugrube nur wenig durch die Aussteifung verbaut werden darf, werden I-Träger NP 25 oder NP 30 lotrecht gerammt, zwischen deren Flanschen die waagrechten Bohlen eingelegt oder an deren Flanschen sie angeschraubt werden.

Wenn die Bohlen zwischen die Flanschen eingelegt werden, so werden sie um eine halbe Flanschenbreite kürzer geschnitten, als die Weite zwischen den Stegen zweier nebeneinander stehender Träger ausmacht. Durch Keile mit der Holzfaser senkrecht

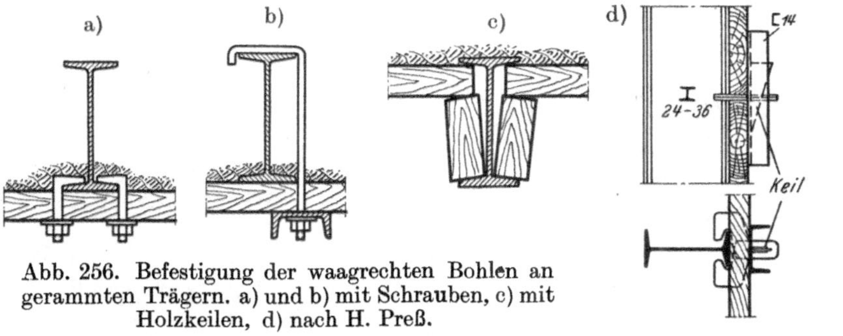

Abb. 256. Befestigung der waagrechten Bohlen an gerammten Trägern. a) und b) mit Schrauben, c) mit Holzkeilen, d) nach H. Preß.

zu den Bohlen werden sie schließlich festgemacht, wie es die Abb. 256c und 257 andeuten. Wenn die Bohlen nicht auf kurze Stücke verschnitten werden sollen, so werden sie an die Flanschen der Träger, an der Baugrubenseite, angeschraubt, so wie es die Abb. 256a, b und 258 andeuten, oder sie werden mit Flacheisenhaken und Keilen angehängt (Abb. 256d). Unter die Schrauben, an Stelle von Beilagscheiben eingelegte kurze Abschnitte von U-Eisen ersparen auch ein Durchbohren der Bohlen (Abb. 256b und 258).

Abb. 257. Absteifung einer Wand mit waagrechten Bohlen zwischen gerammten I-Trägern. Vgl. Abb. 256c. (Siemens-Bau-Union.)

In tiefen Baugruben wird eine Stützung der gerammten Träger erforderlich; um diese in schmalen Baugruben durch einfache Spreizen ausführen zu können, werden die Träger paarweise an einander gegenüberliegenden Stellen gerammt (Abb. 258 und 259). In weiten Baugruben

Abb. 258. Waagrechte Baugrubenzimmerung mit gerammten I-Trägern (*a*). Baugrubenaushub mittels Greifbaggers (*b*), Dampframme für das Rammen der I-Träger (*c*). (Menck & Hambrock.)

werden schräge Streben (Abb. 260) und bei hohen Drücken durch die ganze Baugrube durchlaufende waagrechte Streben angewendet (Abb. 261).

Das Rammen der I-Träger bereitet in großsteinigem Boden manchmal Schwierigkeiten, weil die Steine die Träger aus ihrer Richtung ablenken

Abb. 259. Aussteifung einer Baugrube mit waagrechten Bohlen an gerammten I-Trägern. (Nach W. Sichardt: Bautechnik 1929 S. 396.)

Abb. 260. Baugrubenaussteifung mit waagrechten Bohlen zwischen gerammten I-Trägern (vgl. Abb. 256c), die durch schräge Streben gestützt sind. (Malchow, Berlin.)

und weil die Träger sich manchmal verbiegen, ja sogar aufrollen, wenn sie auf Findlinge oder sonstige Hindernisse stoßen.

b) Die lotrechte Zimmerung.

Die lotrechte Zimmerung wird in stark rolligem Boden und bei Wasserandrang verwendet. Die Bohlen werden bei dieser Zimmerung in dem Maße, als der Aushub fortschreitet, mit Vorschlaghämmern, leichten Rammen oder mit Preßlufthämmern (Abb. 262) in den Boden getrieben. Bei Baugruben geringer Tiefe, wo man mit einer Bohlenlänge auskommt, werden die Bohlen lotrecht hinabgetrieben und gegen die Gurthölzer verkeilt (Abb. 263a). Die Bohlen werden am Kopf mit Bandeisen gebunden (Abb. 263b), um ein Spalten zu verhindern; unten erhalten sie eine einseitige Schneide, damit sie vom Erdwiderstand aus der Baugrube hinausgetrieben werden; Bohlen mit symmetrischer Schneide würden gegen die Baugrube ausweichen, weil der Widerstand, den sie beim Rammen finden, in der Baugrube geringer ist als draußen.

Bei Baugruben größerer Tiefe werden etwa 1,5 m lange Pfahlbretter verwendet, die nach dem Schema der Abb. 263c in den Boden getrieben werden. Eine Ansicht einer solchen Zimmerung gibt die Abb. 264, in der auch die Wurfbühnen für die Förderung des Aus-

Abb. 261. Baugrubenaussteifung und Grundwasserabsenkung beim Bau der Kantonalbank in Zürich. Vgl. Abb. 273. (Siemens-Bau-Union.)
a gerammte Träger, *b* waagrechte Streben, *c* eiserne Steher, *d* Druckrohr der Grundwasserabsenkung, *e* Betonmischer, *f* Pumpenhaus der Grundwassersenkungsanlage.

Abb. 262. Kleinpfahlhämmer beim Rammen von Pfahlbrettern. (McKiernan Terry Corp., New York.)

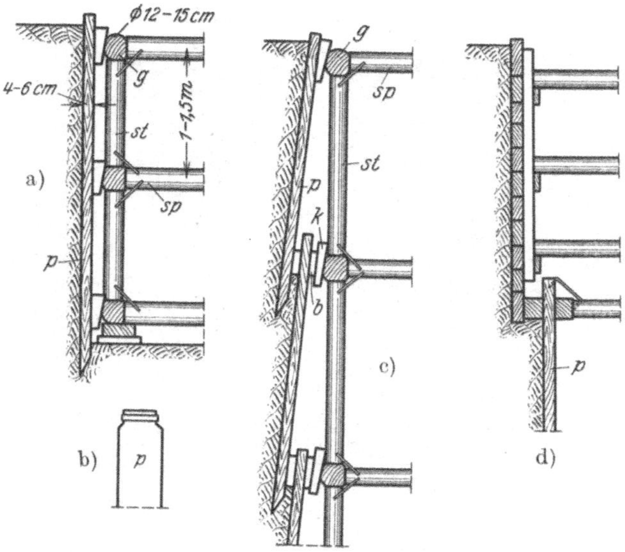

Abb. 263. Die lotrechte Zimmerung. a) Zimmerung bei Tiefen bis zu etwa 4 m, b) Bandeisenring am Kopf des Pfahlbrettes, c) Zimmerung bei größeren Tiefen, d) Übergang von der waagrechten zur lotrechten Zimmerung.

g Gurtholz, *st* Stempel oder Steher, *sp* Sprenger oder Spreize, Strebe, *p* Pfahlbrett, *b* Pfandblatt, *k* Keil.

Abb. 264. Lotrechte Zimmerung im Schlitz für die Herdmauer des Krafthauses Pernegg a. d. Mur. (Aus A. Schoklitsch: Der Wasserbau. Berlin: Julius Springer.)

hubes aus der schmalen Baugrube zu erkennen sind.

Bei tiefer liegendem Grundwasser und festerem Boden kann bis zum Grundwasserspiegel die waagrechte Zimmerung und erst von dort weiter die lotrechte angewendet werden, wie es die beiden Abb. 263d und 265 veranschaulichen. Auch Aushub mit Böschung bis zum Grundwasserspiegel und erst tiefer unter lotrechte Zimmerung wird ausgeführt (Abb. 266).

Ähnlich wie bei der waagrechten Zimmerung werden auch bei der lotrechten Zimmerung bei breiten Baugruben die kräftigen, gegen Ausknicken gesicherten Steifen über die ganze Baugrube geführt (Abb. 266).

II. Eiserne Baugrubenaussteifungen.

Eiserne Baugrubenaussteifungen sind vereinzelt schon vor langer Zeit angewendet worden; große Verbreitung haben sie aber erst gefunden, seitdem eiserne Spundwandeisen gewalzt werden. Bei eisernen Baugrubenaussteifungen werden nur lotrechte Spundwandeisen verwendet, die vor dem Aushub in den Boden gerammt werden. Bei geringen Aushubtiefen werden die eisernen Spundwände freistehend verwendet, bei größeren Tiefen werden sie, ähnlich wie die lotrechte Zimmerung, mit Gurten und Streben ausgesteift. In der Abb. 267 ist als Beispiel eine kreisrunde eiserne Baugrubenaussteifung mit ihren Gurten und Verstrebungen und in der Abb. 268 sind die Streben einer rechteckigen Baugrube für ein Brückenwiderlager dargestellt. Die Abb. 269 gibt endlich die Ansicht der Verstrebung der Larssen-Wand in einer langgestreckten Baugrube wieder.

Abb. 265. Übergang von der waagrechten zur lotrechten Zimmerung. (A. Wahl, Trier.)

In sehr tiefen Baugruben (Abb. 270), wo die großen Erddrücke sehr schwere und nahe nebeneinanderliegende Streben erfordern würden, werden, um die Baugrube möglichst frei zu halten, auch eiserne Streben (Abb. 271) benutzt.

Für leichte Baugrubenaussteifungen eignen sich die eisernen Kanaldielen (vgl. S. 136), die als Ersatz für die hölzernen Pfahlbretter verwendet werden. Sie werden ähnlich wie die Pfahlbretter der lotrechten Zimmerung, entsprechend dem Fortschritte des Aushubes gerammt (vgl. S. 200) und lehnen sich gegen Gurte, die durch Spreizen abgesteift sind (Abb. 272). Damit infolge der Erschütterungen beim Rammen die Gurten

Abb. 266. Aussteifung der Baugrube für die Abwasserreinigungsanlage Dresden-Kaditz. (Dyckerhoff & Widmann.)
a Pfahlbretter, *b* Streben, *c* Gurthölzer.

nicht herabfallen, werden sie sorgfältig durch Stempel geschützt oder an Rundeisen aufgehängt.

Abb. 267. Aussteifung einer kreisrunden Baugrube mit Hoesch-Spundwandeisen. (Eisen- und Stahlwerk Hoesch.)

a Schlußbohlen, *b* Kübel für die Förderung des Aushubes aus der Baugrube.

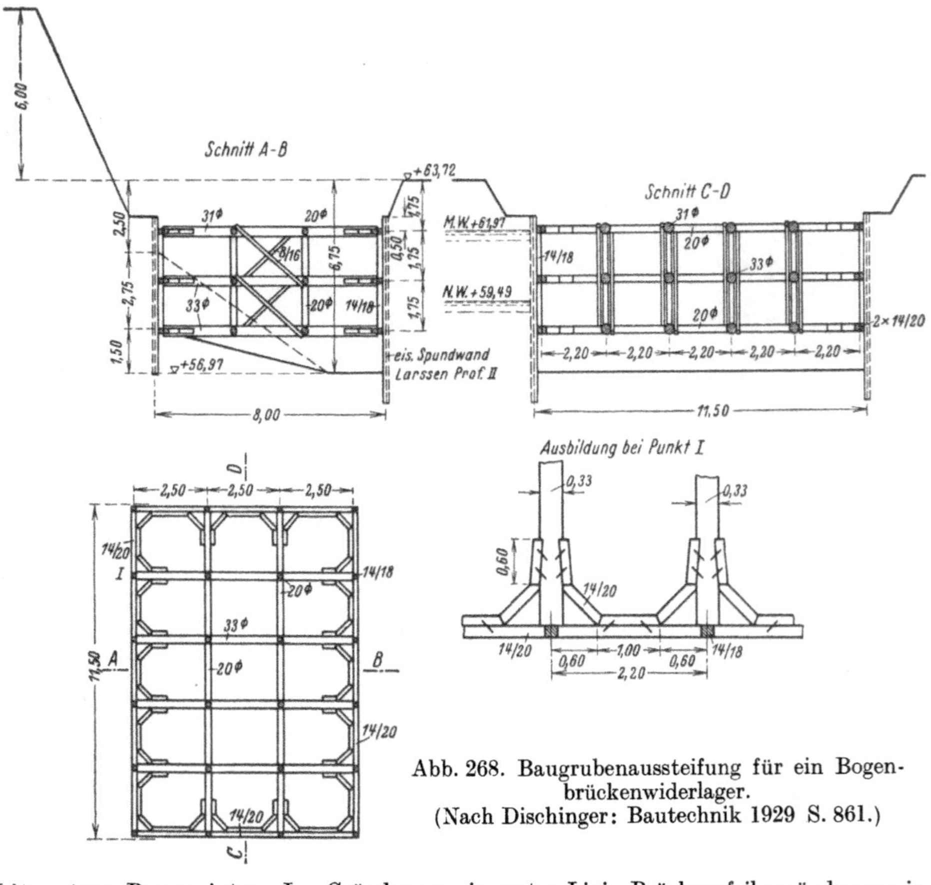

Abb. 268. Baugrubenaussteifung für ein Bogenbrückenwiderlager. (Nach Dischinger: Bautechnik 1929 S. 861.)

Literatur: Baumeister, L.: Gründungen, in erster Linie Brückenpfeilergründungen in druckhaftem Gelände. Bauing. 1922 S. 357. — Brausewetter, K.: Die Bauunfälle der letzten Zeit. Beton u. Eisen 1929 S. 15. — Dischinger, A.: Eisenbetonbogenbrücke über die Lahn zwischen Ober- und Niederlahnstein. Bautechnik 1929 S. 861. — Gasteiger: Der Neubau des Ravennatalüberganges bei km 224/7 der Höllentalbahn. Bautechnik 1928 S. 559. — Kreß: Bemerkenswerte Bauausführungen bei der Berliner und Hamburger Hochbahn. Bautechnik 1924 S. 408. — Knob, K., u. H. Hubinger: Neubau der Straßenbrücke über den Lech bei Augsburg-Hochzoll. Bautechnik 1929 S. 24. — Meen:

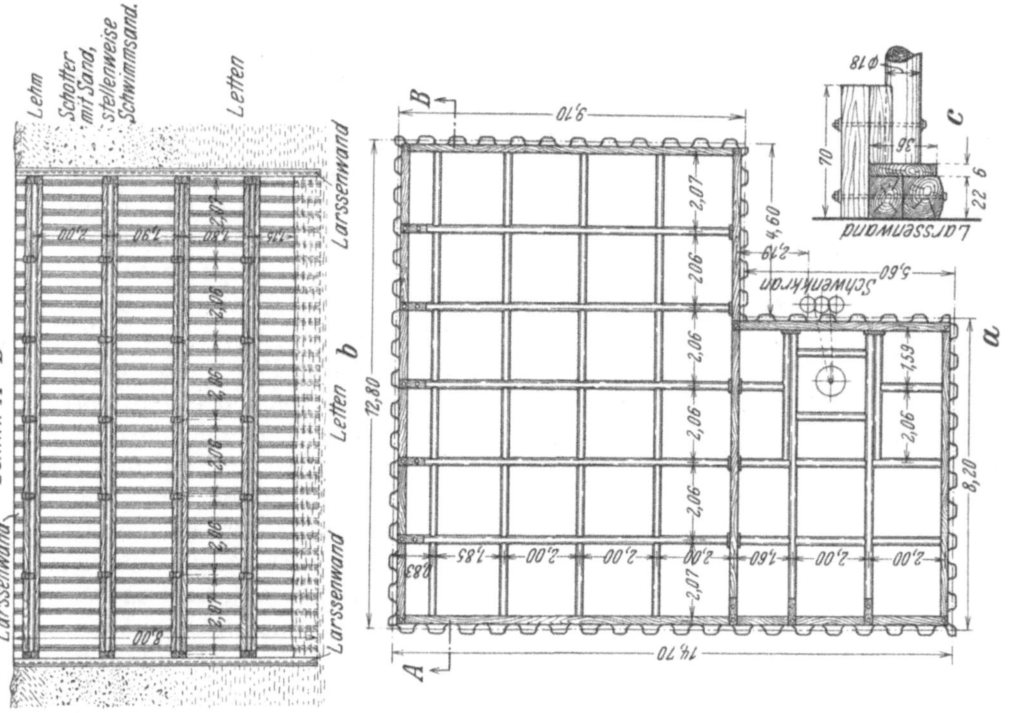

Abb. 270. Aussteifung einer Baugrube. a) Grundriß, b) Querschnitt. c) Einzelheiten der Wandaussteifung. (A. Habel.)

Über Erddruck und die Aussteifung von Baugruben und Tunneln. Proc. Am. Soc. Civ. Engs. 1907 S. 599, 1000, 1117. — Meyer, M.: Über das Einrammen von I-Trägern. Bautechnik 1925 S. 652. — Preß, H.: Kabelunterführung bei Betriebsbahnhof Rummelsburg. Bautechnik 1930 S. 763. — Thalenhorst: Über das Absteifen von Baugruben. Z. Arch. Ing.-Wes. 1914 S. 10. — Voit, W.: Sicherung unterirdischer Einbauten anläßlich der Ausführung von Tiefbauanlagen in öffentlichen Straßen. Gesundheitsing. 1928 S. 259.

Abb. 269. Stützung einer langen Larssen-Spundwand bei einem Bau im Puerto Militar in Argentinien. (Dyckerhoff & Widmann.)

F. Die Sicherung bestehender Bauwerke in der Nähe von Baugruben.

Wenn das zu errichtende Bauwerk unmittelbar an ein schon bestehendes angebaut werden soll, so muß vor Beginn des Aushubes die Gründungstiefe des bestehenden Bauwerkes ermittelt werden und es muß bedacht werden, daß durch einen Bodenaushub in unmittelbarer Nachbarschaft eines bestehenden Grundwerkes die Tragfähigkeit des Bodens unter demselben, wenn auch nur vorübergehend, herabgesetzt wird, weil ja an solchen Stellen die Bodenüberlagerung über der Sohle, mit der man bei der Gründung des bestehenden Bauwerkes gerechnet hat, abgeräumt wird. Die ursprünglich tiefe Gründung des bestehenden Bauwerkes erhält dadurch vorübergehend den Charakter einer Gründung unmittelbar auf der Bodenoberfläche, so daß die Gefahr des Grundbruches (vgl. S. 83) wesentlich gesteigert ist.

Abb. 271. Eiserne Streben in einer Baugrube. (Vereinigte Stahlwerke A.-G. Dortmunder Union.)

In Baugruben in der Nachbarschaft von bestehenden Grundwerken muß daher die Betonierung des Grundwerkes so rasch als nur möglich ausgeführt werden, um den Boden ehestens wieder zu belasten. Um ein seitliches Ausweichen des bestehenden Grundwerkes zu verhindern, hebt man zuerst Grundmauergräben aus, die senkrecht zum bestehenden Bauwerke verlaufen, und betoniert diese Grundwerke, die dann eine Absteifung des bestehenden Grundwerkes darstellen. Für die Grundmauer

a)

b)

Abb. 272. Baugrubenaussteifungen mit Union-Kanaldielen. (Vereinigte Stahlwerke A.-G. Dortmunder Union.)

unmittelbar neben dem bestehenden Bauwerk werden nur etwa 2 m lange Grabenabschnitte ausgehoben, und es wird sofort die Grundmauer darin hergestellt und erst dann der Aushub im nächsten Grabenabschnitte begonnen. Vor Beginn des

Aushubes wird die bestehende Mauer kräftig abgestützt, um jedwede Bewegung zu verhindern.

Ähnlich wird vorgegangen, wenn das Grundwerk des neuen Bauwerkes tiefer zu liegen kommt als jenes des alten. Dann muß, wenn beide Bauwerke unmittelbar aneinander stoßen, das alte Bauwerk unterfangen werden. Man gräbt zu diesem Zwecke, nachdem das alte Bauwerk gehörig gepölzt worden ist, in größeren gegenseitigen Entfernungen etwa 1,5 bis 2,0 m breite Schächte unter der Mauer des alten Bauwerkes bis zur Sohlenlage des neuen aus und unterfängt die Mauer mit Pfeilern aus Beton oder Klinkerziegelmauerwerk. Wenn diese Pfeiler erhärtet sind, werden

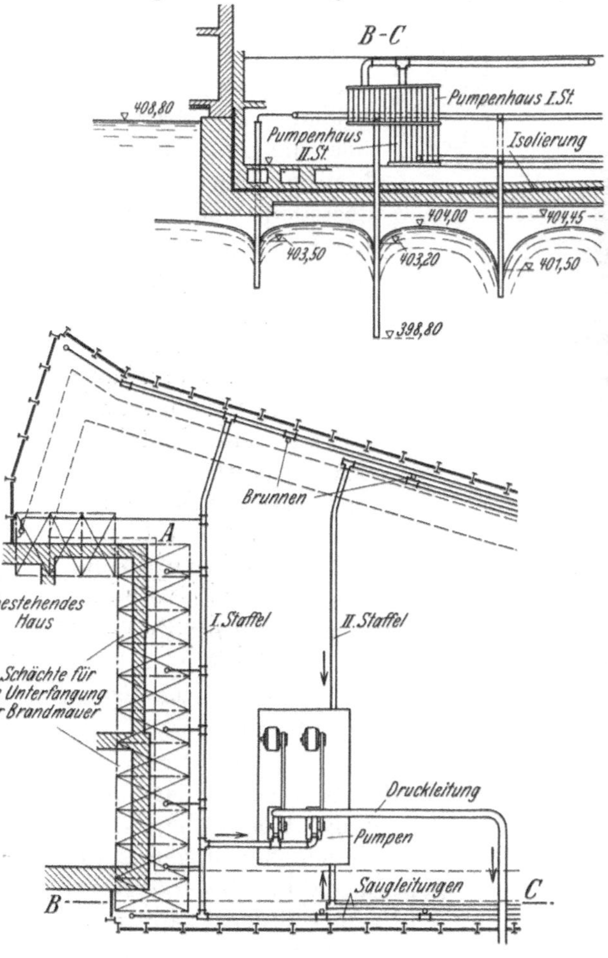

Abb. 273. Grundriß und Schnitt durch die Baugrube für den Bau der Züricher Kantonalbank. (Locher & Co.)

Abb. 274. Unterfangung einer Gebäudeecke A (vgl. Abb. 273) bei der Ausschachtung der Baugrube für die Kantonalbank in Zürich. (Siemens-Bau-Union.)

a altes Grundwerk, *b* Unterfangung mit Pfeilern aus Klinkerziegeln auf Betongrundwerk.

andere hergestellt und auf diese Weise nach und nach die ganze alte Mauer unterfangen. Ein Beispiel für eine derartige Mauerunterfangung ist in den Abb. 273 und 274 dargestellt. Bei diesen Arbeiten mußte die Brandmauer des bestehenden Hauses unterfangen werden; hierbei mußte das Grundwasser abgesenkt und dann in den in der Abb. 273 angedeuteten Schächten die Unterfangung ausgeführt werden. Die Abb. 274 zeigt die Unterfangung der Hausecke bei A.

Damit bei Betonierung die einzeln ausgeführten Unterfangungspfeiler schließlich Zusammenhang erhalten, werden Eisen einbetoniert, die an den Pfeilerseiten hochgebogen sind und später beim Betonieren des Nachbarpfeilers herabgebogen werden. Auf diese Weise wird schließlich ein unter der ganzen Brandmauer durchlaufendes Bankett aus Eisenbeton erzielt.

Die beiden Abb. 275 und 276 lassen deutlich den Arbeitsvorgang bei der Unterfangung eines neunstöckigen Gebäudes erkennen.

Wenn zwischen alten Häusern ein Haus abgetragen und durch ein neues ersetzt wird, so müssen schon im Zuge der Abtragungsarbeiten die Nachbarhäuser gepölzt werden, weil sich alte Häuser stets gegenseitig stützen. Vielfach ist es nötig, die beiden Nachbarhäuser über die ganze Baugrube hinweg gegenseitig abzusteifen, und es ist in der Regel auch erforderlich, die Hausecken von der Straße aus zu stützen.

Abb. 275. Unterfangung eines neungeschossigen Gebäudes. (Siemens-Bau-Union.)
a Betonpfeiler, *b* Ausschachtung für einen Unterfangungspfeiler.

Auch wenn Baugruben, wie z. B. Kanalbaugruben, zwar nicht unmittelbar an den bestehenden Häusern verlaufen, so sind doch, besonders in engen Gassen, wenn die Baugrube unter die Grundwerke der Häuser herabreicht, eine gegenseitige Absteifung der Häuser, etwa wie es die Abb. 277 andeutet, erforderlich, um ein Ausweichen der Wände zu verhüten.

Abb. 276. Stampfen eines Betonpfeilers bei der Unterfangung eines Hauses. (Siemens-Bau-Union.)

In feinkörnigen Böden besteht überdies die Gefahr, daß Niederschlagswasser hinter den Baugrubenwänden herabfließt und zwischen den Fugen Boden herausspült. Der dahinterliegende Boden verliert dann seine Stütze, kann nachgeben und es können sich schließlich die Mauern der Häuser bewegen. Um derartige Ausspülungen und deren Folgeerscheinungen zu verhüten, wird die erste Bohle der Baugrubensicherung so hoch gelegt, daß sie etwa zur Hälfte über den Boden ragt, und es wird gegen sie Lehm gestampft, der die Fuge zwischen der Bohlwand und dem Boden dichtet, und es wird überdies für eine gute Ableitung der Niederschlagswässer vorgesorgt.

Gut bewährt haben sich bei Sandboden auch Zementeinpressungen durch die Bohlwand hindurch, die eine dünne

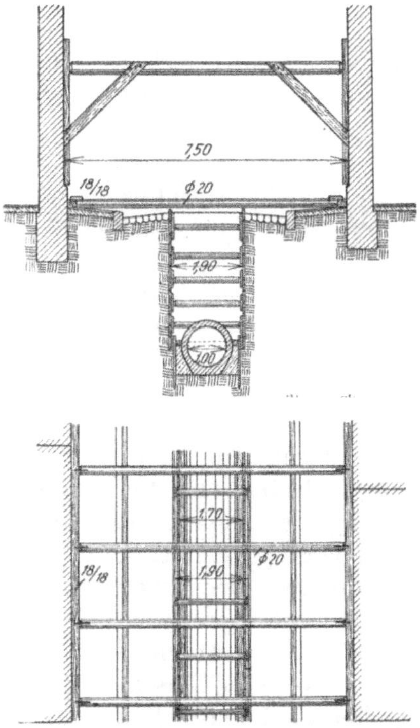

Abb. 277. Gegenseitige Absteifung der Häuser in engen Gassen während eines Kanalbaues. (Nach Th. Heyd.)

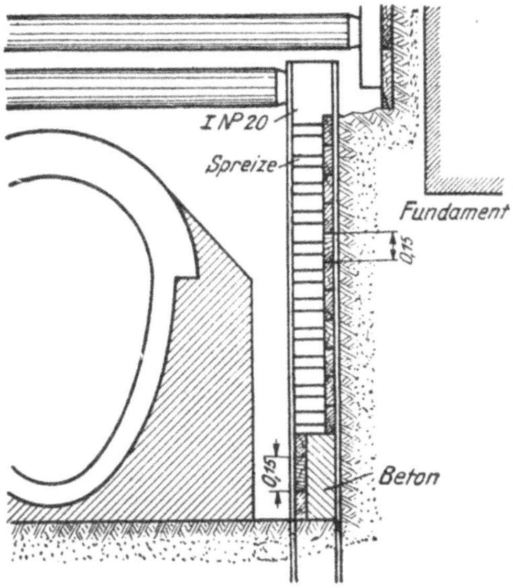

Abb. 278. Sicherung der Baugrubenwände mit Beton in der Nähe der Hausgrundwerke. Die Betonierung erfolgt von unten nach oben um je eine Bohlenbreite fortschreitend. (Nach H. Hahn und F. Langbein.)

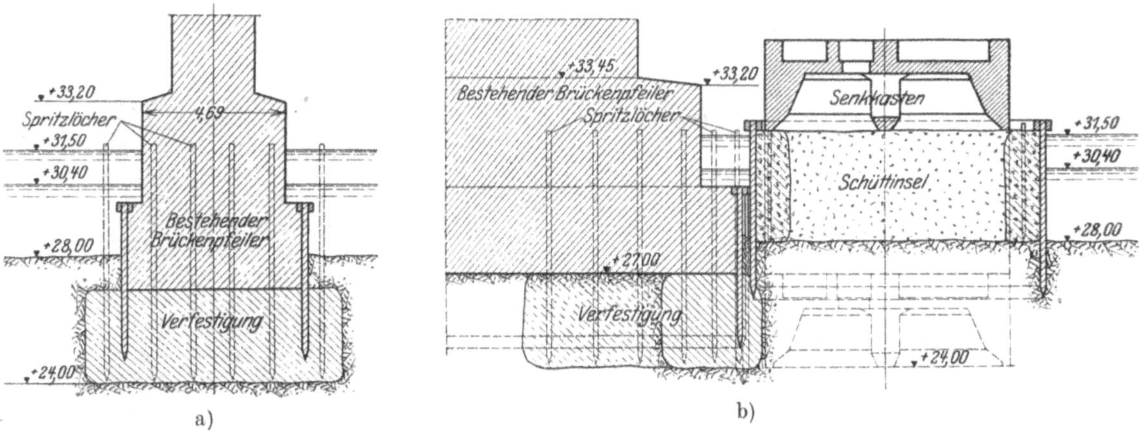

a) b)

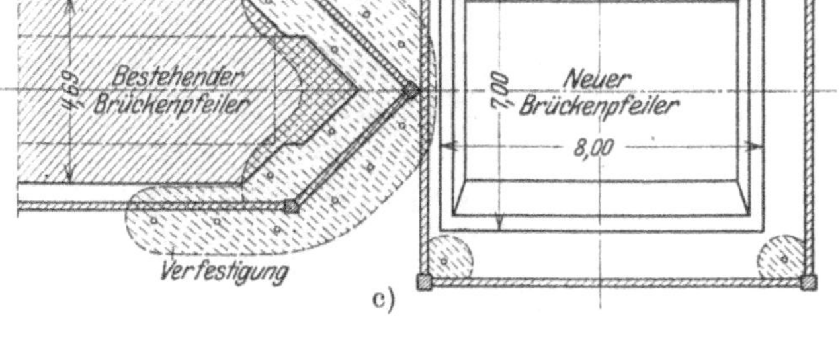

c)

Abb. 279. Sicherung und Unterfangung eines bestehenden Brückenpfeilers einer Spreebrücke durch chemische Versteinung des Bodens. (Nach Bernhard: Bauing. 1930 S. 203.)

Schicht des Bodens versteinen. Besonders vorsichtig ist man in Berlin beim Ausbau der Kanäle vorgegangen, wenn die Baugrube nahe neben einem Hause verlief. Wie man in der Abb. 278 erkennen kann, sind dort waagrechte Bohlen zwischen gerammten I-Trägern zur Sicherung der Baugrube verwendet worden; nach Vollendung des Aushubes wurden, von unten beginnend, die Bohlen einzeln vorgesetzt und der dahinter liegende Raum sofort ausbetoniert.

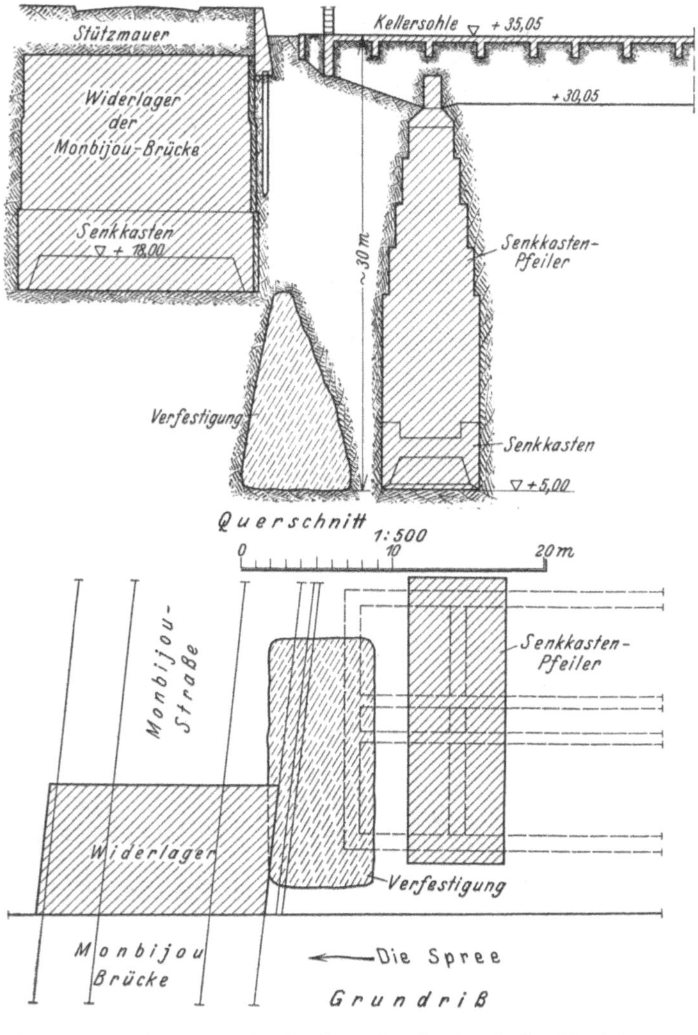

Abb. 280. Sicherung des Bodens durch chemische Versteinung im Bereiche des Widerlagers der Monbijou-Brücke über die Spree in Berlin gelegentlich der Gründung der Universitäts-Augenklinik auf Pfeilern, die mittels Druckluftsenkkasten gegründet sind. (Nach Bernhard: Bauing. 1930 S. 204.)

Bei Ingenieurbauten werden zur Sicherung bestehender Bauwerke auch eiserne Spundwände zur Verhinderung des Ausweichens des Bodens gerammt, und es kann auch der Boden durch Zementeinpressung oder chemisch versteint werden. In den Abb. 279 und 280 sind zwei Beispiele für die Sicherung des bestehenden Bauwerkes durch chemische Versteinung des Bodens zwischen diesem und der neuen Baugrube zu erkennen.

Literatur: Bernhard, K.: Versteinung loser Bodenarten im Grundbau. Bauing. 1930 S. 202. — Hahn, H., u. F. Langbein: 50 Jahre Berliner Stadtentwässerung. Berlin: A. Metzner 1928. — Unterfangung eines Gebäudes in der Nähe einer Baugrube. Eng. News Rec. 1909 Heft 22. — Das Unterfangen schwerer Gebäude. Z. öst. Ing.-V. 1897 S. 381. — Die Grundwasserabsenkung beim Neubau der Züricher Kantonalbank. Schweiz. Bauzg. 1929 S. 152.

G. Das Verfüllen von Baugruben.

Wenn die Herstellung des Grundwerkes vollendet ist, so sind vielfach Teile der Baugrube wieder zu verfüllen. Wenn längeranhaltendes Nachsacken des Füllbodens verhindert werden soll, so wird der Füllboden entweder eingeschlemmt oder er wird in Schichten von etwa 20 cm Stärke eingebracht und gestampft. Bei Arbeiten kleinen Umfanges werden Handstampfer verwendet, bei größeren Arbeiten werden besser Druckluftstampfer (Abb. 281) benützt.

Bei der Verfüllung von Baugruben, in denen der Füllboden eine Mauer einseitig belastet, ist Vorsicht beim Stampfen am Platze, weil bei weitgehender Verdichtung des Füllbodens der von ihm gegen die Mauer ausgeübte Druck über den Erddruck, mit dem gerechnet worden ist, hinaus bis zur Größe des Erdwiderstandes ansteigen kann.

Abb. 281. Preßluftstampfer. (Flottmann A.-G., Herne.)

H. Die Trockenhaltung der Baugrube.

Die Trockenhaltung der Baugrube umfaßt alle Maßnahmen, die darauf hinzielen, sowohl Tagwasser und Grundwasser von der Baugrube abzuhalten als auch eingedrungenes Wasser abzuleiten.

I. Die Abhaltung von Tagwasser von der Baugrube.

a) Fanggräben.

Tagwasser kann von Baugruben in geneigtem Gelände, abseits von Gewässern, einfach durch Fanggräben abgehalten werden, die oberhalb der Baugrube das zulaufende Niederschlagswasser abfangen und um die Baugrube herumleiten. Sie werden mit geböschten Wandungen ausgehoben und der Aushub wird talseitig in Form eines durchlaufenden Dammes gelagert. Das Gefälle wird so gewählt, daß die mittlere Geschwindigkeit etwa 1 m/sec nicht übersteigt und der Querschnitt wird dem Gebietsstreifen angepaßt, der gegen die Baugrube entwässert; der der Bemessung zugrunde zu legende Zufluß zum Graben wird hierbei nach den gleichen Gesichtspunkten festgelegt, nach denen der Zufluß zu Kanälen bei Ortsentwässerungen ermittelt wird (stärkste in Betracht zu ziehende Sturzregenmenge 80 bis 100 l/sec ha; Abflußbeiwerte: Wälder $\mu = 0{,}01$ bis 0,20, Gärten und Wiesen $\mu = 0{,}05$ bis 0,25, wobei die größeren Werte bei bindigem Boden und steiler Geländeneigung gelten).

b) Fangdämme.

1. Die allgemeine Anordnung der Fangdämme.

Fluß- oder Seewasser wird durch Fangdämme von den Baugruben abgehalten, deren Bauart der größten auftretenden Wassertiefe und der Beschaffenheit des Grundes angepaßt wird. Die Krone der Fangdämme wird 0,3 bis 0,5 m über jenen Wasserstand gelegt, bei dem der Fangdamm noch Schutz gewähren soll; dieser Wasserstand wird in jedem Falle besonders zu ermitteln sein und er wird im allgemeinen niedriger liegen als die alljährlich wiederkehrenden Hochlagen des Wasserspiegels. Würde ein Fangdamm so hoch geführt, daß er unter allen Umständen Schutz gewähren soll, so müßte seine Krone über die Höchstlage des Wasserspiegels gelegt werden, wodurch seine Ausführung sehr verteuert würde, während möglicherweise dieser Höchststand innerhalb der Benützungsdauer des Fangdammes gar nicht auftreten würde. Vielfach wird ein Fangdamm an oder in einem Flußlaufe ja überhaupt nicht ein ganzes Jahr hindurch erforderlich sein, so daß es möglich ist, den Bau so einzurichten, daß der Fangdamm nach der voraussehbaren Hochwasserzeit errichtet und vor Eintritt der nächsten schon wieder entfernt ist.

Hochwässer lassen sich an den Hochgebirgsflüssen ziemlich sicher voraussehen, weil sie dort von der Schneeschmelze abhängen, der Gang der Abflüsse daher dem

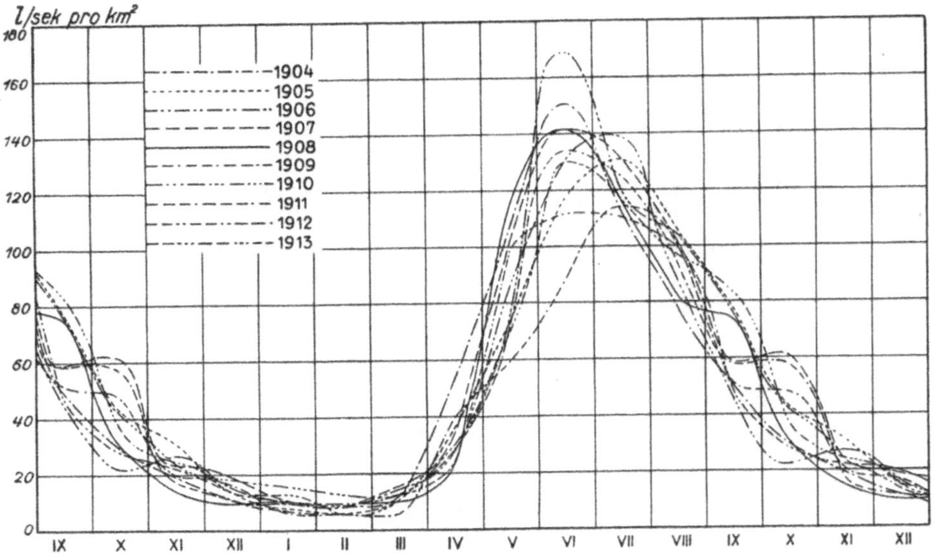

Abb. 282. Gang des spezifischen Abflusses in der Aare. (Nach Eidgen. Hydrom. Büro, Bern. Schweiz. Bauzg. 1922 S. 225.)

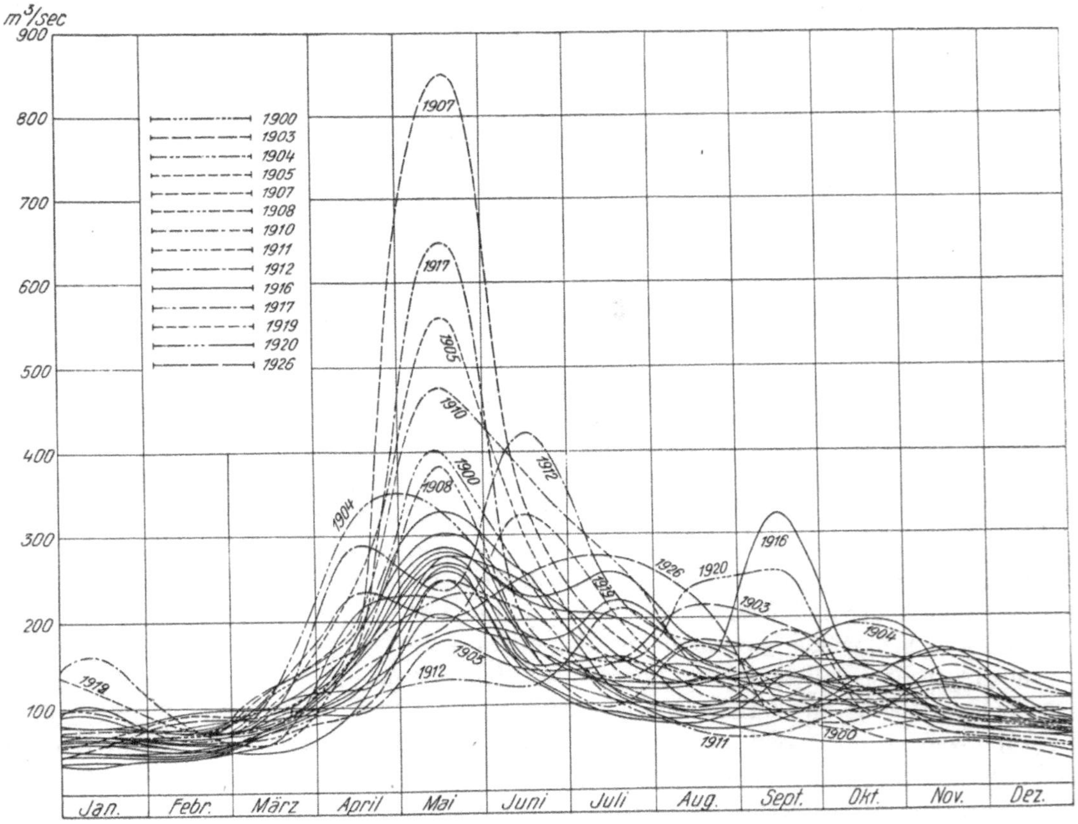

Abb. 283. Ganglinie des Abflusses in der Mur bei Graz. (Aus A. Schoklitsch: Der Wasserbau. Berlin: Julius Springer.)

Gange der Temperatur folgt, wie ein Blick in die Abb. 282 lehrt. In Mittelgebirgsflüssen werden für den Gang der Abflüsse neben der Temperatur auch noch in der frostfreien Zeit die Niederschläge maßgebend; es sind an solchen Flüssen das alljährlich auftretende Schneeschmelzhochwasser und im Herbst überdies geringere Hochwässer zu erwarten (Abb. 283). In Flachlandflüssen kann schließlich Hochwasser zu

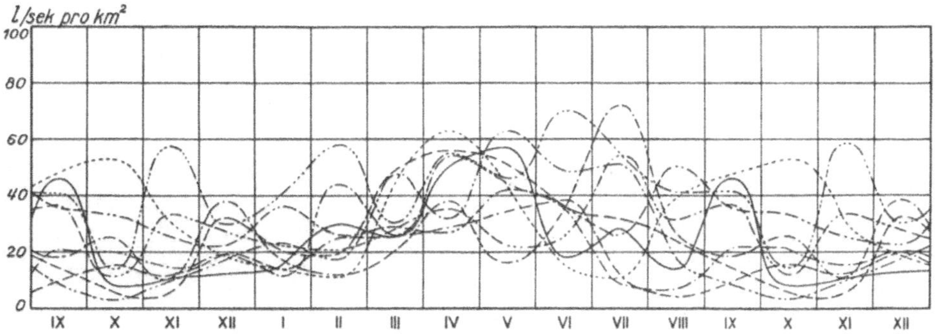

Abb. 284. Gang des spezifischen Abflusses in der Thur. (Nach Eidgen. Hydrom. Büro, Bern. Schweiz. Bauzg. 1922 S. 225.)

allen Jahreszeiten auftreten; der Gang der Abflüsse hängt dort nur von den Niederschlägen ab und läßt sich meist nicht voraussehen (Abb. 284).

Durch die Anlage von Fangdämmen wird das Flußbett eingeengt und es werden die Durchflüsse angestaut. Zwischen den Fangdämmen fließt das Wasser dann mit größerem Gefälle und gesteigerter Geschwindigkeit durch, wobei es die Sohle ausspült (vgl. Abb. 114 auf S. 105); aus diesem Grunde läßt sich die Spiegellage oberhalb der Fangdämme nicht sicher vorausberechnen.

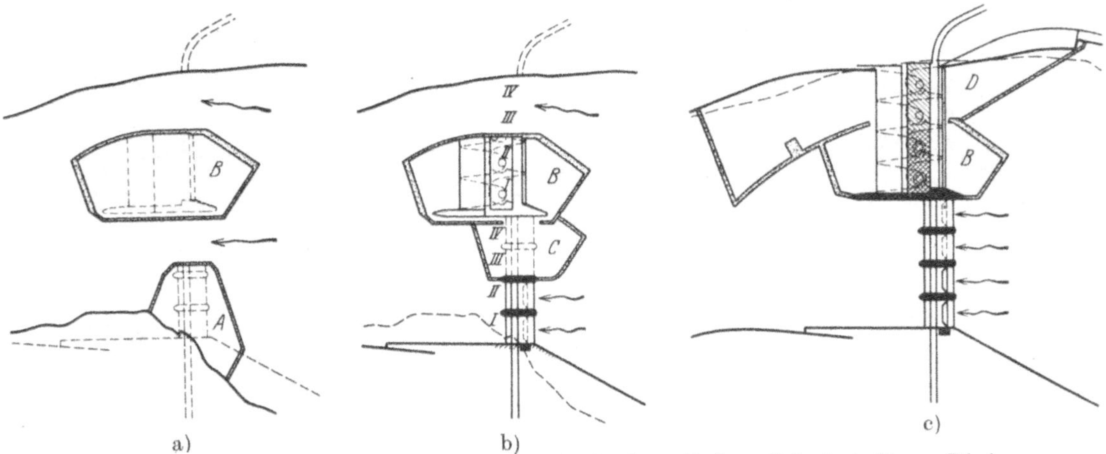

Abb. 285. Fangdämme beim Bau der Wasserkraftanlage Ryburg-Schwörstadt am Rhein. a) am 1. Jänner 1928, b) am 1. Jänner 1929, c) am 1. Jänner 1930. (Nach Schweiz. Bauzg.)

Der Stau, den Fangdämme verursachen, kann herabgesetzt werden, wenn der Baugrubenumriß an der Oberwasserseite so gewählt wird, daß am Beginne der eingeengten Flußstrecke eine möglichst geringe Strahleinschnürung auftritt. Das wird durch eine Schrägstellung der Fangdämme, wie sie z. B. in der Abb. 285 zu erkennen ist, erreicht, weil dann die Ausflußöffnung aus dem Stauraume den Charakter der „trompetenförmig verengten“ annimmt.

Ein Bau, der quer durch einen Fluß reicht, wie z. B. ein Wehr, kann in der Regel nur in mehreren Abschnitten ausgeführt werden. Je nach der Flußbreite und der Benützungsdauer der Fangdämme werden ein oder zwei Baugruben durch Fangdämme im Flußbette abgegrenzt und darin das Bauwerk bis zu den Hochwasserspiegellagen vollkommen fertiggestellt. Hierauf wird der Fluß durch diese fertigen Bauwerksteile geleitet und es werden dann erst die früher freigebliebenen Flußbetteile mit Fangdämmen gesperrt, unter deren Schutz die übrigen Teile des Bauwerkes errichtet werden.

Als Beispiel für die Anordnung der Baugruben und Fangdämme bei Wehrbauten in den verschiedenen Baustadien seien jene beim Bau des Kraftwerkes Ryburg-Schwörstadt am Rhein in den Abb. 285 bis 288 und jene des Isarwehres bei Ober-

Abb. 286. Die Fangdämme beim Bau des Kraftwerkes Ryburg-Schwörstadt am 30. Mai 1928. Vgl. Abb. 281a. (Motor-Columbus, Baden.)

föhring in der Abb. 289 dargestellt und die Abb. 290 stellt graphisch das Bauprogramm dar, nach dem die Arbeiten in Ryburg-Schwörstadt ausgeführt worden sind.

Das durch das Flußbett oder Gerinne abfließende Wasser zwischen mehreren, durch Fangdämme umschlossenen Baugruben abzuleiten ist manchmal nicht erwünscht oder sogar nicht möglich. Besonders bei kleineren Gewässern kann es erforderlich werden, das ganze Flußbett durch die Fangdämme einer einzigen Baugrube abzusperren. Das Wasser muß dann entweder durch einen Umlaufstollen, der die Baugrube umgeht, abgeleitet werden oder es muß in einem eigenen Gerinne oder durch Rohre über die Baugrube geleitet werden. Beide Arten der Wasserableitung kommen hauptsächlich bei Talsperrenbauten vor.

Die Abb. 291 zeigt die Anlage des Umlaufstollens zur Ableitung des Löntschwassers beim Bau des Staudammes für das Löntschwerk und in der Abb. 292 ist als weiteres Beispiel das Ableitungsgerinne, durch das das Bachwasser über die Baugrube der Packsperre geleitet wurde, dargestellt. Das Holzgerinne ist dort durch eine Prügelverkleidung gegen Beschädigungen bei Sprengungen geschützt worden.

Abb. 287. Die Fangdämme beim Bau des Kraftwerkes Ryburg-Schwörstadt am 25. April 1929. Vgl. Abb. 281 b. (Motor-Columbus, Baden.)

Abb. 288. Die Fangdämme beim Bau des Kraftwerkes Ryburg-Schwörstadt am 8. November 1929. Vgl. Abb. 281 c. (Motor-Columbus, Baden.)

Beim Umbau der Stadtbahnbrücke über die Freiarche des Landwehrkanals an der Tiergarteninsel in Berlin mußte für die Brückenpfeiler auch eine einheitliche Baugrube mit Fangdämmen aus Larssen-Eisen geschaffen werden, die nahezu den ganzen Freiarchenquerschnitt einnahm. Das Wasser wurde dort durch fünf Heberrohre (3 mal ∅ 1500 mm und 3 mal ∅ 800 mm) über die Baugrube geleitet. Die Anwendung mehrerer Rohre war notwendig, um einerseits keine zu großen Rohre zu bekommen und um sich anderseits besser an die Durchflüsse der Freiarche anpassen zu können. Die Rohre waren an eine Entlüftungssauganlage angeschlossen, um die Heber in Tätigkeit setzen zu können. Die Entlüftungspumpen mußten aber ständig in Tätigkeit

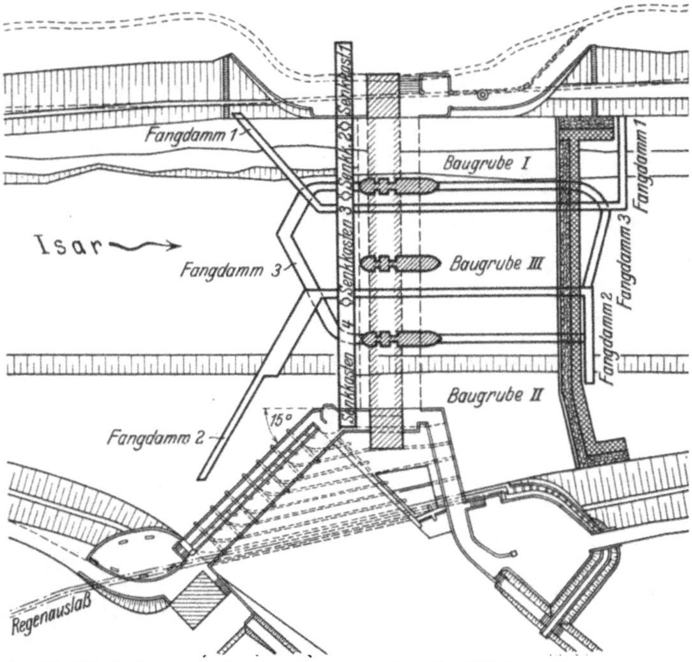

Abb. 289. Einteilung der Baugruben beim Bau des Wehres Oberföhring. (Mittlere Isar A.-G.)

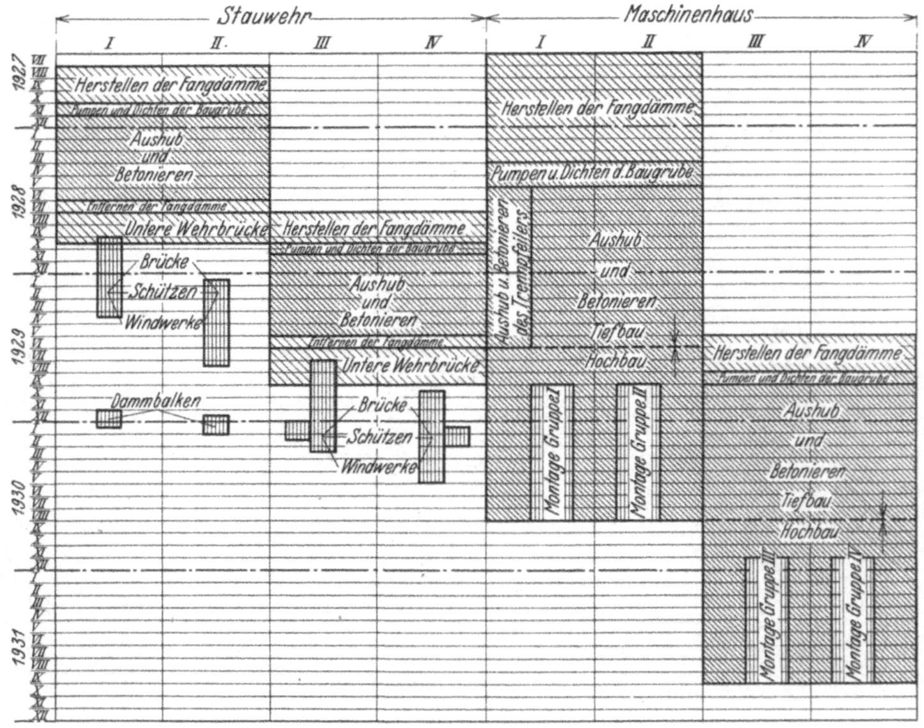

Abb. 290. Zeichnerisches Bauprogramm des Kraftwerkes Ryburg-Schwörstadt. (Nach Schweiz. Bauzg.)

bleiben, weil das Wasser kurz oberhalb der Baugrube über ein Wehr fällt und daher viel Luft enthält, die sich in den Heberrohren abscheidet. In der Abb. 293 ist die Bau-

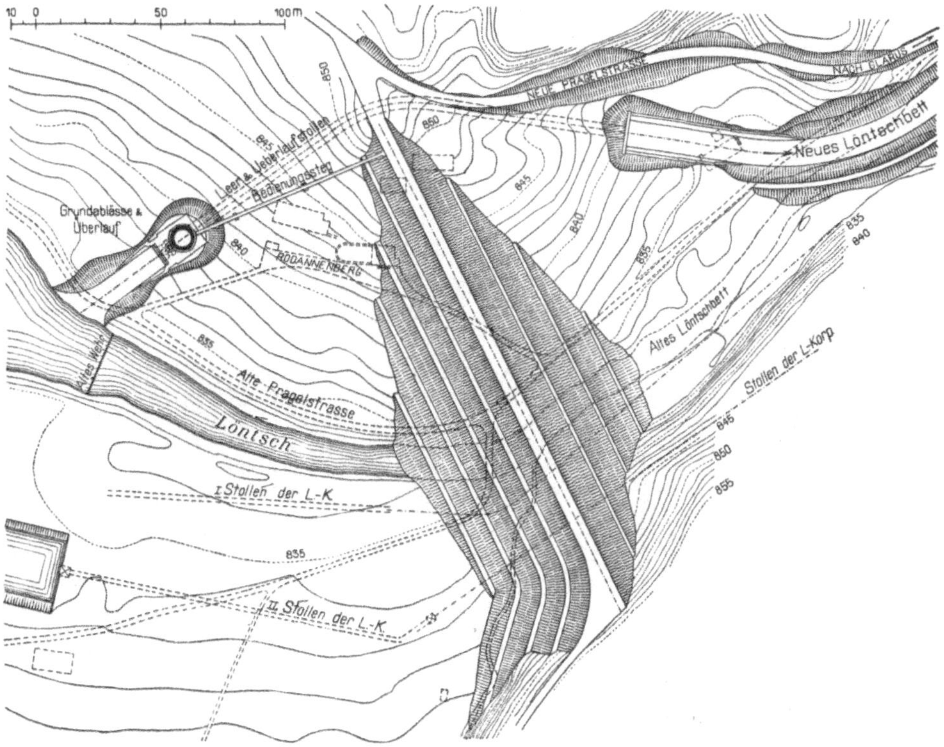

Abb. 291. Umlaufstollen zur Ableitung des Löntschwassers am Löntschstaudamm. (Aus A. Ludin: Die Wasserkräfte.)

grube und die Heberanlage dieses Baues dargestellt.

Abb. 292. Überleitung des Packerbaches über die Baugrube der Packsperre in einem Holzgerinne, das durch einen Prügelmantel gegen Beschädigungen beim Sprengen gesichert ist.

Wie schon erwähnt worden ist, ist es nicht möglich, die Fangdämme so hoch zu führen, daß sie die Baugrube anläßlich aller Hochwässer vor Überflutung bewahren. Man nimmt sogar manchmal eine Überflutung in Kauf, wenn man findet, daß die Schäden, die sie verursacht, geringer sind als die Mehrkosten, die aufgewendet werden müßten, um die Fangdämme so hoch hinaufzuführen, daß sie das betreffende Hochwasser abhalten können. Wenn Fangdämme überflutet werden, so verursacht das erste Wasser, das über die Krone der Dämme in die Baugrube abstürzt, besonders große Schäden. Man baut, um die Schäden, die die Überflutung verursacht, zu verringern, in Fangdämmen, mit deren Überflutung gerechnet wird, Einrichtungen wie Schützen (Abb. 294) oder Schieber ein, durch die beim Herannahen eines großen Hochwassers die Baugrube langsam aufgefüllt wird. Baumaschinen werden, soweit sie vom Hochwasser beschädigt werden können, tunlichst hochwasserfrei aufgestellt oder, ebenso wie herumliegendes Holz, womöglich

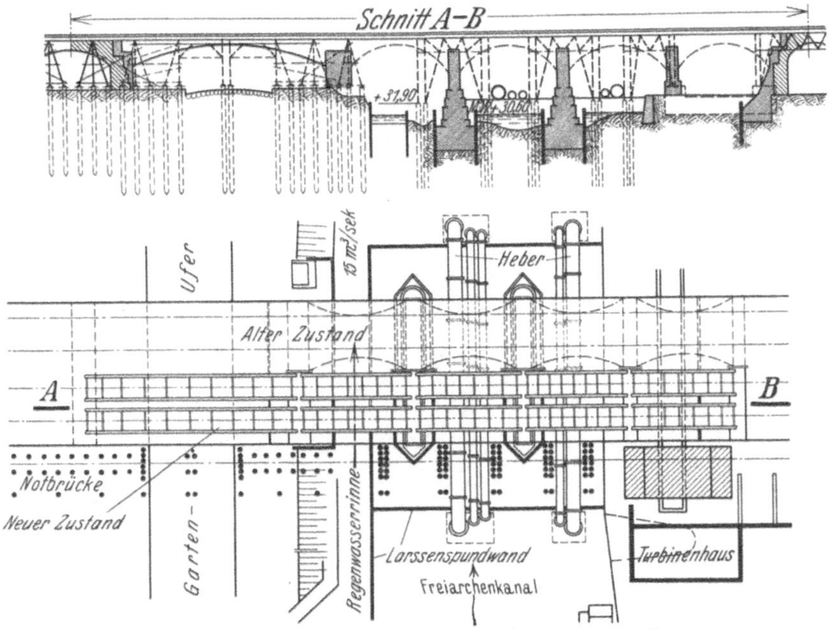

Abb. 293. Überleitung des Wassers der Landwehrkanalfreiarche über die Baugrube für Brückenpfeiler mittels fünf Heberrohren (2mal ⌀ 1500 mm und 3mal ⌀ 800 mm). (Siemens-Bau-Union.)

rechtzeitig entfernt. Die Kronen von Kastenfangdämmen, die überronnen werden können, müssen oben mit einer dünnen Betonplatte abgeschlossen oder abgepflastert werden, damit der Füllboden nicht ausgespült wird.

Abb. 294. Füllöffnungen (a) im Betonfangdamm beim Bau des Murwehres in Mixnitz.

Aber auch an Flüssen mit niedrigen Wasserständen sind im Winter noch Störungen möglich. Fangdämme, die in das Flußbett vorgebaut sind, können dort einen Eisstoß verursachen, der sich über die Baugrube schieben und dort arge Verwüstungen anrichten kann. Die Abb. 295 zeigt die Eisreste, die nach einem Eisstoß in der Baugrube für ein Wehr in Hallein zurückgeblieben waren.

Die Fangdämme werden, wenn sie eine Baugrube im Flußbett schützen sollen, rings geschlossen. Baugruben am Ufer werden nur an drei Seiten mit Fangdämmen eingefaßt; die beiden Flügel müssen sehr sorgfältig ins Ufer eingebunden werden und hierzu durch das am Ufer locker liegende, mit Wurzeln durchsetzte Erdreich hindurch bis zum festen Boden geführt werden. Der Sickerweg des Wassers darf um die Flügel herum nicht kürzer sein als unten durch die Fangdämme.

Wenn Fangdämme in Wasser zu errichten sind, das sehr rasch strömt, so kann es erforderlich werden, durch Hilfsfangdämme die Strömung vorerst abzulenken. Wie A. Ludin berichtet, hat man beim Bau des Kraftwerkes Solbergfos in Schweden einen solchen Hilfsdamm aus Betonblöcken aufgeführt, die von einem Kabelkran aus verstürzt worden sind.

2. Die Bauarten der Fangdämme.

Je nach der größten Wassertiefe und der Beschaffenheit des Bodens werden die Fangdämme in verschiedenen Bauarten ausgeführt; man unterscheidet Erdfangdämme, hölzerne, betonierte und eiserne Fangdämme und es werden vielfach auch Kombinationen dieser Bauarten angewendet.

α) **Erdfangdämme.** Erdfangdämme werden aus Bodenarten geschüttet, die ihre Beschaffenheit im Wasser möglichst wenig ändern; am besten eignen sich körnige Böden mit 30 bis 40 vH Beimengung von bindigem Boden.

Abb. 295. Reste eines Eisstoßes, der in die Baugrube für ein Wehr in Hallein eingedrungen ist. (H. Rella, Wien.)

Solche Dämme können, im Trockenen hergestellt, in beliebiger Höhe zur Abhaltung von ruhigem Wasser angewendet werden. Die Böschungsneigung wird je nach der Bodenart 1 : 1,5 bis 1 : 2 gewählt und die Kronenbreite wird etwa gleich der halben Höhe, aber nicht kleiner als 0,75 m und nicht größer als etwa 3 bis 4 m genommen. Der Dammkörper muß, um die Durchsickerungen herabzusetzen, möglichst dicht sein; er wird deswegen in Lagen geschüttet und dann gestampft oder gewalzt, wobei ähnlich vorzugehen ist wie bei der Herstellung von Staudämmen. Vor der Schüttung des Dammes muß der Erdboden von Pflanzen und fäulnisfähigen Stoffen, Mutterboden u. dgl. sorgfältig gereinigt werden.

Besonders gefährdet ist durch das Sickerwasser der luftseitige Böschungsfuß, an dem solches Wasser quellenähnlich austritt und Böschungsrutschungen und Ausspülungen verursacht. Derartigen Schäden kann durch die Anwendung der von F. Schaffernak empfohlenen Innenberme aus stark durchlässigem Boden, etwa grobem Schotter am luftseitigen Dammfuß, vorgebeugt werden.

Als Beispiel für einen Erdfangdamm sei in der Abb. 296 der Fangdamm beim Bau der Talsperre „Im Schräh“ dargestellt, der das Wasser des Schrähbaches und der Aa aufstaut und in den Umlaufstollen leitet.

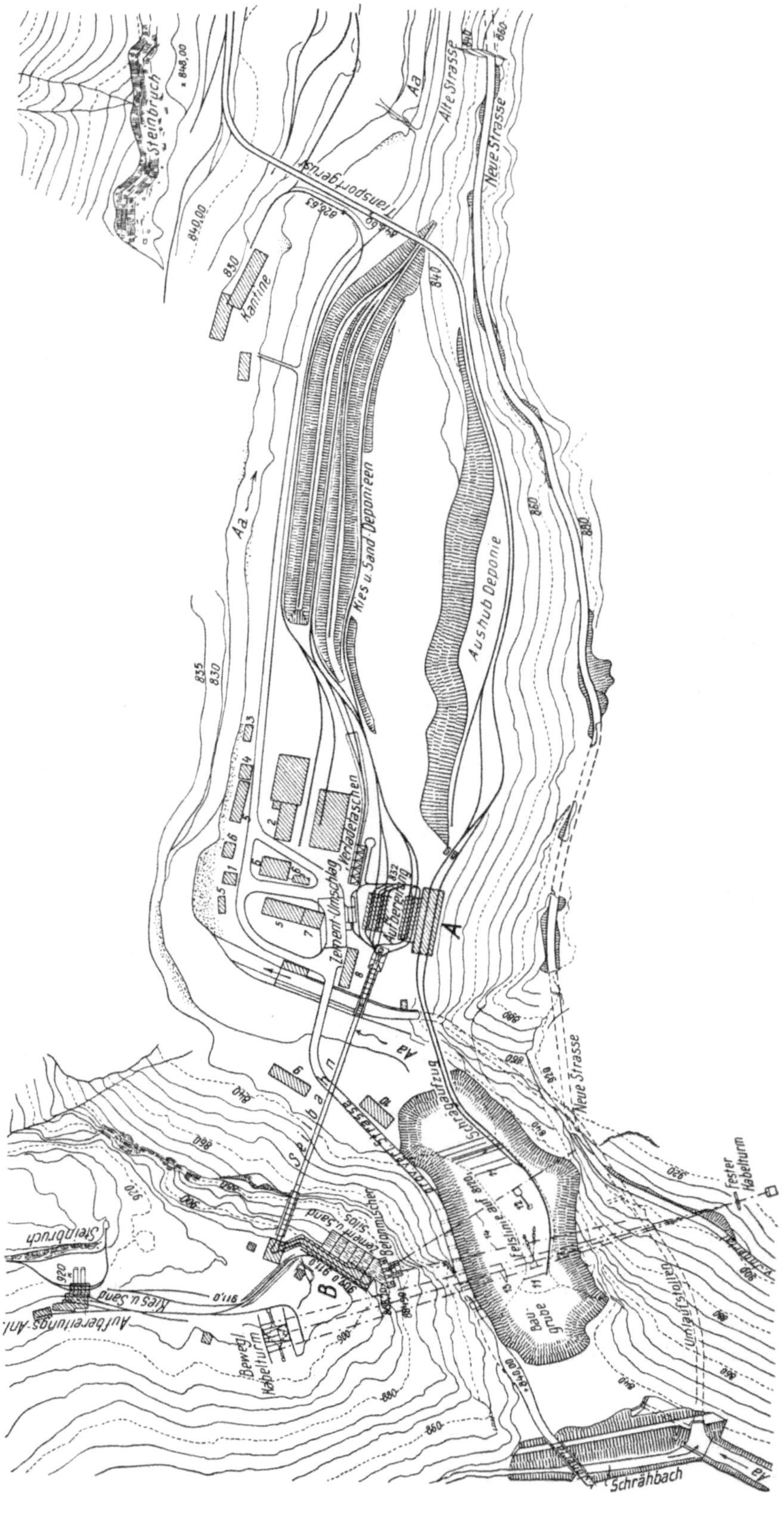

Abb. 296. Baugrube der Staumauer „Im Schräh“ des Wäggitalwerkes mit dem Erddamm (links in der Abbildung) zur Ableitung des Schrähbaches während des Baues durch einen Umlaufstollen. (Aus A. Schoklitsch: Der Wasserbau. Berlin: Julius Springer.)

Wenn für die Dammschüttung nicht genug Boden verfügbar ist, der auf die entsprechend dichte Lagerung gebracht werden kann, so kann, ähnlich wie man es bei Staudämmen macht, entweder eine Dichtungsdecke aus bindigem Boden an der wasserseitigen Böschung, durch eine Schutzschicht von Schotter vor Frost und Austrocknung bewahrt, aufgebracht werden oder man ordnet eine Kerndichtung an; als solche kann auch eine Spundwand in der Dammitte gerammt werden. Die Abhaltung des Wassers leistet dann vornehmlich die Spundwand und der Damm hat im wesentlichen nur die Aufgabe, die Spundwand zu stützen und die Sickerungen durch undichte Stellen der Spundwand herabzusetzen.

Abb. 297. Fangdamm (*a*) beim Bau der Packsperre der Teigitschwerke. (*b*) Umlaufgerinne. (Steweag, Graz.)

In bewegtem Wasser eignen sich ungeschützte Erddämme nicht, weil durch strömendes Wasser der Damm abgespült wird; dann muß die wasserseitige Böschung durch Faschinenbelag, Steinwurf oder einen sonstigen Belag gesichert werden oder es kann, wie es beim Bau der Packsperre (Abb. 297) der Teigitschwerke geschehen ist, die wasserseitige Böschung durch eine Pfahlwand ersetzt werden.

Wenn Erddämme überströmt werden, so können sie binnen weniger Minuten vollkommen zerstört sein, ein Umstand, der beim Entschluß zum Bau und bei der Bemessung der Höhe wohl zu beachten ist.

Literatur: Bijls, A.: Der Stand der Arbeiten für die Abschließung der Zuidersee. Génie civil 1928 S. 6. — Brennecke-Lohmeyer: Der Grundbau Bd. 1 4. Aufl. Berlin: W. Ernst & Sohn 1927. — Schoklitsch, A.: Der Wasserbau Bd. 2. Wien: Julius Springer 1930.

β) **Hölzerne Fangdämme.** Hölzerne Fangdämme werden ausgeführt, wenn das erforderliche Holz zu niedrigen Preisen erhältlich ist.

Einfache hölzerne Fangdämme (Abb. 298) werden angewendet, wenn die Tiefe des abzuhaltenden Wassers etwa 1,5 m nicht wesentlich übersteigt und wenn Spundbohlen und Pfähle gerammt werden können. Sie bestehen, wie die Abb. 298 und 299 erkennen lassen, aus einer Spundwand, die sich gegen einen Holm lehnt, der durch Pfähle oder Pfahlböcke gestützt wird, oder deren Zangen durch Pfähle oder Pfahlböcke gestützt sind. Vor die Spundwand wird an der Wasserseite Boden geschüttet, um die Spundwand besser zu dichten und den Sickerweg unter der Spundwand zu verlängern. Bei ganz einfachen Verhältnissen kann die Spundwand durch eine Stülpwand ersetzt werden. Der Holm ruht alle 1,5 bis 2,0 m auf einem Pfahl, der ebenso tief gerammt wird als er aus dem Boden ragt. Bei sehr schwerem Boden kann statt der Bohlwand und der Pfähle eine Pfahlwand gerammt werden. Es ist zweckmäßig, den Holm des Fangdammes in der Baugrube zu stützen. Bei lebhafter Strömung oder Wellenschlag muß die Schüttung durch eine Spreutlage oder dgl. geschützt werden.

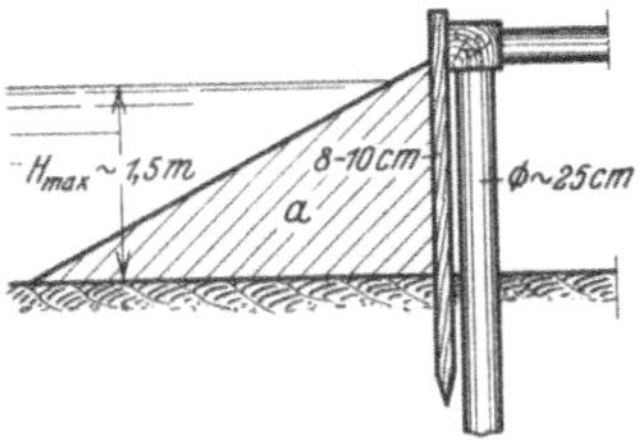

Abb. 298. Einfacher hölzerner Fangdamm.
a Anschüttung aus Erde, Lehm, Rasen, Mist u. dgl.

Die einfachen Fangdämme sind auch in der Bockbauweise ausgeführt worden, wenn das Rammen der Bohlen und Pfähle Schwierigkeiten bereitet oder überhaupt nicht möglich ist. In den Abb. 300 bis 304 sind verschiedene Bauweisen dargestellt. Der Fangdamm, Bauart Schön, ist insofern bemerkenswert, als er eine oftmalige

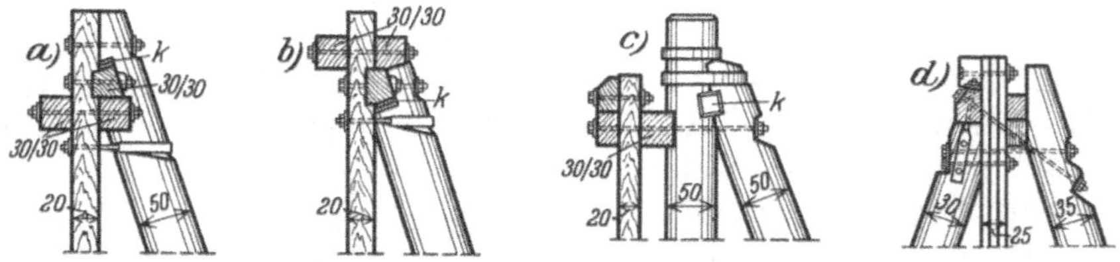

Abb. 299. Abstützung freistehender hölzerner Spundwände.
k Hartholzkeile.

Wiederverwendung der Böcke ermöglicht. Jeder Bock wird in zwei Bohrlöchern mit dem Fels verklemmt, indem je eine Spannschraube angezogen wird, die einen

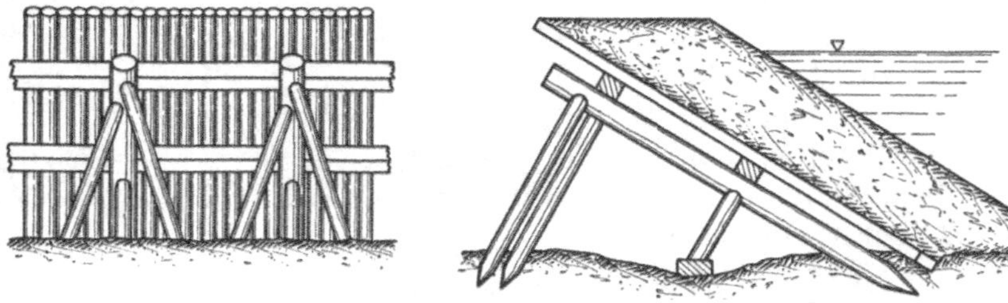

Abb. 300. Hölzerner Bockfangdamm. (Nach F. Lückemann.)

Kegel in ein geschlitztes Gasrohr zieht, dessen Wandteile gegen den Fels gepreßt werden. Dieser Fangdamm ist beim Bau des Kachletwerkes bei Wassertiefen bis zu 8 m verwendet worden und soll sich gut bewährt haben.

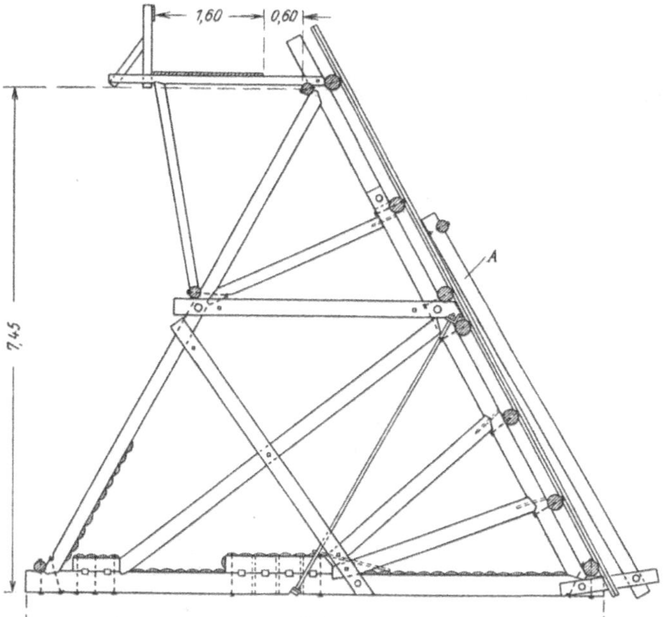

Abb. 301. Hölzerner Bockfangdamm beim Bau eines Kraftwerkes am Dnjepr. (Nach Schaper: Bautechnik 1928 S. 752.)

Bei größeren Wassertiefen reicht der einfache hölzerne Fangdamm, wie er in der Abb. 298 gezeigt ist, nicht mehr aus, man führt dann den besser dichtenden **Kastenfangdamm** aus, der aus zwei parallel liegenden Holzwänden besteht, zwischen denen der Raum mit Boden ausgefüllt wird. Als Füllboden eignet sich bei Füllung unter Wasser nur Sandboden mit Tonbeimengung; über dem Wasserspiegel kann ein Gemisch aus Sand und Lehm oder Tonboden in Lagen von etwa 20 cm sorgfältig eingestampft werden, vielfach wird aber auch lehmiger Sand allein verwendet. Aller Füllboden muß frei von Wurzeln, Pflanzenresten und gefrorenen Brocken sein. Bevor der Kastenfangdamm gefüllt wird, wird der Boden, auf den später die Füllung gelangt, sorgfältig von Schlamm und Pflanzenresten gesäubert.

Zwischen den Wänden, innerhalb des Füllkörpers liegende Anker oder Versteifungen sollen tunlichst vermieden werden, da der Füllboden stets nachsackt, wobei

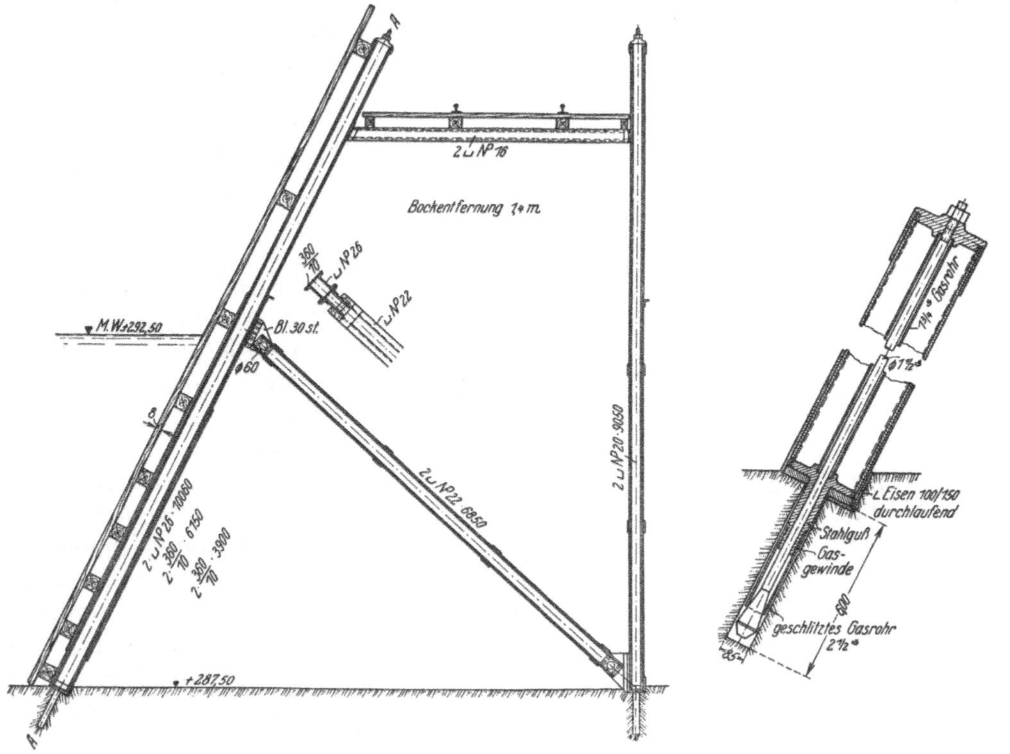

Abb. 302. Eiserner Bockfangdamm, Bauart Schön. a) Querschnitt, b) Einzelheiten der Verankerung im Fels. (Aus Brennecke-Lohmeyer: Der Grundbau: Berlin: W. Ernst & Sohn.)

sich Hohlräume unter den Einbauten bilden, die von darüberliegendem Boden nicht aufgefüllt werden können und längs deren dann Durchquellungen auftreten, die nur sehr schwer zu dichten sind. Wenn unter der äußeren Wasserlinie Anker angebracht werden, so muß die Durchstoßstelle durch die äußere Wand ganz besonders sorgfältig abgedichtet werden.

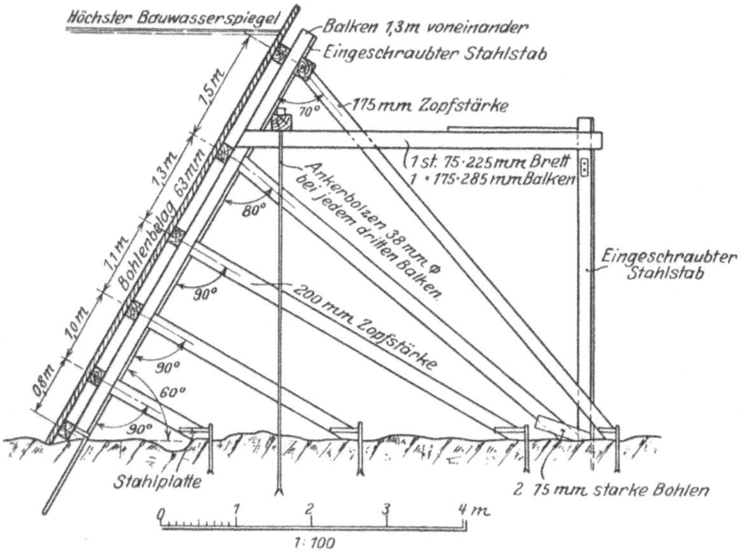

Abb. 303. Bockfangdamm beim Bau des Kraftwerkes Norrforsen. (Aus A. Ludin: Die nordischen Wasserkräfte. Berlin: Julius Springer.)

Bei Wassertiefen bis zu etwa 2,5 m werden alle 1,0 bis 1,5 m Pfähle bis zur halben Länge gerammt und hierauf vorbereitete Tafeln aus waagrecht liegenden Bohlen mit unten hervorragenden gespitzten Leisten versenkt, wobei die lotrechten Stöße der Bohlwände vor Pfähle gelegt und innen durch Bretter gedeckt werden. Der Boden wird vorher unter den Bohlentafeln etwas ausgebaggert und die Leisten werden beim Versenken durch Schläge in den Boden getrieben, wie man es leicht in der Abb. 305 erkennen kann. Je zwei gegenüberliegende Pfähle werden am Kopfe mit zusammengedrehten Eisendrähten, eisernen Zugankern, hölzernen Zangen oder aufgekämmten Querschwellen zusammengehängt.

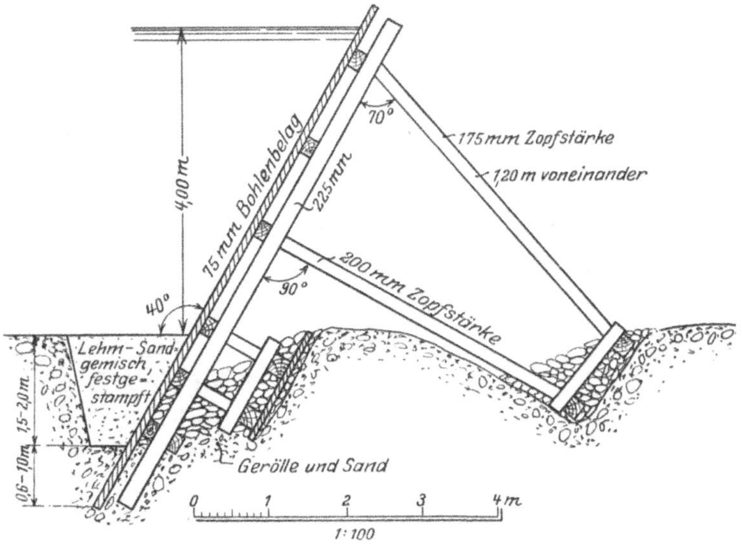

Abb. 304. Bockfangdamm beim Bau des Kraftwerkes Norrforsen. (Aus A. Ludin: Die nordischen Wasserkräfte. Berlin: Julius Springer.)

Für die Breite der Kastenfangdämme hat man früher vielfach das willkürliche Maß: Breite gleich halbe Wassertiefe + 1 m oder gleich einem Drittel der Wassertiefe + 2 m eingehalten; gegenwärtig werden die Kastenfangdämme aber meist wesentlich schmäler gehalten.

Bei Wassertiefen über etwa 3 m werden statt der Bohlwände Spundwände (Abb. 306) angewendet, die wesentlich dichter halten. Hierbei wird die äußere Spundwand tiefer getrieben als die innere, damit schon unter dem Fangdamm die Sickerung und der Auftrieb verringert wird. Die innere Spundwand braucht nur so tief gerammt zu werden, als es die statischen Rücksichten erfordern; hydraulisch ist eine Spundwand, die einige Meter neben einer schon bestehenden ebenso tief wie diese gerammt wird, wertlos; sie kann nur als Sicherheitsvorkehrung aufgefaßt werden, die die Sickerung unterbinden soll, wenn etwa bei der ersten Spundwand eine Undichtigkeit vorhanden wäre.

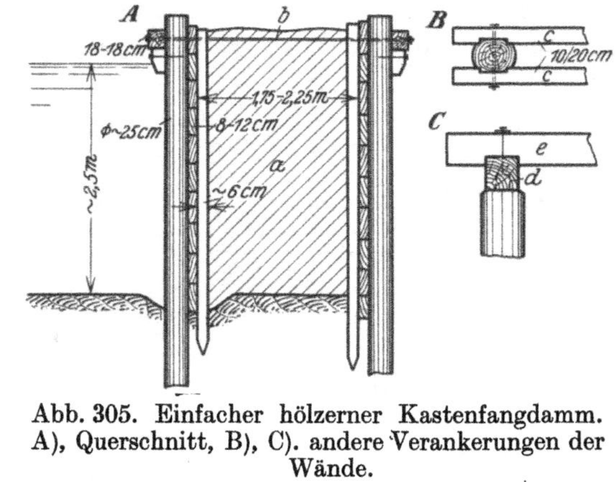

Abb. 305. Einfacher hölzerner Kastenfangdamm. A), Querschnitt, B), C). andere Verankerungen der Wände.

a Fangdammfüllung, *b* eiserner Zuganker, *c* hölzerne Zangen, *d* Langschwelle, *e* aufgekämmte Querschwelle.

Bei Wassertiefen von über etwa 6 m sind vielfach drei Spundwände (Abb. 307) gerammt worden.

Auch die Kastenfangdämme sollen womöglich in der Baugrube durch waagrechte oder geneigte Streben (Abb. 308 und 309) abgesteift werden; die waagrechten Streben laufen durch die ganze Baugrube bis zum gegenüberliegenden Fangdamm durch und behindern das Arbeiten außerordentlich. Im Laufe des Baues müssen sie entfernt und durch Streben ersetzt werden, die sich gegen das schon ausgeführte Bauwerk stützen (Abb. 308b). Damit Bewegungen des Fangdammes, die seine Dichte beeinträchtigen können, möglichst ausgeschaltet werden, sollen alle Streben durch Keile nachzutreiben sein.

Die größte Wassertiefe, für die hölzerne Fangdämme bisher ausgeführt worden sind, beträgt etwa 12 m. A. Ludin berichtet über einen solchen Fangdamm, der als

Abb. 306. Einfacher Kastenfangdamm für die Gründung eines Brückenwiderlagers an der March bei Certorei.

a Kastenfangdamm, *b* Zugramme, *c* Kreiselpumpe der Wasserhaltung.

Zellenfangdamm beim Baue des Kraftwerkes Lilla Edet im Götaälv ausgeführt worden ist. Wie der Abb. 310 entnommen werden kann, wurde dieser Fangdamm auf Fels erbaut; nachdem sich dort weder Pfähle noch Spundbohlen rammen ließen, wurde die Holzkonstruktion auf den Fels aufgestellt und durch Taucher an Eisenanker, die mindestens 1 m tief im Fels einbetoniert waren, verankert. Die lotrechten Bohlentafeln wurden mit ihrem unteren Ende genau der Felsoberfläche angepaßt; Taucher

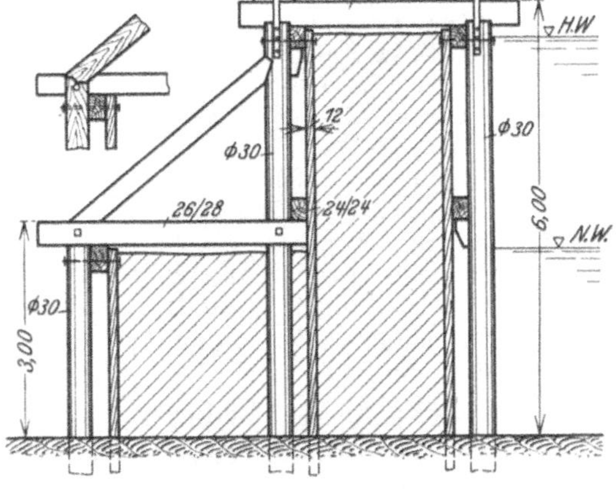

Abb. 307. Doppelter hölzerner Kastenfangdamm.

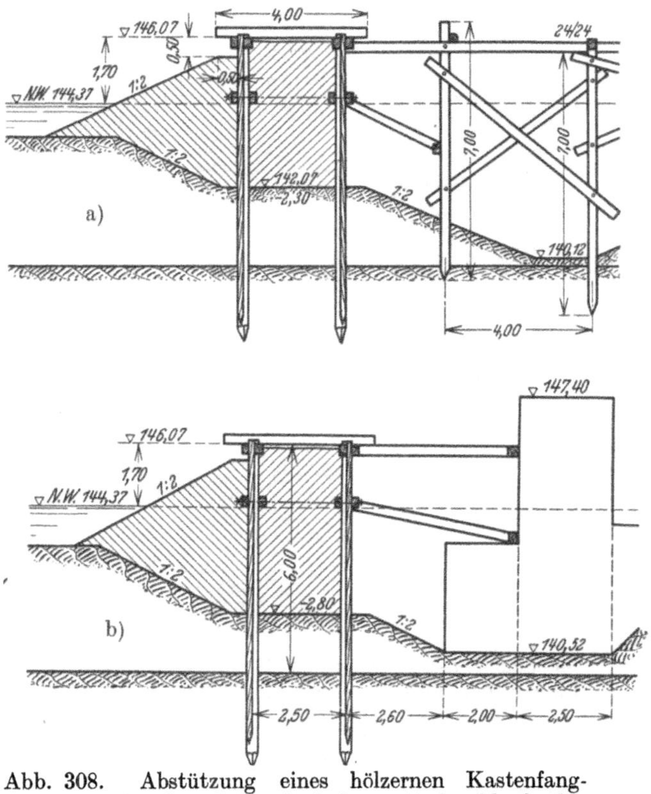

Abb. 308. Abstützung eines hölzernen Kastenfangdammes. a) während des Aushubes mit durchlaufenden Streben, b) später mit Streben gegen das Bauwerk.

nahmen hierzu abschnittsweise mit einem Gliederstab (Abb. 311), der an einem Lineal hing, die Felsoberfläche auf, indem sie den Gliederstab am Fels auslegten und mittels einer Anzahl von Schrauben den Gliederstab klemmten.

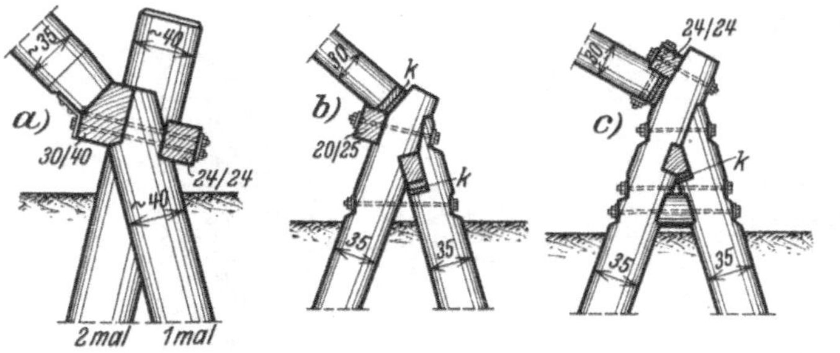

Abb. 309. Pfahlböcke zur Absteifung von Fangdämmen in nachgiebigem Boden.
k Hartholzkeile.

Der Innenraum des Fangdammes wurde durch Querwände in eine Anzahl von Zellen zerlegt und unten auf 2 m Höhe ausbetoniert; darüber kam eine Füllung von Letten oder aus einem Gemisch von Sand und Lehm.

Ähnlich wie der eben beschriebene hölzerne Zellenfangdamm ist in Amerika vielfach und auch in Rußland der S t e i n k i s t e n f a n g d a m m ausgeführt worden. Er besteht, wie der Abb. 312 leicht entnommen werden kann, aus zwei parallel nebeneinander liegenden Steinkisten, von denen die eine mit einer dichten Bohlenwand verschalt ist. Der Zwischenraum wird, ähnlich wie bei Kastenfangdämmen, mit geeignetem Füllboden abgedichtet. In der Abb. 313 ist eine Ansicht des Steinkistenfangdammes beim Bau des Kraftwerkes Dnjeprostroy wiedergegeben.

Nach Vollendung des Baues wird der Fangdamm entfernt. Pfähle, die in unmittelbarer Nähe des Grundwerkes tief hinab gerammt sind, dürfen nicht herausgezogen werden, sondern müssen abgeschnitten werden, damit nicht der Boden unter dem Bauwerk aufgelockert wird.

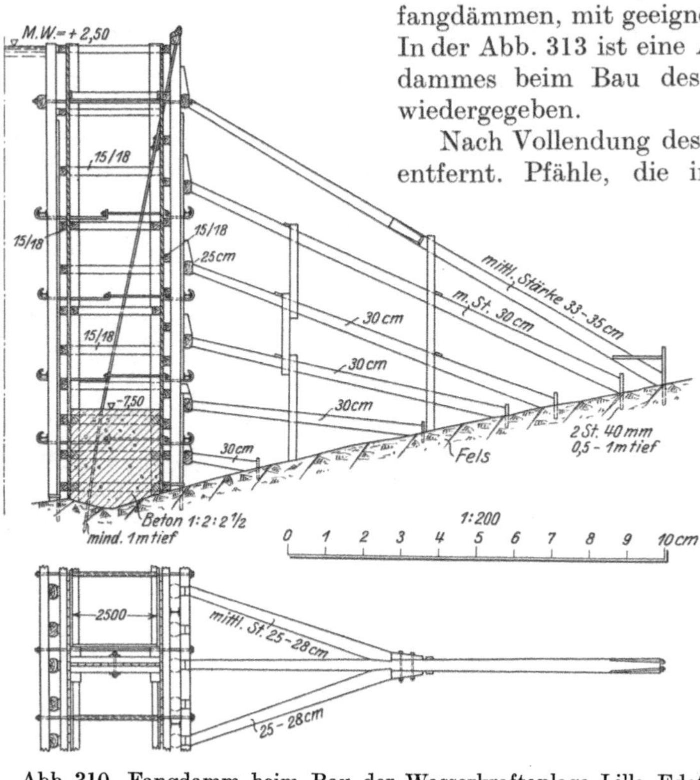

Abb. 310. Fangdamm beim Bau der Wasserkraftanlage Lilla Edet. (Aus A. Ludin: Die nordischen Wasserkräfte. Berlin: Julius Springer.)

L i t e r a t u r: B r e n n e c k e, L.: Der Grundbau 3. Aufl. Berlin: Verlag Deutsche Bauzeitung 1906. (Mit Angabe älterer Literatur auf S. 135.) — G r o t h, W.: Die Erweiterung des Kaiser-Wilhelm-Kanals. Zentralbl. Bauverw. 1914 S. 373. — L u d i n, A.: Die nordischen Wasserkräfte. S. 706—711. Berlin: Julius Springer 1930. — L ü c k e m a n n, H.: Der Grundbau. Berlin: W. Ernst & Sohn 1906. — S c h a p e r, G.: Techn. Reiseeindrücke in Rußland. Bautechnik 1928 S. 751. — S t e c h e r, B.: Versenkung eines hölzernen Kastenfangdammes beim Bau des Spreetunnels der Berliner Untergrundbahn. Zentralbl. Bauverw. 1914 S. 574.

γ) **Betonfangdämme.** Betonfangdämme sind früher vielfach bei Gründungen auf Unterwasserschüttbeton verwendet und dann meist so angeordnet worden, daß sie später einen tragenden Bestandteil des Bauwerkes bildeten, daß also der Beton nicht verloren war. Den Bauvorgang zeigt schematisch die Abb. 314. Zuerst wurde

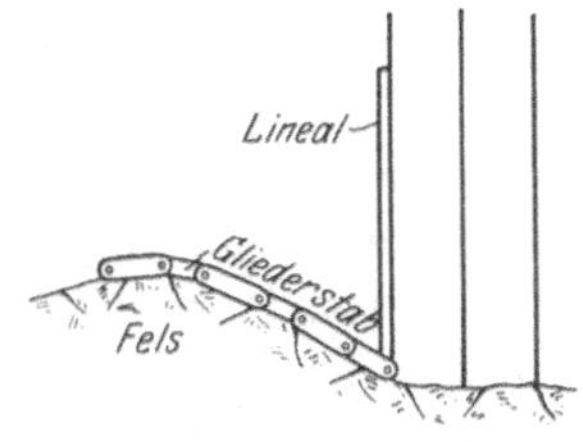

Abb. 311. Aufnahme der Felsoberfläche mittels eines Gliederstabes. (Nach A. Ludin.)

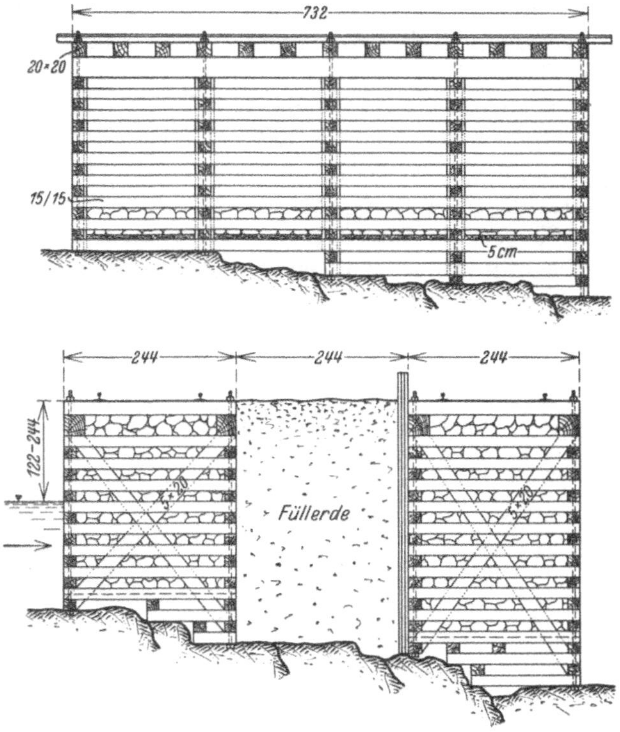

Abb. 312. Steinkistenfangdamm. (Nach J. R. Freeman.)

die Spundwand (*1*) gerammt, hierauf der Boden bis zur erforderlichen Tiefe gebaggert und dann mittels Unterwasserbetonierung die Platte (*2*) hergestellt. Solange dieser Beton noch weich war, wurden die inneren Schalwände (*3*) in ihn eingedrückt und hierauf der Fangdamm (*4*) wieder unter Wasser betoniert. Nach dem Erhärten wurde der Innenraum ausgepumpt und das weitere Bauwerk im Trockenen aufgebaut. Als Beispiel für ein solches Bauwerk sei der Pfeiler der Drehbrücke über den Oberhafen in Hamburg erwähnt (Abb. 315).

Die Platte (*2*) und die Fangdämme (*4*) müssen zusammen so schwer sein, daß ihr Gewicht den Auftrieb des Wassers überwiegt, daß also der Betontrog nicht aufschwimmen kann. Überdies muß die Platte (*2*) so bemessen sein, daß sie die vom Auftrieb herrührenden Biegungsbeanspruchungen aufzunehmen vermag.

Abb. 313. Steinkistenfangdamm beim Bau der Wasserkraftanlage Dnjeprostroj. (Siemens-Bau-Union.)

Betonfangdämme ähnlich den Kastenfangdämmen werden ausgeführt, wenn der Fels so nahe unter der Bodenoberfläche liegt, daß Pfähle und Spundbohlen nicht gerammt werden können. Der Kasten wird dann mit Beton aufgefüllt und die Kastenwände bilden nur die Schalung für die Betonierung. Um diese Seiten-

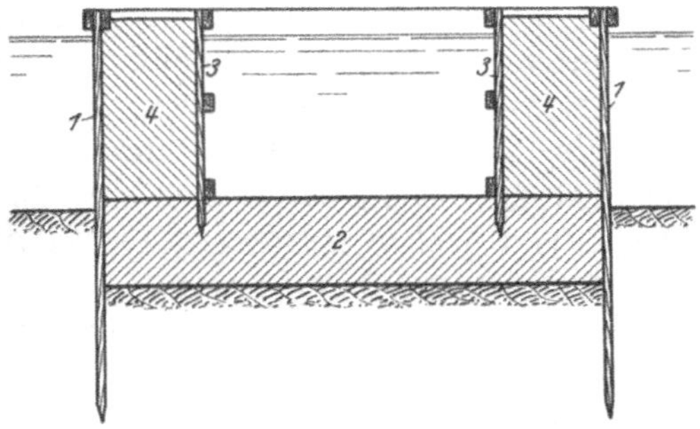

Abb. 314. Betonfangdamm.

wände aufstellen zu können, wird der lose Boden weggebaggert und hierauf für jede Wand eine Reihe von etwa 1 m tiefen Löchern im gegenseitigen Abstande von 1 bis 2 m in den Fels gebohrt, in die Träger gesteckt und verkeilt oder besser mit Beton vergossen werden. Die Träger der beiden Wände werden einander gegenüberliegend angeordnet. Zwischen die Flanschen der Träger werden die hölzernen Wände eingeschoben (Abb. 316); sie bestehen aus lotrecht aneinandergereihten Bohlen von 5 bis 6 cm Stärke, die mit waagrechten Zangen verschraubt sind, deren Enden so bearbeitet sind, daß sie zwischen die Flanschen der Träger passen. Je zwei gegenüberliegende Träger werden mit Eisendrähten verbunden, die durch Verdrillung angespannt werden. Im ruhigen Wasser zwischen den Wänden räumen Taucher sorgfältig allen losen Boden aus. Schließlich wird der Zwischenraum zwischen den Wänden unter Wasser

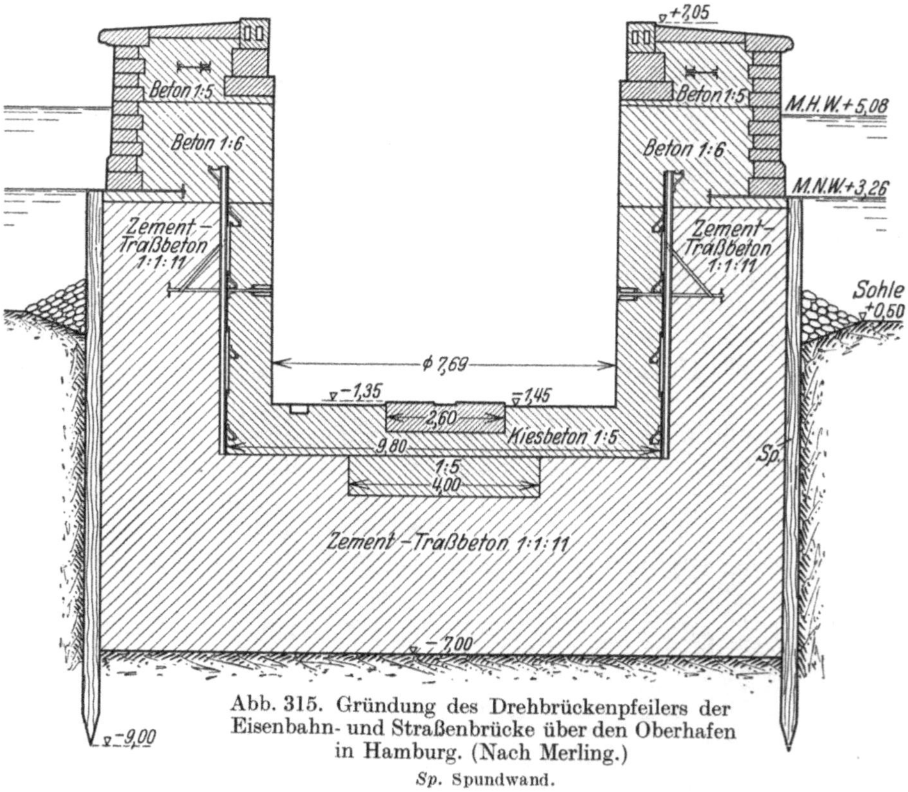

Abb. 315. Gründung des Drehbrückenpfeilers der Eisenbahn- und Straßenbrücke über den Oberhafen in Hamburg. (Nach Merling.)
Sp. Spundwand.

ausbetoniert. Für den Unterwasserbeton wird die Mischung 1 : 6 verwendet; über dem Wasserspiegel wird im Kern eine magerere Mischung von etwa 1 : 9 genommen, so wie es in der Abb. 317 angedeutet ist.

Statt den Fangdamm mit Beton aufzufüllen, kann er auch mit quarzhaltigem Sand gefüllt werden, der schließlich chemisch versteint wird (vgl. S. 259).

Die Betonfangdämme werden auch durch Streben oder Pfeiler in der Baugrube abgesteift. Die Abb. 318 gibt eine Ansicht des Betonfangdammes vom Bau des Kachletwerkes bei Passau wieder, der durch aufgelegte Sandsäcke gegen das Überschlagen von Wellen gesichert ist. Die Abb. 319 zeigt schließlich die Arbeiten zur Herstellung des Betonfangdammes beim Bau des Kraftwerkes Ryburg-Schwörstadt am Rhein; es sind deutlich die aufgestellten Träger und im Vordergrund rechts die eingeschobenen Bohlen der Schalung zu erkennen.

In eigenartiger Bauweise ist ein Betonfangdamm beim Bau des Trockendocks in Stockholm ausgeführt worden. Der Fangdamm bildete dort, wie man der Abb. 320

entnehmen kann, im Grundriß einen Halbkreis, der sich einerseits an den freigelegten Granitfels, andererseits an ein bestehendes Bauwerk stützt. Der Fangdamm ist in eine Anzahl von Pfeilern mit dazwischen liegenden, nach einem Kreisbogen gekrümmten Platten aufgelöst. Die Pfeiler wurden in Schalungen (Abb. 320b) unter Wasser gegossen, die auf den freigelegten Fels versenkt und verankert worden waren (Mantelgründung). Zwischen die Pfeiler wurden schließlich die Schalungen für die Platten geklemmt und diese ebenfalls unter Wasser gegossen.

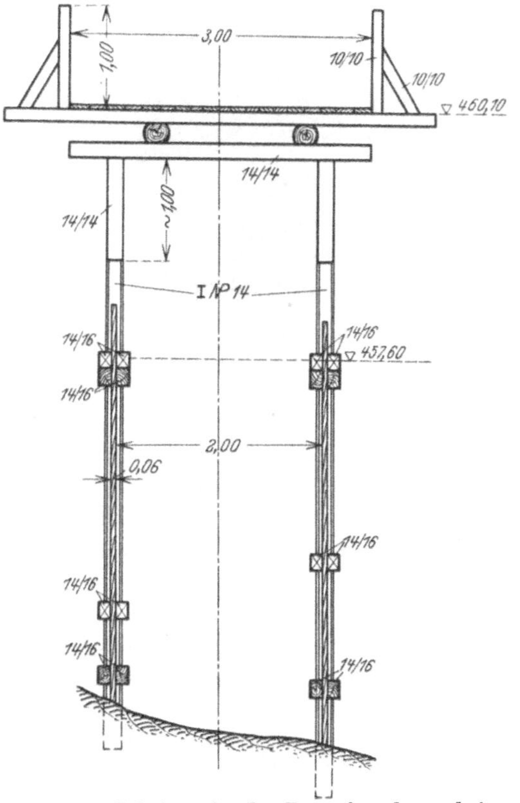

Abb. 316. Schalung für den Betonfangdamm beim Bau des Murkraftwerkes Pernegg.

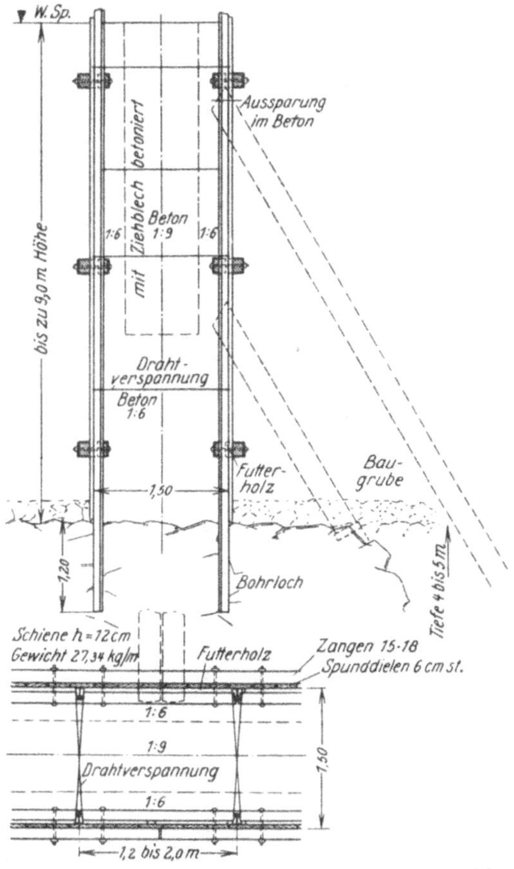

Abb. 317. Betonfangdamm beim Bau des Kachletwerkes bei Passau. (Nach Hetzel: Bautechnik 1926.)

Wenn der Bau vollendet ist, müssen Betonfangdämme durch Sprengung beseitigt werden.

Betonfangdämme sind bisher für Wassertiefen bis zu 12 m ausgeführt worden.

Literatur: Brandt, H.: Der derzeitige Stand der Bauarbeiten beim Kraftwerk Ryburg-Schwörstadt. Bauing. 1929 S. 907. — Habicht, R. F.: Erfahrungen mit Gußbetonschüttungen unter Wasser. Beton u. Eisen 1928 S. 60. — Hayser, H.: Wettbewerb für eine zweite feste Straßenbrücke über die Mosel in Koblenz. Beton u. Eisen 1928 S. 257. — Hetzel, K.: Die Stauschleusen und Kraftanlagen in Donau-Kachlet bei Passau. Bautechnik 1926 S. 427. — Derselbe: Die Fangdämme beim Bau der Staustufe in Donau-Kachlet in Passau. Zentralbl. Bauverw. 1927 S. 80. — Merling: Eisenbahn- und Straßenbrücken über den Oderhafen in Hamburg. Z. Bauw. 1907 S. 43. — Reinhardt: Zum Abbruch der alten Eisenbahnbrücke über den Rhein bei Duisburg-Hochfeld. Bautechnik 1929 S. 246. — Trier, F.: Die Verwendung von Unterwassergußbeton in Schweden. Bautechnik 1930 S. 142. — Der Betonfangdamm des Trockendock-Neubaues in Stockholm. Bautechnik 1925 S. 781. — Vom Rheinkraftwerk Ryburg-Schwörstadt. Schweiz. Bauzg. 1928 S. 181. — Ausführung einer tiefgegründeten Ufermauer mittels Betonfangdammes. Schweiz. Bauzg. 1929 S. 137. — Fangdamm aus einem Eisenbetonblock von 4000 m^3. Schweiz. Bauzg. Bd. 98 (1931) S. 165.

δ) Eiserne Fangdämme. Eiserne Fangdämme werden in Bauweisen ausgeführt, die denen der hölzernen ähneln. Sie werden angewendet, wenn sich hölzerne Bohlen nicht rammen lassen, überdies aber auch in anderen Bodenarten, wenn man auf sehr große Tiefen in offener Baugrube hinabgehen will, ferner wenn bei geringeren

Abb. 318. Betonfangdamm beim Bau des Kachletwerkes in der Donau bei Passau. (Grün & Bilfinger.)
a Sandsäcke als Schutz gegen das Überschlagen von Wellen.

Tiefen auf eine Baugrube, frei von Steifhölzern, Wert gelegt wird. Eiserne Fangdämme sind überdies dichter als hölzerne und kommen, da die Spundwandeisen in der Regel mehrmals wieder verwendet werden können und schließlich noch Schrotwert besitzen, vielfach auch billiger.

Abb. 319. Herstellung des Betonfangdammes beim Bau des Rheinkraftwerkes Ryburg-Schwörstadt. (Motor-Columbus, Baden.)

Am häufigsten werden einfache eiserne Fangdämme ausgeführt; sie bestehen nur aus einer Spundwand aus Eisenbohlen, die bei einfachster Ausführung sogar ohne Holm und ohne Steifen gelassen wird (Abb. 321). Bei größeren Baugrubentiefen oder verhältnismäßig geringen Rammtiefen, die z. B. durch geringe Tiefenlage des Felses oder durch andere Umstände bedingt sein können, werden die eisernen Fangdämme entweder mit waagrecht oder mit schräg liegenden Streben ausgesteift. Als Beispiel einer ganz einfachen derartigen Aussteifung, bei der nur der hölzerne Zangenholm gestützt wurde, sei die Abb. 322 angeführt. Wenn die Aussteifung zu schwach bemessen wird, so kann ein solcher Fangdamm zwar, wie ein Blick in die Abb. 321 lehrt, eingedrückt werden, dank der Schlösser der Spundwandeisen bleibt aber der dichte Zusammenhang der Wand gewahrt.

Einen einfachen eisernen Fangdamm, der selbst bei 9 m tiefem Wasser hinreichend dicht hielt, veranschaulichen die Abb. 323 bis 326. Dieser Fangdamm wurde für die Gründung eines Pfeilers der Königinbrücke in Rotterdam auf Eisenbetonpfählen errichtet. Die 22 m langen Larssen-Spundwandeisen sind 9,5 m tief in den Boden (Sand, Kies und Lehm) gerammt. Die Aussteifung bestand aus drei eisernen Rahmen mit Holzverstrebung, von denen die beiden unteren *a* und *b*

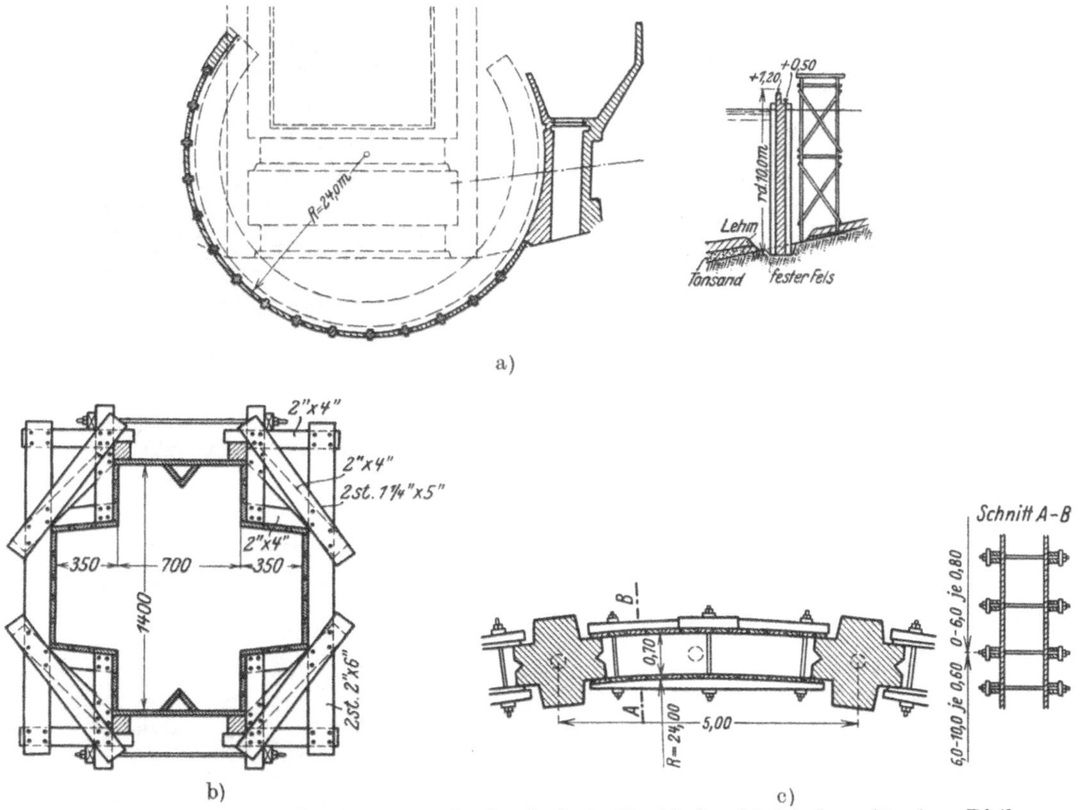

Abb. 320. a) Betonfangdamm beim Bau des Trockendocks in Stockholm, b) Schalung für einen Pfeiler, c) Schalung der Wand zwischen den Pfeilern. (Nach Trier: Bautechnik 1925 S. 781 u. 1930 S. 142.)

(vgl. Abb. 323 und 326) am Land zusammengebaut, mittels Pontons an Ort und Stelle gebracht und dort mittels zweier Kräne auf vorgerammte hölzerne Unterstützungspfähle versenkt wurden. Der oberste Rahmen wurde im Wasser zusammengebaut. Die drei Rahmen dienten während der Rammung zur Führung der Spundwandeisen und die Ramme stand am obersten Rahmen. Nach dem Betonieren wurde die Spundwand mittels Holzstempel gegen den Pfeiler gestützt, hierauf die eiserne Aussteifung ausgebaut und schließlich die Spundwand in der Höhe der Flußsohle unter Wasser abgeschnitten.

Abb. 321. Eingedrückte, aber dicht gebliebene Larssen-Spundwand. (Vereinigte Stahlwerke A.-G. Dortmunder Union.)

Während der Bauarbeiten ist das Wasser aus der Baugrube ausgepumpt worden; die Spundwand konnte mit Sägemehl, Torfmull und Kohlenasche, die außen herabgelassen wurden, gedichtet werden. Bei dem Überdruck von 9 m Wassersäule bestand die Gefahr, daß die Lehmschichte im Untergrund hochgedrückt wird (hydraulischer Grundbruch); es wurden, um dies zu verhüten, 11 Rohrbrunnen in der Baugrube angeordnet, die nach der Absenkung artesisches

Abb. 322. Einfacher eiserner Fangdamm bei der Gründung eines Widerlagers für die Kornhausbrücke über die Limat bei Zürich. (Eisen- und Stahlwerk Hoesch, Dortmund.)
a Kreiselpumpe der Wasserhaltung.

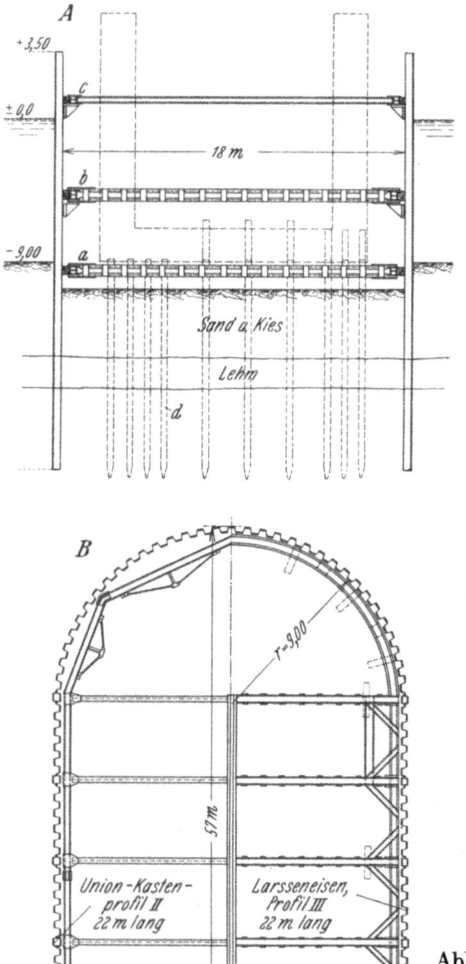

Abb. 324. Fangdamm aus Larssen-Eisen und Union-Kasteneisen für den Bau eines Pfeilers der neuen Königinbrücke in Rotterdam. (Vereinigte Stahlwerke A.-G. Dortmunder Union.)

Abb. 323. Aussteifung der Baugrube für den Pfeiler der Königinbrücke in Rotterdamm A) Querschnitt, B) Grundriß der Baugrube. (Vereinigte Stahlwerke A.-G. Dortmunder Union.)

Abb. 325. Aussteifung des Fangdammes aus Larssen-Eisen und Union-Kasteneisen beim Bau des Pfeilers der neuen Königinbrücke in Rotterdam. (Vereinigte Stahlwerke A.-G. Dortmunder Union.)
a Larssen-Bohlen, *b* Union-Kasteneisen, *c* obere Aussteifungsrahmen.

Abb. 326. Aussteifungsgerüst für den eisernen Fangdamm zur Gründung eines Pfeilers der neuen Königinbrücke in Rotterdam. (Vereinigte Stahlwerke A.-G. Dortmunder Union.)
a unterster, *b* mittlerer eiserner Aussteifungsrahmen.

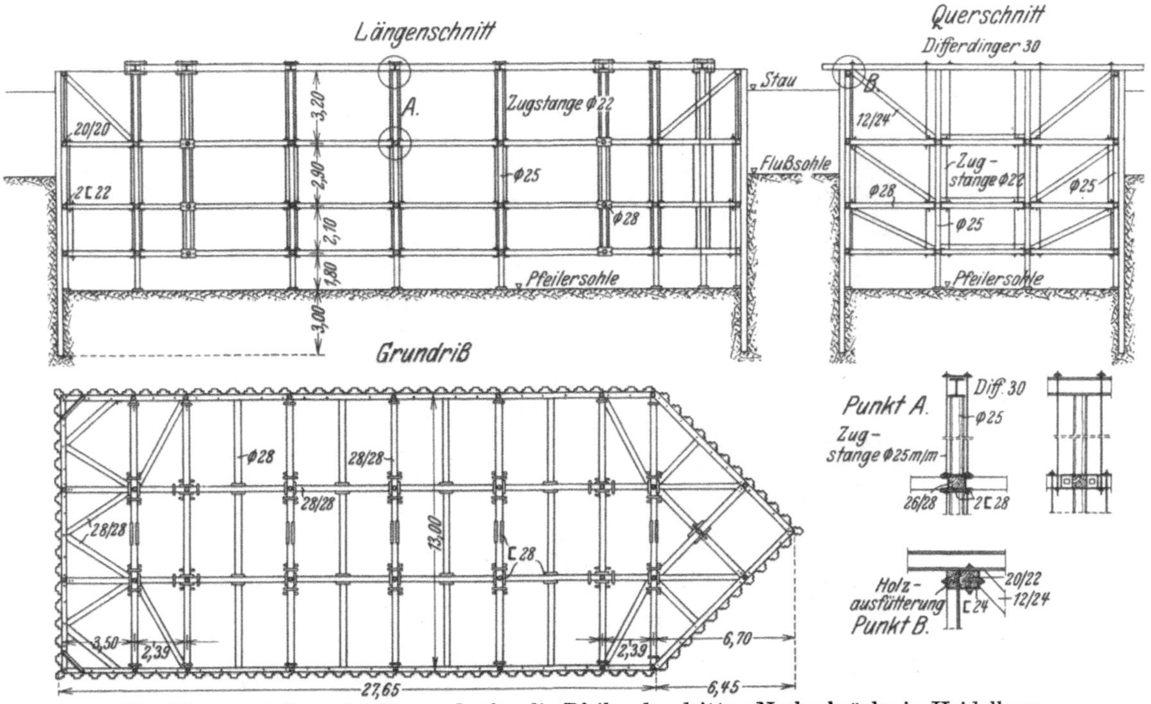

Abb. 327. Aussteifung der Baugrube für die Pfeiler der dritten Neckarbrücke in Heidelberg. (Wayß & Freytag.)

Wasser lieferten. Innerhalb von 24 Stunden mußten aus den Brunnen 6000 bis 10000 m³ abgepumpt werden. Dadurch wurde der Grundwasserspiegel unter der Baugrube abgesenkt und gleichzeitig der Druck auf die Lehmschicht herabgesetzt.

Abb. 328. Aussteifung der Baugrube für den Pfeiler der dritten Neckarbrücke in Heidelberg.. (Wayß & Freytag.) *a* Aufhängung der Aussteifung auf Differdinger Trägern, *b* Betongießerinnen.

Ein ähnlicher, einfacher eiserner Fangdamm mit hölzerner Aussteifung ist beim Bau eines Pfeilers für die dritte Neckarbrücke in Heidelberg angewendet worden. Die Abb. 327 und 328 zeigen die Aussteifung dieses Fangdammes.

Bei eisernen Fangdämmen, die rings geschlossen sein sollen, macht das Schließen Schwierigkeiten, wenn der Zwischenraum zwischen den letzten Bohlen nicht gleich der Nutzbreite einer Bohle ist. Es muß dann eine Paßbohle verwendet werden. Bei geringeren Wassertiefen kann man sich auch so helfen, daß man die Spundwandenden um mehrere Bohlenbreiten übergreifen läßt und dazwischen ein bis zwei Holzpfähle zum Abschluß rammt. Am empfehlenswertesten ist es aber, zeitgerecht beim Rammen nachzumessen und allenfalls in der Spundwand eine kleine Ausbuchtung einzuschalten, um schließlich mit einer normalen Bohle den Schluß bewirken zu können.

Auch Kastenfangdämme sind aus Eisen ausgeführt worden, indem man zwei Spundwände rammte und den Zwischenraum, ähnlich wie bei den hölzernen Kastenfangdämmen auffüllte. Diese Bauart ist aber nur sehr selten ausgeführt worden, weil eben die einfachen eisernen Fangdämme in der Regel hinreichend dicht zu bekommen sind.

Wenn bei sehr großen Wassertiefen eine einfache eiserne Spundwand nicht hinreicht, dann wird besser der eiserne Zellenfangdamm angewendet. Er besteht in der Regel ebenfalls aus zwei parallel stehenden eisernen Spundwänden, die aber durch eine Anzahl von Querspundwänden verbunden sind, so daß Zellen entstehen, die aufgefüllt werden, um den Fangdamm dichter und auch standfester zu machen.

Als Beispiel für einen solchen Zellenfangdamm sei in den Abb. 329 bis 331 jener dargestellt, der für die Gründung des 190 m hohen Pfeilers auf der New-Yersey-

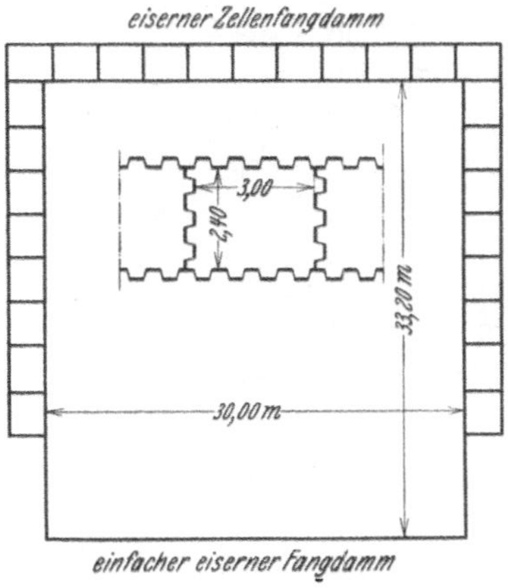

Abb. 329. Grundriß einer Baugrube beim Bau des New Yorker Pfeilers der Hudsonbrücke. (Vereinigte Stahlwerke A.-G. Dortmunder Union.)

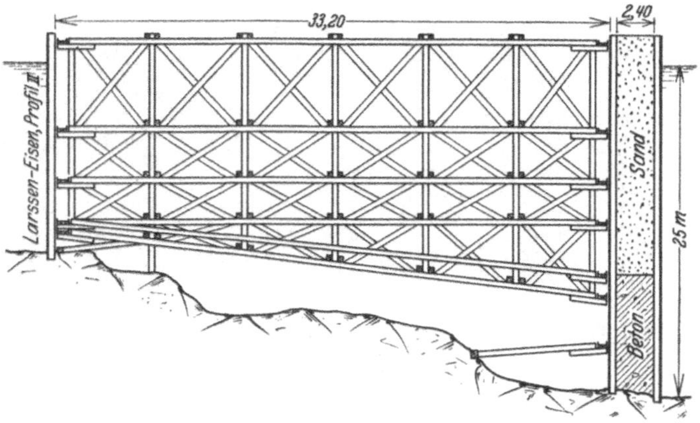

Abb. 330. Querschnitt durch die Baugrube des 190 m hohen Pfeilers der Hudson-River-Brücke in New York. Links einfache Larssen-Spundwand, rechts Zellenfangdamm aus Larssen-Eisen. (Vereinigte Stahlwerke A.-G. Dortmunder Union.)

Seite der Hudson-River-Brücke in New York diente. Der Pfeiler ist in zwei Türme aufgelöst, die über Wasser durch kräftige Riegel verbunden sind. Jeder der Pfeiler wurde in einer eigenen Baugrube hergestellt, die, wie ein Blick in die Abb. 329 bis 331 lehrt, teils mit einfachen Larssen-Eisen Nr. II, teils mit einem Zellenfangdamm aus Larssen-Eisen Nr. II eingefaßt war. Der untere Teil der Zellen ist ausbetoniert worden, der übrige Teil mit Sand aufgefüllt. Die bis zu 28 m langen Larssen-Eisen stecken nur wenig im Fels des Flußgrundes und stehen in bis zu 25 m tiefem Wasser; die Baugrubenumschließung mußte daher ausgesteift werden (Abb. 330). Der Fangdamm erforderte trotz der hohen Wasserdrücke keine Nachdichtung und nur geringfügige Wasserhaltung.

Beim Wehrbau im Ohio bei Shields ist der Zellenfangdamm aus aneinandergereihten Zylindern von je 12 m Durchmesser gebildet worden, die aus je 100 eisernen Spundbohlen von 12 m Länge gerammt waren. Die 0,6 m weiten Zwischenräume zwischen den Zylindern wurden mit gewölbten Bohlwänden abgeschlossen und sowohl die Zylinder als auch die Zwischenzellen schließlich mit Baggergut aus den Baugruben aufgefüllt. Das Rammen erfolgte von Schiffen aus nach hölzernen Lehren. Die Fangdämme bildeten gleichzeitig den Unterbau für die Gleise der Baukrane.

Ein ähnlicher Zellenfangdamm ist von den Firmen J. Berger A.-G., Polensky & Zöllner und Oberbaurat Bock für den Bau der Pfeiler für die Brücke über den

Kleinen Belt vorgeschlagen worden. Wie die Abb. 332 deutlich erkennen läßt, waren dort kreisrunde Zellen aus Union-Kasteneisen mit Innendurchmessern von 4,68 m geplant. Die Spundwandeisen hätten in Längen von 24 und 17 m bezogen und an

Abb. 331. Ansicht des Zellenfangdammes aus Larssen-Eisen für den Pfeiler der Hudson-River-Brücke in New York auf der New-Yersey-Seite. (Vereinigte Stahlwerke A.-G. Dortmunder Union.)

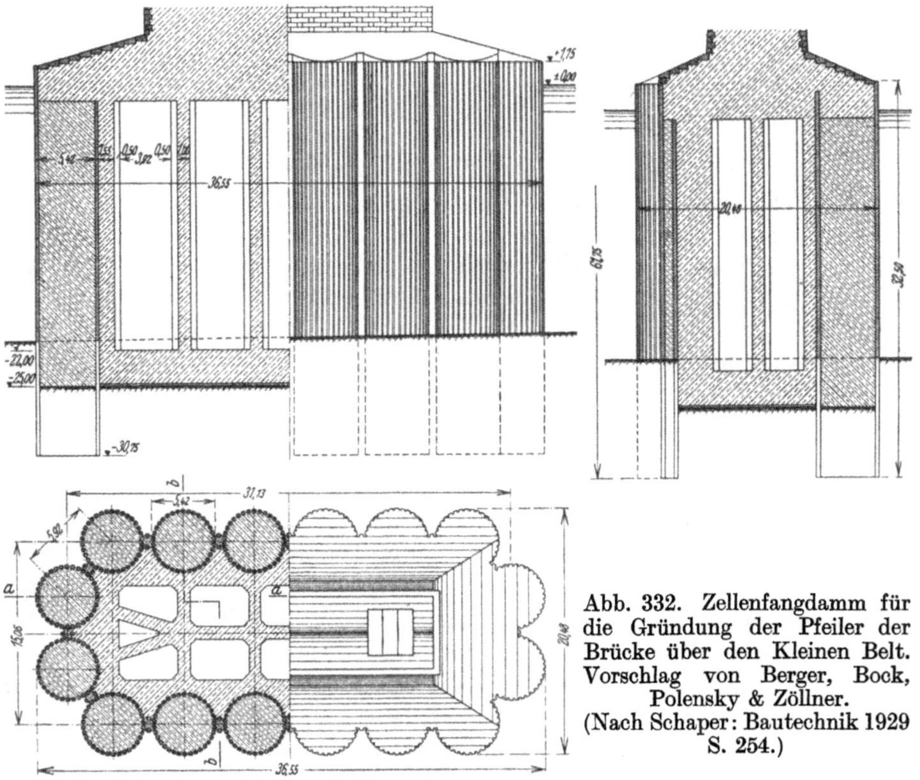

Abb. 332. Zellenfangdamm für die Gründung der Pfeiler der Brücke über den Kleinen Belt. Vorschlag von Berger, Bock, Polensky & Zöllner. (Nach Schaper: Bautechnik 1929 S. 254.)

der Baustelle auf Längen von 41 m zusammengeschweißt werden sollen. Es war beabsichtigt, die Zellen zuerst zusammenzustellen und dann die Bohlen nacheinander 5,75 m tief in den Tonboden zu rammen. Nach dem Rammen war geplant, den Boden aus dem Innern der einzelnen Kastenbohlen zu entfernen und das Wasser auszupumpen, um im Trockenen betonieren zu können. Alle Kastenbohlen wären zwecks Abdichtung vor dem Rammen an den Längsnähten verschweißt worden. Nach dem Erhärten der Bohlenfüllung hätten die Zellen ausgeräumt und ebenfalls im Trockenen ausbetoniert werden sollen. Den Abschluß der Zwischenräume zwischen den Zellen zeigt die Abb. 333; auch dieser Raum sollte ausbetoniert werden.

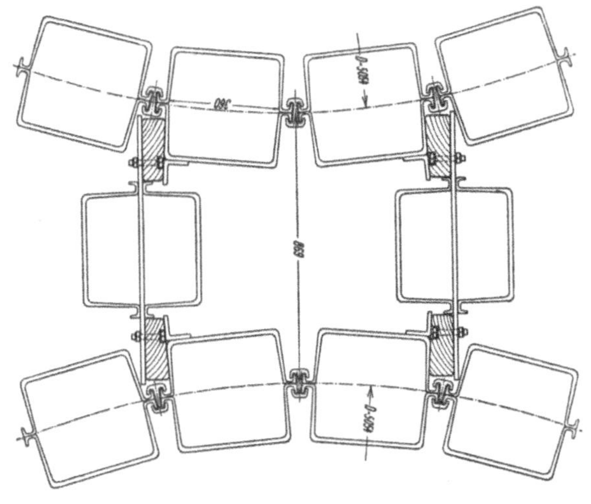

Abb. 333. Einzelheiten der Verbindung der einzelnen Zellen des in der Abb. 328 dargestellten Zellenfangdammes. (Nach Schaper: Bautechnik 1929 S. 254.)

Nach dem Erhärten des Betons in den Zellen war die Aussteifung des Fangdammes in der Höhe des Wasserspiegels, nach Absenkung des Wassers in der Baugrube bis auf die halbe Tiefe eine zweite und in der trockenen Baugrube knapp über dem Meeresgrund die dritte Aussteifung geplant. Der ganze Zellenfangdamm hätte schließlich als Bestandteil des Pfeilers erhalten bleiben sollen.

Literatur: Bernhardt, R.: Die erste Hudsonbrücke bei New York. Z. V. d. I. 1929 S. 1505. — Dellinghausen: Landgewinnung für zwei Großkraftwerke mittels Fangdämmen aus Larssen-Eisen. Wasserwirtschaft 1930 S. 422. — Dortmunder Union: Nieuwe Koninginnenbrug, Rotterdam. Larssen-Spundwand 1929 S. 1. — Dieselbe: Spundwandeisen Larssen. Ausgabe 1930. — Fowler, H. W.: Circular Cell Cofferdam on Deadman Island Dam. Engg. News Rec. Bd. 104 (1930) S. 66. — Kayser, H.: Wettbewerb für eine zweite feste Straßenbrücke über die Mosel in Koblenz. Beton u. Eisen 1928 S. 217. — Locher, F., u. A. Rohn: Die neue Straßenbrücke über den Rhein bei Eglisan. Schweiz. Bauzg. Bd. 82 (1923) S. 3. — Luetkens, O.: Die Bedeutung stählerner Spundwände für den Beton- und Eisenbetonbau. Bauing. 1930 S. 603. — Mandrich, R.: Erfahrungen an eisernen Fangdämmen am Main beim Bau der Wehranlage Mainkur. Bautechnik 1926 S. 301. — Schaper, G.: Die Brücke über den Kleinen Belt. Bautechnik 1929 S. 254. — Westphal: Neubau der Sachsenbrücke über das Elsterflutbecken in Leipzig. Bauing. 1930 S. 359. — Tiefe Fangdämme für die neue Hudsonbrücke. Bauing. 1929 S. 87. — Tiefe Gründung von Brückenpfeilern zwischen Fangdämmen. Engg. News Rec. 1929 S. 103. — Deadman Island Stauschwelle. Bautechnik 1930 S. 512. — Neue Bauart von Fangdämmen in Nordamerika. Zentralbl. Bauverw. 1920 S. 416. — Fangdämme aus Spundwandeisenzylindern für einen Wehrbau im Ohiofluß. Bauing. 1930 S. 368.

ε) Fangdämme in kombinierter Bauweise. Die Umfassung einer Baugrube ist dann, wenn die Beschaffenheit des Untergrundes längs des Umfanges der Baugrube stark wechselt, manchmal nicht durchwegs mit Fangdämmen in der gleichen Bauweise möglich. Als ein Beispiel für einen Fangdamm in kombinierter Bauweise sei der in der Abb. 334 dargestellte Fangdamm für den Bau des ersten Grundablasses am Murwehr in Pernegg angeführt, wo der Fels vom Ufer aus steil gegen das Murbett abfiel. Der Pfeiler war dort von einer Inselschüttung aus mittels Druckluftsenkkastens gegründet worden. In der Abbildung sind auch die Anschlüsse der Fangdämme an die schon bestehenden Bauwerksteile zu erkennen.

Literatur: Schoklitsch, A.: Der Wasserbau. Berlin: Julius Springer 1930.

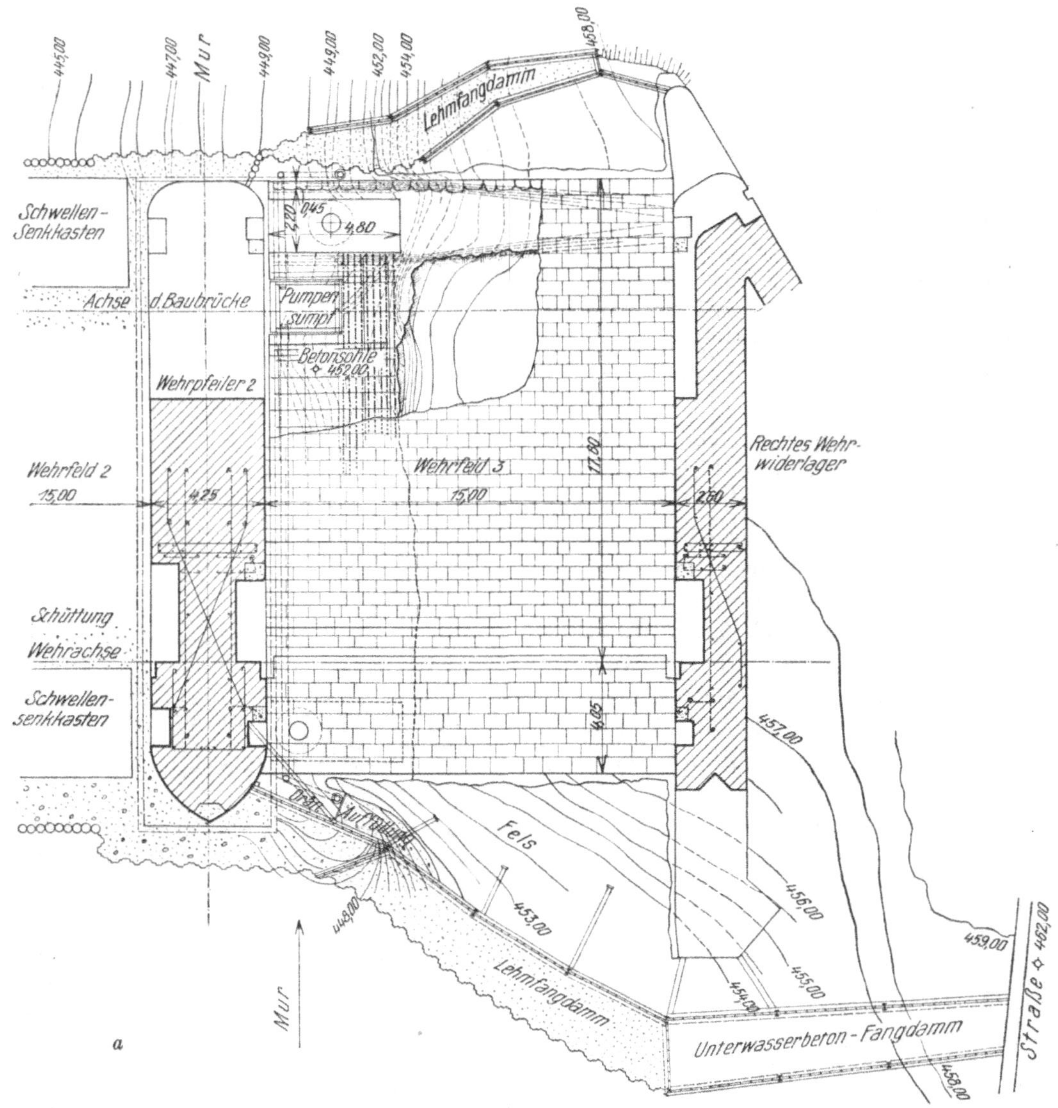

Abb. 334. Fangdämme in gemischter Bauweise beim Bau des ersten Grundablasses im Murwehr Pernegg.

II. Die Abhaltung von Grundwasser.

Die Abhaltung von Grundwasser von der Baugrube geschieht je nach den örtlichen Verhältnissen durch Spundwände, die den Zustrom von Grundwasser behindern und offener Wasserhaltung, durch die Grundwasserabsenkung, bei der das fließende Grundwasser noch außerhalb der Baugrube gefaßt und abgeleitet wird und durch Dichtung des Bodens innerhalb der Spundwände durch eine Unterwasserbetonschüttung zwischen den Spundwänden oder durch Verdrängung des Grundwassers aus der Baugrube.

a) Die offene Wasserhaltung.

Überall dort, wo der Boden festgelagert ist und wo diese Lagerung durch eine durch den Baubetrieb eingeleitete Grundwasserbewegung zur Baugrube nicht gestört und überdies eine Spundwand gerammt werden kann. läßt sich durch die sogenannte offene Wasserhaltung das zusickernde Grundwasser bewältigen. Die Spundwand (Abb. 335) hat hierbei nur die Aufgabe, den Sickerweg des Grundwassers in die Baugrube zu verlängern und dadurch die zusickernde Wassermenge zu verringern (vgl. S. 162). Jenes Grundwasser, das dennoch zuläuft, wird gegen einen Pumpensumpf abgeleitet und schließlich abgepumpt. Die Zuleitung des Wassers zum Pumpensumpf geschieht durch ein System von Gräben (Abb. 336), die gewöhnlich mit geböschten Wandungen ausgehoben werden; wenn der Baubetrieb ein längerwährendes Offenhalten der Gräben erfordert, so werden die Wandungen lotrecht hergestellt und mit gegenseitig abgesteiften Brettern ausgekleidet oder es werden Drän- (Abb. 337) oder Betonrohre (Abb. 338) verlegt und mit Schotter umpackt.

Abb. 335. Spundwand aus Hoesch-Eisen beim Bau des Grundwerkes für eine Gebläsemaschine. (Eisen- und Stahlwerk Hoesch.)

Der Pumpensumpf wird womöglich abseits des Grundwerksumrisses angelegt und seine Wandungen werden meist mit einer Spundwand (Abb. 339) gesichert. Der Wasserspiegel im Pumpensumpf wird so weit unter der Baugrubensohle gehalten, daß diese trocken bleibt. Der Pumpensumpf muß so weit gemacht werden, daß der Unterschied zwischen Zufluß und Förderung während der Ingangsetzung der Pumpe keine allzu großen Spiegelschwankungen verursacht.

Abb. 336. Zuleitung des zugesickerten Grundwassers zum Pumpensumpf in einem offenen Graben beim Bau des Maschinenhauses des Murkraftwerkes Mixnitz.

Abb. 337. Ableitung des in die Baugrube zugesickerten Grundwassers zum Pumpensumpf mittels Dränrohren.

Als Pumpen werden je nach der zu fördernden Wassermenge Handpumpen oder durch Maschinen angetriebene Kreiselpumpen verwendet. Große Verbreitung haben für kleine Förderhöhen und geringe Fördermengen die sogenannten Baupumpen und die Diaphragmapumpen gefunden. Die Baupumpen sind Kolbenpumpen, die in der Regel zweistiefelig mit Lederklappenventilen ausgeführt und mit Doppelhebeln von 2 bis 4 Arbeitern betätigt werden. Der Wirkungsgrad ist gering.

Die Membran- oder Diaphragmapumpen (Abb. 340) sind als Einfach- und als Zwillingspumpen ausgeführt. Sie haben statt Kolben elastische Gummimembranen und sind mit Kugelventilen ausgerüstet. Die Pumpen saugen das Wasser bis auf 7 m Höhe an und schütten meist frei in Rinnen aus.

Bei größeren Förderhöhen und Fördermengen werden Kreiselpumpen angewendet, die elektrisch oder mit Dampfmaschinen angetrieben werden. Der Antrieb erfolgt in der Regel mit Riemen, um durch Auswechslung der Riemenscheiben die Drehzahl der Pumpen leicht der jeweilig erforderlichen Förderhöhe anpassen zu können.

Beträgt bei einer gegebenen Pumpe bei der manometrischen Förderhöhe H (Spiegelhöhenunterschied zwischen Ober- und Unterwasser + Druckverlust in den Rohrleitungen, im Saugkorb und im Fußventil) die Drehzahl n und die Fördermenge Q, so muß bei Verwendung der Pumpe für eine andere Förderhöhe H_1 die Drehzahl nach der Beziehung

$$n_1 = n \sqrt{\frac{H_1}{H}} \tag{331}$$

verändert werden. Die Fördermenge Q ändert sich wegen der Änderung der Drehzahl nach der Beziehung

$$Q_1 = \frac{n_1}{n} Q, \tag{332}$$

und die für den Pumpenantrieb erforderliche Leistung ändert sich in

$$N_1 = \frac{\eta}{\eta_1} \frac{n_1^3}{n^3} N, \tag{333}$$

wobei η und η_1 die Wirkungsgrade bei den beiden Drehzahlen darstellen, die beträchtlich verschieden sein können. Die Wirkungsgrade η guter Kreiselpumpen für jenes n, Q und H, für die sie gebaut sind, liegen zwischen 0,55 und 0,75. Nach H. Weihe soll die Umfangsgeschwindigkeit des Kreiselrades

Abb. 338. Ableitung des Wassers gegen den Pumpensumpf in Betonrohren.

Abb. 339. Pumpensumpf in der Baugrube für ein Widerlager der Murbrücke bei Radkersburg. (A. Spritzer A.-G., Wien.)
a Pumpensumpf, *b* Saugleitung, *c* Pumpe, *d* Druckleitung.

$$n = 1{,}4 \sqrt{2gH} \sim 6{,}2 \sqrt{H} \tag{334}$$

sein. Bei einem Halbmesser R des Kreiselrades und n Umläufen in der Minute gilt dann

$$\frac{n}{60} \cdot 2 R \pi = 1{,}4 \sqrt{2 g H} \tag{335}$$

oder

$$n = \sim 60 \frac{\sqrt{H}}{R}. \tag{336}$$

Kreiselpumpen, die mit einem Elektromotor gekuppelt sind, deren Drehzahl also nicht verändert werden kann, sind gegen eine Erhöhung der Förderhöhe über die der betreffenden Drehzahl entsprechende hinaus sehr empfindlich und liefern in der Regel schon bei einer Überschreitung um 10 vH überhaupt kein Wasser mehr. Bei gleichbleibender Drehzahl änderte sich z. B. bei einer Turbopumpe von A. Vogel

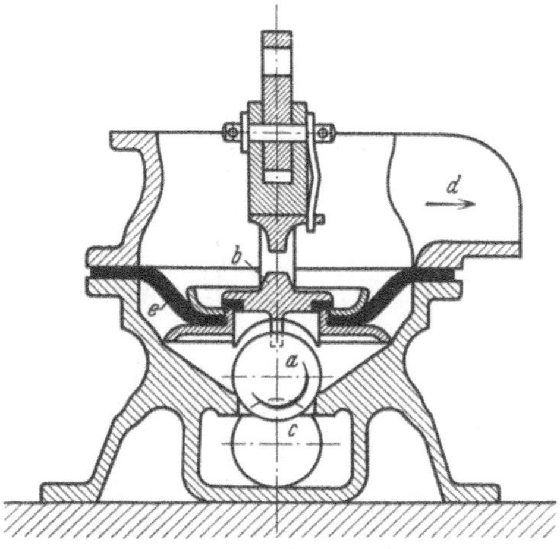

Abb. 340. Membran- oder Diaphragmapumpe. *a* Ventilkugel (Saugventil), *b* Druckventil, *c* Wasserzulauf, *d* Wasserablauf, *e* Gummimembran.

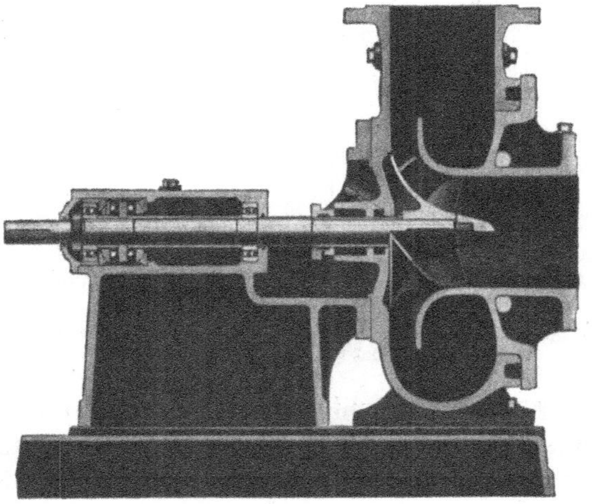

Abb. 341. Schraubenpumpe von Klein, Schanzlin & Becker.

in Stockerau mit einer Anschlußweite von 150 mm bei Veränderung der Förderhöhe die Fördermenge, der Leistungsbedarf und der Wirkungsgrad in der folgenden Weise:

Förderhöhe H	in Teilen des Normalwertes	0,4	0,6	0,8	0,9	1,0	1,04	1,08	darüber
Fördermenge Q	„ „ „ „	1,57	1,44	1,26	1,15	1,0	0,91	0,7 bis 0,4	0
Leistungsbedarf N	„ „ „ „	1,31	1,25	1,14	1,08	1,0	0,96	0,8 „ 0,7	0,5
Wirkungsgrad	„ „ „ „	0,48	0,69	0,89	0,96	1,0	0,99	0,9 „ 0,6	0

Man erkennt auch in dieser Zusammenstellung leicht, daß bei Verringerung der Förderhöhe die Fördermenge und der Leistungsbedarf größer werden.

Kreiselpumpen für Bauzwecke sollen möglichst unempfindlich gegen Fremdkörper sein, die mit dem Wasser angesaugt werden. In besonderem Maße trägt dieser Forderung die Schraubenpumpe (Abb. 341) von Klein, Schanzlin & Becker in Frankental in der Pfalz Rechnung, die nur zwei oder drei Schaufeln besitzt, zwischen denen weite Kanäle liegen.

Kreiselpumpen saugen das Wasser bei Betriebseröffnung nicht an; die Saugleitung erhält deswegen am Ende ein Fußventil und, um das Eindringen von Holz und Steinen zu verhindern, einen Saugkorb. Vor der Inbetriebnahme wird die Pumpe und die Saugleitung durch einen eigenen Fülltrichter mit Wasser aufgefüllt. Die Fördermenge der Kreiselpumpen wird mittels eines Schiebers in der Druckleitung unmittelbar über der Pumpe eingestellt und dem Zulaufe angepaßt.

Wenn das Wasser aus dem Pumpensumpf über einen Fangdamm in offenes Wasser gepumpt wird, so ist es zweckmäßig, das Druckrohr bis unter den Wasserspiegel hinter dem Fangdamm zu führen (Abb. 342), um jene Förderhöhe h, die dem Höhenunterschied zwischen der Fangdammkrone und dem Außenwasserspiegel entspricht, durch Heberwirkung zu überwinden, weil auf diese Weise die Förderkosten oft nennenswert herabgesetzt werden können. In die Druckleitung wird über dem Regulierschieber eine Rückschlagklappe eingebaut, um zu verhindern, daß bei Instandsetzungsarbeiten oder bei einem Versagen des Fußventils Wasser während des Pumpenstillstandes durch den Heber in die Baugrube zurückläuft.

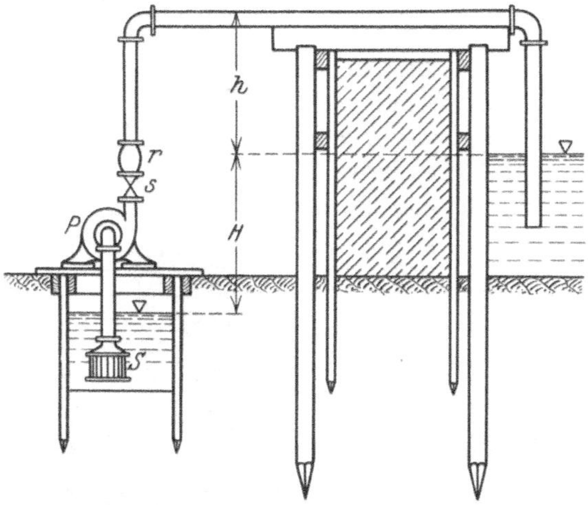

Abb. 342. Offene Wasserhaltung mit Pumpe und Heberleitung.

P Kreiselpumpe, *S* Saugkorb mit Fußventil, *s* Schieber, *r* Rückschlagklappe.

Wenn der Vorfluter, in den die Pumpenförderung eingeleitet wird, entfernt liegt, so wird von der Druckleitung so bald als möglich in die Ableitung in einem offenen Gerinne übergegangen (Abb. 343).

Der Wasserandrang nimmt in der Regel mit der Größe der Baugrube zu. Die Pumpenanlage wird nun so reichlich bemessen, daß sie nicht nur die normale Förderung zu leisten, sondern auch außergewöhnliche Zuflüsse zu bewältigen vermag. Teils aus Sicherheitsgründen, teils um die Pumpen bei wechselnden Zuflüssen immer mit dem besten Wirkungsgrad arbeiten zu lassen, ist es zweckmäßig, statt weniger großer Pumpen mehrere kleinere aufzustellen und immer auch noch überzählige Pumpen in Bereitschaft zu halten; die Reserve muß sich natürlich nicht nur auf die Pumpen, sondern auch auf den Antrieb erstrecken.

Abb. 343. Ableitung des Wassers von den Pumpen im offenen Gerinne.

Um die Grundwassersickerung durch die Seitenwände einer Baugrube roh zu schätzen, denkt man sich in der Bewegungsrichtung des Grundwassers einen Streifen Boden von der Breite 1 herausgeschnitten. Die Sickerung durch diesen

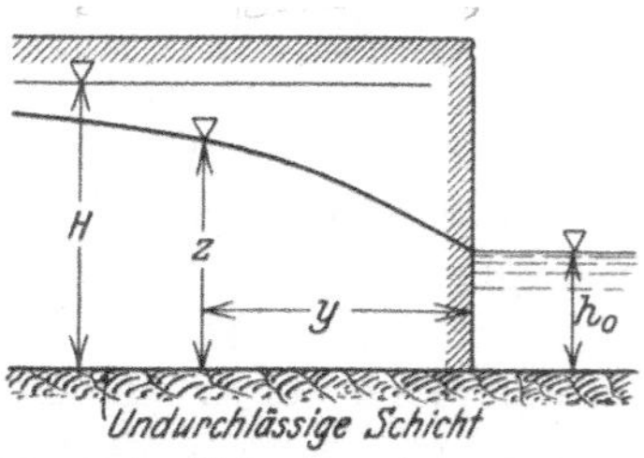

Abb. 344. Sickerung gegen eine offene Grube.

1 m breiten Streifen beträgt dann mit den Bezeichnungen der Abb. 344, wenn k die Durchlässigkeit bedeutet:

(337) $$q = F\,U = z \cdot 1 \cdot k \cdot J = k \cdot z\,\frac{dz}{dy},$$

und es ist

(338) $$\int\limits_{z}^{h_0} z\,dz = \frac{q}{k}\int dy$$

oder

$$\frac{z^2}{2} - \frac{h_0^2}{2} = \frac{q}{k}\,y \tag{339}$$

und

$$q = \frac{y\,k}{2}\,(z^2 - h_0^2)\,. \tag{340}$$

Bezeichnet H die ursprüngliche Grundwassertiefe und R die Entfernung, in der keine Senkung mehr wahrzunehmen ist, so kann für die durch die Breiteneinheit des Baugrubenumfanges zusickernde Wassermenge auch geschrieben werden

$$q = \frac{k\,R}{2}\,(H^2 - h_0^2)\,. \tag{341}$$

Wenn die Sohle des Schlitzes nicht in der undurchlässigen Schicht liegt, so kann die Rechnung in der oben gezeigten Weise genügend genau durchgeführt werden, wenn die z und y einfach von einer etwas unter die Sohle der Baugrube gelegten Ebene aus gemessen werden.

Für die Sickerung Q in einen schmalen Schlitz im Boden von der Länge l stellte Ph. Forchheimer die Beziehung

$$z^2 - h^2 = \frac{Q}{\pi k} \log \text{nat} \frac{x_1 + x_2 + \sqrt{(x_1 + x_2)^2 - l^2}}{4\,r} \tag{342}$$

auf, in der neben den aus der Abb. 345 zu entnehmenden Größen h die von der undurchlässigen Schicht aus zu messende Wassertiefe in einem Brunnen vom beliebigen Halbmesser r bei der Entnahme Q bedeutet. Wenn die Grundwassertiefe am Schlitzumfange mit z_s bezeichnet wird, so gilt dort

$$z_s^2 - h^2 = \frac{Q}{\pi k} \log \text{nat} \frac{l}{4\,r}\,. \quad *) \tag{343}$$

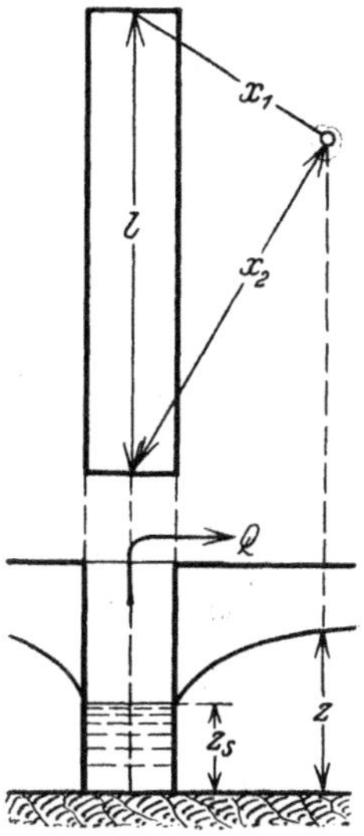

Abb. 345. Grundwasserspiegel um einen Schlitz im Boden.

Wenn der Bau so weit fortgeschritten ist, daß eine Wasserhaltung nicht mehr erforderlich ist, wird der Pumpensumpf wieder verschüttet, wobei der Boden in dünnen Lagen eingebracht und sorgfältig gestampft wird. Wenn der Pumpensumpf in unmittelbarer Nachbarschaft des Grundwerkes liegt, so bietet das Stampfen der Schüttung keine hinreichende Sicherheit dafür, daß nicht Boden aus dem Bereiche unter dem Grundwerke gegen den Sumpf hin ausweichen kann. Es ist dann empfehlenswert, den Pumpensumpf mit Magerbeton aufzufüllen. Den Abschluß eines Pumpensumpfes nach Vollendung des Grundwerkes, der innerhalb des Bauwerksumrisses liegt, veranschaulicht die Abb. 346.

Die Drän- oder Betonrohrleitungen, die das Wasser während des Baues in dem Pumpensumpf leiten, werden, sobald die Wasserhaltung eingestellt werden kann, in der Regel mit Beton ausgegossen, um nachgiebige Stellen unter dem Grundwerke zu vermeiden.

Wenn der Wasserandrang zur Baugrube ganz außerordentlich zunimmt, so daß bei feinkörnigem Untergrund eine Lockerung des Bodens durch das aufquellende Grundwasser zu befürchten ist (hydraulischer Grundbruch), so muß die offene Wasserhaltung sofort eingestellt werden. Die Trockenhaltung der Baugrube kann dann durch Grundwassersenkung erfolgen oder man muß zu einem anderen Gründungsverfahren greifen.

Literatur: Forchheimer, Ph.: Die Höhenkurven des Grundwasserspiegels bei waagrechter Lage der undurchlässigen Schicht und beliebiger Tiefe. Z. Arch. Ing.-Wes. 1886 Sp. 553. — Derselbe: Hydraulik 3. Aufl. Leipzig: B. G. Teubner 1930. — Schonopp, K.: Gefährdete Baugruben. Bautechnik 1926 S. 308. — Vom Bau des Rheinkraftwerkes Kembs. Schweiz. Bauzg. Bd. 96 (1930) S. 177.

b) Die Grundwasserabsenkung.

Bei sehr feinkörnigem Boden und dann, wenn das Grundwerk in offener Baugrube tief unter den Grundwasserspiegel hinabgeführt werden soll, kann die Wasserhaltung in der Regel nur durch Grundwasserabsenkung erfolgen. Bei diesem Verfahren wird der Grundwasserspiegel bis auf etwa ½ m unter die Baugrubensohle abgesenkt, indem das zulaufende Grundwasser aus Brunnen abgepumpt wird, noch bevor es in die Baugrube gelangt ist. Die Brunnen sind in der Regel außerhalb des Grundwerksumrisses längs des Baugrubenumfanges verteilt; sie können aber, wenn es außerhalb an Raum mangelt, auch innerhalb des Grundwerksumrisses angeordnet werden. Die Wasserförderung geschieht, je nach der Absenkungstiefe entweder mit Kreiselpumpen, die außerhalb der Brunnen stehen und das Wasser durch Saugrohre aus den Brunnen fördern oder durch Tiefbrunnenpumpen, die samt ihren Antriebsmotoren in den Brunnen hängen.

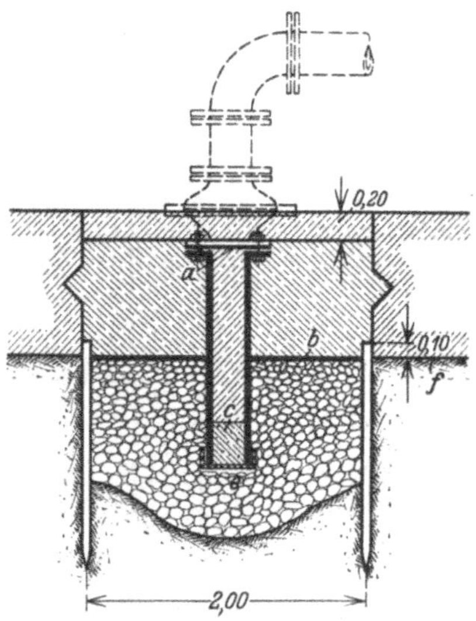

Abb. 346. Abschließen eines Pumpensumpfes innerhalb des Bauwerksumrisses. (Mittlere Isar A.-G.)
a Blindflansch, *b* Dachpappe, *c* Betonpfropf, *e* Drahtsieb, *f* Baugrubensohle.

1. Die Berechnung der abzuleitenden Grundwassermenge.

Für die Beziehung zwischen der aus einem bis zur undurchlässigen Schicht reichenden Brunnen vom Halbmesser r in der Sekunde gepumpten Wassermenge Q, der ursprünglichen Grundwassertiefe H und der Grundwassertiefe h im Brunnen gilt, wie schon auf Seite 9 hergeleitet worden ist

$$(344) \qquad H^2 - h^2 = \frac{Q}{\pi k} \log \text{nat} \frac{R}{r};$$

hier bedeutet überdies k die Durchlässigkeit und R die Reichweite des Brunnens. Bei einem Boden von der Durchlässigkeit k (m/sec) ist nun, wie W. Sichardt durch einige Versuche gezeigt hat, das größtmögliche Spiegelgefälle am Brunnenmantel

$$(345) \qquad i_{\max} = \frac{1}{15\sqrt{k}},$$

und es kann daher aus einem Brunnen vom Halbmesser r äußerstenfalls die Wassermenge

$$(346) \qquad Q_{\max} = 2\pi r h' k \frac{1}{15\sqrt{k}} = \frac{2}{15}\pi r h' \sqrt{k}$$

gepumpt werden. Wenn diese Beziehung für $Q_{\max}$ in die obige Gl. (344) eingesetzt wird, so erhält man

$$(347) \qquad \frac{H^2 - h'^2}{h'} = \frac{2}{15}\frac{r}{\sqrt{k}} \log \text{nat} \frac{R}{r}$$

und daraus h', das die tiefste Lage des Wasserspiegels im Brunnen über der undurchlässigen Schicht angibt, in die der Grundwasserspiegel abgesenkt werden kann. J. Kozeny hat nach den Regeln der Potentialtheorie als größtmögliche Absenkung des Grundwasserspiegels am Brunnenmantel die Hälfte der ursprünglichen Grundwassertiefe erhalten, also etwas mehr, als sich nach den Versuchen von W. Sichardt ergibt. R. Ehrenberger hat das Ergebnis von J. Kozeny durch Versuche bestätigt.

Um mit einem bis zur undurchlässigen Schicht reichenden Brunnen eine größere Absenkung zu erhalten, muß nach der Formel von Sichardt ein größerer Brunnenhalbmesser genommen werden. W. Sichardt hat aber gezeigt, daß auch durch Vergrößerung des Brunnenhalbmessers die Absenkung nicht beliebig vergrößert werden kann, weil bei größeren Brunnenweiten die Absenkung bei weiterer Vergrößerung der Weite nur wenig zunimmt.

Für die Gesamtwassertiefe z, die sich an irgendeiner Stelle im Bereiche einer Gruppe von n Brunnen einstellt, die bis zur undurchlässigen Schicht reichen, hat Ph. Forchheimer die Beziehung

$$z^2 - h_0^2 = \frac{nq}{\pi k}\left(\frac{1}{n} \log \operatorname{nat} x_1 \cdot x_2 \cdot x_3 \cdots x_n - \log \operatorname{nat} r\right) \qquad (348)$$

abgeleitet, in der q die Förderung aus einem Brunnen vom Halbmesser r und x die die Entfernungen der Beobachtungsstelle von den Brunnen bedeuten. Für h_0 ist die Wassertiefe zu setzen, die sich in einem Brunnen vom Halbmesser r einstellen würde, wenn aus ihm die Wassermenge $Q = nq$ gefördert würde (ohne Rücksicht darauf, ob diese Tiefe mit Rücksicht auf die Versuche von W. Sichardt und W. Ehrenberger möglich ist oder nicht.

Die Formeln zur Berechnung der Grundwasserspiegellage bei Brunnengruppen gelten nur für waagrechte undurchlässige Schichten und Brunnen, die bis zu dieser Schicht herabreichen. Wenn die Brunnen nicht bis zur undurchlässigen Schicht hinabreichen, so wird zumeist so gerechnet, als würde die undurchlässige Schicht in der Ebene der Brunnenenden liegen, ohne daß aber die Zulässigkeit dieser Annahme bisher bewiesen wäre. Weitere Formeln zur Berechnung der Grundwasserabsenkung sowie durchgerechnete Beispiele für die Anwendung der Formeln finden sich in den folgenden Abhandlungen: Forchheimer, Ph.: Hydraulik 3. Aufl. Leipzig: B. G. Teubner 1930. Kyrieleis-Sichardt: Grundwasserabsenkung bei Fundierungsarbeiten 2. Aufl. Berlin: Julius Springer 1930. Sichardt, W.: Das Fassungsvermögen der Rohrbrunnen und seine Bedeutung für die Grundwasserabsenkung, insbesondere für größere Absenkungstiefen. Berlin: Julius Springer 1927. Schultze, J.: Die Grundwasserabsenkung und die Theorie und Praxis. Berlin: Julius Springer 1924, und es sei überdies auch auf das reiche Literaturverzeichnis am Ende dieses Abschnittes verwiesen.

2. Die Grundwasserabsenkung mit gewöhnlichen Kreiselpumpen oder Baupumpen.

Wenn das Grundwasser nur wenig abgesenkt zu werden braucht, so kann der sogenannte Sicherheitspumpensumpf von A. Staschen mit Vorteil benützt werden; er besteht, wie ein Blick in die Abb. 347 lehrt, aus zwei ineinander geschobenen Filterrohren, deren Zwischenraum mit Kies gefüllt ist. Längs des Sumpfes ist auf ganzer Länge ein Streifen ausgespart, der durch mehrere Blechschieber abgeschlossen ist. Dieser Sicherheitspumpensumpf, der eigentlich ein kurzer Rohrbrunnen ist, wird entweder in ein Bohrloch gesenkt oder er kann auch bei geeignetem Boden eingespült werden; das Spülrohr wird dann durch eine mit einer Federklappe versehene Öffnung im Boden geschoben. In der Abb. 348 ist die Anordnung der Sümpfe in einer Kanalbaugrube gezeigt. In dem Maße, als die Ausschachtung fortschreitet, können die Blechschieber gezogen werden, so daß durch den freigegebenen Schlitz zulaufendes Oberflächenwasser oder solches aus Dränleitungen ohne Anstau in den Sumpf gelangen kann.

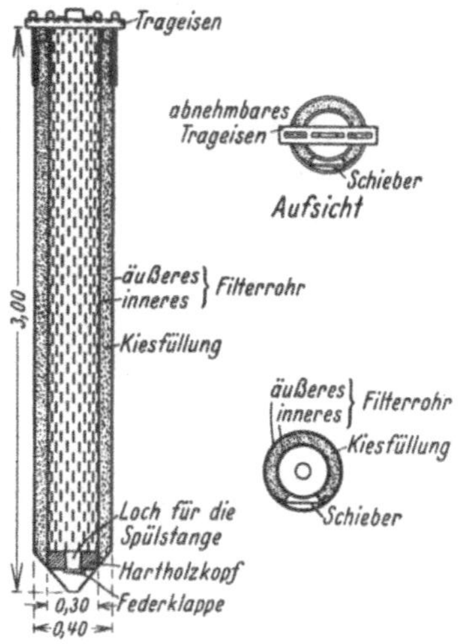

Abb. 347. Sicherheitspumpensumpf von A. Staschen. (Bautechnik 1930.)

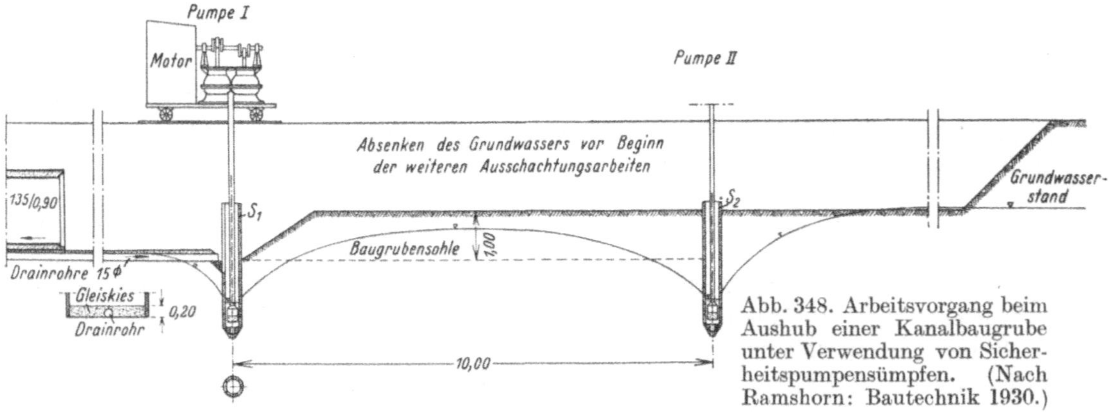

Abb. 348. Arbeitsvorgang beim Aushub einer Kanalbaugrube unter Verwendung von Sicherheitspumpensümpfen. (Nach Ramshorn: Bautechnik 1930.)

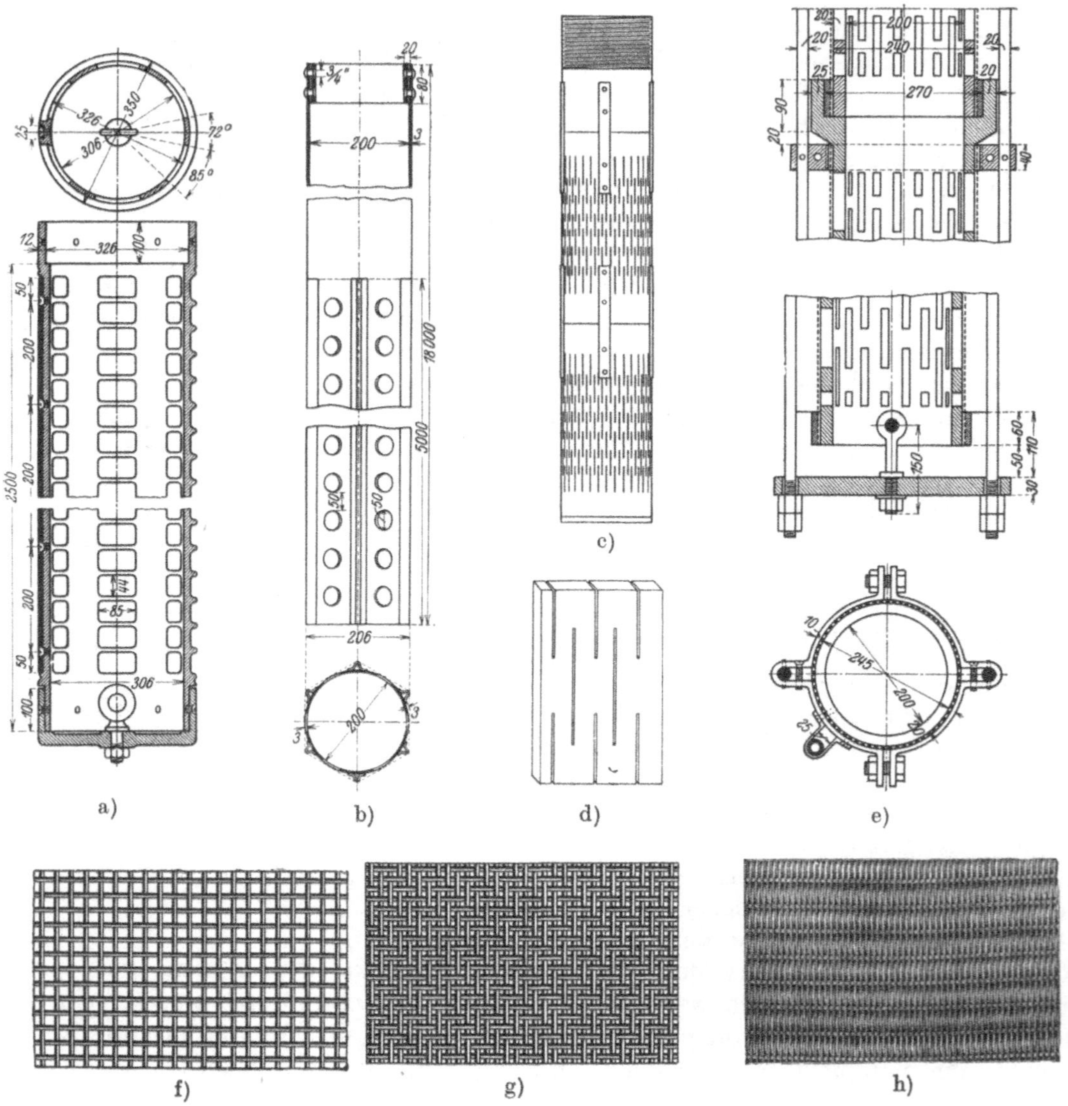

Abb. 349. **Einzelheiten von Filterkörben. a) Gußeiserner Filterkorb von Thiem, b) Filterkorb aus Kupfer, c) Filterkorb aus Holz von Remke, d) Schlitzung des Holzes beim Filterkorb von Remke, e) Filterkorb aus Steinzeug, f) quadratisches Gewebe, g) Köpergewebe, h) Tressengewebe. (Aus E. Prinz: Hydrologie. Berlin: Julius Springer.)**

Auf größere Tiefen erfolgt die Grundwasserabsenkung mittels Brunnen; als solche werden Röhrenbrunnen verwendet, deren Durchmesser in der Regel 200 bis 250 mm beträgt. Die Brunnen werden in Bohrlöcher gesenkt, deren Lichtweite etwa 50 bis 70 mm weiter ist als der Brunnenaußendurchmesser, hierauf werden die Futterrohre des Bohrloches gezogen.

Jeder Brunnen besteht aus dem Mantelrohr und dem Filterkorb, durch den das Wasser in den Brunnen gelangt.

Das Filterkorbgerüst kann aus Eisen, Holz, Steinzeug, Kupfer oder Rotguß bestehen; für die Auswahl ist die Beschaffenheit des Grundwassers maßgebend; einige Beispiele von Filterkorbgerüsten sind in den Abb. 349 zusammengestellt. Um das Filterkorbgerüst wird zuerst grobes Drahtgitter und hierauf feines Filtergewebe aus Messing oder Siliziumbronze gewickelt, das das Eindringen von Sand in den Brunnen verhindern soll. Die Maschenweite des Gewebes wird so gewählt, daß etwa 40 vH der Körner des Gemisches durchgehen. Durch stoßweises Pumpen wird der nächste Bereich um den Brunnen entsandet; die gröberen Körner, die zurückbleiben, bilden eine Stützschichte, die die feinen Körner im weiteren Bereich um den Brunnen zurückhalten. Wenn der Boden außerordentlich feinkörnig ist, reichen die Filtergewebe für das Zurückhalten des Sandes nicht hin. Man hat dann zwischen den Brunnen und die Bohrlochwand eine verkehrte Filterschicht geschüttet, die die feinen Körner des Untergrundes stützt und am Eindringen in den Brunnen hindert. Billiger und daher empfehlenswerter ist die Anwendung der Taschenfilter (Abb. 350 und 351), in deren Taschen die Filterschicht schon über Tag gepackt wird und die dann wie ein anderer Brunnen ins Bohrloch versenkt werden.

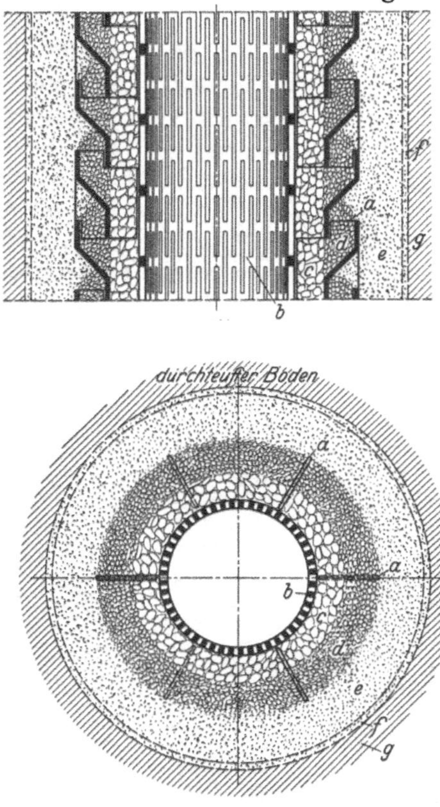

Abb. 350. Brunnen mit gewebelosem Filter von H. Nilewsky.

a Zentrierungsstege, in aufeinanderfolgenden Bechern um je 60° versetzt, *b* geschlitztes Rohr, *c* grobe Kiespackung, *d* mittlere Kiespackung, *e* feine Kiesschüttung, *f* Futterrohr (gezogen), *g* durchteufter Boden.

Abb. 351. Gewebeloser Filterbrunnen. (H. Nilewsky-N. Noç on, Charlottenburg.)

Das Mantelrohr reicht durch die nicht wasserführenden Schichten bis zur Bodenoberfläche herauf. In das Mantelrohr kommt ein Einhängerohr, das sich mittels einer Schelle auf den oberen Rand des Mantelrohres stützt; es wird dicht an die Saugleitung der Pumpe angeschlossen und soll, damit bei zu großer Wasserförderung durch die Pumpen keine Luft eindringen kann, 9 bis 10 m unter den ursprünglichen

Grundwasserspiegel hinabreichen. Jeder Brunnen soll durch einen Schieber von der Saugleitung abtrennbar sein.

Die Saugleitung steigt gegen die Pumpe hin etwa mit 3 vT an, damit Luft und Gase, die sich dort ausscheiden, leicht vom Wasser gegen die Pumpe geführt werden.

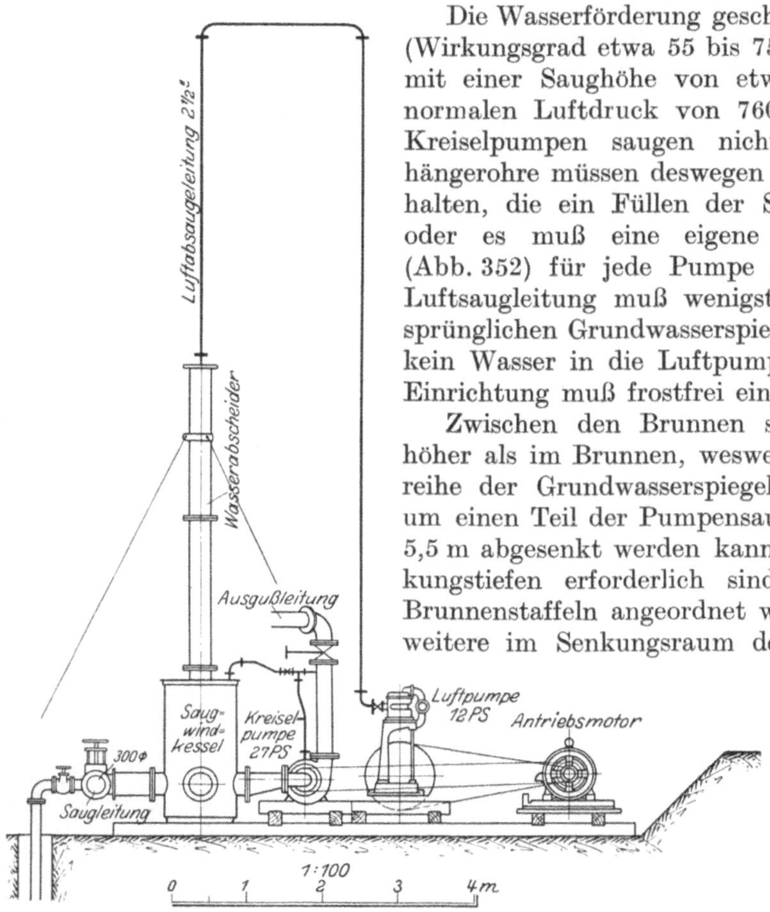

Abb. 352. Entlüftungseinrichtung für eine Grundwassersenkungsanlage. (Aus G. Hetzel u. O. Wundram. Die Grundbautechnik und ihre maschinellen Hilfsmittel. Berlin: Julius Springer.)

Die Wasserförderung geschieht mit Kreiselpumpen (Wirkungsgrad etwa 55 bis 75 vH), die äußerstenfalls mit einer Saughöhe von etwa 7 bis 8 m bei einem normalen Luftdruck von 760 mm Hg arbeiten. Die Kreiselpumpen saugen nicht selbst an. Die Einhängerohre müssen deswegen entweder Fußventile erhalten, die ein Füllen der Saugleitung ermöglichen oder es muß eine eigene Entlüftungseinrichtung (Abb. 352) für jede Pumpe geschaffen werden; die Luftsaugleitung muß wenigstens 10 m über den ursprünglichen Grundwasserspiegel hinaufreichen, damit kein Wasser in die Luftpumpe gerät und die ganze Einrichtung muß frostfrei eingebaut sein.

Zwischen den Brunnen steht der Wasserspiegel höher als im Brunnen, weswegen mit einer Brunnenreihe der Grundwasserspiegel in der Baugrube nur um einen Teil der Pumpensaughöhe, auf etwa 3,5 bis 5,5 m abgesenkt werden kann. Wenn größere Absenkungstiefen erforderlich sind, so können mehrere Brunnenstaffeln angeordnet werden, von denen jede weitere im Senkungsraum des vorhergehenden hergestellt wird. In den Abb. 353 bis 356 ist anschaulich die Anordnung der Brunnen bei mehrstaffeligen Anlagen zu erkennen und die folgende Zusammenstellung gibt über Einzelheiten der in der Abb. 353 dargestellten Anlage Aufschluß:

Angaben über die Grundwasserabsenkung für die Emdener Seeschleuse (nach W. Kyrieleis).

Absenkung in drei Staffeln: 1. Staffel 59 Brunnen, 2. Staffel 59 Brunnen, 3. Staffel 76 Brunnen, zusammen 194 Brunnen.
Lotrechter Abstand der Staffel je 4,0 m.
Waagrechter Abstand der Staffel: 1. bis 2. Staffel 9 m, 2. bis 3. Staffel 5 m.
Brunnendurchmesser 150 mm und 200 mm, Filterlänge 10 m, Brunnenabstand 4 bis 8,5 m.
Saugleitung: Muffenrohre 250 mm; hinter jedem 5. Brunnen ein Schieber. Gesamtabsenkung 19 m.
Gesamtförderung 420 l/sec. 21 Pumpen: Anschlußweite 250 mm, Drehzahl $n = 1280$ bis 1340 mm, Antrieb mit Gleichstrommotoren, 80 PS, 400 V, Drehzahl $n = 900$, Riemenantrieb.

Aus den Vorversuchen:
Durchlässigkeit $k = 0{,}000210$ m/sec. Reichweite $R = 240$ m. Grundwerksfläche 107 × 40 m.

Nach Beendigung der Absenkungsarbeiten werden die Pumpen und die Rohrleitungen abgetragen und die Brunnen können in der Regel aus dem Boden gezogen werden. Der Wasserspiegel steigt dann langsam wieder an und erreicht nach Verlauf einiger Zeit wieder seine ursprüngliche Höhenlage.

Um bei größeren Absenkungstiefen die Kosten, die mehrstaffelige Brunnenanlagen erfordern, herabzusetzen, hat man die „Staffelung in sich selbst“ (vgl. Abb. 357c und d) versucht. Man stellt, wie bei den später zu beschreibenden An-

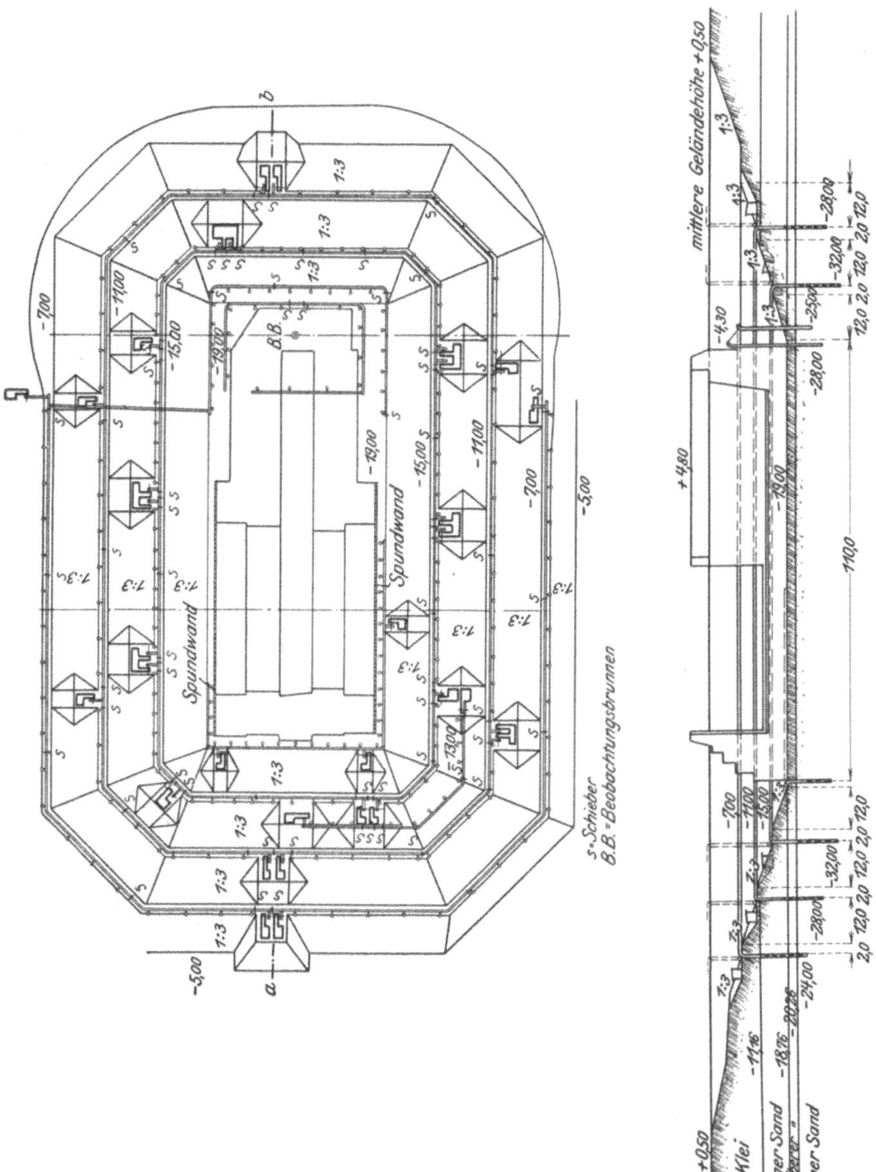

Abb. 353. Grundriß und Querschnitt durch die Grundwasserabsenkungsanlage beim Bau der Emdener Seeschleuse. (Aus O. Franzius: Der Grundbau.)

lagen mit Tiefbrunnenpumpen, nur eine Brunnenreihe her, die bis auf die größte, während der Absenkung erforderliche Tiefe hinabgeführt wurde und begann mit gewöhnlichen Kreiselpumpen die Absenkung des Grundwasserspiegels. Innerhalb der ersten Mulde im Grundwasserspiegel wurde nun bis zum abgesenkten Grundwasserspiegel der Boden im Trockenen ausgehoben, eine neue Saugleitung verlegt und nun nacheinander die Brunnen gekürzt und an die neue Saugleitung angeschlossen (vgl. Abb. 357b und c) und so weiter fortgeschritten. Dieses Verfahren ist durch jenes mit Verwendung von Tiefbrunnenpumpen vollständig verdrängt worden.

3. Die Grundwasserabsenkung bei Verwendung von Tiefbrunnenpumpen.

Die Anordnung von mehreren Brunnenstaffeln ist kostspielig und erfordert viel Raum. Die Anwendung von Tiefbrunnenpumpen, die samt ihrem Antriebsmotor in den Brunnen versenkt werden, ermöglicht es nun, auch bei großen Absenkungstiefen mit einer einzigen Brunnenreihe auszukommen. Die Rohrbrunnen werden bei diesen Anlagen sofort bis zur größten erforderlichen Tiefe abgebohrt und ähnlich wie bei den früher beschriebenen Anlagen mit einem Filterkorb ausgerüstet. Das Wasser läuft bei diesen Anlagen den Pumpen unmittelbar zu, so daß also kein Saugrohr erforderlich ist und auch das Einhängerohr entfällt. Die Pumpen hängen am Druck-

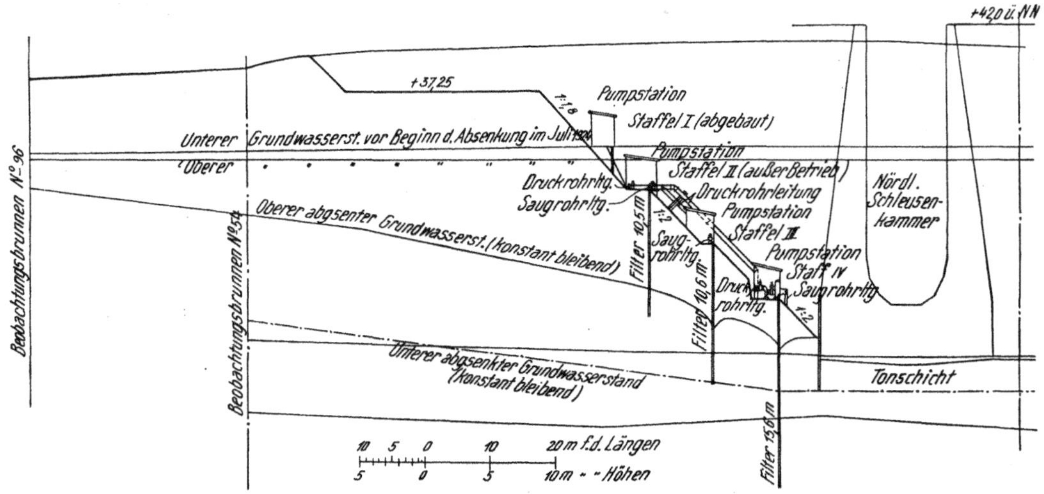

Abb. 354. Grundwasserabsenkungsanlage mit drei Staffeln bei der Gründung der Schachtschleuse Fürstenberg. (Aus A. Schoklitsch: Der Wasserbau.)

rohr, durch das sie das Wasser fördern; diese Rohre sind entweder in Gruppen an eine gemeinsame Sammelleitung angeschlossen oder sie entwässern einzeln in eine offene Ablaufrinne.

Die allgemeine Anordnung einer Tiefbrunnenanlage kann den Abb. 357d und 358 entnommen werden. Wenn außerhalb des Grundwerksumrisses hinreichend Raum verfügbar ist, so werden die Tiefbrunnen außerhalb angeordnet, sonst können sie auch innerhalb stehen, doch ist dann der Abschluß der Brunnen in der Grundwerkssohle nach Beendigung der Wasserhaltung mit eigenen Brunnentöpfen erforderlich. Tiefbrunnen können nicht nur zur Trockenhaltung von offenen Baugruben verwendet werden, sondern auch für die Ausführung von Stollen (Abb. 359) im Trockenen unter dem ursprünglichen Grundwasserspiegel dienen.

Für die Wasserförderung aus Tiefbrunnen werden eigene Tauchpumpensätze verwendet, die so geringe Außenabmessungen haben, daß sie selbst in den engen Bohrlöchern unterzubringen sind. Jeder Pumpensatz besteht aus der Turbopumpe und dem mit ihr unmittelbar verbundenen Elektromotor; solche Pumpen werden von den Siemens- und von den Garvenswerken ausgeführt. Die Pumpensätze der Siemenswerke werden in zwei Bauarten „Motor unten“ und „Motor oben“ gebaut. Die Trockenhaltung des Motors bei der Bauart „Motor oben“ geschieht durch eine über den Maschinensatz gesetzte Taucherglocke, die zeitweise mit Preßluft aufgefüllt wird. Bei der Bauart „Motor unten“ (Abb. 360 und 361) wird das durch die Stopfbüchse der Motorwelle eindringende Wasser in einen kleinen Pumpensumpf geleitet,

Abb. 355. Grundwasserabsenkung beim Bau der Schleuse Södertälye (Schweden). Der Bagger schafft Platz für die Bohrung der Brunnen der dritten Staffel. (Siemens-Bau-Union.)
a Saugrohr der ersten Staffel, *b* Saugrohr der zweiten Staffel, *c* Ableitung des Wassers in einem Holzgerinne, *d* Pumpen, *e* Bagger, *f* Bohrzeug für die Brunnen der dritten Staffel, *g* Grundwasserspiegel.

Abb. 356. Grundwasserabsenkung mit fünf Staffeln um 15 m. (Siemens-Bau-Union.)

der in der Abb. 362 deutlich zu erkennen ist, aus dem eine eigene kleine Sickerpumpe, die unten im Motor eingebaut ist, das Wasser herausbefördert. Wenn diese Sicker-

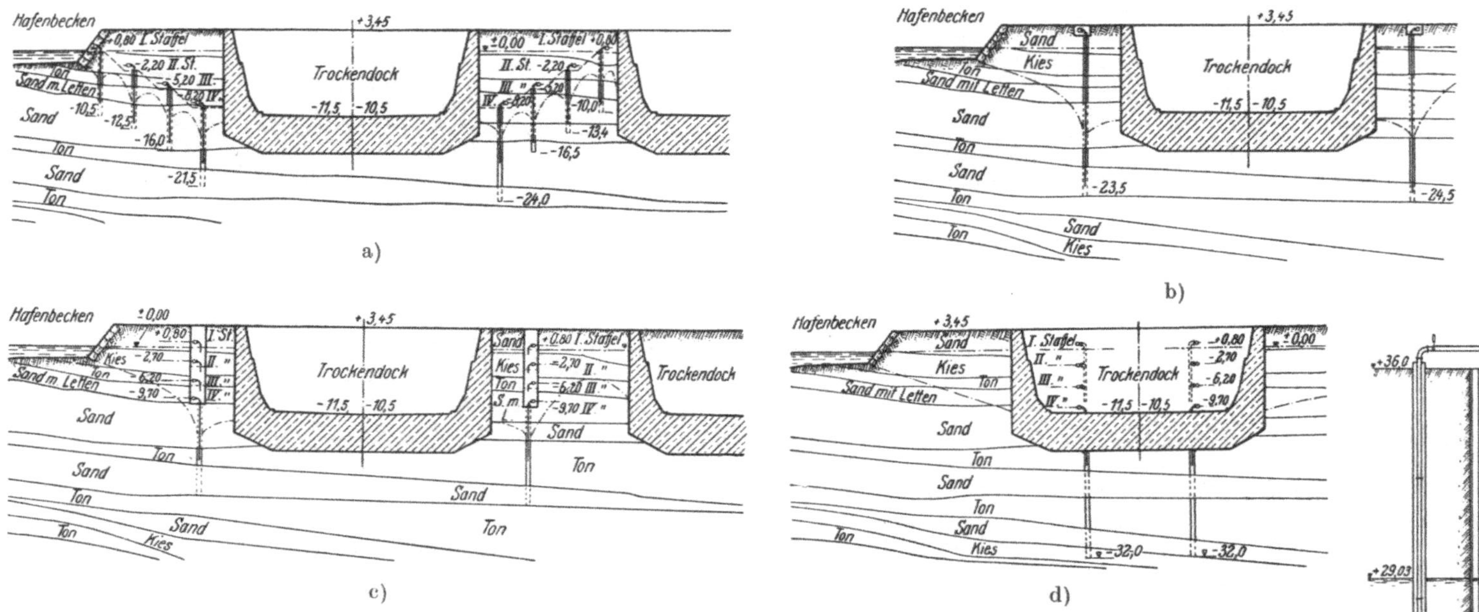

Abb. 357. Verschiedene Möglichkeiten der Grundwasserabsenkung beim Bau des Trockendocks VI in Kiel. a) Absenkung mit vier Staffeln, b) Absenkung mit Staffelung der Brunnen in sich selbst in der Baugrube, c) Staffelung in sich selbst außerhalb der Baugrube, d) Grundwasserabsenkung mittels Tiefbrunnenpumpen. (Nach W. Sichard: Bautechnik 1929 S. 401.)

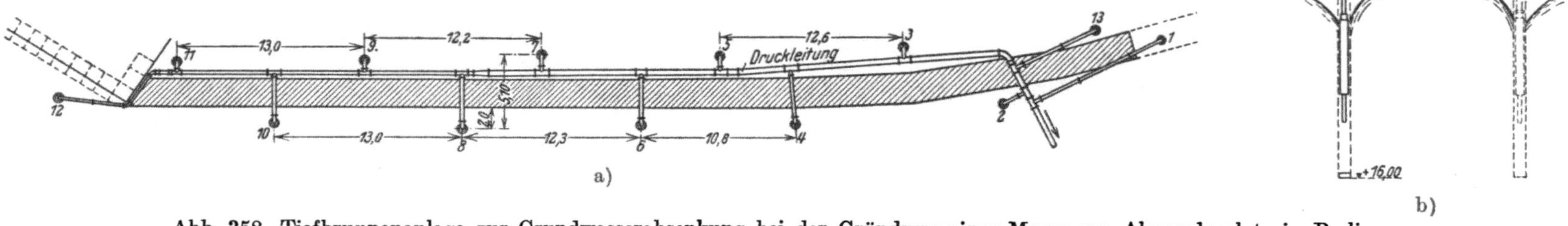

Abb. 358. Tiefbrunnenanlage zur Grundwasserabsenkung bei der Gründung einer Mauer am Alexanderplatz in Berlin. a) Grundriß, b) Querschnitt durch die Baugrube. (Nach W. Sichardt: Bautechnik 1929 S. 396.)

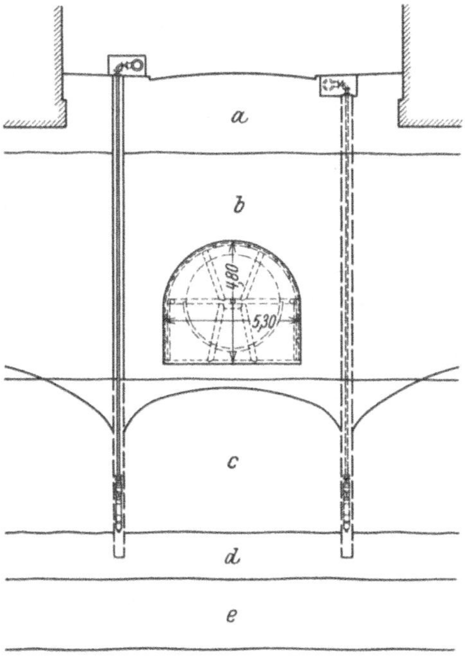

Abb. 359. Grundwasserabsenkung mittels Tiefbrunnenpumpen beim Bau eines Stollens. (Nach W. Sichardt: Bautechnik 1929 S. 404.)

a Lehm, *b* grober Kies, *c* grober Kies mit Steinen, *d* Geröll, *e* grober Kies mit Steinen und Sand.

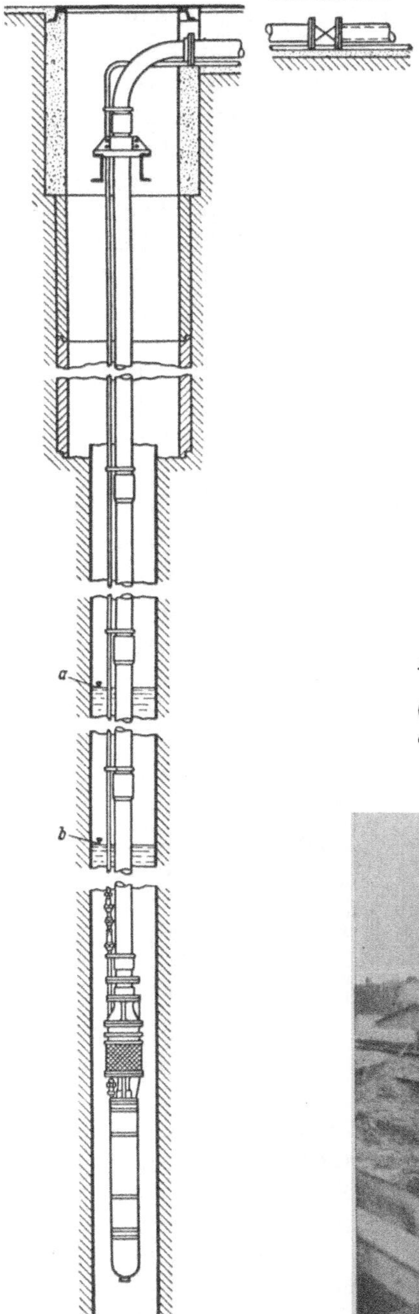

Abb. 360. Die Siemens-Elmo-Tiefbrunnenpumpe „Motor unten" in einem Brunnen eingebaut. (Nach Sichardt: Bautechnik 1929 S. 406.)

Abb. 361. Ansicht der Siemens-Elmo-Tauchpumpe „Motor unten". (Nach Sichardt: Bautechnik 1929 S. 406.)

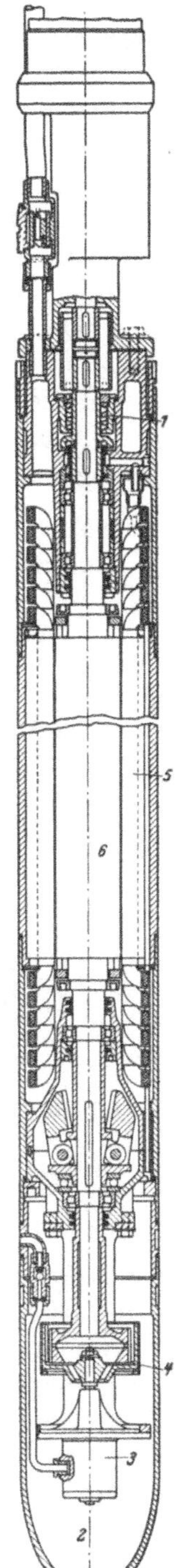

Abb. 362. Schnitt durch den Motor der Elmo-Tiefbrunnenpumpe „Motor unten". (Nach Sichardt: Bautechnik 1929 S. 402.)

1 Stopfbüchse, *2* Pumpensumpf, *3* Sickerpumpe, *4* Kupplung der Sickerpumpe, *5* Ständer, *6* Kurzschlußläufer.

pumpe versagt, so kann auch durch Einleitung von Preßluft in das Motorgehäuse das Sickerwasser herausgetrieben werden. Besondere Kontakte in der Taucherglocke bzw. im Pumpensumpf geben an der Schalttafel (Abb. 363) für die Motoren ein Signal, wenn bei einem Motor der Wasserstand die zulässige Höhe überschreitet, so daß der Wärter durch Zuführung von Preßluft den Motor rechtzeitig trockenlegen kann. Die Drehstromzuleitung erfolgt durch ein dreiadriges Kabel in Gummischlauch. Eine Ansicht einer Tauchpumpe mit „Motor unten" gibt die Abb. 361 und eine Ansicht der Schaltanlage einer Tiefbrunnenanlage die Abb. 363 wieder.

Der Außendurchmesser der Elmo-Tauchpumpen der Siemenswerke liegt zwischen 190 und 310 mm, die Gesamtlänge des Pumpensatzes zwischen 2300 und 2750 mm und die Motorleistung zwischen 5 und 13,5 kW.

Die UTA-Tauchpumpe der Garvenswerke stellt die Abb. 361 dar. Zum Unterschied gegen die früher beschriebenen Pumpensätze hat hier der Motor gar keinen

Abb. 363. Ansicht einer Schaltanlage für eine Grundwasserabsenkung mit Tauchpumpen. (Nach Sichardt: Bautechnik 1929 S. 402.)

Schutz gegen eindringendes Wasser, der Motor ist vielmehr wassererfüllt und die Isolation aller stromführenden Teile ist vollkommen wasserdicht ausgeführt. Die größten Außendurchmesser liegen bei den UTA-Pumpen zwischen 239 und 299 mm, die Anschlußweite der Druckrohrleitung zwischen 40 und 125 mm, die Fördermengen zwischen 0,83 und 33,3 l/sec und es können Förderhöhen bis zu 108 m erreicht werden.

Die beschriebenen Tiefbrunnenpumpen haben sich als außerordentlich betriebssicher erwiesen. Selbst nach einjährigem, ununterbrochenem Betriebe waren solche Pumpensätze in so gutem Zustande, daß sie ohne Überholung weiter im Betrieb belassen werden konnten.

4. Die Auswahl der Absenkungsart.

Für die Auswahl der Absenkungsart ist innerhalb der Grenzen der Ausführbarkeit, die in örtlichen Verhältnissen bedingt sind, ein Vergleich der Absenkungskosten maßgebend. W. Sichardt hat sich mit der Frage der Auswahl eingehender befaßt und gefunden, daß bei einer Absenkungstiefe von über 8 bis 10 m die Absenkung mit Tiefbrunnenpumpen auch in unbegrenztem Gelände jener mit gestaffelten Brunnenreihen überlegen wird.

In beengtem Raum kommt überhaupt nur die Absenkung des Grundwassers mit Tiefbrunnenpumpen in Frage, wenn gewöhnliche Kreiselpumpen mit einstaffeliger Brunnenreihe nicht mehr hinreichen. In den Abb. 357a und d und 365 sind zwei Beispiele dargestellt, die deutlich die große Überlegenheit der Anlagen mit Tiefbrunnenpumpen von anderen Anlagen vor Augen führen.

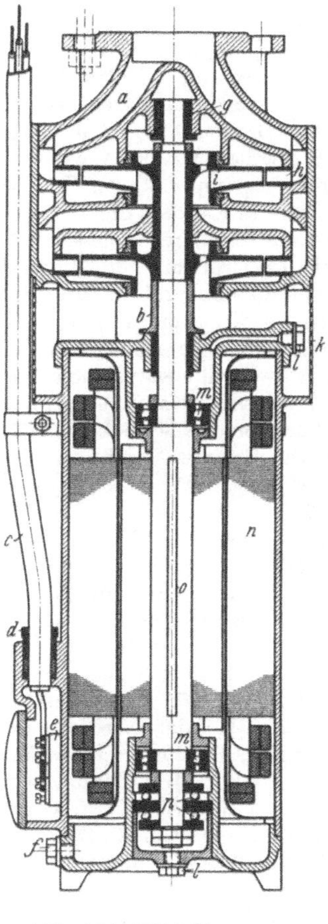

Abb. 364. UTA-Pumpe. (Garvenswerke Wien und Prag.)

a Druckstutzen, *b* Sandglocke, *c* Gummischlauchkabel, *d* Kabelstopfbüchse, *e* Klemmbrett, *f* Wasserschraube, *g* Endlager, *h* Leitrad, *i* Laufrad, *k* Sandfilter, *l* Fettschrauben, *m* Querlager, *n* wasserdicht gekapselter Stator, *o* Rotor, *p* Wechsellager.

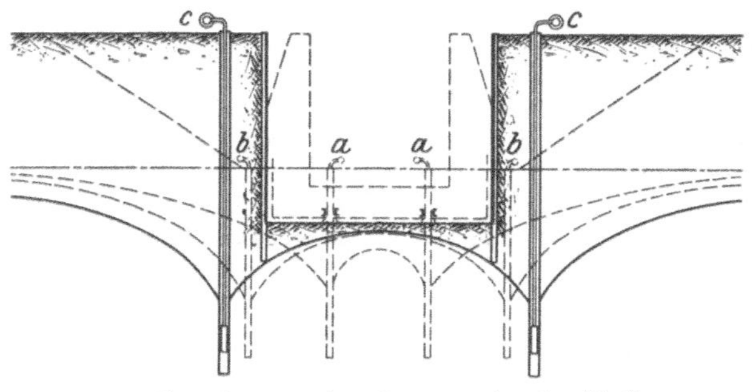

Abb. 365. Grundwasserabsenkung mittels Tiefbrunnenpumpen bei beengtem Raume. (Nach W. Sichardt: Bautechnik 1929 S. 394.)

a Brunnen in der Baugrube innerhalb des Bauwerksumrisses, *b* Brunnen in der Baugrube außerhalb des Bauwerksumrisses, *c* Tiefbrunnen außerhalb der Baugrube.

Literatur: Arp: Die Erweiterung des Wesermünder Hafens. Wasserwirtschaft 1926 S. 33. — Arp u. Dettmers: Die Grundwasserabsenkung beim Bau der Doppelschleuse in Wesermünde-Geestemünde. Zentralbl. Bauverw. 1926 S. 77. — Beger, K.: Zur Vorausbestimmung der Grundwasserergiebigkeit für die Wasserversorgung von Danzig. Bautechnik 1923 S. 138. — Bernhardt: Untertunnelung eines bewohnten Geschäftshauses für die Untergrundbahn in Berlin. Zentralbl. Bauverw. 1906 S. 607. — Bohlmann: Die Grundwasserabsenkung beim Schleusenbau in Brunsbüttelkoog. Dissertation. Braunschweig 1913. — Daehler, R.: Einige Bemerkungen zur Grundwasserabsenkung mittels Brunnengruppen. Wasserkraft 1924 S. 384. — Emersleben: Wie fließt das Grundwasser? Bautechnik 1924 S. 73, 212, 343. — Enzmann, M.: Die Grundwasserabsenkungsmethoden in ihrer Anwendung auf das Unterwasser. Dissertation. — Fischer: Die Untersuchung der Anlagen zur Grundwassersenkung auf ihre Dichtigkeit. Zentralbl. Bauverw. 1915 S. 556. — Forchheimer, Ph.: Die Höhenkurven des Grundwasserspiegels bei waagrechter Lage der undurchlässigen Schicht und beliebiger Tiefe. Z. Arch. Ing.-Wes. 1886 Sp. 545. — Derselbe: Wasserbewegung durch Böden. Z. V. d. I. 1901 S. 1737. — Derselbe: Hydraulik 3. Aufl. Leipzig: B. G. Teubner 1930. Mit reichen Angaben über Theorie der Grundwasserbewegung. — Gerlach, F.: Die elektrische Untergrundbahn der Stadt Schöneberg. Z. Bauw. 1911. — Gortzke, S.: Wasserhaltungsarbeiten für den Bau von Brückenwiderlagern und Schleusen. Bautechnik 1926 S. 345. — Götschke: Wasserhaltungsarbeiten für den Bau von Brückenwiderlagern und Schleusen. Bautechnik 1926 S. 545. — Grempe, M.: Moderne Grundwasseabsenkung. Wasserkraft 1919 S. 174. — Derselbe: Moderne Grundwasserabsenkung. Grund Gerüstbau 1923. — Hechler, K.: Die Ergiebigkeit und Absenkung artesischer Brunnen. Bautechnik 1923 S. 289. — Heyung, C. T. C.: Die neue Seeschleuse Ymuiden. Z. V. d. I. 1929 S. 748. — Himmer: Senkung des Grundwasserspiegels bei der Gründung von Bauwerken. Zentralbl. Bauverw. 1914 S. 128, 136. — Körner, B.: Bodensetzungserscheinungen bei Grundwasserabsenkung. Bautechnik 1927 S. 614. — Koschmieder, H.: Die Bewegungsgesetze und die Mengenbestimmung des Grundwassers. — Kyrieleis, W.: Grundwasserabsenkung bei Fundierungsarbeiten. Berlin: Julius Springer 1913. — Kyrieleis-Sichardt: Grundwasserabsenkung bei Fundierungsarbeiten 2. Aufl. Berlin: Julius Springer 1930. (Mit reichen weiteren Literaturangaben.) — Leitholf, O.: Konstruktionen für den Umbau 1927/28 des Opernhauses Berlin, Unter den Linden. Bautechnik 1928 S. 806. — Lawski: Der Södertälye Kanal. Jahrb. Hafenbautechn. Ges. 1924. — Luft: Die Erweiterung des argentinischen Kriegshafens Puerto Militar. Jahrb. Hafenbautechn. Ges. 1919. — Locher & Co.: Die Grundwasserabsenkung beim Neubau der Züricher Kantonalbank. Schweiz. Bauzg. 1924 S. 152. — Meyer: Ein Plan zur Untertunnelung des Strelasundes bei Stralsund. Bautechnik 1928 S. 170. — Möller: Die Grundwasserabsenkungsanlage für den Bau der Zwillingsschachtschleuse bei Fürstenberg a. d. Oder. Bautechnik 1928 S. 703. — Derselbe: Der Bau der Zwillingsschachtschleuse bei Fürstenberg a. d. Oder. Zentralbl. Bauverw. 1928 S. 139. — Möller u. Ohmann: Die Grundwassersenkungsanlage für den Bau der Zwillingsschachtschleuse bei Fürstenberg a. d. Oder. Bautechnik 1928 S. 703. — Pollack, V.: Seeufersenkungen und Rutschungen. Z. öst. Ing.-V. 1889 S. 5. — Pfleiderer, C.: Der gegenwärtige Stand des Kreiselpumpenbaues. Z. V. d. I. 1929 S. 184. — Prinz, E.: Die Trockenhaltung des Untergrundes mittels Grundwassersenkung. Zentralbl. Bauverw. 1906 S. 595, 607. — Derselbe: Die Trockenhaltung des Untergrundes mittels Grundwassersenkung. Zentralbl. Bauverw. 1906 S. 596. — Derselbe: Bau und Lebensdauer von Brunnenanlagen. J. Gasbel. Wasservers. 1908 S. 318. — Ramshorn, A.: Neues Verfahren der Wasserhaltung, insbesondere bei Kanalisationsarbeiten. Bautechnik 1928 S. 639. — Derselbe: Neue Abwasserpumpwerke der Emschergenossenschaft. Bautechnik 1930 S. 299. — Rogge: Die neue Ostseeschleuse des Kaiser-Wilhelm-Kanals. Zentralbl. Bauverw. 1923 S. 187. — Schaaf: Die Grundwasserhaltung und ihre Preisbemessung. Dt. Bauzg. 1928 Heft 57 (Beilage Bauwirtschaft und Baurecht). — Schäfer, H.: Die Gründung von Bauwerken mittels Grundwassersenkung. Wasserkraft 1920 S. 33. — Schonopp: Gefährdete Baugruben. Bautechnik 1926 S. 308. — Schmah, V.: Über die Verwendung von Humerohren bei den Kanälen von Uelzen. Bautechnik 1930 S. 127. — Derselbe: Neuere Erfahrungen bei Grundwasserabsenkungen mittels Hampelbrunnen. Bautechnik 1931 S. 218. — Schultze, J.: Vom Grundwassersenkungsverfahren. Bautechnik 1923 S. 49. — Derselbe: Die neuere Entwicklung des Grundwasserabsenkungsverfahrens. Bautechnik 1923 S. 177. — Derselbe: Reichweite und Ergiebigkeit einer Grundwassersenkung in Abhängigkeit von der Betriebsdauer. Bautechnik 1923. — Derselbe: Die Grundwasserabsenkung in Theorie und Praxis. Berlin: Julius Springer 1924 (mit reichen weiteren Literaturangaben). — Sichardt, W.: Fortschritte des Grundwasserabsenkungsverfahrens. Bauing. 1923 S. 599. — Derselbe: Über Tiefsenkung des Grundwasserspiegels. Bautechnik 1927 S. 683, 718, 730. — Derselbe: Das Fassungsvermögen von Rohrbrunnen und seine Bedeutung für die Grundwasserabsenkung, insbesondere für größere Absenkungstiefen. Berlin: Julius Springer 1927 (mit reichen weiteren Literaturangaben). — Derselbe: Die Grundwasserabsenkung bei der Herstellung der Tiefbühne anläßlich des Um- und Erweiterungsbaues der Staatsoper zu Berlin, Unter den Linden. Bauing. 1928 S. 717. — Derselbe: Die Ausführung von Grundwasserabsenkungen mit Tiefbrunnenpumpen. Bautechnik 1929 S. 394. — Derselbe: Tiefbrunnenpumpen für Grundwasserabsenkungszwecke. Bautechnik 1929 S. 405. — Sichardt, W., u. H. Weber: Hydrol. Rechnungen für die Grundwasserabsenkung beim Bau der Nordschleusenanlage in Bremerhaven. Bautechnik 1930 S. 451. — Siemens-Bau-Union: Grundwasserabsenkung mittels Tiefbrunnenpumpen. Mitt. Siemens-Bau-Union 1928 Heft 9. — Stecker, B.: Stauungen bei Grundwasserabsenkungen als Ursache von Quellbildungen. Grund Gerüstbau 1923. — Thein: Grundwasserabsenkung beim Stadttheaterneubau in Hamburg. Hamburger Techn. Rundschau 29. Okt. 1926. — Thiele: Die Herstellung von Anlagen zur Wassergewinnung. J. Gasbel. Wasservers. 1905 S. 368. — Wegner: Höhlenbildung in Sanden durch Grundwassersenkung. Z. prakt. Geologie 1917 S. 26. — Weber, H.: Grundwasserabsenkung beim Bau städtischer Leitungsnetze. Techn. Gemeindebl. 1928 S. 47. — Witte: Die Grundwasserabsenkung beim Bau der Schleuse Flaesheim des Schiffahrtskanals Mosel—Datteln. Zentralbl. Bauverw. 1929 S. 619. — Zimmermann: Die Anwendung der Grundwasserabsenkung zu Neubauten und Wiederherstellungsarbeiten. Z. Bauw. 1907 S. 411. — Die Grundwassersenkung beim Neubau der neuen Schleuse im Södertälye in Schweden. Wasserkraft 1923. — Erweiterungsbauten der Linke-Lauchhammer A.-G. Eisenwerke in Gröditz bei Riesa. Wasserkraft 1923 S. 105. — Das Grundwasserabsenkungsverfahren bei der Gründung des Krafthauses Gratwein. Öst. Wasserwirtschaft 1926 S. 327.

c) Die Abhaltung des Grundwassers durch Dichtung des Bodens.

Statt das gegen eine Baugrube zulaufende Grundwasser aus dem Boden abzupumpen, kann es auch am Durchtritt durch die Wandungen und durch die Sohle der Baugrube durch Dichtung des Bodens verhindert werden. Hierzu eignet sich das Gefrierverfahren, bei dem sowohl die Wandungen als auch die Sohle gedichtet werden und das Verfahren der Versteinerung des Bodens durch Einspritzung von Zement oder von Kieselsäuresalzen.

1. Das Gefrierverfahren.

Beim Gefrierverfahren von H. Poetsch wird das in den Poren des Bodens enthaltene Wasser zum Gefrieren gebracht, so daß eine sogenannte Frostmauer entsteht, die nicht nur den Durchtritt von Wasser verhindert, sondern bei hinreichender

Stärke auch eine Baugrubenaussteifung überflüssig macht. Es wird wegen seiner hohen Kosten nur in stark beweglichem, wasserführendem Boden angewendet, wenn kein anderes Gründungsverfahren zum Ziele führt.

Um den Boden zum Gefrieren zu bringen, werden 0,5 bis 1,0 m vom Grundwerksumrisse in gegenseitigem Abstande von etwa 1 m Bohrlöcher hergestellt, in die Kühlrohre herabgelassen werden, worauf die Futterrohre der Bohrlöcher gezogen werden, so daß der Boden in unmittelbare Berührung mit dem Kühlrohr gerät. Das Einbauen der Kühlrohre kann in sehr leichtem Boden auch durch Einspülung, ähnlich wie bei Pfählen (vgl. S. 328), geschehen.

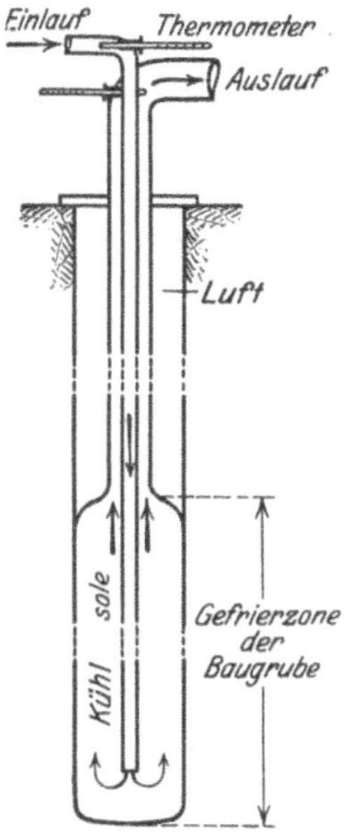

Abb. 366. Schematischer Schnitt durch ein Gefrierrohr. (Aus Hetzel-Wundram: Grundbautechnik.)

Die Kühlrohre (Abb. 366) bestehen aus je einem 15 bis 25 cm weiten, unten geschlossenen Rohr, in das ein 6 bis 10 cm weites unten offenes Rohr hinabführt, das oben durch eine Stopfbüchsendichtung des weiten Rohres läuft. Durch das enge Rohr wird eine tief unter 0^0 abgekühlte Lauge mit einer Geschwindigkeit von 0,5 bis 0,7 m/sec zugeleitet, die dann im weiten Rohr langsam mit einer Geschwindigkeit von 3 bis 5 cm/sec aufsteigt und den umliegenden Boden abkühlt und zum Gefrieren bringt. Es entsteht auf diese Weise eine Frostmauer, die Wasser und Schwimmsand von der Baugrube abhält. Diese Frostmauer erhält meist auf der Außenseite eine Dicke von 0,5 m, auf der Innenseite eine solche von 1 m, vom Kühlrohr aus gemessen. Wenn die Baugrube größere Abmessungen hat und auch die Sohle verläßlich frieren muß,

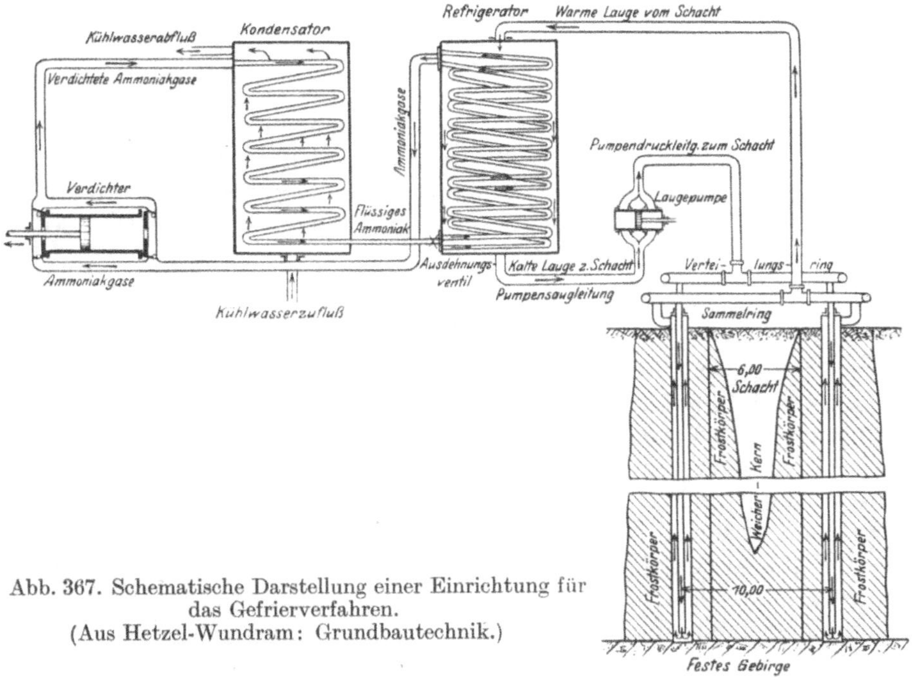

Abb. 367. Schematische Darstellung einer Einrichtung für das Gefrierverfahren.
(Aus Hetzel-Wundram: Grundbautechnik.)

so ist die Anordnung von Kühlrohren, auch über der Sohle verteilt, erforderlich. Bei einer engeren Baugrube hat der Frostmantel etwa die in der Abb. 367 dargestellte Form.

Als Kühlflüssigkeit, die die Kälte in die Rohre zu befördern hat, wird eine solche mit niedrigem Gefrierpunkt verwendet, wie z. B. eine Mischung von 85 Teilen Chlorkalziumlauge, 10 Teilen Chlormagnesiumlauge und 5 Teilen Methylalkohol mit einem Gefrierpunkt von -50^0 C, Chlormagnesiumlauge von 28^0 Baumé (Eigengewicht $\gamma = 1240$ kg/m³, spez. Wärme 0,8 Kal/⁰·kg) mit einem Gefrierpunkt von -52^0 C, ferner Alkohol oder denaturierter Spiritus.

Die Kühlsohle wird in einer eigenen Kühlanlage (Abb. 367) bis nahe an ihren Gefrierpunkt abgekühlt und dann durch eine Pumpe mit einem Überdruck von etwa 2 kg/cm² den Kühlrohren zugeleitet.

In der Kühlanlage wird, je nach der gewünschten Temperatur, Ammoniak oder Kohlensäure verflüssigt und abgekühlt; hierauf läßt man die verflüssigten Gase wieder verdampfen, wobei sie der Kühlsohle die Verdampfungswärme entziehen. Man erhält bei Verwendung von Ammoniak Temperaturen bis -25^0 C, bei Kohlensäure solche bis -50^0 C. Einen Überblick über die Einrichtung einer solchen Anlage gibt die Abb. 367.

Die Kühlsohle wird den Kühlrohren durch eine Verteilleitung zugeführt, an die alle engen Rohre der Kühler angeschlossen sind, während die weiten Rohre mit der Sammelleitung verbunden werden, die die aus den Kühlern aufsteigende warme Sohle wieder zur Kühlanlage zurückführt.

Um die Wärmemenge W (Kal) zu schätzen, die dem Boden entzogen werden muß, ist die Kenntnis der Bodentemperatur t_b, das Eigengewicht γ' (kg/m³) des Sandkornmaterials, dessen spezifische Wärme c_s (Kal/⁰·kg), sein Porenverhältnis n in Bruchteilen des Gesamtvolumens, der Rauminhalt V (m³) der Frostmauer und die mittlere Temperatur t des Frostkörpers erforderlich. Bedeutet weiter γ das Eigengewicht des Wassers in kg/m³, c_w die spezifische Wärme des Wassers (= 1 Kal/⁰·kg) und c_e die spezifische Wärme des Eises (= 0,5 Kal/⁰·kg), so müssen dem Boden entzogen werden:

zur Abkühlung des Sandes von t_b^0 auf t^0	$V(1-n)\,c_s\,(t_b - t)\,\gamma'$
zur Abkühlung des Porenwassers von t_b auf 0^0 .	$V n \gamma t c_w$
zur Umwandlung des Porenwassers von 0^0 in Eis.	$V n \gamma 80$
zur Abkühlung des Eises von 0^0 auf t^0	$V n \gamma c_e (-t)$

Für t wird meist -8^0 bis -10^0 gesetzt und es beträgt die spezifische Wärme von Quarzsand 0,19 bis 0,21 Kal/⁰·kg und sein Porenverhältnis $n = 0{,}26$ bis 0,45.

Für unvermeidliche Verluste im Boden wird ein Zuschlag von 100 vH und für Strahlungsverluste in der Kühlanlage und in der Zuleitung ein solcher von 25 vH gemacht, so daß die Kühlanlage etwa

$$(349) \qquad W = 2{,}25\, V[(1-n)\,c_s\gamma'\,(t_b - t) + n\gamma\,(t + 80 - c_e t)]$$

zu leisten hat.

Die Ausbildung der Frostmauer geht sehr langsam vor sich und erfordert in der Regel zwei bis drei Monate.

Die Bildung der Frostmauer wird durch strömendes Grundwasser sehr behindert, weil der Grundwasserstrom unausgesetzt warmes Wasser herbeiführt und schon abgekühltes ableitet und überdies auch eine schon gebildete Frostmauer fortgesetzt wärmt. Die Zeit, die für die Bildung der Frostmauer erforderlich ist, ist um so kürzer, je näher die Kühler aneinander stehen, weswegen die Entfernungen derselben nicht über 1 m gewählt werden sollen.

Über die Festigkeit, die nasser, gefrorener Boden bei verschiedenen Temperaturen erreicht, liegen nur spärliche Angaben vor. Wassererfüllter, dünnflüssiger Sand soll nach Wundram und Hetzel bei -15^0 C eine Druckfestigkeit von 14 kg/cm² haben, die bei -20^0 bis auf 200 kg/cm² ansteigt. Nach Zaeringer beträgt bei -15^0 C die Festigkeit von gefrorenem, wassergesättigtem Sand 138 kg/cm², von sandigem Ton 90 kg/cm² und von ziemlich reinem Ton 72 kg/cm².

Das Betonieren in Baugruben, die mit Anwendung des Gefrierverfahrens ausgehoben worden sind, ist wegen der niedrigen Temperatur sehr schwierig und erfordert die Anwendung von Spezialzementen, die hohe Abbindewärme haben. E. Treptow empfiehlt Mörtel und Beton mit Chlormagnesiumlauge anzumachen, um ein Frieren zu verhindern.

Literatur: Brennecke, L.: Der Grundbau 3. Aufl. 1906 (mit Angaben über ältere Literatur). — Calfas: Traversée de la Seine par la ligue No. 4. Génie civil Bd. 57 (1910). — Erlinghagen: Die Entwicklung des Schachtabteufens nach dem Gefrierverfahren in den letzten 20 Jahren. Z. V. d. I. 1924 S. 383. — Fischer: Studien über die industrielle Verwertung der Kälte. Ziv.-Ing. 1892 S. 327. — Göttsche: Die Kältemaschinen und ihre Anlagen 6. Aufl. 1928. — Hetzel, G., u. O. Wundram: Die Grundbautechnik und ihre maschinellen Hilfsmittel. Berlin: Julius Springer 1929. — Joosten, H.: Die neueste Anwendung des Gefrierverfahrens auf der Zeche Auguste Viktoria in Westfalen. Essener Glückauf 1904 S. 1541. — Derselbe: Die Anwendung des Gefrierverfahrens usw. Essener Glückauf 1906 S. 577. — Derselbe: Das Tiefkälteverfahren beim Schachtabteufen. Essener Glückauf 1927 Nr. 9, 10. — Kropf: Abteufen von Schächten in Bergwerken mit Hilfe des Gefrierverfahrens auf durchgehende Tiefe bzw. mit Absatz. Bautechnik 1924 S. 521. — Derselbe: Abteufen von Bergwerksschächten nach dem Gefrierverfahren in neuzeitlich verbesserten Ausführungen. Bautechnik 1925 S. 325. — Leitholf: Maschinentiefkeller im Hause Rudolf Herzog in Berlin. Dt. Bauzg. 1908 S. 36. — Mautner: Neuere Eisenbetonkonstruktionen im Bergbau. Beton u. Eisen 1911 S. 281. — Rogge: Schachtabteufung in wasserführendem Gebirge mittels des Gefrierverfahrens. Beton u. Eisen 1906 S. 293. — Derselbe: Das Gefrierverfahren. Zentralbl. Bauverw. 1915 Heft 1. — Schleich: Die Seineunterfahrung durch die Linie IV der Pariser Untergrundbahn. Schweiz. Bauzg. 1909 S. 325. — Stegemann, O.: Das Schachtabteufen im linksrheinischen Deckgebirge. Festschr. Aachener Bergmannstag 1910 3. Teil S. 59. — Derselbe: Leistungen und Kosten beim Schachtabteufen nach den Gefrierverfahren. Essener Glückauf 1912 S. 417. — Treptow, E.: Grundzüge der Bergbaukunde. I. Bergbaukunde. Leipzig: O. Klemm 1917. — Walbrecker, W.: Versuche und Studien über das Gefrierverfahren. Essener Glückauf 1910 S. 1681. — Zähringer: Das Gefrierverfahren und seine neueste Entwicklung. Int. Kongr. zu Düsseldorf. Ber. über Bergbau S. 287. — Zander: Erweiterung des Emdener Hafens. Zentralbl. Bauverw. 1914 S. 415.

2. Die Abhaltung von Grundwasser durch Versteinung des Bodens.

Das Grundwasser kann von einer Baugrube in Sand oder Kies, die mit Spundwänden eingefaßt sind, ferngehalten werden, wenn die Poren des Bodens durch Einspritzen von Zementmilch bzw. Beton oder von kieselsauren Salzen aufgefüllt und die Körner im Boden gleichzeitig verkittet werden. Beide Verfahren werden im Abschnitte über chemische Bodenverfestigung (S. 259) näher beschrieben.

Wenn der Boden abgedichtet ist, erfolgt der Aushub bis zu der für die Errichtung des Grundwerkes erforderliche Tiefe und es wird gleichzeitig das innerhalb der Baugrube stehende Wasser abgepumpt. Die Platte versteinerten Bodens wird durch den von unten wirkenden Druck des Grundwassers belastet und muß, damit Gleichgewicht besteht, durch ihr Gewicht dem Wasserdruck das Gleichgewicht halten. Als Beispiel für eine solche Baugrubenabdichtung sei die Abb. 368 erwähnt, die die Abdichtung der Sohle eines langen Heberrohrgrabens zeigt.

Für die Abdichtung reicht schon eine dünne Schichte hin; um daher an Versteinungskosten zu sparen, kann die Bodenabdichtung in größerer Tiefe erfolgen und man läßt dann als Beschwerung, wie es die Abb. 369 andeutet, über ihr eine Schicht unverfestigten Bodens liegen.

In großem Maßstabe ist dieses Verfahren beim Bau des Pumpenhauses für das Vorpumpwerk Berkhof der städtischen Wasserwerke in Hannover angewendet worden, wo in einer Baugrube von 220 m² Grundfläche eine 1,5 m starke Schichte 3,70 m unter dem Grundwasserspiegel chemisch versteint worden ist.

Literatur: Barry u. Jacobories: Die Anwendung des Gefrier- und Zementierverfahrens beim Abteufen des Kalischachtes Wendland. Essener Glückauf 1913 S. 1885. — Bernhardt, K.: Versteinerung loser Bodenarten im Grundbau. Bauing. 1930 S. 202. — Divis, J.: Einiges über das Zementierverfahren beim Abteufen und Ausbau von Schächten in wasserreichem Gebirge. Öst. Z. Berg Hüttenwes. 1907 S. 27. — Ebeling: Neuere Erfahrungen mit den Zementierverfahren auf Schacht II des fürstl. Plessischen Steinkohlenbergwerkes Heinrichsglückgrube bei Nikolai. Essener Glückauf 1911

S. 1245. — Fischer, H.: Wasserdichter Ausbau der Quellfassungen der drei Kolonnadenquellen in Bad Elster. Jahrb. Berg Hüttenwes. Königr. Sachsen 1906 S. 135. — Georgi, F. M.: Wasserdämmung und Betonausbau im König-Georg-Schacht des Kgl. Steinkohlenwerkes Zanckeroda. Jahrb. Berg Hüttenwes. Königr. Sachsen 1904 S. 97. — Graefe: Abteufarbeiten auf Schacht Hildesia. Z. angew. Chem. 1907 S. 1027. — Morsbach: Das Abteufen der Westfalenschächte bei Ahlen. Essener Glückauf 1911 S. 809. — Schwemmen u. Schneiders: Das Durchteufen fester Gebirgsschichten nach dem Versteinerungsverfahren. Essener Glückauf 1914 S. 949. — Wiede, A.: Die Wasserdämmung beim Abteufen des Pohlauer Schachtes der Gewerkschaft Morgenstern in Reinsdorf durch Versteinerung der natürlichen Wasseradern. Jahrb. Berg Hüttenwes. Königr. Sachsen 1901 S. 66.

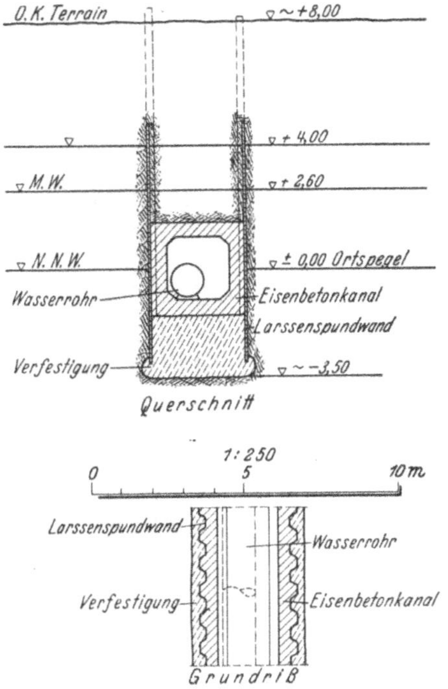

Abb. 368[1]. Chemische Versteinung des Bodens zur Abdichtung der Sohle eines Hebergrabens. (Nach K. Bernhardt.)

3. Die Abhaltung von Grundwasser durch eine Schüttung von Unterwasserbeton.

Von einer Baugrube, die durch Spundwände eingefaßt ist, hat man früher vielfach das Grundwasser durch eine Schüttung von Unterwasserbeton ferngehalten (vgl. S. 221, Abb. 314), ein Verfahren, das gegenwärtig kaum noch in größerem Maßstab angewendet werden dürfte.

Das Verfahren bestand darin, daß man nach der Umschließung der Baugrube mit einer Spundwand den Boden bis auf die erforderliche Tiefe ausbaggerte, hierauf unter Wasser die Platte betonierte und schließlich das Wasser aus der Baugrube auspumpte. Die Betonplatte mußte eine solche Dicke erhalten, daß sie dem von unten wirkenden Wasserdruck das Gleichgewicht halten konnte.

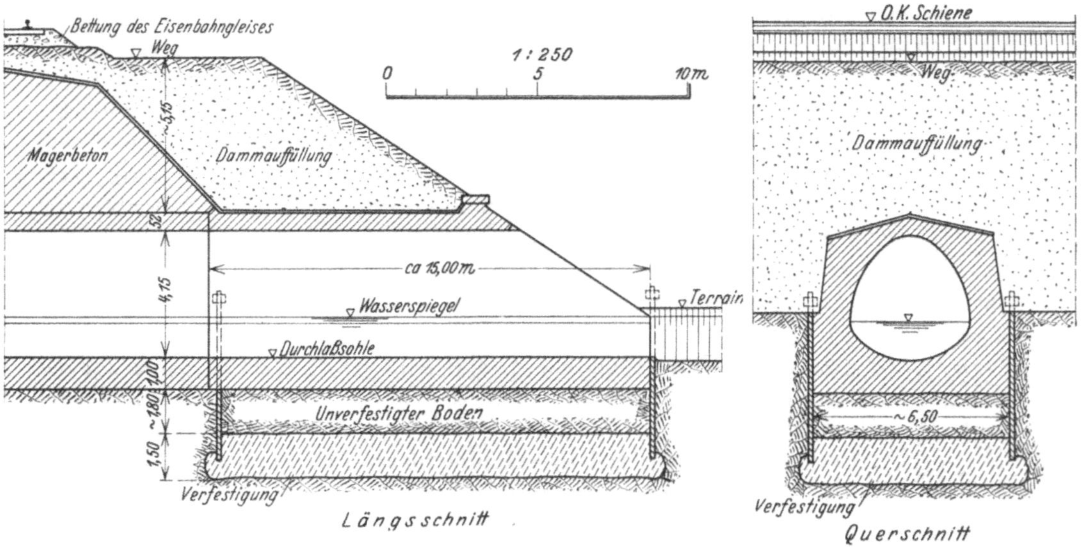

Abb. 369. Chemische Versteinung der Sohle einer Baugrube für einen Durchlaß. Die versteinte Schicht bleibt durch eine unversteinte beschwert. (Nach K. Bernhardt.)

Zur Verstärkung der Spundwand baute man die Baugrubeneinfassung auch, wie es auf S. 221 schon näher geschildert worden ist, zu einem Betonfangdamm um.

[1] Die Abb. 368, 369, 377, 379 und 380 stammen aus: Der Bauingenieur 1930.

4. Die Abhaltung des Grundwassers durch Verdrängung.

Bei größeren Gründungstiefen kann schließlich das Grundwasser auch unter Zuhilfenahme von Druckluft verdrängt werden, ein Verfahren, das ausgedehnte Anwendung gefunden hat und das ausführlich im Abschnitte „Druckluftsenkgründungen" erläutert wird.

d) Quellen in der Baugrube.

Wenn in der Baugrube Quellen auftreten, so müssen diese sofort gefaßt werden, um eine unerwünschte Durchfeuchtung des Bodens unter dem Grundwerke zu verhüten. Die Ableitung des Quellergusses erfolgt in der Regel in den Pumpensumpf; manchmal wird auch über der Quelle nur ein Rohr lotrecht hochgeführt, in dem der Wasserspiegel aufsteigt. Die Frage, ob man nur ein Standrohr über der Quelle einbaut und besonders die, ob man nach Vollendung die Quelle überhaupt abdämmt, ist nicht allgemein zu beantworten. Jedenfalls wird durch jede Behinderung des Wasseraustrittes an der Quelle der Wasserdruck im Boden gesteigert. Das Quellwasser kann an anderer Stelle in die Grundwerkssohle austreten, kann dort Auftrieb bewirken und die Konsistenz des Bodens ungünstig ändern. Es wird daher im allgemeinen wohl zweckmäßiger sein, die Quelle dauernd laufen zu lassen. Wenn das zu gründende Bauwerk dem Aufstau von Wasser dient, so muß untersucht werden, ob diese Quelle nicht aus dem Stauraum in die Grundwerkssohle fließt und es muß dann die Quellader noch außerhalb des Bereiches des Grundwerkes abgeschnitten werden.

Fünfter Teil.

Die Vorbereitung des Bodens für die Gründung.

A. Die Entfernung ungeeigneten Bodens.

Wenn an der Baustelle für die unmittelbare Gründung ungeeignete Bodenschichten vorgefunden werden, so müssen diese entfernt werden, wenn das Bauwerk mittels eines Flachgründungsverfahrens gegründet werden soll. Solche ungeeignete Schichten sind, ohne Rücksicht auf die sonstigen Eigenschaften, alle Bodenschichten von der Bodenoberfläche bis zur Tiefe der Frostgrenze hinab, in denen sich im Winter beim Frieren und beim Auftauen Rauminhaltsänderungen abspielen, die Bewegungen des Grundwerkes verursachen könnten. Die Frostgrenze liegt in Mitteleuropa in etwa 1,0 m Tiefe, während der Frost in den nördlichen Gebieten Europas bis auf etwa 1,5 bis 2,0 m hinabreicht. In Nordsibirien liegt die Frostgrenze in großer Tiefe und man ist dort gezwungen, die Bauwerke auf ständig gefrorenen Boden zu gründen; um Bewegungen des Grundwerkes beim Auftauen und Frieren der Oberflächenschicht zu vermeiden, geht man dort aber mit der Gründungstiefe unter die Auftaugrenze hinunter.

Ungeeignet für jede Gründung sind ferner Böden, die zahlreiche Pflanzenreste enthalten, die faulen und dabei Rauminhaltsänderungen des Bodens bewirken können; von diesen Böden wären besonders hervorzuheben Mutterboden (Humus) und Moorböden, die überdies außerordentlich nachgiebig sind.

Bei geringer Mächtigkeit erfolgt die Entfernung ungeeigneter Schichten am besten durch Abtragung, wobei die darunter liegende Schichte freigelegt und für die Gründung eingeebnet wird.

Moorböden und weiche Schlammböden werden vielfach in solchen Mächtigkeiten angetroffen, daß im Hinblick auf die Kosten an einen Abtrag nicht gedacht werden kann. Wenn es sich dort um die Gründung von Bauwerken handelt, die gegen Setzungen sehr unempfindlich sind, so kann der für die unmittelbare Gründung ungeeignete Boden verdrängt und durch einen geeigneten ersetzt werden. Diese Verdrängung geschieht mit Kiesschüttungen, die auf den ungeeigneten Boden aufgebracht werden, diesen belasten und zum seitlichen Ausweichen (Aufquellen) bringen (Abb. 370). Hier wird also durch die Kiesauflast mit voller Absicht die Grenzbelastung überschritten, so daß die Auflast versinkt und auf diese Weise die ungeeigneten Bodenschichten ersetzt.

Abb. 370. Bodenverdrängung durch eine Kiesschüttung bei der Schüttung der Hochwasserdämme am Rheindurchstich Diepoldsau.

a Kiesschüttung, *b* emporgequollener Moorboden.

Wenn das Ausweichen von Moorboden nicht in der gewünschten Weise vor sich geht, so kann der Vorgang dadurch beschleunigt werden, daß unter die Auflast durch gerammte Rohre Sprengstoffe etwa 0,6 bis 0,9 m tief in den Moorboden in gegenseitigen Entfernungen von 1,2 m versenkt und dort zur Explosion gebracht werden. Die Verbrennungsgase verdrängen den weichen Boden und der Kies stürzt von oben in die geschaffenen Hohlräume, bevor sie sich wieder schließen können.

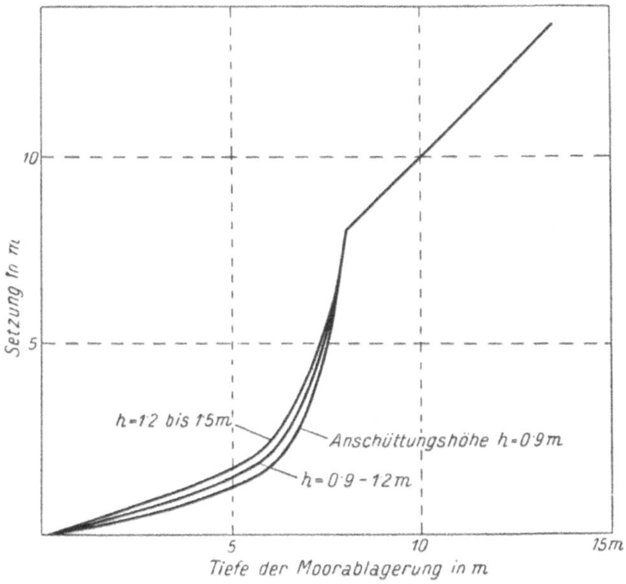

Abb. 371. Setzung von Schüttungen in Moorschichten verschiedener Stärke nach V. R. Burton. (Aus K. A. Redlich, K. Terzaghi u. R. Kampe: Ingenieurgeologie.)

V. R. Burton hat für Anschüttungshöhen zwischen 0,9 und 1,5 m Höhe bei verschiedenen Mächtigkeiten der Moorschicht die in der Abb. 371 angegebenen Setzungen festgestellt, die für die Ermittlung des Kiesbedarfes für die Verdrängung des Moorbodens Anhaltspunkte geben.

Die Bodenverdrängung wird hauptsächlich für die Gründung von Straßen und Bahndämmen, von Molen und dergleichen Bauwerken angewendet, bei denen Setzungen auch nachträglich noch leicht durch Aufhöhungen ausgeglichen werden können.

Literatur: Brosche: Über Dammschüttungen in Mooren. Zentralbl. Bauverw. 1913 S. 248. — Burton, V. R.: Fill Settlements in peat marshes. Procedings of the Sixth Aanaul Meeting of the Highway Research Board 1926 S. 93 bis 113. — Fuelscher: Der Bau des Kaiser-Wilhelm-Kanals. Z. Bauw. 1897 S. 117. — Hehl, R. A.: Eisenbahnen in den Tropen. Berlin 1902. — Heimbach, M.: Flachgründungen auf Schlamm- und Moorboden und Rekonstruktionen mit Hilfe dieses Verfahrens. Beton u. Eisen 1913 S. 343, 370, 386. — Paulsdorf: Moorboden. Zentralbl. Bauverw. 1904 S. 423. — Redlich, K. A., K. Terzaghi u. R. Kampe: Ingenieurgeologie S. 543 bis 552. Berlin: Julius Springer 1929. — Riedessel, P. W.: Plasting Settles Road fills in Minnesota. Engg. News Rec. Bd. 102 (1929) S. 788. —

Anlage und Bauart freistehender Gebäude in Ostpreußen. Zentralbl. Bauverw. 1909 S. 329. — Anwendung neuer Gründungsarten. Dt. Bauzg. Bd. 20 (1905) S. 303. — Das Elektrizitätswerk Andelsbuch im Bregenzer Wald. Schweiz. Bauzg. Bd. 55 (1910) S. 1, 15, 33, 61, 78. — Dichtung und Tragbarmachung lockeren, aufgeschütteten Baugrundes. Zentralbl. Bauverw. 1899 S. 485. — Fischereihafen auf der Insel Urk im Zuidersee. Zentralbl. Bauverw. 1904 S. 161. — Setzen von Straßendämmen durch Sprengen in den Mooren von Minnesota. Bauing. 1929 S. 747.

B. Die Verdichtung und Verbesserung des Baugrundes vor der Gründung.

Baugrund, der für die Aufnahme der Bauwerkslast wegen zu loser Lagerung nicht geeignet ist, kann durch mechanische oder durch chemische Verfahren verfestigt werden, so daß er dann zur Aufnahme von Lasten geeignet wird.

I. Die mechanische Verdichtung des Bodens.

Die mechanische Bodenverfestigung eignet sich nur für die Verbesserung von Böden, auf denen wenig empfindliche, leichte Bauwerke oder solche zu gründen sind, bei denen größere und auch ungleichmäßige Setzungen wenig Rolle spielen. Die mechanische Bodenverfestigung kann eine dichtere Lagerung der Bodenteilchen durch Belastung des Baugrundes, durch Walzen, durch Rammen oder durch Trockenlegen bewirken. Diese Verfahren sind aber nur zulässig, wenn eine spätere Verschlechterung der Bodenverhältnisse ausgeschlossen bleibt.

Die mechanische Verbesserung des Baugrundes erstreckt sich nur auf eine dünne Schichte des Baugrundes, auf die das Bauwerk gesetzt wird. Diese oberflächliche Verbesserung reicht aber vielfach aus, weil ja die Pressung im Boden unter dem Grundwerk mit der Tiefe rasch abnimmt und es schon hinreicht, wenn nur in der obersten Bodenschicht, wo die Pressungen noch groß sind, die Lagerungsdichte so weit verbessert wird, daß dort die Setzungen gering bleiben.

Die zur Verbesserung anzuwendenden Verfahren hängen von der Bodenbeschaffenheit und von der Art des zu gründenden Bauwerkes ab.

a) Die Verdichtung des Bodens durch Belastung.

Lose körnige Bodenschichten können durch Belastung dichter gelagert werden. Die aufgetragene Last soll die später aufzubringende Bauwerkslast übersteigen. Als Belastung werden Sand und Kiesschüttungen verwendet, die später wieder abgetragen werden. In der Regel versinkt ein Teil der aufgetragenen Last infolge der Verdichtung, manchmal auch infolge Verdrängung von Boden und kann nicht mehr abgetragen werden; dann wird das Bauwerk auf diese Sand- oder Kiesschichten gegründet. Als Beispiel für eine solche Baugrundverbesserung durch Belastung sei die in der Abb. 372 dargestellte Gründung einer Kaimauer erwähnt.

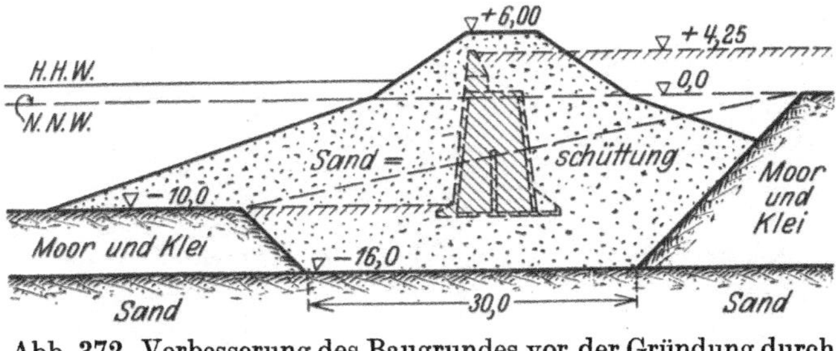

Abb. 372. Verbesserung des Baugrundes vor der Gründung durch Belastung mit einer Sandschüttung. (Nach D. Boomsma.)

Die Verdichtung durch Belastung bewirkt bei körnigem Boden eine Verringerung des Porenraumes, die mit der Auftragung der Belastung im wesentlichen beendet ist. Bei bindigem Boden muß während der Verdichtung Porenwasser ausgetrieben werden, was bekanntlich wegen der Feinheit der Poren außerordentlich lange Zeit erfordert, so daß dieses Verfahren bei bindigen Böden nur anwendbar ist, wenn hinreichend lange Zeit zur Verfügung steht. Moorböden sind besser durchlässig als bindige Böden, so daß auch durch kürzer andauernde Belastung eine hinreichende Verdichtung erzielt werden kann.

Literatur: Boomsma, D.: Die Entwicklung des Kaimauerbaues in Rotterdam. Hafenbautechn. Jahrb. 1927 S. 127. Fellenius, — W.: Kaimauer Göteborg. Bericht 100 zum XII. Int. Schiff.-Kongr. 1912 S. 28. — Möller, M.: Die neuen Kaibauten Gothenburgs. Dt. Bauzg. Eisenbetonteil 1917 S. 106.

b) Die Verdichtung des Bodens durch Walzen und Rammen.

Die Verdichtung von Boden durch Walzen und Rammen eignet sich nur für körnige Böden und für solche bindige, die zwar feucht sind, deren Poren aber nicht mit Wasser gesättigt sind; wassergesättigte bindige Böden erfordern langandauernde Belastung, weil während der Verdichtung das überschüssige Porenwasser ausgetrieben werden muß. In der Abb. 373 ist eine Walze mit geriffelten Rädern und in der Abb. 374 ein Universalgerät von Menck & Hambrock als Bodenramme dargestellt. Bei körnigen Böden ist das Abrammen dem Walzen vorzuziehen, weil erfahrungsgemäß Erschütterungen die Verdichtung solcher Böden fördern. Begießen mit Wasser, das in den Boden versickert, beschleunigt die Verdichtung. Wenn künstlich aufgetragener Boden zu verdichten ist, so darf er in Schichten von höchstens 10 bis 20 cm aufgetragen werden, weil sonst wegen der Ausbreitung des Druckes im Boden die unteren Teile der aufgetragenen Schichten wesentlich weniger (vielfach unzulänglich) verdichtet werden als die oberen.

Abb. 373. Verdichtung des Bodens durch Walzen. (Siemens-Bau-Union.)

Abb. 374. Verdichtung des Bodens durch Stampfen. (Menck & Hambrock, Altona.)

c) Die Verdichtung des Bodens durch Einrammen von Schotter, Steinen oder Pfählen.

Wenn Schotter und hochkantig gestellte Steine auf den Boden aufgebracht und mit einfachen Stößeln, mit der Viermännerramme oder mit anderen Geräten in den Boden eingestampft werden, so kann der Boden oberflächlich verdichtet werden. Dieses Verfahren ist bei allen körnigen und bei den festeren bindigen Böden anwendbar; bei Schlamm- und Moorboden führt es nicht ans Ziel. Bei bindigen Böden wird rasch eine hohe Tragfähigkeit erreicht, die aber bald wieder, in dem Maße als das unter Spannung versetzte Porenwasser abläuft, nachläßt. Dieses Verfahren findet ausgedehnte Anwendung bei der Herstellung des Grundbaues von Straßen.

Um auf größere Tiefen den Boden verdichten zu können, werden kurze Pfähle in den Boden getrieben, wieder herausgezogen und der auf diese Weise geschaffene Hohlraum sofort mit Kies ausgestampft. In besonders wirkungsvoller Art geschieht diese Bodenverdichtung bis auf größere Tiefe durch das Kompressolverfahren von Dulac, das auf Seite 310 genauer beschrieben wird.

In Schlammböden kann Kies eingerührt werden, indem mit eisernen 1 bis 2 m langen Stangen, die in den Boden eingesteckt werden, der Schlamm aufgerührt wird. In den flüssig gewordenen Boden wird dann Schotter und Kies geworfen, der im Schlamm untersinkt und infolge der Verkittung und Ausfüllung der Poren durch den Schlamm eine feste, dichte Decke bildet, an deren unterer Begrenzung die Pressungen schon so weit herabgesetzt sind, daß sie selbst beim Schlamm zulässig sind.

d) Die Verbesserung des Baugrundes durch Entwässerung.

Wenn die Ableitung von Grundwasser unter natürlichem Gefälle dauernd möglich ist, kann wassergesättigter Boden auch durch Entwässerung verbessert werden. Es kann auf diese Weise lose gelagerter, feinkörniger Sand auf eine dichtere Lagerung gebracht werden (vgl. S. 100). Bei bindigen Böden verspricht diese Maßnahme wegen des nur sehr langsam und überdies nur in geringen Mengen auslaufenden Wassers keinen Erfolg. Nur wenn es sich um Einlagerungen von bindigem Boden in wassergesättigten Sand, besonders um solchen an Hängen, die zu Rutschungen neigen, handelt, kann ein Erfolg erwartet werden.

In besonderer Weise haben Chinesen aber schon vor mehreren tausend Jahren auch bindigem Boden das Wasser entzogen und ihn dadurch in eine festere Konsistenzform übergeführt, indem sie Pfähle rammten, wieder herauszogen und die auf diese Weise geschaffenen Hohlräume mit ungelöschtem Kalk ausstampften, der das Wasser aus den Poren des bindigen Bodens rasch aufsaugte.

Literatur: Hunke, E.: Chinesische Gründungsverfahren. Bautechnik 1929 S. 14.

II. Die Bodenverbesserung durch chemische Verfahren.

In körnigem Boden kann die Beschaffenheit des Untergrundes auch verbessert werden, wenn die Poren aufgefüllt und die Körner verkittet werden, so daß Verringerungen des Porenvolumens durch aufgebrachte Lasten nicht mehr möglich sind. Solche Böden haben dann die Eigenschaften eines Gesteines und man nennt das Verfahren daher Versteinung des Bodens. Die Versteinung kann durch Einpressen von Zementmilch oder Beton in die Poren des Untergrundes oder durch Einpressen von kieselsauren Salzlösungen in den Boden geschehen.

Das Einpressen von Beton wird schon seit langem zur Bodenbesserung angewendet; das Verfahren ist in neuerer Zeit durch A. Wolfsholz wesentlich verbessert worden. Die Versteinung durch Beton ist bei jedem körnigen Boden anwendbar.

Das Einpressen von Zementmilch bzw. Beton in den Boden geschieht durch seitlich angebohrte Rohre, die durch Rammen oder Schrauben in den Boden gesenkt werden. Um den Beton weiter in den Boden zu verbreiten, hat man durch diese Rohre zuerst Preßwasser eingespritzt, das den Boden auflockerte und Feinteilchen ausspülte und man hat auch versucht, durch andere Rohre, die zwischen den Einpreßrohren gerammt waren, während des Einpressens von Beton Grundwasser abzusaugen und auf diese Weise den Beton weiter in den Boden zu verbreiten. In Triebsand empfiehlt Wolfsholz die Anwendung des in der Abb. 375 dargestellten Tellerbohrers. Beim Niederdrehen lockert er den Sand auf, wobei durch sein Gestänge Preßwasser zugeleitet wird; während des Hochdrehens wird dann Zementmilch durch das hohle Gestänge eingepreßt.

In Kies wird Beton im Mischungsverhältnis von etwa 1 : 4 eingepreßt, während in Triebsand nur reine Zementmilch eingespritzt wird. (Wegen Einspritzgerät vgl. S. 98.)

Das Verfahren ist kostspielig, weil das Porenvolumen locker gelagerten Sandes etwa 40 vH beträgt und daher bedeutende Betonmengen zur Versteinung aufgehen, die oft anders besser anzuwenden sind. In Ausnahmefällen, besonders dann, wenn die Bewegungen von Sand im Bereiche von Baugruben unbedingt verhindert werden müssen, kann aber diese Versteinerung gute Dienste leisten.

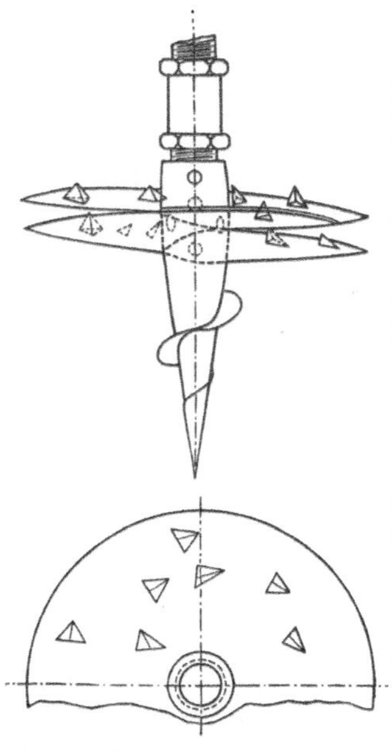

Abb. 375. Tellerbohrer von A. Wolfsholz für das Einpressen von Beton in Sandboden. (Nach Hetzel-Wundram: Grundbautechnik.)

Literatur: Baumstark: Schachtbau und Versteinerungsverfahren. Dt. Bauzg. 1912 S. 101. — Schmidt, F. W.: Über einen Versuch zur Herstellung einer Herdmauer durch Einspritzen von Zement. Zentralbl. Bauverw. 1913 S. 546, 759. — Schürch: Eine eigenartige Eisenbetonpfahlgründung. Beton u. Eisen 1915 S. 11. — Sichardt, W.: Erfahrungen mit der chemischen Bodenverfestigung und Anwendungsmöglichkeiten des Verfahrens. Bautechnik 1930 S. 189. — Wolfsholz, A.: Dichtungs- und Fundierungsarbeiten mittels Einpressen von flüssigem Zementmörtel. Beton u. Eisen 1907 S. 143. — Derselbe: Neue Gründungsverfahren. Zentralbl. Bauverw. 1911 S. 82. — Derselbe: Das Preßzement-Bauverfahren. Dt. Bauzg. 1915 S. 60. — Derselbe: Neue Bauarten von Druckstollen und Druckschächten. Beton u. Eisen 1922 S. 226. — Wiederherstellungsarbeiten und Neugründungen unter Wasser mit Hilfe von Zementeinpressungen. Dt. Bauzg. 1905 S. 483. — Herstellung einer wasserdichten Brunnenschachtauskleidung mit Beton nach dem sogenannten Versteinungsverfahren. Dt. Bauzg. 1907 S. 90.

Wenn der körnige Boden mindestens 20 vH Quarz enthält, so kann er durch das chemische Verfahren der Tiefbau- und Kälteindustrie A.-G. vormals Gebhardt & König und von H. Joosten in Nordhausen versteint werden, bei dem durch gerammte Einspritzrohre eine Kieselsäurelösung und hierauf eine Salzlösung eingespritzt wird, die in den Poren des Bodens ein Kieselsäuregel bilden, das die Quarzkörner verkittet und die Poren ausfüllt, so daß eine sandsteinartige Masse entsteht.

Die Einspritzrohre (Abb. 376) bestehen aus 25 mm weiten Rohren aus hochwertigem Stahl und sind mit einer Rammspitze versehen und darüber in einer Höhe

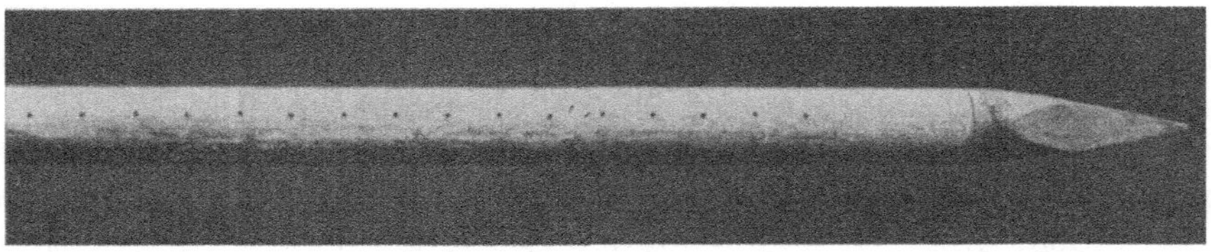

Abb. 376. Einspritzrohr für die chemische Versteinung des Bodens. (Siemens-Bau-Union.)

von 50 cm gelocht. Das Rohr wird vorerst mit der Spitze 50 cm in die zu versteinende Schichte mittels eines am Rohr gleitenden Rammbären gerammt (Abb. 377), hierauf wird Kieselsäurelösung eingepreßt (Abb. 378), dann das Rohr 50 cm tiefer gerammt und wieder Kieselsäurelösung eingepreßt und so fort, bis die Spitze des Einspritzrohres die untere Begrenzung des herzustellenden Steinblocks erreicht hat. Hierauf beginnt das Einspritzen der Salzlösung unter stufenweisem Hochziehen des Rohres wieder um je 50 cm.

In der beschriebenen Weise kann der Boden sowohl über als auch unter dem Grundwasserspiegel versteint werden, weil die eingepreßten Lösungen das Grundwasser aus den Poren austreiben. Die Versteinung ist gegen Stoffe im Untergrund, die Beton schädigen, unempfindlich und die eingespritzten Lösungen schädigen Beton ihrerseits ebenfalls nicht.

Die Festigkeit der versteinten Bodenschicht hängt von der Beschaffenheit des Bodens ab; sie beträgt:

bei feinem Sand:
  Biegefestigkeit 20 kg/cm^2;
  Druckfestigkeit 10 bis 30 kg/cm^2,
bei Kies:
  Druckfestigkeit 40 bis 90 kg/cm^2.

Die Versteinung gelingt um so besser, je gröber die Körnung des Bodens ist; Beimengungen von Ton und anderen Verunreinigungen vermindern die Möglichkeit der Verfestigung und diese hört praktisch überhaupt auf, wenn die früher erwähnten Beimengungen etwa 40 vH des Bodens ausmachen.

Frost schädigt die Versteinung nicht; es muß nur Vorsorge getroffen werden, daß die gelösten Chemikalien in den Vorratsgefäßen nicht frieren.

Das Einpressen der Lösungen in den Boden geschieht mittels Pumpen, die in der Abb. 378 dargestellt sind.

Mittels des beschriebenen Verfahrens können Sandmassen beliebiger Abmessungen versteint werden. In den beiden Abb. 379 und 380 sind zwei Beispiele für die Anwendung der Bodenversteinung dargestellt. Ein besonderer Vorteil des Verfahrens ist, daß es in manchen Fällen, wie z. B. in jenen der Abb. 380 tiefere Ausschachtungen mit Wasserhaltung erspart.

Literatur: Bernhardt, K.: Versteinung loser Bauarten im Grundbau. Bauing. 1930 S. 202. —

Abb. 377. Rammen von Einspritzrohren zur chemischen Bodenverfestigung. (Nach K. Bernhardt: Bauing. 1930, S. 203.)

Abb. 378. Pumpe zum Einpressen der Lösungen zur chemischen Versteinung des Bodens. (Siemens-Bau-Union.)

Biermann, E.: Versteinung loser Sande als Gründungsverfahren. Dt. Bauzg. 1927. Konstruktion und Ausführung S. 117. — Kuhnke, J.: Neues chemisches Verfahren zur Verfestigung des Baugrundes usw. Zentralbl. Bauverw. 1929 S. 137. — Lang, A.: Das neue Wasserwerk der Stadt Düsseldorf „am Staad". Gas Wasserfach 1930 Heft 2 bis 4. — Derselbe: Erstmalige praktische Großanwendung des chemischen Versteinungsverfahrens usw. Bauing. 1930 S. 412, 432. — Mast, A.: Die praktische Anwendung des chemischen Verfestigungsverfahrens von losen Bodenarten bei der Gründung eines Wohnhauses. Dt. Bauzg. 1928. Konstruktion und Ausführung S. 82. — Sichardt, W.: Erfahrungen mit der chemischen Bodenverfestigung und Anwendungsmöglichkeiten des Verfahrens. Bautechnik 1930 S. 198. Chemische Versteinung des Baugrundes. Schweiz. Bauzg. Bd. 93 (1929) S. 243.

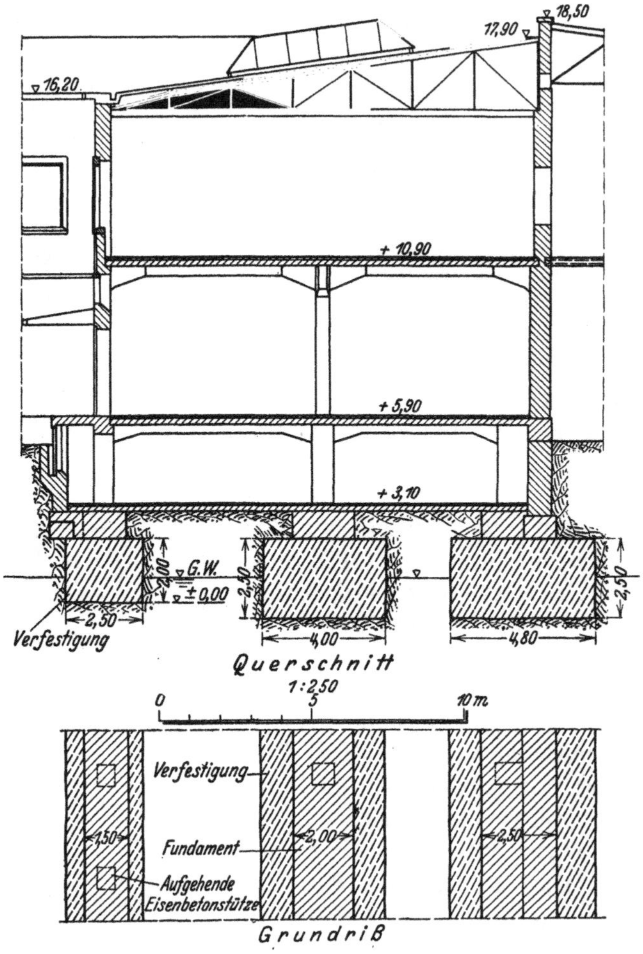

Abb. 380. Chemische Bodenversteinung unter Mauerbanketten. (Nach K. Bernhardt: Bauing. 1930 S. 204.)

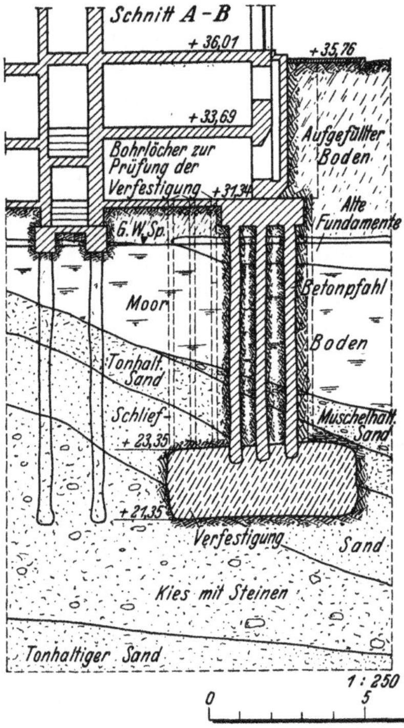

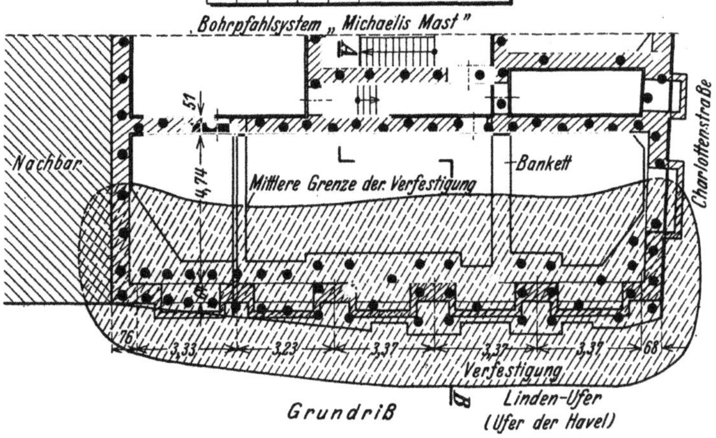

Abb. 379. Chemische Bodenverfestigung unter Pfählen zur Herabsetzung der erforderlichen Pfahllängen. (Nach K. Bernhardt: Bauing. 1930 S. 205.)

III. Die Verbesserung des Baugrundes durch Auftragung von Schüttungen.

Die Gründung von Bauwerken, bei denen größere und auch ungleichmäßige Setzungen ohne Belang sind, kann schließlich ohne kostspieliges Grundwerk auch ermöglicht werden, indem auf den Boden vorerst eine Sand- oder Kiesschüttung, in Wasser eine Steinschüttung aufgetragen und verdichtet wird, deren Dicke so bemessen wird, daß an ihrer unteren Begrenzung die vom Bauwerk herrührende Pressung so weit herabgesetzt ist, daß sie vom Boden aufgenommen werden kann. Damit diese Schüttung nicht als Last wirkt, ist es zweckmäßig eine der Schüttungshöhe entsprechende Auskofferung zu machen, in die die Schüttung eingebracht wird. Eine solche Schüttung wirkt ähnlich wie eine Verbreiterung des Grundwerkes.

In den Abb. 422 und 432 sind Beispiele für Gründungen auf solchen Schüttungen, die vorwiegend bei Seebauten Anwendung finden, zusammengestellt.

Literatur: Bavier: Die bauliche Entwicklung des Hafens von Genua. Schweiz. Bauzg. Bd. 46 (1905) S. 97. — Lundberg u. W. Fellenius: Kiesschüttungen. Ber. 100 zum XII. Int. Schiff.-Kongr. 1912 S. 8, 18. — Müller, H.: Die Vergrößerungsbauten des Hafens von Havre. Bautechnik 1925 S. 27. — Derselbe: Molen mit senkrechten Seitenflächen. Bautechnik 1924 S. 81. — Derselbe: Der Hafen von Konstanza und die geplanten Erweiterungen. Bautechnik 1928 S. 519. — Witteveen: Die Erweiterung des Hafens von Rotterdam im Zeitabschnitt 1907 bis 1912. Zentralbl. Bauverw. 1914 S. 172.

Sechster Teil.

Die Gründungen.

A. Zweck und Einteilung der Gründungen.

Das Grundwerk hat die Aufgabe, die Eigen- und die Nutzlast eines Bauwerkes auf den Boden zu übertragen; es muß stets so ausgeführt werden, daß die Setzungen des ganzen Grundwerkes gleichmäßig erfolgen, denn nur dann ist zu erwarten, daß im Gebäude keine Risse auftreten. Auf den Absolutbetrag der Setzungen kommt es bei vielen Bauwerken weniger an.

Die Beschaffenheit des Untergrundes wechselt unter einem größeren Bauwerke vielfach so weitgehend, daß es erforderlich wird, das Bauwerk in einzelne Teile aufzulösen, die auf verschiedene Weisen gegründet werden, angepaßt an die Beschaffenheit des Bauwerkes und an jene der im Untergrund vorkommenden Bodenschichten. Ähnlich wie wechselnde Bodenbeschaffenheit, können auch ungleichmäßige Verteilungen der Bauwerkslasten, wechselnde Nutzlasten oder eine stärkere Gliederung des Grundrisses ungleiche Setzungen hervorrufen und zu verschiedenen Gründungsweisen der einzelnen Teile des Bauwerkes zwingen.

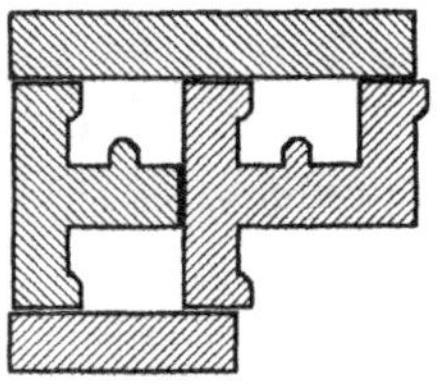

Abb. 381. Anordnung der Bewegungsfugen beim Hauptbau der optischen Anstalt C. P. Goerz. (Nach A. Kleinlogel.)

Dort, wo auf verschiedenen Bodenschichten gegründete, breite Bauwerksteile oder Bauwerksteile mit stark wechselnden Nutzlasten aneinander grenzen, sind größere Unterschiede in den Setzungen und Bewegungen der Bauwerke zu erwarten. Um die Bildung von Rissen in solchen Bauwerken zu vermeiden, ist es erforderlich, an solchen Stellen Trennungsfugen anzuordnen, die durch das ganze Bauwerk durchlaufen. Diese Fugen werden gleichzeitig als Dehnungsfugen der Eisenbetonbauwerksteile ausgenutzt. Ein Beispiel für die Anordnung der Bewegungsfugen in einem stark gegliederten Bauwerksgrundriß gibt die Abb. 381. Aus ästhetischen Gründen werden diese Fugen an den Außenmauern meist durch

Dachrinnenabfallrohre, im Innern der Gebäude in sonstiger geeigneter Weise verdeckt; ein Überdecken mit zusammenzuhängendem Putz soll vermieden werden.

Die Ausbildung der Trennungsfugen im Grundwerke bietet zumeist keine nennenswerten Schwierigkeiten. Nur bei der Tiefgründung von Bauwerken, bei denen Räume unter den Grundwasserspiegel zu liegen kommen, erfordert die Ausbildung der Trennungsfuge besondere Sorgfalt, weil dort die Fuge nicht nur nachgiebig, sondern auch wasserdicht sein muß; Anhaltspunkte für die wasserdichte Ausbildung solcher Grundwerksfugen werden im achten Teil des Buches gegeben.

Je nach der Beschaffenheit des Bodens und jener des Bauwerkes werden verschiedene Bauweisen für das Grundwerk und verschiedene Verfahren zu dessen Herstellung angewendet, die nun erläutert seien; hierbei werden die Gründungen unterteilt in Flachgründungen, bei denen die Last in der Nähe der Bodenoberfläche auf den Boden übertragen wird und in die Tiefgründungen, bei denen das Grundwerk die Last in größerer Tiefe überträgt, entweder um die größere Tragfähigkeit tiefliegender Bodenschichten auszunützen oder um unter dem Boden liegende Nutzräume zu schaffen.

B. Flachgründungen.

Flachgründungen werden ausgeführt, wenn der Boden in der Nähe der Oberfläche so beschaffen ist, daß die Bauwerkslast ohne Überschreitung der zulässigen Setzungen standsicher übertragen werden kann. Flachgründungen können sowohl im Trockenen als auch im Wasser ausgeführt werden.

I. Flachgründungen im Trockenen.

Bei Flachgründungen im Trockenen wird zur Herstellung des Grundwerkes der Boden nicht wesentlich unter die Frosttiefe ausgehoben. Die Ausführung des Grundwerkes erfolgt stets in offener Baugrube; die Wasserhaltung verursacht wegen der geringen Tiefenlage der Grundwerkssohle in der Regel keine Schwierigkeiten.

a) Die unmittelbare Gründung der Bauwerke.

Wenn ein Bauwerk auf Fels gegründet wird oder wenn der Boden so dicht gelagert ist, daß der zulässige Sohldruck gleich der zulässigen Beanspruchung der Baustoffe des Bauwerkes ist, so kann das Bauwerk unmittelbar auf den Boden in frostsicherer Tiefe aufgesetzt werden. Bei Hochbauten erhalten die Grundmauern eine Breite gleich der bauordnungsgemäßen Mauerstärke.

b) Die Verbreiterung des Grundwerkes.

Wenn bei unmittelbarer Gründung der mit Rücksicht auf die zulässigen Setzungen zuzulassende Sohldruck überschritten würde, so wird das Grundwerk gegenüber dem zu gründenden Bauwerk verbreitert, um den Sohldruck herabzusetzen.

1. Bankette für Mauern.

Die Verbreiterung des Grundwerkes von Mauern geschieht durch Bankette aus Beton oder Eisenbeton. Ihre Ausladung wird so gewählt, daß der Sohldruck nirgends die als zulässig angesehene Bodenpressung übersteigt. Bei verschieden schweren Mauern eines Bauwerkes ist es üblich, die Ausladung der Bankette so zu bemessen, daß der Sohldruck unter allen Banketten gleich groß ist. Diese Bemessung der Bankette ist nicht zutreffend (vgl. Seite 60); es kann vielmehr als sicher gelten, wie nochmals erwähnt sei, daß bei gleichem Sohldruck die Setzungen mit den Abmessungen der Lastfläche zunehmen, daß mithin der Sohldruck unter schmalen Mauern richtig größer zu wählen ist als unter breiten, um gleiche Senkungen zu erhalten.

Eine Grundwerksverbreiterung durch ein Bankett stellt die Abb. 382 dar. Der Sohldruck wird gleichmäßig verteilt angenommen; auch diese Annahme ist zwar nicht ganz zutreffend, aber sicher, weil sie größere Beanspruchungen des Bauwerkes ergibt. Wenn die Mauer das Bankett mit Q belastet, so beträgt der gleichmäßig verteilte Sohldruck unter Berücksichtigung des Bankettgewichtes (γ_b = Eigengewicht des Betons)

$$p = \frac{Q + \gamma_b \left(h d + 2 e \frac{h + h'}{2}\right)}{d + 2 e} = \frac{Q + \gamma_b h (d + e) + \gamma_b e h'}{d + 2 e} \tag{350}$$

und das Moment in AB beträgt

$$M = \frac{p e^2}{2} = \frac{e^2}{2} \frac{Q + \gamma_b h (d + e) + \gamma_b e h'}{d + 2 e}. \tag{351}$$

Die Ausladung e wird so gewählt, daß der Sohldruck p unter der noch zulässig erachteten Bodenpressung liegt.

Wenn nun das Bankett z. B. aus unbewehrtem Beton auszuführen ist, so beträgt das Widerstandsmoment in $A - B$ für 1 m Mauerlänge

$$W = \frac{h^2}{6} \tag{352}$$

und es ist, wenn σ_z die zulässige Betonzugspannung bedeutet,

$$M = W \sigma_z = \frac{h^2}{6} \sigma_z \tag{353}$$

und es gilt weiter

$$\frac{h^2}{6} \sigma_z = \frac{e^2}{2} \frac{Q + \gamma_b h (d + e) + \gamma_b e h'}{d + 2 e} \tag{354}$$

oder wenn $h' = \alpha h$ gesetzt wird

$$h^2 - h \cdot \frac{3 \gamma_b [d + e (1 + \alpha)]^2}{\sigma_z (d + 2 e)} = \frac{3 e^2 Q}{\sigma_z (d + 2 e)}. \tag{355}$$

Beträgt z. B. die Mauerlast Q für 1 m Länge 70 t, die Mauerdicke $d = 0{,}9$ m und der zulässige Sohldruck $p = 2$ kg/cm², so ist eine Ausladung $e = 1{,}30$ m erforderlich. Wenn die zulässige Betonzugspannung $\sigma_z = 3$ kg/cm² und das Eigengewicht des Betons $\gamma_b = 2$ t/m³ beträgt, so ist, wenn überdies $\alpha = 0{,}5$ gesetzt wird, unter der Mauer eine Bankethöhe von $h = 2{,}01$ m erforderlich.

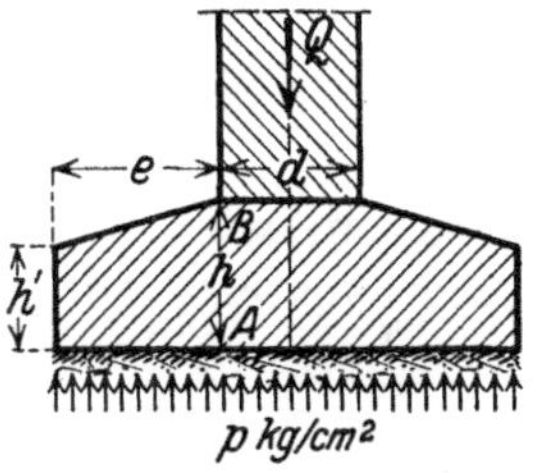

Abb. 382. Bankett zur Gründung einer Mauer.

Bei der Ausführung des Bankettes aus unbewehrtem Beton wird, wie man am obigen Beispiel erkennt, ein sehr großer Betonkörper erforderlich, der einerseits einen großen Baustoffaufwand, anderseits ein tiefes Herabführen des Grundwerkes bedingt, wenn die ebenerdigen Räume durch die Bankette nicht verbaut werden dürfen. Durch Bewehrung kann die erforderliche Bankethöhe sehr stark herabgesetzt werden. Die bewehrten Bankette müssen aber hinreichend steif sein, so daß keine nennenswerten Verbiegungen auftreten können. Die äußerstenfalls noch zulässige Ausladung ist bei einer gegebenen Bankethöhe h jene, bei der sich der Bankettrand infolge der Verbiegung eben vom Boden abhebt; eine solche Abhebung tritt bei einem unverjüngten Bankett ($\alpha = 1$), wie H. Hajashi gezeigt hat, bei einer Ausladung

$$e = 0{,}5 \pi \sqrt[4]{\frac{4 E J}{\beta}} \tag{356}$$

ein; hierin bedeutet J das Trägheitsmoment des Bankettes, bezogen auf eine Bankettlänge gleich der Längeneinheit (die Bewehrung kann vernachlässigt werden), E das Elastizitätsmaß des Betons, für das etwa 210000 kg/cm² zu setzen ist, und β die

Bettungsziffer in kg/cm³. Bei der Bemessung der Bankette wird man aber, um eine gleichmäßigere, den Berechnungsgrundlagen besser entsprechende Verteilung des Sohldruckes zu erzielen, die Bankethöhe h stets so groß wählen, daß eine Abhebung des Bankettrandes ausgeschlossen bleibt. Für das Elastizitätsmaß des Betons ist bei der Bemessung des Bankettes der übliche Wert $E = 140000$ kg/cm² zu setzen.

An Besitzgrenzen und in unmittelbarer Nachbarschaft bestehender Bauwerke ist es in der Regel nicht möglich, Bankette auszuführen, die symmetrisch zur Lastresultierenden liegen. Der Sohldruck ist bei solchen Banketten unter der Mauer wesentlich größer als unter dem ausladenden Teil und sie verdrehen sich daher, so wie es in der Abb. 383 angedeutet ist. Wenn die Mauer auf das Bankett nur aufgesetzt ist, so entsteht bei A eine klaffende Fuge und es kann bei B die zulässige Beanspruchung des Mauerwerkes überschritten werden. Wenn die Mauer und das Bankett starr verbunden sind, so wird die Mauer durch ein Biegungsmoment beansprucht, das bei der Bemessung der Mauer berücksichtigt werden muß.

Wenn die Mauer biegungssteif ausgeführt wird, so muß dafür gesorgt werden, daß sich die Mauer

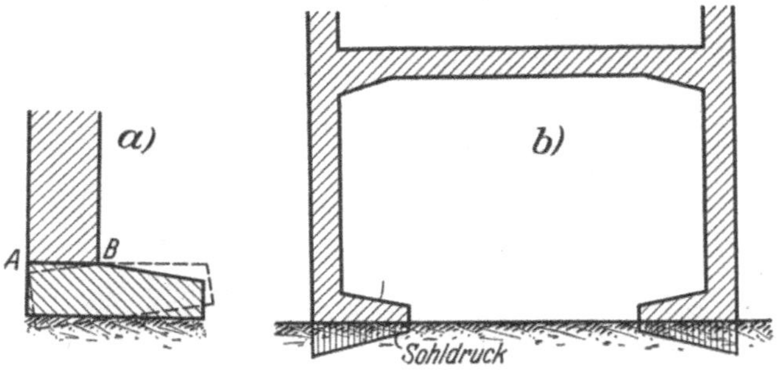

Abb. 383. Unsymmetrisches Mauerbankett. (Stiefelgrundwerk.)

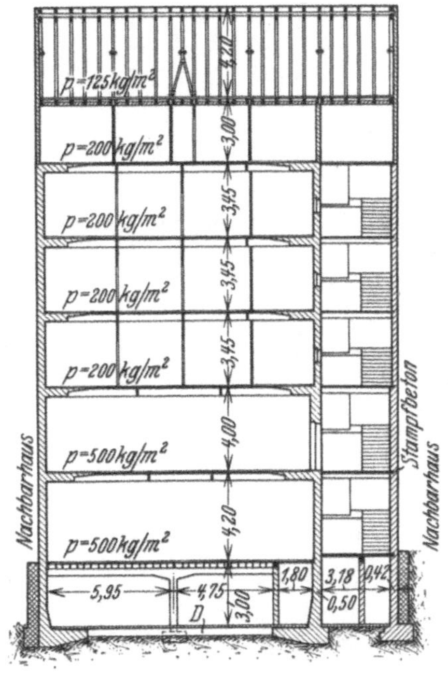

Abb. 384. Gründung eines Hauses auf unsymmetrischen Mauerbanketten. (Wayss & Freytag.)

nicht einfach schiefstellen kann. Die über dem Kellerraum liegende Decke muß dann zugfest mit den Mauern verbunden werden, und es muß weiter die Gründung des Bauwerkes so ausgeführt werden, daß das Grundwerk einer Parallelmauer einen entgegengesetzten Zug in der Decke hervorruft (vgl. Abb. 383b und 384).

Das Verdrehen kann behindert werden, wenn das unsymmetrische Bankett durch eine Anzahl von steifen Balken mit dem unter der nächsten parallel verlaufenden Mauer liegenden Bankett verbunden werden. Die zwischen den Balken liegenden Abschnitte des unsymmetrischen Bankettes werden dann auf Torsion beansprucht und müssen entsprechend bewehrt werden.

Literatur: Brandeis, F.: Beitrag zur Berechnung von Fundamenten. Beton u. Eisen 1929 S. 159 (exzentrisch belastete Grundwerke). — Gehler: Die Beanspruchung in Betonfundamenten. Bauing. 1922 S. 421, 456. — Geller, M.: Beiträge zur Berechnung von Fundamenten. Bauing. 1925 S. 19. — Prudon: Berechnung von Fundamenten und Ermittlung der Kantenpressung. Génie civil 1926 Heft 5. — Troche, A.: Ein Beitrag zur Berechnung von Betonfundamenten. Beton u. Eisen 1923.

2. Grundwerksverbreiterung durch Platten, als Säulen- und als Turmgrundwerke.

Platten als Säulen- und als Turmgrundwerke müssen möglichst steif ausgebildet werden, damit sich der Plattenrand nirgends vom Boden abhebt.

Platten als Säulen- und als Turmgrundwerke werden, wie es die Abb. 385 andeutet, ein-, zwei- und mehr- oder allseitig symmetrisch ausgeführt und im Symmetriezentrum belastet.

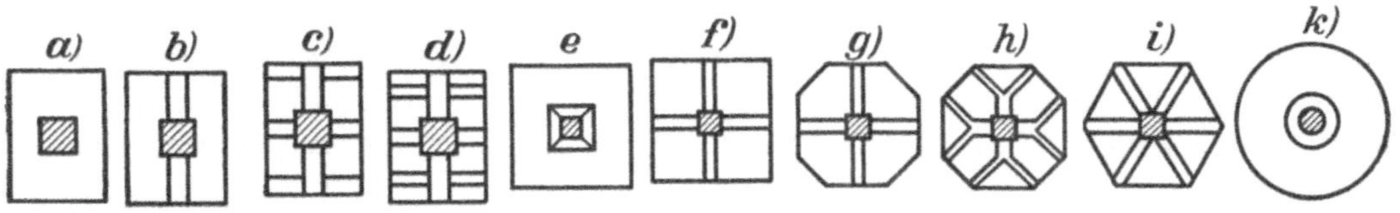

Abb. 385. Platten als Säulengrundwerke. a) bis d) einseitig symmetrisch, e) bis i) zwei- und mehrseitig symmetrisch, k) allseitig symmetrisch, a), e) und k) massive Platten.

Kleinere Grundwerke unter Säulen werden in der Regel mit **rechteckigem** oder **quadratischem** Grundriß ausgeführt. Sie können, wenn der Grundwasser-

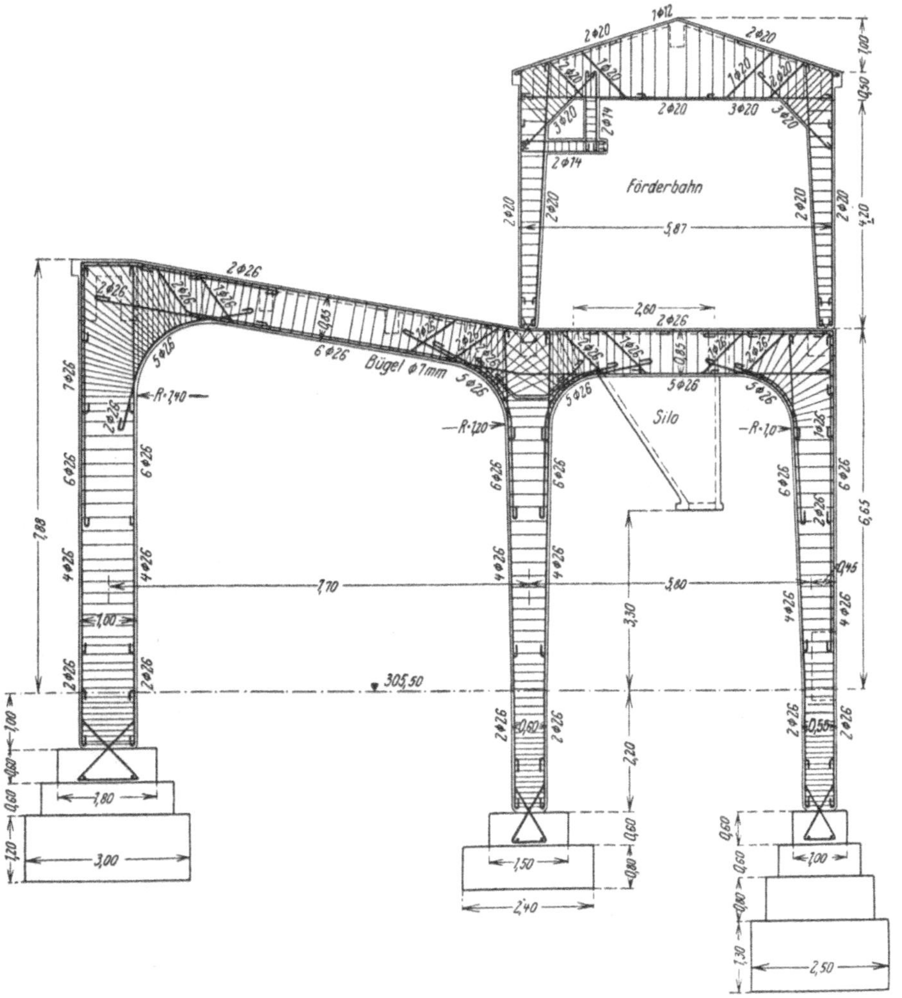

Abb. 386. Säulengrundwerke aus unbewehrtem Beton. (Nach Kirschenhofer: Beton u. Eisen 1928 S. 270.)

spiegel tief liegt, aus unbewehrtem Beton (Abb. 386) ausgeführt werden; um an Aushub und an Baustoffen zu sparen wird das Grundwerk aber in der Regel als bewehrte Platte ausgebildet. Die Bewehrung wird in solchen Platten am besten teils parallel zu den Seiten, teils parallel zu den Diagonalen gelegt, wobei die Last auf die beiden Bewehrungssysteme aufgeteilt wird. Um die erforderliche Bewehrung zu ermitteln, wird die Platte (Abb. 387a) längs der beiden Diagonalen geschnitten gedacht. Man erhält auf diese Weise einmal vier Kragträger mit trapezförmigem Grundriß *a—b—c—d*, die im Säulenfuße eingespannt sind, die den einen Teil der Bauwerkslast tragen und deren Einspannungsmoment für die Bewehrung parallel zu den Seiten maßgebend ist. Durch Verbreiterung des Säulenfußes kann dieses Moment wesentlich herabgesetzt werden. Die Diagonalbewehrung ergibt sich aus dem Angriffsmoment des anderen Teiles des Sohldruckes auf eine Plattenhälfte *a—b—c* um eine Diagonale *a—e*.

Wenn die Grundwerksplatte nur parallel zu den Seiten bewehrt wird (Abb. 387b), so denkt man sich in der Platte einen Balken *c—d—e—f*, in dem die Platte *a—b—c—d* in der Linie *c—d* eingespannt ist. Das Einspannungsmoment ergibt die Bewehrung senkrecht zu *c—d*. *c—f—g—h* wird als Kragträger angesehen, der

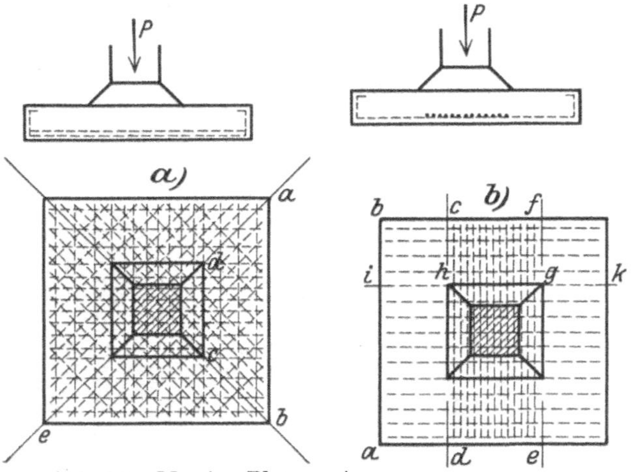

Abb. 387. Massive Platten als Säulengrundwerk. a) zweifache Bewehrung, b) einfache Bewehrung.

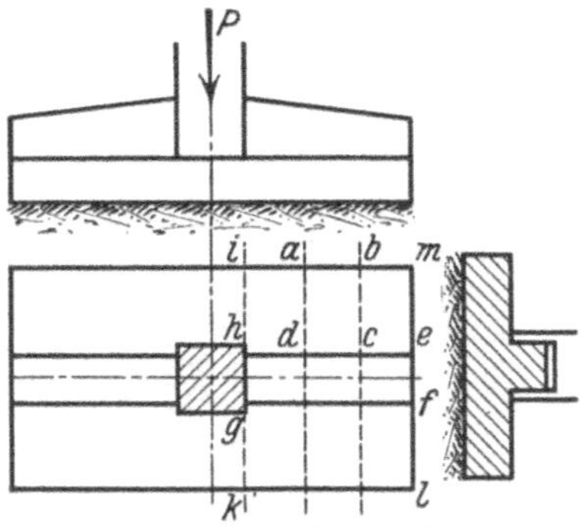

Abb. 388. Rechteckiges Säulengrundwerk mit einer Rippe (einseitig symmetrisch).

im Säulenfuß eingespannt ist und den Sohldruck aufzunehmen hat, der auf die Fläche *b—i—k—l* entfällt.

Um weit ausladende Grundwerksplatten einerseits möglichst steif zu machen und anderseits die Baustoffe sparsam anzuwenden, wird die Plattenhöhe gegen den Säulenfuß hin vergrößert oder es werden über der Platte Rippen angeordnet.

Ein einfaches Beispiel für eine solche Versteifung der Platte durch eine Rippe gibt die Abb. 388. Zur Berechnung der Bewehrung der Platte denkt man sich, ähnlich wie früher quer zur Rippe einen 1 m breiten Plattenstreifen herausgeschnitten und faßt den Teil *a—b—c—d* als Kragträger auf, der in der Rippe eingespannt und durch den Sohldruck belastet ist. Die Rippe *e—f—g—h* wird dann auch als Kragträger angesehen, der in *g—h* im Säulenfuß eingespannt und durch den Sohldruck auf die Fläche *i—k—l—m* belastet ist. Als Rippenquerschnitt wird die Rippe und beiderseits ein angemessener Streifen der Platte angesehen.

Weitere Beispiele für Grundwerksplatten für Säulen geben noch die Abb. 389 bis 392.

Mittig belastete Kreisplatten (Abb. 393) werden von Biegungsmomenten M_r, die um tangentiale Achsen drehen, ferner von Biegungsmomenten M_t, die um radiale Achsen drehen und von Querkräften beansprucht. Unter der Voraussetzung gleichmäßig verteilten Sohldruckes ermittelte H. Craemer mit den Bezeichnungen der Abb. 393 für

$$(357) \qquad M_r = \frac{P}{4\pi}\left[-\frac{m+1}{m}\ln\beta - \frac{m-1}{2m} - \frac{m+1}{m}c_1 + \frac{3m+1}{4m}\beta^2 - \frac{m-1}{m}\cdot\frac{c_2}{\beta^2}\right],$$

und für

$$M_t = \frac{P}{4\pi}\left[-\frac{m+1}{m}\ln\beta + \frac{m-1}{2m} - \frac{m+1}{m}c_1 + \frac{m+3}{4m}\beta^2 + \frac{m-1}{m}\frac{c_2}{\beta^2}\right]; \tag{358}$$

hierin bedeuten

$$c_1 = \frac{\frac{1}{4}(m+3) + \alpha^2(m-1)(\ln\alpha - \frac{1}{2} - \frac{1}{4}\alpha^2)}{m+1+\alpha^2(m-1)}, \tag{359}$$

$$c_2 = \frac{\frac{1}{4}(m+3) + (m+1)(\ln\alpha - \frac{1}{2} - \frac{1}{4}\alpha^2)}{m+1+\alpha^2(m-1)}\alpha^2 \tag{360}$$

und m die Poissonsche Zahl.

Die Querkraft in einem Ringschnitte beträgt endlich

$$Q = p\,r\,\frac{1-\beta^2}{2\beta} = \frac{P}{2r\pi}\cdot\frac{1-\beta^2}{\beta}. \tag{361}$$

Die angeführten Formeln gelten nur für Kreisplätten, die mit durchwegs gleicher Dicke ausgeführt sind. H. Craemer weist darauf hin, daß bei Kreisplatten mit nach der Mitte zunehmender Dicke die Beanspruchungen in der Nähe des Schaftes größer werden als bei Platten gleicher Stärke.

Für die Bewehrung und Ausführung von Kreisplattengrundwerken sind in den Abb. 394 bis 398 einige Beispiele zusammengestellt.

Abb. 389. Baugrube für die Gründung der Säulenfüße des Wasserbehälters in Rio Claro. (Wayss & Freytag.)

Literatur: Arnstein, K.: Über Fundamentplatten für Einzellasten unter besonderer Berücksichtigung der Kreisplatte. Beton u. Eisen 1913 S. 368. — Derselbe: Hdb. für Eisenbetonbau Bd. 5 3. Aufl. S. 132. — Brandeis, F.: Beitrag zur Berechnung von Fundamenten. Beton u. Eisen 1929 S. 159. — Biezeno-Koch: Ingenieur 1923 S. 25. — Craemer, H.: Kritik der Berechnung von Kreisplattenfundamenten. Beton u. Eisen 1925 S. 215, 268. — Derselbe: Das Problem der kreisplattenartigen Stützenfundamente. Beton u. Eisen 1926 S. 148. — Derselbe: Der Einfluß nach dem Rande abnehmender Stärke auf die Tragfähigkeit von Kreisplattenfundamenten. Beton u. Eisen 1928 S. 271. — Derselbe: Die Beanspruchung von Kreisplatten mit nach dem Rande abnehmender Stärke bei Belastung durch Einzellasten und gleichmäßig verteiltem Gegendruck (Säulenfundamente). Beton u. Eisen 1928 S. 382. — Derselbe: Die Biegungsgleichung von Platten mit stetig veränderlicher Stärke. Beton u. Eisen 1929 S. 12. — Enyedi, B.: Das Bahnsteigdach in Arad. Beton u. Eisen 1913 S. 273. — Derselbe: Die Neubauten der Budaer Zementfabrik. Beton u. Eisen 1928 S. 113. — Friedrich, E. G.: Das neue Warenhaus Wertheim in Breslau. Der Stahlbau 1930 S. 113. — Habicht, Fr.: Der Wasserturm des Kreises Niederbarnim usw. Beton u. Eisen 1927 S. 105. — Fruchthändler: Über exzentrische Fundamente. Beton u. Eisen 1913 S. 122. — Henkel: Die Füße der Eisenbetonstützen. Beton u. Eisen 1915 S. 283; 1916 S. 125. — Hovemann: Über die statische Berechnung von Eisenbetonfundamentplatten. Beton u. Eisen 1913 S. 275. — Kirschenhofer, J.: Fabrik und Montagehallen usw. Beton u. Eisen 1928 S. 268. — Kleinlogel, A.: Pilzdecke der Fa. Cornelius Heyl A. G. Worms. Beton u. Eisen 1926 S. 238. — Derselbe: Der Wasserturm der Heylschen Lederwerke usw. Beton u. Eisen 1928 S. 297. — Derselbe: Neuartige Fertigkonstruktion. Beton u. Eisen 1929 S. 96. — Lewe: Über Fundamentsplatten für Einzellasten unter besonderer Berücksichtigung der Kreisplatte. Beton u. Eisen 1913 S. 189. — Mautner, V.: 200 m langer Eisenbetonviadukt über die Lissersperre bei Stein. Beton u. Eisen 1913 S. 90. — Muy, O.: Neuere Eisenbetonkaminbauten in Bayern. Beton u. Eisen 1926 S. 343. —

Pieters, A. J.: Hallenbau für die Eisenbahnwerkstätte in Sofia. Beton u. Eisen 1914 S. 337. — Prölls, A.: Der Bau der Zweigbahn Jungfernheide-Siemensstadt-Gartenfeld. Bauing. 1930 S. 12. — Santo-Rini, P.: Das Fabriksgebäude Kronos in Eleusis bei Athen. Beton u. Eisen 1925 S. 18. — Derselbe: Pilzbehälter usw. Beton u. Eisen 1927 S. 446. — Seeländer, A.: Das Verwaltungs- und Magazingebäude der staatlichen Hauptkraftwagenwerkstätten in Bamberg. Beton u. Eisen 1926 S. 236.

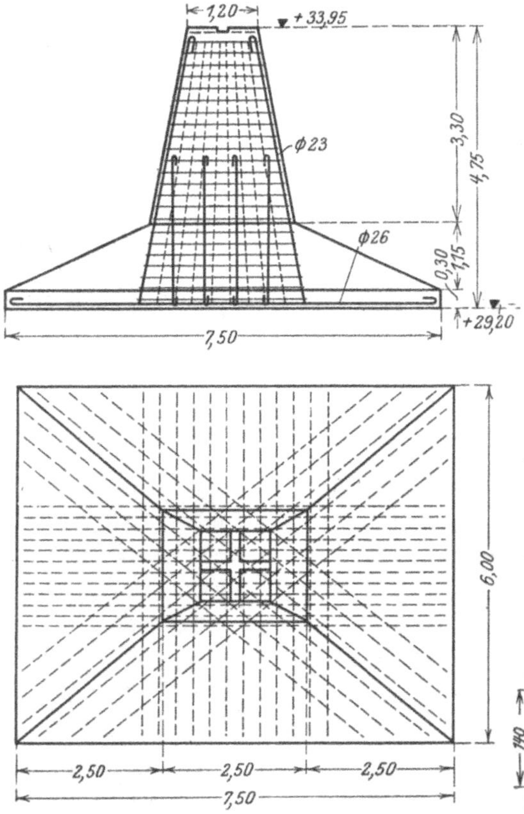

Abb. 390. Säulengrundwerk. (Nach A. Prölls: Bauing. 1930.)

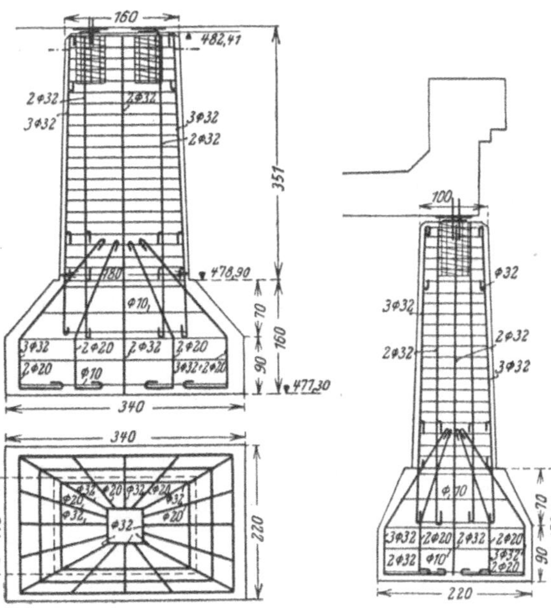

Abb. 391. Pfeilergrundwerk. (Nach K. Schaechterle: Beton u. Eisen 1926 S. 109.)

— Sickinger: Verfahren einer raschen und genauen Massenberechnung von Säulenfundamenten. Beton u. Eisen 1913 S. 223. — Schaechterle, K.: Zwei Bahnbrücken in Eisenbeton über die Murg. Beton u. Eisen 1926 S. 109. — Schleicher, F.: Nochmals Kreisfundamente. Beton u. Eisen 1925, S. 367. — Derselbe: Kreisplatten auf elastischer Unterlage. Berlin: Julius Springer 1926. — Troche, A.: Ein Beitrag

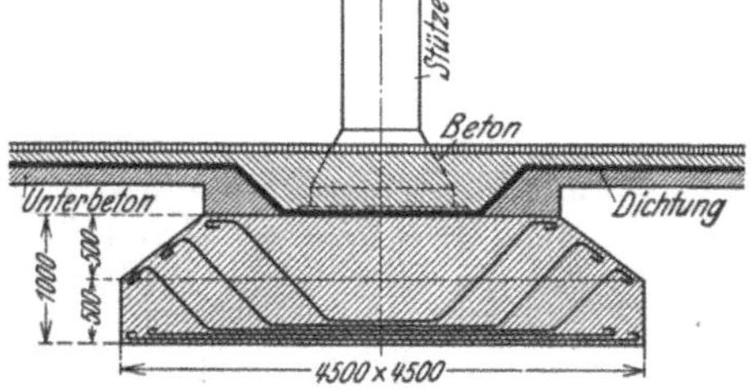

Abb. 392. Säulengrundwerk mit Grundwasserdichtung. (Nach E. G. Friedrich.)

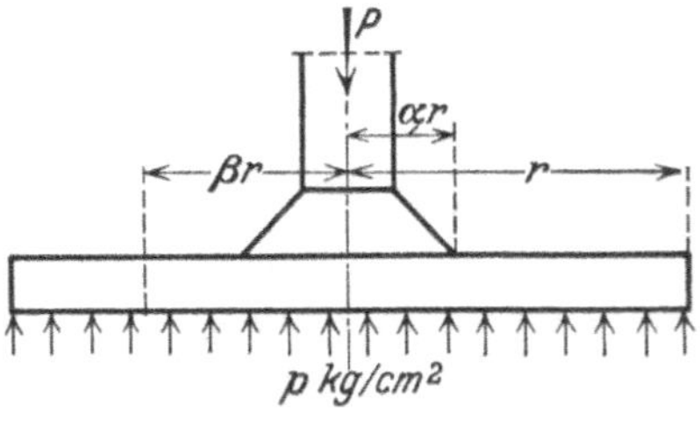

Abb. 393. Kreisplattengrundwerk.

zur Berechnung von Betonfundamenten. Beton u. Eisen 1923 S. 135. — Wansleben, F.: Die Bemessung von Säulenfüßen und Zugankern. Bauing. 1920 S. 589. — Weltsch, W.: Das Chilehaus. Beton u. Eisen 1925 S. 125. — Eisenbetonschornsteine. Beton u. Eisen 1911 S. 32. — Bau eines Fabrikschornsteines auf einer Eisenbetonplatte. Beton u. Eisen 1917 S. 52. — Ein interessanter Schornsteinbau. Byggmästaren 1929 S. 122.

a)

b)

c)

Abb. 394. Grundwerk eines Schornsteines. a) Verlegen der Bewehrung am Unterbeton. b) Die fertige Bewehrung. c) Ansicht der Bewehrung in der Mitte der Platte. (Siemens-Bau-Union.)

a)

b)

c)

Abb. 395. Grundwerk eines Hochofens.
a) und b) Ansichten der Bewehrung der Platte, c) das fertige Grundwerk.
(Siemens-Bau-Union.)

3. Langgestreckte Bankette unter Einzellasten.

Langgestreckte Bankette unter Einzellasten kommen bei der Gründung nahe beieinander stehender Säulenreihen und bei der Gründung von Kranbahnen, drehbaren Luftschiffhallen, Lokomotivdrehscheiben und dergleichen vor.

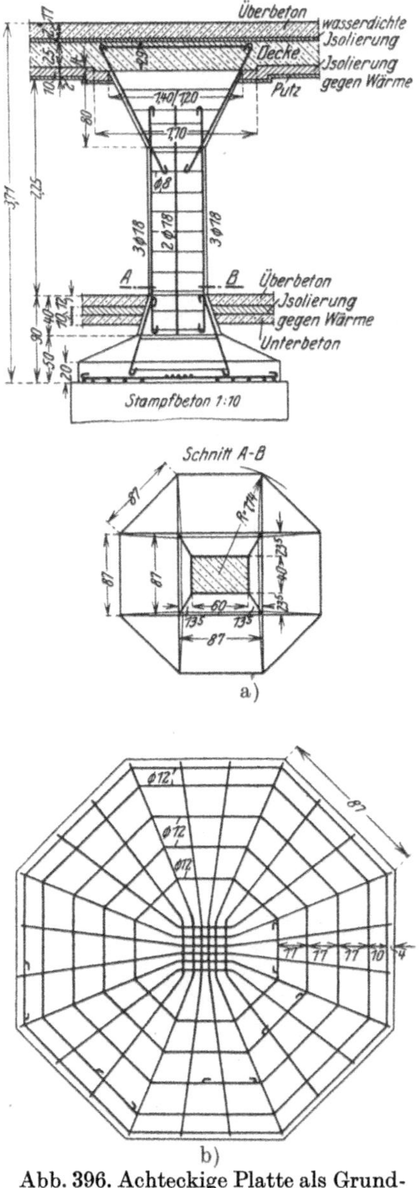

Abb. 396. Achteckige Platte als Grundwerk für die Säulen einer Pilzdecke. (Nach A. Kleinlogel: Beton u. Eisen 1926 S. 239.)

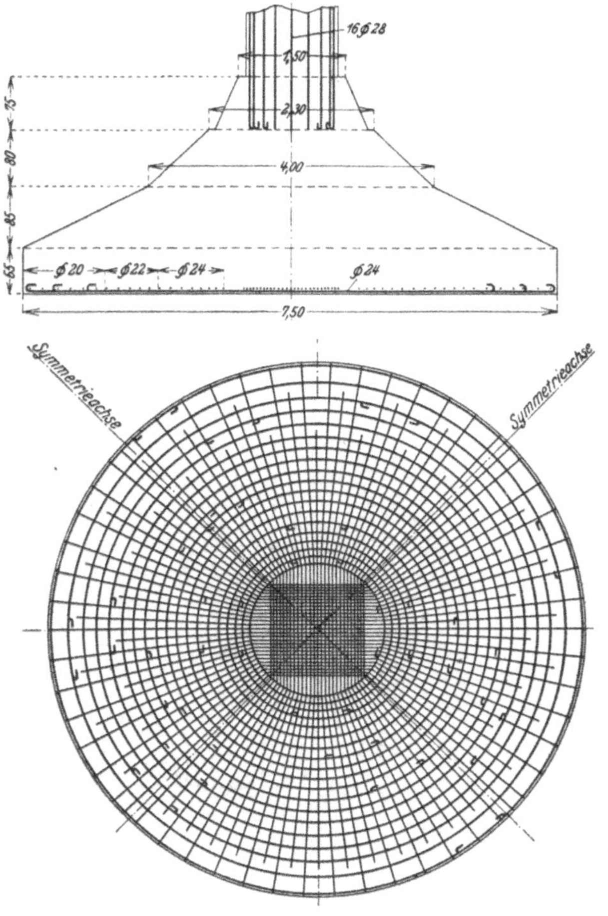

Abb. 397. Kreisplatte als Säulengrundwerk. (Nach A. Kleinlogel: Beton u. Eisen 1928 S. 298.)

Wenn ein langgestrecktes Bankett (Abb. 399) von einer Einzellast beansprucht wird, so beträgt, wie W. Zimmermann gezeigt hat, die Durchbiegung

$$y = \frac{P}{2\beta b s} e^{-\varphi} \cdot (\cos\varphi + \sin\varphi) \tag{362}$$

und der Sohldruck (Abb. 400)

$$p = \frac{P}{2 b s} e^{-\varphi} (\cos\varphi + \sin\varphi) = \frac{P}{2 b s} \underline{\eta}. \tag{363}$$

Das Bankett wird durch das Biegungsmoment

$$M = + \frac{P s}{4} e^{-\varphi} (\cos\varphi - \sin\varphi) = \frac{P s}{4} \underline{\eta}' \tag{364}$$

und durch die Querkraft

(365) $$Q = -\frac{P}{2} e^{-\varphi} \cos\varphi = \frac{P}{2} \eta''$$

beansprucht und es bedeutet in diesen Gleichungen

(366) $$\varphi = \frac{x}{s}$$

und

(367) $$s = \sqrt[4]{\frac{4EJ}{\beta b}}$$

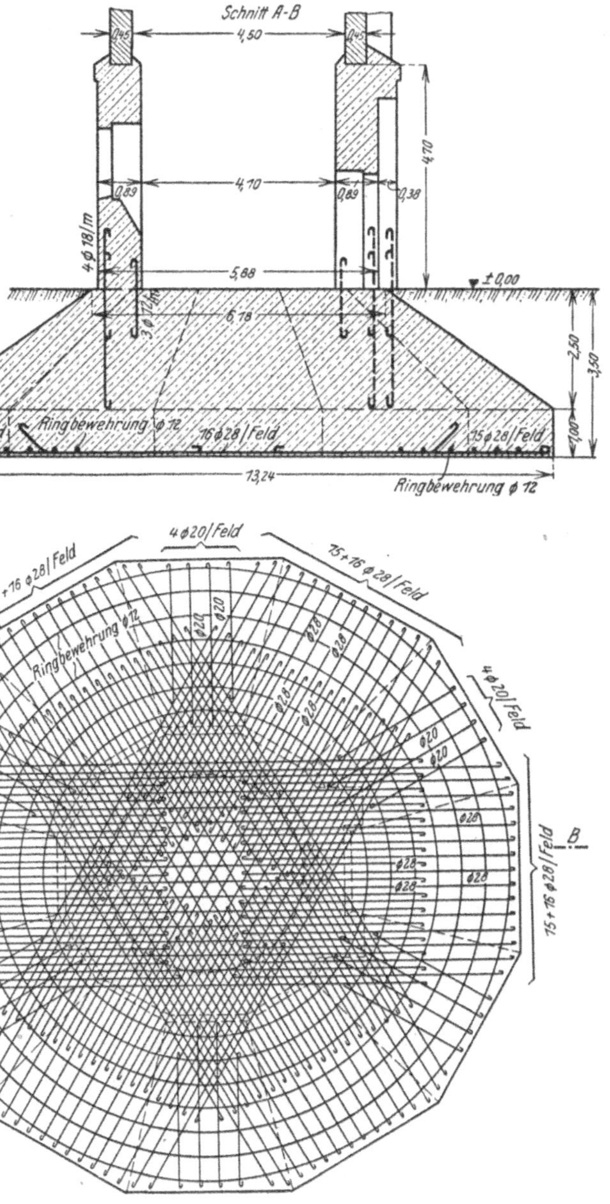

Abb. 398. Kreisplatte als Schornsteingrundwerk. (Nach O. Muy: Beton u. Eisen 1926 S. 346.)

und weiter

b die Breite der Bankettsohle, P die Last,

J das Trägheitsmoment des Bankettquerschnittes (unter Vernachlässigung der Bewehrung),

β die Bettungsziffer und

E das Elastizitätsmaß des Betons, für das bei Vernachlässigung der Bewehrung hier $= 210\,000$ kg/cm^2 zu setzen ist. (Bei der Bemessung der Bewehrung wird in der üblichen Weise vorgegangen, wobei aber $E = 140\,000$ kg/cm^2 zu setzen ist.)

Wenn die Last P beweglich, also etwa der Rollendruck eines Kranes ist, so muß die Bewehrung unverändert durch das ganze Bankett durchlaufen, und als Schubsicherungen kommen, wie E. Mörsch bemerkt hat, nur mehrschnittige Bügel in Betracht, die die obere und die untere Bewehrung umfassen.

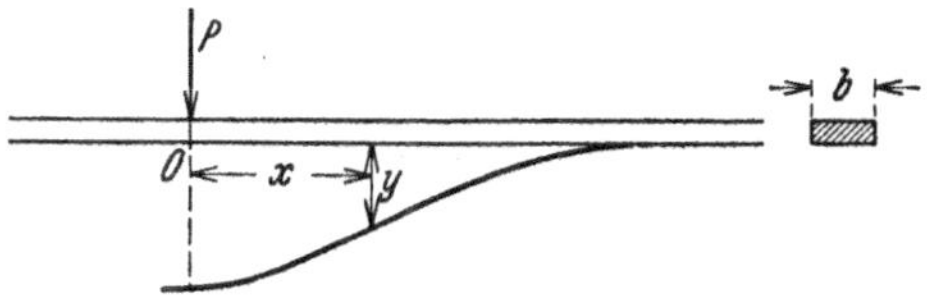

Abb. 399. Durchbiegung eines langgestreckten Bankettes unter einer Einzellast.

Wenn für verschiedene Abszissen x die Werte η, η' und η'' aufgetragen werden, so erhält man Einflußlinien (Abb. 400) für den Sohldruck p, für die Momente M und für die Querkräfte Q und man kann nun, wenn mehrere Einzellasten auf das Bankett wirken oder darüber hinweg rollen, diese Größen in irgendeinem Querschnitt leicht durch Überlagerung finden.

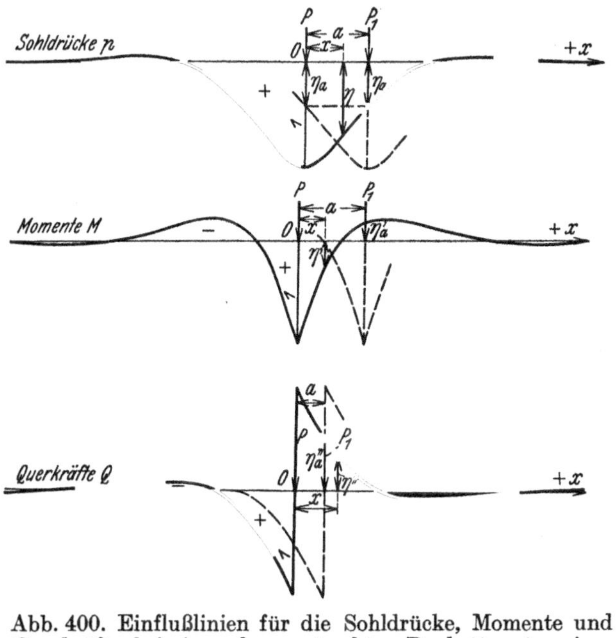

Abb. 400. Einflußlinien für die Sohldrücke, Momente und Querkräfte bei einem langgestreckten Bankett unter einer Einzellast. (Nach W. Zimmermann.)

Literatur: Freund, A.: Theorie der gleichmäßig elastisch gestützten Körper. Beton u. Eisen 1917 S. 144. — Fröhlich, O.: Berechnung von Fundamenten unter Berücksichtigung der Elastizität des Baugrundes. Beton u. Eisen 1913 S. 318, 336. — Hayashi, K.: Über Balken auf elastischer Unterlage. Eisenbau 1914 S. 241. — Derselbe: Theorie des Trägers auf elastischer Unterlage. Berlin: Julius Springer 1921. — Mautner, V.: Beitrag zur Berechnung von Flachgründungen. Brückenbau 1918 S. 91. — Mörsch, E.: Eisenbetonbau Bd. 2. Stuttgart: K. Wittwer 1924. — Neményi, P.: Theorie durchlaufender trägerloser Fundamentsstreifen auf elastischer Bettung. Beton u. Eisen 1928 S. 448. — Pasternak, P.: Die baustatische Theorie biegefester Balken und Platten auf elastischer Bettung. Beton u. Eisen 1926. — Sanden, K., u. F. Schleicher: Zur Theorie des Balkens auf elastischer Unterlage. Beton u. Eisen 1926 S. 83. — Schleicher, F.: Zur Theorie der Fundamente. Beton u. Eisen 1927 S. 433. — Schmidtmann, W.: Beitrag zur Ermittlung von Fundamentspressungen, Näherungsberechnung des durch Einzellasten beanspruchten Trägers auf stetiger, nachgiebiger Unterlage. Stuttgart: K. Wittwer 1920. — Zimmermann, W.: Die Berechnung des Eisenbahnoberbaues. Berlin 1888.

4. Ringförmige Bankette unter Einzellasten.

Wenn die Grundwerke von Türmen, die in eine Anzahl von Tragsäulen aufgelöst sind, nahe aneinander heranreichen oder sich sogar überschneiden würden, werden sie vielfach zu einem regelmäßig-vieleckigen Bankettring zusammengefaßt; hierdurch wird nicht nur ein gleichmäßiges Setzen des ganzen Bauwerkes erreicht, sondern es werden auch seitliche Verschiebungen der Säulenfüße vollkommen verhindert und dadurch nicht vorgesehene Beanspruchungen der Säulen vermieden.

Bei einem derartigen regelmäßig-vieleckigen Bankettring stehen die Säulen in den Vielecksecken. Wie nun R. Schwarz nachgewiesen hat, hängt die Beanspruchung des Bankettes sehr weitgehend von der Lage der Säulenachsen gegenüber der Bankettmittellinie ab. Wenn die Stellung der Säulen so gewählt wird, daß die positiven und negativen Momentenflächen einander gleich werden, so kann eine wesentliche Baustoffersparnis erzielt werden.

Diese Gleichheit der Momentenflächen kann durch ein Hereinrücken der Säulenachsen aus der Ringmittellinie gegen den Ringmittelpunkt hin um den Abstand a_0 erreicht werden.

Die Beanspruchung des Grundwerkes rührt vom Turmgewicht und vom Winddruck her, die im folgenden besonders behandelt seien. Der Sohldruck wird von R. Schwarz geradlinig verteilt angenommen und es wird auf die Änderung der Verteilung des Sohldruckes in folge der elastischen Verformung des Ringes keine Rücksicht genommen.

α) **Beanspruchung des Grundwerksringes durch das Gewicht.** Das Gewicht nP wird von allen n Säulen gleichmäßig auf die Ecken des Grundwerkes übertragen und es beträgt bei einer Länge s der Vielecksseiten die Grundwerksbelastung für einen

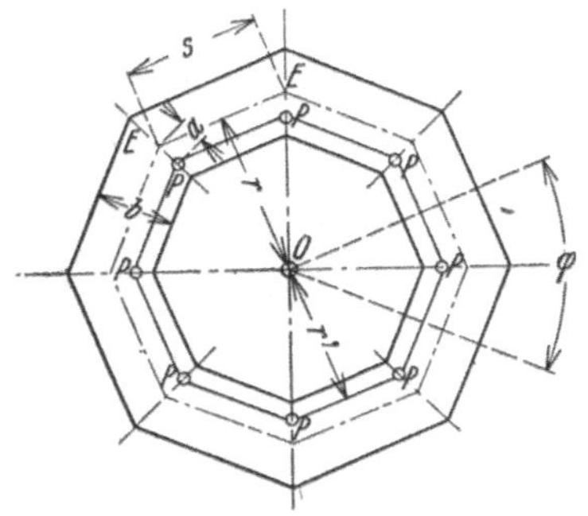

Abb. 401. Ringförmiges Bankett.

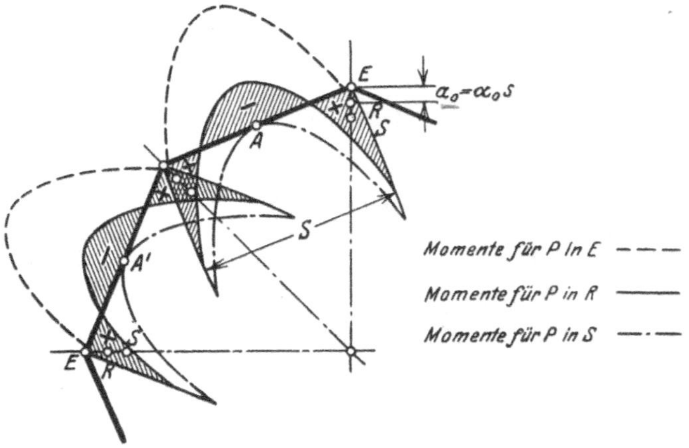

Abb. 402. Beanspruchung des Ringbankettes durch das Gewicht allein. (Nach R. Schwarz: Bauing. 1930 S. 345.)

quer über das Bankett reichenden Streifen von der Länge 1 und der Breite b

(368) $$p = \frac{P}{s}.$$

Bei verschiedenen Stellungen der Säulenachsen in der Grundwerksecke berechnet nun R. Schwarz die folgenden Beanspruchungen des Grundwerkes (Abb. 401 und 402):

	Lage der Säulenachse:		
	im Eckpunkt E der Vielecksmittellinie	im Schwerpunkt s der zwischen zwei Seitenhalbierenden liegenden Sohlflächen	ausmittig um a_0, so daß die + - und die — - Momentenflächen einander gleich sind
Moment im Eck	$M_{g_E} = \frac{1}{12} b^2 p \cdot \sec\frac{\varphi}{2}$ (369a)	$M_{g_E} = \frac{1}{8} p s^2$ (369b)	$M_{g_E} = \frac{1}{12} p s^2$ (369c)
Moment in der Vieleckseitenmitte	$M_{g_A} = \frac{1}{24} p \left(2 b^2 \sec\frac{\varphi}{2} - 3 s^2\right)$ (370a)	$M_{g_A} = 0$ (370b)	$M_{g_A} = -\frac{1}{24} p s^2$ (370c)

Für die günstigste Ausmittigkeit a_0 gilt bei einem Grundwerksring mit n Ecken und einer Vieleckseitenlänge (in der Mittellinie gemessen) $s = 2\,r\,\mathrm{tg}\,\frac{\varphi}{2}$

$$a_0 = \frac{s}{6}\left[\sin\frac{\varphi}{2} - \left(\frac{b}{s}\right)^2 \mathrm{tg}\,\frac{\varphi}{2}\right] = \frac{s}{24}\left[4\sin\frac{\varphi}{2} - \left(\frac{b}{r}\right)^2 \mathrm{cotg}\,\frac{180^0}{n}\right] = \alpha_0 s\,. \tag{371}$$

Zur Vereinfachung der Rechnung dienen die in der Tabelle 25 zusammengestellten Beiwerte α_0.

Tabelle 25. Beiwerte α_0 zur Gleichung (371).

$\frac{b}{r}$	Quadrat		Sechseck		Achteck	
	α_0	$\Delta\,\alpha_0$	α_0	$\Delta\,\alpha_0$	α_0	$\Delta\,\alpha_0$
0,1	0,11743	0,00125	0,08261	0,00216	0,06277	0,00301
0,2	0,11618	0,00209	0,08045	0,00361	0,05975	0,00503
0,3	0,11409	0,00291	0,07684	0,00505	0,05472	0,00704
0,4	0,11118	0,00375	0,07179	0,00650	0,04768	0,00905
0,5	0,10743	0,00458	0,06529	0,00793	0,03863	0,01107
0,6	0,10285	0,00542	0,05736	0,00938	0,02756	0,01307
0,7	0,09743	0,00625	0,04798	0,01083	0,01449	0,01509
0,8	0,09118	0,00708	0,03715	0,01227	−0,00060	−0,01710
0,9	0,08410	0,00792	0,02488	0,01371	−0,01770	−0,01912
1,0	0,07618		0,01117		−0,03682	

β) **Beanspruchung durch Winddruck.** Bei der Ermittlung der Grundwerksbeanspruchung durch Winddruck nimmt R. Schwarz an, daß der jeweilige Sohldruck σ_0 gleichmäßig über die Ringbreite b verteilt sei und daß der vom Wind herrührende Sohldruck bezogen auf die Längeneinheit

$$p_0 = b\,\sigma_0 \tag{372}$$

in der Schwerlinie des Ringes wirke.

Es bedeute ferner:

P_w eine Säulenlast infolge des Winddruckes allein,
M_w das Windumsturzmoment, bezogen auf die zur Windrichtung normale x-Achse der Sohlfläche in tm,
E_b das Elastizitätsmaß des Betons in kg/cm²,
G_b das Gleitmaß des Betons in kg/cm²,
J das Trägheitsmoment des Grundwerksquerschnittes in cm⁴,
J_1 den Drillingswiderstand des Grundwerksquerschnittes in cm⁴,
$A_1 B_1$ Festwerte, die von den Grundwerksabmessungen b, r und der Säulenausmittigkeit a abhängen,
b die Breite des Bankettes,
d die Höhe des Bankettes,
ψ den Winkel einer Seitensymmetralen mit der Windrichtung.

Es sei weiter[1]

$$\frac{E_b}{G_b} = 2{,}5 \tag{373}$$

und

$$J = \frac{1}{12} b\,d^3\,, \tag{374}$$

$$J_1 = \frac{1}{\zeta}\cdot\frac{b^3 d^3}{b^2 + d^2}\,. \tag{375}$$

Die Beanspruchungen des Grundwerkes infolge des Winddruckes sind für einen quadratischen, einen sechsseitigen und einen achtseitigen Bankettring in der Tabelle 26 zusammengestellt.

[1] v. Bach, C.: Versuche des Deutschen Eisenbetonausschusses, Heft 16. Versuche über die Widerstandsfähigkeit von Beton und Eisenbeton gegen Verdrehung.

Tabelle 26. Beanspruchungen des Bankettringes infolge Winddruckes.

Beanspruchung	Quadrat (Abb. 403a)	Sechseck (Abb. 403b)	Achteck (Abb. 403c)
Säulenlasten	$P_0 = 0{,}25 \frac{M_w}{r'}$ (376) $r' = \beta r$ (378) $\beta = 1 - 2\alpha \sin\frac{\varphi}{2} = 1 - 1{,}41422\,\alpha$ (379a) $\alpha = \frac{a}{s}$ (380) β siehe Tabelle 28	$P_0 = 0{,}25 \frac{M_w}{r'}$ (376) $P_1 = 0$ (377b) $r' = \beta r$ (378) $\beta = 1 - 2\alpha \sin\frac{\varphi}{2} = 1 - 1{,}0\,\alpha$ (379b) $\alpha = \frac{a}{s}$; (380) β siehe Tabelle 28	$P_0 = 0{,}2134 \frac{M_w}{r'}$ (376) $P_1 = 0{,}414\,P = 0{,}0883 \frac{M_w}{r'}$ (377c) $r' = \beta r$ (378) $\beta = 1 - 2\alpha \sin\frac{\varphi}{2} = 1 - 0{,}76536\,\alpha$ (379c) $\alpha = \frac{a}{s}$; (380) β siehe Tabelle 28
Größter Sohldruck	$p_0 = b\sigma_0 = 0{,}1875 \frac{M_w}{r^2}$ (381a)	$p_0 = b\sigma_0 = 0{,}2598 \frac{M_w}{r^2}$ (381b)	$p_0 = b\sigma_0 = 0{,}2855 \frac{M_w}{r^2}$ (381c)
Biegungsmomente	$M_b = \mathfrak{M}_b + M_{by} \cos\psi$ (282) In AE: $\mathfrak{M}_b = \frac{1}{2} p_0 x^2$ (383) in CE: $\mathfrak{M}_b = \frac{1}{2} p_0 s x' \left[1 - \frac{x'}{s} + \frac{2}{3}\left(\frac{x'}{s}\right)^2\right]$ $- P\left[x' - a \sin\frac{\varphi}{2}\right]$ $= \frac{1}{2} p_0 s x' \left[1 - \frac{x'}{s} + \frac{2}{3}\left(\frac{x'}{s}\right)^2\right]$ $- P[x' - 0{,}70711\,a]$ (384)	$M_b = \mathfrak{M}_b + M_{by} \cos\psi$ (382) In AE: $\mathfrak{M}_b = \frac{1}{2} p_0 x^2$ (383) in CE: $\mathfrak{M}_b = \frac{1}{2} p_0 s x' \left[\left(1 + \frac{s}{4x'} \sin\frac{\varphi}{2}\right)\right.$ $\left. + \frac{x'}{s} - \frac{1}{3}\left(\frac{x'}{s}\right)^2\right] - P\left(x' - a \sin\frac{\varphi}{2}\right)$ $= \frac{1}{2} p_0 s x' \left[1 + \frac{1}{8}\frac{s}{x'} + \frac{x'}{s} - \frac{1}{3}\left(\frac{x'}{s}\right)^2\right]$ $- P(x' - 0{,}5\,a)$ (385)	$M_b = \mathfrak{M}_b + M_{by} \cos\psi$ (382) In AE: $\mathfrak{M}_b = \frac{1}{2} p_0 x^2$ (383) in EE_1: $\mathfrak{M}_b = \frac{1}{2} p_0 s x' \left[1 + \frac{1}{4}\frac{3}{x'} \sin\varphi\right.$ $\left. + \frac{x'}{s} - \left(\frac{x'}{s}\right)^2 \cdot \frac{1}{3}\left(1 - \mathrm{tg}\frac{\varphi}{2}\right)\right]$ $- P_0\left(x' - a \sin\frac{\varphi}{2}\right)$ $= \frac{1}{2} p_0 s x' \left[1 + 0{,}17678 \frac{s}{x'} + \frac{x'}{s}\right.$ $\left. - 0{,}19526\left(\frac{x'}{s}\right)^2\right]$ (386) in E_1C: $\mathfrak{M}_b = x''\left\{- p_0 s\left[1 + \mathrm{tg}\frac{\varphi}{2}\right.\right.$ $\left.\left. \times \left(\frac{3}{4} - \frac{1}{3}\frac{x''^2}{s^2}\right)\right] + \left(1 + \mathrm{tg}\frac{\varphi}{2}\right) P\right\}$ $= x''\left\{- p_0 s\left[1 + 0{,}41421\left(\frac{3}{4} - \frac{1}{3}\frac{x''^2}{s^2}\right)\right]\right.$ $\left. + 1{,}41421\,P\right\}$ (387)

Biegungsmomente	$M_{b\nu} = -\frac{1}{1+\varkappa}\left[0{,}03125 + \left(0{,}09375 - 0{,}3535\,\frac{\alpha}{\beta}\right)\varkappa\right] M_w$ (388a) $\varkappa = 0{,}2083\,\zeta\,\frac{d^2+b^2}{b^2}$ * (389) $\zeta = 3{,}645 - 0{,}06\,\frac{d}{b}$ (390) wenn $1 < \frac{d}{b} < 6$ $M_{b\nu} = -\frac{1}{1+\varkappa}[A + B\varkappa]\,M_w$ (391) $A = 0{,}03125$ (392a) } siehe Tab. 27 $B = 0{,}09375 - 0{,}3535\,\frac{\alpha}{\beta}$ (393a) } siehe Tab. 27	$M_{b\nu} = -\frac{1}{1+\varkappa}\left[0{,}01448 + \left(0{,}0433 - 0{,}28866\,\frac{\alpha}{\beta}\right)\varkappa\right] M_w$ (388b) $\varkappa = 0{,}2083\,\zeta\,\frac{d^2+b^2}{b^2}$ * (389) $\zeta = 3{,}645 - 0{,}06\,\frac{d}{b}$ (390) wenn $1 < \frac{d}{b} < 6$ $M_{b\nu} = -\frac{1}{1+\varkappa}[A + B\varkappa]\,M_w$ (391) $A = 0{,}01448$ (392b) } siehe Tab. 27 $B = 0{,}0433 + 0{,}28866\,\frac{\alpha}{\beta}$ (393b) } siehe Tab. 27	$M_{b\nu} = -\frac{1}{1+\varkappa}\left\{0{,}0082 + \left[0{,}0992 - 0{,}0625 \times \frac{1}{\beta}(1 + 2{,}9296\,\alpha)\right]\varkappa\right\} M_w$ (388c) $\varkappa = 0{,}2083\,\zeta\,\frac{d^2+b^2}{b^2}$ * (389) $\zeta = 3{,}645 - 0{,}06\,\frac{d}{b}$ (390) wenn $1 < \frac{d}{b} < 6$ $M_{b\nu} = -\frac{1}{1+\varkappa}[A + B\varkappa]\,M_w$ (391) $A = 0{,}0082$ (392c) siehe Tab. 27 $B = 0{,}0992 - 0{,}0625\,\frac{1}{\beta}(1 + 2{,}9296\,\alpha)$ (393c)
Drillungsmomente	$M_t = \mathfrak{M}_t + M_{b\nu}\sin\psi$ (394) In AE: $\mathfrak{M}_t = 0$ (395) in CE: $\mathfrak{M}_t = \frac{1}{8}\,p_0 s^2 - Pa \cdot \cos\frac{\varphi}{2}$ $= \frac{1}{8}\,p_0 s^2 - 0{,}70711\,Pa$ (396a) $M_{b\nu}$ wie oben	$M_t = \mathfrak{M}_t + M_{b\nu}\sin\psi$ (394) In AE: $\mathfrak{M}_t = 0$ (395) in CE: $\mathfrak{M}_t = \left(\frac{1}{8}\,p_0 s^2 - Pa\right)\cos\frac{\varphi}{2}$ $= 0{,}866\left(\frac{1}{8}\,p_0 s^2 - Pa\right)$ (396b) $M_{b\nu}$ wie oben	$M_t = \mathfrak{M}_t + M_{b\nu}\sin\psi$ (394) In AE: $\mathfrak{M}_t = 0$ (395) in EE_1: $\mathfrak{M}_t = \frac{1}{8}\,p_0 s^2\cos\varphi - P_0 a\cos\frac{\varphi}{2}$ $= 0{,}08839\,p_0 s^2 - 0{,}92388\,P_0 a$ (397) in E_1C: $\mathfrak{M}_t = \frac{1}{24}\,p_0 s^2\left[6\,\mathrm{tg}\,\frac{\varphi}{2} + 4\cos\varphi\left(\mathrm{tg}\,\frac{\varphi}{2} + 2\right) - 3\right] - P_0\left(s\cos\varphi + 2a\sin\frac{\varphi}{2}\right)$ $= 0{,}26306\,p_0 s^2 - P\,(0{,}70711\,s + 0{,}76536\,a)$ (398) $M_{b\nu}$ wie oben

* Bretschneider: Versuche über die Verdrehung von Stäben mit rechteckigem Querschnitt. Mitt. über Forschungsarbeiten Heft 121 S. 10.

Wenn die Säulen aus den Vielecksecken um a_0 nach innen gerückt werden, so verhalten sich die Vielecksseiten des Grundwerksringes bei allseitig symmetrischer lot-

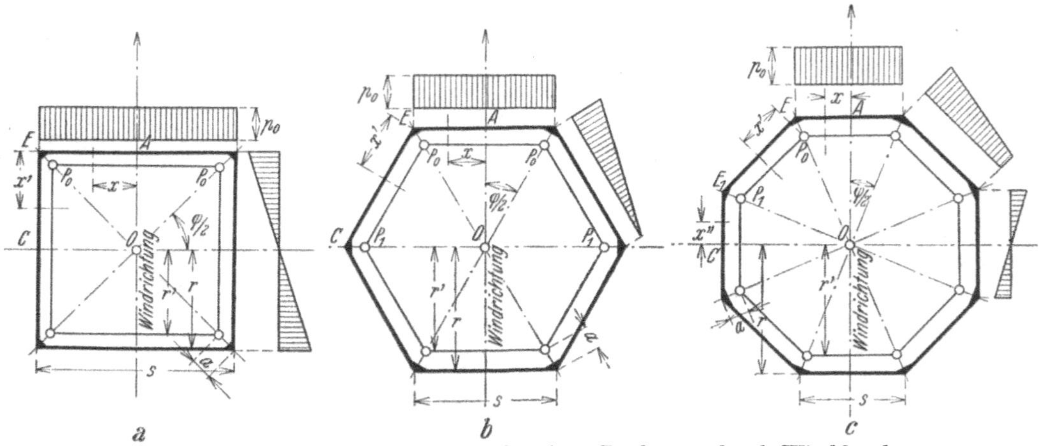

Abb. 403. Beanspruchung von ringförmigen Banketten durch Winddruck.

rechter Belastung wie vollkommen eingespannte Träger, während sie für Windbelastung wie Träger mit sehr schwacher Einspannung zu berechnen sind, so daß das Biegemoment in der Seitenmitte bei A infolge Winddruckes hinreichend genau

$$(399) \quad M_A = -\frac{1}{9} p_0 s^2$$

gesetzt werden kann. Durch die Windbelastung entstehen in den Bankettfeldern des Grundwerkes die Biegungsmomente sehr erheblich vergrößert, während die Biegungsmomente an den Ecken nur geringe Änderungen erfahren, weswegen es zweckmäßig wäre, die Ausmittigkeit noch über a_0 zu vergrößern, um einen besseren Ausgleich der Gesamtmomente zu erzielen.

Tabelle 27. Beiwerte A und B der Gleichung (391).

Grundwerksform		Quadrat	Sechseck	Achteck
Säulen im Eck		$A = 0{,}03125$ $B = 0{,}0938$	$A = 0{,}01448$ $B = 0{,}0433$	$A = 0{,}00820$ $B = 0{,}0367$
Säulen um a_0 aus den Ecken nach innen verschoben		$A_0 = 0{,}03125$	$A_0 = 0{,}01448$	$A_0 = 0{,}00820$
	$\frac{b}{r} = 0{,}1$	$B_0 = 0{,}04397$	$B_0 = 0{,}01730$	$B = 0{,}02144$
	0,2	0,04461	0,01805	0,02220
	0,3	0,04566	0,01927	0,02348
	0,4	0,04712	0,02090	0,02524
	0,5	0,04897	0,02311	0,02748
	0,6	0,05120	0,02573	0,03018
	0,7	0,05380	0,02875	0,03331
	0,8	0,05675	0,03215	0,03682
	0,9	0,06001	0,03594	0,04074
	1,0	0,06357	0,04003	0,04499

Tabelle 28.
Beiwerte β bei der Säulenausmittigkeit a_0.

$\frac{b}{r}$	Quadrat	Sechseck	Achteck
0,1	0,8339	0,9174	0,9520
0,2	0,8357	0,9196	0,9543
0,3	0,8387	0,9232	0,9581
0,4	0,8428	0,9282	0,9635
0,5	0,8481	0,9347	0,9704
0,6	0,8546	0,9426	0,9789
0,7	0,8622	0,9520	0,9889
0,8	0,8711	0,9629	1,0005
0,9	0,8811	0,9751	1,0135
1,0	0,8923	0,9888	1,0282

Beispiel: Ein 40 m hoher Wasserturm für 250 m^3 Inhalt wird auf einem achteckigen Ringgrundwerk gegründet; sein Gewicht beträgt samt Nutzlast 1280 t. Der Boden darf höchstens mit 2,5 kg/cm^2 belastet werden. Es wird das in der Abb. 404 dargestellte Grundwerk angenommen und es ist die Richtigkeit der Annahme nachzuweisen.

a) Lotrechte Lasten:

Es ist $b = 2{,}90$ m, $r = 5{,}15$ m, daher $\frac{b}{r} = 0{,}563$ und $\alpha_0 = 0{,}03166$, $a_0 = \alpha_0 s = 0{,}135$ m.

Die Länge der Grundwerksmittellinie beträgt $U = 8 \cdot 4{,}26 = 34{,}08$ m und es ist daher

$$p = \frac{\Sigma P}{U} = \frac{1280}{34{,}08} = 37{,}5 \text{ t/m}.$$

Es beträgt

$$\text{das Feldmoment:}\quad M_A = -\frac{1}{24}\cdot 37{,}5\cdot 4{,}26^2 = -28{,}3\ \text{tm (untere Faser gezogen)}$$

$$\text{das Stützenmoment:}\quad M_E = +\frac{1}{12}\cdot 37{,}5\cdot 4{,}26^2 = +56{,}6\ \text{tm}$$

$$\text{die Querkraft:}\quad Q_{max} = \frac{1}{2}\cdot 35{,}5\cdot 4{,}26 = 80\ \text{t}.$$

Drillingsmomente treten nicht auf.

b) Windbelastung:

Das Windumsturzmoment, bezogen auf die Grundwerkssohle, die 2,5 m unter der Bodenoberfläche liegt, beträgt $M_w = 916{,}5$ tm. Für $\frac{b}{r} = 0{,}563$ ist beim Achteck $A_0 = 0{,}00820$, $B_0 = 0{,}02918$. Für die Ermittlung des Drillingswiderstandes des vom Rechteck abweichenden Bankettquerschnitts wird in Ermangelung eines genaueren Verfahrens ein Ersatz-Quadrat von der Seitenlänge $b = d = 1{,}8$ m angenommen, für das $\zeta = 3{,}585$ und $\varkappa = 1{,}495$ ist.

Mit A_0, B_0, M_w und $\varkappa$ liefert Gl. (391) das Moment $M_{b\,y} = -19{,}10$ tm.

Es ist weiter $\beta_0 = 0{,}9785$ und die größte Säulenlast P nach Gl. (376) $P = 38{,}9$ t; die größte Grundwerksbelastung durch den Wind beträgt nach Gl. (381) $p_0 = 9{,}86$ t/m.

Biegungsmomente infolge des Winddruckes (Gl. 382):

in A: $x = 0$, $\psi = 0$, $\cos\psi = 1$,
daher $M_A = M_{b\,y} = -19{,}10$ tm.

in E von AE: $x = \frac{s}{2}$, $\psi = 0$, $\cos\varphi = 1$,

$$M_E = \frac{1}{2}\,p_0\frac{s^2}{4} + M_{b\,y} = +3{,}30\ \text{tm},$$

in E von EE_1: $x' = 0$, $\psi = 45^0$, $\varphi = 45^0$,

n $\varphi = \cos\varphi = \cos\psi = 1{,}7071$, $\sin\frac{\varphi}{2} = 0{,}38268$,

$$M'_E = \frac{1}{8}\,p_0\,s\sin\varphi + P_0\,a\sin\frac{\varphi}{2} + M_{b\,y}\cos\psi = 4{,}29\ \text{tm},$$

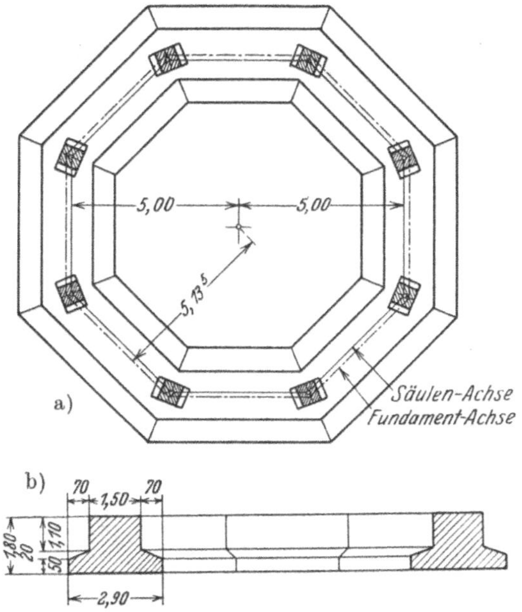

Abb. 404. Wasserturm-Ringgrundwerk. (Nach R. Schwarz: Bauing. 1930 S. 365.)

in der Mitte von EE_1: $x' = \frac{s}{2}$, $\psi = 45^0$, $\varphi = 45^0$, $\operatorname{tg}\frac{\varphi}{2} = 0{,}41421$,

$$M_m = \frac{1}{2}\,p_0\,s\,\frac{s}{2}\left[1 + \frac{1}{4}\,2\sin\varphi + \frac{1}{2} - \frac{1}{4}\cdot\frac{1}{3}\left(1 - \operatorname{tg}\frac{\varphi}{2}\right) - P_0\left(\frac{s}{2} - a_0\sin\frac{\varphi}{2}\right)\right.$$
$$+ M_{b\,y}\cos\psi = -13{,}56\ \text{tm},$$

in E_1 von EE_1: $x' = s$, $\psi = 45^0$,

$$M_{E_1} = \frac{1}{2}\,p_0\,s^2\left[1 + \frac{1}{4}\sin\varphi + 1 - 1\frac{1}{3}\left(1 - \operatorname{tg}\frac{\varphi}{2}\right)\right] - P_0\left(s - a_0\sin\frac{\varphi}{2}\right) + M_{b\,y}\cos\psi = -0{,}09\ \text{tm}.$$

in E_1 von E_1C: $x'' = \frac{s}{2}$, $\psi = 90^0$,

$$M'_{E_1} = \frac{s}{2}\left\{-p_0\,s\left[1 + \operatorname{tg}\frac{\varphi}{2}\left(\frac{3}{4} - \frac{1}{4}\cdot\frac{1}{3}\right)\right] + P_0\left(1 + \operatorname{tg}\frac{\varphi}{2}\right)\right\} + M_{b\,y}\cos\psi = +3{,}0\ \text{tm},$$

in C: $M_C = 0$.

Drillungsmomente infolge des Winddruckes:

im Stab AE: $M_{t_A} = M_{t_E} = \theta$,

$$\text{im Stab } EE_1\text{:}\quad M'_{t_E} = M_{t_m} = M_{t_{E_1}} = \frac{1}{8}\,p_0\,s^2\cos\varphi - P_0\,a_0\cos\frac{\varphi}{2} + M_{b\,y}\sin\psi = -2{,}61\ \text{tm},$$

$$\text{im Stab } E_1C\text{:}\quad M'_{t_{E_1}} = M_{t_C} = \frac{1}{24}\,p_0\,s^2\left[6\operatorname{tg}\frac{\varphi}{2} + 4\cos\varphi\left(\operatorname{tg}\frac{\varphi}{2} + 2\right) - 3\right] - P_0\left(s\cos\varphi + 2a\sin\frac{\varphi}{2}\right)$$
$$+ M_{b\,y}\sin\psi = -4{,}49\ \text{tm}.$$

Querkräfte (auf den linken Querschnitt nach abwärts positiv; als Lastensummen rechts vom Querschnitt):

im Stab AE: $Q_A = 0$, $Q_E = -\frac{1}{2} p_0 s = -21\,\text{t}$,

im Stab EE_1: $Q'_E = Q_E + P_0 = +17{,}9\,\text{t}$,

$$Q_m = Q'_E - \frac{1}{8} p_0 s \left(3 + \operatorname{tg}\frac{\varphi}{2}\right) = 0\,,$$

$$Q_{E_1} = Q'_E - \frac{1}{2} p_0 s \left(1 + \operatorname{tg}\frac{\varphi}{2}\right) = -11{,}80\,\text{t}\,,$$

im Stab E_1C: $Q'_{E_1} = Q_E + P_1 = Q_{E_1} + P_0 \operatorname{tg}\frac{\varphi}{2} = +4{,}30\,\text{t}$,

$$Q_C = Q_{E_1} - \frac{1}{4} p_0 s \operatorname{tg}\frac{\varphi}{2} = -0{,}05\,\text{t}\,.$$

In den Abb. 405, 406 und 407 sind schließlich die resultierenden Biegungs- und Drillungsmomente und die Querkräfte infolge des Eigengewichtes, der Nutzlast und des Winddruckes eingetragen. Das Biegungs-

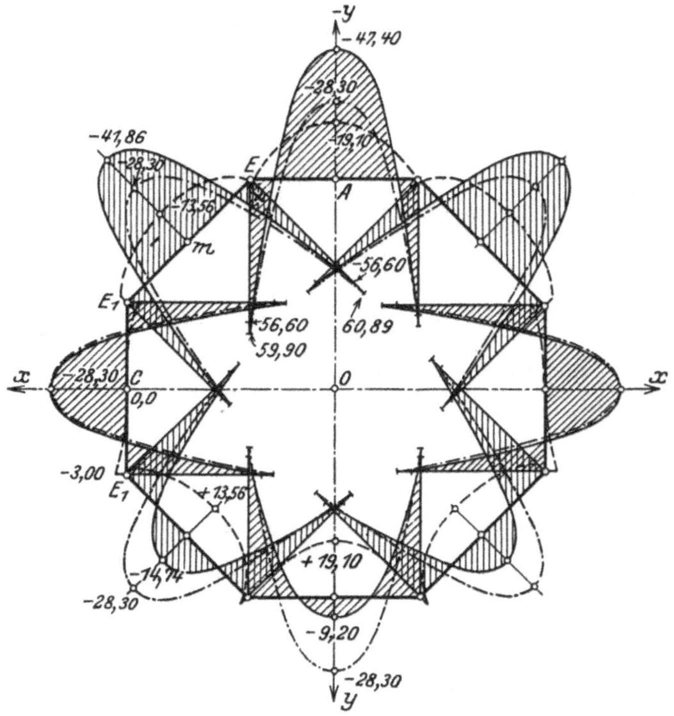

Abb. 405. Resultierende Biegungsmomente aus Eigengewicht, Nutzlast und Winddruck. (Nach R. Schwarz: Bauing. 1930 S. 366.)

moment bei A infolge der Windbelastung beträgt in diesem Falle 67 vH jenes infolge des Eigengewichtes und der Nutzlast.

Literatur: Schwarz, R.: Über die wirtschaftliche Ausbildung und die Berechnung polygonaler ringförmiger Turmfundamente. Bauing. 1930 S. 362, 433.

c) Die Gründung auf durchlaufenden Platten und auf verkehrten Gewölben.

Bei sehr nachgiebigem Baugrund kann es vorkommen, daß die erforderliche Verbreiterung des Grundwerkes so weitgehend wird, daß die Grundwerke von parallelen Mauern oder benachbarten Säulen nahe aneinander reichen. Man führt dann statt der Einzelgrundwerke besser Grundwerke aus, die unter dem ganzen Bauwerke zusammenhängend durchlaufen, weil dann eine gleichmäßigere Verteilung der Last und gleichmäßigere Setzungen erzielt werden. Ein solches durchlaufendes Grundwerk kann als durchlaufende Platte, als Pilzplatte oder mit verkehrten Gewölben ausgeführt werden.

1. Durchlaufende Platten.

Grundwerksplatten unter kleinen Bauwerken werden mit gleichmäßiger Dicke ausgeführt (Abb. 408). Wenn die Platten unter ganzen Gebäuden durchlaufen, erhalten sie überall dort, wo Mauern aufgesetzt werden, Rippen, die die Gebäudelast gleichmäßig längs der durch die Mauern gebildeten Netzlinien übertragen und die gleichzeitig die Platte versteifen. Durch diese Rippen wird die Platte in eine Anzahl von Feldern unterteilt, in denen die Teilplatten kreuzweise bewehrt werden. Die Felder können allenfalls durch ein System von sich schneidenden Rippen noch weiter unterteilt werden.

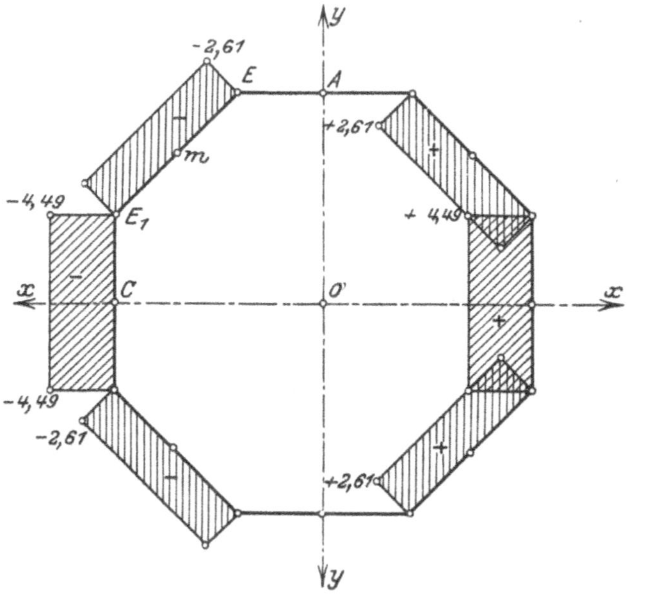

Abb. 406. Resultierende Drillungsmomente aus Eigengewicht, Nutzlast und Winddruck. (Nach R. Schwarz: Bauing. 1930 S. 367.)

Die Rippen werden in der Regel über der Platte angeordnet (Abb. 409 bis 411); wenn ein ebener Fußboden über der Grundplatte gefordert wird, können die Felder zwischen den Rippen mit Kies aufgefüllt werden, auf den schließlich ein Betonestrich kommt. Weniger vorteilhaft ist es, die Rippen unter die Platte zu legen, doch wird diese Anordnung auch manchmal gewählt, um einen ebenen Fußboden zu erhalten und um das Bauwerk gegen Gleiten zu sichern (Abb. 412 und 413).

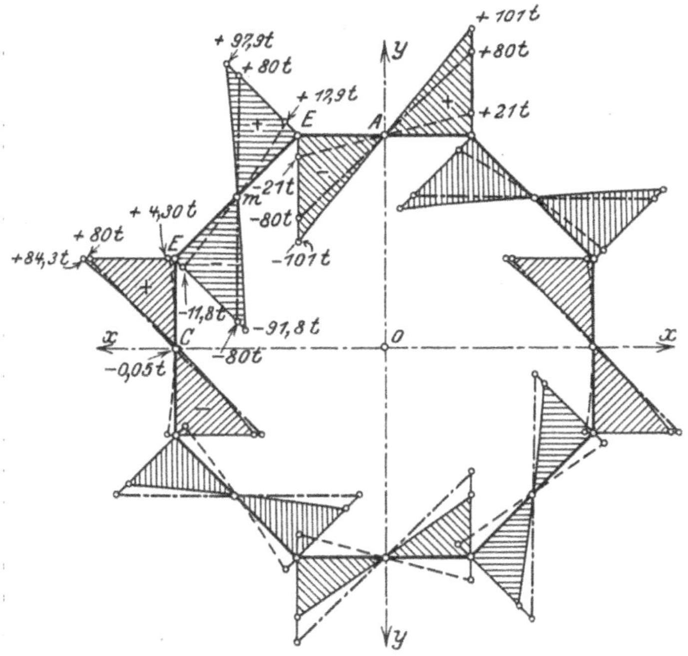

Abb. 407. Resultierende Querkräfte aus Eigengewicht, Nutzlast und Winddruck. (Nach R. Schwarz: Bauing. 1930 S. 368.)

Wenn einzelne, auf die Platte zu gründende Bauwerksteile leichter sind als die übrigen, so können unter den betreffenden Mauern statt der Platten breite Mauerbankette ausgeführt werden, um ungleichmäßige Setzungen oder eine Schiefstellung des Gebäudes zu vermeiden. Bei Grundwasserandrang kann die auf Seite 300 beschriebene Ausbildung der Platte Anwendung finden.

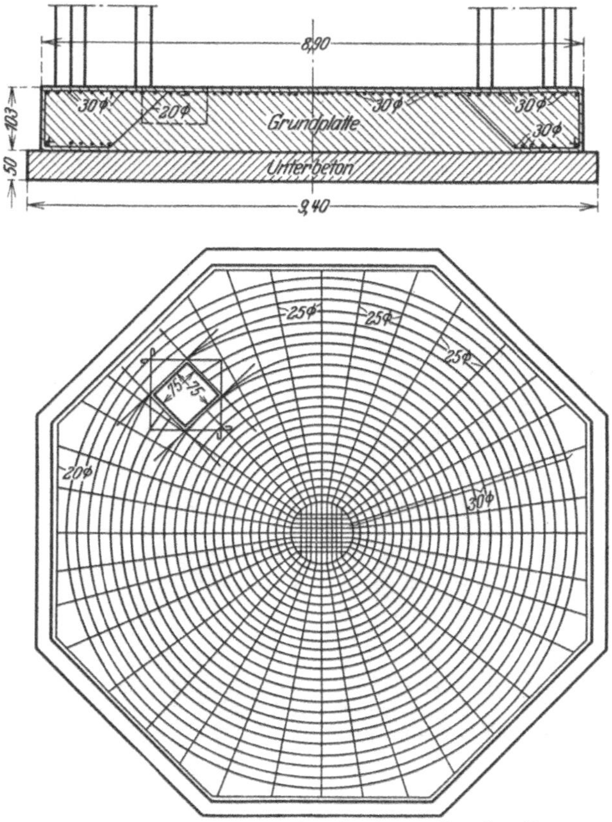

Abb. 408. Grundplatte des Schlammsilos der Zementfabrik in Neuwied. (Am Rande ringförmig belastet.) (Siemens-Bau-Union.)

Zur Bemessung der Grundplatten hat man entweder den Sohldruck gleichmäßig verteilt angenommen oder man hat die elastische Verformung der Platte berücksichtigt und den Sohldruck proportional den Durchbiegungen verteilt. Beide Annahmen treffen nach den auf Seite 45 geschilderten Versuchen von F. Kögler und A. Scheidig nicht zu, doch fehlen bisher Anhaltspunkte für einen zutreffenden Ersatz.

Literatur: Broschmann: Zur Berechnung der Grundplatten. Beton u. Eisen 1916 S. 38. — Eisenmenger, R.: Zollspeicher aus Eisenbeton in Montevideo. Bauing. 1921 S. 644. — Heimbach, M.: Flachgründungen auf Schlamm und Moorboden und Rekonstruktionen mit Hilfe dieses Verfahrens. Beton u. Eisen 1913 S. 343, 370, 386. — Hövermann: Über die statische Berechnung von Eisenbetonfundamentplatten. Beton u. Eisen 1913 S. 275. — Kohrt: Gründungsplatte eines Lagerhauses aus Eisenbeton. Dt. Bauzg. 1916 S. 131. — Meisenhelder: Verschiedene, hervorragende, während des Krieges ausgeführte Eisenbetonbauten. Bauing. 1920 S. 610, 639. — Müller, S.: Hohe Wohngebäude in Nordamerika. Dt. Bauzg. 1905 S. 284. — Probst, E.: Vorlesungen über Eisenbeton Bd. 2. Berlin: Julius Springer 1922. — Schmidtmann: Bodenpressung unter Eisenbetongrundplatten. Zentralbl. Bauverw. 1916 S. 157.

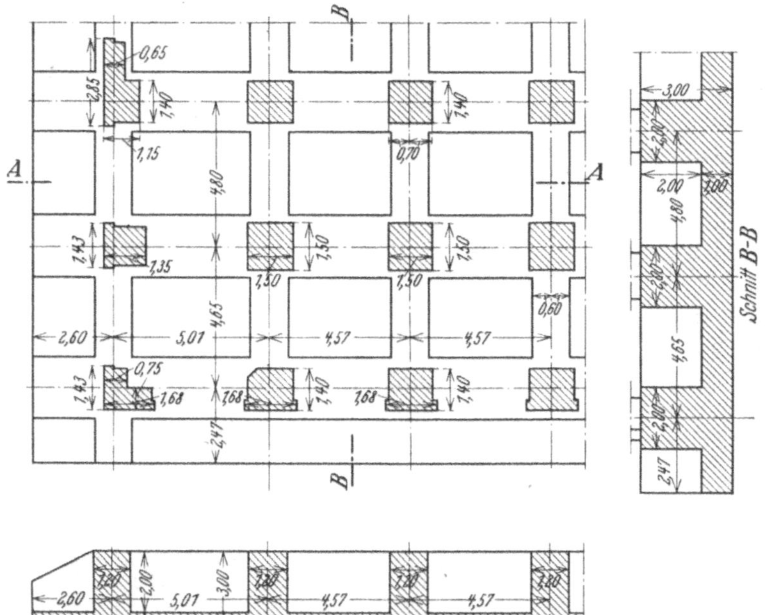

Abb. 409. Grundplatte des Reklameturmes Opel in Rüsselsheim. (Dyckerhoff & Widmann.)

2. Pilzgrundplatten.

Wenn die Gebäude- und die Nutzlast auf die Grundplatte durch Säulen übertragen werden, so kann die Grundplatte auch als Pilzplatte ausgebildet werden. Je nachdem, ob im Raume über der Grundplatte die Säulenfüße zulässig sind oder stören, wird, wie es die Abb. 414 veranschaulicht, der Säulenfuß über oder unter der Grundplatte angeordnet. Die Platte kann nach dem Zweiweg- oder nach dem Vierwegsystem bewehrt werden; E. Probst hat aber ge-

Abb. 410. Bewehrung der Grundplatte des Reklameturmes Opel in Rüsselsheim. Plattendicke 1 m, Rippenhöhe 2 m. Vgl. Abb. 409. (Dyckerhoff & Widmann.)
a Rippen.

Abb. 411. Grundplatte eines Zollspeichers. (Nach R. Eisenmenger: Bauing. 1921 S. 646.)

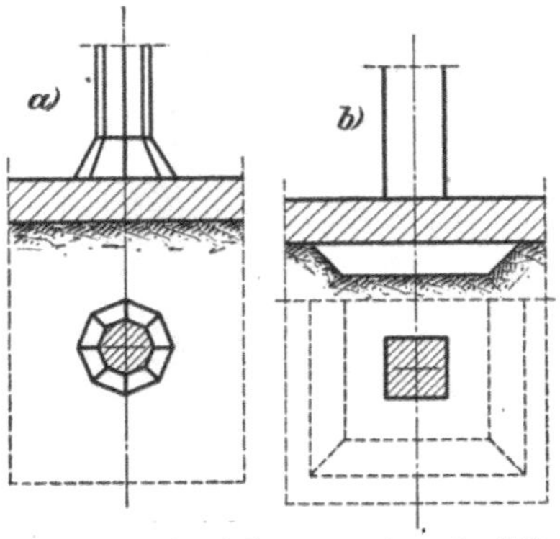

Abb. 414. Ausführungsweisen der Pilzgrundplatten. a) mit oben liegendem, b) mit unten liegendem Säulenfuß.

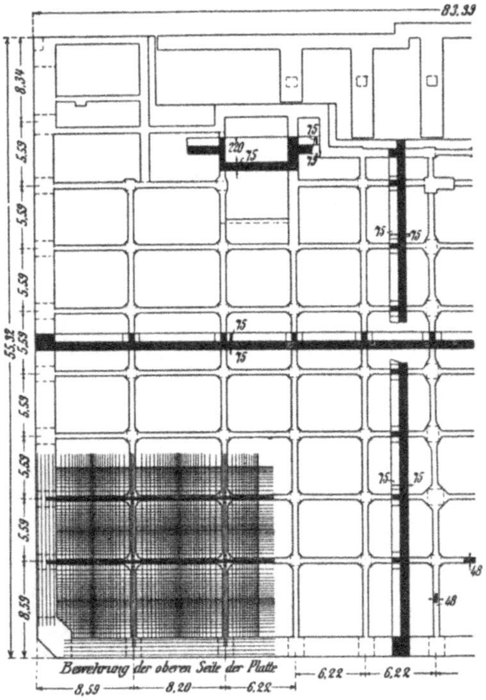

Abb. 412. Grundplatte mit oben liegenden Rippen für ein Warenhaus. (Nach E. Probst: Vorlesungen über Eisenbeton Bd. 2 2. Aufl. Berlin: Julius Springer.)

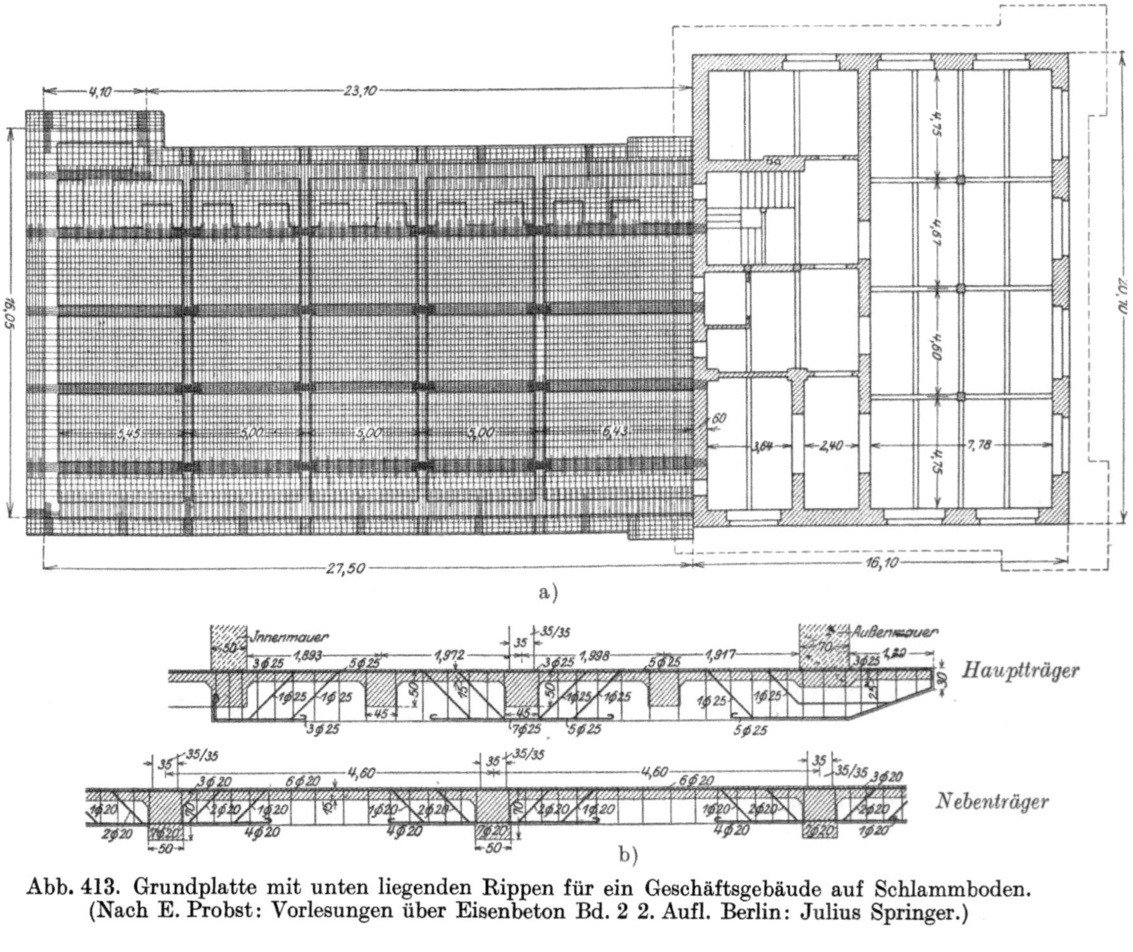

Abb. 413. Grundplatte mit unten liegenden Rippen für ein Geschäftsgebäude auf Schlammboden. (Nach E. Probst: Vorlesungen über Eisenbeton Bd. 2 2. Aufl. Berlin: Julius Springer.)

funden, daß das Zweiwegsystem übersichtlicher ist und weniger Eisenbewehrung erfordert.

Ein Beispiel für eine Pilzgrundplatte gibt die Abb. 415 wieder.

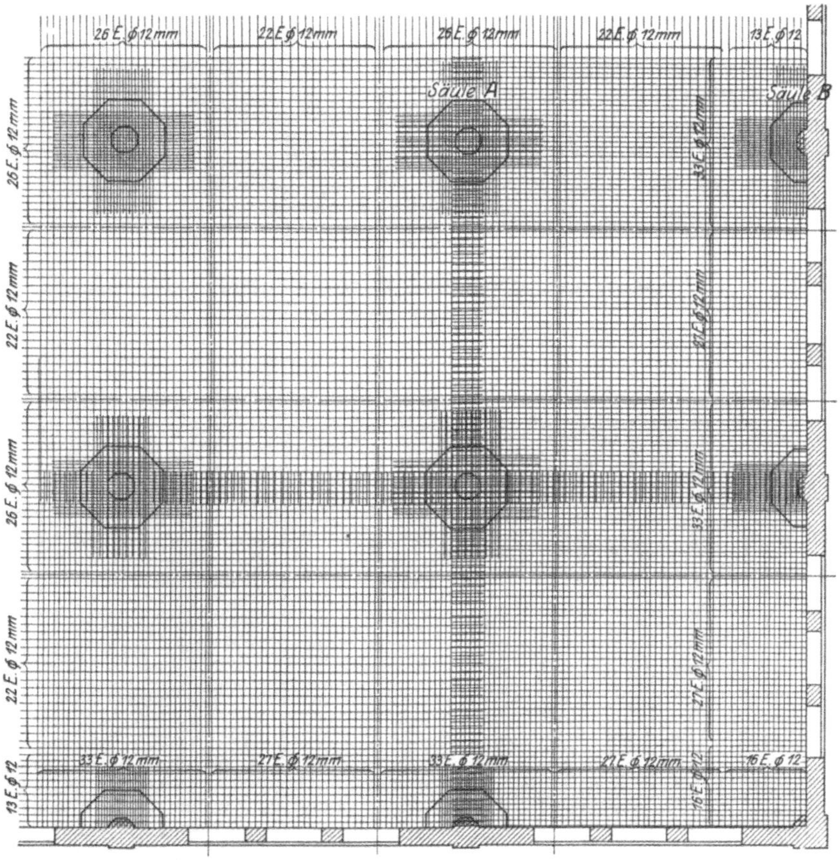

Abb. 415. Pilzgrundplatte. (Nach E. Probst: Vorlesungen über Eisenbeton Bd. 2 1. Aufl.)

Literatur: Bortsch, R.: Fundierung eines achtgeschossigen Bankgebäudes in Preßburg mittels einer biegungsfesten Pilzplatte. HDI-Mitteilungen d. Hauptver. deutscher Ing. i. d. tschechosl. Rep. 1926 Heft 3. — Mihailich, V.: Der Getreidespeicher im Freihafen von Budapest. Beton u. Eisen 1929 S. 229. — Probst, E.: Vorlesungen über Eisenbeton Bd. 2 S. 176. Berlin: Julius Springer 1922.

Abb. 416. Gründung eines Bauwerkes auf verkehrten Gewölben aus Ziegeln.

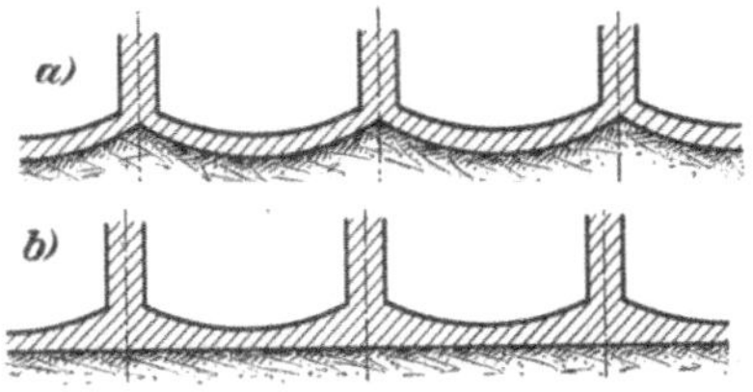

Abb. 417. Verkehrte Gewölbe. a) mit gewölbter, b) mit ebener Unterseite.

3. Verkehrte Gewölbe.

Die Gründung auf verkehrten Gewölben stammt aus einer Zeit, in der man den Eisenbeton im Grundbau noch nicht anwandte. Um ein unter dem ganzen Bauwerke durchgehendes geschlossenes Grundwerk zu erzielen, mußte man ver-

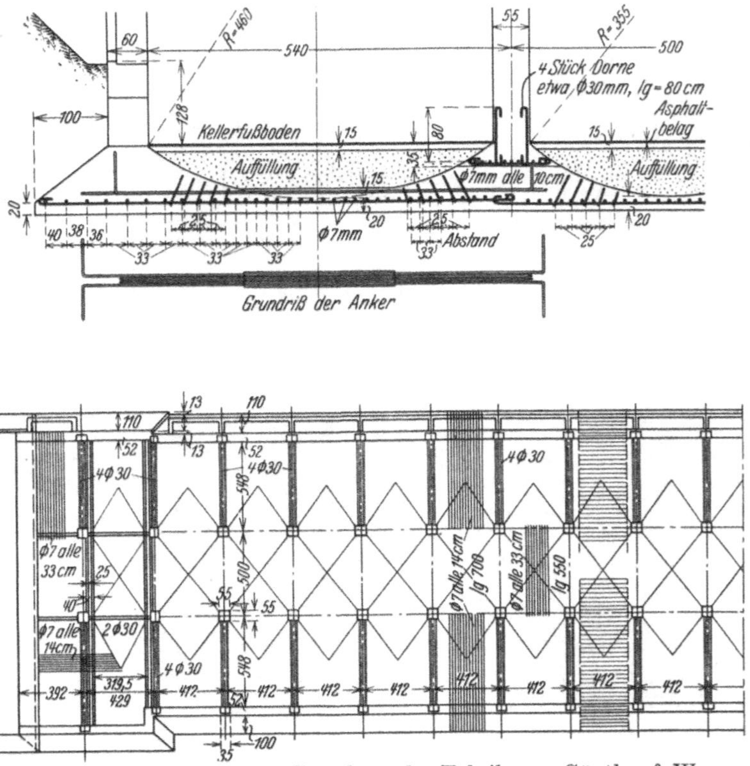

Abb. 418. Verkehrte Gewölbe zur Gründung der Fabrik von Günther & Wagner in Hannover. (Rud. Wolle, Leipzig.)

kehrte Gewölbe aus guten Ziegeln oder lagerhaften Steinen ausführen. Die Abb. 416 läßt die alte Bauweise solcher verkehrter Gewölbe erkennen. In neuerer Zeit werden verkehrte Gewölbe nur mehr selten ausgeführt.

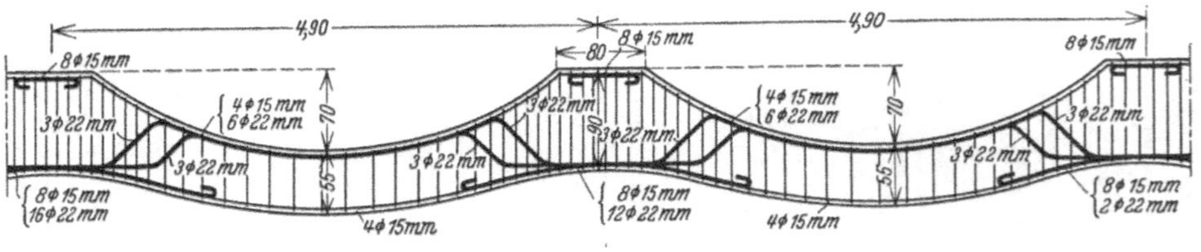

Abb. 419. Bewehrung von verkehrten Gewölben. (Nach Fr. v. Emperger: Hdb. f. Eisenbetonbau Bd. III.)

Wenn in neuerer Zeit Gründungen auf verkehrten Gewölben ausgeführt worden sind, so sind sie aus Eisenbeton erfolgt, wobei die Unterfläche entweder ebenfalls aus einer Aufeinanderfolge von Gewölben bestand (Abb. 417a und 418) oder eben war (Abb. 417b und 419).

Zur Aufnahme des Horizontalschubes der Gewölbe am Rande des Grundwerkes werden in den äußersten Gewölbereihen Zuganker eingebaut, deren Anordnung in der Abb. 418 deutlich zu erkennen ist.

Literatur: Escher, G.: Neuere Wassertürme. Bauing. 1920 S. 379. — Kersten: Der Eisenbeton Bd. 2 7. Aufl. S. 141. — Handbuch für Eisenbeton Bd. 3 2. Aufl. S. 59.

II. Flachgründungen im Wasser.

Flachgründungen im Wasser kommen vorwiegend bei Bauwerken an der Küste zur Anwendung, bei denen auch größere und ungleichmäßige Setzungen noch zulässig sind, wie z. B. bei Ufermauern, Molen, Wellenbrechern und dergleichen. Bei den Flachgründungen im Wasser wird der Boden entweder durch Baggern oder durch Schleppen waagrecht aufgehängter Träger nur eingeebnet oder es wird eine Oberflächenschicht Bodens abgebaggert und durch eine Kies- oder Steinschüttung ersetzt. Auch künstliche Verbesserung des Baugrundes durch Belastung vor der Gründung wird angewendet (vgl. z. B. Abb. 372 auf S. 257). Die verschiedenen Flachgründungen im Wasser unterscheiden sich nun hauptsächlich durch die Art und Weise, wie das Bauwerk bis über den Wasserspiegel hochgeführt wird; die wichtigsten unter diesen Bauweisen sind die Steinkistenbauweise, die Steinblockbauweise, die Unterwasserbetonierung, die Mantelgründung sowie die Gründung mit Schwimmkästen.

a) Steinkistenbauten.

Bauten von untergeordneter Bedeutung sind im Wasser manchmal mit Steinkisten gegründet oder aus Steinkisten überhaupt aufgebaut worden. Solche Bauten erleiden sehr starke Setzungen, weil zu jenen des Bodens noch die Verformung der Steinkisten hinzukommen.

Die Steinkisten bestehen aus blockhausartig zusammengebauten Kisten aus Rundhölzern, die entweder bündig oder mit Zwischenräumen aufeinander liegen. Diese Kisten werden schwimmend zur Verwendungsstelle geschafft, dort mit Bruchsteinen aufgefüllt und so zum Sinken gebracht. An der dem Wellengang ausgesetzten Seite kann die Füllung der Steinkiste auch mit Beton (vgl. Abb. 420) bewerkstelligt werden.

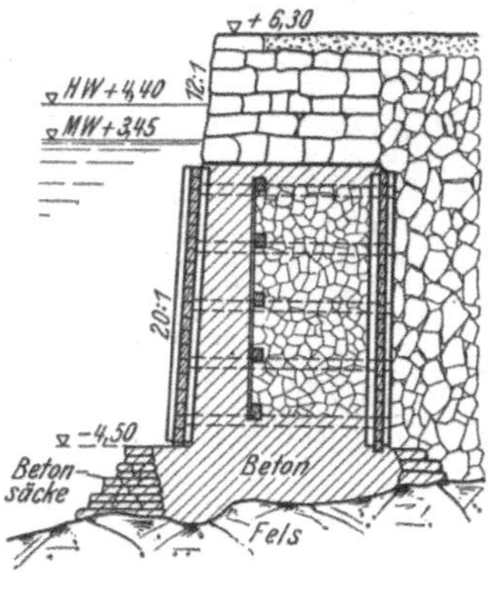

Abb. 420. Kaimauer auf Steinkiste. (Nach A. Lundberg und W. Fellenius.)

Für das Absetzen der Steinkisten wird der Boden eingeebnet und in der Regel durch eine Stein- oder Betonschüttung verbessert.

Literatur: Lundberg, A., und W. Fellenius: Steinkistengründungen. Bericht 100 zum XII. Int. Schiff.-Kongr. 1912. — Westermann: Unterbau von Leuchtfeuern in der offenen See. Bautechnik 1930 S. 69.

b) Blockbauten.

Die Blockbauweise wird im Seebau angewendet, um Kaimauern, Molen und dergleichen zu gründen und aufzubauen; hierbei werden möglichst schwere Blöcke aus natürlichem Stein oder aus Beton unter Wasser auf- oder aneinander geschlichtet. Betonblöcke werden am Ufer betoniert, in der Regel auf Schiffen zugeführt und mit einem Schwimmkran unter Beihilfe von Tauchern versetzt. Damit allenfalls verwendete Ketten unter dem versetzten Stein leicht herausgezogen werden können, ist es zweckmäßig, im Block Nuten für die Ketten auszusparen, wie sie in der Abb. 421 deutlich zu erkennen sind.

Vor dem Versetzen der Blöcke wird der Boden durch eine Steinschüttung in einer Vorbaggerung verbessert und der Steinwurf schließlich durch Betonblöcke beschwert, um ihn bei lebhaftem Wellengange gegen Unterspülungen zu sichern.

Einige Beispiele für Blockbauten geben die Abb. 422A bis D.

Die einzelnen Blöcke müssen so schwer genommen werden, daß sie durch die Reibung gegen den Wellenschlag in ihrer Lage erhalten werden. Als Reibungsbeiwert kann bei betonierten Blöcken etwa $\mu = 0{,}7$ genommen werden.

Literatur: Bavier: Die bauliche Entwicklung des Hafens von Genua. Schweiz. Bauzg. Bd. 46 (1905) S. 97. — Böckemann: Der Hafen von Valencia. Bauing. 1928 S. 421. — Denicke: Der Hafen von Haidarpascha gegenüber Konstantinopel. Z. Bauw. 1903 S. 475. — Inglese: Blockbau. Bericht zum XII. Int. Schiff.-Kongr. 1912. — Sainflou: Abgetreppte, aus einzelnen Blöcken geschichtete Kaimauern. Ann. Ponts Chauss. 1930 S. 26. — Blockbau. Ann. Ponts Chauss. 8. Serie Bd. 34 (1908) S. 36. — Molen mit senkrechten Seitenflächen. Bautechnik 1924 S. 80. — Die Erweiterung des Hafens von Valencia. Bautechnik 1930 S. 707. — Ein Schwimmkran von 450 t zum Bau der Wellenbrecher des Hafens von Algier. Bautechnik 1930 S. 83.

Abb. 421. Versetzen von Betonblöcken mittels eines Schwimmkranes. (Siemens-Bau-Union.)

c) Gründungen auf Unterwasserbeton.

Die Gründung eines Bauwerkes auf Unterwasserschüttbeton wird gegenwärtig wohl nur mehr sehr selten zur Anwendung kommen. Die Betonplatte, auf die das zu gründende Bauwerk gesetzt wird, ist bei diesem Gründungsverfahren unter dem Schutze einer Spundwand unter Wasser geschüttet (vgl. S. 221), um eine Ausspülung des Zementes durch bewegtes Wasser zu verhindern. Für die Schüttung der Platte ist in der Regel der Raum gebaggert worden.

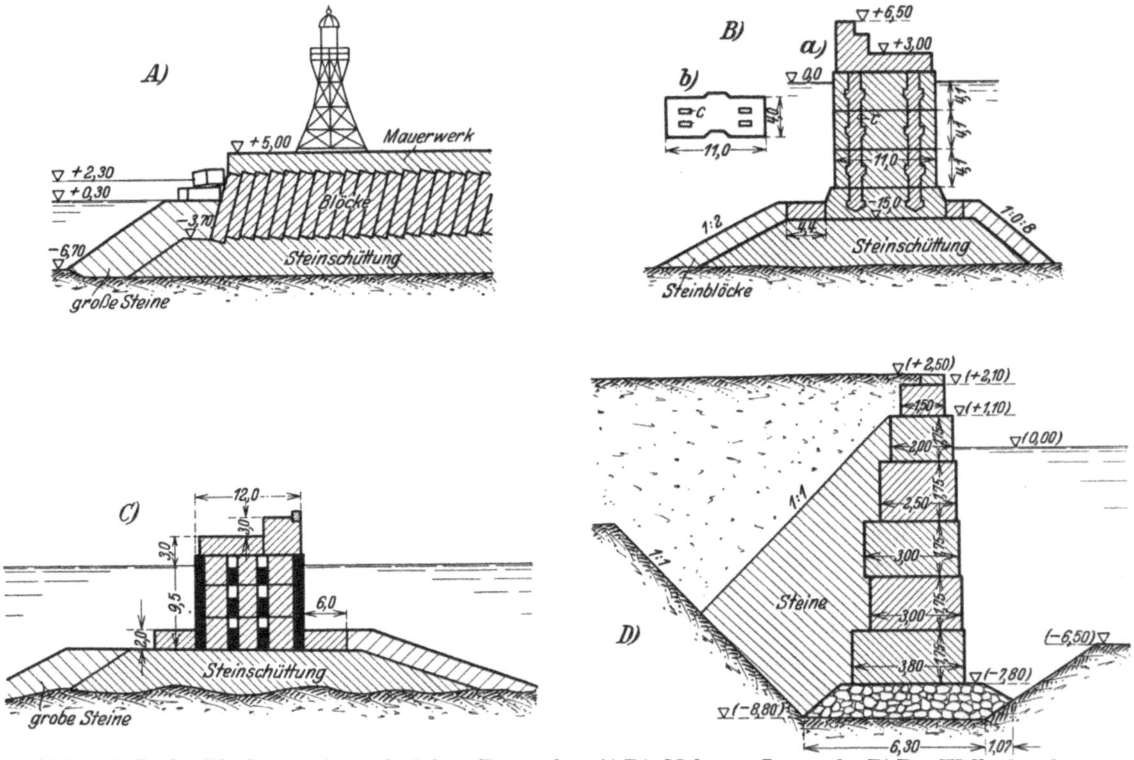

Abb. 422. In der Blockbauweise aufgeführte Bauwerke. A) Die Mole von Larrasch. B) Der Wellenbrecher von Algier. C) Der Wellenbrecher von Valencia aus an Ort und Stelle ausgegossenen Hohlblöcken. D) Kaimauer aus vollen Blöcken.

Nach dem Erhärten der Platte wird das Wasser über derselben innerhalb der Spundwand ausgepumpt, um das weitere Bauwerk im Trockenen aufbauen zu können. Die Platte erleidet dann einen Auftrieb und sie muß daher so schwer ausgeführt werden, daß ihr Gewicht dem Auftriebe das Gleichgewicht zu halten vermag. Auf die Platte kann, noch bevor das Wasser abgepumpt wird, ein Betonfangdamm, wie es schon auf S. 221 geschildert worden ist, aufgesetzt werden, wenn die Spundwand allein nicht hinreichend dicht oder widerstandsfähig ist. Das Gewicht des Fangdammes wird dann jenem der Platte zugerechnet, es muß aber nachgewiesen werden, daß die Platte die vom Auftrieb herrührenden Biegungsbeanspruchungen aufzunehmen vermag. Der Betonfangdamm bleibt dann als Bestandteil des Bauwerkes stehen.

Ein Beispiel für die Gründung eines Drehbrückenpfeilers auf Schüttbeton stellt die Abb. 311 auf S. 222 dar.

Literatur: Merling: Eisenbahn- und Straßenbrücke über den Oberhafen in Hamburg. Z. Bauw. 1907 S. 43. — Rogge u. Lohmeyer: Kaimauerbauten am Marinekohlenhof zu Kiel-Wik. Bautechnik 1923 S. 367.

d) Mantelgründungen.

Mantelgründungen sind vorwiegend bei Seebauten öfter ausgeführt worden, kommen aber nur selten zur Anwendung; sie werden vorwiegend angewendet, wenn ein Bauwerk im Wasser auf Fels oder auf Boden zu gründen ist, in den Pfähle und Spundbohlen nicht gerammt werden können. Bei diesem Gründungsverfahren wird die Schalung für das unter Wasser liegende Grundwerk, der Mantel, aus Holz oder Eisen zusammengebaut, schwimmend zur Baustelle befördert und dort auf den Grund gesetzt. Der untere Rand des Mantels wird entweder so geformt, daß er möglichst genau auf den Boden paßt oder er wird in besonderer Weise gegen den Boden abgedichtet.

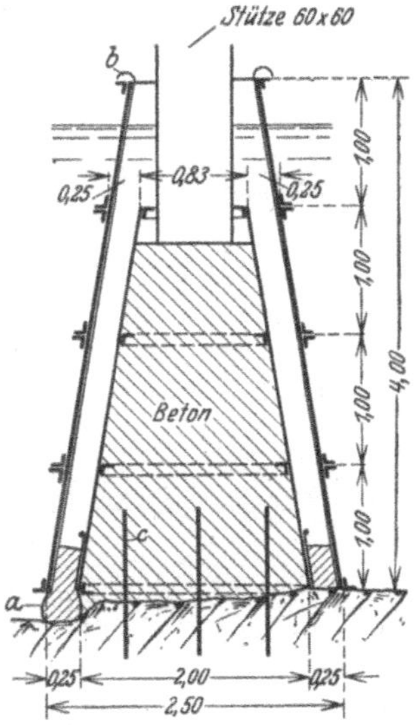

Abb. 423. Mantelgründung für die Säulenfüße eines Taubenschießstandes. (Wayss & Freytag.)

In der Abb. 423 ist als Beispiel die Mantelgründung für die Stützen eines Taubenschießstandes an der Meeresküste dargestellt. Der Mantel war als eiserner Doppelmantel ausgebildet, dessen innerer Teil nicht wiedergewonnen werden konnte. Diese Doppelmäntel hatten Höhen zwischen 2 und 4 m je nach den Wassertiefen. Sie sind von Gerüsten aus versenkt und mit eisernen Gabeln an Ort und Stelle erhalten worden. Um Strömungen im Innenraume des inneren Mantels, die den Beton geschädigt hätten, zu verhindern, ist zwischen die beiden Mäntel ein ringförmiges Segeltuch (*a*) gelegt worden, das am inneren Mantel durch einen Rundeisenring, am äußeren Mantel durch Zugseile (*b*) gehalten wurde. Nach Einbringen von Beton über dem Segeltuch sind die Zugseile so lange nachgelassen worden, bis das Segeltuch allseits am Boden auflag und der Betonring den Mantel abdichtete. Nun konnte der Säulenfuß mit Schüttbeton aufbetoniert werden. Der Säulenfuß wird durch mehrere, in Bohrlöchern im Fels stehende Anker gegen Verschiebungen gesichert. Nach Fertigstellung eines Fußes konnte der äußere Mantel zur Wiederverwendung gehoben werden.

Literatur: Gschwend, L.: Von der Stazione Marittima in Triest. Schweiz. Bauzg. Bd. 97 (1931) S. 38. — Schaper, G.: Der Wettbewerb für Entwürfe zu einer Verbindung über dem Limfjord zwischen Aalborg und Norresundby in Dänemark. Bauing. 1921 S. 461. — Trier, F.: Die Verwendung von Unterwassergußbeton in Schweden. Bautechnik 1930 S. 109. — Wayss & Freitag A.-G.: Taubenschießstand mit eigenartiger Gründung an der Meeresküste (Mar del Plata, Argentinien). Techn. Blätter der Wayss & Freytag A.-G. 1931 S. 13. — Zander: Der Bau der neuen Molenköpfe im Hafen von Stolpmünde. Z. Bauw. 1902 S. 537. — Seezeichen in Eisenbeton. Bautechnik 1927 S. 281.

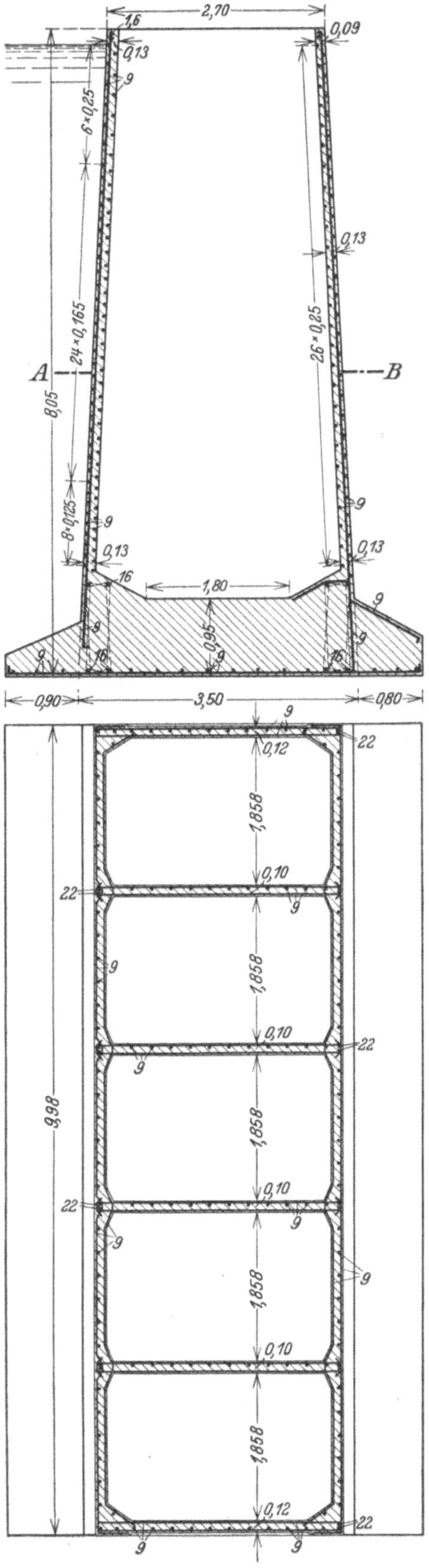

Abb. 424. Bewehrung des Schwimmkastens für eine Kaimauer in Norresundby. (Nach W. Fellenius.)

e) Schwimmkastengründungen.

Schwimmkästen werden zur Gründung von Bauwerken in tiefem Wasser verwendet, wenn die Sohle nicht trockengelegt werden kann und wenn es auf größere und ungleichmäßige Setzungen nicht ankommt; sie bestehen aus großen, wasserdichten Kästen, die schwimmend an die Gründungsstelle gebracht, durch Beschwerung versenkt und schließlich vollständig ausbetoniert oder mit Steinen oder Sand aufgefüllt werden.

Die Sohle muß vor der Versenkung der Kästen sorgfältig eingeebnet werden; das kann bei weicherem Boden durch Schleppen von waagrecht aufgehängten, schweren Trägern geschehen. Sehr empfehlenswert ist es, wenn gut tragfähiger Grund erst in größerer Tiefe liegt, zur Verbesserung des Baugrundes vor der Versenkung eine Steinbrocken-, Kies- oder Sandschüttung allenfalls in eine vorgebaggerte Grube einzubringen, die leicht einzuebnen ist und die einerseits den schlechten Boden teils verdrängt, teils verdichtet und anderseits die Pressung im Boden herabsetzt, so daß die Setzungen geringer bleiben. Bei Boden sehr geringer Tragfähigkeit kann zur Herabsetzung der Setzungen eine Vorbelastung durch eine hohe Sandschüttung, die später wieder abgeräumt wird (vgl. S. 257) oder eine Pfahlgründung unter dem Senkkasten ausgeführt werden. Die Pfahlköpfe werden unter Wasser in gleicher Höhe abgeschnitten und der Schwimmkasten wird auf sie ohne Rost aufgesetzt. Die Zwischenräume zwischen den Pfählen werden am besten vorher durch einen Steinwurf aufgefüllt.

Bei Schwimmkästen großer Längenerstreckungen würden die ungleichmäßigen Setzungen zu unvorhersehbaren Beanspruchungen und in der Folge zu Rißbildungen führen und auch die Herstellung und Beförderung würde große Schwierigkeiten bereiten. Man unterteilt dann das Grundwerk in mehrere Schwimmkästen, die später verbunden werden und rechnet mit ungleichmäßigen Setzungen der einzelnen Kästen. Im Bauwerke, das auf die Schwimmkästen aufgesetzt wird, müssen dann selbstverständlich zwischen je zwei Schwimmkästen Bewegungsfugen angeordnet werden.

Die Schwimmkästen werden hauptsächlich im Seebau zur Gründung von Molen, Wellenbrechern,

Kaimauern, Leuchttürmen u. dgl. angewendet, wo die Setzungen keine große Rolle spielen. Für Bauwerkspfeiler, Brückenpfeiler, Widerlager u. dgl. werden sie besser nicht verwendet.

1. Die Bemessung und Formung der Schwimmkästen.

Der Boden und die Seitenwände der Schwimmkästen müssen vollständig wasserdicht sein und sie müssen dem höchsten während der Versenkung auftretenden Druck des außen stehenden Wassers widerstehen. Wenn ein Schwimmkasten in bewegter See versenkt werden muß, so muß auch noch den Beanspruchungen durch den Wellenschlag Rechnung getragen werden. Das Gewicht der Schwimmkästen wird so bemessen, daß sie sicher schwimmfähig sind und die Gewichtsverteilung erfolgt derart, daß das Metazentrum mindestens 0,3 m über dem Schwerpunkte liegt. Die Kastenhöhe wird so bemessen, daß während der Beförderung der Freibord etwa 0,3 m beträgt. Vor der Versenkung muß die Wand auf eine Höhe gebracht werden, die die größte Wassertiefe um 0,3 bis 0,5 m übertrifft.

Die Schwimmkästen erhielten in der Regel einen rechteckigen Grundriß. Um die Biegungsbeanspruchungen der Längswände herabzusetzen, werden solche Kästen durch mehrere Querwände unterteilt und ausgesteift. Die Bemessung der Wandstärken und der Bewehrung geschieht ähnlich wie bei Wasserbehältern. Das Beispiel in der Abb. 424 deutet die Anordnung der Bewehrung eines Eisenbetonschwimmkastens an.

Bei sehr nachgiebigen Boden läßt man die Bodenplatte beiderseits der Längswände oder bei freistehenden Schwimmkästen allseits vorkragen, um den Sohldruck herabzusetzen.

Die Ausbildung der Wände eines hölzernen Schwimmkastens deutet die Abb. 425 an.

Der Tiefgang der Schwimmkästen während der Beförderung kann entweder dadurch herabgesetzt werden, daß die Kästen vorerst nicht in voller Höhe aufgebaut werden oder durch eine entsprechende Formung. In der Abb. 426 ist als Beispiel für eine besondere Formung ein Schwimmkasten dargestellt, der liegend befördert und an der Versenkungsstelle mittels eines Schwimmkranes aufgerichtet worden ist.

Bei Schwimmkästen für Kaimauern muß die Fuge zwischen den Kästen dicht sein, damit nicht die Hinterfüllung der Mauern ausgespült werden kann. Die Schwimmkästen erhalten am besten kräftige Nuten (Abb. 427 und 432) und Federn die einerseits die Fugen dichten und anderseits den zu versenkenden Kasten gut führen.

2. Die Herstellung der Schwimmkästen.

Die Schwimmkästen werden entweder auf Hellingen, in einem Trockendock oder in einem Schwimmdock hergestellt und schwimmend zur Versenkungsstelle befördert.

Die Schwimmkästen können aus Holz, Eisen oder Eisenbeton ausgeführt werden. Gegenwärtig erfolgt die Herstellung vorwiegend aus Eisenbeton, wobei für den Beton ein Zement verwendet werden muß, der den Angriffen des betreffenden Wassers widersteht. Die Außenflächen von Eisenbetonschwimmkästen werden überdies noch im Trockenen mit einem Schutzanstrich von Goudron od. dgl. versehen (vgl. Abb. 427).

Die Herstellung der Schwimmkästen am Helling erfolgt, indem in der Regel auf die geneigten Gleitbalken des Hellings ein keilförmig ausgebildeter Schlitten oder Wagen mit waagrechter Plattform errichtet wird, auf dem der Schwimmkasten aufgebaut wird. Die Gleitbalken müssen so weit ins Wasser reichen, daß der Schwimmkasten beim Stapellauf sich von der Plattform abhebt. Um an Gleitbahnlänge unter Wasser zu sparen, wird der Schwimmkasten zur Zeit der Flut vom Helling gelassen

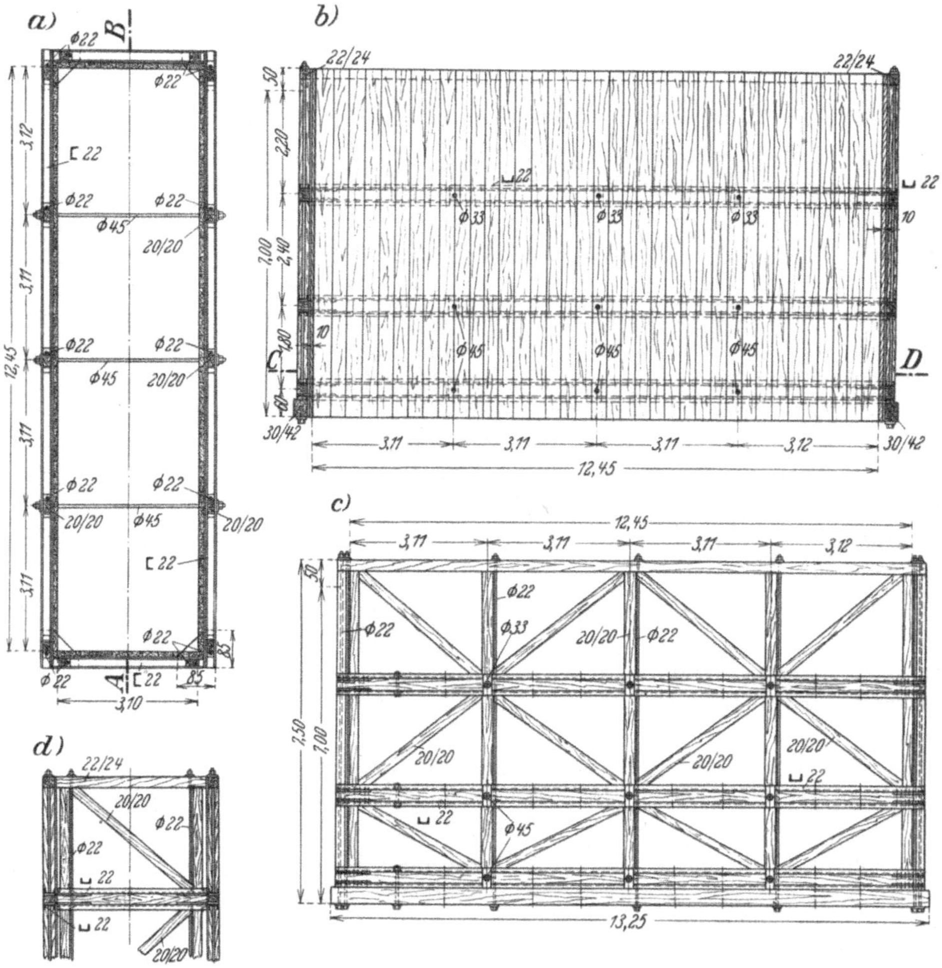

Abb. 425. Seitenwände eines hölzernen Schwimmkastens. (Dyckerhoff & Widmann.)

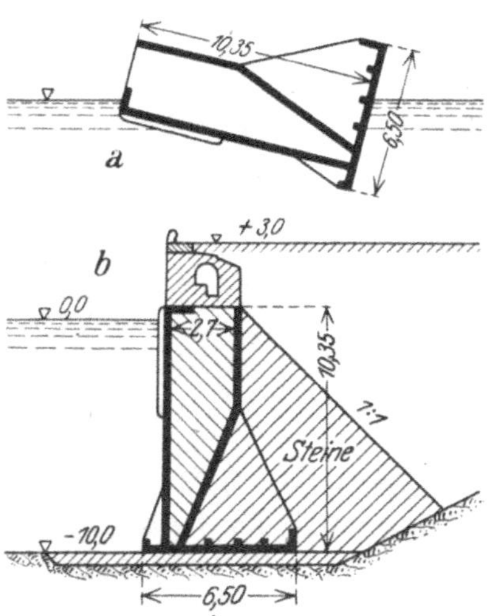

Abb. 426. Schwimmkasten für die Kaimauer im Hafen von Talcahuano. a) Beförderung schwimmend, b) versenkt.

und es wird weiter, um den Tiefgang des Schwimmkastens beim Stapellauf zu verringern, wie schon erwähnt worden ist, nur der untere Teil am Helling ausgeführt; der weitere Aufbau erfolgt dann am schwimmenden Kasten. Die Abb. 428 zeigt eine Anzahl von Eisenbetonschwimmkästen fertig betoniert am Helling und die Abb. 429 gibt die Ansicht eines Eisenbetonschwimmkastens wieder, der eben vom Helling abgelassen wird. In der Abb. 430 ist ein hölzerner Schwimmkasten dargestellt, der auf einem einfachen Helling zusammengebaut ist, bereit zum Ablassen.

Häufig sind die Schwimmkästen auch im Dock ausgeführt worden; hierzu eignen sich Trockendocks, Schwimmdocks und behelfsmäßig errichtete Baudocks. Auch im Dock wird, um die Tauchtiefe herabzusetzen, nur der untere Teil der Schwimmkästen ausgeführt und die Vollendung erfolgt schwimmend. Die Schwimmkästen werden aus Trockendocks und aus Baudocks bei Flut herausgeschleppt, um die größere Wassertiefe ausnützen zu können. Bei Baudocks ermöglicht diese Maßnahme die Anlage der Docksohle in geringer Tiefenlage. Der Abschluß der Baudocks erfolgt gegen das offene Wasser mittels eines Dammes oder eines Tores. In der Abb. 427 ist der untere Teil eines im Baudock im Heyschehafen betonierten Schwimmkastens aufgenommen, der eben den Isolieranstrich erhält. Das Dock hatte dort eine Länge von 215 m, eine Breite von 33,50 m und diente zur gleichzeitigen Ausführung von acht Schwimmkästen von je 40 m Länge. Der weitere Aufbau auf den schwimmenden Kästen erfolgte unter eigenen Gerüsten, unter die sie geschleppt wurden.

Abb. 427. Ein Schwimmkasten einer Ufermauer in Rotterdam im Dock während des Auftragens der Asphaltisolierung. (Nach D. Boomsma: Jahrb. Hafenbautechn. Gesellsch. 1927 S. 139.)

Bei eisernen und bei hölzernen Schwimmkästen bilden die Seitenwände nur die Schalung zur Ausbetonierung des Hohlraumes. Sie sind vielfach so zusammengebaut worden, daß sie nach der Betonierung vom Boden leicht losgelöst, zerlegt und wieder verwendet werden konnten.

3. Die Versenkung der Schwimmkästen.

Wenn der Schwimmkasten an die Versenkungsstelle gebracht ist, wird er ausgerichtet und in seiner Lage entweder durch einige Pfähle oder durch Vertauung an schweren Ankern gesichert. Die Versenkung geschieht entweder langsam durch gleichmäßige Auffüllung mit Magerbeton, Steinen oder Sand oder, wenn es erforderlich ist, rasch durch Füllung mit Wasser; aus dem abgesenkten Kasten wird das Wasser dann wieder zellenweise abgepumpt und durch die endgültige Füllung aus Beton, Steinen oder Sand ersetzt. Zur Verstärkung wird manchmal an der Wasserseite Beton, im übrigen Kasten Stein oder Sand eingefüllt.

Abb. 428. Eisenbetonschwimmkästen am Helling in Fiume. (Dyckerhoff & Widmann.)

Die Baustelle für die Gründung einer Hellinganlage auf hölzernen Senkkästen in Fiume zeigt die Abb. 431.

4. Ausgeführte Schwimmkastengründungen.

Schwimmkastengründungen werden, seitdem die Kästen aus Eisenbeton ausgeführt werden, in immer ausgedehnterem Maße bei Hafenbauten und Bauten an

Abb. 429. Ein Eisenbetonschwimmkasten einer Kaimauer in Norresundby (vgl. Abb. 424) beim Ablauf von der Helling. (Christiani & Nielsen m. b. H., Hamburg.)

der Küste angewendet. Am häufigsten fanden Schwimmkästen wohl beim Bau von Kaimauern Anwendung. In der Abb. 432a, b und c sind drei Beispiele für Kaimauern aus Schwimmkästen zusammengestellt. Damit bei den rasch schwankenden Seewasserständen der Grundwasserspiegel hinter der Mauer rasch absinken kann, ist die Mauer gedränt und die Ausläufe sind mit Schwimmkugelventilen (Abb. 432d) ausgerüstet, die ein Rückfließen von Wasser in die Dräne bei höheren Seewasserständen verhindern. Zur Abdichtung der Fugen zwischen den Kästen gegen Bodenausspülungen bei Seegang erhalten die Kästen an den Stirnwänden am besten, wie es schon erwähnt worden ist, Nuten und Federn (vgl. Abb. 427 und 432a).

Abb. 430. Hölzerner Schwimmkasten auf der Helling in Fiume. (Dyckerhoff & Widmann.)

Als weiteres Beispiel zeigt die Abb. 433 den Schwimmkasten für den Leuchtturm in der Hafeneinfahrt von Alexandrien. Wohl der größte jemals gebaute Schwimmkasten diente zur Gründung des in der Abb. 434 dargestellten Torpedoschießstandes. der bis zur Versenkungsstelle 35 km weit geschleppt worden ist.

Abb. 431. Helling in Fiume, auf hölzernen Schwimmkästen gegründet. (Dyckerhoff & Widmann.)

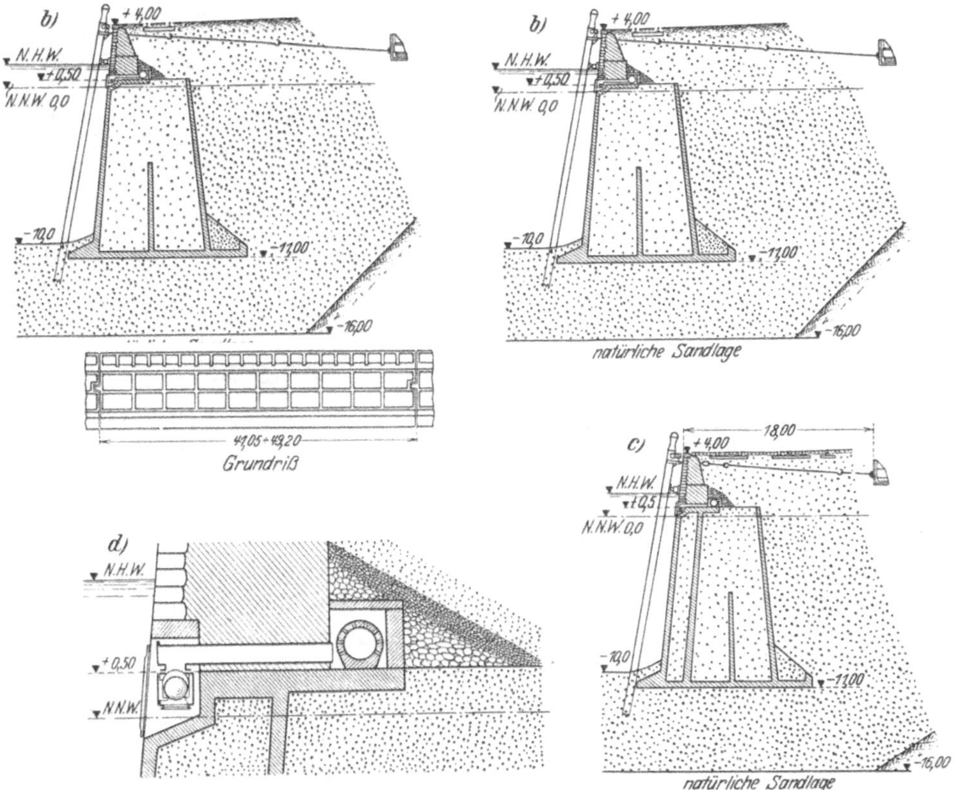

Abb. 432. a), b), c) Schwimmkasten für die Gründung von Kaimauern in Rotterdam. d) Entwässerung der Mauerrückseite mit Schwimmkugelventil. (Nach Hafenbautechn. Jahrb. 1927.)

Literatur: Boomsma, D.: Die Entwicklung des Kaimauerbaues in Rotterdam. Hafenbautechn. Jahrb. 1927 S. 127. — Blunck: Der Ausbau des Hafens von Helsingborg. Jahrb. Hafenbaut. Ges. 1924 S. 179. — Burgdorfer: Die Erweiterung des Rotterdamer Hafens in den letzten Jahren. Ingenieur 1921. — Derselbe: Senkkastenkaimauer im Hafen von Kopenhagen. Zentralbl. Bauverw. 1920 S. 175; Beton u. Eisen 1918 Heft 4, 5 S. 37. — Demeter, D.: Kaimauer in Budapest. Beton u. Eisen 1921 S. 157. — Engel u. Anker: Die internationalen Wettbewerbe für den Bau des Freihafens in Barcelona. Bautechnik 1929 S. 629. — Franzius O.: Der Grundbau S. 202. Berlin: Julius Springer 1927. — Goldberg: Neuere Eisenbetonbauten in Hauptseehäfen und Mittel zu ihrer Sicherung. Handbuch für Eisenbetonbau Bd. 4 Wasserbau 3. Aufl. Berlin: W. Ernst u. Sohn 1926. — Horn: Verbesserung des Hafens von Valparaiso. Beton u. Eisen 1905 S. 215. — Kerner: Neubau der Petribrücke in Rostock. Zentralbl. Bauverw. 1919 S. 183. — Klotzky, A.: Der Ausbau des polnischen Hafens Gdingen. Bautechnik 1928 S. 523. — Lange, H.: Hebung eines untergegangenen Eisenbetoncaissons. Beton u. Eisen 1928 S. 135. — Luft, W., u. G. Ruth: Eisenbetonschwimmkörper und ihre Verwendung bei Hafenbauten usw. Bauing. 1920 S. 461. — Monberg: Bericht 93 zum XII. Intern. Schiff.-Kongr. — Mörsch, E.: Eisenbetonbau Bd. 1 1. Hälfte 5. Aufl. S. 278. Stuttgart: K. Wittwer 1924. — Probst, E.: Die Entwicklung des Beton- und Eisenbetonbaues in den Vereinigten Staaten. Bauing. 1926 S. 338. — Ribera: Große Eisenbetonschwimmkörper für Seewasserbauten. Bautechnik 1927 S. 761. — Schulze, O.: Über die Anwendung von Eisenbetonschwimmkästen zur Herstellung von Kaimauern. Beton u. Eisen 1911 S. 65. — Stecher: Bau einer Eisenbeton-Senkkasten-Kaimauer im Hafen von Kobe (Japan). Bautechnik 1926 S. 650. — Stroß, W.: Errichtung eines Leuchtfeuerturmes in Eisenbeton am Eingang der großen Hafeneinfahrt von Alexandrien. Beton u. Eisen 1913 S. 309. — Westermann: Umbauten von Leuchtfeuern in der offenen See. Bautechnik 1930 S. 68. — Ypern: Mitteilungen über die Eisenbetondocks in Soerebaya. Ingenieur 1925 S. 905. — Hafenbauten aus Eisenbeton. Beton u. Eisen 1912 S. 3.

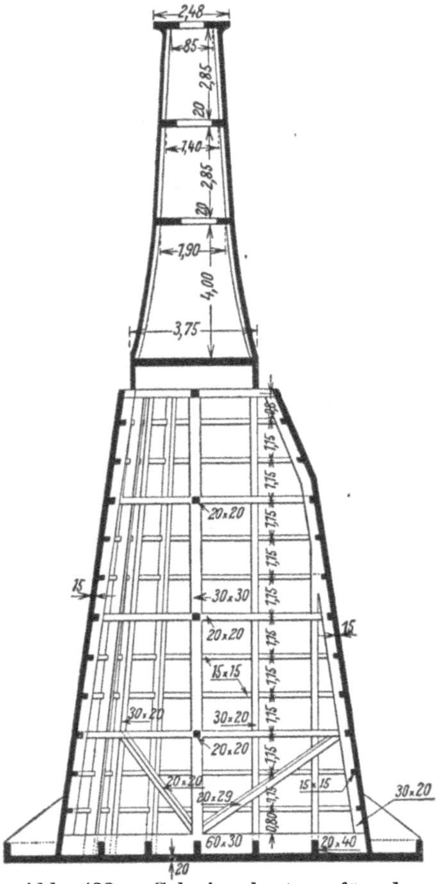

Abb. 433. Schwimmkasten für den Leuchtturm in der Hafeneinfahrt in Alexandrien. (Nach Handbuch für Eisenbetonbau 3. Aufl. Bd. 4.)

C. Schwebe- und Tiefgründungen.

Die Tiefgründungen werden nach der Art ihrer Herstellung in solche, die in offener Baugrube ausgeführt werden, in Pfahlgründungen und in Senkgründungen eingeteilt.

I. Tiefgründungen in offener Baugrube.

Tiefgründungen in offener Baugrube werden ausgeführt, wenn der Zweck des zu errichtenden Bauwerkes ein tiefes Hinabverlegen des Grundwerkes unter die Bodenoberfläche erfordert, um unter der Bodenoberfläche liegende Nutzräume zu schaffen oder wenn aus irgendeinem Grunde das Grundwerk in seiner ganzen Ausdehnung erst in größerer Tiefe auf den Boden gesetzt werden darf.

Wenn eine hinreichend tragfähige Bodenschichte in erreichbarer Tiefe unter der Bodenoberfläche liegt, kann die Gründung in offener Baugrube mit geeigneter Wasserhaltung ausgeführt werden. Die Grundwerksabmessungen werden der zulässigen Belastung des Bodens angepaßt. Die Baugrube wird bei kleinen Grundwerksabmessungen mit lotrechten Wandungen ausgehoben und ausgesteift. Einige derartige Gründungen veranschaulichen die Abb. 435, 436 und 437.

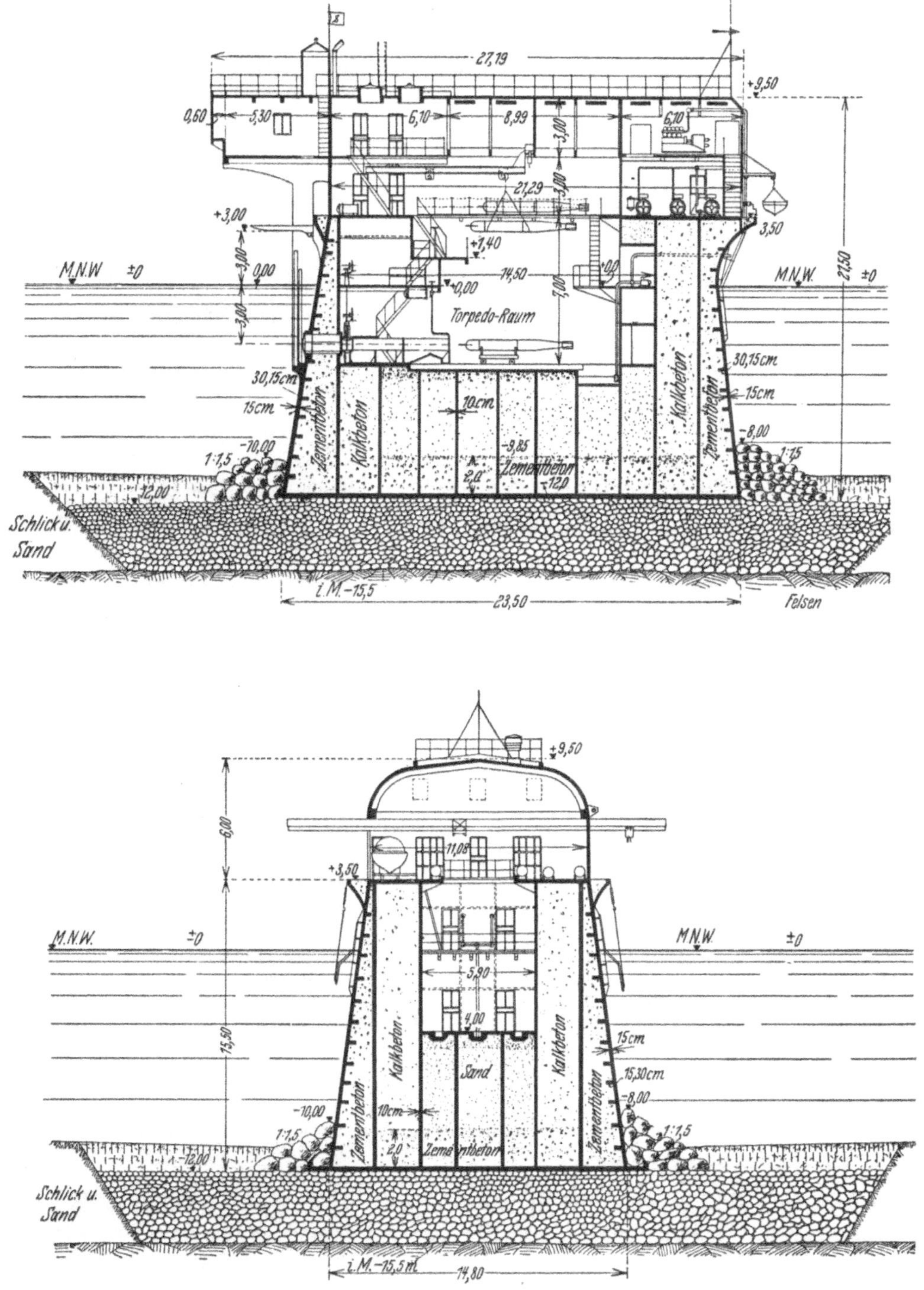

Abb. 434. Torpedoschießstand, als Schwimmkasten ausgeführt. (Nach O. Schulze: Handbuch für Eisenbetonbau 3. Aufl. Bd. 4.)

Tiefgründungen in offener Baugrube werden auch ausgeführt, wenn Bauwerke zu gründen sind, bei denen tiefliegende Nutzräume zu schaffen sind, wie z. B. bei neuen Häusern im Kerngebiete der Großstädte, bei denen zur besseren Ausnutzung des hochwertigen Baugrundes mehrere Geschosse unter die Bodenoberfläche hinabverlegt werden, ferner bei Lagerhäusern, bei Bühnenkellern von Theatern, bei Pumpwerken, Schiffahrtsschleusen u. dgl.

Bei solchen Bauwerken wird mit wenigen Ausnahmen die Grundwerkssohle tief unter den Grundwasserspiegel zu liegen kommen, so daß während des Aushubes der

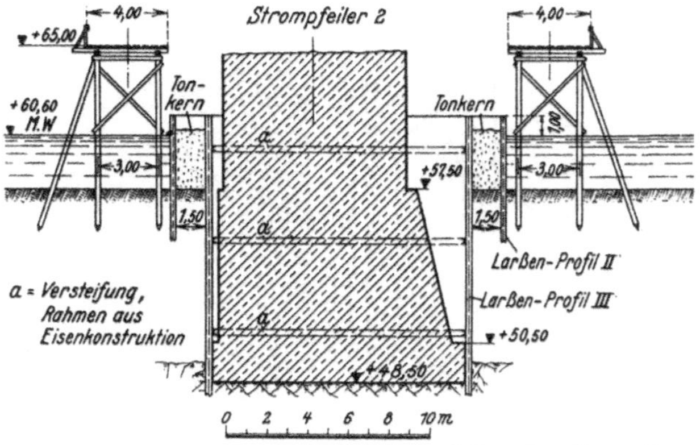

Abb. 435. Gründung eines Strompfeilers in offener Baugrube, unter dem Schutz von Fangdämmen. (Nach H. Kayser: Beton u. Eisen 1928 S. 218.)

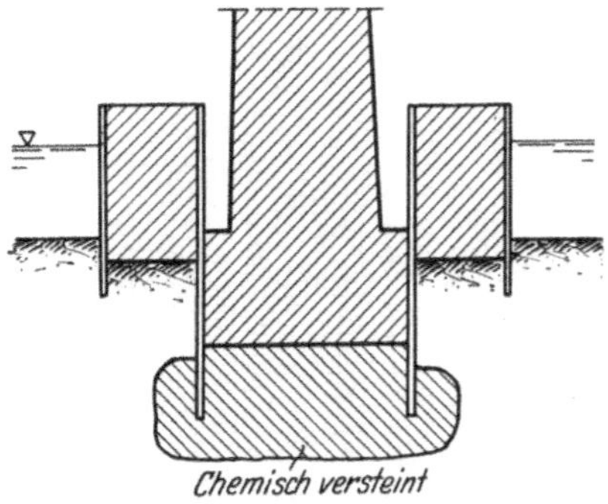

Abb. 436. Offene Gründung eines Brückenpfeilers mit chemischer Versteinung des Bodens zur Abdichtung der Baugrubensohle. (Nach W. Sichardt.)

Baugrube und während der Herstellung des Grundwerkes mit starkem Grundwasserandrang gerechnet werden muß. Zur Trockenhaltung der Baugrube werden dann bei Gründungen am Lande die Baugruben, wenn es der Boden zuläßt, mit Spundwänden eingefaßt und das Wasser offen aus Pumpensümpfen abgepumpt; wenn offene Wasserhaltung wegen der Gefährdung des Baugrundes nicht zulässig ist, wird das Grundwasser abgesenkt.

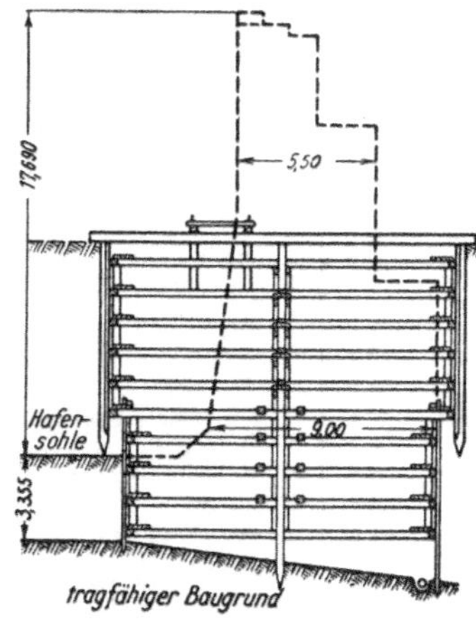

Abb. 437. Gründung einer Kaimauer in offener Baugrube. (Nach A. Agatz: Bautechnik 1930 S. 188.)

Bei den früher erwähnten Bauwerken wird nur die Gründung auf durchlaufenden Platten oder verkehrten Gewölben in Frage kommen können. Die Grundplatte und die Außenwandun-

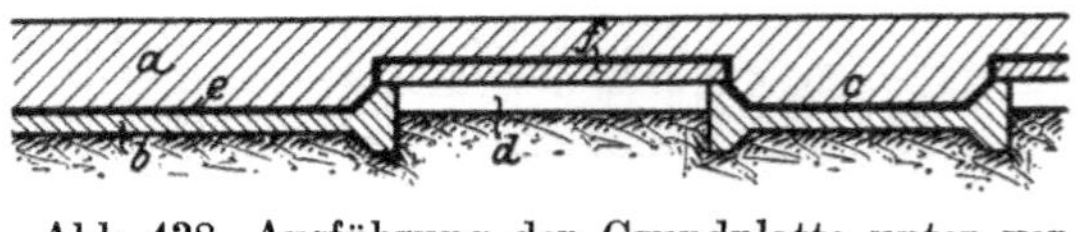

Abb. 438. Ausführung der Grundplatte unter verschieden schweren Bauwerksteilen bei Grundwasserandrang (nach R. Bortsch).
a Grundplatte, *b* Unterbeton, *c* Bankett, *d* Hohlraum, *e* Grundwasserdichtung, *f* Eisenbetonplatte.

gen müssen, soweit sie unter dem Grundwasserspiegel liegen, aus möglichst dichtem Beton ausgeführt werden und, wenn die tiefliegenden Räume trocken bleiben müssen, noch überdies eine eigene Grundwasserabdichtung erhalten, deren Ausführung im achten Teil des Buches noch ausführlich geschildert wird.

Die Ausführung der unter dem Gebäude durchlaufenden Grundwerke ähnelt im übrigen durchaus jenen, die schon im Abschnitte B beschrieben worden sind.

Eine besondere Ausbildung der unter dem Bauwerke durchlaufenden Platte ist erforderlich, wenn die nebeneinander auf der Platte stehenden Bauwerksteile verschieden schwer sind, weil sonst ungleichförmige Setzungen und mithin Verbiegungen der Platte mit ihren Folgen oder eine Schiefstellung des Gebäudes zu befürchten wären. Man ordnet dann unter jenen Plattenteilen, auf denen leichtere Bauwerksteile stehen, Hohlräume (Abb. 438) an, die mit verlorener Schalung ausgeführt werden, so daß die Platte nur mit unter den Mauern liegenden Bauketten am Boden aufliegt. Die Platte über den Hohlräumen zwischen den Stegen ist so zu bewehren, daß sie von oben die Nutzlast, von unten den Druck des Grundwassers aufzunehmen vermag. Die Breite der Baukette, mit denen die Platte am Boden aufliegt, wird so bemessen, daß die Senkung unter dem ganzen Grundwerke gleich zu erwarten ist, also je nach dem Verhalten des Bodens unter Lasten (vgl. S. 61), so daß der Sohldruck gleich oder größer als unter der übrigen vollaufliegenden Platte ist.

Abb. 439. Platte als Silogrundwerk. (Siemens-Bauunion.)

Einige Beispiele für die Ausführung der Gründung von Bauwerken mit tiefliegenden Nutzräumen sind in den Abb. 493 bis 494 zusammengestellt.

Literatur: Agatz, A.: Die Grundlagen der Entwurfsbearbeitung von Kaimauern auf hohem Pfahlrost. Bautechnik 1930 S. 188. — Bortsch, R.: Fundierung eines achtgeschossigen Bankgebäudes in Preßburg mittels einer biegungsfesten Pilzplatte. HDI-Mitteilungen des Hauptver. dt. Ing. in der CSR. 1926 Heft 3. — Craemer, H.: Scheiben und Faltwerke als neue Konstruktionselemente im Eisenbetonbau. Beton u. Eisen 1929 S. 269. — Kayser, H.: Wettbewerb für eine zweite feste Straßenbrücke über die Mosel in Koblenz. Beton u. Eisen 1928 S. 217. — Ramshorn, A.: Neue Abwässerungswerke der Emschergenossenschaft. Bautechnik 1930 S. 330. — Siemens-Bauunion: Werbeschriften. — Sichardt, W.: Erfahrungen mit der chemischen Bodenverfestigung und Anwendungsmöglichkeiten des Verfahrens. Bautechnik 1930 S. 181. — Wayss & Freytag: Werbeschriften.

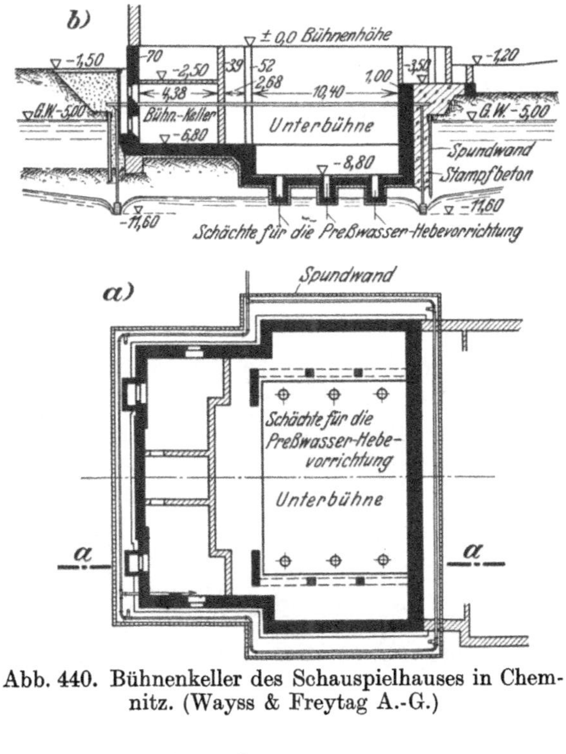

Abb. 440. Bühnenkeller des Schauspielhauses in Chemnitz. (Wayss & Freytag A.-G.)

II. Die Gründung auf Pfählen.

In Boden, der für die unmittelbare Aufbringung des Grundwerkes nicht hinreichend dicht gelagert ist, kann das Grundwerk auf Pfähle gelagert werden, die die Last auf tieferliegende Bodenschichten übertragen. Wenn die Last vorwiegend durch die

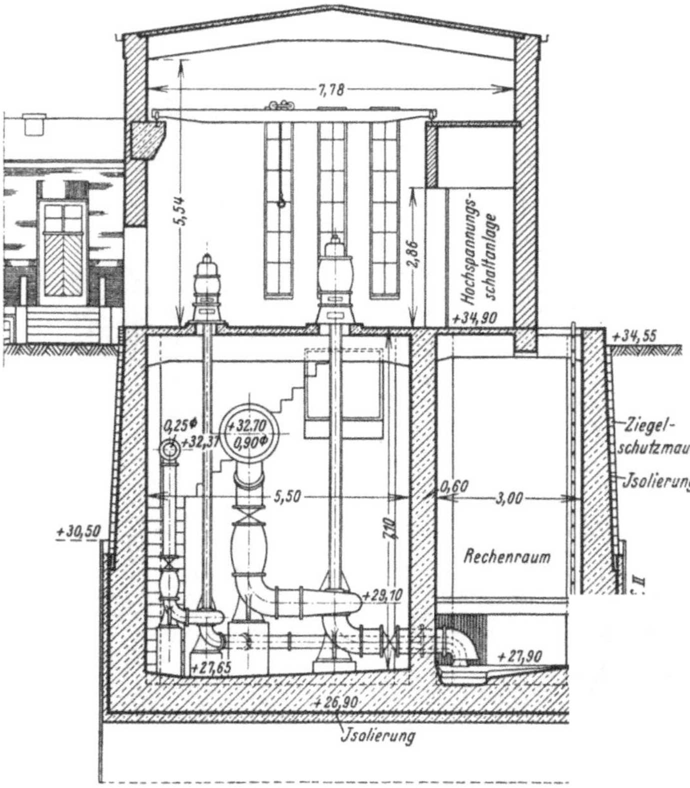

Abb. 441. Pumpwerk Sterkrade. (Nach A. Ramshorn: Bautechnik 1930 S. 331.)

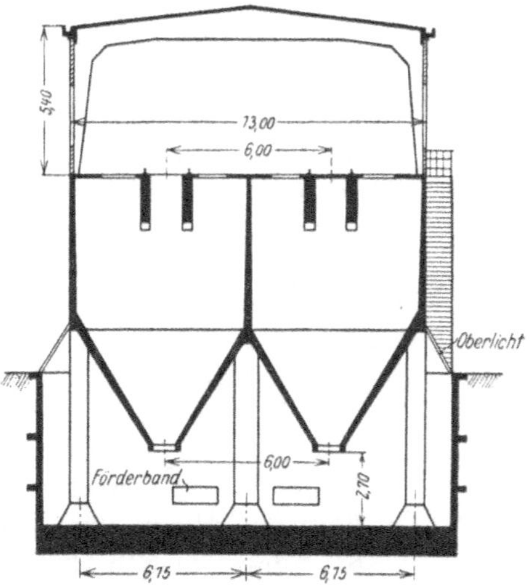

Abb. 442. Kohlenbunker. (Nach H. Craemer: Beton u. Eisen 1929 S. 269.)

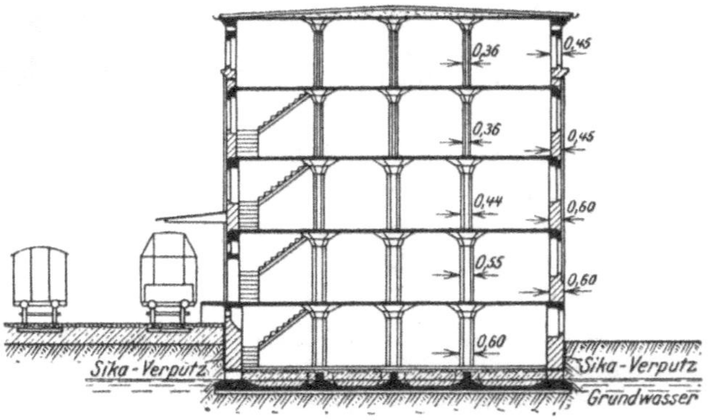

Abb. 443. Mehllager einer Dampfmühle. (Nach W. Obrist: Beton u. Eisen 1929 S. 443.)

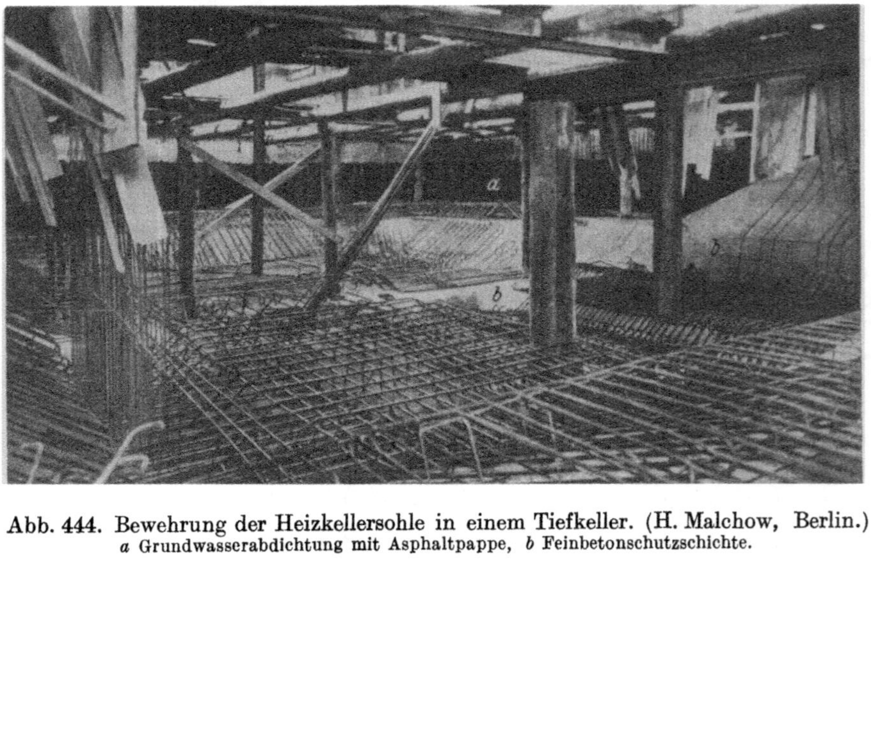

Abb. 444. Bewehrung der Heizkellersohle in einem Tiefkeller. (H. Malchow, Berlin.)
a Grundwasserabdichtung mit Asphaltpappe, *b* Feinbetonschutzschichte.

Pfahlspitze auf eine sehr dicht gelagerte Schicht übertragen wird, so werden solche Pfähle Festpfähle genannt; wenn hingegen die Last vorwiegend durch die Reibung am Pfahlmantel auf den Boden übertragen wird, so werden solche Pfähle als Schwebepfähle bezeichnet. Pfähle, die auf ihrer ganzen Länge im Boden stecken, werden auch als Grundpfähle bezeichnet, zum Unterschied von Langpfählen, die über den Boden emporragen; diese letzteren werden vorwiegend bei Pfahlgründungen im Wasser und bei Gerüsten verwendet. Die Pfähle sollen nur durch axial angreifende Lasten beansprucht werden; wenn die Resultierende der angreifenden Kräfte vom Lot abweicht, so werden die Pfähle zum Teil als Lotpfähle, zum Teil als Schrägpfähle gerammt. In besonderen Fällen können Pfähle auch auf Zug beansprucht werden und heißen dann Zugpfähle zum Unterschied gegen die Druckpfähle. Um zu verhindern, daß Zugpfähle aus dem Boden gezogen werden, erfahren sie manchmal eine besondere Ausbildung.

Die Pfähle werden aus Holz, Beton, Eisenbeton oder Eisen hergestellt.

Nach der Art des Einbringens in den Boden unterscheidet man Rammpfähle, Bohrpfähle und Schraubenpfähle.

Der Ausführung einer Pfahlgründung muß eine Bodenerkundung durch Bohrungen vorausgehen, die die Grundlage für den Entwurf und besonders für die Bemessung der Pfähllängen liefert.

a) Die Pfahlarten und ihre Einbringung in den Boden.

1. Die Rammpfähle.

Die Rammpfähle können entweder durch Rammen fertiger Pfähle aus Holz, Eisenbeton oder Eisen oder durch Rammen eines Rammkernes in den Boden und nachträgliches Ausbetonieren des nach dem Ziehen des Rammkernes im Boden verbleibenden Hohlraumes ausgeführt werden. Die ersteren werden als fertige Rammpfähle bezeichnet, während die letzteren unter dem Sammelnamen Ortbetonrammpfähle zusammengefaßt werden.

a) Fertigpfähle.

α) **Holzpfähle.** Holzpfähle werden als Hilfsmittel bei Bauausführungen, als sogenannte Gerüstpfähle vorübergehend und als bleibende Bestandteile von Grundwerken verwendet. Als bleibende Teile dürfen sie aber nur angewendet werden, wenn ihr Bestand dauernd gewährleistet ist, wenn sie also ständig unter Wasser liegen oder zumindest nie, auch nicht oberflächlich austrocknen können und wenn sie überdies im Wasser, in dem Bohrwürmer vorkommen, gegen Zerstörung hinreichend gesichert werden. Bei der Beurteilung der Bestandsicherheit der Pfähle darf nicht nur der augenblickliche Wasser- oder Grundwasserstand in Betracht gezogen werden, sondern es muß auch erhoben werden, ob nicht durch irgendwelche Maßnahmen im Bereiche um das Grundwerk wie z. B. Flußregulierungen, Entwässerungen, Kanalbauten od. dgl. mit einem Absinken des Grundwasserspiegels später gerechnet werden muß. Die weitgehenden Zerstörungen, die an Holzpfählen auftreten, wenn der Grundwasserspiegel absinkt, erläutert anschaulich die Abb. 445. Die Holzpfähle waren in der ursprünglichen Höhenlage a—a des Grundwasserspiegels abgeschnitten worden; zur Zeit der Freilegung war der Grundwasserspiegel in die Lage b—b abgesunken und der über diese Lage emporragende Teil der Pfähle war so weit zerstört, daß er leicht mit den Händen zerdrückt werden konnte.

Für die Holzpfähle wird am besten Kiefer-, Lärchen- oder Eichenholz verwendet, die alle große Lebensdauer im Wasser haben. Das Holz für Pfähle muß geraden Wuchs haben und fehlerfrei sein und es soll überdies möglichst wenig Äste haben. Hölzerne Druckpfähle werden stets mit dem Zopfende nach unten gerammt.

Die Pfahlstärken werden den Lasten angepaßt; wegen des Rammens werden Grundpfähle von 4 m Länge wenigstens 25 cm stark genommen und für jeden Meter Mehrlänge erfolgt ein Zuschlag von etwa 1,5 bis 2,5 cm. Langpfähle werden, um ein Ausknicken zu verhindern, stärker genommen.

Abb. 445. Infolge Absinkens des Grundwasserspiegels zerstörte hölzerne Pfähle. *a—a* ursprüngliche Lage des Grundwasserspiegels; *b—b* Grundwasserspiegellage zur Zeit der Freilegung der Pfähle. (Reymond-Concrete Pile Comp., New York.)

Die Holzpfähle werden rund belassen; nur Pfähle für Pfahlwände werden manchmal, um die Dichte zu erhöhen, auf zwei Seiten bearbeitet. Die Spitze wird meist vierseitig, manchmal auch rund bearbeitet und erhält bei festgelagertem Boden eine Länge gleich dem Durchmesser, bei losem Boden gleich dem doppelten Durchmesser des Pfahles. Für Rammungen in scharfkantigen Schotter oder in Geröll werden die Pfahlspitzen mit eisernen Pfahlschuhen (Abb. 446) beschlagen, die auf den Pfahl warm aufgepaßt werden sollen und mit vier Laschen befestigt werden. Die Laschen sollen längliche Nagellöcher erhalten, an deren oberem Rande die Nägel eingeschlagen werden, um zu verhindern, daß beim Rammen, wenn sich der Schuh fest auf den Pfahl preßt, die Nägel verbogen oder abgeschert werden. Der Pfahlschuh muß sehr sorgfältig aufgepaßt werden, so daß seine Spitze genau in der Pfahlachse liegt; ein schlecht sitzender Pfahlschuh ist schlechter als gar keiner. Von der Notwendigkeit eines Pfahlschuhes überzeugt man sich am besten durch eine Proberammung.

Um beim Rammen ein Zersplittern des Pfahlkopfes und die Bildung des Schorfes oder Bartes unter den Schlägen des Rammbären am Pfahlkopf zu verhindern, wird auf den Pfahlkopf ein eiserner Ring aufgezogen, der bis zu 10 cm hoch, bis zu 5 cm dick ist und nach oben einen Anzug von 1 : 20 hat. Er wird so aufgepaßt, daß er etwa 2 cm über den Pfahlkopf vorragt und erst unter den ersten Schlägen des Rammbären mit der Schnittfläche in eine Ebene kommt. Das Holz innerhalb des Ringes wird dann zusammengepreßt und bekommt unter den Schlägen des Rammbären bei richtig aufgepaßtem Ring eine glatte, glänzende Oberfläche. Nach dem Rammen wird der Ring wieder abgenommen und weiter verwendet.

Abb. 446. Pfahlschuh.

Hölzerne Pfähle sind mit Längen bis zu etwa 25 m Länge gerammt worden. Wenn einzelne der vorbereiteten Pfähle zu kurz sind, so können sie durch Aufpfropfen verlängert werden. Die Verbindungsstelle muß möglichst knicksicher ausgeführt sein. Damit sich die Hirnholzflächen beim Rammen nicht ineinander schieben können, werden Eisenblechscheiben eingelegt. Einige gebräuchliche Holzverbindungen, die beim Aufpfropfen angewendet werden, veranschaulicht die Abb. 447. Die Verbindungsstelle aufgepfropfter Pfähle stellt die schwächste Stelle des Pfahles dar; die Verlängerung der Pfähle durch Aufpfropfung darf daher nur im Notfall angewendet werden.

Wenn Holzpfähle auf ein Hindernis stoßen, wie z. B. eine sehr festgelagerte Schichte, Stein od. dgl., so kann durch übertriebenes Rammen die Pfahlspitze, die Pfropfstelle oder auch der ganze Pfahl zersplittert oder zerstört werden. Solche Pfahlschäden werden vielfach während des Rammens nicht wahrgenommen; sie können starke Pfahlsetzungen bei Festpfählen bewirken. In den Abb. 448 und 449 sind einige Beispiele von Zerstörungen an Holzpfählen infolge übertriebenen Rammens zusammengestellt.

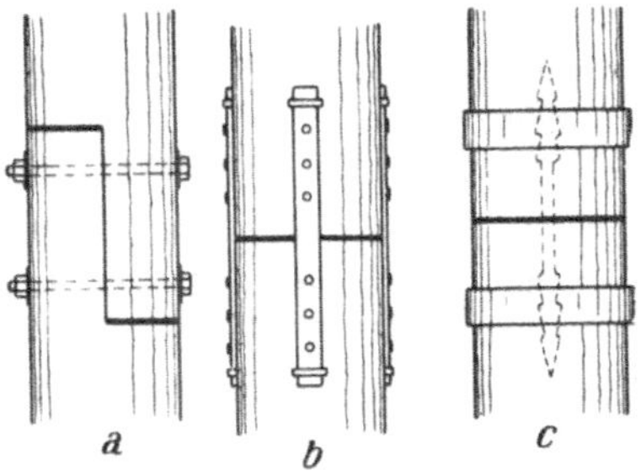

Abb. 447. Aufpfropfung von Holzpfählen.

Literatur: Bernhard, K.: Die neue Straßenbrücke über die Spree in Fürstenwalde. Dt. Bauzg. 1914 S. 106. — Ehrenberg: Der Umbau der Warnowbrücke bei Niex an der Strecke Rostock-Laage. Bautechnik 1925 S. 541. — Hache: Der Seekanal von Gent nach Terneuzen und der Hafen von Gent. Dt. Bauzg. 1914 S. 273, 289. — Haug: Die Neckarbrücke Ziegelhausen—Schlierbach. Dt. Bauzg. 1915 S. 60. — Horton: Wirkung und Kosten einer Umbetonierung von Holzpfählen zum Schutze gegen Meerwasser. Engg. News Rec. Bd. 63 (1910) Heft 8. — Janetzki: Gründung eines Brückenpfeilers auf Braunkohlenuntergrund. Zentralbl. Bauverw. 1910 S. 241. — Knoll u. Schöff: Der neue Königsberger Seehafen. Zentralbl. Bauverw. 1925 S. 153. — Lewerenz: Die neue Pregelbrücke zu Königsberg. Bautechnik 1925 S. 329. — Krakau: Die Beton- und Eisenbetonbauten der neuen Emdener Hafenanlagen. Beton u. Eisen 1914 S. 351, 383. — Lundberg, O., u. W. Fellenius: Bericht 100 zum XII. Int. Schiff.-

Abb. 448. Überrammte Holzpfähle. (Reymond Concrete Pile Comp., Boston.)
a eine zerstörte Pfahlspitze, *b* an der Aufpfropfungsstelle zerstörte Pfähle, *c* verbogene Eisenbänder der Aufpfropfungsstellen.

Kongr. 1912. — Neufeldt: Pfahlgründungen mit Holzeisenbetonpfählen. Zentralbl. Bauverw. 1914 S. 470. — Paxmann: Der neue Osthafen der Stadt Berlin. Zentralbl. Bauverw. 1914 S. 322. — Schacht: Der Umbau der St. Pauli-Landungsbrücken in Hamburg. Dt. Bauzg. 1909 S. 14. — Thouvenot: Notice sur les ports de Rotterdam et Amsterdam leurs voies d'accès à la mer et le port d'Ymuiden. Ann. Ponts. Chauss. 1911 S. 532. — Tröschel: Pfahlgründungen mit Holzeisenbetonpfählen. Zentralbl. Bauverw. 1914 S. 599. — Vogeler: Die Erweiterung der Kaiserlichen Werft in Kiel. Zentralbl. Bauverw. 1909 S. 144. — Witteveen: Die Erweiterung des Hafens von Rotterdam im Zeitabschnitt 1907 bis 1912. Zentralbl. Bauverw. 1914 S. 175. — Bau einer Kaimauer im Sund. Bauing. 1920 S. 234. — Betonschale als Schutz der Pfähle gegen Bohrwürmer. Engg. News Rec. Bd. 63 (1910) Heft 1. — Hafenbauten in Bremen. Bauing. 1925 S. 153.

β) **Eisenbetonrammpfähle.** Eisenbetonrammpfähle haben ein viel größeres Anwendungsgebiet als die Holzpfähle, weil bei ihnen der Grundwasserstand gleichgültig ist, weil sie sich in Böden noch rammen lassen, in die Holzpfähle nicht mehr eingetrieben werden können und weil sie in jeder erforderlichen Abmessung ausgeführt werden können. Die längsten bisher gerammten Eisenbetonpfähle mit einer Länge von 34 m, einem Querschnitt von 61 × 61 cm und einem Gewicht von 32 t sind bei einem Bau in Manila zur Verwendung gekommen.

Als Querschnittsformen werden bei Eisenbetonrammpfählen regelmäßige Vielecke mit 3 bis 8 Seiten und mit abgefaßten Kanten angewendet. Die Bewehrung (Abb. 450) geschieht mit 12 bis 40 mm starken Rundeisen, die durch Bügel am Ausknicken behindert werden. Die Bügel (Abb. 451) werden aus 3 bis

Abb. 449. Durch übermäßiges Rammen gestauchter Holzpfahl. (Vereinigte Stahlwerke A.-G., Dortmunder Union.)

Abb. 450. Bewehrung eines Eisenbetonrammpfahles. (Nach H. Holzapfel: Beton u. Eisen 1930 S. 103.)

10 mm starkem Draht als Außen-, Innen- und als Diagonalbügel ausgeführt, die entweder parallel angeordnet oder als Spiralumschnürung ausgeführt werden. Auch Streckmetall ist zur Umschnürung schon angewendet worden. E. Züblin führt die Bügel aus verdrillten Eisendrähten aus. Die Bügel werden in Entfernungen zwischen 3 und 30 cm längs des Pfahles verteilt. Am Kopfe und am Fuß werden sie, wie es die Abb. 451 m andeutet, dichter gelegt, weil dort die größten Beanspruchungen des Pfahles auftreten. Der Pfahlkopf kann durch Einlegen mehrerer Lagen von Schneckenbügel (Abb. 451 e) besonders widerstandsfähig gemacht werden.

Die Pfähle werden liegend betoniert; die Unterlage muß eben und unnachgiebig sein, weil sonst keine geraden Pfähle erhalten werden. Bei größerem Pfahlbedarf wird als Unterlage am besten eine Platte betoniert. Wenn zum Beton normaler Portlandzement verwendet wird, so können die Pfähle erst nach 4 bis 6 Wochen gerammt werden. Die Verwendung von hochwertigem Zement oder von Schmelzzement ermöglicht kürzere Zeit und es sind auch weniger Formen sowie eine kleinere Unterlagsplatte erforderlich, weil die Pfähle früher abgehoben und gestapelt werden können. Überdies sind solche Pfähle gegen angreifendes Grundwasser unempfindlich.

Die Bewehrung muß wenigstens 2 cm, bei Vorkommen angreifenden Wassers noch stärker überdeckt sein.

Die Pfahlspitze wird am besten aus Gußstahl oder aus einer geschmiedeten Stahlspitze gebildet. Die Längsbewehrung ist bei den meisten Pfählen mit der Spitze ver-

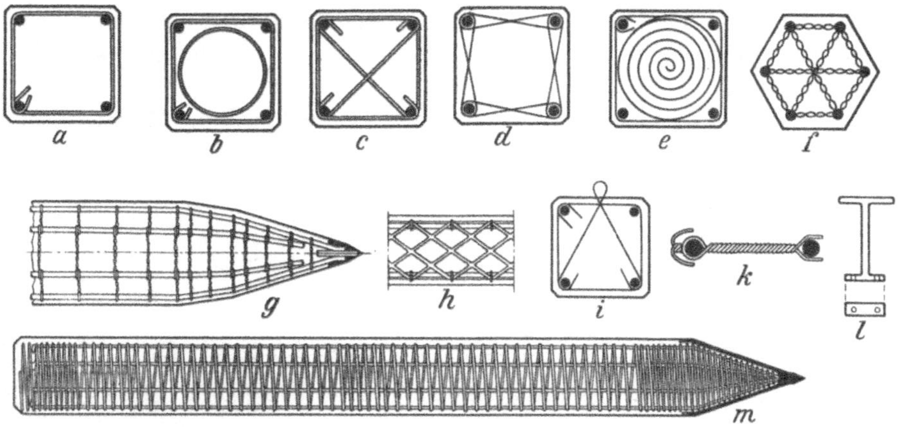

Abb. 451. Ausführung der Bügel an Eisenbetonrammpfählen. a) Außenbügel, b) Außen- und Innenbügel, c) Außen- und Diagonalbügel, d) Hennebique-Bügel, e) Schneckenbügel, f) Züblinbügel, g) Anordnung der Bügel als Parallelbügel, h) Streckmetallumschnürung, i) Bügel zum Anheben, k) Ausführung des Züblinbügels, l) Schlüssel für die Ausführung des Züblinbügels, m) Spiralumschnürung nach Considère.

klemmt worden, um einen festen Zusammenhang zu sichern (Abb. 452). Die Bügel werden an der Spitze, wie nochmals betont sei, dichter aneinander gelegt.

Am Pfahlkopf werden die Längsbewehrungseisen einige Zentimeter unter der Oberfläche umgebogen. Auch hier werden die Bügel dichter gelegt. Wenn nur Außen-

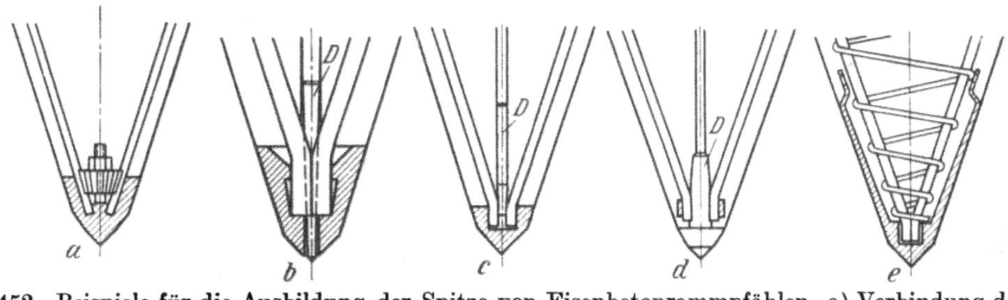

Abb. 452. Beispiele für die Ausbildung der Spitze von Eisenbetonrammpfählen. a) Verbindung der Bewehrung mit der Spitze mittels einer Klemmschraube, b) bis d) Verklemmung der Bewehrung mit der Spitze mittels eines Dornes [b) nach E. Züblin, c) nach Ph. Holzmann]; e) Pfahlspitze von Considère. *D* konischer Dorn.

bügel angewendet werden, muß der Pfahlkopf vor Zerstörung durch die Schläge des Rammbären durch eine Rammhaube (Abb. 453) geschützt werden, die den Druck beim Schlag des Rammbären gleichmäßig über den Pfahlkopf verteilt. Wenn Innenbügel und besonders dann, wenn Schneckenbügel im Pfahlkopf angeordnet werden, so kann auch ohne Rammhaube gerammt werden. Diese kostspieligere Ausführung des Pfahlkopfes lohnt sich, weil durch die elastische Rammhaube die Wirkung des Rammschlages sehr abgeschwächt wird.

In Kiesböden mit Körnern von höchstens 20 mm Durchmesser und in Schlammböden kann das Rammen anfänglich durch Spülung mit Druckwasser beschleunigt werden; während des Spülens liegt der Rammbär entweder am Pfahlkopf oder es werden leichte Schläge geführt. Das Spülrohr ist entweder in der Pfahlachse einbetoniert und geht in der Spitze in mehrere schräg nach oben gerichtete Düsen über oder es wird als Spüllanze frei neben dem Pfahl herabgeführt. Manchmal ist der Pfahlmantel mit Rillen versehen worden, um das Ablaufen des Spülwassers nach oben zu erleichtern. Das letzte Stück muß der Pfahl auf alle Fälle ohne Spülung gerammt werden. Wenn durch ein in der Pfahlachse angeordnetes Spülrohr nach vollendeter Rammung Beton eingepreßt wird, so kann ein starker Klumpfuß erzeugt werden, der den Spitzenwiderstand stark erhöht. Bei Schwebepfählen soll nicht gespült werden, damit die Mantelreibung möglichst groß wird. In bindigen Böden bleibt das Spülen wirkungslos.

Die Bemessung der Bewehrung erfolgt für die dem Pfahl zugedachte Last. Lange, schwere Pfähle werden beim Stapeln und beim Aufstellen zum Rammen durch ihr

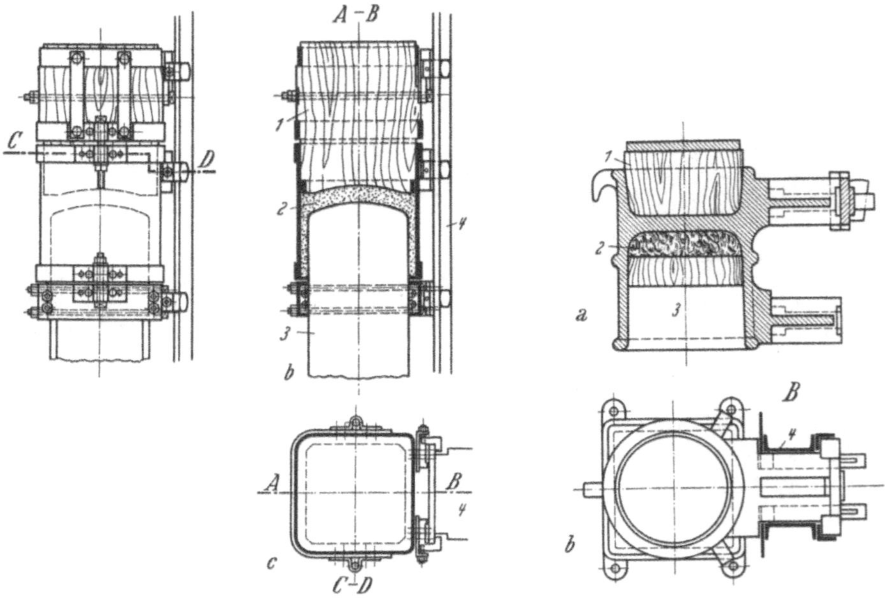

Abb. 453. Rammhaube für Eisenbetonpfähle.
A Rammhaube von E. Züblin. *a* Ansicht, *b* Schnitt *A—B*, *c* Schnitt *C—D*, *1* Eichenholz, *2* Sägemehl, *3* Eisenbetonpfahl, *4* Mäkler. *B* Rammhaube von Mörsch. *a* Schnitt, *b* Draufsicht. *1* Eichenholz, *2* Holzwolle, *3* Eisenbetonpfahl, *4* Mäkler.

Gewicht hoch beansprucht und es muß nachgewiesen werden, daß die Bewehrung für diese Beanspruchung des Pfahles hinreicht; erforderlichenfalls muß die Bewehrung verstärkt werden. Damit die Pfähle an den bei der Bemessung der Bewehrung angenommenen Stellen beim Stapeln und beim Aufstellen angehoben werden, müssen diese Stellen besonders bezeichnet werden; am empfehlenswertesten ist es, eigene Bügel für das Anheben (Abb. 451l) einzubetonieren.

Eisenbetonpfähle größerer Abmessungen werden so schwer, daß ihre Beförderung und das Rammen Schwierigkeiten bereitet; diesen Übelständen kann durch Hohlpfähle abgeholfen werden. Hohlpfähle werden in Deutschland auch nach dem Schleuderverfahren hergestellt, indem in die Außenschalung die Bewehrung und der Beton eingelegt wird und diese bis zu zehn Minuten lang rasch um ihre Längsachse gedreht wird. Man erhält auf diese Weise sehr feste und dichte Schleuderbetonpfähle, die auch in angreifendem Grundwasser verwendet werden können. Die Spitze solcher Pfähle wird mit einem Blechmantel bewehrt. Der gerammte Pfahl wird schließlich ausbetoniert (vgl. die Abb. 464 und 465).

Nach dem Betonspritzverfahren sind in Los Angelos bis zu 61 cm starke Hohlpfähle mit Wandstärken von 10 bis 11 cm und Längen bis zu 18 m ausgeführt worden, indem man auf lotrechte drehbare Innenschalungen den Beton aufspritzte. Die Innenschalung bestand aus mehreren Lagen übereinander geklebten Packpapieres, verstärkt durch eingelegte Drahtnetze, die schließlich mit Teer gestrichen wurde. Sie wurde auf die vorbereiteten Eisenbetonspitzen 1 m weit aufgeschoben und nachdem die Bewehrung über die Innenschalung geschoben war, wurde gespritzt. Die Pfähle konnten nach zwei Wochen gelagert und nach weiteren 4 Wochen verwendet werden.

Die Länge der Eisenbetonpfähle wird auf Grund des Ergebnisses der Bodenerkundung festgelegt. Wenn einzelne Pfähle tiefer zu rammen sind, so können sie unter Verwendung stehender Schalungen ausnahmsweise aufgepfropft werden.

Literatur: Züblin-Pfähle. Schürch: Eisenbetonpfähle und ihre Anwendung für die Gründungen im neuen Bahnhof Metz. Beton u. Eisen 1906 S. 398. — Voß: Gründung des neuen Regierungsgebäudes in Düsseldorf auf Eisenbetonpfählen. Zentralbl. Bauverw. 1909 S. 482. — Considère-Pfähle. Amiras, O.: Die Fundierung einer Bahnunterführung in Eppeghem. Beton u. Eisen 1910 S. 341. — Gründung Kursaal Cannstatt. Dt. Bauzg. 1907 S. 190. — Der Eisenbeton-Unterbau des großen Gasbehälters am Gaswerk Grasbrook in Hamburg. Dt. Bauzg., Eisenbetonteil 1909 S. 101. — Andere Eisenbetonrammpfähle. Gaugusch: Umschnürung von Eisenbetonpfählen mit Streckmetall. Beton u. Eisen 1909 S. 31. — Hanst: Rheinspeicher für die Stadt Köln. Beton u. Eisen 1911 S. 311. — Holzapfel, H.: Wasserleitungsbrücke im Zuge der Kaiserin-Augusta-Straße in Leipzig usw. Beton u. Eisen 1930 S. 100. — Loos, W.: Rammung von aufgepfropften Eisenbetonpfählen. Beton u. Eisen 1928 S. 441. — Reinken: Die Gründung der neuen Rheinspeicher am Agrippina-Ufer der Stadt Köln mit streckmetallumschnürten Eisenbetonpfählen. Dt. Bauzg. Eisenbetonteil 1910 S. 13. — Anwendung von umschnürtem Beton beim Bau der Schokoladenfabrik Menier in Noixel sur Marne bei Paris. Beton u. Eisen 1906 S. 297. — Die Gründung auf Eisenbetonpfählen beim Bau des Polizeidienstgebäudes in Charlottenburg. Zentralbl. Bauverw. 1907 S. 530. — Durchbohrte Vortreibspitze. Zentralbl. Bauverw. 1925 S. 458. — Eisenbetonpfähle von 33 m Länge zur Gründung von Pier VII im Hafen von Manila. Bautechnik 1925 S. 461. — Nach dem Zementspritzverfahren hergestellte Eisenbetonhohlpfähle. Dt. Bauzg. Mitt. 1921 S. 96 (gespritzte Hohlpfähle).

γ) **Eiserne Rammpfähle.** Eiserne Rammpfähle sind außerordentlich selten verwendet worden. Sie haben gegenüber Eisenbetonpfählen gleicher Abmessungen den Vorteil wesentlich geringeren Gewichtes und ihre Anwendung wird daher vorwiegend dort in Frage kommen, wo Eisenbetonpfähle nicht an Ort und Stelle hergestellt werden können und die Zuförderung der schweren Eisenbetonpfähle und der zu deren Rammen erforderlichen schweren Rammen Schwierigkeiten bereitet oder wo hölzerne bzw. Eisenbetonpfähle aus irgendwelchen Gründen (Bohrwürmer, angreifendes Wasser) nicht verwendet werden können.

Die eisernen Pfähle werden, wie ein Blick in die Abb. 454 lehrt, aus Rohren hergestellt. Von den Mannesmannwerken in Düsseldorf werden die eisernen Rammpfähle bis zu Durchmessern von 300 mm aus nahtlos gezogenen Rohren, darüber hinaus aus geschweißten Rohren in Längen bis 14 m hergestellt. Längere Pfähle werden aus zwei Teilen (Abb. 454B) während des Rammens zusammengesetzt (aufgepfropft). Die Spitze dieser Pfähle wird geschmiedet. Zum Schutze des Pfahlkopfes wird eine leichte Rammhaube angewendet. Nach beendeter Rammung werden die Pfähle ausbetoniert.

Um die Pfähle gegen angreifendes Wasser zu schützen ist es empfehlenswert, Kupferstahl zu verwenden. Einen besonders wirksamen Schutz gegen Angriffe des Meerwassers erzielt die MAN-Gustavsburg durch einen eigenen eisernen Schutzmantelpfahl um den eigentlichen Tragpfahl (Abb. 454C u. D); dieser Pfahl wurde beim Bau eines Landungssteges in Lome in Togo angewendet. Man rammte zuerst den aus den Teilen *a*, *b* und *c* bestehenden Schutzmantel; die Spitze bestand aus zwei Teilen, die durch leichte Messingschrauben verbunden waren. Nachdem der Schutzmantel durch das Wasser bis auf einige Meter, soweit der Tragpfahl zu schützen war, in den Boden gerammt war, wurde der aus den Teilen *e* und *f* bestehende Tragpfahl in den Schutzmantel eingeführt und gerammt. Unter den ersten Rammschlägen sind die früher erwähnten Messingschrauben abgeschert worden und der Tragpfahl ist unter Mitnahme der Spitze *c* des Schutzmantels in die Tiefe vorgedrungen. Eine Gummidichtung *d* verhinderte ein Aufsteigen von Seewasser in den Schutzmantel. Schließlich wurde der Tragpfahl und der Schutzmantel ausbetoniert.

Um eiserne Pfähle einspülen zu können, wird in die Pfahlspitze eine Spülspitze (Abb. 454E) eingeschraubt, in die innen das Rohr für die Zuleitung des Preßwassers eingeschraubt ist. Nach Beendigung der Spülung wird ein Bleipfropfen durch das Spülrohr geworfen, in der Spülspitze mittels einer Eisenstange festgerammt und hierauf das Spülrohr abgeschraubt.

Literatur: Brennecke-Lohmeyer: Der Grundbau Bd. 1 4. Aufl. S. 162. Berlin: W. Ernst & Sohn 1927. — Franzius, O.: Der Grundbau S. 76. Berlin: Julius Springer 1927. — Die Landungsbrücke in Lome. Z. V. d. I. 1904 S. 1803.

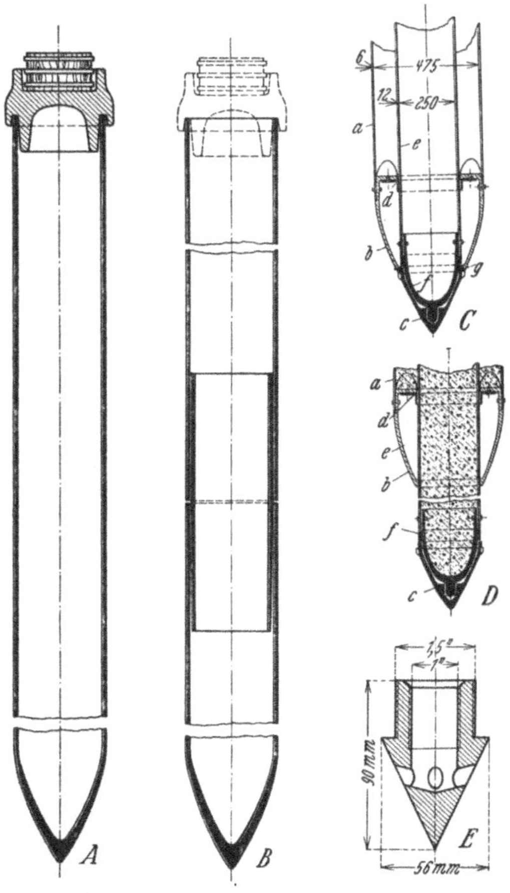

Abb. 454. Eiserne Rammpfähle.

A Eiserner Rammpfahl der Mannesmann-Werke in Düsseldorf. *B* desgl., aufgepfropft. *C* und *D* Eiserner Rammpfahl mit Schutzmantel der MAN, Gustavsburg. *E* Spülspitze für eiserne Pfähle.

b) Ortbetonrammpfähle.

Bei den Ortbetonrammpfählen wird nicht der Pfahl selbst gerammt, sondern es wird durch Vorrammen eines Rammkernes oder eines Hohlpfahles ein Hohlraum im Boden geschaffen, der mit Beton aufgefüllt wird. Der Hohlraum kann je nach der Bodenart ohne Futterrohr bleiben oder er wird mit einem Rohr ausgefüttert, das bei manchen Pfählen wiedergewonnen wird, bei manchen Pfählen aber im Boden bleibt und daher verloren ist.

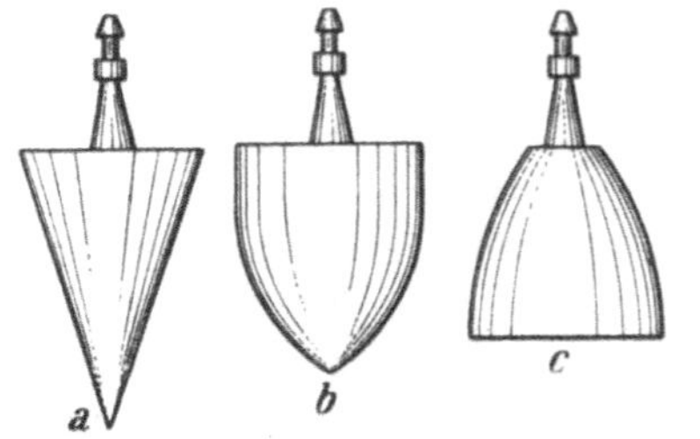

Abb. 455. Die drei Formen der Dulacschen Fallstößel.

α) **Ortbetonrammpfähle ohne Futterrohr (Erdlochpfähle).** Der Kompressolpfahl von Dulac wird hergestellt, indem man vom Gerüst einer Kunstramme aus etwa 15 m Höhe einen kegelförmigen, spitzen Fallstößel mit einem größten Durchmesser von 85 cm und einem Gewicht von etwa 2 t wiederholt auf den Boden herabfallen läßt. Der Fallstößel *a* (Abb. 455) bohrt sich hierbei in den Boden ein, verdichtet ihn und schafft den Hohlraum. Eine Nachlaufkatze hängt sich selbsttätig in den Fallstößel ein und ermöglicht das Wiederaufziehen. Wenn der Hohlraum die erforderliche Tiefe erreicht hat, werden in etwa 50 cm hohen Schichten Beton und Steine eingeführt und mittels der Fallstößel *b* und *c*, die abwechselnd benützt werden, verdichtet und gleichzeitig seitlich in den Boden gepreßt. Es kann auf diese Weise ein außerordentlich rauher unregelmäßiger Pfahl hergestellt werden, dessen Betoninhalt bis zu fünfmal so groß ist als der ursprüngliche Hohlraum.

Das Verfahren eignet sich vorwiegend für körnigen Boden ohne Wasserandrang. Bei geringerem Wasserandrang wird während der Herstellung des Hohlraumes Lehm eingeworfen, der vom Spitzstößel in die Lochwandung gepreßt wird und diese hinreichend dichtet. Bei bindigen, wassergesättigten Böden ist dieser Pfahl nicht zu empfehlen.

Probebelastung in Warschau: Pfahllänge 5,59 m. Füllboden, darunter Kies auf 0,75 m nassem Sand. Last 180,3 t, Senkung 4,4 mm, nach Entlastung 2,2 mm, Mantelreibung 1,5 t/m².

Literatur: Colberg, O., u. A. Novak: Handbuch für Eisenbetonbau Bd. 3 Grund- und Mauerwerksbau 3. Aufl. Berlin: W. Ernst & Sohn 1922. — Emperger, E.: Probebelastung einer Compressol-Pylone. Beton u. Eisen 1908 S. 49. — Gesteschi: Die Brücke der „Wiedergeburt" über den Tiber in Rom. Beton u. Eisen 1911 S. 316. — Mast: Anwendung neuer Gründungsverfahren. Dt. Bauzg. 1905 S. 303. — Niemann: Über Gründung auf unmittelbar im Boden hergestellte Betonsäulen. Beton u. Eisen 1910 S. 249. — Stroß, W.: Bericht über die Wiederherstellung eines eingegangenen Brückenwiderlagers in Eisenbetonkonstruktion. Beton u. Eisen 1908 S. 110. — Derselbe: Gründung mittels mechanischer Bodenverdichtung „System Kompressol" in Ägypten. Beton u. Eisen 1910 S. 93. — Derselbe: Eisenbetonbrücke mit Kompressolgründung über den Kanal Ferkha in Alexandrien. Beton u. Eisen 1911 S. 412. — Neuere Gründungsmethoden I. Gründung auf eingerammten und ausbetonierten Pfeilern. Beton u. Eisen 1905 S. 12.

Die schweren Erschütterungen der ganzen Umgebung, die bei der Ausführung der Kompressolpfähle auftreten, werden bei den Expreßpfählen von O. Stern vermieden. Zu ihrer Herstellung wird die in den Abb. 456 und 457 dargestellte Expreßpfahlmaschine verwendet, die aus einer fahrbaren Plattform besteht, von der aus der Vortriebskörper, der aus dem Treibkegel mit dem anschließenden Vortriebsrohr besteht, herabgerammt wird. Der Vortriebskörper hängt auf einer Rollenbrücke (*2*) und ist in einem Führungsständer (*5*) geführt. Durch den Vortriebskörper führt ein 90 mm weites Rohr, das unten während des Rammens mit einer kleinen gußeisernen Spitze verschlossen ist, die verloren ist. Durch dieses Rohr geführt, arbeitet im Inneren des Vortreibkörpers ein 1000 kg schwerer Preßluftrammbär, der mit Hüben von 0,85 m unmittelbar auf den Treibkegel oder auch während des Ziehens des Pfahles aufwärts schlagen kann.

Wenn der Vortreibkörper hinreichend tief gerammt ist, wird durch das früher erwähnte Rohr Beton eingepreßt und gleichzeitig der Vortreibkörper angehoben. Durch den eingepreßten Beton werden die Schachtwandungen gesichert. Durch Absetzen des 2200 kg schweren Vortreibkörpers und Abwärtsrammen kann der Beton beliebig stark verdichtet und seitlich in den Boden gepreßt werden.

Literatur: Stern, O.: Moderne Grundbautechnik. Bauing. 1927 S. 668. — Hetzel-Wundram: Die Grundbautechnik und ihre maschinellen Grundlagen. Berlin: Julius Springer 1929.

Ebenfalls ohne Futterrohr werden Konrad-Pfähle in standfestem Boden hergestellt, indem ein hölzerner Rammkern gerammt, hierauf wieder gezogen und der Hohlraum schließlich ausbetoniert wird.

β) Ortbetonrammpfähle mit verlorenem Futterrohr. Die Ortbetonrammpfähle können auch durch Rammen eines Vorschlagpfahles hergestellt werden, auf den ein dünnwandiger Blechmantel aufgeschoben ist, der im Boden verbleibt und gleichsam die Schalung für das Ausbetonieren bildet. Auf diese Weise wird z. B. der Raymond-Pfahl hergestellt; der Blechmantel (die „Hose") besteht aus 0,6 bis 1 mm starkem Eisenblech und er wird von einem eisernen Kern (Abb. 458) beim Rammen mit in den Untergrund gezogen, der sich während des Rammens an den Blechmantel preßt, während er sich leicht vom Mantel loslöst, wenn er angehoben wird, so daß er dann die Hose nicht mitnimmt. Die Hose ist innen durch Stahldrahtspiralen (Abb. 459), die in Nuten der Hose liegen, ausgesteift und besteht aus teleskopartig ineinander geschobenen Rohrschüssen von 2,5 m Länge. Sie ist unten offen, so daß

Wasser eindringen und die Betonierung gefährden kann, weswegen sich der Raymond-Pfahl vorwiegend für Pfähle in Böden ohne Grundwasser eignet. Der Pfahl ist konisch und ist für die Verdichtung von körnigem Boden gut zu verwenden.

Literatur: Buchartz: Die Betonpfahlbauten für das neue Hospitalgebäude auf Ellis Island, New York. Beton u. Eisen 1908 S. 257. — Derselbe: Raymond-Pfahlgründung. Dt. Bauzg. 1907 Eisenbetonbeilage S. 48. — Derselbe: Raymond-Pfähle. Eng. News Rec. 1913 S. 36.

Der konische Schachtpfahl von O. Stern ähnelt dem Raymond-Pfahl. Die Blechhose, hier Senkhülle genannt, wird aus 1 oder 2 m langen Teilstücken gebildet, die auf den sogenannten Bänderkern von Stern-Zeißl aufgeschoben und mit diesem gerammt werden. Die Pfähle können Längen bis zu 15 m erhalten. Während des Rammens ist der Bänderkern fest gegen die Senkhüllen gepreßt. Beim Herausziehen des Kernes lockert eine im Bänderkern angeordnete hydraulische Presse, der Repulsionsschuh, den inneren Kern von den äußeren Bändern, die sich nun von den Senkhüllen loslösen, so daß der ganze Bänderkern hochgezogen werden kann, ohne die Senkhüllen zu verschieben.

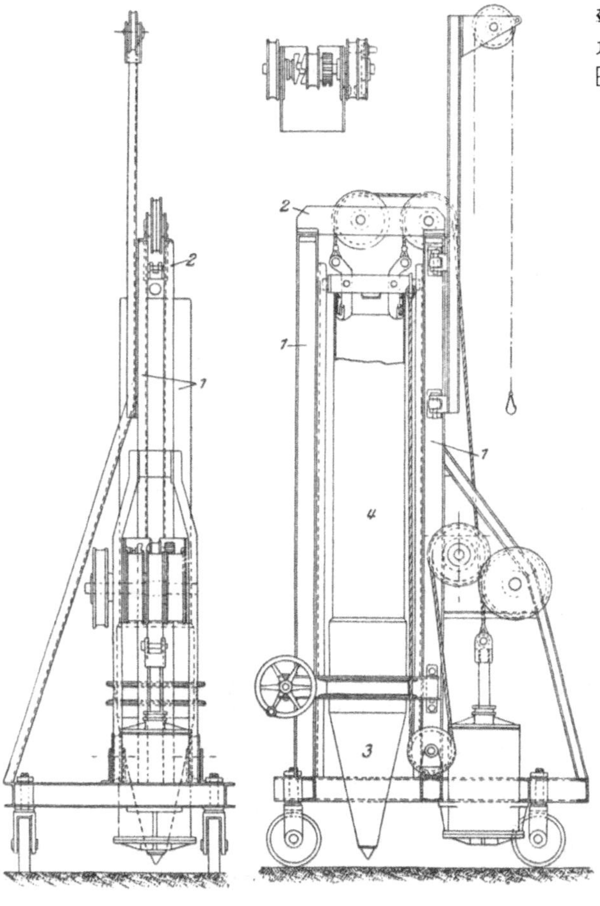

Abb. 456. Expreßpfahlmaschine von O. Stern. Vortreibrohr mit Treibkegel, 2200 kg schwer, Preßluftrammbär, 1050 kg schwer. (Nach Hetzel-Wundram, Grundbautechnik S. 81.)

1 Führungsständer, *2* Rollenbrücke, *3* Treibkegel, *4* Vortreibrohr.

Abb. 457. Expreßpfahlmaschine von O. Stern. (Stern-Gesellschaft für moderne Grundbautechnik.)

Die im Boden verbliebenen Senkhüllen werden ausbetoniert, wobei es auch möglich ist, eine Bewehrung einzubringen.

In der Abb. 460 werden die Vorbereitungen für das Rammen eines konischen Schachtpfahles getroffen.

Ebenfalls mit verlorenem Blechmantel wird der Mastpfahl ausgeführt. Der Blechmantel wird zylindrisch oder konisch aus 1 bis 2 mm starkem Blech gebogen und verschweißt. Die Spitze besteht aus Holz, über das, wie es die Abb. 461 erkennen läßt, der nach einer Schablone ausgeschnittene Blechmantel gebogen und genagelt wird. Ein nagelartiger Dorn bildet schließlich die Bewehrung der Spitze. Zum Rammen wird eine hölzerne Rammjungfer auf die Holzspitze gestellt, auf die der 1000 kg schwere Rammbär schlägt. Die Spitze zieht hierbei den Blechmantel in den Boden. Das Mantelrohr wird schließlich ausbetoniert, wobei auch eine Bewehrung des Pfahles erfolgen kann. Der Pfahl

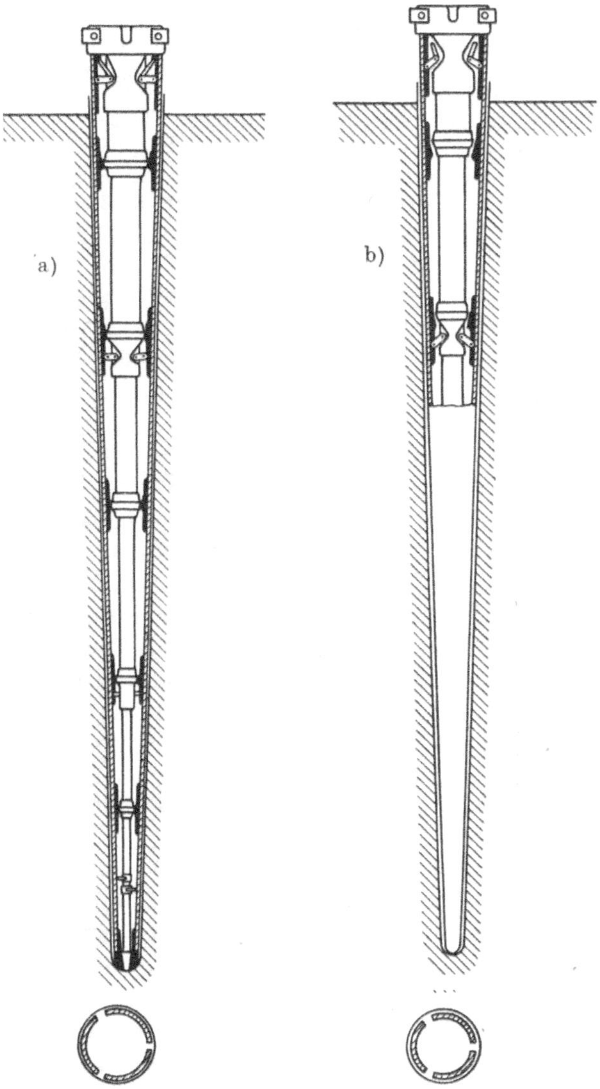

Abb. 458. Rammkern für einen Raymond-Pfahl. a) während des Rammens, b) während des Hochziehens des Kernes. (Nach O. Franzius: Der Grundbau. Berlin: Julius Springer.)

Abb. 459. Ausgegrabene Raymond-Pfähle. (Raymond Pile Comp.)

Abb. 460. Aufziehen der Verrohrung auf den Rammkern für einen konischen Schachtpfahl. (Stern-Gesellschaft für moderne Grundbautechnik, Wien.)

ist wegen seiner Holzspitze als Festpfahl nur anwendbar, wenn die Spitze ständig unter dem Grundwasserspiegel liegt; bei Schwebepfählen, bei denen ja die Last vorwiegend durch die Mantelreibung auf den Boden übertragen wird, ist die Beschaffenheit der Spitze ohne Belang. In Berlin wird ein Mastpfahl mit 35 t belastet.

Um den Pfahl gegen angreifende Wässer besonders zu schützen wird der Blechmantel nach dem Rammen mit eigenen Rundbürsten innen mit einer heißen Goudron-Asphaltmischung gestrichen und erst dann ausbetoniert.

Literatur: Colberg, O.: Gründung einer Kirche auf Betonpfählen System „Mast". Dt. Bauzg. 1912 Eisenbetonteil S. 58. — Geßner, O.: Großkraftwerk Rummelsburg. Zement 1926 Heft 34. — Heidecke, E.: Neu- und Umbauten im Kabelwerk der AEG. Z. V. d. I. 1929 S. 452. — Ivanini: Ein neues Betonpfahlgründungsverfahren. Beton u. Eisen 1910 S. 1611. — Klose, G.: Die Gründung des Kleistlyzeums in Berlin. Bautechnik 1928 S. 407. — Krause, Fr.: Die städtische Nord-Südbahn in Berlin. Zentralbl. Bauverw. 1923 Heft 30, 34. — Kreß: Bemerkenswerte Bauausführungen bei der Berliner und Hamburger Hochbahn. Bautechnik 1924 S. 408. — Kuhnke: Inbetriebnahme der Berliner Vorortstrecke von Jungfernheide nach Gartenfeld. Zentralbl. Bauverw. 1930 Heft 3. — Prölls, A.: Der Bau der Zweigbahn Jungfernheide—Siemensstadt—Gartenfeld. Bauing. 1930 S. 1. — Saltzmann: Schutz einer Betonpfahlgründung gegen den schädlichen Einfluß des Grundwassers. Bautechnik 1923 S. 451. — Struif: Betonpfahlsystem Mast. Berlin: Julius Springer 1913. — Vogel: Schutz einer Betonpfahlgründung gegen den schädlichen Einfluß des Grundwassers. Bautechnik 1926 S. 841. — Wambsgans: Die Gründung der städtischen Untergrundbahn in der südlichen Friedrichstraße in Berlin. Dt. Bauzg. 1922 Heft 11. — Wedemeyer: Konstruktion und Ausführung der Stadthalle in Magdeburg. Dt. Bauzg. 1929 Konstr. u. Ausführg. Heft 12.

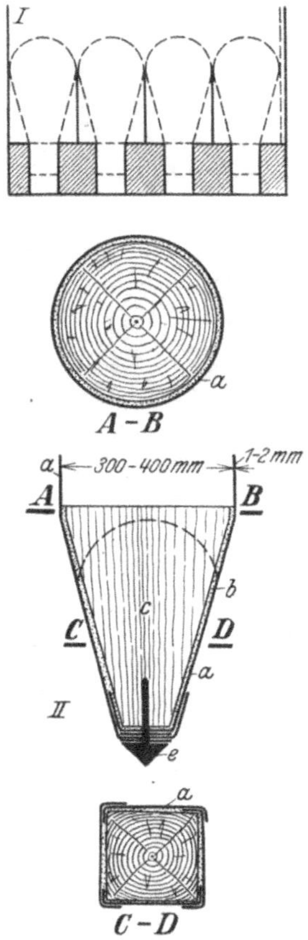

Abb. 461. Herstellung der Spitze des Mastpfahles aus Holz und Eisenblech.

a Eisenblech, 1 bis 2 mm stark, *b* Asphalt, *c* Holz, *e* Eisendorn.

Der Janssen-Pfahl unterscheidet sich vom Mastpfahl nur dadurch, daß statt der hölzernen Spitze eine solche aus Eisenbeton verwendet wird, wodurch die Verwendung des Pfahles auch über dem Grundwasser einwandfrei möglich ist.

Literatur: Janssen, Th.: Form zur Herstellung von Blechrohr-Betonpfählen. Beton u. Eisen 1908 S. 379. — Derselbe: Die Gründung des Kühlhauses auf dem Schlachthof in Tilsit. Beton u. Eisen 1910 S. 165.

Der in Wien bei Schwebegründungen häufig angewendete konische Stern-Pfahl wird mittels eines hölzernen Rammkernes ausgeführt, dessen Spitze einen Blechmantel aus 1 mm starkem Eisenblech in den Boden hinabzieht, der nach Ziehen des Rammkernes ausbetoniert wird und in den auch eine Bewehrung eingebracht werden kann. Wenn kein Wasserandrang erfolgt, so ist der Blechmantel unten offen, bei Wasserandrang erhält er eine Blechspitze, in die jene des Rammkernes genau hineinpaßt.

Literatur: Kafka: Die Theorie der Pfahlgründungen. Berlin: Julius Springer 1912. — Stern, O.: Das Problem der Pfahlbelastung. Berlin: W. Ernst & Sohn 1908.

Bei besonders tief hinabreichenden sehr dicken Pfählen, die im Wasser auszuführen sind, ist es notwendig, das Futterrohr im Boden zu belassen. Als Futterrohr sind sowohl eiserne als auch Eisenbetonrohre verwendet worden; zur Überwindung der Reibung beim Versenken des Futterrohres können Rammen verwendet werden. Als Beispiel für die wohl größte Ausführung solcher Pfähle mit verlorenem Rohr sei die Gründung der Pfeiler der Lidingöbrücke bei Stockholm durch die Bauunternehmung Grün & Bilfinger hervorgehoben, über die G. Schaper berichtet. Das Wasser hatte dort eine Tiefe von 18 bis 20 m; darunter folgte feiner, weicher, blauer Lehm in einer Dicke von 15 bis 20 m, eine mehrere Meter starke Geröllschicht und schließlich Fels. Die tragfähige Schichte liegt durchwegs in einer Tiefe, die

Arbeiten mit Druckluft ausschließt. Ursprünglich hätten nach dem Vorschlage von Christiani & Nielsen in Kopenhagen Pfahljoche mit 85 cm starken, hohlen, oben und unten geschlossenen Pfählen ausgeführt werden sollen. Versuche erwiesen aber, daß dicke Pfähle wegen der großen Bodenverdrängung nicht gerammt werden konnten. Mit Wasserspülung konnten die Pfähle zwar herabgebracht werden, der feine, weiche Lehm wurde hierbei aber um den Pfahl herum so gelockert und ausgespült, daß die Einspannung der Pfähle im Boden ganz verloren ging.

Die Bauunternehmung Grün & Bilfinger in Mannheim führte später die Gründung der Pfeiler durch, verwendete aber statt der früher vorgesehenen geschlossenen Pfähle unten offene Hohlpfähle, die bis in die Geröllschichte herabgesenkt, ausgeräumt und schließlich ausbetoniert wurden. Die allgemeine Anordnung eines solchen Pfeilers deutet die Abb. 567 auf S. 371 an. Als Röhren verwendete man zuerst 85 cm weite eiserne, mit einer Wandstärke von 15 mm und einem Gewicht von 12 t, um die Bodenverdrängung möglichst herabzusetzen. Schon das erste Rohr versank ohne Nachhilfe im weichen Lehm bis zur Geröllschichte und wurde dann in diese noch durch einige Schläge mit einem Rammbären von 10 t Fallgewicht mit Fallhöhen von 0,5 bis 1,2 m hineingetrieben. Auf diese Weise wurden 12 Eisenrohre, die zuerst aus Deutschland angeliefert worden waren, versenkt. Die Vergewaltigung des Ruhrgebietes durch die Franzosen machte eine weitere Lieferung von eisernen Rohren unmöglich. Die Bauunternehmung Grün & Bilfinger entschloß sich daher, ermutigt durch die leichte Versenkbarkeit der Eisenrohre, für die weiteren Pfeiler Eisenbetonrohre mit den in der Abb. 462 ersichtlichen Abmessungen zu verwenden. Der Beton wurde mit 450 kg Zement auf 1 m³ fertigen Beton gemischt und er mußte eine Würfelfestigkeit von 250 kg/cm² nach 28 Tagen haben. Die Eisenbetonrohre versanken teils ohne Nachhilfe, teils nach Beschwerung mit dem Rammbären und wurden so wie die Eisenrohre nur in die Geröllschichte durch einige Rammschläge eingetrieben. Zum Schutze des Rohrkopfes ist eine Rammhaube angewendet worden, die in der Abb. 463 deutlich zu erkennen ist. Gerammt wurde so lange, bis das Rohr auf einen Schlag nur mehr 1 bis 2 mm zog.

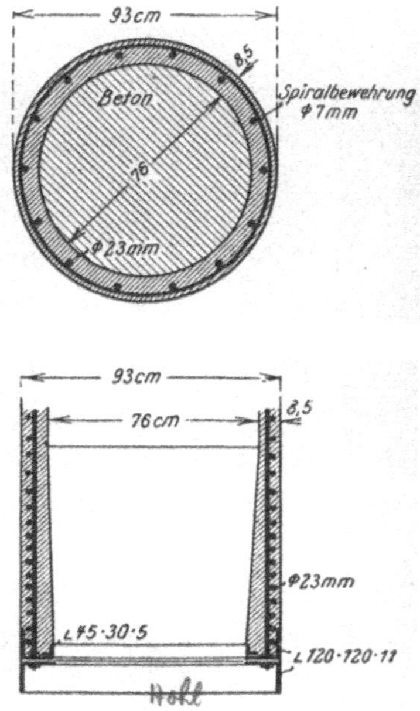

Abb. 462. ~~Holz~~pfahl aus Eisenbeton für die Pfeiler der Lidingöbrücke. (Nach G. Schaper: Bautechnik 1929 S. 407.)

Abb. 463. Rammhaube (*b*) eines Hohlpfahles (*c*) der Joche der Lidingöbrücke. (*a*) Rammbär. (Grün & Bilfinger, Mannheim.)

Nach dem Rammen wurde der Boden aus dem Pfahlinnern mittels einer Luftstrahlpumpe (Abb. 464) herausgespült und der Pfeiler hierauf unter Wasser mittels eines Versenkkübels ausbetoniert. Die Betonierung der Hohlpfähle erfolgte in liegenden Schalungen (Abb. 465).

Literatur: Schaper, G.: Bau der Lidingöbrücke bei Stockholm. Bautechnik 1924 S. 405, 479, 503, 660.

γ) **Ortbetonrammpfähle mit wiedergewonnenem Futterrohr.** Beim Simplexpfahl von Shuman wird durch Rammen eines Eisenrohres (Durchmesser 30 bis 60 cm, Wandstärke 20 mm), das unten eine Alligatormaul (Abb. 466) genannte Spitze trägt, ein Hohlraum geschaffen. Die Spitze ist während des Rammens geschlossen und erhält einen Außendurchmesser, der um etwa 50 mm größer ist als jener des Rohres, damit die Mantelreibung während des Rammens geringer wird. Wenn das Rohr auf die vorgesehene Tiefe gerammt ist, wird mittels eines besonderen Kübels (Abb. 467)

Abb. 464. Luftstrahlpumpe zum Ausräumen des Bodens aus den Hohlpfählen. (Grün & Bilfinger.)
a Luftstrahlpumpe, *b* Hohlpfahl.

Abb. 465. Herstellung der Hohlpfähle für die Pfeiler der Lidingöbrücke. (Grün & Bilfinger.)

Beton eingefüllt und mittels eines von der Ramme aus betätigten schweren Stampfers (Abb. 467) verdichtet, während gleichzeitig das Rohr angehoben wird. Das Alligatormaul öffnet sich dann und der Stampfer treibt den Beton seitwärts in den Boden, so daß ein rauher Pfahl mit großer Mantelreibung entsteht. Damit im Betonpfahl keine Nester aus eingedrungenem Boden entstehen, muß die Betonoberfläche während des Betonierens stets über dem Ende des Futterrohres liegen.

Abb. 466. Alligatormaul. (Aus Brennecke-Lohmeyer: Der Grundbau I. Bd. S. 167.)

Wenn der Pfahl in das Grundwasser hinabreicht, so ist die Alligatormaulspitze nicht zu empfehlen, weil sie nicht wasserdicht ist, so daß im Rohr Wasser aufsteigt, wodurch das Ausbetonieren sehr beeinträchtigt wird. Man verwendet dann besser gußeiserne oder Eisenbetonspitzen, die auf das Rohr aufgesteckt und verloren sind, weil sie im Boden unter dem Beton bleiben. In den Beton können auch Bewehrungseisen eingelegt werden, so daß man einen Eisenbetonpfahl erhält.

Wenn die Pfähle als Langpfähle im Wasser ausgeführt werden sollen, so wird auf das Treibrohr ein dünnwandiges Mantelrohr aufgeschoben und mit ihm verklemmt, das bis in den Boden reicht. Dieses Rohr bildet die Schalung für den Pfahl im Wasser und ist daher verloren.

Literatur: Reiner: Die Simplex-Pfahlfundierung. Beton u. Eisen 1907 S. 235. — Siegfried: Die Gründung mit Simplexbetonpfählen. Dt. Bauzg. 1907 S. 65. — Neue Gründungsmethoden II. Die Pfähle Simplex. Beton u. Eisen 1905 S. 110. — Das neue Dienstgebäude des bayrischen Verkehrsministeriums in München. Zentralbl. Bauverw. 1913 S. 218.

Der Franki-Pfahl von E. Frankignoul wird mittels eines Vortreibrohres hergestellt, das aus mehreren teleskopartigen, ineinandergeschobenen, kürzeren Abschnitten besteht (Abb. 468); die Schläge des Rammbären erfolgen unmittelbar auf eine von oben eingeführte Stahlspitze (Abb. 468A) im Innern des Vortreibrohres und die Spitze zieht die Vortreibrohre mit sich in die Tiefe. Der Rammbär ist an einer Rundeisenstange geführt, die in der Pfahlspitze sitzt, und an der die Spitze nach vollendeter Rammung heraufgezogen wird.

Die Ausbetonierung erfolgt ähnlich wie beim Simplexpfahl; in dem Maße als sie fortschreitet, werden die Vortreibrohre wieder gezogen, jedoch stets so, daß der untere Rand unter der Betonoberfläche liegt. Auch bei diesem Pfahl ist eine Bewehrung möglich; die Eisen dienen dann dem Stampfer als Führung (Abb. 468 E); in entsprechenden Zwischenräumen werden bei hochgezogenem Stampfer an den Bewehrungseisen Bügel angeordnet und hinabgeschoben.

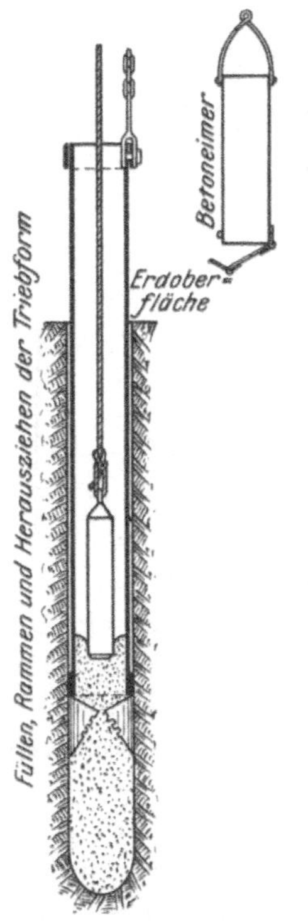

Abb. 467. Herstellung des Simplexpfahles. (Aus O. Franzius: Der Grundbau S. 69.)

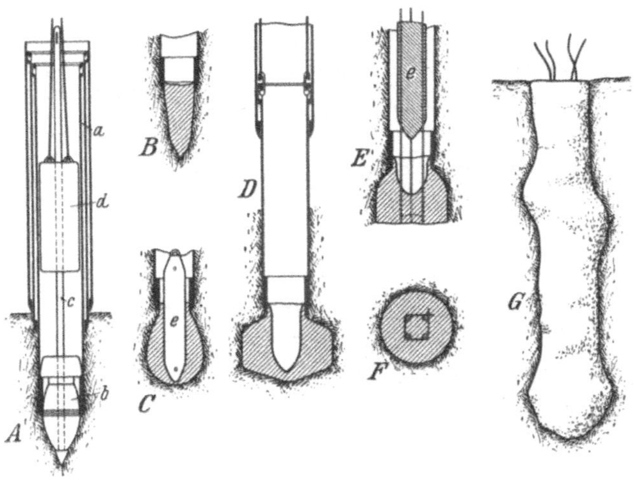

Abb. 468. Herstellung des Franki-Pfahles.
a Futterrohre, *b* Pfahlspitze, *c* Führungsstange für den Rammbären, *d* Rammbär, *e* Stampfer.

Der Zimmermann-Pfahl wird ähnlich wie der Franki-Pfahl hergestellt. Er besitzt eine mehrteilige Spitze, die im Boden ohne Grundwasser vor dem Betonieren hochgezogen wird. Bei Grundwasserandrang bleibt der unterste Teil der Spitze im Boden, um während des Betonierens anfänglich den Wasserzutritt zu verhindern.

Literatur: Nitzsche: Der neue Ortpfahl System Zimmermann. Dt. Bauzg. 1917 S. 46.

Beim Konrad-Pfahl besteht das Vortreibrohr aus mehreren Teilen, die auf einen hölzernen Rammkern aufgeschoben sind und beim Rammen von diesem in den Boden mitgenommen werden. Nachdem der Rammkern gezogen ist, wird der Hohlraum unter gleichzeitigem Ziehen der Rohre ausbetoniert. Das Ziehen des Rammkernes und der Rohre erfolgt mit einer fahrbaren Winde.

Tabelle 29. Belastungsversuche mit Franki-Pfählen.

	Nr.	Jahr	Ort	Boden	Pfahllänge m	Last t	Einsenkung in mm größte	Einsenkung in mm elastische	Einsenkung in mm bleibende	Zugelassene Pfahllast t	Quelle
Franki-Pfahl	1	1912	Berlin	Torf, Ton und Sand mit Grundwasser	11,0	72,6	4,0	—	—	—	Beton u. Eisen 1926 S. 283
	2	1911	Lüttich	Schlacke, Anschüttung u. Ton	14,0	473	4,0	—	—	90	
	3	1923	Brüssel	Auffüllung, Torf	14,5	100	5,0	—	—	50	
	4	1923	„	Schwimmsand, Lehm	14,5	102	4,0	—	—	50	
	5	1926	„	Sand und sandiger Ton	10,65	335	6,0	3,0	3,0	100	
	6	1926	„	desgl.	9,5	250	8,0	—	—	80	
	7	1923	Hongkong	Sand und Ton mit Grundwasser	10,0	100	9,0	—	—	75	
	8	1915	Ville sur Haine	1 m Ackerboden, 6—7 m weicher Ton mit Wasser, 1,5 bis 2 m Torf, 1 m schlechter Kies, darunter Mergel	10,0	180	9,0	—	—	60	
	9	1912	Esch a. d. Alzette	8 m Schlacke, 2,75 m Ton und grober Kies	10,75	130	17	—	—	70	
Franki-Blockpfahl	1	1925	Hongkong	1 m Anschüttung, 1 m Torf, 2 m wasserführender Sand, 4 m Schwimmsand, 1 m Lehm, darunter Kies	3,6	100	9,0	—	—	70	
	2	1925	Sauvegarde b. Antwerpen	Schwimmsand, Torf, lehmiger Sand	5,1	205	8,0	3,0	5,0	—	
	3	1925	desgl.	stark wasserführend	5,1	250	13,0	6,0	7,0	—	

In festgelagerten Boden ohne Grundwasser kann der Pfahl auch, wie schon erwähnt worden ist, ohne die Rohre, also nur durch Rammen des Rammkernes hergestellt werden.

Der Konrad-Pfahl wird in Wien gewöhnlich mit 18 bis 25 t belastet.

Literatur über andere Pfähle: Betonpfähle mit Fußverbreiterung. Beton u. Eisen 1910 S. 64 (H. Abott-Pfahl).

c) Das Rammen der Pfähle.

Das Eintreiben der Rammpfähle geschieht mittels der später zu beschreibenden Rammgeräte. In feinkörnigem Boden wird das Eintreiben von Festpfählen durch Einspülen mit Preßwasser erleichtert. Über die Rammungen werden Rammregister geführt, in denen angeführt wird: die Nummer des Pfahles, der Zeitpunkt der Rammung, die Abmessungen des Pfahles, die Beschaffenheit der Ramme, die Rammtiefe und die Art des Eindringens (Zahl der Rammschläge, Senkung unter den letzten Rammschlägen). Diese Rammregister werden sorgfältig aufbewahrt. In einem Grundwerksgrundriß werden alle Pfähle eingezeichnet und mit derselben Nummer wie im Rammregister bezeichnet (vgl. Abb. 572). Um bei den leicht kürzbaren Holzpfählen sicher zu wissen, wie tief sie gerammt sind, ist es zweckmäßig, die Pfahlbezeichnung in der Nähe des Pfahlkopfes einzubrennen und nur gerammte Pfähle zu übernehmen, die noch das Brandzeichen tragen.

Die Rammen für das Eintreiben von Pfählen und Spundbohlen werden von Hand oder mittels Dampf bzw. Preßluft betätigt. Man unterscheidet Handrammen, Freifallrammen, Dampf-(Preßluft-)Rammen und Pfahlhämmer.

α) **Handrammen.** Die Handramme dient zum Rammen leichter Pfähle, sie besteht aus einem runden oder achteckigen Hartholzklotz (Abb. 469), auf den mehrere Eisenringe warm aufgezogen sind, um ein Springen des Holzes zu verhindern. Manchmal wird die Handramme auch noch unten mit einer schweren Eisenplatte beschwert und verstärkt. Die Ramme wird an 4 oder 8 Handgriffen von 4 Männern etwa 50 bis

60 cm hochgehoben und hierauf auf den Pfahl herabgestoßen. Das Gesamtgewicht beträgt etwa 50 kg, weil ein Mann dauernd nicht mehr als etwa 12,5 kg zu heben vermag. Der Rammbär ist gebohrt und wird zur Führung auf eine sogenannte Pilotennadel aus 25 mm starkem Eisen geschoben, die in einer Bohrung im Pfahl steckt. Die Handramme ist bei nicht sehr festgelagerten Boden bei kurzen Holzpfählen bis zu etwa 25 cm Durchmesser anwendbar. Sie findet meist Verwendung für das Rammen von leichten Gerüstpfählen und dergleichen.

β) **Freifallrammen.** Bei den Freifallrammen ist der Rammbär auf einem Rammgerüst ge-

Abb. 469.
a Handramme, *b* Führungsnadel, *c* Pfahl.

Abb. 470. Läuferramme.
a Läuferrute, *b* Rammbär, *c* Pfahl, *d* Zugseile mit Knebeln.

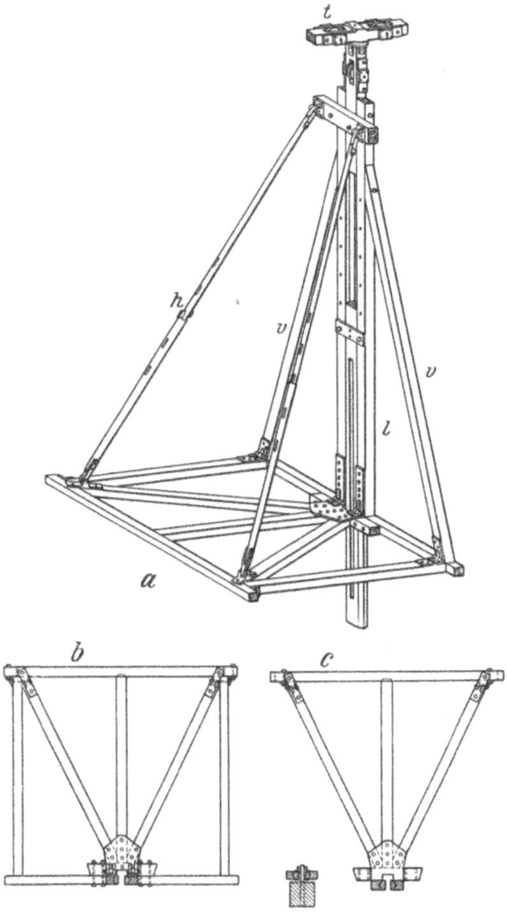

Abb. 471. a) Scherenramme, b) Schwellwerk, c) Schwellwerk einer Winkelamme. (Nach H. Lückemann.)

führt; er wird an einem Seil hochgezogen und fällt, vom Rammgerüst geführt, frei auf den Pfahl herab.

Wenn der Rammbär durch Arbeiter hochgezogen wird, so nennt man die Ramme eine Zugramme. Die Hubhöhe beträgt bei Zugrammen 1,0 bis 1,2 m, das Bärgewicht 250 bis 400 kg. Die Arbeiterzahl wird so bemessen, daß auf einen Mann nicht mehr als 15 kg vom Bärgewicht entfallen. Wenn der Rammbär nur auf einer Läuferrute geführt ist, so wird die Ramme Läuferramme (Abb. 470) genannt; läuft der Rammbär zwischen zwei Ruten, so heißt die Ramme eine Scherenramme.

Das Rammgerüst einer Scherenramme steht auf der Rammstube, die aus dem Schwellwerk (Abb. 471) besteht, das mit Bohlen überdeckt ist; für jeden Arbeiter werden etwa 0,75 m² gerechnet. Das Rammgerüst besteht aus den Ruten *l* und den Streben *v* und *h* (Abb. 471); es ist mit der Vorderschwelle der Rammstube gelenkig verbunden, so daß es durch Verlängerung oder Verkürzung der nach hinten angeordneten Streben *h* nach vorne oder nach hinten geneigt werden kann. Das Rammgerüst enthält oben eine Rolle für das Tau, das in die Kramme des Rammbären eingehängt ist. Am anderen Ende des Taues werden mittels eines Kranztaues (Abb. 472) die Zugseile der Arbeiter befestigt. Jedes Zugseil trägt am Ende einen Knebel, auf den so viel vom Zugseil aufgewickelt wird, bis er gerade in Augenhöhe hängt. In dem Maße, als der Pfahl in den Boden eindringt werden die Zugseile durch Abwickeln von dem Knebel verlängert und schließlich kann die Länge durch Versetzen des Kranztaues am Tau verändert werden. Der Rammeister (Schwanzmeister) arbeitet am „Schwanzende" des Taues und führt den Befehl.

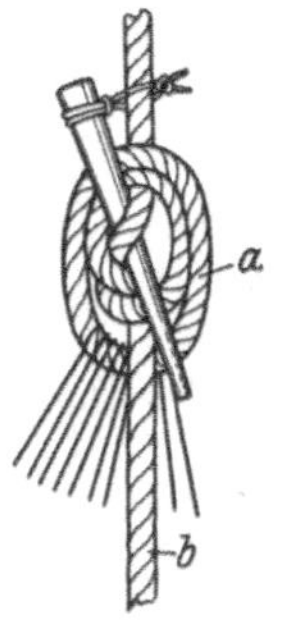

Abb. 472. Verbindung des Kranztaues *a* mit dem Schwanztau *b*. (Nach H. Lückemann.)

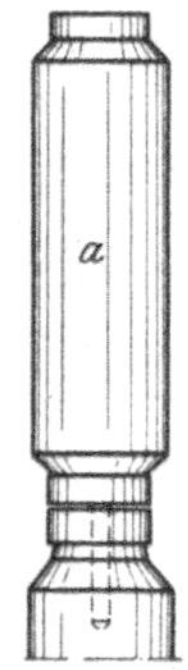

Abb. 473. Rammknecht.

Um die Pfähle zum Rammen aufstellen zu können, trägt das Rammgerüst oben noch den sogenannten Trietzkopf *t* mit 2 Rollen.

Der Rammbär besteht aus Gußeisen und läuft auf den Läuferruten (Abb. 471), deren Kanten zur Schonung und zur Verringerung der Reibung mit Winkeleisen beschlagen und gut geschmiert werden. Manche Rammen haben Scheren, die zwischen den Läuferruten unter der Rammstube herab verschiebbar sind, so daß auch unter die Höhenlage der Rammstube hinab gerammt werden kann. Wenn eine solche Verstellung der Läuferruten nicht oder nicht hinreichend tief hinab möglich ist, kann auf den Pfahl ein Rammknecht (Abb. 473) aufgesetzt und mit dessen Hilfe der Pfahl tiefer auch unter den Wasserspiegel gerammt werden.

Zugrammen, deren Rammstube so geformt ist, daß die Läuferruten in einer Ecke stehen, werden Winkelrammen genannt; sie eignen sich besonders für das Rammen von Pfählen in schlecht zugänglichen Ecken.

Das Rammen erfolgt durch gleichzeitiges Herabziehen der Knebel und darauffolgendes Nachlassen. Die Rammschläge (etwa 15 bis 50) zwischen zwei Pausen von etwa je zwei Minuten werden eine „Hitze" genannt. Wenn der Pfahl schwer zieht, so wird die Fallhöhe des Rammbären durch höheres Anheben vergrößert; die Knebel der Zugseile schlagen dabei auf den Boden der Rammstube auf und man spricht dann, wegen des trommelnden Geräusches, das hierbei entsteht, von einer „Trommelhitze".

Die Vorteile der Zugrammen bestehen in niedrigem Preis und in der leichten Beweglichkeit. Sie werden für leichte Pfähle und für hölzerne Spundwände angewendet, wenn der Umfang der Arbeit die Verwendung von Maschinen nicht lohnt, und für das Rammen von Pfählen für die Gerüste schwerer Rammen.

Um raschere Rammfortschritte zu erzielen, hat man schwerere Freifallbären verwendet, zu deren Anheben Winden dienen, die von Maschinen angetrieben sind. Solche Rammen werden dann Kunstrammen genannt. Die Abb. 474 und 475 zeigen solche Kunstrammen. Die Abb. 475 stellt eine besondere Form, die Auslegeramme, dar, bei der die Betätigung durch einen Universalbagger auf Raupenband erfolgt, der unter Verwendung auswechselbarer Teile in die Auslegerramme umgestaltet ist.

Der Freifallbär kann entweder frei herabfallen oder man läßt ihn das Hubseil nachschleppen, nachdem die Seiltrommel vom Windwerk losgekuppelt ist. Wenn der Bär frei herabfällt, so erhält das Hubseil eine sogenannte Nachlaufkatze (Abb. 476), die schwer genug ist, das Hubseil nachzuziehen. Die Katze hängt sich selbsttätig in den Rammbären ein; die Auslösung des Bären erfolgt durch Zug an einem Seil oder durch Anstoßen des Auslösehebels an einen verstellbaren Anschlag.

Abb. 474. Auslegerramme mit Freifallbären. (Menck & Hambrock.)

Abb. 475. Kunstramme beim Rammen einer hölzernen Spundwand. (Siemens-Bau-Union.)

a Freifallbär, *b* Winde, *c* Doppelbohle, *d* Spundwand, *e* Saugleitung der Grundwasserabsenkung.

Kunstrammen eignen sich nur für schwere Rammungen und sie arbeiten sehr langsam; sie werden aus diesem Grunde schon selten verwendet.

γ) **Dampframmen.** Einen bedeutenden Fortschritt gegenüber den Kunstrammen brachte die Erfindung des unmittelbar wirkenden Dampfbären, um dessen Entwicklung sich besonders die Menck & Hambrock G. m. b. H. in Altona verdient gemacht hat. Die Dampframmen bestehen aus dem Rammbären und dem Rammgerüst, in dem der Rammbär geführt ist.

Der Dampfbär besteht, wie die Abb. 477, 478a und 478b erkennen lassen, aus einem mit der Führung festverbundenen Kolben und dem beweglichen Rammzylinder. Der Rammzylinder wird durch Dampf gehoben; wenn der Bär seine höchste Stellung erreicht hat, wird die weitere Dampfzufuhr gedrosselt. Durch Betätigung eines Hebels wird nun dem über dem Kolben befindlichen Dampf durch den Kolben der Weg in den Raum darunter und weiter durch die Auspufföffnung ins Freie geöffnet, wobei der Bär herabfällt.

Die Rammgerüste werden (Abb. 479) stets aus Eisen hergestellt; sie sind mittels zweier Schraubenspindeln nach vorne und nach hinten neigbar, so daß Schrägpfähle

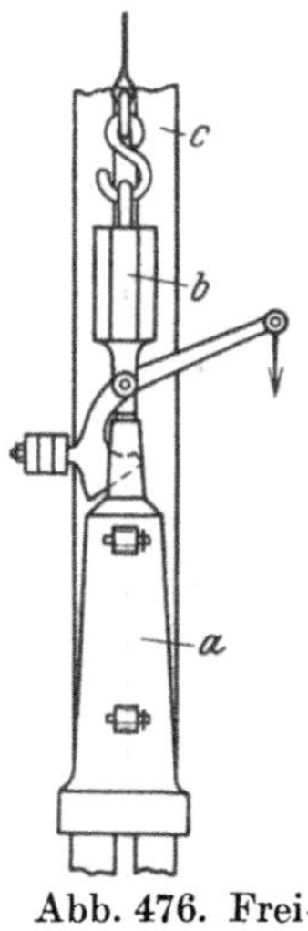

Abb. 476. Freifallbär mit Nachlaufkatze. (Nach H. Lückeman.)
a Freifallbär, *b* Nachlaufkatze, *c* Läuferrute (Mäkler).

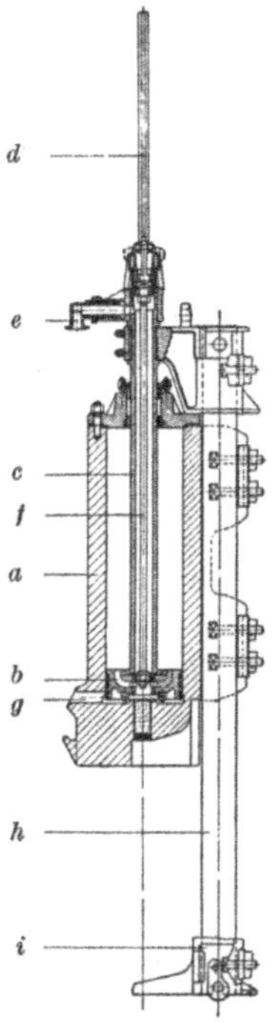

Abb. 477. Schnitt durch einen Dampfbären. (Nach Hetzel-Wundram: Die Grundbautechnik S. 356.)
a Zylinder, *b* Kolben, *c* Kolbenstange, *d* Steuerstange, *e* Frischdampfzufuhr, *f* Steuerkolbenstange, *g* Auspuff, *h* Bärschiene, *i* Bärschienenfuß.

Abb. 478a. Dampframmbär von Menck & Hambrock, aufgeschnitten.
a Bärzylinder, *b* Bärkolben, *c* hohle, feststehende Kolbenstange, *d* Steuerschiene, *k* Steuerhebel, *e* Dampfeinlaß, *g* Auspuff, *h* Bärschiene, *l* Abzughebel für kurzen Hub.

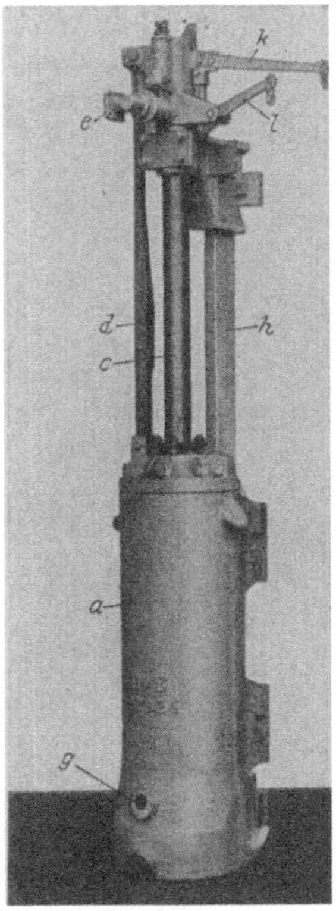

Abb. 478b. Dampframmbär von Menck & Hambrock.
a Bärzylinder, *c* Kolbenstange, *d* Steuerschiene, *e* Dampfeinlaß, *g* Auspuff, *h* Bärschiene, *k* Steuerhebel, *l* Abzughebel für kurzen Hub.

(Abb. 480) rammbar sind. Die Läuferruten (Mäkler) sind nach unten verschiebbar, so daß auch unter die Rammbühne hinab gerammt werden kann. Mit Rücksicht auf das

Tabelle 30. Abmessungen und Gewicht der Dampframmen von Bünger.

Bezeichnung	KD 45	D 4,5	D 7	D 10	D 12	D 16	D 20	D 30	D 40
Bär, Gesamtgewicht . kg		650	1000	1400	1700	2200	2650	3900	5200
„ Fallgewicht . . . kg	450	450	700	1000	1200	1600	2000	3000	4000
„ Hubhöhe . . . . m	1,0	1,0	1,1	1,2	1,2	1,2	1,2	1,2	1,2
Gerüsthöhe. . . . . . m	10,0	17,0	17,0	17,0	17,0	21,0	21,0	24,0	24,0
Mäklerversenkung . . m	4,0	4,0	4,0	4,0	4,0	4,0	4,0	4,2	4,4
Nutzhöhe	6,5	13,0	12,5	12,0	12,0	15,5	15,5	18,0	18,0
Neigung, verstellbar									
nach vorne bis . . .	1 : 10	1 : 10	1 : 10	1 : 10	1 : 10	1 : 10	1 : 10	1 : 10	1 : 10
nach hinten bis . .	1 : 5	1 : 3	1 : 3	1 : 3	1 : 3	1 : 3	1 : 3	1 : 3	1 : 3
Gewicht . . . . t	8,3	11,0	12,0	13,0	16,0	19,5	24,0	30,0	35,0

hohe Gewicht sind die Rammgerüste stets mit Rollen ausgerüstet, die auf Schienen ein leichtes Verschieben der Ramme erlauben. Am Rammgerüst befindet sich auch der Dampfkessel, der den für den Betrieb des Rammbären und einer Dampfwinde erforderlichen Dampf liefert. Wenn Pfähle eingespült werden, so ist neben der Winde auch die Spülwasserpumpe am Rammgerüst angeordnet. Die Winde dient zum Aufstellen der Pfähle (Abb. 481) und zum Hochziehen des Rammbären.

Abb. 480. Das Rammen von Schrägpfählen. (K. Kübler.)

Abb. 479. Dampframme. (K. Kübler.)

a Eisenbetonpfahl, *b* Rammhaube, *c* Dampfbär, *d* Rammgerüst, *e* Dampfkessel, *f* Dampfwinde, *h* Rolle für das Windenseil, *g* Schrauben zur Neigung des Rammgerüstes.

Abb. 481. Aufstellen eines Eisenbetonpfahles mittels der Dampfwinde. (Dyckerhoff & Widmann.)

a Wagen für die Beförderung des Pfahles, *b* Rollschemel für die Pfahlspitze, *c* Spülpumpe.

Für besonders schwere Rammarbeiten dienen die sogenannten Goliathrammen (Abb. 482 u. 483), 40 m hoch, mit Dampframmbären von 6000 bis 10000 kg Fallgewicht.

Wo Preßluft zur Verfügung steht, können die Dampfbären auch mit Preßluft betrieben werden. Die Abb. 484 zeigt zwei besonders leichte Rammgerüste mit solchen mit Preßluft betriebenen Rammbären. Im Winter können sich wegen der starken Eisbildung am Auspuff bei Betrieb mit Preßluft Schwierigkeiten einstellen.

d) **Pfahlhämmer.** Einen weiteren Fortschritt brachte in den letzten Jahren die Ausbildung der sogenannten Pfahlhämmer mit außerordentlich großer Schlagzahl.

Abb. 482. Rammen eines Hohlpfahles mit der Goliathramme. (Grün & Bilfinger.)
a Rammbär, *b* Rammhaube, *c* Hohlpfahl, *d* gerammte Pfähle.

Abb. 483. Aufstellen eines Hohlpfahles mittels des Windwerkes der Goliathramme. (Grün & Bilfinger.)

Sie bestehen aus einem am Pfahl festsitzenden Zylinder (Abb. 485), in dem sich der schwere Schlagkolben sehr rasch bewegt. Die Rammschläge folgen so rasch aufeinander, daß der Pfahl in ununterbrochenem Fluß in den Boden eindringt. Die Pfahlhämmer können auch unter Wasser arbeiten (Abb. 486), eignen sich also auch für das Rammen tief unter den Wasserspiegel hinab. Die wichtigsten Angaben über den in Deutschland erzeugten Demag-Union-Rammhammer können der Tabelle 31 entnommen werden. Die Abb. 486 zeigt verschiedene Anwendungen eines amerikanischen Pfahlhammers.

Die Pfahlhämmer erfordern kein Rammgerüst. Die Pfähle werden mittels eines Kranes aufgestellt und in ihrer Lage durch einige Halteseile gesichert. Der Pfahlhammer wird hierauf auf den Pfahl gesetzt und durch Freigabe der Dampf- oder Preßluftzufuhr in Tätigkeit gesetzt; man kann auf diese Weise auch Schrägpfähle (Abb. 487) rammen.

Tabelle 31. Demag-Union-Rammhammer (Abb. 485).

Rammhammer		R 15	R 20
Durchmesser des Schlagkolbens	mm	210	200
Größter Hub	mm	300	400
Kleinster Hub	mm	—	200
Gewicht des Schlagkolbens	kg	200	230
Größte Baulänge	mm	2180	2580
Größte Breite	mm	400 × 568	445 × 630
Reingewicht	kg	1800	3000
Erforderlicher Dampfüberdruck	atü	7—10	7—10
Kesselheizfläche wenigstens	m²	12	16
Erforderliche angesaugte Luft	m³/min	10	12
Überdruck der Preßluft	atü	6—7	6—7
Schlagzahl in der Minute		bis 230	bis 250
Arbeitsleistung in der Minute	kgm	—	bis 337 000

Wenn der Pfahlhammer verkehrt verwendet wird, kann er auch als Pfahlzieher Anwendung finden (Abb. 488).

Die Abb. 489 und 490 zeigen einige weitere Anwendungen des Pfahlhammers, die die vielseitige Verwendbarkeit dieses Gerätes ohne weiteres erkennen lassen.

ε) **Das Einspülen von Pfählen.** In feinkörnigem Boden, wie in Kies und in Sand, sowie in sandigem Lehm kann das Ram-

Abb. 484. Leichte Preßluftramme. (B. Spritzer, A.-G., Wien.)

a Preßluftbär, *b* Rammgerüst, *c* verstellbare Strebe, *d* Winde.

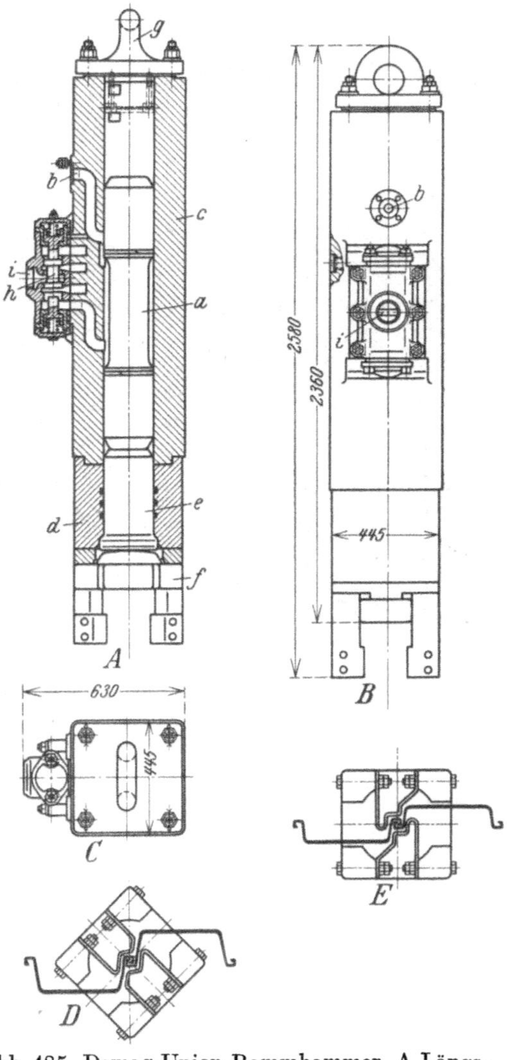

Abb. 485. Demag-Union-Rammhammer, A Längsschnitt, B Seitenansicht, C Draufsicht, D und E Ansicht von unten. (Demag-Union.)

a Schlagkolben, *b* Preßluft- oder Dampfzuleitung, *c* feststehender Zylinder, *d* Zwischenzylinder, *e* Zwischenkolben, *f* Rammblock, *g* Zylinderdeckel mit Öse, *h* Kolbenschieber, *i* Auspuff.

men erleichtert bzw. beschleunigt werden, wenn an der Pfahlspitze Preßwasser in den Boden eingeleitet wird, das den Boden unter der Spitze auflockert. Man verwendet Wasser mit einem Druck von 3 bis 12 atü und rechnet für das Einspülen eines Pfahles einen Wasserverbrauch von 15 bis 75 l/sec. Das Spülwasser wird bei Eisenbetonpfählen vielfach durch ein Rohr im Pfahlinnern der Spitze zugeleitet; bei anderen Pfählen werden unten offene Eisenrohre oder besondere Spüllanzen (Abb. 491) verwendet, die unter fortwährendem Bewegen neben dem Pfahl so in den Boden hinabgesenkt werden, so daß das Spülwasser stets unter der Pfahl-

Abb. 486. Verschiedene Anwendungen eines Mc Kiernan-Terry-Pfahlhammers. a) beim Rammen eines Holzpfahles. b) beim Rammen eines Futterrohres. c) beim Rammen unter Wasser. (Mc Kiernan Terry Corp., New York.)

spitze austritt. Nach vollendeter Einspülung wird das frei hinabgeführte Spülrohr wieder gezogen.

Bei besonders locker gelagertem Boden genügt für das Einbringen der Pfähle vielfach schon das Spülen allein. Bevor der Pfahl seine endgültige Tiefe erreicht hat, muß das Spülen beendet werden, damit wenigstens die Pfahlspitze in unaufgelockerten Boden zu stehen kommt. Bei Eisenbetonpfählen mit eingebautem Spülrohr kann schließlich durch dieses noch Beton eingepreßt und der Boden unter Spitze versteint werden. Das Spülen ist bei schwebenden Pfählen nicht zulässig, weil es die Mantelreibung unzulässig herabsetzt und keine Gewähr dafür besteht, daß sich der Boden später hinreichend fest gegen den Pfahlmantel legt.

Literatur: Berndt: Die Baumaschinen mit Dampfantrieb. Z. V. d. I. 1924 S. 702. — Dortmunder Union: Spundwandeisen Larssen. Ausgabe 1930. — Fischl, H.: Die Wirtschaftlichkeit des Druckluftantriebes für Kleinrammen. Z. öst. Ing.-V. 1925 S. 111. — Frank: Preßluftwerkzeuge im Bauwesen.

Bautechnik 1925 S. 220. — Hetzel, G., u. O. Wundram: Die Grundbautechnik und ihre maschinellen Hilfsmittel. Berlin: Julius Springer 1929. — McKiernan-Terry: Pile Hammers. Catalog No. 40. New York, 15 Park Row. — Schaper, G.: Der Bau der Lidingöbrücke bei Stockholm. Bautechnik 1924 S. 405. — Thumb, R.: Fortschritte im Druckluftbetrieb von Baumaschinen. Bautechnik 1923 S. 276. — Eine neue Konstruktion von Betonpfahlrammen. Beton u. Eisen 1916 S. 65. — Dampframmen für geschüttete Betonpfähle. Zentralbl. Bauverw. 1916 S. 603. — The Vibro Concreto-Piling System. Engg. 1926 S. 251.

2. Ortbetonbohrpfähle.

Die Ortbetonpfähle werden in Bohrlöchern (Abb. 492) hergestellt, in die der Beton gestampft oder eingepreßt wird. Die auf die erstere Art ausgeführten Pfähle werden Stampfbetonbohrpfähle, die auf die letztere Art hergestellten Pfähle kurz Preßbetonpfähle genannt. Die Futterrohre der Bohrlöcher bleiben bei manchen Pfählen im

Abb. 487. Ein Mc Kiernan-Terry-Pfahlhammer (*a*) beim Rammen von Schrägpfählen. (Mc Kiernan Terry Corp., New York.)

Abb. 488. Mc Kiernan-Terry-Pfahlhammer verkehrt, als Pfahlzieher arbeitend. (Mc Kiernan Terry Corp., New York.)

Boden, bei den meisten werden sie aber während des Betonierens gezogen. Die Bohrpfähle haben gegenüber den Rammpfählen den großen Vorzug, daß bei ihrer Herstellung keine Erschütterungen vorkommen, die bestehende Bauwerke gefährden können. Wenn für die Futterrohre der Bohrlöcher kurze Abschnitte verwendet werden, so können diese Pfähle selbst von niedrigen Kellern aus (Abb. 493) und unter Brücken ausgeführt werden, weswegen sie sich auch ganz besonders zur Verstärkung bestehender Grundwerke eignen. Die Pfähle erhalten vielfach eine sehr rauhe Oberfläche mit vielen Ausbuchtungen, die eine große Mantelreibung gewährleisten; sie können mit

Abb. 489. Ansetzen eines Mc Kiernan-Terry-Pfahlhammers zum Nachrammen von Eisenbetonpfählen, 62 × 62 cm, 21,2 bis 29,0 m lang, in Sand und Lehm, mehrere Monate nach dem ersten Rammen.

a Pfahlhammer, *b* behelfsmäßige Rammhaube, die das Rammen trotz hervorragender Bewehrungseisen erlaubt.

Abb. 490. Gründung der Pfeiler der Ambassadorbrücke. Von der Sohle der 18,30 m tiefen, 2,50 m weiten Brunnen werden je 7 Rohre, je 46 cm weit, auf 16,75 m Tiefe mittels Mc Kiernan-Terry-Pfahlhämmern so lange gerammt, bis sie unter 100 Schlägen höchstens 2,54 cm eindrangen, hierauf ausgeräumt und ausbetoniert. (Mc Kiernan Terry Corp., New York.)

a Pfahlhammer, *b* ausbetonierte Rohre.

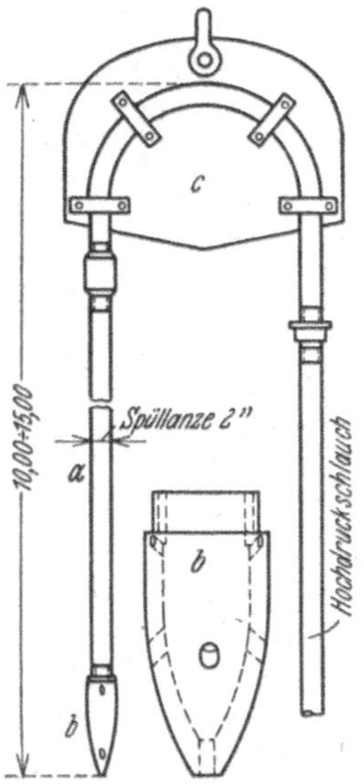

Abb. 491. Spüllanze. (Nach Petzel & Behrends.)

a Spülrohr, *b* Spülspitze, *c* Schlauchsattel.

oder ohne Bewehrung hergestellt werden. Nachdem bei der Bohrung kein Boden zu verdrängen ist, eignen sich diese Pfähle besonders für bindige, wassergesättigte Böden, in denen bei Pfahlrammungen ein großer Teil der Rammarbeit auf das Austreiben des Porenwassers aus dem Bereiche um den Pfahl aufgehen würde. Die Bohrpfähle können selbstverständlich auch in allen körnigen Böden angewendet werden, sie führen aber dort, weil sie ohne Erschütterungen hergestellt werden, zu keiner nennenswert dichteren Lagerung des Bodens.

In angreifendem Grundwasser sind die Bohrpfähle bei Verwendung von Portlandzement nicht zu verwenden, weil der Beton schon während des Abbindens mit dem Wasser in Berührung kommt.

a) Stampfbetonbohrpfähle.

α) **Mit verlorenem Futterrohr.** Ein Ortbetonpfahl mit verlorenem Futterrohr, bei dem vor dem Betonieren mit einem eigenen Erweiterungsbohrer der Hohlraum für einen besonders verbreiteten Fuß geschaffen wird, ist der Aba-Lorenz-Pfahl, dessen Herstellungsweise aus der Abb. 494 hervor-

Abb. 492. Bohrung für die Herstellung von Ortbetonpfählen. (Philipp Holzmann A.-G., Frankfurt a. M.)

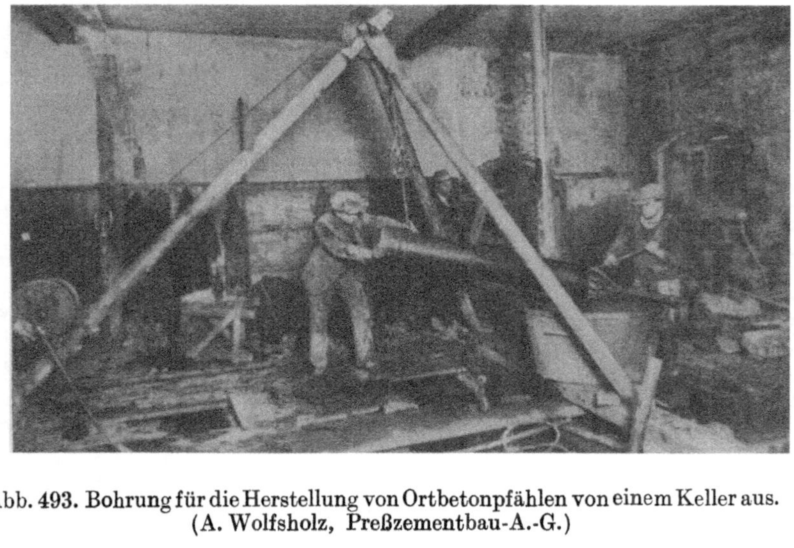

Abb. 493. Bohrung für die Herstellung von Ortbetonpfählen von einem Keller aus. (A. Wolfsholz, Preßzementbau-A.-G.)

geht. Der Pfahl wird als Festpfahl angewendet und der verbreiterte Fuß (8000 cm²) wird in der tragfähigen Schicht ausgeführt. Während der Bohrung kann bei jedem Pfahle durch einen Belastungsversuch (Abb. 494b) an der Sohle des Bohrloches die Lastsenkungslinie aufgenommen werden und es wird die Bohrung so lange fortgesetzt, bis hinreichend widerstandsfähiger Boden erreicht ist. Die Betonierung erfolgt entweder mittels einer Senkbüchse oder mittels Betonguß durch ein eigenes Rohr (Abb. 494d). Die

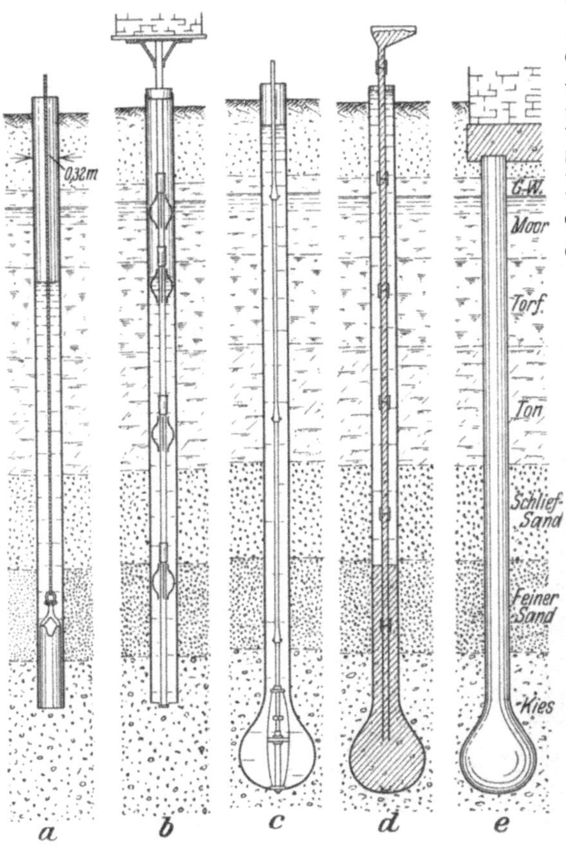

Abb. 494. Herstellung des Aba-Lorenz-Pfahles, a) Ausführung des Bohrloches, b) Belastungsversuch, c) Ausschneiden des Hohlraumes für den Pfahlfuß, d) Gießen des Pfahles, e) der fertige Pfahl.

Abb. 495. Ausgegrabene Aba-Lorenz-Pfähle.

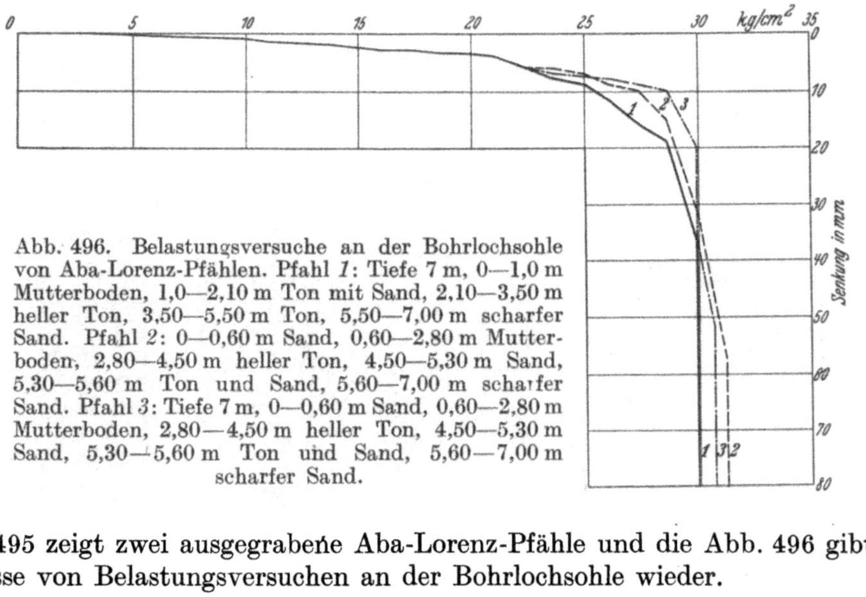

Abb. 496. Belastungsversuche an der Bohrlochsohle von Aba-Lorenz-Pfählen. Pfahl *1*: Tiefe 7 m, 0—1,0 m Mutterboden, 1,0—2,10 m Ton mit Sand, 2,10—3,50 m heller Ton, 3,50—5,50 m Ton, 5,50—7,00 m scharfer Sand. Pfahl *2*: 0—0,60 m Sand, 0,60—2,80 m Mutterboden, 2,80—4,50 m heller Ton, 4,50—5,30 m Sand, 5,30—5,60 m Ton und Sand, 5,60—7,00 m scharfer Sand. Pfahl *3*: Tiefe 7 m, 0—0,60 m Sand, 0,60—2,80 m Mutterboden, 2,80—4,50 m heller Ton, 4,50—5,30 m Sand, 5,30—5,60 m Ton und Sand, 5,60—7,00 m scharfer Sand.

Abb. 495 zeigt zwei ausgegrabene Aba-Lorenz-Pfähle und die Abb. 496 gibt die Ergebnisse von Belastungsversuchen an der Bohrlochsohle wieder.

Die Aba-Lorenz-Pfähle werden mit 30 bis 50 t belastet und sind, wenn sie bewehrt sind, auch als Zugpfähle gut verwendbar.

Abb. 497. Ausgegrabener Strauß-Pfahl. (Dyckerhoff & Widmann.)

β) Mit wiedergewonnenem Futterrohr. Der Strauß-Pfahl (Abb. 497) von A. Strauß wird in Bohrlöchern von 30 bis 40 cm Weite durch Einstampfen von Beton hergestellt, während gleichzeitig das Futterrohr mit Winden gezogen, also wiedergewonnen wird. Der Beton wird mittels Büchsen mit Bodenklappe eingefüllt. Bei Wasserandrang wird entweder anfänglich unter Wasser betoniert oder es wird das Bohrloch ausgepumpt und dann rasch Beton eingebracht.

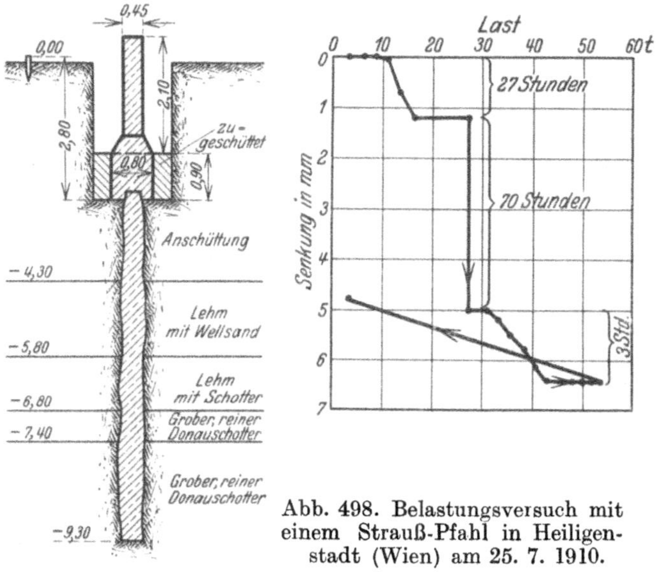

Abb. 498. Belastungsversuch mit einem Strauß-Pfahl in Heiligenstadt (Wien) am 25. 7. 1910.

Belastungsversuch (Abb. 498): Die Belastungsgeschwindigkeit war mit Rücksicht auf den Lehm im Untergrund zu groß.

Literatur: Biema: Über die Wiederherstellung der durch Sturmflut beschädigten Darßbahn. Zentralbl. Bauverw. 1914 S. 613. — Colberg, O.: Eine Probebelastung mit dem Betonpfahl-Gründungssystem „Strauß". Beton u. Eisen 1909 S. 54. — Gehler: Betonpfähle Patent „Strauß". Berlin: W. Ernst & Sohn 1913. — Kersten, O.: Strauß-Pfahlgründungen in der Schweiz. Schweiz. Bauzg. Bd. 59 (1912) S. 263. — Mentzel: Bauanlagen für die Herstellung der elektrischen Zugförderung auf den Eisenbahnlinien Magdeburg—Bitterfeld—Leipzig—Halle. Z. Bauw. 1914 S. 543. — Spangenberg: Zwei monumentale Hallenbauten in Eisenbeton. Schweiz. Bauzg. Bd. 56 (1910) S. 274. — Derselbe: Zwei monumentale Hallenbauten in Eisenbeton. Dt. Bauzg. 1910 S. 219. — Neuere Gründungsmethoden VII. Betonpfähle System Strauß. Beton u. Eisen 1906 S. 138. — Betonpfähle System Strauß. Beton u. Eisen 1908 S. 90.

Besonders kräftige Stampfbetonpfähle mit wiedergewonnenem Futterrohr haben beim Baue des Bibliotheks- und Saalbaues des Deutschen Museums in München als Festpfähle Anwendung gefunden. Bei einem Durchmesser von 100 und 125 cm bilden diese Pfähle eigentlich schon den Übergang zur Gründung auf Senkbrunnen. Der Arbeitsvorgang bei der Herstellung dieser Pfähle ist in der Abb. 499 schematisch dargestellt. Die Bohrung erfolgte von fahrbaren Bohrtürmen aus; der Aushub des Bodens geschah je nach der Bodenart mittels Rohrbaggers, mittels Greifers oder mittels einer Kiespumpe und das 15 mm starke Futterrohr ist durch leichte Rammschläge nachgetrieben worden, bis es in einer Tiefe von 10 bis 12 m die feste Flinzschichte erreicht hatte, die das Rohr wasserdicht abschloß, so daß es ausgepumpt werden konnte.

Hierauf stieg ein Arbeiter ein, der unter dem Rande des Futterrohrs hinweg den erweiterten Fuß unter Verwendung eines Spatenhammers aushob. Die Betonierung erfolgte mit plastischem Beton bis auf 5 bis 6 m über den Grundwasserspiegel, worauf das Futterrohr angehoben und die Betonierung fortgesetzt wurde.

Literatur: Bautechnik 1930 S. 198.

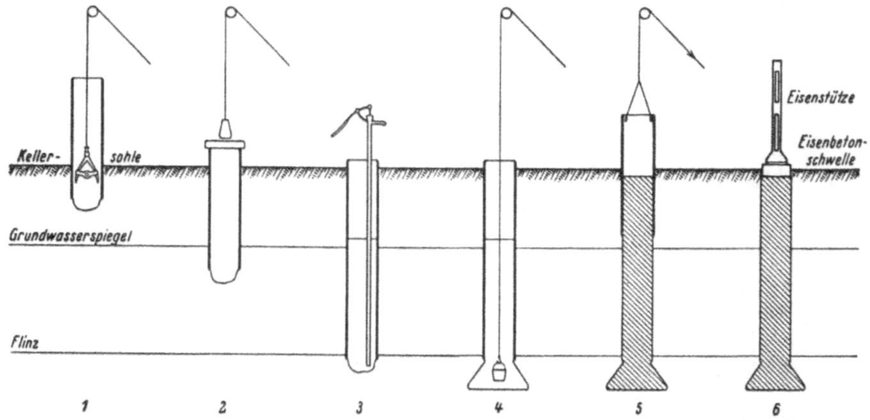

Abb. 499. Herstellung der Pfähle für die Gründung des Saalbaues im Deutschen Museum in München. (Nach E. Stecher: Bautechnik 1930 S. 198.)

b) *Preßbetonpfähle.*

Die Preßbetonpfähle werden in Bohrlöchern durch Einpressen von Beton unter hohem Druck unter gleichzeitigem Hochdrücken des Futterrohres hergestellt; alle Verfahren ergeben rauhe Pfähle, die an Stellen loser Lagerung im Boden starke Ausbuchtungen aufweisen, die die Mantelreibung außerordentlich vergrößern; die eingepreßte Betonmenge beträgt meist ein Vielfaches des Bohrlochraumes.

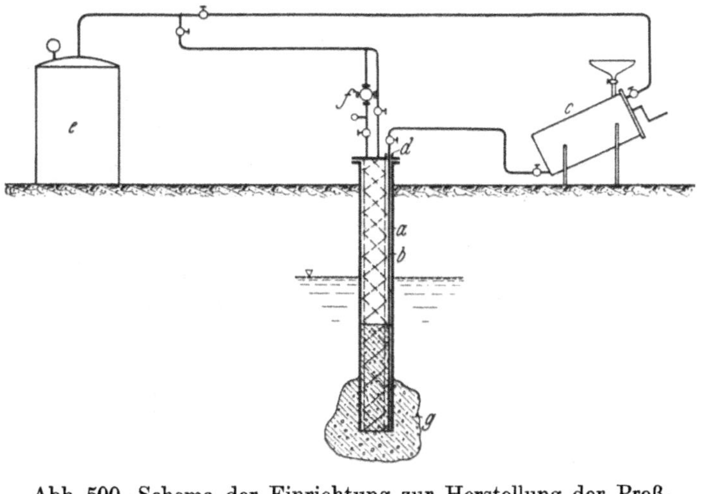

Abb. 500. Schema der Einrichtung zur Herstellung der Preßbetonpfähle von A. Wolfsholz.

a Bohrrohr, *b* Einpreßrohr, *c* Einpreßkessel, *d* Stopfbüchse, *e* Preßluftkessel, *f* Druckminderungsventil, *g* Beton.

Das Preßbetonverfahren ist von A. Wolfsholz erdacht worden; bei seinem Wolfsholz-Pfahl verwendet er Preßluft für das Verdichten des Betons und das seitliche Anpressen desselben in den Boden. Die Geräte für sein Verfahren sind in den beiden Abb. 500 und 501 dargestellt. Nachdem das 25 bis 50 cm weite Bohrloch die vorgesehene Tiefe erreicht hat, wird es oben mittels eines Blindflansches verschlossen, an den zwei Preßluftleitungen angeschlossen sind, und durch den durch eine Stopfbüchse *d* das Einpreßrohr *b* geführt ist. Allenfalls im Futterrohr stehendes Grundwasser wird nun vorerst durch Einblasen von Luft verdrängt; hierauf wird, wieder unter Zuhilfenahme von Preßluft, Beton aus dem Einpreßgerät *c* (vgl. auch Abb. 104 auf S. 98) einige Meter hoch unten in das Bohrloch eingeführt und schließlich durch Zuleitung von Preßluft (bis 10 atü) der Druck so lange gesteigert, bis sich das Futterrohr etwas hebt. Unter dem hohen Druck preßt sich der Beton unter der Schneide des Futterrohres in den Boden und bildet, nachdem der beschriebene Vorgang mehrmals wiederholt worden ist, unregelmäßige Säulen, wie sie in den Abb. 502 und 503 deutlich zu erkennen sind. Die Pfähle können leicht bewehrt werden, indem vor dem Betonieren die Eisen in das Bohrloch gestellt werden und es können sowohl Lot- als auch Schrägpfähle, sogar waagrecht liegende, ohne weiteres ausgeführt werden. Der Betonaufwand ist 1,5- bis 3mal so groß als der Bohrlochraum.

Abb. 501. Ausführung von Wolfsholz-Preßbetonpfählen beim Neubau der Technischen Hochschule in Graz. (Oberbaurat Frisé.)
a Bohrloch mit Futterrohr, *c* Wolfsholz-Einpreßgerät.

In angreifendem Grundwasser setzt Wolfsholz in das Bohrloch einen schon erhärteten und außen isolierten Eisenbetonpfahl ein und preßt nur in den Zwischenraum zwischen dem Pfahl und dem Boden Beton ein.

Belastungsversuch: Abb. 503.

Literatur: Schultze, J.: Der Wolfsholzsche Preßzementpfahl und seine Berechnung. Zentralbl. Bauverw. 1922 S. 382, 435. — Derselbe: Verfahren zur Herstellung von Ortspfählen in moorsäurehaltigem Boden. Bautechnik 1925 S. 679. — Wolfsholz, A.: Ausführungen von Gründungen mit Preßbetonpfählen. Beton u. Eisen 1916 S. 9, 33. — Derselbe: Fundamente für Großkraftmaschinen. Z. V. d. I. 1922 S. 773. — Neue Gründungsverfahen. Zentralbl. Bauverw. 1911 S. 82. — Verstärkung der Gründung eines Durchlasses durch Preßbetonpfähle. Zentralbl. Bauverw. 1915 S. 69. — Der Wolfsholzsche Preßzementpfahl und seine Berechnung. Zentralbl. Bauverw. 1923 S. 115.

Abb. 502. Freigelegte Köpfe von Wolfsholz-Preßbetonpfählen. (A. Wolfsholz.)

Beim Preßbetonpfahl Michaelis-Mast wird das Grundwasser aus dem Bohrloch ähnlich wie aus einem Pumpenzylinder durch einen Kolben hochgedrückt, der als sogenannte Fußplatte unter der Bewehrung angeordnet ist. Das Förderrohr (*d*) (Abb. 504) für das Grundwasser ist in die Fußplatte eingeschraubt. Die Abdichtung zwischen der Fußplatte und dem 25 bis 30 cm weiten Futterrohr wird mit Ton bewerkstelligt. Wenn die Bewehrung (Abb. 505) mit der Fußplatte bis auf den Boden des Bohrloches herabgedrückt ist, wenn also alles Grundwasser herausgetrieben ist, wird das

Futterrohr mit Beton aufgefüllt und das Förderrohr für das Grundwasser losgeschraubt und hochgezogen. Auf die Betonoberfläche kommt eine Tondichtung und schließlich wird das Futterrohr oben mit einer Druckhaube verschraubt (Abb. 504 B). Durch Einleitung von Preßwasser mit einem Anfangsdruck bis 35 atü wird der Beton verdichtet, seitlich in den Boden gepreßt und gleichzeitig das Futterrohr aus dem Boden getrieben.

Literatur: Bernhard, K.: Vom Bürohaus des allgemeinen Gewerkschaftsbundes in Berlin. Dt. Bauzg. 1924. Konstr. u. Bauausführung. S. 17, 49. — Derselbe: Herstellung und Belastung von gepreßten Bohrpfählen. Zentralbl. Bauverw. 1922 S. 97. — Der Wolfsholzsche Preßzementpfahl und seine Berechnung. Zentralbl. Bauverw. 1923 S. 115.

Beim Preßbetonpfahl von Grün & Bilfinger wird auf das Futterrohr eine Luftschleuse aufgeschraubt (Abb. 506) und vorerst das Grundwasser mittels eingeleiteter Preßluft durch das Abflußrohr abgefördert. Hierauf läßt man durch Öffnen einer Klappe den in der Schleuse enthaltenen Beton in das Rohr herabfallen. Wenn die Klappe wieder geschlossen wird, ist das Futterrohr luftdicht abgeschlossen und es kann in die Schleuse von neuem Beton gefüllt werden. Die Klappe kann neuerlich geöffnet werden, nachdem durch Einleitung von Preßluft in die Schleuse der Druck beiderseits der Klappe auf das gleiche Maß gebracht ist. Auf diese Weise wird das ganze Futterrohr aufgefüllt und es wird schließlich die Luftschleuse wieder abgeschraubt. Das Futterrohr wird nun mit einem Blindflansch verschraubt, durch den Preßwasser auf den Beton geleitet wird, das den Beton verdichtet und das Futterrohr aus dem Boden hebt; gleichzeitig wird der Beton seitlich an den Boden angepreßt, so daß auch bei diesem Verfahren ein rauher Pfahl entsteht.

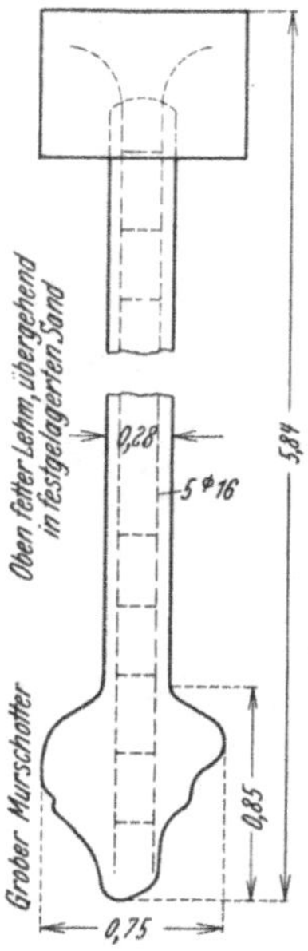

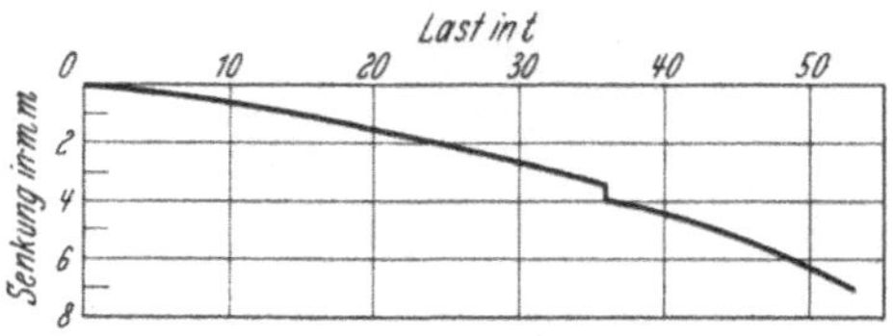

Abb. 503. Belastungsversuch an einem Wolfsholz-Pfahl beim Neubau der Technischen Hochschule in Graz.

Der Preßbetonpfahl von Fischer wird ähnlich ausgeführt wie jener von Grün & Bilfinger; statt Preßwasser wird für das Hochheben des Futterrohres Preßluft verwendet.

Literatur: Kayser: Die Gründung einer Kranbahn mit Preßbetonpfählen im städtischen Industriehafen zu Emmerich. Bautechnik 1925 S. 624.

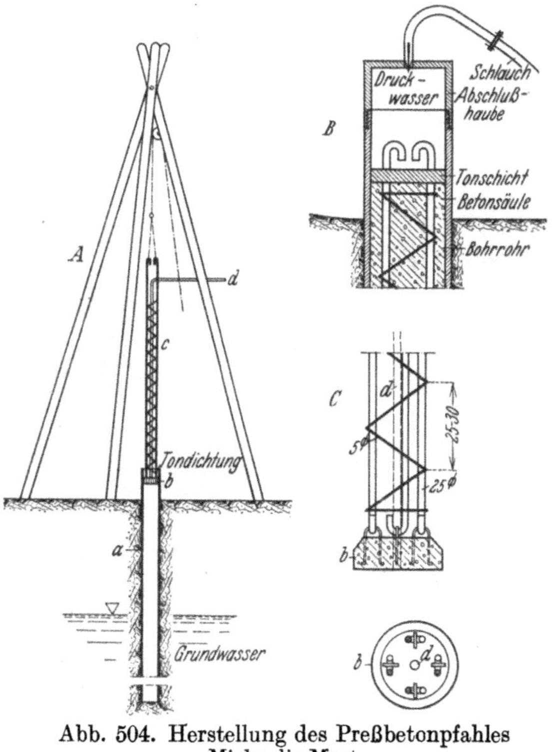

Abb. 504. Herstellung des Preßbetonpfahles Michaelis-Mast.

Beim Preßbetonpfahl von Keller wird der Beton mittels einer Schnecke in den Boden gepreßt, die gleichzeitig das Futterrohr hebt. Das Futterrohr kann ohne Nachteil auch durch Einspülen versenkt werden, weil der Beton fest gegen den Boden gedrückt wird.

Literatur: Dt. Bauzg. 1914 Mitt. S. 97.

Wenn bei der Verstärkung eines bestehenden Grundwerkes der Raum so beschränkt ist, daß das Futterrohr nicht gerammt werden kann, so kann, wie

Abb. 505. Bewehrung eines Michaelis-Mast-Pfahles.
(Beton- und Tiefbau-Gesellschaft Mast m. b. H., Berlin.)

die Abb. 507, eine Ausführung von W. Nocon, zeigt, das Futterrohr auch mittels einer hydraulischen Presse in den Boden versenkt werden.

3. Verbundpfähle.

Holzpfähle sind, wie schon betont worden ist, nur anwendbar, wenn ihr Kopf ständig unter dem Grundwasserspiegel liegt. Um bei tiefliegendem Grundwasserspiegel einerseits das tiefe Hinabverlegen des Rostes zu ersparen und anderseits den Vorteil des niedrigen Preises der Holzpfähle doch ausnützen zu können, sind sogenannte Verbundpfähle ausgeführt worden, deren unterer, stets unter dem Grundwasser liegender Teil aus Holz besteht, während deren oberer Teil aus Beton bzw. Eisenbeton ausgeführt worden ist. In der Abb. 508 sind die Verbindungsstellen dreier solcher öfter ausgeführter Verbundpfähle dargestellt. Bei allen Pfählen wird auf den entsprechend zugerichteten Pfahlkopf ein eisernes Mantelrohr aufgestellt und dann mit Hilfe einer Rammjungfer weiter bis zur endgültigen Tiefenlage gerammt. Beim Raymond-Verbundpfahl wird das Mantelrohr ausbetoniert und ist daher verloren. In der Abb. 509 ist die Verbindungsstelle eines solchen ausgegrabenen Raymond-Verbundpfahles nach Entfernung des Blech-

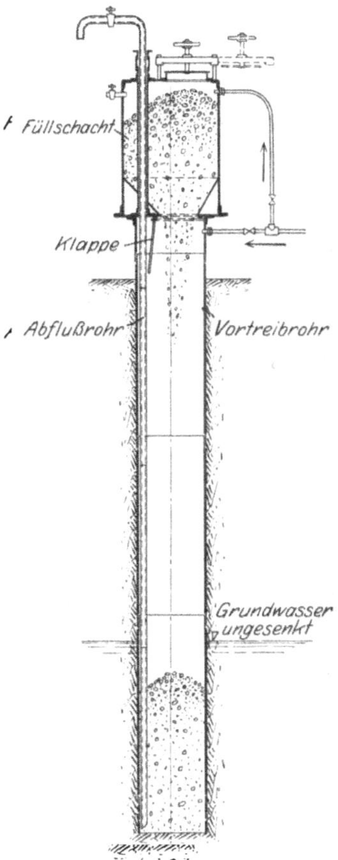

Abb. 506. Schleuse und Einrichtung zur Betonierung des Preßbetonpfahles von Grün & Bilfinger.
(Aus G. Hetzel u. O. Wundram: Die Grundbautechnik und ihre maschinellen Hilfsmittel. Berlin: Julius Springer 1929.)

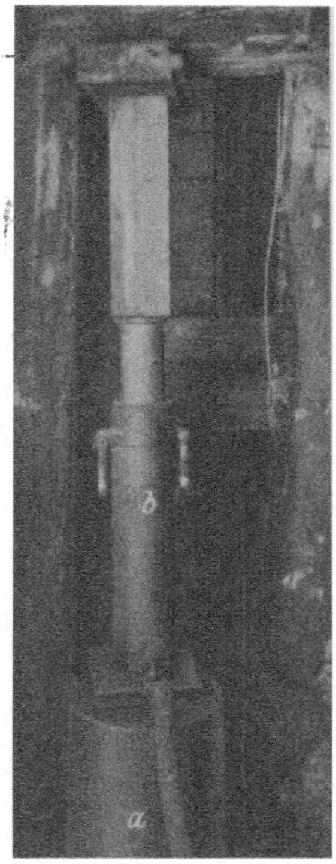

a

Abb. 507. Ortbetonpfahl mit hydraulisch vorgetriebenem Futterrohr.
(H. Nilewsky-W. Nocon, Charlottenburg.)
a Futterrohr,
b hydraulische Presse.

mantels freigelegt und gut sichtbar. Auch beim Heimbach-Verbundpfahl ist das Mantelrohr verloren; der feste Anschluß des Holzpfahles an das Mantelrohr wird bei diesem Pfahl durch einen Keilring mit Keilflügeln erzielt, der von der Rammjungfer unter den ersten Schlägen des Rammbären in das Holz eingetrieben wird. Beim Simplex-Verbundpfahl wird das Mantelrohr zurückgewonnen und nur der Ring, der am Holzpfahl sitzt und auf den sich das Vortreibrohr stützt, ist verloren.

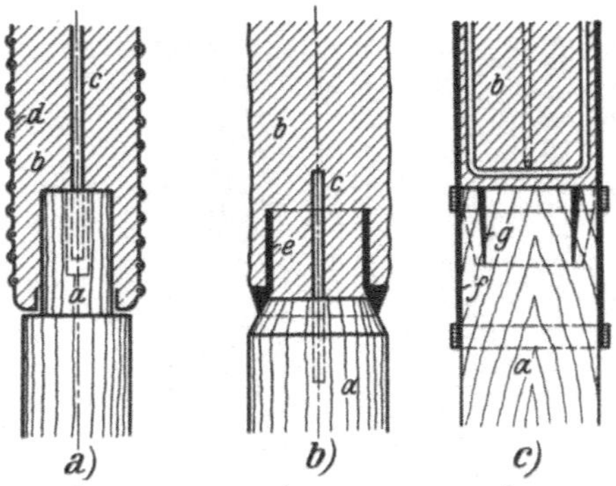

Abb. 508. Verbundpfähle. a) Raymond Concrete Pile Comp., New York, b) Simplex, c) Heimbach.

a Holz, *b* Beton, *c* Eisendorn, *d* Raymond-Rohr, *e* Eisenring, *f* Eisenrohr, *g* Keilring mit Keilflügeln.

Bei allen Verbundpfählen ist die Verbindungsstelle eine schwache Stelle, an der der Pfahl ausknicken kann; die Anwendung dieser Pfähle kann daher nur in Böden ohne nennenswerte Rammwiderstände in Frage kommen, in denen nicht die Gefahr besteht, daß der Pfahl aus seiner Richtung ausgelenkt wird.

Literatur: Hummel: Verbundpfähle aus Holz und Beton. Bauing. 1925 S. 630. — Neufeldt: Pfahlgründungen mit Holz-Eisenbetonpfählen. Zentralbl. Bauverw. 1914 S. 470. — Schönhöfer: Der Verbund-Holz-Eisenbetonpfahl, Bauart Heimbach. Dt. Bauzg. 1913 S. 150. — Tröschl: Pfahlgründungen mit Holz-Eisenbetonpfählen. Zentralbl. Bauverw. 1914 S. 599. — Auf Holzpfähle aufgepfropfte Eisenbetonpfähle. Dt. Bauzg. 1904 S. 32.

Abb. 509. Verbundpfahl aus Holz und Eisenbeton der Raymond Concrete Pile Company in New York.

a Holzpfahl, *b* Eisenbetonpfahl mit abgenommenem Blechmantel.

4. Schrauben- und Scheibenpfähle.

In lose gelagertem Boden ohne nennenswerte Hindernisse, wie Steine oder Holz, hat man in England und Amerika öfter, in Deutschland nur selten, Schrauben- und Scheibenpfähle verwendet. Als Baustoff für diese Pfähle hat sich nur Eisen bewährt.

Die Schraubenpfähle (Abb. 510) bestehen aus Eisenstäben oder häufiger Eisenrohren, die unten Schraubenschuhe tragen und durch Drehen in den Boden versenkt werden. Rohre können am Schraubenschuh außer der Außenschraube auch eine Innenschraube erhalten. Solche Pfähle sind mit vollem Querschnitt bis zu 0,21 m Durchmesser, mit Rohren bis zu 1,22 m lichter Weite und mit Schraubendurchmessern bis gegen 2 m ausgeführt worden.

In lose gelagerten feinkörnigen Boden hat man statt der Schraubenschuhe auch einfach Scheiben verwendet und die Scheibenpfähle dann mittels Spülung versenkt. Das Preßwasser ist durch ein eigenes Spülrohr im Innern des Pfahles unter den Scheibenschuh geleitet worden.

Literatur: Brennecke, L.: Versuche über den Widerstand von Schraubenpfählen gegen Herausziehen. Z. Bauw. 1880 S. 449. — Kerendell: Schraubenpfähle und ihre Berechnung. Bautechnik 1928

S. 116. — Derselbe: Schwenkbrücke über den Suezkanal bei Kantara. Schweiz. Bauzg. Bd. 7 S. 240. — Schott, H.: Die neue eiserne Mole von Puntarenas. Bauing. 1929 S. 881. — Tillmann, Andressen und Agatz: Die Entwicklung der Umschlageinrichtungen in den bremischen Häfen. Jahrb. Hafenbautechn. Ges. Bd. 9.

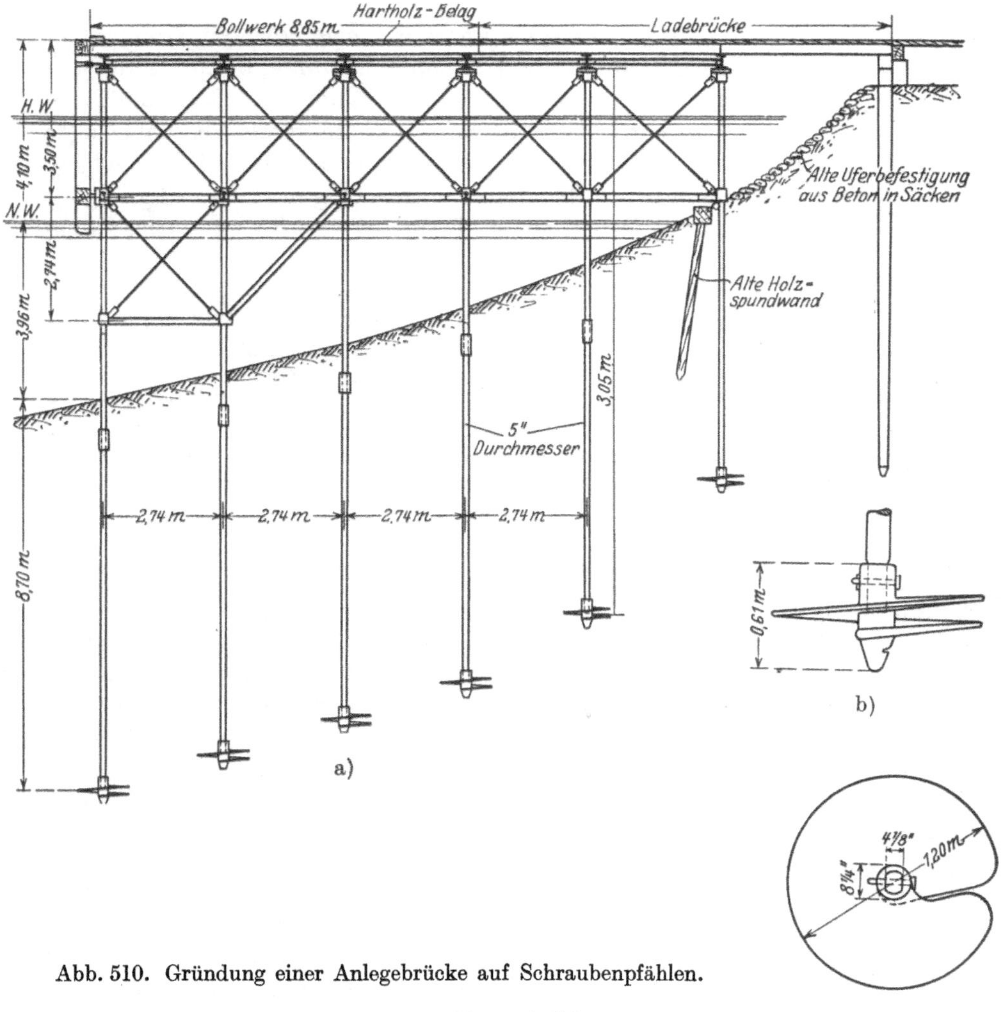

Abb. 510. Gründung einer Anlegebrücke auf Schraubenpfählen.

5. Zugpfähle.

In manchen Grundwerken werden Pfähle auf Zug beansprucht; dieser Zug wird bei den meisten Pfahlarten durch Mantelreibung auf den Boden übertragen. Um einen Pfahl für die Aufnahme möglichst hoher Zugkräfte geeignet zu machen, wird ihm eine möglichst rauhe Oberfläche gegeben. Bei hölzernen Zugpfählen haben sich die in der Abb. 511a dargestellten Eisenbetonringe gut bewährt; Versuche haben ergeben, daß solche Ringe den Zugwiderstand um 50 vH gegenüber dem glatten Pfahl erhöhen. Ähnlich (vgl. Abb. 511b) werden Eisenbetonrammpfähle ausgestaltet, um sie als Zugpfähle besser zu eignen. In Eisenbetonzugpfählen muß die Bewehrung für die Aufnahme der vollen Zugkraft bemessen werden. Neben den besonders ausgerüsteten Rammpfählen eignen sich auch alle Ortpfähle ohne Mantelblech wegen ihrer rauhen Oberfläche und wegen der Knotenbildung für die Aufnahme von Zugkräften.

In England und Amerika hat man vielfach Schraubenpfähle als Zugpfähle angewendet. Nach L. Brennecke kann ein Schraubenpfahl eine größte Zugkraft aufnehmen, die gleich dem Gewichte eines Erdkegelstumpfes ist, dessen untere Fläche gleich der Schraubenfläche ist und deren Erzeugende mit der Achse den halben natürlichen Böschungswinkel einschließt. Brennecke empfiehlt, von diesem äußersten Zugwiderstand nur ¾ auszunützen. Die Zugpfähle müssen so weit voneinander stehen, daß sich die oben erwähnten Erdkegelstümpfe nirgends überschneiden.

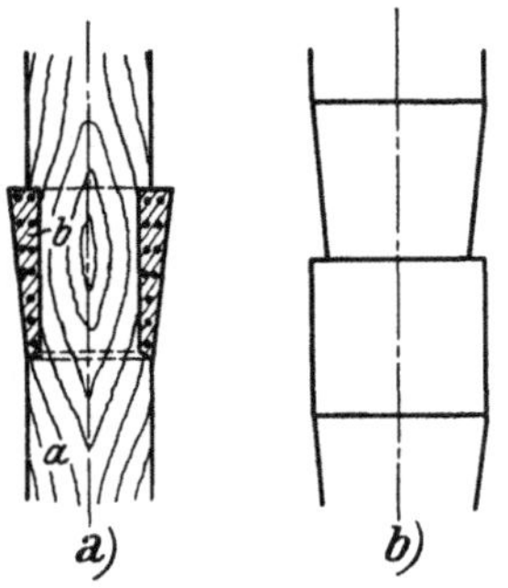

Abb. 511. Ausbildung von gerammten Zugpfählen. a) Hölzerner Zugpfahl von Th. Möbus, b) Eisenbetonzugpfahl.

a Holzpfahl, *b* Eisenbetonring.

Zugversuche an 9 m langen glatten Holzpfählen von 40 cm Durchmesser haben axialen Zug bis 35 t aufgenommen, das entspricht einer Mantelreibung von 0,37 kg/cm², und Zugversuche an 15,5 m im Boden steckenden Eisenbetonpfählen, 36 × 36 cm, haben in Holland bei 106 t Zug nachgegeben; die mittlere Mantelreibung betrug dort 0,477 kg/cm².

Konuspfähle sind für die Aufnahme von Zugkräften ungeeignet.

Literatur: Brennecke, L.: Versuche über den Widerstand von Schraubenpfählen gegen Herausreißen. Z. Bauw. 1886 S. 451. — Butzer: Druck- und Zugversuche an Eisenbetonpfählen für Hafenkaibauten. Bauing. 1924 S. 401. — Möller, M.: Der Widerstand von Pfahlböcken. Bauing. 1923 S. 137. — Mörsch, E.: Verstärkung dreier Straßenbrücken im Zuge des Enns-Weser-Kanals bei Hannover. Dt. Bauzg., Mitt. 1913 S. 43, 53. — Derselbe: Der Eisenbetonbau Bd. 2 1. Hälfte. Stuttgart: K. Wittwer 1924. — Eisenbeton-Uferbefestigungen in den Duisburg-Ruhrorter Häfen. Zentralbl. Bauverw. 1908 S. 471.

b) Die Ausführung der Pfahlgründung.

Bei der Gründung eines Bauwerkes auf Pfählen werden die Pfahlköpfe mit einem Rost verbunden, auf den schließlich das Bauwerk gesetzt wird. Der Rost hat die Aufgabe, die Bauwerkslast auf die Pfähle zu verteilen, eine gleichmäßige Senkung aller Pfähle zu sichern und seitliche Verschiebungen einzelner Pfähle zu verhindern. Die Pfahlköpfe sind, je nach der Bauweise des Rostes, entweder mit demselben gelenkig verbunden oder in ihm eingespannt. Wenn der Rost im Boden liegt, so spricht man von einem tiefliegenden Rost, wenn er aber auf Langpfählen über oder nahe unter dem niedrigsten Wasserstande, also über dem Boden angeordnet ist, so nennt man den Rost einen hochliegenden.

Die Pfähle werden, wenn nur lotrechte Lasten auf das Grundwerk übertragen werden, als Lotpfähle ausgeführt; wenn schräge Lasten übertragen werden, so werden ein Teil oder alle Pfähle als Schrägpfähle hergestellt oder es werden Pfahlböcke angeordnet, so daß die Pfähle möglichst wenig auf Biegung beansprucht werden. Wenn die Schräglast ihre Richtung ändern kann, so müssen die Pfähle so gerammt werden, daß auch bei den äußersten Lagen der Schräglast die Pfähle ohne größere Biegungsbeanspruchungen bleiben.

1. Die Ermittlung der Pfahllasten unter Rosten.

Die Ermittlung der auf einen Pfahl eines Pfahlrostes entfallenden Last ist nur annähernd möglich und nur dann, wenn vereinfachende Annahmen bezüglich des Verhaltens des Rostes und der Pfähle zugelassen werden. Der Rost muß bei allen bekannten Verfahren als absolut starr angesehen werden und es muß weiter vorausgesetzt werden, daß die Pfahlköpfe unter der Last nur elastisch Setzungen erfahren, daß also bei allen Pfählen eines Rostes die Last und die Setzung in einem festen Verhältnis zueinander stehen. Jene Kraft, die den Pfahlkopf in irgendeine Richtung um die Längeneinheit zu verschieben vermag, sei im folgenden als relative Tragkraft des Pfahles in Bezug auf diese Verschiebungsrichtung bezeichnet. Bei der Ermittlung der auf einen Pfahl entfallenden Last und der Verschiebung des Rostes unter der Last ist es zweckmäßig, die Pfahlroste, wie es Per Gullander getan hat, nach ihrer

Stellung in Bezug auf die angreifende Last und nach der Art ihrer Verbindung mit dem Rost in Gruppen zu scheiden, und zwar in

1. Pfahlroste mit untereinander und zur Lastresultierenden parallelen Pfählen, die gelenkig mit dem Rost verbunden sind;

2. Pfahlroste mit Pfählen, die parallel zu einer Symmetrieebene stehen, sonst aber beliebige Richtung haben und mit dem Rost gelenkig verbunden sind;

3. Pfahlroste mit der gleichen Anordnung der Pfähle, die aber im Rost eingespannt sind und

4. Pfahlroste, die bei beliebiger Stellung der Pfähle eine Symmetrieebene haben, in der die Lastresultierende verläuft.

a) Pfahlroste mit untereinander und zur Lastresultierenden parallelen Pfählen, die mit dem Rost gelenkig verbunden sind.

Der Pfahlrost sei unten durch eine Fläche AB (Abb. 512) begrenzt, die senkrecht zur Lastresultierenden R steht. Die relative Tragkraft eines Pfahles hinsichtlich einer Verschiebung in der Längsrichtung des Pfahles sei k und der Angriffspunkt der Resultierenden aller relativen Tragkräfte k in der Rostebene AB sei der Punkt O, der Nullpunkt der Pfahlgründung genannt und gleichzeitig der Ursprung eines rechtwinkligen Koordinatenkreuzes x, y sei.

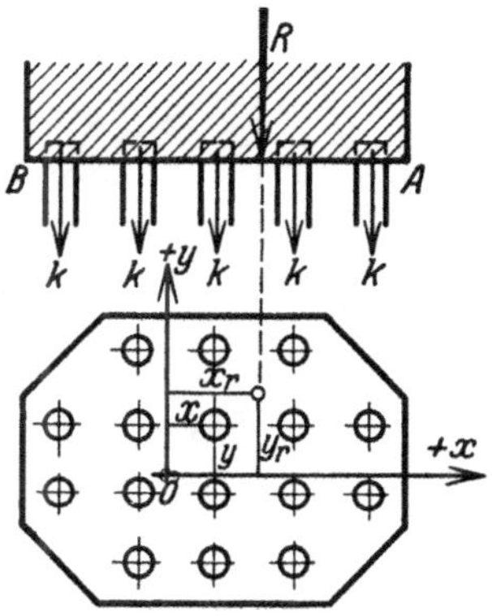

Abb. 512. Pfahlrost mit Pfählen parallel zur Lastresultierenden R und senkrecht zum Rost.

Als Trägheitsmomente der Pfahlgründung bezogen auf diese, vorläufig noch beliebig gerichteten x- und y-Achsen werden

$$J_x = \sum y^2 k \qquad (400)$$

und

$$J_y = \sum x^2 k \qquad (401)$$

angesehen. Den größten Wert J_I und den kleinsten J_{II} der Trägheitsmomente erhält man für jenes Achsenkreuz X, Y, für das das Zentrifugalmoment

$$J_{xy} = \sum k\,x\,y = 0 \qquad (402)$$

ist. Es gilt dann bekanntlich die Beziehung

$$J_x = J_I \cos^2 \omega + J_{II} \sin \omega^2\,, \qquad (403)$$

wenn ω den Winkel bedeutet, um den das Hauptachsenkreuz $X-Y$ gegen das zuerst angenommene $x-y$ verdreht ist; dieser Winkel ω wird aus der Beziehung

$$\operatorname{tg} 2\,\omega = \frac{J_{xy}}{J_x - J_y} \qquad (404)$$

berechnet.

Der Pfahlrost wird als starr vorausgesetzt; unter der Last erleidet er eine kleine Verschiebung, die als Drehung um den Winkel β um eine in der Pfahlrostebene AB liegende Achse angesehen werden kann. Diese Achse sei Nullinie des Pfahlrostes genannt; ihre Punkte erfahren keinerlei Verschiebungen. Bezeichnet z den Abstand eines Pfahles von der Nullinie, so erleidet dessen Kopf infolge der Verdrehung des Rostes eine Senkung $z\beta$ und er nimmt, weil ja ein festes Verhältnis zwischen Last und Senkung vorausgesetzt ist, die Last

$$S = k\,\beta\,z \qquad (405)$$

auf, wobei k die relative Tragkraft hinsichtlich Verschiebungen in der Richtung der Pfahlachse bedeutet.

Wenn der Rost im Gleichgewicht liegt, muß die Lastresultierende

(406) $$R = \sum S$$

sein und wenn x_r und y_r die Koordinaten des Angriffspunktes der Lastresultierenden R und x und y die Koordinaten der Pfahlköpfe bedeuten (vgl. Abb. 512), so gilt, wenn die Koordinatenachsen x und y als Momentenachsen angesehen werden,

(407) $$R\,y_r = \sum S\,y$$

und

(408) $$R\,x_r = \sum S\,x\,.$$

Bezeichnet ψ den Winkel, den die Nullinie mit der X-Achse einschließt, so gilt mit den Bezeichnungen der Abb. 513

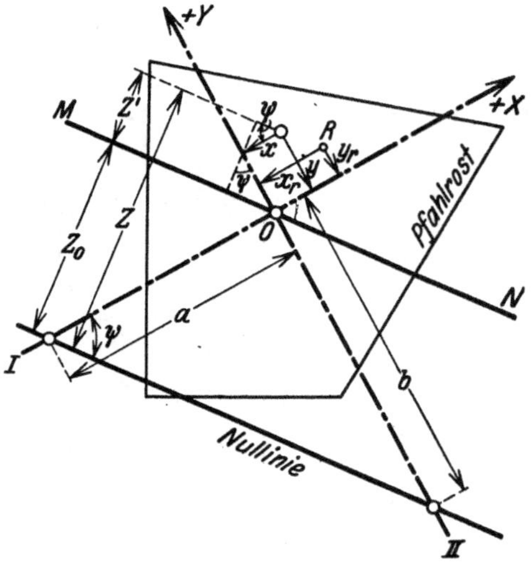

Abb. 513. Hauptachsen und Nullinie des Pfahlrostes.

(409) $$z' = x \sin\psi + y \cos\psi$$

und

(410) $$z = z_0 + x \sin\psi + y \cos\psi$$

und weiter, wenn (410) in (405) eingesetzt wird,

(411) $$S = k\beta\,(z_0 + x \sin\psi + y \cos\psi)\,.$$

Wenn dieser Ausdruck für die Pfahllast S in die früher aufgestellten Gleichgewichtsbedingungen (406) bis (408) eingesetzt wird, so erhält man

(412) $$R = \sum S = z_0 \beta \sum k + \beta \sin\psi \sum k\,x + \beta \cos\psi \sum k\,y$$

und

(413) $$R\,y_r = \sum S\,y = z_0 \beta \sum k\,y + \beta \sin\psi \sum k\,y\,x + \beta \cos\psi \sum k\,y^2,$$

(414) $$R\,x_r = \sum S\,x = z_0 \beta \sum k\,x + \beta \sin\psi \sum k\,x^2 + \beta \cos\psi \sum k\,x\,y\,.$$

Diese Gleichungen nehmen wesentlich einfachere Gestalt an, wenn statt des beliebigen Achsenkreuzes durch den Mittelpunkt die Hauptachsen X, Y der Pfahlgründung gelegt werden. Für dieses Hauptachsenkreuz ist

(415a, b) $$\sum k\,x = 0, \qquad \sum k\,y = 0,$$

(416a, b, c) $$\sum k\,y^2 = J_I, \qquad \sum k\,x^2 = J_{II}, \qquad \sum k\,x\,y = J_{xy} = 0$$

und es lauten daher die Gleichgewichtsbedingungen

(417) $$R = \sum S = z_0 \beta \sum k\,,$$

(418) $$R\,y_r = \sum S\,y = \beta \cos\psi\, J_I\,,$$

(419) $$R\,x_r = \sum S\,x = \beta \sin\psi\, J_{II}\,,$$

und es folgt aus ihnen

(420) $$z_0 = \frac{R}{\beta \sum k}\,,$$

(421) $$\cos\psi = \frac{R\,y_r}{\beta J_I}$$

und

(422) $$\sin\psi = \frac{R\,x_r}{\beta \cdot J_{II}}\,.$$

Die Gl. (411) lautet, wenn diese Werte eingesetzt werden:

$$S = k\left(\frac{R}{\Sigma k} + x\frac{R x_r}{J_{II}} + y\frac{R y_r}{J_I}\right). \qquad (423)$$

Wenn die Pfahlgründung eine Symmetrieebene hat und wenn die Lastresultierende R in dieser liegt, so vereinfacht sich die Gl. (423) zu

$$S = \left(\frac{R}{\Sigma k} + \frac{R x x_r}{J}\right) k. \qquad (424)$$

Wenn überdies alle n Pfähle die gleiche relative Tragkraft k haben, so beträgt das Trägheitsmoment $J = k\, \Sigma x^2$ und man hat dann

$$S = \frac{R}{n} + \frac{R x x_r}{\Sigma x^2}. \qquad (425)$$

Sollte die Untersuchung ergeben, daß Pfähle auf Zug beansprucht werden, deren Verbindung mit dem Rost nicht zugsicher ist, so muß die Untersuchung wiederholt werden, wobei diese Pfähle unberücksichtigt bleiben. Wenn die Verbindung zugfest ist, so ist die Untersuchung nur dann zu wiederholen, wenn die relative Tragkraft für Zug von jener für Druck abweicht, was in der Regel zutrifft.

Bei einem Rost, dessen Pfähle alle gleich tragfähig sind, erfolgt die Verteilung am besten so, daß der Mittelpunkt der Pfahlgründung mit dem Angriffspunkt der Lastresultierenden zusammenfällt.

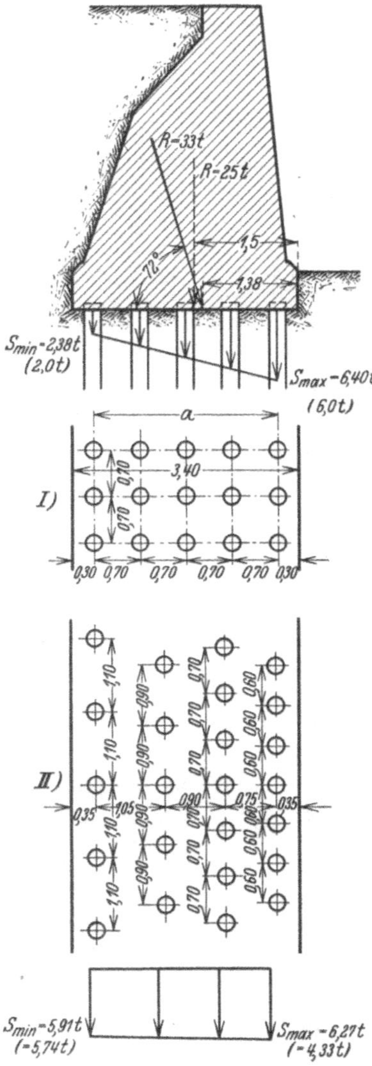

Abb. 515. Untersuchung des Pfahlrostes unter einer Stützmauer.

Anwendungsbeispiel.

1. Eine Mauer belastet einen Bankettpfahlrost in der in der Abb. 514 angedeuteten Weise mit 10 t/m; die Beanspruchung der Pfähle ist zu ermitteln, wobei vorausgesetzt ist, daß die relative Tragkraft k aller Pfähle gleich groß ist.

Der Untersuchung wird ein 0,6 m langer Mauerstreifen zugrunde gelegt. Die Lastresultierende beträgt dann $R = 0{,}6 \cdot 10 = 6$ t; der Mittelpunkt O der Pfahlgründung liegt in der Achse des mittleren Pfahles; es ist daher $x_r = 0{,}2$ m. Die Anzahl der Pfähle ist $n = 3$, und es beträgt $\Sigma x^2 = 2 \cdot 0{,}6^2 = 0{,}72\,\text{m}^2$. Die Beanspruchung der äußeren Pfähle beträgt nach Gl. (425)

$$S_{\max} = \frac{R}{n} + \frac{R x x_r}{\Sigma x^2} = \frac{6}{3} + \frac{6 \cdot 0{,}2 \cdot 0{,}6}{0{,}72} = 3\text{ t}$$

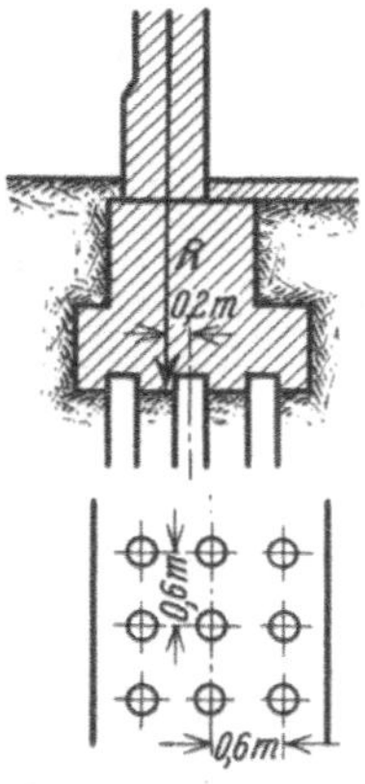

Abb. 514. Untersuchung des Pfahlrostes unter einer Mauer.

und jene der inneren Reihe

$$S_{\min} = \frac{R}{n} + \frac{R x x_r}{\Sigma x^2} = \frac{6}{3} + \frac{6 \cdot 0{,}2 \cdot - 0{,}6}{0{,}72} = 1\text{ t},$$

während die mittleren Pfähle mit $S = 2$ t belastet sind.

2. Die in der Abb. 515 dargestellte Mauer ist auf Pfählen zu gründen und es soll die Belastung der Pfähle sowohl vor als auch nach ausgefügter Hinterschüttung berechnet und von den beiden Pfahlanordnungen I und II die günstigere ermittelt werden. Die Belastung des Rostes beträgt ohne Hinterfüllung $R = 25$ t/m lotrecht und mit Hinterfüllung 33 t/m unter einem Winkel von 72° gegen die waagrechte Rostebene. Alle Pfähle haben die gleiche relative Tragkraft k.

Pfahlanordnung *I*: Auf 1 m Mauerlänge entfallen $n = \frac{5}{0,7} = 7,14$ Pfähle. Bezogen auf 1 m Mauerlänge ist dann

$$\Sigma x^2 = \frac{1}{0,7} \cdot 2\,[0,7^2 + (2 \cdot 0,7)^2] = 7,0 \text{ m}^2.$$

Der Mittelpunkt O der Pfahlgründung liegt in der Mitte des Rostes; $x_r = 1,70 - 1,38 = 0,32$ m mit Hinterfüllung und 0,2 m ohne Hinterfüllung. Die größte und die kleinste Pfahllast beträgt bei hinterfüllter Mauer nach Gl. (425)

$$S_{\max} = \frac{33 \cdot \sin 72^0}{7,14} + \frac{33 \sin 72^0 \cdot 0,32 \cdot 1,4}{7,0} = 6,40 \text{ t}$$

und

$$S_{\min} = \frac{33 \cdot \sin 72^0}{7,14} + \frac{33 \cdot \sin 72 \cdot 0,32 \cdot -1,4}{7,0} = 2,38 \text{ t},$$

und bei nicht hinterfüllter Mauer

$$S_{\max} = \frac{25}{7,14} + \frac{25 \cdot 0,3 \cdot 1,4}{7,0} = 6,00 \text{ t}$$

und

$$S_{\min} = \frac{25}{7,14} + \frac{25 \cdot 0,3 \cdot -1,4}{7,0} = 2,00 \text{ t}.$$

Pfahlanordnung *II*: Auf 1 m Mauerlänge entfallen bei dieser Pfahlanordnung

$$n = \frac{1}{0,6} + \frac{1}{0,7} + \frac{1}{0,9} + \frac{1}{1,1} = 5,12 \text{ Pfähle.}$$

Für die Lage des Mittelpunktes O bezogen auf die äußerste rechte Pfahlreihe gilt

$$5,12\, x_0 = \frac{0,75}{0,7} + \frac{1,65}{0,9} + \frac{2,7}{1,1}$$

oder

$$x_0 = 1,05 \text{ m}.$$

Man hat dann $\Sigma x^2 = 4,81$ m² und es beträgt weiter bei der hinterfüllten Mauer $x_r = 0,02$ m, vor der Hinterfüllung $x_r = -0,1$ m.

Die größte und die kleinste Pfahllast beträgt bei der hinterfüllten Mauer

(rechte äußerste Pfahlreihe) $$S_{\max} = \frac{33 \cdot \sin 72}{5,12} + \frac{33 \cdot \sin 72 \cdot 0,02 \cdot 1,05}{4,81} = 6,27 \text{ t},$$

(linke äußerste Pfahlreihe) $$S_{\min} = \frac{33 \cdot \sin 72}{5,12} + \frac{33 \cdot \sin 72 \cdot 0,02 \cdot -1,65}{4,81} = 5,91 \text{ t},$$

und bei der nicht hinterfüllten Mauer

(linke äußerste Pfahlreihe) $$S_{\max} = \frac{25}{5,12} + \frac{25 \cdot -0,1 \cdot -1,65}{4,81} = 5,74 \text{ t},$$

(rechte äußerste Pfahlreihe) $$S_{\min} = \frac{25}{5,12} + \frac{25 \cdot -0,1 \cdot 1,05}{4,81} = 4,33 \text{ t}.$$

Bei der Pfahlanordnung *II* werden 28,3 vH der Pfähle der Anordnung *I* erspart und trotzdem ist die größte Pfahllast kleiner und die Lastverteilung besser als bei der Anordnung *I*.

Auf die Seitenbeanspruchung der Pfähle von $33 \cdot \cos 72^0 = 10,2$ t, die sich gleichmäßig auf die Pfähle verteilt, ist keine Rücksicht genommen. Wenn die Pfähle sie nicht aufzunehmen vermögen, wäre der ganze Pfahlrost in die Richtung der Lastresultierenden R zu neigen.

3. Der in der Abb. 516 dargestellte Schornstein wird auf einem Pfahlrost gegründet. Es soll entschieden werden, ob die Pfahlanordnung *I* oder *II* vorzuziehen ist. Das Gewicht des Schornsteins betrage 650 t und der Winddruck kann die Lastresultierende in der Rostunterfläche höchstens um 0,6 m aus der Schornsteinachse auslenken. Die Pfähle werden alle mit gleicher relativer Tragkraft k angenommen. Wegen der regelmäßig um den Mittelpunkt des Rostes angeordneten Pfähle ist dieser Punkt gleichzeitig der Mittelpunkt O der Pfahlgründung und es ist $x_r = 0,6$ m. Die Pfahlzahl betrage im Falle *I* $n = 100$, im Falle *II* $n = 102$.

Für die ganze Pfahlgründung beträgt im Falle *I*

$$\Sigma x^2 = 20 \left[\left(\frac{0,75}{2}\right)^2 + \left(3\,\frac{0,75}{2}\right)^2 + \left(5\,\frac{0,75}{2}\right)^2 + \left(7\,\frac{0,75}{2}\right)^2 + \left(9\,\frac{0,75}{2}\right)^2 \right] = 464 \text{ m}^2.$$

Nachdem die lotrechte Komponente der Lastresultierenden bei Wind 650 t ist, so betragen die Pfahllasten in den äußersten Pfählen

$$S_{\max} = \frac{650}{100} + \frac{650 \cdot 0{,}6 \cdot 4{,}77}{464} = 10{,}5\,\mathrm{t}$$

und

$$S_{\min} = \frac{650}{100} + \frac{650 \cdot 0{,}6 \cdot -4{,}77}{464} = 2{,}5\,\mathrm{t}.$$

Bei der Pfahlanordnung *II* beträgt $\Sigma x^2 = 575{,}65\,\mathrm{m}^2$ und die äußersten Pfahllasten haben die Größe

$$S_{\max} = \frac{650}{102} + \frac{650 \cdot 0{,}6 \cdot 4{,}5}{575{,}65} = 9{,}5\,\mathrm{t}$$

und

$$S_{\min} = \frac{650}{102} + \frac{650 \cdot 0{,}6 \cdot -4{,}5}{575{,}65} = 3{,}3\,\mathrm{t}.$$

Die Pfahlanordnung *II* erweist sich daher als die günstigere.

b) Pfahlroste mit Pfählen, die parallel zu einer Symmetrieebene stehen, sonst aber beliebige Richtung haben und mit dem Rost gelenkig verbunden sind.

Damit die vorausgesetzte Symmetrie tatsächlich erfüllt ist, müssen je zwei symmetrisch gelegene Pfähle die gleiche relative Tragkraft besitzen und die Lastresultierende muß in der Symmetrieebene verlaufen.

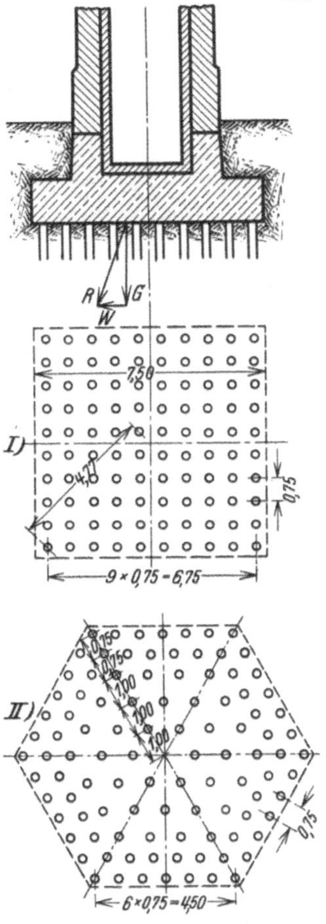

Abb. 516. Untersuchung des Pfahlrostes unter einem Schornstein.

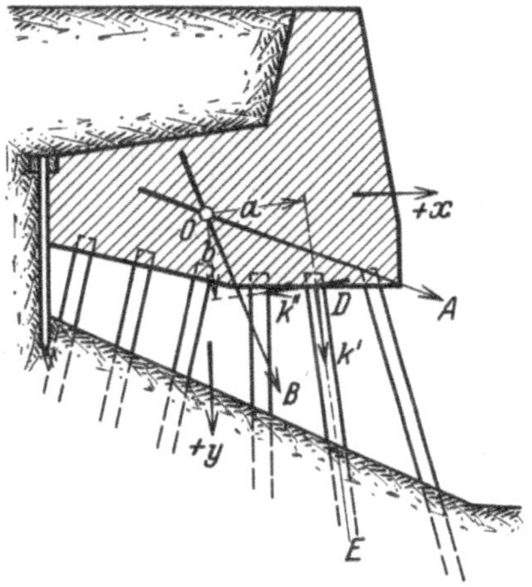

Abb. 517. Pfahlrost mit Pfählen parallel zu einer Symmetrieebene, mit dem Rost gelenkig verbunden.

Bei jedem solchen Pfahlrost gibt es in der Symmetrieebene einen Punkt 0, der dadurch gekennzeichnet ist, daß jede durch ihn gehende und in der Symmetrieebene liegende Kraft nur eine Parallelverschiebung der Mauer bewirkt. Dieser Punkt 0 sei weiterhin kurz Mittelpunkt der Pfahlgründung genannt.

Beim Pfahlrost der Abb. 517 seien nun die beiden zueinander senkrecht stehenden x- und y-Richtungen beliebig angenommen. Damit der Pfahlrost nur eine Verschiebung in der angenommenen x-Richtung erfährt, muß auf ihn eine Kraft wirken, deren Angriffslinie OA sei; damit die Verschiebung nur in der y-Richtung erfolge, muß eine Kraft in OB angreifen. Wenn diese Verschiebungen in der x-Richtung oder jene in der y-Richtung gerade gleich der Längeneinheit sind, sei die betreffende Kraft als relative Tragkraft der Pfahlgründung bezeichnet und mit R_a bzw. mit R_b bezeichnet.

Zur Berechnung dieser relativen Tragkräfte R_a und R_b der Pfahlgründung (Abb. 518) sei nun vorerst ein rechtwinkliges Achsensystem $O' - x, y, z$ angenommen, dessen Ursprung O' eine beliebige Lage in der Symmetrieebene hat, die mit der $x - y$-Ebene zusammenfällt.

Wenn k' und k'' die relativen Tragkräfte eines Pfahles hinsichtlich einer Verschiebung in der Längsrichtung des Pfahles bzw. senkrecht dazu parallel zur Symmetrieebene bedeuten, so wird bei einer Verschiebung des Pfahlkopfes D in der x-Richtung um die Längeneinheit der Pfahl in seinen Hauptrichtungen (Längs- und Querrichtung) mit $k' \cos\delta$ und mit $k'' \sin\delta$ beansprucht, während er bei einer Verschiebung des Pfahlkopfes D um die Längeneinheit in der y-Richtung mit $k' \sin\delta$ und mit $k'' \cos\delta$ belastet wird.

Mit den Bezeichnungen der Abb. 518 gilt dann

(426) $$R_a \cos\varrho = R_{ax} = \sum k' \cos^2\delta + \sum k'' \sin^2\delta,$$

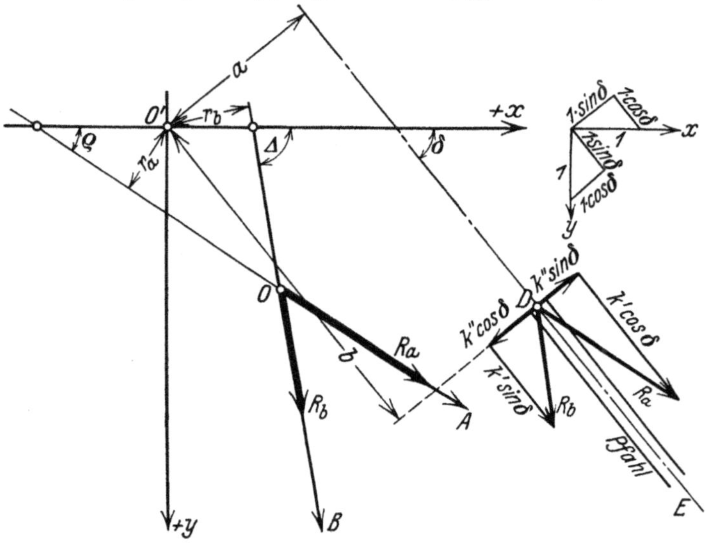

Abb. 518. Ermittlung der relativen Tragkräfte R_a und R_b der Pfahlgründung.

(427) $$R_a \sin\varrho = R_{ay} = \sum k' \cos\delta \sin\delta - \sum k'' \sin\delta \cos\delta$$

und

(428) $$R_b \cos\Delta = R_{bx} = \sum k' \sin\delta \cos\delta - \sum k'' \cos\delta \sin\delta,$$

(429) $$R_b \sin\Delta = R_{by} = \sum k' \sin^2\delta + \sum k'' \cos^2\delta$$

und es folgt weiter

(430) $$R_a = \sqrt{R_{ax}^2 + R_{ay}^2}$$

und

(431) $$R_b = \sqrt{R_{bx}^2 + R_{by}^2}.$$

Aus den obigen Gl. (426) bis (431) ergibt sich weiter für die Neigungswinkel ϱ und Δ von R_a bzw. R_b gegen die x-Achse

(432) $$\cos\varrho = \frac{R_{ax}}{R_a},$$ (433) $$\sin\varrho = \frac{R_{ay}}{R_a},$$

und

(434) $$\cos\Delta = \frac{R_{bx}}{R_b},$$ (435) $$\sin\Delta = \frac{R_{by}}{R_b},$$

während sich die Abstände r_a und r_b der Angriffslinien OA bzw. OB von O aus den Momentengleichungen

(436) $$-R_a r_a = +\sum k' \cos\delta \cdot a - \sum k'' \sin\delta \cdot b$$

und

$$+ R_b r_b = + \sum k' \sin\delta \cdot a + \sum k'' \cos\delta \cdot b \tag{437}$$

mit den Größen

$$r_a = \frac{-\sum k' \, a \cos\delta + \sum k'' \, b \sin\delta}{R_a} \tag{438}$$

und

$$r_b = \frac{\sum k' \, a \sin\delta + \sum k'' \, b \cos\delta}{R_b} \tag{439}$$

ergeben.

Das Achsenkreuz kann so gewählt werden, daß die Angriffslinien OA und OB die Richtung dieser Achsen annehmen; diese Achsen werden die Hauptachsen der Pfahlgründungen genannt. Dann muß

$$R_a \sin\varrho = 0 \qquad \text{und} \qquad R_b \cos\Delta = 0 \tag{440}$$

sein; das ist nur möglich, wenn

$$\sum k' \cos\delta \sin\delta - \sum k'' \sin\delta \cos\delta = 0 \tag{441}$$

oder

$$\sum (k' - k'') \sin\delta \cos\delta = \sum (k' - k'') \sin 2\delta = 0 \tag{442}$$

ist.

Wenn der Winkel zwischen der beliebig angenommenen x-Achse und der Haupt-X-Achse mit ω, der Winkel zwischen dem Pfahl und der beliebigen x-Achse wie bisher mit δ und der Winkel zwischen dem Pfahl und der Haupt-X-Achse mit ε bezeichnet wird, so gilt (Abb. 519)

$$\varepsilon = \delta - \omega \tag{443}$$

und die Gl. (442) lautet nun, bezogen auf die Hauptachsen, weil für δ nun $\varepsilon = \delta - \omega$ zu setzen ist:

$$\begin{aligned} &\sum (k' - k'') \sin(2\delta - 2\omega) = 0 \\ &= \sum (k' - k'') \sin 2\delta \cos 2\omega \\ &- \sum (k' - k'') \cdot \cos 2\delta \sin 2\omega = 0, \end{aligned} \tag{444}$$

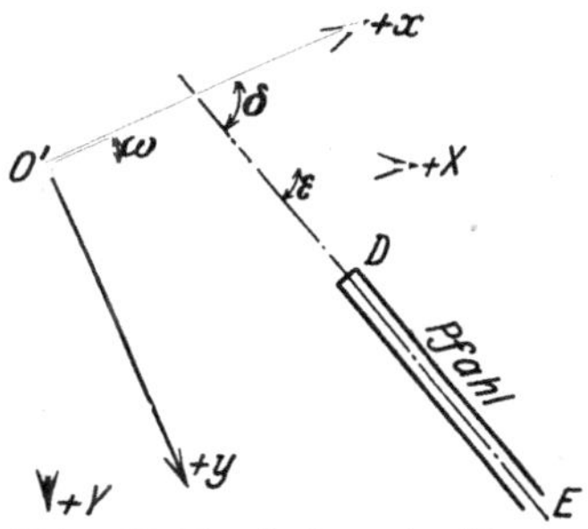

Abb. 519. Ermittlung der Hauptachsen der Pfahlgründung.

oder weil ω unabhängig vom betrachteten Pfahl ist

$$\cos 2\omega \sum (k' - k'') \sin 2\delta - \sin 2\omega \sum (k' - k'') \cos 2\delta = 0 \tag{445}$$

und es folgt weiter

$$\operatorname{tg} 2\omega = + \frac{\sum (k' - k'') \sin 2\delta}{\sum (k' - k'') \cos 2\delta}. \tag{446}$$

Die relativen Tragkräfte R_a und R_b und der Mittelpunkt O der Pfahlgründung können auch einfach zeichnerisch ermittelt werden. In der Abb. 520 ist ein einfacher Pfahlrost mit drei Pfählen schematisch dargestellt. Wie schon auf S. 344 erwähnt worden ist, entsprechen einer Verschiebung eines Pfahlkopfes in der x-Richtung um $\Delta x = 1$ in den Hauptrichtungen des Pfahles die Kräfte $k' \cos\delta$ und $k'' \sin\delta$, während einer Verschiebung $\Delta y = 1$ in der y-Richtung die Kräfte $k' \sin\delta$ und $k'' \cos\delta$ entsprechen. Die Resultierenden dieser Kräfte seien bei einer Verschiebung in der x-Richtung mit A, bei einer Verschiebung in der y-Richtung mit B bezeichnet. Die Resultierende aller an den Pfahlköpfen wirkenden Kräfte A gibt R_a und die Resultierende aller B gibt R_b. Der Schnittpunkt von R_a und R_b ist der Mittelpunkt O der Pfahlgründung.

Um für einen Pfahl die Kräfte A und B zu ermitteln, zieht man eine Parallele zur y-Richtung, die die Pfahlachse schneidet. Vom Schnittpunkte nach oben wird die relative Tragkraft k', nach unten k'' aufgetragen und es werden, wie es in der Abb. 520 leicht zu erkennen ist, die beiden Kreise mit den Durchmessern k' bzw. k'' gezeichnet und deren Ähnlichkeitspunkt L ermittelt. Der weitere Gang des Verfahrens ergibt sich ohne weiteres aus der Abb. 520. Man erhält auf diese Weise die B nach Größe und Richtung, die A nach der Größe, aber um 90^0 verdreht. Die Kräfte A und B wirken an den Pfahlköpfen und ihre Resultierenden können leicht mittels Seilecken ermittelt werden.

Wenn die relativen Tragkräfte k' und k'' aller Pfähle gleich sind, so können die Kräfte A und B leicht in der in der Abb. 520b gezeigten, einfachen Weise ermittelt werden.

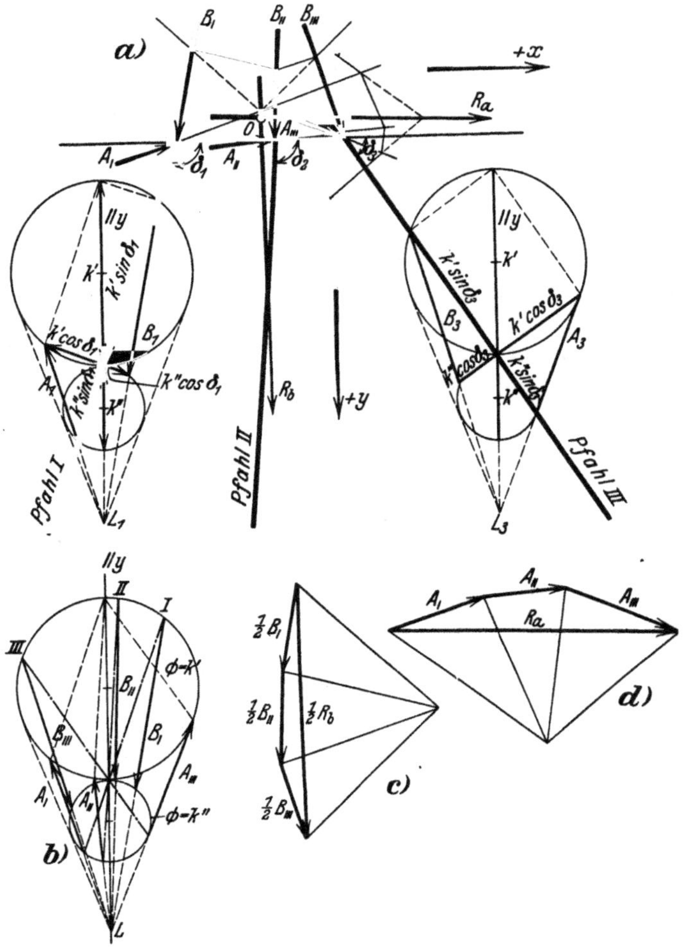

Abb. 520. Zeichnerische Ermittlung der relativen Tragkräfte R_a und R_b und des Mittelpunktes O der Pfahlgründung nach dem Verfahren von Per Gulander.

Unter der Einwirkung einer Lastresultierenden, die nicht durch den Mittelpunkt O der Pfahlgründung geht, wird sich der Pfahlrost verschieben und diese Verschiebung kann in eine Verdrehung um den Winkel β um O und in eine Parallelverschiebung p zerlegt werden. Die Verschiebung DD_1 des Pfahlkopfes D (Abb. 521) infolge der Drehung um den Winkel β um O allein kann zerlegt werden in die Komponenten $s_\beta = DD_2$ und $t_\beta = D_2 D_1$, die in den Hauptrichtungen des Pfahles liegen. Es ist nun

(447) $\overline{DD_1} = OD\beta$.

Die beiden Dreiecke OKD und DD_2D_1 sind, wie man sich leicht überzeugen kann ähnlich und es verhält sich daher

(448) $s_\beta : t_\beta : \overline{OD}\cdot\beta = a : b : \overline{OD}$,

woraus

(449) $s_\beta = a\beta$

und

(450) $t_\beta = b\beta$.

folgt.

Die infolge der Drehung um O im Pfahl DE auftretenden Kräfte betragen in der Pfahlrichtung

(451) $$S_\beta = s_\beta k' = k' a \beta$$

und senkrecht dazu

(452) $$T_\beta = t_\beta k'' = k'' b \beta.$$

Das Gleichgewicht erfordert, daß die Momentensumme um O

(453) $$Rr = \sum S_\beta a + \sum T_\beta b = \beta \sum (k' a^2 + k'' b^2) = \beta J$$

beträgt; es folgt daraus weiter

(454) $$\beta = \frac{Rr}{J}.$$

Der Ausdruck

$$J = \sum (k' a^2 + k'' b^2) \tag{455}$$

sei in Hinkunft kurz als **Trägheitsmoment der Pfahlgründung** um die Drehachse durch O bezeichnet.

Der Drehwinkel β und die Momente werden als positiv angesehen, wenn die Drehung im Sinne der Uhrzeigerbewegung erfolgt. R_1 und R_2 werden als positiv angesehen, wenn ihre Richtung mit jener von R_a bzw. R_b übereinstimmen.

Am Gleichgewichte des Pfahlrostes wird nichts geändert, wenn in O die beiden entgegengesetzten Kräfte R parallel zur Lastresultierenden angebracht werden. Die

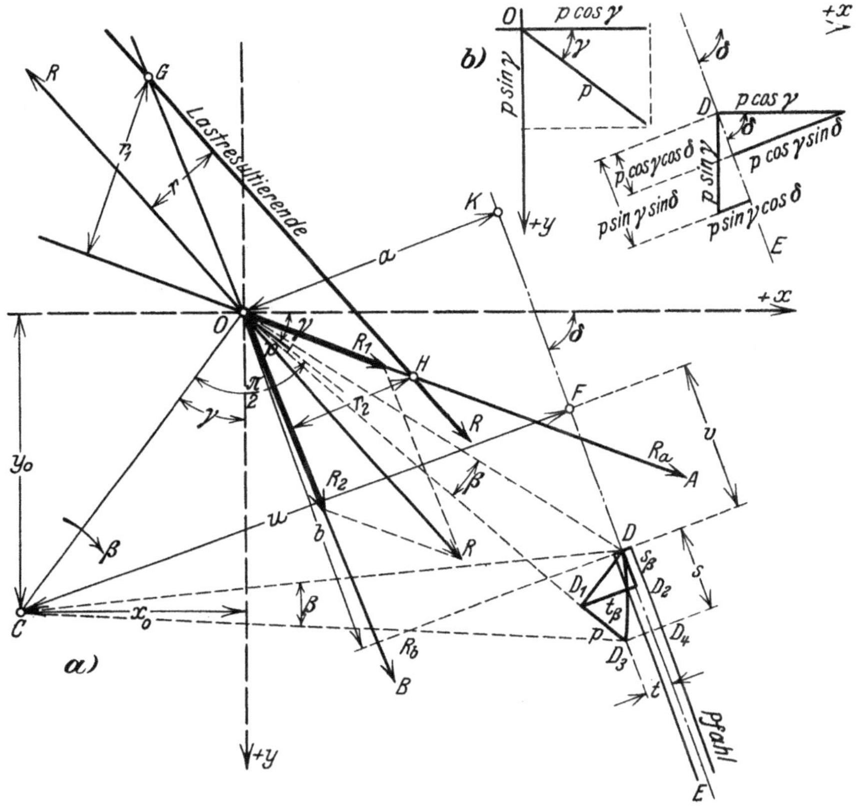

Abb. 521. Ermittlung der Verschiebung des Pfahlrostes durch die Lastresultierende R.

zur Lastresultierenden parallele und mit ihr gleichgerichtete Kraft R in O bewirkt nun nur eine Parallelverschiebung p des Pfahlrostes unter dem Winkel γ gegen die $+ x$-Achse. Diese Parallelverschiebung p hat in der x-Richtung die Komponente $p \cdot \cos\gamma$ und in der y-Richtung jene $p \cdot \sin\gamma$; die relativen Tragkräfte R_a und R_b rufen hingegen in der x- bzw. in der y-Richtung die Parallelverschiebung 1 hervor. Wenn die Kraft R in die beiden Komponenten R_1 und R_2 mit denselben Angriffslinien OA und OB wie R_a und R_b zerlegt wird, so gelten die Beziehungen

$$p \cos\gamma : 1 = R_1 : R_a \tag{456}$$

und

$$p \sin\gamma : 1 = R_2 : R_b, \tag{457}$$

und es folgt aus ihnen

$$p \cos\gamma = \frac{R_1}{R_a} \tag{458}$$

und

$$p \sin\gamma = \frac{R_2}{R_b}. \tag{459}$$

Die Drehbewegung um den Winkel β um O und die Parallelverschiebung um p können zu einer resultierenden Verschiebung zusammengesetzt werden, die eine Drehbewegung um denselben Winkel β, aber um eine andere Achse C ist. Mit den Bezeichnungen der Abb. 521 ist dann

(460) $$p = \overline{OC} \cdot \beta$$

und es betragen die Koordinaten des Punktes C

(461a, b) $$x_0 = -\overline{OC} \cdot \sin\gamma \quad \text{und} \quad y_0 = \overline{OC} \cdot \cos\gamma$$

und weiter, unter Verwendung der Beziehungen (454), (458), (459), (460) und (461)

(462) $$x_0 = -\frac{R_2 J}{R_b R r} \quad \text{und} \quad y_0 = \frac{R_1 J}{R_a R r}.$$

Wie aus der Abb. 521 ohne weiteres folgt, gilt für den Momentpunkt G die Beziehung

(463) $$R r = R_1 r_1$$

und für den Punkt H

(464) $$R r = R_2 r_2.$$

Unter Verwendung dieser Beziehungen lauten schließlich die Gleichungen für die Koordinaten des Punktes C

(465a, b) $$x_0 = -\frac{J}{R_b r_2} \quad \text{und} \quad y_0 = \frac{J}{R_a r_1}.$$

In diesen beiden Gleichungen sind R_a, R_b und J nur von der Bauweise des Pfahlrostes abhängig, werden also von der Lage der Lastresultierenden nicht beeinflußt, während r_1 und r_2 nur von der Lage der Lastresultierenden abhängen.

Die resultierende Bewegung des Pfahlkopfes D in die Lage D_3 (Abb. 521) kann in die beiden Komponenten s und t zerlegt werden. In der Abb. 521 sind nun die Dreiecke CFD und $D\,D_4\,D_3$ ähnlich und es verhält sich daher

(466) $$s : t : \overline{DD_3} = u : v : \overline{CD}$$

und man erhält, weil

(467) $$\overline{DD_3} = \overline{CD} \cdot \beta$$

ist,

(468) $$s = u\,\beta$$

und

(469) $$t = v\,\beta.$$

Die Hauptbeanspruchungen des Pfahles sind daher in der Längsrichtung

(470) $$S = k' s = k' u\,\beta = k' u \frac{R r}{J}$$

und senkrecht zum Pfahl

(471) $$T = k'' t = k'' v\,\beta = k'' v \frac{R r}{J}.$$

Die beiden Abstände u und v können vielfach leicht in der Zeichnung des Pfahlrostes abgemessen werden.

Wenn die Lastresultierende nahe beim Mittelpunkt O der Pfahlgründung verläuft, so ist die folgende Berechnung der Pfahlbeanspruchungen vorzuziehen, bei der von den Komponenten der Bewegung des Pfahlkopfes D ausgegangen wird. Wie früher erwähnt worden ist, besteht die Bewegung des Pfahlkopfes aus einer Drehung um den Winkel β um O und aus einer Parallelverschiebung p. Die Drehung allein bewirkt in der Pfahlrichtung eine Verschiebung

$$s_\beta = a\beta = \frac{a R r}{J} \tag{472}$$

und senkrecht dazu

$$t_\beta = b\beta = \frac{b R r}{J}, \tag{473}$$

und die Parallelverschiebung bewirkt eine Verschiebung in der Richtung der Pfahlachse um

$$s_p = p\cos\gamma\cos\delta + p\sin\gamma\sin\delta = \frac{R_1}{R_a}\cos\delta + \frac{R_2}{R_b}\sin\delta \tag{474}$$

und senkrecht dazu um

$$t_p = p\cos\gamma\sin\delta - p\sin\gamma\cos\delta = \frac{R_1}{R_a}\sin\delta - \frac{R_2}{R_b}\cos\delta. \tag{475}$$

Die Gesamtverschiebung des Pfahlkopfes in der Richtung der Pfahlachse beträgt demnach

$$s = s_\beta + s_p = \frac{a R r}{J} + \frac{R_1}{R_a}\cos\delta + \frac{R_2}{R_b}\sin\delta \tag{476}$$

und senkrecht dazu

$$t = t_\beta + t_p = \frac{b R r}{J} + \frac{R_1}{R_a}\sin\delta - \frac{R_2}{R_b}\cos\delta. \tag{477}$$

Die Pfahlbeanspruchungen sind den Verschiebungen proportional, es ist daher die Beanspruchung in der Richtung der Pfahlachse

$$S = k'\left(a\frac{R r}{J} + \frac{R_1}{R_a}\cos\delta + \frac{R_2}{R_b}\sin\delta\right) \tag{478}$$

und senkrecht dazu

$$T = k''\left(b\frac{R r}{J} + \frac{R_1}{R_a}\sin\delta - \frac{R_2}{R_b}\cos\delta\right). \tag{479}$$

S ist Druck, wenn der Klammerausdruck positiv ist und ein positives T vergrößert den Winkel δ.

Bei Pfahlgründungen wird angestrebt, die Beanspruchungen T der Pfähle senkrecht zu ihrer Längsrichtung möglichst klein, womöglich gleich Null zu machen. Wie aus der Gl. (471) hervorgeht, wird die Forderung $T = 0$ erfüllt, wenn für jeden Pfahlkopf der Abstand v vom Drehpunkt C gleich 0 ist, wenn also die Linien, die in den Pfahlköpfen senkrecht zu den Pfahlachsen gezogen werden, alle durch den Drehpunkt C gehen.

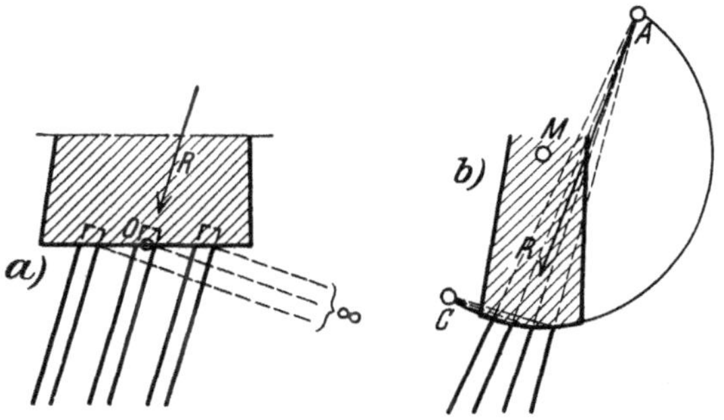

Abb. 522. Pfahlroste mit Pfählen ohne Seitenbeanspruchung T.

Wenn alle Pfähle schräg zur Rostebene stehen und untereinander parallel sind, so liegt der Drehpunkt in unendlicher Ferne (Abb. 522a), wenn die Pfähle nur Längsbeanspruchungen erleiden sollen. Die Neigung der Pfähle muß in diesem Falle mit jener der Lastresultierenden übereinstimmen und diese muß überdies durch den Mittelpunkt O der Pfahlgründung gehen.

Wenn die Pfähle nicht schräg, sondern senkrecht zur Rostebene stehen, so liegt die Drehachse in dieser Ebene und die Lastresultierende muß nun ebenfalls senkrecht zur Rostebene stehen, sie braucht aber nicht durch den Mittelpunkt der Pfahlgründung zu gehen.

Wenn die Pfähle so angeordnet sind, daß sie alle in einem Punkte A zusammenlaufen (Abb. 522), so muß, wenn keine seitlichen Beanspruchungen T der Pfähle auftreten sollen, die Lastresultierende R ebenfalls durch diesen Punkt A gehen und außerdem müssen die in den Pfahlköpfen senkrecht gezogenen Linien alle durch denselben Punkt C gehen. Die Forderung wird erfüllt, wenn die Pfahlköpfe auf einer Zylinderfläche liegen, deren Achse durch den Mittelpunkt M von CA verläuft.

Anwendungsbeispiel:

Bei dem in der Abb. 523 dargestellten Pfahlrost soll die Neigung der Pfähle so gewählt werden, daß die Seitenbeanspruchungen derselben und die Verschiebung des Rostes möglichst klein sind und es soll die Beanspruchung der Pfähle ermittelt werden.

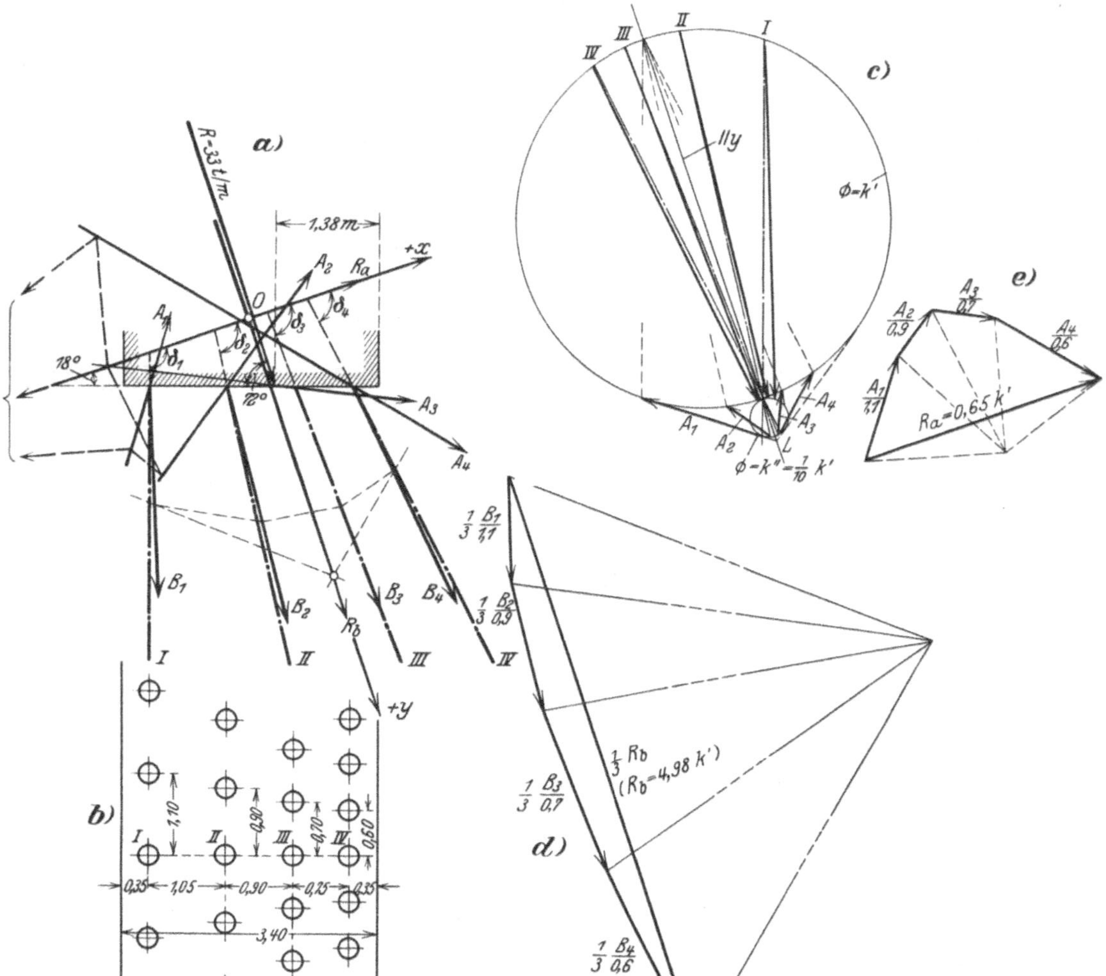

Abb. 523. Zeichnerische Ermittlung der relativen Tragkräfte R_a und R_b und des Mittelpunktes O der Pfahlgründung nach Per Gulander.

Diesem Beispiel liegt dieselbe Stützmauer zugrunde, wie im Beispiel 2 auf Seite 343; es ist dieselbe Pfahlausteilung wie in der dort beschriebenen Anordnung beibehalten, nur werden die Pfähle jetzt nicht mehr parallel gestellt, um die Seitenbeanspruchungen herabzusetzen. Die vorteilhafteste Anordnung der Pfähle ergibt sich, wenn die Richtungswinkel δ der Pfähle der Bedingungsgleichung (442) entsprechen, wenn also

$$\Sigma (k' - k'') \sin 2\,\delta = 0 \tag{480}$$

ist, wobei die y-Achse parallel zur Lastresultierenden R gelegt wird und die x-Achse dazu senkrecht steht. Für alle Pfähle werden gleiche relative Tragkräfte k' und k'' angenommen und es sei $k'' = \frac{1}{10}\,k'$.

Bei der vorgesehenen Austeilung der Pfähle entfallen in der 1., 2., 3. und 4. Reihe auf 1 m Mauerlänge $\frac{1}{1,1}$, $\frac{1}{0,9}$, $\frac{1}{0,7}$ bzw. $\frac{1}{0,6}$ Pfähle, so daß, weil überdies die relativen Tragkräfte aller Pfähle gleich sind, die früher erwähnte Bedingungsgleichung lautet

$$\frac{\sin 2\,\delta_1}{1,1} + \frac{\sin 2\,\delta_2}{0,9} + \frac{\sin 2\,\delta_3}{0,7} + \frac{\sin 2\,\delta_4}{0,6} = \theta\,.$$

Für δ_1 seien 108° angenommen, so daß der Pfahl *I* lotrecht steht. Nach einigen Versuchsrechnungen wird genommen $\delta_2 = 95^0$, $\delta_3 = 86^0 5'$ und $\delta_4 = 80^0 40'$; diese Winkel entsprechen dann hinreichend genau der Bedingungsgleichung.

Die Bestimmung des Mittelpunktes *O* der Pfahlgründung und der relativen Tragkräfte der Pfahlgründung R_a und R_b ist in der Abb. 523 zeichnerisch durchgeführt.

Zur Berechnung des Trägheitsmomentes *J* der Pfahlgründung werden die Hebelarme *a* und *b* der relativen Tragkräfte k' und k'' an den Pfahlköpfen, bezogen auf den Mittelpunkt *O*, in der Zeichnung gemessen und man erhält für 1 m Mauerlänge

$$J = \sum (k' a^2 + k'' b^2) = 3,6\, k'\ \mathrm{m}^2.$$

Der Hebelarm der Lastresultierenden *R*, bezogen auf den Mittelpunkt, wird mit $x_r = 0,07$ m gemessen.

Der Drehpunkt *C* des Rostes fällt in die *x*-Achse, weil die Lastresultierende parallel zur *y*-Achse ist; sein Abstand vom Mittelpunkt beträgt

$$x_0 = -\frac{J}{R_b\, x_r} = -\frac{3,6\, k'}{4,98\, k'} = -10,3\ \mathrm{m}\,.$$

Die Komponenten der Lastresultierenden *R* betragen nach der *x*-Richtung $R_1 = 0$ und nach der *y*-Richtung $R_2 = R$. Die Hauptbeanspruchungen der Pfähle betragen daher

$$S = k' \left(\frac{R\, r\, a}{J} + \frac{R}{R_b} \sin \delta\right)$$

und

$$T = k'' \left(\frac{R\, r\, b}{J} + \frac{R}{R_a} \cos \delta\right)$$

und können nun leicht berechnet werden.

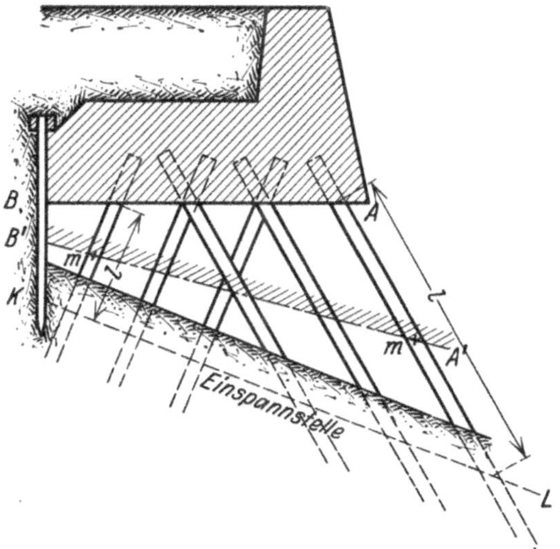

Abb. 524. Pfahlrost mit eingespannten Pfahlköpfen.

c) Pfahlroste mit Pfählen, die parallel zu einer Symmetrieebene stehen, sonst aber beliebige Richtungen haben und im Rost eingespannt sind.

Bei diesen Pfahlrosten (Abb. 524) wird vorausgesetzt, daß die Pfähle symmetrisch zu einer Symmetrieebene liegen, parallel zu dieser stehen und sowohl im Rost als auch im Boden eingespannt sind und überdies auf einer gewissen Länge aus dem Boden vorragen. Als freie Länge der Pfähle wird der Abstand zwischen der unteren Rostebene *A B* und der Einspannstelle (*K L*) unter der Bodenoberfläche angesehen. Weiter wird vorausgesetzt, daß die Pfähle konstanten Querschnitt haben. Diese Pfähle werden am Kopf durch Kräfte *S* in der Richtung der Pfahlachse, durch Kräfte *T* senkrecht dazu und durch die Einspannungsmomente *M* beansprucht.

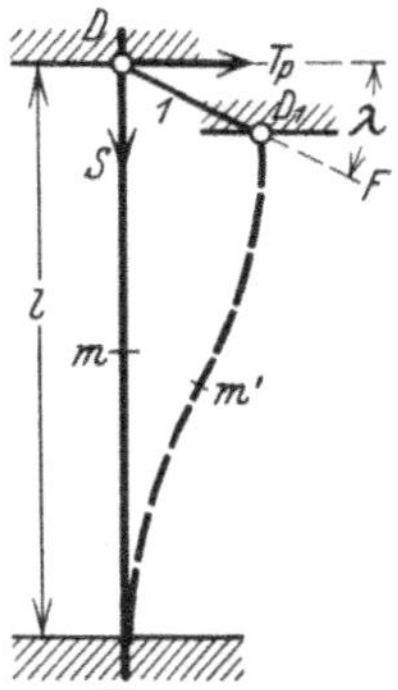

Abb. 525. Verbiegung eines beiderseits eingespannten Pfahles.

In der Abb. 525 stelle *DE* einen beiderseits eingespannten Pfahl vor. Der Pfahlkopf *D* bewege sich in der Richtung *DF* in die neue Lage D_1 infolge einer Parallelverschiebung des Rostes und es sei die Verschiebung DD_1 gleich der Längeneinheit. Das Trägheitsmoment des Pfahlquerschnittes, bezogen auf die Biegungsachse des Querschnittes sei *J* und das Elastizitätsmaß des Pfahlstoffes sei *E*.

Die Durchbiegung senkrecht zur ursprünglichen Pfahlachse ist dann

$$1 \cdot \cos \lambda = \frac{T_p\, l^3}{3\, E\, J} - \frac{M_p\, l^2}{2\, E\, J} \tag{481}$$

und, nachdem der Verdrehungswinkel bei D_1 gleich Null sein muß, muß also

(482) $$\frac{T_p l^2}{2EJ} - \frac{M_p l}{EJ} = 0$$

sein. Es folgt aus (482)

(483) $$M_p = \frac{T_p l}{2}$$

und aus (481) und (482)

(484) $$T_p = \frac{12 EJ \cos\lambda}{l^3}.$$

(485) $$k''' = \frac{12 EJ}{l^3}$$

stellt die relative Tragkraft des Pfahles, in der Richtung senkrecht zur Pfahlachse dar. Bei einem unten eingespannten mit dem Rost aber gelenkig verbundenen Pfahl würde schon eine Kraft

(486) $$k'' = \frac{3EJ}{l^3}$$

die Verschiebung *1* senkrecht zur Richtung der ursprünglichen Pfahlachse bewirken. Die relative Tragkraft k''' senkrecht zur Pfahlachse ist daher beim oben eingespannten Pfahl viermal so groß als jene k'' eines mit dem Rost nur gelenkig verbundenen Pfahles.

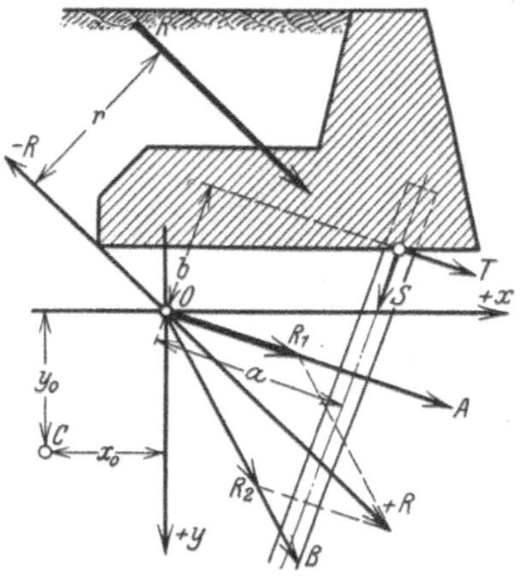

Abb. 526. Drehpunkt C und Beanspruchung eines im Rost eingespannten Pfahles.

In der Mitte m der freien Länge des Pfahles ist das resultierende Biegungsmoment gleich Null. Da vorerst nur eine Parallelverschiebung vorausgesetzt ist, so kann man sich in diesem Punkte ein Gelenk denken, ohne an der Durchbiegung des Pfahles oder am Spannungszustand etwas zu ändern. Würde der Pfahlrost in der Verbindungslinie der Pfahlmitten m, also in der Linie AB gelenkig mit den Pfahlköpfen verbunden sein, so würden die Kräfte S und T allein dieselbe Verbiegung der unteren Pfahlhälften hervorrufen wie S, T und M bei Einspannung der Pfahlköpfe in der Rostlage $A-B$. Der Mittelpunkt O beider Pfahlgründungen hat dieselbe Lage und jede durch ihn gehende Kraft kann nur eine Parallelverschiebung des Rostes bewirken.

Unter der Einwirkung einer beliebigen Lastresultierenden R wird der Rost im allgemeinen eine Verschiebung erfahren, die als eine kleine Drehung um eine Achse C parallel zur Längsrichtung der Mauer angesehen werden kann. Die Lastresultierende denkt man sich wieder, wie beim früher besprochenen Fall b, durch Hinzufügen der Kräfte $+R$ und $-R$ in dem Mittelpunkt O parallel verschoben (Abb. 526) und die Kraft $+R$ in O in die Komponenten R_1 und R_2 mit den Angriffslinien in OA bzw. in OB zerlegt. In bezug auf den Mittelpunkt O gilt dann die Momentengleichung

(487) $$Rr = \sum Sa + \sum Tb - \sum M.$$

Wie schon früher bei der Besprechung des zweiten Falles gezeigt worden ist, gilt mit den Bezeichnungen der Abb. 526 für die Beanspruchung des Pfahles in seiner Längsrichtung

(488) $$S = k's = k'a\beta,$$

wobei β wieder den Drehungswinkel des Pfahlrostes bedeutet.

Die Verschiebung t des Pfahlkopfes senkrecht zur Pfahlachse hängt von der Kraft T und vom Einspannungsmoment M ab; es gilt hier

$$t = b\,\beta = \frac{T\,l^3}{3\,E\,J} - \frac{M\,l^2}{2\,E\,J} \tag{489}$$

und der Verdrehungswinkel beträgt

$$\beta = \frac{T\,l^2}{2\,E\,J} - \frac{M\,l}{E\,J}, \tag{490}$$

so daß man

$$t = b\left(\frac{T\,l^2}{2\,E\,J} - \frac{M\,l}{E\,J}\right) \tag{491}$$

und weiter aus (489) und (491)

$$T = k''' \beta \left(b - \frac{l}{2}\right) \tag{492}$$

und

$$M = k''' \beta\, l \left(\frac{b}{2} - \frac{l}{3}\right) \tag{493}$$

erhält.

Wenn die Ausdrücke für S, T und M in die Momentengleichung (487) eingesetzt werden, so erhält man

$$\begin{aligned} R\,r &= \beta\left[\sum k'\,a^2 + \sum k'''\,b\left(b - \frac{l}{2}\right) - \sum k'''\,l\left(\frac{b}{2} - \frac{l}{3}\right)\right] \\ &= \beta\left[\sum k'\,a^2 + \sum k'''b^2 - \sum k'''\,b\,\frac{l}{2} - \sum k'''\,\frac{b\,l}{2} + \sum k'''\,\frac{l^2}{3}\right] \\ &= \beta\left[\sum k'\,a^2 + \sum k'''\,b^2 - \sum k'''\,b\,l + \frac{1}{3}\sum k'''\,l^2\right] \end{aligned} \tag{494}$$

oder, wenn der Ausdruck in der Klammer gleich K gesetzt wird,

$$R\,r = \beta\,K \tag{495}$$

und weiter

$$\beta = \frac{R\,r}{K}. \tag{496}$$

In ähnlicher Weise wie beim Fall b (vgl. S. 343) ergibt sich für die Komponenten der Parallelverschiebungen in der x- bzw. in der y-Richtung

$$p\cos\gamma = \frac{R_1}{R_a} \tag{497}$$

und

$$p\sin\gamma = \frac{R_2}{R_b} \tag{498}$$

und es folgen die Koordinaten der Drehachse der resultierenden Bewegung

$$x_0 = -\frac{R_2\,K}{R_b\,R\,r} = -\frac{K}{R_b\,r_2} \tag{499}$$

und

$$y_0 = \frac{R_1\,K}{R_a\,R\,r} = \frac{K}{R_a\,r_1}, \tag{500}$$

worin r_1 und r_2 dieselbe Bedeutung haben wie beim Fall b [vgl. S. 348 die Gl. (465a) und (465b)].

Zur Berechnung der Beanspruchungen eines Pfahles wird der Weg des Pfahlkopfes am besten wieder in die Komponente infolge der Drehung des Rostes um den Winkel β um den Mittelpunkt O und in die Komponente p infolge der Parallelverschiebung des Rostes zerlegt. Beide werden, so wie es schon beim zuvor beschriebenen Pfahlrost geschehen ist, weiter in Komponenten zerlegt, die in die Richtung der Pfahlachse fallen und in solche, die dazu senkrecht gerichtet sind. Die resultierende

Verschiebung in der Richtung der Pfahlachse ist dieselbe, wie bei dem zuvor behandelten Pfahlrost; sie beträgt

(501) $$s = a\beta + p\cos\gamma\cos\delta + p\sin\gamma\sin\delta$$

oder unter Rücksichtnahme auf die Gl. (496), (497) und (498)

(502) $$s = \frac{Rra}{K} + \frac{R_1}{R_a}\cos\delta + \frac{R_2}{R_b}\sin\delta\,.$$

Die Beanspruchung des Pfahles in der Pfahlrichtung beträgt demnach

(503) $$S = k'\left(\frac{Rra}{K} + \frac{R_1}{R_a}\cos\delta + \frac{R_2}{R_b}\sin\delta\right).$$

Die Seitenbeanspruchung T_β und das Einspannungsmoment M_β infolge der Drehung allein des Rostes um den Winkel β um O sind schon früher berechnet worden. Sie betragen

(504) $$T_\beta = k'''\,(b - \tfrac{1}{2}l)\,\beta = k'''\,\frac{(b - \frac{1}{2}l)\,Rr}{K}$$

und

(505) $$M_\beta = k'''\,(\tfrac{1}{2}b - \tfrac{1}{3}l)\,l\,\beta = k'''\,\frac{(\frac{1}{2}b - \frac{1}{3}l)\,l\,Rr}{K}\,.$$

Hierzu kommen nun noch die Seitenbeanspruchungen T_p und das Einspannungsmoment M_p infolge der Parallelverschiebungen allein.

Die Parallelverschiebung des Pfahlkopfes in der x-Richtung hat $p\cos\gamma$, jene in der y-Richtung $p\sin\gamma$ betragen; sie entsprechen einer Verschiebung des Pfahlkopfes senkrecht zur Pfahlachse um die Beträge

(506) $$_x t_p = p\cos\gamma\sin\delta = \frac{R_1}{R_a}\sin\delta$$

und

(507) $$_y t_p = p\sin\gamma\cos\delta = \frac{R_2}{R_b}\cos\delta\,.$$

Beide Verschiebungen kann man sich entstanden denken durch die Einwirkungen einer Seitenkraft T_p und eines Momentes M_p, so daß man schreiben kann

(508) $$_x t_p = \frac{R_1}{R_a}\sin\delta = \frac{_xT_p\,l^3}{3JE} - \frac{_xM_p\,l^2}{2EJ}\,,$$

(509) $$_x\beta_p = \frac{_xT_p\,l^2}{2EJ} - \frac{_xM_p\,l}{JE}$$

und

(510) $$_y t_p = \frac{R_2}{R_b}\cos\delta = \frac{_yT_p\,l^3}{3EJ} - \frac{_yM_p\,l^2}{2EJ}\,,$$

(511) $$_y\beta_p = \frac{_yT_p\,l^2}{2EJ} - \frac{_yM_p\,l}{EJ}\,.$$

Aus diesen Gleichungen folgt, wenn wieder $k''' = \frac{12EJ}{l^3}$ gesetzt wird,

(512) $$_xT_p = k'''\,\frac{R_1}{R_a}\sin\delta\,,$$

(513) $$_yT_p = -\,k'''\,\frac{R_2}{R_b}\cos\delta\,,$$

(514) $$_xM_p = 0{,}5\,_xT_p\,l = 0{,}5\,k'''\,\frac{R_1}{R_a}\,l\sin\delta\,,$$

(515) $$_yM_p = 0{,}5\,_yT_p\,l = -\,0{,}5\,k'''\,\frac{R_2}{R_b}\,l\cos\delta\,.$$

Schließlich ergibt sich für die Seitenbeanspruchung des Pfahles

(516) $$T = T_\beta + {_xT_p} + {_yT_p} = k'''\left[\frac{(b - 0{,}5\,l)\,Rr}{K} + \frac{R_1}{R_a}\sin\delta - \frac{R_2}{R_b}\cos\delta\right]$$

und für das Einspannungsmoment

$$M = M_\beta + {}_xM_p + {}_yM_p = 0{,}5\,k'''\,l\left[\frac{(b - \frac{2}{3}\,l)\,R\,r}{K} + \frac{R_1}{R_a}\sin\delta - \frac{R_2}{R_b}\cos\delta\right]. \qquad (517)$$

Eine positive Seitenbeanspruchung T vergrößert den Winkel δ und es wird das Einspannungsmoment positiv bezeichnet, wenn es der Pfahlverbiegung durch T entgegenwirkt. b wird positiv genommen, wenn der Pfahlkopf über der durch den Mittelpunkt O senkrecht zur Pfahlachse verlaufenden Ebene liegt.

Wenn der Rost oder das auf ihm ruhende Bauwerk zur Verringerung der Verschiebungen einen Anker erhält, wie es bei Ufermauern öfter vorkommt, so kann dieser Anker auch als Pfahl angesehen werden, bei dem aber, weil er keine Beanspruchungen senkrecht zu seiner Achse aufnehmen kann, $k'' = 0$ zu setzen ist.

d) Pfahlroste, die bei beliebiger Stellung der Pfähle eine Symmetrieebene haben, in der die Lastresultierende liegt.

Bei einem solchen Pfahlrost müssen je zwei Pfähle beiderseits der Symmetrieebene unter demselben Winkel gegen diese Ebene geneigt sein. Jedes solche Pfahlpaar kann man sich dann durch einen in der Symmetrieebene liegenden Pfahl ersetzt denken, dessen Beanspruchungen ermittelt werden können; diese werden dann nach den beiden Pfahlrichtungen zerlegt.

Literatur: Colberg, O.: Bestimmung der Einzelpfahllasten bei einseitiger Belastung von Gründungsplatten. Bauing. 1929 S. 25. — Gullander, P.: Theorie der Pfahlgründungen. Bautechnik 1928 S. 818. — Hedde: Neuere Kaimauern. Jahrb. dt. Ges. Bauing.-Wesen 1925. — Jacoby, E.: Zur Berechnung von Pfahlrostgründungen. Österr. Wochenschr. öff. Baudienst 1909 S. 201, 340; 1912 S. 317. — Derselbe: Berechnung von Pfahlgründungen. Jahrb. dt. Ges. Bauing.-Wesen 1925. — Nökkentwed, Chr.: Berechnung von Pfahlrosten. Berlin: W. Ernst & Sohn 1928. — Ostenfeld: Berechnung von Pfahlgründungen. Beton u. Eisen 1922 S. 21, 30. — Ostenfeld u. E. Jacoby: Berechnungen von Pfahlgründungen. Beton u. Eisen 1922 S. 287; 1923 S. 178. — Schultze, J.: Pfahlrostberechnungen. Zentralbl. Bauverw. 1926 S. 468. — Wünsch: Statische Berechnung der Pfahlsysteme. Stuttgart: K. Wittwer 1927.

2. Die Bauweisen der Pfahlroste.

Die Pfahlroste werden als sogenannte tiefliegende auf Grundpfählen und als hochliegende auf Langpfählen (im Wasser) ausgeführt. Als Baustoff wird Holz, Beton und Eisenbeton angewendet.

a) Der Holzrost.

Der Holzrost wird nur bei Holzpfählen angewendet; damit er haltbar ist, muß er so tief liegen, daß er nie, auch nicht vorübergehend oder nur oberflächlich austrocknen kann. Die Pfähle müssen für einen Holzpfahlrost außerordentlich genau gerammt werden, weil sonst das Anbringen des Rostes an den Pfahlköpfen große Schwierigkeiten bereitet. Der Holzrost wird gegenwärtig nur mehr selten ausgeführt; er ist vom Beton- bzw. Eisenbetonrost verdrängt worden, der kein so genaues Rammen der Pfähle erfordert, in der Herstellung weniger umständlich ist und sich in jeder Hinsicht sehr gut bewährt hat.

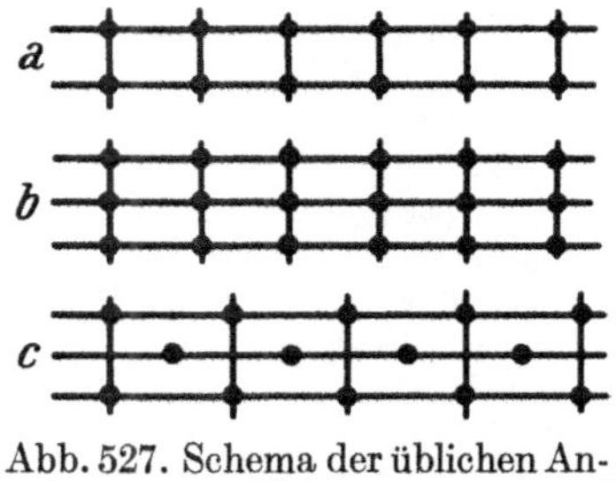

Abb. 527. Schema der üblichen Anordnung von Pfählen in zwei und in drei Reihen für tiefliegende hölzerne Pfahlroste.

Holzpfahlroste sind als tiefliegende auf Grundpfählen und als hochliegende auf Langpfählen im Wasser früher sehr oft ausgeführt worden.

α) **Der tiefliegende Holzrost.** Die Pfähle, die durch einen hölzernen Rost verbunden werden sollen, müssen genau nach einem Schema gerammt werden, weil sonst die Verbindung der Pfahlköpfe mit dem Rost unmöglich wird. In der Abb. 527 sind übliche Anordnungen der Pfähle in zwei und in drei Reihen für tiefliegende

Pfahlroste für Mauern zusammengestellt. Die Pfähle werden in den Längsreihen in Abständen von 0,75 bis 1,5 m gerammt und die Reihen sind voneinander 0,50 bis 1,25 m entfernt. Die Pfahlköpfe werden durch Langschwellen (Rostschwellen) (Abb. 528) verbunden, auf die Querschwellen aufgekämmt oder unter denen querliegende Zangen angeordnet werden.

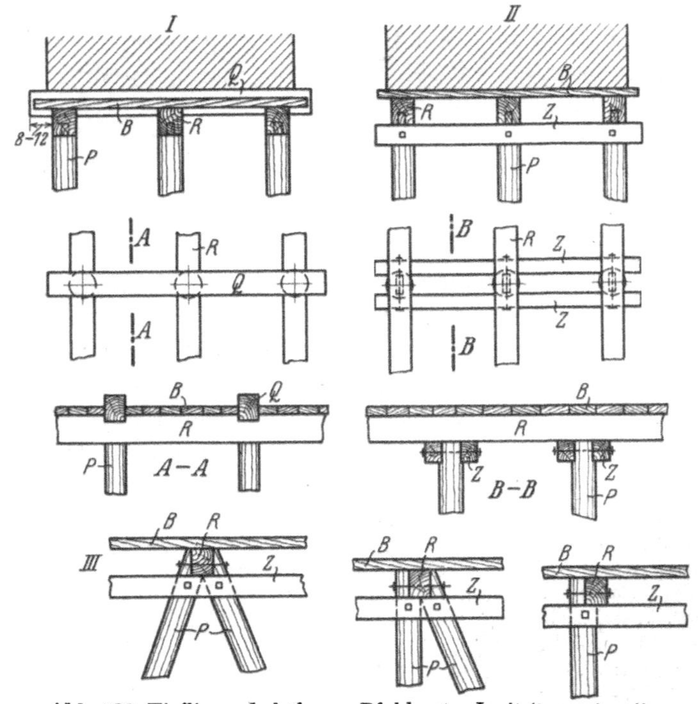

Abb. 528. Tiefliegende hölzerne Pfahlroste. *I* mit Querschwellen, *II* mit Zangen, *III* Holzverbindungen bei Lot- und bei Schrägpfählen.

Abb. 529. Tiefliegender Holzpfahlrost für eine Ufermauer.

Über die Rostschwellen wird ein 6 bis 10 cm starker Bohlenbelag gelegt, der das Mauerwerk trägt.

Die Stöße der Langschwellen werden immer auf einen Pfahlkopf verlegt und stets gegeneinander versetzt; ihre Ausführungsweise ist in der Abb. 503 dargestellt. Die Holzverbindungen werden durch Schrauben oder durch Holznägel gesichert; Holznägel sind vielfach bevorzugt worden, weil man vorzeitige Zerstörung der Eisenteile befürchtet hat. In der Abb. 528 sind die Ausführung eines tiefliegenden Holzrostes und die dabei vorkommenden Holzverbindungen gezeigt und die Abb. 529 bis 531 geben die Ansichten solcher Roste vor dem Auflegen der Bohlen wieder.

Abb. 530. Tiefliegender Holzpfahlrost für ein Brückenwiderlager.

β) **Der hochliegende Holzrost.** Der hochliegende Holzrost (Abb. 532) kommt für die Gründung von Ufermauern und Brückenpfeilern im tiefen Wasser in Frage. Er hat bei diesen Bauwerken auch Schräglasten aufzunehmen, die bewirken können, daß einzelne Pfähle auf Zug beansprucht werden; diese müssen dann eine zugsichere Verbindung mit dem Rost erhalten und als Zugpfähle ausgebildet werden. In der Abb. 533 sind als Beispiele einige Holzverbindungen zusammengestellt, die bei hochliegenden hölzernen Pfahlrosten häufig vorkommen.

b) Der Betonrost.

Der Betonrost wird sowohl bei Holz- als auch bei Beton- und Eisenbetonpfählen angewendet, wenn ein schweres, massiges Grundwerk erwünscht ist oder wenn sich der Betonaufwand auch durch Anwendung eines anderen Rostes nicht herabsetzen läßt. Er ist vielfach billiger als ein Holzrost, erfordert ein weniger genaues Rammen der Pfähle als der Holzrost und wird auch von billigeren Arbeitskräften ausgeführt.

Abb. 531. Holzpfahlrost für das östliche Widerlager der Brücke über den Hofekanal in Hamburg, mit aufgekämmten Querschwellen. (H. Behm, Hamburg.)
a Rostschwellen, *b* Querschwellen, *c* Spundwand.

Die Pfahlköpfe von Druckpfählen werden in den Betonrost etwa 30 cm tief eingebettet und die Rostdicke wird in der Regel mit mindestens 1 m bemessen. Wenn der Betonrost auf Holzpfählen liegt, so muß er so tief herabreichen, daß die Pfähle nie auch nur oberflächlich austrocknen können. Die Pfahlköpfe werden beim Betonrost vielfach mit Rundeisen, die um sie gelegt und in den Beton gebettet werden, miteinander verhängt, um ein Ausweichen der Pfähle und Rißbildungen im Rost zu verhindern. Holzpfähle werden manchmal auch durch Zangen an den Köpfen verbunden, die einbetoniert werden. Die Bewehrung von Eisenbetonpfählen wird am Kopf freigelegt und meist umgebogen, so daß Pfahl und Rost gut miteinander verankert sind. Hölzerne Zugpfähle werden am Kopf zur Verankerung besonders zugerichtet, wie es die Abb. 535 andeutet und der Beton des Rostes wird um den Pfahlkopf mit einer Spirale bewehrt, um ein Reißen des Betonrostes durch den konischen Kopf des Zugpfahles zu verhindern; hölzerne Zugpfähle müssen, damit die Zugkräfte sicher übertragen werden, wesentlich tiefer im Betonrost eingebettet werden als die Druckpfähle.

In Betonrosten sind keine nennenswerten Zugspannungen zulässig; die Pfähle müssen deswegen gleichmäßig unter dem Rost verteilt werden und es sind große Entfernungen der Pfähle nicht zulässig.

Die Betonroste werden ähnlich wie die Holzroste sowohl als tiefliegende als auch als hochliegende angewendet. Die Betonierung soll im Trockenen ausgeführt werden, sie kann aber in Ausnahmefällen auch unter Wasser erfolgen.

Beispiele für Betonroste geben die Abb. 536a und b, die recht anschaulich zeigen, wie groß bei tiefliegendem Grundwasserspiegel der Baustoffaufwand wird, wenn der Betonrost auf Holzpfählen statt auf Betonpfählen ausgeführt wird.

Die Abb. 537 gibt den Blick unter ein ausgeführtes Dampfturbinengrundwerk wieder, das ursprünglich auf Betonrost mit Holzpfählen gegründet war, die nachträglich durch Eisenbetonpfähle ersetzt worden sind, weil der Grundwasserspiegel gefallen ist.

c) Eisenbetonroste.

Eisenbetonroste haben gegenüber den Betonrosten den Vorteil, daß sie leichter gehalten und für jede Beanspruchung leicht bemessen werden können, die Pfähle können auch in größeren Abständen angeordnet werden. Die Eisenbetonroste

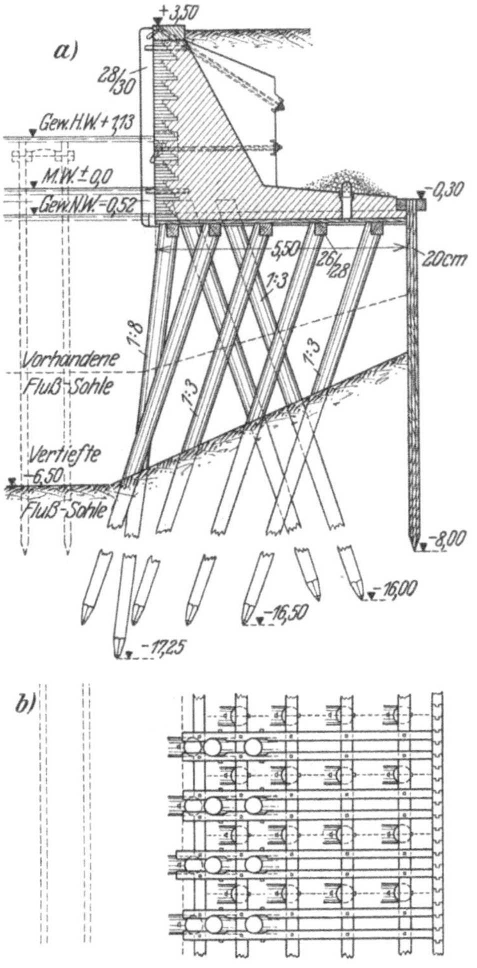

Abb. 532. Ufermauer auf Holzrost in Königsberg.

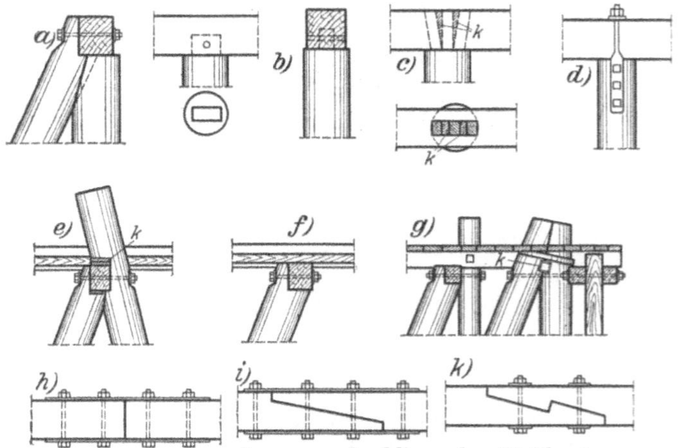

Abb. 533. Holzverbindungen an hochliegenden Pfahlrosten. *k* Hartholzkeile.

werden je nach den Erfordernissen des zu gründenden Bauwerkes als Bankette ausgebildet, die über den Pfahlreihen verlaufen, als Platten, die das Bauwerk tragen und die auf den Pfahlköpfen liegen oder es kann auch ein Eisenbeton-Balkenrost, ähnlich dem Holzpfahlrost ausgeführt werden. Die Eisenbetonroste werden auch als tiefliegende und als hochliegende ausgeführt.

α) **Tiefliegende Eisenbetonpfahlroste.** Der tiefliegende Eisenbetonpfahlrost wird als ein über den Pfahlköpfen liegender rechteckiger Balken oder als eine Platte ausgebildet, je nach dem Bauwerke, das zu gründen ist. Er wird vorwiegend bei Eisenbetonpfählen angewendet. So wie bei den Betonrosten wird die Bewehrung der Pfähle am Kopf freigelegt und sorgfältig im Rost verankert. Das Freilegen der Bewehrung geschieht bei größeren Gründungen am besten mit Preßlufthämmern. Die Bewehrung des Rostes wird ähnlich wie jene eines durchlaufenden Balkens ausgeführt und es wird vielfach überdies eine Bewehrung angeordnet, die die Pfahlköpfe umschlingt und miteinander verhängt. Die Pfähle werden möglichst symmetrisch zur Angriffslinie der Last bzw. deren lotrechten Komponente angeordnet. Beispiele für die übliche Anordnung der Pfähle unter Säule und Mauern sind in der Abb. 538 zusammengestellt. Ein Beispiel für die Bewehrung eines Bankettes geben die Abb. 539 und 540, ein anderes für die Bewehrung des Rostes unter einer Säule stellt die Abb. 577 auf S. 375 dar.

Wenn die Pfähle gerammt sind, so wird der Boden zwischen ihnen eingeebnet und hierauf die Pfahlbewehrung freigelegt. Am Boden wird zuerst eine 6 bis 10 cm starke Magerbetonschicht aufgebracht (Abb. 541), auf der die Bewehrung ausgelegt wird (Abb. 542). Wenn der Boden den Beton schädigen könnte oder wenn angreifendes Grundwasser bis über den Rost ansteigt, so wird statt der Magerbetonschicht eine Isolierschicht ausgeführt. In den Abb. 539 und 540 ist die Herstellung einer solchen Schutzschicht deutlich zu erkennen; man hat dort eine Flachschicht aus Klinkerziegeln ausgelegt und darüber eine Kaltasphaltschicht aufgebracht. Die Klinkerziegel sind durch verzinkte Haken, die in die Fugen eingelegt sind, mit dem Beton des Bankettes verbunden (Abb. 539). Die Seitenflächen der Bankette haben einen zweimaligen Isolieranstrich erhalten.

Abb. 534. Pfahlböcke zur Stützung einer Spundwand und zur Aufnahme von Schräglasten. (Ph. Holzmann A.-G., Frankfurt a. M.)

Die Abb. 543 stellt ein nachträglich freigelegtes Bankett über konischen Hüllenpfählen dar und die Abb. 544 gibt einen Überblick über die Eisenbetonbankette für ein Wohnhaus.

β) Hochliegende Eisenbetonroste. Der hochliegende Eisenbetonpfahlrost wird entweder dem hölzernen Rost nachgebildet oder auch als eine bewehrte Betonplatte ausgeführt, in der die Pfahlköpfe stecken. In der Abb. 545 ist ein solcher, einem Holzrost ähnlicher hochliegender Eisenbeton-Balkenpfahlrost für eine Ufermauer in Argentinien dargestellt. Die Bewehrung der Pfähle wird auch hier sorgfältig in die Rostbalken eingebunden. Weitere Beispiele hochliegender Eisenbetonpfahlroste geben die Abb. 554 bis 560.

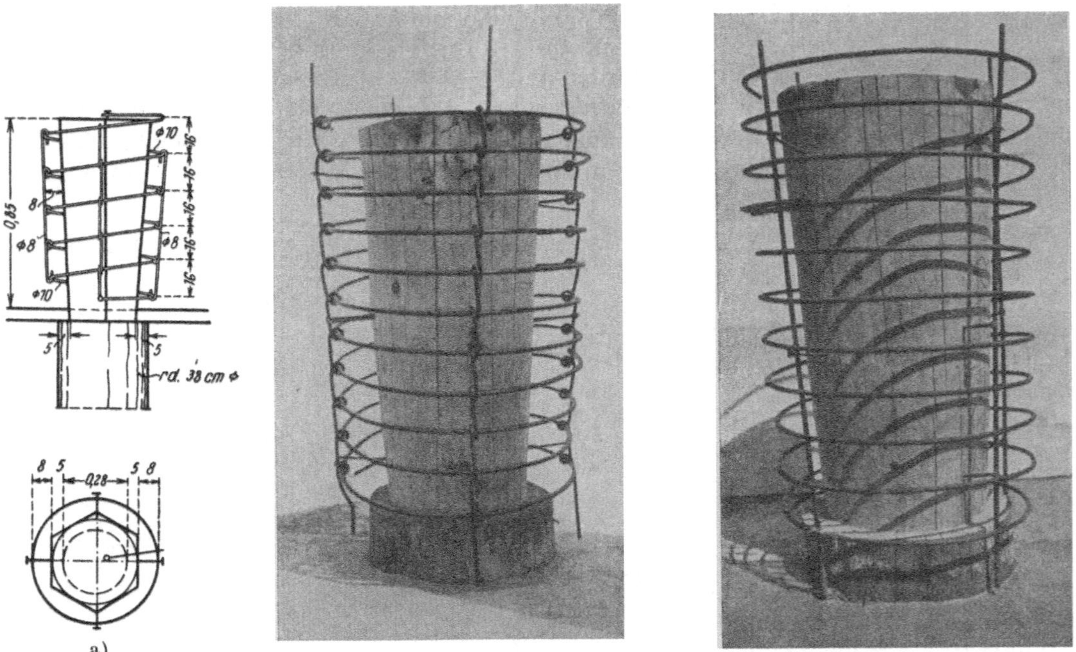

a) b) c)

Abb. 535. Zugsichere Ausbildung der Köpfe hölzerner Zugpfähle für Betonroste. (Aus Brennecke-Lohmeyer: Der Grundbau 4. Aufl. Bd. 2.)

3. Beispiele ausgeführter Pfahlgründungen.

Ufermauern sind früher fast ausschließlich auf hochliegenden Pfahlrosten gegründet worden; hierbei sind die verschiedensten Bauweisen angewendet worden, über deren wichtigste die Abb. 546 einen Überblick gibt. Der Holzrost, der anfänglich ausschließlich verwendet worden ist, ist im Laufe der Zeit

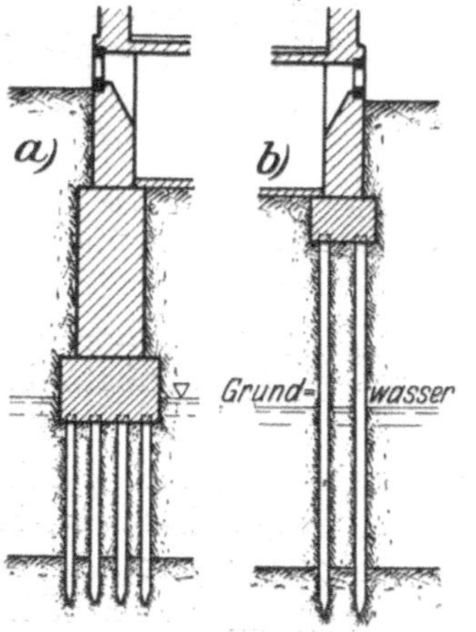

Abb. 536. Betonpfahlrost für die Gründung einer Hausmauer. a) Auf Holzpfählen, b) auf Eisenbetonpfählen.

Abb. 537. Blick unter ein Dampfturbinengrundwerk während der Unterfangung. (Reymond Concrete Pile Comp., New York.)

a Eisenbetonsäulen zwischen den neuen Eisenbetonpfählen und dem alten Grundwerk, *b* alte Holzpfähle, *c* Kopflöcher von herausgeschnittenen Holzpfählen.

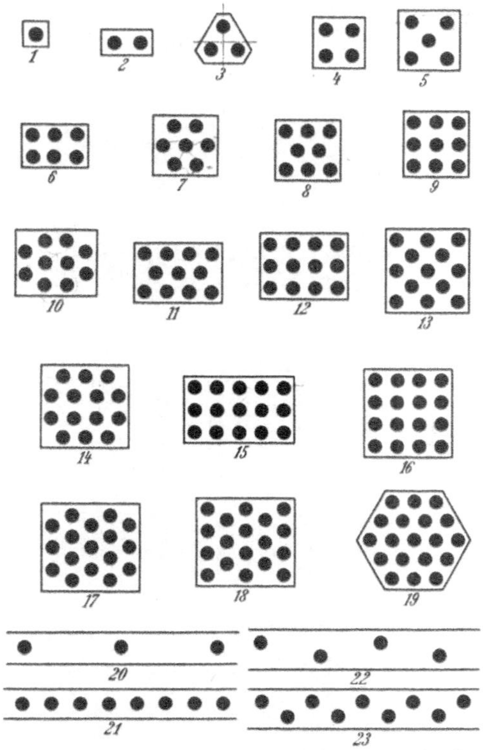

Abb. 538. Anordnung von Pfählen unter Säulen und Mauern.

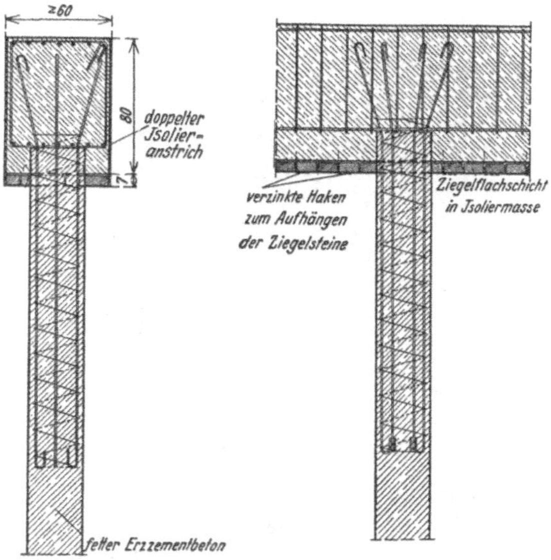

Abb. 539. Mastpfahl und Eisenbetonbankett mit Isolierung gegen angreifendes Grundwasser bei der Gründung des Kleist-Lyzeums in Berlin. (Nach G. Klose: Bautechnik 1928 S. 408.)

Abb. 540. Isolierung eines Eisenbetonrostes durch eine Lage Klinkerziegel. (Nach G. Klose: Bautechnik 1928.)

Abb. 541. Gerammte Schleuderbetonpfähle für eine Gebäudemauer. (Siemens-Bau-Union.)

immer mehr und mehr vom Beton und Eisenbeton verdrängt worden. Die Mauern können als überbaute Böschungen (Abb. 546a) ausgeführt sein; um an Rostbreite

Abb. 544. Eisenbetonbankette auf Pfählen für ein Wohnhaus. (Stern-Gesellschaft für moderne Grundbautechnik.)

Abb. 545. Hochliegender Eisenbetonpfahlrost für eine Ufermauer in Argentinien. (Dyckerhoff & Widmann.)

Abb. 542. Die Bewehrung für den Bankettrost über den in der Abb. 541 dargestellten Pfählen wird geflochten. (Siemens-Bau-Union.)

Abb. 543. Ein freigelegter Pfahlrost über konischen Hüllenpfählen. (Stern-Gesellschaft für moderne Grundbautechnik.)

zu sparen, hat man die Böschung steiler geneigt und mittels einer Packlage gesichert (Abb. 546b). Um die Roste noch weiter zu verkürzen, sind hinten liegende Spund-

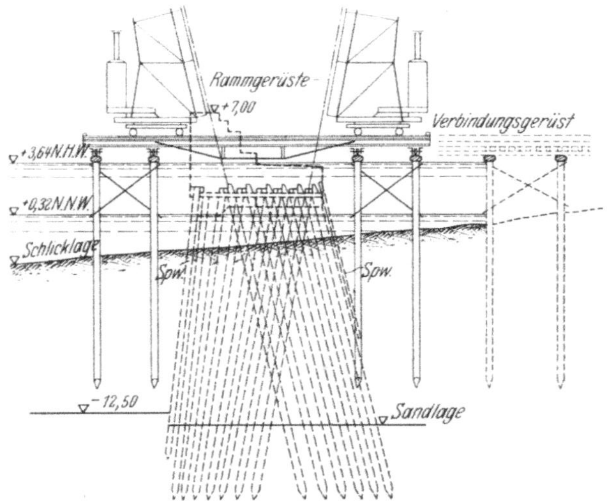

Abb. 549. Das Rammgerüst für die Gründung der Wesermauer in Bremerhaven. (Dyckerhoff & Widmann.)

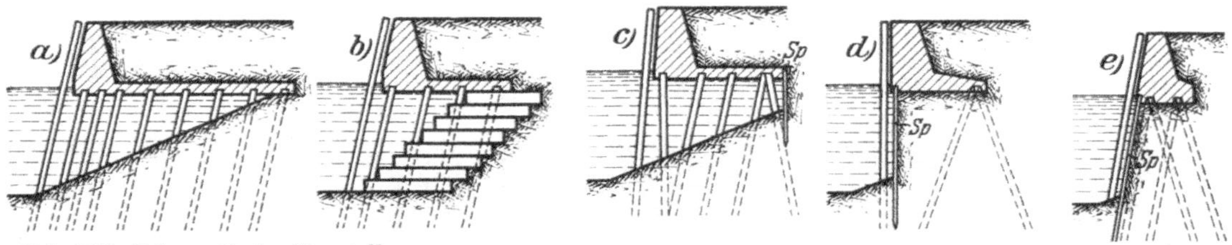

Abb. 546. Schematische Darstellung von Pfahlgründungen für Ufermauern. a) überbaute Böschung, b) Böschungsschutz mit Packwerk, c) Spundwand (*Sp*) hinten, d) und e) Spundwand (*Sp*) vorne.

Abb. 547. Hochliegender Holzrost vor der Übermauerung. (Ph. Holzmann A.-G.)

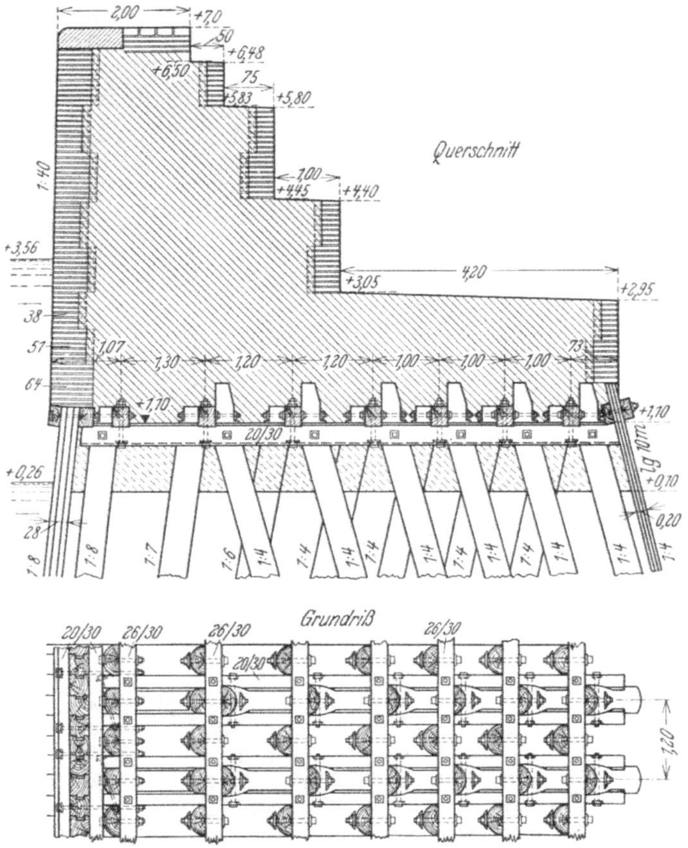

Abb. 548. Die Wesermauer in Bremerhaven. (Dyckerhoff & Widmann.)

wände und schließlich auch die vorne liegende Spundwand verwendet worden. Diese letztere Anordnung erfordert den schmalsten Rost, dafür aber die längste Spundwand. Zur Aufnahme der Schräglasten hat man die verschiedensten Pfahlanordnungen versucht; stets soll vermieden werden, daß die Langpfähle auf Biegung beansprucht

Abb. 550. Ansicht des Rammgerüstes für die Gründung der Wesermauer in Bremerhaven. (Dyckerhoff & Widmann.)

Abb. 551. Die verzimmerten Pfahlköpfe der Wesermauer in Bremerhaven. (Dyckerhoff & Widmann.)

werden. Diese Forderung läßt sich am besten erfüllen, wenn entweder alle Pfähle in der Richtung der Lastresultierenden gerammt werden oder wenn die Last zum Teil auf einfache Pfähle, zum Teil auf Pfahlböcke übertragen wird. In den folgenden

Abb. 552. Ein Spülbagger verfüllt den Raum zwischen den Pfahlköpfen der Wesermauer in Bremerhaven. (Dyckerhoff & Widmann.)

Abb. 547 bis 560 sind nun eine Anzahl von Ufermauern in verschiedenen Bauweisen als Beispiele zusammengestellt.

Weitere Beispiele für die Anwendung von Pfahlgründungen im Wasserbau zeigen die Abb. 561 und 562.

Im Brückenbau finden Pfähle Anwendung zur Gründung von Widerlagern und Strompfeilern, wenn die tragfähige Bodenschichte in größerer Tiefe liegt. Die Abb. 563

bis 570 zeigen einige Pfahlgründungen bei Brückenbauten. Die Pfähle werden bei diesen Bauten sowohl mit tiefliegendem als auch mit hochliegendem Rost verwendet; bei der letzteren Anordnung liegt die Brücke unmittelbar am Rost auf. Eine sehr bemerkenswerte derartige Gründung ist von Grün & Bilfinger gelegentlich des Baues der Lidingöbrücke bei Stockholm ausgeführt worden. Die Pfeiler bestanden dort aus je zehn 44 m langen Eisenbetonpfählen (vgl. S. 315), die, wie ein Blick in die Abb. 567 lehrt, einen hochliegenden Rost tragen, auf dem unmittelbar die Brücke ruht. Für die Ausführung des

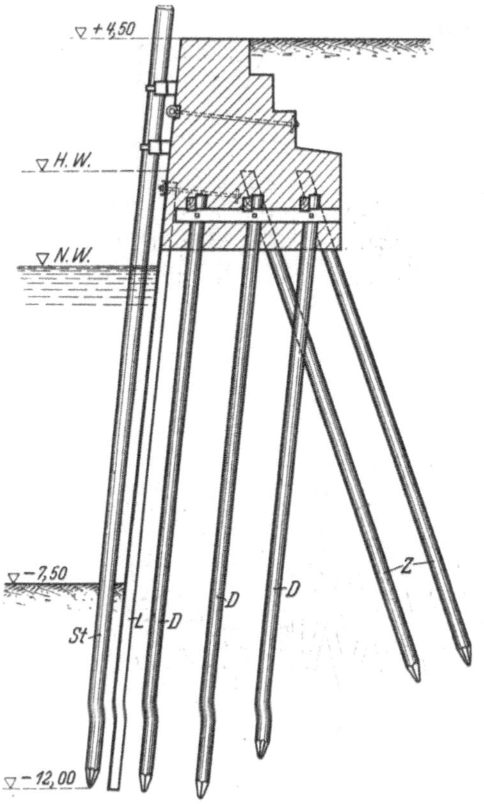

Abb. 553. Ufermauer. (Vereinigte Stahlwerke A.-G. Dortmunder Union.)

L Larsseneisen, *D* Druckpfähle, *Z* Zugpfähle, *St* Streichpfähle, auf schmalem, hochliegendem Betonrost mit eingespannten Pfählen.

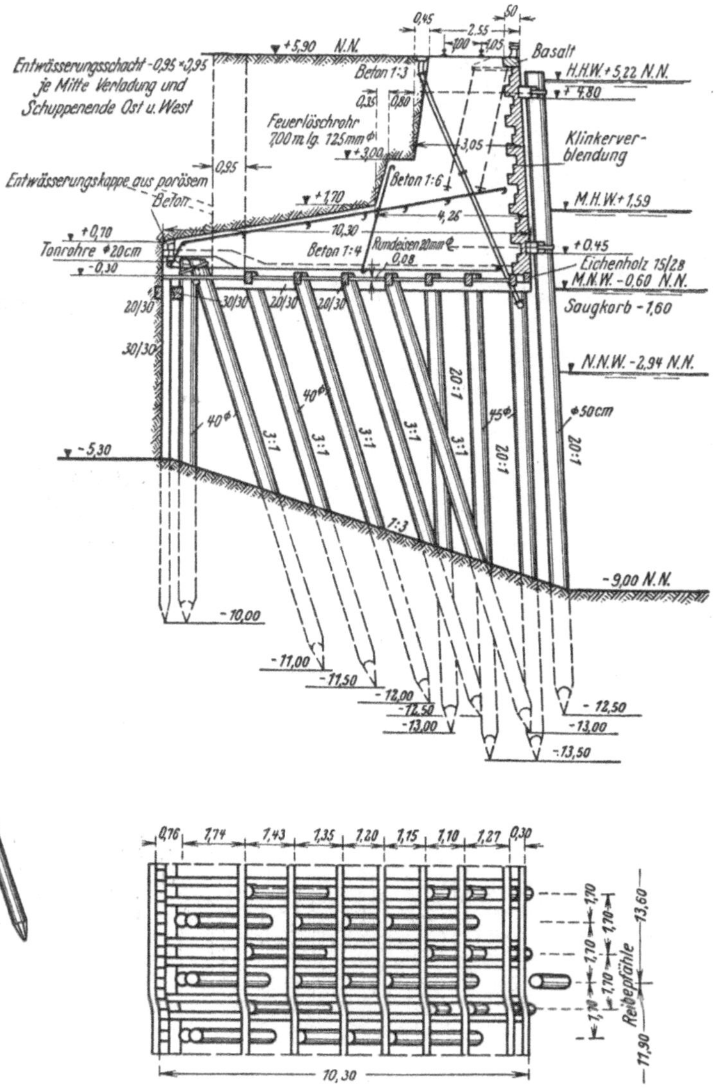

Abb. 554. Kaimauer am Reiherstieghafen in Hamburg. (Nach Petzel u. Behrends: Jb. d. Hafenbautechn. Ges. 1928/29 S. 301.)

Rostes ist der Mantel aus Eisenbeton mit Quaderverkleidung (Abb. 568) am Land hergestellt und von einem schwimmenden Gerüst aus auf die Pfahlköpfe abgesetzt worden (Abb. 569), an denen früher durch Taucher hölzerne Plattformen befestigt worden sind. Innerhalb des Mantels wurde dann mittels Unterwasserbetonierung vorerst eine 50 cm starke Betonschicht eingebracht, nach deren Erhärtung der Mantel leergepumpt (Abb. 570), die Bewehrung eingebracht und die Betonierung im Trockenen vollendet wurde.

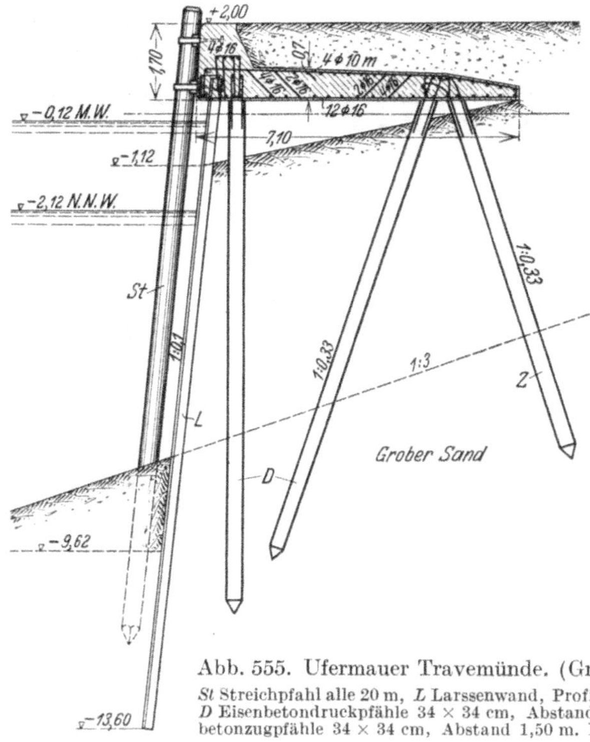

Abb. 555. Ufermauer Travemünde. (Grün & Bilfinger.)
St Streichpfahl alle 20 m, *L* Larssenwand, Profil III, lang 14,50 m, *D* Eisenbetondruckpfähle 34 × 34 cm, Abstand 1,50 m, *Z* Eisenbetonzugpfähle 34 × 34 cm, Abstand 1,50 m. Hafensohle —9,62.

Sehr zahlreich sind die zur Gründung von Hochbauten ausgeführten Pfahlgründungen; wenn der tragfähige Boden sehr tief oder überhaupt in nicht erreichbarer Tiefe liegt, können Säulen und Mauern auf Pfahlroste gesetzt werden. Als Pfähle kommen je nach der Beschaffenheit des Untergrundes Festpfähle oder Schwebepfähle zur Anwendung. Einen Überblick über die Austeilung der Pfähle unter den Rosten geben die Abb. 538 auf S. 361 und Abb. 571. Die Pfähle werden, wie schon betont worden ist, mit Nummern bezeichnet (Abb. 572) und in den Rammprotokollen werden über alle Pfähle Aufzeichnungen gemacht, so daß man sich bei allfälligen späteren Umbauten ein Bild über die zulässige Steigerung der Last machen kann.

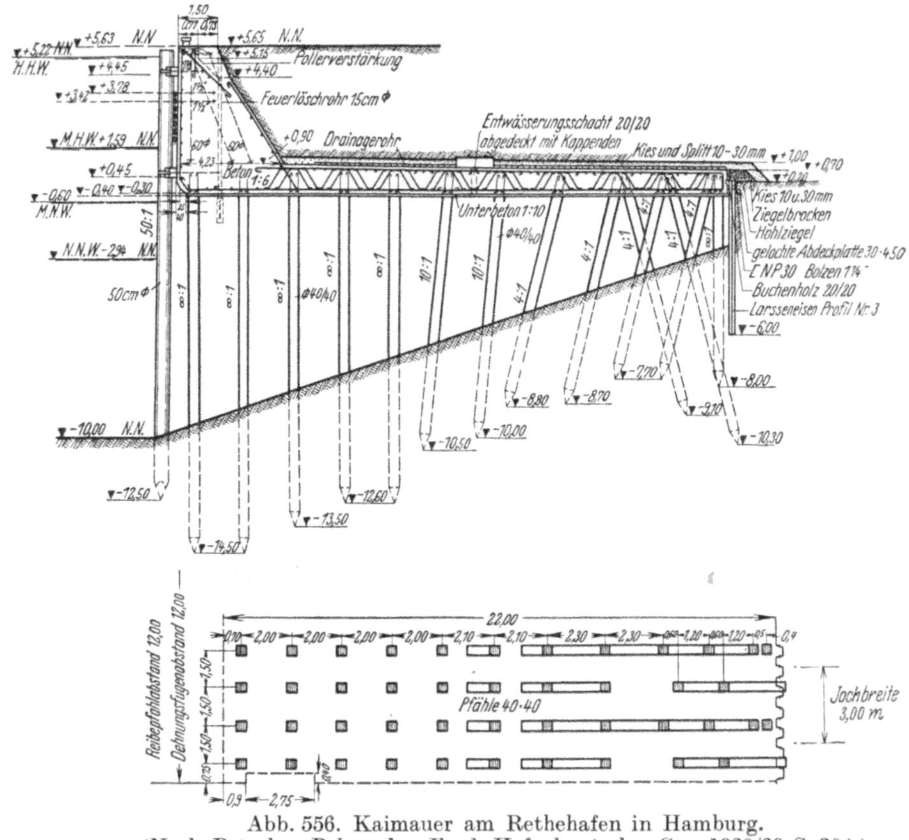

Abb. 556. Kaimauer am Rethehafen in Hamburg.
(Nach Petzel u. Behrends: Jb. d. Hafenbautechn. Ges. 1928/29 S. 304.)

Die Ausbildung der Roste für Mauern und Säulen lassen die beiden Abb. 573 und 574 erkennen. Wenn Holzpfähle gerammt worden sind, so muß der Rost, wie nochmals betont sei, unter dem tiefstmöglichen Grundwasserspiegel liegen.

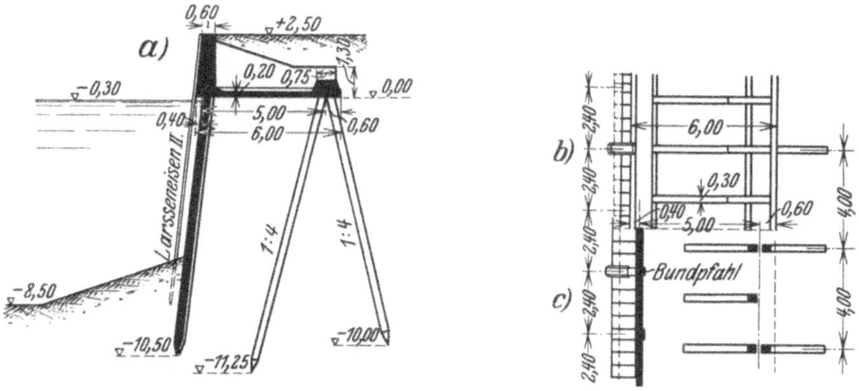

Abb. 557. Die Ufermauer in Flensburg. (Wayss & Freytag A.-G.)

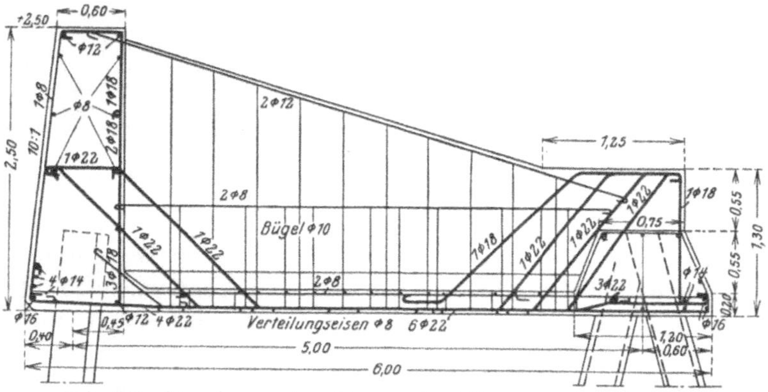

Abb. 558. Bewehrung der Rippen der Ufermauer in Flensburg.
(Nach O. Schulze u. B. Kressner: Handbuch für Eisenbetonbau 3. Aufl. 4. Bd. 1926.)

Abb. 559. Ansicht der Ufermauer in Flensburg vor der Hinterfüllung. (Wayss & Freytag.)

Wenn über den Rosten ein Nutzraum geschaffen wird, der unter den Grundwasserspiegel herabreicht, so muß durch eine durchlaufende Platte oder durch durchlaufende Gewölbereihen das Grundwasser abgehalten werden. Als Beispiel ist in den

Abb. 575 bis 579 die Gründung eines Schuppenspeichers für Stückgut in Stettin gezeigt.

Zur Verdichtung des Bodens und zur Übertragung der Last erst in größerer Tiefe werden manchmal unter durchlaufenden Grundwerksplatten Pfähle gerammt. Die

Abb. 560. Blick unter den hochliegenden Rost der Ufermauer in Charleston. (Mc Kiernan Terry Corp., New York.)

Abb. 580 gibt die Teilansicht einer solchen Gründung eines Maschinenhauses wieder, bei der 38000 Holzpfähle gerammt worden sind. Daß aber solche Pfähle nicht immer den erwarteten Erfolg bringen, ist schon auf S. 74 auseinandergesetzt worden.

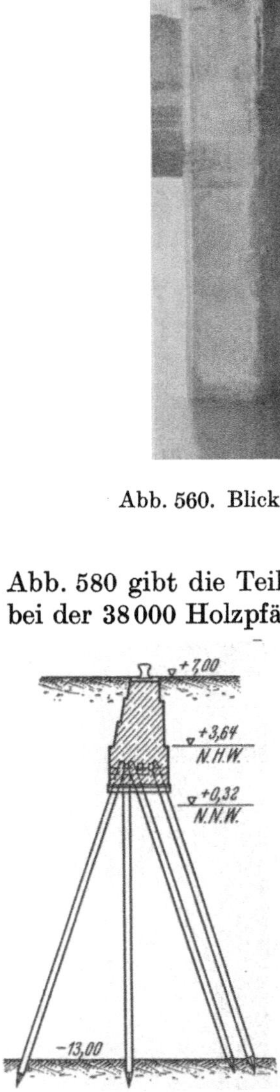

Abb. 561. Gründung der Poller hinter der Wesermauer in Bremerhaven auf Festpfählen. (Dyckerhoff & Widmann.)

Bei quarzhaltigem Sandboden kann, wie die Abb. 581 zeigt, durch chemische Versteinung des Sandes manchmal an Pfahllänge gespart werden.

In immer ausgedehnterem Maße werden Grundwerke für schwingende Lasten, wie Grundwerke von Gasmaschinen (Abb. 582), Dampfturbinen, Dampfhämmern u. dgl. auf Pfählen gegründet, um eine bessere Lastübertragung und eine Vermehrung der Masse des Grundwerkes zu erzielen.

Im Straßenbau und im Eisenbahnbau ergibt sich nur außerordentlich selten die Notwendigkeit, Pfahlgründungen anzuwenden. Eine interessante Gründung eines Straßenkörpers auf Moorboden ist in der Siemensstraße Oberschöneweide-Berlin auf Mastpfählen ausgeführt worden. Wie der Abb. 583 entnommen werden kann, hat man dort die Fahrbahn in zwei parallelen Streifen auf Pfählen gegründet und den Zwischenraum zwischen den beiden Streifen (über dem Kanal) mit Platten abgedeckt, so daß der Kanal jederzeit zugänglich gemacht werden kann. In der linken Platte sind Mannlöcher vorgesehen, durch die man zu den tieferliegenden Rohren gelangen kann.

Literatur: (Hochbau.) Burchartz: Die Betonpfahlbauten für das neue Hospitalgebäude auf Ellis Island, New York. Beton u. Eisen 1908 S. 257 (Raymond-Pfähle). — Colberg, O.: Gründung einer Kirche auf Betonpfählen System Mast. Dt. Bauzg. 1912 S. 58. — Horn: Über das Einrammen

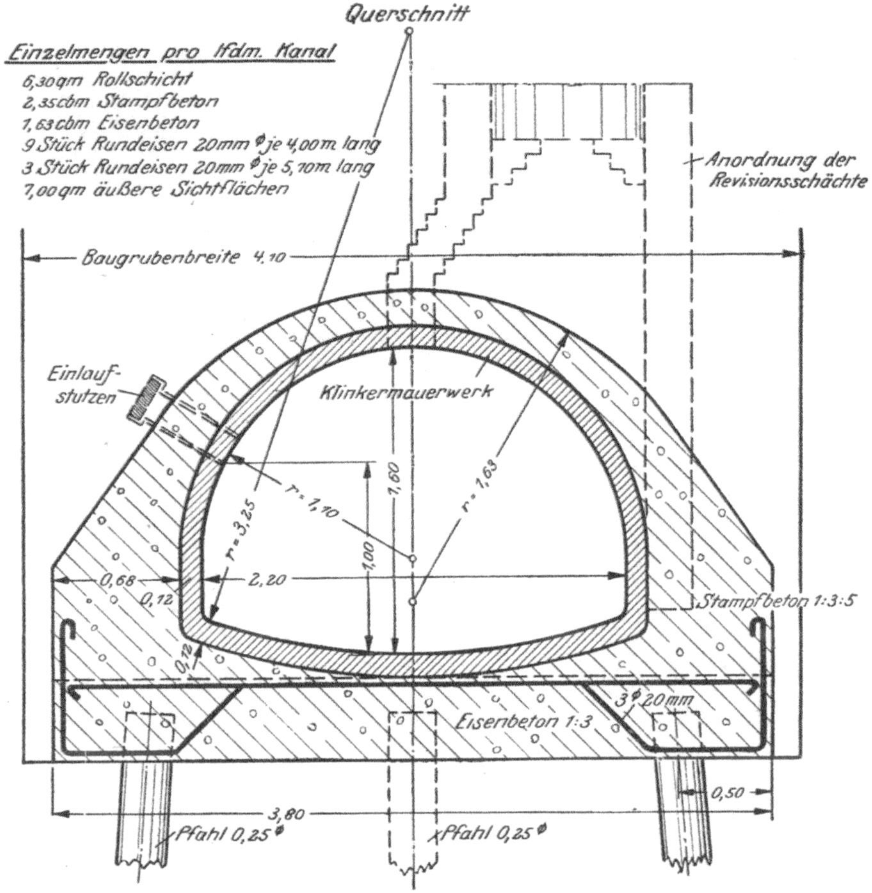

Abb. 562. Gründung eines Kanals in Berlin auf Pfählen.
(Nach H. Hahn und F. Langbein.)

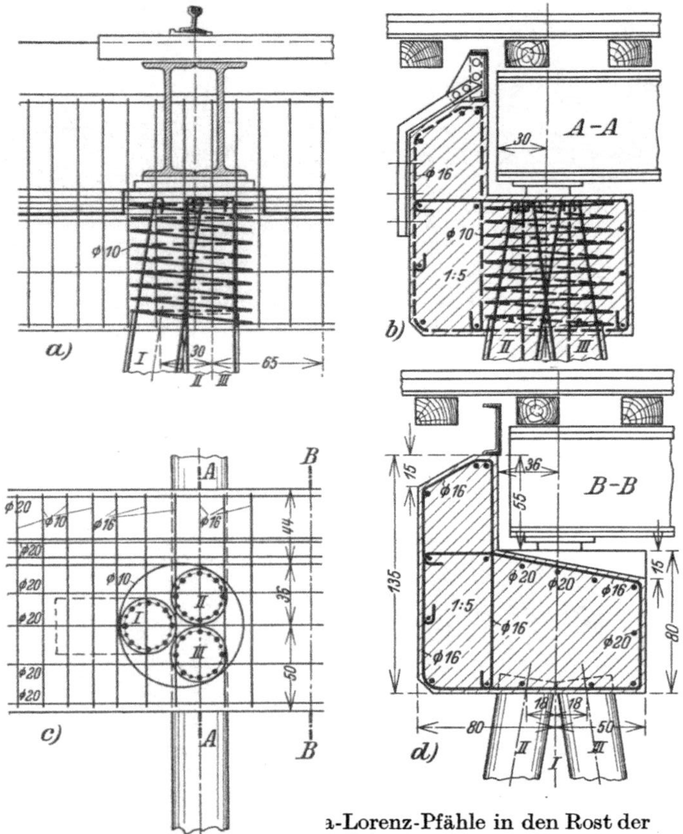

a-Lorenz-Pfähle in den Rost der Joche der Brücke über den Klärteich am Bahnhof Horrem.
(Lorenz & Co., Berlin-Wilmersdorf.)

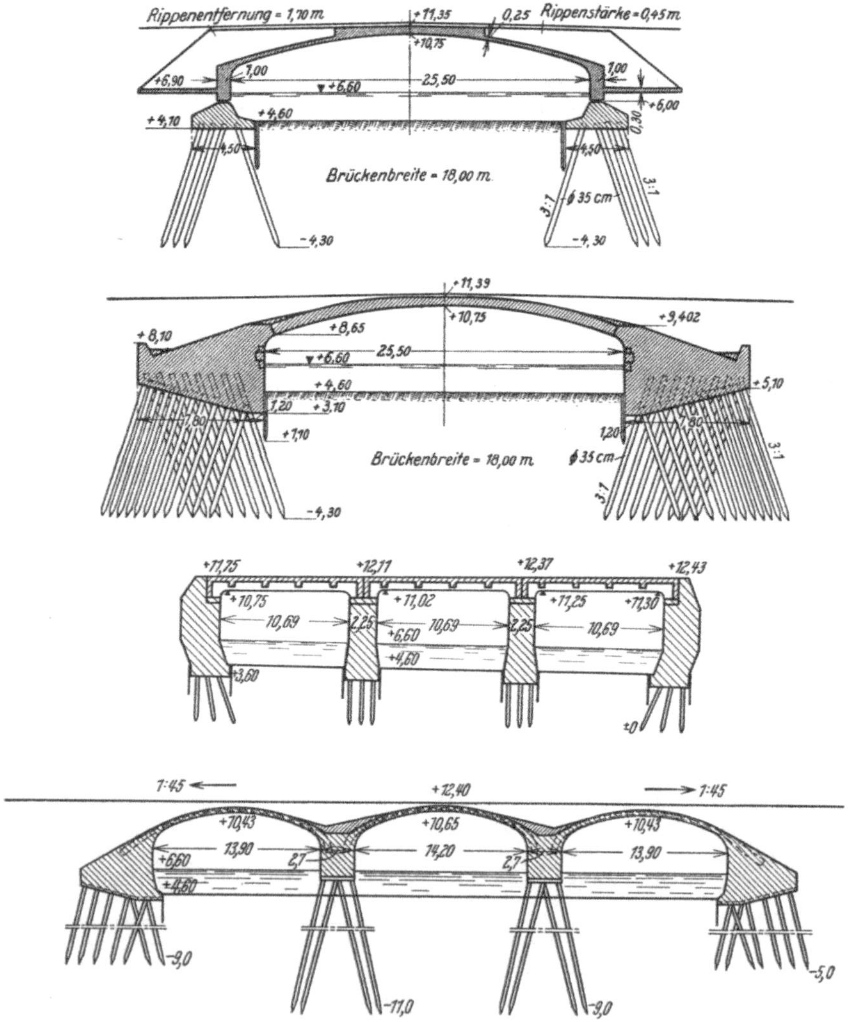

Abb. 564. Gründung von Brückenpfeilern und Widerlagern auf Pfählen. (Nach G. Leo: Beton u. Eisen 1928 S. 238.)

Abb. 565. Verladebrücke in Duisburg. (Dyckerhoff & Widmann.)

Abb. 566. Landungsbrücke Gray Bentos in Argentinien. (Grün & Bilfinger.)

von schweren, bewehrten Betonpfählen beim Bau der neuen Fischhalle in Ymuiden. Zentralbl. Bauverw. 1915 S. 489. — Kleinlogel, A.: Der neue Hauptbahnhof in Leipzig. Beton u. Eisen 1912 S. 144. — Klose, G.: Die Gründung des Kleistlyzeums in Berlin. Bautechnik 1928 S. 406. (Mastpfähle) — Möller: Die Ausführung des Empfangsgebäudes des Hauptbahnhofes in Hamburg, insbesondere die Gründungsarbeiten. Dt. Bauzg. 1904 S. 69. — Spangenberg: Zwei monumentale Hallenbauten in Eisenbeton

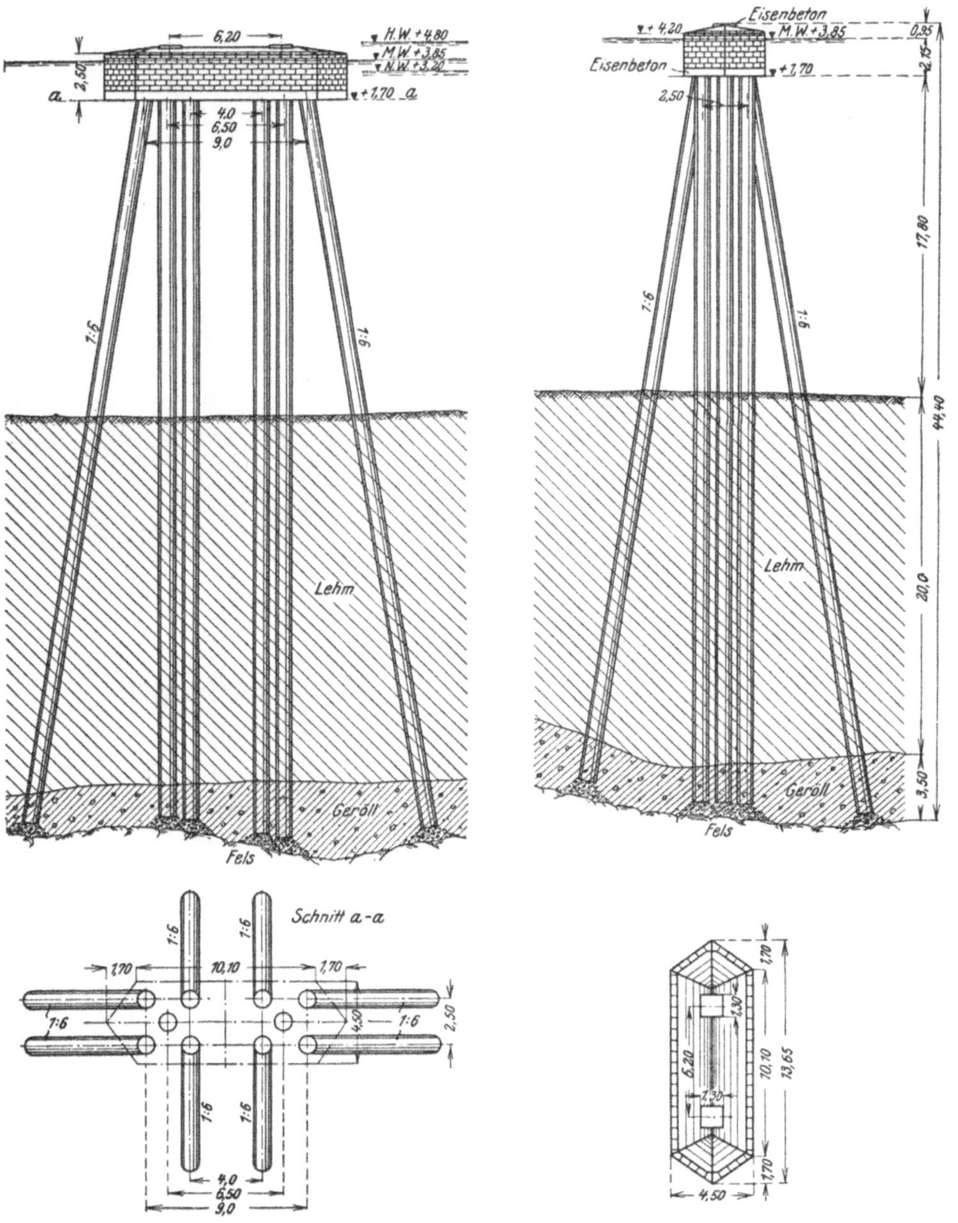

Abb. 567. Ein Pfeiler der Lidingöbrücke. (Nach Schaper: Bautechnik 1924 S. 407.)

Schweiz. Bauzg. 1910 S. 274 (Strauß-Pfähle). — Schürch: Eisenbetonpfähle und ihre Anwendung für die Gründungen im neuen Bahnhof Metz. Beton u. Eisen 1906 S. 398 (Züblin-Pfähle). — Voß: Gründung des neuen Regierungsgebäudes in Düsseldorf auf Eisenbetonpfählen. Zentralbl. Bauverw. 1909 S. 482 (Züblin-Pfähle). — Anwendung von umschnürtem Beton beim Bau der Schokoladefabrik Menier in Noixel sur Marne bei Paris. Beton u. Eisen 1906 S. 297. — Gründung Kursaal Cannstatt. Dt. Bauzg. 1907 S. 190. — Gründung auf Eisenbetonpfählen beim Bau des Polizeidienstgebäudes in Charlottenburg. Zentralbl. Bauverw. 1907 S. 530. — Pfahlgründungen für das Palacky-Monument in Prag. Beton u.

Eisen 1910 S. 132. — Das neue Dienstgebäude des bayrischen Verkehrsministeriums in München. Zentralbl. Bauverw. 1913 S. 218 (Simplexpfähle).

Literatur: (Wasserbau.) Hache: Der Seekanal von Gent nach Terneuzzen und der Hafen von Gent. Dt. Bauzg. 1914 S. 273, 289 (Holzpfahlrost). — Häfle: Pfahlgründungen an der Isar, an der Donau.

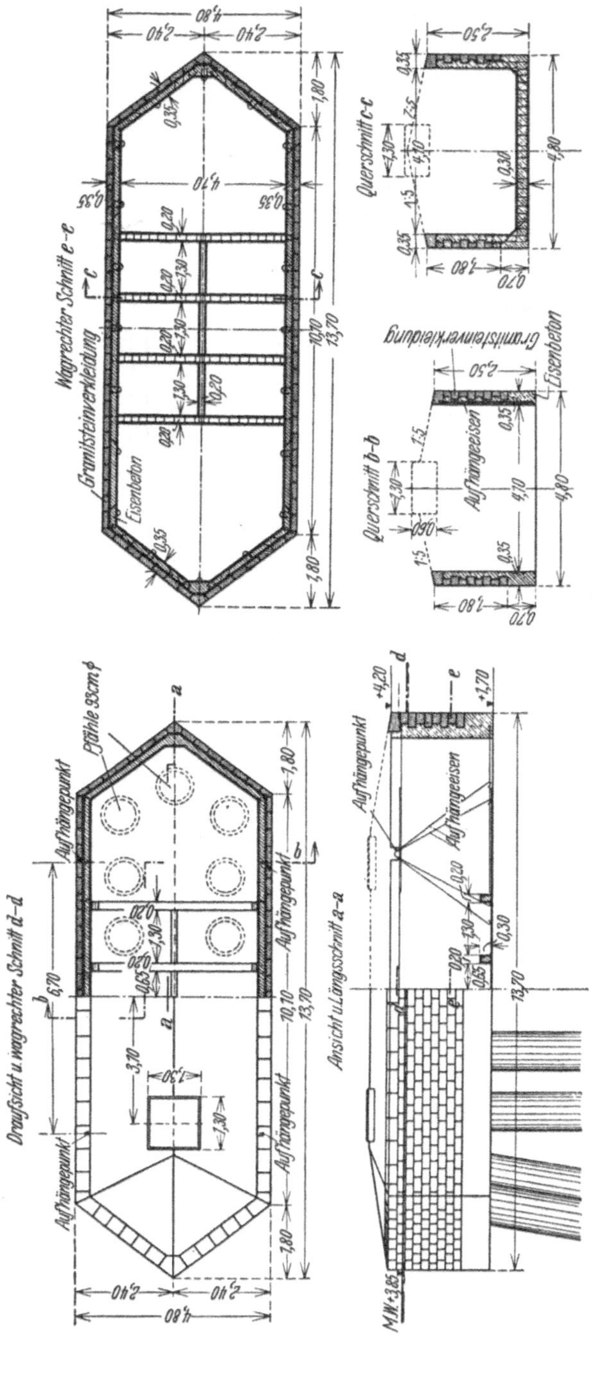

Abb. 568. Der Pfeilerkopfmantel aus Eisenbeton eines Pfeilers der Lidingöbrücke. (Nach Schaper: Bautechnik 1924 S. 408.)

Abb. 570. Blick in den Pfeilerkopfmantel vor der Betonierung. (Grün & Bilfinger.)

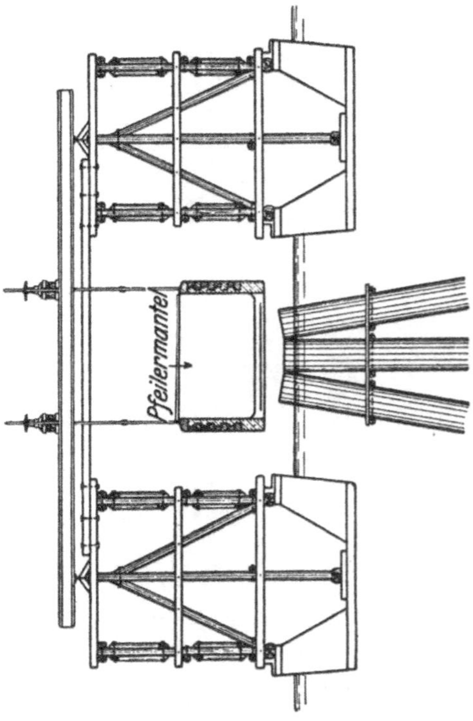

Abb. 569. Versetzen des Pfeilerkopfmantels. (Nach Schaper: Bautechnik 1924 S. 504.)

Zement 1927 S. 1082. — Martiensen, O.: Die Betonierung der Bauwerke für die Nordschleusenanlage in Bremerhaven. Bautechnik 1931 S. 153. — Müller, G.: Die neue Entwässerungsanlage in Codigoro. Schweiz. Bauzg. Bd. 74 (1919) S. 15, 47. — Stephenson: Concrete pile foundation for the Evansville Filters. Engg. News Rec. Bd. 61 (1910) S. 218. — Schroeter: Die Stütz- und Ufermauern am Südufer des Spandauer Schiffahrtskanales in Berlin. Bauing. 1924 S. 423. — Schubert, J.: Eisenbeton-

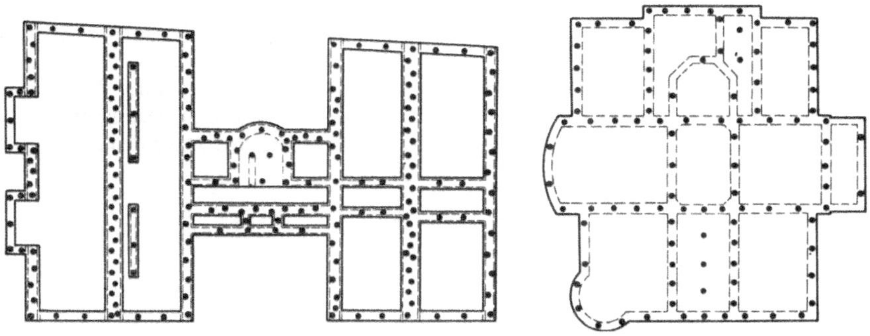

Abb. 571. Beispiele für die Austeilung der Pfähle unter Hochbauten. (A. Porr, Wien.)

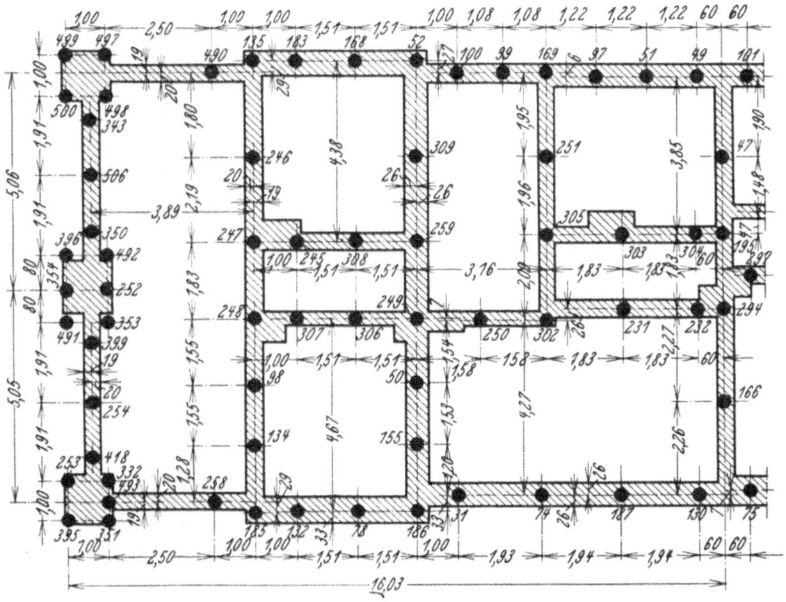

Abb. 572. Festlegung und Bezeichnung der Pfähle unter einem Hochbau. Dargestellt sind die Mauern über dem Rost. (Stern-Baugesellschaft für moderne Grundbautechnik.)

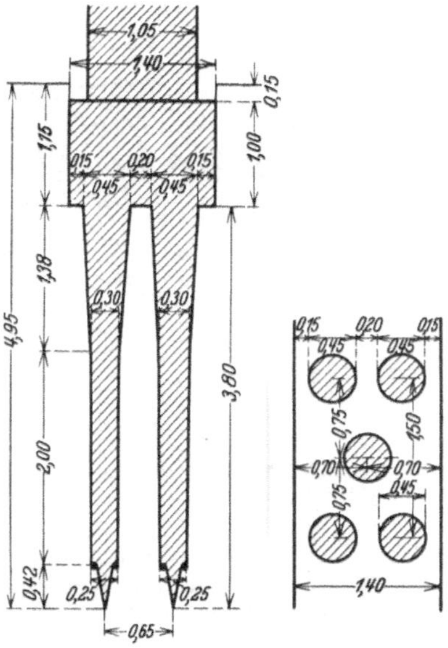

Abb. 573. Rost für eine Mauer auf Konuspfählen. (A. Porr.)

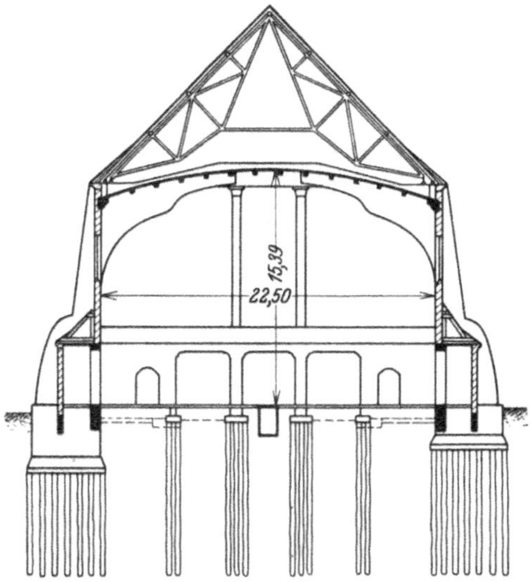

Abb. 574. Gründung der evangelischen Garnisonskirche in Ulm an der Donau auf Strauß-Pfählen. (Dyckerhoff & Widmann.)

pfahlgründungen im Wasserbau. Wasserwirtschaft 1926 S. 396. — Uferbefestigung in Eisenbeton. Bautechnik 1924 S. 248.

Literatur: (Hafenbauten Ufermauern.) Agatz, A.: Die Grundlagen der Entwurfsarbeiten von Kaimauern auf hohem Pfahlrost. Bautechnik 1930 S. 187. — Boomsma: Die Entwicklung des Kaimauerbaues in Rotterdam. Hafenbaut. Jahrb. 1927 S. 127. — Christiani: Über Eisenbetonkaimauern der

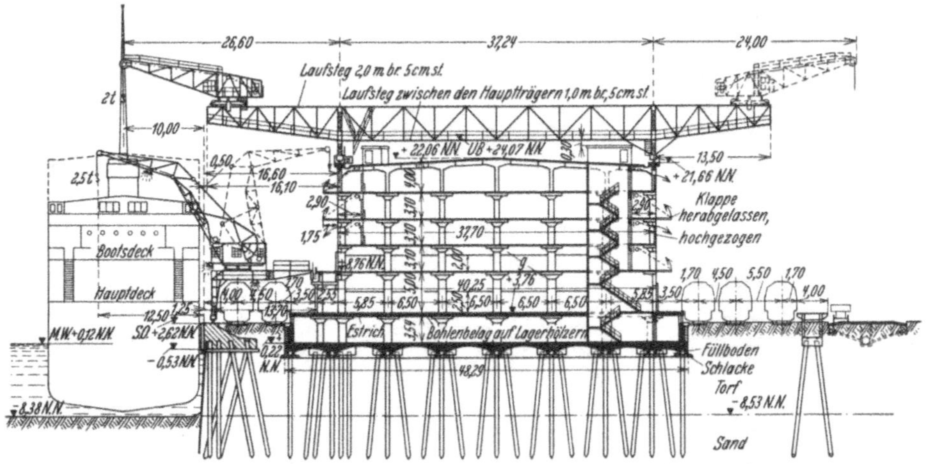

Abb. 575. Querschnitt durch den Schuppenspeicher in Stettin. (Nach Fabricius: Hafenbautechn. Jahrbuch 1928/29 S. 70.)

norddeutschen Seehäfen. Dt. Bauzg. 1913 S. 97 (Eisenbetonpfähle mit Eisenbetonrost). — Fabricius, G., u. H. Schultze: Ein neuer Schuppenspeicher für Stuttgart im Seehafen Stettin. Z. V. d. I. 1929 S. 1453. — Geiß: Eine neue Kaimauer mit Eisenbetonpfahlgründung. Z. Bauw. 1907 S. 549. — Hanst:

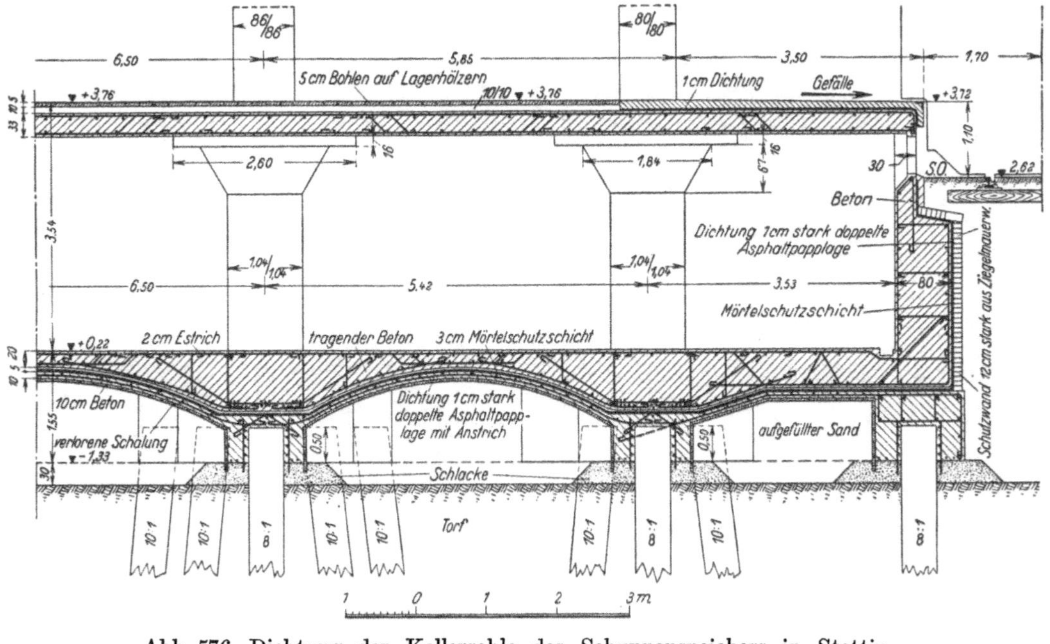

Abb. 576. Dichtung der Kellersohle des Schuppenspeichers in Stettin. (Nach Fabricius: Hafenbautechn. Jahrbuch 1928/29 S. 74.)

Rheinspeicher für die Stadt Köln. Beton u. Eisen 1911 S. 311. — Hedde: Neuere Kaimauern. Jahrb. dt. Ges. Bauing.-Wesen 1925. — Müller, A.: Hafenanlagen am Kanalhafen Lübecke in Westfalen. Bauing. 1920 S. 249. — Müller: Der Freihafen von Gothenburg. Zentralbl. Bauverw. 1926 S. 453 (Pfahlgründung mit Taucherglocke). — Pasemann: Der neue Osthafen der Stadt Berlin. Zentralbl. Bauverw. 1914 S. 322 (Holzpfähle). — Piel: Die Entwicklung der Hafenkaibauten in Holland. — Knoll u. Schaff: Der neue Königsberger Seehafen. Zentralbl. Bauverw. 1925 S. 153. — Lohmeyer-Brennecke: Grundbau

Bd. 2. Berlin: W. Ernst & Sohn 1930. — Krakau: Die Beton- und Eisenbetonbauten der neuen Emdener Hafenanlagen. Beton u. Eisen 1914 S. 351, 383 (Holzpfähle, Holzrost, Eisenbetonrost). — Reinken: Die Gründung der neuen Rheinspeicher am Agrippina-Ufer der Stadt Köln mit streckmetallumschnürten Eisenbetonpfählen. Dt. Bauzg. 1910 S. 13. — Schacht: Der Umbau der St. Pauli-Landungsbrücken in Hamburg. Dt. Bauzg. 1909 S. 14. — Schultze: Der neue Speicher im Stettiner Freibezirk. Zement 1929 S. 1185. — Derselbe: Die Verlängerung des Erzkais im Reiherwerderhafen. Bautechnik 1930 S. 489. — Schumack, J.: Die Lagerhallen für Kalisalze im Hafen von Antwerpen. Beton u. Eisen 1929 S. 237. — Tillmann, Andressen u. Agatz: Die Entwicklung der Umschlageinrichtungen in den bremischen Häfen. Hafenbaut. Jahrb. 1926 S. 91. — Vogeler: Die Erweiterung der Kaiserlichen Werft in Kiel. Zentralbl. Bauverw. 1909 S. 144. — Westermann: Die Befeuerung der Seeschiffahrtsstraße Stettin—Swinemünde. Bautechnik 1929 S. 386. — Witteven: Die Erweiterung des Hafens von Rotterdam im Zeitabschnitte 1907—1912. Zentralbl. Bauverw. 1914 S. 175. — Windolf: Arbeitsmethoden und Erfahrungen beim Bau der Fischereihafenerweiterung in Cuxhaven. Bautechnik 1925 S. 81. — Concrete quay wall in a coral foundation. Engg. News Rec. Bd. 66 (1912) S. 526. — Bau einer Kaimauer im Sund. Bauing. 1920 S. 234. — Eisenbetonpfähle von 33 m Länge zur Gründung von Pier III im Hafen von Manila. Bautechnik 1925 S. 461. — Die Bauarbeiten für den Jamaika-Bay-Boulevard in New York. Bautechnik 1925 S. 54. — Eisenbeton-Ufermauern im Hafen von Pesaro. Bautechnik 1925 S. 24. — Hafenbauten in Bremen. Bauing. 1926 S. 92.

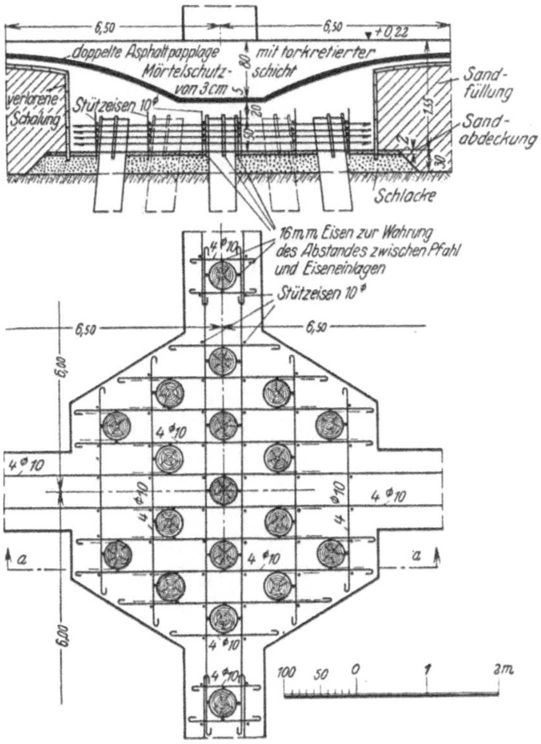

Abb. 577. Bewehrung des Pfahlrostes. (Nach Fabricius: Hafenbautechn. Jahrbuch 1928/29 S. 74.)

Abb. 578. Pfahlbild. (Nach Fabricius: Hafenbautechn. Jahrbuch 1928/29 S. 75.)

Literatur: (Brückenbau.) Anderson: Eine Eisenbetonbogenbrücke in Kristianstad. Beton u. Eisen 1916 S. 6. — Berman: Zwei Eisenbahnbrücken in Eisenbeton. Beton u. Eisen 1913 S. 361. — Bern-

Abb. 579. Die Pfähle mit der Bewehrung der Kellersohle. (Nach Fabricius: Hafenbautechn. Jahrbuch 1928/29 S. 75.)

hardt, K.: Die neue Straßenbrücke über die Spree in Fürstenwalde. Dt. Bauzg. 1914 S. 106 (Holzpfähle mit Betonrost). — Custer: Kanalüberdeckung mit Markthalle und Straßenbrücke in Mülhausen i. E.

Abb. 580. Teilansicht der Gründung des Maschinenhauses der Western Electric Comp. in Kearney, New Jersey, auf 38000 Holzpfählen, die mit McKiernan-Terry-Pfahlhämmern gerammt worden sind. *a* Pfahlhämmer.

Schweiz. Bauzg. Bd. 52 (1908) S. 18. — Ehrenberg: Der Umbau der Warnowbrücke bei Niexe usw. Bautechnik 1925 S. 541 (Holzpfähle mit Betonrost). — Gall: Brücke über die Alz bei Wiesmühl. Beton u. Eisen 1919 S. 152 (Bogenbrücke). — Haug: Die Neckarbrücke Ziegelhausen—Schlierbach. Dt. Bauzg.

1915 S. 60 (Holzpfähle mit Eisenbetonrost). — Janetzki: Gründung eines Brückenpfeilers auf Braunkohlenuntergrund. Zentralbl. Bauverw. 1910 S. 241. — Kapferer, W., u. Thiele: Straßenbrücke über die Saale bei Könnern. Beton u. Eisen 1929 S. 76. — Kuball, H.: Neubau der Ernst-Mautius-Brücke über die Bille in Bergedorf. Beton u. Eisen 1923 S. 168. — Derselbe: Brücke über den Tidekanal zu Hamburg. Beton u. Eisen 1925 S. 389. — Leo, G.: Neuere Hamburgische Straßenbrücken in Eisenbeton. Beton u. Eisen 1928 S. 237. — Lewerenz: Die neue Pegelbrücke zu Königsberg. Bautechnik 1925 S. 329. — Mörsch, E.: Verstärkung dreier Straßenbrücken im Zuge des Ems-Weserkanals bei Hannover. Dt. Bauzg. 1913 S. 43. — Schaper: Bau der Lidingöbrücke bei Stockholm. Bautechnik 1924 S. 405. — Derselbe: Der Wettbewerb für Entwürfe zu einer Verbindung über den Limfyord zwischen Colberg und Norresundberg in Dänemark. Bauing. 1921 S. 380. — Steude: Gründung der Florabrücke des Mittellandkanals bei Neuhaldensleben auf Betonpfählen aus Tonerdezement. Zentralbl.

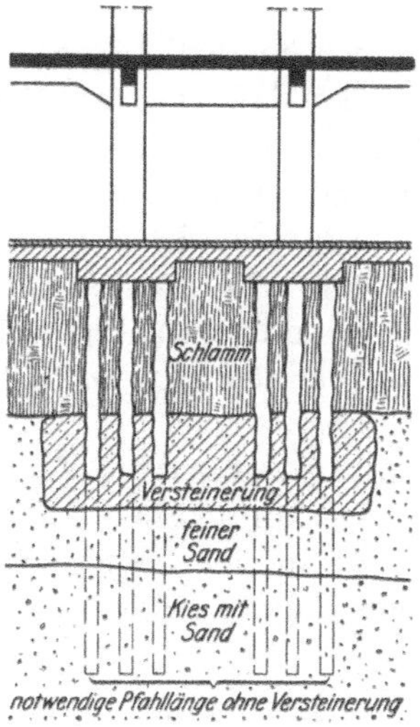

Abb. 581. Chemische Versteinung des Kiesbodens unter Pfählen. (Nach K. Bernhard: Bautechnik 1930 S. 18.)

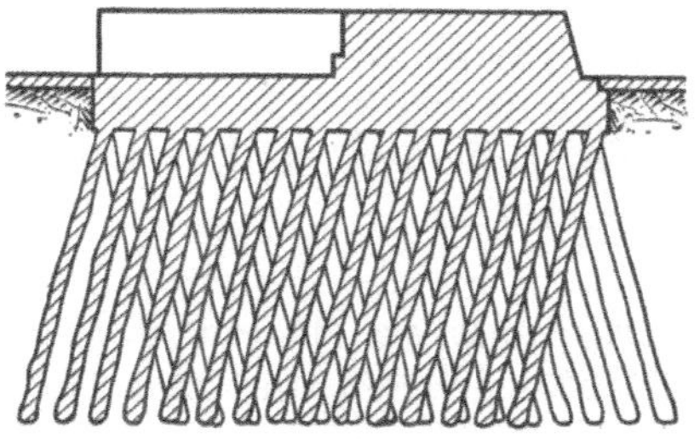

Abb. 582. Gründung eines Gasmaschinengrundwerkes auf Wolfsholz-Pfählen.

Bauverw. 1928 S. 728. — Stroß: Bericht über die Wiederherstellung eines eingegangenen Brückenwiderlagers in Eisenbetonkonstruktion. Beton u. Eisen 1908 S. 110. — Zum Wettbewerb für eine Straßenbrücke über die Reuß bei Gisikon. Schweiz. Bauzg. Bd. 72 (1918) S. 98. — Eisenbetonpfahl und Pfahlgründung für eine Klappbrücke in Island. Beton u. Eisen 1925 S. 123.

Literatur: (Eisenbahnbau.) Amiras: Die Fundierung einer Bahnunterführung in Eppeghem. Beton u. Eisen 1910 S. 431. — v. Biema: Über die Wiederherstellung der durch die Sturmflut beschädigten Darßbahn. Zentralbl. Bauverw. 1914 S. 613 (Strauß-Pfähle). — Kreß: Bemerkenswerte Bauausführungen bei der Berliner und Hamburger Hochbahn. Bautechnik 1925 S. 408 (Mastpfähle). — Mentzel: Bauanlagen für die Herstellung der elektrischen Zugförderung an der Eisenbahnlinie Magdeburg—Halle. Z. Bauw. 1914 S. 543, 551 (Strauß-Pfähle). — Ritter, A.: Ringförmiger Lokomotivschuppen im Rangierbahnhof Blocklans bei Bremen. Beton u. Eisen 1916 S. 25.

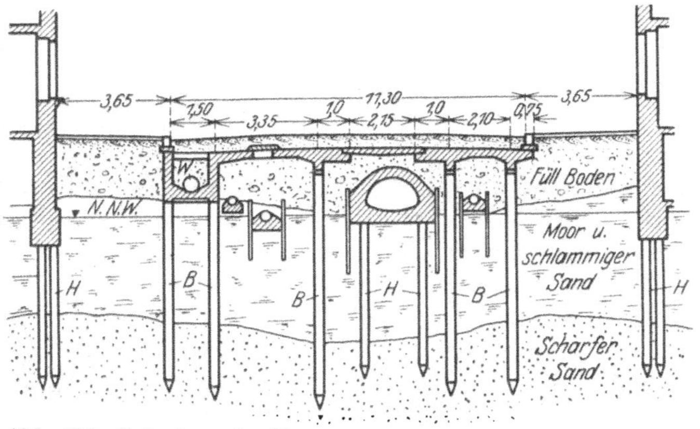

Abb. 583. Gründung der Siemensstraße in Oberschöneweide-Berlin auf Mastpfählen. (Nach O. Colberg: Handbuch für Eisenbetonbau.)
H Holzpfähle, *B* Betonpfähle, *W* Wasserleitungsrohr.

III. Senkgründungen.

Unter der Bezeichnung Senkgründungen werden alle Gründungsverfahren zusammengefaßt, bei denen das Grundwerk allein oder das ganze Bauwerk auf der Bodenoberfläche zusammengebaut und hierauf untergraben wird, so daß es unter dem Einflusse seines Gewichtes bis auf die beabsichtigte Tiefe in den Boden absinkt.

Die Senkgründungen werden weiter unterteilt in die Senkbrunnengründungen, in die Senkkastengründungen und in die Druckluftsenkgründungen.

a) Senkbrunnengründungen.

Unter Senkbrunnen versteht man röhrenartige Bauwerke beliebigen Querschnittes, aus deren Innenraum Boden abgegraben wird, so daß sie, die Mantelreibung überwindend, unter dem Einflusse ihres Gewichtes in den Untergrund lotrecht oder geneigt versinken. Bei der Ausführung eines Senkbrunnens wird der Brunnenmantel über Tag ausgeführt und es wird die Pölzung für den Aushub erspart.

Die Senkbrunnen werden entweder als selbständige Bauwerke zur Gewinnung oder Sammlung von Wasser gebaut oder sie werden bei Gründungen angewendet, um ein Bauwerk auf einzelnen Pfeilern zu gründen, die durch ungeeignete Schichte hindurch bis auf dicht gelagerte hinabreichen.

Ein Brunnen besteht aus dem sogenannten Brunnenkranz und dem Brunnenmantel, der aus Mauerwerk, Beton, Eisenbeton und in Ausnahmefällen auch aus Eisen hergestellt wird. Die Grundrißform des Brunnens ist in der überwiegenden Mehrzahl der Fälle kreisrund, es können aber auch beliebige andere Grundrißformen angewendet werden.

1. Der Brunnenkranz.

Der Brunnenkranz (Brunnenschling, Brunnenschneide, Senkschneide) bildet die Unterlage für den Brunnenmantel. Er wird der Grundrißform des Brunnens angepaßt

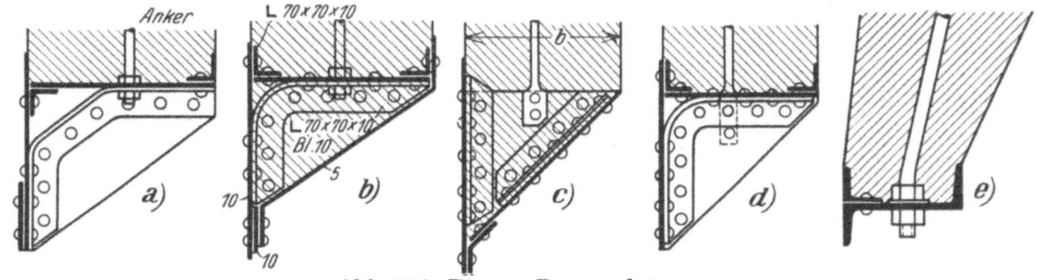

Abb. 584. Eiserne Brunnenkränze.

und hat die Aufgabe, während des Absenkens die am unteren Rande des Brunnens z. B. beim Auftreffen auf irgendein Hindernis auftretenden besonderen Beanspruchungen aufzunehmen und auf diese Weise den unteren, besonders gefährdeten Teil des Brunnens zu verstärken und auszusteifen. Der Brunnenkranz wird aus Eisen, Eisenbeton oder Holz ausgeführt und stets durch eine Anzahl von Ankern mit dem Brunnenmantel sicher verbunden. Die Bemessung des Brunnenkranzes geschieht nach Erfahrungsregeln, weil die nicht vorhersehbaren Beanspruchungen, die zahlenmäßig nicht erfaßbar sind, jene die vom gleichmäßig verteilten Erdwiderstand gegen die Schrägflächen weit überwiegen.

Eiserne Brunnenkränze erhalten Querschnitte, wie sie etwa in der nebenstehenden Abb. 584 angedeutet sind. P. Brinkhaus empfiehlt, die Breite b (Abb. 584c) des Kranzes eines kreisrunden Brunnens bis zu Wandstärken von $w = 0{,}5$ m gleich diesen, darüber hinaus aber höchstens 0,8 m groß zu machen und das Mantelmauerwerk dann gegen den Kranz hin von innen zu verjüngen. Die Höhe des Kranzes wird meist annähernd gleich der Breite gemacht und man wählt die Blechstärke s (mm) bei einem Innendurchmesser D_i in Metern gleich

$$s = 2\,D_i\,, \tag{518}$$

jedoch nicht schwächer als 5 mm und nicht stärker als 10 mm. Die Winkel werden gleichschenkelig genommen und erhalten Schenkelbreiten gleich der zehnfachen verwendeten Blechstärke. Die Nieten sollen einen Durchmesser von

$$d = \sqrt{5\,s\,(\mathrm{cm})} - 0{,}4\,\mathrm{cm} \qquad (519)$$

erhalten und die Nietteilung beträgt den 3,5- bis 5fachen Nietdurchmesser.

Die Brunnenschneide wird bei sehr weichem Boden (Abb. 584a, d und e) stumpf mit einem Schneidewinkel von 90° und bei festem Boden (Abb. 584b und c) scharf mit einem Schneidewinkel von etwa 45° ausgeführt. Bei spitzem Schneide-

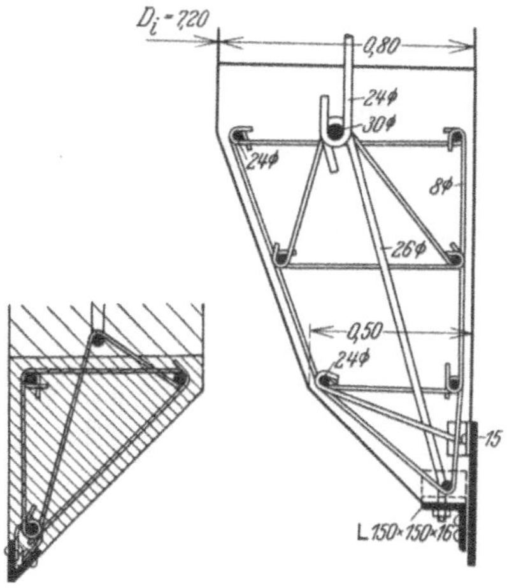

Abb. 585. Eisenbeton-Brunnenkränze.

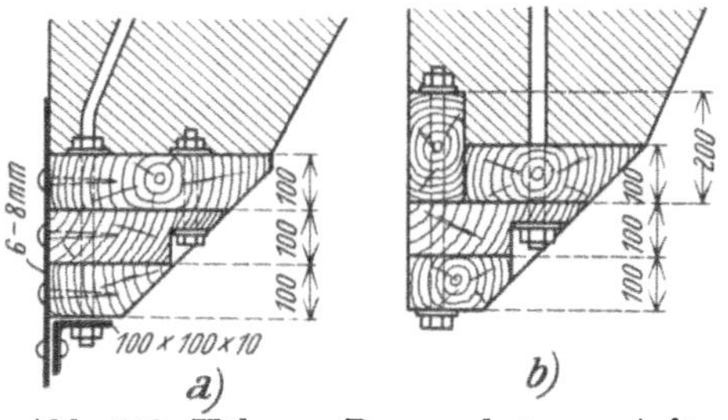

Abb. 586. Hölzerne Brunnenkränze. a) für runde Brunnen, b) für eckige Brunnen.

winkel wird die Schneide vor der Mauerung des Brunnenmantels ausbetoniert.

Die leichte Brunnenschneide, die in der Abb. 584e dargestellt ist, kann auch aus einem I-Eisen gebogen werden, dessen eine Flanschenhälfte schließlich autogen abgeschnitten wird.

Brunnenkränze aus Eisenbeton sind in der Abb. 585 dargestellt. Sie werden im Mischungsverhältnis 1 : 4 bis 1 : 5 hergestellt und erhalten eine Schneide aus Winkeleisen, die durch Laschen sicher mit der Bewehrung verankert werden.

Brunnenkränze aus Holz (Abb. 586) können angewendet werden, wenn sie ständig unter Wasser liegen. Die Stöße der Bohlen im Kranz werden in den einzelnen Lagen gegeneinander versetzt angeordnet. Die Schneide selbst wird in der Regel mit Eisen bewehrt; die Bewährung muß aber so angebracht werden, daß sie unter keinen Umständen vom hölzernen Kranz losgerissen werden kann, weil sie sonst ein Hindernis für die weitere Absenkung bilden würde.

Abb. 587. Sammelbrunnen für das Wasserwerk Ahlbeck-Seebad. Innendurchmesser 4,50 m, 17 m tief. (H. Nilewsky-W. Noçon, Charlottenburg.) *a* Anker.

2. Der Brunnenmantel.

Der Brunnenmantel wird über dem Brunnenkranz aufgebaut; er muß so bemessen werden, daß er alle Beanspruchungen während der Absenkung aufzunehmen vermag und er muß aber überdies so schwer sein, daß er infolge seines Gewichtes entgegen der Mantelreibung und einem allfälligen Auftrieb absinkt.

Der Brunnenmantel kann mit Klinkerziegeln (Abb. 587) oder Betonformsteinen gemauert, aus Beton, aus Eisenbeton oder ausnahmsweise aus Eisen ausgeführt werden. Die Mauerung mit Klinkerziegeln oder mit Betonformsteinen bietet den Vorteil, daß das Aufmauern in dem Maße erfolgen kann, in dem die Absenkung fortschreitet, daß also während der Absenkung der obere Brunnenrand stets in annähernd derselben Höhe liegt und daß der Brunneninnenraum durch keine Schalung beengt wird, daß daher der Aushub unbehindert vor sich gehen kann. Beim Betonieren des Brunnenmantels müssen Ringe von etwa 1 bis 1,5 m Höhe aufbetoniert werden; während dieser Arbeit ist der Innenraum durch die Steifen der Schalung beengt und es muß das Absenken so lange ausgesetzt werden, bis der Mantel hinreichend erhärtet ist. Diese Umstände müssen bei der Entscheidung für die Art des Mauerwerkes wohl beachtet werden.

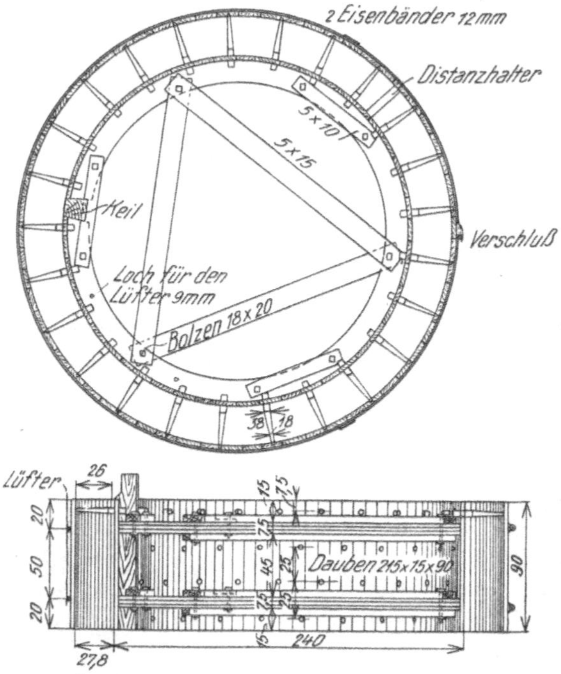

Abb. 588[1]. Schalung für einen Betonbrunnen. (Nach F. v. Emperger: Handbuch für Eisenbetonbau.)

Für zu betonierende Brunnen werden in der Regel Schalungen hergestellt, die wiederholt zu verwenden sind. Ein Beispiel für eine solche Schalung gibt die Abb. 588. Die innere Schalung besteht aus mehreren Teilen, die durch Keile in der richtigen Stellung gehalten werden, während die äußere Schalung aus schmalen lotrechten Schalbrettern besteht, die auf biegsame Bandeisenstreifen aufgeschraubt und durch Eisenbänder mit Spannschlössern zusammengehalten werden. Distanzhalter, die beim Fortschreiten der Betonierung wieder herausgenommen werden, sichern den Abstand der beiden Schalungen. Wenn der Brunnen für Wassergewinnungszwecke mit durchlässigem Mantel auszuführen ist, so werden durch die innere Schalung Holzkeile, wie sie in der Abb. 588 deutlich zu erkennen sind, geschoben und nach dem Abbinden des Betons wieder herausgezogen.

Über die Beanspruchungen, die ein Brunnenmantel während des Absenkens erfährt, weiß man bisher nichts Sicheres. Wenn der Brunnen abgesenkt ist, so wird der Mantel durch den Erddruck und den dem Höhenunterschied der Wasserspiegel außen und innen entsprechenden Wasserdruck beansprucht. Während der Wasserdruck leicht zu ermitteln ist, werden für den Erddruck Annahmen gemacht, die zwar plausibel, aber nicht bestätigt sind. Meist läßt man den Erddruck auf den kreiszylindrischen Brunnenmantel bis zu Tiefen von 10 bis 14 m so wie jenen auf eine lotrechte Stützwand zunehmen und rechnet von dieser Tiefe mit einem konstanten Druck weiter, weil die Erfahrung gelehrt hat, daß in größeren Tiefen infolge der Bildung von um den Brunnen liegenden Tragringen der Erddruck nicht weiter zunimmt.

Mit der Bildung der Tragkörper um eine kreisförmige Bohrung hat sich K. Terzaghi befaßt; er unterscheidet zwischen Körpern, die dem Hookeschen Gesetz gehorchen, vollkommen plastischen bindigen und körnigen Böden. Die Spannungs-

[1] Diese, sowie die folgenden Abb. 597, 611, 629, 630, 631, 632, 647, 649, 654, 688, 691, 692, 693, 701 stammen aus A. Schoklitsch: Der Wasserbau. Berlin: Julius Springer 1930.

verteilung um ein kreisrundes Loch in einem Stoffe, der dem Hookeschen Gesetz gehorcht, ist in der Abb. 589a dargestellt; die Radialspannungen sind am Lochrande bekanntlich gleich Null und die Tangentialspannungen steigen auf den doppelten Druck p an, der vor der Herstellung des Loches geherrscht hat. In einiger Entfernung vom Loch nähern sich sowohl die Radial- als auch die Tangentialspannung wieder dem Drucke p.

In bindigen Böden herrscht im Bereiche um das Loch, nach Terzaghis Anschauung, die in der Abb. 589b dargestellte Spannungsverteilung. Der Radialdruck an der Lochwand ist nicht mehr gleich Null, wohl aber kleiner als der Druck p vor der Herstellung des Loches, weswegen der bindige Boden anschwillt und, wenn er nicht durch irgendwelche Maßnahmen verhindert wird, den Lochquerschnitt verkleinert. In wasserfreien Löchern wird der zur Aufrechterhaltung des Gleichgewichtes erforderliche Radialdruck von der Oberflächenspannung des Porenwassers ausgeübt, weswegen ein solches Loch ohne Aussteifung bestehen kann. Wenn das Loch von Wasser erfüllt ist, fällt die Oberflächenspannung in den Poren weg und das Loch muß einen Einbau erhalten.

Bei körnigem Boden (Sand) kann das Loch überhaupt nur mit einem Einbau bestehen. Die Spannungen dürften nach K. Terzaghi in der Umgebung ähnlich wie in der Abb. 589b, nur etwas steiler verlaufen.

Jedenfalls kann es als feststehend gelten, daß der Erddruck gegen den Mantel eines Brunnens kleiner ist als jener gegen eine ebene Wand in gleicher Tiefe.

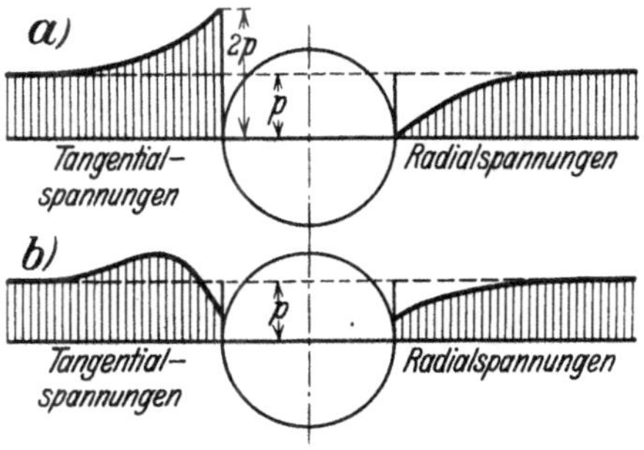

Abb. 589. Spannungsverteilung um ein kreisrundes Loch. a) bei Stoffen, die dem Hookeschen Gesetz gehorchen, b) in luftfreiem, plastischem Ton. (Nach K. Terzaghi.)

Die Mindestwandstärke eines kreisrunden Brunnens, die aus statischen Gründen überhaupt möglich wäre, ergibt sich, wenn man den Brunnen als dickwandige Röhre unter dem gleichmäßig am Umfang verteilten Außendruck p auffaßt. Als Außendruck wird der Erd- und der Wasserdruck angesehen. Bezeichnet R_a den Außendurchmesser, R_b den Innendurchmesser, so gilt

$$\frac{R_a}{R_i} = \sqrt{\frac{k_d}{k_d - 1{,}7\,p}}, \tag{520}$$

wobei Längen in m und Spannungen in t/m² zu nehmen sind und für die zulässige Druckbeanspruchung des Brunnenmantels

bei Klinkermauerwerk in Zementmörtel . .	$k_d = 200$—500 t/m²
bei Beton 1 : 5	$k_d = 250$—400 „
bei Gußeisen	$k_d = 3000$ „

zu setzen ist.

Diese Formel ergibt aber in der Regel so kleine Wandstärken, daß man sie mit Rücksicht auf die unvorhersehbaren Beanspruchungen nicht ausführen darf.

Gleichmäßig über den Umfang verteilte Bodendrücke gegen den Brunnenmantel werden nur in vollkommen homogenem Boden zu erwarten sein. Tatsächlich werden die ungleich dichte Lagerung der Schichten und Einlagerungen von Holz, Steinen u. dgl. in der Regel eine ungleichmäßige Verteilung der Bodendrücke bewirken. Färber trägt der ungleichmäßigen Verteilung des Außendruckes Rechnung und macht die Annahme, daß die Bodendrücke radial gerichtet sind und sich längs des Umfanges nach der Beziehung

$$p_\alpha = p_A\left[1 - (\omega - 1)\sin\alpha\right] = p_A\,(1 - \omega'\sin\alpha) \tag{521}$$

ändern mögen, wobei die Bedeutung der Zeichen der Abb. 590 entnommen werden kann und

(522) $$\frac{p_B}{p_A} = \omega$$

und überdies

(523) $$\omega' = \omega - 1 = \frac{p_B}{p_A} - 1$$

gesetzt ist.

Für die Beanspruchung des Brunnenmantels erhält er dann

(524) $$N_A = p_A r\,(1 + 0{,}7854\,\omega'),$$

(525) $$N_B = p_A r\,(1 + 0{,}50\,\omega'),$$

(526) $$M_A = -0{,}1488\,p_A r^2 \omega',$$

(527) $$M_B = 0{,}1366\,p_A r^2 \omega'.$$

In B entsteht innen Zug, in A innen Druck. Da man nicht weiß, an welcher Stelle des Mantels der größere Bodendruck auftreten wird, sind alle Stellen des Mantels so auszuführen, daß sie die angegebenen Beanspruchungen ohne Überschreitung der zulässigen Spannungen aufzunehmen vermögen; Brunnenmäntel aus Eisenbeton müssen daher stets eine doppelte Bewehrung erhalten.

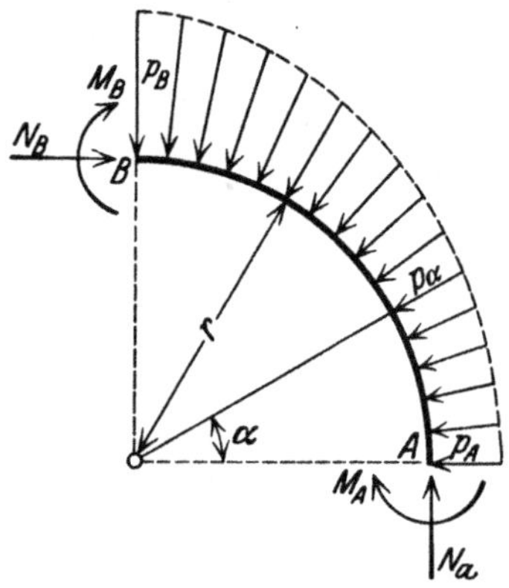

Abb. 590. Verteilung des Bodendruckes über den Brunnenmantel.

Vielfach sind kreisrunde Brunnenmäntel nach Erfahrungsregeln bemessen worden. Die Wandstärke von Brunnen aus Klinkerziegelmauerwerk wird bei einem Innendurchmesser D_i

von	1 bis 1,5	1,5 bis 3,5	3,5 bis 5,5	5,5 bis 7,0 m
	1	1,5	2,0	2,5 Stein

stark gemacht. Die Wandstärke w von kreisrunden Brunnen vom Innendurchmesser D_i (cm) aus Stampfbeton empfiehlt P. Brinkhaus nach der Regel

(528) $$w\,(\text{cm}) = \frac{D_i\,(\text{cm})}{10} + (5 \text{ bis } 12\,\text{cm})$$

und jene von Eisenbetonbrunnen nach der Regel

(529) $$w\,(\text{cm}) = \frac{D_i\,(\text{cm})}{12} + (5 \text{ bis } 10\,\text{cm})$$

zu bemessen.

Kreisrunde Eisenbetonbrunnen sind entweder als zylindrische dickwandige Röhren mit gleichmäßiger Wandstärke ausgeführt worden oder man hat sie als dünnwandige Zylinder ausgebildet, die durch waagrecht angeordnete Ringe versteift worden sind (vgl. Abb. 611). Der Abnahme des Erddruckes gegen den Brunnenmantel nach oben hin kann durch Verringerung der Bewehrung Rechnung getragen werden. Eine Verringerung der Wandstärke der Brunnen nach oben hin ist nicht zu empfehlen.

Brunnen nicht kreisförmigen Grundrisses ergeben sich, wenn ihre Form dem Bauwerksumrisse angepaßt werden muß. Wenn solche Brunnengrundrisse eine größere Längenerstreckung haben, so werden sie zweckmäßig durch Querwände abgesteift. Zur Bemessung der Wandstärke werden solche Brunnen in waagrechte Streifen zerlegt, die als Rahmen unter Außenlast anzusehen sind. Die Abb. 591 gibt ein Beispiel für die Bewehrung eines quadratischen Brunnens.

Der Brunnen kann unter Umständen in axialer Richtung beansprucht werden, wenn er z. B. oben hängen bleibt und die Schneide weiter untergraben wird. Um in solchen Fällen ein Abreißen des Mantels oder ein Loslösen der Schneide vom Mantel zu verhindern, erhält der Mantel eine Längsbewehrung, die in der Schneide gut verankert wird. Nach einer Erfahrungsregel von P. Brinkhaus soll diese Längsbewehrung (Anker) gemauerter Brunnen mindestens einen Gesamtquerschnitt von

$$f\,(\mathrm{cm}^2) = (7{,}5 \text{ bis } 12{,}5)\, D_i\,(\mathrm{m}) \tag{530}$$

erhalten. Die Bewehrung wird in Abständen von 0,75 bis 1,0 m gleichmäßig über den Mantel verteilt und alle etwa 1,5 bis 2,0 m in eisernen oder Eisenbetondruckringen verankert. Die Anker werden bei gemauerten Brunnen aus Flacheisen oder aus Rundeisen, bei betonierten Brunnen stets aus Rundeisen hergestellt. Die Druckringe werden bei gemauerten Brunnen aus Flacheisen oder besser aus Rundeisen in Eisenbetonringen (Abb. 592) ausgeführt; diese Eisenbetonringe läßt man bei Brunnen für Wassergewinnung zweckmäßig etwa 20 cm über die Brunneninnenwand vorkragen, so daß sie als Auflager für Gerüsthölzer dienen können.

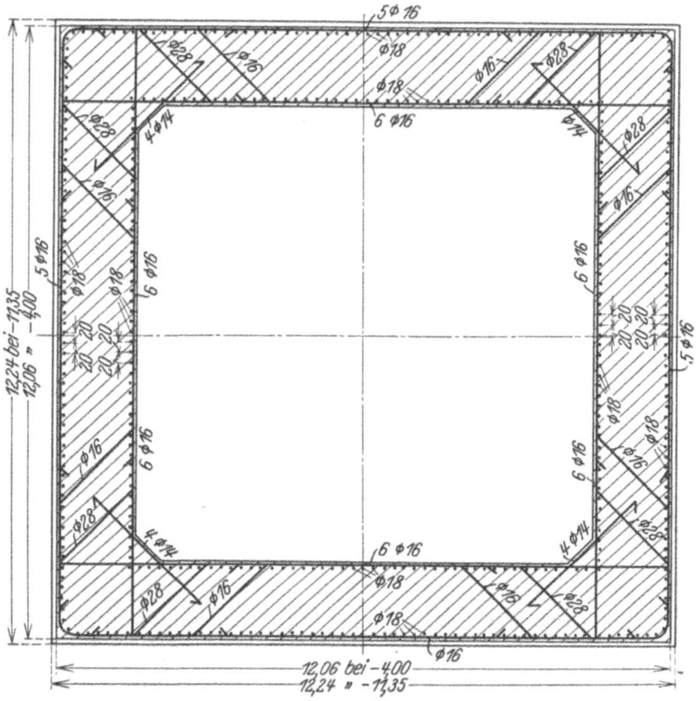

Abb. 591. Querschnitt durch einen quadratischen Brunnen. (Dyckerhoff & Widmann.)

Um das Absenken der Brunnen, das durch die Reibung zwischen dem Brunnenmantel und dem Boden sehr behindert wird, zu erleichtern, wird der Brunnenmantel außen mit einem Glattputz von etwa 2 cm Stärke aus fettem Zementmörtel versehen (vgl. Abb. 587). Die Mantelreibung wird unter Benützung der in der Tabelle 37 zusammengestellten

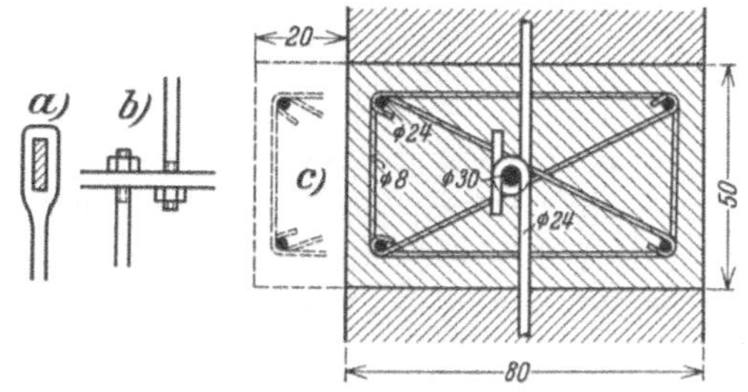

Abb. 592. Verbindung der Anker mit dem Druckring.

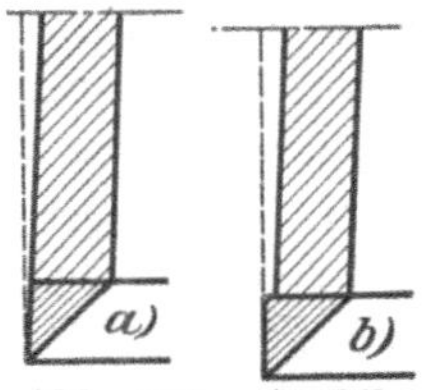

Abb. 593. Ausbildung der Brunnen zur Herabsetzung der Mantelreibung.

Reibungsbeiwerte μ ermittelt. Die Außenflächen von Brunnen für Gründungen erhalten überdies nach oben einen Anzug von etwa $^1/_{20}$ und man macht außerdem auch durch Verringerung des Außendurchmessers über dem Kranze einen kleinen Absatz (Abb. 593), der eine noch weitergehende Loslösung des Brunnenmantels vom Boden bewirkt. Bei Brunnen für Wassergewinnung ist der erwähnte Anzug und auch der Absatz über dem Kranze schädlich, weil beide Maßnahmen eine Zone lose gelagerten Bodens um den Brunnen schaffen, durch die mangelhaft oder gar nicht gefiltertes Tagwasser zur Brunnenschneide herabgelangen kann. Bei Wassergewinnungsbrunnen soll mindestens das untere Drittel zylindrisch ausgeführt werden und es muß, wenn der obere Teil verjüngt ist, um den Brunnen herum die Versickerung

Tabelle 27. Reibungsbeiwerte.

	Reibungsbeiwert der Ruhe
Glattes Mauerwerk auf festgelagertem Schlamm	0,10
Rauhes Mauerwerk auf festgelagertem Schlamm	0,20
Glattes Mauerwerk auf nassem Ton	0,20
Rauhes Mauerwerk auf nassem Ton	0,30
Glattes Mauerwerk auf Sand und Kies	0,30
Rauhes Mauerwerk auf Sand und Kies	0,60
Eisenblech auf Sand und Kies	0,4—0,5

von Tagwasser durch eine möglichst tiefreichende Lehmabdichtung verhindert werden, die in einem ringförmigen Schlitz um den Brunnen eingestampft wird.

3. Der Aufbau des Brunnens und die Absenkung.

Brunnen werden vom festen Erdboden aus oder durch Wasser abgesenkt. Bei der Absenkung vom Boden aus wird eine Baugrube ausgehoben, auf deren Sohle der Brunnenkranz zusammengebaut wird, auf den dann das Mantelmauerwerk zu liegen kommt. Die Tiefenlage der Baugrubensohle wird so gewählt, daß die Kosten der Tieferlegung der Brunnenscheide bei Aushub der offenen Baugrube ebenso hoch werden als bei Aushub im Innern des Brunnens; ein hochliegender Grundwasserspiegel kann aber bewirken, daß die Baugrubensohle nicht bis zu dieser im trockenen Boden wirtschaftlich günstigsten Tiefenlage herabverlegt werden kann.

Wenn ein Brunnen durch Wasser abgesenkt werden soll, so kann er entweder an Ort und Stelle aufgemauert werden oder er wird bis zur erforderlichen Höhe am Ufer des Gewässers ausgeführt und schwimmend zur Verwendungsstelle befördert.

Die Herstellung des Brunnens am Orte der Versenkung geschieht bei geringen Wassertiefen am besten auf einer Inselschüttung, die unter dem Schutze einer Spund- oder Pfahlwand ausgeführt worden ist. Bei größeren Wassertiefen kann der Brunnen auf einem Gerüst aufgebaut und mittels Schraubenspindeln auf die Sohle herabgelassen werden. Solche Gerüste werden ähnlich ausgeführt wie jene zur Versenkung von Druckluftsenkkästen (vgl. S. 413).

In sinnreicher Weise hat W. Breitenbach im Csepeler Hafen in Budapest einen Brunnen von 2,40 m lichter Weite für die Entnahme von Feuerlöschwasser über 5,20 m tiefem Wasser betoniert und abgesenkt, indem er in einer auf einem Pfahlgerüst feststehenden Gleitschalung den Brunnenmantel betonierte. Der Brunnen war mittels Schraubenspindeln an den Ankereisen aufgehängt und bewegte sich aus der Gleitschalung herunter, wenn die Spindeln nachgelassen wurden.

In der Abb. 594 und 595 ist das Gerüst und die Anordnung der Gleitschalung dargestellt.

Wenn ein Brunnen am Ufer aufgemauert wird, so muß er zur Beförderung zur Versenkungsstelle schwimmfähig gemacht werden. Hierzu kann der Brunnen entweder unten durch ein verkehrtes Kuppelgewölbe aus Holzstöckeln abgeschlossen werden, das sich gegen den Brunnenkranz stützt oder er wird bei Ausführung aus dünnwandigem Eisenbeton oder aus Eisen doppelwandig (Abb. 596) ausgeführt. Wenn der Brunnen durch den Abschluß mit einem hölzernen Gewölbe schwimmfähig gemacht wird, so muß der Brunnenkranz für die Aufnahme des Horizontalschubes des Gewölbes durch Zuganker verstärkt werden, die nach Entfernung des Gewölbes wieder abgenommen werden. An der Versenkungsstelle wird der Brunnen durch eingeleitetes Wasser beschwert und wenn er die Sohle nahezu erreicht hat, wird das Gewölbe von oben durchstoßen. Der Brunnen setzt sich dann auf die Sohle und die

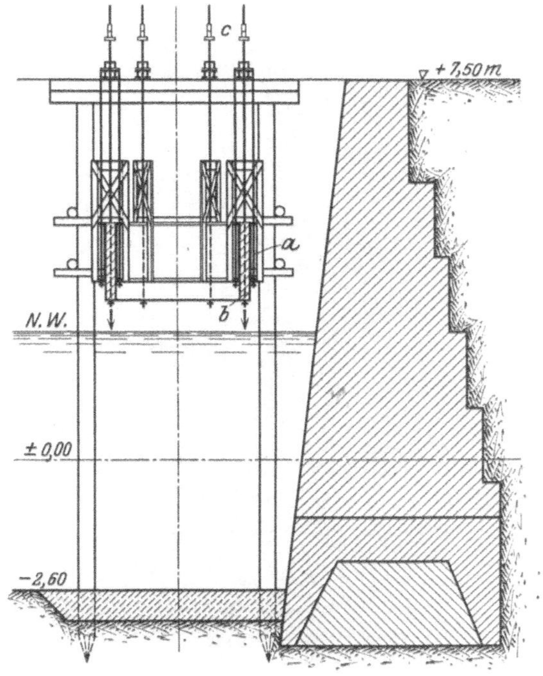

Abb. 594. Ausführung eines Senkbrunnens mittels Gleitschalung. (Nach W. Breitenbach.)

Abb. 595. Herstellung eines Brunnens mittels Gleitschalung. (Nach W. Breitenbach.)
a Gleitschalung, *b* Brunnen.

Holzstöckel des Gewölbes schwimmen auf. Der Raum zwischen den Wandungen doppelwandiger Brunnen wird an der Versenkungsstelle ausbetoniert, wobei der Brunnen langsam gegen die Sohle absinkt.

Die Versenkung der Brunnen in den Boden geschieht durch Abgraben des Bodens im Innern. Der

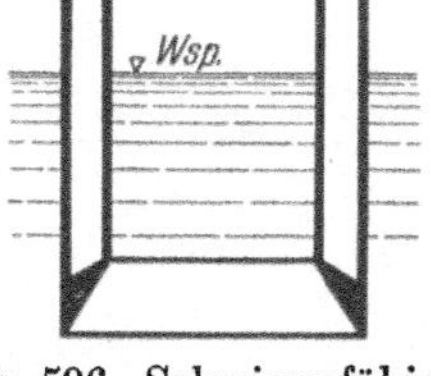

Abb. 596. Schwimmfähiger Eisenbetonbrunnen mit hohler Wandung.

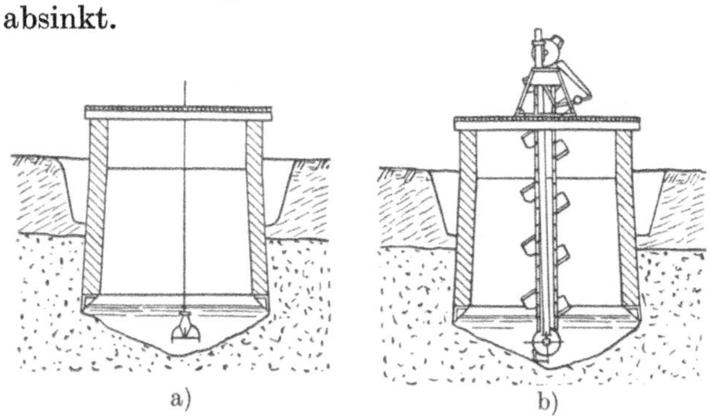

a) b)

Abb. 597. Baggerung aus Senkbrunnen. a) mittels Greifbaggers, b) mittels Eimerleiterbaggers.

Aushub erfolgt im Trockenen meist mit Handwerkzeugen, bei starkem Wasserandrang mit Wasserhaltung und Handaushub, ohne Wasserhaltung durch Baggerung. Die Wasserhaltung kann entweder als offene oder als Grundwasserabsenkung mit einem Rohrbrunnen im Innern des Brunnens ausgeführt werden. Als Bagger werden Greifbagger (Abb. 597a, 598 und 599) oder eigens zusammengebaute Eimerkettenbagger

a)

b)

Abb. 598. Brunnengreifer von Bünger. a) geschlossen, b) offen.

Abb. 599. Herstellung der Emscherbrunnen in Herne-Nord als Senkbrunnen. Baggerung mittels Greifers. (Emschergenossenschaft Essen.)

mit pendelnder Eimerleiter auf einer drehbaren Plattform angewendet (Abb. 597b). Bei sehr feinkörnigem Sand- oder Schlammboden kann die Versenkung durch Spülung mit Druckwasser unterstützt werden, das aus Düsen im Brunnenkranz austritt.

Der Rauminhalt des aus dem Brunnen zu befördernden Aushubes macht vielfach wesentlich mehr aus als den Außenabmessungen des Brunnens entspricht, weil Boden vom Raume außerhalb des Brunnens unter den Schneiden hindurch in den Brunnen gerät. Im Bereiche um den Brunnen treten dann in der Regel ausgiebige Nachsackungen der Bodenoberfläche auf (vgl. S. 391).

Wenn ein Brunnen wegen zu großer Mantelreibung hängen bleibt, so muß er durch eine Auflast beschwert werden, bis er wieder weitersinkt. Da dünnwandige Brunnen fast immer einer solchen Nachhilfe bedürfen, die sehr kostspielig ist, so hat es, besonders bei Brunnen für Gründungszwecke, die später doch ausgefüllt werden, keinen Sinn, die Wandstärke zu sehr herabzusetzen.

Hindernisse unter der Schneide werden, wenn sie unter Wasser liegen, entweder durch Taucher oder mit langen, über den Wasserspiegel emporragende Meißel beseitigt.

Beim Absenken zeigen die Brunnen vielfach die Neigung, aus dem Lot zu weichen; durch Abgraben bzw. Anschütten an den entsprechenden Stellen (Abb. 600a) kann der Brunnen wieder aufgerichtet werden. Besonderes Augenmerk ist aber auf das Abweichen vom Lot beim Aufmauern zu widmen; es darf nicht mit dem Lot gearbeitet werden (Abb. 600b), sondern mit Lehren, die am Umfang befestigt werden, weil sonst ein Brunnen mit gebrochenen Wandungen erhalten würde.

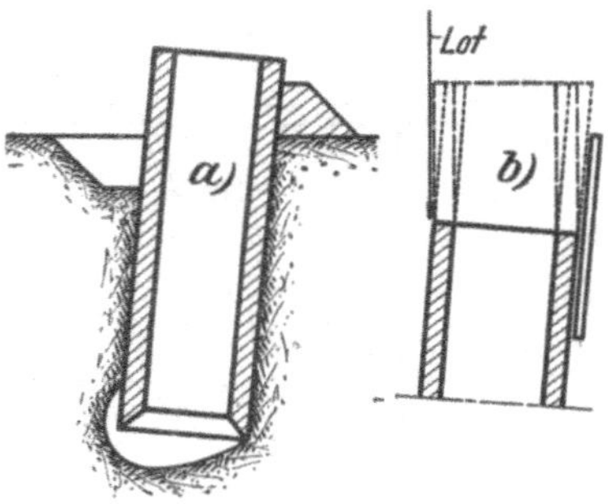

Abb. 600. a) Aufrichten eines schiefstehenden Brunnens, b) Aufmauern auf einen schiefstehenden Brunnen.

Wenn der Brunnen zur Gründung eines Bauwerkes die beabsichtigte Tiefe bzw. eine tragfähige Schicht erreicht hat, so wird er unten mit einer Schicht unter Wasser eingebrachten Betons 1 : 8 bis 1 : 9 abgeschlossen, ausgepumpt und mit Magerbeton und mit Füllsteinen aufgefüllt. Die Auffüllung mit Steinschlichtung oder Schotter allein ist zwar billiger, aber die Füllung setzt sich, was zu Ungelegenheiten führen kann.

4. Die Anwendung der Senkbrunnen.

a) Brunnen als Grundwerke.

Je nach der Art des zu gründenden Bauwerkes wird, wie schon erwähnt worden ist, entweder der Umriß des Brunnens dem Umrisse des zu gründenden Bauwerkes angepaßt oder es wird das Bauwerk auf eine Anzahl von Brunnen gegründet, die zweckmäßig innerhalb des Bauwerksumrisses verteilt sind, so daß das Bauwerk gleichsam auf einer Anzahl von Säulen im Boden steht.

Als Beispiel für die Gründung eines Bauwerkes mittels eines Senkbrunnens, der dem Bauwerksumriß angepaßt ist, sei jene des Pumpenhauses für die Überlandzentrale Lübeck in der Abb. 601 dargestellt. Dort wurde das ganze Bauwerk als Brunnen mit rechteckigem Grundriß ausgebildet. Zur Verringerung der Biegungsmomente in den Längswänden wurden diese durch Querwände ausgesteift. Nach vollendeter Absenkung ist die Sohle im Brunnen betoniert und der weitere Aufbau durchgeführt worden.

Ebenfalls mittels eines Senkbrunnens ist das in der Abb. 602 dargestellte Abwasserpumpwerk der Emschergenossenschaft gegründet worden. Die Sohle ist dort mit Wasserhaltung in der Brunnenmitte mittels eines Sicherheitspumpensumpfes im Trockenen betoniert worden.

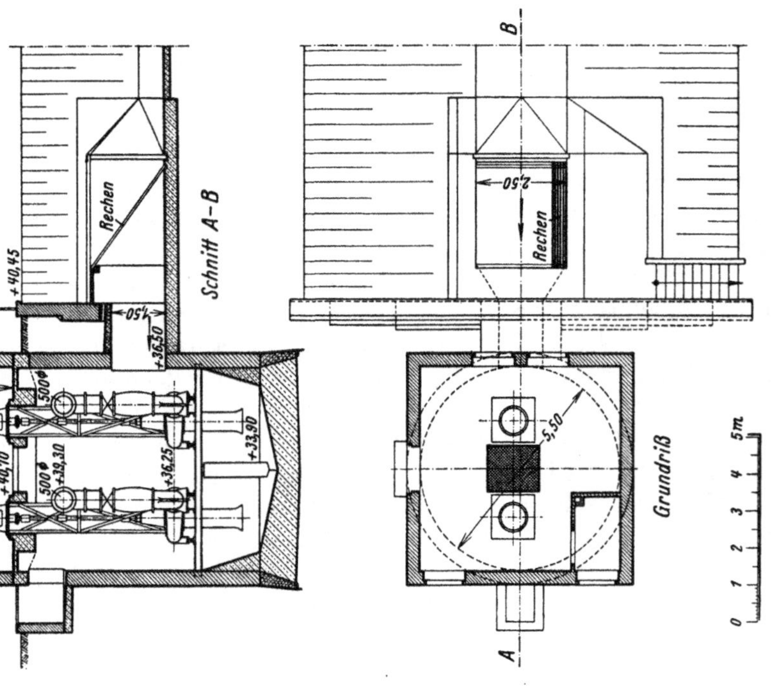

Abb. 602. Gründung eines Abwasserpumpwerkes der Emschergenossenschaft mittels Senkbrunnens. (Nach Ramshorn: Bautechnik 1930 S. 332.)

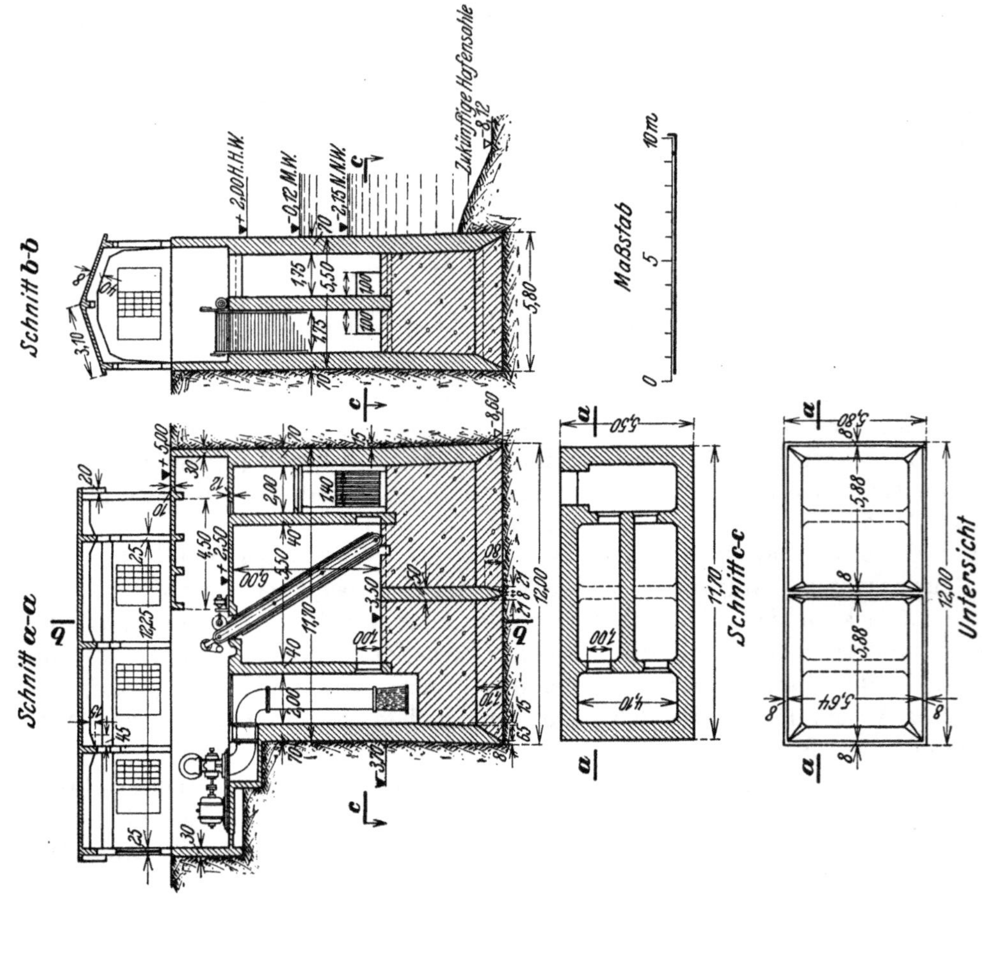

Abb. 601. Einlaufbauwerk und Pumpenhaus für die Überlandzentrale Lübeck, auf Senkbrunnen gegründet. (Wayss & Freytag.)

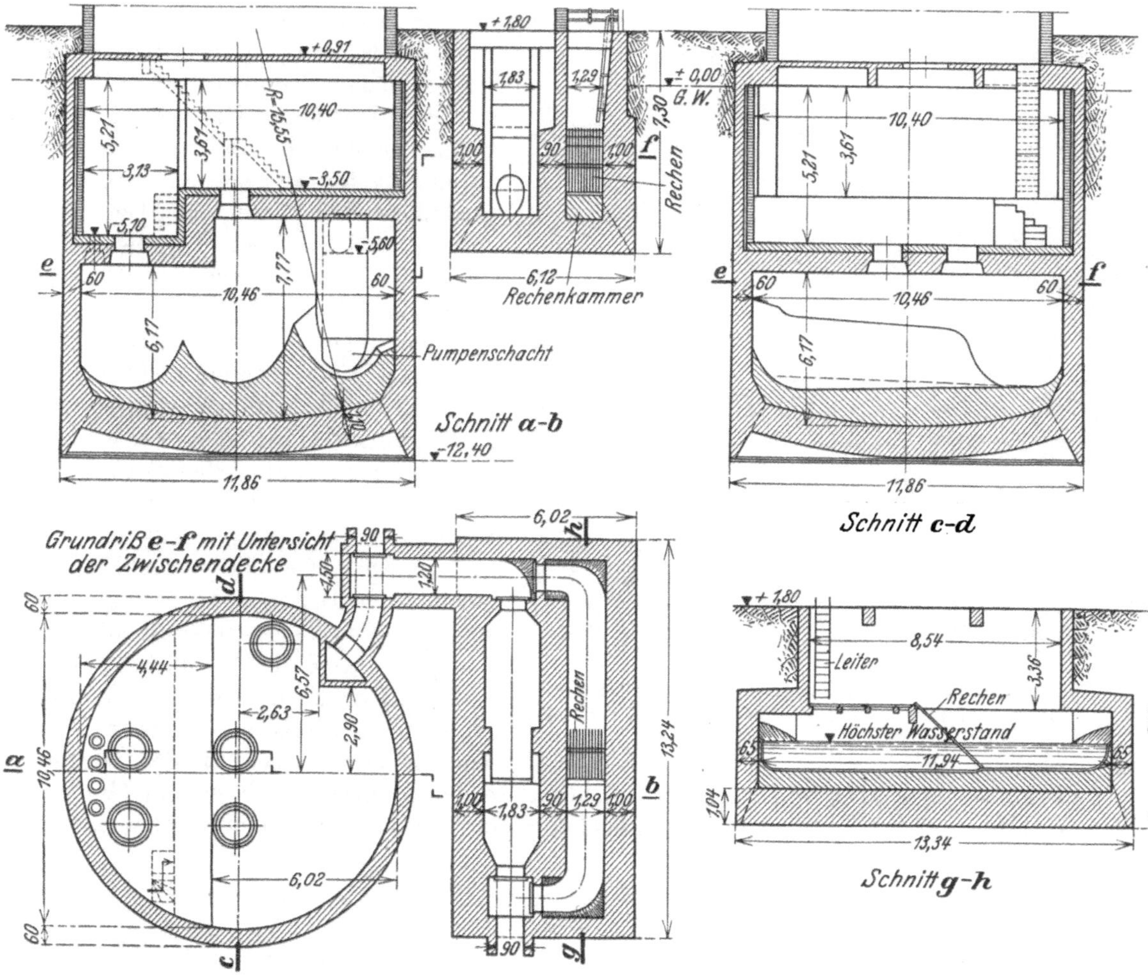

Abb. 603. Das Kanalpumpwerk Kämpe in Danzig. Absenkung des Pumpschachtes und der Rechenkammer als Senkbrunnen. (Wayss & Freytag.)

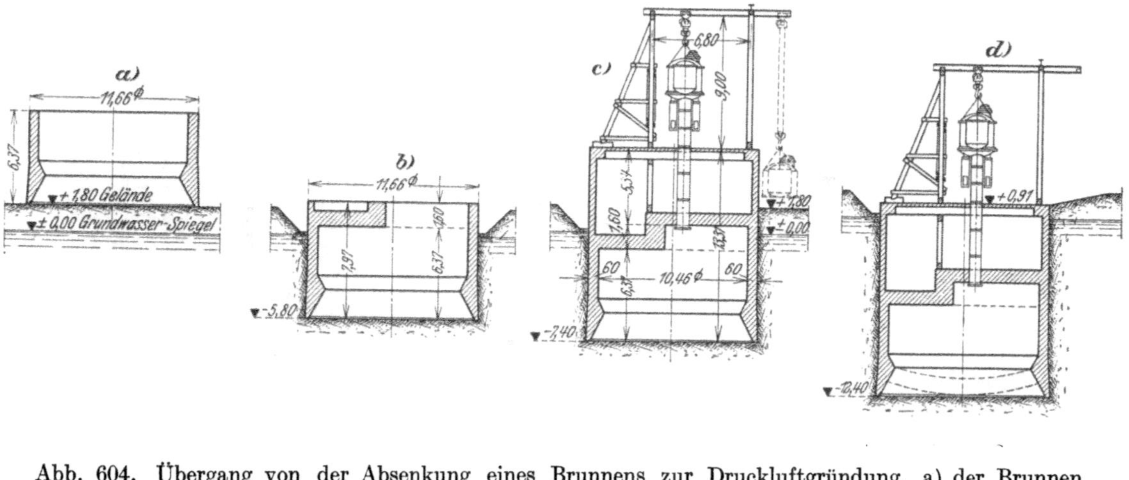

Abb. 604. Übergang von der Absenkung eines Brunnens zur Druckluftgründung. a) der Brunnen vor der Absenkung, b) der Brunnen während der Absenkung, c) der für die Fortsetzung der Absenkung unter Zuhilfenahme von Druckluft vorbereitete Brunnen, d) der Brunnen während der Absenkung als Druckluftsenkkasten. (Wayss & Freytag.)

In besonderer Weise ist die Gründung des Pumpenschachtes und der Rechenkammer beim Kanalpumpwerk Kämpe in Danzig mittels eines runden und eines rechteckigen Brunnens ausgeführt worden (Abb. 603). Die Lösung des Bodens erfolgte im runden Brunnen durch Arbeiter an der Sohle und der Aushub geschah mittels eines Derrick-Kranes, während der Grundwasserspiegel anfänglich mittels eines Filterbrunnens in der Mitte des Senkbrunnens abgesenkt wurde. Als später das zusickernde Wasser nicht mehr bewältigt werden konnte, wurde eine im Bauwerke erforderliche Zwischendecke eingebaut, als Arbeitskammerdecke bewehrt und zur Druckluftabsenkung übergegangen (vgl. S. 389). In der Abb. 604 sind verschiedene Stadien der Brunnenabsenkung und der Übergang zur Druckluftsenkung dargestellt und die Abb. 605 gibt einen Blick in die auf diese Weise gebildete Arbeitskammer wieder. Für den sicheren Anschluß des vorgesehenen Sohlgewölbes im Brunnen (Abb. 604d) an den Mantel sind Eisen im Mantel vorgesehen (Abb. 605), die später herabgebogen und ins Gewölbe einbetoniert werden.

Abb. 605. Druckluftgründung des Pumpenschachtes und der Rechenkammer Danzig-Kämpe. (Wayss & Freytag.)
a Aufgebogene Spickeisen, *b* Förderkübel.

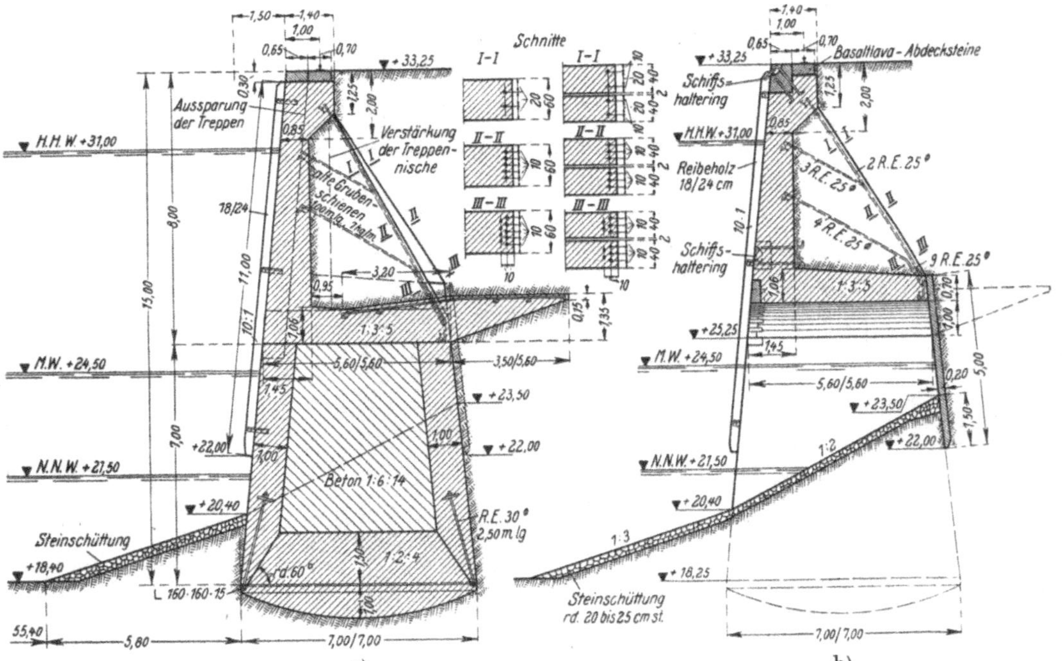

Abb. 606. Querschnitt durch die Ufermauer im Hafen Mannesmann. a) Querschnitt durch einen Brunnen, b) Querschnitt zwischen den Brunnen.
(Nach H. Meniers: Hafenbautechn. Jahrbuch 1927 S. 90.)

Zur Entlastung von den Beanspruchungen durch die Druckluft von unten kann die Arbeitskammerdecke bei einer solchen Gründungsweise eine Auflast von Sandsäcken od. dgl. für die Dauer der Druckluftsenkung erhalten.

Ausgedehnte Bauwerke, bei denen keine tiefer unter der Bodenoberfläche liegende Räume zu schaffen sind, werden auf eine Anzahl von Einzelbrunnen gegründet, die durch Gewölbe oder Balken miteinander verbunden sind. Als Beispiel sei die Gründung der Ufermauer im Hafen Mannesmann in den Abb. 606 bis 609 dargestellt. Die Ufermauer ist dort auf quadratischen Brunnen gegründet, die in lichten Abständen von 6,63 m angeordnet und durch flache Gewölbe verbunden sind. Die Hinterfüllung wird zwischen den Brunnen durch Spundwände gestützt. Die Abb. 609 gibt eine Ansicht der zur Absenkung vorbereiteten Brunnen. Der Aushub erfolgte mittels Greifbagger, die auf Schienen standen, die einerseits am schon abgesenkten Nachbarbrunnen lagen, anderseits am abzusenkenden Brunnen mittels Schraubenspindeln aufgehängt waren. Diese Anordnung war erforderlich, weil sich während der Absenkung um die Brunnen herum Senkungstrichter mit Durchmessern

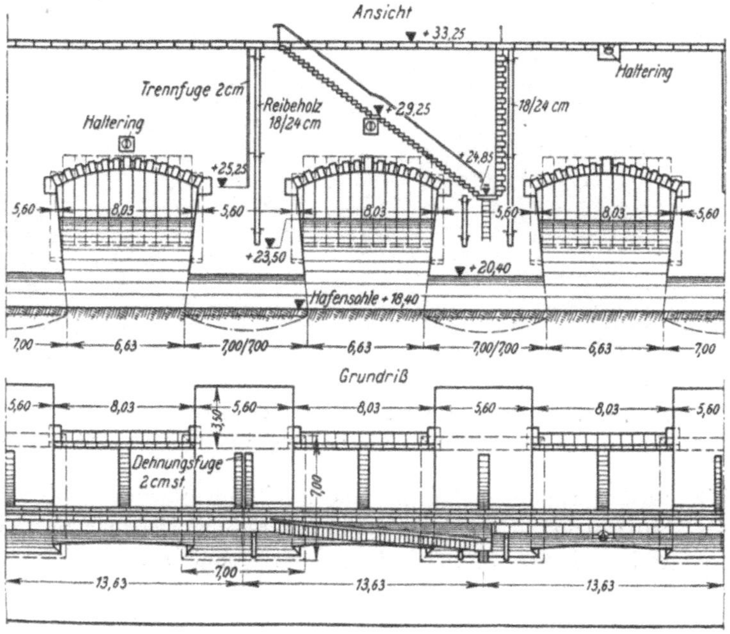

Abb. 607. Ansicht und Grundriß der Ufermauer im Hafen Mannesmann. (Nach H. Meniers: Hafenbautechn. Jahrbuch 1927 S. 91.)

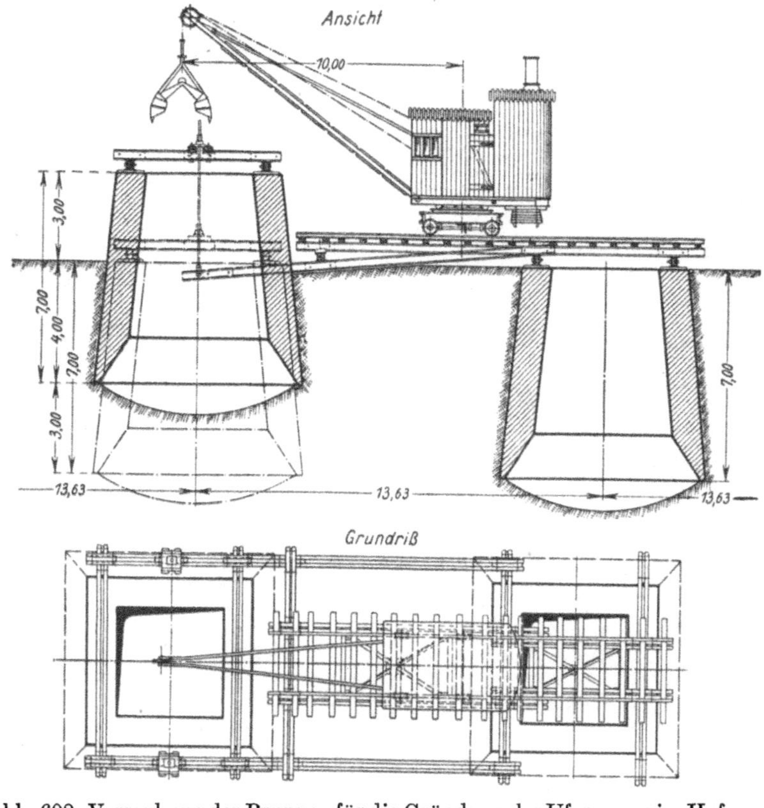

Abb. 608. Versenkung der Brunnen für die Gründung der Ufermauer im Hafen Mannesmann. (Nach H. Meniers: Hafenbautechn. Jahrbuch 1927 S. 92.)

Abb. 609. Ansicht der zur Versenkung vorbereiteten Brunnen für die Ufermauer im Hafen Mannesmann. (Nach H. Meniers: Hafenbautechn. Jahrbuch 1927 S. 91.)

bis zu 20 m gebildet haben, die eine andere hinreichend nahe Aufstellung des Greifbaggers unmöglich gemacht haben. Eisenbrunnenschneiden haben sich dort besser bewehrt als Eisenbetonschneiden. Die Aufbetonierung des Brunnenmantels ist in zwei Abschnitten von 4 m und von 3 m ausgeführt worden.

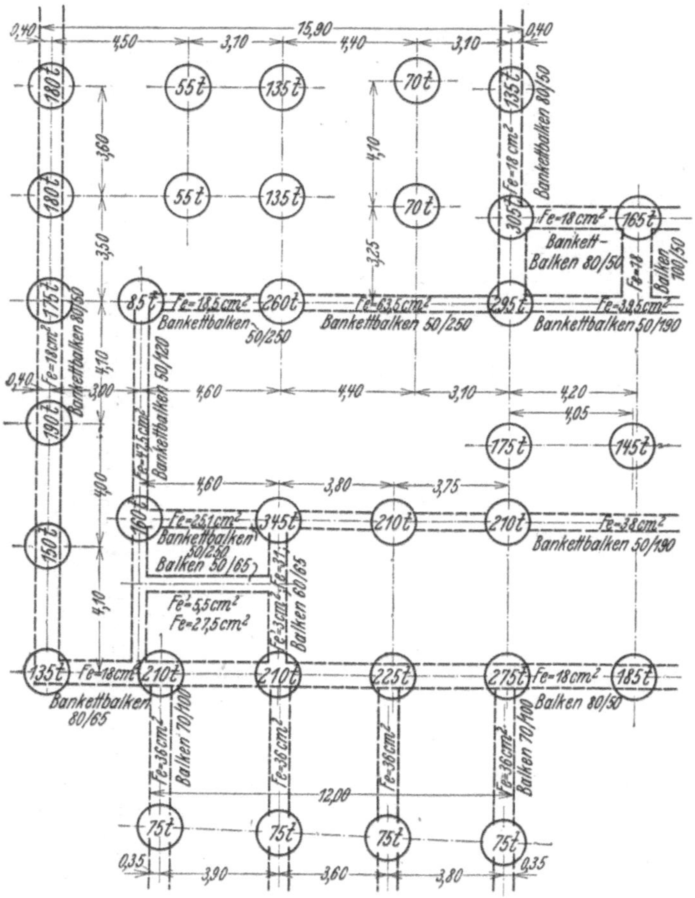

Abb. 610. Gründung des Deutschen Museums in München auf Senkbrunnen. (R. Wolle, Leipzig.)

Hochbauten werden auf Brunnen gegründet, indem man unter jede Ecke, jede Mauerabzweigung und in entsprechenden Entfernungen dazwischen Brunnen anordnet, die mit Eisenbetonbalken verbunden werden, die die Mauer tragen. In der Abb. 610 ist als Beispiel die Austeilung der Brunnen unter einem Teil des Deutschen Museums in München dargestellt.

b) Brunnen für die Wassergewinnung.

Bei Wassergewinnungsanlagen werden Schachtbrunnen zur Wassergewinnung und zur Wassersammlung als Senkbrunnen ausgeführt; die ersteren lassen das Wasser an der offenen Sohle oder durch Löcher im Mantel eintreten, die letzteren werden in der Regel mit dichtem Mantel und dichter

Sohle ausgeführt. Als Beispiel für einen Wassergewinnungsbrunnen ist in der Abb. 611 ein Brunnen der Brauerei Reininghaus in Graz mit allen Einzelheiten dargestellt. Der Mantel ist bei diesem Brunnen aus dünnwandigem Eisenbeton mit Versteifungsringen ausgeführt.

Literatur: Bernhard, K.: Messung des Reibungswiderstandes von Betonsenkbrunnen in Chicago. Beton u. Eisen 1927 S. 206. — Derselbe: Straßenbrücke mit Auslegerfachwerk S. Francisco. Zentralbl. Bauverw. 1927 S. 361. — Bleibinhaus, K.: Anwendung des Eisenbetons im Brunnenbau. Beton u. Eisen 1909 S. 317. — Bohny, Fr.: Die Eisenbahn- und Straßenbrücke über den Rio Dulce in Argentinien. Bautechnik 1929 S. 501. — Derselbe: Der Holland-Tunnel in New York. Bautechnik 1928 S. 46. — Burchhardt: Die King-George-V-Brücke in Glasgow. Beton u. Eisen 1928 S. 18. — Butzer, H.: Über die Anwendung von Druckluftgründungen im Bergwerks- und Hüttenbetrieb. Bautechnik 1924 S. 531. — Chambers: Glockenförmig erweiterte Brunnen für die Gründung eines Warenhauses. Engg. News Rec. 1914 S. 287. — Charton: Neubau eines Sammelbrunnens für das Wasserwerk zu Oldenburg i. O. Bautechnik 1929 S. 12. — Dischinger, A.: Bemerkenswerte Ausführungen in Eisenbeton. Beton u. Eisen 1914 S. 1. — Emperger: Bogenbrücken mit aufgehängter Fahrbahn. Beton u. Eisen 1927 S. 361. — Derselbe: Senkbrunnen auf gerammten Pfählen. Beton u. Eisen 1927 S. 155. — Färber: Die Bedeutung des Eisenbetons für den Schachtausbau. Essener Glückauf 1909 Heft 11. — Griesel, H.: Amerikanische

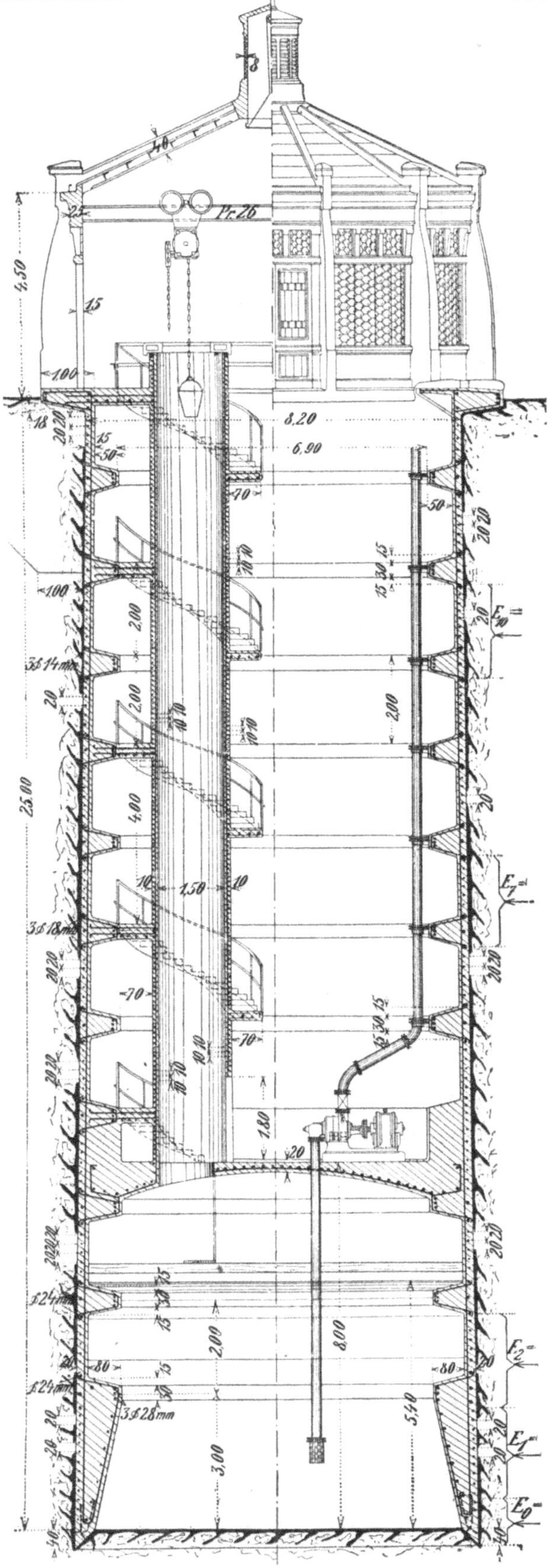

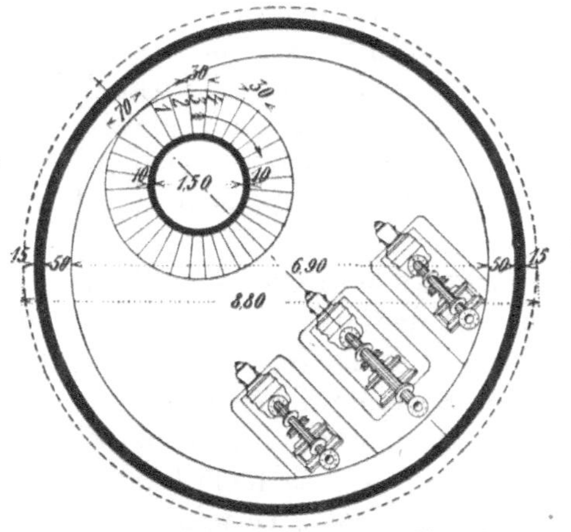

Abb. 611. Schachtbrunnen aus Eisenbeton für die Brauerei Reininghaus. (Aus Handbuch für Eisenbetonbau Bd. VII.)

Gründungsverfahren. Bauing. 1930 S. 94. — Grün & Bilfing: Verfahren und Vorrichtung zum Gründen von Bauwerken durch Versenkbrunnen. (Schräges Versenken von Brunnen.) Patentbericht. Bautechnik 1928 S. 128. — Handbuch für Eisenbetonbau: Wasserbau und verwandte Anwendungen Bd. 4 3. Aufl. Berlin: W. Ernst & Sohn 1926. — Hedde: Neuere Kaimauern. Jahrb. dt. Ges. Bauing.-Wes. 1925 S. 10. — Hoffman, A.: Schachtabteufen von Hand. — Lenz: Der neue Hafen von Cuxhaven. Zentralbl. Bauverw. 1898. — Derselbe: Der Ausbau des Hafens Duisburg-Ruhrort. Dt. Bauzg. 1909 S. 342. — Mautner, K. W.: Neuere Eisenbetonkonstruktionen im Gebiete des Bergbaues. Arm. Beton 1911 Heft 4 u. 7. — Ottmann: Der Wasserhafen in Rinteln und die Brunnengründung der Kaimauer. Zentralbl. Bauverw. 1902 S. 9. — Ramshorn: Neue Abwasserpumpe der Emschergenossenschaft. Bautechnik 1930 S. 332. — Rathsmann, E.: Die maschinelle Einrichtung für die Brunnengründung der Studiengebäude des Deutschen Museums in München. Baumaschine 1930 S. 10. — Rohlke: Fundierung der Rüstringer Brücke bei Wilhelmshafen. Beton u. Eisen 1910 S. 268. — Schwegler: Eine tiefe Brunnengründung. Bauing. 1928 S. 543. — Derselbe: Offene Senkbrunnengründung für die Pfeiler einer afrikanischen Eisenbahnbrücke. Engg. News Rec. 1927. — Terzaghi, K.: Die Erddruckerscheinungen in örtlich beanspruchten Schüttungen und die Entstehung von Tragkörpern. Öst. Wochenschr. Baudienst 1919 S. 194. — Wayss & Freytag: Einlaufbauwerk und Pumpenhaus für die Überlandzentrale Lübeck. Techn. Blätter der Wayss & Freytag A. G. 1925 S. 61. — Dieselben: Pumpschacht und Rechenkammer mit Druckluftgründung auf Kanalpumpwerk Kämpe Danzig. Techn. Blätter der Wayss & Freytag A. G. 1930 S. 63. — White: Herstellung eines Wellenbrecherkopfes in Madras. Dock and Harbour Authority 1926. — Wiesmann, E.: Über Gebirgsdruck. Schweiz. Bauzg. 1912. — Gründung mittels Senkbrunnen aus Eisenbeton. Beton u. Eisen 1907 S. 221. — Brunnengründung eines Hauses in Zürich. Schweiz. Bauzg. Bd. 55 (1910) S. 277. — Druckluft und Brunnengründungen beim Bau der Delaware-Brücke zwischen Philadelphia und Camden. Bautechnik 1925 S. 660. — Trockendock im Sunderland. Bauing. 1926 S. 990. — Messungen des Reibungswiderstandes von Betonsenkbrunnen. Schweiz. Bauzg. Bd. 90 (1927) S. 22. — Senkbrunnen aus gerammten Pfählen. Beton u. Eisen 1927 S. 154. — Eine neue Eisenbetonbogenbrücke über den Mississippi. Beton u. Eisen 1928 S. 134. — Offene Senkkasten aus Eisenbeton für Gründungen. Bauing. 1929 S. 484. — Brunnengründung für einen Eisenbetonkamin und eine Siloanlage. Beton u. Eisen 1929 S. 127. — Einbau einer Hubbrücke ohne Störung. Bautechnik 1927 S. 489. (Doppelwandiger schwimmfähiger Brunnen.)

b) Senkkastengründungen.

Eine Senkkastengründung, bei der ein Verfahren, ähnlich jenem bei Senkbrunnen, Anwendung gefunden hat, ist von M. Schnyder und O. Grabner für die Verbauung des Krienbaches in Luzern erdacht worden. Der Bach sollte dort in unmittelbarer Nähe von Häusern gefaßt und eingedeckt werden, wobei die Bachsohle, wie ein Blick in die Abb. 612a lehrt, tief unter die Grundwerke der Häuser herab zu verlegen war.

Um die Häuser durch Bodensenkungen nicht zu gefährden und die Baugrubenaussteifung zu sparen, wurde, soweit es mit Rücksicht auf die Häuser zulässig war, eine offene Baugrube mit Böschungen ausgehoben. Hierauf wurden je 10 m lange, an zwei Seiten offene Kästen ohne Boden, wie es die Abb. 612b andeutet, hintereinander betoniert. Diese Kästen wurden schließlich so wie Senkbrunnen versenkt, indem man den Boden im Innern der Kästen zwischen den Schneiden aushob. Um das Wasser ableiten zu können, wurde die Absenkung mit dem untersten Kasten begonnen, und die übrigen wurden so abgesenkt, daß immer durch alle in Arbeit stehende Kästen hindurch eine talab fallende Rampe an der Sohle bestand, über die auch die Abfuhr des Aushubes erfolgte.

Die Kästen waren für die Aufnahme des Erddruckes während der Absenkung aus Ersparnisgründen nicht bewehrt und erhielten deshalb die in der Abb. 612b dargestellte Aussteifung, die den vollen Erddruck aufzunehmen hatte. Wenn ein Kasten seine endgültige Tiefenlage erreicht hatte, wurde sofort die Sohle betoniert, wobei aus dem Kasten ragende, während der Absenkung hochgebogene, besondere Verbindungseisen (*b*) den Verband sicherten. Nach einigen Tagen konnte nach Lüftung der Keile (*a*) die Aussteifung entfernt und bei einem anderen Kasten verwendet werden.

Dieses Verfahren hat sich beim Bau gut bewährt. Es kann beim Bau von Kanälen und von seicht verlaufenden Stollen für Untergrundbahnen u. dgl. in Betracht kommen. Auch eine Verbindung der beiden Kastenschneiden durch einzelne Streben kann bei größeren Querschnitten, wie die Erfahrungen bei Druckluftgründungen gelehrt haben, die Arbeiten nicht nennenswert behindern.

Literatur: Schnyder, M., u. O. Grabner: Die Verbauung des Krienbaches in Luzern.

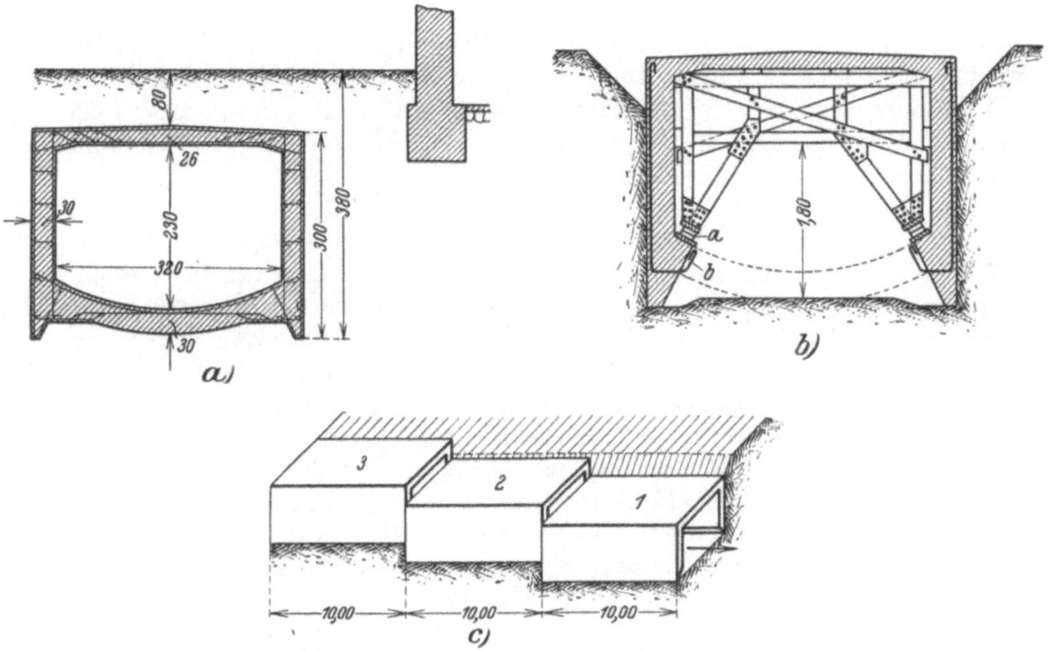

Abb. 612. Senkkastengründung bei der Verbauung des Krienbaches in Luzern. a) Querschnitt des Bachgerinnes, b) Absteifung des unten offenen Kastens während der Versenkung, c) Reihenfolge der Versenkung der Kästen.

c) Druckluftsenkgründungen.

Wenn wegen starken Wasserandranges oder sonstiger Hindernisse eine Tiefgründung in offener Baugrube nicht ausführbar ist, wenn ferner wegen der Hindernisse im Boden, wie Holz, Felstrümmer, Bauwerksreste, eine Pfahl- oder eine Brunnengründung unmöglich ist und wenn es schließlich auf eine sorgfältige Abräumung gebrächen Felses oder unverläßlicher Schichten unter dem Grundwerk ankommt, so wird zur Druckluftsenkgründung gegriffen. Bei diesem Gründungsverfahren wird ein unten offener, sonst luftdichter Kasten (Abb. 613), ähnlich einer Taucherglocke, geschaffen, auf den das zu gründende Bauwerk aufgemauert wird. In den Innenraum des Kastens, den sogenannten Arbeitsraum, wird Druckluft eingeleitet, die das Wasser hindert, in den Arbeitsraum zu dringen; der Aushub erfolgt aus der Arbeitskammer, die hierbei untergraben wird, so daß sie samt dem zu gründenden Bauwerk unter Überwindung der Mantelreibung und des Auftriebes der Druckluft in den Boden sinkt. Der Aushub erfolgt auf diese Weise im Trockenen und es ist bei diesem Verfahren möglich, die Baugrubensohle genau zu besichtigen und sie sorgfältig für die Gründung vorzubereiten. Der Verkehr der Arbeiter und die Beförderung des Aushubes

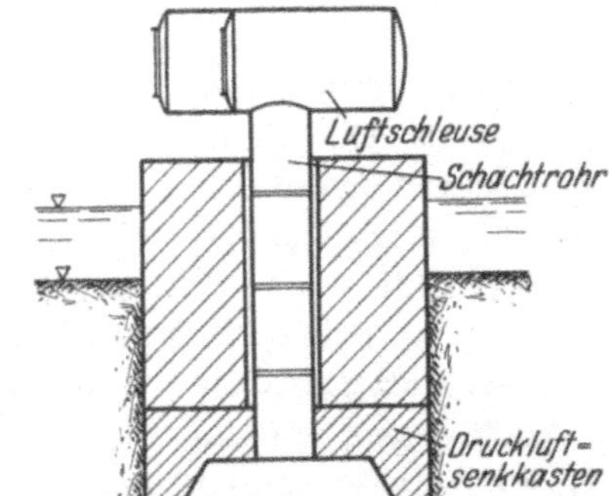

Abb. 613. Schema einer Gründung mittels Druckluftsenkkastens.

und der Baustoffe erfolgt durch eine Luftschleuse, die mittels eines Schachtrohres an die Arbeitskammer angeschlossen ist. Nach vollendetem Aushub wird die Arbeitskammer ausbetoniert, so daß das zu gründende Bauwerk schließlich mit der vorgesehenen Fläche am Boden oder Fels ruht.

Die Druckluftsenkgründung ist bis zu einer Tiefe von etwa 35 m unter dem Wasserspiegel ausführbar; aber schon das Arbeiten in Tiefen über 15 m unter dem Wasserspiegel birgt Gefahren für die Gesundheit der Arbeiter und in Tiefen über etwa 35 m können nur wenige, besonders veranlagte Menschen für kurze Zeit verweilen. Einerseits wegen der Gefährdung der Gesundheit der Arbeiter, anderseits wegen der Kostspieligkeit wird eine Druckluftgründung nur ausgeführt, wenn kein anderes, billigeres Gründungsverfahren anwendbar ist.

1. Die Bemessung der Druckluftsenkkästen.

Die Abmessungen der Druckluftsenkkästen oder kurz Druckkästen werden einerseits jenen des zu gründenden Bauwerkes, anderseits der zulässigen Belastung des Bodens angepaßt. Bei gut tragfähigem Boden werden kleinere Bauwerke, wie z. B. Pfeiler, auf Druckkästen gegründet, deren Abmessungen jenen des Pfeilergrundrisses gleichen; bei wenig tragfähigem Boden erfordert die Lastübertragung Abmessungen des Druckkastens, die weit über jene des zu gründenden Bauwerkes hinaus gehen können, so daß mittels des Druckkastens gleichsam nur eine Platte im Untergrund hergestellt wird, auf die der Pfeiler zu stehen kommt (Abb. 619 auf S. 399). Größere Bauwerke werden auf mehrere Druckluftsenkkästen gegründet, die über dem Wasserspiegel in geeigneter Weise verbunden werden. Die Erfahrung hat gelehrt, daß es nicht empfehlenswert ist, die Druckkastenlänge wesentlich über etwa 50 m zu steigern, weil die unvorhersehbaren Beanspruchungen während der Absenkung, z. B. infolge von ungleichmäßigem Aushub zu groß werden und Verwindungen des Druckkastens bewirken können. Um an Baustoffen zu sparen, werden in breiten Druckkästen die gegenüberliegenden Wände durch mehrere Zuganker verbunden oder es wird der Druckkasten durch Querwände abgesteift. Die Höhe des Arbeitsraumes muß so bemessen werden, daß während des Aushubes auch bei eingesunkenen Schneiden die Arbeiter aufrecht stehen können; sie wird meist 2 bis 2,5 m hoch angenommen.

Zur Herabsetzung der Mantelreibung erhalten die Druckluftsenkkästen einen kleinen Anzug nach oben oder es wird das Bauwerk gegenüber dem Druckkastenumriß etwas zurückgesetzt.

Jeder Druckkasten besteht aus der Decke und den Konsolen; ihre Bemessung erfolgt für die ungünstigste Belastung, die während der Absenkung auftreten kann. In der Regel sind drei Belastungsfälle (Abb. 614) maßgebend und zwar zwei zu Beginn der Gründung und der dritte dann, wenn der Druckkasten seine endgültige Tiefenlage nahezu oder vollständig erreicht hat.

Die Konsolen werden als Träger angesehen, die in den Deckenträgern einseitig eingespannt sind. Sie werden durch den auf ihre Schrägflächen wirkenden Erdwiderstand, ferner von innen durch den Luftdruck, von außen durch Erd- und Wasserdruck belastet und beanspruchen die Deckenträger an ihren Enden durch ihr Einspannungsmoment.

Die Deckenträger werden durch die Konsolen und überdies durch das über ihnen liegende Bauwerk in einer Art und Weise belastet, die von der Beschaffenheit dieses Bauwerkes abhängt. Kleine Bauwerke, wie z. B. Pfeiler, werden in der Regel schon während der Gründung mit vollem Querschnitte über dem Druckkasten aufgebaut. Als Baustoff kommt für derartige Bauwerke jetzt wohl nur mehr der Beton in Frage. Solange der Beton nicht hinreichend erhärtet ist, belastet er den Deckenträger gleichmäßig. Je nach dem Arbeitsvorgang ist als gleichmäßig verteilte Last das Gewicht einer 1 bis 2,0 m hohen, weichen Betonschicht in Rechnung zu stellen. Mit fortschreitender Erhärtung wird das Betonmauerwerk selbsttragend und es ist üblich anzunehmen, daß später nur der in der Abb. 614b durch lotrechte Schraffen hervorgehobene, durch eine Parabel (mit den in der Abbildung angegebenen Abmessungen) begrenzte Betonkörper den Deckenträger unmittelbar belastet, während die übrige Mauerwerkslast unmittelbar auf die Konsolen übertragen wird; man nimmt also an, daß sich im Beton ein Entlastungsbogen bildet.

Die unmittelbare Beanspruchung des Deckenträgers durch das Mauerwerk kann bei Druckkästen größerer Abmessungen durch die Anordnung von Sparräumen über der Decke, die erst nach vollendeter Gründung ausbetoniert werden, wesentlich herabgesetzt werden (vgl. Abb. 682).

Die Deckenträger werden als freiaufliegender Balken angesehen, die in den Schnittpunkten ihrer Schwerlinie mit jenen der Konsolen frei gelagert sind und an ihren Enden durch das Einspannungsmoment der Konsolen beansprucht sind.

Zu Beginn der Gründung wirkt, gleichgültig ob der Druckkasten durch Wasser oder vom Erdboden aus abgesenkt wird (Abb. 614), von außen kein Erddruck. Im Falle der Absenkung durch Wasser erfährt der eingetauchte Teil des Druckkastens Auftrieb und es wirkt der Wasserdruck auf die Außenflächen der Konsolen.

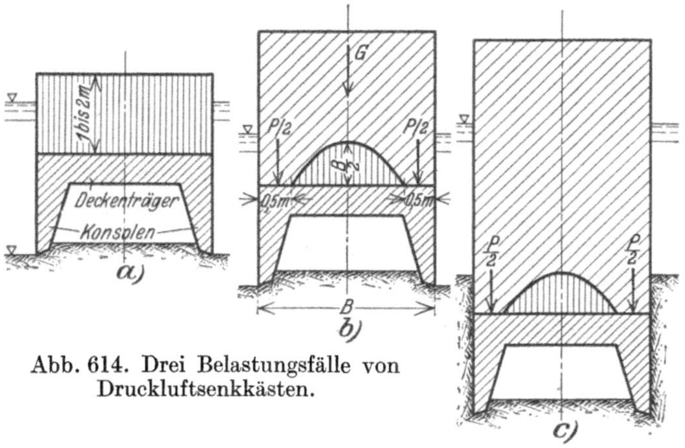

Abb. 614. Drei Belastungsfälle von Druckluftsenkkästen.

Am Ende der Absenkung hat die Bauwerkslast ihren größten Betrag erreicht. Bei der Untersuchung der Beanspruchung der Konsolen und der Deckenträger wird in diesem Stadium einmal angenommen, daß infolge eines Unfalles die Druckluft entwichen ist und die Arbeitskammer noch nicht mit Wasser erfüllt ist, während von außen der Wasserdruck und der Erddruck voll wirksam sind und das Bauwerk keinen Auftrieb erfährt, das andere Mal wird angenommen, daß die Arbeitskammer angeblasen ist, daß aber von außen nur der Wasserdruck wirkt. Beide Belastungsfälle können vorkommen; der letztere Fall hat sich z. B. bei der Druckluftsenkgründung der Einlaufröhren des Achenseekraftwerkes ereignet (vgl. Abb. 691), wo sich um den Druckkasten in der Bodenoberfläche eine tiefe Mulde gebildet hat, der zufolge der Erddruck wesentlich unter das der Tiefenlage des Druckkastens entsprechende Maß gesunken ist.

Durch eine entsprechende Formung der Druckkastenschneide kann die Beanspruchung der Konsole und jene des Deckenträgers wesentlich herabgesetzt werden. Die in der Abb. 615a dargestellte Schneidenform, die hohe Biegungsmomente bewirkt, wird nur bei festgelagertem Boden ausgeführt; in weichen Bodenarten eignen sich besser die in den Abb. 615b und c angedeuteten Schneidenformen, die kleinere waagrechte Komponenten des Erdwiderstandes ergeben.

Um die Verteilung des Bodendruckes gegen die Konsolen und die waagrechte Komponente desselben, die für die Ermittlung des Einspannungsmomentes der Konsole erforderlich ist, ermitteln zu können, muß vorerst die Eindringungstiefe der Schneide in den Boden festgestellt werden. Solange die Schneide nicht hinreichend tief in den Boden gedrungen ist, weicht der Boden seitlich aus. Unter Zugrundelegung von gekrümmten Gleitflächen (Abb. 616) kann nun jene Eindringungstiefe t_g, bei der eben Gleichgewicht besteht, aufgesucht werden. Man nimmt hierzu willkürlich mehrere Eindringungstiefen t an und ermittelt (vgl. Abb. 616) ähnlich, wie es schon auf S. 83 geschildert worden ist, jenen Bodendruck E in der lotrechten Ebene FJ, der zur Aufrechterhaltung des Gleichgewichtes bei der betreffenden, angenommenen Eindringungstiefe t erforderlich wäre. Wenn die angenommenen Eindringungstiefen t als Abszissen und die erforderlichen Bodenpressungen E als Ordinaten und dazu überdies der in der Ebene FJ mögliche Erdwiderstand E_p aufgetragen werden, so ergibt der Schnittpunkt der E- und der E_p-Linie die gesuchte Eindringungstiefe t_g, bei der eben Gleichgewicht herrschen kann.

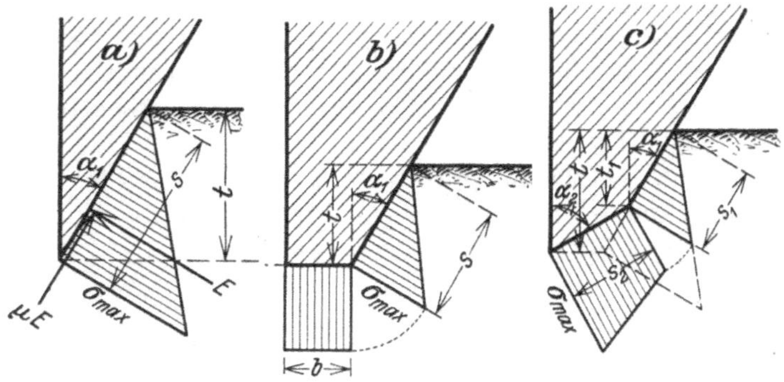

Abb. 615. Verteilung des Erdwiderstandes an der Schneide eines Druckluftsenkkastens.

Die Verteilung des Erdwiderstandes über die Druckkastenschneide wird am zutreffendsten proportional mit der Tiefe zunehmend angenommen. Es ergibt sich dann die in der Abb. 615 eingetragene Verteilung und es ist bei der in der Abb. 615a dargestellten Schneide

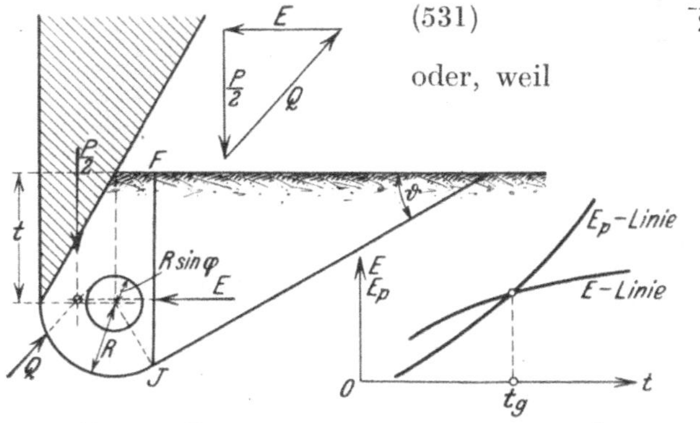

Abb. 616. Ermittlung der Eindringungstiefe t der Druckkastenschneide mittels gekrümmter Gleitflächen.

(531) $$\frac{P}{2} = E \sin\alpha + \mu E \cos\alpha$$

oder, weil

(532) $$E = \sigma_{\max} \cdot \frac{s}{2} = \frac{1}{2}\sigma_{\max}\frac{t_g}{\cos\alpha}$$

ist, auch

(533) $$\frac{P}{2} = \frac{1}{2}\sigma_{\max} t_g (\operatorname{tg}\alpha + \mu)$$

oder

(534) $$\sigma_{\max} = \frac{P}{t_g(\operatorname{tg}\alpha + \mu)};$$

ähnlich erhält man für die Schneidenform in der Abb. 615b

(535) $$\sigma_{\max} = \frac{P}{t_g\,[2\,b + t_g(\operatorname{tg}\alpha + \mu)]}$$

und für die Schneidenform in der Abb. 615c

(536) $$\sigma_{\max} = \frac{P}{(t_g - s_2\cos\alpha_2)^2(\operatorname{tg}\alpha_1 + \mu) + 2\,s_2^2(\operatorname{tg}\alpha_2 + \mu)},$$

wobei μ den Reibungsbeiwert zwischen der Konsole und dem Boden bedeutet, für den etwa 0,6 bis 0,7 gesetzt wird.

Eine weitere Entlastung der Konsolen und des Deckenträgers wird erzielt, wenn die Konsolen durch Zuganker (Abb. 617) miteinander verbunden werden. Der Deckenträger und die Konsolen werden in diesem Falle als gelenkig gelagerter Rahmen aufgefaßt. Die Beanspruchung des Zugankers ergibt sich aus der waagrechten Komponente des Erdwiderstandes an der Schneide und der Horizontalkraft des Rahmens am Auflagergelenk. Auch durch Verlängerung der Konsolen nach oben, verbunden mit einer Aussteifung, wie es in der Abb. 618 angedeutet ist, kann der Deckenträger entlastet werden. Schließlich können die Deckenträger noch durch den Einbau von Querwänden (Abb. 619) im Arbeitsraum entlastet werden.

Die Druckluftsenkkästen haben in der Regel rechteckigen Grundriß. Die Konsolen werden nun überdies in der Längsrichtung steif bemessen, so daß der Druckkasten sowohl an beiden Stirnflächen aufliegen, auf seiner ganzen Länge aber freiliegen als auch auf zwei Dritteln seiner Länge aufliegen und mit dem dritten Drittel freiliegen kann. Für diese Belastungsfälle kann die eiserne Schneide als mittragend, bei Eisenbetondruckkästen also als Bewehrung angesehen werden.

2. Die Bauweise der Druckluftsenkkästen.

Die Druckluftsenkkästen werden, wenn es sich um besonders schwere Beanspruchungen handelt und besonders dann, wenn ihrer Größe nach nicht vorhersehbare Beanspruchungen zu erwarten sind, aus Eisen ausgeführt; sonst werden sie in der Regel aus Eisenbeton hergestellt und nur der Vollständigkeit halber sei erwähnt, daß man früher die Druckkästen in holzreichen Gegenden auch aus Holz gemacht hat. Die Druckluftsenkgründung erfolgt stets mit „verlorener Arbeitskammer", nachdem die Versuche, die kostspielige Eisenkonstruktion nach vollendeter Absenkung zur Wiederverwendung zu zerlegen und auszubauen nicht befriedigt haben.

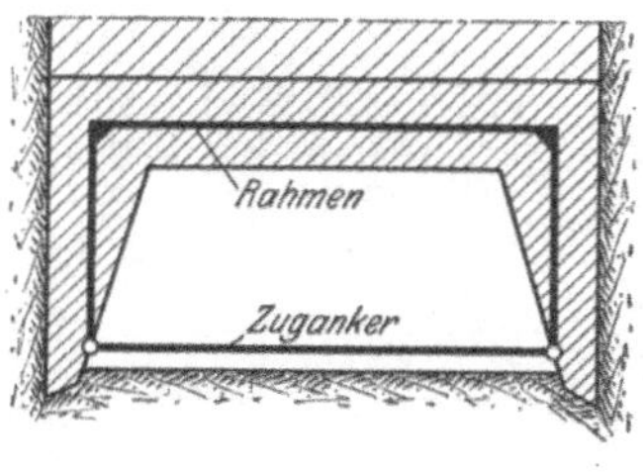

Abb. 617. Druckluftsenkkasten mit Zugankern zwischen den Schneiden.

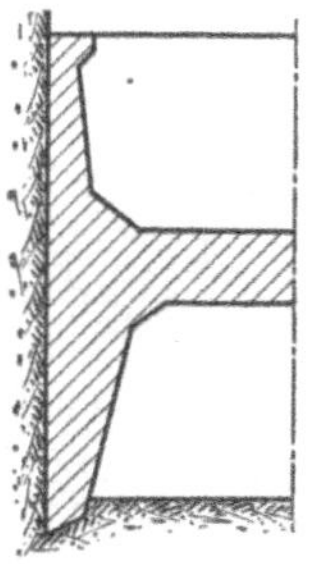

Abb. 618. Druckluftsenkkasten mit hochgeführten Konsolwänden.

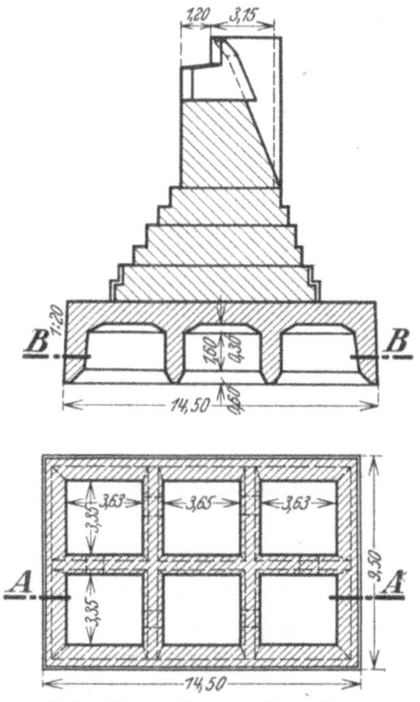

Abb. 619. Breiter Druckkasten, durch Wände unterteilt. (Nach Prölß.)

a) Eiserne Druckluftsenkkästen.

Eiserne Druckluftsenkkästen werden aus einem System (Abb. 620) von Querbindern und Längsträgern gebildet, das alle Beanspruchungen aufzunehmen hat und die dichte Verkleidung trägt. Die Querbinder laufen an der Decke durch, während die Längsträger zwischen den Querbindern angeordnet sind. Die Querbinder und ihre Konsolen werden meist so bemessen, daß sie allein die Bauwerkslast aufzunehmen vermögen, während die Längsträger vorwiegend der Versteifung der Arbeitskammer dienen, um Verwindungen und Durchbiegungen bei

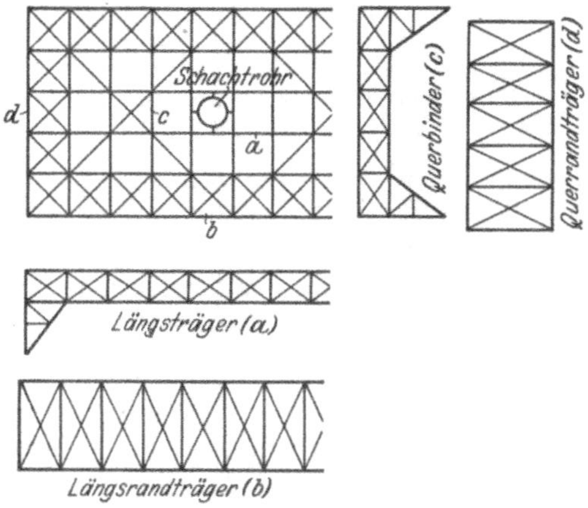

Abb. 620. Schema eines eisernen Druckkastens, Draufsicht und Schnitte.

ungleichmäßigem Aushub vorzubeugen. Zur Erhöhung der Versteifung werden die Seitenwände der Arbeitskammer auch noch als Träger ausgebildet und so bemessen, daß auch ein Teil der Arbeitskammer bei untergrabener Schneide frei auskragen oder freiliegen kann. Besondere Lasten, wie z. B. jene der Schachtrohre, werden besonders abgefangen.

Als Beispiel für die Durchbildung eiserner Druckluftsenkkästen ist in den Abb. 621 bis 623 der Druckluftkasten für die Gründung des Westpfeilers der Kanalbrücke bei Niederfinow und in den Abb. 624 bis 627 der Druckkasten für einen Strompfeiler der Donaubrücke bei Pancsova dargestellt.

Um einen außen glatten und überdies luftdichten Abschluß der Arbeitskammer zu erhalten, werden die Decke und die Konsolen entweder mit einer Blechhaut ver-

Abb. 621. Ein eiserner Druckkasten für die Kanalbrücke in Niederfinow. (Beuchelt & Co.)
a Stirnwandträger, *b* Längsträger, *c* Längswand, *d* Schneide, *e* Bewehrung für die Betonfüllung der Schneide.

kleidet und ausbetoniert oder nur betoniert. Mit der Blechhaut werden die Konsolen außen und die ganze Arbeitskammer verkleidet oder es wird nur außen Blech verwendet und man betoniert dann den Raum zwischen den Konsolen und zwischen den Deckenträgern aus oder man läßt auch die äußere Blechhaut weg und füllt nur das Fachwerk mit Beton aus. Die letztere Ausführungsweise, die eine Verbindung der Bauweise in Eisen und in Eisenbeton darstellt, ist bei größeren Abmessungen der Arbeitskammer die empfehlenswerteste.

Die Blechverkleidung von eisernen Druckluftsenkkästen wird mindestens 5 mm stark gemacht. Die Nietung der Blechstöße erfolgt „dichtfest“ und die Stöße und alle Nietköpfe werden zur Abdichtung sorgfältig verstemmt und gestrichen; Blechstöße können neben der Nietung überdies noch eine Kehlschweißung erhalten, um diese Stellen verläßlich dicht zu machen. Vor Beginn der Absenkung werden in Druckkästen mit Blechverkleidung die Konsolen und der Raum zwischen den Deckenträgern ausbetoniert. Ein Beispiel für einen Druckkasten mit Blechverkleidung geben die Abb. 624 bis 627.

Wenn die Verkleidung der Arbeitskammer nur betoniert wird, so wird zwischen das Fachwerk der Konsolen und der Deckenträger noch eine Rundeisenbewehrung

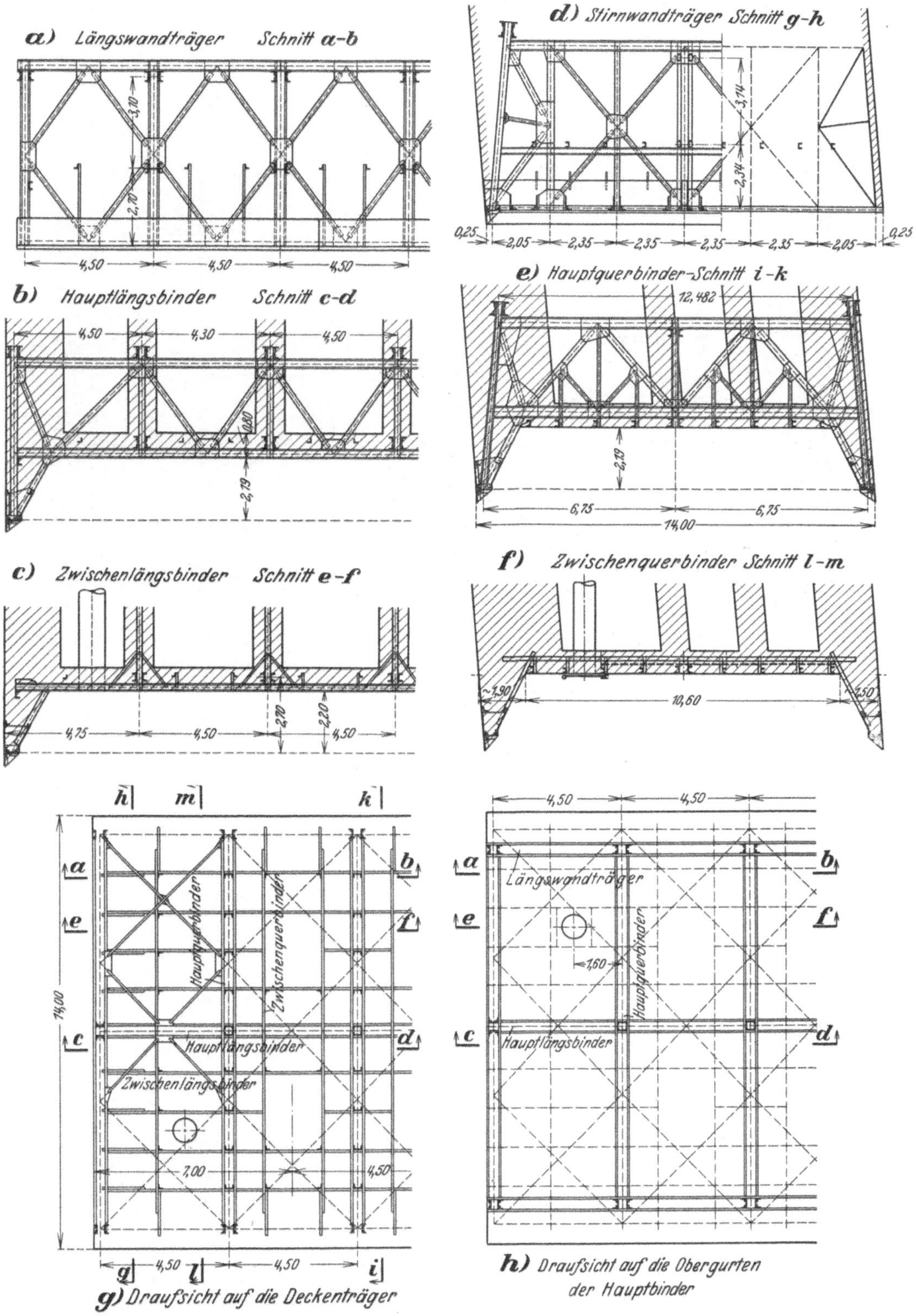

Abb. 622. Schräg abgesenkter Druckkasten für die Kanalbrücke in Niederfinow. (Beuchelt & Co.)

(Abb. 621) gelegt, die einen sicheren Verband zwischen dem Fachwerk und dem Beton gewährleistet und Rißbildungen verhindert.

Eine besondere Querschnittsform erhielt der eiserne Druckluftsenkkasten beim Baue eines Pfeilers für die Donaubrücke bei Páncsova; dort ist die äußere Blech-

Abb. 623. Ansicht der Baustelle Niederfinow. (Beuchelt & Co.)

haut über die Deckenträger hochgeführt worden, um die Druckkasten ohne Aufmauerung, also mit geringem Gewicht, durch tieferes Wasser mittels Schraubenspindeln auf die Flußsohle herablassen zu können.

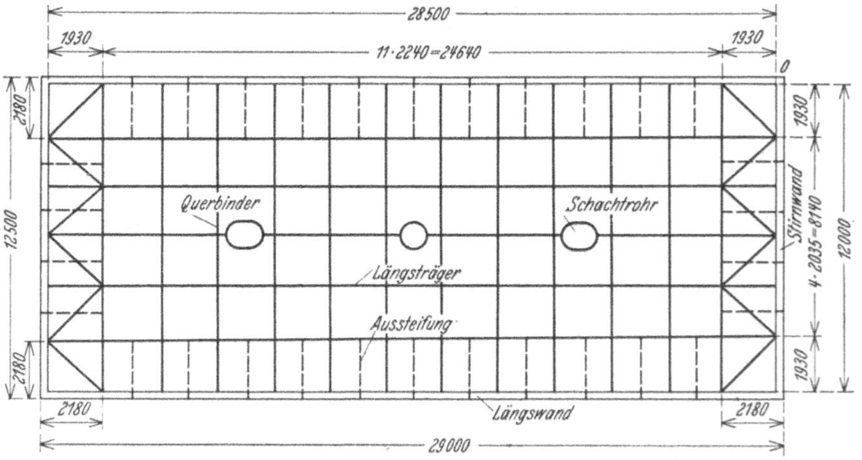

Abb. 624. Schema des Druckluftsenkkastens für einen Pfeiler der Donaubrücke bei Páncsova. (Dyckerhoff & Widmann und Vereinigte Stahlwerke A.-G., Dortmunder Union.)

Die Schneide wird, wenn der Druckkasten durch festgelagerten Boden abzusenken ist, mit einem spitzen Schneidenwinkel hergestellt; bei weichem Boden wird sie stumpf ausgeführt, so etwa, wie es die Abb. 625 und 628 andeuten.

Literatur: Benduhn: Neue Stettiner Straßenbrücken. Schweiz. Bauzg. 1906 S. 121. — Hetzel, G., u. O. Wundram: Die Grundbautechnik und ihre maschinellen Hilfsmittel. Berlin: Julius Springer 1929. — Roth, E. A.: Die Pariser Untergrundbahn. Z. öst. Ing.-V. 1926 S. 1. — Schaper: Zweigleisige Eisenbahnbrücke üb. d. Rhein unterhalb Duisburg-Ruhrort usw. Z. Bauverw. 1911 S. 268; 1912 S. 71, 243. — Schleich: Die Seine-Unterfahrung durch die Linie IV der Pariser Untergrundbahn. Schweiz. Bauzg. 1909 S. 319.

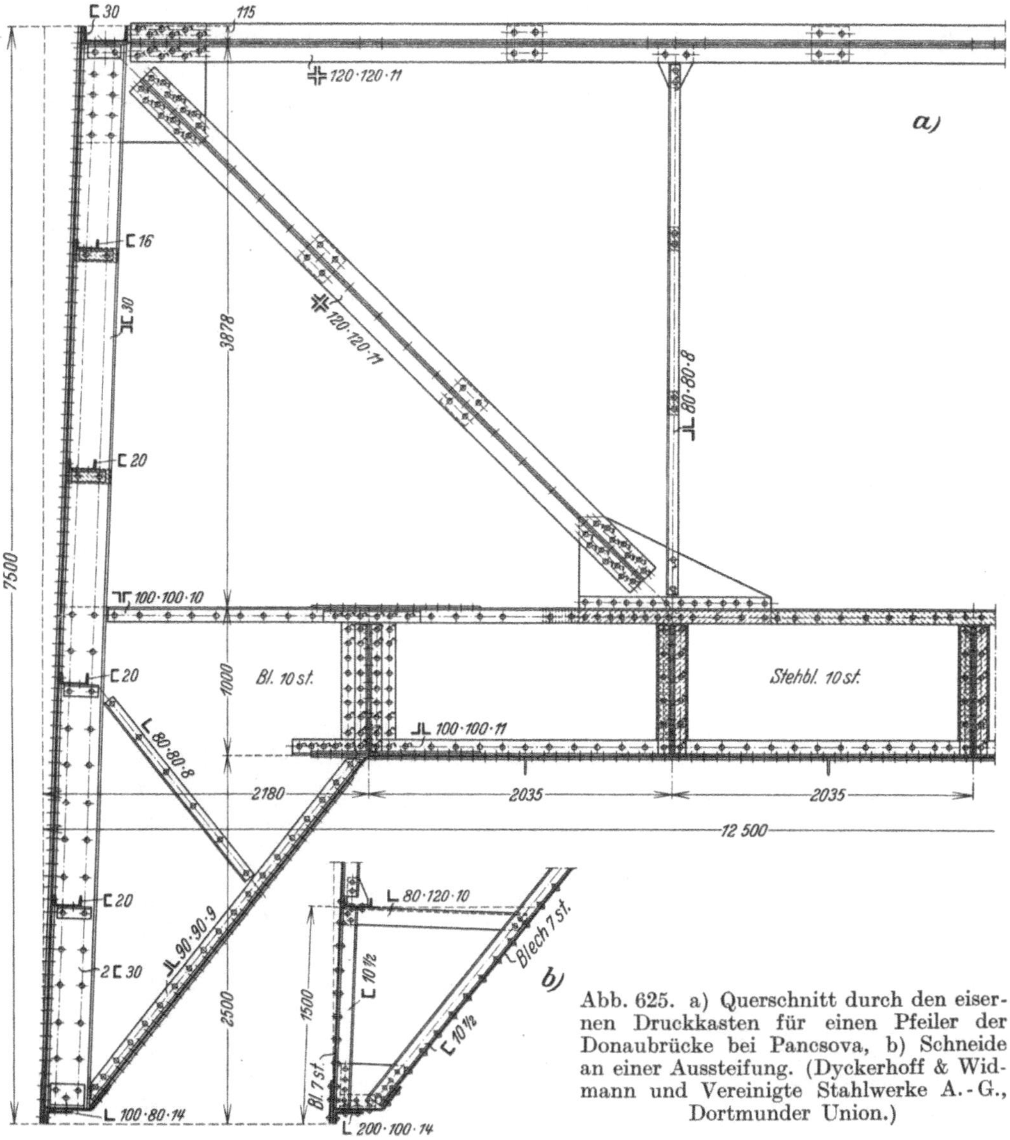

Abb. 625. a) Querschnitt durch den eisernen Druckkasten für einen Pfeiler der Donaubrücke bei Pancsova, b) Schneide an einer Aussteifung. (Dyckerhoff & Widmann und Vereinigte Stahlwerke A.-G., Dortmunder Union.)

b) Druckluftsenkkästen aus Eisenbeton.

Die Druckluftsenkkästen aus Eisenbeton werden bei kleineren Abmessungen massiv ausgeführt, bei größeren Abmessungen wird der Kasten, ähnlich wie es bei den eisernen geschieht, in ein System von Quer- und Längsbindern aufgelöst, zwischen denen Eisenbetonplatten liegen. Diese letztere aufgelöste Bauart eignet sich auch besonders in Fällen, wo zur sparsameren Ausführung der Deckenträger Sparöffnungen (vgl. S. 397) vorgesehen werden und dann, wenn es darauf ankommt, den Druckkasten besonders leicht zu machen, wie z. B. im Falle der Versenkung von einem Gerüste aus oder im Falle der schwimmenden Zuförderung des Druckkastens zur Versenkungsstelle.

Bei Druckkästen in massiver Bauweise ist die Bewehrung der Konsolen und des Deckenträgers gleichmäßig längs des Kastens verteilt. Als Beispiel ist in der Abb. 629 der Eisenbeton-Druckluftsenkkasten für den Bau des Betonsporns zur Abdichtung des Murwehres bei Pernegg dargestellt; die weitere Abb. 630 zeigt die Schalung für den Druckkasten und die Ausbildung der Schneide, mit der die Bewehrung verschraubt ist. Die Abb. 631 zeigt die Rüstung für die Schalung eines breiten Druckkastens und die Abb. 632 stellt eine Ansicht der Bewehrung eines Druckkastens über der Schneide dar.

Abb. 626. Ansicht des nach dem Zusammenbau von der Arbeitsbühne angehobenen am Gerüst hängenden Druckkastens für einen Pfeiler der Donaubrücke in Páncsova. (Dyckerhoff & Widmann.)

Bei Druckkästen mit größeren Breiten und besonders dann, wenn es darauf ankommt, den Druckkasten leicht zu bauen, wird die aufgelöste Bauart gewählt, bei der die Decke aus einem System von Rippen besteht, zwischen denen Platten liegen, die als allseits eingespannt anzusehen sind. Die Konsolen können entweder massiv (Abb. 633 und 634) sein oder auch in aufgelöster Bauart ausgebildet sein (Abb. 635 bis 637)[1].

Abb. 627. Blick in die Arbeitskammer eines Druckkastens für die Pfeiler der Donaubrücke bei Páncsova. (Dyckerhoff & Widmann.)

[1] Die Bemessung der Bewehrung dieses Druckkastens zeigt E. Probst in seinen Vorlesungen aus Eisenbeton Bd. 2 S. 490—505. Berlin: Julius Springer 1922.

Um die Beanspruchung der Konsolen und des Deckenträgers durch den Erdwiderstand gegen die Konsolen herabzusetzen, können, wie schon auf S. 398 erwähnt worden ist, Zuganker zwischen den Konsolen aus Eisenbeton oder aus Eisen angeordnet werden. Den An-

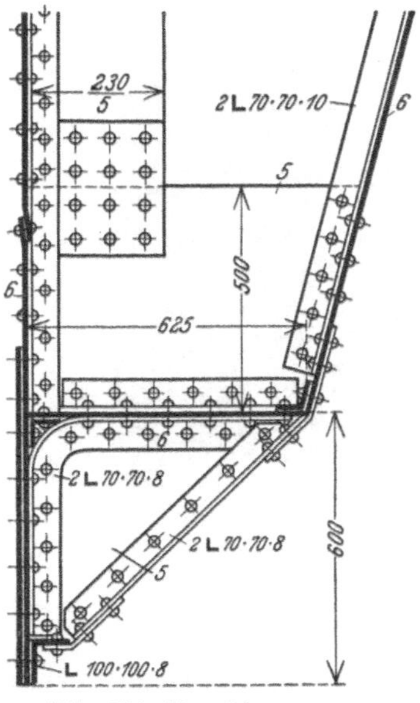

Abb. 628. Druckkastenschneide für weichen Boden.

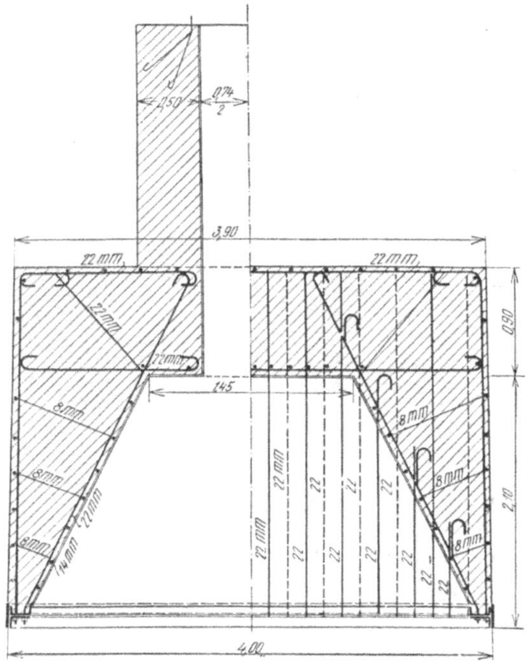

Abb. 629. Schnitt durch einen Eisenbetondruckkasten für die Herdmauer des Murwehres in Pernegg.

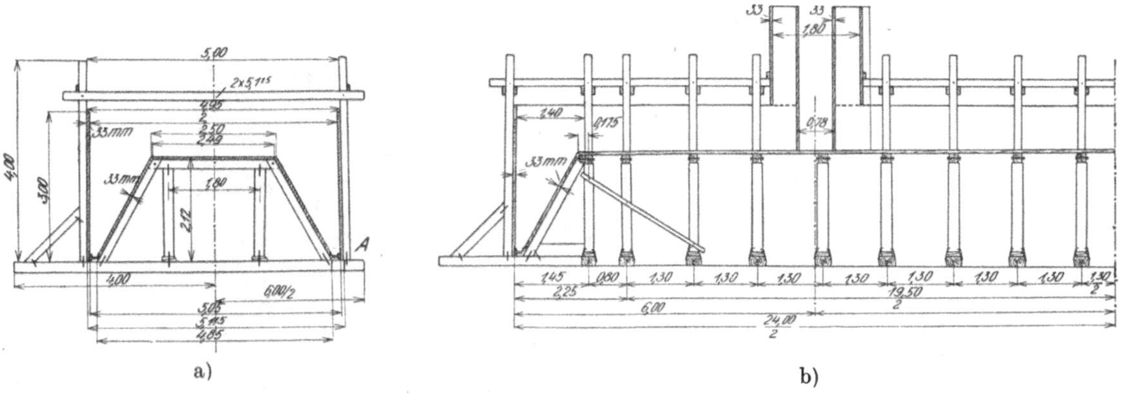

schluß eiserner Zuganker an die Konsolen aus Eisenbeton zeigt die Abb. 638.

Zur Herabsetzung der Beanspruchungen des Deckenträgers werden bei Druckkästen großer Abmessungen auch im Arbeitsraum Längs- und Querwände eingebaut, durch die der Arbeitsraum unterteilt und der Kasten ausgesteift wird. Diese Wände erhalten symmetrische Schneiden, die das Eindringen in den Boden bei der Absenkung erleichtern. Um einen Verkehr zwischen den Abteilungen des Arbeitsraumes zu ermöglichen, wird in jeder Wand eine Öffnung angeordnet. Ein

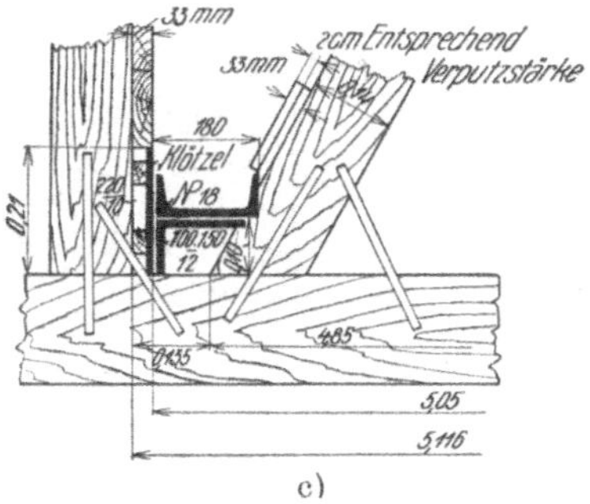

Abb. 630. Schalung für den Druckkasten der Abb. 629. a) Querschnitt, b) Längsschnitt, c) Einzelheiten bei *A*.

Beispiel für einen durch eine Längswand unterteilten Druckkasten geben die Abb. 619 und 639 und die Abb. 640a und b zeigen die Rüstung für die Schalung

Abb. 631. Rüstung für die Schalung eines Eisenbetondruckkastens. (Dyckerhoff & Widmann.)

und die Schalung für einen unterteilten Druckkasten. Die Abb. 641 gibt schließlich einen Blick in die Arbeitskammer eines solchen unterteilten Druckkastens während der Absenkung wieder.

Abb. 632. Bewehrung eines Eisenbetondruckkastens. (Dyckerhoff & Widmann.)

Für den Anschluß der Schachtrohre an die Arbeitskammer wird ein eigener Rohrabschnitt verwendet, der mittels einer Anzahl von Schrauben mit der Bewehrung (Abb. 642) sicher verbunden wird und der nicht wiedergewonnen werden kann.

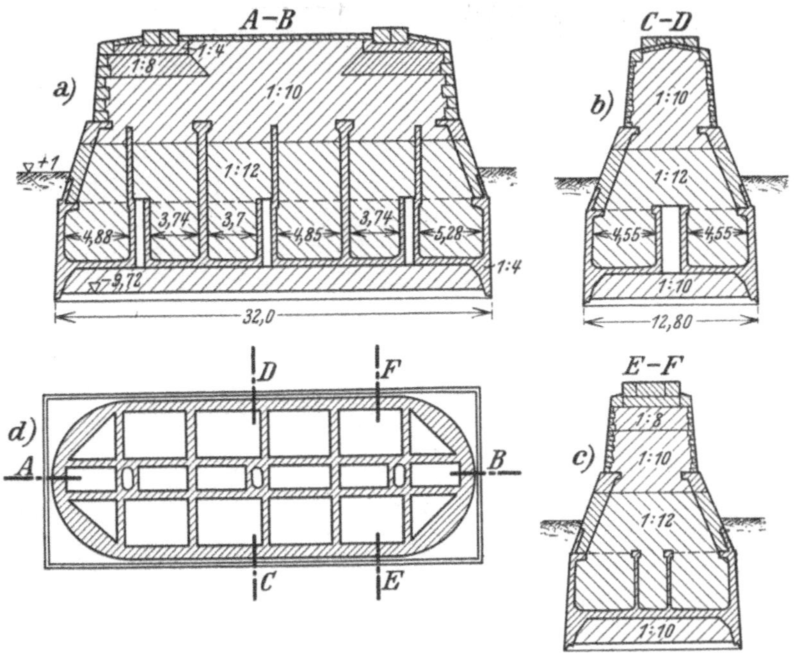

Abb. 633. Druckluftsenkkasten für einen Strompfeiler der Freihafen-Elbbrücke in Hamburg. Massive Konsolen, aufgelöste Decke. (Nach Sperber.)

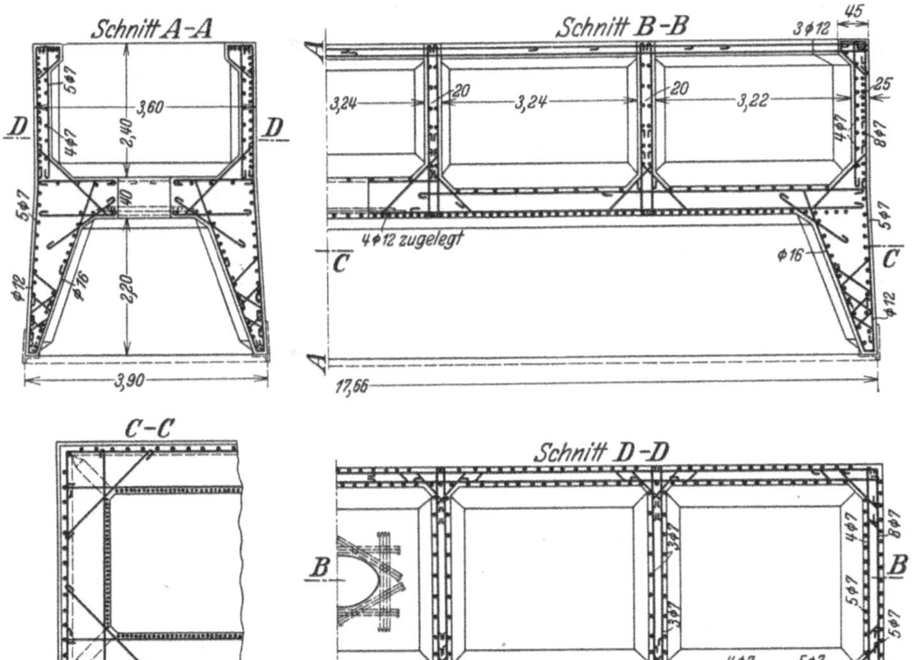

Abb. 634. Eisenbetondruckkasten mit Rippendecke und vollen Konsolen der Pfeiler der Traunbrücke bei Ebelsberg, Oberösterr. (Wayss & Freytag.)

In angreifendem Grundwasser werden die Außenflächen des Druckkastens und des darüber aufgebauten Bauwerkes mit Klinkerziegeln in säurefestem Mörtel verkleidet und auch an der Sohle in der Arbeitskammer wird nach vollendeter Absenkung

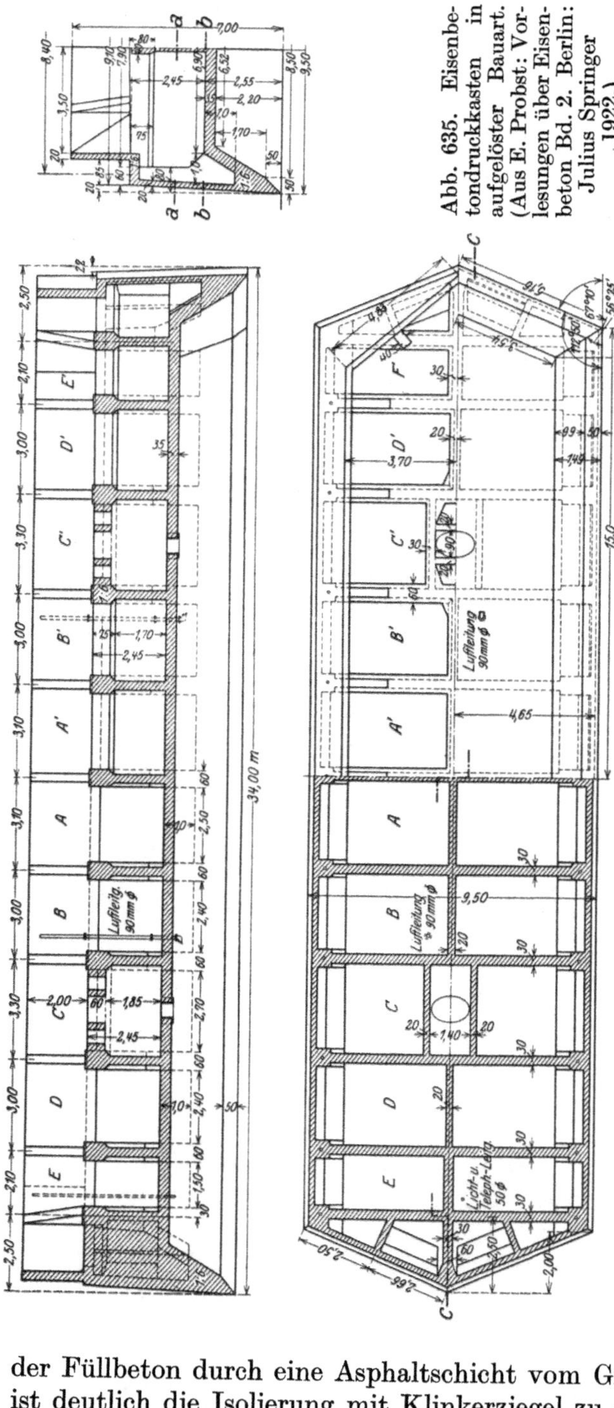

Abb. 635. Eisenbetondruckkasten in aufgelöster Bauart. (Aus E. Probst: Vorlesungen über Eisenbeton Bd. 2. Berlin: Julius Springer 1922.)

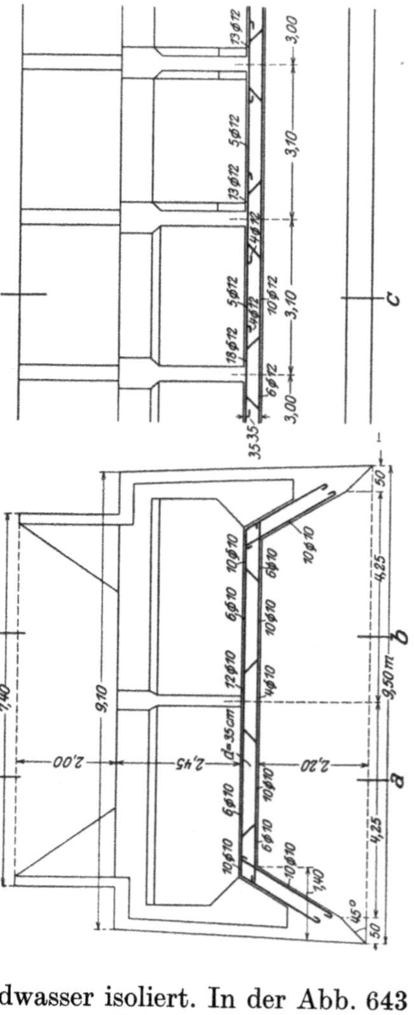

Abb. 636. Querschnitt durch den Druckkasten der Abb. 635.

der Füllbeton durch eine Asphaltschicht vom Grundwasser isoliert. In der Abb. 643 ist deutlich die Isolierung mit Klinkerziegel zu erkennen (vgl. auch Abb. 639).

Die Schneide der Eisenbetondruckkästen wird aus Eisen ausgeführt und sowohl im Beton verankert als auch mit der Bewehrung verbunden. Beispiele für die Ausbildung solcher Schneiden gibt die Abb. 638.

Literatur: Dischinger, Fr.: Neuere Druckluftgründungen unter Verwendung von Eisenbetonschwimmkästen. Bauing. 1928 S. 893. — Dyckerhoff u. Widmann: Die Arbeiten für das Isarwehr in Oberföhring. Z. V. d. I. 1924 S. 716. — Gutzwiller: Die neue Baseler Rheinbrücke. Schweiz. Bauzg. Bd. 47 (1906) S. 46. — Herbst: Über Druckluftgründung mit Eisenbetonsenkkästen. Bautechnik 1925

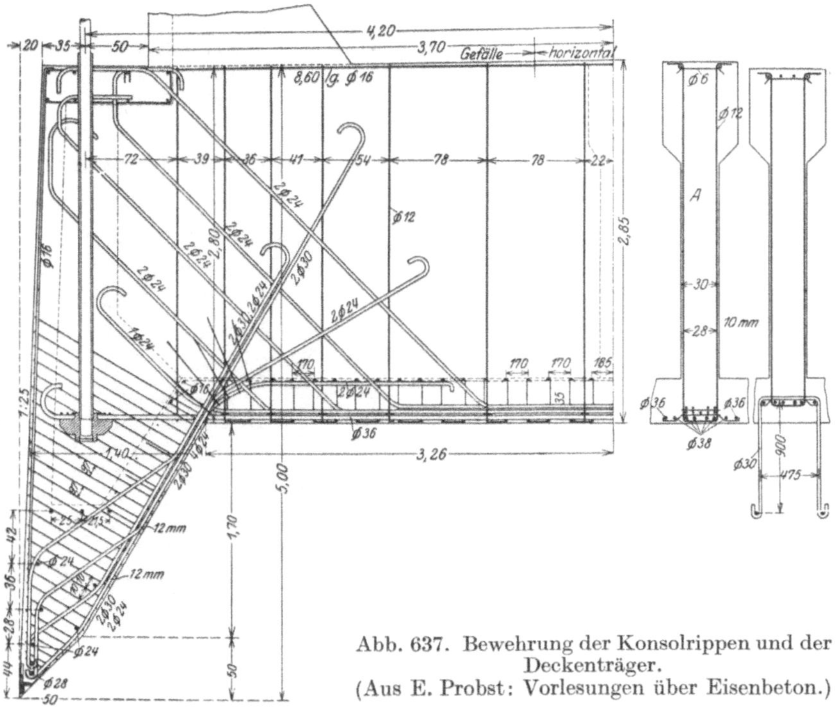

Abb. 637. Bewehrung der Konsolrippen und der Deckenträger. (Aus E. Probst: Vorlesungen über Eisenbeton.)

S. 699. — Hetzel, G., u. O. Wundram: Die Grundbautechnik und ihre maschinellen Hilfsmittel. Berlin: Julius Springer 1929. — Hunzicker-Habich: Die Wasserkraftanlage Angst-Wyhlen. Schweiz. Bauzg.

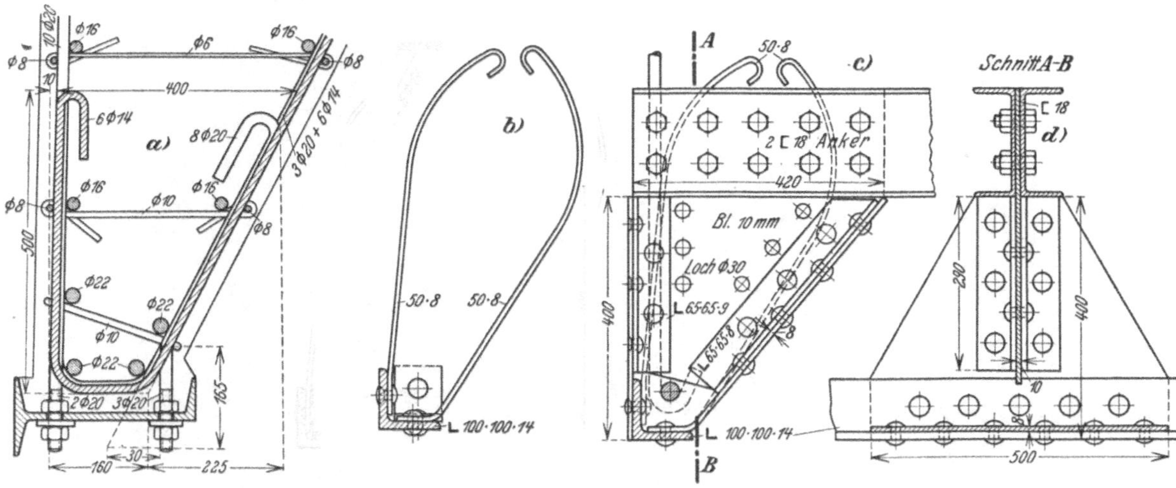

Abb. 638. a) und b) Schneiden von Eisenbeton-Druckluftsenkkasten, c) und d) Verbindung der Schneide mit den eisernen Zugankern. [a) Dyckerhoff & Widmann, b), c), d) Grün & Bilfinger.]

Bd. 61 (1913) S. 183. — Kapsa: Eisenbetoncaisson der Elbebrücke in Obristvi. Beton u. Eisen 1913 S. 425. — Laupmann: Anwendung von transportierbaren Eisenbetoncaissons beim Bau des festen Wehres für das Wolchow-Kraftwerk. Beton u. Eisen 1928 S. 30. — Locher: Zum Bau der Walchebrücke in Zürich. Beton u. Eisen 1913 S. 313. — Luft u. Ruth: Eisenbetonschwimmkästen und ihre Verwendung bei

Hafenbauten und Druckluftgründungen sowie im Schiffbau. Bauing. 1920 S. 461. — Niculescu: Druckluftgründungen im Eisenbeton. Beton u. Eisen 1907 S. 61. — Probst, E.: Vorlesungen über Eisenbeton Bd. 2. Berlin: Julius Springer 1922. — Schultze, J.: Eisenbeton als Baustoff für Druckluftgründungen. Beton u. Eisen 1920 S. 113. — Die Wasserkraftanlage Aue der Elektrizitätsgesellschaft Baden. Schweiz. Bauzg. Bd. 56 (1910) S. 97.

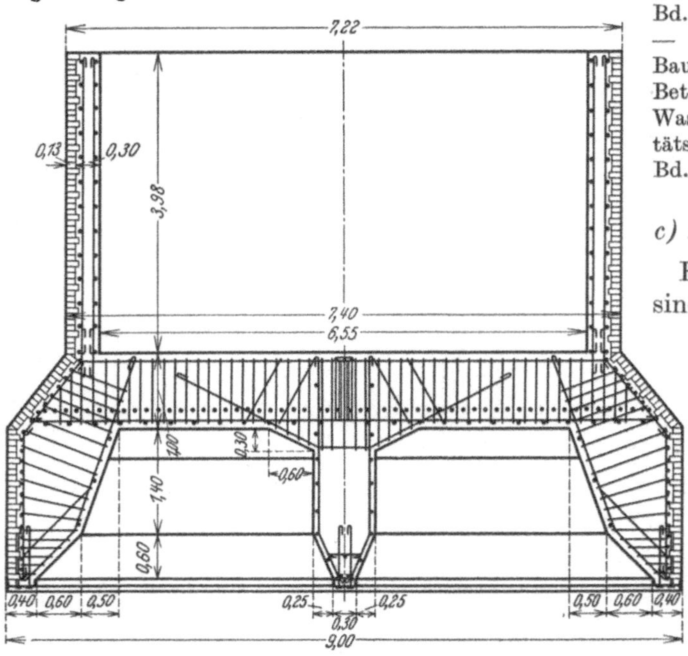

Abb. 639. Druckkasten mit Isolierung für die Spreebrücke am Bahnhof Jungfernheide. (Siemens-Bau-Union.)

c) Hölzerne Druckluftsenkkästen.

Hölzerne Druckluftsenkkästen sind früher in holzreichen Gegenden vereinzelt angewendet worden. Gegenwärtig werden sie nicht mehr ausgeführt.

Literatur über Hölzerne Druckkästen: Schultze, J.: Strompfeiler der Mainbrücke bei Kostheim. Zentralbl. Bauverw. 1888 S. 176. — Derselbe: Die Verkehrswege New Yorks. Schweiz. Bauzg. 1904 S. 172. — Derselbe: Die neue Weichselbrücke bei Marienwerder. Z. Bauw. 1910 S. 70.

Abb. 640a. Rüstung für die Schalung eines durch Wände unterteilten Druckluftsenkkastens. (Siemens-Bau-Union.)

c Druckkastenschneide.

3. Die Ausführung der Druckkästen und die Versenkung.

Die Druckkästen werden entweder vom festen Boden aus (Abb. 644) oder durch Wasser abgesenkt. Wenn der Druckkasten durch fließendes oder stehendes Wasser ab-

Abb. 640 b. Innenschalung für einen Eisenbetondruckkasten mit Querwänden. (Siemens-Bau-Union.)
a Querwände, *b* Verbindungstüren.

Abb. 641. Innenraum eines Eisenbeton-Druckluftsenkkastens mit Querwänden (*b*). (Siemens-Bau-Union.)
a Verschlußdeckel für das Schachtrohr, *c* Verbindungstüren in den Querwänden, *d* Kübel für die Förderung des Aushubes.

zusenken ist, kann bei kleineren Wassertiefen eine Insel, geschützt durch eine Pfahlwand oder eine eiserne Spundwand geschüttet werden, so daß die Absenkung auch in diesem Falle wie vom festen Boden aus erfolgt; der Druckkasten wird dann am Ort der

Versenkung zusammengebaut. Bei der Absenkung durch tieferes Wasser wird der Druckkasten entweder auf einem Gerüst hergestellt, oder er wird am Ufer, im Trockenen,

Abb. 642. Anschluß des Schachtrohres an die Decke der Arbeitskammer. (Siemens-Bau-Union.)

im Dock oder am Helling aufgebaut und schwimmend zur Versenkungsstelle gebracht. Das Versenkungsgerüst wird auf gerammten Pfählen errichtet oder es wird, wenn die Wassertiefe für das Rammen zu groß ist oder der Boden ungeeignet ist, ein schwimmendes Gerüst angewendet.

Abb. 643. Isolierung des Druckkastens durch Klinkerziegelmauerwerk gegen angreifendes Grundwasser. (Siemens-Bau-Union.)

Als Beispiel für die Versenkung eines Druckkastens von einer künstlichen Insel aus ist in der Abb. 645 die Gründung eines Pfeilers des Murwehres in Pernegg gezeigt. Die Insel ist dort unter dem Schutze einer Larssen-Spundwand geschüttet. Die Bodenoberfläche innerhalb einer Spundwand liegt tief unter dem Außenwasserspiegel; um zusickerndes Wasser abpumpen zu können, ist in der Inselschüttung ein kleiner Pumpensumpf eingebaut (Abb. 646a—b), aus dem eine Pumpe in einem an der Baubrücke hängenden Häuschen das Wasser abpumpt.

Den Zusammenbau des Druckkastens auf einem festen Gerüst erläutern die Abb. 646 und 647. Wenn der Druckkasten auf der Plattform am Gerüst zusammengebaut ist, wird er mittels Schraubenspindeln oder Flaschenzügen am Gerüst aufgehängt, etwas

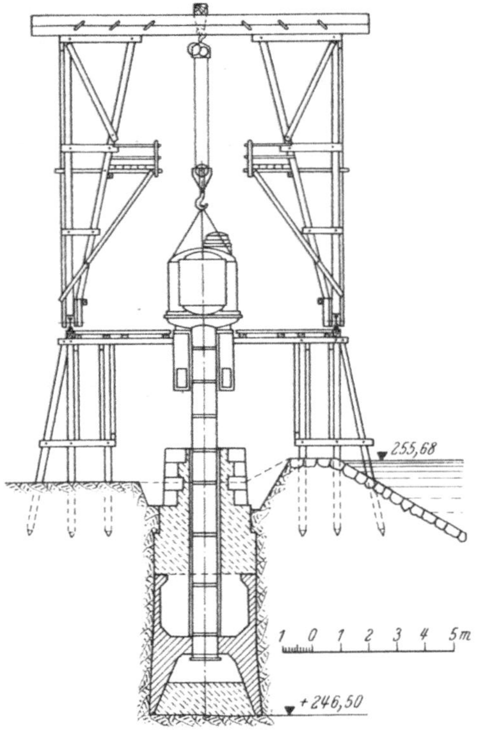

Abb. 644. Gerüst mit Portalkran für die Versenkung eines Druckkastens. (Wayss & Freytag.)

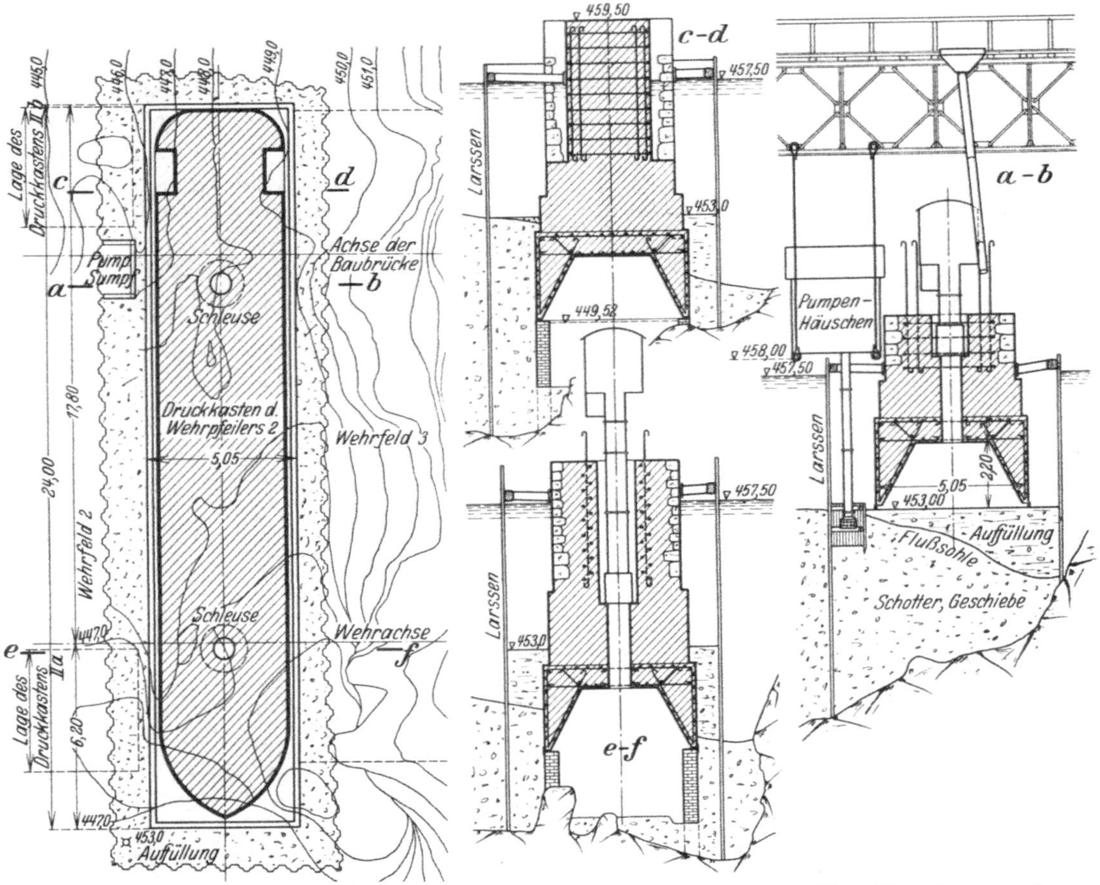

Abb. 645. Gründung eines Pfeilers des Schützenwehres in Pernegg an der Mur. Unterfangung der Druckkastenschneiden. a—b) Querschnitt vor der Absenkung, c—d) und e—f) Querschnitte nach der Absenkung, die Schneiden teilweise unterfangen. (Steweag, Graz.)

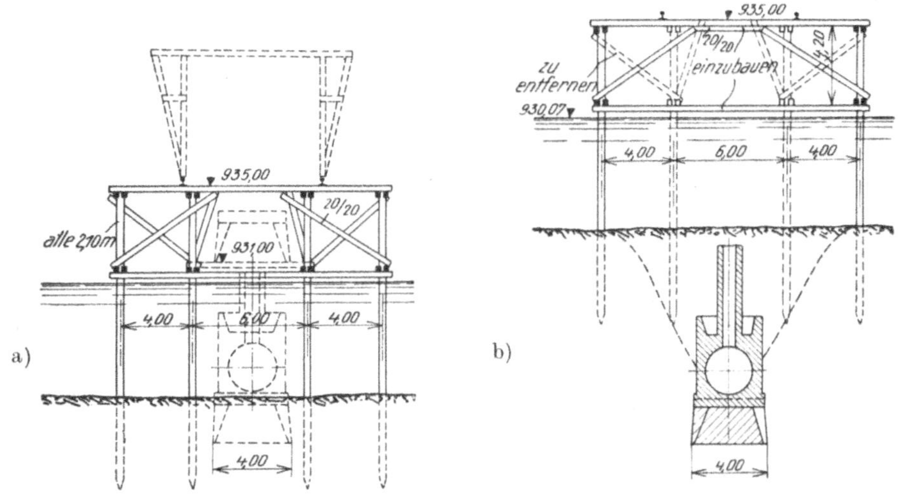

Abb. 646. Versenkung des Druckkastens für das Entnahmebauwerk des Achenseekraftwerkes von einem festen Gerüst aus. (Tiroler Wasserkraft A.-G.)

Abb. 647. Versenkung des eisernen Druckkastens für einen Pfeiler der Donaubrücke in Páncsova. a) der Zusammenbau auf der Arbeitsbühne, b) der Druckkasten an Flaschenzügen hängend, c) der Druckkasten steht auf der Flußsohle. (Dyckerhoff & Widmann.)

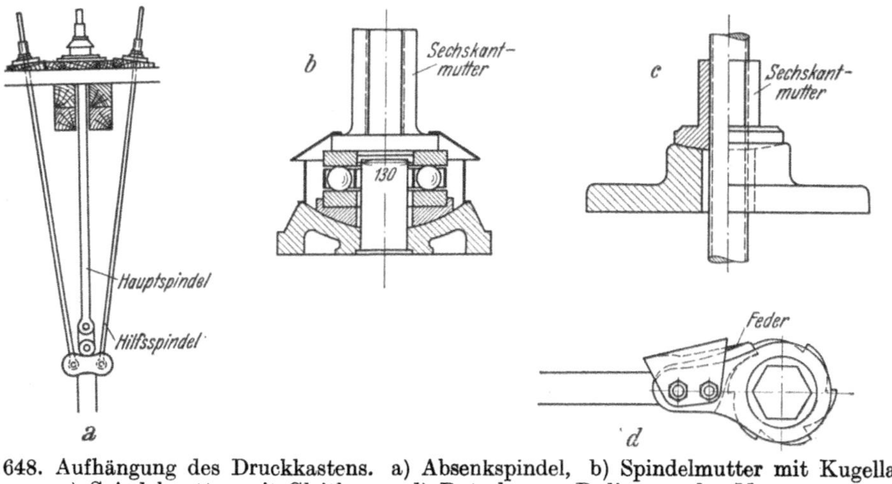

Abb. 648. Aufhängung des Druckkastens. a) Absenkspindel, b) Spindelmutter mit Kugellager, c) Spindelmutter mit Gleitlager, d) Ratsche zur Bedienung der Muttern. [a), b) nach G. Hetzel; c), d) nach O. Franzius.]

angehoben und es wird hierauf die Plattform entfernt. Nachdem die Luftschleusen angeschlossen sind, beginnt die Aufmauerung des Bauwerkes, während der Kasten, in dem Maße als die Mauerung fortschreitet, abgesenkt wird. Bei größeren Druckkästen werden, um das am Gerüst aufzuhängende Gewicht möglichst niedrig zu halten, nur die unbedingt schon jetzt erforderlichen Bauwerksteile aufgeführt, bzw. werden Sparöffnungen frei gelassen, die erst später aufgefüllt werden.

Bei der Absenkung kann der Boden um den Druckkasten stark nachsacken. Bei der Druckluftsenkgründung des Entnahmerohres des Achenseewerkes ist, wie ein Blick in die Abb. 646b lehrt, der Boden so weit nachgesackt, daß die beiden inneren Pfahlreihen des Gerüstes frei hängten; sie mußten ausgebaut werden und es mußte das Gerüst durch ein Sprengwerk verstärkt werden. Der Bodenaushub war bei dieser Gründung wesentlich größer als er zur Versenkung des Druckkastens allein erforderlich gewesen wäre.

Die Aufhängung geschieht am besten an den Enden der Deckenträger mittels Schraubenspindeln, die während des Absenkens nach Bedarf verlängert werden.

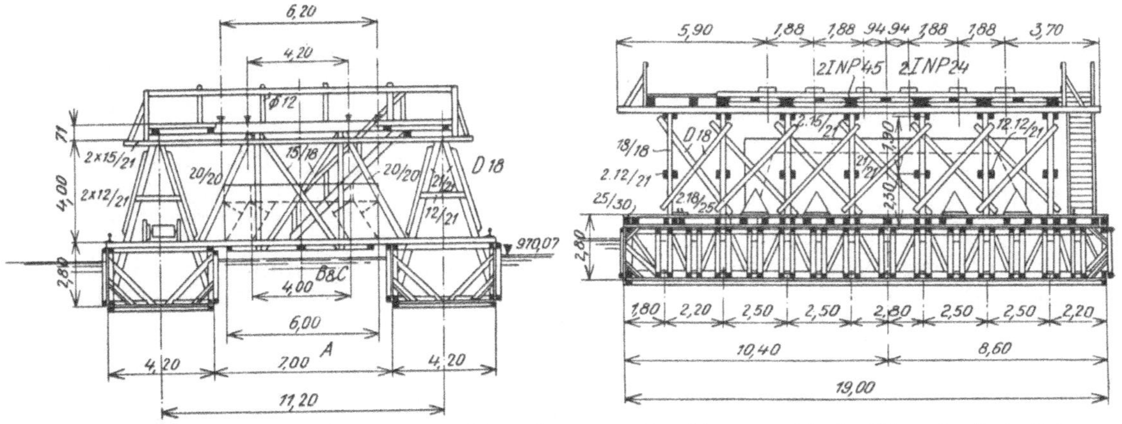

Abb. 649. Schwimmendes Gerüst zur Versenkung von Druckkästen. (Tiroler Wasserkraft A.-G.)

G. Hetzel empfiehlt, jede Spindel für eine Last von mindestens 100 t zu bemessen, damit sie bei verschiedenen Druckkästen verwendbar sind. Die Spindelmuttern werden in Gleitlagern oder besser auf Kugeln gelagert (Abb. 648) und mit Ratschen (Abb. 648d) betätigt, die auf Befehl zwischen zwei Anschlägen bewegt werden, so daß alle Spindeln gleichmäßig verlängert werden. Während der Verlängerung der Spindeln wird der Druckkasten, wie es die Abb. 647a andeutet, vorübergehend auf Hilfsspindeln aufgehängt.

Den Aufbau des Druckkastens auf einem schwimmenden Gerüst zeigt die Abb. 649. Der Arbeitsvorgang ist der gleiche wie bei der Versenkung vom festen Gerüst aus.

Wenn der Druckkasten durch hinreichend tiefes Wasser abzusenken ist, so kann er auch schwimmend zur Versenkungsstelle befördert werden (Abb. 650). Der weitere Aufbau erfolgt zwischen Hilfsgerüsten (Abb. 651) an der Versenkungsstelle. Der Zusammenbau des Senkkastens erfolgt an geeigneter Stelle am Ufer auf einer Helling (Abb. 652) oder in einem Dock.

In dem Maße als die Absenkung des Druckkastens vor sich geht, muß das Schachtrohr zwischen der Luftschleuse und der Arbeitskammer durch den Einbau neuer Rohre verlängert werden; hiebei muß jedesmal die Luftschleuse vom Schachtrohr abgehoben werden. Für diese Arbeiten wird über der Versenkungsstelle ein Portalkran (Abb. 644 und 653) oder bei Versenkung vom festen Boden aus und leichten Schleusen auch nur ein Dreibein (Abb. 654) vorgesehen.

Der Aushub in der Arbeitskammer wird durch die Schachtrohre herausbefördert. In Druckkästen kleiner Abmessungen wird der Aushub zu den Kübeln unter den Schachtrohren geworfen oder mit Schubkarren zugeführt. In Druckkästen größerer Abmessungen werden an der Decke der Arbeitskammer Hängeschienen angeordnet, auf denen die gefüllten Kübel zu den Schachtrohren gefahren werden oder es werden seitlich verschiebbare Bandförderer an der Decke aufgehängt (Abb. 655), die den Aushub zu den Schachtrohren befördern.

Der Fortschritt des Absenkens hängt vorwiegend von der Leistungsfähigkeit der Schleusen beim Ausschleusen des Aushubes ab; Absenkungsfortschritte von mehr als 50 cm im Tag sind selten erreicht worden.

Abb. 650. Schwimmende Beförderung eines Druckkastens für einen Pfeiler der Donaubrücke in Páncsova. (Dyckerhoff & Widmann.)

Abb. 651. Einschleppen eines Eisenbetondruckkastens in das Versenkgerüst. (Dyckerhoff & Widmann.)

Damit der Druckkasten am Absinken nicht durch die Mantelreibung behindert wird, erhält er sowie das über ihm aufgebaute Bauwerk einen Anzug, manchmal wird auch über der Arbeitskammer ein Absatz angeordnet. Wenn trotzdem der Druckkasten infolge zu großer Mantelreibung hängen bleibt, so kann nach Ausschleusung aller Arbeiten ein Absinken durch rasches Ablassen der Druckluft aus dem Arbeitsraum bewirkt werden. Das Wasser kann dann durch den Boden nicht rasch genug zuströmen, so daß durch diese Maßnahme vorübergehend der Auftrieb ausgeschaltet wird.

Abb. 652. Stapellauf eines Eisenbetondruckkastens. (Dyckerhoff & Widmann.)

Der Aushub wird so lange fortgesetzt, bis die vorgesehene tragfähige Schicht erreicht ist. Wenn die Gründung auf Fels vorgesehen ist, so wird von der Felsoberfläche alles gebräche Gestein entfernt. Es wird nur selten vorkommen, daß die Felsoberfläche waagrecht liegt. Um nun in solchen Fällen bei hinreichend luftdichtem Boden Sprengungen in der Arbeitskammer zu vermeiden, wird, sobald die Schneide des Druckkastens an irgendeiner Stelle am Fels aufsitzt, der restliche Teil der Schneide unterfangen. Während dieser Arbeiten wird die Spannung der Druckluft erhöht, so daß das Wasser bis in größere Tiefe unter der Schneide ausgetrieben wird; hierbei ist die Zufuhr von reichlicher Druckluft erforderlich. Die Unterfangung erfolgt längs der Schneide verteilt nach und nach in 1 bis 2 m breiten Abschnitten mit Mauerwerk aus Klinkerziegeln oder Betonformsteinen, bis endlich die ganze Schneide untermauert ist (vgl. Abb. 645). Dieses Mauerwerk wird schließlich mit einem fetten Zementputz gedichtet. Statt der Unterfangung mittels Mauerwerkspfeilern kann auch eine Pölzung mit Holz oder

Trägerabschnitten (Abb. 656) ausgeführt werden, wenn der durchfeuchtete Boden hinreichend luftundurchlässig ist.

Besondere Gefahren entstehen beim Absenken des Druckkastens, wenn in Felsschichten Hohlräume angeschnitten werden, durch die die Luft entweichen kann. Wenn gelegentlich von Bohrungen solche Hohlräume gefunden werden, so ist es zweckmäßig, sie noch vor der Absenkung des Druckkastens durch Einpressen von Magerbeton zu schließen.

Abb. 653. Portalkran für das Anheben der Schleusen. (Beuchelt & Co., Grünberg in Schl.)

Wenn der Aushub vollendet und die Felsoberfläche bis auf die gesunden Schichten abgeräumt ist, wird der Arbeitsraum ausbetoniert. In angreifendem Grundwasser wird auf einer dünnen Schichte von Unterlagsbeton eine Asphaltisolierung aufgebracht und erst auf dieser der Arbeitsraum ausbetoniert. Sobald die Auffüllung bis ans untere Ende des Schachtrohres vorgeschritten ist, werden die Luftschleusen und die Schachtrohre abgenommen. Die Schachtrohrabschnitte sind, um das Abbauen zu erleichtern, mit Innenflanschen verbunden. Bei Druckkästen, die keine nennenswerten Lasten übertragen, hat man aus Ersparungsrücksichten auch nur einen Teil der Arbeitskammern ausbetoniert, den Rest mit Boden ausgestampft.

Abb. 654. Dreibeine über den Druckkästen für das Anheben der Schleusen. (Steweag, Graz.)

Während der Absenkung wird das am Druckkasten zu gründende Bauwerk aufgebaut. Bei Pfeilern erhält das Mauerwerk vielfach eine Verkleidung aus Quadern, Betonformsteinen oder Klinkern, deren Aufmauerung stets dem Betonieren des übrigen Pfeilers voraneilt, so daß diese Verkleidung die Schalung entbehrlich macht. Bei der Aufmauerung dieser Verkleidung ist nun besondere Aufmerksamkeit dem Absenkungsvorgang zu widmen. Durch ungleichmäßigen Aushub kann es vorkommen, daß sich der Pfeiler neigt; in solchen Fällen ist das Ausrichten des Verkleidungsmauerwerkes mit dem Senkel nicht zulässig, weil nach dem späteren Aufrichten des Pfeilers diese Schichten der Verkleidung geneigt wären und der Pfeiler einen unschönen Anblick bieten würde.

4. Die Gründung auf schräg abgesenkten Druckluftsenkkästen.

Damit in Grundwerken, die neben lotrechten auch größere waagrechte Kräfte aufzunehmen haben, die Stützlinie im Kern verläuft, sind bei lotrecht abgesenkten Druckkästen oft sehr namhafte Kastenabmessungen erforderlich, durch die die Gründungskosten stark erhöht werden. Um nun diesem Übelstand zu begegnen, senkt C. Ph. Hansen den Druckkasten in solchen Fällen annähernd unter dem Neigungswinkel der Stützlinie ab und erreicht dadurch neben namhaften Baustoff- und Arbeitsersparnissen überdies, daß auch bei nicht vorher gesehenem Tieferlegen der Sohlfläche die Stützlinie dennoch im Kerne verbleibt. In der Abb. 657 ist eine Gegenüberstellung der Gründung einer Ufermauer, einmal mit schräg abgesenktem, das

Abb. 655. Bandförderer im Arbeitsraum eines Druckkastens. (Flottmann A.-G.)

Abb. 656. Aushub unter der Druckkastenschneide beim Wehrbau Kembs. (Siemens-Bau-Union.)
a Druckkastenschneide, *b* Tonschichte, *c* Fels.

andere Mal mit lotrecht abgesenktem Druckkasten dargestellt, die klar die Vorteile der schrägen Absenkung bei größeren waagrechten Drücken erkennen läßt.

Die schräge Absenkung eines Druckkastens erfordert, daß die untere Wandflucht des Druckkastens und des darüberliegenden Grundwerkes als Führungs- und Lagerfläche glatt ausgeführt wird und eine Neigung erhält, die jener der Absenkung gleich ist. Diese untere Wand wird deswegen als Leitwand bezeichnet.

Die Absenkung erfolgt so, wie jene der anderen Druckkästen, vom festen Boden, von Inselschüttungen oder von Gerüsten aus, je nachdem es die örtlichen Verhältnisse erfordern.

Der Druckkasten bewegt sich, sobald er auf dem Boden aufsitzt, anfänglich nicht in schräger Richtung, sondern vorerst lotrecht und erst in dem Maße, als der Erdwiderstand gegen die Leitwand anwächst, weichen die Schneiden aus der lotrechten Richtung ab und ihr Weg nähert sich allmählich der vorhergesehenen Bahnlinie, etwa so, wie es in der Abb. 658 angedeutet ist.

Der Grundkörper sei nun so tief abgesenkt, daß ihn der Boden weiter unter dem vorgesehenen Winkel ε schräg nach abwärts leite. In diesem Stadium (Abb. 659) stehen die zur Leitwand senkrecht stehenden Komponenten aller angreifenden Kräfte im Gleichgewicht und man kann nach E. Paproth die Tiefe t_1, in der der Erdwiderstand gegen die Leitwand eben zur richtigen Führung ausreicht, berechnen. In dieser

Tiefe muß

$$E_h \cos \delta_h = G \sin \varepsilon - A \sin \varepsilon + E_v \cos (\delta_v + \varepsilon - \varepsilon') \tag{537}$$

sein. Für den Auftrieb wird

$$A = b\,t \tag{538}$$

gesetzt und für die Erddrücke gilt, wenn λ_l und λ_v die Ziffern des Erddruckes für die Leitwand bzw. für die Vorderwand sind,

$$E_v = \frac{\gamma_e \lambda_v}{2} t_1^2 \tag{539}$$

bzw.

$$E_h = \frac{\gamma_e \lambda_l}{2} t_1^2, \tag{540}$$

so daß man dann

$$\frac{\gamma_e \lambda_l}{2} t_1^2 \cos \delta_l = G \sin \varepsilon - b\,t \sin \varepsilon + \frac{\gamma_e \lambda_v}{2} t_1^2 \cdot \cos (\delta_v + \varepsilon - \varepsilon') \tag{541}$$

oder

$$t_1^2 \frac{\gamma_e}{2} [\lambda_l \cos \delta_l - \lambda_v \cos (\delta_v + \varepsilon - \varepsilon')] = \sin \varepsilon (G - b\,t) \tag{542}$$

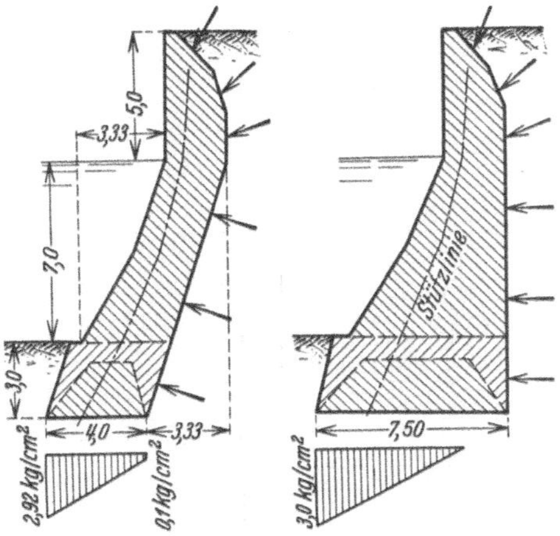

Abb. 657. Gegenüberstellung von Ufermauergründungen mit schräg und mit lotrecht abgesenktem Druckkasten. (Nach E. Paproth.)

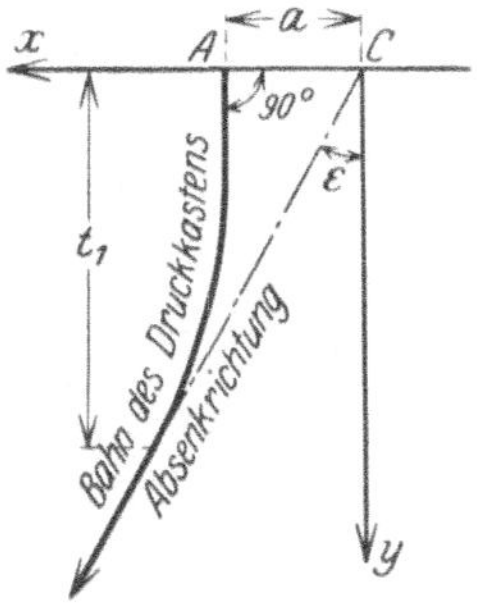

Abb. 658. Bahn des schräg abgesenkten Druckkastens und Ermittlung des Vorsetzmaßes a.

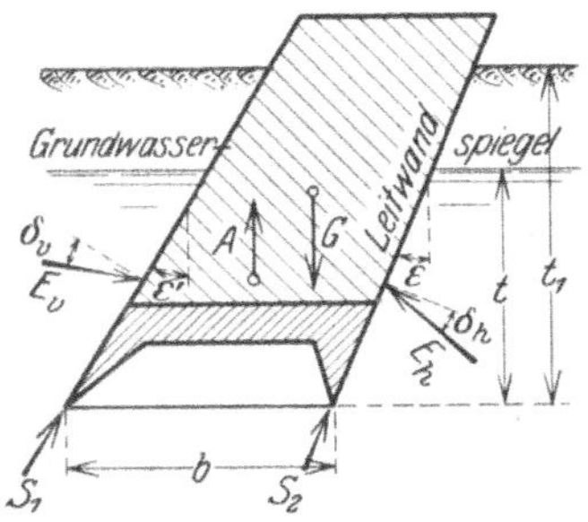

Abb. 659. Führung des schräg abgesenkten Druckkastens durch die Leitwand. A Auftrieb, G Gewicht.

hat. Wird weiter

$$\frac{2 \sin \varepsilon}{\gamma_e [\lambda_l \cos \delta_l - \lambda_v \cos (\delta_v + \varepsilon - \varepsilon')]} = \alpha \tag{543}$$

gesetzt, so folgt schließlich

$$t_1 = \sqrt{\alpha \cdot (G - b\,t)}. \tag{544}$$

Für den Fall, daß der Grundwasserspiegel in der Höhe der Bodenoberfläche liegt, also für $t = t_1$, berechnet E. Paproth

$$t_1 = -\frac{\alpha b}{2} + \sqrt{\left(\frac{\alpha b}{2}\right)^2 + \alpha G}. \tag{545}$$

Für λ_l ist in diesem Falle der entsprechende Beiwert für Erdwiderstand zu setzen; der Beiwert λ_v kann zwischen 0 und jenem für Erddruck liegen. Die Winkel δ_l und δ_v werden so wie die Beiwerte λ Erddrucktabellen entnommen.

Nun ist noch das Vorsetzmaß a (Abb. 658) zu berechnen, um das der Druckkasten vor die Absenklinie gesetzt werden muß, damit er schließlich in die geforderte Lage zu stehen kommt. Die Bahn des Druckkastens beginnt in der Bodenoberfläche lotrecht und erreicht in der Tiefe t_1 die Neigung

$$\frac{dx}{dy} = \operatorname{tg} \varepsilon. \tag{546}$$

E. Paproth nimmt nun an, daß der Neigungswinkel $\frac{dx}{dy}$ der Bahn proportional der Zunahme des Erdwiderstandes von 0 in der Bodenoberfläche bis auf $tg\,\varepsilon$ in der Tiefe t_1 sei, daß also

(547) $$\frac{dx}{dy} = \frac{\operatorname{tg}\varepsilon}{\frac{\gamma_e}{2}\lambda_p t_1^2} \cdot \frac{\gamma_e}{2}\lambda_p y^2 = \operatorname{tg}\varepsilon \cdot \frac{y^2}{t_1^2}$$

oder

(548) $$\frac{t_1^2}{\operatorname{tg}\varepsilon}\,dx = y^2\,dy$$

und weiter

(549) $$\frac{t_1^2}{\operatorname{tg}\varepsilon}\,x - \frac{y^3}{3} = \text{const} = c$$

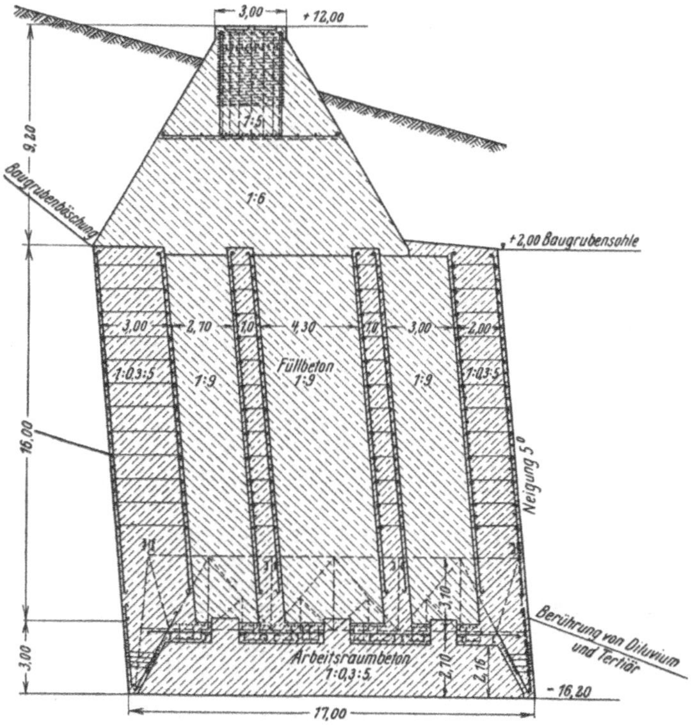

Abb. 660. Der Ostpfeiler der Kanalbrücke in Niederfinow. (Nach Plarre und Dettig: Bautechnik 1930 S. 677.)

ist. In der Tiefe $y = t_1$ ist $x = t_1 \cdot tg\,\varepsilon$ und es ergibt sich für die Konstante

(550) $$c = \frac{2\,t_1^3}{3}$$

und für die Gleichung der Bahn

(551) $$y^3 = \frac{3\,t_1^2}{\operatorname{tg}\varepsilon}\,x - 2\,t_1^3.$$

In der Bodenoberfläche (vgl. Abb. 658), also mit $y = 0$, ergibt sich schließlich das Vorsetzmaß

(552) $$a = x_0 = \tfrac{2}{3}\,t_1 \operatorname{tg}\varepsilon\,.$$

Je größer der Neigungswinkel ε der Leitwand gewählt wird, um so mehr wird der Boden unter der Leitwand belastet und um so größer wird die Reibung; es muß bei größeren Neigungswinkeln daher stets nachgewiesen werden, daß der Druckkasten überhaupt bis auf die vorgesehene Tiefe absinkt.

Während bei der Bemessung der Arbeitskammerwandung lotrecht abgesenkter Druckluftsenkkästen der von außen wirkende Erddruck in der Regel vernachlässigt wird, muß er, wie E. Paproth besonders betont, bei schräg abzusenkenden Druckkästen stets berücksichtigt werden.

Schließlich mögen die Abb. 660 bis 665 einige Beispiele für die Anwendung und Ausführung von schräg abgesenkten Druckkästen geben.

Literatur: Fischmann: Der Neubau der „Hohen Brücke" über den Elbingfluß in Elbing. Bautechnik 1929 S. 675. — Kaumanns: Neubau der Straßenbrücke über den Großschiffahrtweg Berlin—Stettin bei Schwedt a. d. Oder. Bautechnik 1928 S. 419. — Paproth, E.: Die schräge Druckluftabsenkung in Theorie und Praxis. Bautechnik 1929 S. 566.

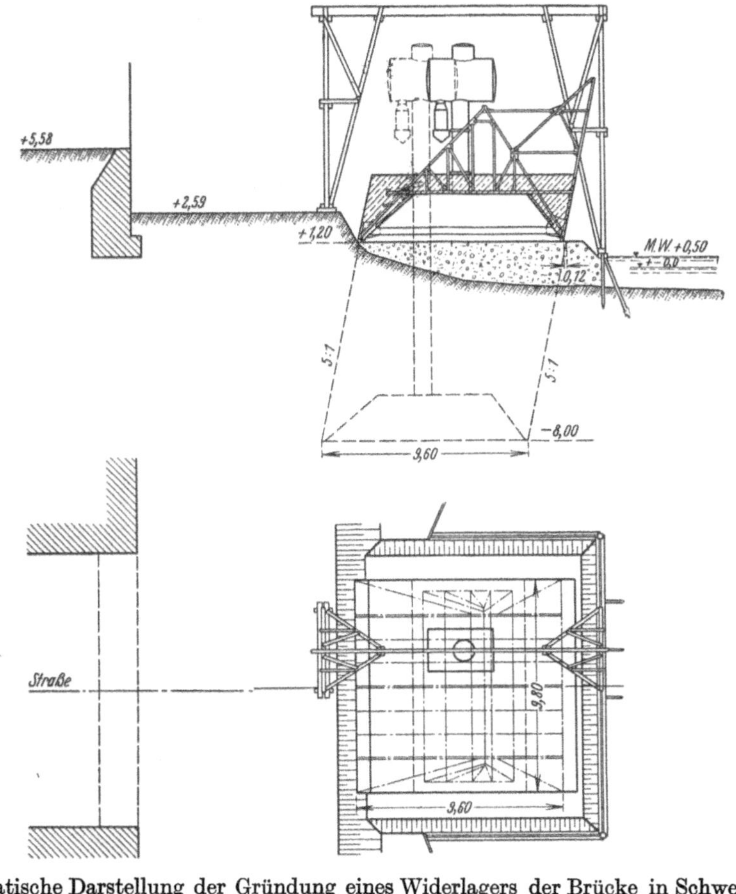

Abb. 661. Schematische Darstellung der Gründung eines Widerlagers der Brücke in Schwedt a. d. Oder mittels schräg abgesenkter Druckkästen. (Nach Kaumanns: Bautechnik 1928 S. 421.)

5. Arbeiten in feststehenden Arbeitskammern.

Ähnlich wie in den Druckluftsenkkästen kann auch in oder von feststehenden Arbeitskammern aus die Herstellung von Grundwerksteilen unter dem Wasserspiegel erfolgen. In der Abb. 666 und 667 sind zwei Beispiele für die erfolgreiche Anwendung dieses Verfahrens dargestellt.

Die Abb. 666 zeigt die Arbeitsweise bei Ausführung des Grundwerkes eines Tauchwandpfeilers beim Murwehr in Pernegg. Dort ist die Einlaufschwelle bis zum Wasserspiegel herauf durch Unterwasserbetonschüttung zwischen zwei Schalwänden, ähnlich wie ein Betonfangdamm, ausgeführt worden. Um die Pfeiler der Tauchwand sicher auf gesundem Fels gründen zu können, sind, wie es in der Abb. 666 deutlich zu erkennen ist, an den betreffenden Stellen Holzkästen, mit Betonformsteinen (b) als

Ballast beschwert, versenkt worden, die die Schalung für einen Hohlraum bildeten, in dem später unter dem Schutze von Druckluft der Pfeiler im Trockenen ausgeführt werden konnte. Dieser Hohlraum wurde später mit einer schweren Eisenbetonplatte abgedeckt, durch die das Schachtrohr der Schleuse führte. Die Trockenlegung der

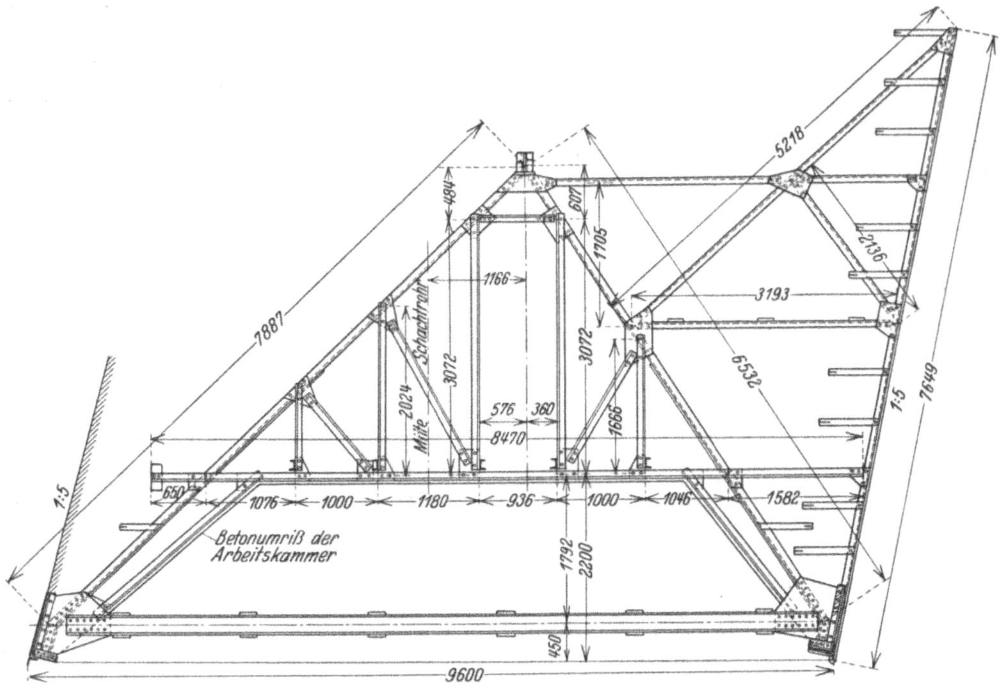

Abb. 662. Hauptbinder des eisernen Druckkastens für ein Widerlager der Brücke in Schwedt a. d. Oder. (Beuchelt & Co.)

auf diese Weise gebildeten Arbeitskammern bereitete wegen der großen Luftdurchlässigkeit des Schüttbetons große Schwierigkeiten. Im Wasser arbeitend mußte nach und nach, in dem Maße, als der Wasserspiegel sank, die Wandung der Arbeitskammern durch Bestreichen mit Zementmilch und Belegen mit Papier von einem wagehalsigen

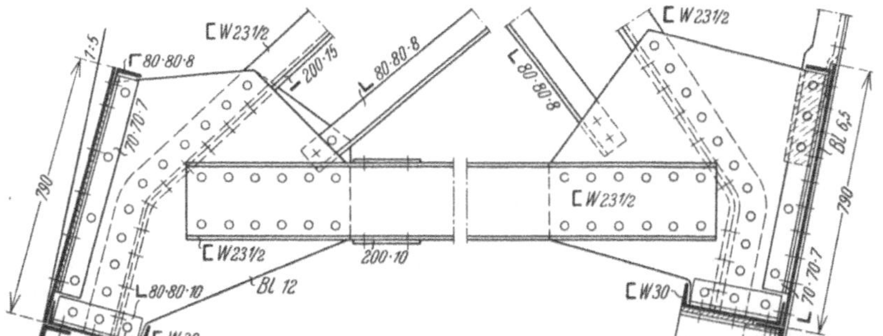

Abb. 663. Einzelheiten der Schneide und der Zuganker des Druckkastens in der Abb. 662. (Beuchelt & Co.)

Arbeiter gedichtet werden. Nachdem die Dichtung gelungen war, verursachten die Arbeiten keine weiteren Schwierigkeiten.

In der Abb. 667 sind weitere Arbeiten von feststehenden Arbeitskammern aus dargestellt, die bei der Gründung der Herdmauern einer Wehröffnung in Pernegg durchgeführt worden sind. Der Fels fiel dort steil ab, so daß sich die Gründung mittels

Druckluftsenkkästen nicht lohnte. Wie es die Abb. 667 deutlich veranschaulicht, sind dort in fester Verbindung mit dem Wehrboden an der Ober- und an der Unterwasserseite je eine Arbeitskammer eingebaut worden, von denen aus unter allmählicher Erhöhung der Luftpressung eine Unterfangung der Arbeitskammern

Abb. 664. Ansicht des eisernen Druckkastens für die Widerlager der Brücke in Schwedt a. d. Oder, in der Werkstätte zusammengestellt. (Beuchelt & Co.)

mittels Mauern aus Betonformsteinen ausgeführt worden ist. Der Raum zwischen diesen Mauern unter der Arbeitskammer ist schließlich mit Beton aufgefüllt worden.

6. Vorschriften und Einrichtungen zum Schutze der in Preßluft Arbeitenden.

Sowohl der Aufenthalt in Druckluft gleichbleibender Spannung als auch rasch vor sich gehende Spannungsänderungen verursachen vielfach Beschwerden und gefährden die Gesundheit der Arbeiter. Ganz besonders schädlich sind rasch vor sich gehende Spannungsermäßigungen, weil das Blut beim Aufenthalt in Druckluft

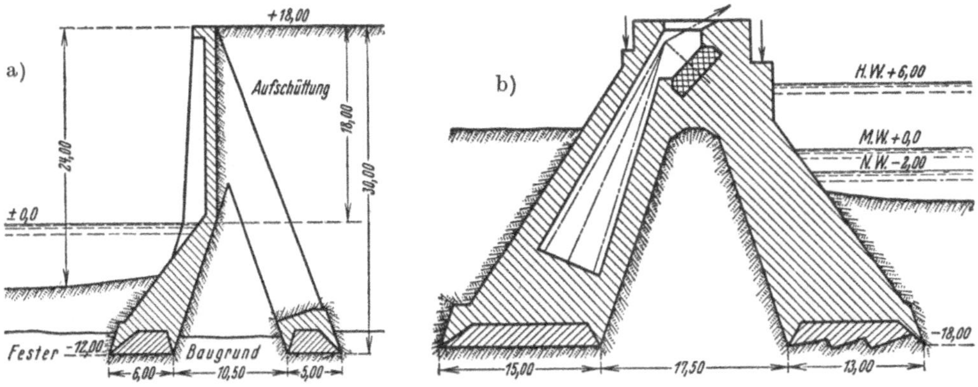

Abb. 665. Anwendung von schräg abgesenkten Druckkästen zur Gründung a) einer Ufermauer, b) eines Verankerungsbockes für eine Hängebrücke. (Nach Paproth: Bautechnik 1929 S. 574.)

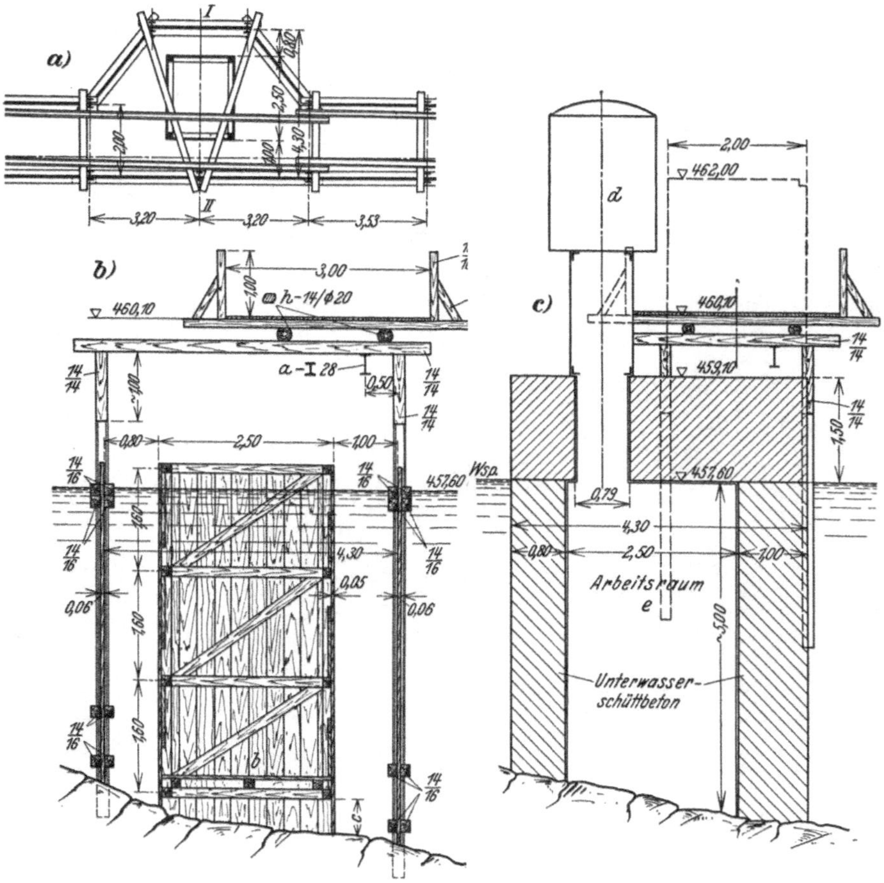

Abb. 666. Betonierung des Grundwerkes eines Tauchwandpfeilers beim Murkraftwerk in Pernegg. a) Grundriß, b) Schnitt *I—II* vor der Betonierung, c) nach der Betonierung. (Steweag, Graz.)

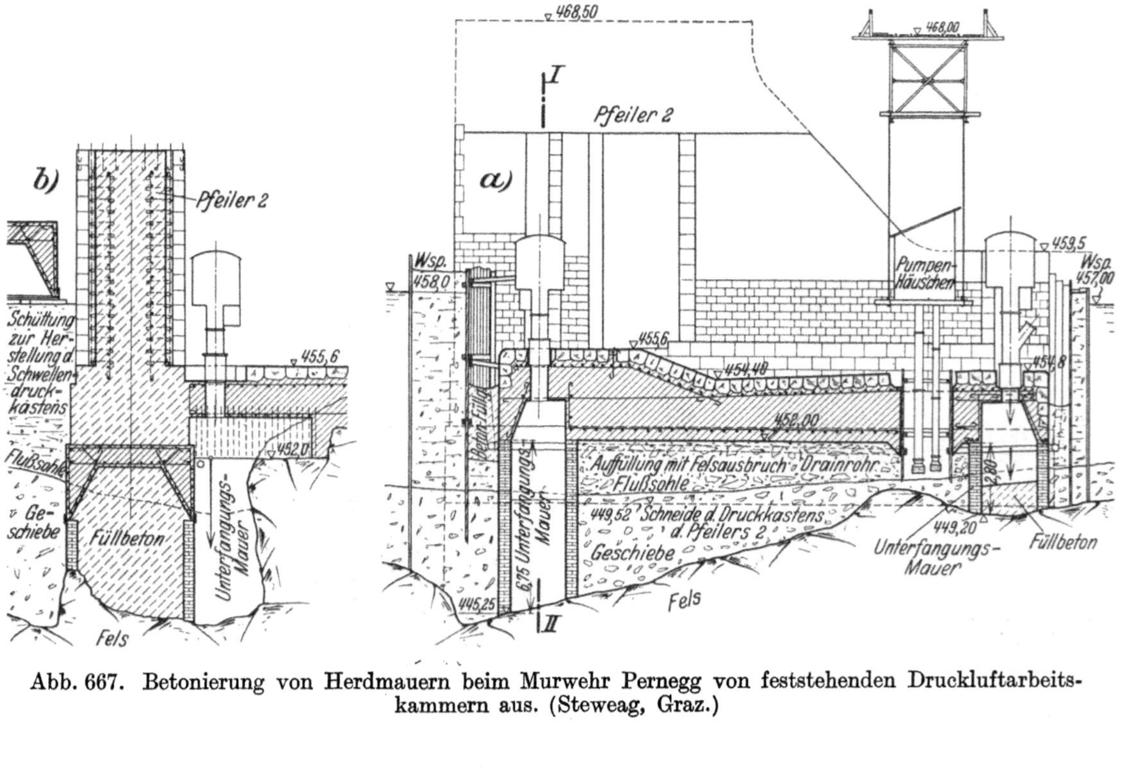

Abb. 667. Betonierung von Herdmauern beim Murwehr Pernegg von feststehenden Druckluftarbeitskammern aus. (Steweag, Graz.)

Stickstoff aufnimmt, der bei rascher Druckabnahme in Form von Bläschen abgeschieden werden kann; wenn ein solches Bläschen ins Herz gerät, kann es den sofortigen Tod herbeiführen.

Die Gefahren, denen Arbeiten in Druckluft ausgesetzt sind, machen es erforderlich, daß besondere Vorsichtsmaßregeln zum Schutze der Arbeiter getroffen werden und daß bei den Anlagen für Arbeiten in Druckluft für die Sicherheit der Arbeiter ganz besonders vorgesorgt wird. Im Deutschen Reiche besteht die Verordnung vom 6. Juli 1920, Reichsgesetzblatt Nr. 147, die Bestimmungen zum Schutze der in Preßluft beschäftigten Arbeiter, enthält die in weitgehender Weise für die Sicherheit der Arbeiter vorsorgen und strenge Bestimmungen für alle Vorkehrungen an Preßluftanlagen enthalten, die streng einzuhalten sind, weswegen die Verordnung im Wortlaut folgen möge:

Verordnung zum Schutze der Preßluftarbeiter vom 28. Juni 1920.

Auf Grund des § 120e der Gewerbeordnung werden mit Zustimmung des Reichsrats folgende Vorschriften zum Schutze der Preßluftarbeiter erlassen.

Unter „Preßluftarbeiten“ im Sinne der nachstehenden Vorschriften werden solche Arbeiten verstanden, bei denen eine oder mehrere Personen in Räumen oder Behältern — z. B. Senkkästen, Schächten, Tunnels, Taucherglocken — beschäftigt werden, in denen ein Luftdruck herrscht, der den äußeren Luftdruck um mindestens 0,1 kg auf jedes Quadratzentimeter (0,1 kg/cm^2) übersteigt. Zu den Preßluftarbeiten im Sinne der nachstehenden Vorschriften gehören nicht Arbeiten in Taucherglocken, die keine Schleusen besitzen.

Unter „Arbeitsräumen“ sind die Räume — Senkkasten, Schächte, Tunnels, Taucherglocken usw. — verstanden, in denen Arbeiter unter erhöhtem Luftdruck beschäftigt werden.

A. Anzeige.

§ 1. Wer Preßluftarbeiten ausführen will, hat dies vorher dem zuständigen Gewerbeaufsichtsbeamten anzuzeigen, sofern nicht die Landeszentralbehörde allgemein oder für einzelne Fälle eine andere Stelle dafür bestimmt. In der Anzeige sind die Arbeitsstelle, die ungefähre Zahl der Arbeiter, die voraussichtliche Dauer der Arbeit, der höchste zur Anwendung gelangende Luftdruck und der Name des Betriebsleiters anzugeben. Der Anzeige sind Zeichnungen und Beschreibungen der Arbeitsräume nebst einer Berechnung darüber beizufügen, daß die Wandungen den Vorschriften des § 3 genügen. Bei jeder wesentlichen Änderung der Einrichtungen sowie beim Wechsel der Arbeitsstelle ist eine neue Anzeige zu erstatten.

B. Betriebsleitung.

§ 2. Die Preßluftarbeiten dürfen nur unter Leitung und Aufsicht eines vom Übernehmer gestellten zuverlässigen, der deutschen Sprache mächtigen Betriebsführers begonnen und weitergeführt werden. Dieser muß dem zuständigen Aufsichtsbeamten (§ 1) nachweisen, daß er die für seine Stellung erforderlichen Kenntnisse besitzt.

Er ist im Sinne des § 151 Abs. 1 Satz 1 der Gewerbeordnung an erster Stelle dafür verantwortlich, daß die nachstehenden Vorschriften durchgeführt werden. Für den Fall seiner Behinderung ist ein Vertreter zu bestellen, den der zuständige Aufsichtsbeamte (§ 1) als befähigt und zuverlässig anerkannt hat.

C. Betriebseinrichtungen.

§ 3. Die Wandungen der Arbeitsräume müssen ausreichend wasserdicht und so fest sein, daß sie weder durch den äußeren noch durch den inneren Druck eingedrückt oder verschoben werden können. Die Arbeitsräume der Senkkasten, Schächte und Taucherglocken müssen so hoch sein, daß die darin beschäftigten Arbeiter aufrecht stehen können, solange noch nicht mit dem Ausfüllen begonnen ist.

Die Arbeitsräume müssen rein gehalten werden. Gegenstände oder Abfälle, die einen unangenehmen oder lästigen Geruch verbreiten, sind schleunigst herauszuschaffen.

§ 4. Für jeden Arbeitsraum, in dem die Arbeiter unter erhöhtem Drucke arbeiten, müssen mindestens je eine Betriebs- und eine Hilfsluftdruckpumpe mit besonderen, voneinander gänzlich unabhängigen Antriebsvorrichtungen vorhanden sein. Sind nur zwei Pumpen vorhanden, so muß jede groß genug sein, um den erforderlichen Arbeitsdruck zu erzeugen und dauernd zu erhalten. Sind mehr als zwei Pumpen vorhanden, so müssen zwei Drittel der beliebig ausgewählten Pumpen nach Größe und Anzahl genügen, um den erforderlichen Arbeitsdruck zu erzeugen und dauernd zu erhalten. Die Größe der Pumpen ist ferner so zu bemessen, daß für jede in den Arbeitsräumen tätige Person bei einem Überdruck bis zu 0,5 kg/cm^2 stündlich mindestens 20 m^3 und bei höherem Überdruck stündlich mindestens 30 m^3 Frischluft zusammengepreßt und in den Arbeitsraum befördert werden. Die Antriebsvorrichtungen müssen in allen Fällen so eingerichtet sein, daß jede unabhängig von der anderen auf jede einzelne Pumpe wirken kann.

Bei Senkkästen und Schächten, bei denen der Überdruck 1,3 kg/cm² nicht übersteigt, und bei Taucherglocken kann davon abgesehen werden, Hilfsluftdruckpumpen aufzustellen, wenn

1. die Betriebsluftdruckpumpen für jede in dem Arbeitsraume tätige Person mindestens 35 m³ Frischluft stündlich zusammenpressen und in den Arbeitsraum befördern können, und wenn
2. die Schleusen so groß sind, daß die gesamte Preßluftmannschaft mit einem Male ausgeschleust werden kann.

Die nicht im Betriebe befindlichen Luftdruckpumpen und Antriebsvorrichtungen müssen stets betriebsbereit gehalten werden, so daß jede von ihnen sofort in Tätigkeit gesetzt werden kann, wenn eine andere versagt. Von solchen Teilen, die erfahrungsgemäß leicht unbrauchbar werden, sind Ersatzstücke bereit zu halten.

Die Luftdruckpumpen müssen mit dem Arbeitsraume durch mindestens zwei getrennte Leitungen verbunden und derart an eine Ringleitung geschaltet werden, daß bei einem Bruche der Ringleitung oder einer Hauptdruckleitung an beliebiger Stelle oder beim Versagen einer Luftdruckpumpe die beschädigten Teile durch entsprechend angeordnete Absperrvorrichtungen ausgeschaltet werden können, ohne daß die ausreichende Luftzufuhr nach den Arbeitsräumen gefährdet wird.

Wenn der höchste zur Anwendung gelangende Überdruck über 0,5 kg/cm² hinausgeht, so müssen Druckleitungen, Windkessel, Schachtrohre und Schleusen vor der Inbetriebnahme durch einen Dampfkesselrevisor mit Wasserdruck auf den einundeinhalbfachen Betriebsdruck, mindestens aber auf 3 kg/cm² geprüft werden. Diese Vorschrift findet keine Anwendung auf Schleusen, die nicht aus Eisen hergestellt sind. Der Unternehmer hat den zuständigen Aufsichtsbeamten (§ 1) nachzuweisen, daß die Prüfung ausgeführt worden ist.

§ 5. Die Frischluft muß zu den Druckpumpen durch besondere Leitungen geführt werden, deren Öffnungen in der freien Luft enden und so liegen, daß nur reine Luft hineingelangen kann. Zum Schmieren der Luftpumpen sind möglichst geruchlose Schmiermittel zu benutzen. Die angesaugte Luft ist durch Filter, die gepreßte Luft, ehe sie zu dem Arbeitsraum und den Schleusen gelangt, durch Ölabscheider zu reinigen. Sie muß nötigenfalls durch Oberflächenkühlung abgekühlt werden, so daß sie möglichst nicht unter 10° und nicht über 20° C warm ist, wenn sie in den Arbeitsraum kommt. Die Luft in dem Arbeitsraume selbst soll möglichst nicht unter 10° und nicht über 25° C warm sein. Im Arbeitsraum ist ein Thermometer anzubringen. Die Ölabscheider sind nach Bedarf, mindestens aber jede Woche einmal, gründlich zu reinigen.

§ 6. In jede Hauptdruckleitung ist ein Windkessel einzuschalten. Änderungen des Luftdruckes in den Arbeitsräumen sollen möglichst gleichmäßig erfolgen; plötzliche Schwankungen sind zu vermeiden. Wenn es aus technischen Gründen notwendig wird, den Druck in einem Arbeitsraum, in dem sich Personen befinden, schnell zu ermäßigen, so darf dies ohne weiteres höchstens bis auf die Hälfte geschehen. Bei einer weiteren Ermäßigung sind die Schleusungszeiten (§ 36 Abs. 2, 3) einzuhalten.

Der zuständige Aufsichtsbeamte (§ 1) kann das Herausdrücken von Schlamm und Erde mittels Luftdrucks (Syphonieren) gestatten. Dabei darf der Druck bis höchstens auf die Hälfte sinken.

§ 7. Jede Druckleitung ist mit einem Druckmesser, einer Absperrvorrichtung und einem Sicherheitsventil versehen, das imstande sein muß, mindestens die halbe Menge der Luft, die von den Pumpen gefördert wird, abzublasen. Zwischen Pumpe und Sicherheitsventil darf keine Absperrvorrichtung angebracht werden. Die zu den Arbeitsräumen führenden Luftleitungen müssen an ihrem Ende in der Arbeitskammer ein Rückschlagventil haben.

§ 8. Von jedem Arbeitsraume muß eine zuverlässige Fernsprechvorrichtung nach der Schleuse und nach dem Maschinenraume führen. Der zuständige Aufsichtsbeamte (§ 1) kann an Stelle der Fernsprechvorrichtung eine andere zuverlässige Signalvorrichtung zulassen, sofern die Belegschaft nicht mehr als zehn Arbeiter in jeder Schicht beträgt.

§ 9. In jedem Arbeitsraume ist an einer gut sichtbaren Stelle ein zuverlässiger Druckmesser anzubringen und dauernd betriebsfähig zu erhalten. Weitere Druckmesser sind außen so anzubringen, daß die Personen, welche die Schleusen und die Luftpumpen beaufsichtigen, jederzeit den Druck, der im Arbeitsraume herrscht, erkennen können. Jeder dieser Druckmesser ist durch eine besondere selbständige Leitung mit dem Arbeitsraum zu verbinden.

§ 10. Für die Beförderung der Personen und Materialien müssen, wenn der Überdruck 1,3 kg/cm² übersteigt, getrennte Schleusen mit besonderen Steigschächten vorhanden sein. An Stelle von zwei getrennten Schächten kann mit Zustimmung des zuständigen Aufsichtsbeamten (§ 1) ein Steigschacht mit zwei getrennten Abteilungen benutzt werden, sofern dadurch der Personenverkehr nicht erschwert oder verhindert wird. Weitere Ausnahmen kann der zuständige Aufsichtsbeamte (§ 1) zulassen, wenn die Arbeitsräume so klein oder so gestaltet sind, daß zwei Steigschächte oder ein Steigschacht mit getrennten Abteilungen oder zwei Schleusen nicht angebracht werden können, oder wenn die besonderen Verhältnisse eine Abweichung von den Vorschriften notwendig machen; jedoch ist unter allen Umständen dafür zu sorgen, daß die Arbeiter im Notfall schnell ins Freie gelangen können.

§ 11. Schächte, die zum Einsteigen und Aussteigen von Personen dienen, sind so einzurichten, daß sie ohne Gefahr benutzt werden können. Wenn der höchste Überdruck mehr als 0,5 kg/cm² beträgt, ist einer der zum Personenverkehr dienenden Steigschächte mit einem Notaufzug und mit einer Einrichtung zu versehen, die es gestattet, Verletzte oder Kranke sicher und ohne Schaden in die Schleuse zu befördern.

§ 12. Jeder Arbeitsraum muß mit mindestens einer besonderen absperrbaren Einrichtung zum Ablassen der Luft versehen werden. Beim Arbeiten in undurchlässigem Boden ist die verbrauchte Luft durch diese Einrichtung abzulassen und gleichzeitig eine genügende Menge frischer Luft zuzuführen. Dasselbe muß geschehen, wenn die Ausfüllung der Arbeitskammern begonnen hat. Die Austrittsstelle der verbrauchten Luft und die Eintrittsstelle der frischen Preßluft müssen möglichst weit auseinander liegen.

§ 13. Die Personenschleusen müssen mindestens 1,85 m hoch sein und für jede gleichzeitig auszuschleusende Person mindestens 0,75 m^3 Luftraum besitzen. Der zuständige Aufsichtsbeamte (§ 1) kann bei Tunnelbauten Ausnahmen von der vorgeschriebenen Höhe der Personenschleusen zulassen. Bei einem Überdrucke von mehr als 1,3 kg/cm^2 ist die Personenschleuse mit Sitzgelegenheit zu versehen. Die Zugangs- und Verbindungstüren der Personen- und Materialschleusen müssen so angebracht sein, daß sie durch den Luftdruck auf ihren Sitz gepreßt werden. Sind die Schleuseneingänge nur durch Leitern oder Treppen zu erreichen, so sind vor den Eingangsöffnungen Bühnen mit Geländern anzubringen.

§ 14. Die Türen der Materialschleusen müssen sich nach innen öffnen, so daß sie durch den Luftdruck auf ihren Sitz gepreßt werden; ausgenommen sind die sogenannten Materielhosen, bei denen die untere Tür von außen sich anlegen darf unter der Voraussetzung, daß sie nicht plötzlich geöffnet werden kann und auch während des Öffnens gegen den Luft- und Materialdruck wieder zurückgeschlossen werden kann.

Bei allen Materialhosen sind die beiden Klappen derart zwangsläufig zu verbinden, daß eine Klappe nur geöffnet werden kann, wenn die andere geschlossen ist. Es ist auf das strengste verboten, die Materialhosen zu benutzen, wenn in der zwangläufigen Verbindung eine Störung eintritt.

§ 15. In die Personenschleusen darf beim Ein- und Ausschleusen nur Preßluft aus den Druckpumpen und Preßluftleitungen, nicht aus den Arbeitskammern eingelassen werden.

In jeder Schleuse müssen geeignete Ventile oder Hähne zum Ein- und Auslassen der Preßluft, ein Druckmesser, eine Uhr und, wenn der höchste Überdruck in dem Preßraume über 1,3 kg/cm^2 hinausgeht, vor der Personenschleuse außerdem eine Vorrichtung zum selbsttätigen Aufzeichnen der Schleusungszeiten und des Druckes vorhanden sein und stets gebraucht werden.

Eine zweite Vorrichtung zum selbsttätigen Aufzeichnen der Schleusungszeiten und des Druckes ist bereit zu halten und sofort in Benutzung zu nehmen, wenn die andere versagt. Beide Vorrichtungen müssen vor Beginn der Preßluftarbeiten untersucht werden und sich als brauchbar erweisen. Die Aufzeichnungen sind dem Arzte (§ 27) auf Verlangen vorzulegen.

§ 16. Die Luftleitungen sind so zu legen, daß sie die Benutzung der Schleusen nicht erschweren. Die Öffnungen zum Einlassen der Preßluft sind so anzubringen, daß die in der Schleuse befindlichen Personen nicht unmittelbar von dem Luftstrahl getroffen werden.

§ 17. Die Schleusen sind gegen Sonnenstrahlen zu schützen, elektrisch zu beleuchten und nötigenfalls zu kühlen. In jeder Personenschleuse sind so viel trockene wollene Decken vorrätig zu halten, wie Personen gleichzeitig ausgeschleust werden dürfen.

Die Schleusen sind mit dem Maschinenhaus oder dem Baubüro durch Fernsprecher zu verbinden. Der zuständige Aufsichtsbeamte (§ 1) kann in geeigneten Fällen eine andere zuverlässige Signalvorrichtung zulassen.

§ 18. Die Arbeitsräume, die Steigschächte und die Zugänge zu den Schleusen sind ausreichend elektrisch zu beleuchten. Jeder Aufseher in dem Arbeitsraume und jeder Schleusenwärter muß eine elektrische Taschenlampe oder ein Licht und Streichhölzer bei sich führen.

§ 19. Der Boden der Personenschleuse ist mit einem beweglichen Lattenroste zu bedecken und nach Bedarf zu reinigen. Die Sitze und Rücklehnen sind so weit zu verkleiden, daß die sie benutzenden Personen nicht mit den eisernen Außenwänden unmittelbar in Berührung kommen.

§ 20. Wenn Räume, die unter Preßluft stehen, hölzerne Wandungen besitzen oder wenn sich darin brennbare Stoffe befinden, so sind in ihnen geeignete Feuerlöschmittel bereit zu halten.

D. Krankenkammer.

§ 21. Wenn der Überdruck in den Arbeitsräumen zeitweilig 2 kg/cm^2 oder an mehr als 14 Tagen 1,3 kg/cm^2 erreicht, muß auf der Arbeitsstätte eine Krankenkammer vorhanden sein, die es gestattet, erkrankte Arbeiter gleichzeitig mit dem Arzte oder der nach § 29 zur ersten Hilfeleistung bei Preßlufterkrankungen bestellten Persönlichkeit unter den höchsten Druck zu bringen, der in den Arbeitsräumen zur Anwendung kommt. Sofern nach den vorstehenden Vorschriften keine besondere Krankenkammer erforderlich ist, muß eine geeignete Schleuse zur Behandlung der erkrankten Arbeiter zur Verfügung stehen.

Die Krankenkammer soll möglichst in unmittelbarer Verbindung mit dem ärztlichen Untersuchungsraume (Krankenzimmer, § 26) und dem Arbeiteraufenthaltsraume stehen.

§ 22. Die Krankenkammer muß einschließlich der Schleuse mindestens 3½ m lang sein, 2 m Durchmesser haben und genügend Raum für zwei Ruhebetten besitzen. Sie muß mit einer Schleuse von mindestens 90 cm Länge, einer Vorrichtung zum Durchschleusen von Arzneimitteln und dergleichen und mit einigen Fenstern, die mit festem Glase verschlossen sind, versehen sein. Sie muß ferner durch besondere Leitungen mit den Luftdruckpumpen verbunden werden. Die Türen müssen so eingerichtet und groß sein, daß Schwerkranke bequem in die Schleuse hineingebracht werden können. Die Krankenkammer muß durch Fernsprecher mit dem Büro verbunden werden. Sie muß ferner zu heizen und gut elektrisch zu beleuchten sein. Im übrigen ist sie einzurichten, wie es in § 15 Abs. 2 und 3, §§ 16 und 17 für die Schleusen vorgeschrieben ist. In der Krankenkammer oder, wenn eine solche nicht vorhanden zu sein braucht, an einer anderen geeigneten Stelle sind Vorrichtungen zum Einatmen von Sauerstoff und gepreßter Sauerstoff in Stahlzylindern vorrätig zu halten.

E. Aufenthalts-, Umkleide-, Speiseräume usw.

§ 23. In der Nähe der Personenschleuse sind ein geschlossener, heizbarer, angemessen eingerichteter Wasch-, Aufenthalts- und Umkleide- und davon getrennt ein Speiseraum herzustellen. Der Wasch-, Aufenthalts- und Umkleideraum sowie der Speiseraum müssen mindestens 2,2 m hoch sein, und wenigstens 6 m^3 Luftraum für jeden Mann der Arbeitsschicht enthalten. In dem Speiseraum müssen Tische und Bänke, Vorrichtungen zum Anwärmen der Speisen, in dem Wasch-, Umkleide- und Aufenthaltsraume Vorrichtungen zum Aufbewahren der Kleider sowie zweckentsprechende Wascheinrichtungen in ausreichendem Maße vorhanden sein. Ferner sind in dem Aufenthaltsraum einige Liegebänke mit wollenen Decken aufzustellen. Zum Trocknen feuchter Arbeitskleider ist in einem besonderen, abgetrennten Raume eine Trockenvorrichtung anzubringen.

Wenn der Überdruck nicht höher als 1,3 kg/cm^2 und die Zahl der Preßluftarbeiter gering ist, kann der zuständige Aufsichtsbeamte (§ 1) zulassen, daß die Aufenthalts-, Umkleide-, Trocken- und Waschräume mit dem Speiseraume vereinigt werden.

§ 24. Der Arbeitgeber hat dafür zu sorgen, daß die Wasch-, Aufenthalts-, Umkleide- und Speiseräume sauber gehalten und nach jeder Pause oder jedem Schichtwechsel gereinigt werden. Die Aufrechterhaltung der Ordnung und Sauberkeit ist besonderen zuverlässigen Leuten zu übertragen.

§ 25. In der Nähe des Aufenthaltsraumes ist ein angemessen eingerichteter Abort herzustellen, der dauernd sauber und in Ordnung zu halten ist.

§ 26. Wenn der höchste zur Anwendung gelangende Überdruck 0,5 kg/cm^2 übersteigt, so ist zur ersten Aufnahme von Erkrankten oder Verunglückten sowie zur Vornahme der ärztlichen Untersuchungen ein besonderer Raum herzustellen oder abzuteilen und entsprechend einzurichten.

F. Ärztliche Überwachung.

§ 27. Der Arbeitgeber hat den Gesundheitszustand aller Personen, welche in seinem Auftrag in Räumen zu tun haben, in denen ein Überdruck von mehr als 0,5 kg/cm^2 herrscht, dauernd durch einen von der höheren Verwaltungsbehörde dazu ermächtigten, approbierten Arzt überwachen zu lassen. Die Ermächtigung ist erst zu erteilen, nachdem sich der Arzt zur Befolgung der anliegenden Dienstanweisung verpflichtet hat. Der Arzt muß mindestens einmal monatlich sich selbst in die Arbeitsräume einschleusen lassen.

Wenn der Überdruck in den Arbeitsräumen mehr als 1,3 kg/cm^2 beträgt, muß der Arzt möglichst in der Nähe der Betriebsstelle wohnen und seine Wohnung mit dieser durch Fernsprecher verbunden werden. Er muß jederzeit zu erreichen sein; falls er verhindert sein sollte, muß ein von der höheren Verwaltungsbehörde ermächtigter Vertreter zur Stelle sein.

Beträgt der Überdruck, unter dem gearbeitet wird, mehr als 2,5 kg/cm^2, so muß dauernd ein Arzt auf der Arbeitsstelle anwesend sein.

Die Namen des Arztes und seiner Stellvertreter sind dem zuständigen Aufsichtsbeamten (§ 1) mitzuteilen. Name, Wohnung und Fernsprechnummer des Arztes sind im Baubüro, in den Schleusen und an der Arbeitsstelle in deutlicher Schrift anzuschlagen.

Wenn der Unternehmer einem mit der Überwachung der Arbeiter beauftragten Arzt kündigen will, so hat er dies der höheren Verwaltungsbehörde anzuzeigen und dabei die Gründe dafür anzugeben.

Solange eine ärztliche Überwachung nach Maßgabe der Absätze 1 bis 3 nicht stattfindet, dürfen Preßluftarbeiten bei dem dort bezeichneten Überdrucke nicht ausgeführt werden.

§ 28. Der Arzt (§ 27) hat mindestens einmal wöchentlich auf der Arbeitsstelle und mindestens einmal monatlich in den Arbeitsräumen selbst sich davon zu überzeugen, daß die in den §§ 3, 5, 9, 10, 11, 17, 22, 23, 24, 25, 37, 38, 40, 48, 49 bezeichneten Einrichtungen und Vorschriften zum Schutze der Arbeiter gegen Preßlufterkrankungen in ordnungsmäßigem Zustande sind und richtig gehandhabt werden. Er hat die Überwachung des Gesundheitszustandes zu regeln, die Hilfskräfte (§ 29) anzuweisen und die Aufzeichnungen über die Schleusungszeiten (§ 15 Abs. 2, 3) zu prüfen, zu unterschreiben und zu sammeln.

§ 29. Während jeder Schicht muß wenigstens eine geeignete Persönlichkeit, welche über die erste Hilfeleistung bei Preßlufterkrankungen eingehend unterrichtet ist, ständig auf der Arbeitsstelle oder in ihrer unmittelbaren Nähe anwesend sein. Sie hat den Gesundheits- und Krankendienst nach Anweisung des Arztes (§ 27) zu versehen und kann auch, soweit es ihr Dienst gestattet, mit der Aufsicht in den Unterkunftsräumen beauftragt oder mit anderen geeigneten Arbeiten beschäftigt werden.

§ 30. Zur Arbeit in Preßluft dürfen nur solche männliche Arbeiter zugelassen werden, welche eine Bescheinigung des Arztes (§ 27) darüber beibringen, daß sie nach ihrem Gesundheitszustande für die Beschäftigung in Preßluft geeignet sind. Der Arzt hat insbesondere solche Personen für untauglich zu erklären, an denen er eines der nachstehenden aufgeführten Gebrechen nachweisen kann oder die ihm eines solchen Gebrechens verdächtig erscheinen.

1. Allgemeine Körperschwäche (z. B. durch mangelhafte Ernährung, nach schwerer Erkrankung, infolge ernster Erkrankung der Verdauungsorgane).
2. Fettleibigkeit.
3. Gebrechen, die die körperliche Beweglichkeit erheblich beeinträchtigen (z. B. starke Verkürzung oder Verstümmelung der Gliedmaßen).
4. Gebrechen oder Erkrankungen, die die Atmung (z. B. stärkerer Buckel, Unwegsamkeit der Nase, Einengung der oberen Luftwege durch Geschwülste, Kropf, Veränderung der Stimmbänder).
5. Ernste Erkrankung der Atmungsorgane (z. B. akuter oder chronischer Bronchialkatarrh, Lungenschwindsucht).
6. Erkrankung des Herzens oder der Blutgefäße (z. B. Herzfehler, Herzmuskelentartung, Arteriosklerose).
7. Akute Mittelohrentzündung und andere Ohrenerkrankungen, die durch Überdruck ungünstig beeinflußt werden.
8. Eingeweidebruch oder starke Bruchanlage.
9. Blasen- und Nierenleiden.
10. Leicht übertragbare Krankheiten, insbesondere Geschlechtskrankheiten.
11. Nervosität und sonstige funktionelle oder organische Nervenkrankheiten.
12. Trunksucht.

Arbeiter unter 20 Jahren oder über 50 Jahren dürfen in Preßluft überhaupt nicht beschäftigt werden, Arbeiter über 40 Jahre mit Ausnahme der Vorarbeiter nur bei einem Überdrucke von weniger als 1,3 kg/cm².

Zeitweilig auszuschließen sind Arbeiter, die an Nasenkatarrh, Affektionen der Ohren oder Erkrankungen der Verdauungsorgane leiden.

Betrunkene oder solche, die vorher Alkohol zu sich genommen haben, sind unter allen Umständen von der Arbeit in Preßluft auszuschließen.

§ 31. Arbeiter, die an Preßlufterkrankungen leichteren oder schwereren Grades gelitten haben, dürfen zur Beschäftigung in Preßluft erst wieder zugelassen werden, nachdem sie von dem Arzt (§ 27) eingehend untersucht und für tauglich zur Arbeit in Preßluft erklärt worden sind.

§ 32. Die ärztlichen Bescheinigungen (§ 30) sind zu sammeln und auf Verlangen dem zuständigen Aufsichtsbeamten (§ 1) und Medizinalbeamten vorzulegen.

Sie gelten höchstens 12 Monate, wenn jedoch der Überdruck innerhalb eines Zeitraumes von 90 Tagen an mehr als 14 Tagen 2 kg/cm² oder an mehr als 30 Tagen 1,3 kg/cm² übersteigt, höchstens 1 Monat.

Nach Ablauf der Gültigkeit der Bescheinigung darf ein Arbeiter nur weiterbeschäftigt werden, nachdem er wieder untersucht worden ist.

Arbeiter, die drei Tage oder länger von der Arbeit fortgeblieben sind, müssen, wenn der Überdruck mehr als 1,3 kg/cm² beträgt, wieder untersucht werden.

§ 33. Der Arbeitgeber ist verpflichtet, ein Buch über den Bestand, Wechsel und Gesundheitszustand der Arbeiter zu führen oder führen zu lassen. Er ist dafür verantwortlich, daß die Eintragungen, soweit sie nicht durch den im § 27 bezeichneten Arzt gemacht werden, richtig und vollständig sind.

Dieses Buch muß enthalten:

1. den Namen dessen, welcher das Buch führt,
2. den Namen des mit der Überwachung des Gesundheitszustandes der Arbeiter beauftragten Arztes,
3. Vor- und Zunamen, Alter, Wohnort, Tag des Ein- und Austrittes jedes Arbeiters sowie der Art seiner Beschäftigung,
4. das Ergebnis der Untersuchungen (§§ 30, 31, 32),
5. den Tag und die Art jeder Erkrankung eines Arbeiters nebst einer Angabe, ob die Erkrankung nach Ansicht des Arztes mit Preßluft zusammenhängt oder nicht,
6. den Tag der Genesung,
7. die Tage und Ergebnisse der im § 28 vorgeschriebenen Besichtigungen und Untersuchungen.

Statt eines Buches können — mit Zustimmung des Aufsichtsbeamten (§ 1) — auch Karten benutzt werden, wenn sie alle erforderlichen Angaben enthalten und für ihre Vollständigkeit Gewähr gegeben ist.

Das Buch oder die Kartensammlung sind auf Verlangen dem zuständigen Aufsichtsbeamten (§ 1) und Medizinalbeamten vorzulegen.

G. Arbeitszeit.

§ 34. Die Arbeitsschicht einschließlich der Pausen der in Preßluft beschäftigten Personen darf,

a) wenn der Überdruck nicht mehr als 2 kg/cm² beträgt, 8 Stunden,

b) wenn er mehr als 2 kg/cm², aber nicht mehr als 2,5 kg/cm² beträgt, 6 Stunden,

c) wenn er mehr als 2,5 kg/cm², aber nicht mehr als 3 kg/cm² beträgt, 4⁴/₅ Stunden,

d) wenn er mehr als 3 kg/cm², aber nicht mehr als 3,5 kg/cm² beträgt, 4 Stunden,

e) wenn er mehr als 3,5 kg/cm² beträgt, 2 Stunden täglich nicht überschreiten. In die achtstündige Arbeitsschicht wird die Zeit des Ein- und Ausschleusens eingerechnet; in die kürzeren Arbeitsschichten (b bis e) wird die Zeit des Ein- und Ausschleusens nicht eingerechnet. Neueingestellte Arbeiter dürfen in allen Fällen am ersten Tag nur die Hälfte dieser Zeiten in Preßluft beschäftigt werden. Wenn sich dabei keine Beschwerden zeigen, können sie vom nächsten Tage ab, zwei Drittel der vollen Zeit und vom vierten Tage ab die volle zulässige Zeit beschäftigt werden.

Den Arbeitern sind, falls die Schicht länger als 4 Stunden dauert, innerhalb der Arbeitszeit Pausen von zusammen einer halben Stunde zu gewähren.

Zwischen je zwei Arbeitsschichten muß eine arbeitsfreie Zeit von mindestens 12 Stunden liegen.

H. Ein-, Ausschleusen.

§ 35. Bei der Aufnahme ist jeder Arbeiter über die Vorgänge beim Ein- und Ausschleusen sowie über sein Verhalten genau zu belehren und auf die Gefahr aufmerksam zu machen, der er sich aussetzt, wenn er die Vorschriften nicht befolgt. Jedem neu eintretenden Arbeiter ist das nachstehende abgedruckte Merkblatt auszuhändigen.

§ 36. Beim Einschleusen von Personen ist der Druck allmählich und so langsam zu steigern, daß keiner der einzuschleusenden Personen dadurch Beschwerden verursacht werden, Der Schleusenwärter hat sich darüber durch Nachfragen zu vergewissern. Beim Einschleusen von Personen, die dem Schleusenwärter nicht bekannt sind oder die zum ersten Male eingeschleust werden, ist der Druck in jeder Minute um höchstens 0,1 kg/cm² zu steigern.

Das Ausschleusen muß stets sehr langsam und vorsichtig erfolgen, dabei sind mindestens die in der nachstehenden Tabelle angegebenen Zeiten einzuhalten.

1	Minute	bei	einem	Überdruck	von	0,1	kg/cm²	32	Minuten	bei	einem	Überdruck	von	1,6	kg/cm²
2	Minuten	„	„	„	„	0,2	„	34	„	„	„	„	„	1,7	„
3	„	„	„	„	„	0,3	„	36	„	„	„	„	„	1,8	„
4	„	„	„	„	„	0,4	„	39	„	„	„	„	„	1,9	„
5	„	„	„	„	„	0,5	„	42	„	„	„	„	„	2,0	„
6	„	„	„	„	„	0,6	„	45	„	„	„	„	„	2,1	„
7	„	„	„	„	„	0,7	„	48	„	„	„	„	„	2,2	„
8	„	„	„	„	„	0,8	„	51	„	„	„	„	„	2,3	„
9	„	„	„	„	„	0,9	„	55	„	„	„	„	„	2,4	„
10	„	„	„	„	„	1,0	„	60	„	„	„	„	„	2,5	„
11	„	„	„	„	„	1,1	„	65	„	„	„	„	„	2,6	„
12	„	„	„	„	„	1,2	„	71	„	„	„	„	„	2,7	„
13	„	„	„	„	„	1,3	„	77	„	„	„	„	„	2,8	„
22	„	„	„	„	„	1,4	„	90	„	„	„	„	„	3,0	„
30	„	„	„	„	„	1,5	„	83	„	„	„	„	„	2,9	„

Beim Ausschleusen ist der Überdruck zunächst in je einer Minute um 0,15 kg/cm² zu ermäßigen, bis er auf die Hälfte gesunken ist, und sodann in dem Reste der Zeit allmählich gleichmäßig bis auf den äußeren Luftdruck herabzusetzen.

Während des Ausschleusens ist durch Öffnen der Preßluftleitung für Nachströmen frischer Luft zu sorgen.

I. Schleusenwärter.

§ 37. Werden gleichzeitig mehr als 4 Personen geschleust oder beträgt der Überdruck im Arbeitsraume mehr als 1,3 kg/cm², so muß für jede Personenschleuse ein besonderer, verantwortlicher und erfahrener Schleusenwärter vorhanden sein, der seinen Stand in der Schleuse selbst hat. Der Schleusenwärter darf seinen Posten nicht verlassen, ehe er abgelöst wird oder sämtliche Personen die Arbeitsräume verlassen haben. Dem Schleusenwärter sind durch eine schriftliche Dienstanweisung nach dem anliegenden Muster genaue Vorschriften über seine Tätigkeit zu geben. Eine Abschrift oder ein Abdruck dieser Dienstanweisung ist in jeder Schleuse gut sichtbar auszuhängen.

§ 38. Solange Personen in dem Arbeitsraume sich befinden, ist die Verbindung mit der Schleuse offen zu halten, sofern nicht gerade ein- oder ausgeschleust wird.

§ 39. Das Ein- und Ausschleusen von Arbeitern darf bei einem Überdrucke von mehr als 1,3 kg/cm² oder, wenn mehr als 4 Personen gleichzeitig geschleust werden, nur von den Schleusenwärtern vorgenommen werden. Das Öffnen und Schließen der Luftdruckhähne und der Luftablaßhähne durch andere Personen ist untersagt. Der Schleusenwärter ist dafür verantwortlich, daß die für das Ein- und Ausschleusen geltenden Vorschriften und Zeiten genau innegehalten werden. Er darf außer im Falle der Gefahr davon nur abweichen, wenn der verantwortliche Betriebsleiter dies schriftlich anordnet und Personen nicht mit ein- und ausgeschleust werden.

§ 40. Wieviel Personen in den einzelnen Schleusen gleichzeitig durchgeschleust werden dürfen, ist durch Anschlag bekanntzumachen. Der Schleusenwärter ist dafür verantwortlich, daß diese Zahl nicht überschritten wird.

§ 41. Personen, die zum ersten Male ein- und ausgeschleust werden, hat der Schleusenwärter über ihr Verhalten zu belehren.

Bei Personen, die ihm unbekannt sind, hat er sich zu erkundigen, ob sie schon einmal in Preßluft gewesen sind.

§ 42. Wenn sich während des Einschleusens bei einer Person Ohrenschmerzen, Stirnschmerzen oder sonstiges Unwohlsein einstellen, hat der Schleusenwärter sofort die Luftzufuhr abzustellen. Vermindert sich nach einigen Minuten das Unwohlsein nicht, so hat er wieder auszuschleusen und den Erkrankten in Begleitung zu der in der ersten Hilfeleistung ausgebildeten Hilfskraft (§ 29) zu schicken. In diesem Falle brauchen die Vorschriften über Schleusungszeiten nicht eingehalten zu werden.

Leute, die in der Preßluft erkrankt sind, hat der Schleusenwärter nur mit den notwendigen Begleitern besonders vorsichtig auszuschleusen.

§ 43. Jede Erkrankung infolge von Preßluft ist sofort dem Arzte (§ 27) zu melden. Zeigt ein Arbeiter beim Ausschleusen Krankheitserscheinungen, so sind die Hähne der Luftablaßleitung sofort zu schließen. Bessert sich nach einigen Sekunden das Befinden nicht, so ist der Druck in der Schleuse wieder zu erhöhen. Der Erkrankte ist dann möglichst allein auszuschleusen unter entsprechender Verlängerung der im § 36 vorgesehenen Zeiträume.

§ 44. Jede Beschädigung an der Schleuse und ihren Einrichtungen (Türen, Hähnen, Druckmesser, Uhr, Fernsprecher usw.) hat der Schleusenwärter sofort dem Betriebsleiter zu melden.

§ 45. Die Namen aller von Erscheinungen der Preßlufterkrankung befallenen Personen hat der Schleusenwärter sobald als möglich dem Betriebsleiter zu melden. Dieser hat sie in ein Krankenbuch (§ 33) einzutragen oder eintragen zu lassen.

§ 46. Sofern bei unvorhergesehenen Ereignissen die vorgeschriebenen Ausschleusungszeiten nicht innegehalten werden konnten, ist möglichst bald der Arzt zu benachrichtigen. Die ausgeschleusten Arbeiter sind in der Krankenkammer nochmals dem in dem Arbeitsraume herrschenden Drucke auszusetzen und danach vorschriftsmäßig auszuschleusen. Ist die Krankenkammer nicht betriebsfähig, so ist Sauerstoffatmung vorzunehmen.

§ 47. Erkrankt der Schleusenwärter, so hat er dies dem nächsten Vorgesetzten sofort anzuzeigen, der für einen Vertreter zu sorgen hat.

§ 48. Ist nach vorstehenden Vorschriften die Zuziehung eines besonderen Schleusenwärters nicht erforderlich, so haben sich die mit dem Ein- und Ausschleusen beauftragten Personen mit der Dienstanweisung für den Schleusenwärter vollständig vertraut zu machen und stets danach zu verfahren. Dasselbe gilt für das Ein- und Ausschleusen von Personen bei den Materialschleusen, soweit die Vorschriften und Dienstanweisungen sinngemäß darauf angewendet werden können.

K. Allgemeine Bestimmungen.

§ 49. Das Rauchen innerhalb der Arbeitsräume und Schleusen ist untersagt. Alkoholische Getränke dürfen weder dorthin noch in die Umkleideräume mitgebracht noch dort feilgehalten werden.

Der Genuß von alkoholischen Getränken während der Arbeitszeit ist verboten.

Der Arbeitgeber hat die Durchführung dieser Vorschriften zu überwachen.

§ 50. Der Arbeitgeber hat den Arbeitern unentgeltlich heißen Kaffee oder Tee in ordnungsmäßiger Beschaffenheit und genügender Menge zur Verfügung zu stellen.

§ 51. Mit der Ausführung von Preßluftarbeiten darf erst begonnen werden, nachdem der Unternehmer oder der Betriebsführer dem zuständigen Aufsichtsbeamten (§ 1) schriftlich angezeigt hat, daß die getroffenen Einrichtungen den vorstehenden Vorschriften entsprechen.

§ 52. Unberührt durch die vorstehenden Vorschriften bleibt die Befugnis der zuständigen Behörden, im Wege der Verfügung für einzelne Anlagen gemäß §§ 120d und 120f der Gewerbeordnung weitergehende Anordnungen zum Schutze des Lebens und der Gesundheit der Arbeiter zu treffen.

§ 53. Die höheren Verwaltungsbehörden können auf Antrag nach Anhörung des zuständigen Aufsichtsbeamten (§ 1) Ausnahmen von einzelnen Vorschriften zulassen.

Der Bescheid ist schriftlich zu erteilen. Eine Abschrift ist an einer den Arbeitern leicht zugänglichen Stelle auszuhängen.

Die höheren Verwaltungsbehörden haben Abschrift des von ihnen erteilten Ausnahmebewilligungen bis zum 1. Februar jedes Jahres durch die Landeszentralbehörden dem Reichsarbeitsministerium vorzulegen.

§ 54. In dem Aufenthaltsraume und in dem Speiseraume muß eine Abschrift oder ein Abdruck dieser Bekanntmachung an einer in die Augen fallenden Stelle aushängen.

§ 55. Die vorstehenden Vorschriften treten am 1. Oktober 1920 in Kraft.

Literatur: Blattner, H.: Caisson-Krankheiten bei Druckluftgründungen. Schweiz. Bauzg. Bd. 96 (1930) S. 91. — Bornstein: Versuche über die Prophylaxe der Preßluftkrankheit. Berl. klin. Wochenschr. 1910 Nr 27. — Heller, R., V. Meyer u. H. v. Schrotter: Luftdruckkrankheiten. Wien: A. Hölder 1900. — Derselbe: Die Caissonkrankheit. Zürich: Leemann & Co. 1912. — Staehlin, R.: Luftdruckerkrankungen. Hdb. f. innere Medizin Bd. 4. Berlin: Julius Springer 1912. — Derselbe: Bestimmungen zum Schutze der in Preßluft beschäftigten Arbeiter. Bautechnik 1924 S. 298.

7. Der Luftbedarf und die Beschaffung der Druckluft.

Die Druckluft für die Druckluftsenkkästen wird in eigenen Anlagen erzeugt, deren wichtigste Einrichtungen durch die „Bestimmungen“ (vgl. S. 425) festgelegt sind. Zur Luftverdichtung müssen zwei vollständig voneinander unabhängige Maschinensätze oder Maschinengruppen aufgestellt werden, von denen jede allein, je nach der Zahl der Maschinensätze, die erforderliche Druckluft vollständig oder teilweise zu liefern imstande ist. Der Antrieb dieser beiden Gruppen muß von zwei ebenfalls voneinander gänzlich unabhängigen Energiequellen erfolgen, so daß die Druckluftversorgung unter allen Umständen sichergestellt ist.

Die Größe der Luftverdichter muß so bemessen werden daß der Innenraum der Druckkästen bei der vorgesehenen größten Gründungstiefe in einer bestimmten Zeit trockengelegt werden kann, daß der Innenraum auch dauernd trocken gehalten werden kann und daß der Kohlensäuregehalt der Luft im Arbeitsraum ständig unter dem höchstzulässigen Maße von 1 vT bleibt.

a) Der Luftbedarf zur Trockenlegung des Druckkastens. Wenn der Druckkasten durch Wasser abgesenkt worden ist und eben am Boden steht, muß die zur Trockenlegung eingeblasene Luft im Arbeitsraum auf eine Spannung gebracht werden, die den Wasserdruck an der Schneide nur wenig übertrifft. Das Wasser entweicht unter der Schneide hinweg. Wenn hingegen der Druckkasten schon tief in den Boden abgesenkt ist, so hätte das Wasser, das aus dem Arbeitsraum ausgetrieben wird, bedeutende Reibungswiderstände in den Poren des Bodens zu überwinden und es wäre ein wesentlich höherer Druck erforderlich, als jener, der dem Wasserdrucke an der Druckkastenschneide entsprechen würde. Überdies wäre anderseits mit einer längeren Entleerungsdauer zu rechnen, weil das Wasser in den Poren nur langsam abfließt. Um nun die Pressung der Luft niedriger halten zu können und die Dauer der Entleerung herabzusetzen, wird ein eigenes Rohr durch die Decke der Arbeitskammer hinabgeführt, durch das das Wasser, das durch die eingeleitete Preßluft verdrängt wird, aufsteigen und aus dem Arbeitsraum rasch ablaufen kann oder es wird das Wasser sogar mittels Pumpen aus dem Arbeitsraum abgesaugt.

Es bezeichne nun:

V m³ das Luftvolumen atmosphärischer Spannung, das die Luftverdichter stündlich ansaugen,
G m³ die Grundfläche der Arbeitskammer,
U m² den Umfang der Arbeitskammer,
h m die Höhe der Arbeitskammer,
I m³ den Inhalt der Arbeitskammer, der Schachtrohre und der Schleuse,
Γ m³ den Rauminhalt der vom Wasser erfüllten Teile der Arbeitskammer und Schachtrohre,
H m die Tiefenlage der Schneide unter dem Wasserspiegel,
F m² die Innenfläche der Arbeitskammer (Decke und Wände),
S die Anzahl der Schleusen.

Zur Trockenlegung des Druckkastens in x Stunden muß der Luftverdichter, wenn der Wasserabfluß nicht gehemmt ist, nach L. Brennecke stündlich

$$V_1 = \frac{2}{x}\left(\frac{JH}{10 \cdot 33} + \Gamma\right) \text{m}^3 \qquad (553)$$

ansaugen.

b) Der Luftbedarf zur Trockenhaltung des Druckkastens. Zur Trockenhaltung des Druckkastens muß fortgesetzt Preßluft in die Arbeitskammern eingeleitet werden, weil durch Undichtigkeiten in der Decke, in den Wänden, in den Schachtrohren und in den Schleusen ständig Luft verloren geht. Überdies läßt man noch vielfach ständig Luft unter der Schneide der Arbeitskammer entweichen, um das Wasser unter die Höhenlage der Schneide zu verdrängen.

Mit den früher gegebenen Bezeichnungen beträgt die zur Trockenhaltung stündlich zuzuleitende Luftmenge atmosphärischer Spannung bei eisernen oder hölzernen Druckkästen

$$V = [\alpha (G + \beta U h) + 3 S + \delta U] \left(1 + \frac{H}{10 \cdot 33}\right) \text{m}^3 \tag{554}$$

und bei Druckkästen aus Beton oder aus Eisenbeton

$$V = [0{,}67 F + 3 S + \delta U] \left(1 + \frac{H}{11 \cdot 33}\right) \text{m}^3, \tag{555}$$

hierin wird für die Erfahrungswerte nach L. Brennecke gesetzt:

$$\alpha = 0{,}17, \quad \beta = 10, \quad \delta = 3 \text{ bis } 1$$

(die höheren Werte gelten, wenn die Schneide weniger gut abdichtet und der Boden durchlässig ist; in Lehm und Tonboden kann er gleich Null gesetzt werden).

c) Der Luftbedarf zur Verhütung schädlicher Kohlensäureansammlungen. Bezeichnet A die Anzahl der im Arbeitsraum gleichzeitig tätigen Personen, so müssen nach der deutschen Preßluftverordnung bei Überdrücken bis zu 0,5 kg/cm³

$$V = 20\,A \text{ m}^3/\text{h angesaugte Luft},$$

bei höheren Überdrücken

$$V = 30\,A \text{ m}^3/\text{h angesaugt Luft}$$

zugeleitet werden.

Bei der Auswahl der Größe der Pumpen muß nun aber noch auf die Verluste in der Luftzuleitung Bedacht genommen werden. Man macht daher zur erforderlichen Atmungsluft einen Sicherheitszuschlag von etwa 30 vH zum Luftbedarf, für die Trockenhaltung bzw. Trockenlegung einen solchen von 50 bis 100 vH.

Der Höchstdruck, auf den die Pumpen die Luft jeweils pressen, wird um etwa 30 vH größer genommen als der Wasserdruck an der Schneide der Arbeitskammer, damit alle Druckverluste, die die Luft auf ihrem Weg erleidet, sicher gedeckt sind.

Die Größe der Luftverdichter wird in handelsüblicher Weise durch die in der Minute anzusaugende Luftmenge und durch die Spannung der Druckluft angegeben. Für die überschlägige Ermittlung der Leistung der Antriebsmaschine für die Luftverdichter kann angenommen werden, daß für je 1 m³ minutlich angesaugte Luft

bei einem Überdruck von	2	3	4	Atm.
eine Maschinenleistung von	4	5	6	PS

erforderlich ist.

Als Beispiel für die Einrichtung einer Anlage zur Erzeugung von Druckluft ist in der Abb. 668 der Grundriß der Maschinenanlage dargestellt, die beim Bau des Fußgängertunnels unter der Spree in Berlin-Friedrichshagen (vgl. Abb. 694 und 695) die Druckluft geliefert hat und die Abb. 669 gibt die Ansicht eines mit einem Drehstrommotor gekuppelten Luftverdichters wieder.

Die Zuleitung der Druckluft von der Verdichteranlage geschieht bis nahe an den Druckkasten durch eiserne Rohre, die gesichert zu verlegen sind. Vom Ende des Rohres zum Druckkasten erfolgt die Verbindung mittels Druckschläuchen. Am Schachtrohr, unmittelbar hinter dem Schlauchanschluß wird ein Rückschlagventil eingebaut, das ein Rückströmen von Luft aus dem Arbeitsraume verhindert, wenn der Druckschlauch beschädigt wird.

8. Die Schleusen.

Der Ein- und Ausstieg von Personen, die Abfuhr des Aushubes und die Zufuhr von Beton erfolgt bei der Druckluftsenkgründung durch Schleusen, die so beschaffen

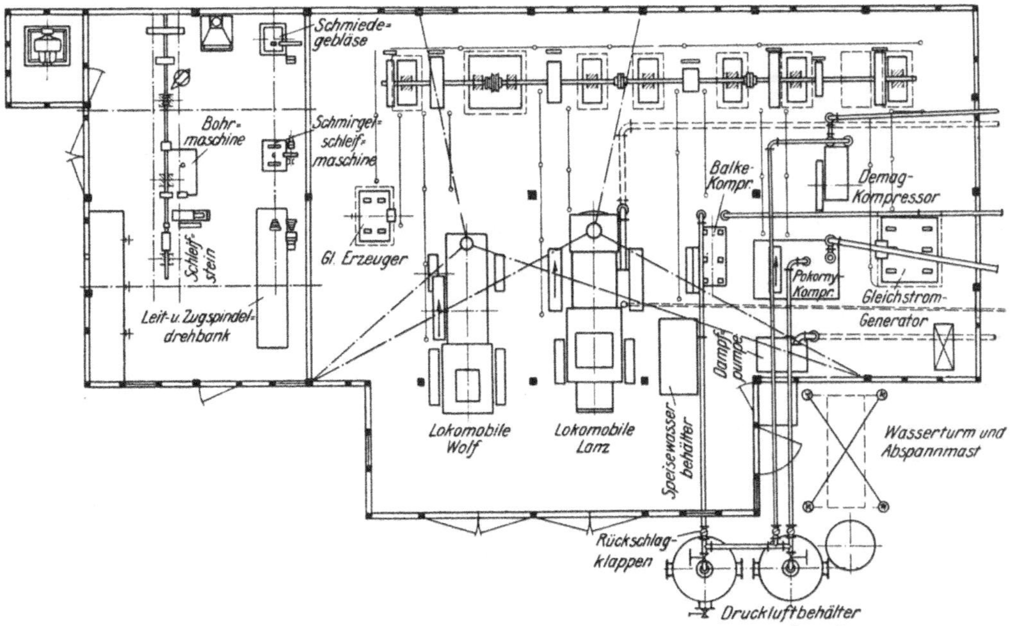

Abb. 668. Grundriß der Maschinenanlage bei der Druckluftgründung des Fußgeherdükers unter der Spree in Berlin. (Nach La Baume: Bautechnik 1928 S. 42.)

sind, daß durch diesen Verkehr die Spannung der Luft im Arbeitsraum unverändert bleibt. Bei großen Druckkästen werden für den Verkehr der Personen und für die Materialbewegung getrennte Schleusen, und zwar Personenschleusen und Materialschleusen, angewendet, während man bei kleinen Druckkästen sogenannte Gemeinschaftsschleusen benützt, durch die sich der gesamte Verkehr abspielt. Für die Behandlung von Personen, die an einer Preßluftkrankheit leiden, werden schließlich eigene Krankenschleusen bereit gehalten.

Abb. 669. Luftverdichteranlage. (Siemens-Bau-Union.)

Die Schleusen bestehen aus Blechzylindern, die entweder stehend oder liegend in der Regel am oberen Ende der Schachtrohre angeordnet werden. Schleusen aus liegenden Blechzylindern (Abb. 670) haben meist einen Durchmesser von etwa 2 m. Die Türen werden an den Stirnseiten angeordnet und dürfen nur nach innen aufgehen, so daß sie vom Überdruck in der Schleuse auf ihren Sitz gepreßt werden und erst aufgehen, wenn der Luftdruck beiderseits gleich groß ist. Bei geringen Überdrücken werden die Türen durch den Luftdruck allein nicht hinreichend dicht auf ihren Sitz

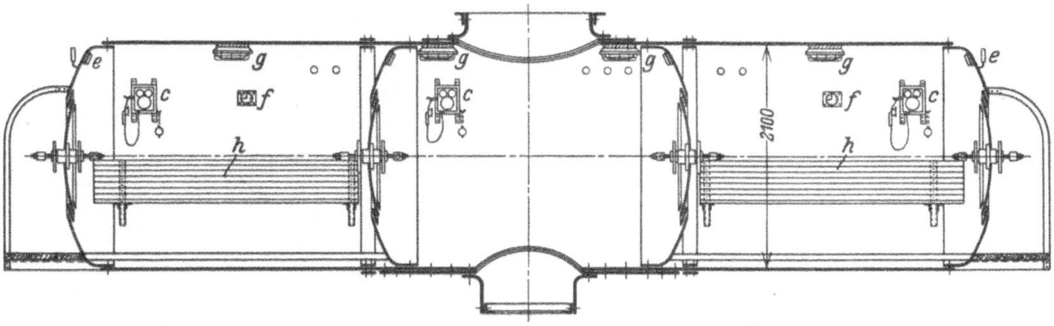

Abb. 670. Personenschleuse. (Maschinenfabrik Wiesbaden.)
c Fernsprecher, *e* Druckmesser, *f* Uhr, *g* elektrische Lampe, *h* hölzerne Bank.

aufgepreßt, weswegen die Türen stets nach dem Schließen noch mit einem Schraubenbügel angezogen werden. Die Dichtung der Türen erfolgt durch Gummiwulsteinlagen.

Abb. 671. Schleusen beim Bau eines Pfeilers der Donaubrücke bei Páncsova. (Dyckerhoff & Widmann.)
a Personenschleuse, *b* Schleusen für den Aushub und für Beton, *c* Förderhosen für die Ausschleusung von Aushub, *d* Anschluß für die Betonschleuse.

Personenschleusen (Abb. 670 und 671) werden nur verwendet, wenn große Belegschaften gleichzeitig durchzuschleusen sind. Ihre Größe wird so gewählt, daß auf jede der gleichzeitig durchzuschleusenden Personen 0,75 m^3 Luftraum entfällt. Personenschleusen, die für tiefer unter dem Wasserspiegel reichende Gründungen verwendet werden, müssen mit Rücksicht darauf, daß der Aufenthalt in der Schleuse bis zu 90 Minuten dauern kann, mit Sitzgelegenheiten versehen und vor der unmittelbaren Bestrahlung durch die Sonne geschützt sein. Solche Schleusen haben eine Türe an der Stirnseite und einen Abschlußdeckel gegen das Schachtrohr hin. Zur Ausschleusung steigt die Belegschaft bei geschlossener Türe an der Stirnseite durch das Schachtrohr in die Schleuse, hierauf wird der Schachtdeckel geschlossen und der Schleusenwärter läßt unter genauer Einhaltung der in der „Verordnung“ festgesetzten Zeiten die Druckluft aus der Schleuse ab. Wenn die Spannung der Luft in der Schleuse gleich dem atmosphärischen Luftdrucke ist, kann die Türe geöffnet werden und die Belegschaft ins Freie gelangen. Die Einschleusung erfolgt bei geschlossenem Schachtdeckel, der nach allmählicher Erhöhung der Spannung der Luft in der Schleuse erst geöffnet werden kann, wenn die im Arbeitsraum herrschende Spannung erreicht ist.

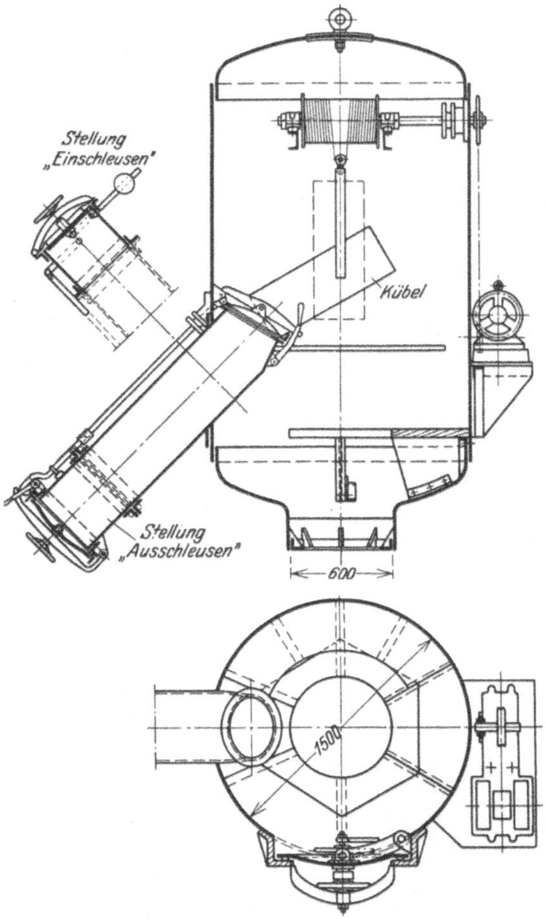

Abb. 672. Materialschleuse. (Maschinenfabrik Wiesbaden.)

Um überflüssigen Luftverbrauch beim Durchschleusen von Einzelpersonen, wie z. B. Aufsichtsbeamten zu vermeiden, wird bei großen Personenschleusen eine kleine Vorkammer angeordnet. Während der Durchschleusung durch die Vorkammer herrscht in der Hauptschleuse derselbe Druck wie im Arbeitsraum.

Die Luft für die Spannungserhöhung in der Schleuse wird einer eigenen Zuleitung entnommen; eine Luftentnahme aus dem Arbeitsraume ist unzulässig. Während länger dauernder Ausschleusungen muß die Luft durch Zuleitung von Frischluft verbessert werden.

Die übrige Einrichtung der Schleusen wird durch die „Verordnung“ bestimmt (vgl. S. 427).

Materialschleusen (Abb. 672 und 671) dienen der Abfuhr des Aushubes und der Zufuhr von Beton. Für die Abfuhr des Aushubes sind bei großen Schleusen mehrere Förderhosen angeordnet. Jede Förderhose stellt wieder eine kleine Schleuse dar, die innen mit einem Deckel, außen womöglich mit zwei hintereinander liegenden Deckeln abgeschlossen ist, von denen der innere nach außen, der äußere nach innen aufgeht. Die Hosendeckel sind gegenseitig verriegelt, so daß es unmöglich ist, den Deckel in der Schleuse und die beiden äußeren Deckel gleichzeitig zu öffnen. Für die Zufuhr von Beton nach beendetem Aushube dient die Betonschleuse (Abb. 673).

Bei kleinen Materialschleusen ist die Hose verstellbar (Abb. 672), so daß sie auch für das Einschleusen von Beton verwendet werden kann.

Die Materialbewegung zur und von der Schleuse erfolgt mittels schmaler, hoher Kübel, die durch eine meist elektrisch angetriebene Förderwinde auf und ab bewegt werden. Ein Bedienungsmann in der Schleuse besorgt das Füllen bzw. Entleeren der Kübel und das Öffnen bzw. Schließen der Schachtdeckel. Für den Ein-

und Ausstieg dieses Mannes dient eine Vorkammer, die an die Materialschleuse angebaut ist.

Bei sehr großen Druckkästen werden für die Aushubabfuhr und später für die Betonzufuhr auch gesonderte Schleusen verwendet. Für die Abfuhr von sehr feinkörnigem Boden aus dem Arbeitsraum, wie Sand oder Schlamm, kann schließlich auch ein bis zur Sohle im Arbeitsraum herabreichendes Rohr verwendet werden, durch das der Aushub mittels Preßluft hochgefördert wird (Siphonieren); hierbei darf der Druck aber niemals unter die Hälfte des sonst herrschenden fallen (vgl. S. 426).

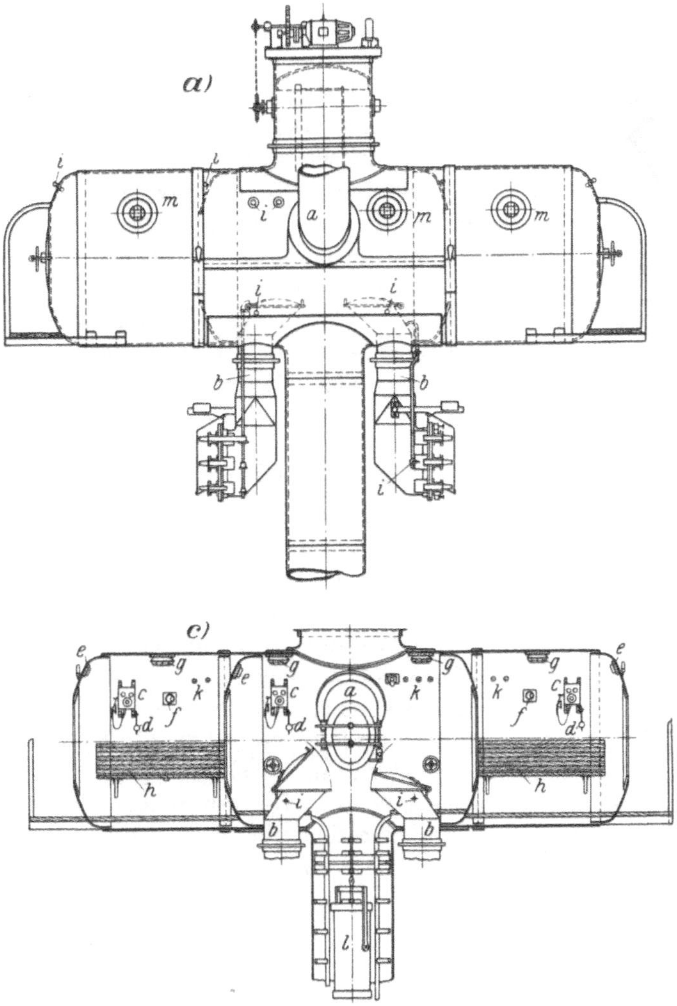

Abb. 673. Gemeinschaftsschleuse. (Maschinenfabrik Wiesbaden.)

a Betonschleuse, *b* Förderhose, *c* Fernsprecher, *d* Klopfer, *e* Druckmesser, *f* Uhr, *g* elektrische Lampe, *h* hölzerne Bank, *i* Lufthahn, *k* Kabel, *l* Förderkübel.

Abb. 674. Gemeinschaftsschleuse, am Kran hängend. (Wayss & Freytag.)

a Einstieg, *b* Förderhosen.

Gemeinschaftsschleusen (Abb. 673, 674 und 675) finden bei kleinen Druckkästen Anwendung, bei denen entweder mehrere Schleusen nicht untergebracht werden können oder bei denen sich die Anwendung von mehreren Schleusen nicht lohnt. Es sind das Personenschleusen, in denen an geeigneten Stellen Förderhosen für die Abfuhr des Aushubes und eine Betonschleuse angeordnet sind.

Abb. 675. Gemeinschaftsschleuse. (Siemens-Bau-Union.)
a Einstieg, *b* Förderhose, *c* Antrieb des Windwerkes, *d* Druckluftschlauch, *f* Schachtrohr.

K r a n k e n s c h l e u s e n (Abb. 676) sind aus liegenden Blechzylindern gebildet und enthalten zwei Betten für die Aufnahme von Personen, die an einer Preßluftkrankheit leiden. Zur Einschleusung des Arztes oder der Bedienung dient eine Vorkammer und Arzneien, Speisen u. dgl. werden durch eine eigene kleine Schleuse, die ähnlich jenen für die Betonzufuhr gebaut ist, in den Krankenraum geschafft. Während alle anderen Schleusen gegenwärtig in der Regel nur elektrische Beleuchtung erhalten, wird die Krankenschleuse auch durch mehrere runde Fenster aus dickwandigem Glas erhellt.

9. B e i s p i e l e f ü r G r ü n d u n g e n v o n B a u w e r k e n m i t D r u c k l u f t s e n k k ä s t e n.

Die außerordentlich mannigfaltige Anwendbarkeit der Druckluftsenkkästen auf allen Gebieten des Ingenieurbauwesens möge nun noch einige Beispiele vor Augen führen (Abb. 677 bis 681).

Sehr bemerkenswerte Vorschläge für neuartige Anwendungen von Druckluftsenkkästen zur Gründung großer Brückenpfeiler brachte die internationale Ausschreibung der Arbeiten für die Brücke über den Kleinen Belt, über die G. S c h a p e r berichtet und von denen einige als Beispiele gezeigt seien. Dort handelte es sich um die Gründung von Brückenpfeilern mit

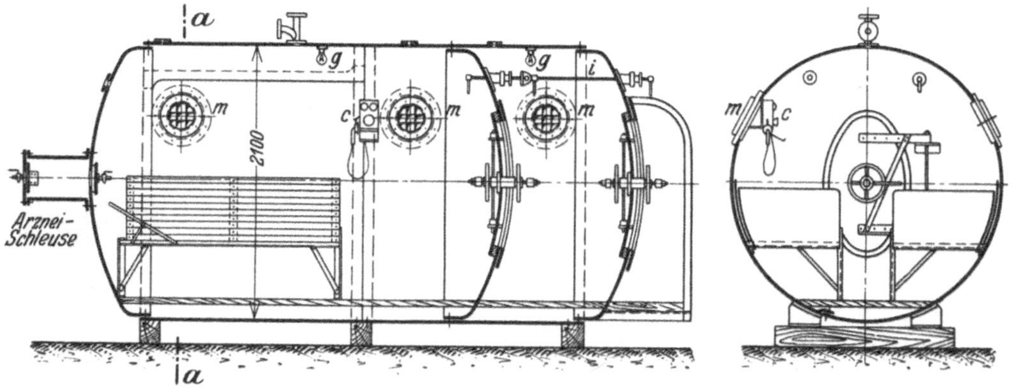

Abb. 676. Krankenschleuse. (Maschinenfabrik Wiesbaden.)
c Fernsprecher, *g* elektrische Lampe, *i* Lufthahn, *m* Fenster.

außerordentlich großen Abmessungen der Sohlfuge in etwa 30 m tiefem Wasser, aber in nur geringe Tiefe unter die Bodenoberfläche. Der Boden bestand aus feinem, wasserdichtem Ton.

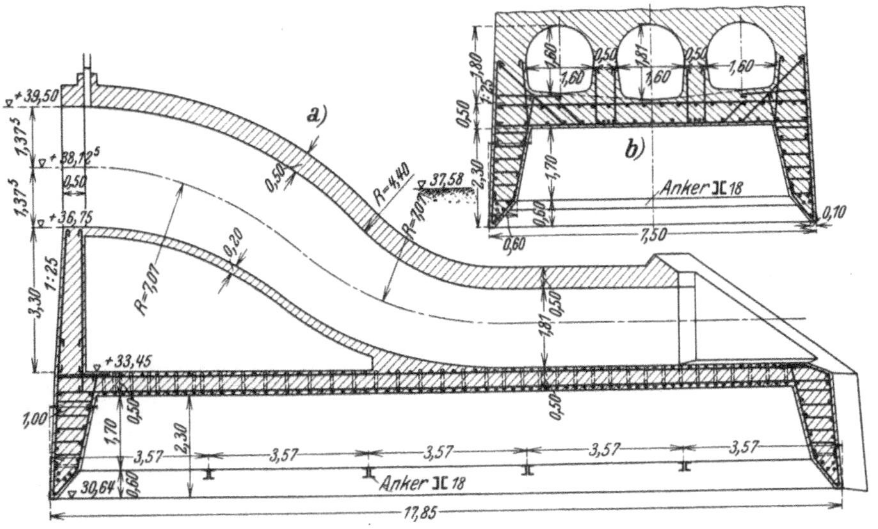

Abb. 677. Gründung des Mündungsbauwerkes eines Regenauslasses in Köln. (Grün & Bilfinger.)

Abb. 678. Der Druckkasten mit dem Mündungsbauwerk eines Regenauslasses in Köln. (Vgl. Abb. 677.) (Grün & Bilfinger.)

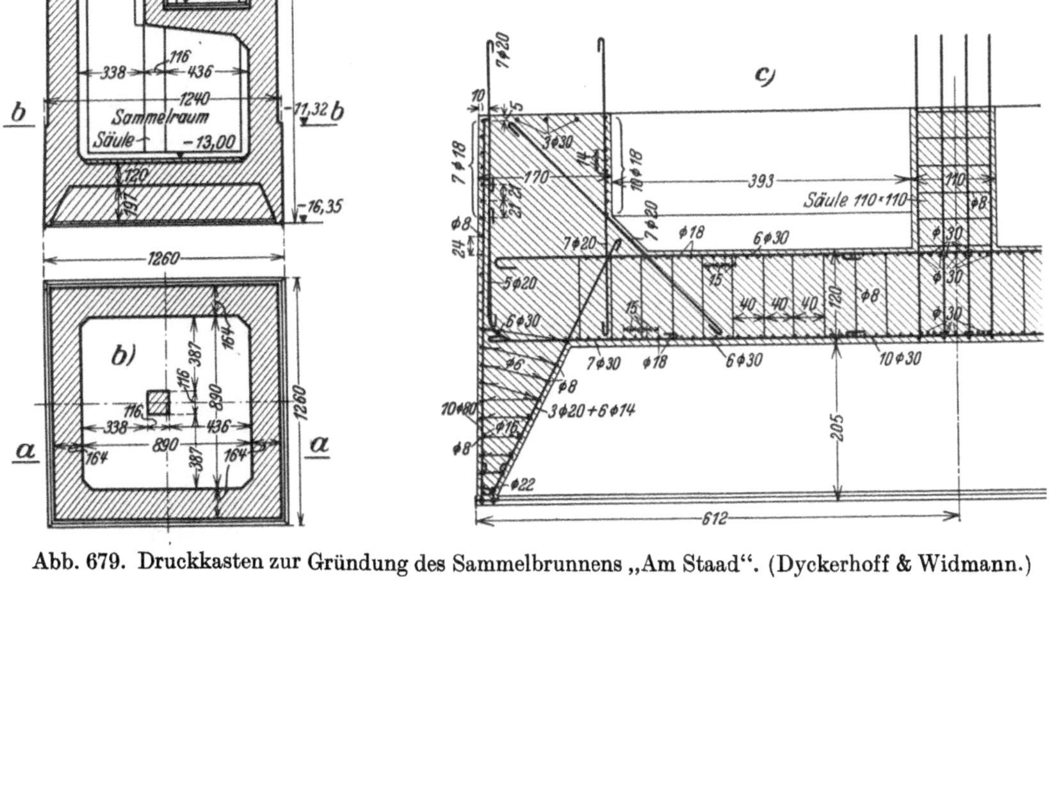

Abb. 679. Druckkasten zur Gründung des Sammelbrunnens „Am Staad“. (Dyckerhoff & Widmann.)

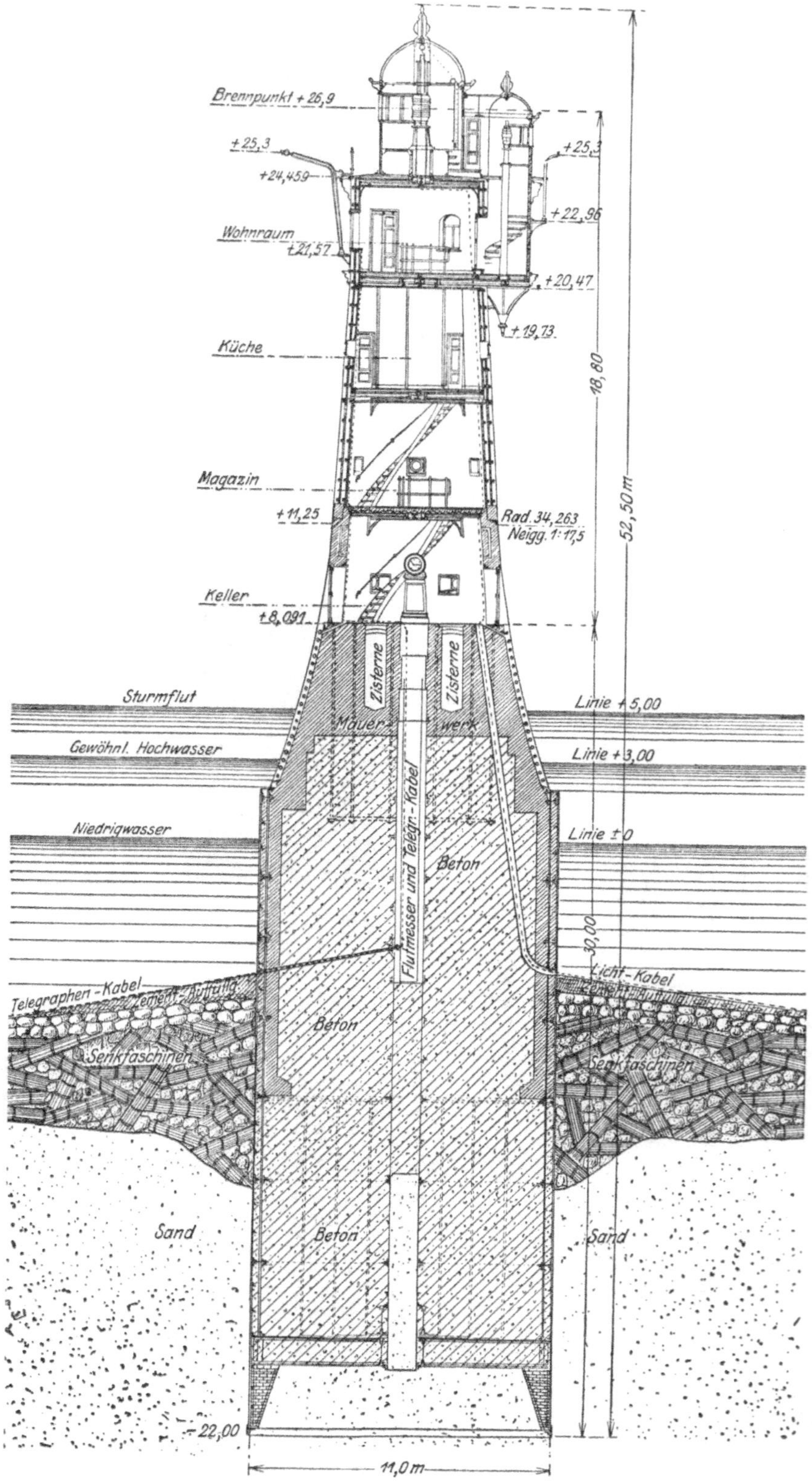

Abb. 680. Der Rote-Sand-Leuchtturm, mittels Druckluftsenkkasten gegründet. (Nach Fabricius: Hafenbautechn. Jahrbuch 1928/29 S. 98.)

Die Firmen Dyckerhoff & Widmann in Biebrich und Aug. Kyser Petersen in Kopenhagen schlugen die Gründung mittels des in der Abb. 682 dargestellten Druckluftsenkkastens vor, der mit vier Materialschleusen, zwei Personenschleusen und zwei Krankenschleusen hätte ausgestattet werden sollen. Mit Rücksicht auf die Wasserdichte des Tones hofften die Verfasser mit einer Luftspannung von 2,5 kg/cm² gegenüber 3,5 kg/cm², die der größten Tiefenlage unter dem Wasserspiegel entsprochen hätte, das Auslangen zu finden.

Die Siemens-Bau-Union und Beuchelt & Co. schlugen die Gründung mit dem in der Abb. 683 wiedergegebenen Druckkasten vor, der aus einem inneren Arbeitsraum und einem diesen ringförmig umgebenden gedacht war. Der Pfeiler, der als Eisenbetonhohlkörper auszuführen ist, hätte schwimmend an die Versenkungsstelle gebracht und durch Ausbetonierung der Zellen am Umfang auf eine ausge-

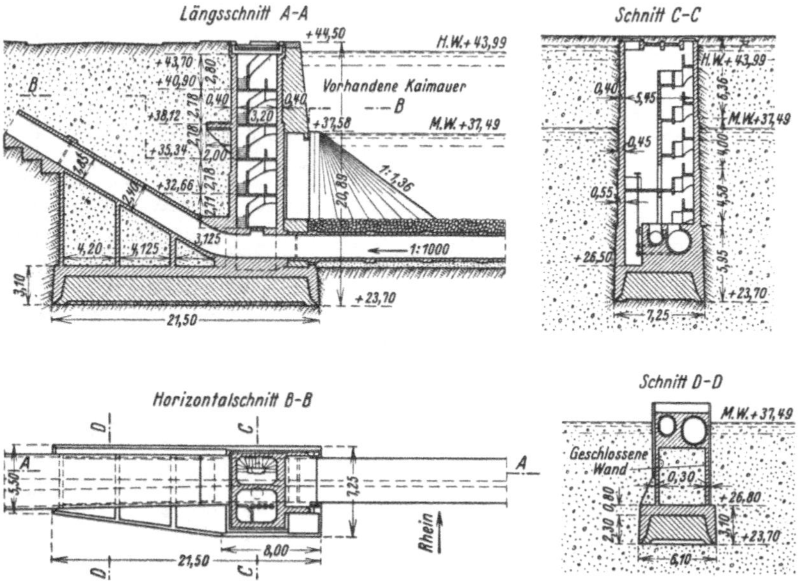

Abb. 681. Gründung eines Schenkels des Schmutzwasserdükers in Köln mittels Druckluftsenkkastens. (Grün & Bilfinger.)

baggerte und eingeebnete Fläche abgesetzt werden sollen. Der Bodenaushub war nur aus der ringförmigen Arbeitskammer gedacht; der mittlere Tonkern hätte stehen bleiben sollen. Nur wenn die Untersuchung dieses Tonkernes zu geringe Tragfähigkeit ergeben hätte, wäre auch im mittleren Teil Boden ausgehoben worden und der Pfeiler in größerer Tiefe gegründet worden. Auch bei diesem Entwurf ist angenommen worden, daß die Arbeiten bei vermindertem Überdruck möglich sein werden.

Der Verband der Firmen Monberg & Thorsen in Kopenhagen, Grün & Bilfinger in Mannheim, Fr. Krupp A. G. in Rheinhausen und L. Eilers in Hannover hat die in der Abb. 684 dargestellte Gründung vorgeschlagen, die auch ähnlich ausgeführt worden ist. Sie schlugen Arbeitskammern aus Eisen vor; die Seitenwandungen sollten aus einem Kranz von je 1 m weiten und 13 m langen Eisenzylindern bestehen und der Pfeiler sollte vorerst als schwimmfähiger Hohlkörper ausgeführt werden (Abb. 685). Die Eisenzylinder wären untereinander durch Vermittlung von **U**- und **I**-Eisen wasserdicht verbunden (Abb. 686) und der Kranz war oben durch ein Fachwerk versteift worden. Für die Dauer der Pfeilerbetonierung hätten die Zylinder durch aufgeschraubte Zylinder mit Holzzwischenlagen verlängert und die Fugen kalfatert werden sollen, so daß die Pfeilerbetonierung im Trockenen erfolgen konnte.

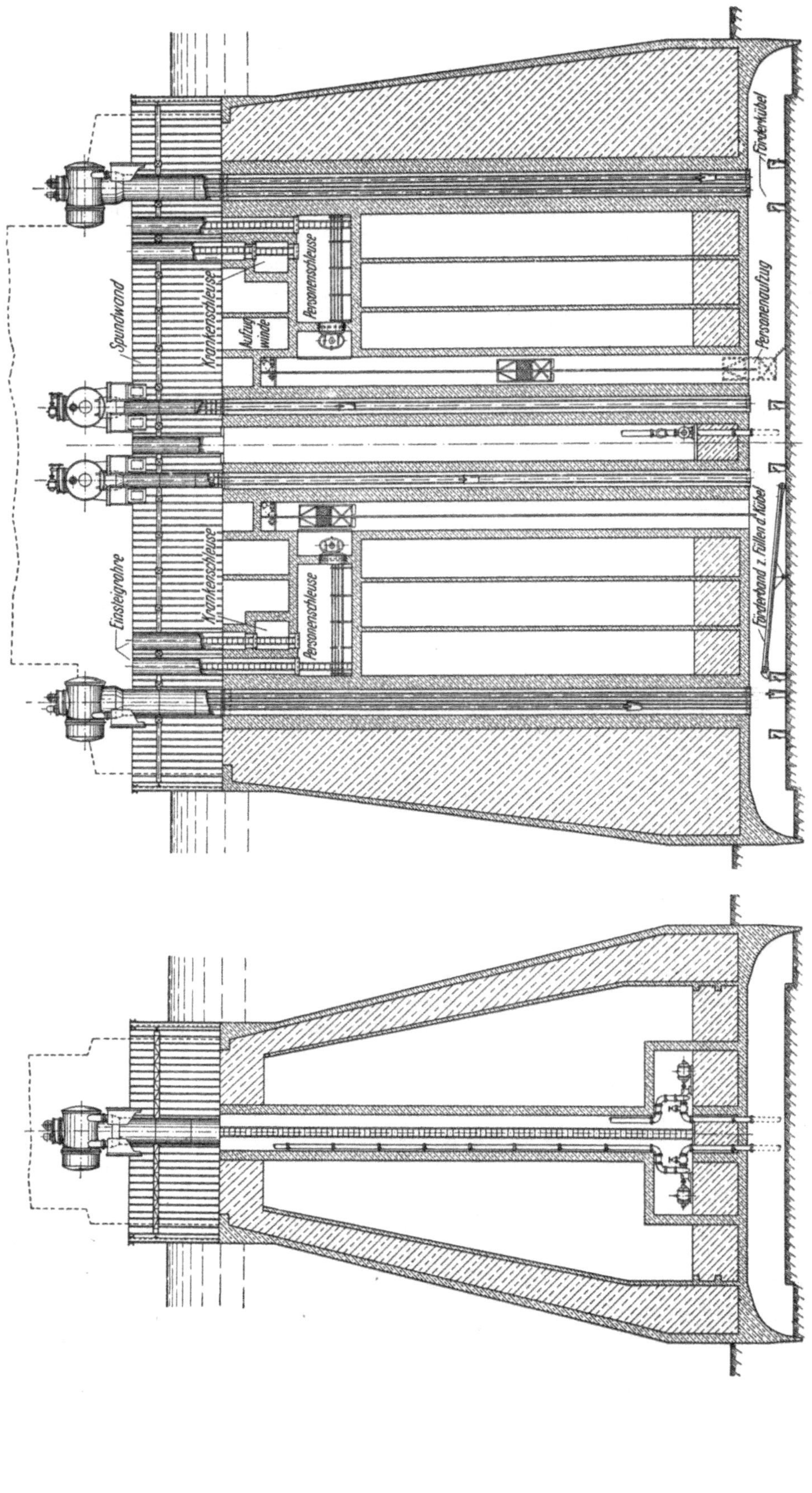

Abb. 682. Pfeiler der Brücke über den Kleinen Belt. Entwurf: Dyckerhoff & Widmann und Kyser Petersen. (Nach G. Schaper: Bautechnik 1929 S. 255.)

Die Pfeiler hätten in der Nähe des Ufers auf einem Pfahlgerüst an Schraubenspindeln hängend aufgebaut und schwimmend zu den Versenkungsstellen befördert werden

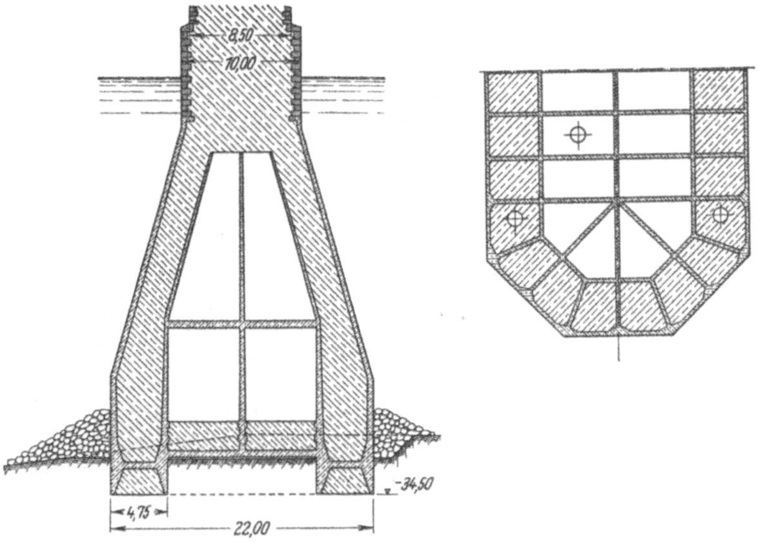

Abb. 683. Pfeiler der Brücke über den Kleinen Belt. Entwurf: Siemens-Bau-Union und Beuchelt & Co. (Nach G. Schaper: Bautechnik 1929 S. 253.)

sollen (Abb. 687). Die Länge der Eisenzylinder wäre genau der gepeilten Bodenoberfläche angepaßt worden.

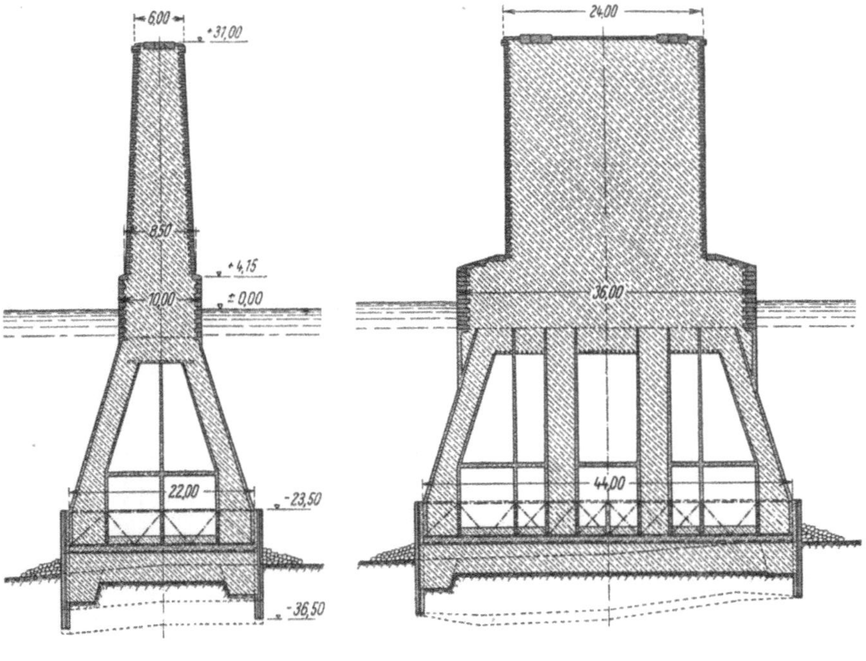

Abb. 684. Pfeiler für die Brücke über den Kleinen Belt. Ausgeführter Entwurf von Grün & Bilfinger, Krupp A.-G., L. Eilers, Monberg & Thorsen. (Nach G. Schaper: Bautechnik 1929 S. 190.)

Die Absenkung in den Boden hätte durch Ausräumen des Bodens aus den Zylindern mittels Greifern und Luftstrahlpumpen geschehen sollen, die dann ausbetoniert worden wären. Im Einklang mit Vorversuchen im kleinen Maßstab dichtete der Tonboden die Arbeitskammern vollständig ab, so daß nach dem Erhärten des Betons in den Zylindern der Arbeitsraum ausgepumpt und ohne Zuhilfenahme von Druckluft bis zur vorgesehenen Tiefe ausgeräumt und ausbetoniert werden konnte. Sicherheitshalber war vorgesorgt, daß diese Arbeiten unter dem Schutze von Druckluft hätten ausgeführt werden können, wenn der Tonboden nicht hinreichend dicht gewesen wäre. Nach vollendeter Gründung wären die Hilfszylinder wieder durch Taucher abgenommen worden. Die tatsächliche Ausführung erfolgte ähnlich, aber in Eisenbeton.

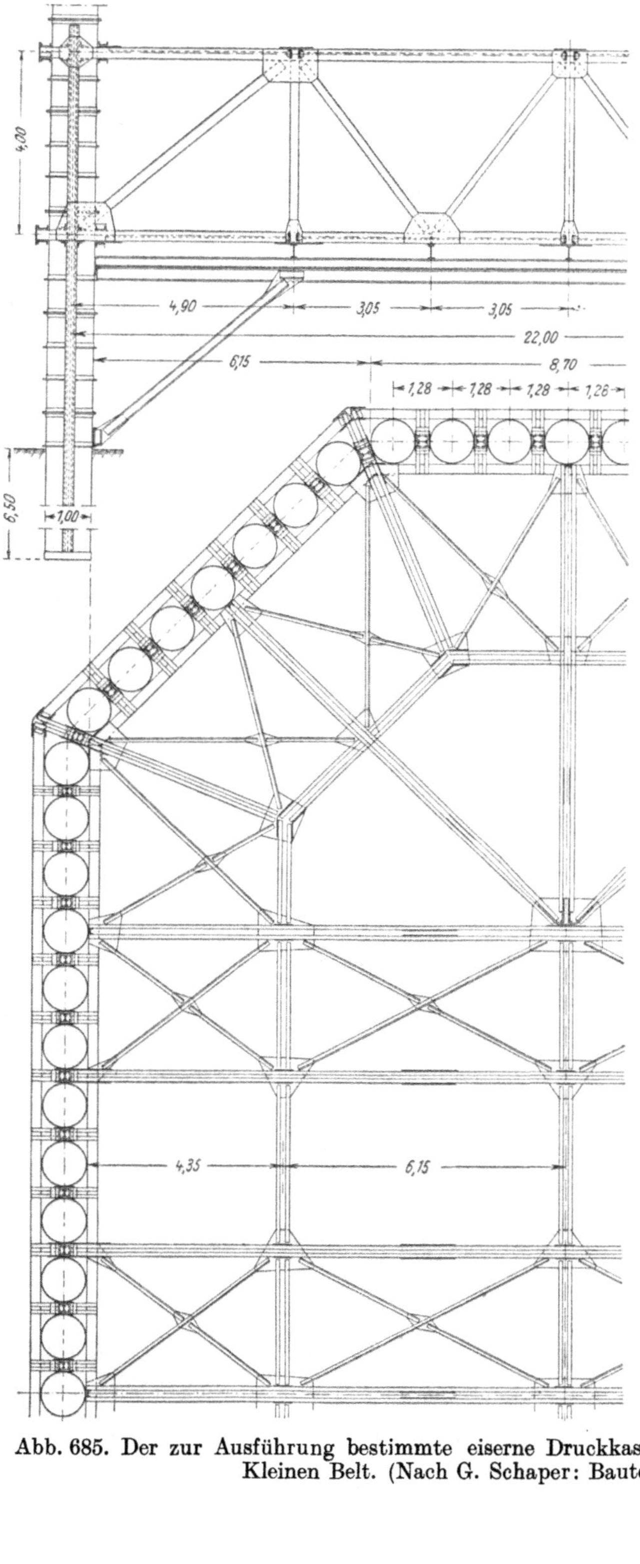

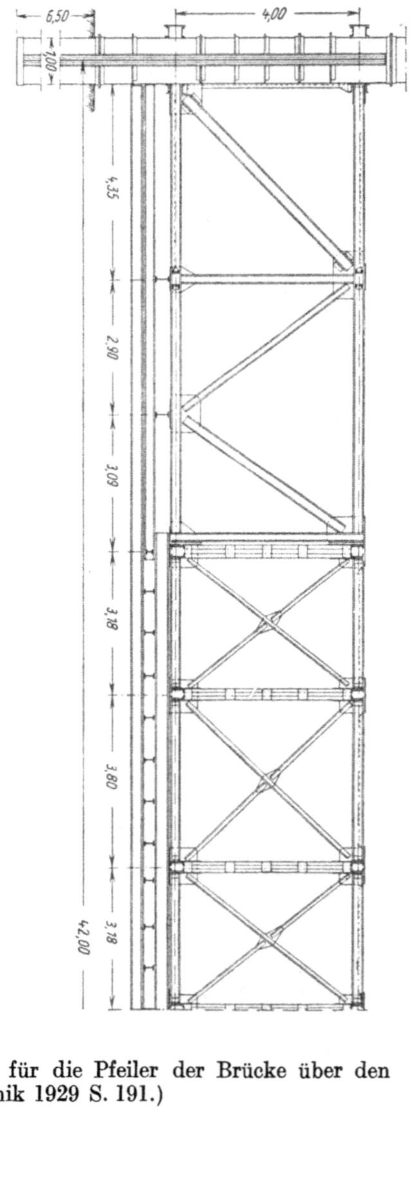

Abb. 685. Der zur Ausführung bestimmte eiserne Druckkasten für die Pfeiler der Brücke über den Kleinen Belt. (Nach G. Schaper: Bautechnik 1929 S. 191.)

Besondere Schwierigkeiten sind zu überwinden, wenn ein Bauwerk, das wasserdicht sein muß, in mehrere Teile aufgelöst, mittels Druckluftsenkkästen gegründet werden muß. Solche Fälle treten bei der Gründung von Stauwerken auf, wo mit Druckluftsenkkästen gegründete Herdmauern untereinander und mit den Pfeilern abgedichtet werden müssen, ferner bei der Gründung von Unterwassertunneln, Dückern, Entnahmerohren u. dgl., wo die mittels Druckluftsenkkästen gegründeten Rohrabschnitte dicht aneinander zu schließen sind.

In der Abb. 688 sind einige Fugenanordnungen zusammengestellt, die bei der Abdichtung von Stauwerken mittels Herdmauern angewendet werden. Um ein klagloses Absenken der Druckluftsenkkästen zu gewährleisten, muß zwischen zwei

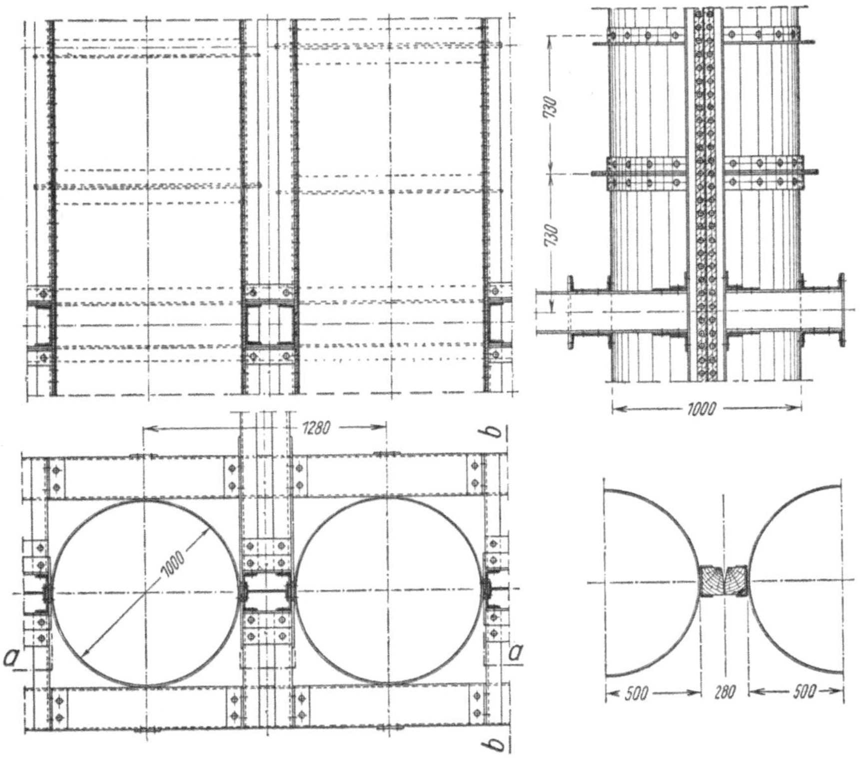

Abb. 686. Einzelheiten des eisernen Druckkastens in der Abb. 685.
(Nach G. Schaper: Bautechnik 1929 S. 192.)

nebeneinander abzusenkenden ein freier Zwischenraum von mindestens ½ m belassen werden, der nachträglich ausbetoniert wird. Diese Fugen werden schon während des Absenkens des zweiten Druckkastens unter der Schneide der Stirnwand hinweg möglichst ausgeräumt, wobei einige eiserne Spundwandbohlen (Abb. 689d), die beiderseits gerammt werden, den Boden am Nachbrechen hindern. Das gänzliche Ausräumen und das Auffüllen mit Beton erfordert nun in der Regel, daß die Fuge so geräumig ist, daß sie betreten werden kann. Am verläßlichsten gelingt das vollständige Ausräumen und Ausbetonieren von einer Taucherglocke aus. Man führt, um diese Arbeiten zu ermöglichen, die Fuge in der in den Abb. 689 und 690 ersichtlichen Weise mit Erweiterungen aus, in denen die Taucherglocke Platz findet.

Entnahmerohre von Wasserkraftanlagen, Unterwassertunnelabschnitte u. dgl., die mittels Druckluftsenkkästen gegründet sind, müssen schließlich unter Wasser wasserdicht verbunden werden. Eine auf Druckkästen gegründete Entnahmeleitung für eine Wasserkraftanlage stellt z. B. die Abb. 691 dar. Die einzelnen Rohrabschnitte, die dort auf Druckkästen gelagert waren, erhielten an ihren Enden einen vorübergehenden Abschluß aus Beton und einen Aufbau (Abb. 692), in dessen Schlitz Larssen-Bohlen gesteckt waren. Zwischen je zwei Druckkästen blieb ein 1 m weiter freier Raum. Nachdem zwei aufeinanderfolgende Druckkästen ihre endgültige Tiefenlage erreicht hatten, wurden beiderseits des freien Raumes zum Abschluß einige Larssen-Bohlen gerammt, hierauf von einer Taucherglocke aus der Boden zwischen den Druckkästen ausgeräumt und schließlich der Raum ausbetoniert. Nun

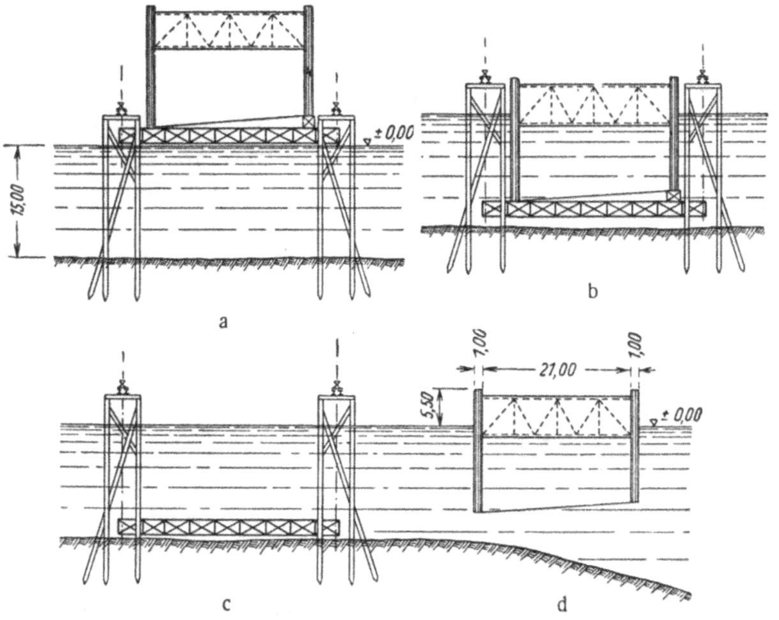

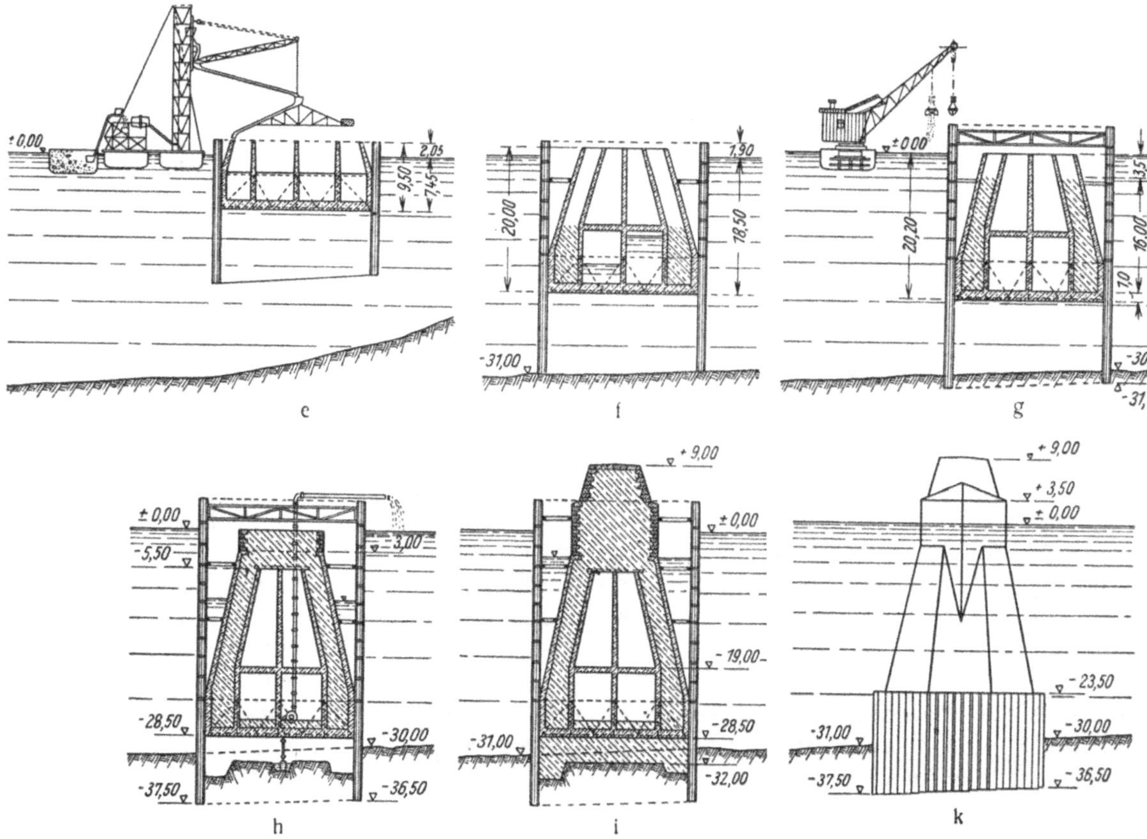

Abb. 687. Pfeiler der Brücke über den Kleinen Belt. Arbeitsvorgang bei der Ausführung. (Nach G. Schaper: Bautechnik 1929 S. 192.)

wurden die Larssen-Bohlen wieder gezogen und der die Rohrenden abschließende Beton, sowie der Beton zwischen den Druckkästen ausgestemmt, so daß schließlich die Rohre dicht aneinandergeschlossen und offen waren. Mit dem letzten Druckkasten im See ist auch der Einlaufrechen und der Turm für eine Einlaufschütze mit versenkt worden. Mit dem ersten Druckkasten (Abb. 693) sind zwei hintereinander liegende Schützen mit ihrem Bedienungsturm versenkt worden und gleichzeitig auch ein eiserner Schild, der für die Herstellung des Anschlusses des Entnahmerohres an den Entnahmestollen unter Zuhilfenahme von Druckluft gedient hat.

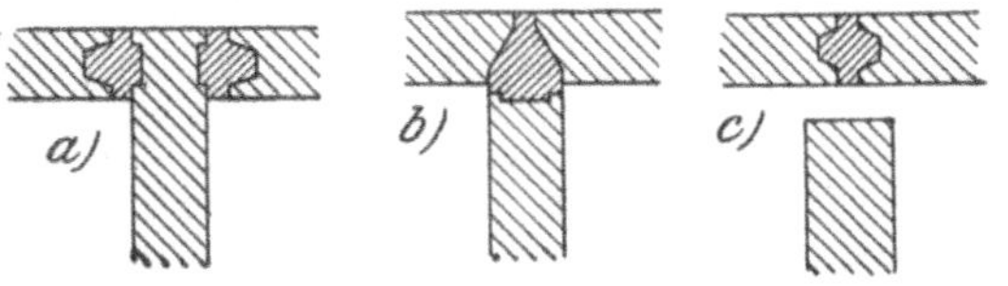

Abb. 688. Anordnung der Dichtungsfugen zwischen Herdmauerabschnitten an Stauwerken.

Ein anderes, sinnreiches Verfahren zur Verbindung der beiden Abschnitte eines unter der Sohle der Spree mittels Druckluftsenkgründung ausgeführten Fußgängerdükers zeigen die Abb. 694 bis 698. Die Gründung erfolgte in zwei Abschnitten von Inselschüttungen aus, wobei die Schiffahrt nicht behindert werden durfte. In der Abb. 694 ist das Baustadium dargestellt, bei dem die eine Dükerhälfte schon abgesenkt, die zweite auf der Inselschüttung zur Absenkung bereit steht. Die Betonierung erfolgte von einer schwimmenden Gußbetonanlage (Abb. 696) aus. Der Druckkasten und der auf ihm liegende Düker hatten den in der Abb. 697 ersichtlichen Querschnitt; wegen der geringen Sohldrücke ist nur ein Teil des Arbeitsraumes beiderseits der Längsschneiden ausbetoniert worden.

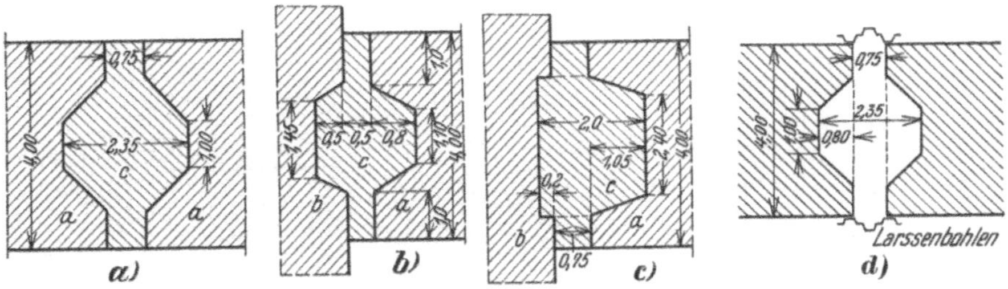

Abb. 689. Abmessungen ausgeführter Fugen.
a Betonschürze, *b* Pfeiler, *c* Fugenauffüllung.

Die Verbindung der beiden Dükerrohrabschnitte, die vorübergehend während der Versenkung abgeschlossen waren, ist mit Rücksicht auf die geringe Tiefenlage unter dem Wasserspiegel in offener Baugrube ausgeführt worden. Die beiden aneinander stoßenden Enden der Dükerhälften hatten eine besondere Ausbildung erhalten, die aus der Abb. 698 leicht entnommen werden kann. Die beiden Druckkästen standen, nachdem beide abgesenkt waren, in einem Abstande von 60 cm voneinander.

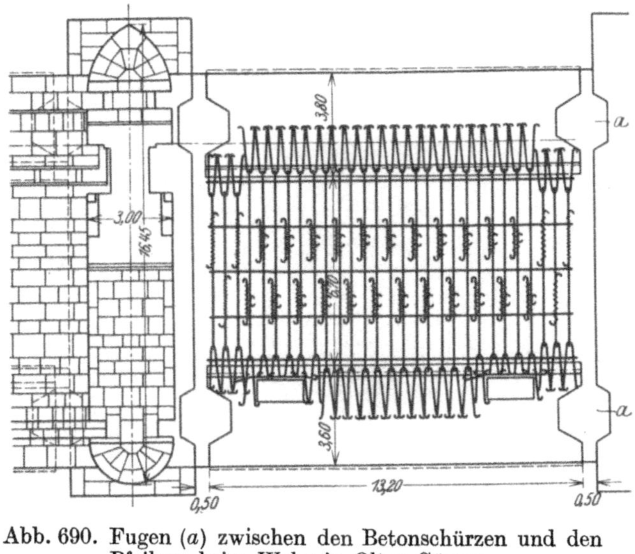

Abb. 690. Fugen (*a*) zwischen den Betonschürzen und den Pfeilern beim Wehr in Olten-Gösgen. (Nach Schweizer Bauzeitung.)

Kurze Bohlenabschnitte, die unter den Schneiden der Stirnwände der Arbeitskammern schräg in den Boden getrieben worden sind, schlossen den verbliebenen Schlitz nach unten ab. An der Verbindungsstelle waren die Konsolen der Druckkästen als Wangenmauern bis in die Höhe der Dükerdecke emporgeführt (Abb. 698b), so daß nur der ebenfalls 60 cm weite Schlitz zwischen den Wangenmauern zu schließen

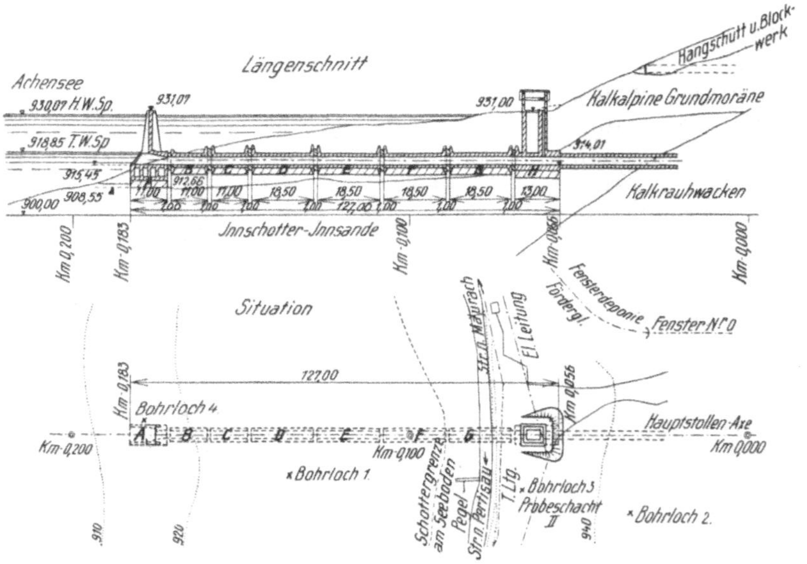

Abb. 691. Entnahmebauwerk des Achenseekraftwerkes. (Tiroler Wasserkraftwerke A.-G.)

und auf die Wangenmauern und auf die Enden der Dükerdecke eine Holzumschließung dicht aufzusetzen war, um die Baugrube trockenlegen zu können.

Einzelheiten des Anschlusses der Holzwand an die Wangenmauern gibt die Abb. 698b, des Anschlusses der Holzwand an die Dükerdecke die Abb. 698g, während

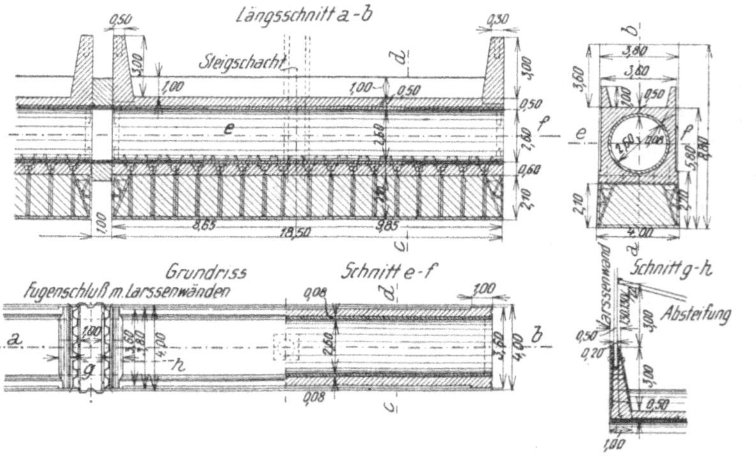

Abb. 692. Einzelheiten eines Abschnittes des Entnahmerohres. (Tiroler Wasserkraftwerke A.-G.)

die Abdichtung des Schlitzes zwischen den beiden Wangenmauern die Abb. 698c bis e veranschaulicht. Der Schlitz zwischen den beiden Stirnwänden der Druckkästen ist mit Unterwasserschüttbeton ausgefüllt worden. Durch die Baugrubenumschließung zusickerndes Wasser ist in den in der Abb. 698a und b sichtbaren Pumpensumpf geleitet worden.

Literatur: Affeltranger: Über Eisenbetoncaissons und deren Versetzgerüste beim Wehrbau Eglisau. Schweiz. Wasserwirtsch. 1925 S. 221. — La Baume: Der Bau des Fußgängertunnels unter der Spree in Berlin-Friedrichshagen. Bautechnik 1928 S. 4, 42. — Dischinger: Neuere Druckluftgründungen unter Verwendung von Eisenbeton-Schwimmcaissons. Bauing. 1928 S. 893. — Dyckerhoff & Widmann: Straßenbrücke über den Rio Norguera Ribagorzana bei Alfarras. Beton u. Eisen 1927 S. 362. — Grün & Bilfinger: Straßenbrücke über die Mosel zwischen Cochem und Cond. Beton u. Eisen 1928 S. 7. — Heinicke, M.: Vom Bau der Pancevobrücke über die Donau bei Belgrad. Bautechnik 1930 S. 354. — Jussel, M.: Eine bemerkenswerte Gründung beim Bau der Stichbahn Jungfernheide-Gartenfeld zu Berlin. Bautechnik 1930 S. 74. — Locher, F., u. G. Rohn: Die neue Straßenbrücke über den Rhein in Eglisau. Schweiz. Bauzg. Bd. 82 (1923) S. 3. — Lorenz-Meyer: Das Schiffshebewerk bei Niederfinow. Bauing. 1930 S. 242. — Luft, W., u. G. Ruth: Eisenbetonschwimmkörper und ihre Verwendung usw. Bauing. 1920 S. 463, 466. — Möller, M.: Die Eisenbahnbrücke über die Oker bei Braun-

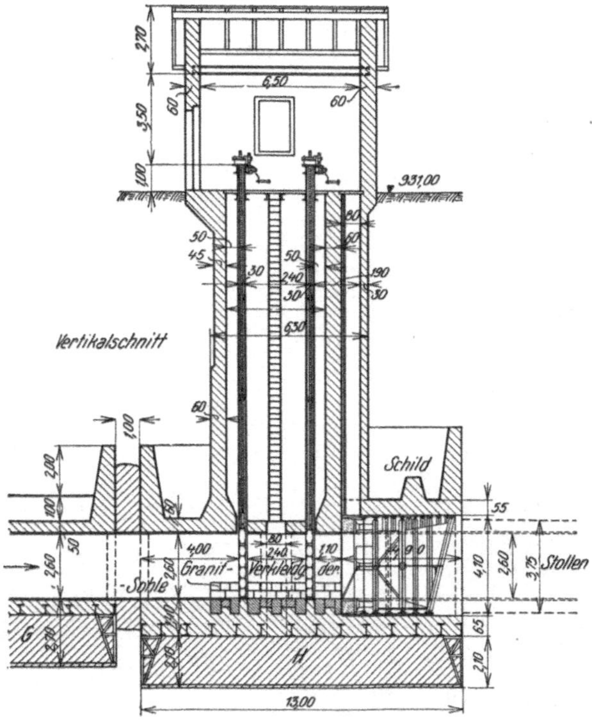

Abb. 693. Der Schieberschacht der Entnahmeanlage des Achenseewerkes. (Tiroler Wasserkraftwerke A.-G.)

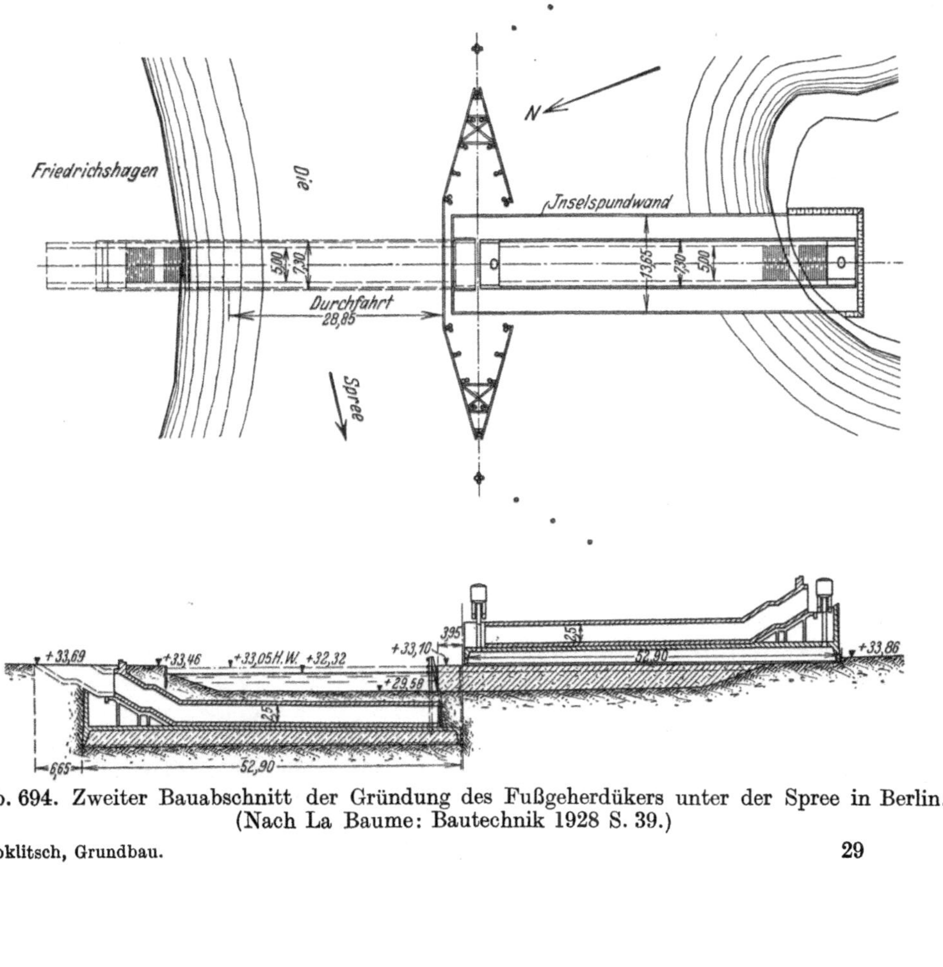

Abb. 694. Zweiter Bauabschnitt der Gründung des Fußgeherdükers unter der Spree in Berlin. (Nach La Baume: Bautechnik 1928 S. 39.)

schweig. Beton u. Eisen 1926 S. 122. — Schaper, G.: Wettbewerb für Entwürfe zu einer Eisenbahnbrücke usw. Bauing. 1920 S. 179. — Derselbe: Der Wettbewerb für Entwürfe zu einer Verbindung über den Limfjord zwischen Aalborg und Norresundby in Dänemark. Bauing. 1921 S. 385, 435, 493. —

Abb. 695. Eine Hälfte des Fußgeherdükers, bereit zum Absenken. (Grün & Bilfinger.)

Derselbe: Die Brücke über den Kleinen Belt. Bautechnik 1929 S. 124, 195, 253. — Schenkelberg: Vom Bau der Pfeiler für die neue Rheinbrücke Düsseldorf-Neuß. Zement 1928 S. 588. — Schlodtmann:

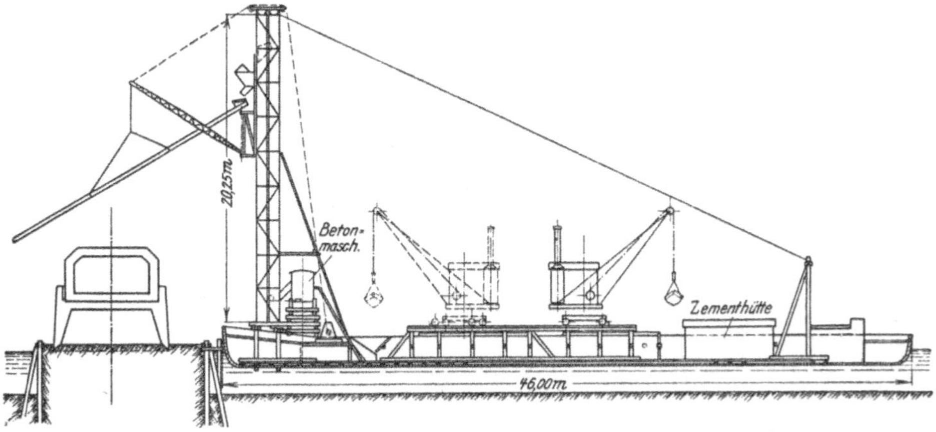

Abb. 696. Schwimmende Gußbetonanlage bei der Herstellung des Fußgeherdükers unter der Spree in Berlin. (Nach La Baume: Bautechnik 1928 S. 43.)

Neubau der Eisenbahnbrücke über die Enns bei Weener. Bautechnik 1925 S. 297. — Sichardt, W.: Erfahrungen mit der chemischen Bodenverfestigung und Anwendungsmöglichkeiten des Verfahrens. Bautechnik 1930 S. 181. — Kado: Die Erneuerung der Ostbahnbrücken über Oder und Warthe bei Küstrin. Bautechnik 1927 S. 583. — Kapsa, L.: Eisenbetoncaisson der Elbebrücke in Obristoi. Beton

u. Eisen 1913 S. 425. — Kapsch, G.: Die Straßenbrücke über den Rhein in Köln-Mülheim. Bautechnik 1929 S. 775. — Kayser, H.: Wettbewerb für eine zweite Straßenbrücke über die Mosel in Koblenz. Beton u. Eisen 1928 S. 221. — Heim: Moselbrücke Treis. Beton u. Eisen 1930 S. 25. — Koehler, G.: Der Bau der neuen Eisenbahnbrücke über West- und Ostoder bei Stettin. Bautechnik 1929 S. 375. — Lacroix, E.: Le Pont Butin sur le Rhône a Genève. Schweiz. Bauzg. Bd. 90 S. 282. — Laupmann, P.: Anwendung von transportierbaren Eisenbetoncaissons beim Bau des festen Wehres für das Wolchow-Kraftwerk. Beton u. Eisen 1925 S. 29. — Lewerenz: Die neue Pregelbrücke zu Königsberg. Bautechnik 1925 S. 335. — Sperber: Die dritte Elbbrücke bei Hamburg. Bautechnik 1924 S. 289.

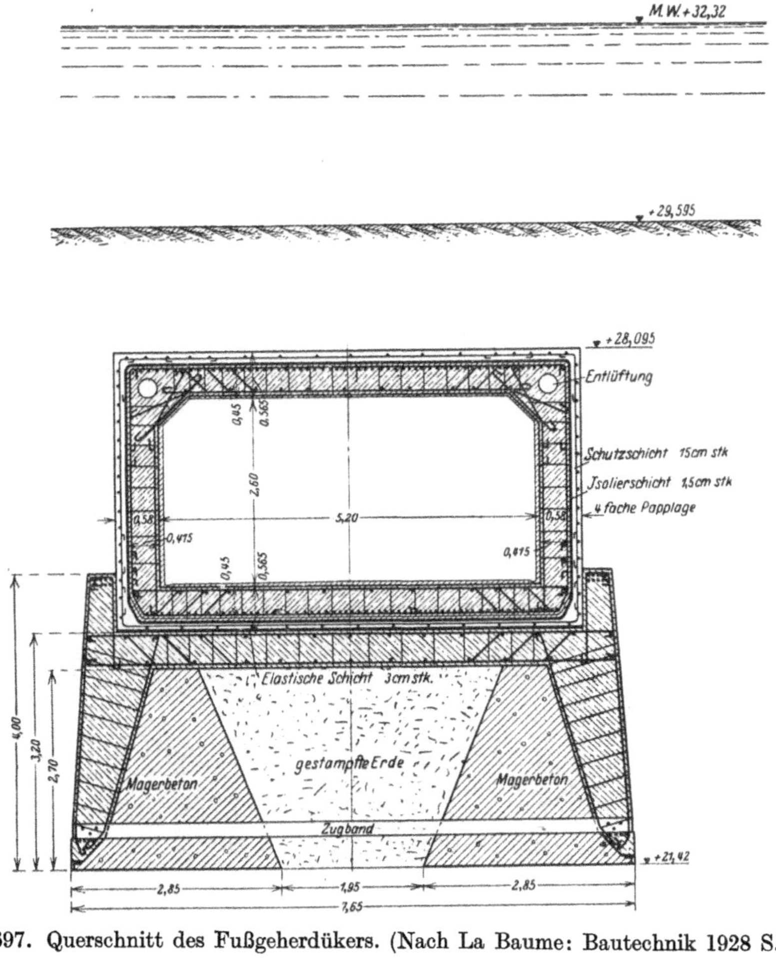

Abb. 697. Querschnitt des Fußgeherdükers. (Nach La Baume: Bautechnik 1928 S. 41.)

— Studer, H.: Das Kraftwerk Amsteg. Schweiz. Bauzg. Bd. 86 (1925) S. 243. — Wedler: Die neue Straßenbrücke über die Schlei bei Kappeln. Bautechnik 1929 S. 152. — Weidmann: Die Rheinbrücke Ludwigshafen-Mannheim. Bautechnik 1930 S. 626. — Werken, O.: Der Bau eines Schmutzwasser-Doppeldükers unter dem Rhein bei Köln. Bautechnik 1930 S. 137, 263, 285. — Westermann: Befeuerung der Seeschiffahrtsstraße Stettin—Swinemünde. Bautechnik 1929 S. 379. — Zwach: Die Erneuerung der Eisenbahnbrücke über die Elbe bei Hämerten. Bautechnik 1926 S. 98. — Druckluftgründung mit Eisenbetonsenkkästen für die San-Telmo-Brücke in Sevilla. Bautechnik 1927 S. 113. — Vom Bau der Pancevobrücke über die Donau bei Belgrad. Bautechnik 1929 S. 74. — Vom Bau des Schiffshebewerkes Niederfinow. Z. V. d. I. 1929 S. 149.

10. Arbeiten mit der Taucherglocke.

Arbeiten unter der Taucherglocke kommen nur selten vor; man hat die Taucherglocke früher manchmal benützt, um unter dem Wasserspiegel verläßlich betonieren zu können, statt Unterwasserbeton zu schütten. Weitere Anwendungen haben Tau-

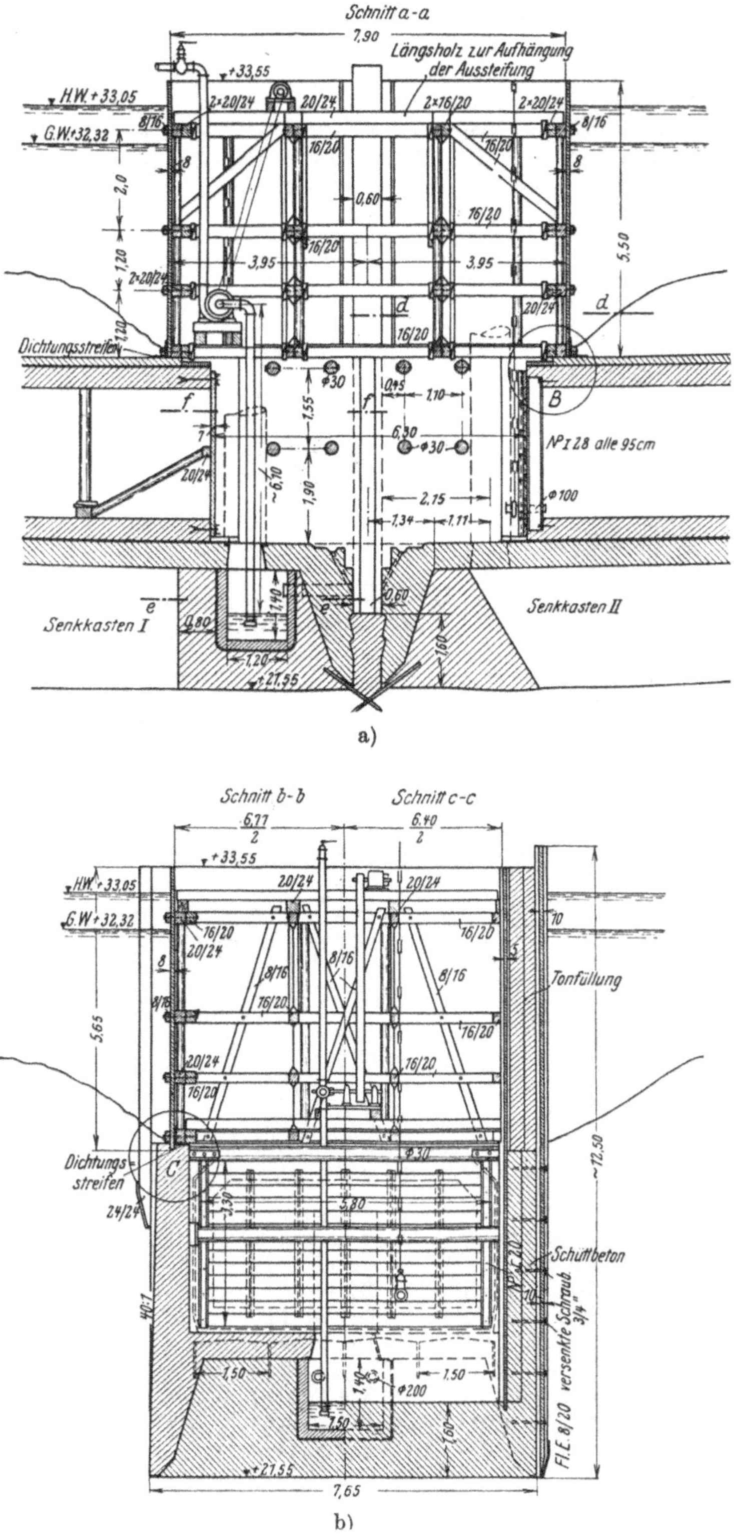

Abb. 698. a) b) Die wasserdichte Verbindung der beiden Dükerhälften. Schnitte und Einzelheiten. (Nach La Baume: Bautechnik 1928 S. 41, 42.)

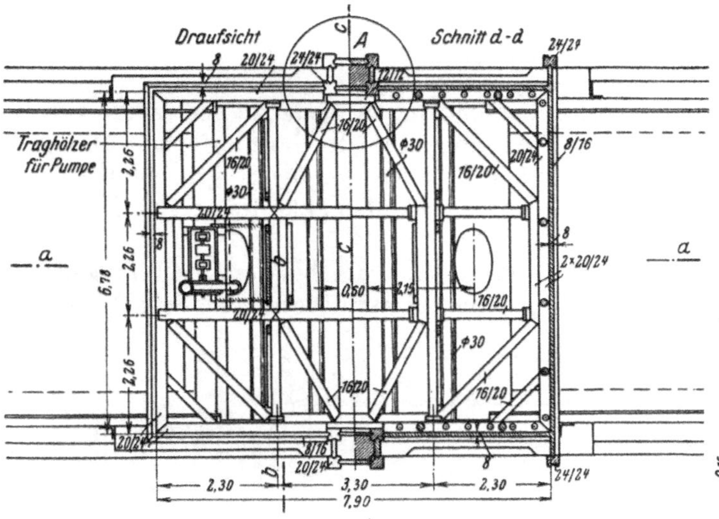

c)

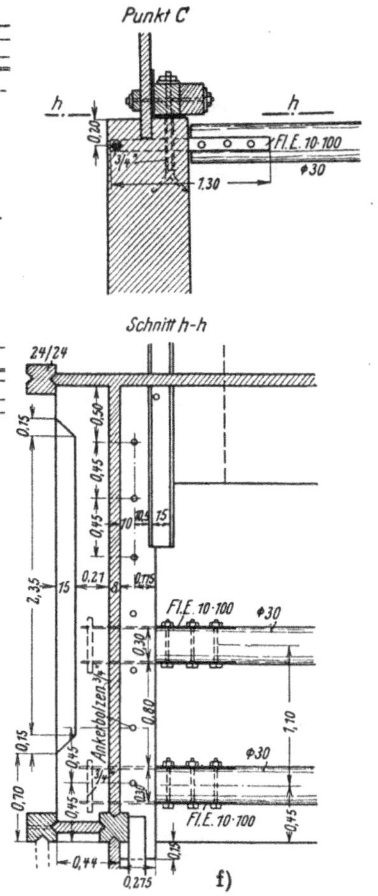

f)

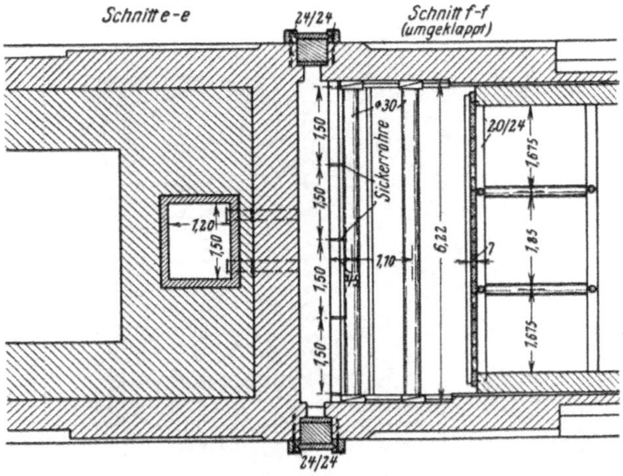

d)

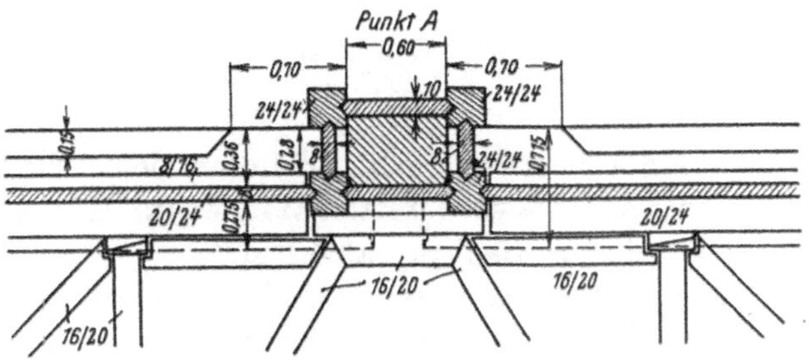

e)

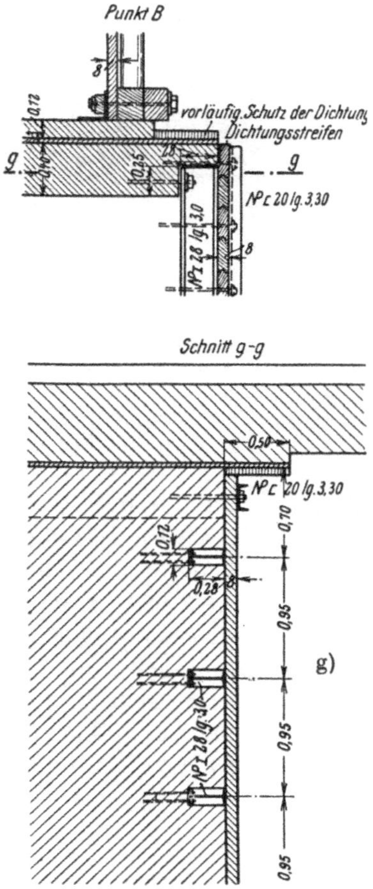

g)

Abb. 698. c) d) e) f) g).

cherglocken bei Ausbesserungsarbeiten gefunden. In neuerer Zeit sind Taucherglocken angewendet worden, um die Verzimmerung des hochliegenden Holzpfahlrostes unter dem Niederwasserspiegel auszuführen und um den Fugenschluß zwischen Herdmauerabschnitten an Wehren, die mit Druckluftsenkkästen gegründet worden sind, zu bewerkstelligen.

Die Taucherglocke hat eine Form, ähnlich jener der bei der Druckluftsenkungsgründung verwendeten Arbeitskammer; durch Luftschleusen und Schachtrohre er-

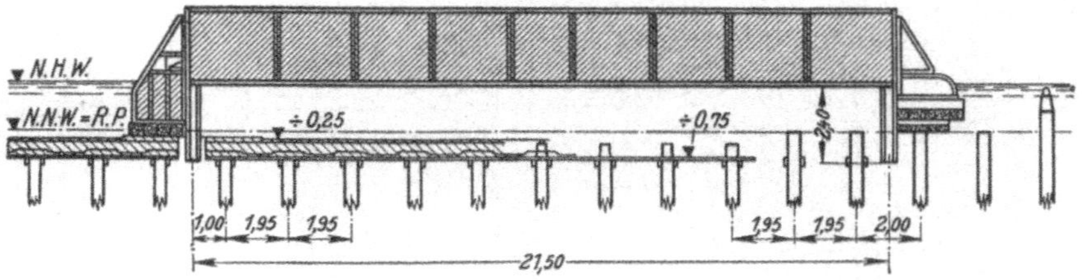

Abb. 699. Taucherglocke zur Herstellung eines Eisenbetonrostes auf Holzpfählen unter dem Niederwasserspiegel. (Nach Boomsma: Hafenbautechn. Jahrbuch 1927.)

folgt der Ein- und Ausstieg der Arbeiter und die Zufuhr der Baustoffe. Für die Arbeiten in Taucherglocken gelten dieselben Vorschriften wie für jene in Druckkästen (vgl. S. 425). Die Taucherglocken können an einem festen oder schwimmenden Gerüst hängen oder in ruhigem Wasser auch frei schwimmen; das Gewicht der Taucher-

Abb. 700. Blick in die in der Abb. 699 dargestellte Taucherglocke. (Nach Boomsma: Hafenbautechn. Jahrbuch 1927.)

glocken wird durch Wasserballast nach Erfordernis geregelt. Während der Arbeit hängt die Taucherglocke entweder am Gerüst oder sie wird mittels Winden im Arbeitsraum gegen den Boden oder das in Arbeit stehende Bauwerk abgestützt.

In der Abb. 699 ist die Herstellung eines Eisenbetonrostes auf Holzpfählen unter dem Niederwasserspiegel in der Taucherglocke dargestellt. Die Taucherglocke wird bei Hochwasser schwimmend über die Pfähle gebracht und hierauf mit Wasserballast versenkt, wobei sich die außenliegenden Konsolen einerseits auf den fertigen Rost, anderseits auf die Pfähle aufsetzen. Die Abb. 700 gibt einen Blick in den Arbeitsraum der Taucherglocke während der Verlegung der Bewehrung für den Rost.

Die Verwendung einer Taucherglocke für den Fugenschluß in der Herdmauer beim Bau des Wehres Olten-Gösgen zeigen die beiden Abb. 689 und 701. Zwischen je zwei mit Druckkästen gegründeten Herdmauerabschnitten wurde eine Fuge gelassen, deren Abmessungen die Abb. 689 gibt. Der Bodenaushub und die Betonierung erfolgte von der in der Abb. 701 dargestellten Taucherglocke aus, die an einem Kran hängend abgesenkt wurde.

Die Abb. 702 zeigt schließlich die Anwendung einer Taucherglocke beim Bau des Schmutzwasserdükers durch den Rhein in Köln beim Versetzen der Sockel und beim Dichten der Rohrstöße.

Abb. 701. Fugenschlußtaucherglocke beim Bau des Wehres Olten-Gösgen. [Aus Schweiz. Bauzg. Bd. 75 (1920).]

Literatur: Behrendt u. O. Franzius: Der Unfall und die Wiederherstellung von Dock V auf der Kais. Werft in Kiel. Z. Bauw. 1912 S. 613. — Boomsma, D.: Die Entwicklung des Kaimauerbaues in Rotterdam. Hafenbaut. Jahrb. 1927 S. 132. — Franzius, G., u. Mönch: Der Bau des neuen Trockendocks auf der Kais. Werft in Kiel. Z. Bauw. 1903 S. 291. — Mallat: La nouvelle entree et les traveaux de transformation du port de Saint Nazaire. Ann. Ponts Chauss. Bd. 33 (1908) S. 13. — Merkl: Maschinen zur Trockenlegung der Baustelle. Z. V. d. I. 1922 S. 746. — Müller: Der Freihafen von Gothenburg. Zentralbl. Bauverw. 1926 S. 463. — Schoklitsch, A.: Der Wasserbau Bd. 2 S. 704. Wien: Julius Springer 1930. – Thele: Das Hamburgische Baggereiwesen. Jahrb. Schiffbaut. Ges. 1914. — Werken, O.: Der Bau eines Schmutzwasser-Doppeldückers unter dem Rhein bei Köln. Bautechnik 1930 Heft 10, 17, 19. — Zschokke: Die Hafenanlagen an der See. Schweiz. Bauzg. Bd. 68 (1916) S. 91.

11. Taucherarbeiten.

Bei zahlreichen Gründungsarbeiten im Wasser ist die Hilfe von Tauchern erforderlich.

Die gewöhnlichen Taucherapparate (Abb. 703) bestehen aus dem Taucheranzug, der aus starken, gummierten Baumwollstoffen hergestellt ist, einem kupfernen Helm mit Glasfenstern, den Gewichten aus Blei von etwa 37 kg (zwei Sohlplatten von je 10 kg, einem Brustblei von 10 kg und einem Rückenblei von 7 kg) und der Luftversorgungsanlage, die von einer Luftpumpe Druckluft durch einen Schlauch zugeleitet erhält. Die Pressung der Luft wird dem Wasserdruck in der jeweiligen Tauchtiefe angepaßt. Der Taucher verständigt sich über die Wasseroberfläche durch einen Fernsprecher oder durch Signale, die er durch Ziehen an der Rettungsleine gibt.

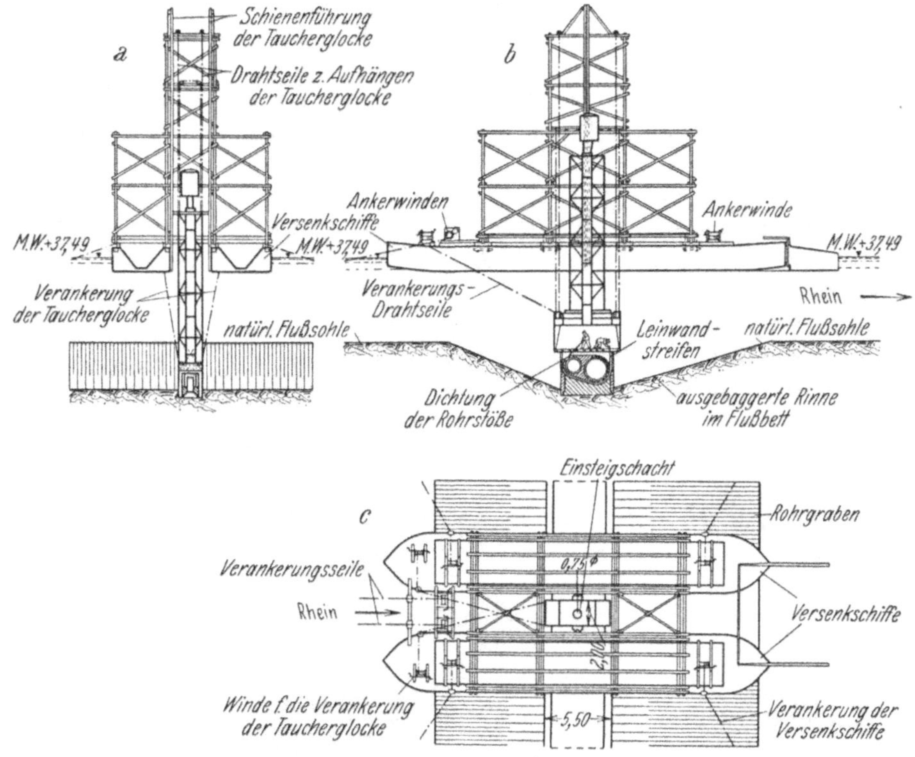

Abb. 702. Schmutzwasserdüker Köln. Dichten der Rohrstöße von einer Taucherglocke aus. (Grün & Bilfinger.)

Abb. 703. Taucher. (Siemens-Bau-Union.)
a Helm, *b* Brustblei, *c* Unterwasserschneidbrenner, *d* Luftschlauch.

Bei Arbeiten in größerer Tiefe ist die Beleuchtung des Arbeitsfeldes mit einer elektrischen Taucherlampe erforderlich.

Derartige Tauchervorrichtungen reichen für Tiefe bis etwa 35 bis 40 m hin. Das Ablassen und das Aufsteigen des Tauchers geschieht mit höchstens 2 m in der Minute, um den Taucher nicht, ähnlich wie bei Arbeiten im Druckkasten, zu schädigen. Bei raschen Strömungen muß das Arbeitsfeld besonders geschützt werden.

Bei Tauchtiefen über etwa 35 m werden Tieftauchapparate verwendet.

Siebenter Teil.

Besondere Gründungen.

A. Grundwerke für stoßweise oder schwingende Belastungen.

Grundwerke, die die Drücke bewegter Lasten auf den Boden zu übertragen haben, erleiden, je nach der Bewegungsweise der Last, stoßweise oder schwingende Beanspruchungen, die jene, die der gleich großen ruhenden Last entsprechen, weit übertreffen können und die bei der Bemessung des Grundwerkes unbedingt berücksichtigt werden müssen. Solche dynamische Beanspruchungen des Grundwerkes treten z. B. bei Förder- und Aufzugstürmen auf, wenn die Last plötzlich still gesetzt wird und an Maschinengrundwerken infolge von hin- und hergehenden Massen oder von rotierenden Massen, deren Schwerpunkt außerhalb der Drehachse liegt. Während die Fördertürme nur einen einmaligen Stoßimpuls empfangen, erleiden Maschinengrundwerke immer wiederkehrende Impulse im Takte der bewegten Maschine, die das Grundwerk zu Schwingungen anregen, deren Ausschläge um so größer werden, je näher die Frequenz der Impulse der Eigenschwingungsfrequenz des Grundwerkes liegt. Wenn beide Frequenzen übereinstimmen, so besteht Resonanz und die Schwingungen des Grundwerkes werden so lange angefacht, bis das Grundwerk in Brüche geht. Bei der Berücksichtigung der statischen und der dynamischen Beanspruchung des Grundwerkes durch die bewegten Lasten kommt es daher noch besonders darauf an, nachzuweisen, daß die Eigenschwingungsfrequenz des Grundwerkes nicht in Resonanz mit der Frequenz der Kraftimpulse der umlaufenden Maschinenteile, also mit der Drehzahl der Maschine steht; überdies wird man trachten, die Eigenfrequenz des Grundwerkes möglichst verschieden von der Drehzahl der Maschine zu machen, weil dadurch die dynamische Beanspruchung herabgesetzt wird. Die Eigenfrequenz des Grundwerkes soll womöglich weit über der Maschinendrehzahl liegen; liegt sie darunter, so besteht beim Anlaufen der Maschine kurze Zeit Resonanz, wenn die zunehmende Drehzahl der Maschine gerade die Eigenfrequenzzahl des Grundwerkes durchläuft.

Ein Grundwerk, das in Schwingungen geraten ist, belastet den Boden mit einer Last, deren Größe um einen Mittelwert schwankt und bewirkt ein förmliches Zusammenrütteln der Bodenteilchen, das, wie K. Weidert hervorhebt, besonders bei Böden im Grundwasser zu außerordentlich starken Setzungen führt. Er erwähnt z. B., daß sich im Berliner Elektrizitätswerk Moabit, das auf gutem Berliner Sand steht, ein Dampfturbinengrundwerk einseitig senkte und daß die Senkung nach kurzer Betriebsdauer 32 cm ausgemacht hat.

I. Die Ermittlung der Eigenfrequenz des schwingenden Grundwerkes.

Zur Ermittlung der Eigenfrequenz eines Maschinengrundwerkes geht man mit E. Rausch am besten von einem schwingenden System aus, das aus einer lotrecht stehenden, masselosen Feder mit der Masse m am Ende (Abb. 704) besteht. Die Masse m wird durch einen waagrechten Impuls ausgelenkt und vollführt dann Schwingungen um ihre Ruhelage. Zur Zeit t betrage der Ausschlag x; die Geschwindigkeit der Masse beträgt dann $v = \frac{dx}{dt}$, ihre Beschleunigung $b = \frac{d^2x}{dt^2}$ und auf die Masse m wirkt die Spannkraft P der Feder, die dem Ausschlag x der Feder proportional ist. Wenn die Feder waagrecht eingespannt ist, so senkt sich ihr Ende mit der Masse m um f;

die Spannkraft P der lotrechten Feder beträgt dann beim Ausschlag x

(556) $$P = \frac{x m g}{f}$$

und diese Spannkraft P beschleunigt die Masse m mit

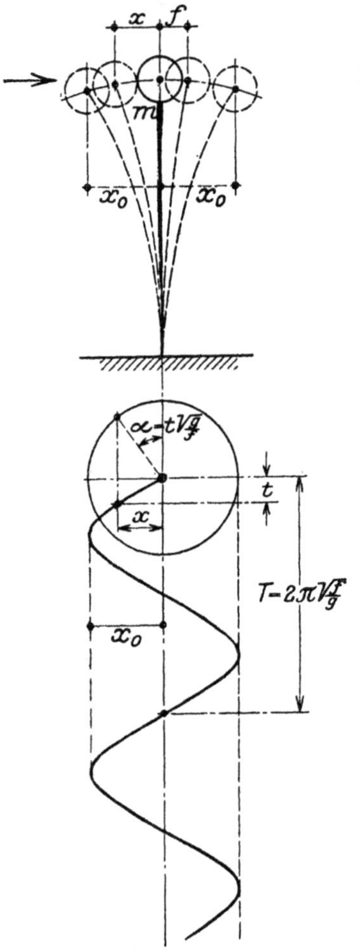

Abb. 704. Ein schwingendes System bestehend aus einer Masse m auf einer masselosen Feder. (Aus Bauing. 1926.)

(557) $$b = \frac{P}{m} = -\frac{x g}{f} = \frac{d^2 x}{d t^2}.$$

Die Lösung dieser Differentialgleichung lautet

(558) $$x = C_1 \sin\left(t\sqrt{\frac{g}{f}}\right) + C_2 \cos\left(t\sqrt{\frac{g}{f}}\right).$$

Zur Zeit $t = 0$ ist der Ausschlag $x = 0$ und es folgt mit diesen Werten weiter $C_2 = 0$, so daß

(559) $$x = C_1 \sin\left(t\sqrt{\frac{g}{f}}\right)$$

ist. Wird t so gewählt, daß zu dieser Zeit der Sinus seinen Größtwert $= 1$ erreicht, so stellt sich gleichzeitig der größte Ausschlag $x = x_0$ ein und man kann schließlich schreiben

(560) $$x = x_0 \sin\left(t\sqrt{\frac{g}{f}}\right).$$

Während einer Schwingungsperiode T muß der Klammerausdruck 2π durchlaufen, es muß also

(561) $$2\pi = T\sqrt{\frac{g}{f}}$$

oder

(562) $$T = 2\pi\sqrt{\frac{g}{f}} \quad \sqrt{\frac{f}{g}}$$

sein. Wenn die Anzahl der Schwingungen n schließlich, wie es üblich ist, auf eine Minute bezogen wird, so hat man

(563) $$n = \frac{60}{T} = \frac{60}{2\pi}\sqrt{\frac{g}{f}} \sim \frac{30}{\sqrt{f}}$$

oder, wenn die Längen in cm gemessen werden,

(564) $$n = \frac{300}{\sqrt{f}}.$$

Diese allgemeine Formel (564) kann nun zur Berechnung der Eigenschwingungszahl eines starren, am Baugrund lotrecht schwingenden Maschinengrundwerkes verwendet werden. Vorausgesetzt muß aber werden, daß der Boden elastisch ist und daß zwischen den Senkungen des Grundwerkes und den Sohldrücken in dem in Betracht kommenden Lastbereich Proportionalität besteht und daß die Last in der Mitte der Sohlfuge wirke. Bezeichnet ΣP die Summe aller Lasten, also das Gewicht der Maschine und des Grundwerkes, β die Bettungsziffer, also das Verhältnis von Pressung zu Senkung f_l, so gilt mit den Bezeichnungen der Abb. 705

(565) $$f_l = \frac{\Sigma P}{b \cdot l \cdot \beta}$$

und die Eigenschwingungszahl für lotrechte Schwingungen erhält man durch Einsetzen von (565) in (564), nämlich

$$n_l = \frac{300\sqrt{b\, l\, \beta}}{\sqrt{\Sigma P}}. \qquad (566)$$

Die lotrechte Eigenschwingungszahl ist um so höher, je kleiner die Masse und je größer die Grundfläche und die Bettungsziffer, je fester also der Boden ist.

Unter der Wirkung einer waagrechten periodischen Kraft wird das Grundwerk sowohl waagrechte Schwingungen als auch Drehschwingungen vollführen. E. Rausch denkt sich nun vorerst das Grundwerk statt auf dem Boden auf einem gewichtslosen Bodenstab gelagert. Die waagrechten Schwingungen und die Drehschwingungen können nun als freie Pendelschwingungen um einen Punkt D angesehen werden.

Es sei nun angenommen, daß ein Drehpunkt D gefunden sei, um den das Grundwerk Pendelschwingungen vollführt und ebenso die Wirkungslinie der Rückstellkraft P', die zur Zeit t gegen die Massenkräfte und -momente wirkt. Diese Rückstellkraft wird zerlegt in eine Parallelkraft P' im Schwer-

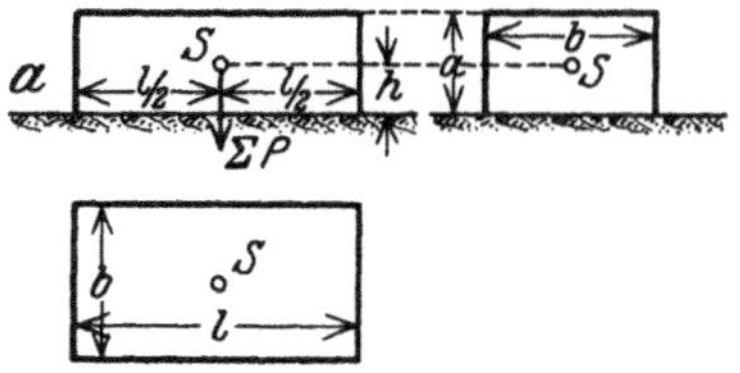

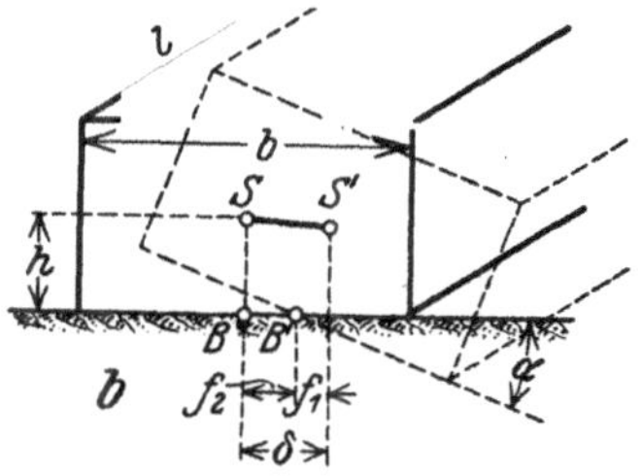

Abb. 705. Maschinengrundwerk.

punkt S des Grundwerkes und in das auf den Schwerpunkt S bezogene Drehmoment $M = P' \cdot p_s$. Bei den Pendelschwingungen wirkt P' den Verschiebungen, M den Verdrehungen des Grundwerkes entgegen. Die Frequenz der Verschiebungsschwingungen und jene der Verdrehungsschwingungen ist die gleiche.

Die dynamischen Grundgleichungen lauten nun mit den Bezeichnungen der Abb. 706 für die Verschiebungsschwingung

$$m \frac{d^2 \delta}{d t^2} = - P' = - c \delta \tag{567}$$

und für die Verdrehungsschwingung

$$J \frac{d^2 \varphi}{d t^2} = \frac{J}{r} \frac{d^2 \delta}{d t^2} = - M$$
$$= - P' p_s = - c \delta p_s, \tag{568}$$

wobei $c = \frac{P'}{\delta}$ der Rückstellfaktor ist, der bei Lagerung auf dem Boden der Bettungsziffer β entspricht und J das polare Trägheitsmoment bedeutet.

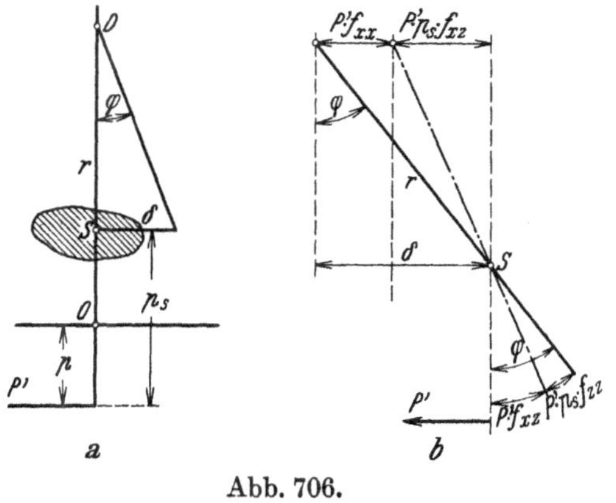

Abb. 706.

Bedeutet f_{xx} die Verschiebung des Schwerpunktes S in der Richtung x infolge $P = 1$ in x wirkend, $f_{zx} = f_{xz}$ die Verschiebung von S in der Richtung x infolge des Momentes $M = 1$ in der x-Richtung oder die Verdrehung der Scheibe um S infolge der Kraft $P = 1$ in x und f_{zz} den Verdrehungswinkel infolge des Momentes $M = 1$ um S, so gilt, weil $M = P' p_s$ ist, für die Verschiebung von S in der x-Richtung

$$\delta = P' f_{xx} + P' p_s f_{xz} \tag{569}$$

und für die Verdrehung

$$\varphi = \frac{\delta}{r} = P' p_s f_{zz} + P' f_{xz} \tag{570}$$

oder, weil

$$\delta = \frac{P}{c} \tag{571}$$

und aus (569) und (570)

(572) $$r = \frac{J}{p_s m}$$

ist, kann man auch schreiben für (569)

(573) $$\frac{1}{c} = f_{xx} + p_s f_{xz}$$

und für (570)

(574) $$\frac{1}{c}\frac{p_s m}{J} = p_s f_{zz} + f_{xz}.$$

Aus den beiden Gleichungen (573) und (574) folgt die quadratische Gleichung für p_s

(575) $$p_s^2 - p_s \cdot \frac{J f_{zz} - m f_{xx}}{m f_{xz}} - \frac{J}{m} = 0$$

und

(576) $$p_s = p_0 \pm \sqrt{p_0^2 + \frac{J}{m}},$$

wobei

(577) $$p_0 = \frac{\frac{J}{m} f_{zz} - f_{xx}}{2 f_{xz}}$$

gesetzt ist. Der Wurzelausdruck ist stets größer als p_0, so daß ein Wert von p_s stets positiv, der andere stets negativ ist. Das positive p_s wird von S nach unten, das negative nach oben aufgetragen. Der Schwerpunkt vollführt also Pendelschwingungen um zwei Drehpunkte, von denen einer über, der andere unter dem Schwerpunkt S liegt.

Der Abstand des Drehpunktes D vom Schwerpunkt S beträgt

(572) $$r = -\frac{J}{m p_s}$$

(negativ, weil der Drehpunkt stets auf der entgegengesetzten Seite von S liegt), wobei für p_s die beiden aus der quadratischen Gleichung folgenden Werte einzusetzen sind.

Für jede der beiden Schwingungen ergibt sich eine besondere Eigenfrequenz, die unter Verwendung der beiden Werte für p_s aus der Beziehung[1]

(578) $$\lambda^2 = \frac{c}{m} = \frac{1}{m(f_{xx} + p_s f_{xz})}$$

folgen.

Für die weitere Rechnung sei nun ein Maschinengrundwerk vorausgesetzt, wie es die Abb. 705 veranschaulicht, dessen Schwerlinie durch den Schwerpunkt der Sohlfuge geht. Der Ausschlag δ des Gesamtschwerpunktes setzt sich, wie schon erörtert worden ist, aus einer Parallelverschiebung des Grundwerkes und aus einem Betrag, der vom Kippen herrührt, zusammen. Bedeutet τ die Schubspannung in der Grundfuge und ε die Schubziffer, die ähnlich wie die Bettungsziffer die Beziehung zwischen der Verschiebung f_2 und der Schubspannung τ angibt, so ist

(579) $$f_2 = \frac{\tau}{\varepsilon} = \frac{\Sigma P'}{\varepsilon b l} = \Sigma P' f_{xx}.$$

Die Kantenpressung σ infolge des Kippens ist

(580) $$\sigma = \frac{M}{W} = \frac{h \Sigma P'}{\frac{b^2 l}{6}} = \frac{6 h \Sigma P'}{b^2 l}$$

[1] Vgl. z. B. A. **Föppl**: Vorlesungen über techn. Mechanik Bd. 4 3. Aufl. S. 66 und 70. Die Schwingungszahl n in der Minute wird aus der Eigenfrequenz λ nach der Formel $n = \frac{60\lambda}{2\pi}$ berechnet.

und die zugehörige elastische Kantensenkung beträgt, wenn mit β die Bettungsziffer bezeichnet wird

$$\mathfrak{b} = \frac{\sigma}{\beta} = \frac{6\,h\,\Sigma P'}{\beta\,b^2\,l}. \tag{581}$$

Die Verdrehung α infolge des Kippens folgt aus

$$\operatorname{tg}\alpha = \frac{\mathfrak{b}}{\frac{b}{2}} = \frac{12\,h\,\Sigma P'}{\beta\,b^3\,l} \tag{582}$$

und die Verschiebung des Gesamtschwerpunktes S wegen des Kippens allein beträgt

$$f_1 = h\operatorname{tg}\alpha = \frac{12\,h^2\,\Sigma P'}{\beta\,b^3\,l}. \tag{583}$$

Die gesamte Verschiebung des Schwerpunktes S hat demnach die Größe

$$\delta = f_1 + f_2 = \frac{12\,h^2\,\Sigma P'}{\beta\,b^3\,l} + \frac{\Sigma P'}{\varepsilon\,b\,l}. \tag{584}$$

Für das in der Abb. 705 dargestellte Grundwerk beträgt nun die Verschiebung nach x infolge einer Kraft $\Sigma P' = 1$ in der x-Achse nach Gleichung (584)

$$f_{xx} = \frac{h^2}{\beta J'} + \frac{1}{F\varepsilon}, \tag{585}$$

wobei $J' = \frac{b^3\,l}{12}$ das Trägheitsmoment der Grundfläche um die senkrecht zur Zeichenebene liegende Achse und F deren Größe bedeutet.

Die Verdrehung um den Gesamtschwerpunkt S infolge der Kraft $\Sigma P' = 1$ in der x-Achse beträgt nach Gl. (582)

$$f_{xz} = -\frac{h}{\beta J'} \tag{586}$$

und die Verdrehung um den Gesamtschwerpunkt S infolge des Momentes $M = 1$ hat die Größe

$$f_{zz} = +\frac{1}{\beta J'}. \tag{587}$$

Wenn diese Werte für f_{xx}, f_{xz} und f_{zz} in die Gl. (577) eingesetzt werden, erhält man

$$p_0 = \frac{h^2 + \frac{\beta J'}{F\varepsilon} - \frac{J}{m}}{2\,h} \tag{588}$$

und weiter die Kraftabstände p_{s_1} und p_{s_2} aus Gl. (576)

$$p_{s_{1,2}} = p_0 \pm \sqrt{p_0^2 + \frac{J}{m}}. \tag{589}$$

Betragen z. B. die Abmessungen eines Grundwerkes a, b und l, so hat die Sohlfuge die Größe

$$F = b\,l,$$

ihr Trägheitsmoment J' beträgt

$$J' = \frac{b^3\,l}{12}$$

und es ist daher

$$\frac{J'}{F} = \frac{b^2}{12}.$$

Das polare Trägheitsmoment hat die Größe

$$J = \frac{\gamma}{g}\frac{a\,b\,l}{12}(b^2 + a^2),$$

die Masse beträgt

$$m = \frac{\gamma}{g}a\,b\,l$$

und es ist daher

$$\frac{J}{m} = \frac{b^2 + a^2}{12}.$$

Wenn weiter, mangels genauerer Daten

$$\beta = \varepsilon$$

gesetzt wird, so erhält man

$$p_0 = \frac{a}{b}$$

und

$$p_s = \frac{a \pm \sqrt{4a^2 + 3b^2}}{6}.$$

Ist nun weiter z. B.

$$b = 2a\,,$$

so ist

$$p_{s_{1,2}} = \frac{1 \pm 4}{6} a = \frac{5}{6} a \qquad \text{bzw.} \qquad -\frac{1}{2} a$$

und die Eigenfrequenzen für die waagrechten Schwingungen folgen aus (578)

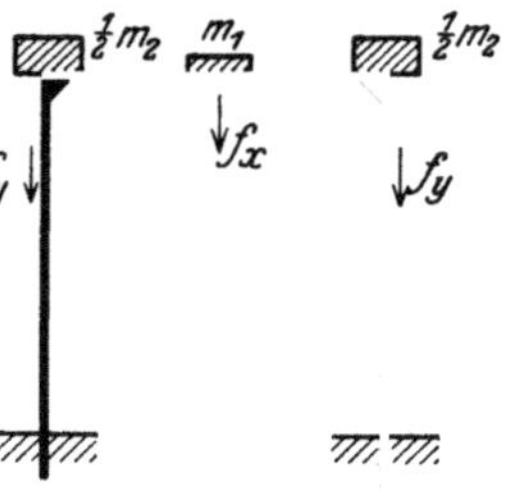

Abb. 707. Rahmen als Maschinengrundwerk.

$$\lambda^2 = \left| \frac{1}{m\,(f_{xx} + p_s f_{xz})} \right| = \frac{4\,g\,\beta}{\gamma\,a\,[7 - (1 \pm 4)]}$$

oder, weil $b = 2a$ gesetzt ist, hat man endlich

$$\lambda^2 = 4\,\frac{g}{\gamma}\,\frac{\beta}{g} \qquad \text{bzw.} \qquad \frac{4}{5}\,\frac{g}{\gamma}\,\frac{\beta}{b}.$$

Die Anzahl der Schwingungen in der Minute beträgt

$$n = \frac{60\,\lambda}{2\,\pi}.$$

Ähnlich kann auch die Frequenz der Eigenschwingungen in der Richtung senkrecht zur Bildebene der Abb. 706 untersucht werden.

Wenn die Maschine, wie es bei Dampfturbinen vorkommt, auf Rahmen (Abb. 706) von nebenstehendem Schema gelagert ist, so hängt die Eigenfrequenz von der Durchbiegung f_x der Riegel und jener f_y der Stützen ab. E. Rausch[1] leitete für die Anzahl der Schwingungen in der Minute eines solchen gekoppelten Systems die Beziehung

$$n_e = \frac{300}{\sqrt{f_x\,m_1\,g}} \sqrt{\frac{1 + \frac{m_1}{m_2} + \frac{m_1}{m_2}\frac{f_x}{f_y} \pm \sqrt{\left(1 + \frac{m_1}{m_2} + \frac{m_1}{m_2}\frac{f_x}{f_y}\right)^2 - 4\,\frac{m_1}{m_2}\frac{f_x}{f_y}}}{2}} \tag{590}$$

ab.

Die Schwingungen von hohen Schornsteinen hat N. Monobe genauer untersucht und für die Dauer T einer Schwingung in Sekunden die Formel

$$T = C\,l^2 \sqrt{\frac{\varrho\,A_0}{E\,J_0}} \tag{591}$$

aufgestellt, in der l die Höhe des Schornsteines in m, ϱ die Dichte des Baustoffes in $t\,\frac{sec^2}{m^4}$, A_0 den Querschnitt an der Einspannungsstelle in m^2, J_0 das Trägheitsmoment dieses Querschnittes in m^4, E den Elastizitätsmodul des Baustoffes in $\frac{t}{m^2}$ und C einen von der Form des Schornsteines abhängigen Beiwert bedeutet, für den Monobe Näherungsformeln angegeben hat; für zylindrische Schornsteine ist

$$C = \frac{2\,\pi}{\nu}, \tag{592}$$

wobei $\nu = 1{,}785$ bei langsamen Schwingungen zu setzen ist. Bei nach oben ver-

[1] Rausch, E.: Berechnung von Dampfturbinenfundamenten. Beton u. Eisen 1928 S. 396.

Tabelle 33. Eigenfrequenzen von Schornsteinen und Türmen.

Nr.	Beobachtungsort	Art des Bauwerkes	Höhe l m	Baustoff	Eigenschwingungen gemessen n_e	Eigenschwingung gerechnet n_e
1	Universität Kyoto	Schornstein	7,6	Ziegel	167	176
2	„ Tokio	„	15,5	„	59	59
3	Bergwerk Saganoseki.	„	167,5	Eisenbeton	24	23
4	„ Sukegawa	„	30,5	„	73	65
5	„ Tokio	„	30,5	„	71	74
6	Barfleur	Leuchtturm	66	—	72	—
7	Planier	„	54	—	109	—
8	La Cauche	„	48	—	70	—
9	Ile Vierge	„	70	—	78	—
10	La Coubre	„	54	—	85	—

1—5 nach N. Monobe, 6—10 nach W. Hort.

jüngten Schornsteinen ist

$$C = 0{,}719 + 1{,}069\,\frac{L_1}{L} + \left\{0{,}14 - 2{,}24\left(\frac{1}{2} - \frac{L_1}{L}\right)^4\right\} \tag{593}$$

zu setzen; die Bedeutung der Zeichen folgt aus der Abb. 708. Die auf die Minute bezogene Eigenschwingungszahl beträgt dann, wie nebenbei bemerkt sei:

$$n_e = \frac{60}{T}. \tag{594}$$

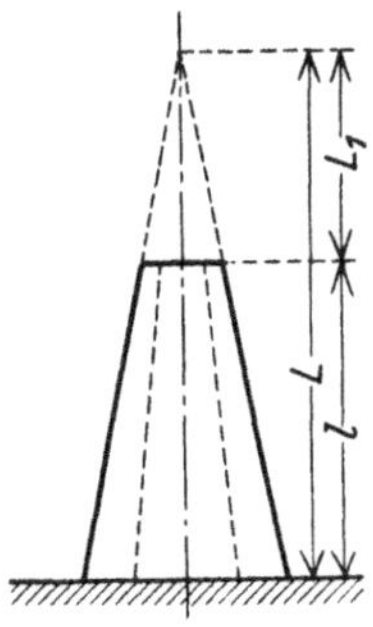

Abb. 708. Verjüngter Schornstein.

Erschwerend für die Verwertung der Schwingungsuntersuchungen bei der Bemessung von Schornsteingrundwerken ist der Umstand, daß über die Frequenz der Windstöße nichts Sicheres bekannt ist; vielfach werden 30 Stöße in der Minute angenommen.

II. Die Berechnung des statischen Gleichwertes schwingender Lasten.

Maschinen beanspruchen ihr Grundwerk vor allem durch die Fliehkraft der umlaufenden Teile. Diesen Beanspruchungen wird durch die Einführung eines statischen Gleichwertes Rechnung getragen, also einer ruhend gedachten Last, die das Grundwerk ebenso anstrengt wie die Fliehkraft. Diese Ersatzlast denkt man sich abwechselnd nach oben, unten, rechts und links wirkend; nachdem die Beanspruchung den Charakter einer Schwingung hat, wird überdies die durch sie bedingte Ermüdung des Baustoffes zu berücksichtigen sein und für die Bemessung des Grundwerkes unter schwingenden Lasten die Schwingungsfestigkeit anzuwenden sein, oder, was auf dasselbe hinauskommt, der statische Gleichwert noch mit einem Ermüdungsfaktor zu vervielfachen sein.

Bedeutet F die Fliehkraft der umlaufenden Teile, so beträgt der statische Gleichwert

$$P = \Delta\,\mu F, \tag{595}$$

wobei Δ einen dynamischen Faktor (wegen der dynamischen Art der Beanspruchung) und μ den Ermüdungsfaktor (wegen der Schwingungsbeanspruchung) bedeuten.

Der Größtwert der Massenkräfte, die von den hin und her gehenden Teilen mit der Masse m einer Maschine herrühren, deren Kurbel mit der Winkelgeschwindigkeit ω umläuft, beträgt mit den Bezeichnungen der Abb. 709

(596) $$P = m\,r\,\omega^2\left(1 + \frac{r}{l}\right);$$

die rein drehenden Massen können bei solchen Maschinen ausgeglichen werden.

Bei einer umlaufenden Welle, etwa einer Turbinenwelle, bezeichne a die mit Rücksicht auf einen ruhigen Betrieb zulässige größte Durchbiegung, f die Durchbiegung der ruhenden Welle und G' das Gewicht der Welle, dann beträgt die Fliehkraft

(597) $$F = \frac{a}{f}\,G'.$$

Das Durchbiegungsverhältnis $\frac{a}{f}$ wird von der Lieferfabrik der Maschinen angegeben; als Höchstwert dürfte nach E. Rausch etwa der Wert 3 anzusehen sein, da bei noch höheren Werten die Maschine schon so unruhig läuft, daß sie abgestellt werden muß.

Wenn auf ein Maschinengrundwerk eine ruhende Kraft P wirkt, so senkt es sich um s; wirkt nun diese Kraft periodisch mit dem Augenblickswert $P \cdot \sin\alpha$, dann gerät das Grundwerk in Schwingungen mit der zur jeweils wirkenden Kraft gehörigen Senkung $k \sin\alpha$. Da in dem in der Sohlfuge vorkommenden Bereich der Spannungen die Senkungen und die Spannungen einander annähernd proportional sind, so gibt das Verhältnis Δ der größten Senkung k unter der periodischen Kraft zur Senkung s unter der gleichgroßen ruhenden Last gleichzeitig an, in welchem Maße die Beanspruchungen in der Sohlfuge dadurch gesteigert werden, daß die Kraft periodisch wirkt und das Verhältnis Δ gibt gleichzeitig an, wievielfach die ruhende Kraft P zu verstärken wäre, um dieselben Beanspruchungen in der Sohlfuge zu erhalten wie durch die periodische. Diese Verhältniszahl

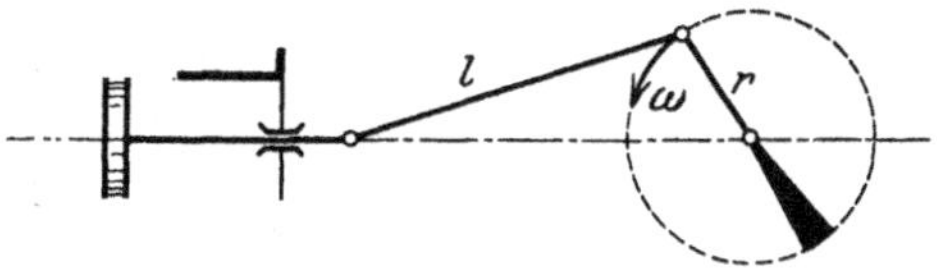

Abb. 709. Getriebe.

(598) $$\Delta = \frac{k}{s}$$

wird dynamischer Faktor genannt; sie hängt von der Frequenz der periodischen Kraft ab.

Es bedeute nun P den Größtwert der periodischen Kraft $P \sin\alpha$, k die zugehörige größte Senkung, o die Senkung, die vom Gesamtgewicht G hervorgerufen wird, m die Masse von Maschine und Grundwerk und ω die Winkelgeschwindigkeit der Welle; dann gilt für den größten Ausschlag nach E. Rausch

(599) $$k = \frac{P}{\frac{m\,g}{o} - m\,\omega^2}.$$

Nach Gl. (563) auf S. 458 besteht zwischen der Eigenfrequenz n_e und der Senkung unter der ruhenden Last die Beziehung

(600) $$n_e = \frac{60}{2\pi}\sqrt{\frac{g}{o}},$$

woraus

(601) $$\frac{g}{o} = \left(\frac{n_e\,\pi}{30}\right)^2$$

folgt. Zwischen der Drehzahl n_m der Maschine und der Winkelgeschwindigkeit ω gilt die Beziehung

(602) $$60\,\omega = n_m \cdot 2\pi$$

oder

$$\omega = \frac{\pi \cdot n_m}{30}. \tag{603}$$

Wenn die beiden Ausdrücke (601) und (603) in Gl. (599) eingesetzt werden, erhält man

$$k = \frac{P}{m\left(\frac{n_e \pi}{30}\right)^2 - m\left(\frac{n_m \pi}{30}\right)^2} = \frac{30^2 \cdot P}{\pi^2 m (n_e^2 - n_m^2)}. \tag{604}$$

Bedeutet s die Senkung des Grundwerkes unter der ruhenden Last P und o, wie früher die Senkung unter dem Gesamtgewicht G, so gilt

$$\frac{s}{P} = \frac{o}{G} \tag{605}$$

oder mit (601)

$$s = \frac{oP}{G} = \frac{oP}{gm} = \frac{P}{m} \frac{30^2}{n_e^2 \pi^2} \tag{606}$$

und es beträgt schließlich der dynamische Faktor aus (604) und (606)

$$\Delta = \frac{k}{s} = \frac{n_e^2}{n_e^2 - n_m^2} \tag{607}$$

oder, wenn

$$\frac{n_e}{n_m} = \varkappa \tag{608}$$

gesetzt wird, ist

$$\Delta = \frac{\varkappa^2}{\varkappa^2 - 1}. \tag{609}$$

Für verschiedene Frequenzverhältnisse $\varkappa$ ergeben sich die folgenden dynamischen Faktoren:

$\varkappa =$	0,0	0,5	$\frac{1}{\sqrt{2}}$	0,8	0,9	1,0	1,1	1,2	$\sqrt{2}$	1,5	2,0	3,0	5,0	10,0
$\Delta =$	0,00	0,33	1,0	1,78	4,27	∞	5,75	3,28	2,00	1,80	1,33	1,13	1,04	1,01

Biegsame Grundwerke haben eine niedrigere Eigenfrequenz als starre, und es liegt bei ihnen auch der dynamische Faktor Δ niedriger; wegen der geringen Querschnitte treten aber große Durchbiegungen und Beanspruchungen auf. Für die Schwingungsausschläge kann man auch schreiben

$$k = \frac{30^2 \cdot P}{\pi^2 m (n_e^2 - n_m^2)} = \frac{30^2 P}{\pi^2 m n_m^2} \frac{1}{\varkappa^2 - 1}. \tag{610}$$

Bei gegebener Drehzahl n_m der Maschine ergeben sich die folgenden Werte $\frac{1}{\varkappa^2 - 1}$ für verschiedene Frequenzverhältnisse

$\varkappa = \frac{n_e}{n_m} =$	0,0	0,5	$\frac{1}{\sqrt{2}}$	0,8	0,9	1,0	1,1	1,2	$\sqrt{2}$	1,5	2,0	3	5	10
$\frac{1}{\varkappa^2 - 1} =$	1,0	1,33	2,0	2,8	5,30	∞	4,8	2,3	1,0	0,8	0,33	0,12	0,04	0,01

Aus dieser Gegenüberstellung erkennt man leicht, daß man durch Erniedrigung des Frequenzverhältnisses unter $\varkappa = 1$ die Schwingungsausschläge nicht unter

$$k = \frac{30^2 P}{\pi^2 m n_m^2} \tag{611}$$

verringern kann, während man durch Vergrößerung des Frequenzverhältnisses $\varkappa$ über 1 die Schwingungsausschläge k beliebig verringern kann. Man soll daher möglichst starre Grundwerke bauen und keinesfalls unter etwa $\varkappa = 1,3$ herabgehen, um so mehr als bei ruhigem Grundwerk die Maschinen geschont und geringere Erschütterungen durch den Boden auf die umliegenden Bauwerke übertragen werden.

Die bisherigen Betrachtungen haben sich auf wiederholte Beanspruchungen bezogen, die sinusförmig, im Takte der Maschinen, wiederkehren. Es können an Bauwerken aber auch Beanspruchungen auftreten, die von Kräften herrühren, die nur als einmaliger Stoß auftreten oder deren Frequenz so weit unter der Eigenfrequenz des Grundwerkes liegt, daß zwischen zwei Einwirkungen die Eigenschwingungen des Grundwerkes vom vorhergehenden Stoß vollkommen gedämpft sind. Solche Beanspruchungen treten am Grundwerk von Aufzügen und von Hämmern auf.

Bei einem Aufzug kann es vorkommen, daß der Förderkorb sich festklemmt, während das Windwerk weiter zieht, bis das Seil reißt (Abb. 710). Das Fördergerüst muß deswegen für eine Belastung gleich der Bruchlast des Seiles bemessen werden. Durch das Festklemmen des einen Korbes wird nun der herabsinkende andere plötzlich gehemmt und beansprucht durch Massenkräfte das andere Seil und den Turm. Ähnliche Massenkräfte treten auf, wenn Aufzüge plötzlich angehalten werden.

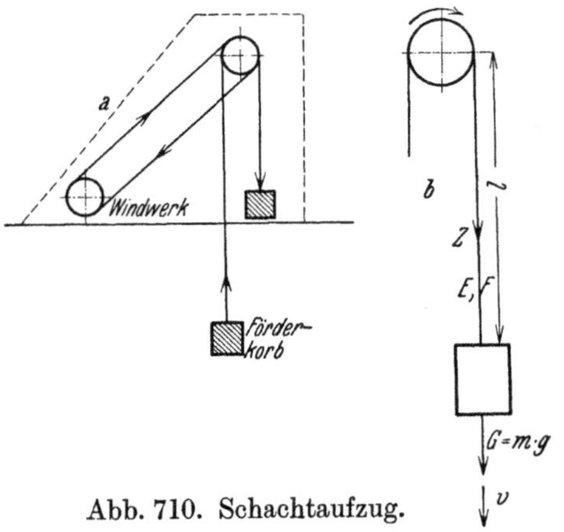

Abb. 710. Schachtaufzug.

Bedeutet G das Gewicht eines Förderkorbes, der am Seil von der Länge l hängt, f die Dehnung des Seiles durch die ruhende Last G und v die Geschwindigkeit des Förderkorbes, so beträgt die durch das plötzliche Anhalten des Förderkorbes infolge Festklemmens des anderen hervorgerufene Zusatzbelastung des Seiles nach E. Rausch[1]

$$Z_{\max} = \frac{v\,G}{\sqrt{f\,g}} \tag{612}$$

und es ist bei einem Seilquerschnitt F und einem Elastizitätsmodul E des Seiles für die Dehnung

$$f = \frac{l\,G}{E\,F} \tag{613}$$

zu setzen, so daß man auch

$$Z_{\max} = v\sqrt{\frac{G\,E\,F}{l}} \tag{614}$$

schreiben kann.

Schließlich hat E. Rausch[2] auch den an einem Hammergrundwerk (Abb. 711) auftretenden größten Stoß $P_{\max}$ berechnet.

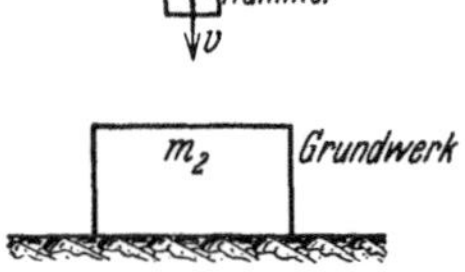

Abb. 711. Hammergrundwerk.

Bezeichnet m_1 die Masse bzw. G_1 das Gewicht des Hammers, v seine Fallgeschwindigkeit, m_2 die Masse bzw. G_2 das Gewicht von Grundwerk + Maschine + Schabotte, so tritt bei einem Prellschlag unter Voraussetzung eines freien Stoßes die größte Stoßkraft

$$P_{\max} = v\sqrt{\frac{1}{f_x}\,\frac{m_1\,m_2}{m_1 + m_2}} = v\sqrt{\frac{g}{f_x}\,\frac{G_1 G_2}{G_1 + G_2}} \tag{615}$$

auf, wobei f_x die Annäherung des Schwerpunktes des Hammers an jenen von Grundwerk + Maschine + Schabotte infolge der Deformation unter der Einwirkung einer Kraft $P = 1$ bedeutet.

[1] Rausch, E.: Maschinenfundamente. Bauing. 1926 S. 882.
[2] Rausch, E.: Hammerfundamente. Beton u. Eisen 1928 S. 326.

Durch den Stoß erlangt G_2 die Geschwindigkeit

$$v_2 = v(1+\zeta)\frac{m_1}{m_1+m_2} = v(1+\zeta)\frac{G_1}{G_1+G_2}, \tag{616}$$

wobei für die Stoßzahl ζ etwa 0,5 zu setzen ist. Der dynamische Faktor, mit dem G_2 zu vervielfachen ist, um die größte Bodenbeanspruchung zu erhalten, beträgt

$$\Delta = 1 + \sqrt{1 + \frac{v_2^2}{g s}}, \tag{617}$$

wobei s die Senkung des Grundwerkes unter der ruhenden Last G_2 bedeutet. Bezeichnet β die Bettungsziffer und F die Fläche der Sohlfuge, so ist

$$s = \frac{G}{F \cdot \beta} \tag{618}$$

und man hat schließlich

$$\Delta = 1 + \sqrt{1 + \frac{v_2^2 F \beta}{g G_2}}. \tag{619}$$

Für den Ermüdungsfaktor μ empfiehlt E. Rausch bei Dampfturbinen den Wert 2, bei anderen Maschinen 3 zu setzen.

Literatur: Döring, K.: Wind und Wärme bei der Berechnung hoher Schornsteine aus Eisenbeton. Berlin: Julius Springer. — Derselbe: Beitrag zur Elastizität und Schwingungsdauer bei Eisenbetonschornsteinen. Beton u. Eisen 1928 S. 352. — Ehlers, D.: Die Berechnung von Dampfturbinenfundamenten. Beton u. Eisen 1928 S. 194. — Derselbe: Die Berechnung der Schwingungen von Turbinenfundamenten. Festschr. d. Wayss & Freytag A. G. — Derselbe: Ein vereinfachtes Verfahren zur Berechnung der Schwingungen von Turbinenfundamenten. Beton u. Eisen 1929 S. 409. — Freemann, J. R.: Earthquake Damage and Earthquake Insurance. Mc. Graw-Hill Book Comp. New York u. London 1932. — Geiger, J.: V. d. I. Nachr. 1922 S. 667. — Derselbe: Über den Nutzen einer künstlichen Dämpfung bei Schwingungsmeßgeräten. Werft Reederei Hafen 1928 S. 171. — Derselbe: Berechnung der Schwingungserscheinungen der Turbodynamos. Z. V. d. I. 1922 S. 667; 1923 S. 287. — Gerb: Die Fernübertragung von Bodenerschütterungen bei Maschinen mit hin und her gehenden Massen. Z. V. d. I. 1920 S. 759. — Güldner, H.: Verbrennungskraftmaschinen. Berlin: Julius Springer. — Herbst: Erschütterungsfreier Unterbau ortsfester Maschinen. Zentralbl. Bauverw. 1930 Heft 8. — Hort: Technische Schwingungslehre. Berlin: Julius Springer 1922. — Kasarnovsky, S.: Schwingungen von Schornsteinen. Beton u. Eisen 1929 S. 55. — Kayser, H.: Über Fundamentschwingungen. Z. V. d. I. 1929 S. 1305. — Kayser, H., u. Troche: Theoretische Betrachtungen und ausgeführte Versuche über Fundamentschwingungen. Beton u. Eisen 1930 S. 15. — Kögler, F.: Stoßweise wirkende Kräfte und die Standsicherheit von Bauwerken. Bauing. 1926 S. 766. — Lehr, E.: Schwingungen von Schornsteinen. Beton u. Eisen 1928 S. 301. — Monobe, N.: Z. ang. Math. Mech. 1921 S. 444. — Mörsch, E.: Der Eisenbetonbau Bd. 2 1. Hälfte. Stuttgart: H. Wittwer 1926. — Müller, P.: Schwingungen von Fundamenten rotierender Maschinen. Bauing. 1928 S. 449; 1929 S. 228. — Derselbe: Schwingungen von Schornsteinfundamenten. Beton u. Eisen 1928 S. 400. — Pavluck, N.: Hammerfundamente. Beton u. Eisen 1930 S. 249. — Prager: Die Eigenschwingungen von Rahmenfundamenten. Z. techn. Phys. 1928 S. 223. — Rausch, E.: Dampfturbinenfundamente. Bauing. 1924 S. 772. — Derselbe: Maschinenfundamente. Bauing. 1926 S. 859. — Derselbe: Berechnung von Dampfturbinenfundamenten. Beton u. Eisen 1928 S. 396. — Derselbe: Hammerfundamente. Beton u. Eisen 1928 S. 321. — Derselbe: Berechnung von Maschinenfundamenten als elastisch gestützte schwingende Scheiben. Bauing. 1930 S. 226. — Spilker, A.: Horizontale Eigenschwingungen von Turbinenfundamenten bei Berücksichtigung der gegenseitigen Beeinflussung der Querrahmen. Bauing. 1930 S. 705. — Thein: Seismometrische Untersuchungstechnik im Dienste der Baupolizei. Z. f. Sprengwesen 1929 Heft 11, 12. — Weidert, E.: Über Senkungen von Maschinenfundamenten trotz guten Baugrundes. Z. V. d. I. 1928 S. 1, 2, 3. — Zeller, W.: Erschütterungsmessung mit Seismographen. Straßenbau 1930 S. 312. — Schwingungen von Schornsteinen. Beton u. Eisen 1928 S. 400. — Fundamente für große Turbodynamos. V. d. I. Nachr. 1929 S. 34.

B. Die Gründung von Bauwerken in Erdbebengebieten.

Gelegentlich von Erdbeben erfahren die Bauwerke Stöße, die in eine lotrechte und in eine waagrechte Komponente zerlegt werden können. Die lotrechten Komponenten verursachen in der Regel nur geringen Schaden, während die waagrechten Komponenten vielfach die Gebäude in äußerst schädliche Schwingungen versetzen und seitliche Verschiebungen hervorrufen, die schließlich zum Zusammenbruch der betroffenen Bauwerke führen. Als Beispiel für die Zerstörungen, die ein Erdbeben selbst an einem Eisenbetonbauwerk verursachen kann, diene die Abb. 712.

C. Davison hat gefunden, daß im 19. Jahrhundert die Erde von 364 katastrophalen Erdbeben heimgesucht worden ist, und daß in diesem Jahrhundert jährlich durchschnittlich 14500 Menschen durch Erdbeben ums Leben gekommen sind. Auf Italien entfallen im Durchschnitt jährlich 4222, auf Japan 3892 gelegentlich von Erdbeben tödlich verunglückte Personen. Diese ungeheuren Menschenopfer und die großen Sachschäden haben zu eigenen Bauweisen in den häufig von Erdbeben betroffenen Gebieten geführt, bei denen den bei Erdbeben auftretenden Stößen bzw. Beschleunigungen Rechnung getragen wird. Diese Bauweisen können in zwei Gruppen geschieden werden. Bei der älteren Bauweise wird den Erdbebenstößen dadurch Rechnung getragen, daß man im Einklange mit der Erfahrung die Gebäudelasten um 0,1 bis 0,5 vermehrt und daß man am Gebäude eine Seitenkraft annimmt, die 0,1 bis 0,5 des Gebäudegewichtes beträgt. Das Ausmaß dieser Zusatzkräfte wird je nach der Wichtigkeit des Bauwerkes und der Heftigkeit und Häufigkeit von der Baubehörde festgesetzt.

Abb. 712. Erdbebenzerstörungen in einem Seidenhaus (Kempu Soko) in Yokohama. (Nach Briske: Beton u. Eisen 1925.)

In der neueren von M. Viscardini vorgeschlagenen Bauweise wird das Bauwerk von seinem Grundwerke vollständig getrennt, und die Fuge wird so ausgebildet, daß die Reibung dortselbst möglichst gering bleibt, so daß also schon bei geringen waagrechten Stößen eine Verschiebung des Grundwerkes gegenüber dem Bauwerke auftreten kann, während das Bauwerk selbst in Ruhe bleibt. Nachdem die rollende Reibung wesentlich geringer ist als die gleitende, vermeidet Viscardini Gleitflächen und lagert das Gebäude auf seinem Grundwerk unter Zwischenlage von großen Kugeln, die eine allseitige Beweglichkeit gewährleisten. Das Bauwerk wird, ähnlich wie ein auf Säulen stehendes, nur an einer Anzahl von Punkten gelagert. In der Abb. 713 ist eine Randstütze und eine Mittelstütze nach Viscardini dargestellt. Die Randlager bestehen aus zwei sich rechtwinklig kreuzenden Lagen von Rollen, die allseitige Bewegungen bis zu 20 cm ermöglichen. Die Mittelstützen sind als Pendelstützen ausgebildet, die mit je einer Kugelfläche auf einer ebenen Lagerfläche ruhen.

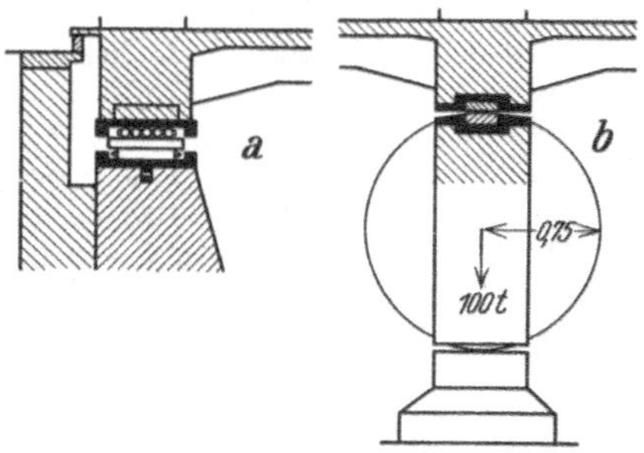

Abb. 713. Erdbebensichere Lagerung von Bauwerken nach Viscardini. a) Randlager mit Rollen, b) Mittellager als Kugel.

Literatur: Briske, R.: Das Erdbebenunglück in Japan vom Standpunkte des Bauingenieurs. Bauing. 1924 S. 327. — Derselbe: Zerstörung von Hochbauten durch Erdbeben. Beton u. Eisen 1925 S. 348. — Derselbe: Die Erdbebensicherheit von Bauwerken. Berlin: W. Ernst & Sohn 1927. — Dewell:

Erdbebensichere Bauten. Engg. News Rec. 1928 Heft 17, 18. — Flemming: Bauen in Ländern mit Erdbeben- und Tornadogefahr. Engg. 1926 S. 95. — Hummel: Widerstandsfähigkeit von Bauwerken gegenüber Erdbeben. Bauing. 1924 S. 356. — Kittel: Das Erdbeben vom September 1923 und der Wiederaufbau von Yokohama. Bautechnik 1925 S. 189. — Viscardini, M.: Erdbebensichere Gründungen. Beton u. Eisen 1925 S. 99.

C. Gründungen in Rutschgebieten.

Gründungen in Rutschgebieten sollen womöglich überhaupt vermieden werden. Durch Bauwerke läßt sich ein zu Rutschungen neigender Hang in der Regel überhaupt nicht in Ruhe erhalten. Wenn eine Gründung in einem solchen Gebiete nicht umgangen werden kann, ist es zweckmäßig, vor allem nach der Ursache der Rutschgefahr zu forschen. In der Regel verursacht Grundwasser die Beweglichkeit der Bodenschichten, und es kann dann der Hang durch Entwässerung beruhigt werden. Die Entwässerung wird in den meisten Fällen durch Stollen zu bewerkstelligen sein, die längs der undurchlässigen Schichte, auf der die zu Rutschungen neigende liegt, vorgetrieben werden. Diese Stollen werden mit Stein ausgepackt und erhalten an der Sohle eine Sickerdohle, durch die das Wasser abläuft.

Überdies wird der oberirdische Zufluß von Niederschlagswasser gegen das zu Rutschungen neigende Gebiet durch Fanggräben abgeschnitten. Auch an einem beruhigten Hang wird es in der Regel erforderlich sein, das Grundwerk bis auf die Unterlage der beruhigten Schichten hinabzuführen.

Literatur: Zeller: Bahnbau im Rutschgebiet. Bautechnik 1924 S. 599.

Abb. 714. Verstärkung eines Säulengrundwerkes. (Siemens-Bau-Union.)

D. Die Verstärkung von Grundwerken.

Die Verstärkung von Grundwerken ist nachträglich manchmal nötig, wenn es sich im Laufe der Zeit zeigt, daß das ausgeführte Grundwerk unrichtig bemessen oder ausgeführt worden war oder wenn nachträglich Änderungen am Bauwerke oder am Boden im Bereiche des Grundwerkes vorgenommen werden. Die Verstärkungsarbeiten hängen weitgehend von den örtlichen Verhältnissen ab und es seien daher nur an einigen Beispielen derartige Arbeiten vorgeführt.

Die Abb. 714 zeigt die Verstärkung eines Säulengrundwerkes. In das ursprüngliche Grundwerk sind dort waagrechte Rillen gestemmt worden, um einen besseren Verband zwischen dem alten und dem neuen Beton zu erzielen. In der Abbildung ist die Bewehrung der Verstärkung zu sehen, die an je zwei gegenüberliegenden Seiten durch Rundeisen verbunden ist, die durch Bohrlöcher durch das alte Grundwerk hindurchgeführt sind.

Eine Verstärkung des Grundwerkes eines Hauses, die durch eine Tieferlegung der Straße bedingt worden ist, stellt die Abb. 715 dar. Eine weitere Grundwerksverstärkung an einem Hause mit Aba-Lorenz-Pfählen zeigt die Abb. 716, und eine Hausunterfangung mit Strauß-Pfählen stellt die Abb. 717 dar.

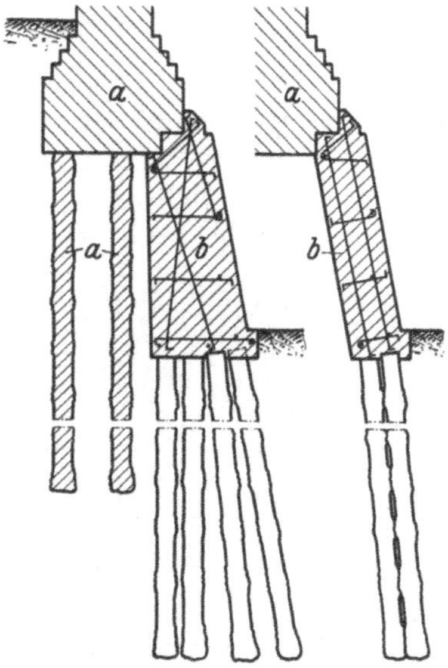

Abb. 715. Verstärkung des Grundwerkes eines Hauses mit Strauß-Pfählen wegen Tieferlegung der Straße. (Dyckerhoff & Widmann.)

a bestehendes Grundwerk, *b* Verstärkung.

In den Abb. 718 und 719 ist die nachträgliche Verstärkung eines Brückenpfeilers mit Wolfsholz-Preßbetonpfählen dargestellt, die erforderlich war, weil die Sohle des Werksgrabens tiefergelegt worden ist. Ähnlich wie bei der in der Abb. 714 gezeigten Verstärkung ist auch hier die Bewehrung der Verstärkung beiderseits des Pfeilers durch Anker, die durch Bohrlöcher geschoben sind, verbunden.

Durch einen mittels des Torkretgerätes hergestellten Eisenbetonmantel sind die Pfeiler in der Abb. 720 verstärkt worden.

Die Abb. 721 zeigt die Verstärkung der bestehenden Kaimauern am Süderballastplatz in Memel durch eine verankerte Larssenwand, die wegen der Tieferlegung der Hafensohle ausgeführt werden mußte.

Grundwerke auf körnigem Boden können vielfach in einfacher Weise durch Versteinung des Bodens verstärkt werden. Diese Arbeiten können durch Einpressen von Beton oder dann, wenn der Boden vorwiegend aus Quarzkörnern besteht, durch Versteinung nach dem chemischen Verfahren ausgeführt werden. In der Abb. 380 auf S. 262 ist als Beispiel die infolge nachträglicher Erhöhung der Lasten erforderlich gewordene Verstärkung des bestehenden Grundwerkes aus Eisenbetonbanketten beim Postgebäude am Hauptbahnhof in Königsberg i. Pr. durch Versteinung des Bodens dargestellt. Die Arbeiten erfolgten vom

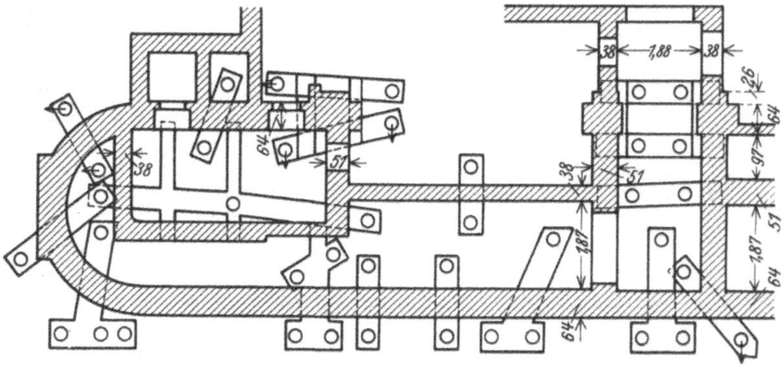

Abb. 716. Unterfangung eines Teiles des Postgebäudes in Berlin-Schöneberg mit Aba-Lorenz-Pfählen gelegentlich eines Stockwerksaufbaues. (Allgemeine Baugesellschaft Lorenz & Co.)

Keller aus, der nur eine Höhe von 2 bis 2,5 m hatte; innerhalb von 6 Wochen sind dort 1000 m³ Boden versteint worden.

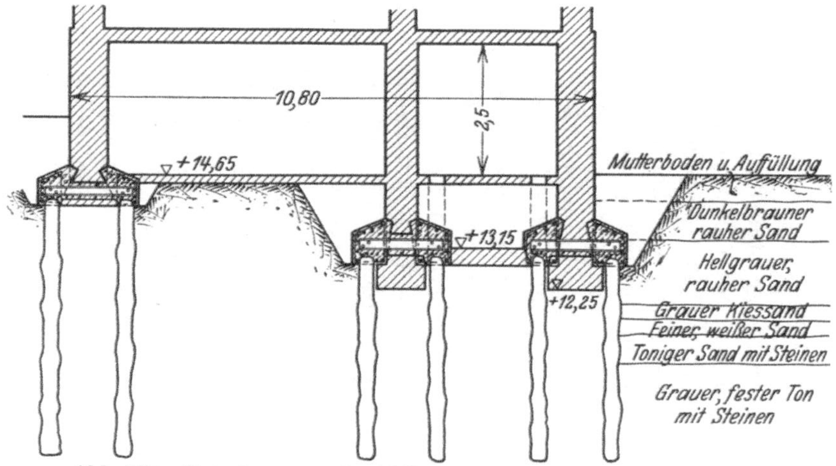

Abb. 717. Unterfangung der Volksschule in Hamburg-Eimsbüttel. (Dyckerhoff & Widmann.)

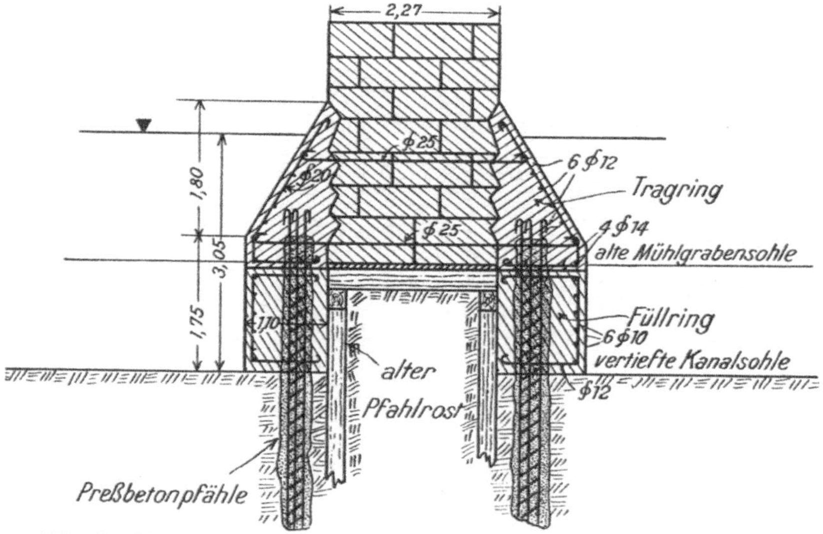

Abb. 718. Verstärkung und Unterfangung eines Brückenpfeilers mit Wolfsholz-Preßbetonpfählen. (Nach Thiele: Bauing. 1926 S. 681.)

Abb. 719. Verstärkung und Unterfangung eines Brückenpfeilers mit Wolfsholzpfählen, Ansicht. (A. Wolfsholz.)

Abb. 720. Verstärkung von Brückenpfeilern durch Ummantelung mit Torkretbeton. (Torkret-Gesellschaft, Berlin.)

Literatur: Bernhard: Deutsche Ingenieurarbeit am Straßburger Münster. Bauing. 1926 S. 360. — Dauchy: Die Pfeilergründung des Turmes des Straßburger Münsters. Génie civil 1925 S. 433. — Koll: Verstärkung der Gründung eines Durchlasses durch Preßbetonpfähle. Zentralbl. Bauverw. 1915 S. 68. — Mörsch, E.: Verstärkung dreier Straßenbrücken im Zuge des Enns-Weser-Kanals bei Hannover. Dt. Bauzg. 1913 S. 43. — Derselbe: Der Eisenbetonbau Bd. 2 1. Hälfte 5. Aufl. S. 357. Stuttgart 1924. — Schönhöfer, R.: Die Berechnung der nachträglichen Grundmauerwerksverbreiterungen, Bauweise Heimbach. Beton u. Eisen 1915 S. 245. — Thiele: Veränderung der Gründung eines Eisenbahnbrückenpfeilers infolge Tieferlegung der Sohle des durchgeführten Müllgrabens unter Aufrechterhaltung des Eisenbahnbetriebes. Bauing. 1926 S. 681. — Vicari, M.: Unterfangen von Brückenpfeilern. Bautechnik 1926 S. 213. — Zander: Ersatz von beschädigten Pfählen eines Pfahlrostes. Zentralbl. Bauverw. 1915 S. 66. — Wiederherstellungsarbeiten am Kölner Dom und am Ulmer Münster. Der Bohrhammer 1927 S. 130. — Die Verstärkung der Fundamente der Alexanderkirche in Zweibrücken i. d. Pfalz. Dt. Bauzg. 1905 S. 78. — Wiederherstellungsarbeiten und Neugründungen unter Wasser mit Hilfe von Zement-Einpressungen (Versteinung). Dt. Bauzg. 1905 S. 483. — Wiederaufrichtung und Unterfangung eines gekippten und versackten Getreidesilos in Eisenbeton. Dt. Bauzg. 1916 S. 53.

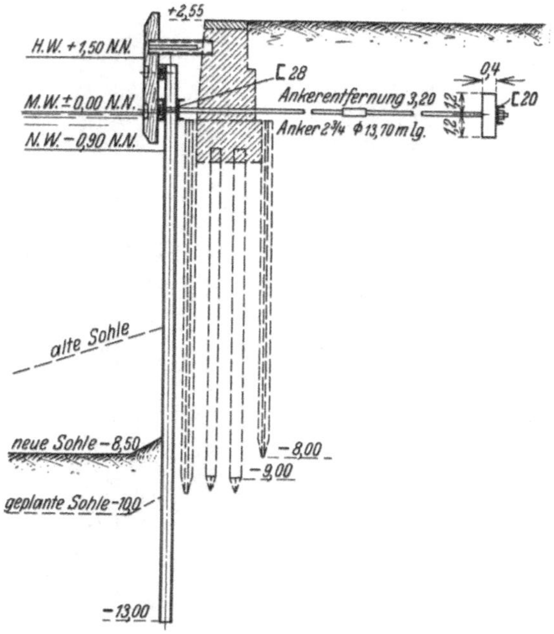

Abb. 721. Verstärkung einer Ufermauer in Memel durch eine Larssenspundwand. (Dortmunder Union.)

E. Die Gründung von Bauwerken in Bergbau-Senkungsgebieten.

Wenn in einem Zechengebiet ein Flöz abgebaut wird, so stellen sich oberhalb des abgebauten Flözes Bodenbewegungen ein, die ohne besondere Vorkehrungen Bauwerke gefährden können. Der Schutz der über dem Flöz stehenden Gebäude kann nun entweder durch bergmännische Vorkehrungen oder durch bauliche Sicherheitsmaßnahmen bewerkstelligt werden. Von den bergmännischen Vorkehrungen seien hier nur erwähnt das Stehenlassen von Sicherheitspfeilern, die das Hangende gegen das Liegende abstützen, der Versatz der Hohlräume im Abbaufeld durch Ausschlichtung oder in vollkommenerer Weise durch Einspülung (sog. Spülversatz) und besondere Abbauweisen. Durch alle diese Vorkehrungen kann aber das Hangende nicht unverrückbar in seiner ursprünglichen Lage erhalten werden und es stellen sich stets im Laufe der Zeit bis an die Bodenoberfläche herauf reichende Bodenbewegungen über dem Abbaufelde ein, wobei sich Mulden, sog. Pingen, in der Bodenoberfläche bilden, an deren Rändern manchmal auch Bodenhebungen auftreten.

Die Größe und Art der Bodenbewegungen hängt von der Gesteinsart über dem Abbaufelde, von der Größe, der Mächtigkeit, der Neigung und der Tiefenlage des abgebauten Flözes ab. Die Decken von Hohlräumen in festem Gestein stürzen ruckartig mit heftigen Erschütterungen ein, während in mildem Gebirge die Senkungen ruhig und gleichmäßig erfolgen. Ein schnell fortschreitender Abbau, der abschnittsweise vorgenommen wird, ergibt viele kleine Senkungsstufen, die sich über ein weites Gebiet verteilen, während der Abbau der Gesamtmächtigkeit in wenigen Abschnitten nur langsam fortschreitet und starke Senkungen auf kleinen Flächen ergibt. Der Versatz des Abbaufeldes vermindert die Senkung der Bodenoberfläche. Abbau von steil geneigten Flözen ergibt stärkere, aber auf ein kleineres Gebiet begrenzte Senkungen als jener von flachen.

Die Senkungen gehen derart vor sich, daß von den Rändern des Abbaufeldes ausgehend Bruchflächen entstehen, deren Neigung dem natürlichen Böschungswinkel

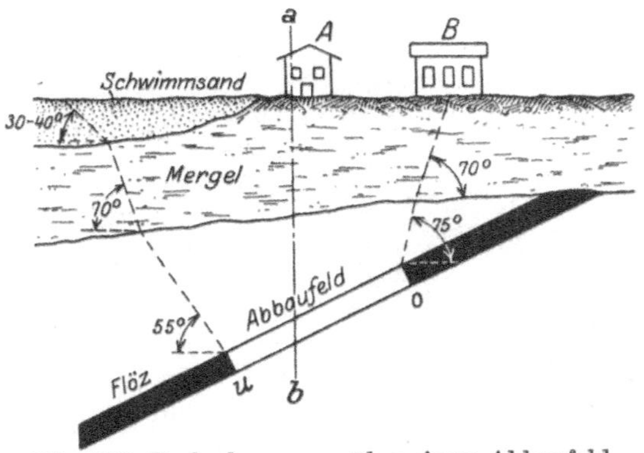

Abb. 722. Bodenbewegung über einem Abbaufeld. (Aus Bauing. 1920.)

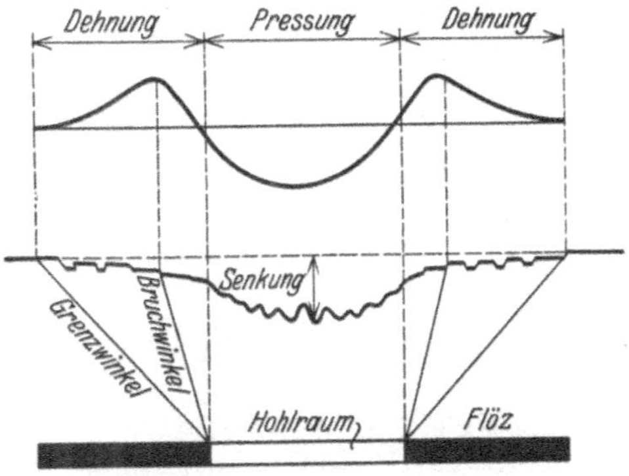

Abb. 723. Bodenbewegung über einem Abbaufeld. (Nach K. Lehmann.)

des Gebirges nahe kommt, aber außer von der Gesteinsbeschaffenheit auch noch von der Tiefenlage der Ränder des Abbaufeldes abhängt. Bei festem Deckgebirge wurden am oberen Rande des Abbaufeldes Bruchwinkel von 70 bis 75°, am unteren solche von etwa 55° festgestellt. Der Senkungskörper (Abb. 722) erhält auf diese Weise eine Form, ähnlich einem Pyramidenstumpf. Je tiefer das Abbaufeld liegt, um so größer ist der Rauminhalt des Senkungskörpers, desto größer auch das Senkungsgebiet, desto kleiner bleiben aber die Senkungen. Die Oberflächenform im Senkungsgebiete hängt von der Beschaffenheit des Gebirges, von der Abbauart, von der Neigung und von der Mächtigkeit des Flözes und von der Abbautiefe ab und kann entweder einer Mulde oder einem Trichter ähnliche oder scharf abgegrenzte, steile Bruchränder haben. Die Senkungen sind am Rande des Senkungsgebietes kleiner, aber ungleichmäßiger als in der Mitte. Neben den lotrechten Bodenbewegungen treten im Senkungsgebiete auch waagrechte Verschiebungen auf, weil die Bodenoberfläche am Rande des Senkungsgebietes Dehnungen, in der Mitte Stauchungen erfährt, ähnlich wie ein beiderseits eingespannter Balken unter gleichmäßig verteilter Last. In schematischer Darstellung zeigt die Abb. 723 nach K. Lehmann die über dem Abbaufelde zu erwartenden Bodenbewegungen, und die Abb. 724 und 725 lassen die Schäden erkennen, die an nicht besonders gegründeten Bauwerken auftreten. Die im Bergbausenkungsgebiete

Abb. 724. Bauwerksschäden infolge von Zerrungen im Boden am Rande einer Pinge. (Nach K. Lehmann: Glückauf 1919.)

beobachteten waagrechten und lotrechten Bodenbewegungen sind manchmal sehr bedeutend. So hat z. B. Rothkegel waagrechte Verschiebungen an Dreieckspunkten von 3 m und Längenänderungen von Festlinien bis zu 8 vH der ursprünglichen Länge beobachtet. In Essen haben sich Baufluchten bis zu 70 cm verschoben. Im Zwikkauer Revier sind waagrechte Verschiebungen bis zu 8 m festgestellt worden. Außerordentlich starke Senkungen infolge des Bergbaubetriebes hat z. B., wie die Abb. 726 veranschaulicht, die Kaimauer im Hafen Rheinpreußen erlitten. Die Bodensenkungen können 50 bis 60 vH der Höhe der Hohlräume erreichen; in Abbaufeldern mit Versatz bleiben die Senkungen aber, wie schon erwähnt worden ist, wesentlich geringer.

Abb. 725. Bauwerksschäden infolge von Pressungen in einer Pinge. (Nach K. Lehmann: Glückauf 1919.)

Für den Bestand eines Bauwerkes in Senkungsgebieten bilden nun sowohl die lotrechten als auch die waagrechten Bewegungen eine Gefahr, und es muß daher

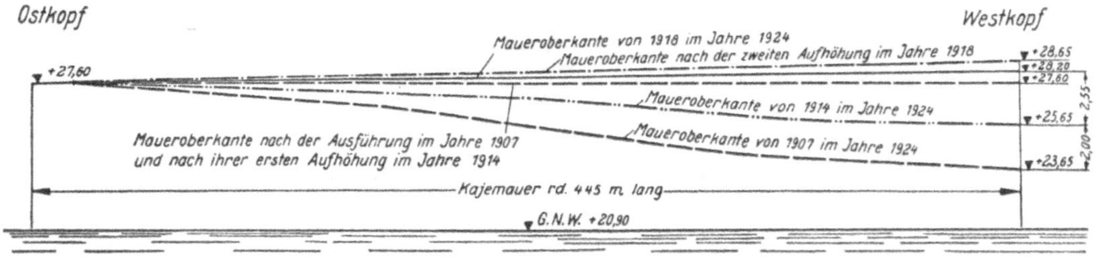

Abb. 726. Senkungen der Kaimauer im Hafen Rheinpreußen infolge des Bergbaubetriebes. (Nach H. Meiners, Hafenbautechn. Jahrbuch 1927 S. 86.)

das Grundwerk in besonderer Weise bemessen werden, damit die schädlichen Folgen der Bodenbewegungen auf ein Mindestmaß beschränkt bleiben.

Der Einfluß der lotrechten Bewegungen ist verschieden, je nachdem sich das Bauwerk am Rande oder in der Mitte des Senkungsgebietes befindet. Wenn es am Rande liegt, so tritt die ungünstigste Beanspruchung des Grundwerkes auf, wenn ein Teil des Bauwerkes auf festem Boden, ein Teil auf nachgebendem liegt. Wenn angenommen wird, daß vor Beginn der Bodenbewegungen der Sohldruck p gleichmäßig verteilt war, so wird nach erfolgter Senkung die Sohldruckverteilung eine dreieckähnliche, und es kragt ein Teil des Bauwerkes frei aus, wodurch das Grundwerk durch besondere Querkräfte und Biegungsmomente beansprucht wird und daher entsprechend auszugestalten ist. Einige Regeln für eine solche zweckmäßige Ausgestaltung hat K. W. Mautner gegeben. Es betrage das Gewicht eines 1 m breiten symmetrischen Bauwerksabschnittes $p\,b$, wobei p den gleichmäßig verteilten Sohldruck vor der Senkung bedeutet. Nach der Senkung wird sich ein Sohldruck einstellen, der nach einem Dreiecke derart verteilt ist, daß dessen Resultierende in die Angriffslinie des Gewichtes fällt, solange Gleichgewicht besteht. Der größte Sohldruck $p_{\max}$, der sich einstellen kann, ist etwas kleiner als die Grenzbelastung. Mit den Bezeichnungen der Abb. 727 erfordert das Gleichgewicht, daß

$$pb = \tfrac{1}{2}\, p_{\max} \cdot 3\left(\frac{b}{2} - \lambda\right) \tag{620}$$

ist; es folgt aus dieser Bedingung

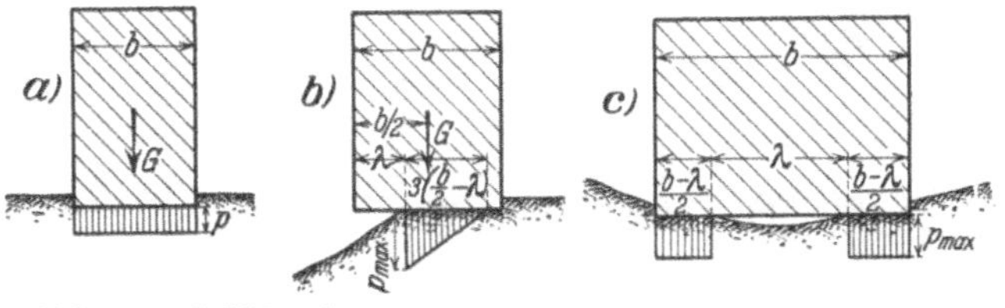

Abb. 727. Sohldrücke unter einem Bauwerke. a) im ungestörten Boden, b) am Rande, c) in der Mitte einer Pinge.

$$p_{\max} = \frac{4\,b\,p}{3\,(b - 2\,\lambda)} \tag{621}$$

oder eine Auskragung von

$$\lambda = b\left(\frac{1}{2} - \frac{2}{3}\,\frac{p}{p_{\max}}\right). \tag{622}$$

Nachdem erfahrungsgemäß meist

$$p = (\tfrac{1}{4} \text{ bis } \tfrac{1}{6})\, p_{\max} \tag{623}$$

genommen wird, so ergibt sich in der Regel eine zu berücksichtigende Auskragung von

$$\lambda = (0{,}33 \text{ bis } 0{,}39)\, b\,. \tag{624}$$

Je kleiner beim Entwurf des Grundwerks der Sohldruck p im Verhältnis zum größtmöglichen $p_{\max}$ genommen wird, eine desto größere Auskragung λ ist bei Bemessung des Grundwerkes zugrunde zu legen und je fester der Baugrund ist, desto größer ist die Schadensgefahr. Es wäre daher unrichtig, den Sohldruck p klein zu wählen, um den schädlichen Folgen der Bodensenkungen zu begegnen. Um übermäßig große Auskragungen herabzusetzen, kommt als wirksamstes Mittel die Verringerung der Gebäudebreite b in Frage.

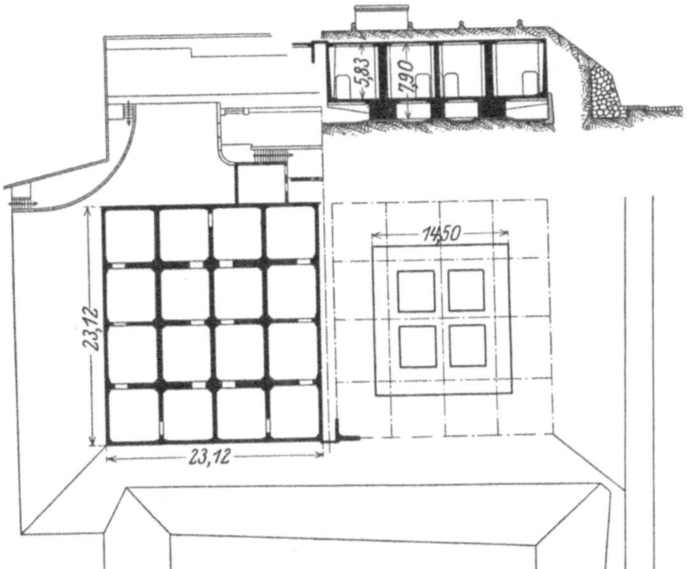

Abb. 728. Ein Wasserbehälter in Essen, bergschadensicher gegründet. (Nach Mautner: Bauing. 1927.)

Als Beispiel sei die von K. W. Mautner ausgeführte Gründung der neuen Wasserbehälter in Essen angeführt. Bei dem in der Abb. 728 dargestellten Behälter erfolgte eine Teilung und die Gründung wurde auf einem verkleinerten Grundwerk aus Banketten ausgeführt, wobei die über den Banketten verlaufenden Längs- und Querwände mittragend ausgebildet worden sind. Der gleichmäßig verteilte Sohldruck beträgt 4 kg/cm², und die Grenzlast wurde gelegentlich von Belastungsversuchen mit 15 kg/cm² ermittelt. Zur Bemessung des Grundwerkes sind die drei Belastungsfälle „Auskragen parallel zu einer Behälterseite“, „Auskragen parallel zu einer Diagonalen des Behälters“ und „Freiaufliegen“ untersucht worden. Schon während der 4 Monate währenden Baufrist haben sich ungleichmäßige Bodensenkungen im Bereiche des Grundwerkes zwischen 11 und 81 mm eingestellt.

Im inneren Bereiche des Senkungsgebietes kann es vorkommen, daß infolge des Absinkens des Bodens der mittlere Teil des Gebäudes frei zu liegen kommt (Abb. 727c).

Das Gleichgewicht erfordert dann, daß

$$p\,b = (b - \lambda)\,p_{\max} \tag{625}$$

ist und es folgt ein Freiliegen über der Länge

$$\lambda = b\left(1 - \frac{p}{p_{\max}}\right) = (0{,}75 \text{ bis } 0{,}83)\,b\,, \tag{626}$$

wenn $p = \frac{1}{4}$ bis $\frac{1}{6}\,p_{\max}$ genommen wird.

Neben diesen durch die lotrechten Bodenbewegungen hervorgerufenen Beanspruchungen treten nun auch noch solche auf, die durch die waagrechten Bodenbewegungen bewirkt werden; diese sind von der Größe der Verschiebungen unabhängig. Sie rufen im Grundwerke teils Längskräfte, teils Biegungsmomente hervor. Die von den waagrechten Bodenbewegungen hervorgerufenen Beanspruchungen sind im wesentlichen auf die Reibung zurückzuführen, die bei Bodenverschiebungen in der Sohlfläche auftritt; je nach der Gründungstiefe kann überdies das Grundwerk bei waagrechten Bodenbewegungen auch noch durch den Erdwiderstand beansprucht werden. Die größte Reibungskraft, die in der Fläche F der Grundfuge auftreten kann, hat die Größe (Abb. 729)

$$Z = \mu\,p\,F\,, \tag{627}$$

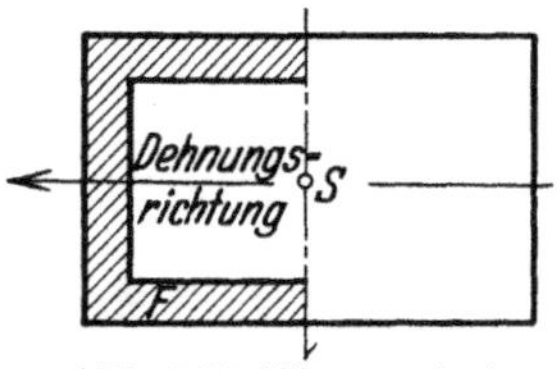

Abb. 729. Waagrecht beanspruchtes Grundwerk.

wobei μ den Reibungsbeiwert (vgl. S. 384) und p die Einheitslast bedeuten.

Sowohl durch die Reibung wie durch allenfalls wirksamen Erdwiderstand werden die Grundwerksbankette auf Zug bzw. Druck und Biegung beansprucht. Bei Gründung auf durchlaufenden Platten spielen die Biegungsbeanspruchungen in der Plattenebene keine Rolle. Bei Gründung auf Banketten ist es wegen der auftretenden waagrechten Biegungsmomente zweckmäßig, möglichst viele Knotenpunkte im Bankettnetz zu schaffen. Die größten axialen Beanspruchungen werden erhalten, wenn die Bankettachse in der Richtung der Dehnungsachse liegt. Die axiale Beanspruchung ist dann gleich dem größten Reibungszug bzw. Druck des Gebäudeteiles bis zu der durch den Schwerpunkt der Grundwerksfläche verlaufenden senkrecht zur Dehnungsrichtung verlaufenden Achse (Abb. 729), vermehrt um die Knotenlasten, die von Grundwerksteilen herrühren, die die Dehnungsrichtung kreuzen.

Die Bankette werden ausmittig auf Zug bzw. Druck und Biegung beansprucht. Die Bankettbreite muß so bemessen werden, daß sie nicht nur zur Übertragung der lotrechten Lasten hinreicht, sondern auch noch die zur Aufnahme der waagrechten Lasten erforderliche Konstruktionshöhe ergibt. K. W. Mautner empfiehlt, die Eisenbewehrung ohne Berücksichtigung des Betons bis zur Proportionalitätsgrenze zu beanspruchen. Bei Berücksichtigung des Betons kann für Axialzug allein der Beton bis höchstens $\sigma_z = 15\,\text{kg/cm}^2$, mit Berücksichtigung der Biegungsmomente bis $\sigma_b = 80\,\text{kg/cm}^2$ und das Eisen bis $\sigma_e = \sigma_{prop}$ beansprucht werden.

Den Schäden der Bodenbewegungen an manchen kleineren Bauwerken in Bergbau-Senkungsgebieten kann durch eine Lagerung in drei Punkten begegnet werden. Bei der Bemessung des Grundwerkes und des ganzen Bauwerkes muß aber nicht nur den lotrechten, sondern auch den waagrechten Verschiebungen Rechnung getragen werden. Als Beispiel für eine solche Gründung sei jene des Schwimmbeckens in Gladbeck i. W. erwähnt, die schematisch die Abb. 730 wiedergibt.

Größere Bauwerke werden je nach den Eigenschaften des Bodens auf Banketten oder durchlaufenden Platten gegründet, die für die Aufnahme der früher erörterten, von den Bodenbewegungen herrührenden Beanspruchungen bemessen werden. Die Decken sollen in Eisenbeton, durchweg gleichstark, ausgeführt werden und durch alle Mauern durchlaufen, um ein möglichst steifes Bauwerk zu erhalten.

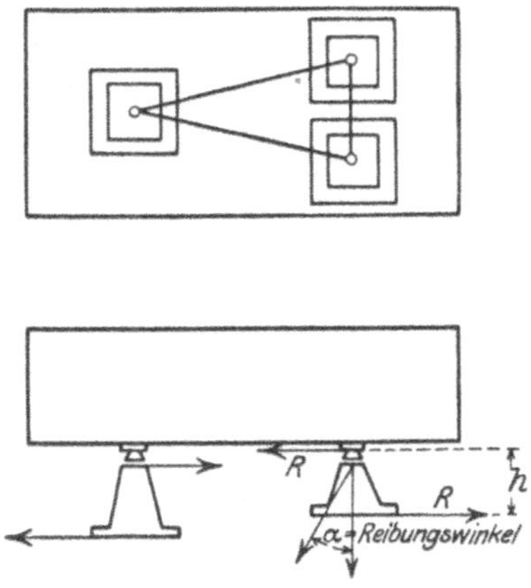

Abb. 730. Lagerung des Schwimmbeckens in Gladbeck in drei Punkten. (Nach Mautner: Bauing. 1920.)

Bauwerke größerer Ausdehnung werden nach dem Vorschlage von K. W. Mautner am besten in eine Anzahl steifer Baublöcke aufgelöst, von denen sich jeder ohne besonderen Schaden bewegen kann. Die Verbindung der Baublöcke untereinander geschieht in der in der Abb. 731 und 732 angedeuteten Weise nachgiebig, derart, daß die Baublöcke *a* sich lotrecht ohne weiteres verschieben können, während waagrechte Verschiebungen durch die Anker *z* auf mehrere Gebäudeblocks verteilt werden. Damit die Anker nicht reißen, werden sie in den Baublöcken mit elastischen hölzernen Zwischenlagen eingehängt. Der Ankerzug wird vom Holz *m* übertragen, so daß sich die Hölzer *n* bei hoher Ankerspannung in die Hölzer *m* einpressen und dadurch die Anker *z* entlasten. Durch Beobachtung der Einpressungen der verschiedenen Hölzer an den Verankerungen kann rechtzeitig auf die Bewegungen geschlossen werden, die das Gebäude mitmacht, und es können dann allenfalls Unterfangungen ausgeführt werden. Die Zuganker *z* sind so bemessen, daß sie nachgeben, bevor die Streckgrenze der Grundwerksbewehrung erreicht ist; Decken zwischen zwei Gebäudeblöcken werden nur auf die Randbalken aufgelegt und Querwände werden mit glatten Stoßfugen gegen die Gebäudeblöcke ausgeführt. Der Zwischenraum zwischen zwei Gebäudeblöcken wird mit $^1/_{25}$ bis $^1/_{30}$ der Blockbreite bemessen.

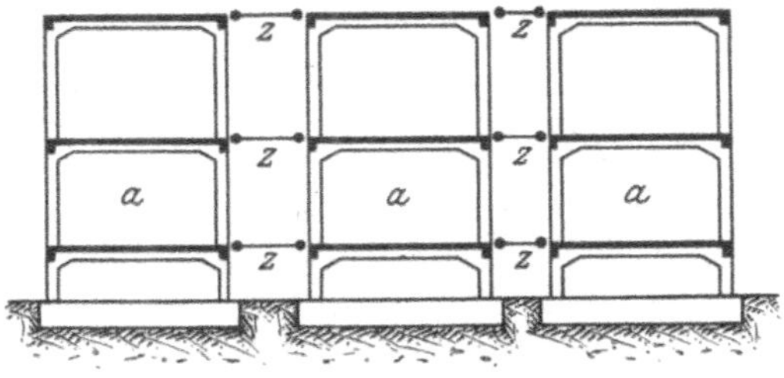

Abb. 731. Unterteilung eines Bauwerkes im Bergbau-Senkungsgebiet. (Nach W. Mautner.)

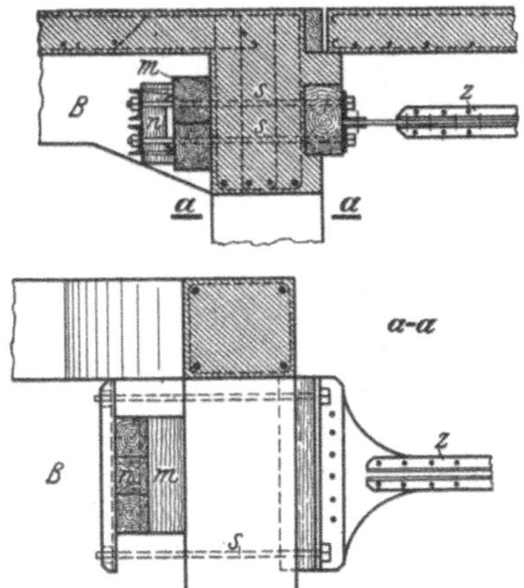

Abb. 732. Verbindung der Anker *z* mit dem Bauwerk *B* nach dem Vorschlage von W. Mautner.
S Schraubenbolzen, *m*, *n* Hartholz.

Die Bauwerke in Bergbaugebieten werden am besten so bemessen, daß auch bei geringen Neigungen (bis zu etwa 5^0) nirgends die zulässigen Beanspruchungen der Baustoffe überschritten werden. Wenn stärkere Neigungen zu erwarten sind, so kann schon bei der Bauausführung dafür vorgesorgt werden, daß das Bauwerk nachträglich wieder aufgerichtet werden kann. Es wird dann das Bauwerk von seinem Grundwerk durch eine durchlaufende waagrechte Fuge getrennt und es werden in dieser Fuge, entsprechend verteilt, Nischen angeordnet, in die im Bedarfsfalle hydraulische Hebeböcke gestellt werden können, mit denen die Stellung des Bauwerkes verbessert werden kann. Die nach der Hebung des Bauwerkes klaffenden Fugen werden in bestimmten Entfernungen mit Stahlkeilen ausgeschlichtet und der Rest der Fugen schließlich ausbetoniert. Ein Beispiel für eine solche Einrichtung bietet die Abb. 733.

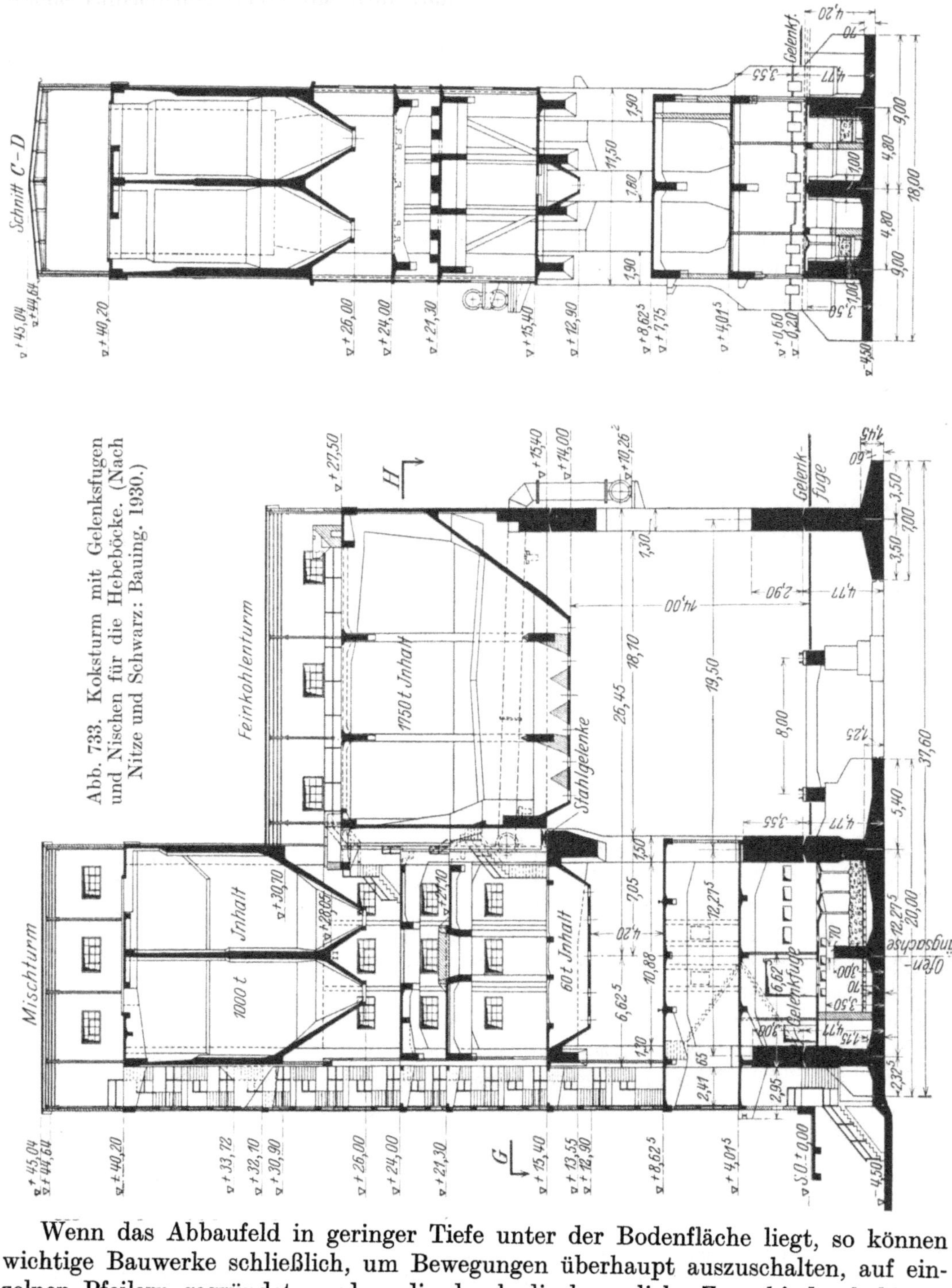

Abb. 733. Koksturm mit Gelenksfugen und Nischen für die Hebeböcke. (Nach Nitze und Schwarz: Bauing. 1930.)

Wenn das Abbaufeld in geringer Tiefe unter der Bodenfläche liegt, so können wichtige Bauwerke schließlich, um Bewegungen überhaupt auszuschalten, auf einzelnen Pfeilern gegründet werden, die durch die bewegliche Zone hindurch bis zu der darunterliegenden Schicht hinabreichen. Auf diese Weise sind z. B. gewisse Strecken der Pariser Untergrundbahn über unterirdischen Steinbrüchen gegründet worden (Abb. 735).

Literatur: Apfelbeck, H.: Bewegungen der Oberfläche infolge des Bergbaubetriebes und ihr Einfluß auf obertägige Bauwerke. In: Redlich und Terzaghi: Ingenieurgeologie S. 446. Berlin: Julius Springer 1929. — Bahse: Die Drahtseilbahn Erdmannsdorf—Augustusberg. Dt. Bauzg. 1916 S. 37. — Baumeister: Gründungen, in erster Linie Gründungen von Pfeilern in druckhaftem Gelände. Bauing. 1922 S. 357. — Blau: Mittel gegen die Einwirkung des Bergbaues auf die Erdoberfläche. Zentralbl. Bauverw. 1905 S. 621. — Cremer: Erdbeben und Bergbau: Glückauf 1895 S. 367. — Dischinger: Bemerkenswerte Ausführungen in Eisenbeton. Beton u. Eisen 1914 S. 1. — Eckardt: Der Einfluß des Abbaues auf die Tagesoberfläche. Glückauf 1914 S. 449. — Elwitz, E.: Sicherung eines Kirchenneubaues gegen Bergschäden. Beton u. Eisen 1921 S. 1. — Goldreich, A. H.: Die Theorie der Bodensenkungen in Kohlengebieten. Berlin: Julius Springer 1912. — Giese: Neubau einer 28 klassigen Gemeindeschule für die Stadt Essen-Ruhr. Beton u. Eisen 1910 S. 117. — Hartkopf: Bergschäden an Straßenbahngleisen. Zentralbl. Bauverw. 1917 S. 485. — Derselbe: Handbuch für Eisenbetonbau Bd. 3. — Heise-Herbst: Bergbaukunde Bd. 1 S. 173. — Hermann: Zum Bau des Rhein-Herne-Kanals. Zentralbl. Bauverw. 1912 S. 243. — Kiehne, S.: Zur Frage der Gebäudesicherung im Bergbausenkungsgebiet. Bauing. 1922 S. 42. — Köndgen: Seitliche Verschiebungen infolge von Bergbau im Stadtgebiet Essen. Z. Vermessungswesen 1903 S. 233. — Kolbe: Die Translokation der Deckgebirge durch Kohlenabbau. Essen 1903. — Korten: Der Einfluß des Bergbaues auf Straßenbahngleise und seine Bekämpfung. Glückauf 1909 S. 865, 1442. — Kühn, G.: Der Spannungszustand der Erdoberfläche bei Bodensenkungen. Zentralbl. Bauverw. 1921 S. 393. — Lehmann: Bewegungsvorgänge bei der Bildung von Pingen und Trögen. Glückauf 1919 Heft 48. — Lerche, K.: Grubensichere Gründung von Wasserbehältern. Beton u. Eisen 1925 S. 89. — Mautner, K. W.: Beitrag zur Frage der Gebäudesicherung im Bergbausenkungsgebiete. Bauing. 1920 S. 144. — Derselbe: Die Sicherungen von Bauwerken in Berg-Senkungsgebieten unter besonderer Berücksichtigung der Eisenbetonbauweise. Dt. Bauzg. Mitt. 1922 S. 41. — Derselbe: Die neuen bergschadensicheren Wasserbehälter der Stadt Essen. Bauing. 1927 S. 619. — Möhrle, Th.: Fundierung eines Förderturmes bei Nachfallterrain. Beton u. Eisen 1910 S. 32. — Müller, P.: Eisenbetonarbeiten in der Volksbade- und Schwimmanstalt in Gladbeck i. W. Dt. Bauzg. 1913 S. 25. — Nast: Gebäudeverankerung gegen Bergschäden. Beton u. Eisen 1907 S. 113. — Nitze u. Schwarz: Bemerkenswerte Ausführung eines Eisenbetonkohlenturmes von 2800 t Gesamtinhalt mit bergschadensicherer Gründung. Bauing. 1930 S. 616. — Nolden: Der Einfluß des Bergbaues auf Straßenbahngleise und seine Bekämpfung. Glückauf 1909 S. 865, 1442. — Oberbergamt Dortmund: Über die Einwirkung des unter Mergelüberdeckung geführten Steinkohlenbergbaues auf die Erdoberfläche im Oberbergamtsbezirk Dortmund. Z. Berg-, Hütten-, Sal.-Wes. 1897 S. 372. — Rothkegel, S.: Über Verschiebungen von trigonometrischen und polygonometrischen Punkten im Ruhrkohlengebiet. Z. Vermessungswesen Bd. 32 (1903) S. 217. — Trompeter, W. H.: Die Expansionskraft im Gestein als Hauptursache der Bewegung des den Bergbau umgebenden Gebirges. Essen 1899. — Unger: Schutz der Bauwerke an den Schiffahrtskanälen gegen Bodensenkungen in Bergbaugebieten. Zentralbl. Bauverw. 1913 S. 14. — Derselbe: Ausführungen vom Rhein-Herne-Kanal. Zentralbl. Bauverw. 1914 S. 308. — Volk: Einzelheiten der Schleusen des Rhein-Herne-Kanals. Zentralbl. Bauverw. 1913 S. 307, 320. — Wayss & Freytag A. G.: Bemerkenswerte Kokereibauten. Beton u. Eisen 1929 S. 241. — Ein gegen Bodenbewegungen gesichertes Gebäude. Beton u. Eisen 1928 S. 422; Engg. News Rec. 1928 S. 100. — Der Bahnhof von Lens. Schweiz. Bauzg. Bd. 94 (1929) S. 218.

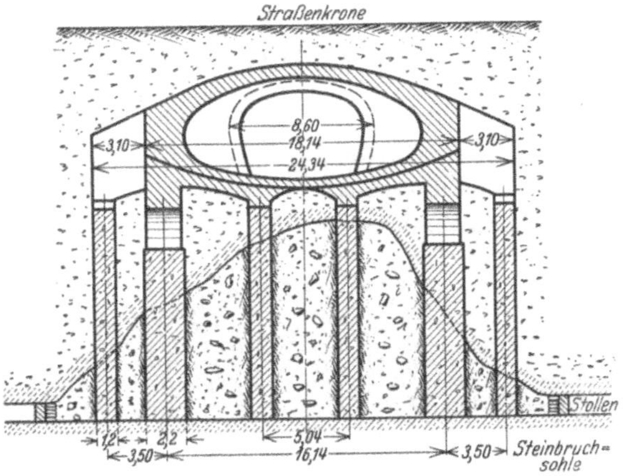

Abb. 734. Gründung der Tunnel der Pariser Untergrundbahn im Steinbruchgebiete auf Pfeilern. (Nach E. A. Roth.)

Achter Teil.

Die Abdichtung der Bauwerke gegen Bodenfeuchte und Grundwasser.

Weder Beton noch irgendein anderer Baustoff für Mauern kann ohne besondere Vorkehrungen für Wasser dauernd undurchlässig hergestellt werden. Wenn Mauern in feuchtem Boden stehen, so werden sie feucht, und wenn sie einseitig mit Grundwasser in Berührung stehen, dringt das Wasser selbst durch Beton durch und füllt schließlich den Raum innerhalb der Mauern.

A. Der Schutz der Bauwerke gegen Bodenfeuchte.

Wenn Mauern mit feuchtem Boden in Berührung stehen, so wird Feuchte aus dem Boden durch die Kapillaren des Mauerwerkes bis auf mehrere Meter über dem Boden hochgesaugt. Diese in der Mauer aufsteigende Bodenfeuchte bewirkt, daß die dahinterliegenden Räume ungesund und weder zu Wohn- noch für viele andere

a)

b)

Abb. 735. Trockenlegung einer Kirche. a) Ausführung der Schlitze für die Isolierung mittels Preßlufthämmern, b) die Fuge für die Isolierung von innen gesehen. (Arido-Abdichtungs-G. m. b. H.)

Zwecke verwendbar sind. Überdies ist Holz, das mit solchen Mauern in Berührung steht, gefährdet und an den Maueraußenseiten wird infolge der Ausdehnung des Wassers in den Poren beim Frieren der Putz abgesprengt.

Um das Aufsteigen der Feuchte in der Mauer zu verhindern, werden die Kapillaren durch eine wasserundurchlässige Isolierschicht abgeschnitten, die so elastisch bleibt, daß sie geringen Bewegungen der Mauer zu folgen vermag. Die Isolierung wird unter der Höhenlage des Kellerfußbodens in die Mauer eingelegt. Wenn von dieser Isolierschicht aufwärts die Mauer außen wieder mit feuchtem Boden in Berührung steht, so muß auch der unter dem Boden liegende Teil der Außenmauerfläche wasserdicht isoliert werden.

Als waagrechte Isolierung, die in der Mauer liegt, eignet sich Rohpappe oder Jute, die mit Asphalt getränkt ist oder eine 1 bis 3 cm starke Schicht von Gußasphalt. An Stoßstellen sollen sich die eingelegten Streifen wenigstens 10 cm weit überdecken. Wenn es auf eine besonders sorgfältige Isolierung ankommt, so wird Bleiblech von etwa 2 mm Stärke eingelegt, das beiderseits durch asphaltgetränkte Jute vor mechanischen und chemischen Beschädigungen geschützt wird. Die lotrechten Wandflächen werden durch heißaufgetragenen Asphaltanstrich und aufgeklebte asphaltierte Jute isoliert.

Um auch den Zutritt von Feuchte aus dem Boden zur Mauer möglichst zu unterbinden, ist es überdies bei tiefliegenden Kellern zweckmäßig, zwischen Boden und Mauer eine Kiesschicht zu schütten, die unten durch eine Dränleitung in den Kanal entwässert.

Zur nachträglichen Isolierung von Mauern eines alten Bauwerkes gegen aufsteigende Feuchte werden bei Ziegelmauern mit einer sog. Mauersäge oder mittels eines Preßluftbohrhammers in etwa 1,20 m langen Abschnitten (Abb. 735) durch die Mauer reichende Schlitze hergestellt, in die die Isolierungen so eingeschoben werden, daß sie sich 10 bis 20 cm weit an den Stoßstellen überdecken; der Rest des Schlitzes wird mit Beton ausgespritzt, um Rißbildungen im Mauerwerk zu verhüten.

B. Die Grundwasserabdichtung der Bauwerke.

Wenn der Grundwasserspiegel bei einem Bauwerke auch nur zeitweise über die Kellersohle ansteigt, muß eine eigene Grundwasserabdichtung hergestellt werden. Diese Dichtung kann ausgeführt werden als Außenhautdichtung, als Innenhautdichtung oder als porenfüllende Dichtung im Mauerwerk selbst.

I. Die Außenhautdichtung.

Die Außenhautdichtung stellt die zweckmäßigste Dichtung dar; sie besteht aus einer dünnen wasserdichten Haut, die zwischen der ins Grundwasser tauchenden Außenfläche des Bauwerkes und einer äußeren Mauerwerksschutzschicht eingespannt wird. Als Dichtungshaut steht Asphalt, Bleiblech und Eisenblech in Verwendung.

Am häufigsten wird die Dichtungshaut aus Asphalt ausgeführt. Der äußere Schutzmantel wird aus einer mindestens 10 bis 15 cm starken Schicht aus Beton oder Klinkerziegeln gebildet, auf den heiß Asphaltkitt aufgetragen wird; der Asphaltkitt besteht am besten aus einem Gemisch von gleichen Teilen Natur- und Kunstasphalt. Auf diesen ersten Anstrich werden nun, wieder stets mit Asphaltkitt blasenfrei verkittet, 2 bis 5 Lagen Asphaltpappe oder Asphaltjute aufgelegt. Die Asphaltpappe besteht aus Rohpappe, einem filzartigen Gefüge aus tierischen und pflanzlichen Fasern, die warm mit Asphaltkitt getränkt ist; die Asphaltpappe als solche ist nicht wasserdicht; erst im Verein mit den Anstrichen ergibt sich eine dichte Haut. Die Asphaltpappelagen werden etwa 10 cm breit überlappt und so verlegt, daß die Stöße in verschiedenen Lagen versetzt sind. Die letzte Lage erhält wieder einen Asphaltanstrich. An der Sohle wird über der Asphalthaut schließlich noch eine Feinbetonschutzschicht aufgetragen, über der dann zuerst die Grundplatte und dann die Mauern des Bauwerkes betoniert werden. In der Abb. 736 ist die Herstellung einer Asphalthaut deutlich zu sehen.

Abb. 736. Grundwasserabdichtung durch mehrfache Asphaltpappelagen, mit heißem Asphalt verklebt. (A. Malchow, Berlin.)
a äußere Schutzmauer, *b* dreifache Lage von Asphaltpappe, *c* Kübel mit heißem Asphaltkitt.

Wenn die Dichtungshaut fertiggestellt ist, wird zuerst die Sohle betoniert und hierauf erst die Wände ausgeführt, wobei der Beton der Wand fest gegen die Wandisolierung gestampft werden muß, so, daß die Isolierung gut eingespannt ist. In der Abb. 737 ist die Sohle schon beto-

Abb. 737. Grundwasserabsenkung und Grundwasserabdichtung beim Bau des Umformerwerkes Mitte in Leipzig. (Siemens-Bau-Union.)

a Röhrenbrunnen, *b* Saugleitung, *c* Brunnentopf.

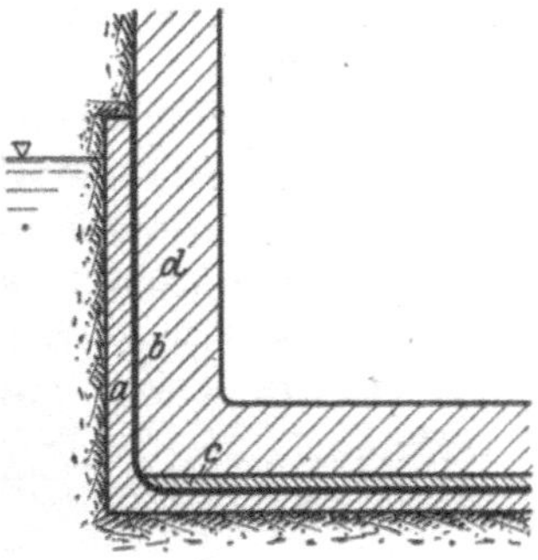

Abb. 738. Außenhautdichtung.

a äußerer Schutzmantel, 10 bis 15 cm stark, *b* Asphalthaut, *c* Feinbetonschutzschicht, etwa 5 cm stark, *d* Tragbeton.

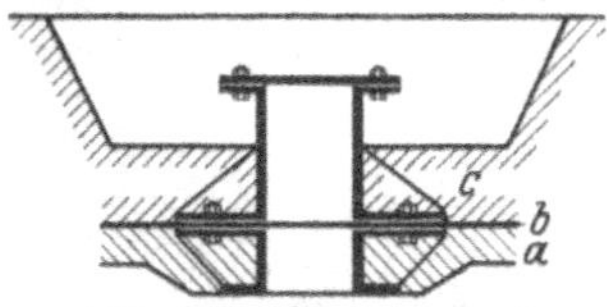

Abb. 739. Brunnentopf.

a Unterbeton, *b* Dichtung, *c* Tragbeton.

niert; für den Anschluß der Wände ragen Eisen aus der Sohle empor. Die ganze Anordnung dieser Außenhautdichtung ist in der Abb. 738 dargestellt. Während der Herstellung der Dichtungshaut muß selbstverständlich die Baugrube vollkommen trocken gehalten werden. In der Abb. 737 sind deutlich die Röhrenbrunnen der Grundwasserabsenkungsanlage und die Saugleitung zu erkennen.

Abb. 740. Brunnen mit Brunnentopf. (Arido-Abdichtungs-G. m. b. H., Berlin.)

a Unterbeton, *b* Asphaltpappe, *c* Feinbetonschutzschicht, *d* Brunnentopf.

Die Stellen, an denen die Brunnen die Kellersohle durchdringen, müssen, nachdem der Brunnenbetrieb eingestellt ist, rasch und sorgfältig dicht verschlossen werden. Man ordnet zu diesem Zweck sogenannte Brunnentöpfe (Abb. 739 und 740) an, in denen das Mantelrohr des Rohrbrunnens durch den Unterlagsbeton heraufragt. Der Brunnentopf wird mittels eines Blindflansches verschlossen, über dem schließlich die Aussparung ausbetoniert wird. Im Notfalle kann der Abschluß auch ohne Brunnentopf erfolgen; es wird dann das Brunnenrohr in entsprechender Höhe abgeschnitten und mittels eines Hartholzpfropfens rasch verschlossen, und darüber schließlich die Aussparung, durch einige Eisen mit der übrigen Platte wohl verbunden, ausbetoniert.

Je nach dem Wasserdruck, dem die Dichtung zu widerstehen hat, werden verschieden viele Lagen von Asphaltpappe angewendet. J. Schultze empfiehlt die in der Tabelle 34 zusammengestellten Asphaltpapplagen und Anstriche zu wählen.

Tabelle 34. Ausführung der Asphaltdichtung bei verschiedenen Wasserdrücken. (Nach J. Schultze.)

Wasserdruck in m Wassersäule auf die Wand	Wasserdruck in m Wassersäule auf die Sohle	Zahl der Asphalt-pappelagen	Zahl der Asphaltanstriche
—	0,0—0,3	2	4
0,0—4,0	0,3—4,0	3	4
4,0—8,0	4,0—8,0	3	6
über 8,0	über 8,0	4	8

Wenn es auf eine besonders sorgfältige Grundwasserabdichtung ankommt, so wird die Haut aus Bleiblech ausgeführt. Die Bleihaut wird beiderseits zum Schutz auf Asphaltpappe gebettet. An den Stoßstellen muß die Metallhaut verlötet werden. Die Ausführung einer solchen Dichtung mit Blei ist in der Abb. 741 in allen Ausführungsstadien zu sehen. Der Schutz der Bleihaut mit Asphaltpappe muß sehr sorgfältig ausgeführt werden, weil Beton Blei zerstört und weil Blei auch elektrolytischen Angriffen gegenüber nicht widerstandsfähig ist. Die Bleidichtungshaut wird wegen des hohen Preises nur selten angewendet.

Abb. 741. Grundwasserabdichtung mit verlötetem Bleiblech in Asphaltbettung. (Arido-Abdichtungs-G. m. b. H., Charlottenburg.)
a Asphaltpappe, *b* Bleiblech, *c* Löten der Bleiblechstöße, *d* Asphaltanstrich am Bleiblech, *e* innere Schutzschicht aus Asphaltpappe.

Statt einer Bleihaut ist auch eine Haut aus 2 bis 4 mm starkem Eisenblech (Abb. 742) verwendet worden, die an den Stoßstellen der einzelnen Blechtafeln autogen verschweißt ist. Die Eisenhaut wird zum Schutz gegen Rost in Beton gebettet; sie wird hierbei vorerst auf dem äußeren Schutzmantel fertig verschweißt, hierauf werden eine Anzahl Löcher, besonders an aufwärts gewölbten Stellen, der beim Schweißen verzogenen Haut gebrannt und etwa 30 cm lange Rohrstutzen, die in der Abb. 742 deutlich zu erkennen sind, autogen angeschweißt. Dann wird die Sohlplatte betoniert und nach deren Erhärten durch 1 bis 1,5 m hohe Rohre, die auf die Rohrstutzen aufgeschraubt sind, Beton in die Fuge unter der Blechhaut eingegossen. Schließlich werden die Rohrstutzen mit Kappen verschraubt und ebenfalls einbetoniert.

Abb. 742. Grundwasserabdichtung durch eine verschweißte Eisenblechhaut im Grundwerk für einen Elektroofen in Spandau. (Siemens-Bau-Union.)
a angeschweißte Rohrstutzen für das Vergießen der Unterseite der Blechhaut.

Über der Außenhautdichtung muß an der Sohle eine Platte liegen, die den Wasserdruck auf die Dichtungshaut aufzunehmen vermag und dementsprechend zu bewehren ist. Bei Gründungen auf durchlaufende Platten nimmt die Grundplatte diesen Wasserdruck auf. Wenn der Boden so tragfähig ist, daß zur Gründung des Bauwerkes eine Grundwerksverbreitung hinreicht, so muß für die Aufnahme des Wasserdruckes eine eigene Platte angeordnet werden.

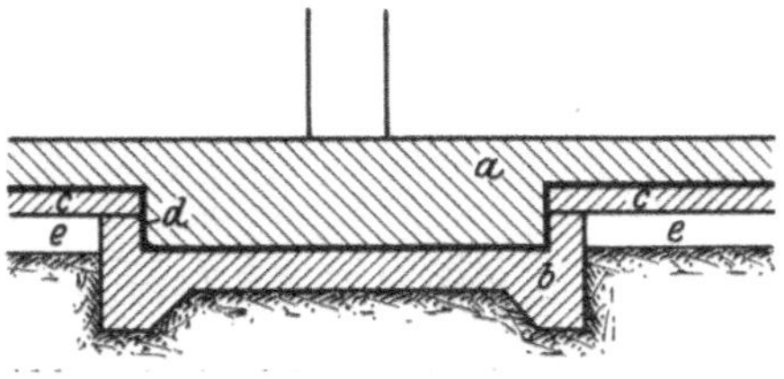

Abb. 743. Ausführung der Grundwasserabdichtung bei dichtgelagertem Boden. (Nach R. Bortsch.)

a Pilzplatte, *b* Unterlagsbeton, *c* Eisenbetonplatte, *e* Hohlraum.

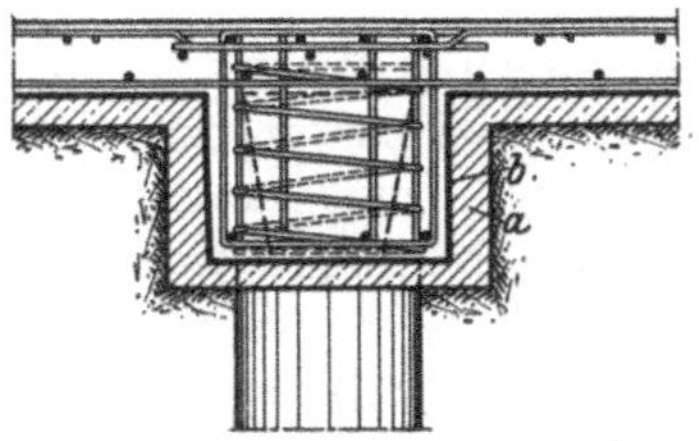

Abb. 744. Verankerung von hölzernen Zugpfählen in Kellersohlplatten. (Nach A. A. Boon.)

a Unterbeton, *b* Dichtung.

Um an Bewehrungseisen zu sparen, wendete R. Bortsch bei einer Gründung mittels Pilzplatte die in der Abb. 743 dargestellte Anordnung an. Die Säule ist dort mit verbreitertem Fuß in einem Bett aus Magerbeton gegründet. Die Pilzdecke ist nur für die Aufnahme lotrechter Nutzlasten und des Wasserdruckes bewehrt. Die unter der Pilzdecke angeordnete, am Magerbetonbett frei aufliegende Eisenbetonplatte trägt und schützt die Asphaltdichtungshaut. Zwischen dem Boden und dieser Schutzplatte bleibt ein Hohlraum frei, um zu verhindern, daß die Pilzdecke bei einer Senkung des Säulengrundwerkes von unten durch Sohldruck belastet wird. Im Hohlraum bleibt die Schalung für die Schutzplatte zurück.

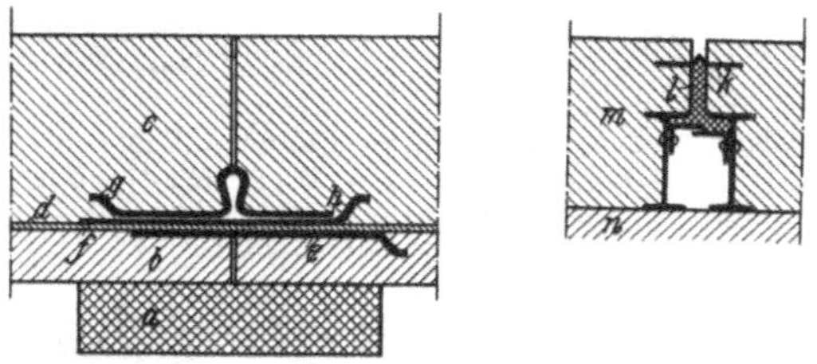

Abb. 745. Wasserdichte Grundwerksfugen. a) Nach O. Colberg. b) Amerikanische Ausführung. (Nach A. Kleinlogel.)

a bewehrte Unterlagsplatte, *b* Unterbeton, *c* Tragbeton, *d* Dichtung, *e* kupfernes Unterlagsblech, *f* und *g* Kupferbleche, bei *h* verlötet, *k* Kupferblech, *l* Asphalt, *m* Tragbeton, *n* Unterbeton.

Für die Aufnahme des Grundwasserdruckes sind außer Platten auch Rippenplatten und verkehrte Gewölbe, besonders Kreuzgewölbe angewendet worden. Um bei der Anwendung von Platten an Baustoff und Bewehrung zu sparen, hat man auch über die Sohle verteilt, Pfähle gerammt und diese als Zugpfähle (Abb. 744) mit der Platte verbunden.

Bei großen Abmessungen des abzudichtenden Raumes kann es erforderlich werden, sowohl im Unterbeton als auch im Tragbeton der Sohle Dehnungsfugen anzuordnen, die aber wasserdicht auszugestalten sind. Beispiele solcher Dehnungsfugen geben die Abb. 745a und b. Bei der in der Abb. 745a dargestellten Dichtung ist die Fuge mit dichtenden Kupferblechen überbrückt, von denen das eine unter der Asphalthaut liegt, das andere darüber; die obere Kupferdichtung besteht aus einem gefalteten und einem flachen Blechstreifen, die an einer Seite verlötet sind.

Wenn in abgedichteten Kellern Heizkessel oder Kühlanlagen aufgestellt werden, so ist noch ein eigener Wärmeschutz erforderlich. Im Bereiche der Heizkessel werden der Boden und die Wände mit einer Wärmeisolierungsschicht verkleidet, um zu verhindern, daß die Temperatur an der Asphaltdichtung über den Schmelzpunkt des Asphalts ansteigt. In die Wärmeisolierschicht können Luftkanäle zur Kühlung eingebaut werden und es kann überdies ein Asphaltkitt mit hohem Schmelzpunkt für die Dichtung verwendet werden. Wenn im Keller eine Kühlanlage eingebaut ist, muß wieder durch Wärmeisolierungen dafür gesorgt werden, daß an der Maueraußenfläche die Temperatur nicht auf 0^0 herabgeht, weil das frierende Grundwasser den äußeren Schutzmantel der Dichtung beschädigen könnte.

II. Die Innenhautdichtung.

Die Innenhautdichtung wird hauptsächlich in Frage kommen, wenn nachträglich unter den Grundwasserspiegel reichende Räume abgedichtet werden sollen. Sie eignet sich überhaupt nur bei geringeren Wasserdrücken, weil es schwierig ist, bei größeren Drücken einen solchen Verband zwischen der Dichtung und dem Bauwerk herzustellen, daß die erstere den vollen Druck des Grundwassers, besonders an den Mauern aufzunehmen vermag. Die Innenhautdichtung wird entweder mittels eines wasserdichten Putzes auf den Mauerinnenflächen oder mittels einer Eisenbetonschale durchgeführt, mit der die Innenflächen der Räume bis über den höchstmöglichen Grundwasserspiegel ausgekleidet werden.

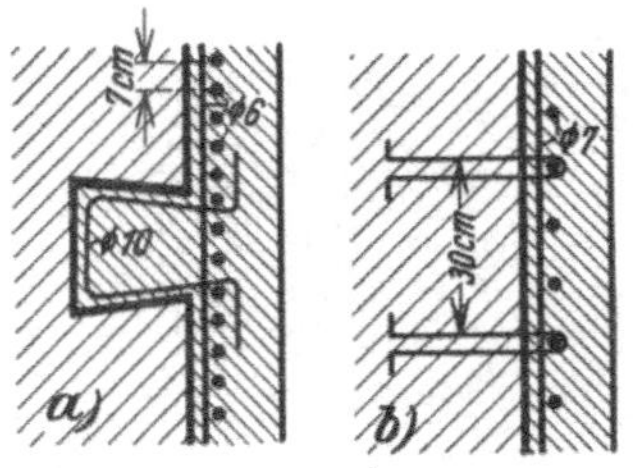

Abb. 746. Verankerung der Eisenbetondichtungswand an der Innenseite der bestehenden Wand. a) nach A. A. Boon, mit schwalbenschwanzförmigen Tragbalken, b) mit Bügeln, alle 30 cm neben- und übereinander.

Wasserdichter Putz wird mit Zementmörtel in Stärken von nicht weniger als 2,5 cm ausgeführt, dem am besten Sikka zugesetzt wird. Außerdem werden als Zusatz noch verwendet Wasserglas, Bitumen, Fluate, Öle, Seife, Alaun und eine große Zahl von Zusätzen, die unter Phantasienamen im Handel sind und deren chemische Zusammensetzung nicht bekannt ist. Ein besonders sicheres Haften dieses Putzes wird erreicht, wenn der Mörtel mittels des Torkretgerätes aufgetragen wird. Statt Zementmörtel hat man auch Asphalt heiß aufgetragen und mit Reibebrettern verstrichen. Solche dichte Mauerputze können ihre Aufgabe natürlich nur so lange erfüllen, als der Wasserdruck die Haftfestigkeit nicht übersteigt.

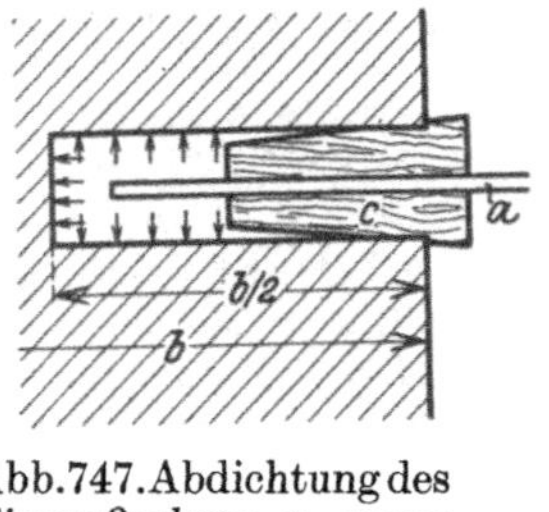

Abb. 747. Abdichtung des Einpreßrohres *a* gegen das Bohrloch mittels eines Holzpfropfens *c*.

Eisenbetonverkleidungen im Innern der Räume werden etwa 10 cm stark gemacht, und sie müssen mit den Wänden so verbunden werden, daß sie den vollen Grundwasserdruck aufzunehmen vermögen; das wird z. B. nach dem Vorschlag von A. A. Boon durch schwalbenschwanzförmige Aufhängebalken erreicht, die in die tragende Mauer gebettet werden, wie es die Abb. 746a andeutet. In der Nibelungenschule in Worms ist die Eisenbetonwandverkleidung mit einer Anzahl von Bügeln (Abb. 746b) in der Tragwand verankert worden. Die Kellersohlendichtung muß hier so bewehrt werden, daß sie den vollen Grundwasserdruck aufnehmen kann. Um einen besonders dichten Beton für die Dichtungsschale zu erhalten, wird der Beton mit Vorteil mittels des Torkretgerätes auf die Bewehrung aufgetragen und schließlich glattgestrichen.

III. Die porenfüllende Grundwasserabdichtung.

Nachdem Beton nicht ohne weiteres wasserdicht ist, hat man auch verschiedene Versuche unternommen, die Poren des Betons, durch die das Wasser sickern könnte, durch eigene Mittel aufzufüllen. Erhöhter Zementzusatz eignet sich zu diesem Zweck nicht, weil auf diese Weise zwar dichter Beton erhalten wird, die fetten Mischungen aber stark schwinden und daher die Gefahr besteht, daß durch die Schwindrisse Wasser eindringt. Am häufigsten ist dem Beton Traß zugesetzt worden, der nicht nur die Poren füllt, sondern sich auch gleichzeitig mit dem beim Abbinden frei werdenden wasserlöslichen Kalziumhydroxyd zu wasserunlöslichem Kalziumsilikat verbindet und so eine Schädigung des Betons durch Auslaugung verhütet.

Außer Traß werden auch noch die schon auf S. 124 erwähnten Zusätze verwendet; nachdem es sich hier um Zusätze zu Beton handelt, aus dem tragende Mauern ausgeführt werden, ist besonders bei den unter Phantasienamen in den Handel gebrachten Zusätzen Vorsicht geboten, weil die Möglichkeit besteht, daß sie zwar dichten, gleichzeitig aber die Festigkeit unzulässig herabsetzen.

Abb. 748. Mauerabdichtung durch Versteinung. (Siemens-Bau-Union.)

Bestehende Mauern, die nur an einzelnen Stellen Grundwasser durchlassen, können durch Einspritzung von Beton oder nach dem chemischen Verfahren abgedichtet werden. Beim letzteren Verfahren werden durch Bohrlöcher, die bis in die halbe Mauer reichen, die Lösungen von Kieselsäure und einem Salz nacheinander (vgl. S. 259) in die Mauer eingepreßt. K. Bernhardt empfiehlt für die Abdichtung nach dem chemischen Verfahren, die deswegen besonders geeignet ist, weil die Lösungen bis in die feinsten Poren eindringen, die in der Abb. 747 dargestellte Abdichtung des Einpreßrohres gegen das Mauerwerk mittels eines Holzpfropfens. Die ganze Einrichtung für die chemische Abdichtung ist in der Abb. 748 zu sehen.

Literatur: Bergwald, F.: Grundwasserdichtungen, Isolierungen gegen aufsteigende Feuchtigkeit. Berlin: R. Oldenburg 1916. — Boon, A.: Wasserdichte Kelleranlagen in Holland. Beton u. Eisen 1922 S. 255. — Breitung: Das unterirdische Umformerwerk Leipzig. Beton u. Eisen 1927 S. 281. — Colberg, O., u. A. Novak: Handbuch für Eisenbetonbauten Bd. 3 3. Aufl. Grundbau-Mauerwerksbau. Berlin: W. Ernst & Sohn 1922. — Mortell, P.: Über Grundwasserdichtungen. Bautechnik 1925 S. 233. — Mörsch, E.: Der Eisenbetonbau Bd. 2 1. Hälfte. Stuttgart: K. Wittwer 1926. — Schonopp, K. E.: Abdichtung von Bauwerken. Bautechnik 1928 S. 76. — Schultze, J., u. W. Suchardt: Grundwasserabdichtung. 3. Aufl. Berlin: W. Ernst & Sohn 1931. — Siemens-Bau-Union: Wasserdichte Bauwerke. Berlin-Siemensstadt 1929. — Wayss u. Freytag A.G.: Gründungsarbeiten für das ehemalige königliche Schauspielhaus in Chemnitz. Techn. Blätter der Wayss und Freytag A. G. 1927 S. 115.

Sachverzeichnis.

Aba-Lorenz-Pfahl 328, 330.
Abbaufeld 473.
Abbinden des Betons 119.
Abbrucharbeiten 183.
Abrammen des Bodens 258.
Absenkung 10.
Äquipotentiallinien 25.
Alkohol 6.
Alligatormaul 316.
Ambursenfilter 95.
Ambursenwehr 95.
Anker in Brunnen 383.
Ankerausteilung 156.
Ankerbemessung 157.
Ankerböcke 170.
Arbeitskammer, feststehende 421.
Aufhängung der Druckkästen 414.
Aufpfropfen von Pfählen 304.
Aufreißhammer 177.
Auftrieb 33, 89.
Auftriebverteilung 94.
Aufzug 187.
Auslegerramme 176, 179, 321.
Ausrollgrenze 6, 7.
Außenhautdichtung 481.

Bänderkern 312.
Bandförderer 187, 188, 418.
Bankette 264.
—, langgestreckte 273.
—, ringförmige 275.
—, unsymmetrische 266.
Bankettrost 362.
Bankettverbiegung 265.
Bart 304.
Baugrube 171.
Baugrubenaussteifung 173.
Baugrubenausteilung 207.
Bauhölzer 110.
Bauprogramm 210.
Bauweise Viscardini 468.
Belastungsgerät 59, 77.
Belastungsgeschwindigkeit 41, 42.
Belastungsversuch 39, 59.
— an Pfählen 66—70.
Belastungszyklus 38.
Beobachtungsrohre 9, 10.
Bergbausenkungsgebiet 472.
Bergschadensichere Gründung 475.
Beton 111.
—, plastischer 114.
Betonbandförderer 114, 115.
Betoneinpressung 97.
Betonfangdämme 221—223.
Betonpumpe 115, 116, 117.
Betonrost 357.
Betonsporn 98.
Bettungsziffer 40, 45, 46, 58, 266, 275.
Bewegungsfugen 263.
Bindiger Boden 3, 6, 7.
Blockbauten 289.
Bockfangdamm 216—218.
Bodenbeschaffenheit 16.
Bodenfeuchte 480.
Bodenprüfer 59, 60.
Bodenschuppen 5, 6.
Bodenverdrängung 256.
Bohlwand 131.
Bohrassel 110.
Bohren 18.
Bohrgestänge 17.
Bohrpfahl 16, 24, 67, 303.
Bohrturm 20.
Bohrung 43.
Bohrwirbel 19.
Bohrwurm 109, 303.
Böschungsneigung 173.
Böschungsrutsch 174.
Böschungswinkel 27.
Bruchwinkel 473.
Brunnen 9.
— als Grundwerk 387.
— für Wassergewinnung 392.
—, schwimmfähig 385.
Brunnenbagger 385.
Brunnenkranz 378, 379.
Brunnenmantel 379.
Brunnentopf 482.
Brunnenwandstärke 381.
Bügel für Eisenbetonrammpfähle 307.
Bühne 170.
Bühnenkeller 301.

Chemische Versteinung 486.
Contractorverfahren 122.

Dachwehr 95.
Dalben 170, 171.
Dampfbär 321, 322.
Dampframme 143, 321.
Demag-Union-Rammhammer 324, 325.
Diaphragmapumpe 233, 234.
Dichte, relative 4, 5.
Dränung 102.
Druckäquivalent der Konsistenzform 43.
Druckausbreitung 46, 97.
Druckfestigkeit 7.
Druckluftbohrhammer 181, 182.
Druckluftgründung 389.
Druckluftsenkgründung 395.
Druckluftsenkkasten 396.
—, eiserner 399.
— mit Zuganker 399.
— aus Eisenbeton 403.
—, schräg abgesenkt 419.
— mit Querwand 399.
Druckpfähle 303.
Druckverteilung 46, 47.
Durchlässigkeit 8—12.

Eckbohlen 139.
Eigengewicht 5, 13.
Eindringungswiderstand 70, 71.
Einhängerohr 241.
Einheitsbaulasten, zulässige 77.
Einpreßgeräte 98.
Einrammen von Schotter 258.
Einspritzrohr 260.
Einspülen 133, 145.
— von Pfählen 67, 308, 325.
Einzelkornstruktur 1.
Eisen 129.
Eisenbetonrammpfähle 306.
Eisenbetonroste 358.
Eisenbetonspundwand 132.
Eisstoß 213.
Elektrolyte 3.
Elmopumpe 247.
Entwässerung des Bodens 259.
Erdbebengebiet 467.
Erdbohrer 18, 19.
Erddruck 26, 29, 33.
Erddruck-Nomogramm 32.
Erddruckverteilung 33.
Erdfangdamm 213.
Erdlochpfähle 310.
Erdwiderstand 26, 29, 33.
Ermüdungsfaktor 467.
Ersatzdreiecke 55.

Ersatzgrenzwinkel 55.
Ersatzreibungsbeiwert 14.
Ersatzspannungskegel 55.
Ersatzspannungskörper 54.
Erweiterungsbohrer 23.
Explosionsramme 147.
Expreßpfahl 311.
Expreßpfahlmaschine 311, 312.

Fallstößel 310.
Fangdamm 105, 205.
—, eiserner 224.
—, hölzerner 215.
Fangfinger 23.
Fanggräben 205.
Fangschere 23.
Fangwerkzeuge 23.
Federfalle 23.
Feld, elektrisches 25.
Fertigpfähle 303.
Festpfahl 64, 303.
Feuchte 5, 6.
Filterauflast 91.
Filterbrunnen, gewebloser 241.
Filtergeschwindigkeit 8.
Filtergesetz 8.
Filterkorb 240.
Fischer-Pfahl 334.
Flächenlast 38, 39, 49, 50.
Flächenreibung 14.
Fließgrenze 39.
Flockenstruktur 1, 2.
Formänderung 38.
Frankipfahl 317.
Freifallbär 321.
Freifallrammen 319.
Freifallstück 22.
Frostgrenze 172, 255.
Frostmauer 251.
Füllöffnungen in Fangdämmen 212.
Futterrohre 23.

Ganglinien des Abflusses 206.
Gefrierverfahren 251.
Gemeinschaftsschleuse 437.
Gerölle 3.
Gerüst, schwimmend, für Druckkästen 415.
Gestängeklaue 20, 22.
Getriebe 464.
Gewölbe, verkehrte 283, 287, 288.
Gleichwert, statischer 463.
Gleitflächen 40.
Gleitflächen, ebene 29, 30, 31.
—, gekrümmte 30, 31, 87.
Gleitschalung
Gleitwiderstand 13.
Glückshaken 23.
Greifbagger 175, 179—181.
Grenzbelastung 41.
Grenzlast 40.
Grenzwinkel 55.
Grundbruch 82, 256.
—, hydraulischer 89, 92, 237.
Grundmauergraben 172.
Grundpfahl 303.
Gründungstiefe 40, 42.
Grundwasserabdichtung 302.
—, porenfüllende 485.
Grundwasserabsenkung 99, 201, 225, 239, 242, 482.
Grundwasserbewegung 237.
Grundwassergefälle 9.
—, kritisches 90.
Grundwasserspiegel 6, 8.
Grundwasserstand 303, 304, 306.
Grundwerksabdichtung 480.
Grundwerksplatte 266.
Grundwerksverstärkung 469.
Gußbeton 115, 118, 119, 450.

Haarröhrchen 6.
Haftfestigkeit 13—15, 27, 28, 34, 38.
Haftpfähle 81.
Hammergrundwerk 466.
Handbaggerung 174, 175.
Handrammen 318, 319.
Heber 210, 212.
Hebezylinder, hydraulischer 24.
Heizkeller 302.
Hitze 320.
Hochofengrundwerk 272.
Hoesch-Spundbohlen 136.
Hohlpfahl 303, 315, 324.
Holme für Spundwände 165.
Holzpfahl, ummantelter 109.
Holzpfähle, überrammte 305.
Holzrost 355.
Hookesches Gesetz 38, 43.
Hose 311.
Hygroskopizität 6.

Innenberme 213.
Innenhautdichtung 485.
Inselschüttung 413.
Isolieranstrich 295, 359.
Isolierung des Betons 128.
Isolierung von Druckkästen 410.

Janssen-Pfahl 314.

Kabelkran 115—117, 190.
Kaimauer 297, 300.
Kalkboden 12.
Kanaldielen 138, 140, 148, 197, 200.
Kanalspreize 191.
Kapillardruck 42.
Kapillarität 41.
Kastenfangdamm 216, 218—220.
Keilbohlen 144.
Kellerpfahl 334.
Kies 3.
Kiesschüttung 292.
Kippsicherheit 81.
Kleinpfahlhammer 195.
Koch-Verfahren 3.
Kohäsion 13.
Kohlenbunker 302.
Kolbenbohrer 20.
Kolkabwehr 106.
Kolkbildung 104.
Kolloide 3.
Kompressolpfahl 259, 310.
Konrad-Pfahl 311, 317.
Konsistenz 5, 6.
Konsistenzform 6, 93.
Korndurchmesser, wirksamer 11, 12.
Korngemisch 2, 3, 11.
Kornoberfläche 112.
Körnung 2.
Korrosionswiderstand 130.
Kran 176, 179.
Krankenschleuse 438.
Kranztau 320.
Krätzer 23.
Kreiselpumpe 234, 235.
Kreislast 40—42, 44, 53.
Kreisplatte 268.
Kronenbohrer 22.
Krümmelstruktur 2.
Krupp-Spundbohle 136.
Kühlsohle 252.
Kunstramme 320.
Kupferstahl 129, 139.
Kürzen der Spundwände 149.

Langpfahl 303, 304.
Larssen-Bohlen 129, 136, 140, 141, 164, 165, 225.
Lasten, schwingende 457.
Lastsenkung 60.
Lastsenkungslinie 38—41, 58.
—, reduzierte 41.
Läuferramme 319.
Leckwasser 102.
Leuchtturm 298, 440.
Lidingöbrücke 315, 370.
Linienelektroden 25.
Löffelbagger 175, 178, 179.
Löffelbohrer 19.
Lotpfahl 303.
Luftbedarf 432.
Luftkapazität 5, 6.
Luftverdichter 434.

Mantelgründung 291.
Mast-Pfahl 313.
Materialschleuse 436.
Mauerbankette 264.
Mauersäge 480.
Mc Kiernan-Terry Pfahlhammer 327.
Mehllager 302.

Membranpumpe 233, 234.
Mergel 12.
Michaelis-Mast-Pfahl 333, 335.
Mikroton 3, 4, 5.
Mischungslinie 3.
Mo 4, 5.
Moorboden 255.

Nachlaufkatze 310, 321, 322.
Nachnahmebohrer 23.
Nachschneidebohrer 23.
Nulldruckfläche 48.
Nullreibung 14.

Oberflächenspannung 7, 42.
Ortbetonpfähle 327.
Ortbetonrammpfähle 310.
Ortbetonspundwand 135.

Personenschleuse 435.
Pfahlbelastungsgerät 67.
Pfahlbewehrung 306, 307.
Pfahlbezeichnung 373.
Pfahlböcke 220, 359.
Pfahlgründungen 301.
Pfahlgruppen 72.
Pfahlhammer 146, 147, 185, 324.
Pfahllast 64, 338.
Pfahlrost 338, 355.
Pfahlschuh 304.
Pfahlsenkungsziffer 66.
Pfahlwand 304.
Pfeilersicherung 108.
Pilzgrundplatte 284.
Pinge 473.
Planierbagger 176, 179.
Platten, durchlaufende 282.
Poren 5.
Porenraum 1, 4, 5, 39.
Porenverhältnis 4—6, 8, 11, 41.
Porenwasser 13, 39—42.
Potentiallinie 92, 93.
Prellstück 22.
Preßbeton 117.
Preßbetonpfahl von Grün & Bilfinger 334.
Preßbetonpfähle 332.
Preßluftbohrmaschine 149.
Preßluftramme 325.
Preßluftstampfer 205.
Preßluftverordnung 425.
Proberammung 304.
Pumpensumpf 233, 234, 238.
Pumpversuch 9.
Pumpwerk 302.
Punktlast 49, 55.

Quellen 255.
Quellen des Betons 119, 121.

Radiumemanation 25.
Rammen 4.
Rammformeln 70.
Rammführung 144.
Rammgerüst 363.
Rammhaube 143, 308, 315.
Rammknecht 320.
Rammpfahl 303.
Rammpfähle, eiserne 309, 310.
Raumgewicht 5, 27.
Raymond-Pfahl 311.
Reibung 14.
—, innere 13.
Reibungsbeiwert 14, 15.
Reibungswinkel 13, 27.
Reibverfahren 3.
Reichweite 9, 10.
Repulsionsschuh 312.
Röhrenbrunnen 8.
Rosten 129.
Rutschgebiet 469.
Rüttelverfahren 3.

Sand 3, 4.
Sandbohrer 21.
Saughöhe, kapillare 33.
Säulenfüße 268.
Säulengrundwerk 270.
Schachtaufzug 466.
Schachtpfahl 312.
Schappe 19.
Scheibenpfähle 336.
Scherenramme 319.
Scherfestigkeit 14.
Schlämmanalyse 2.
Schlammboden 255.
Schleppschaufelbagger 176, 179.
Schleuderbetonpfähle 308, 361.
Schleusen 435.
Schluff 3, 4, 5.
Schneckenbohrer 19.
Schnurgerüst 172, 173.
Schorf 304.
Schornstein 463.
Schornsteingrundwerk 271, 274.
Schotter 3.
Schrägaufzug 186.
Schrägpfahl 303, 323.
Schraubenpfahl 303, 336, 337.
Schraubenpumpe 235.
Schrumpfgrenze 6, 7.
Schürfen 16, 17.
Schürfprotokoll 17, 18.
Schurfschacht 17.
Schürfschlitz 17.
Schürfstollen 17.
Schultermeißel 22.
Schüttbeton 291.
Schüttelmaschine 3.
Schüttungen 8, 263.
Schwarzdichtung 481.
Schwebepfahl 64, 67, 303.
Schwellinie 38.
Schwengel 22.
Schwerstück 20, 22.
Schwimmdock 293.
Schwimmkasten 293.
Schwimmkran 289.
Schwinden 119, 121.
Schwindrisse 7.
Seitendruck 35.
Senkbrunnengründung 378.
Senkgründungen 377.
Senkhüllen 312.
Senkkastengründung 395.
Senkung 41.
— der Last 59.
Senkungsdauer 63.
Setzungen 76.
—, zulässige 78.
Sicherheitspumpensumpf 239.
Sickerung unter Spundwänden 162.
Siebanalysen 2.
Siebdurchlaß 2, 3.
Silogrundwerk 301.
Simplexpfahl 316.
Sondbohrer 17.
Sondiereisen 16, 17.
Sondieren 16.
Sohldrücke, zulässige 78.
Sohldruckverteilung 43—45, 80.
Spannungshügel 57.
Spatenhammer 174, 176, 177.
Spiralbohrer 17.
Spiralumschnürung 307.
Spitze für Eisenbetonrammpfähle 307.
Spitzenwiderstand 308.
Sprengpumpe 185.
Spritzbeton 116, 120.
Spritzbetonpfähle 309.
Spülbagger 364.
Spüllanze 328.
Spülrohr 308, 336.
Spülversatz 472.
Spundung 131.
Spundwand, eiserne 135.
—, freistehende 151—153.
—, verankert 154.
Spundwandabstützung 216.
Spundwandbemessung 151.
Spundwände 86, 94, 130, 163.
Stampfbeton 114.
Stampfbetonbohrpfähle 328.
Stampfer 147.
Standsicherheit 75.
Steighöhe, kapillare 6.
Steinkisten 289.
Steinkistenbauten 289.
Steinkistenfangdamm 220, 221.
Steinschüttung 289.
Sternpfahl 314.
Stiefelgrundwerk 266.
Störungsbereich 48, 49, 57.
Strauß-Pfahl 33.
Streifenlast 40—44, 51.

Stromlinien 92, 93.
—, elektrische 25.
Strompfeiler 300.
Struktur der Böden 1.
Strukturänderung 38.
Strukturwiderstand 14.
Stülpwand 131.

Taucher 149, 289.
Taucherarbeiten 455.
Taucherglocke 451.
Tauchpumpe 245, 247, 248.
Tellerbohrer 18, 19, 259.
Temperatur 8.
Tiefbrunnenpumpe 243.
Tieflöffelbagger 175, 179.
Ton, Durchlässigkeit 12.
Torpedoschießstand 299.
Tragkörper 46, 48, 49, 61, 64, 73, 380, 381.
Tragkraft, relative 339.
Trapezgesetz 27.
Traß 125.
Trennungsfuge 263.
Trockendock 293.
Trockenschrank 6.
Trommelhitze 320.
Turmgrundwerk 266.

Überleitungsgerinne 211.
Ufermauer 358, 366, 391.
Uferwände 166—170.
Union-Kanaldielen 136.
Union-Kastenquerschnitt 136.
Universalbagger 176—179.
Universalgerät 258.
Unterfangung 201.
— von Druckkästen 413.
Unterwasserbeton 117, 121, 254, 290.
Unterwassergewicht 13.
Unterwasserschneidbrenner 150.
UTA-Pumpe 249.

Ventilbohrer 21.
Verbundpfähle 335.
Verdichtung des Bodens 257.
— durch Belastung 257.
Verdichtungsfähigkeit 4, 5, 40.
Versenkungsgerüst für Druckkasten 413.
Versteinung des Bodens 253, 259.
— durch Beton 259.
—, chemische 203, 260, 377.
Visitiereisen 16.

Wabenstruktur 1, 2.
Wärmeausdehnung 123.
— des Betons 123.
Wasserdichte von Beton 123 bis 127.
Wasserdurchlässigkeit 8—12.
Wasserhaltung, offene 232, 236.
Wasserkapazität 5, 6.
Wasserzementfaktor 113.
Wesermauer 364.
Winkel der inneren Reibung 27, 41.
Wolfsholz-Pfahl 232, 233.
Walze 258.
Wünschelrute 25.
Wurfbühne 186.

Zähigkeit des Wassers 11.
Zellenfangdamm 219, 220.
—, eiserner 229.
Zimmermann-Pfahl 317.
Zimmerung, lotrechte 195.
—, waagrechte 191.
Zuganker für Druckkästen 409, 422.
Zugpfähle 303, 337, 357, 484.
Zugramme 319.
Zylinderbohrer 19, 22.

GPSR Compliance

The European Union's (EU) General Product Safety Regulation (GPSR) is a set of rules that requires consumer products to be safe and our obligations to ensure this.

If you have any concerns about our products, you can contact us on ProductSafety@springernature.com

In case Publisher is established outside the EU, the EU authorized representative is:

Springer Nature Customer Service Center GmbH
Europaplatz 3
69115 Heidelberg, Germany

Batch number: 10809930

Printed by Printforce, the Netherlands